图1-2 很多前院缺少一个界定的边界

图1-3 车行道和车库门是许多前院的主要视觉元素（在许多前院中，车行道在视野中占主要地位）

图1-5 院子边车道的灌木突出了它狭窄的效果（沿着车行道种植的灌木强调了车库的视野）

图1-7 许多入口步行道在视野中很隐蔽

图1-11 过度生长的植物材料有时候把入口步行道和前门都挡上了

图1-12 典型的“基部种植”

图1-16 前院中的植物常以随意的方式种植，以填满整个院落

图1-17 许多后院相互混在一起，形成一个莫名开放的大空间

图1-23 一些室外活动与娱乐空间缺乏独特的个性特点

图2-3 空间围合的三个平面

图2 -4 垂直面（地形、墙壁、围栏以及植物原料）常用来提供空间的围合

图2-10 一个室外空间可以完全被围合，并与周围的环境隔离开

图2 -11 室外空间可能是很开敞的，而且视线可到达周围的景物

图2 -12 与室内空间不同的是，室外空间更趋于开敞，很少限定

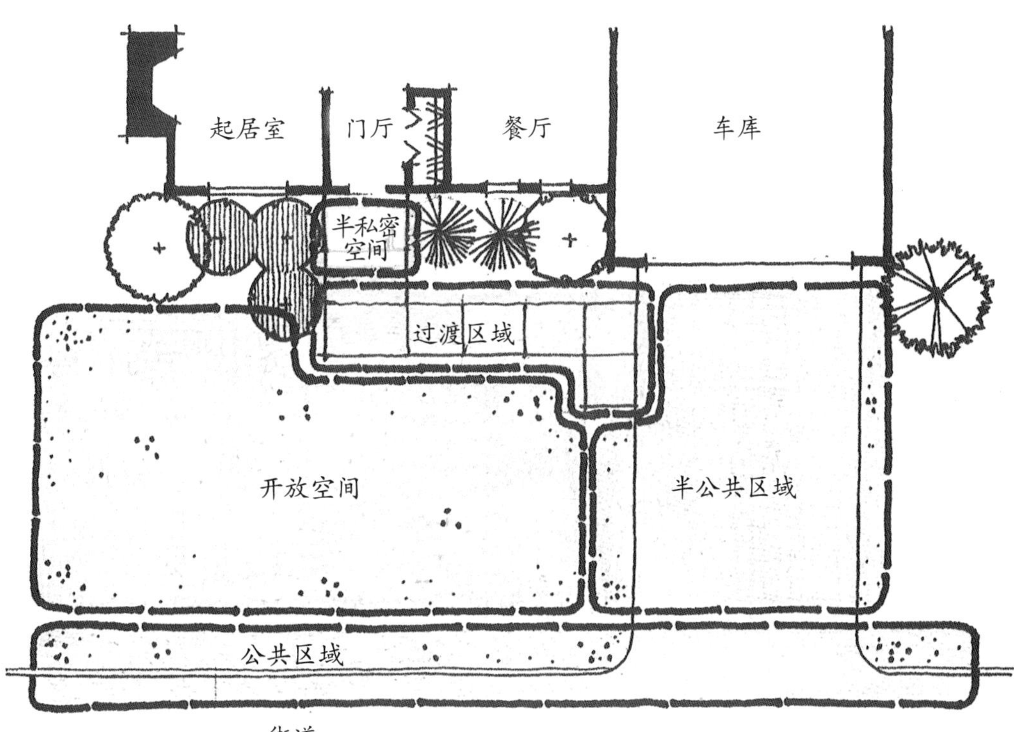

图2-13 典型住宅基地中入口各区

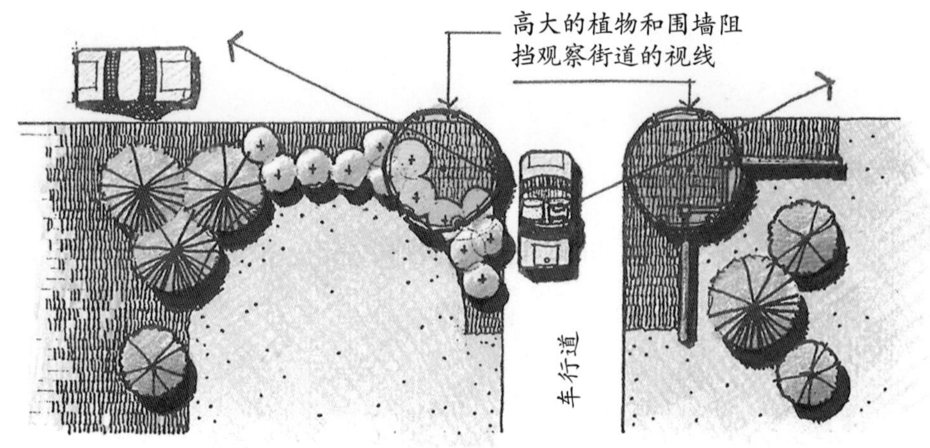

图 2 −15 高大的植物和围栏不应该放在阻挡司机观察街道视线的地方

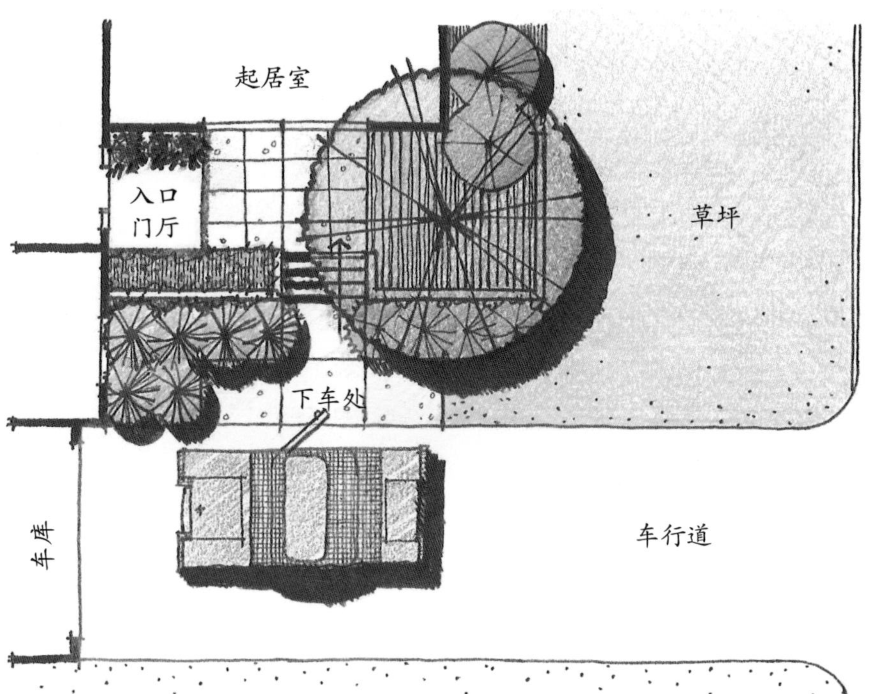

图2−20 “中转站”应该设在一般车行道汽车停靠的地方

图2−23 客人沿步行道走向前门时，曲折的步行道会产生不同的视野

图2-24 矮墙、围栏及植物能够帮助引导穿越这个空间的步行活动

图2-28 步行道材料及图案的变化常用来强调入口门厅

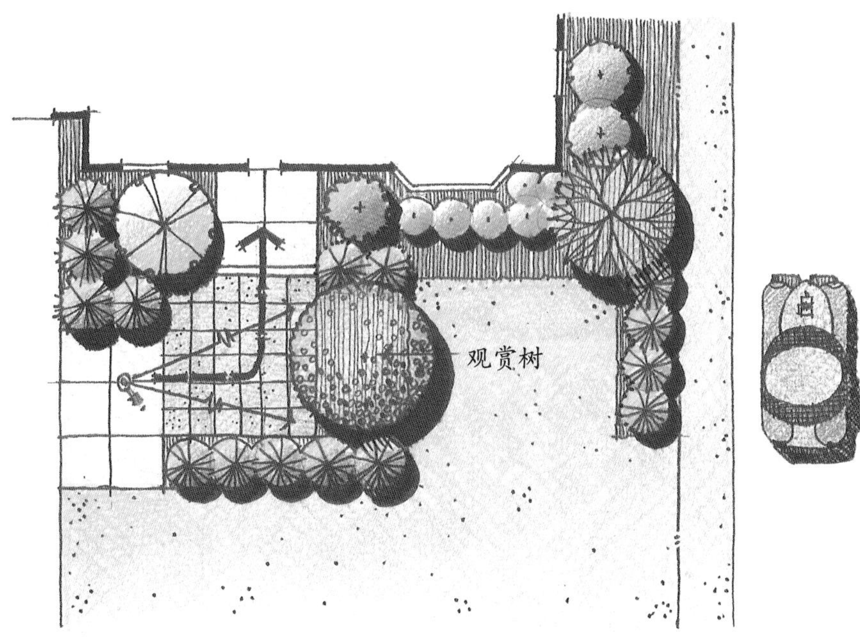

图2-29 一个高大的元素或观赏树会提供重点的有屏障的视野，能够引导步行活动

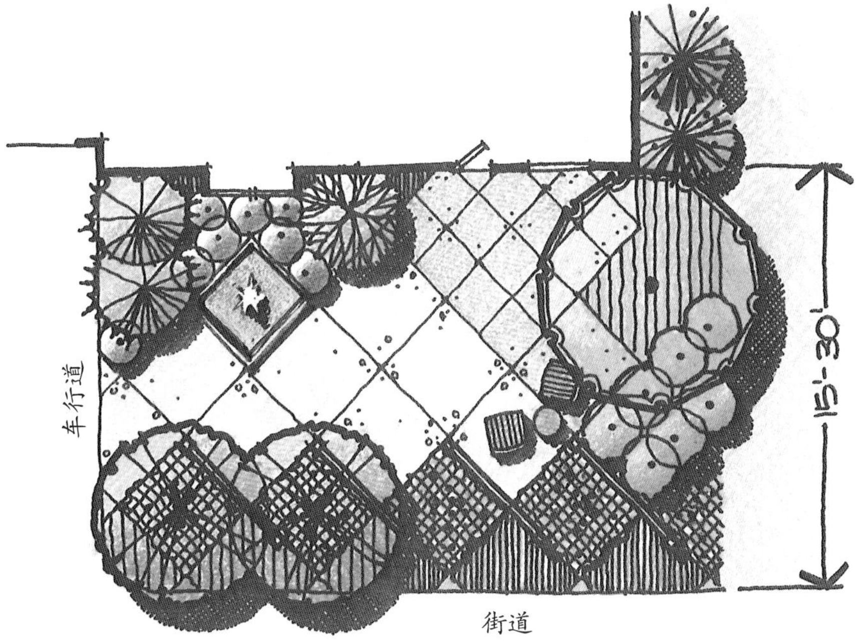

图2-30 在空间较小的前院中，草坪则被使用空间与植被所替代

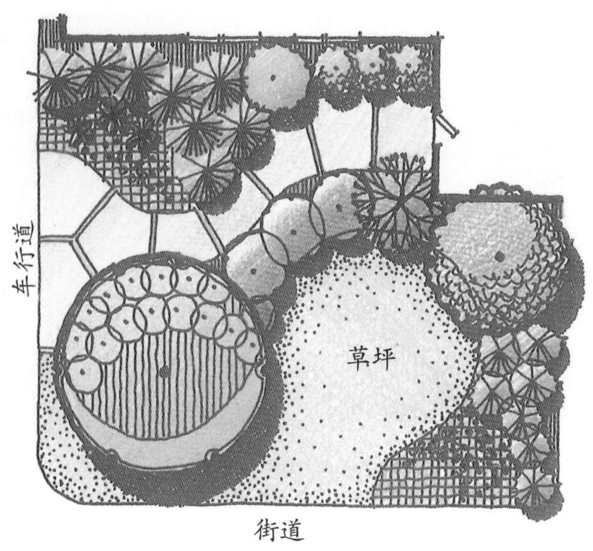

图2 -31　入口步行道可与草坪相分离

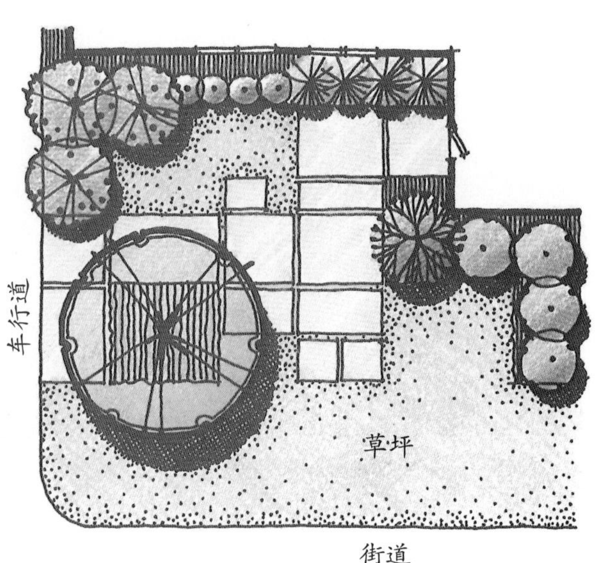

图2-32　入口步行道与草坪相结合

图2 -34　室外起居和娱乐空间可以组织成一系列更小的次空间，每个次空间都有自己的功能

图 2 -36　垂直平面用于提供户外生活和娱乐空间的空间维护和隐私

图2－37 起居及娱乐空间中的顶面可以由自然的及人工的元素来限定

图 2-38 起居及娱乐空间可以部分覆盖，形成阳光照射和有阴影的次空间

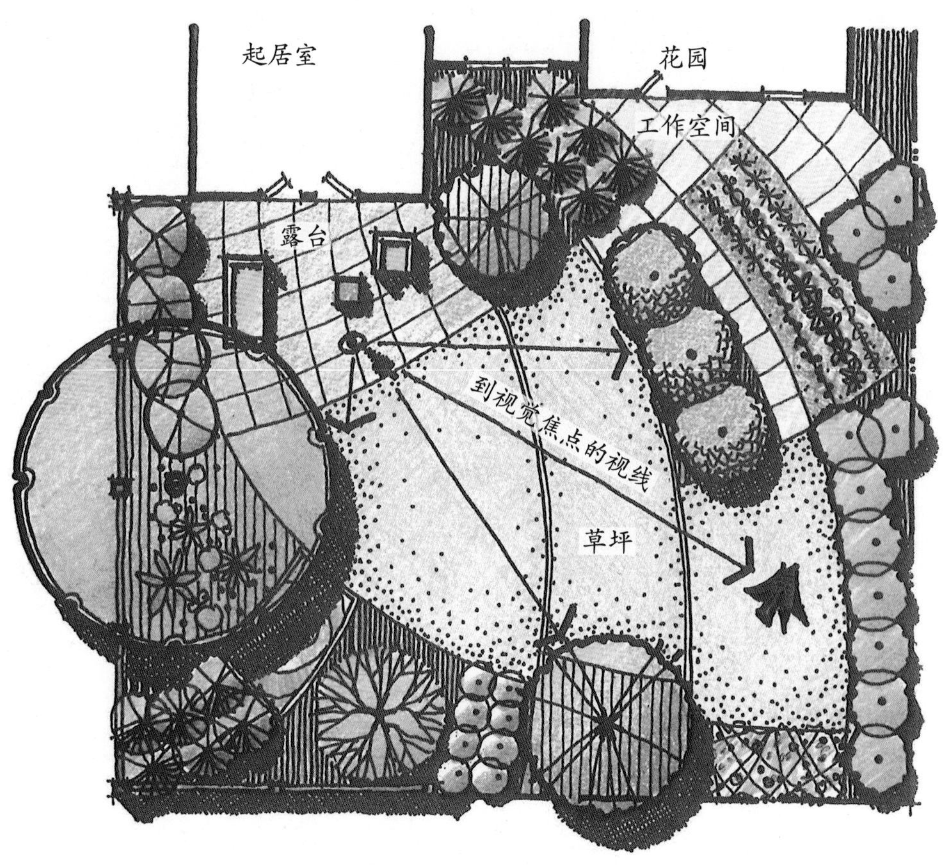

图2-39 不同的焦点可以用来创造遍及后院的视线

图2-42 室外厨房可以从简单到精致

图2-46 室外进餐空间可以设计成起居和娱乐空间的一个次空间

图2-47 可以采用连续的地被植物边界和植物群设计休闲区

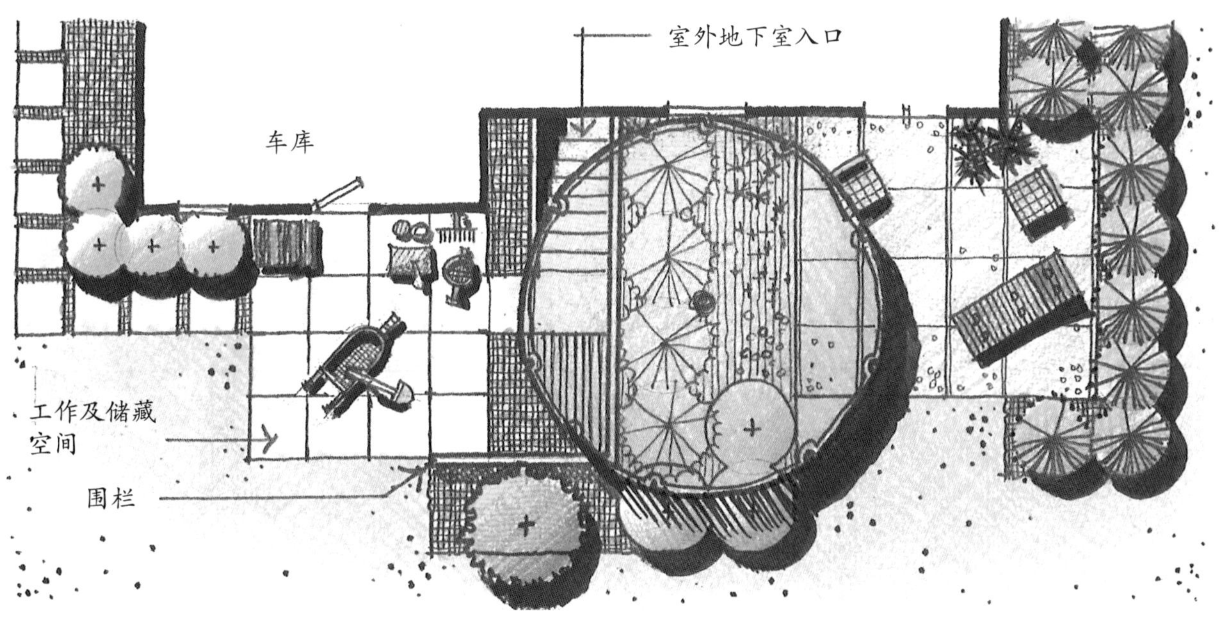

图2-48 工作及储藏空间应当靠近车库和地下室入口，同时要与娱乐空间分开

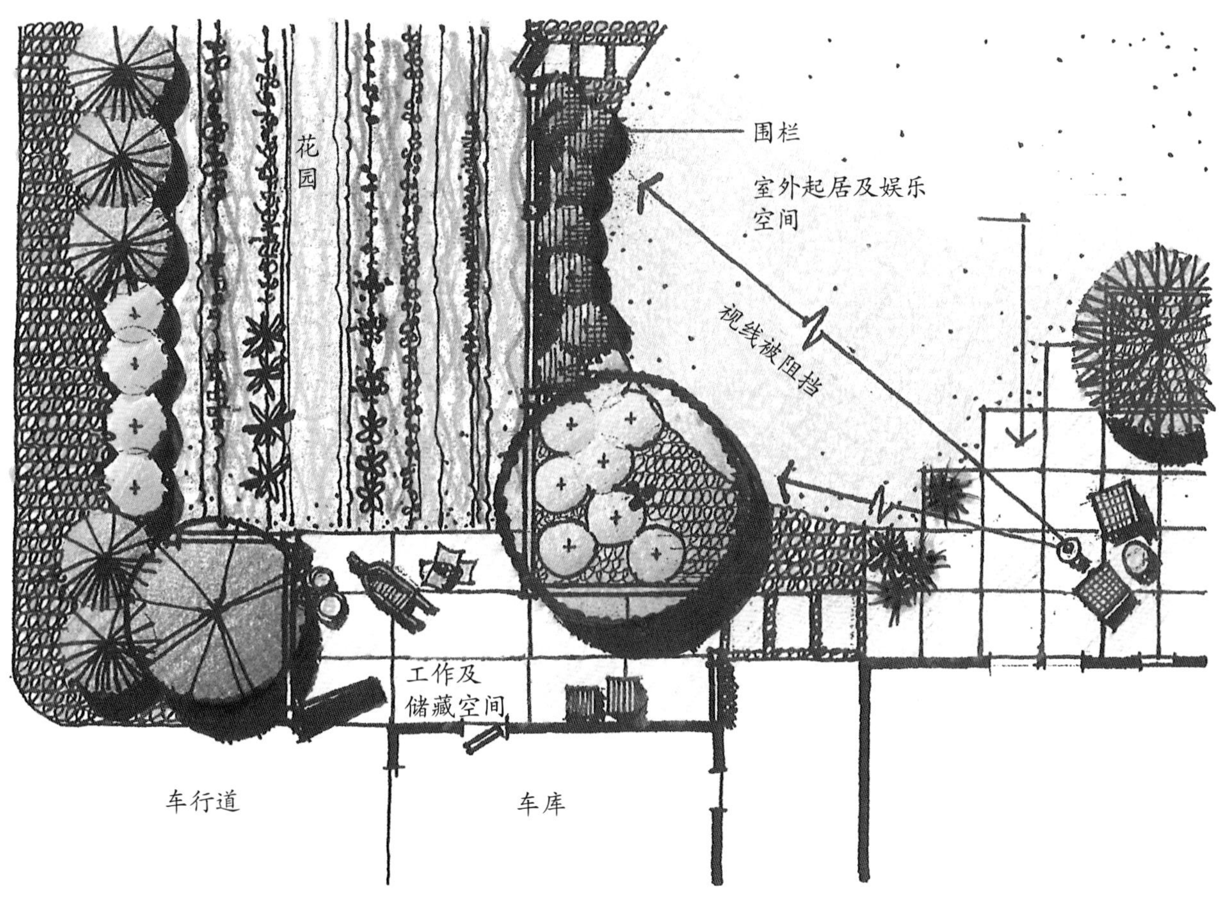

图2-50 植物与围栏可用来屏障园子，蔬菜可以与其他的植物组团结合起来

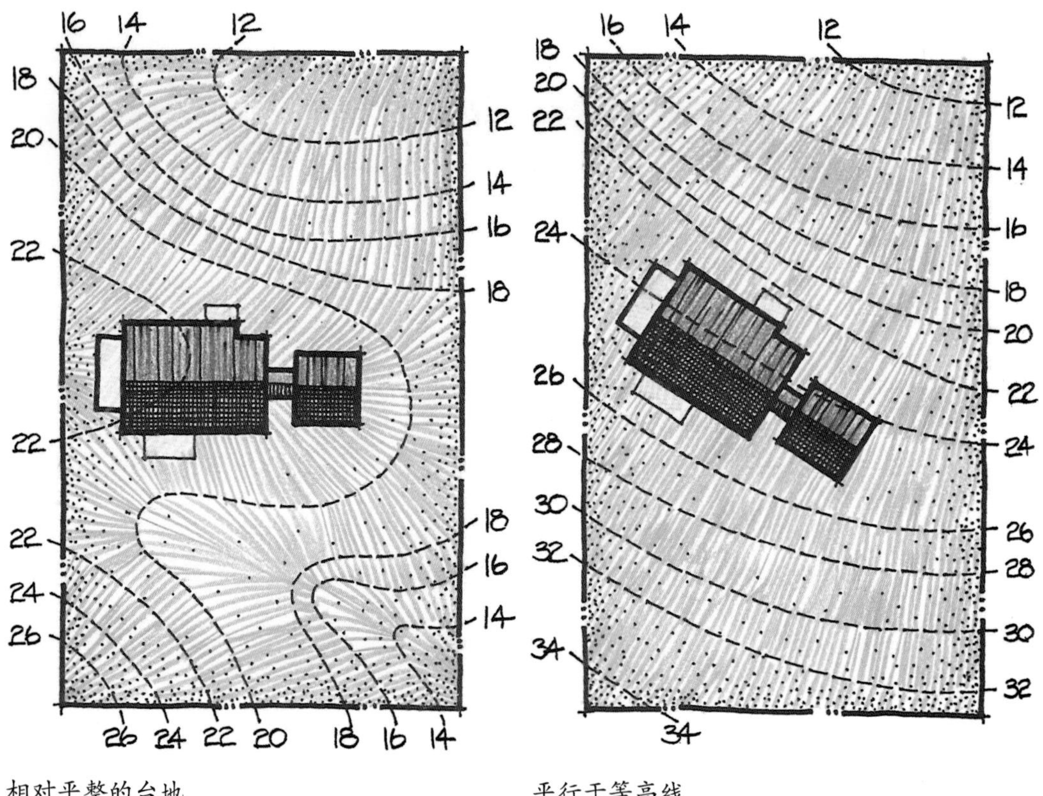

图3-2 建筑要放置在台地上，或是平行于等高线，以减少场地平整

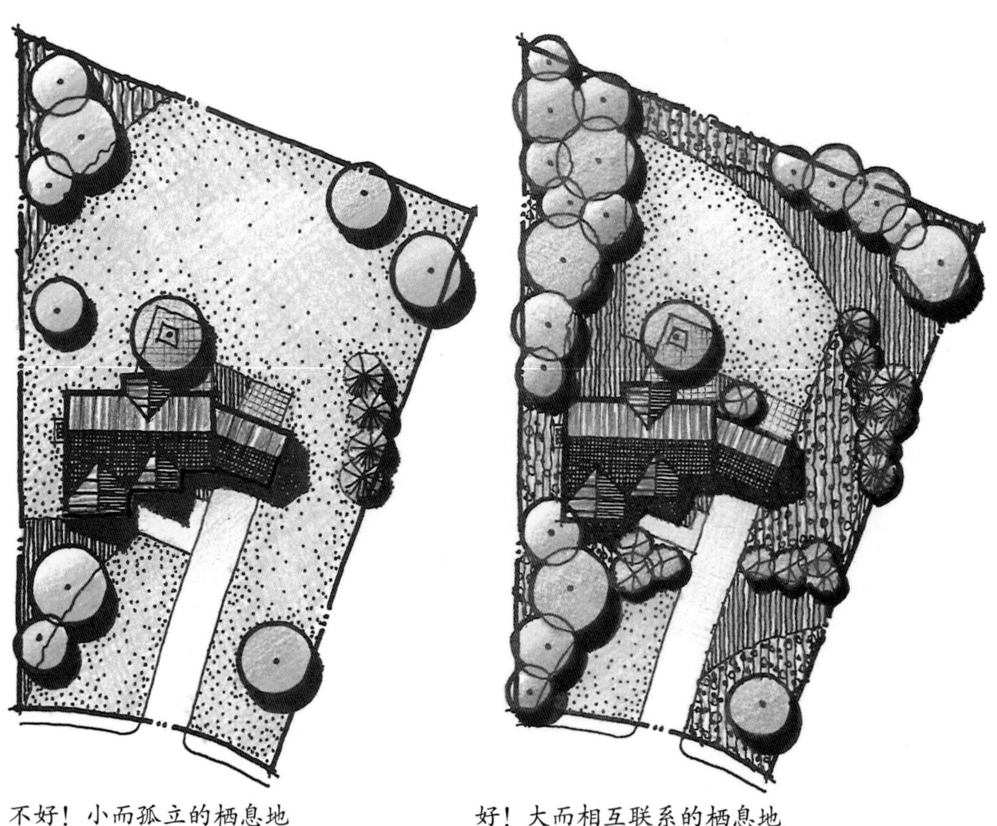

图3-7 野生生物栖息地应尽可能地大，并且相互联系

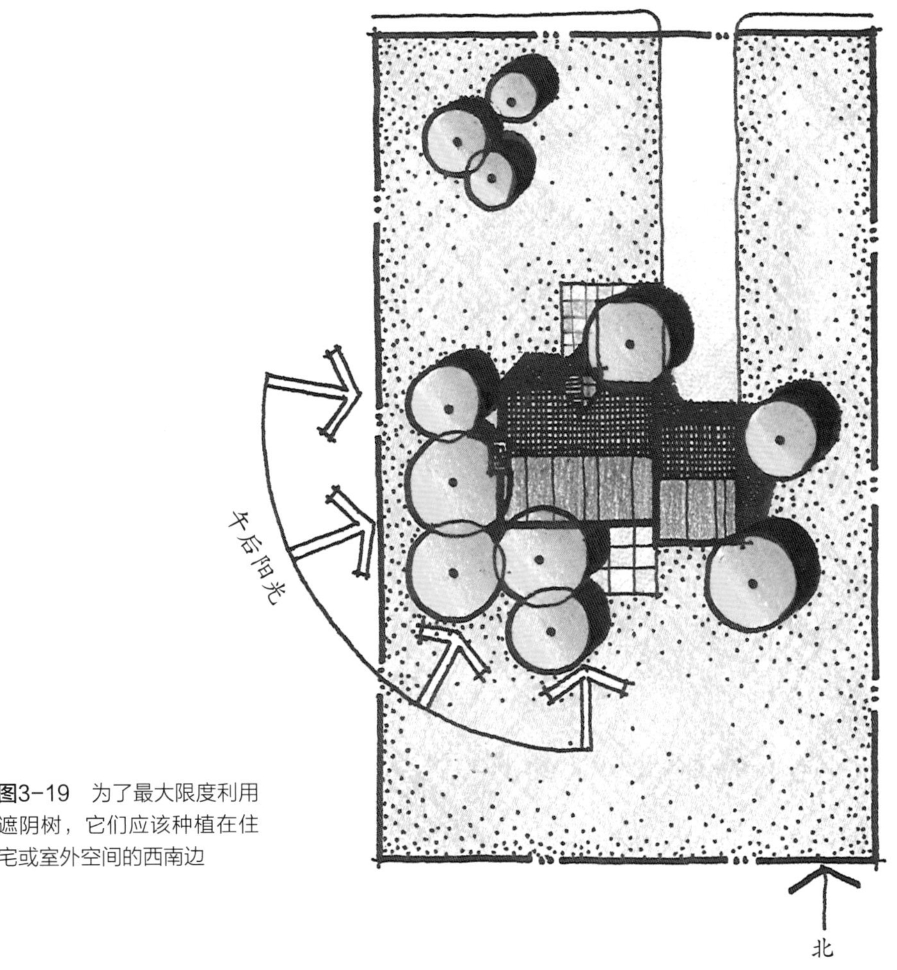

图3-19 为了最大限度利用遮阴树，它们应该种植在住宅或室外空间的西南边

图3-20 当太阳高度角较低时，高一些的灌木和葡萄可以为东侧和西侧遮阴

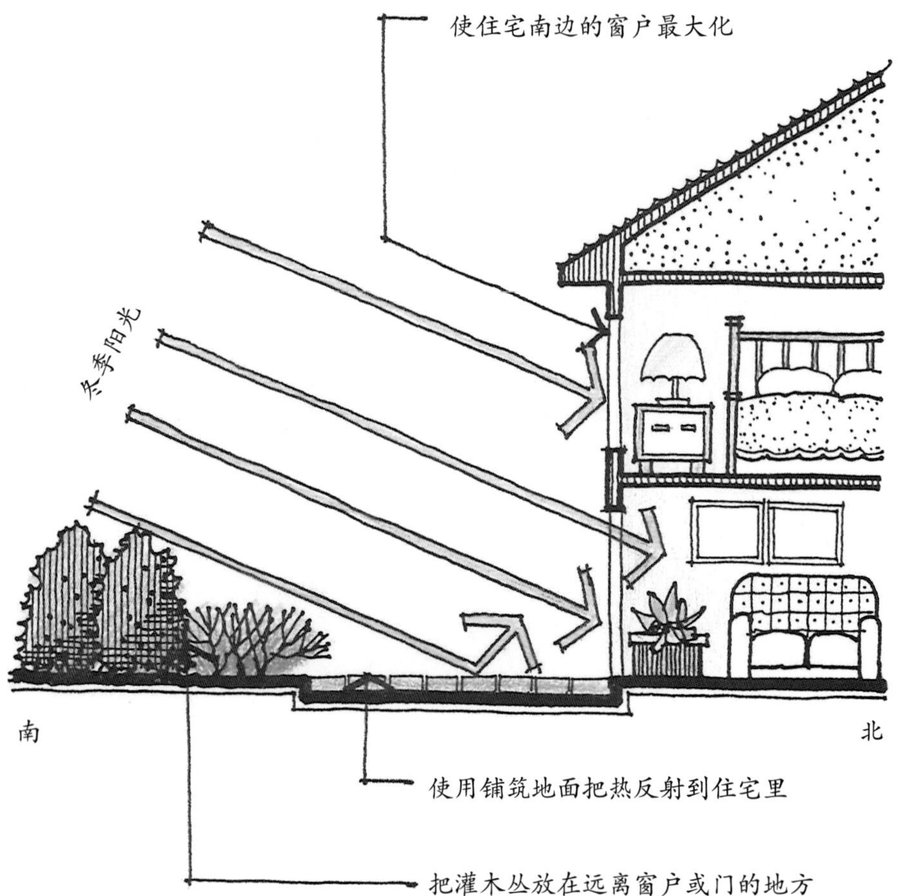

图3-25 如果设计得当，住宅南边的房间可以利用冬天的光照取得温暖的效果

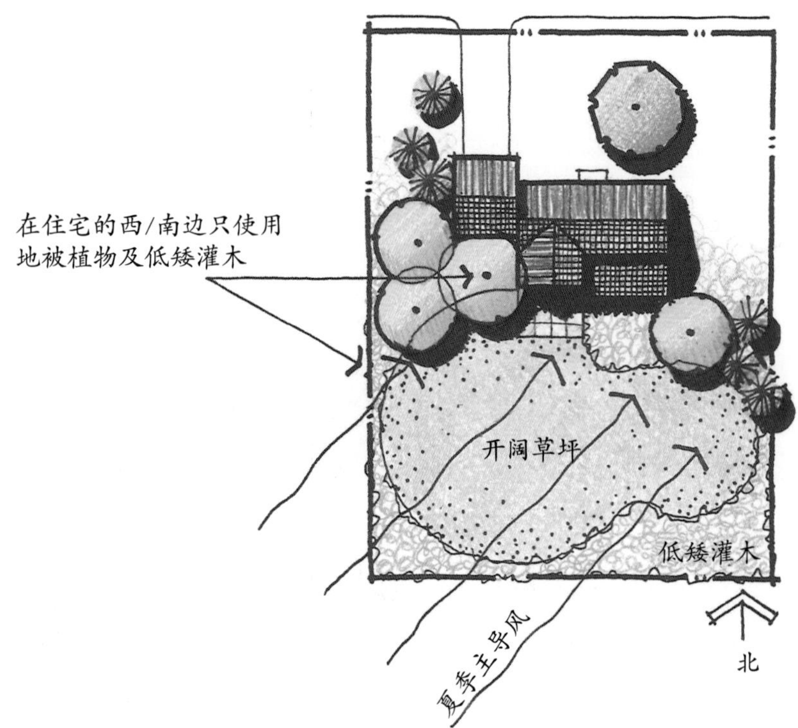

图3-34 住宅西南侧开敞的草坪区域有最大的面积接受夏季主导风

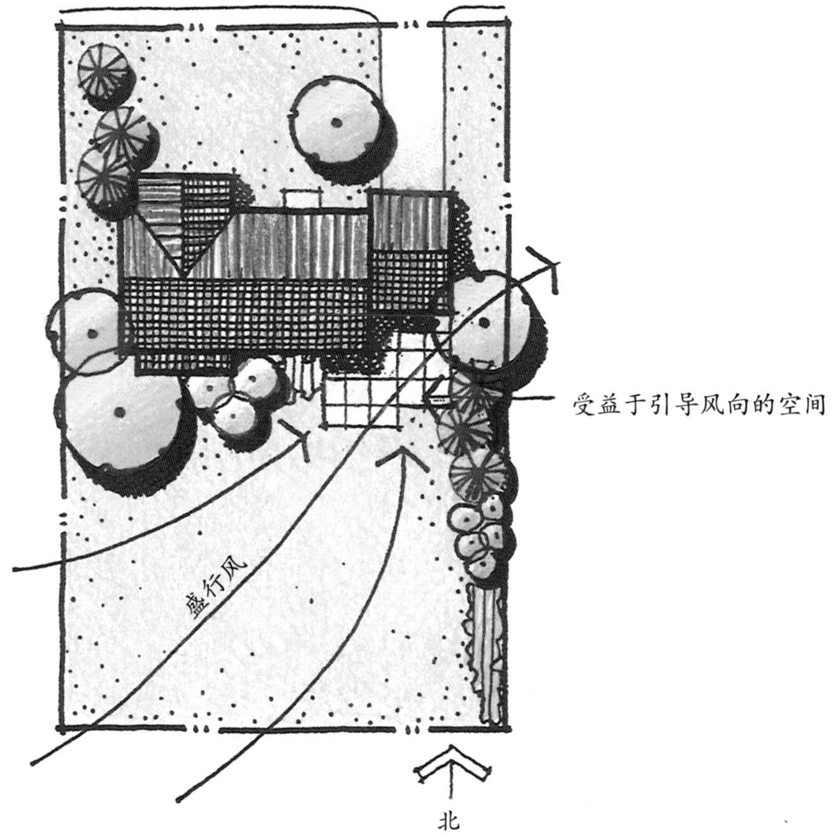

图3-36　植物可以形成“V”字形，把风引向室外空间

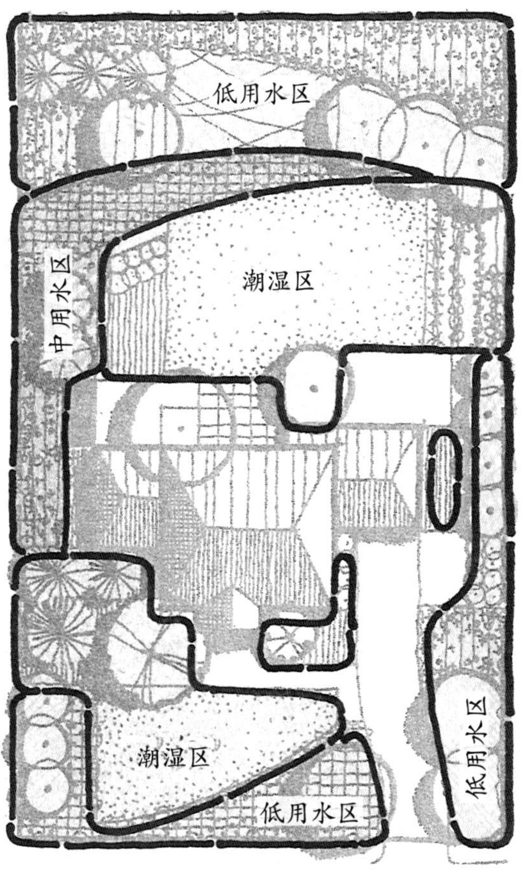

图3-37　要把基地的灌溉按照不同的用水量进行组织，以节约用水

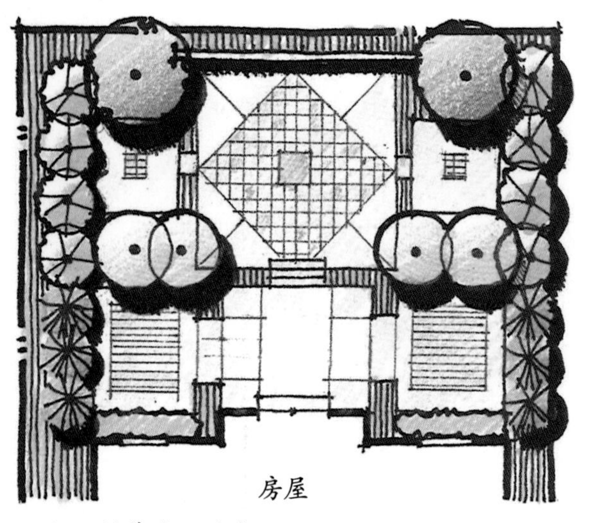

不好！铺装地面过多

草坪

房屋

好！铺装地面降低到最少

图3-41 铺装地面应尽量减少，以减少地表径流

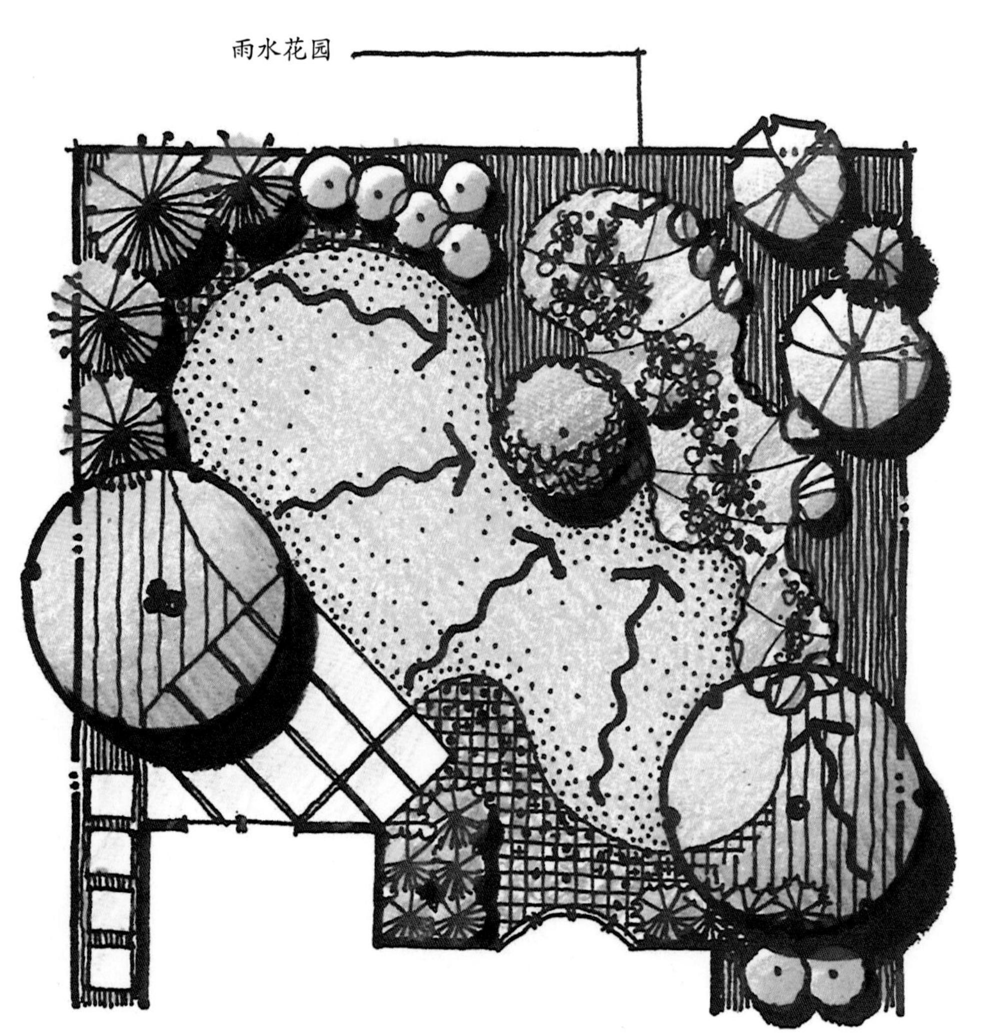

图3-46 雨水花园是人工制造的地势比较低的区域，应仔细地融入到总平面设计中

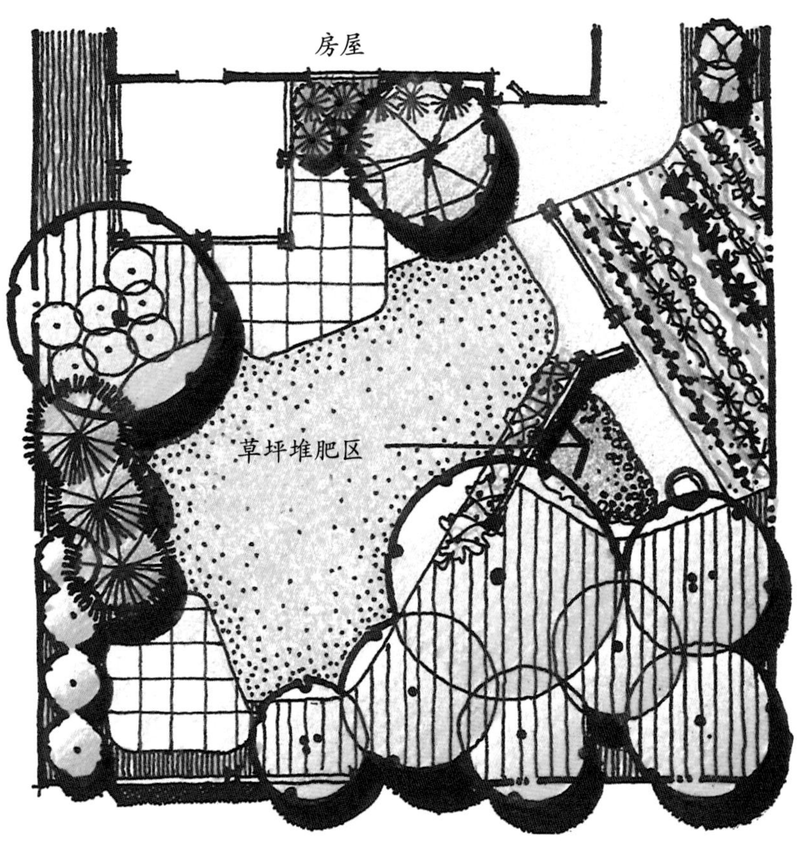

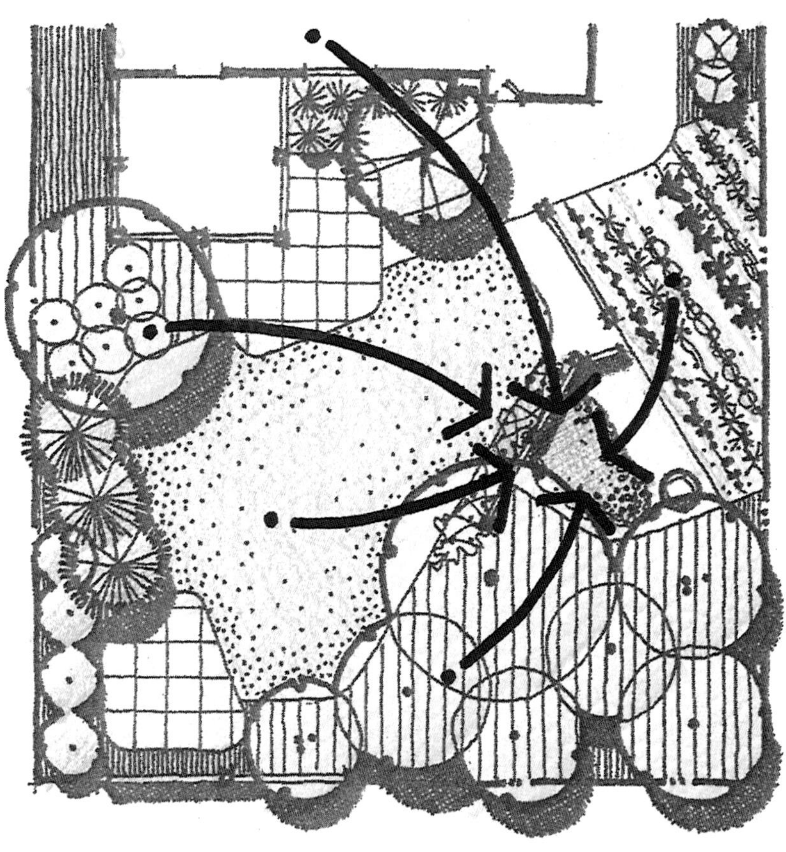

图3-52 堆肥区要收集室内和室外的植物性材料，使之循环使用

图4-2 齐茨克住宅前右方风景

图4-3 齐茨克住宅前左方风景

图4-4　主要从露台到齐茨克住宅的后院

图4-5　针对覆盖的齐茨克住宅

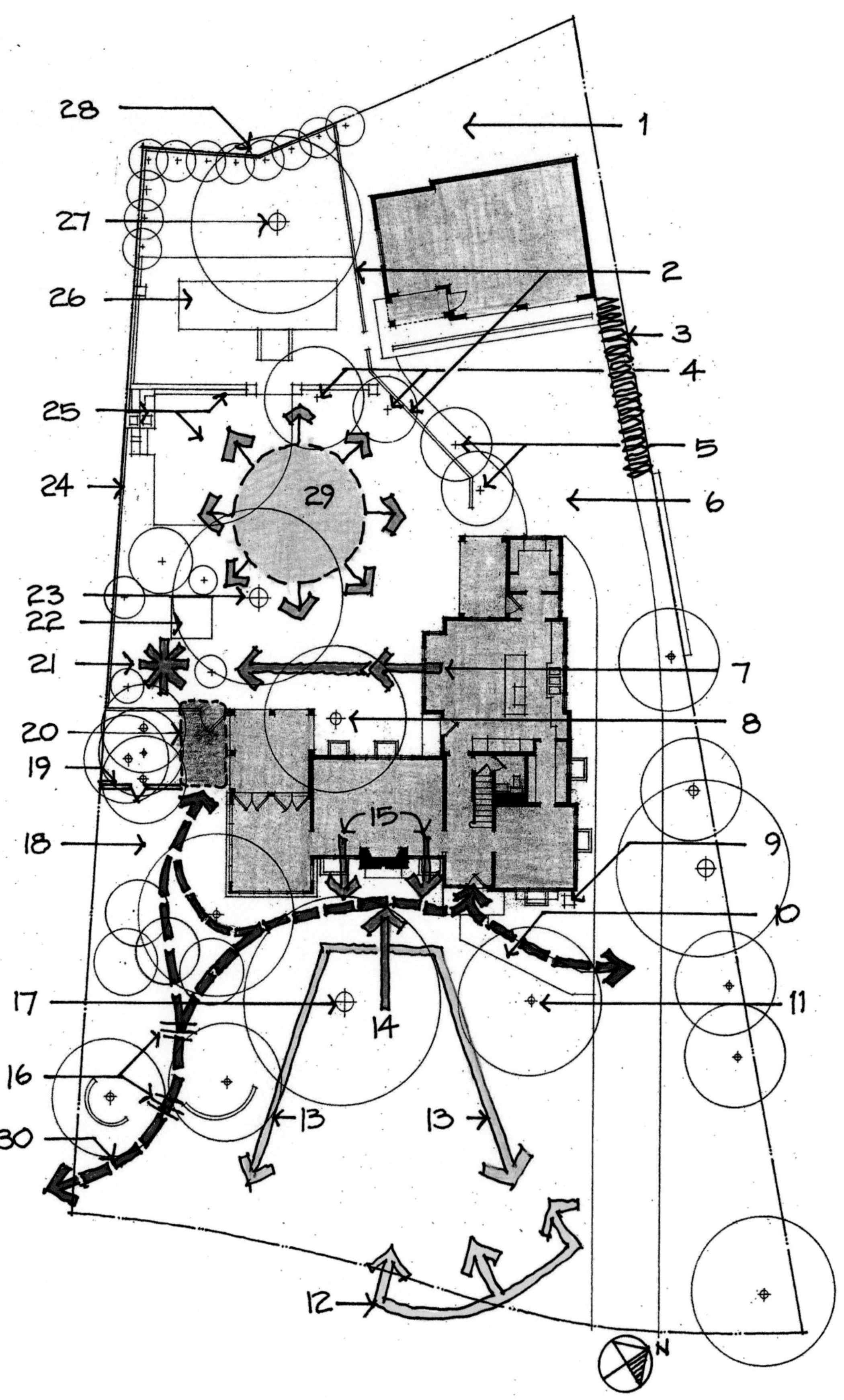

图4-8a 对于齐茨克的住宅场地调查与分析

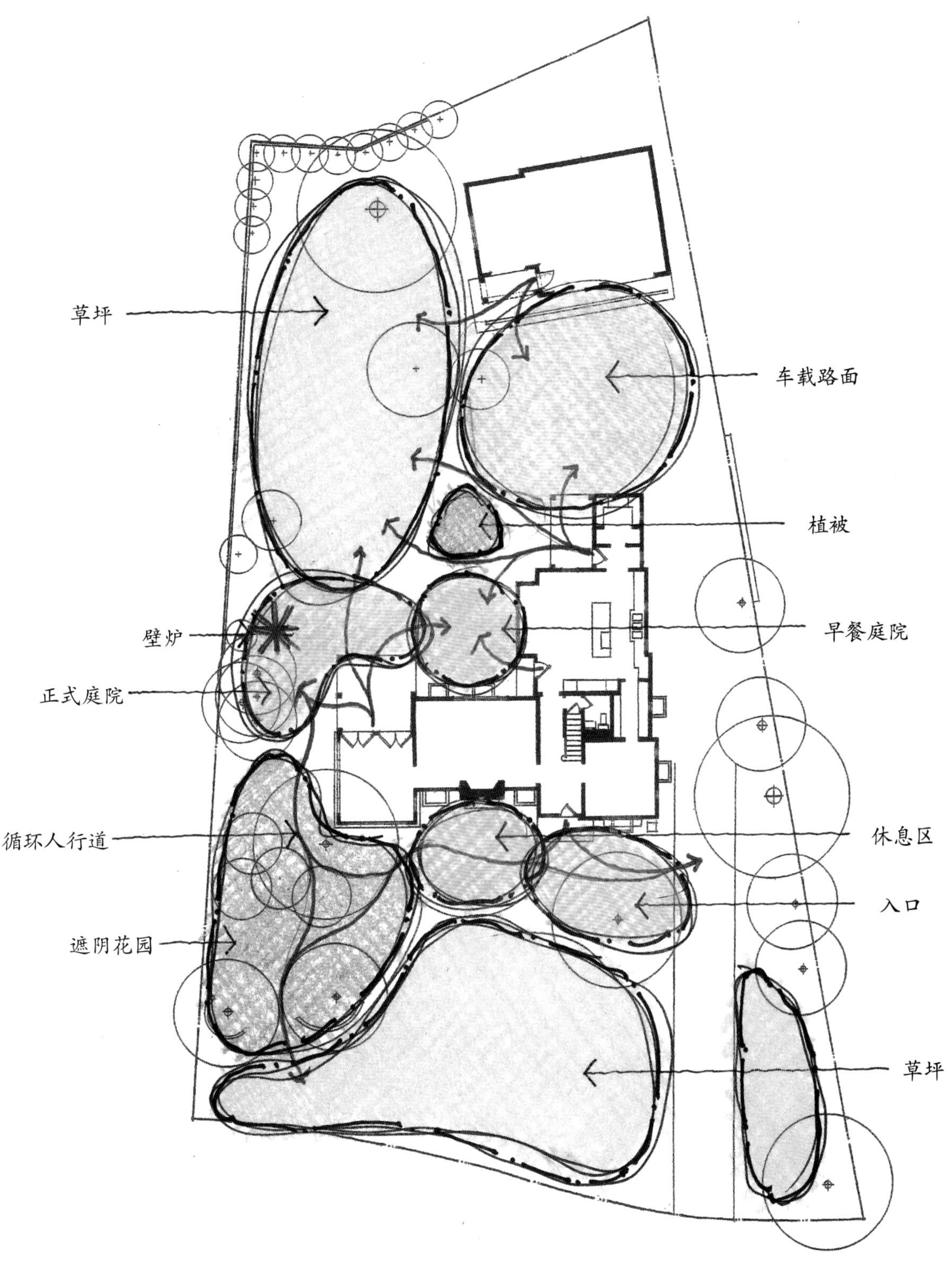

图4-10 齐茨克住宅概念图解

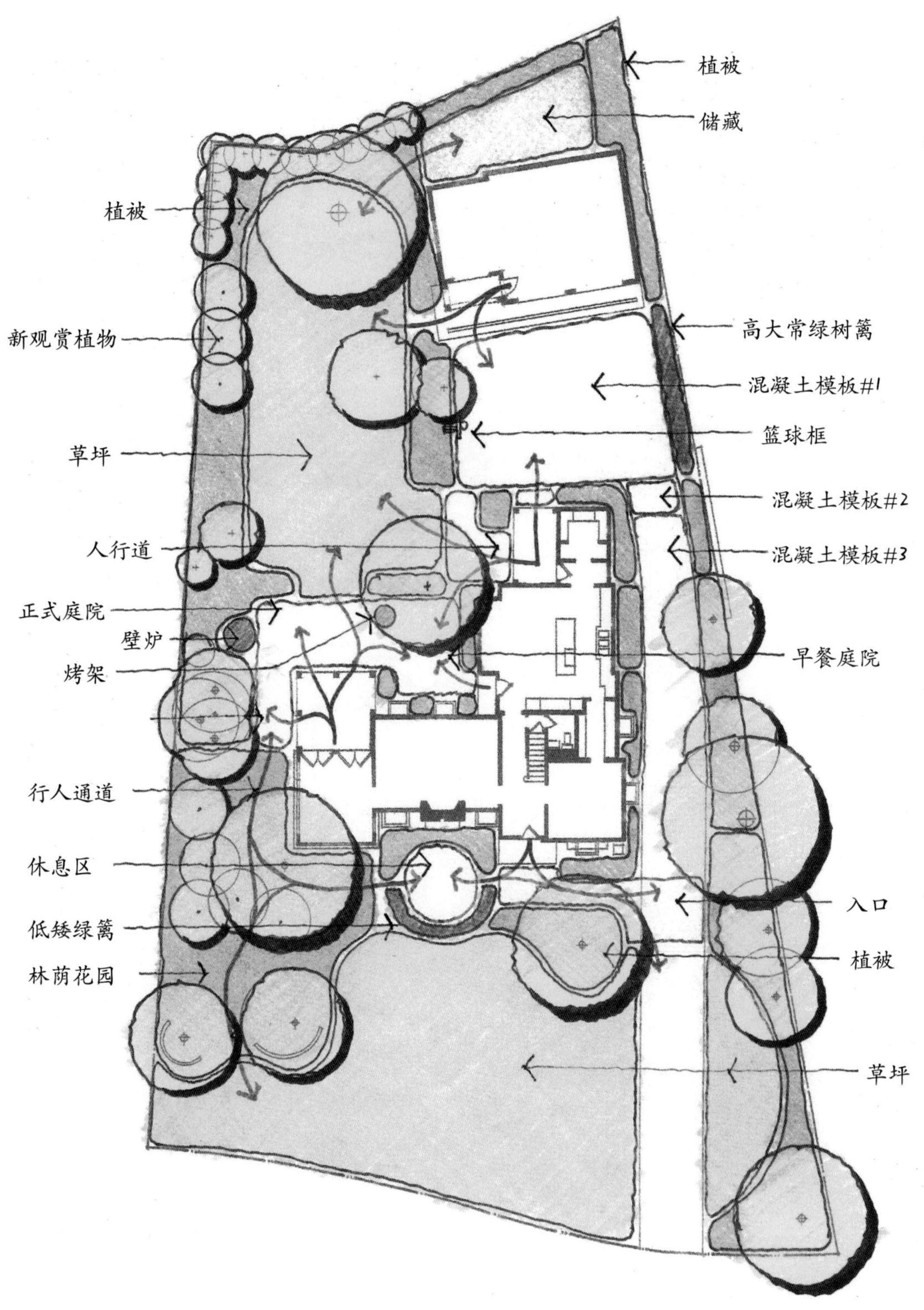

图4-11 齐茨克住宅功能图解

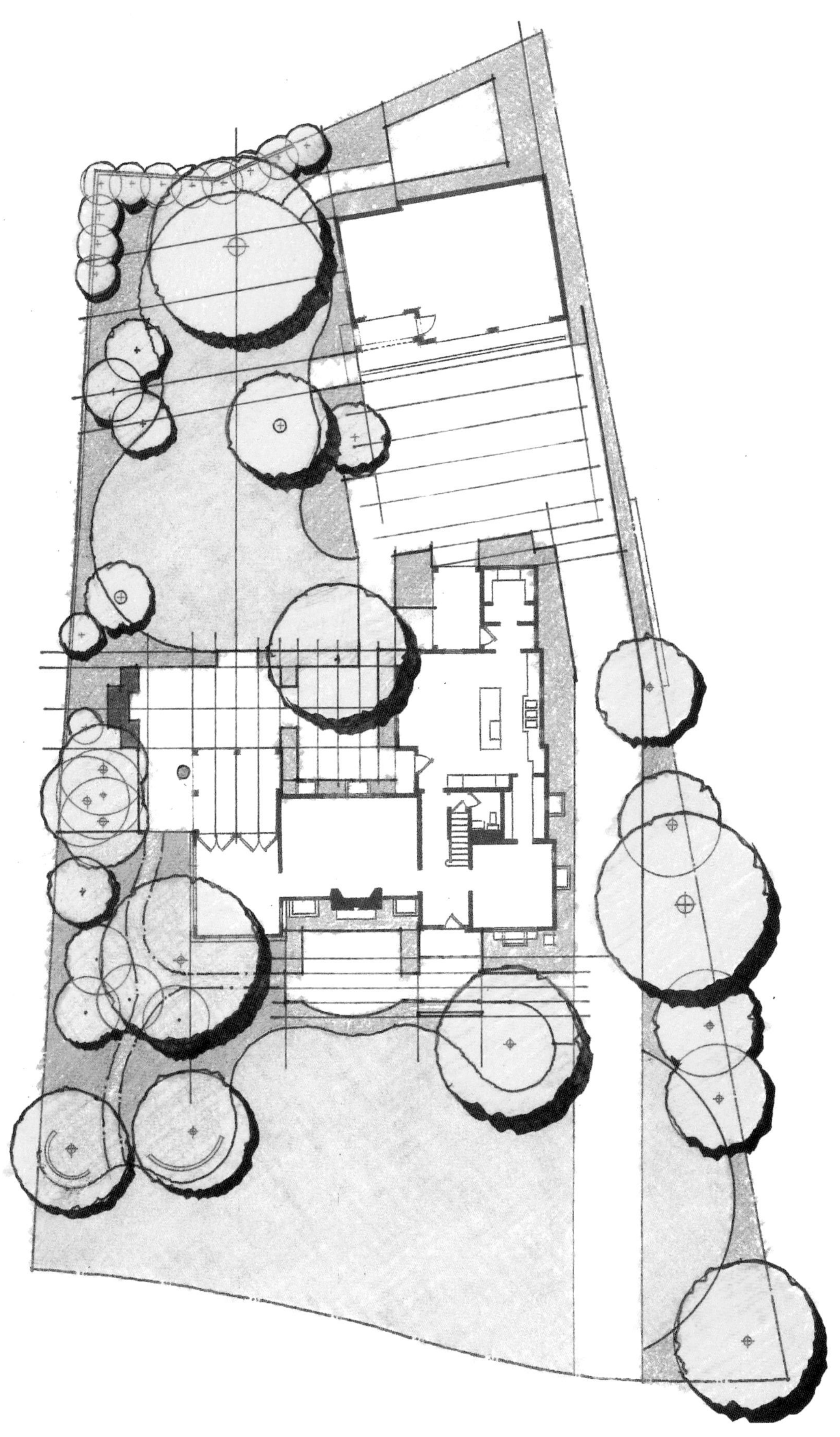

图4-12　齐茨克住宅平面构成研究

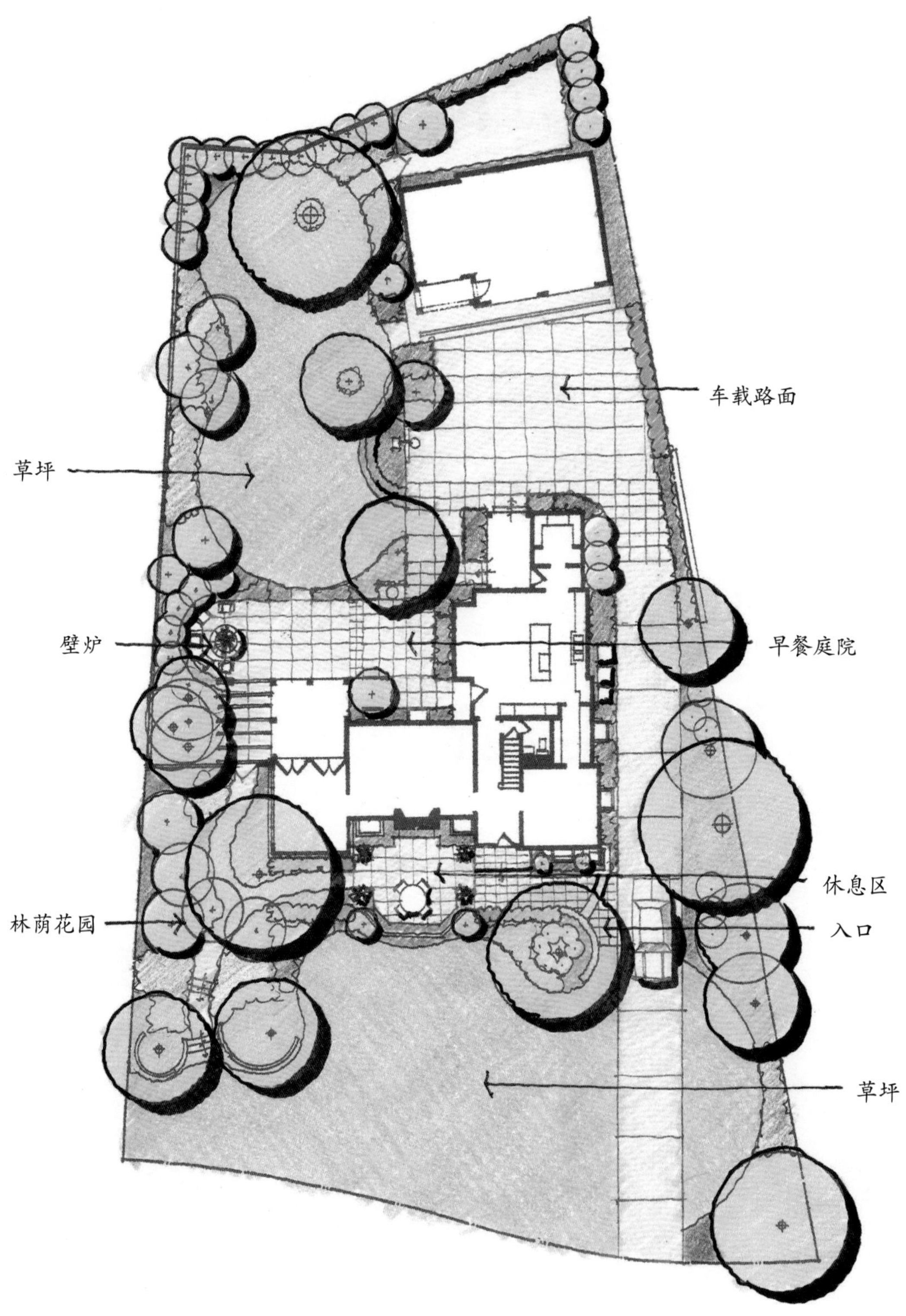

图4-13 齐茨克住宅初步设计平面图

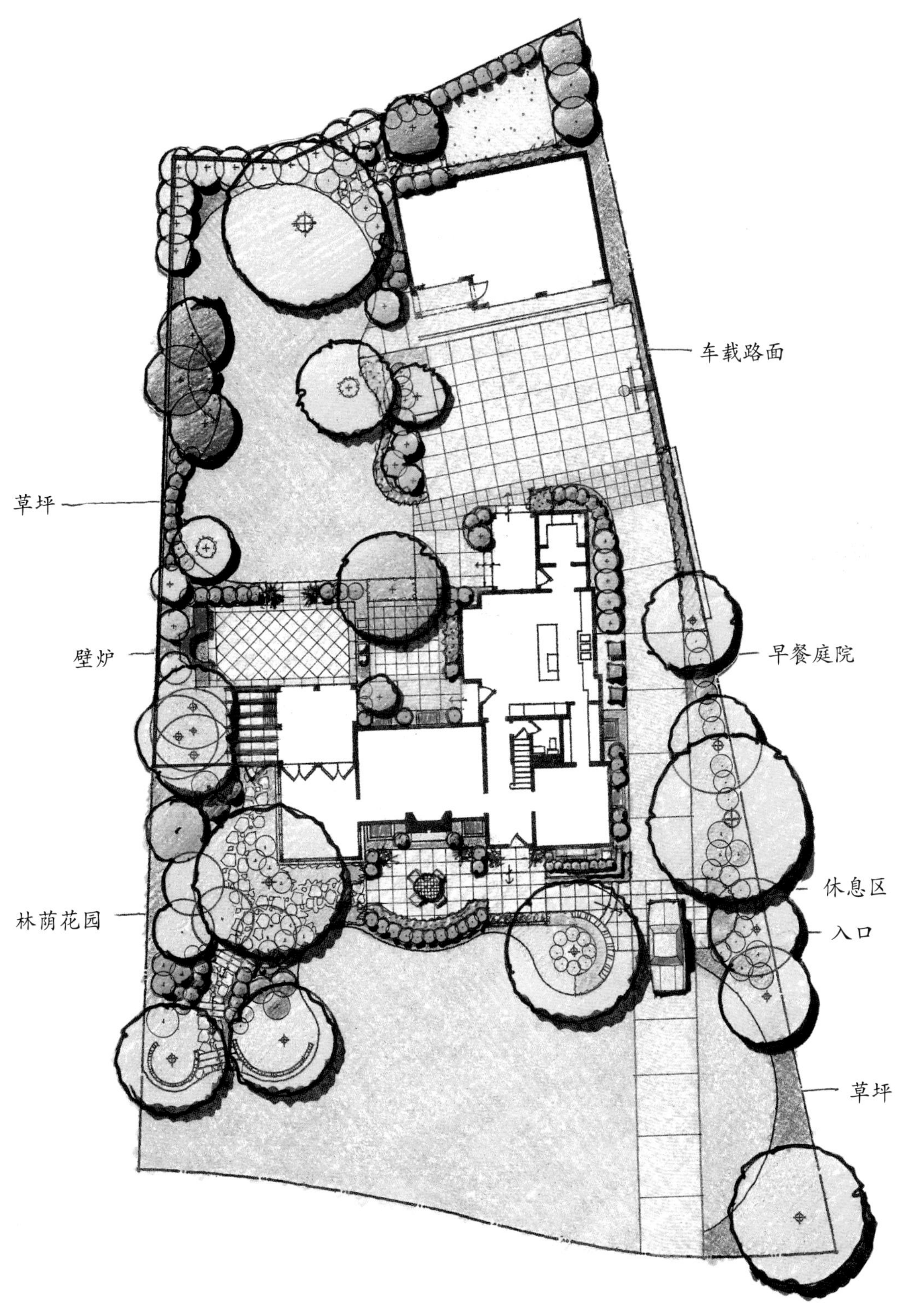

图4-14 齐茨克住宅总平面图

图4-19　齐茨克住宅前入口步行道和种植的完整施工

图4-20　齐茨克住宅休息空间完成施工

图4-21　齐茨克住宅部分完工的后院建筑

图4-22　齐茨克住宅完工的盖廊、凉亭和石天井建筑

图5-1　网站主页样本

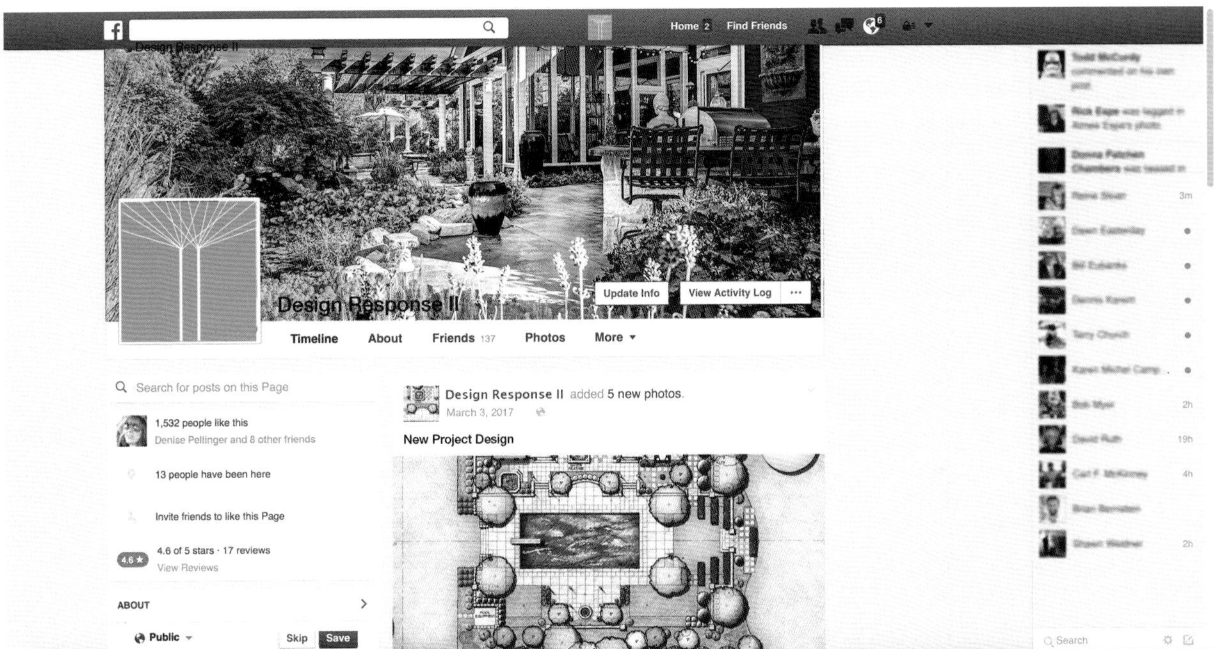

图5-2　脸谱网网页样本

图5-3　其他社交媒体

图5-4　宣传册样本

图5-5　与设计师初次接触一般是通过电话、微信、电子邮件或短信

图5-6　会见客户

图5-12　多种方法组织和展示作品集

图5-8 设计师应该鼓励客户表达出他们所喜爱的室内建筑风格

图5-10 设计师应该鼓励客户表达出他们所喜欢的建筑外部特征
设计#N3409（上）。C住宅设计师。可供蓝图，800-322-6797

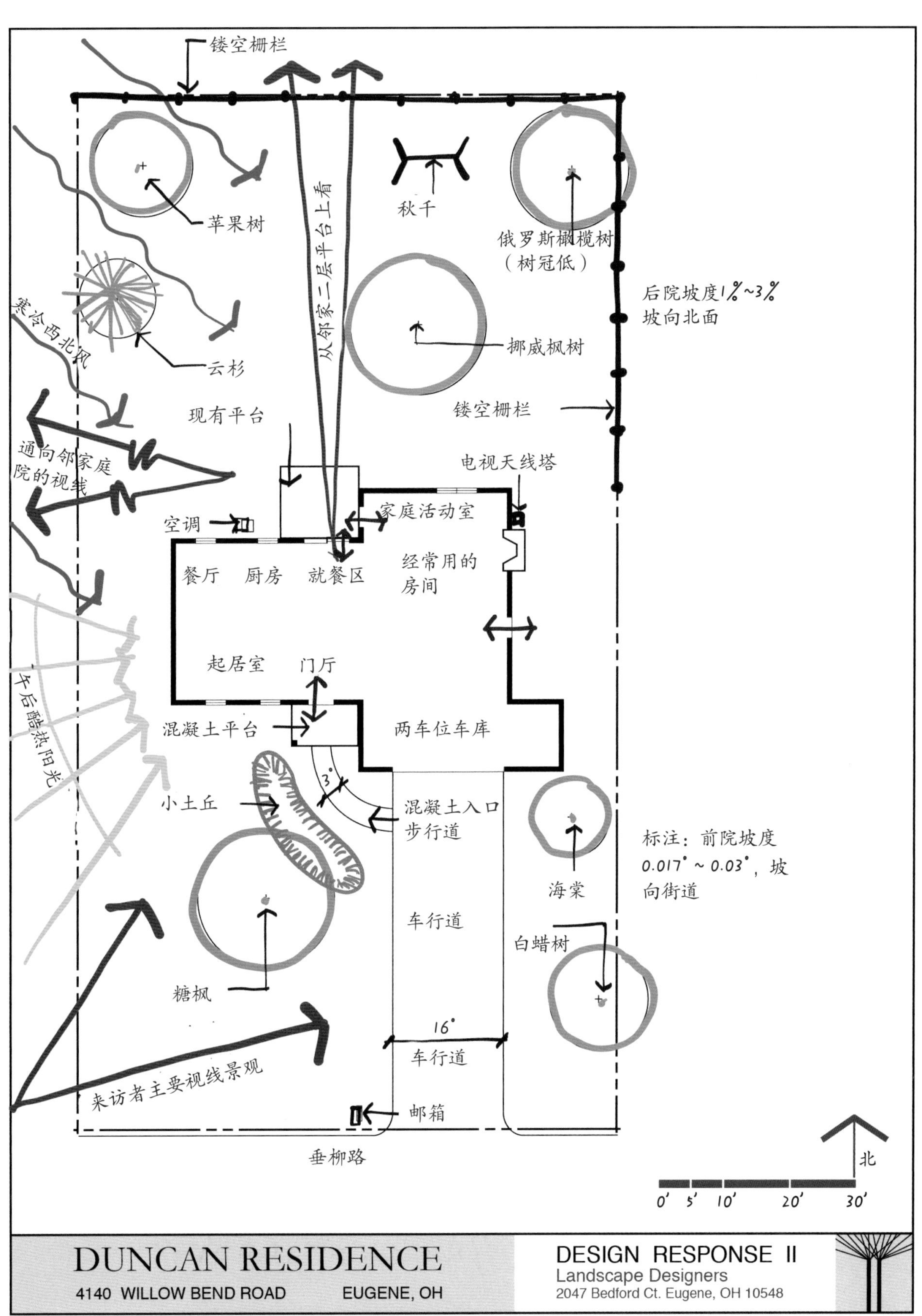

图7-8 在iPad上绘制的邓肯住宅现场清单

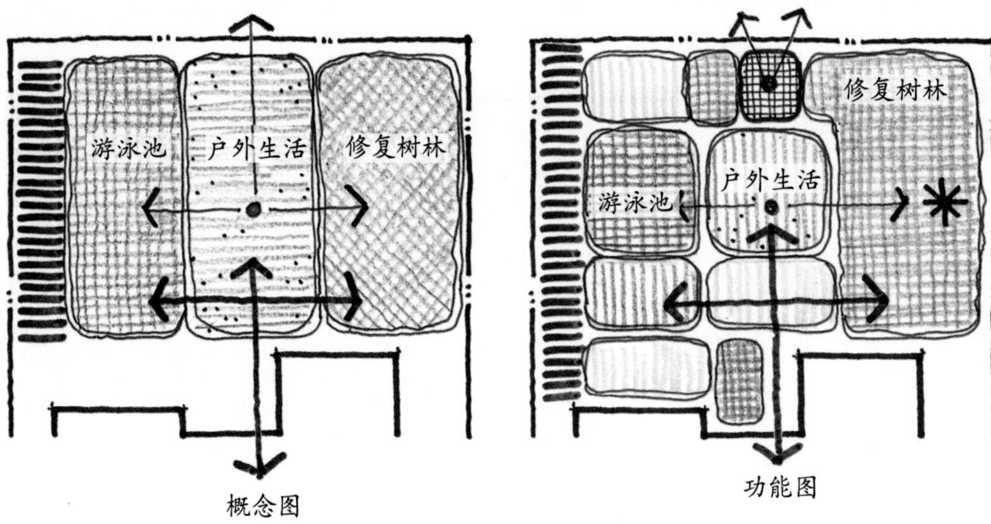

图8-2　概念图和功能图的比较

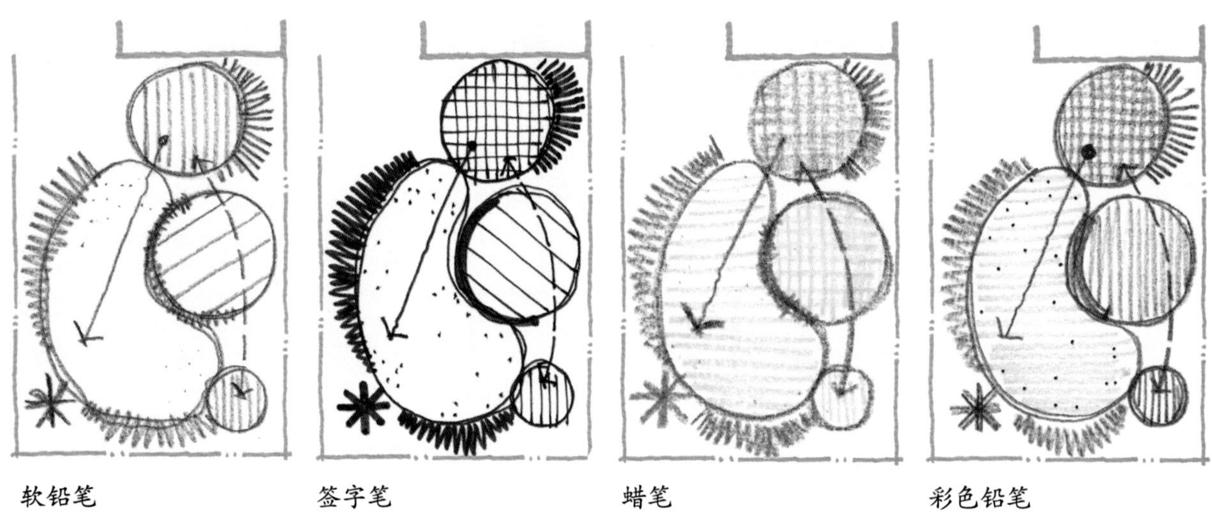

图8-4　绘制概念图的工具

图8-5　在iPad上绘制的概念图

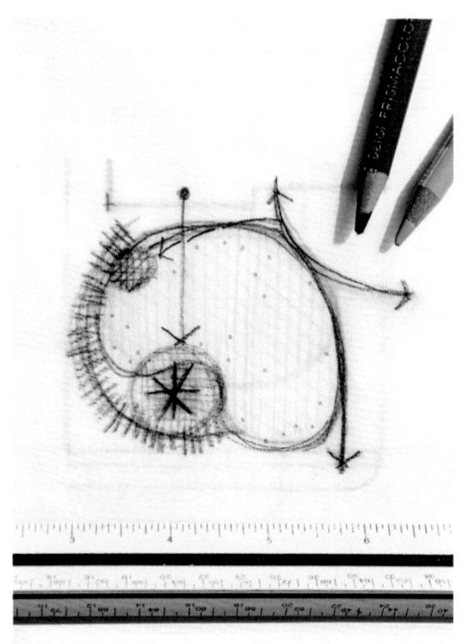

图8-7　概念图是在相对较小的范围内绘制的

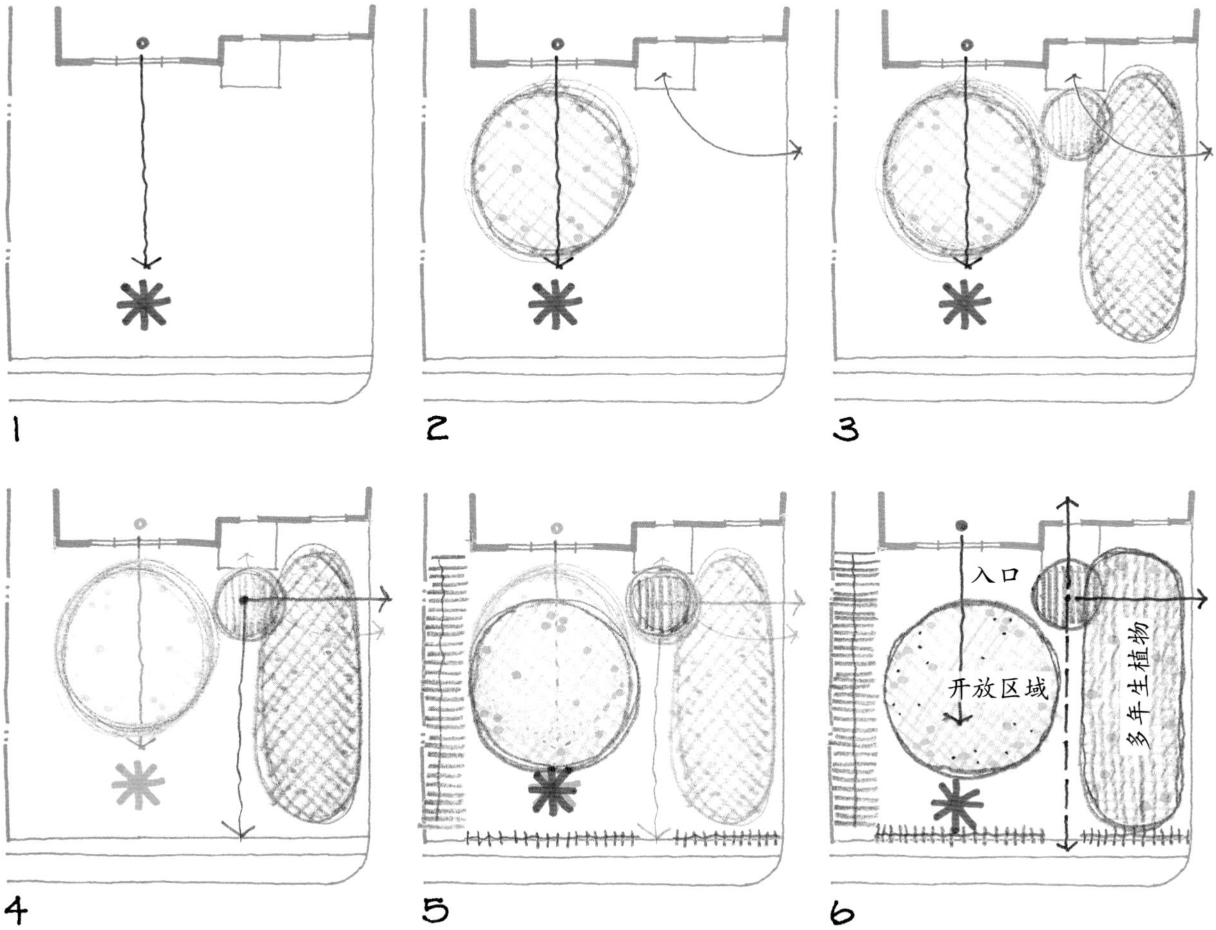

1
2
3
4
5
6
入口
开放区域
多年生植物

图8-6　绘制概念图连续步骤示例

入口
开放区域
多年生植物

功能图概念

功能图

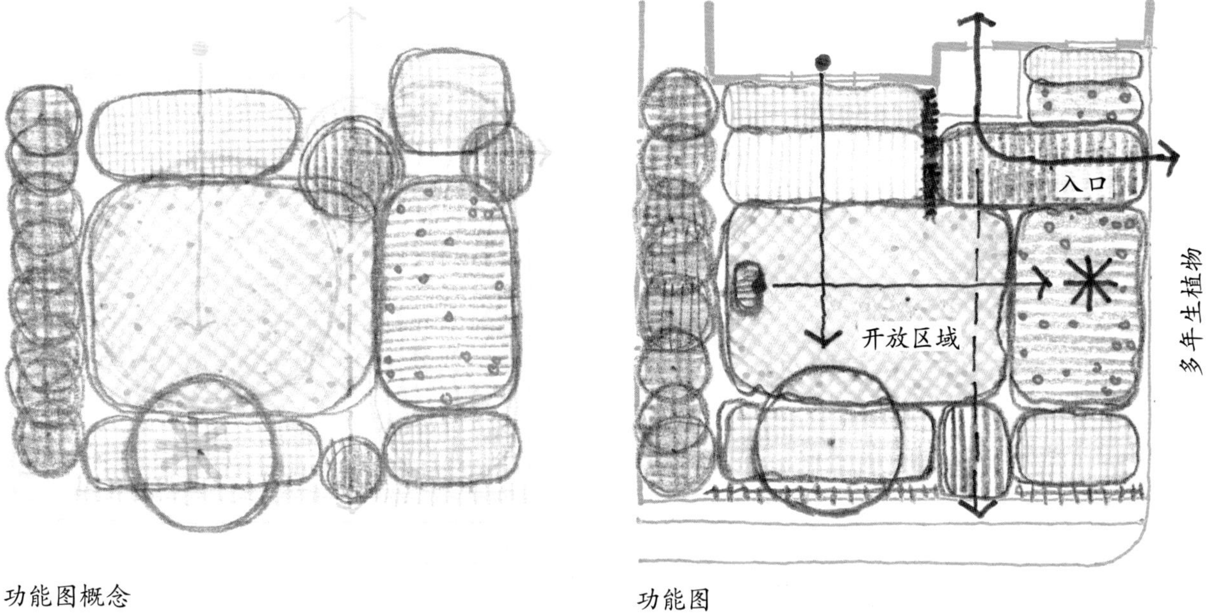

图8-8　功能图直接从概念图演变而来，变得更加详细

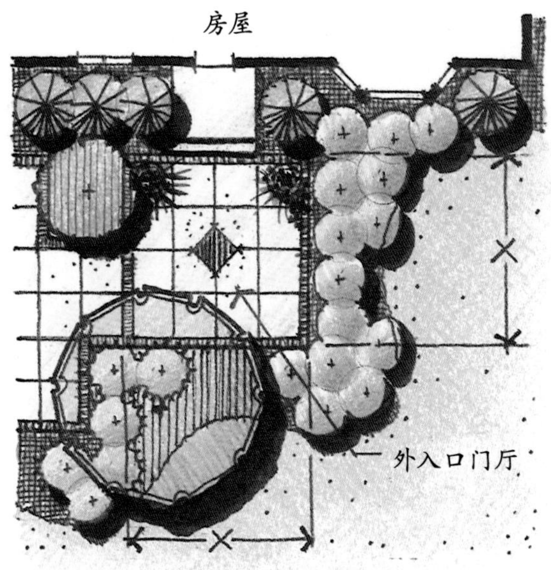

图8-13 室外入口门厅可以运用等比例平面以暗示人们停留并聚集

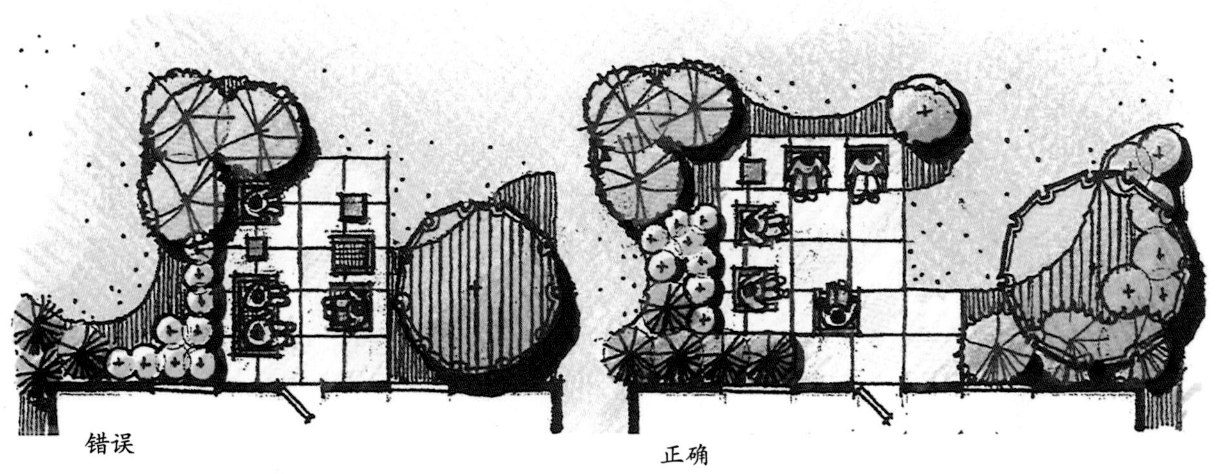

图8-17 空间的平面比例决定了它是否能作为集聚、谈话的空间

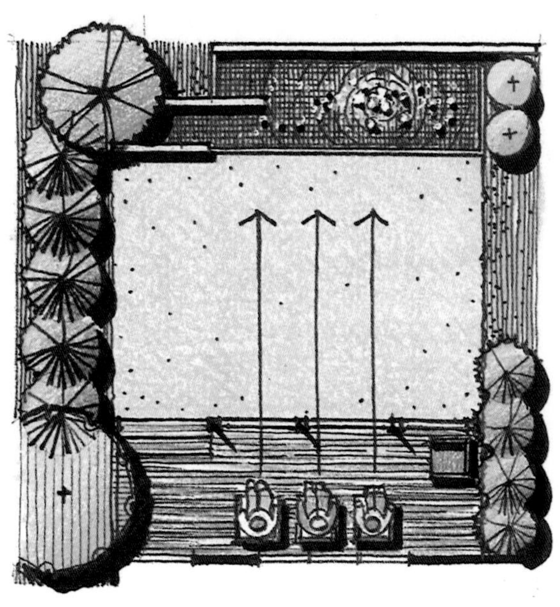

图8-18 不等比例平面的空间使家具的布置直接面向外部景观

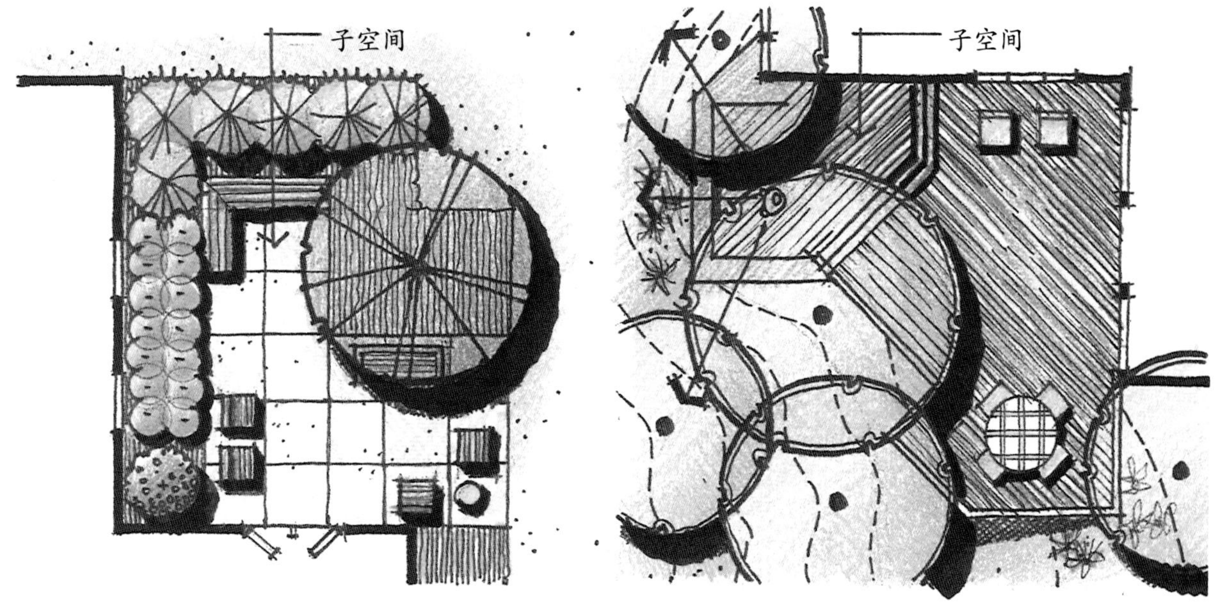

图8-22 L 形轮廓配置空间的每一个角落都可以作为另一个大空间的子空间

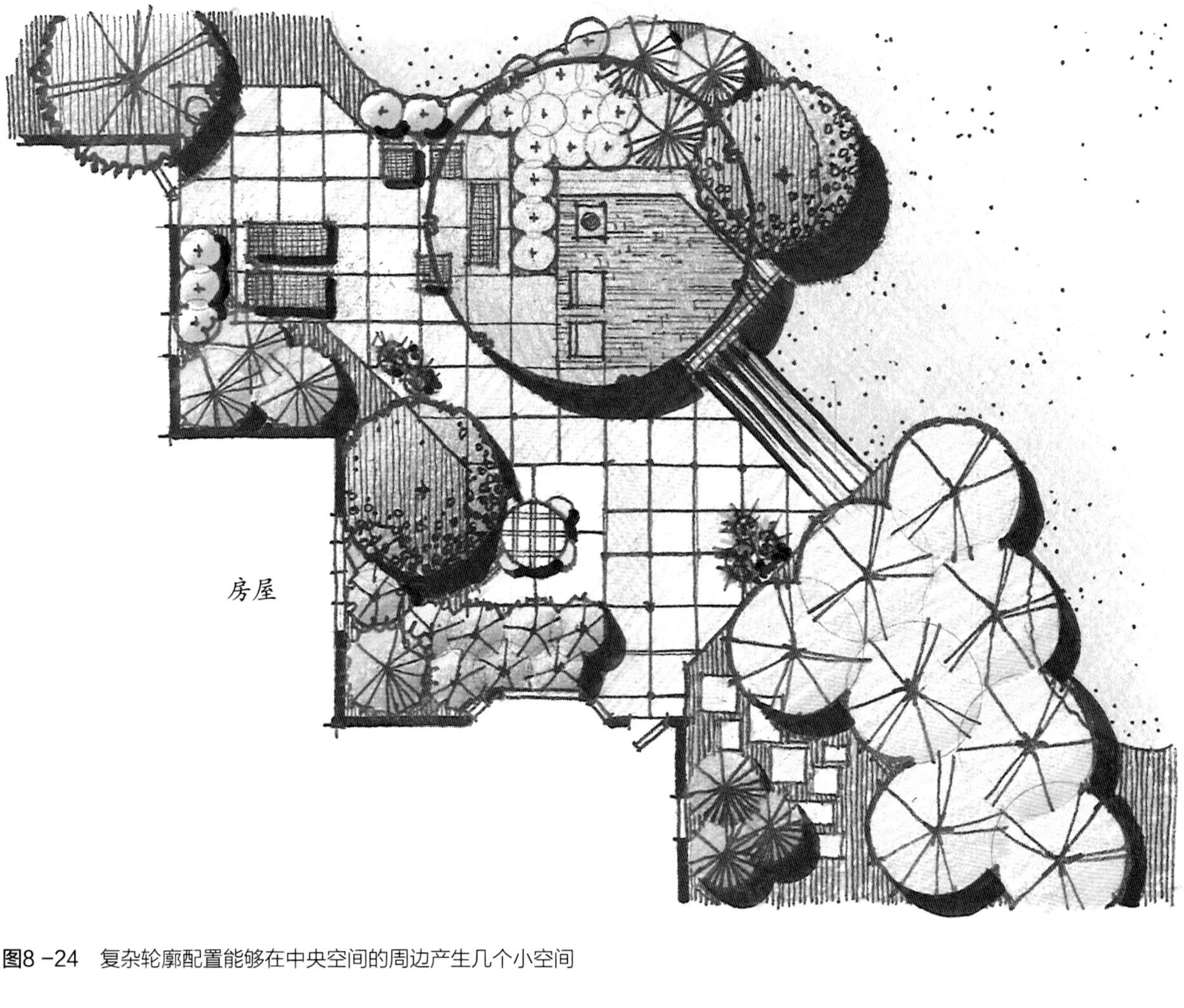

房屋

图8 -24 复杂轮廓配置能够在中央空间的周边产生几个小空间

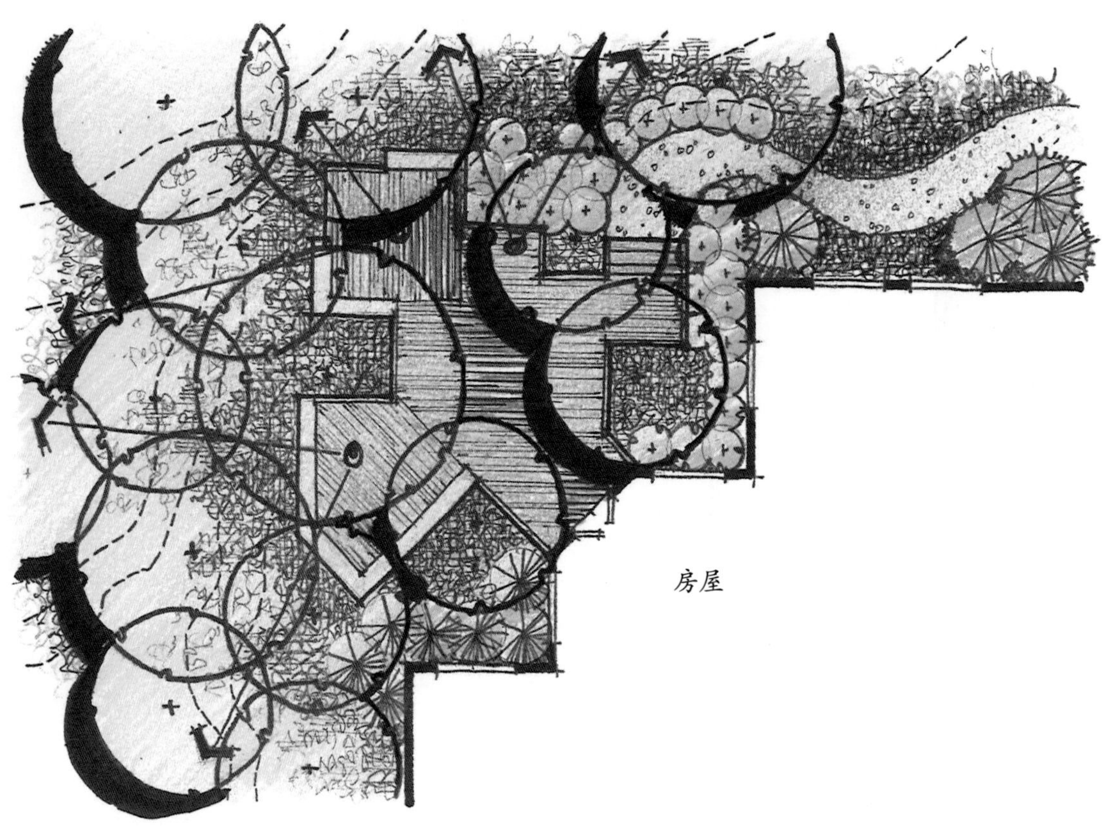

图8-25 复杂轮廓配置能够为周边的子空间提供直接面向周围景观的视线

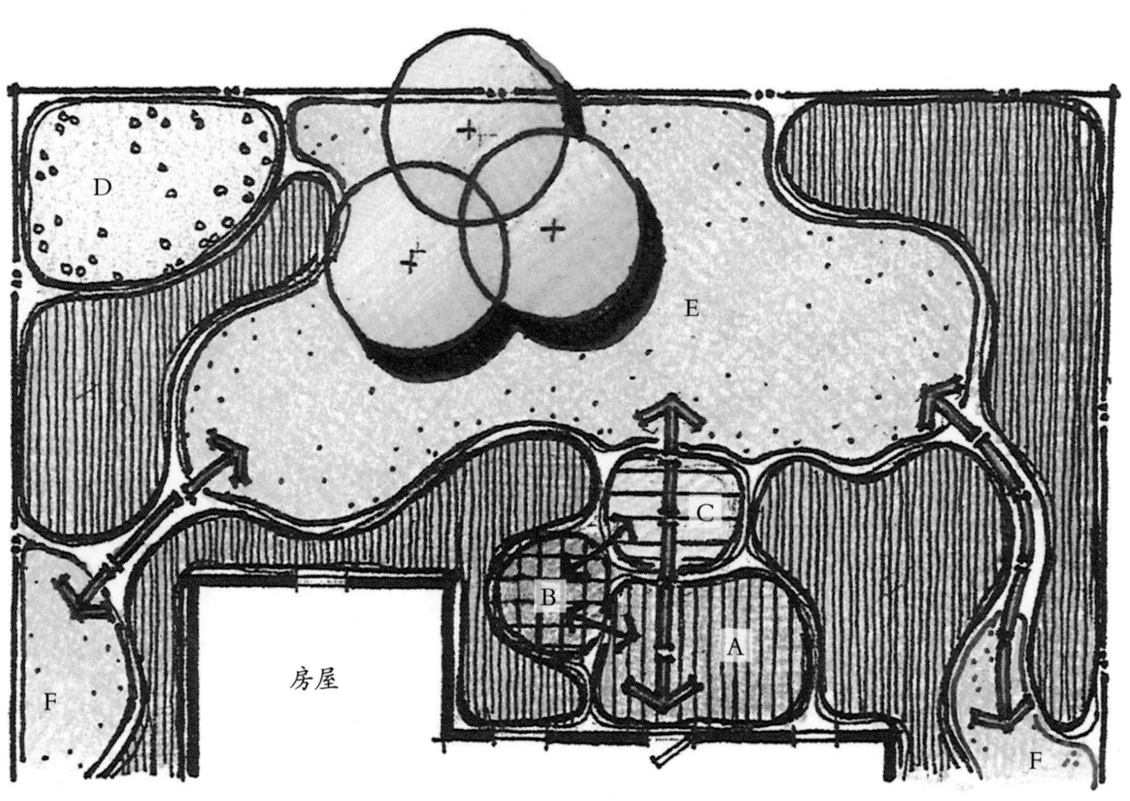

正确

图8-39 在完成的功能图解中，所有的基地区域都应该有“泡泡”或其他符号

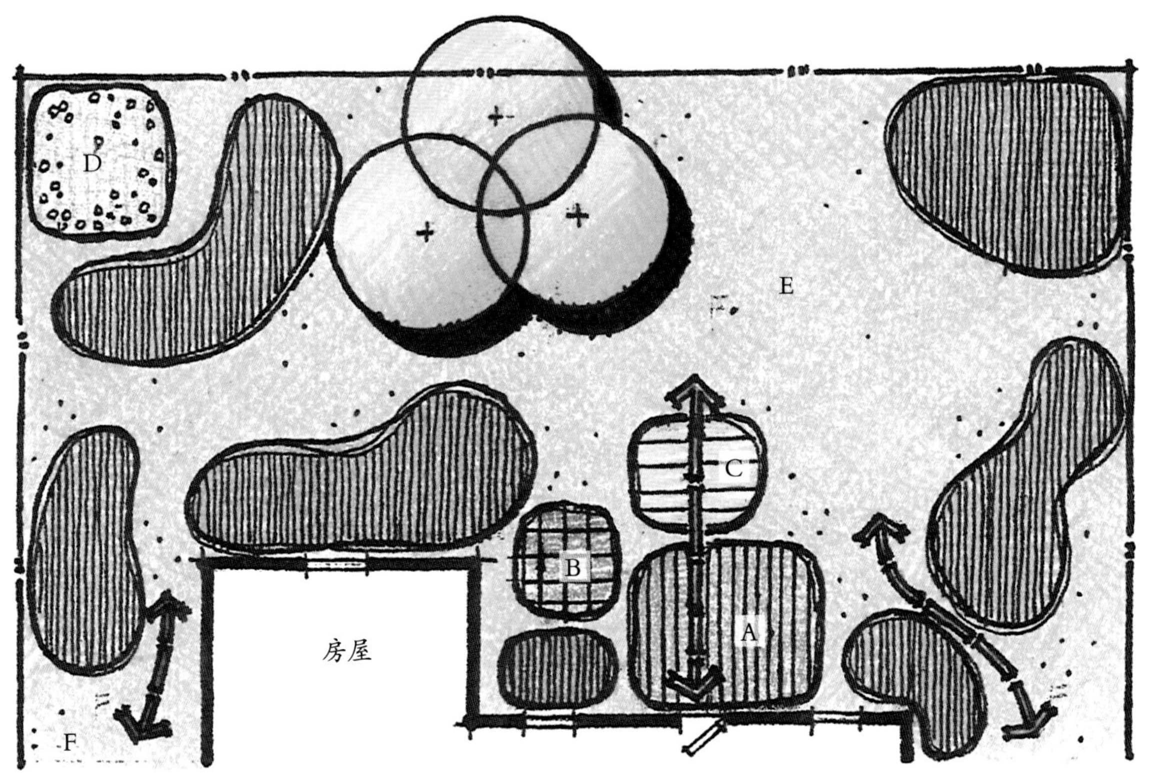

错误

图8-40　在一张完成的功能图解上不应该有空白的区域或“孔洞”

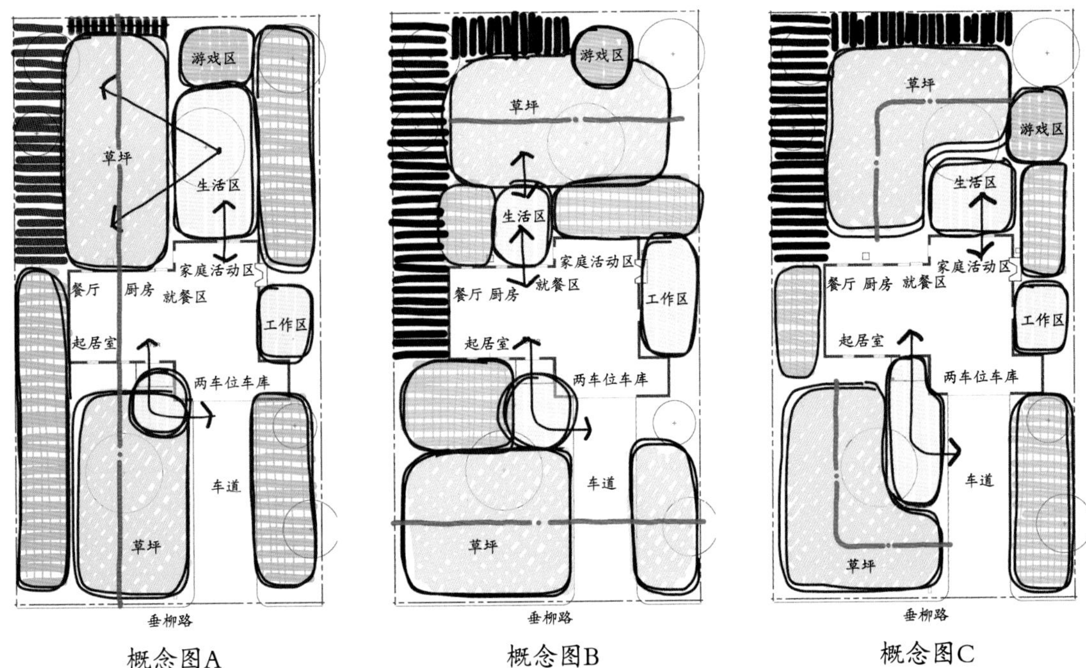

图8-41　邓肯住宅的可选择概念图

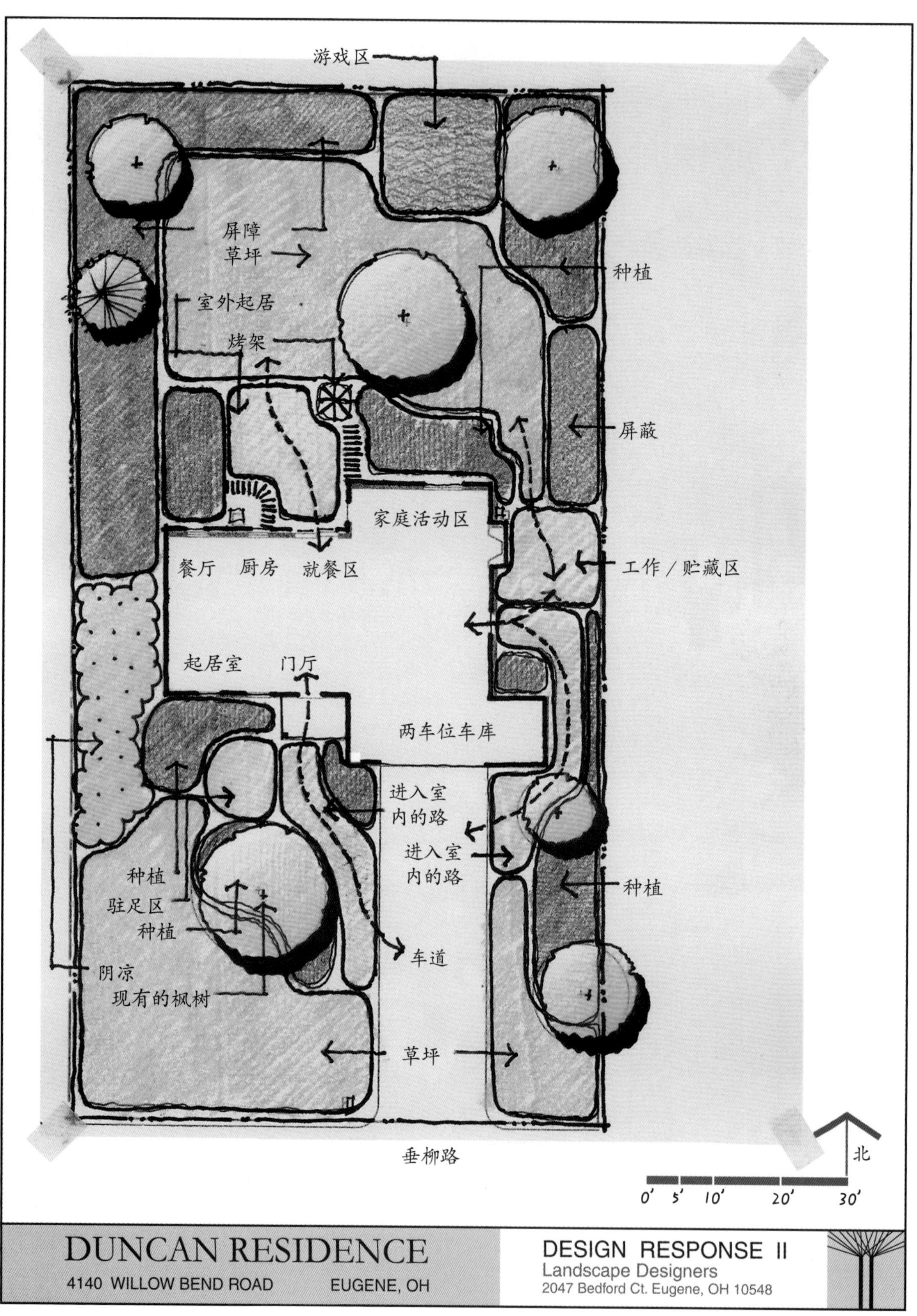

图8-42　为邓肯住宅而作的功能图解A

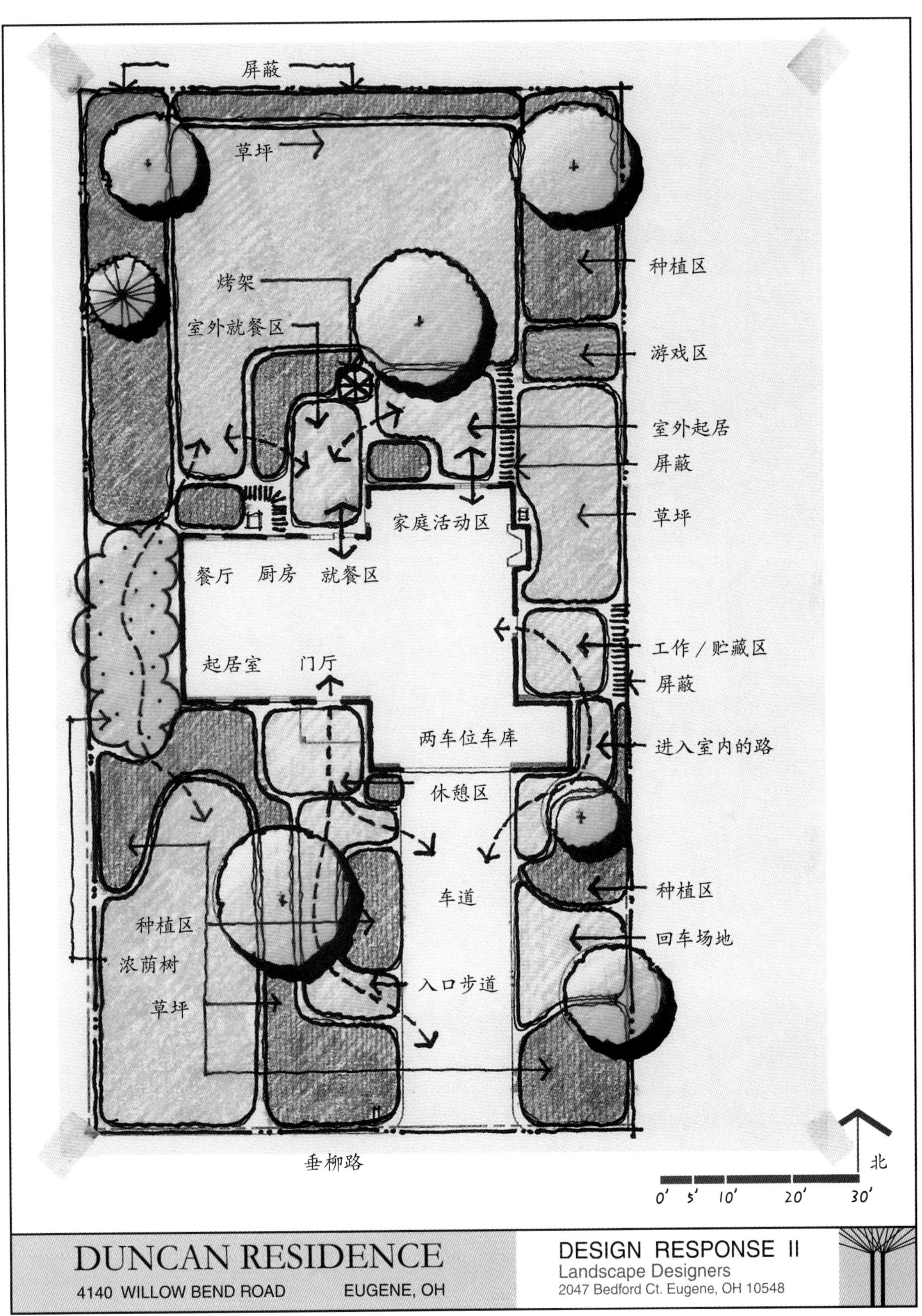

图8-43 为邓肯住宅而作的功能图解B

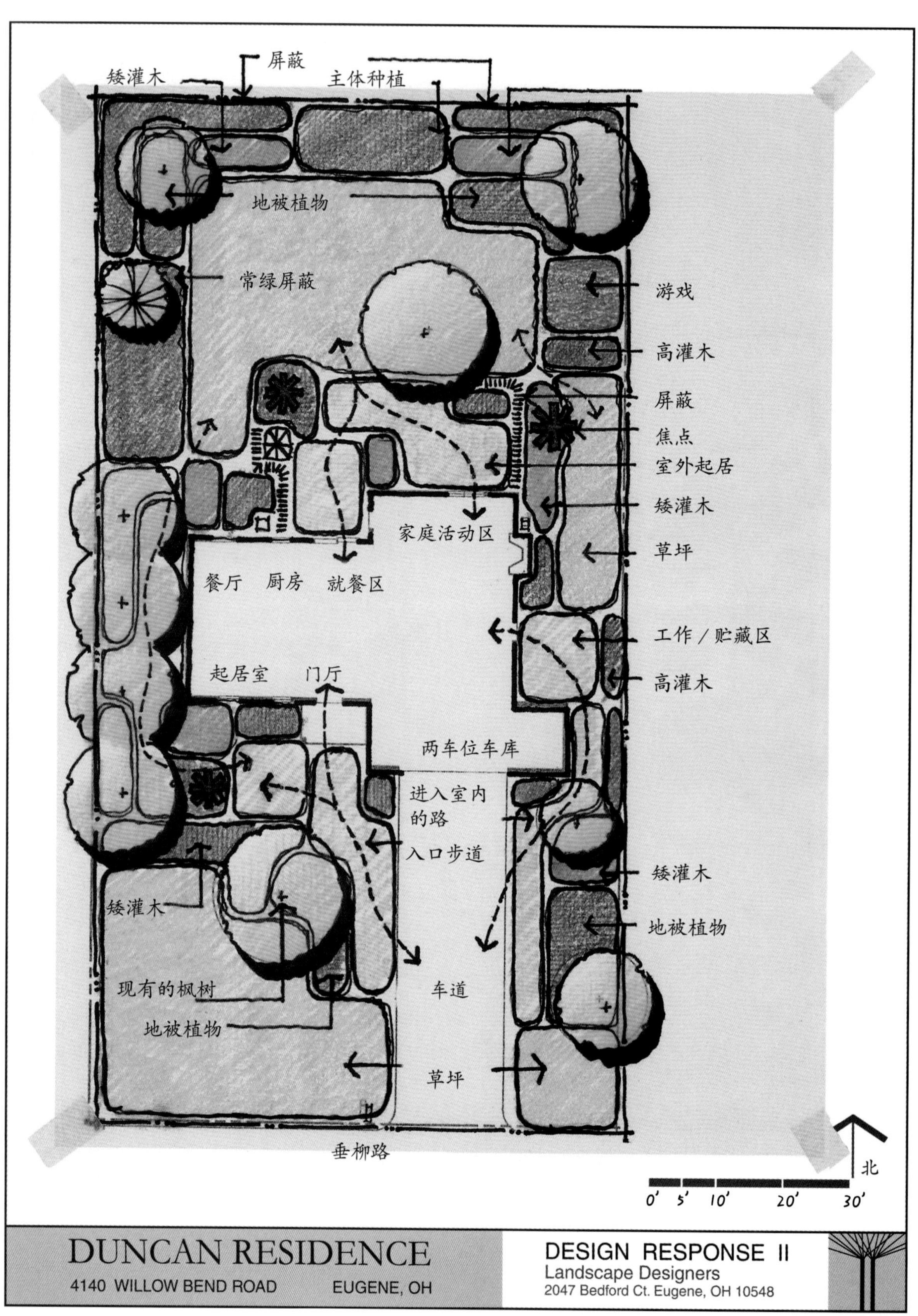

图8-44　为邓肯住宅而作的功能图解C

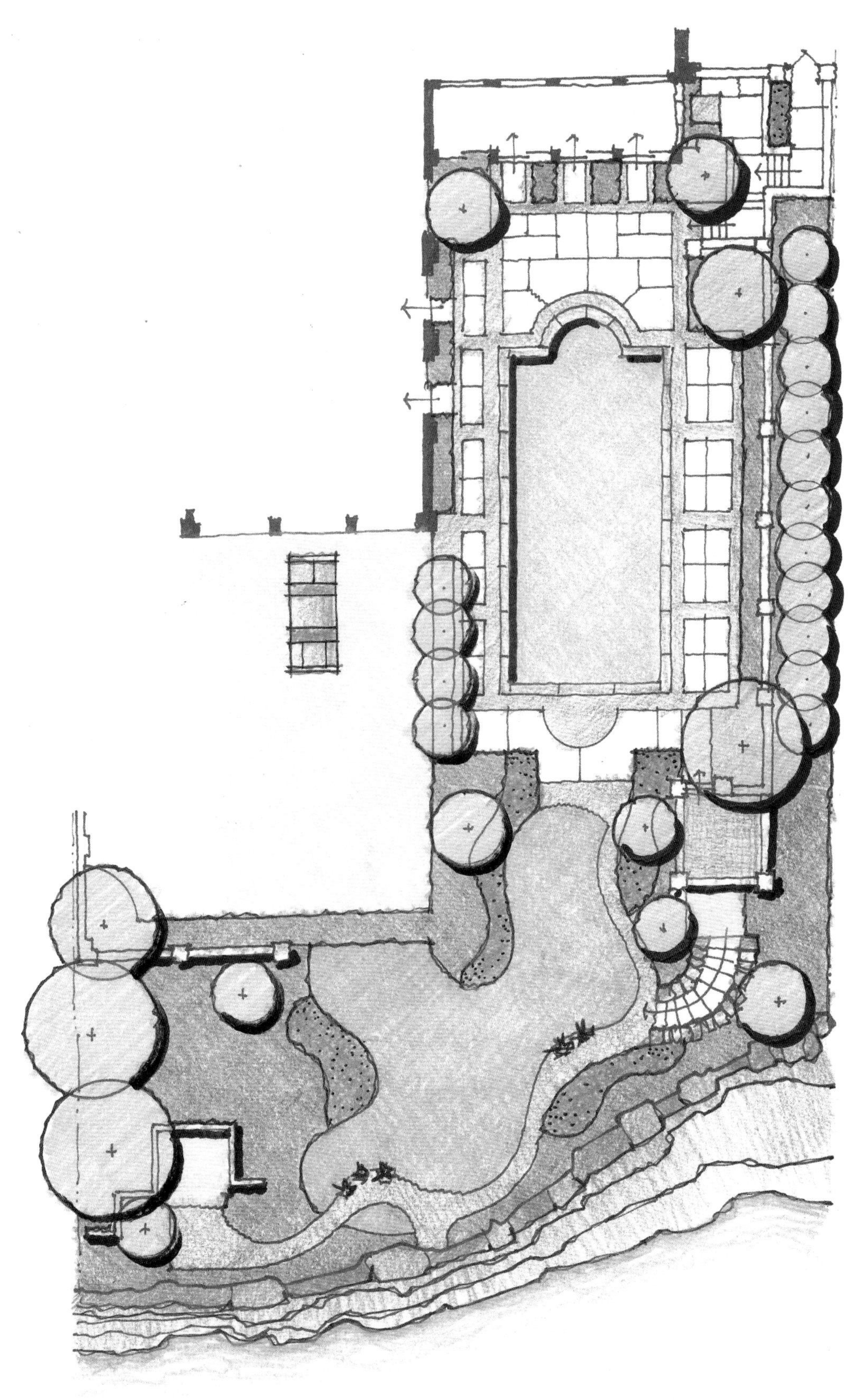

图9-1a 有限颜色的初步设计样图

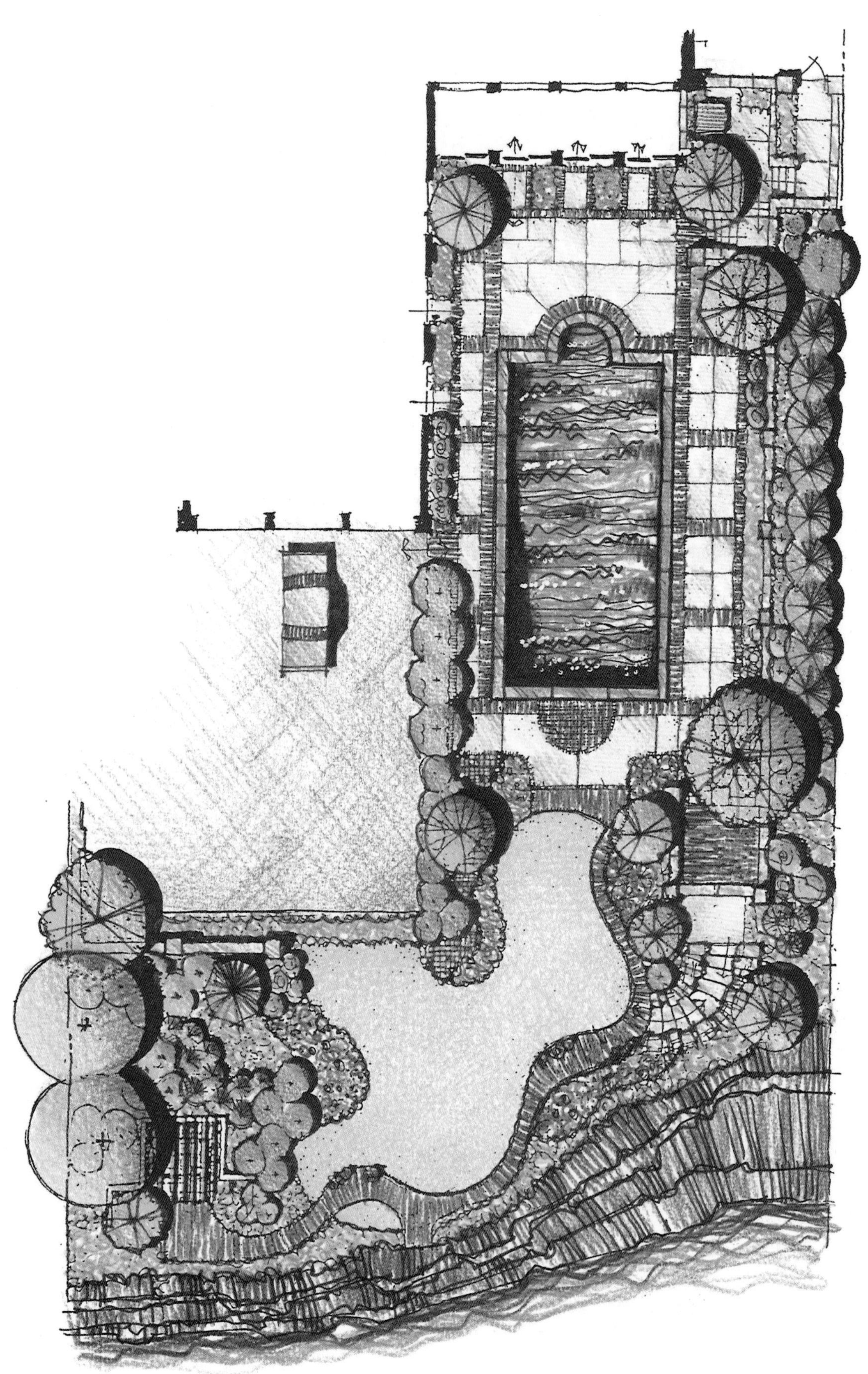

图9-1b 具有丰富颜色的初步设计样图

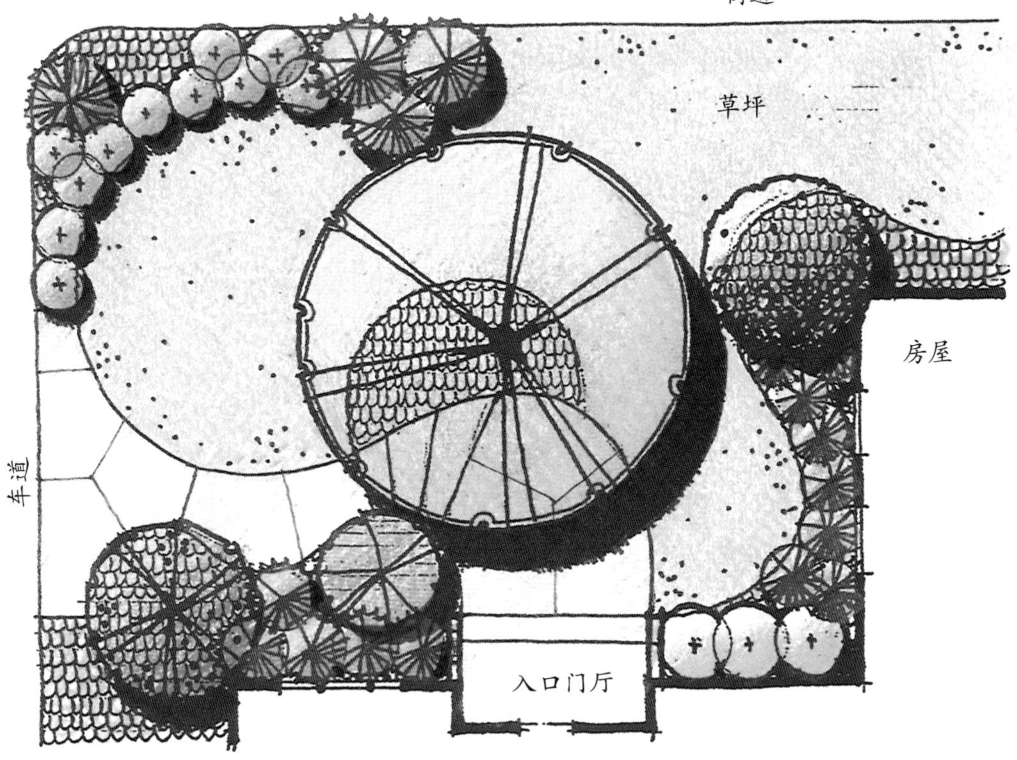

图9-3　运用了基本设计原则的住宅基地设计既吸引人又有组织

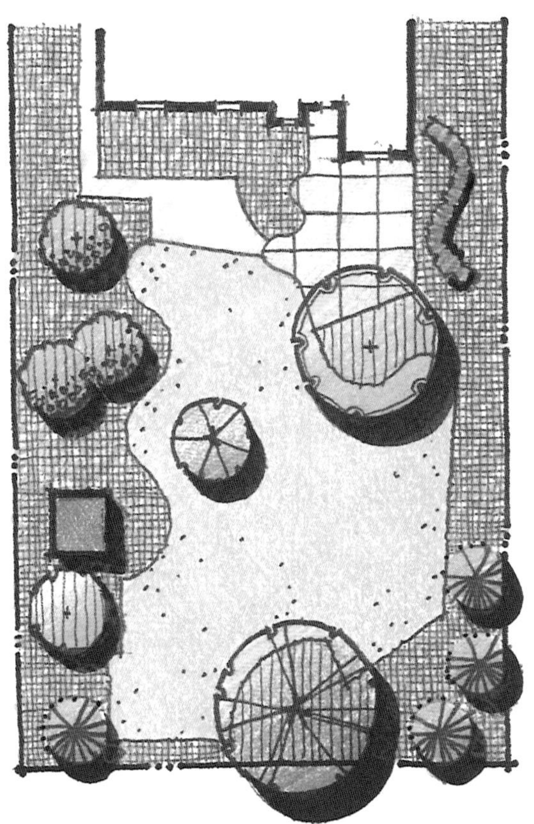

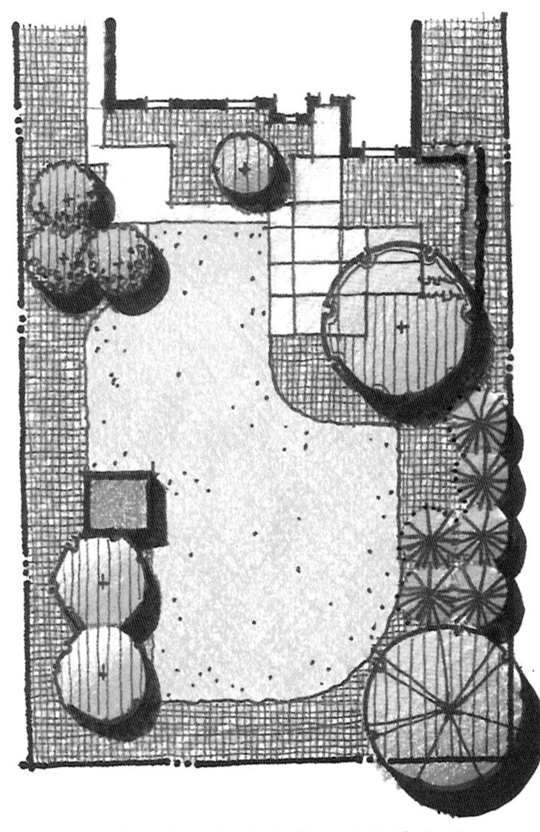

图9-4　一个视觉主题在设计中创造了秩序

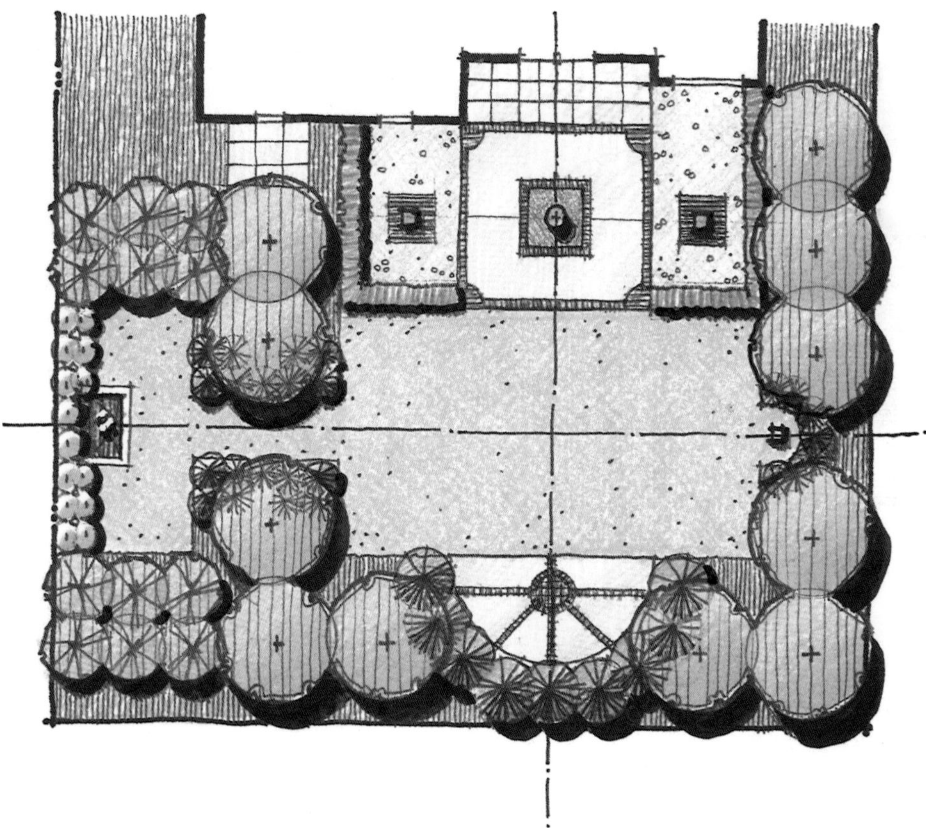

图9-6　围绕两条轴线对称布局的设计之一

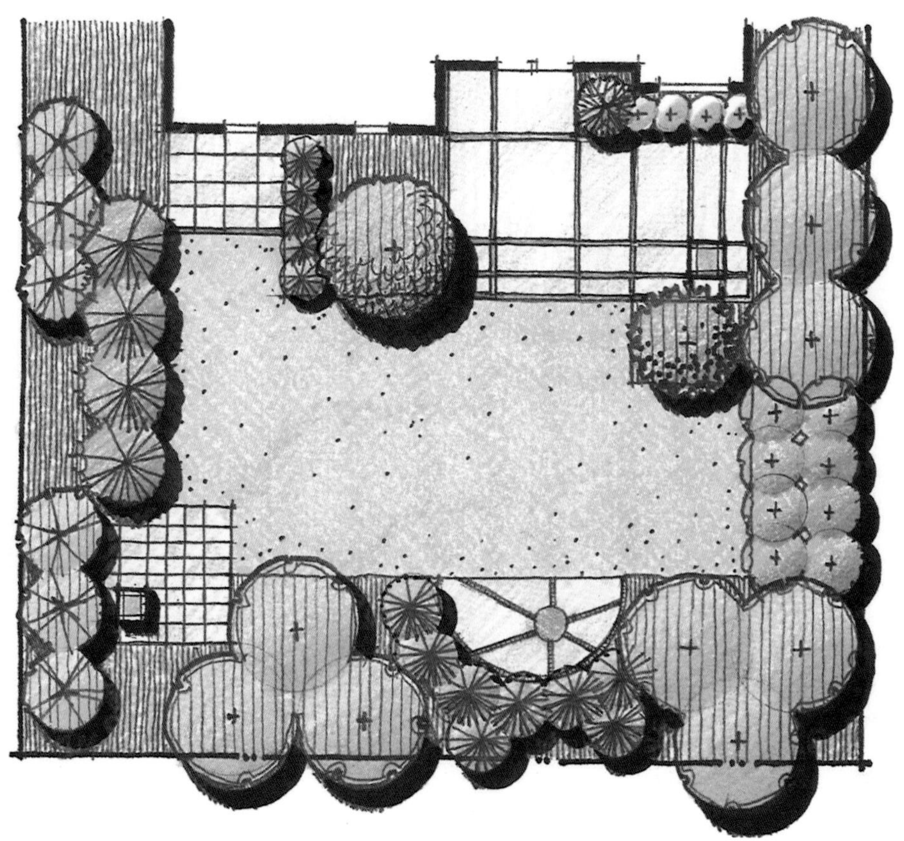

图9-8　结合不对称平衡的平面例子之一

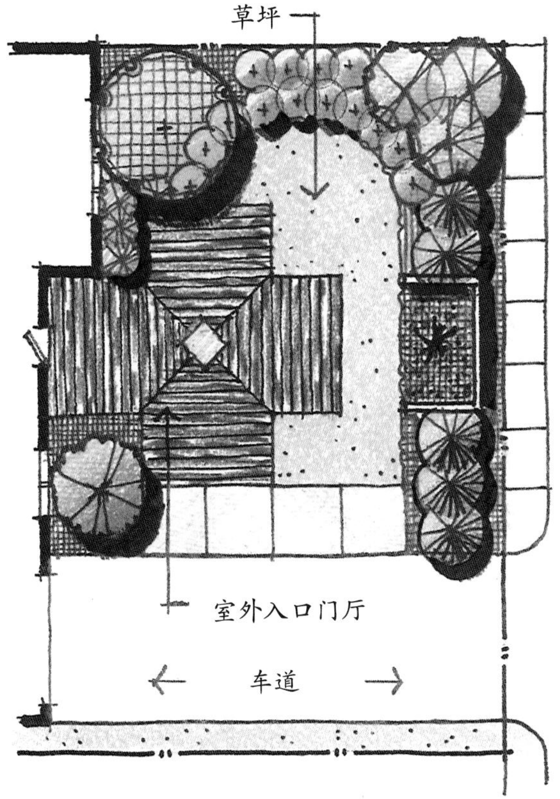

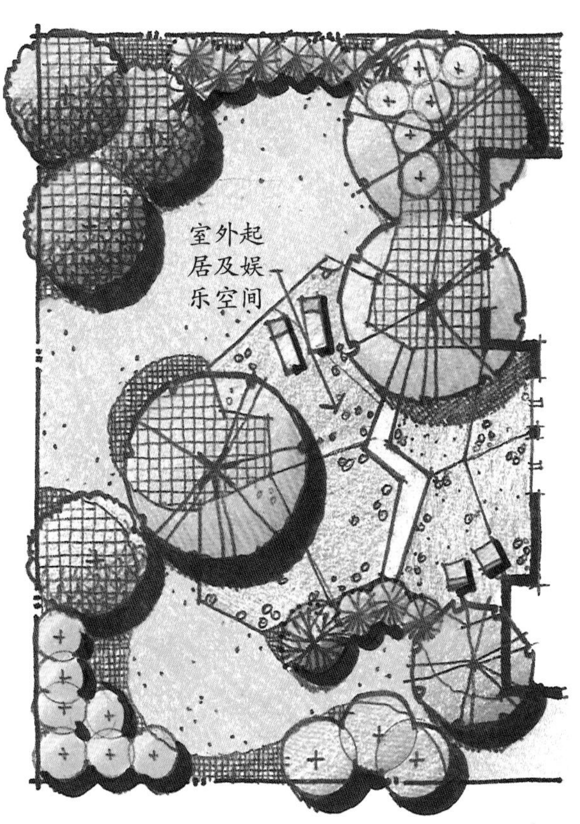

图9-16 室外门厅充当主体空间

图9-17 室外起居及娱乐空间作为主体空间

图9-18 一棵观赏树的独特生长习性使它成为一个主体的视觉元素

图9-21　砖块在房屋、矮墙和铺地上的重复使视觉上有统一感

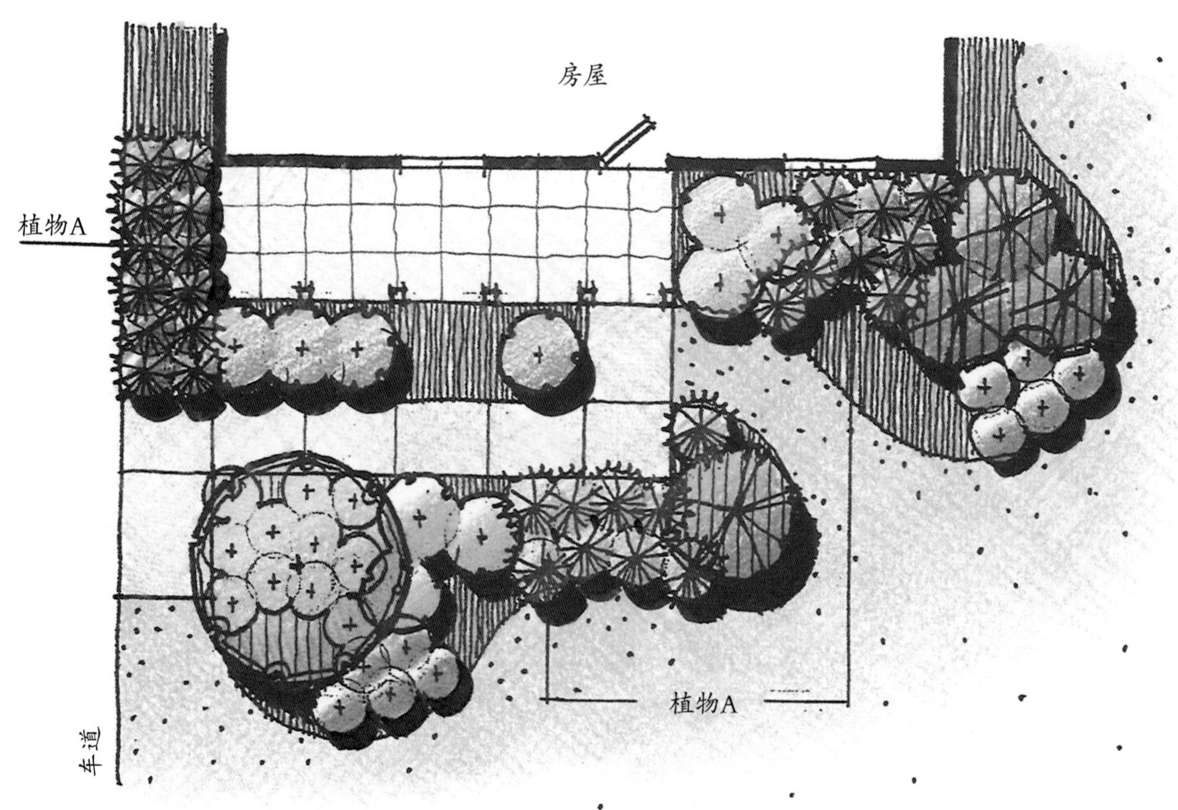

图9-22　选定的植物种类交叉种植在植物区

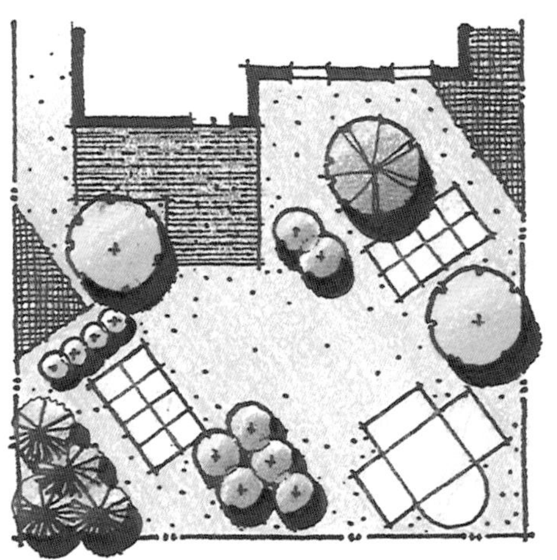

构成缺乏相互联系

构成因相互联系而统一

图9-23　基地中的不同空间和元素之间应该加强联系

灌木和乔木之间没有视觉上的联系

低矮的灌木将乔木和其他灌木联系起来，形成了一个统一的构成

图9-25　低矮的灌木作为相互联系的元素

无联系

栅栏和低矮的植物建立了相互联系

图9-26　低矮灌木和栅栏加强了各元素之间的联系

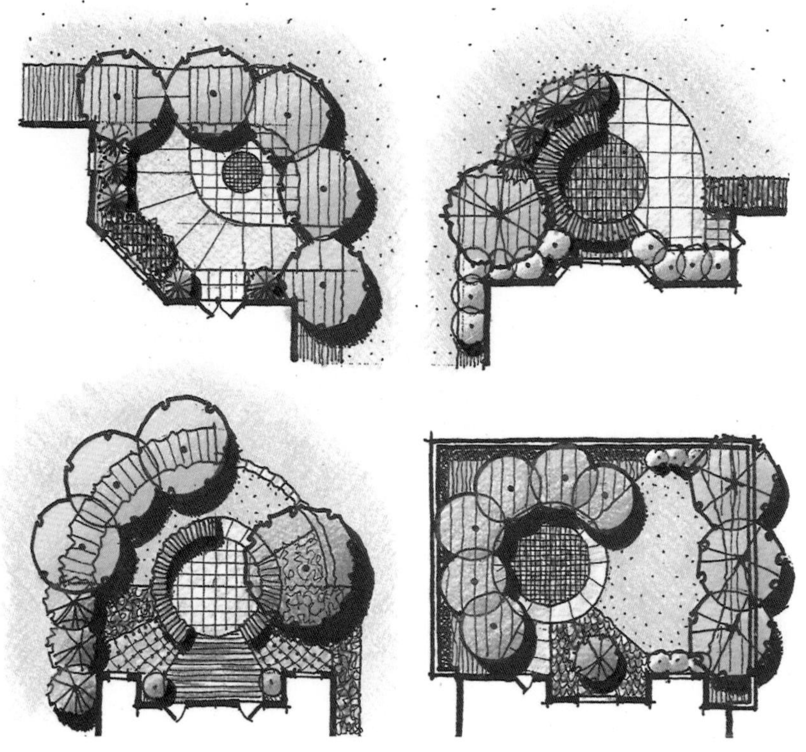

图10-7 把重点放在圆的各参量上，就会有各种设计构成产生

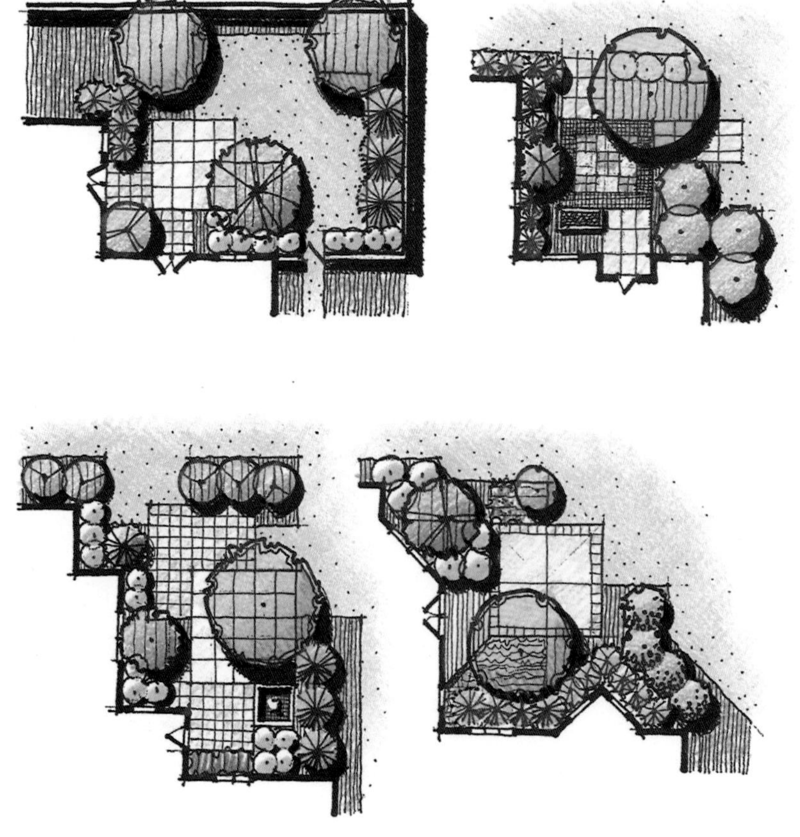

图10 -17 改变正方形各部分的大小，能生成多种设计构成

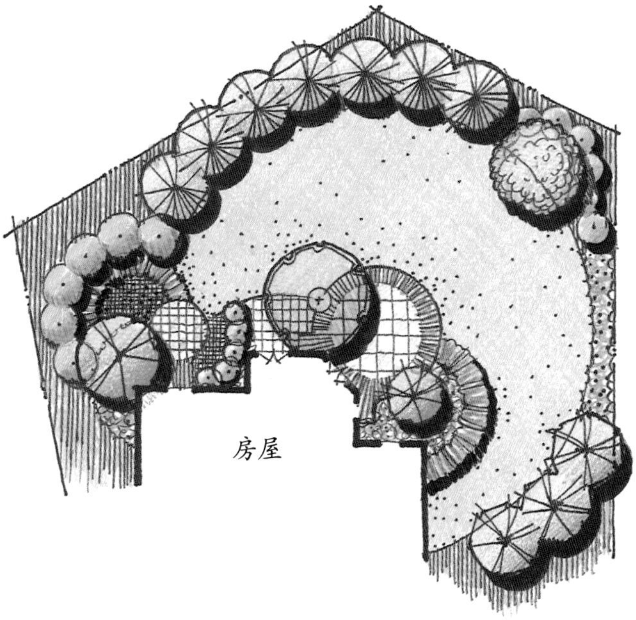

图10–33　一个叠加圆主题能为观赏周围景观提供几个视点

图10–34　在一个坡形基地中，叠加圆主题中的每个圆都可作为一个独立的平台

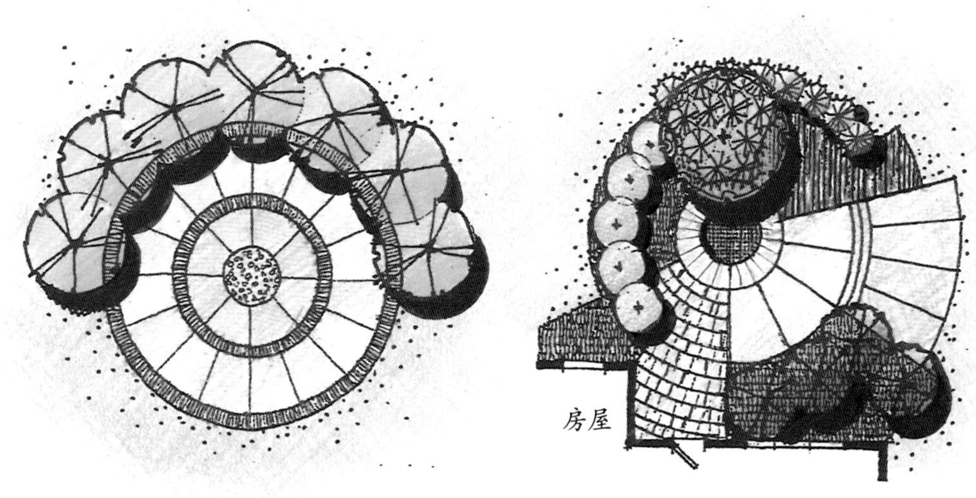

图10–37　圆心这个视觉焦点应通过特别的铺地或其他要素加以强调

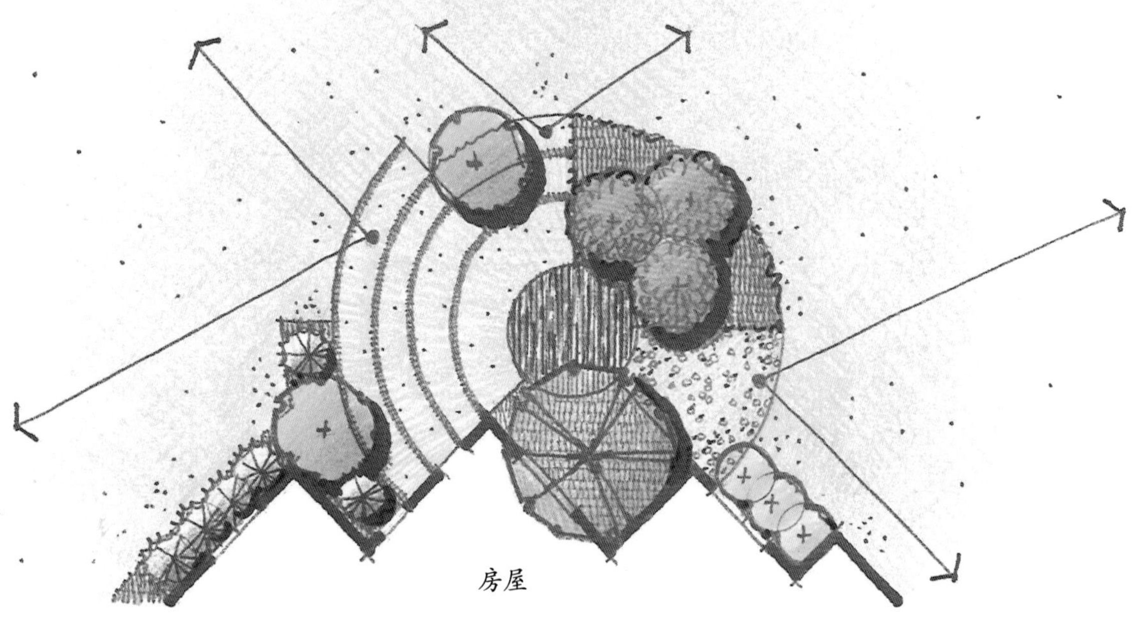

图10-38 一个同心圆主题的外部可以观赏周围景观的全景

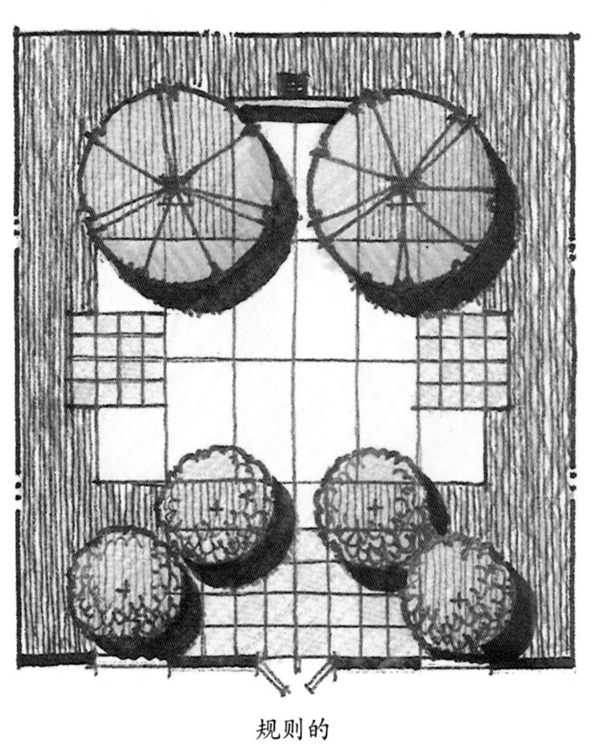

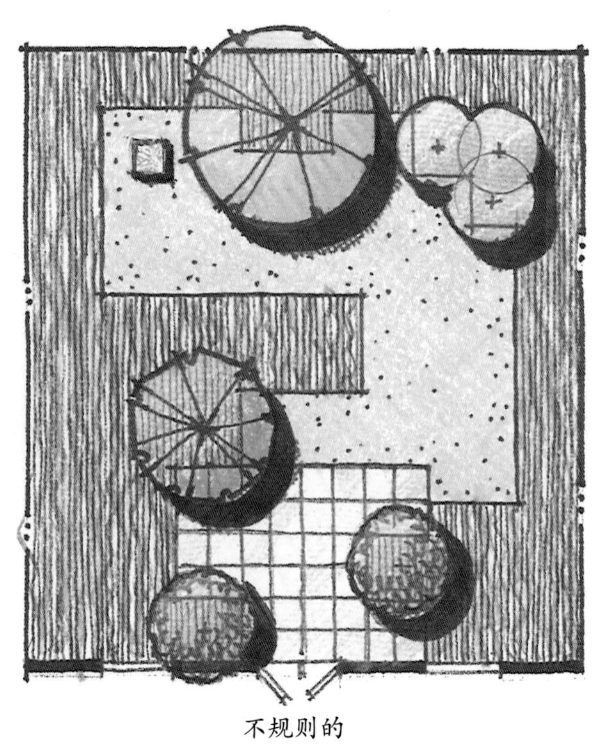

图10-44 矩形主题可以是规则的，也可是不规则的

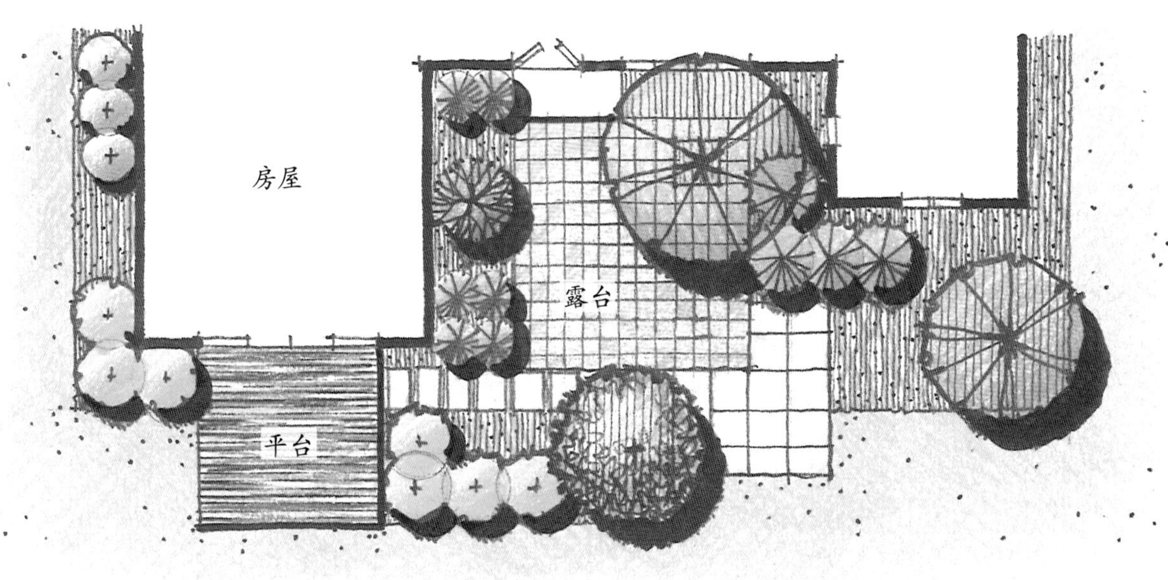

图10-45 矩形主题中，空间大小应有层次

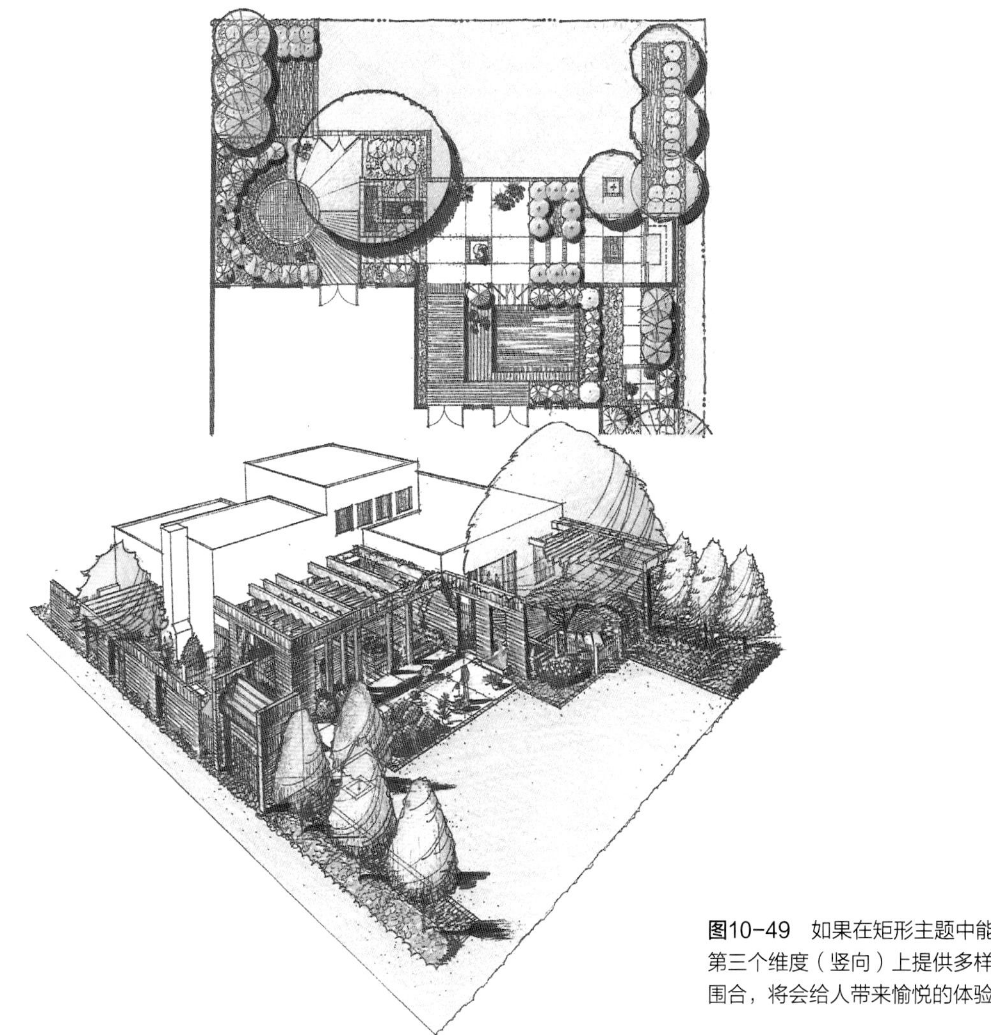

图10-49 如果在矩形主题中能在第三个维度（竖向）上提供多样的围合，将会给人带来愉悦的体验

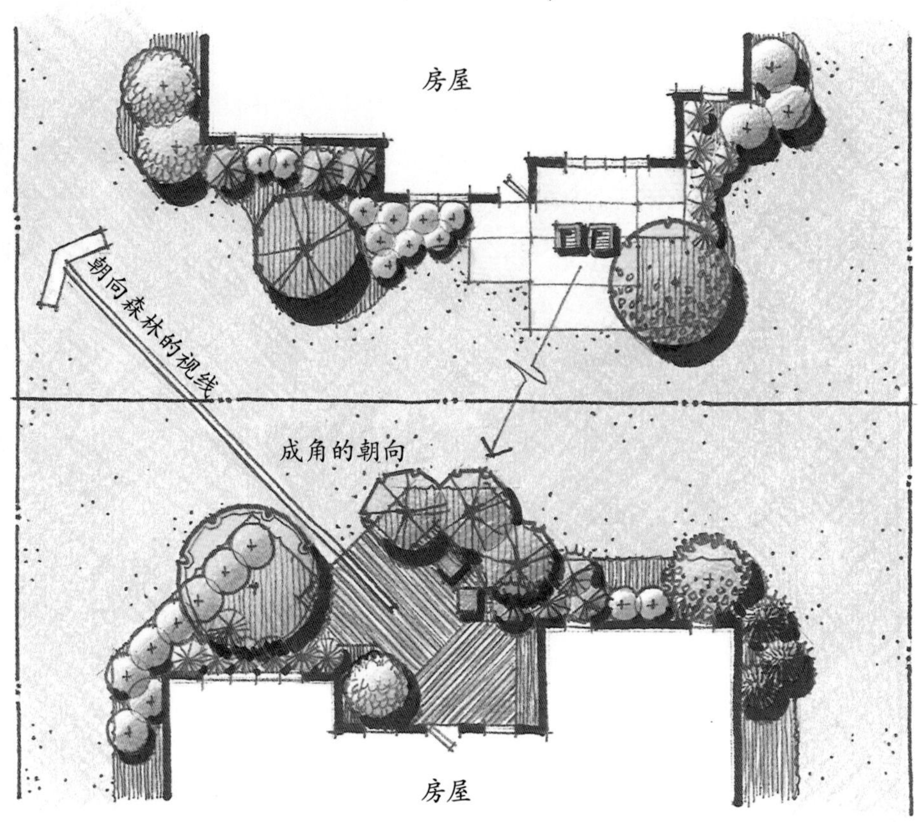

图10-53　斜线主题设计能产生一种强烈的方向感，以面向景观设计中所强调的区域

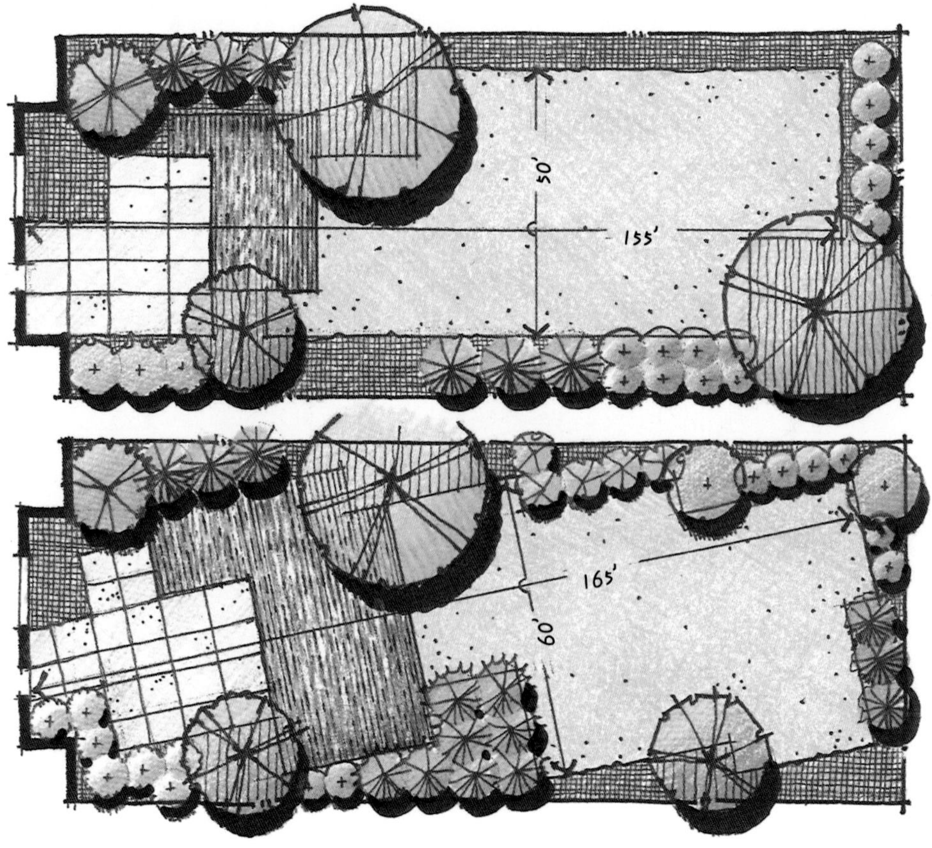

图10-54　通过强调可能得到的最长尺度，斜线的设计主题使小基地看起来更大一些

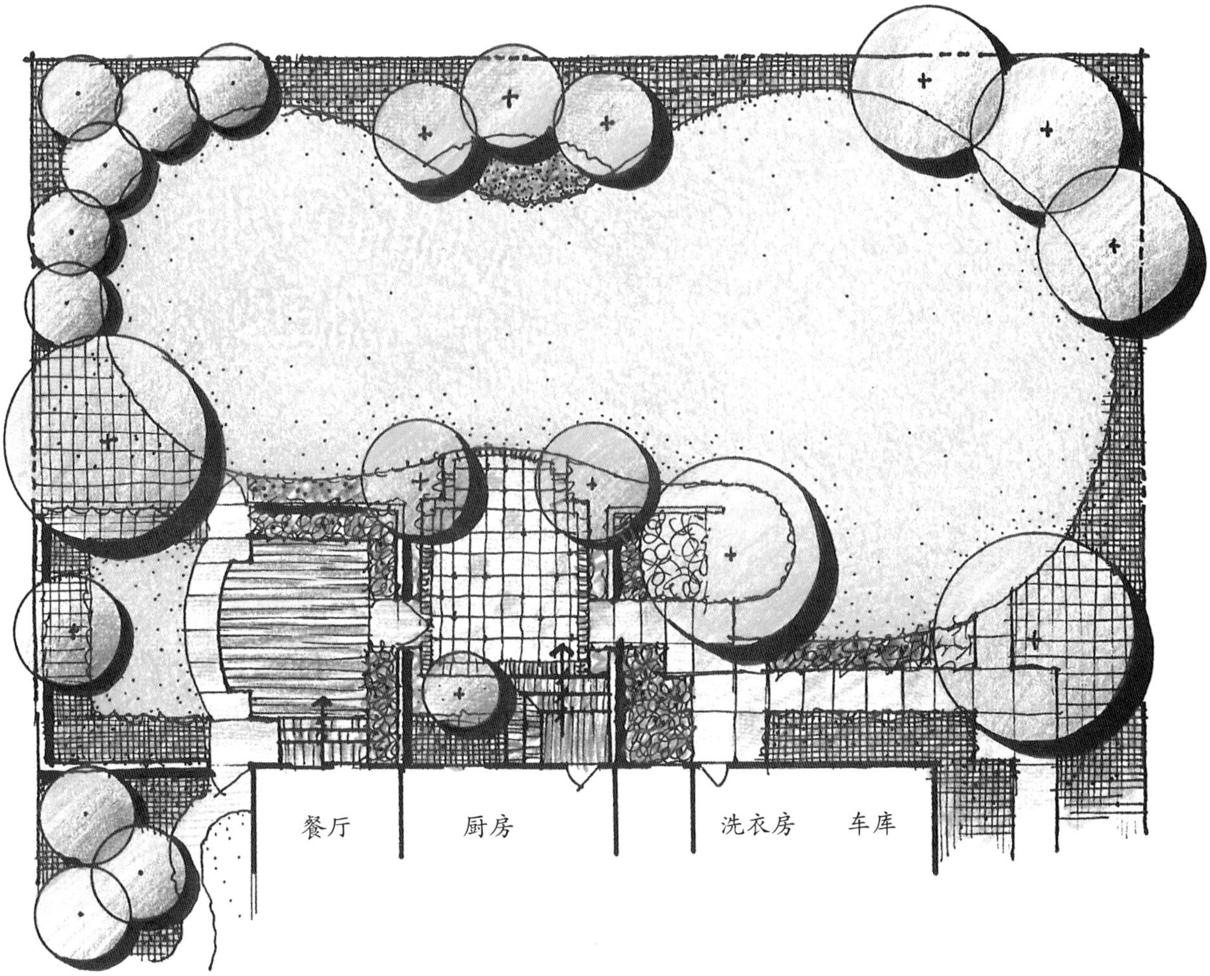

餐厅　厨房　洗衣房　车库

图10-67　前面门廊的拱形构成是景观设计的重点

图10-68　形式结构体现在：①屋顶和窗户的角度设计；②木壁板；③不规则石头图案

图10-69 形式结构体现在坡屋顶和圆形窗式样上

车库

餐厅　早餐区　厨房

图 10–70　形式构成反映出客户想要一个随意的、非正式的、柔和的花园的设计意愿

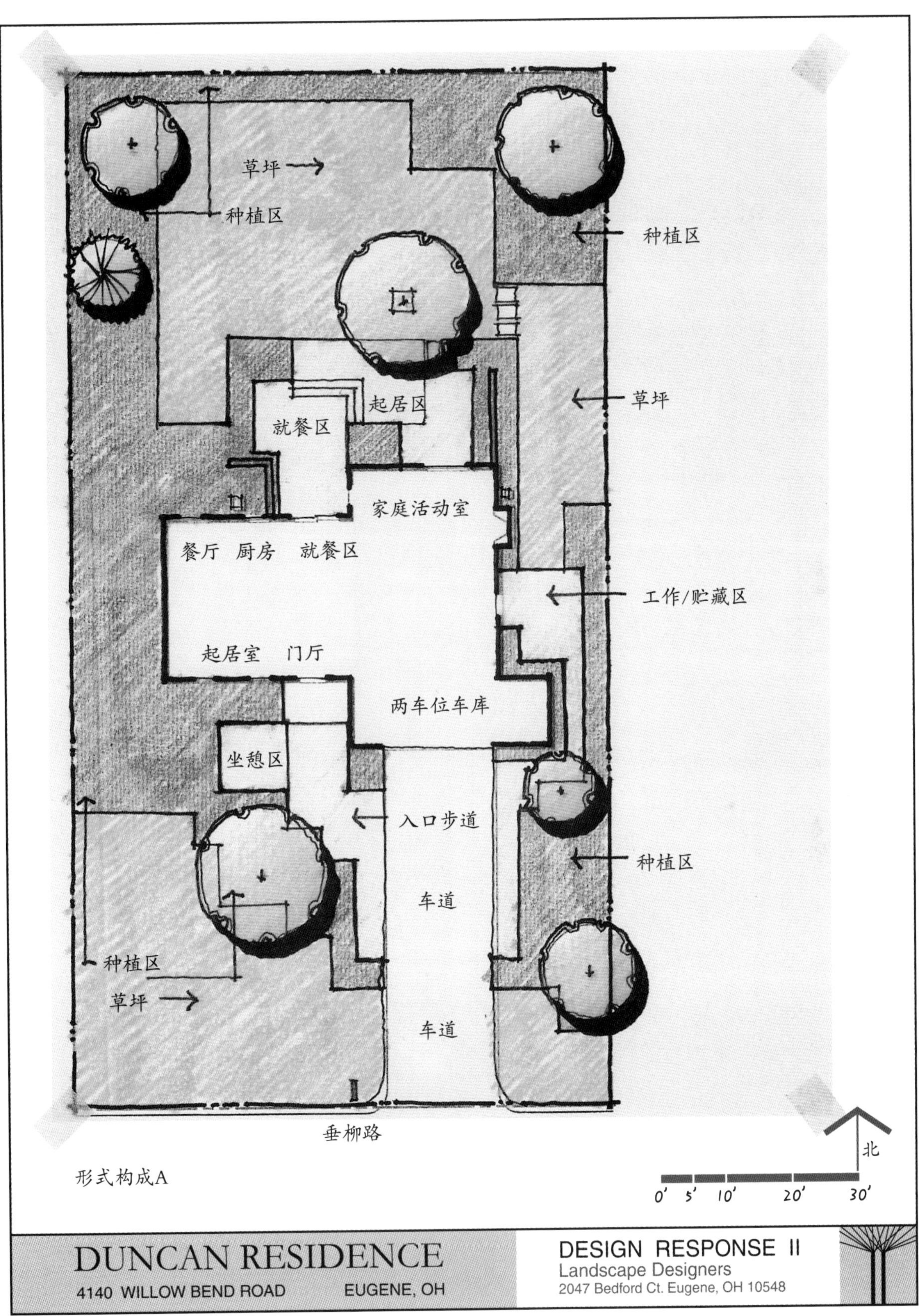

图10-82 邓肯住宅的矩形主题

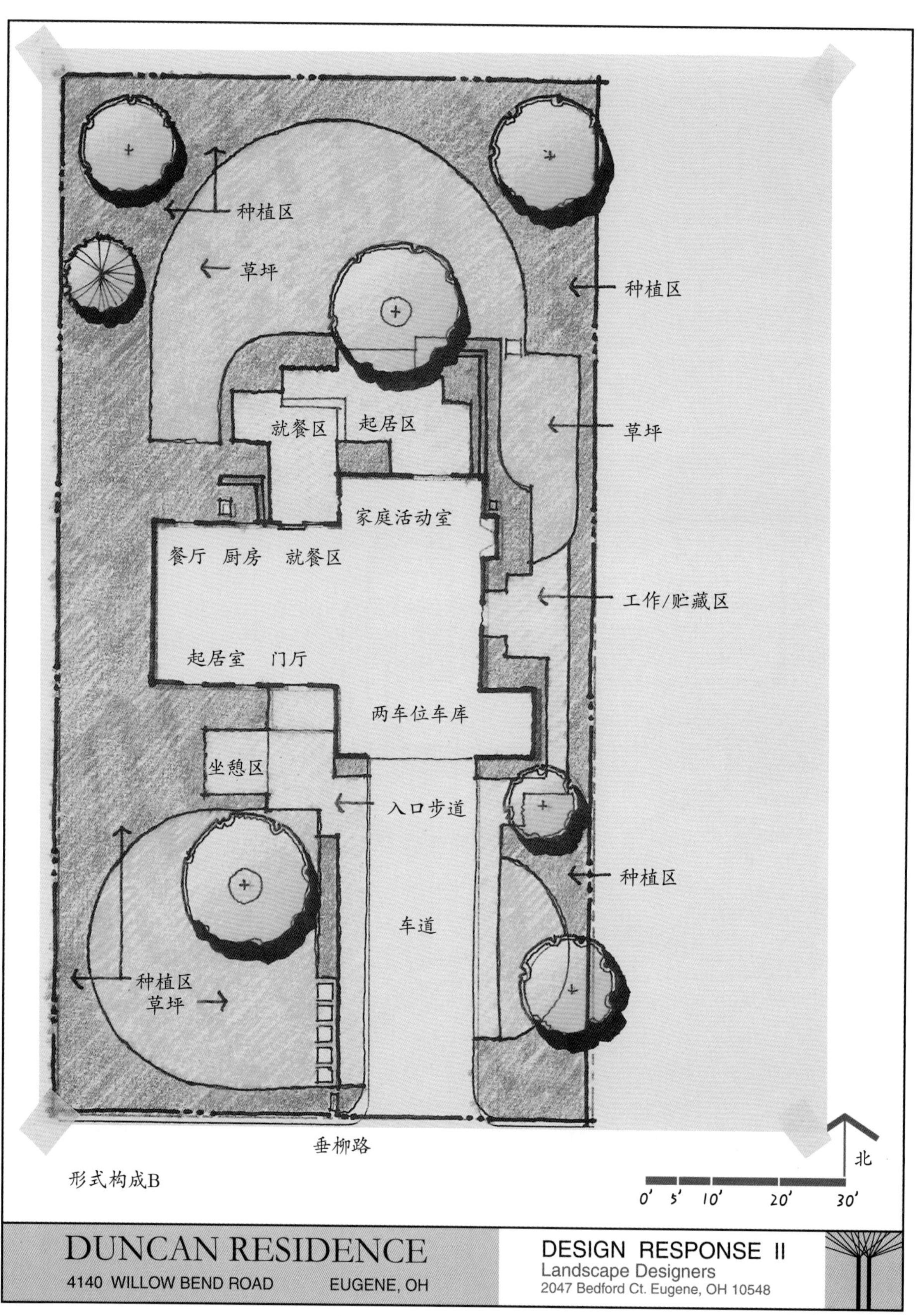

图10-83　邓肯住宅设计中矩形及切线主题的结合

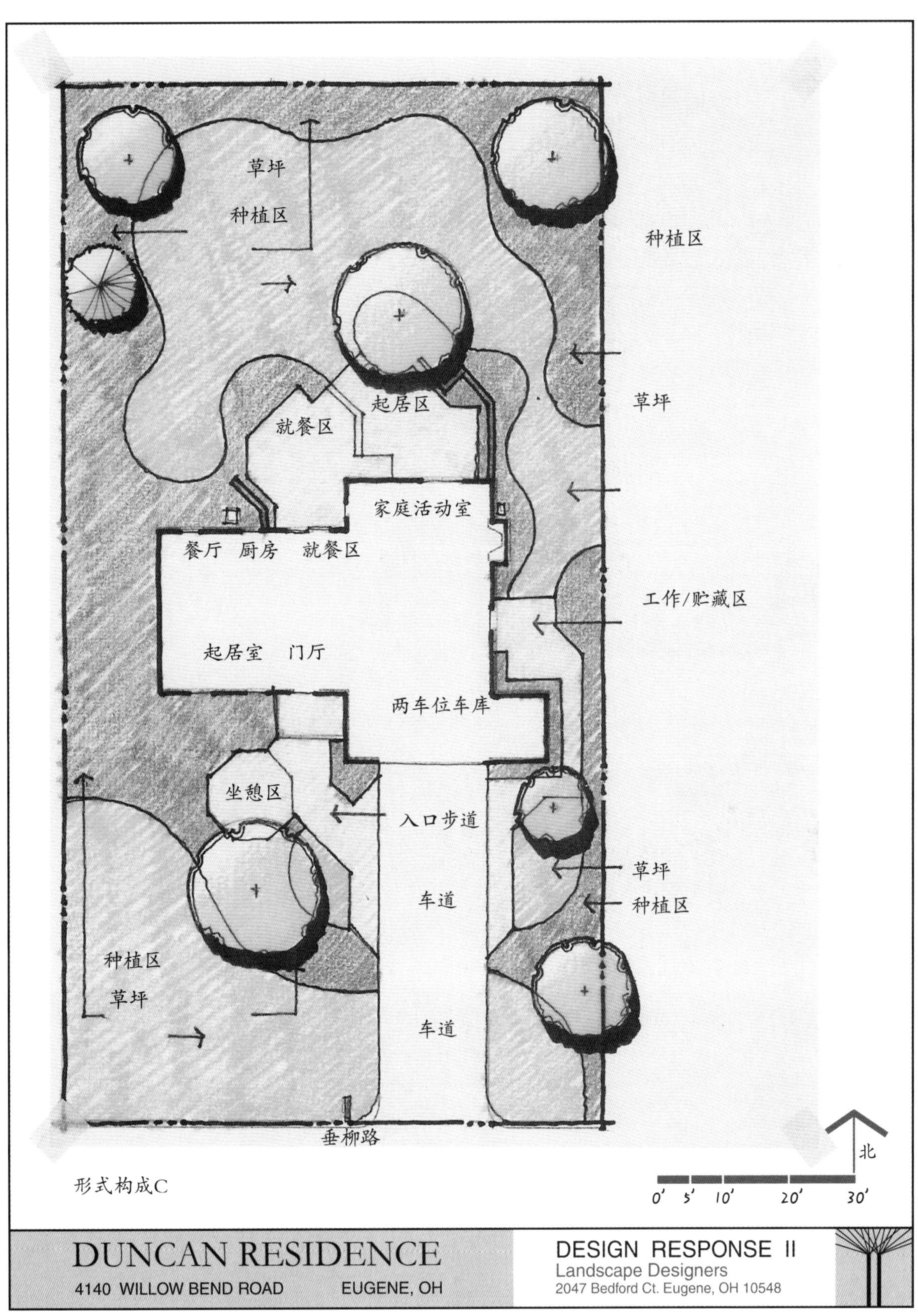

图10-84 邓肯住宅设计中斜线主题与曲线形主题的结合

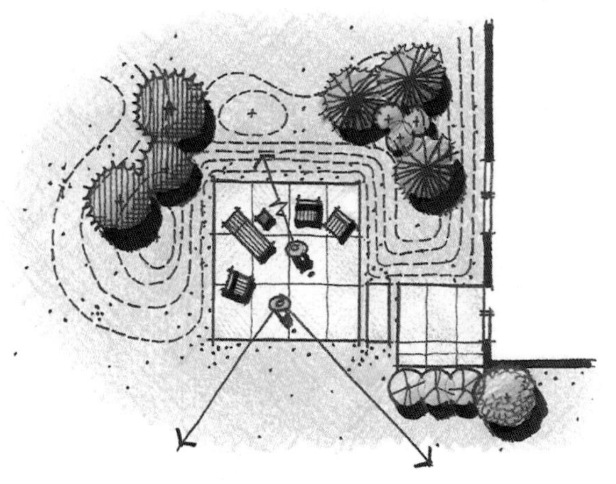

图11-19 地面的位置和高度可以变动以提供不同的围合感

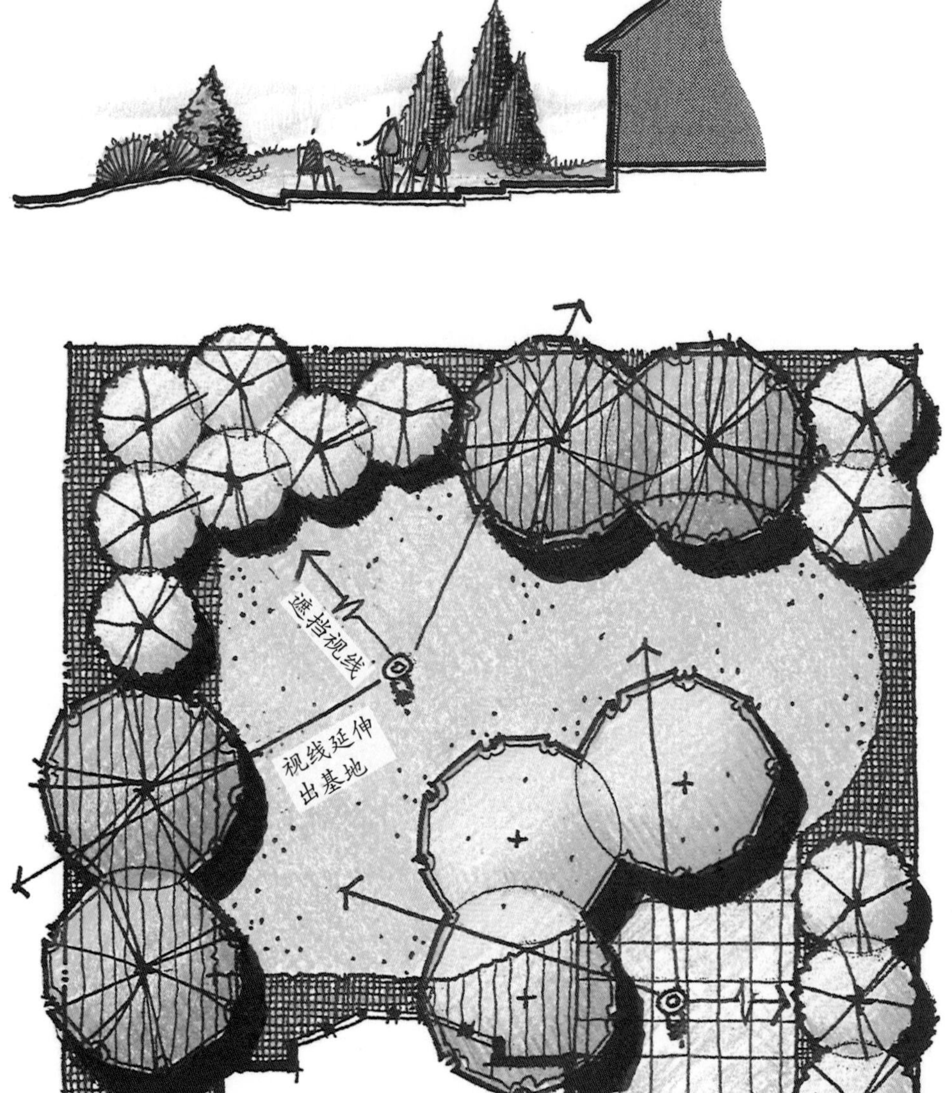

图11-30 不同尺寸的树形成了不同程度的空间围合

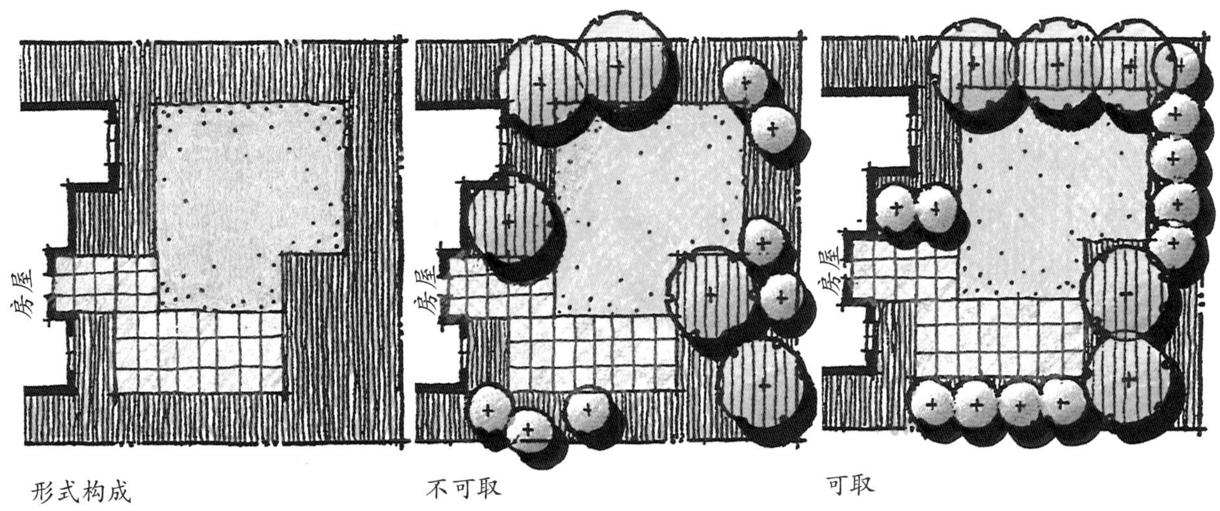

图11-32 树的位置应与整体设计主题相适应

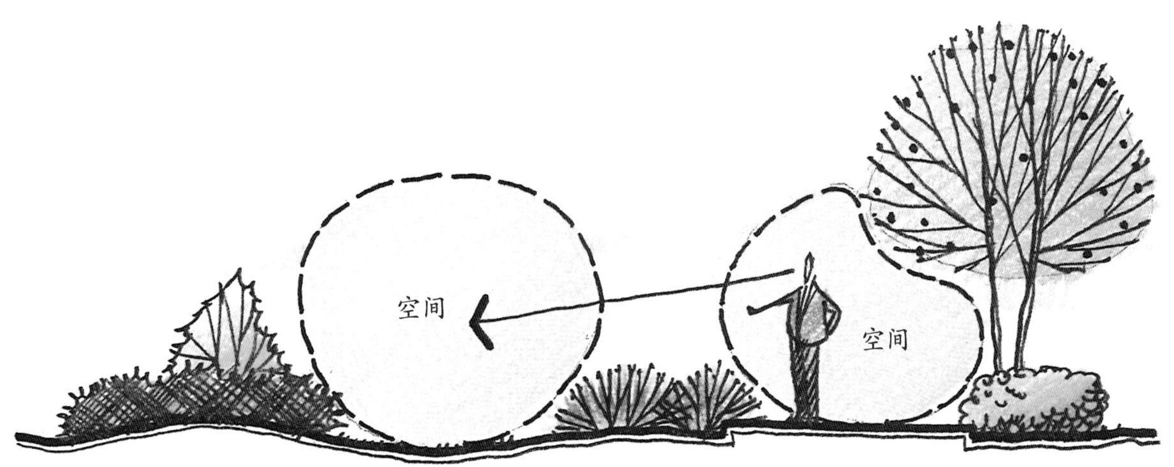

图11-35 矮灌木在相邻空间没有屏蔽的情况下暗示了空间的分离

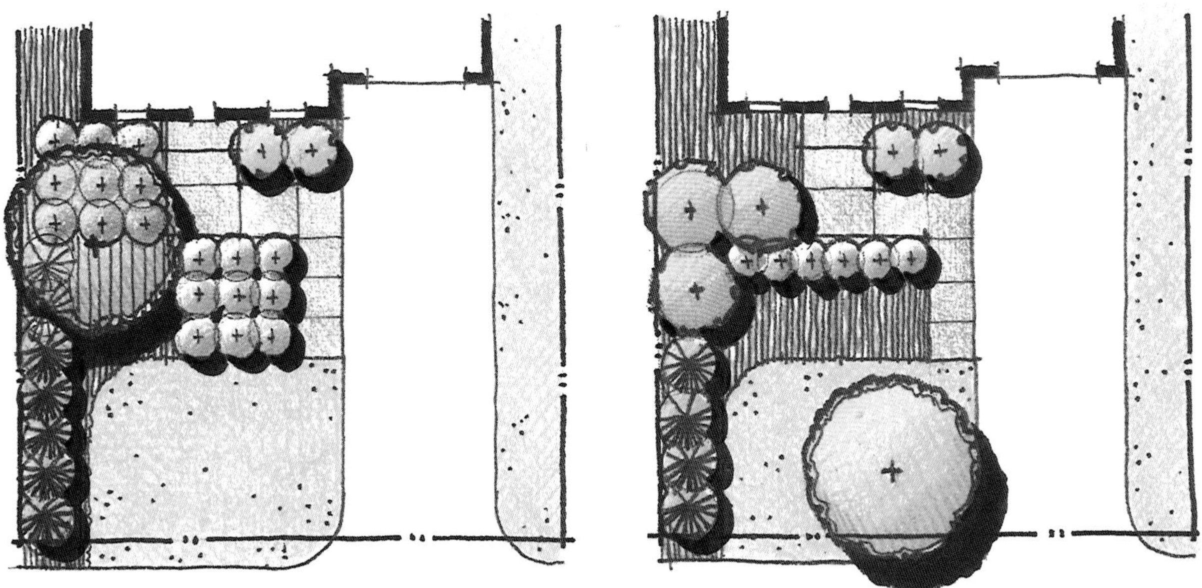

图11-41 依据尺寸将树作为主要元素

柱形 / 倾斜的

锥形

别致的

图11-43 在植被构成中，柱形、锥形和别致的植被形式可被作为重点

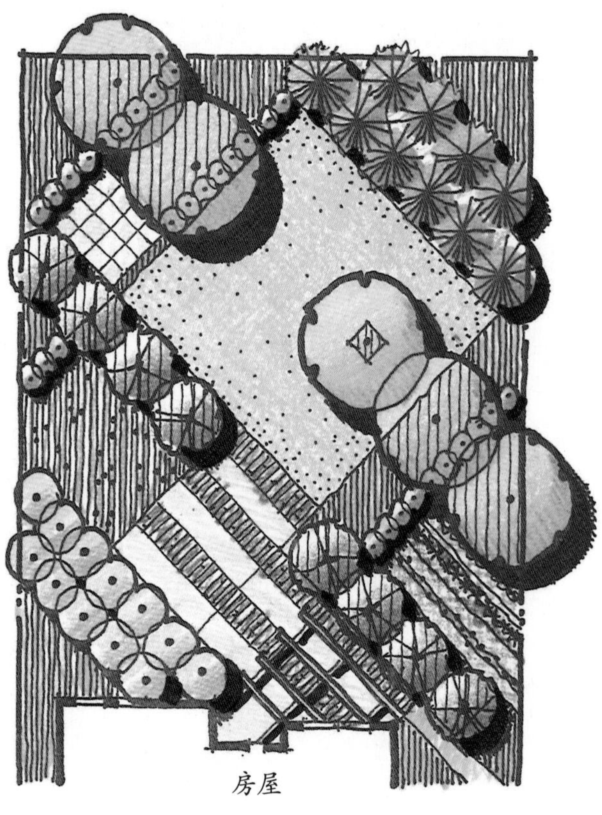

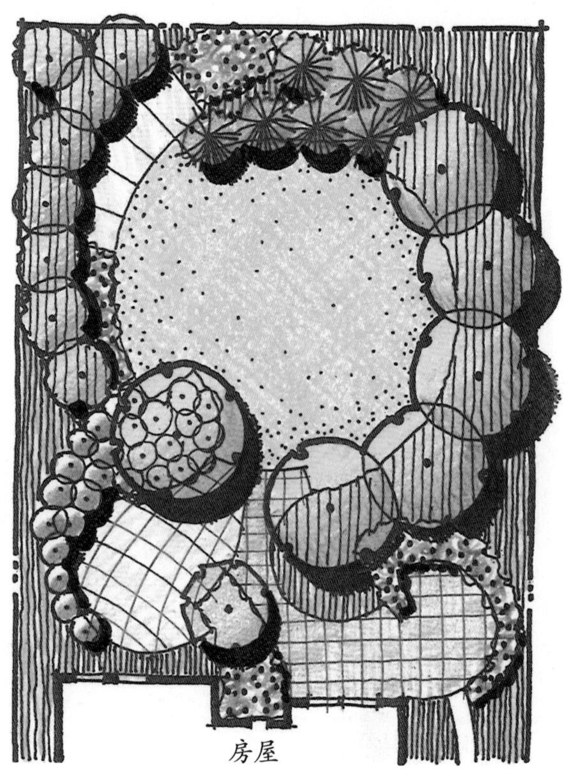

图11-50 植被的位置和安排必须与设计的形式和空间构成相协调

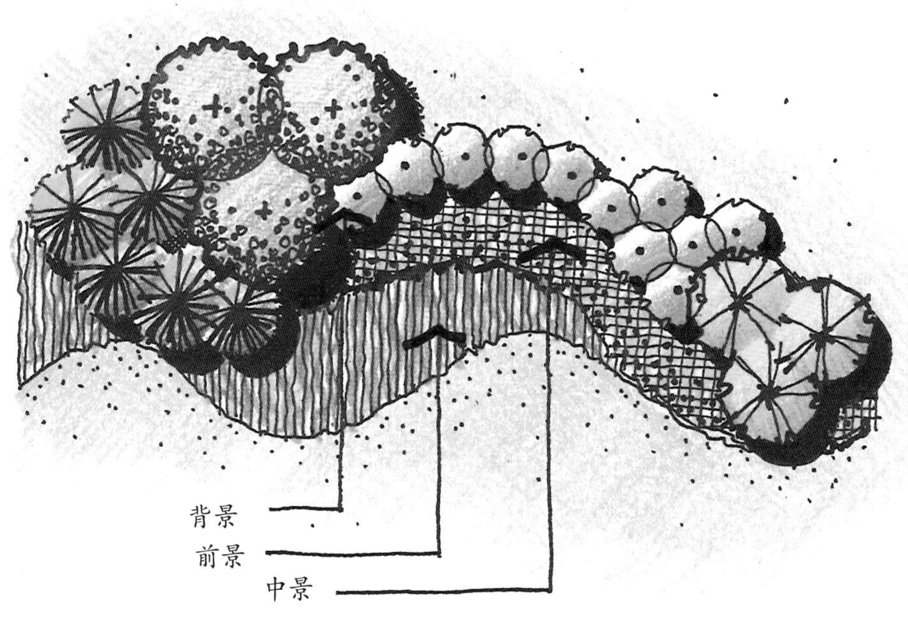

图11-61　植物的三个水平层在整个种植区深度可能有所不同

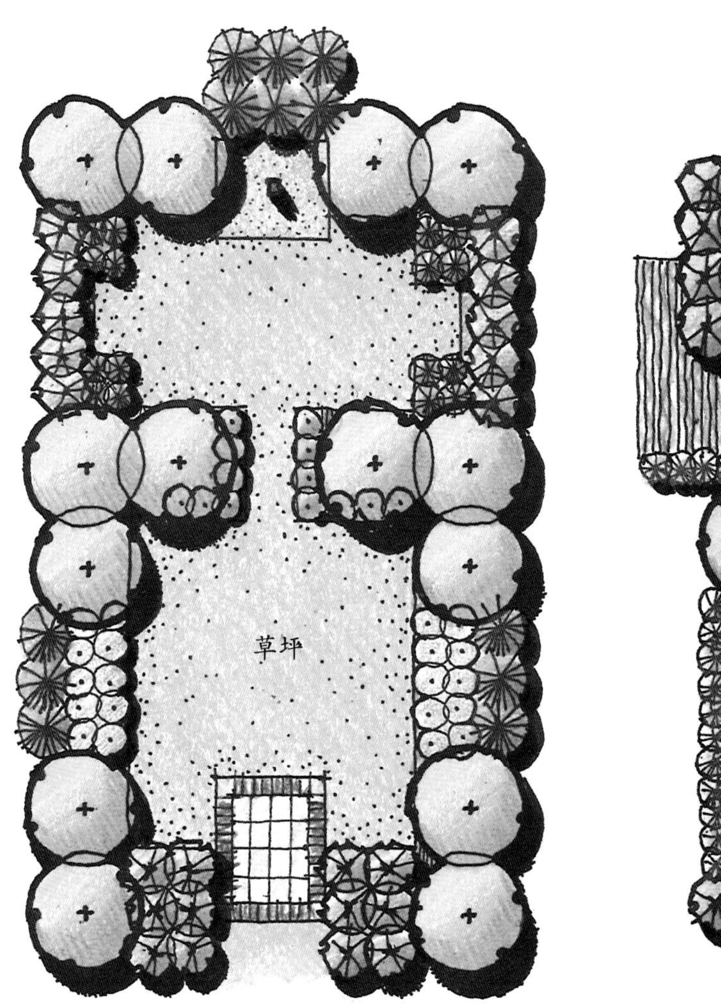

图11-64　成行成块的植物种植设计适用于规则式

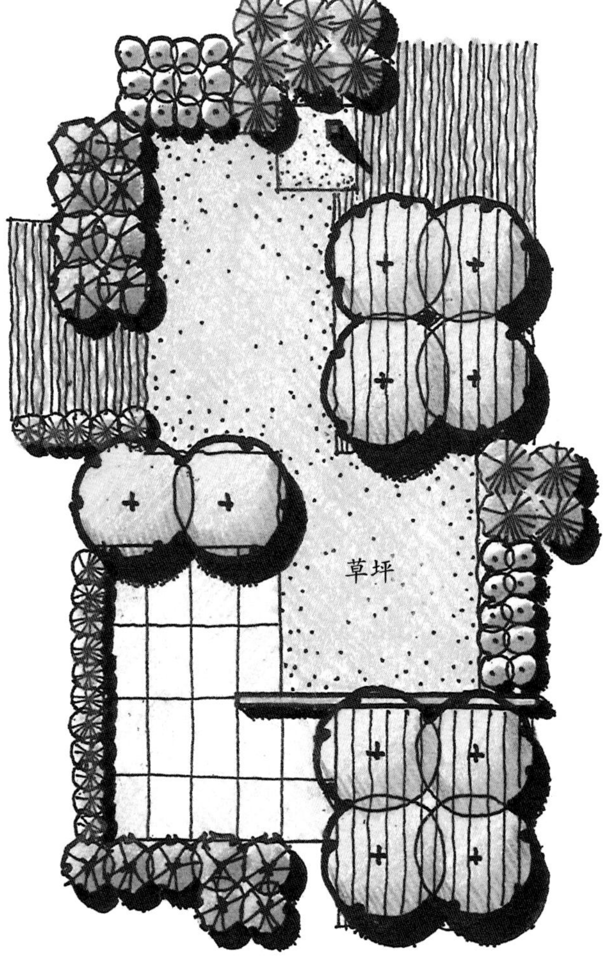

图11-65　成行成块的植物种植使设计具有现代特点

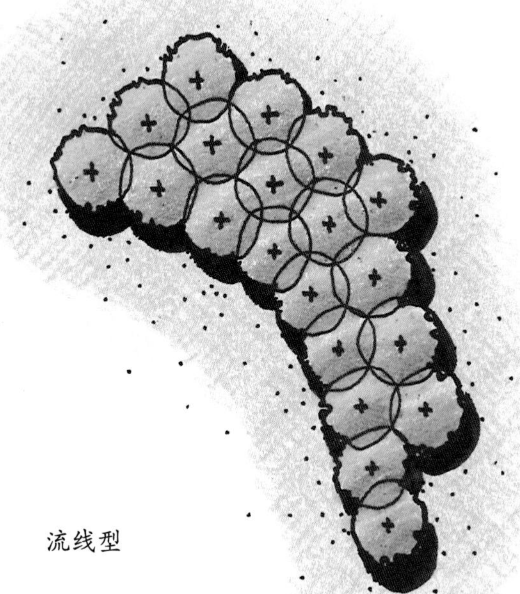

图11-66 成行成块的植物种植示例

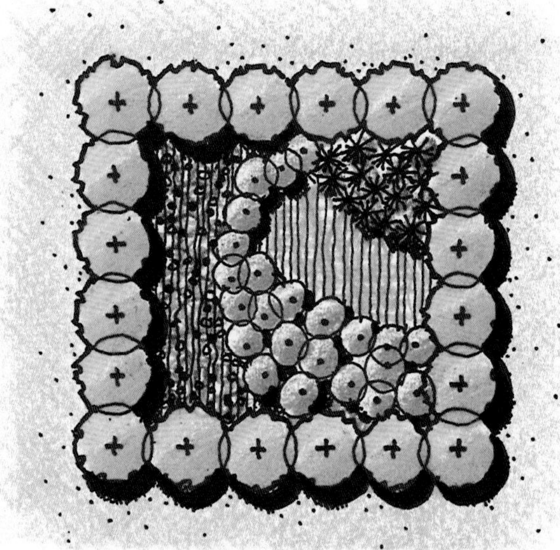

图11-68 流线型的植物种植和成行种植相结合的设计示例

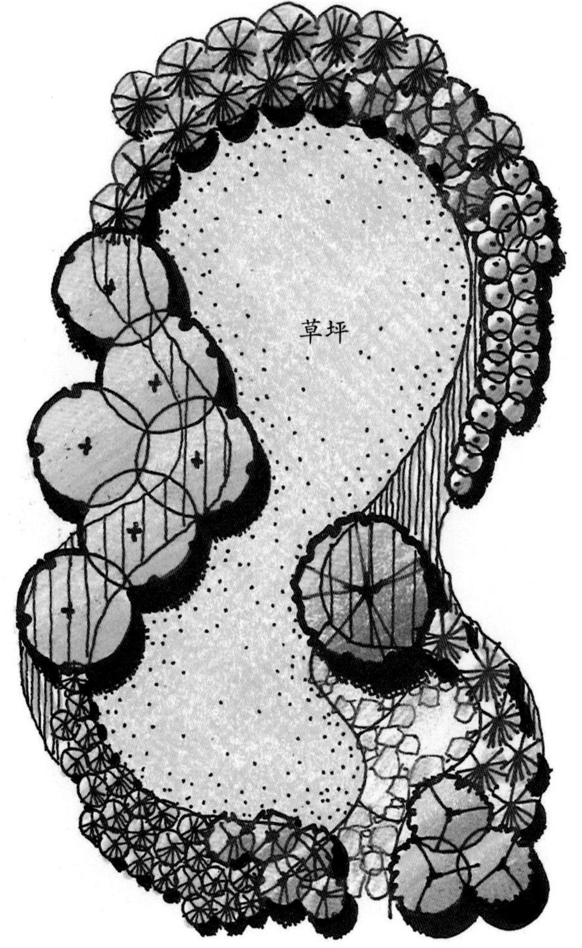

图11-67 流线型的植物种植用来模拟自然的设计

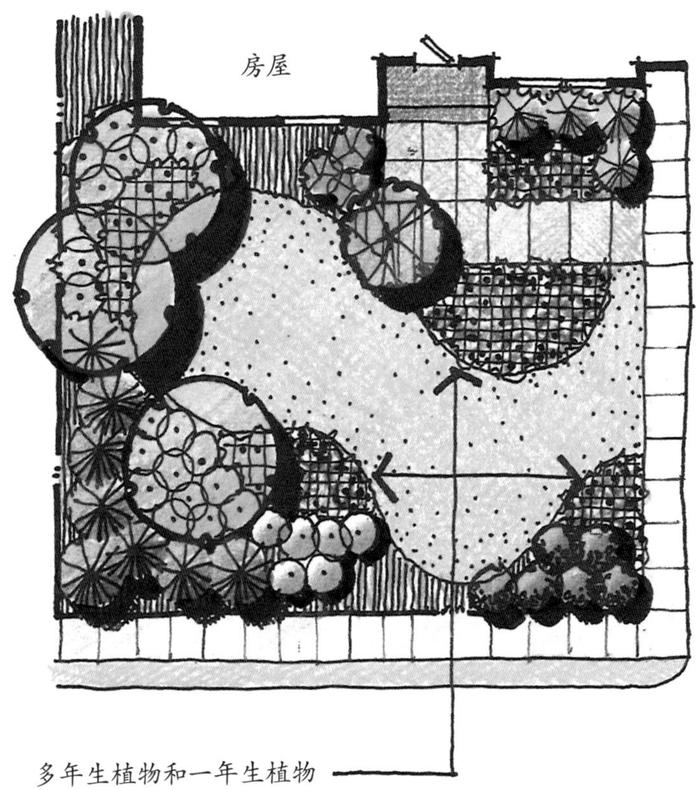

图11-71　多年生和一年生的植物最好是在靠近入口和视觉焦点的位置，以便突出植物群体的重点

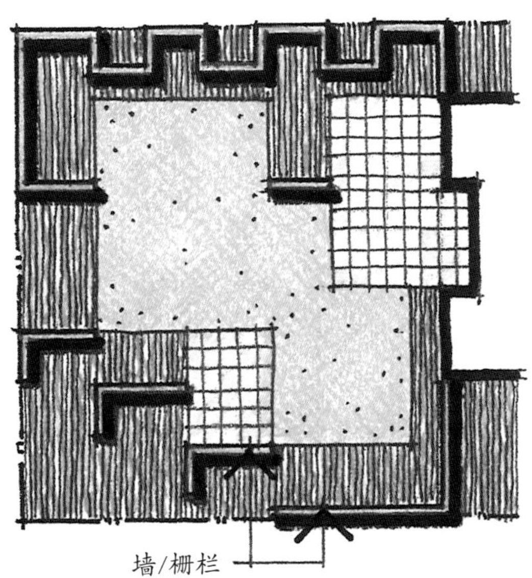

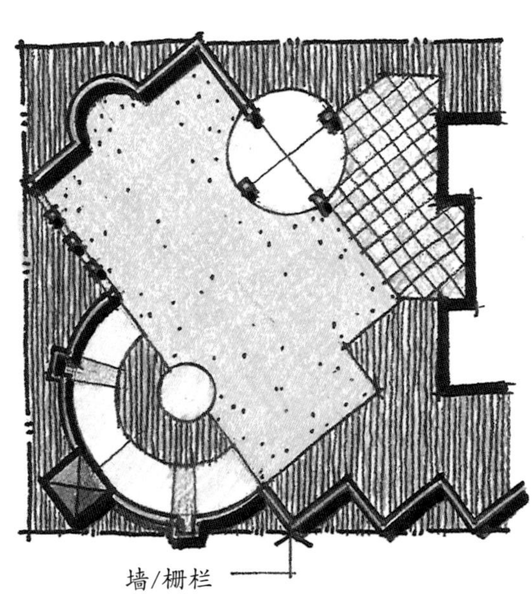

图11-88　墙体的平面布局在完善设计主题上可以提供视觉趣味

图11-91　室外的植物可以是实体，部分开敞

图11-93　墙可以用来作为墙体悬挂物的背景

图11-94　墙上的搁物架为放置植物提供空间

图11-95　可用悬挂的悬垂植物装饰墙面，增加空间特点

图11-96　墙体上的灯光用于夜晚照明

图11-97　窗洞被用来作为窗户或采光

图11-98　矮墙上的洞口可以让宠物看到外部空间

图11-99　室外棚架和室内天花板一样有空间价值

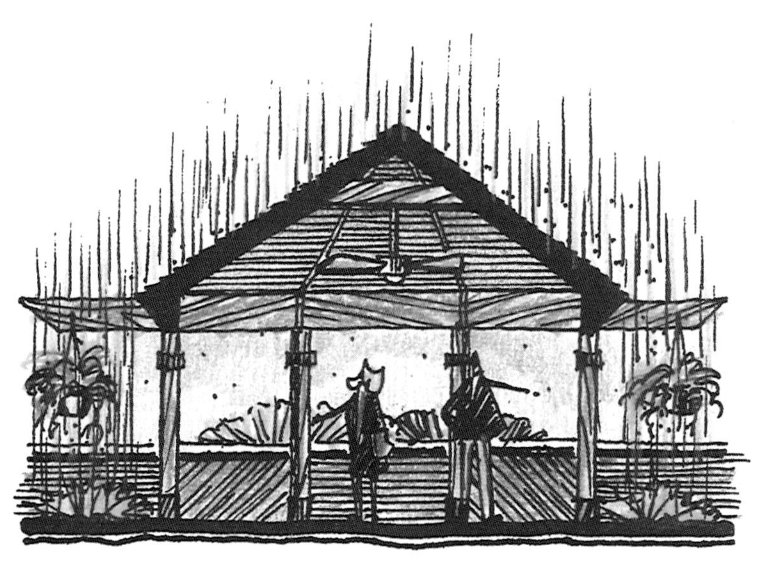

图11-100　棚架结构可以遮蔽日照和风雨

图11-101 棚架结构开放或封闭程度可根据需要组合应用

图11-102 凉亭可供遮阴纳凉，而且还可创造丰富的阴凉效果

图11-103 棚架结构能悬挂植物、秋千和照明等饰物使空间功能更加完善

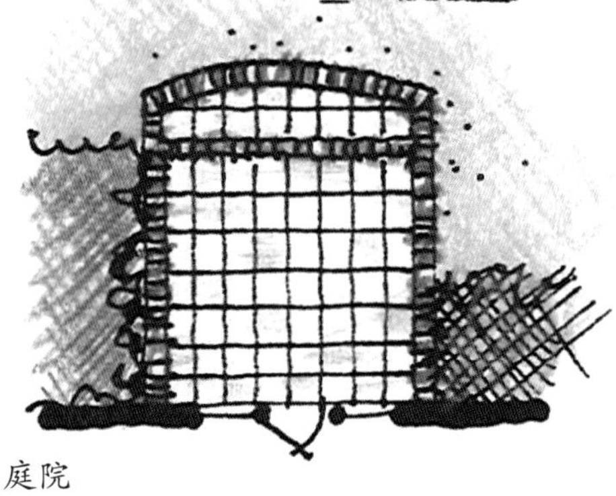

庭院

凉亭、棚架结构

栅栏/大门

图11-104　庭院、凉亭、墙壁都以房屋前面的拱门为原型

图11-105 庭院、凉亭、墙壁都是按照房屋二楼的大山墙建造的

庭院露台

图11-106 庭院、凉亭、栅栏以房屋左边的山墙为原型

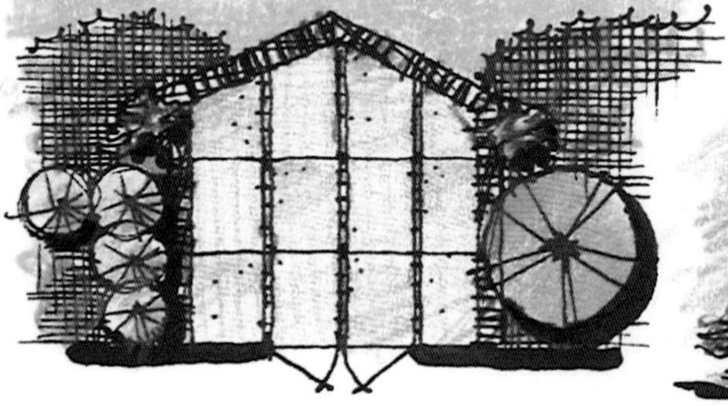

庭院

凉亭、棚架结构

栅栏/集会区

图11-107 庭院、凉亭、墙壁以房屋前面的窗户图案为原型

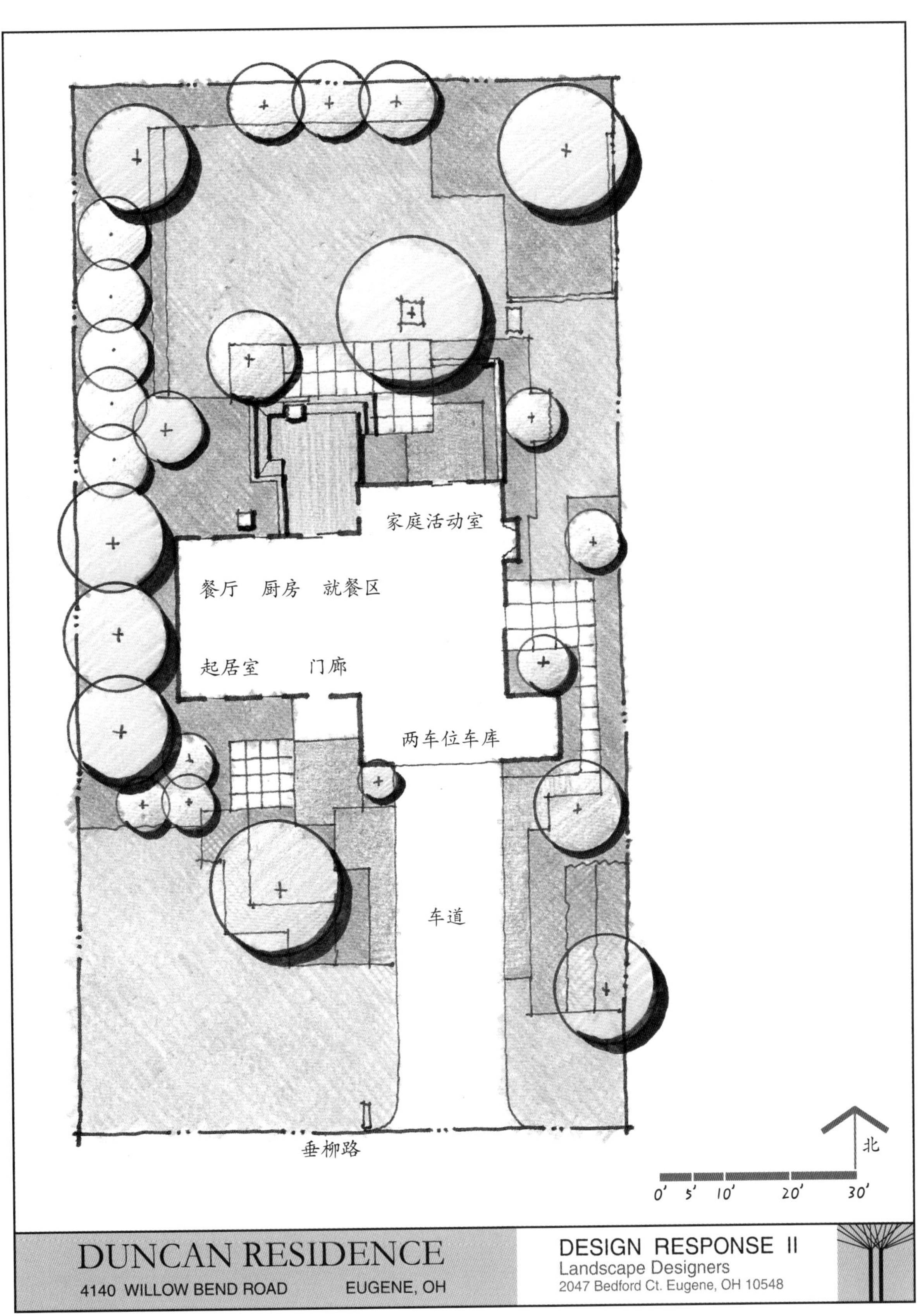

图11-108a 邓肯住宅初步设计平面A（色彩有限）

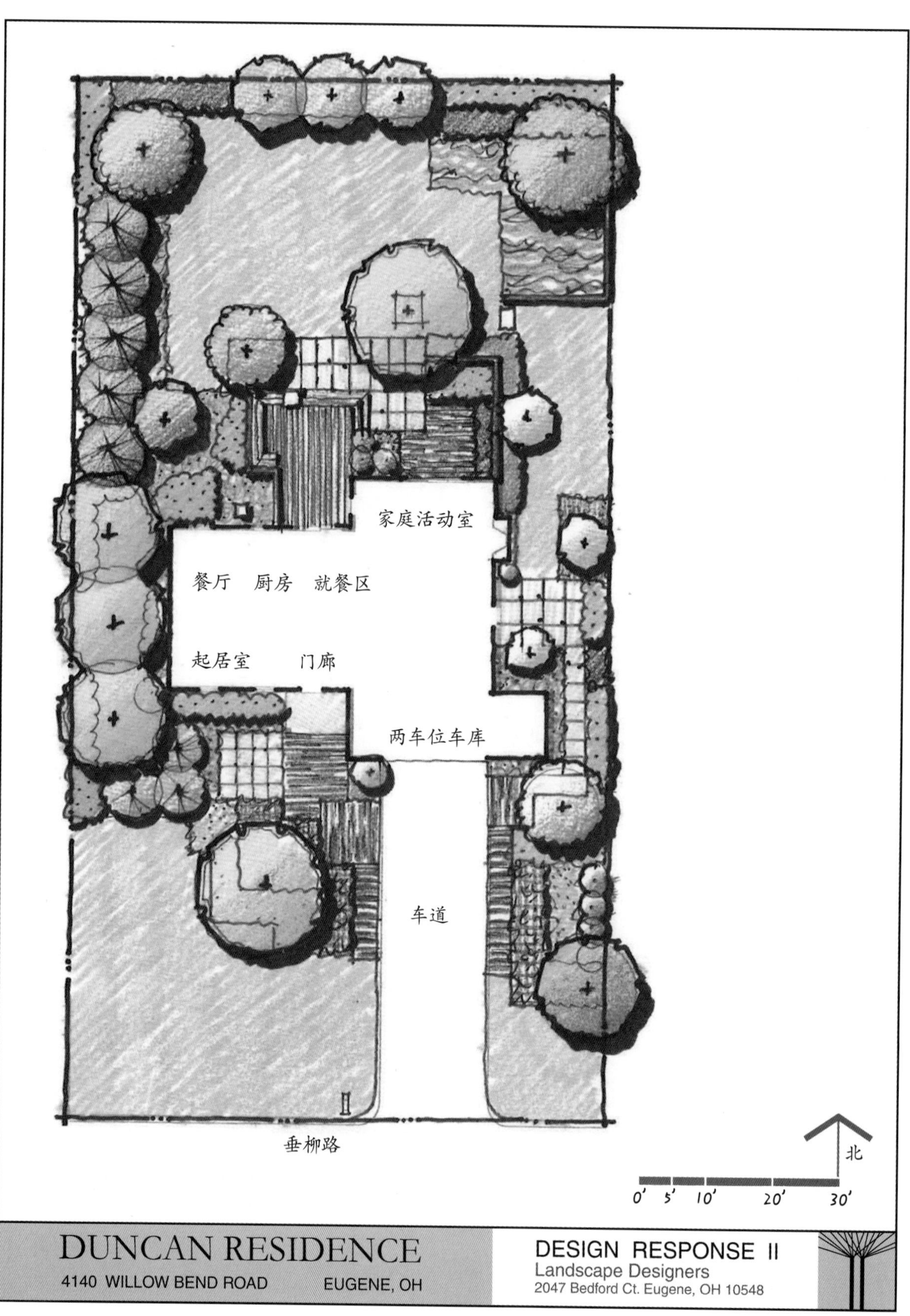

图11–108b　邓肯住宅初步设计平面A（用详细颜色绘制）

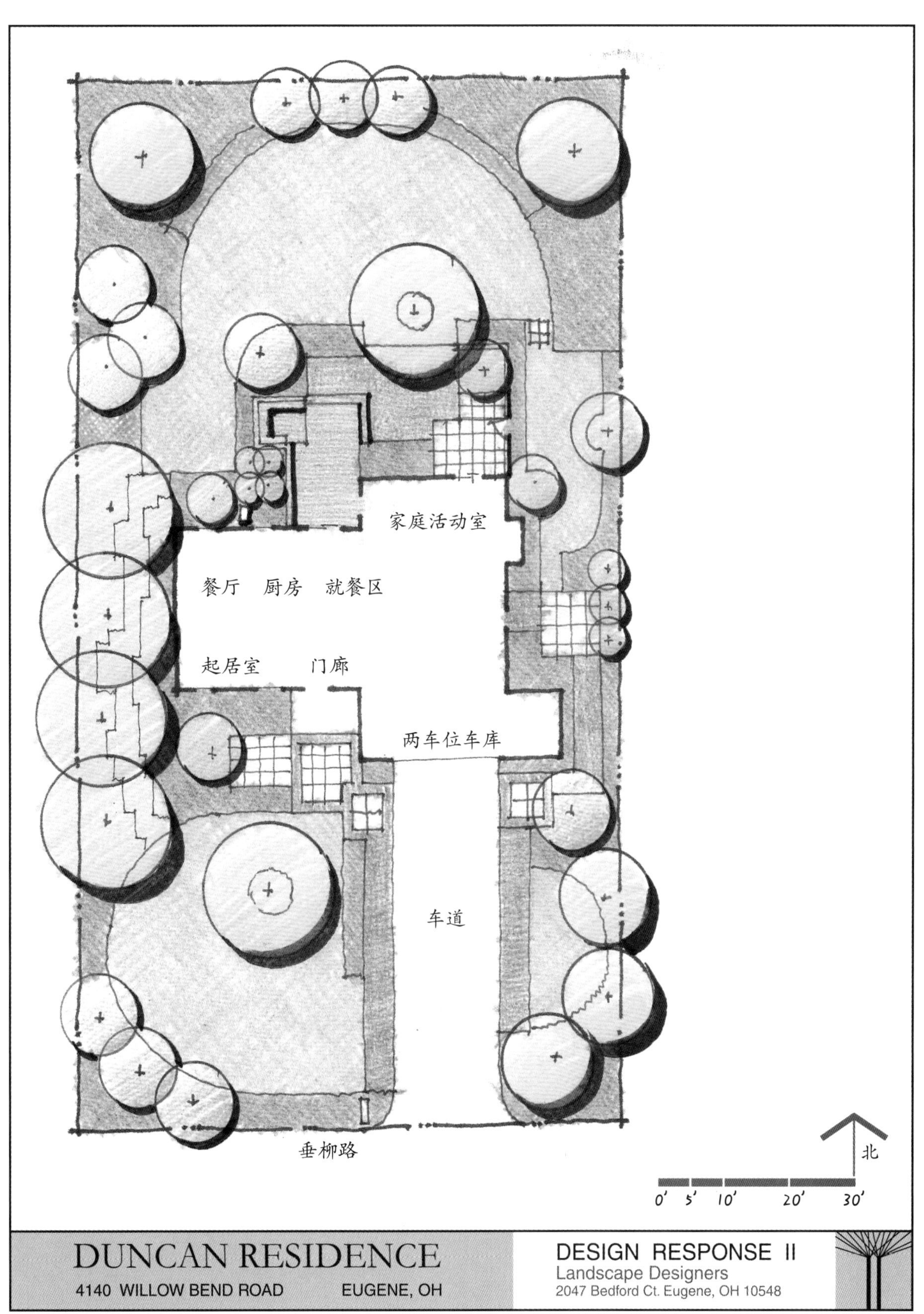

图11-109a 邓肯住宅初步设计平面B（色彩有限）

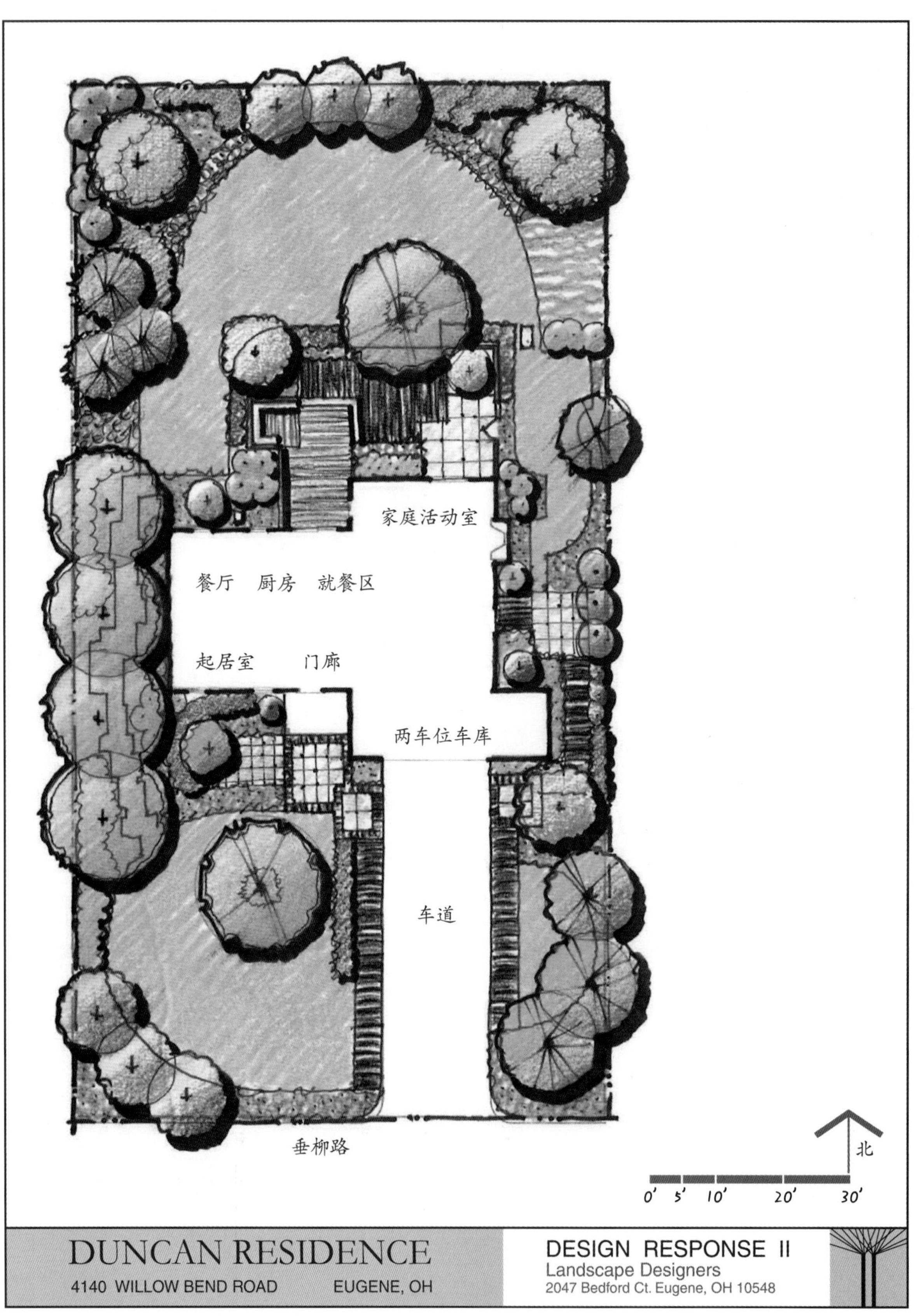

图11-109b 邓肯住宅初步设计平面B（用详细颜色绘制）

图12-1 典型的砾石尺寸

图12-5 路面砖包边的砾石路面

图12-6 可回收玻璃

图12-7 陶瓷碎片作为路面材料

图12-8 具有吸引力的不规则的散石色彩

图12-10 利用散石创造破碎的路面

图12-12 典型的旗石颜色

图12-13 旗石与比邻光滑路面的对比

图12-15　切石微妙的色彩变化

图12-17　各种各样的河卵石

图12-18　极具吸引力的河卵石纹理

图12-25　预制混凝土样本

图12-21　预制混凝土组件混合而成的不同颜色

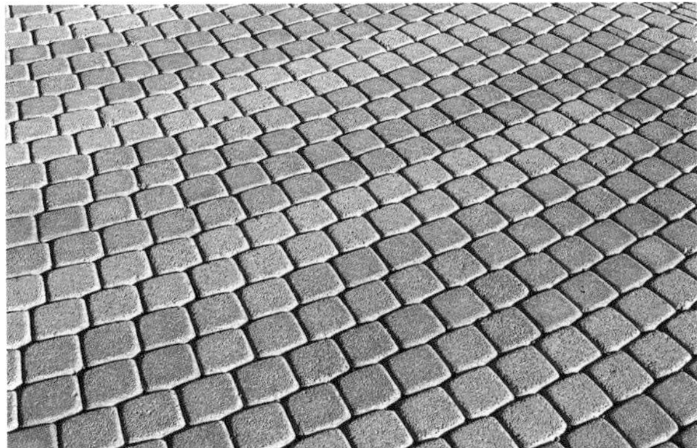

图12-30 用混凝土路面砖构建的独特铺装图案

图12-32 砖图案样本

图12-35 瓷砖营造出地中海风情特色

图12-39 伸缩缝与控制缝示例

图12-38 木材可以创造定向的路面模式

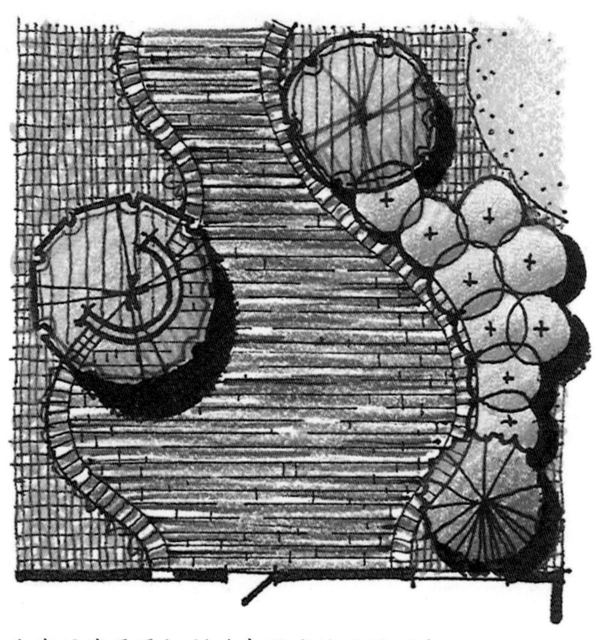

曲线区域需要切割砖来适应路面的形态

在矩形区域砖不需要切割即可进行铺装

图12-33 砖最适用于无需切割的区域

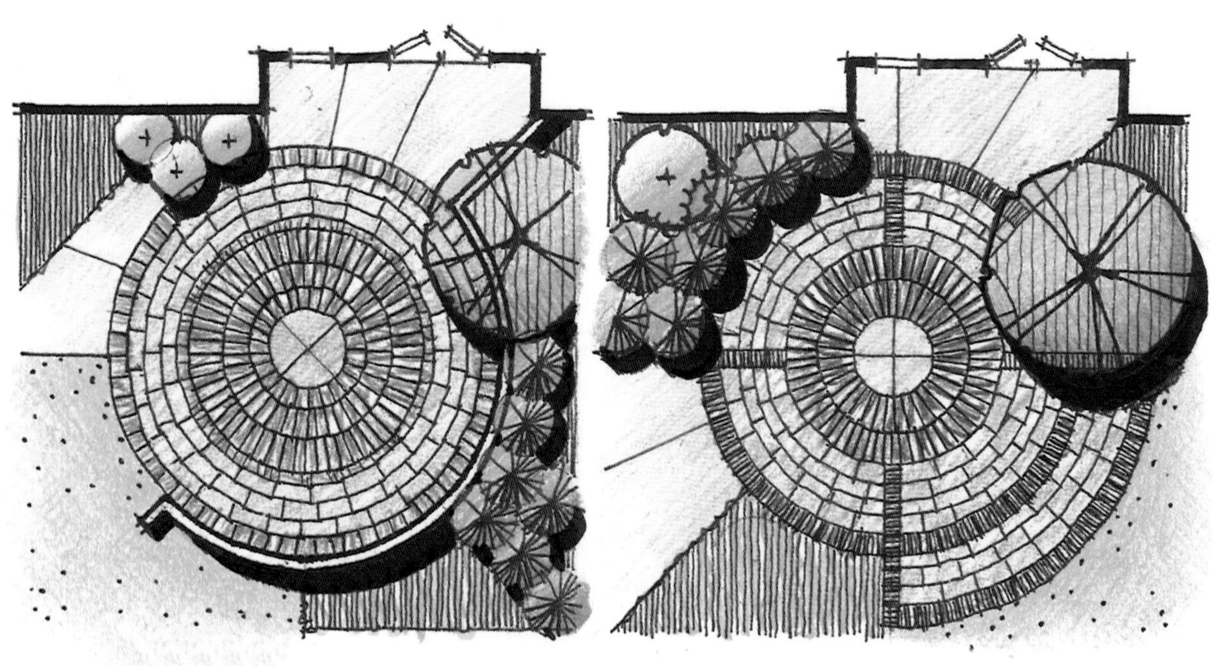

利用同心圆的砖图案

利用同心圆和延伸半径的砖图案

图12-34 圆形区域砖的铺装图案

图12-42 在混凝土凝固前可以改变为其他的纹理与形状

图12-44 由不同材质构成的图案

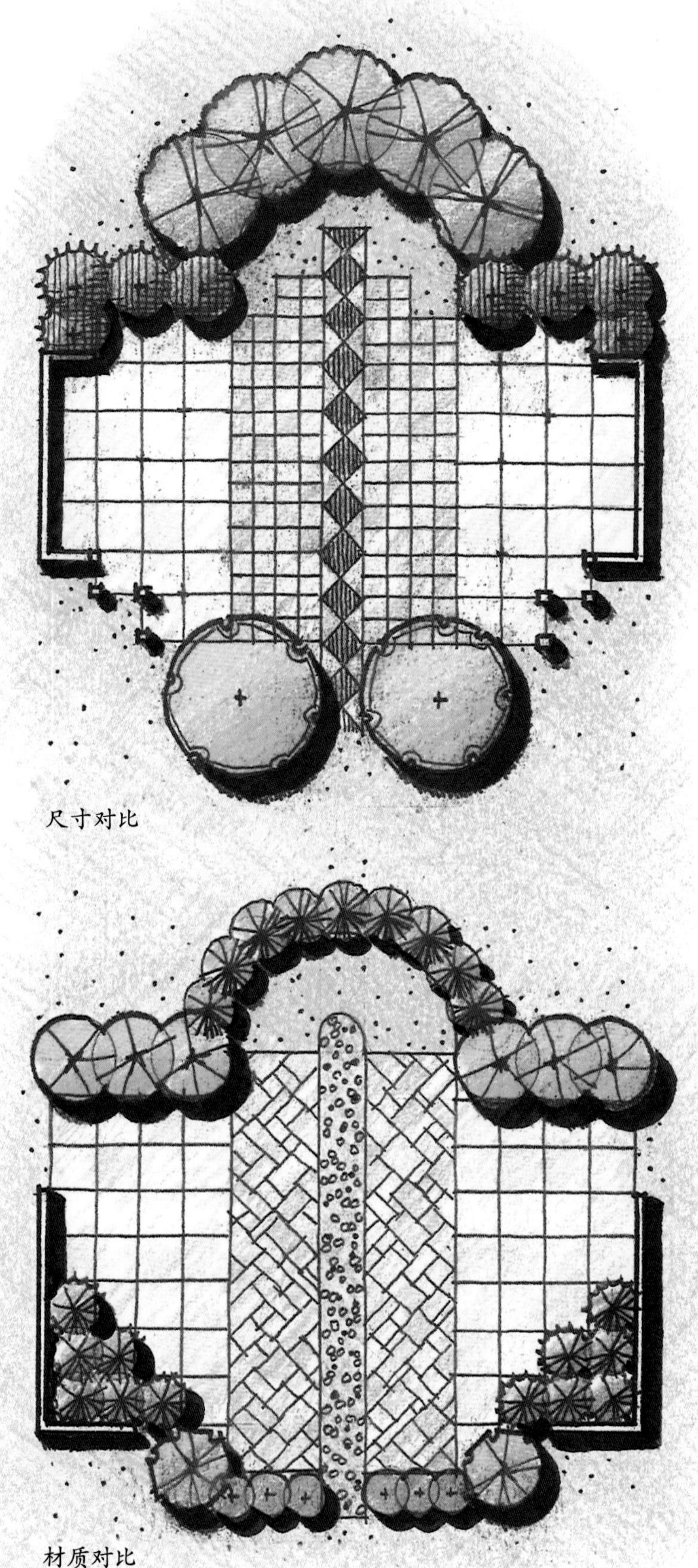

图12-45 通过材质及模式的对比，可以重点强调铺装的区域

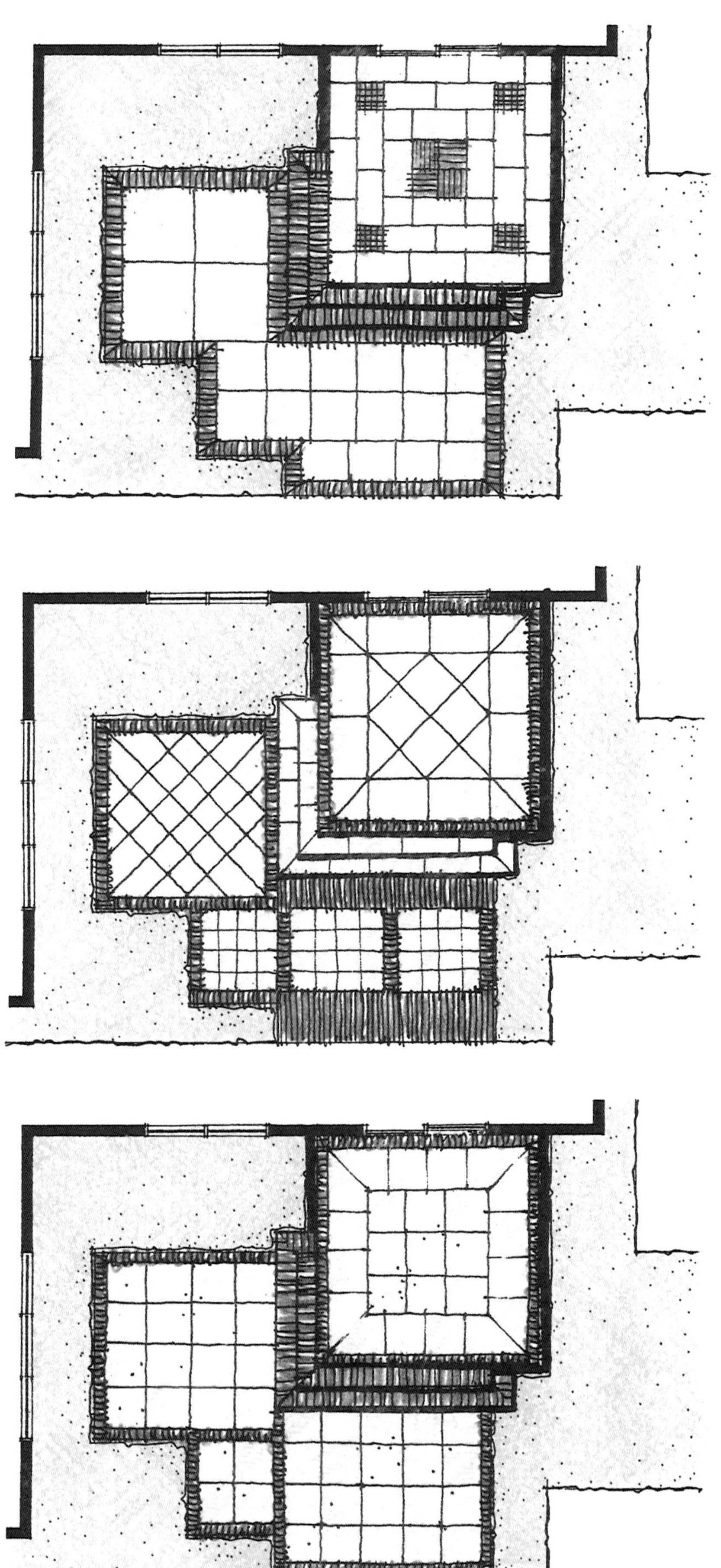

图12-46 带状、边界、网格在矩形铺装区域的多种选择方式

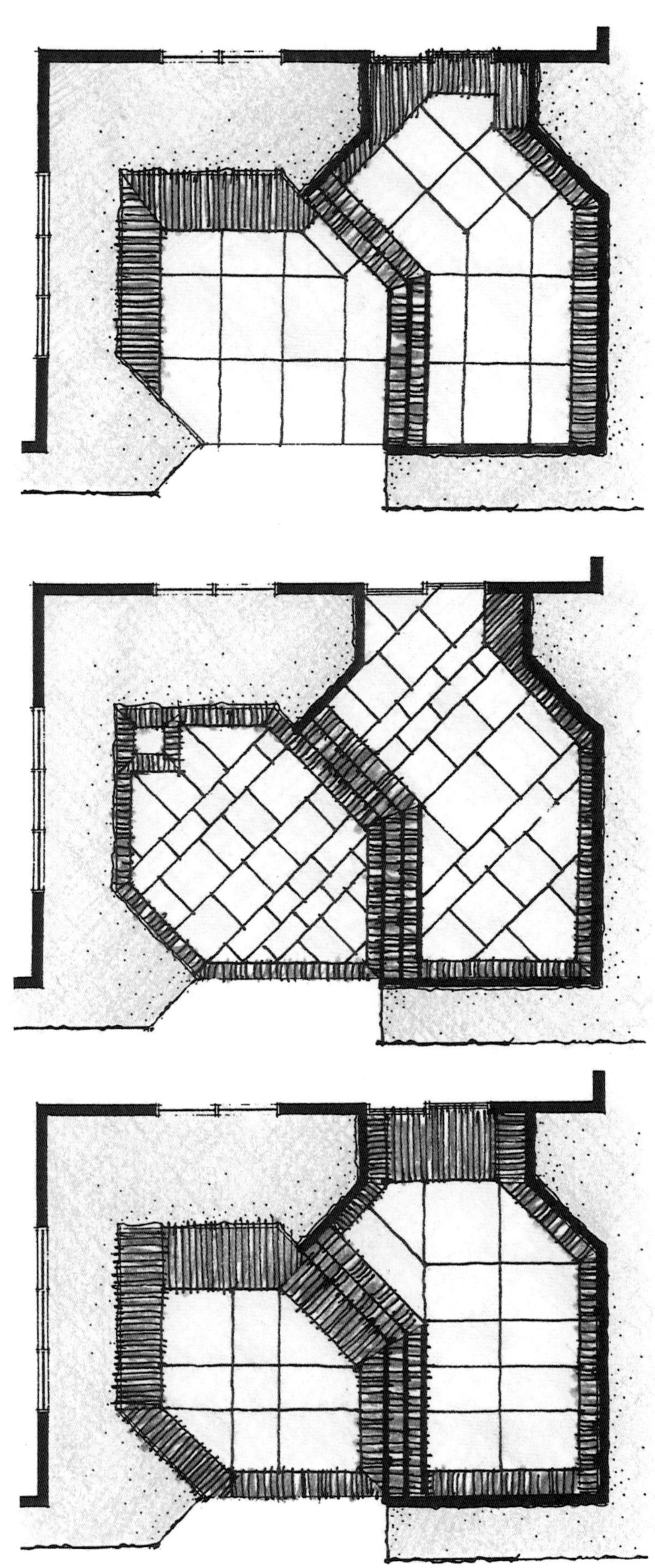

图12-48 庭院设计中，路面铺装图案与房屋边缘相协调

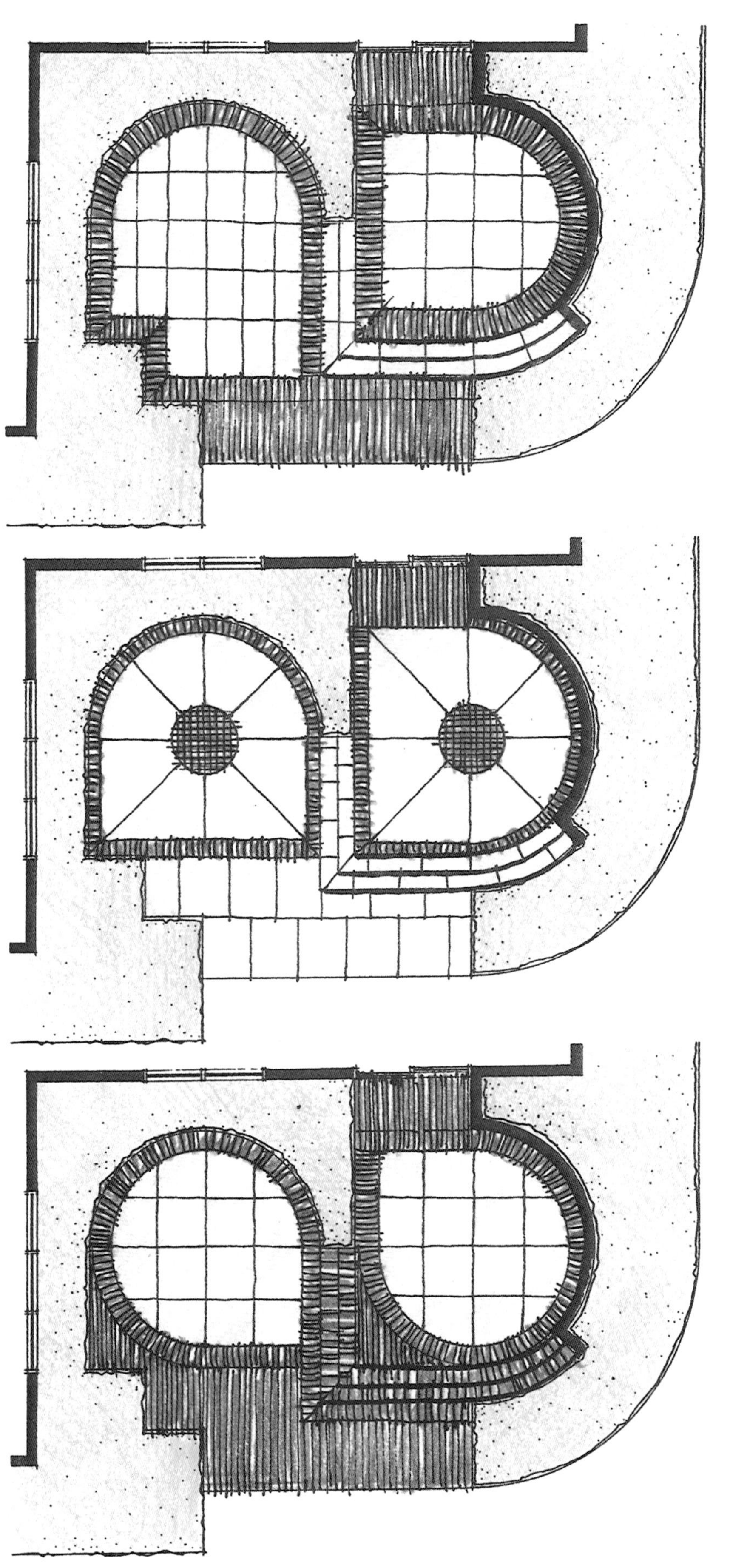

图12-53 在圆形露天区域，使用边界框来限定内部图案

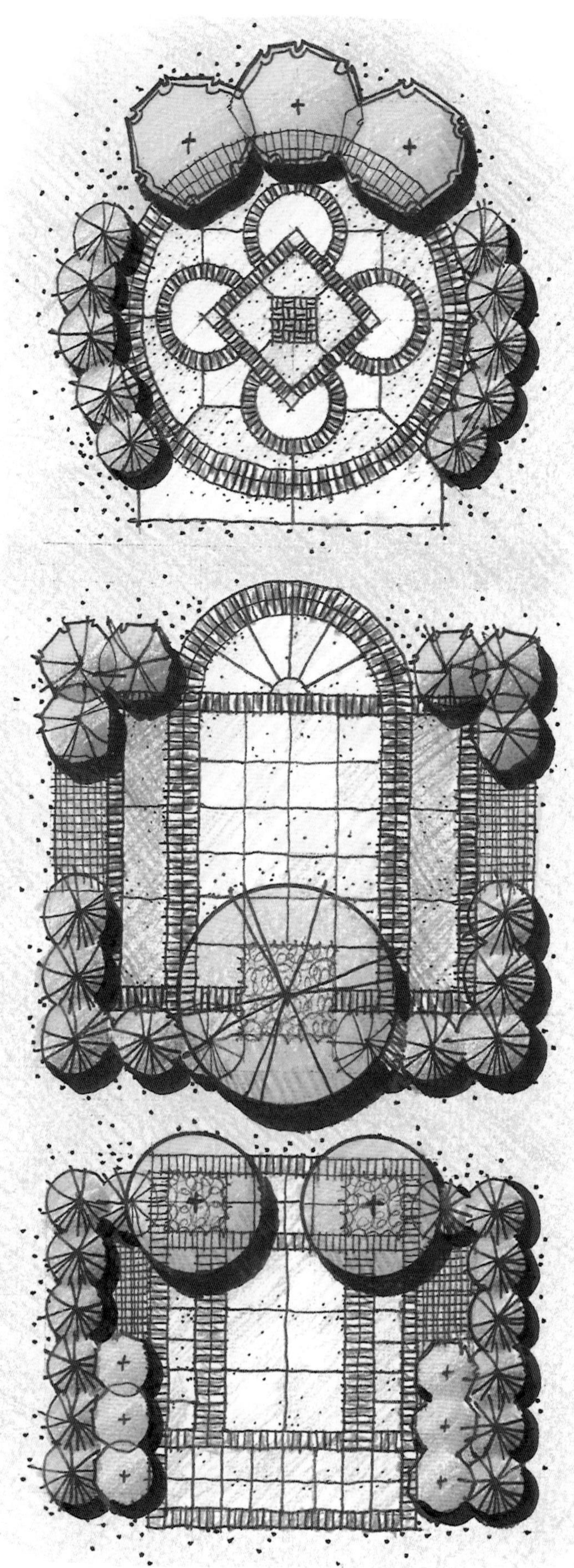

图12-57 材料图案应与周围毗邻的建筑图案相关联

图12–58 材料图案可以不断重复建筑极具特色的方面

图12–62 石板可以复制岩石外观

图12–63 切石在景观小品中呈现的不同外观

图12-66　预制混凝土砖形成的墙体

图12-68　不同开放程度的木栅栏

图12-70　木质棚架结构形式

图12-72 围栏与围墙的材料和图案应与毗邻的房屋与路面相协调

图12-73 在景观设计中，构筑物可以复制建筑细部

图12-74 对场地结构的替代研究有助于确定房屋和场地最适合的特征是什么

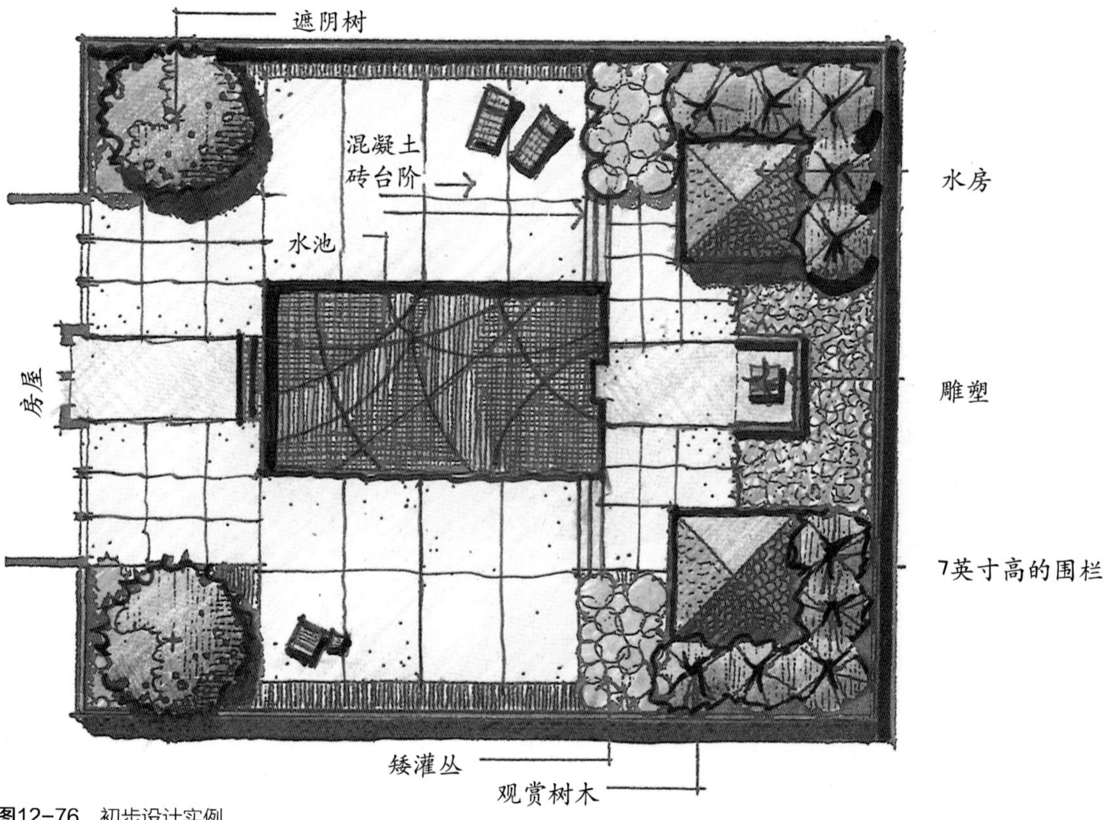

图12-76 初步设计实例

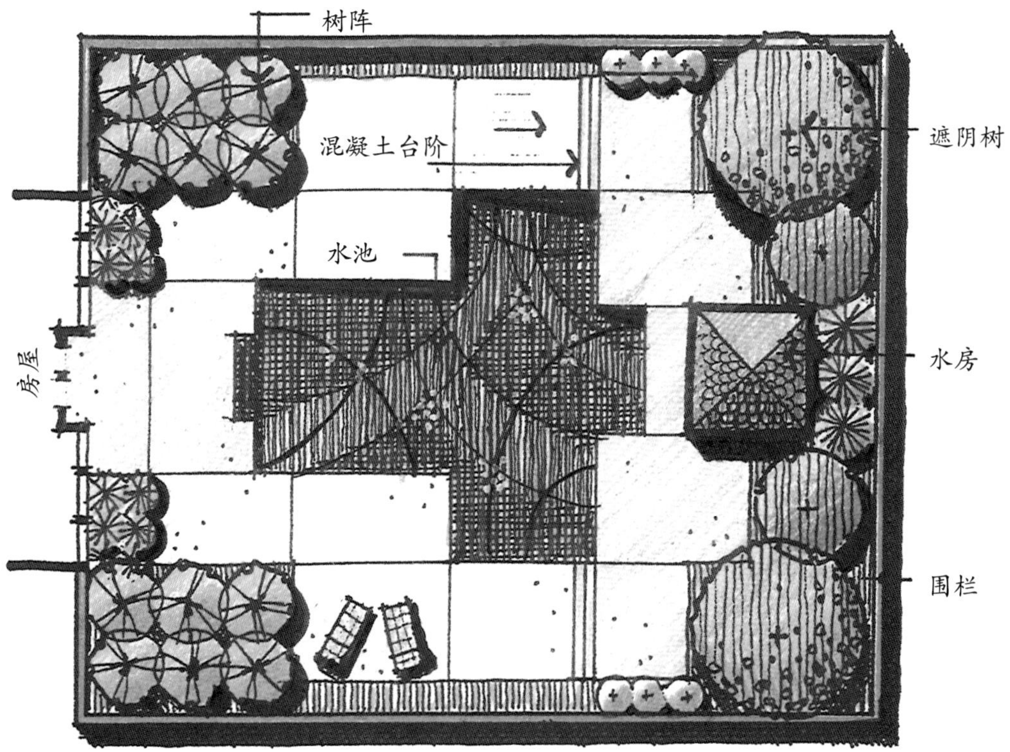

图12-77 与初步设计形成对比的总平面设计示例

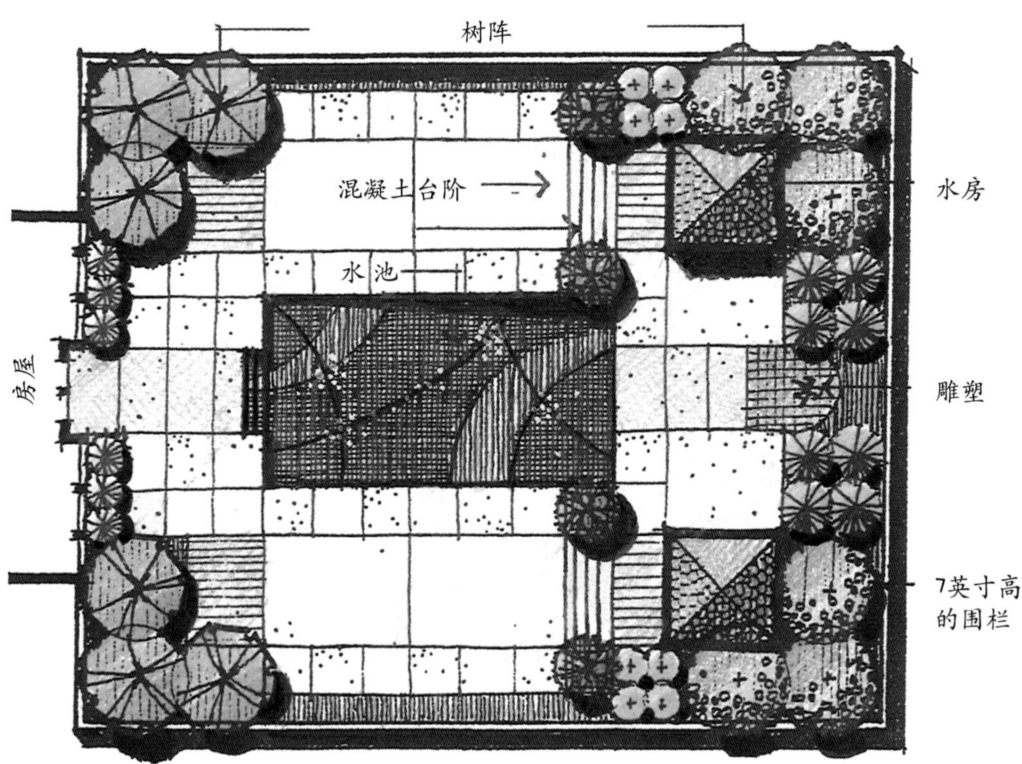

图12-78 初步设计阶段较为精细的总体规划示例

图12-79 总体规划设计比概念设计更为详细的实例

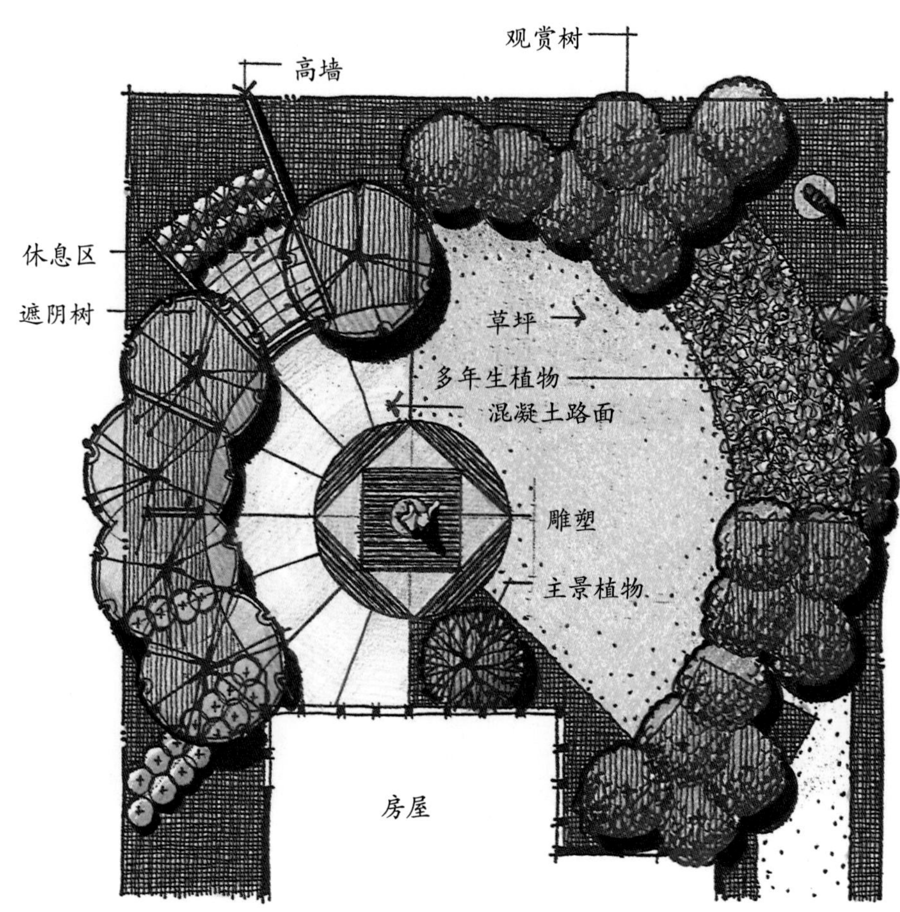

图12-83 总平面图实例

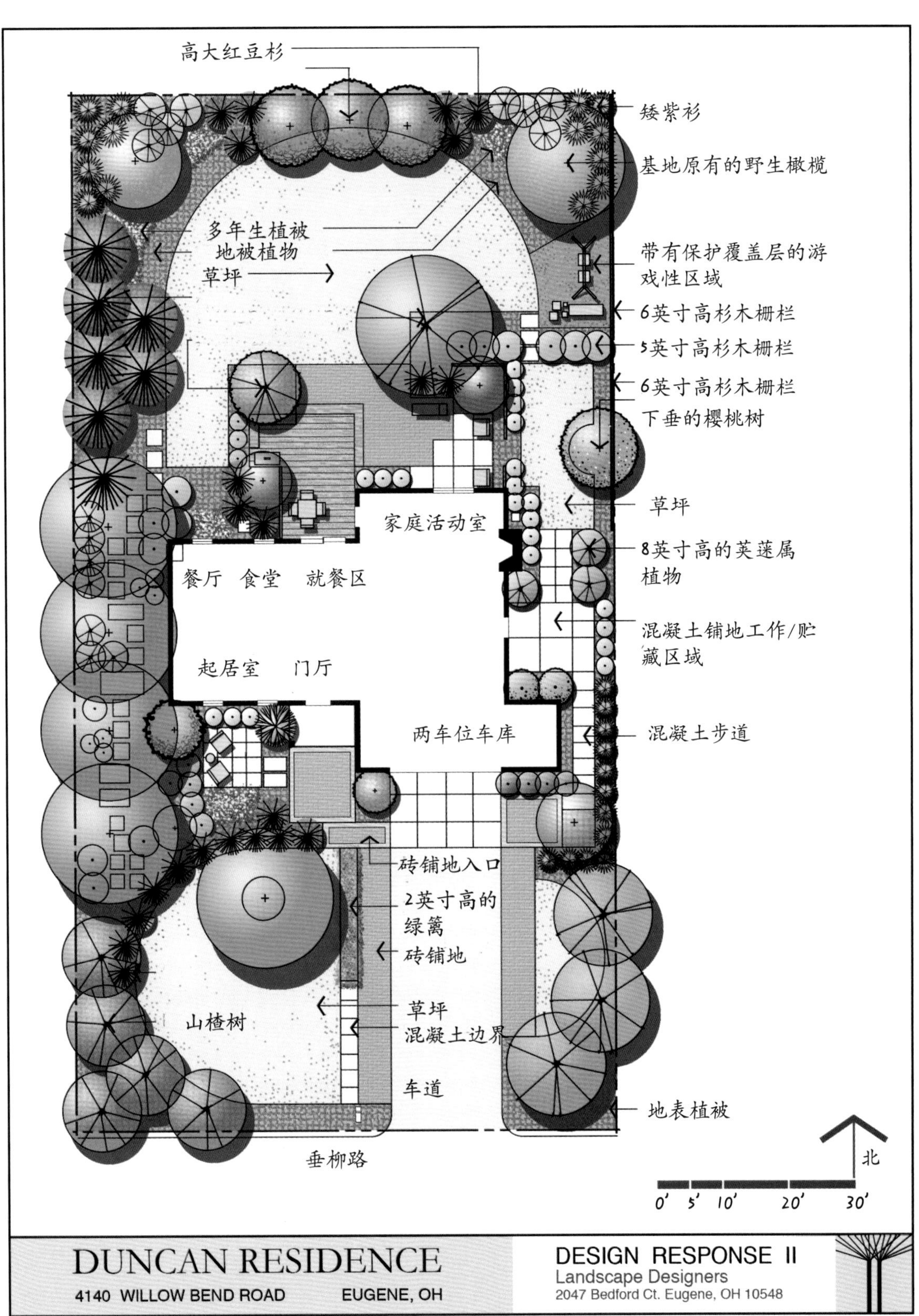

图12-86 邓肯住宅总平面图

图12-87 邓肯住宅的凉亭、栏杆和栅栏图案

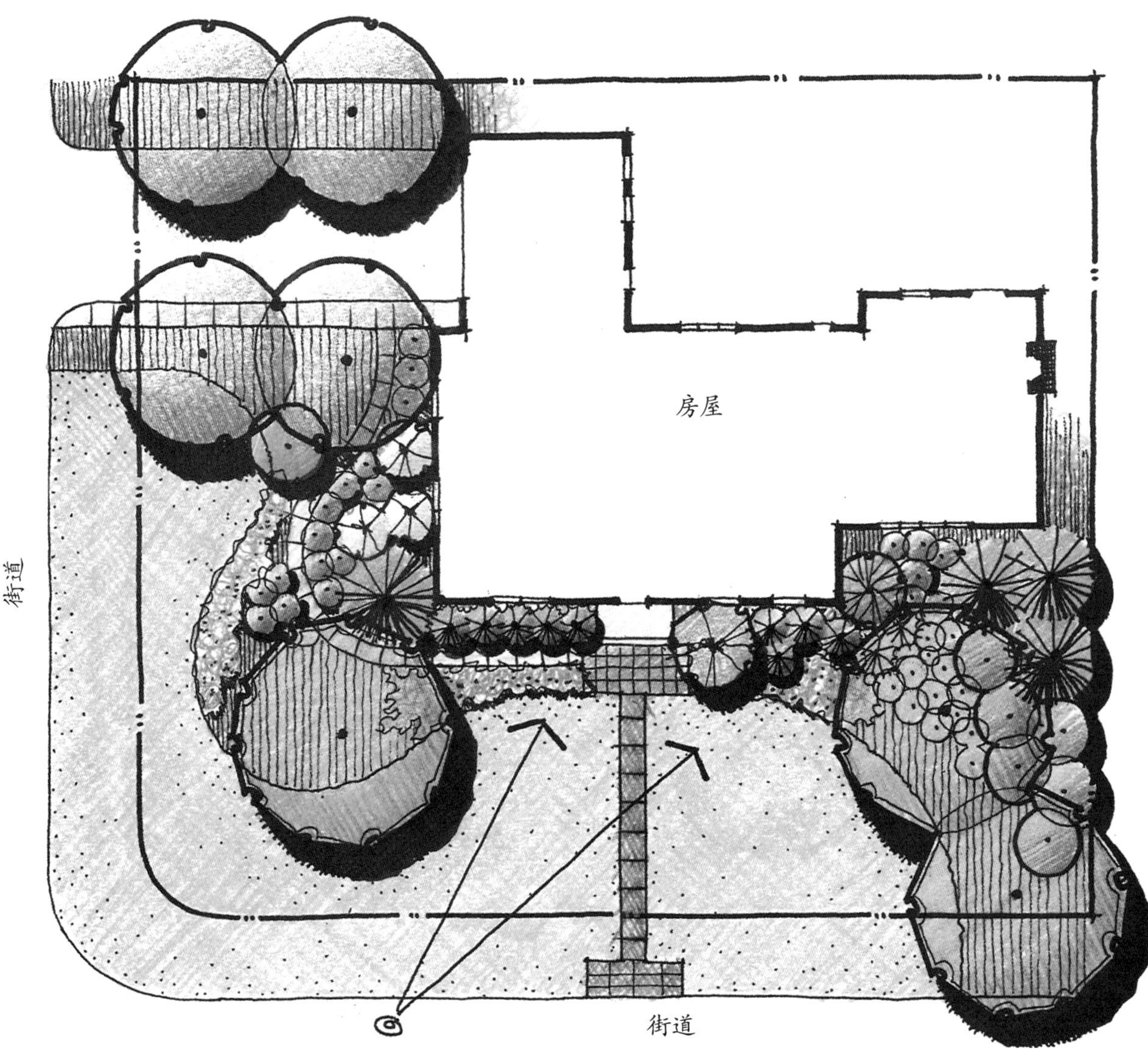

图13-5 前门处应该重点强化，以吸引视线与来访者

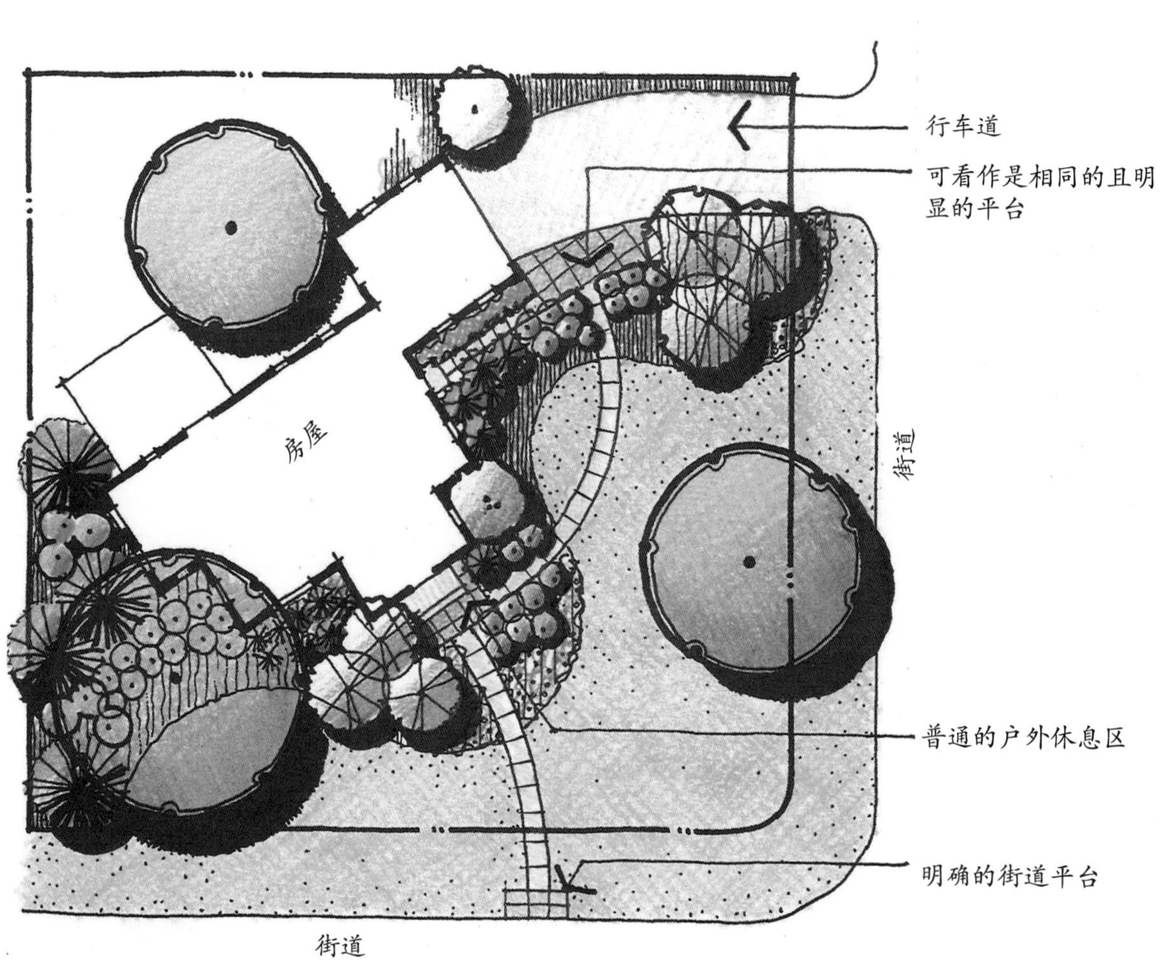

图13-6 两条人行步道非常必要，并且在靠近前门设置一个普通的户外入口休息处

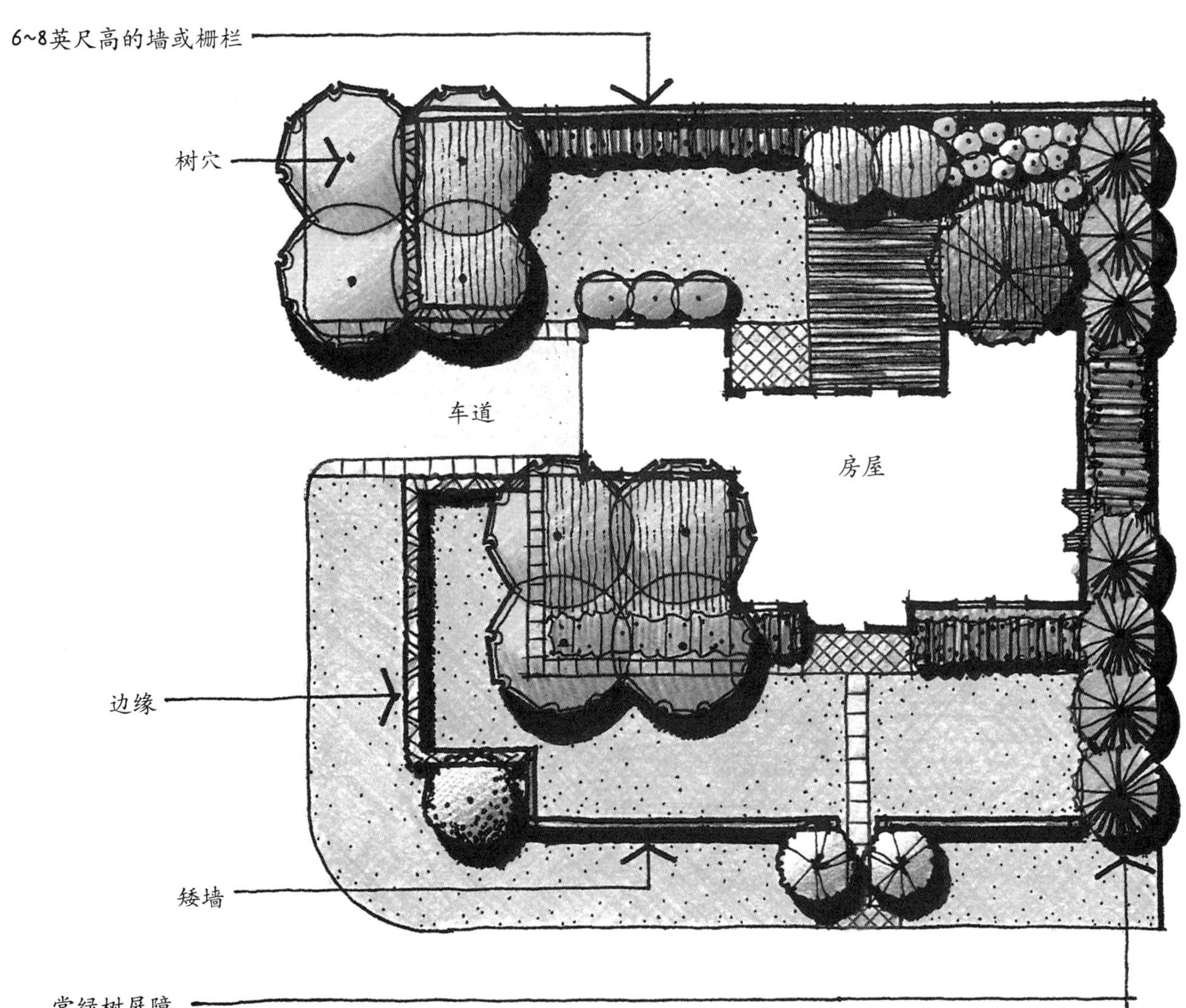

图13-7　可使用墙与栅栏将院子空间与相邻的街道进行分隔

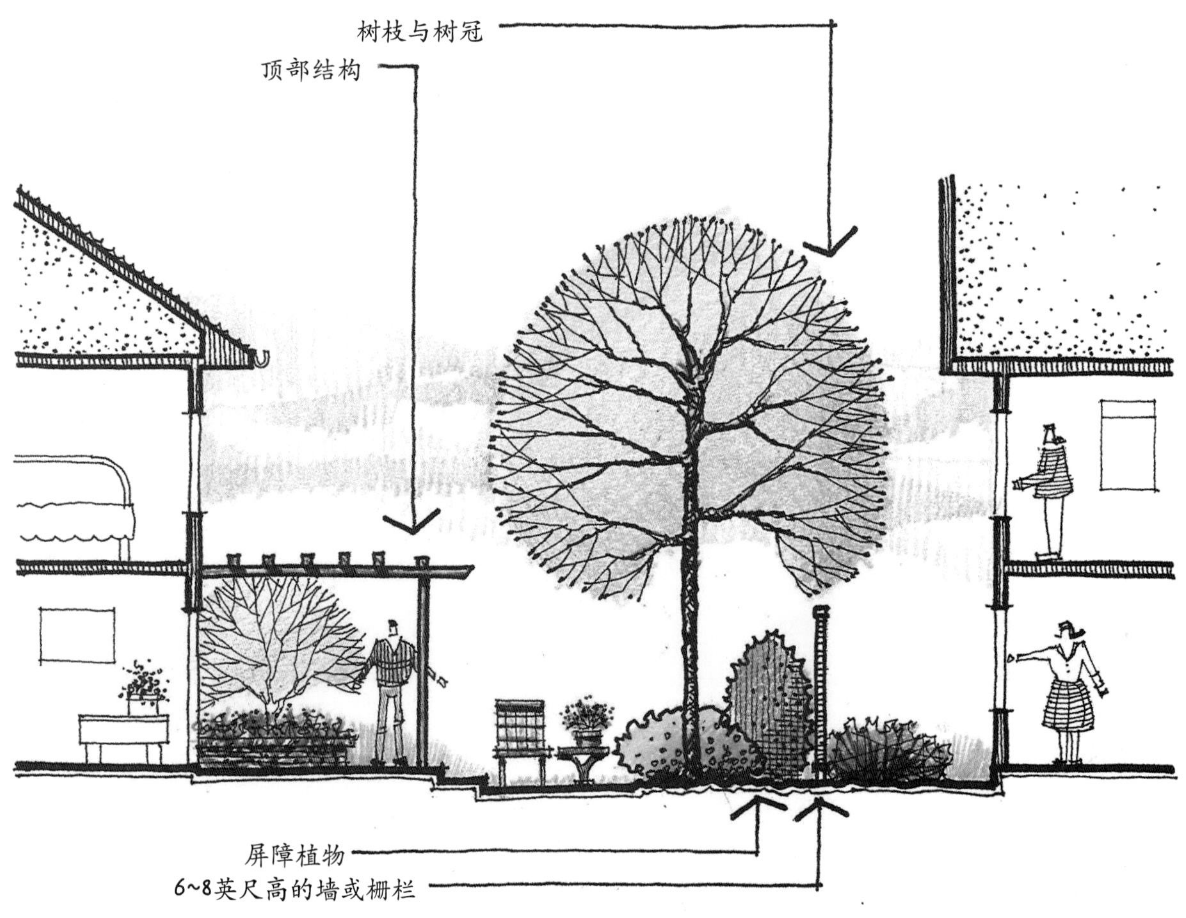

图13-8　在后院中应使用顶面结构以及栅栏与墙，从而与附近邻居之间建立起一种私密性

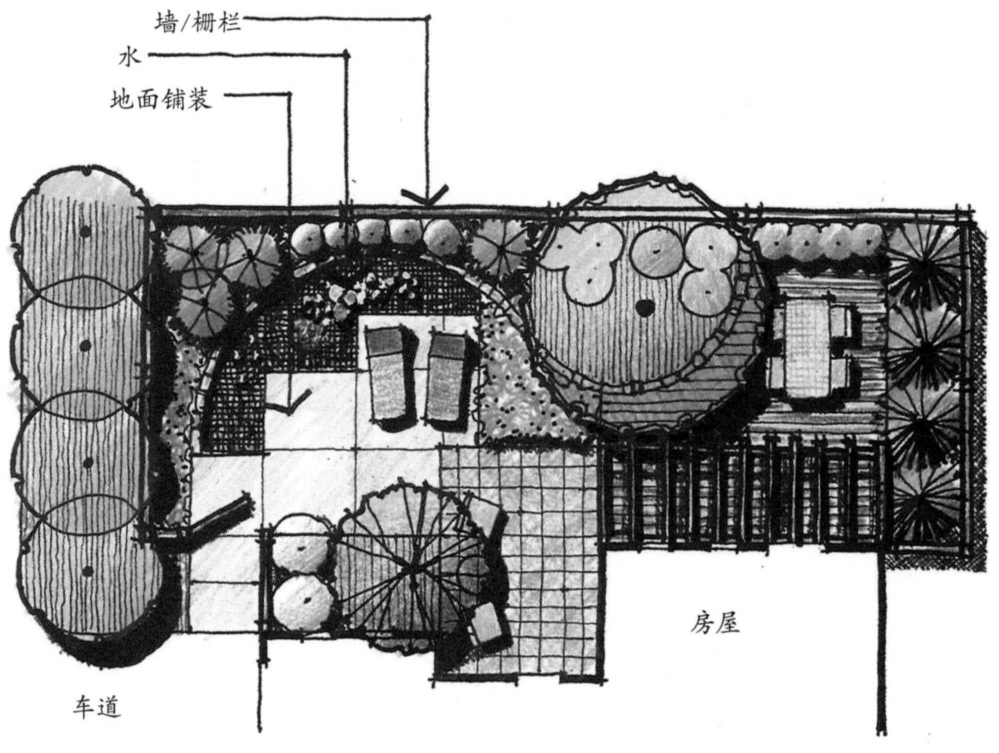

图13-9　将拐角地块的后院看成是城市花园，并设置一系列具有良好限定的户外空间

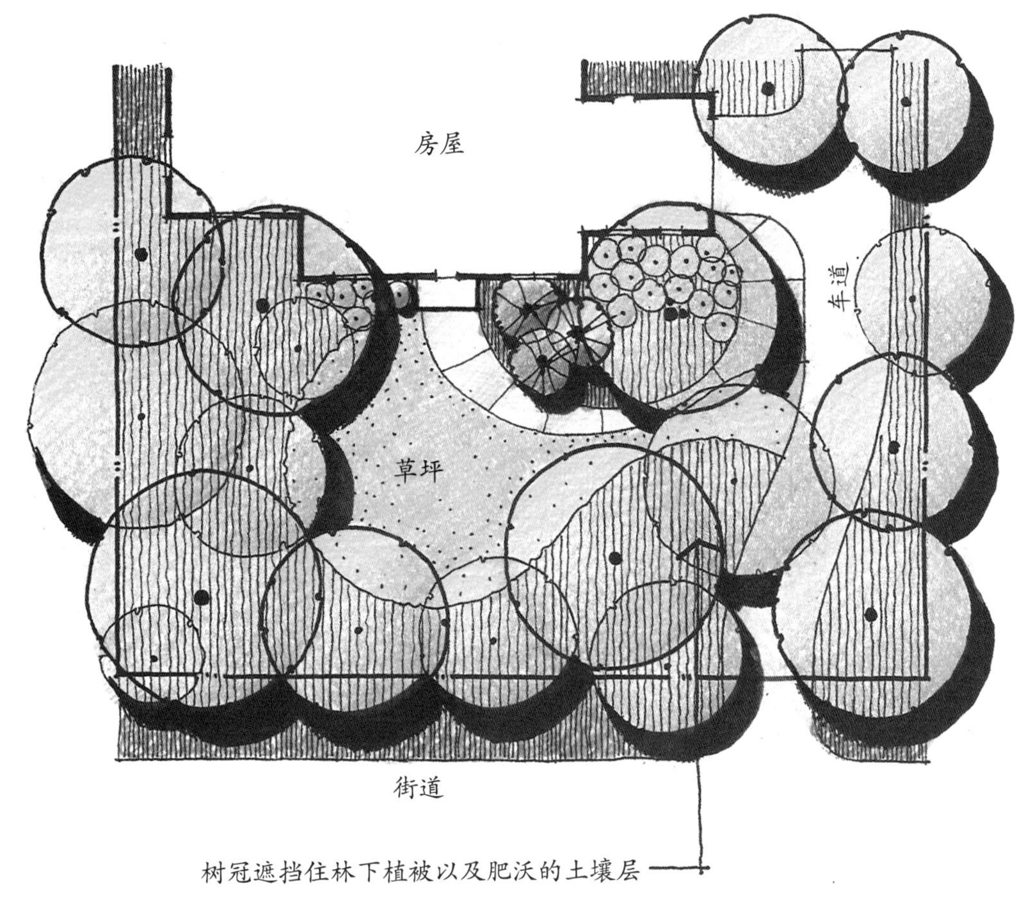

图13-13 在林地住宅场所，应不设草坪或尽量缩小草坪的面积

图13-23 在坡地上，一系列由挡土墙所分成的台地可形成一种建筑风貌

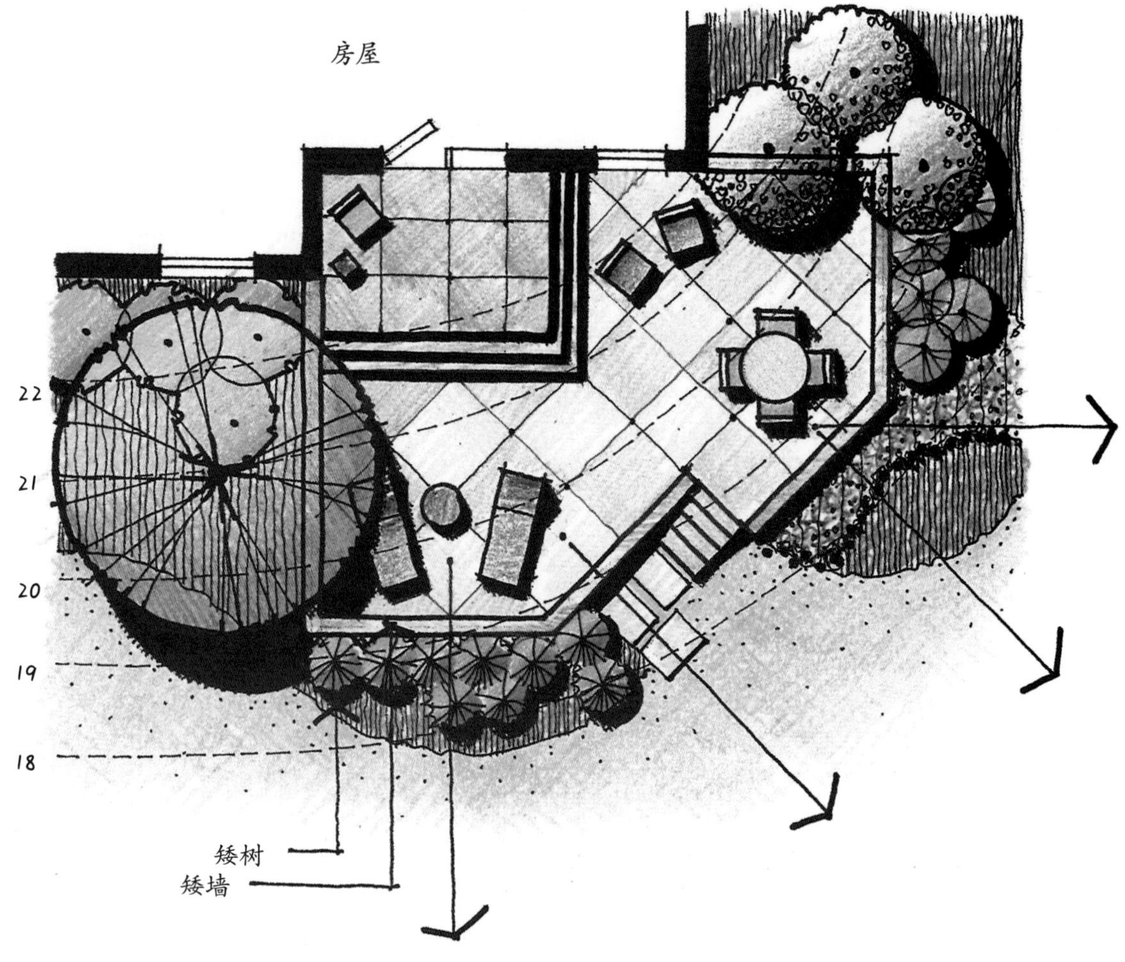

图13-25 在对户外使用活动空间进行定位与设计时，应充分利用低区域或场所之外的景观

图13-29 从房内看出的视线通常会聚焦于连栋住宅花园的后墙面上

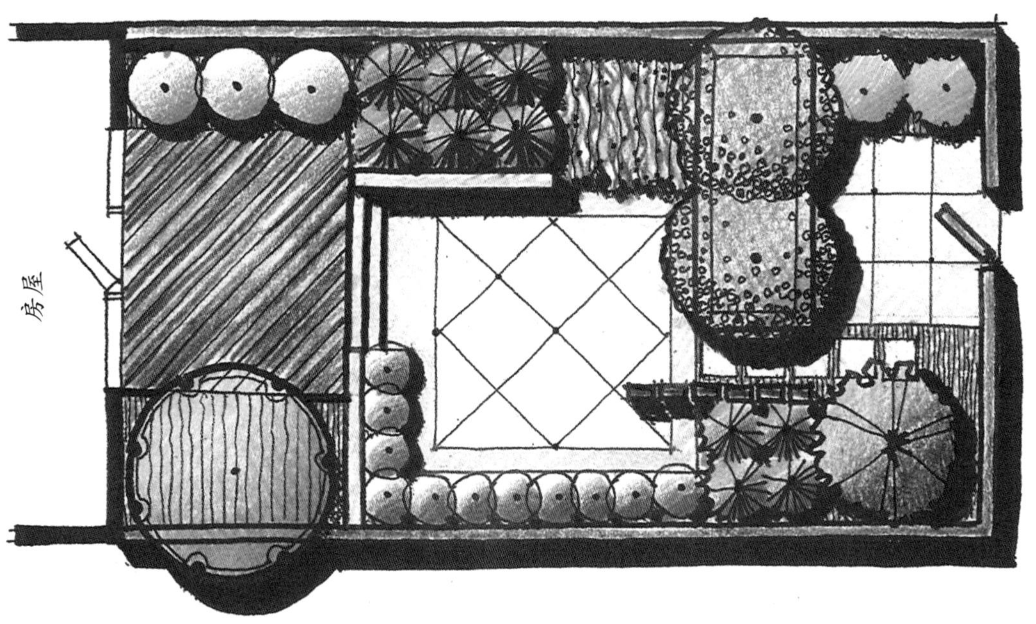

图13-34 在花园中，可将不同种类的植物与其垂直面相结合，来限定各空间

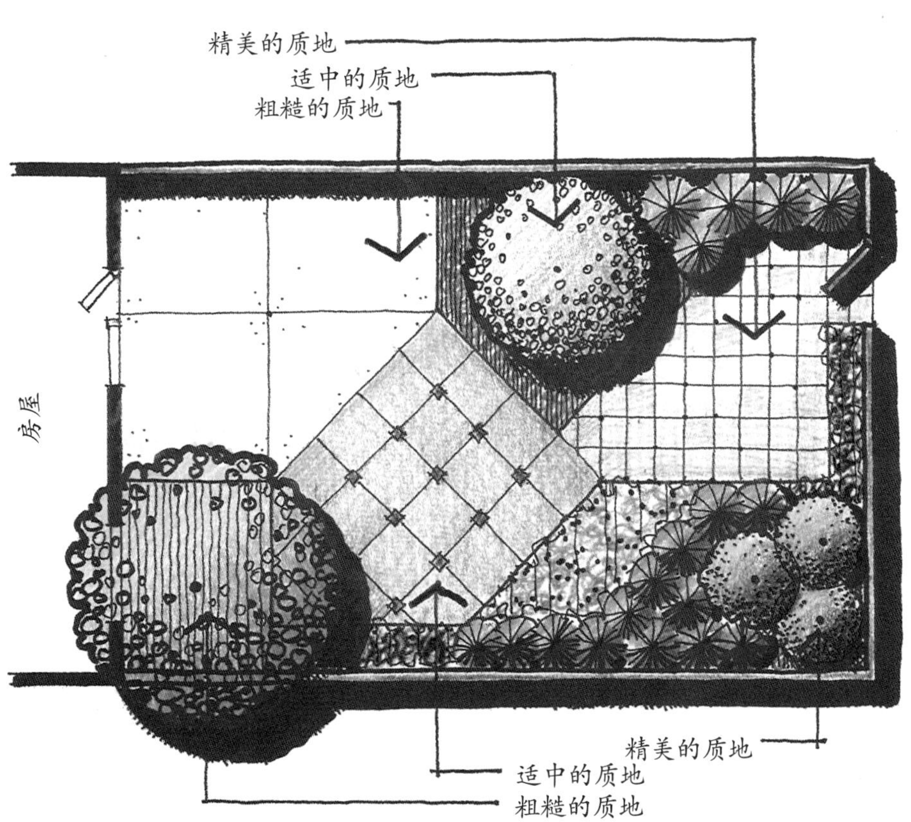

图13-36 将粗糙质感的材料置于房屋近处，同时将细腻质感的材料置于房屋远处，可使花园看上去有种深度感

图13-37 使视线穿越或围绕树木及其他垂直的物体，可增加空间的深度感

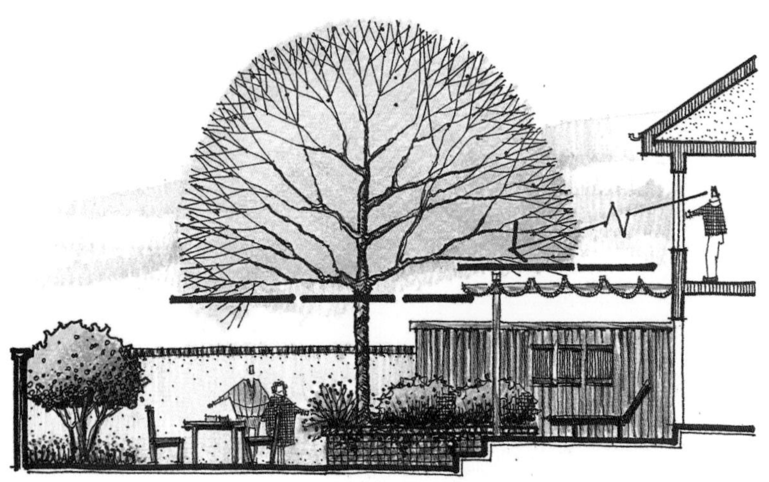

图13-39 树木或结构层形成的顶面可以用来遮挡上层窗户中人的视线

图13-40 在连栋住宅花园周围的墙面上，可以用放置盆栽的搁板、镜子、壁画、壁龛、藤本植物等来增加它的视觉情趣

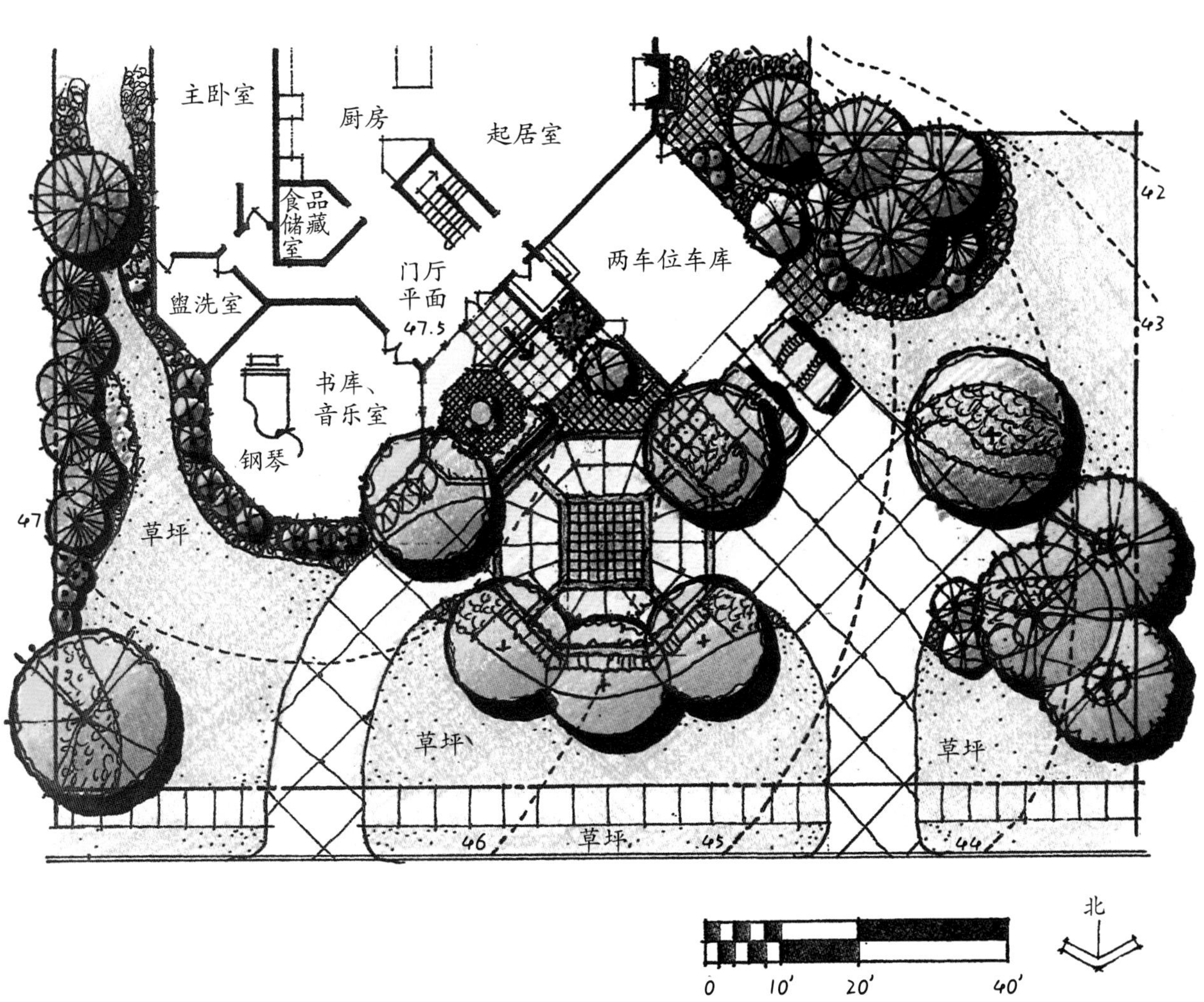

图14-2　麦金托什住宅前院备选方案1

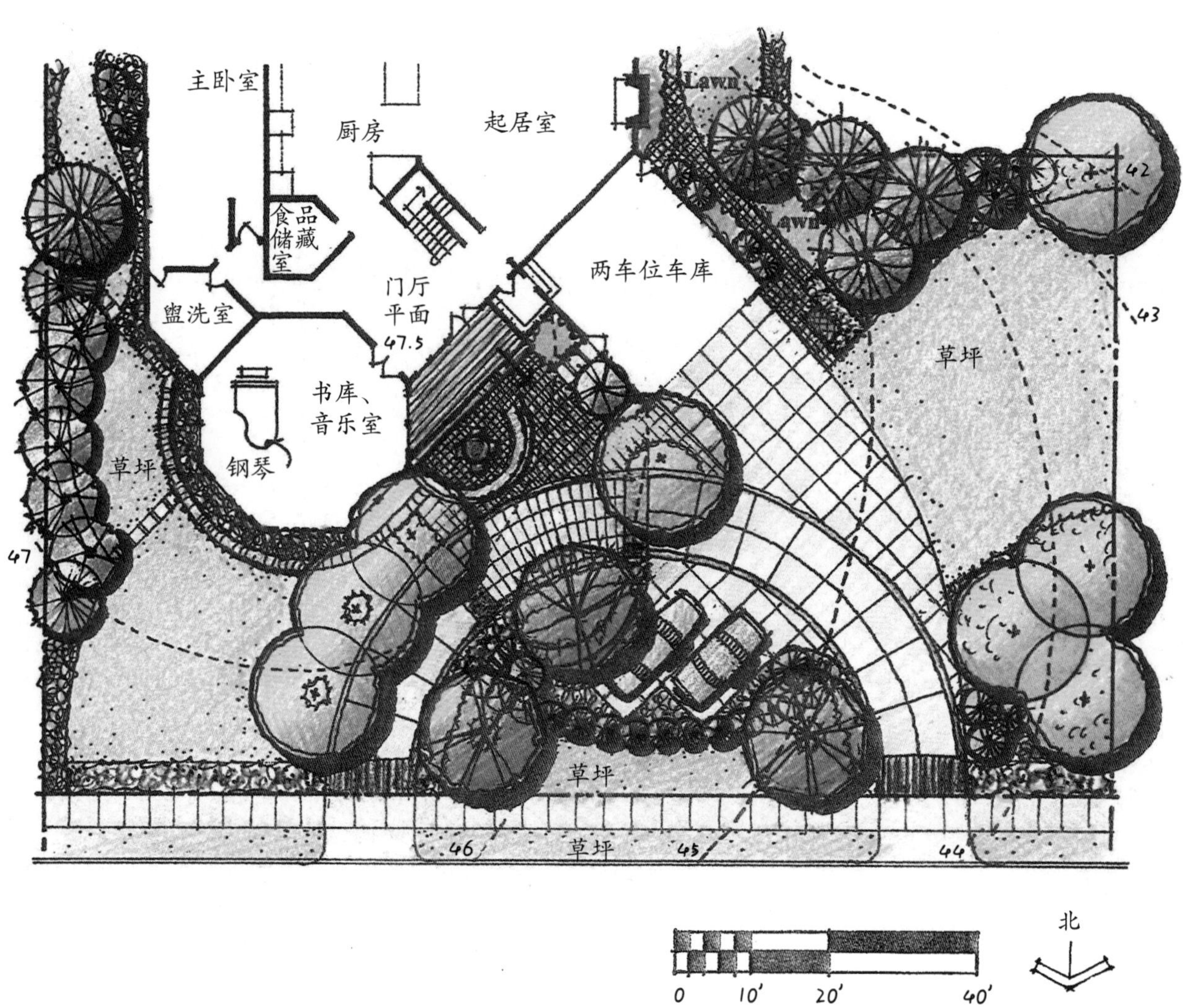

图14-3　麦金托什住宅前院备选方案2

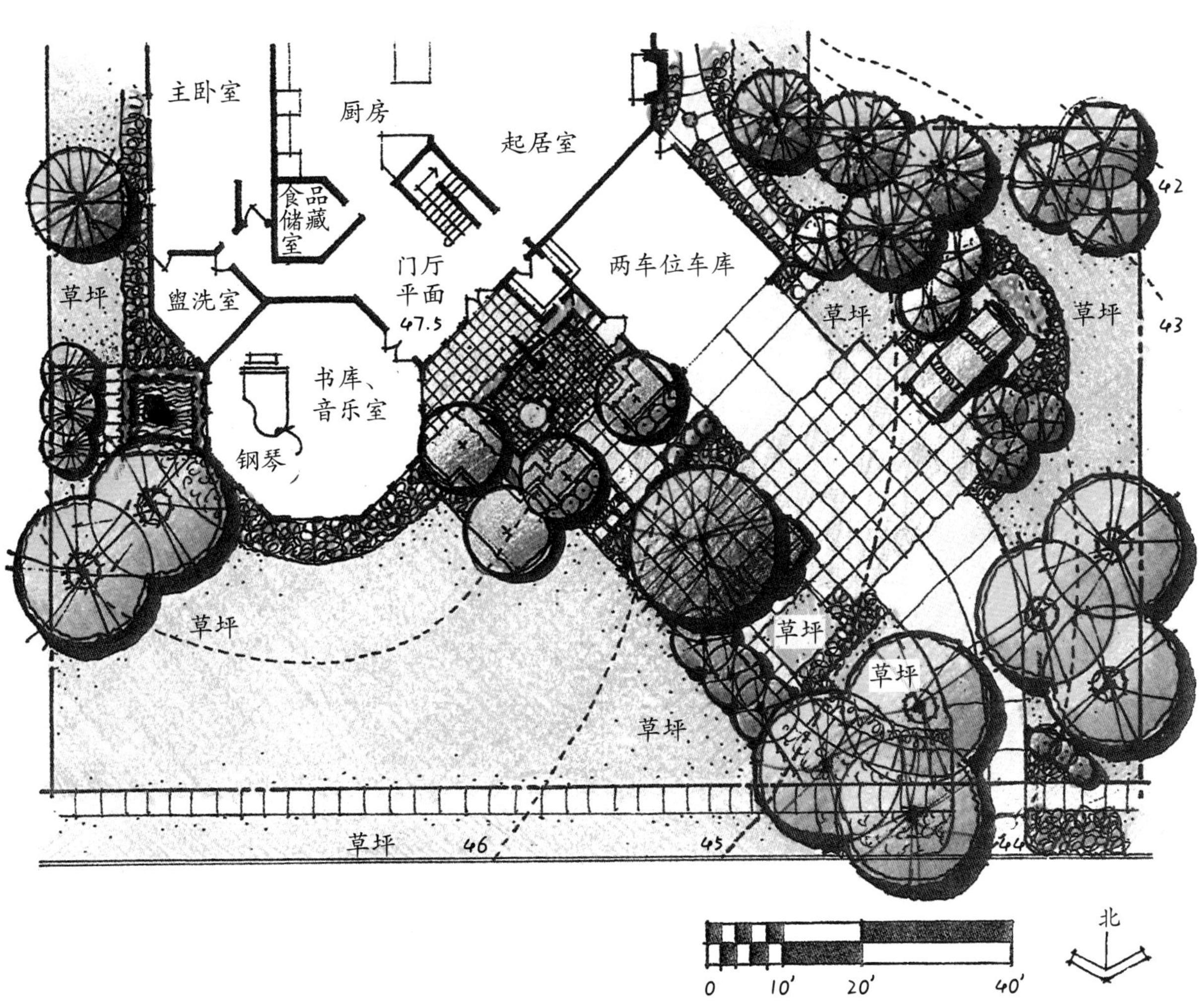

图14-4 麦金托什住宅前院备选方案3

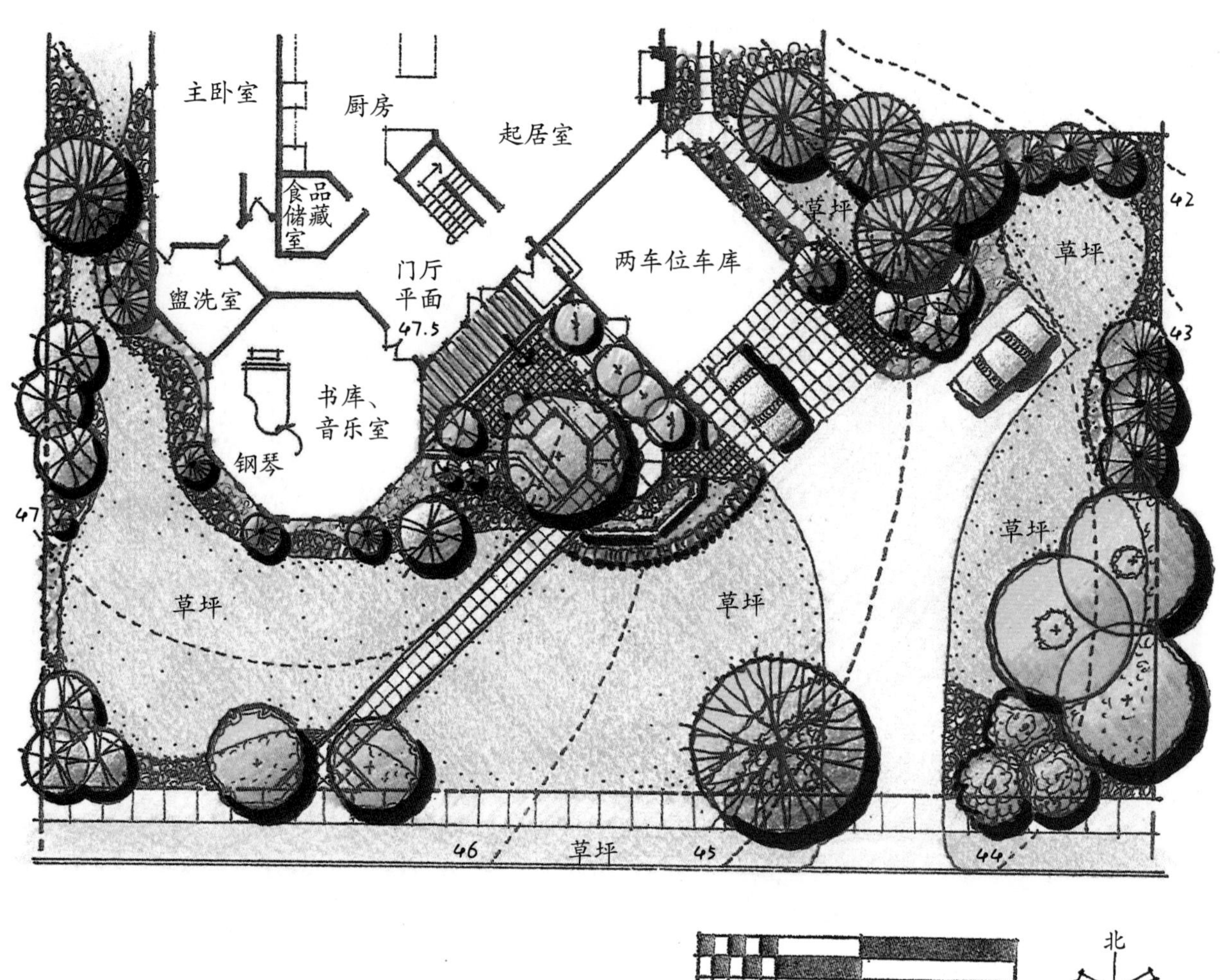

图14-5　麦金托什住宅前院备选方案4

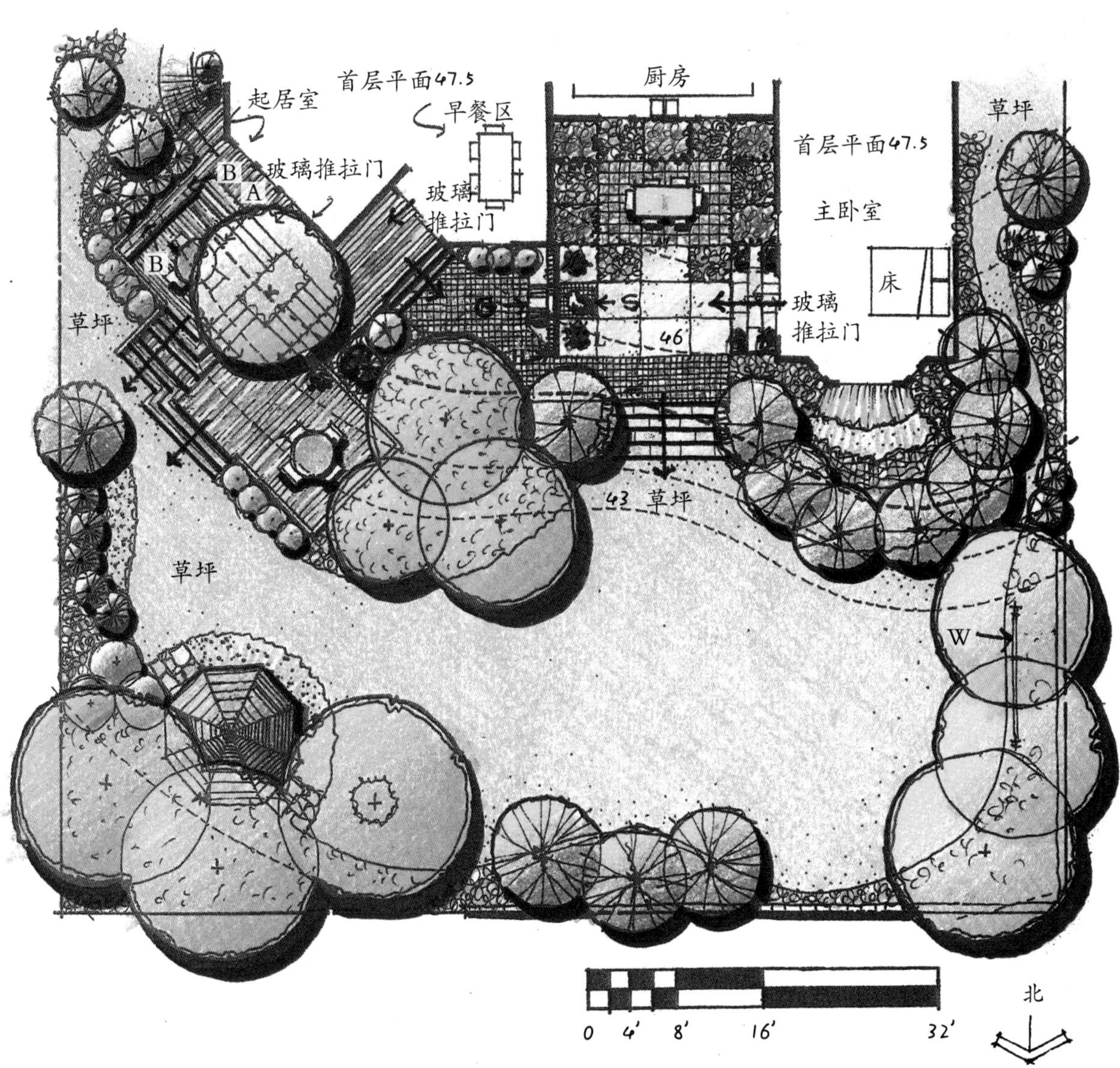

图14-7 麦金托什住宅后院设计备选方案1

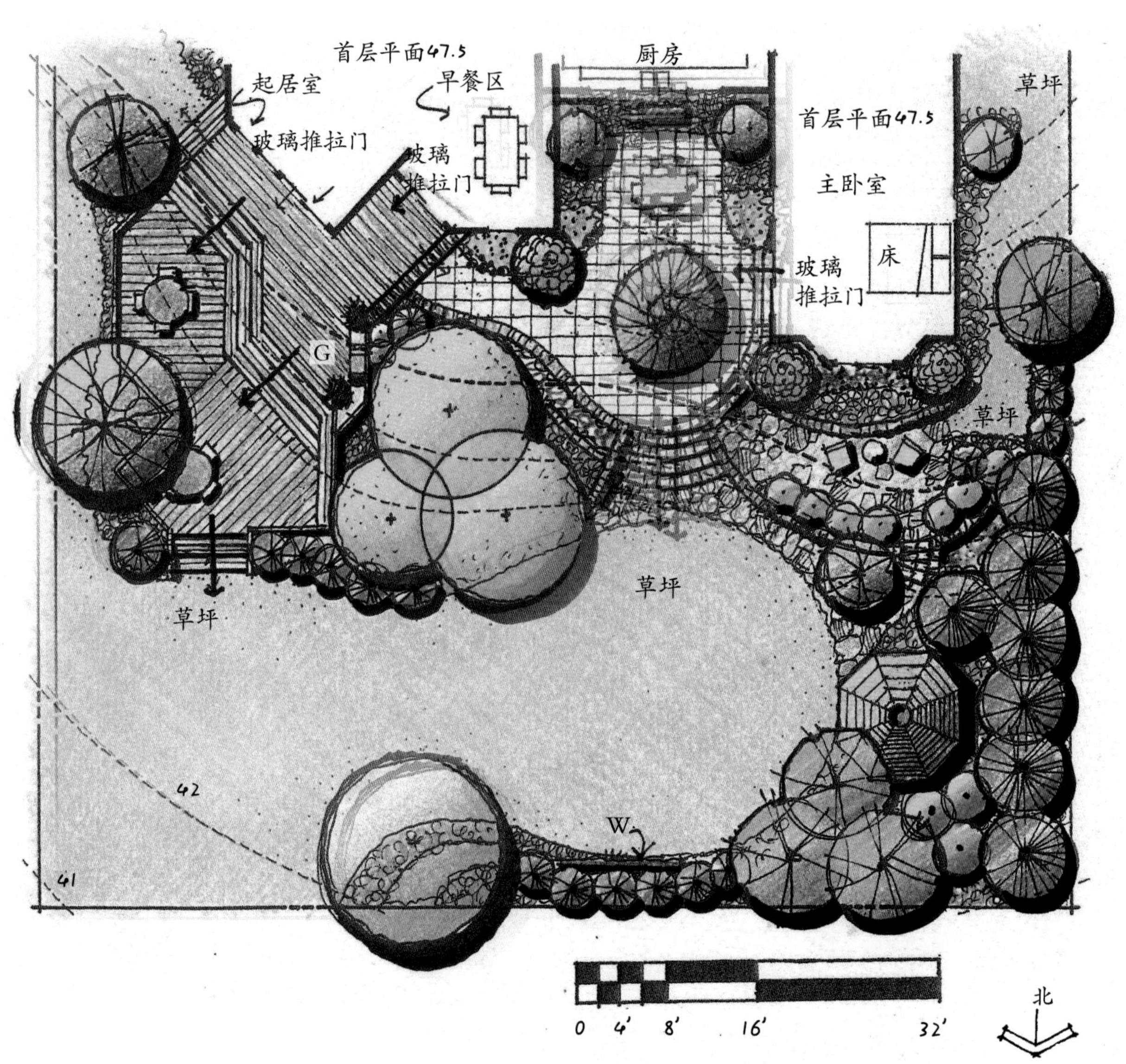

图14-8 麦金托什住宅后院设计备选方案2

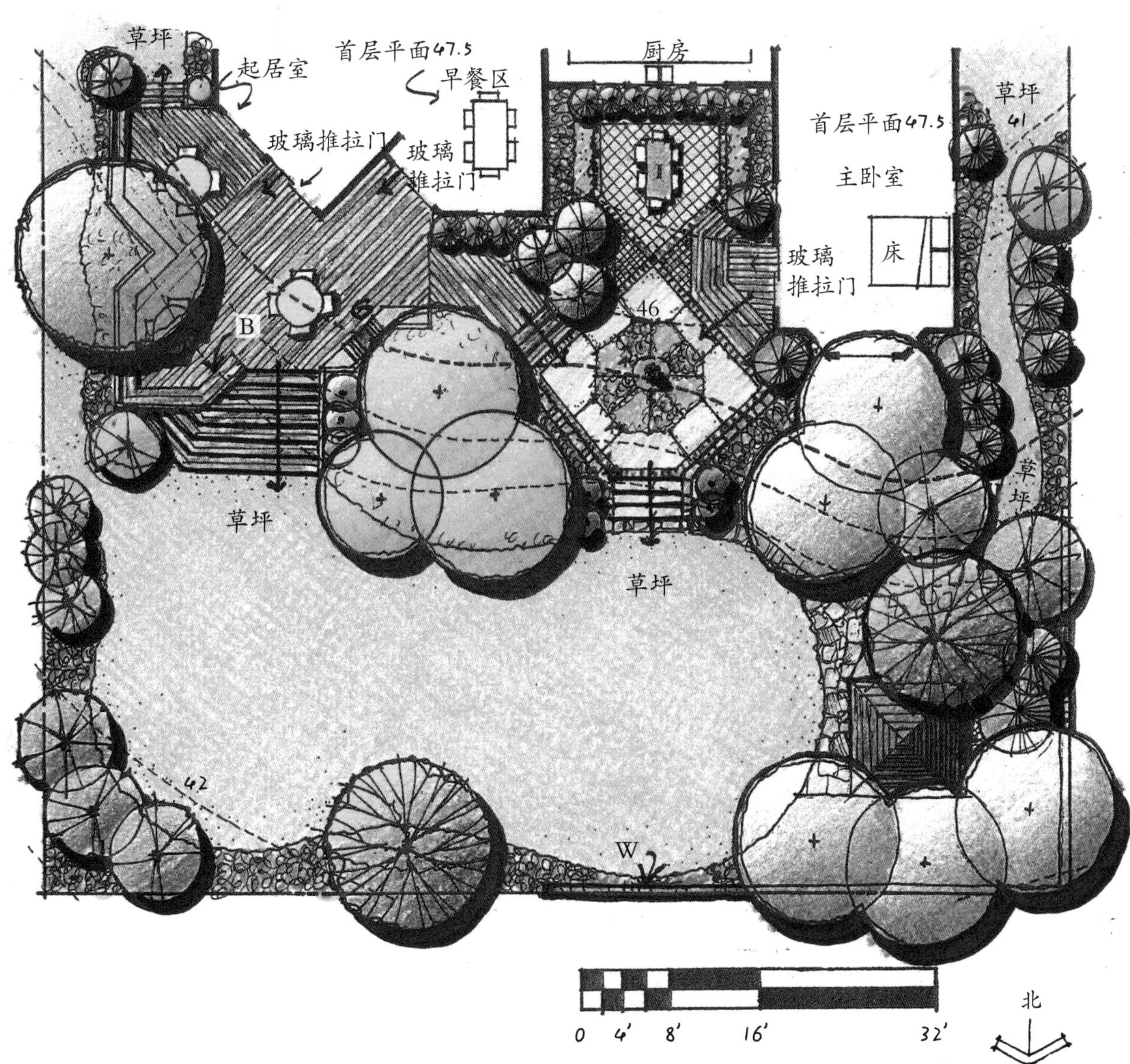

图14–9　麦金托什住宅后院设计备选方案3

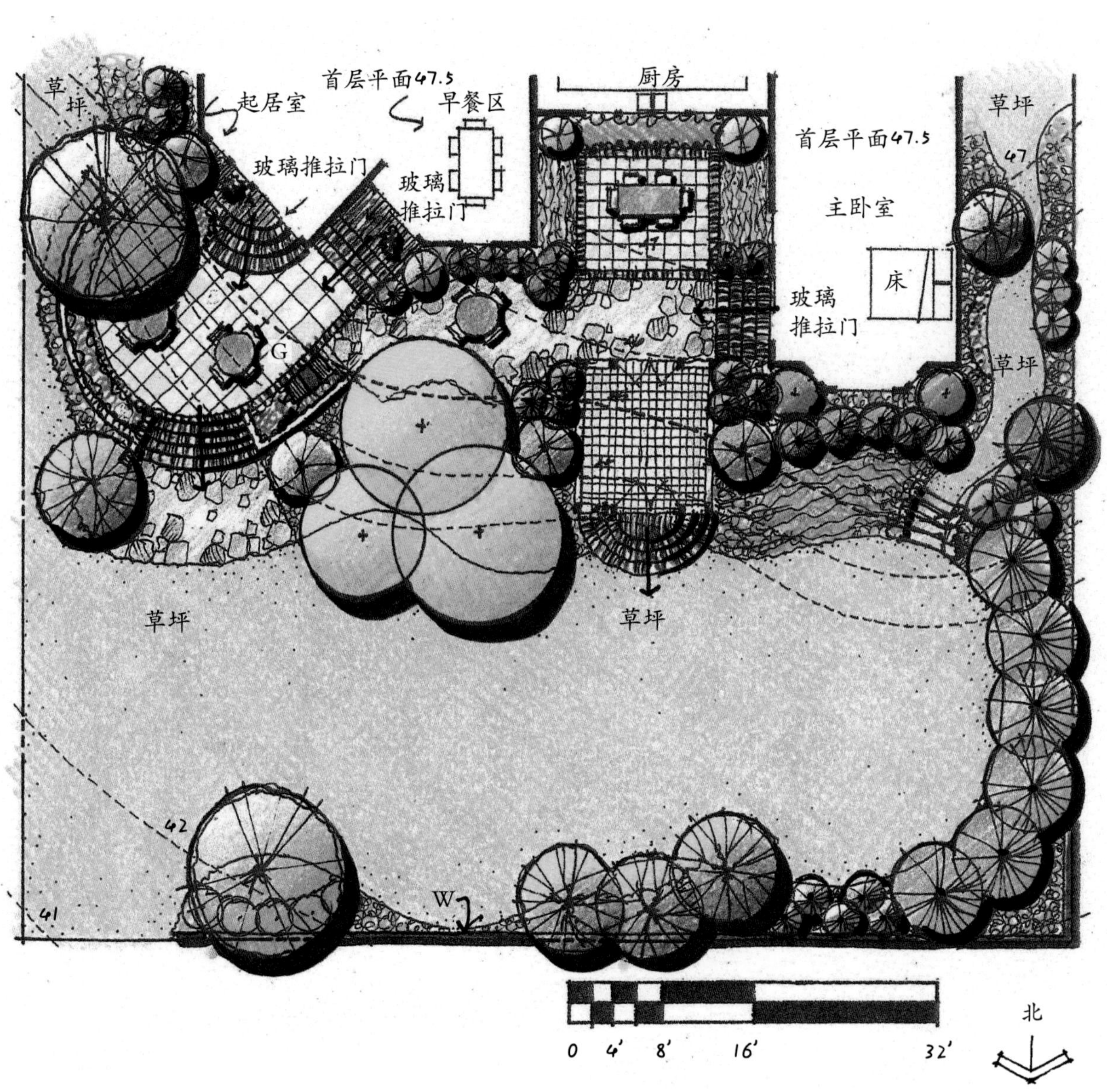

图14-10 麦金托什住宅后院设计备选方案4

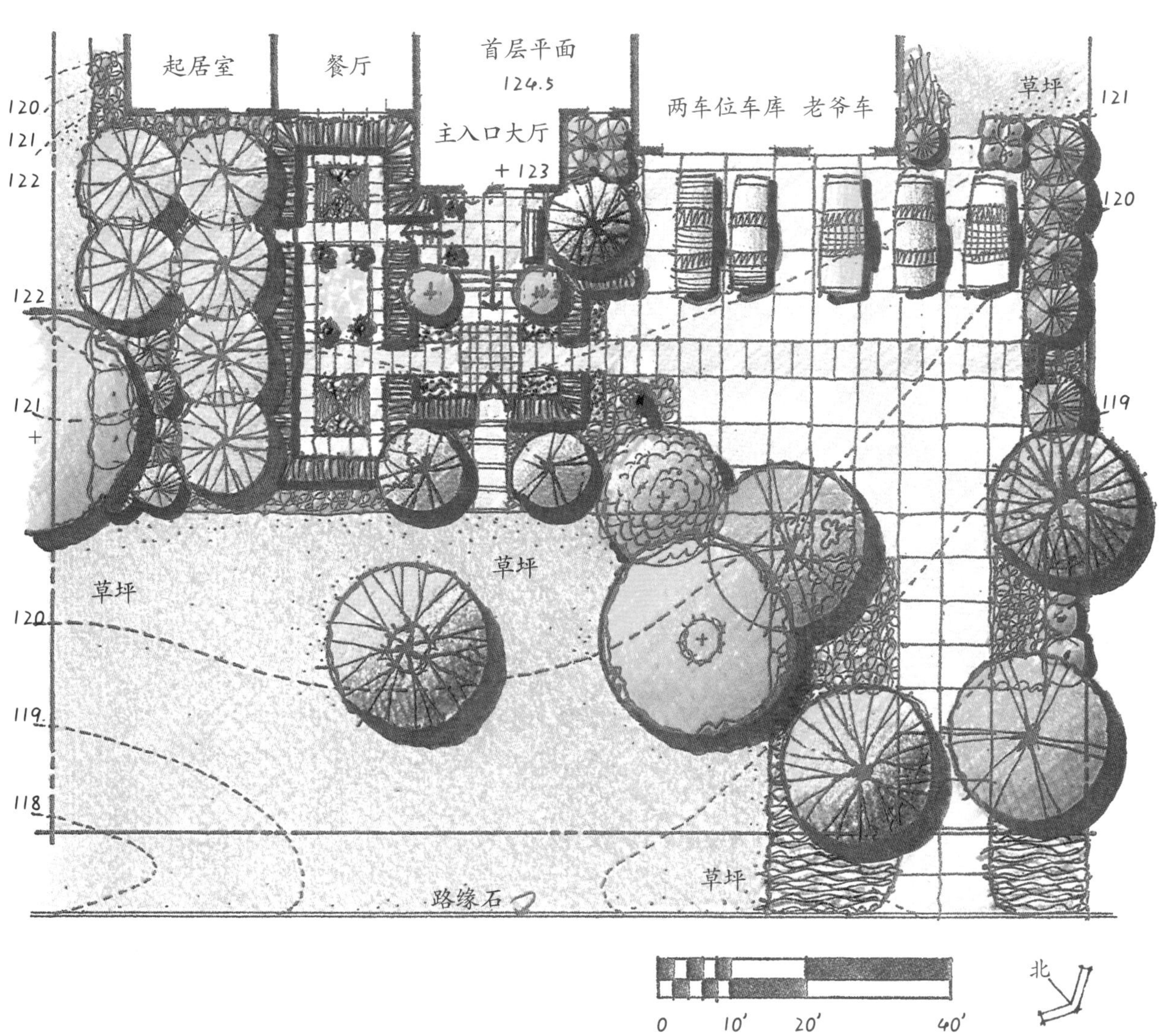

图14-12　弗莱明住宅环境设计备选方案1

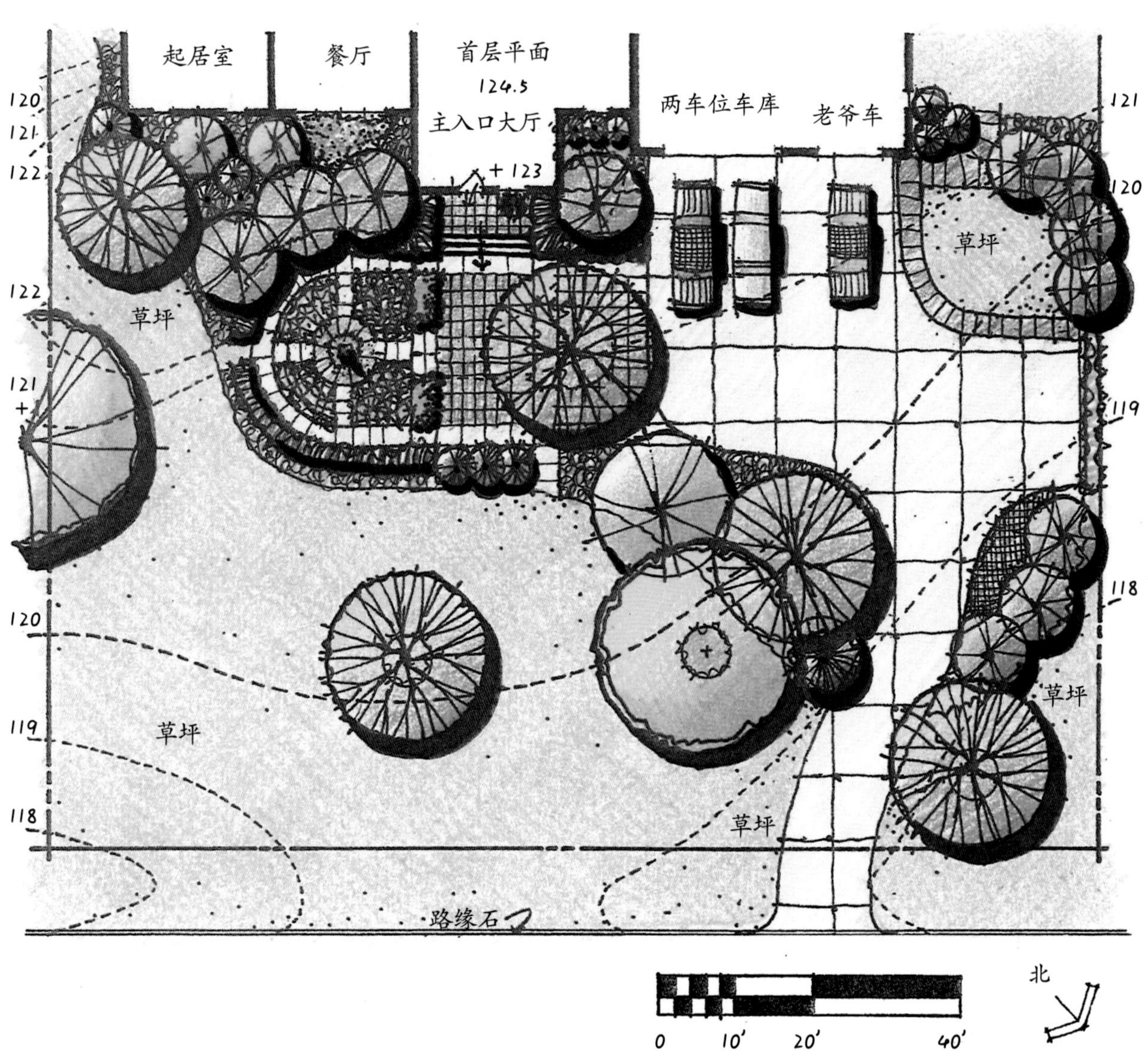

图14–13 弗莱明住宅环境设计备选方案2

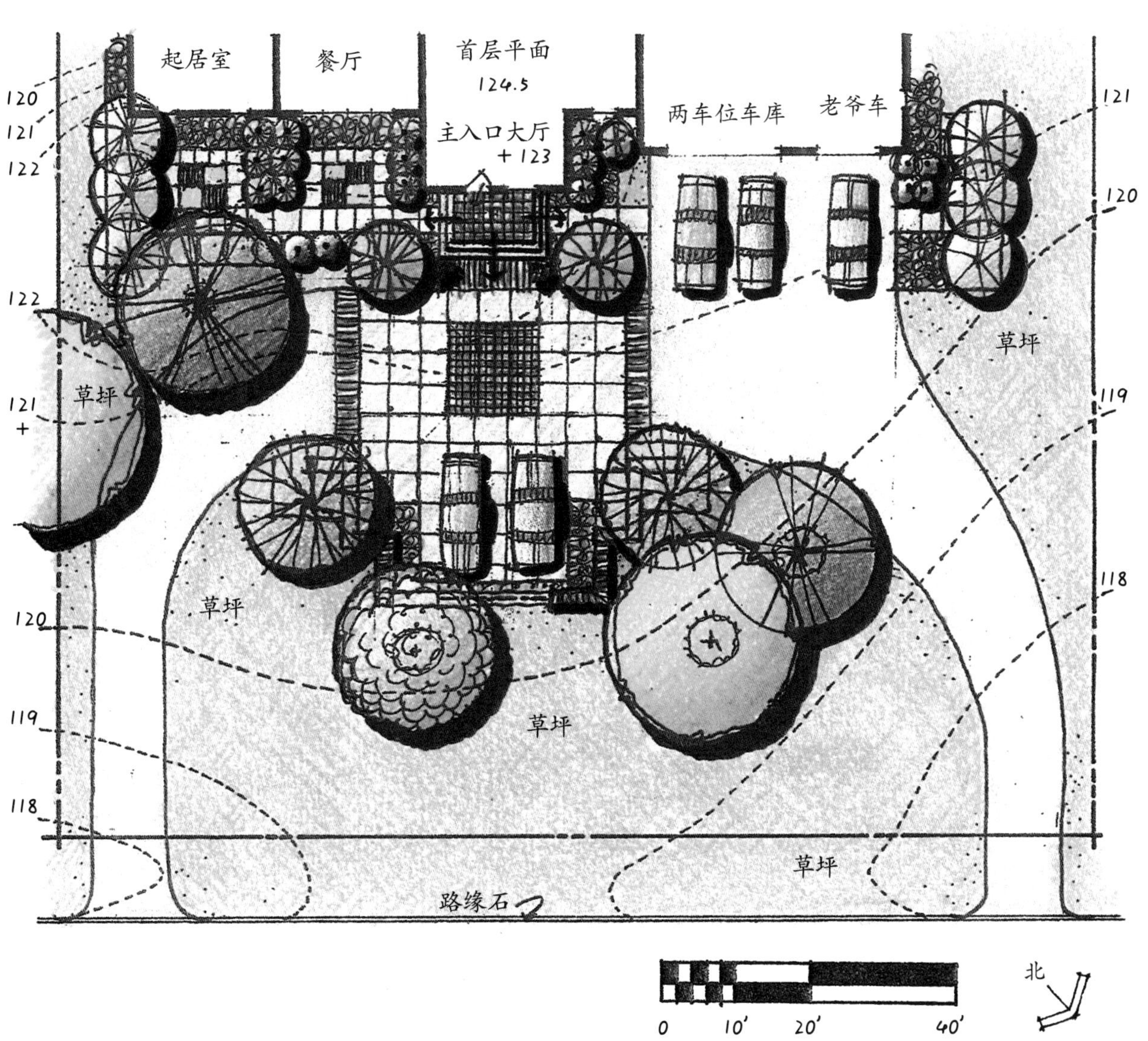

图14-14　弗莱明住宅环境设计备选方案3

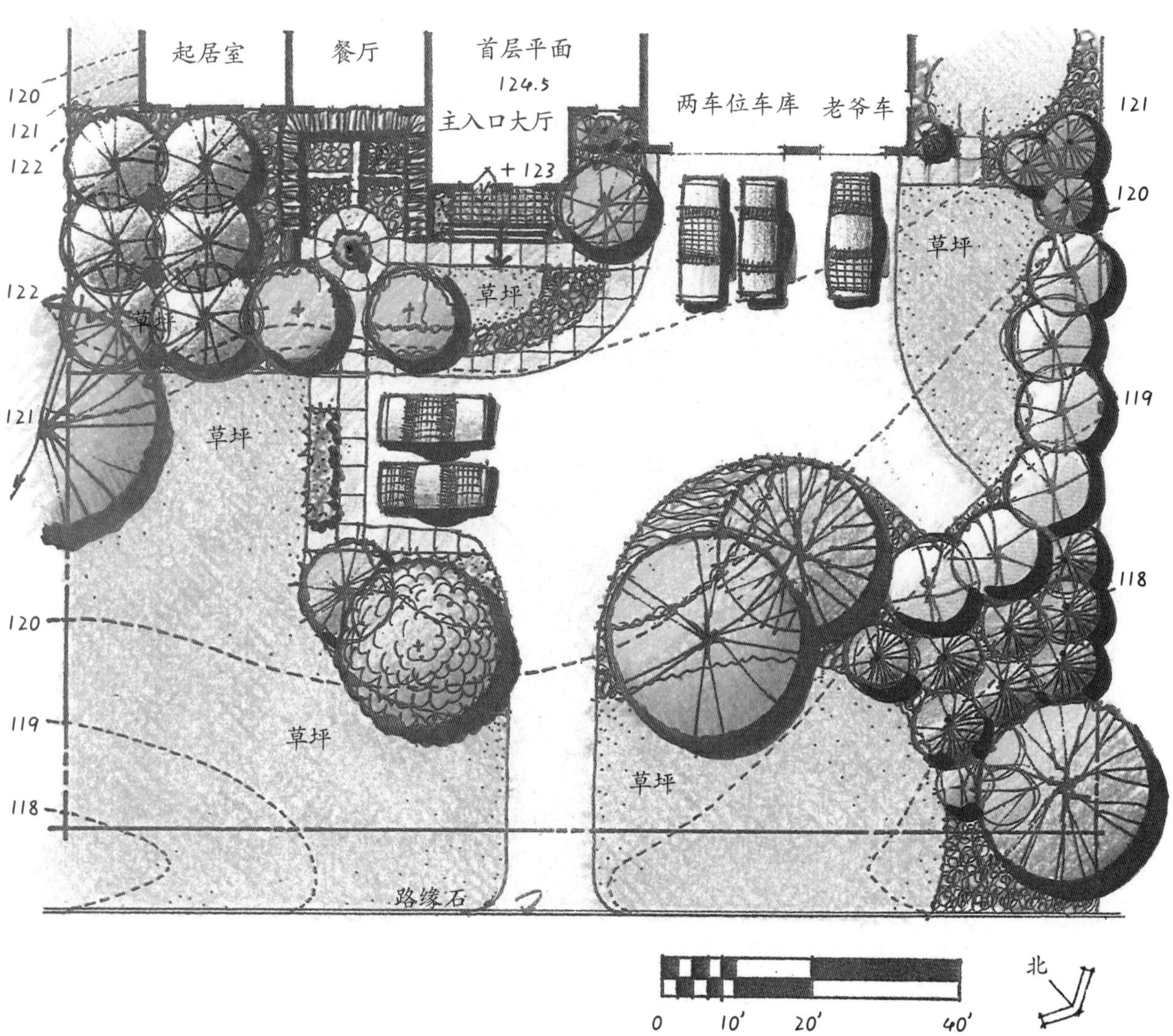

图14-15　弗莱明住宅环境设计备选方案4

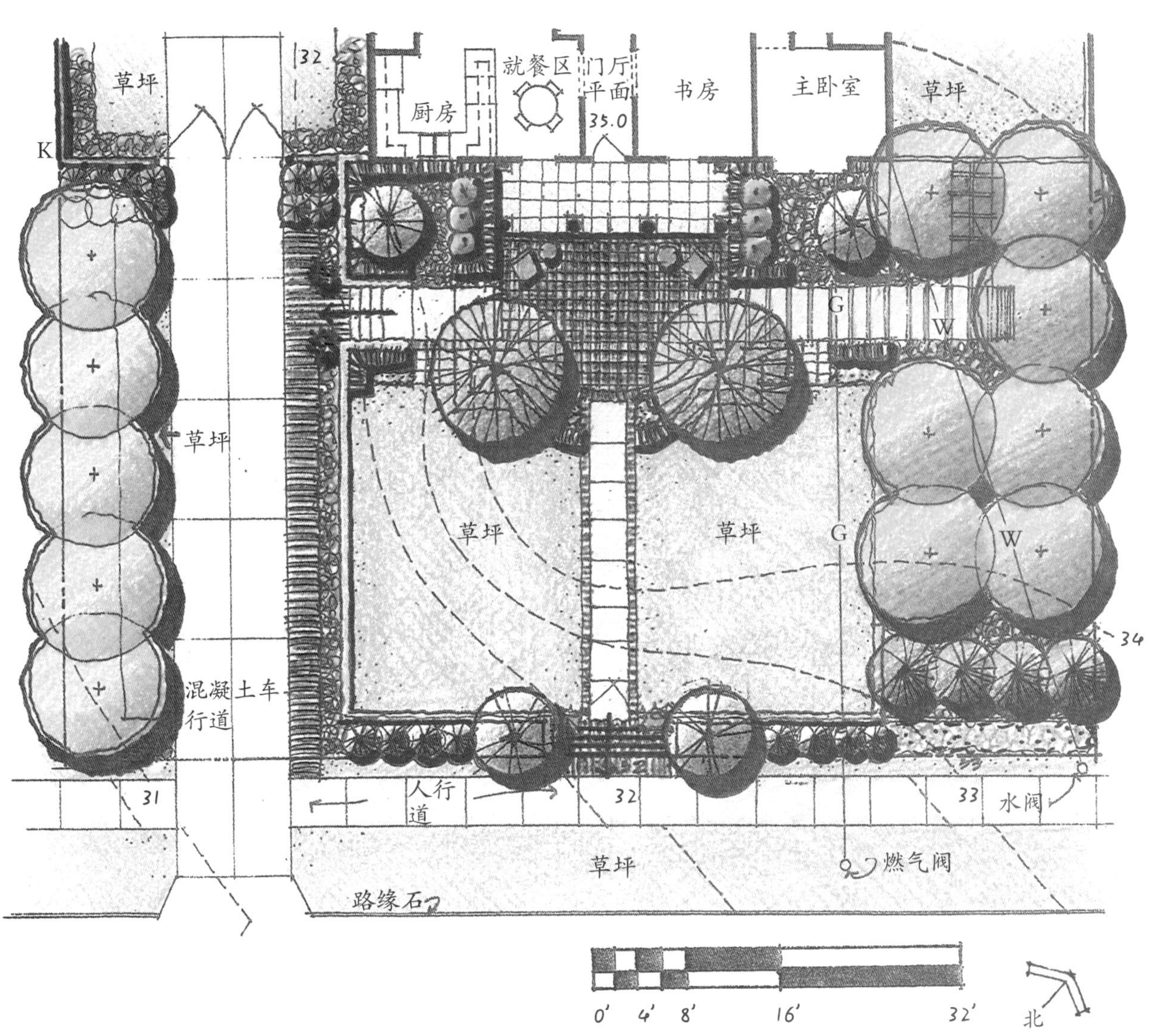

图14-17　布莱尔·金斯利和泰勒·本特住宅

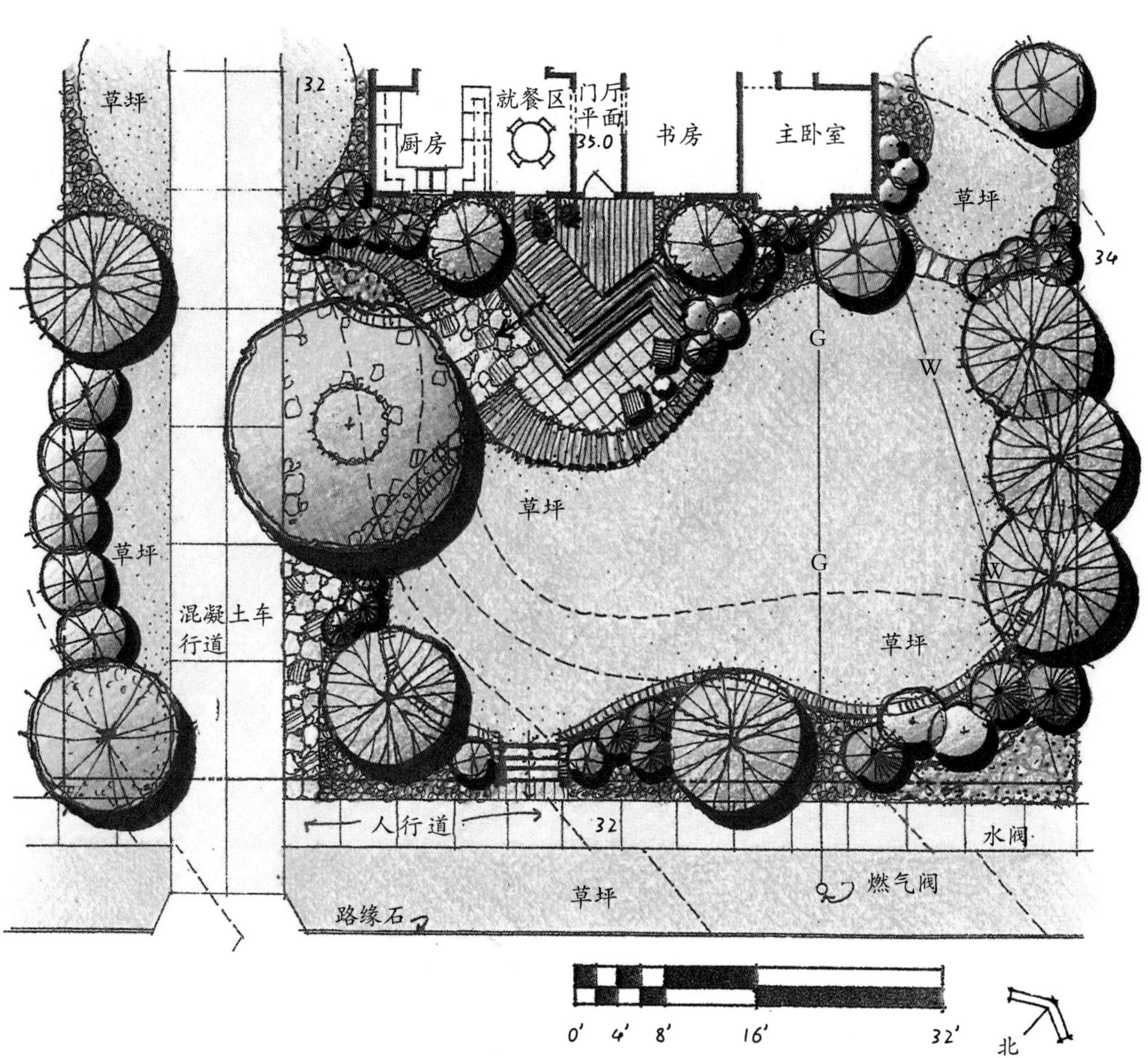
草坪
3.2
就餐区
门厅
平面
35.0
厨房
书房
主卧室
草坪
34
G
W
草坪
草坪
G
W
混凝土车
行道
草坪
人行道
32
水阀
草坪
燃气阀
路缘石
0'
4'
8'
16'
32'
北

图14-18　拉萨姆住宅

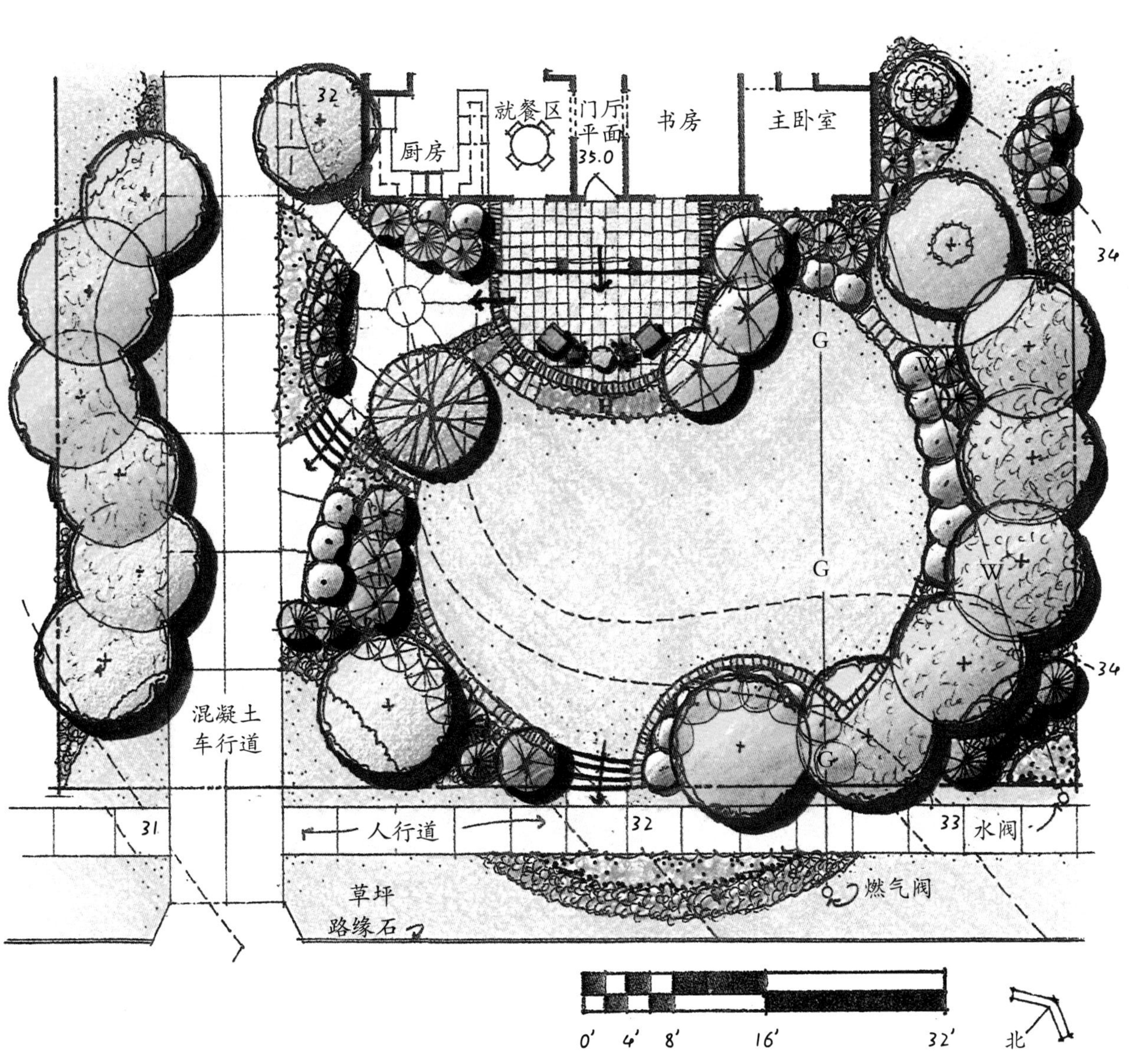
32
就餐区
门厅
平面
35.0
书房
主卧室
厨房
34
G
W
G
W
34
G
混凝土
车行道
31
人行道
32
33
水阀
草坪
路缘石
燃气阀
0'
4'
8'
16'
32'
北

图14-19 卡米拉住宅

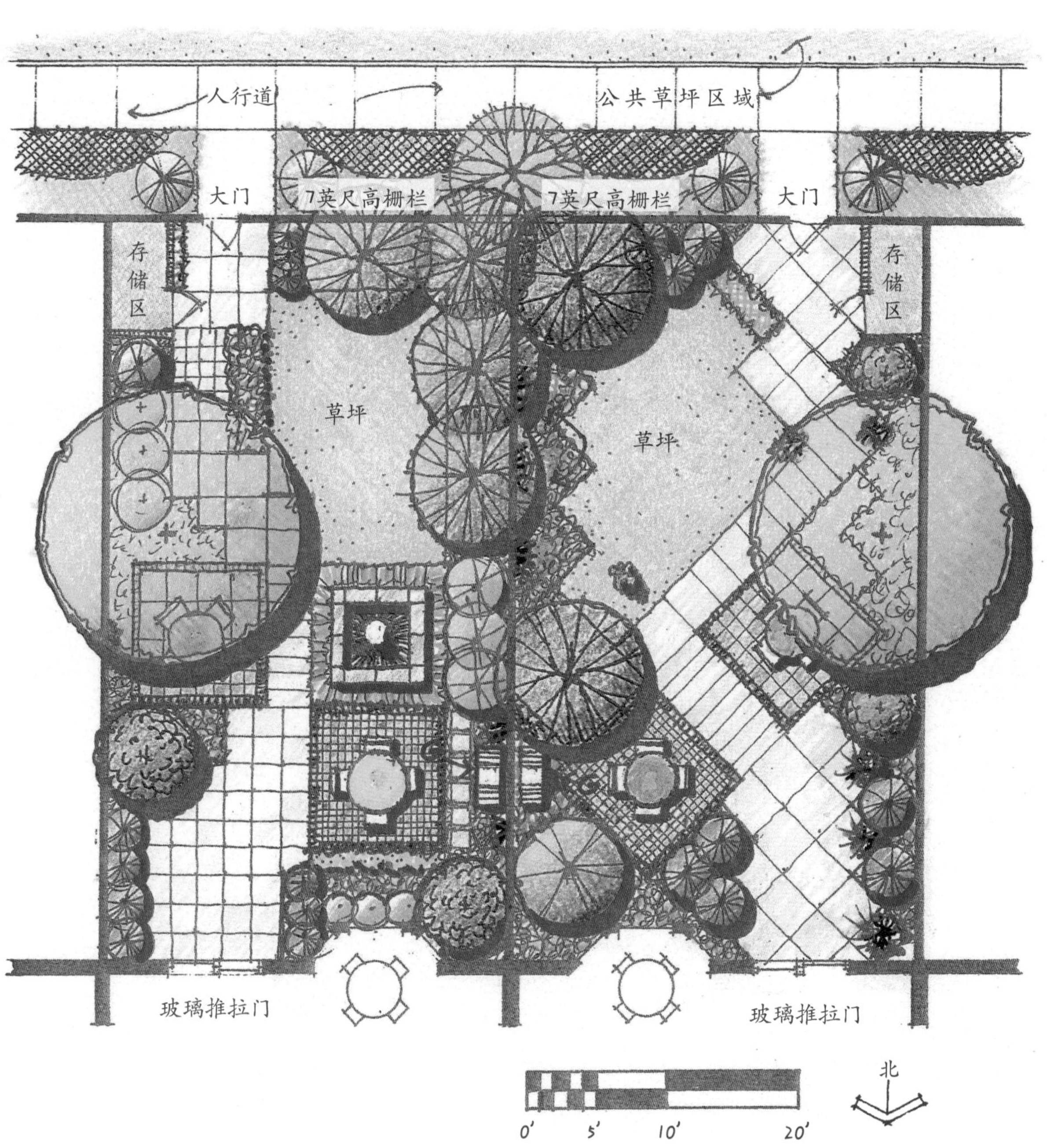

图14-22 IES公寓1号和2号备选方案

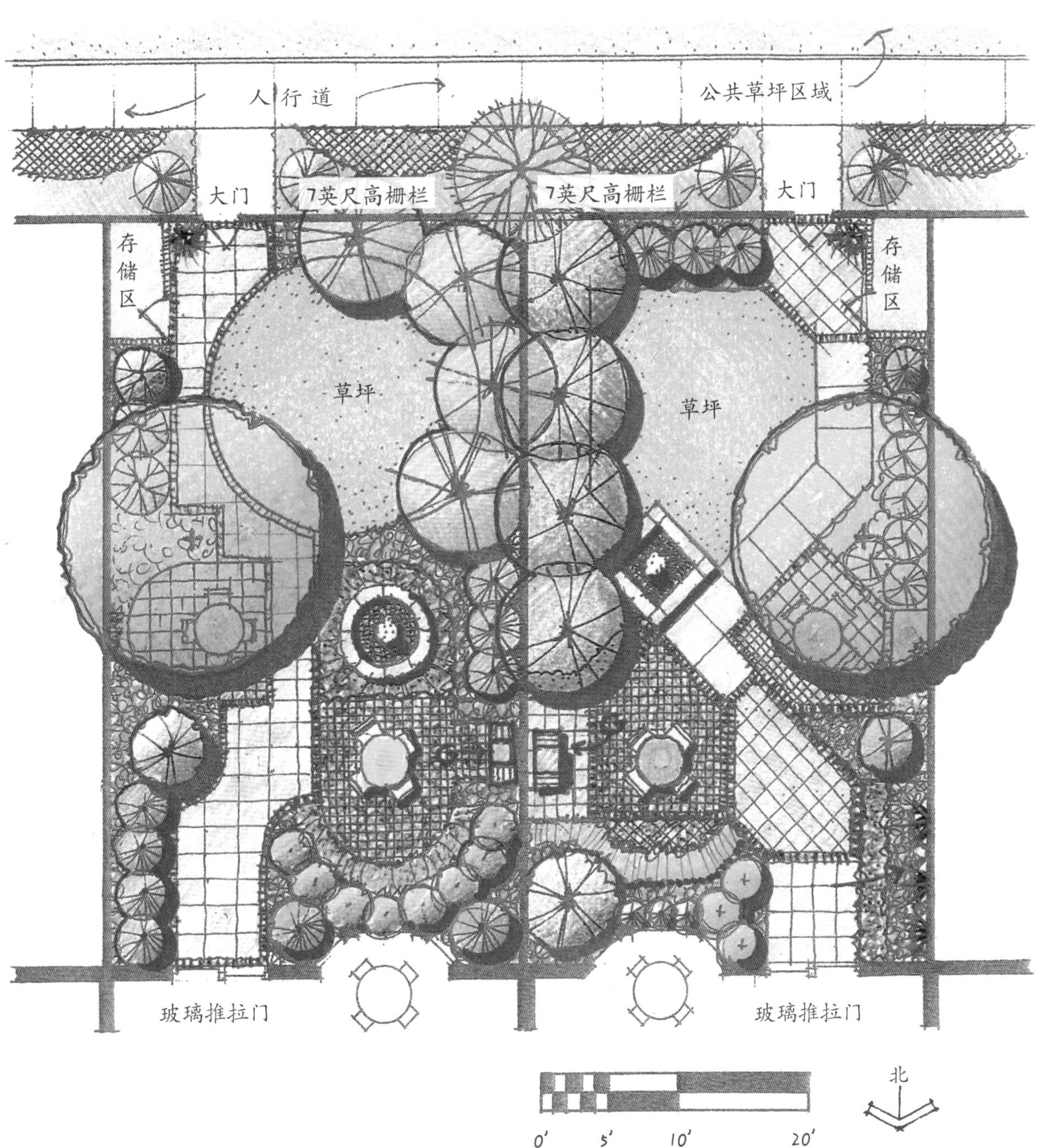

图14-23 IES公寓3号和4号备选方案

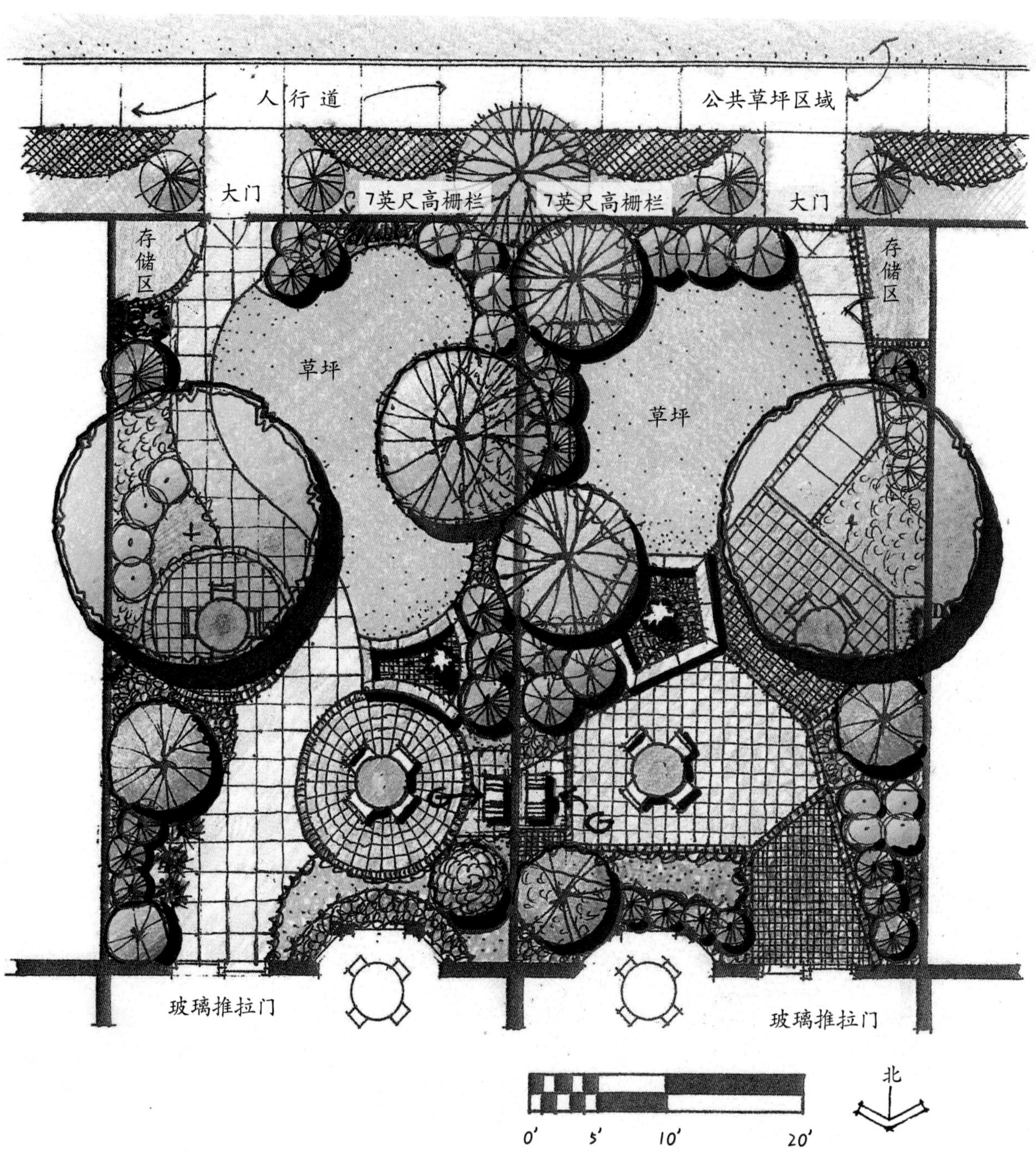

图14-24 IES公寓5号和6号备选方案

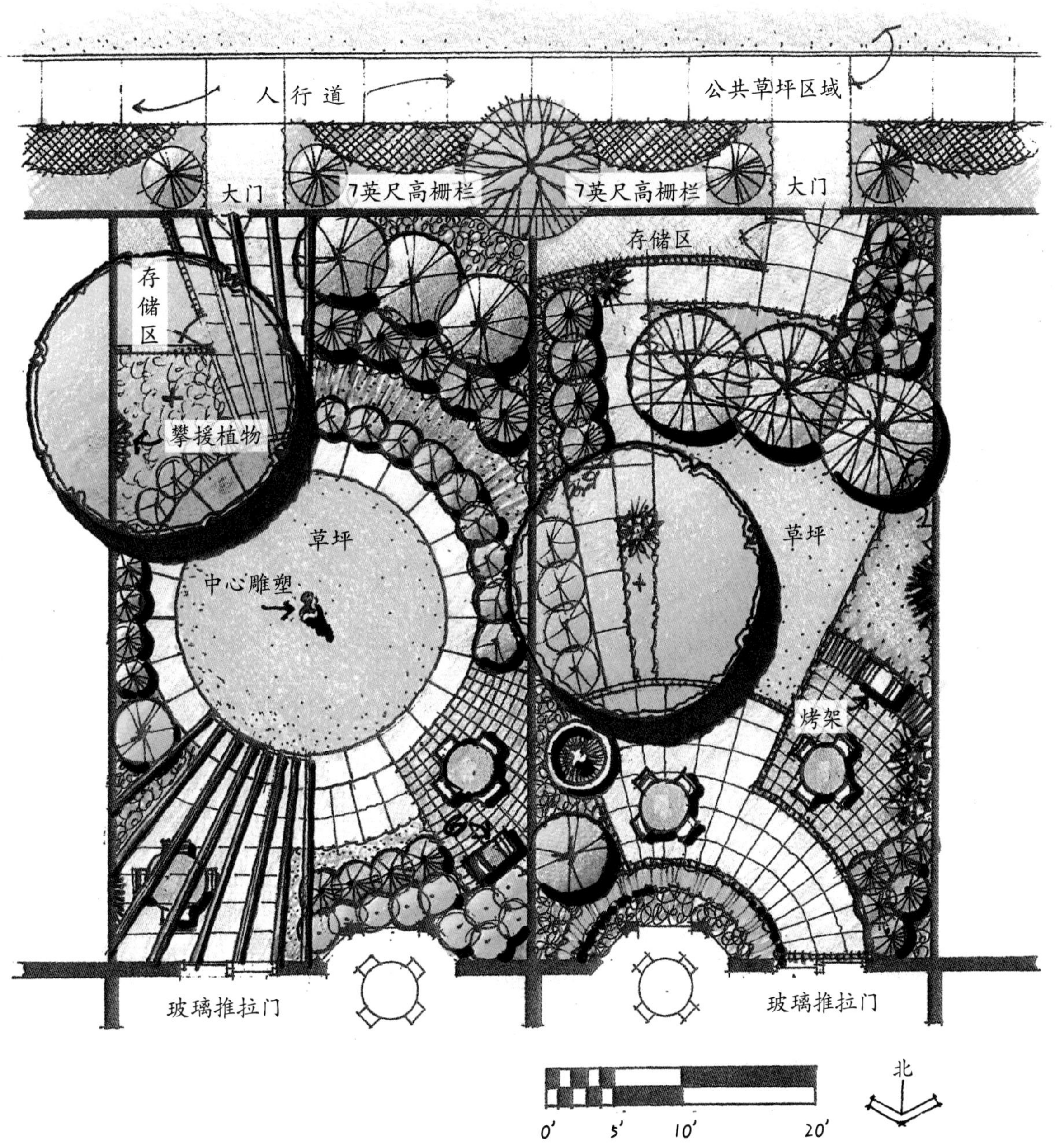

图14-25 IES公寓7号和8号备选方案

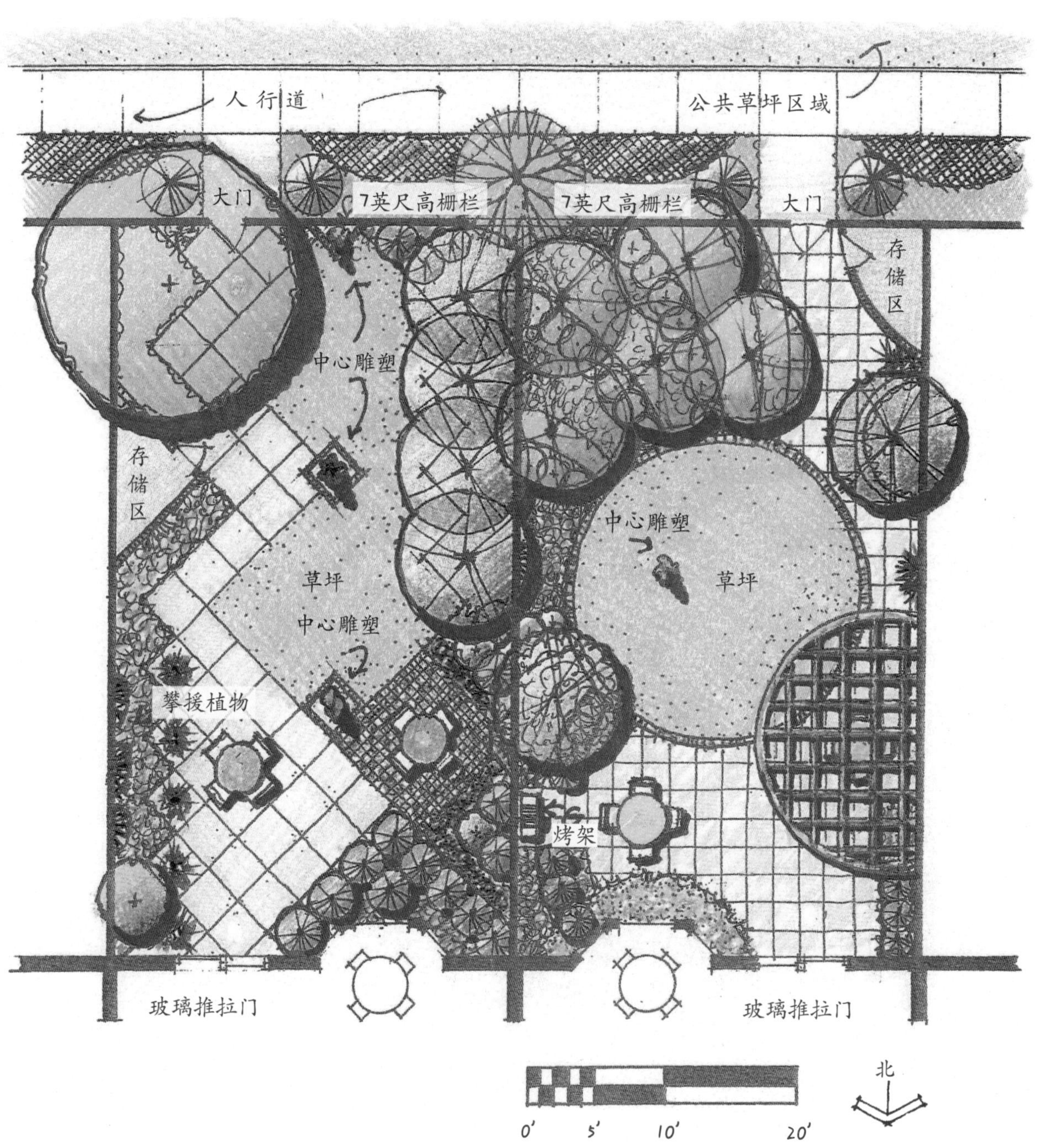

图14-26 IES公寓9号和10号备选方案

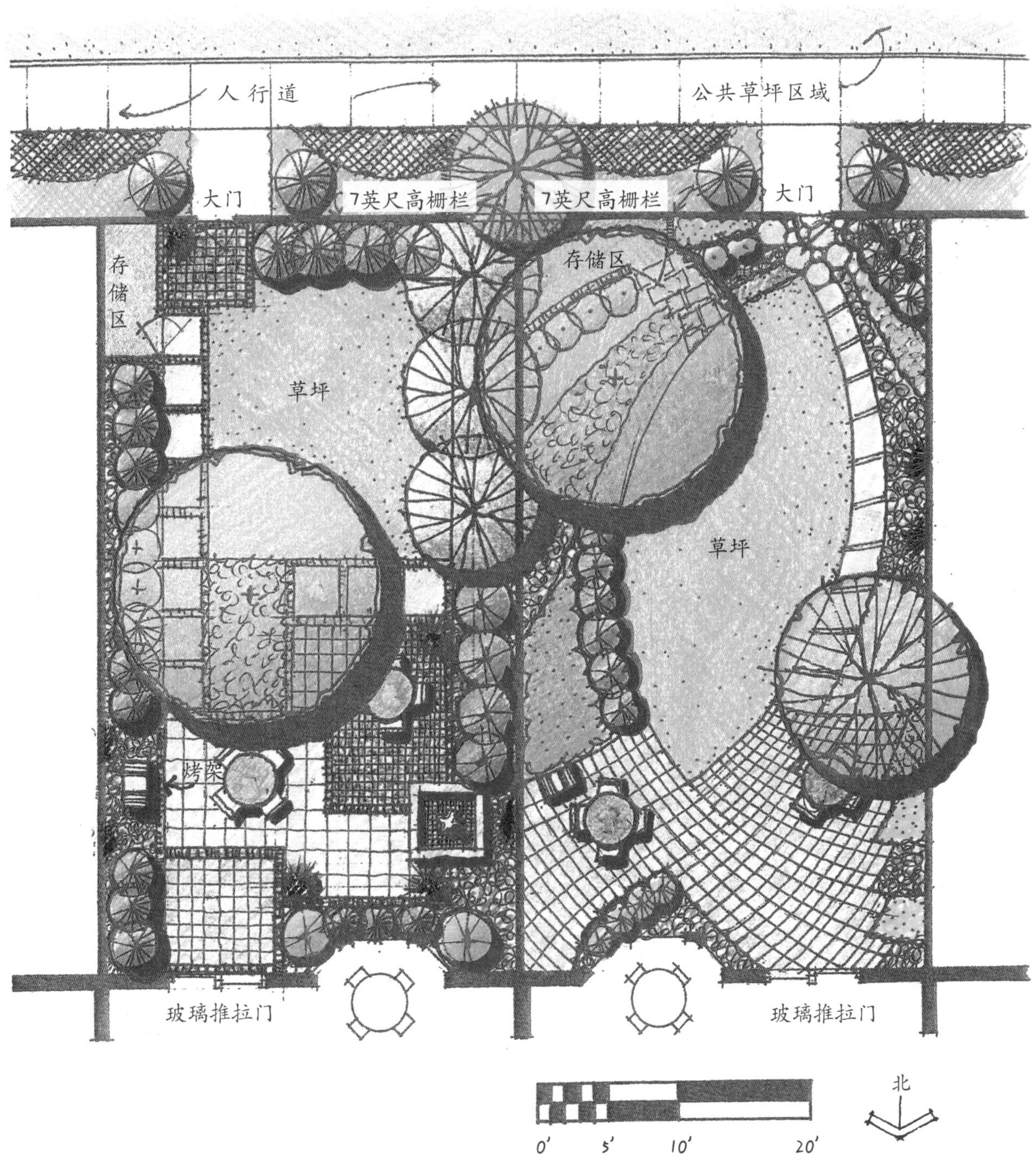

图14-27　IES公寓11号和12号备选方案

现有的

被提议的

图14-28　梅莱卡住宅前面入口空间的处理方法

现有的

被提议的

图14-29　梅莱卡住宅前面入口的平台

现有的

被提议的

图14-30　梅莱卡住宅侧面的车行道入口

现有的

被提议的

图14-31　梅莱卡住宅的车库

现有的

被提议的

图14-32　梅莱卡住宅的周边区域

现有的

被提议的

图14-33　梅莱卡住宅后院的入口处

现有的

被提议的

图14-34　梅莱卡住宅后院的风景

现有的

被提议的

图14-35　梅莱卡住宅车库的墙面

现有的

被提议的

图14-36　梅莱卡住宅沿人行道的景观

现有的

被提议的

图14-37 梅莱卡住宅主要庭院空间的景观

现有的

被提议的

图14-38 梅莱卡住宅的侧院

现有的

被提议的

图14-39 梅莱卡住宅娱乐活动区景观

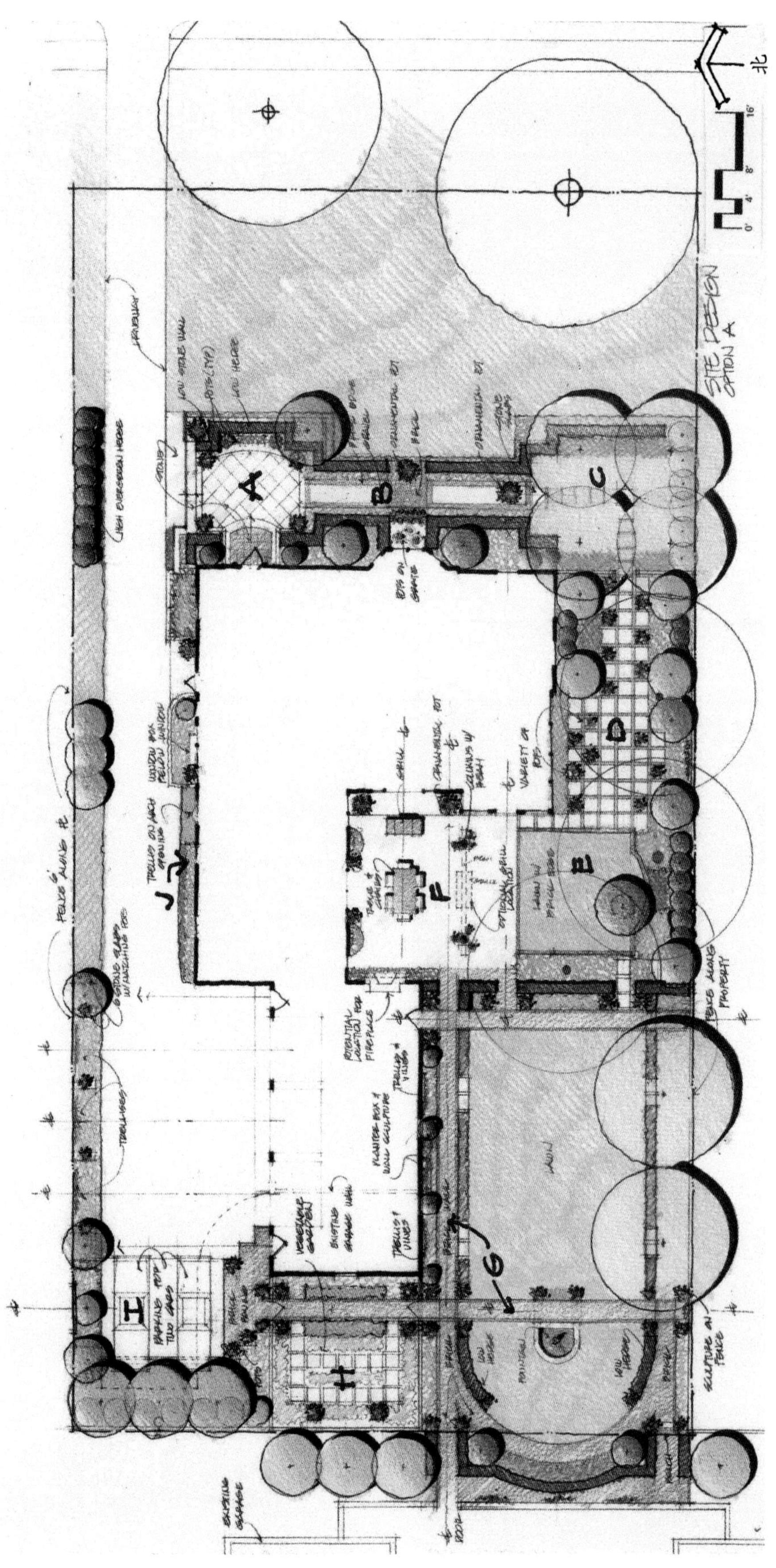

图14-40 梅莱卡住宅总体规划（梅莱卡住宅入口接待空间方案A）

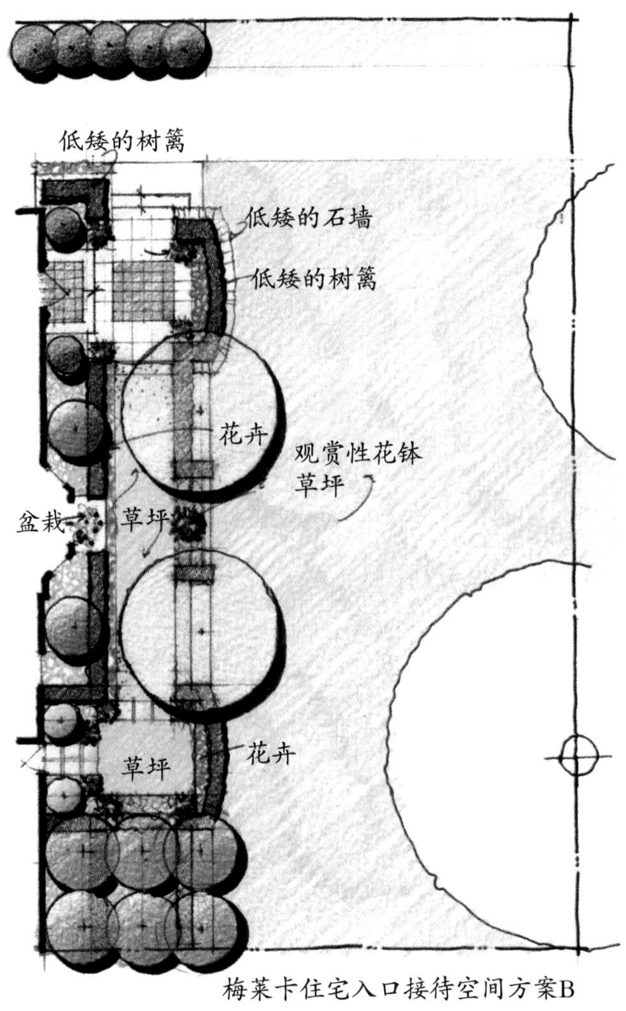

梅莱卡住宅入口接待空间方案B

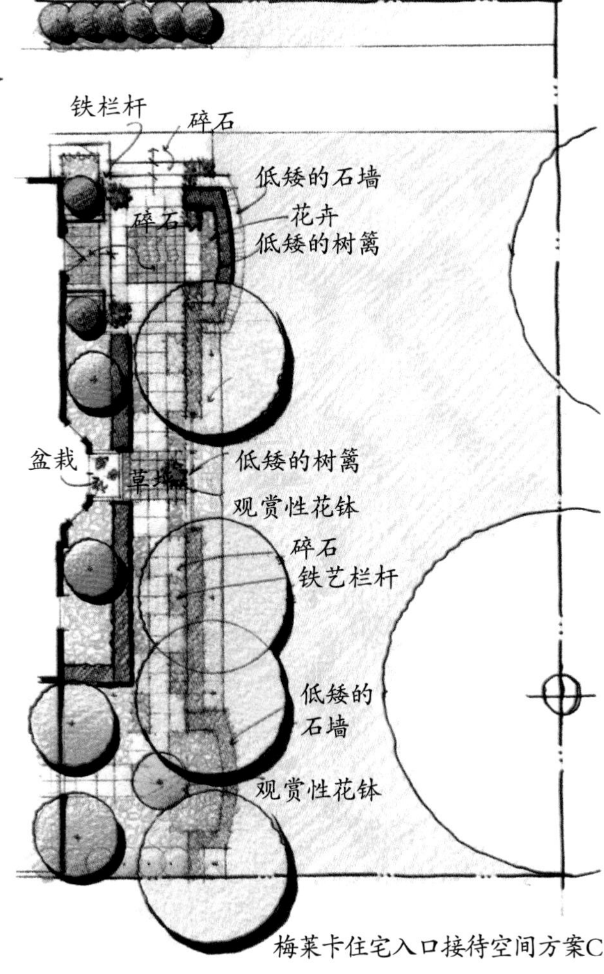

梅莱卡住宅入口接待空间方案C

图14-41 梅莱卡住宅入口接待空间

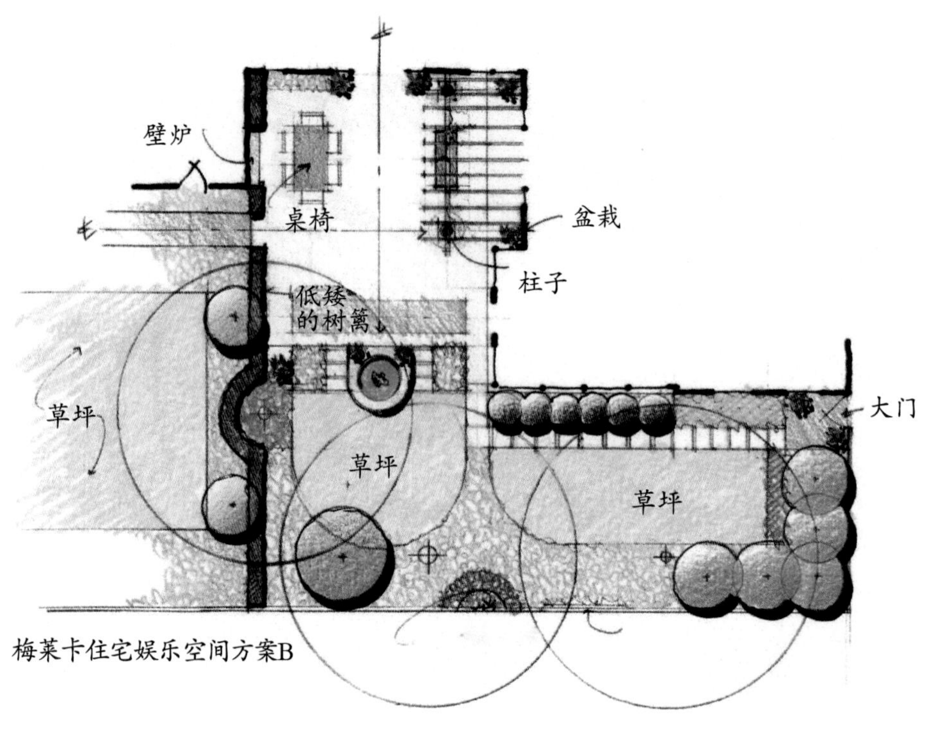

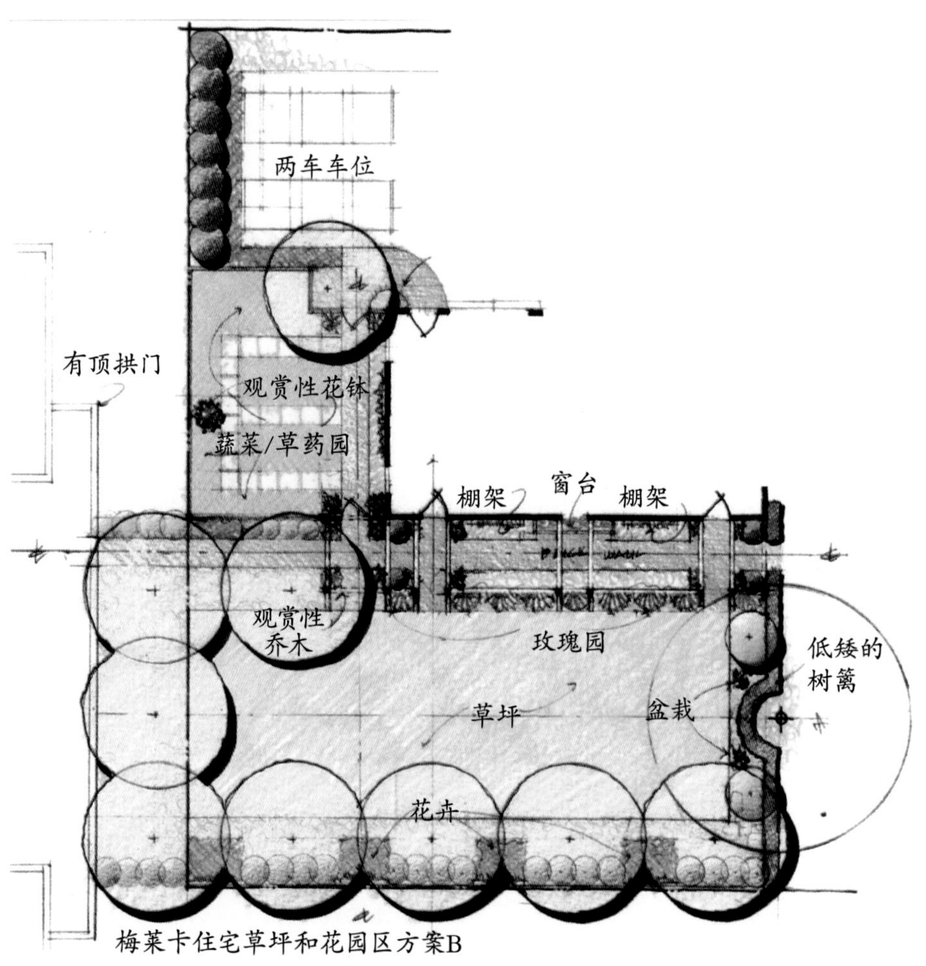

图14-42 梅莱卡住宅娱乐区域、草坪和花园区

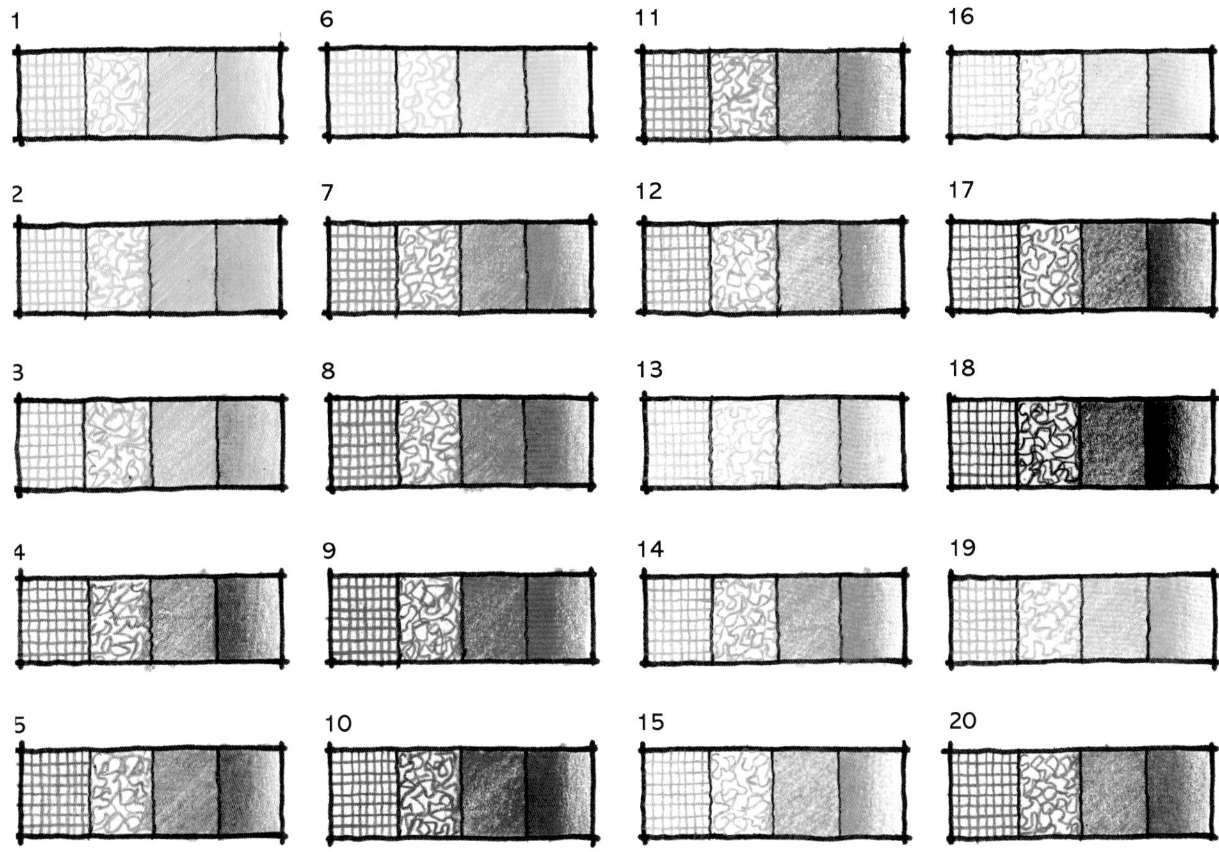

图15-4 20种三福彩铅的色彩效果

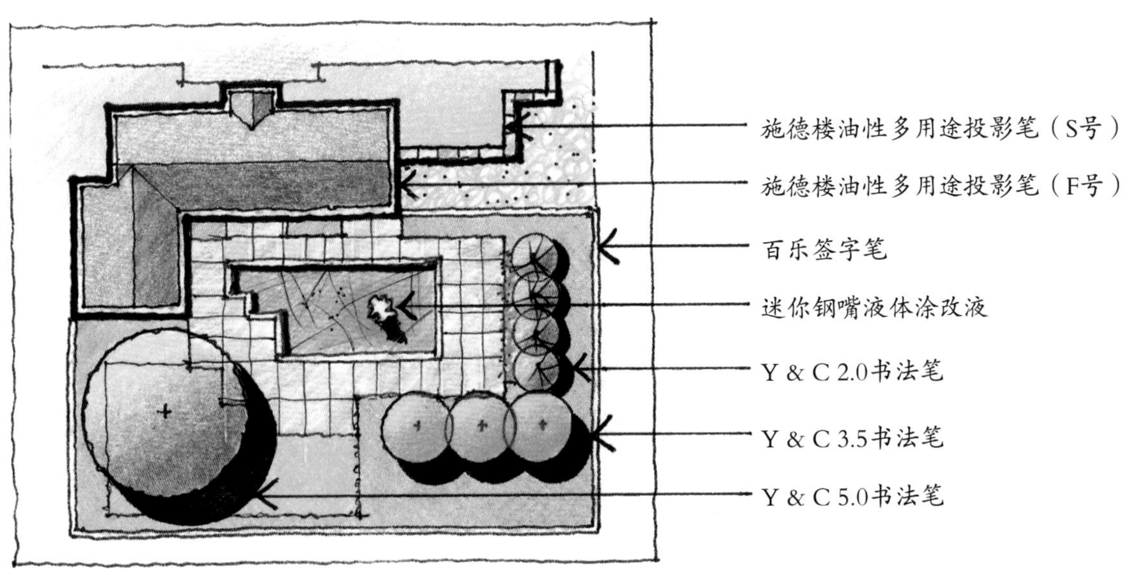

图15-5 6种黑色马克笔绘图效果

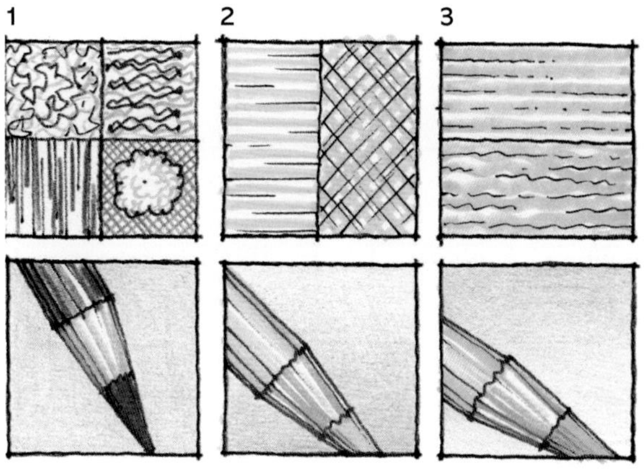

图15-6　变换线的宽度

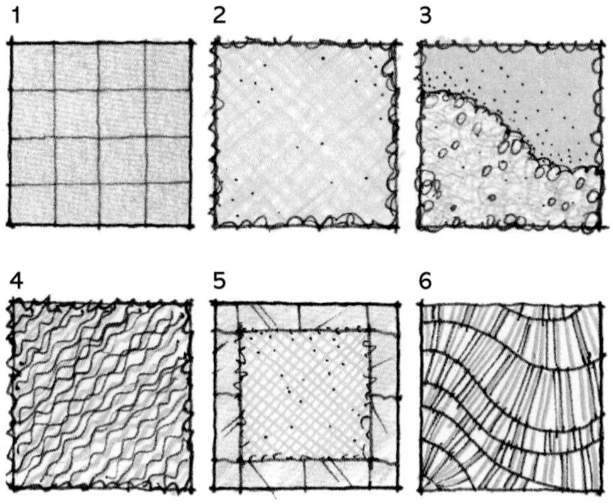

图15-7　柔和的色彩不容易出错

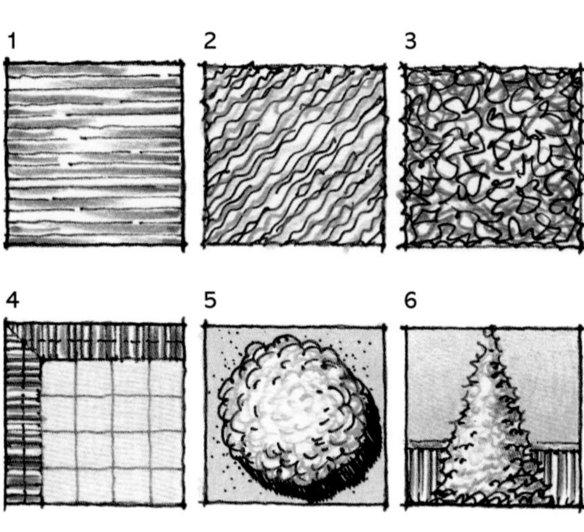

图15-8　重视线型

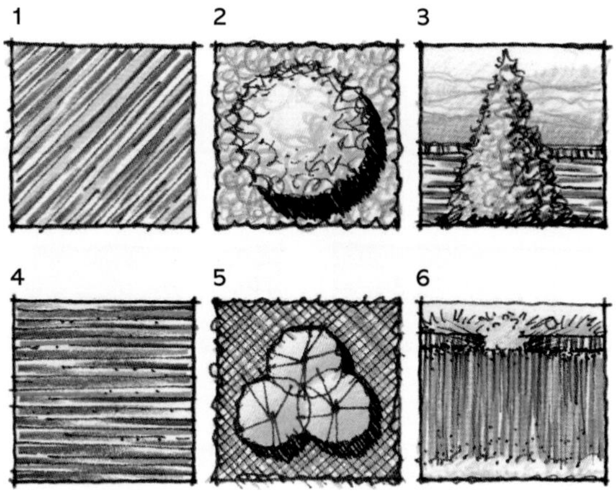

图15-9　多色

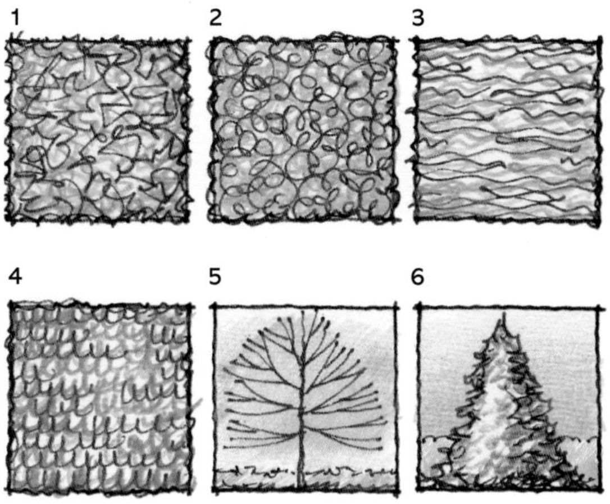

图15-10　留白

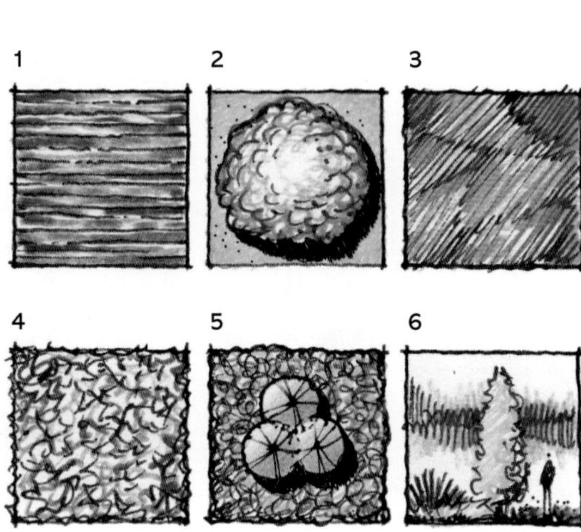

图15-11　变换手对笔压力的大小

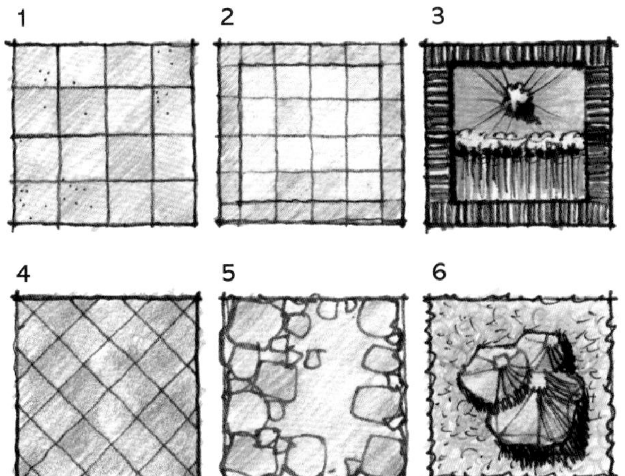

图15-12　明暗的变化

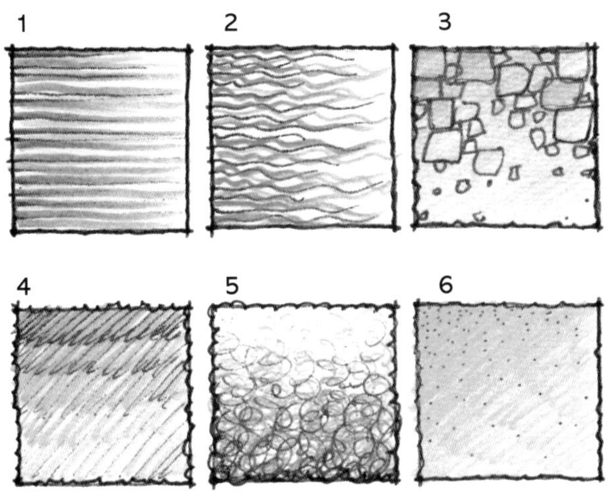

图15-13　提亮边缘

图15-14　加入阳光的效果

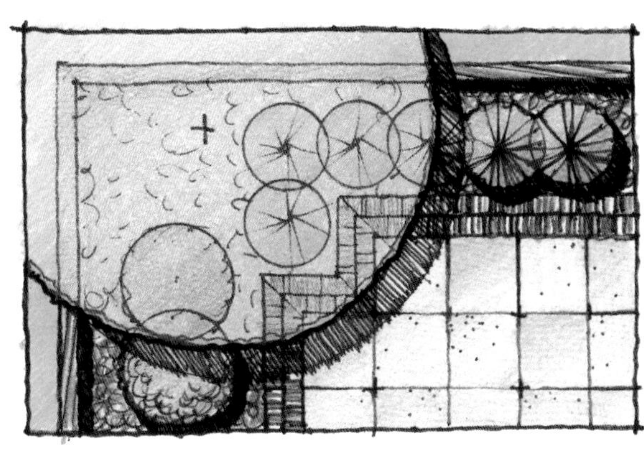

图15-15　淡化树冠的下层

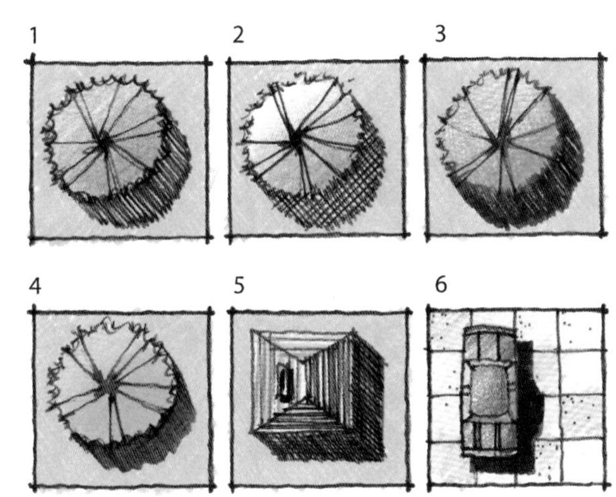

图15-16　阴影

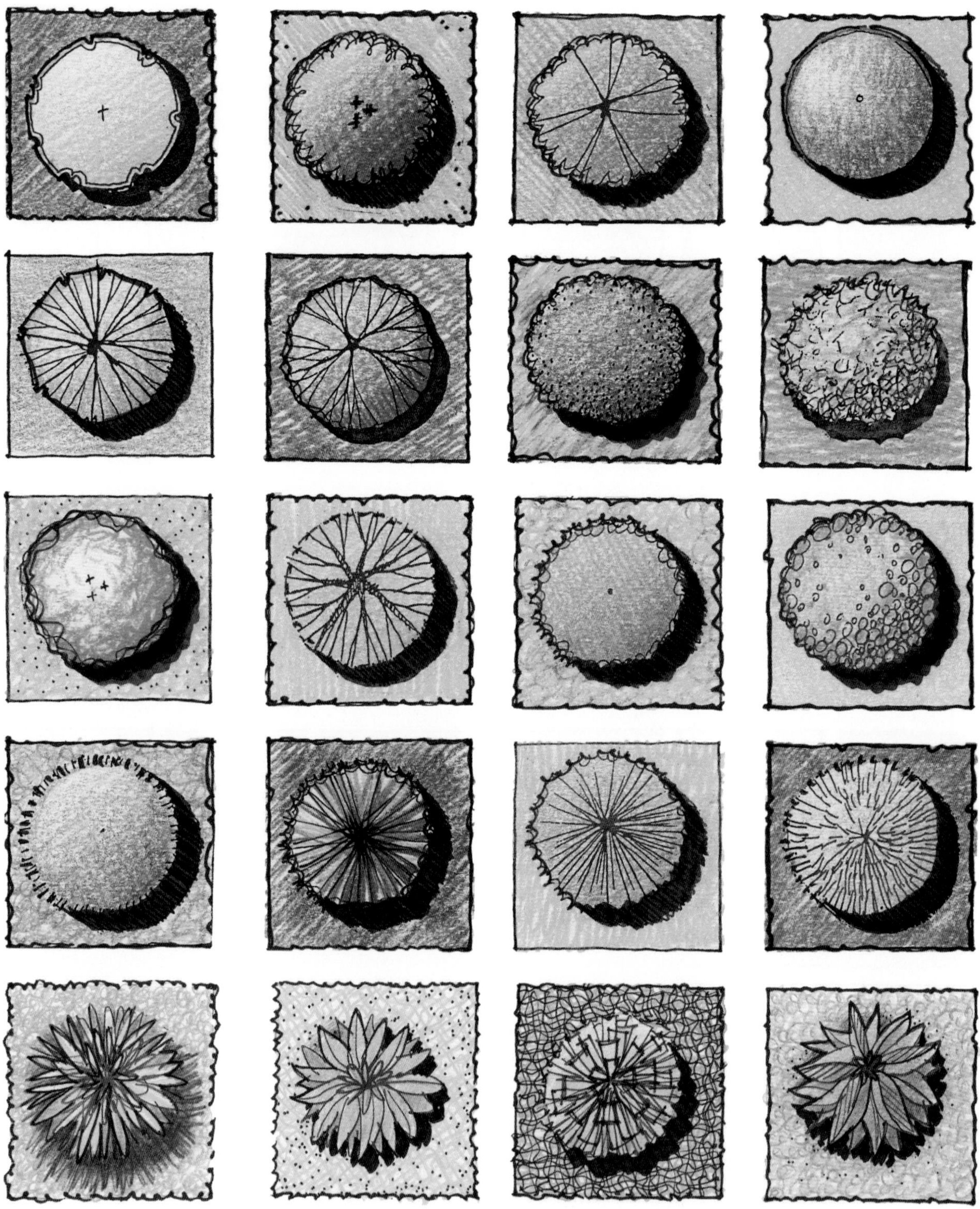

图15-17　单棵的树和与之形成对比的地被植物示例

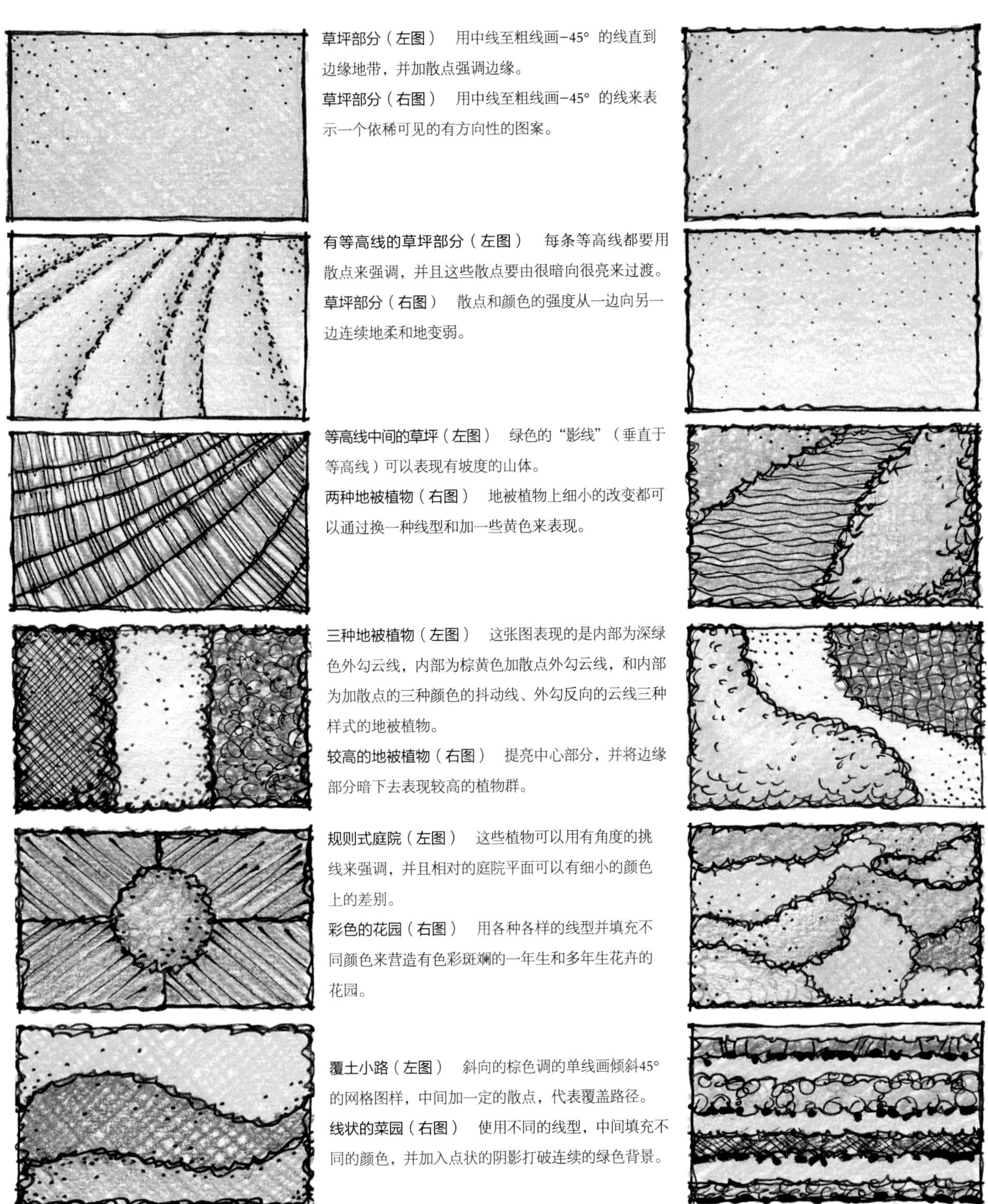

草坪部分（左图） 用中线至粗线画-45°的线直到边缘地带，并加散点强调边缘。

草坪部分（右图） 用中线至粗线画-45°的线来表示一个依稀可见的有方向性的图案。

有等高线的草坪部分（左图） 每条等高线都要用散点来强调，并且这些散点要由很暗向很亮来过渡。

草坪部分（右图） 散点和颜色的强度从一边向另一边连续地柔和地变弱。

等高线中间的草坪（左图） 绿色的“影线”（垂直于等高线）可以表现有坡度的山体。

两种地被植物（右图） 地被植物上细小的改变都可以通过换一种线型和加一些黄色来表现。

三种地被植物（左图） 这张图表现的是内部为深绿色外勾云线，内部为棕黄色加散点外勾云线，和内部为加散点的三种颜色的抖动线、外勾反向的云线三种样式的地被植物。

较高的地被植物（右图） 提亮中心部分，并将边缘部分暗下去表现较高的植物群。

规则式庭院（左图） 这些植物可以用有角度的挑线来强调，并且相对的庭院平面可以有细小的颜色上的差别。

彩色的花园（右图） 用各种各样的线型并填充不同颜色来营造有色彩斑斓的一年生和多年生花卉的花园。

覆土小路（左图） 斜向的棕色调的单线画倾斜45°的网格图样，中间加一定的散点，代表覆盖路径。

线状的菜园（右图） 使用不同的线型，中间填充不同的颜色，并加入点状的阴影打破连续的绿色背景。

图15-18 草坪、地被植物、一年生植物和多年生植物示例

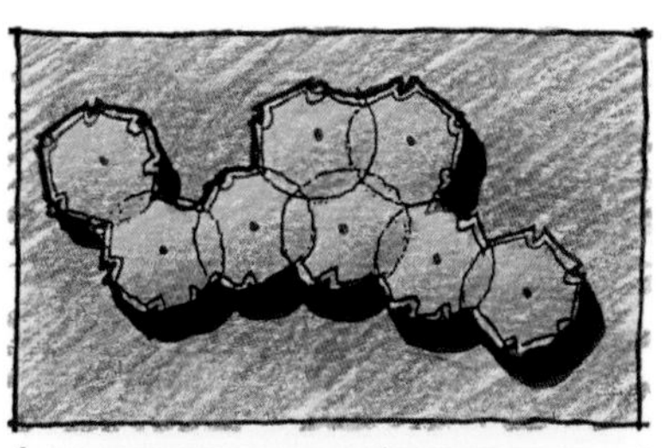

左图 在深绿中加一些黄色的45° 斜线图样的背景中，用浅绿和中绿给植物上颜色。

右图 蓝色和绿色卷曲线绘制的地被植物背景与黄色和橘色的植物对比更加明显。

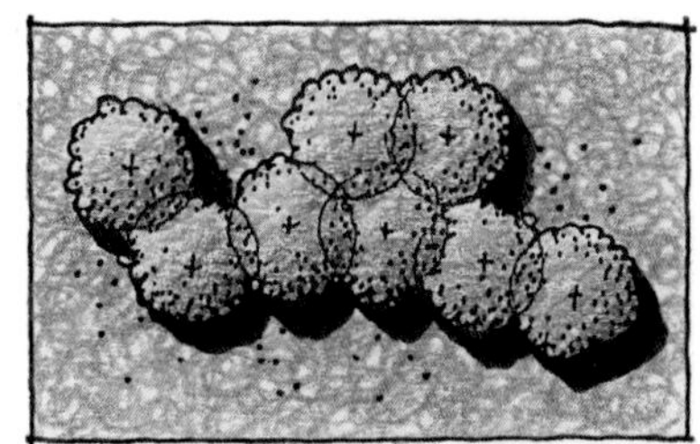

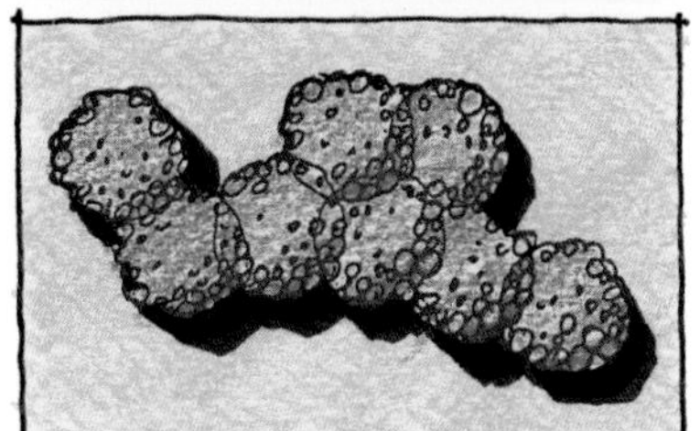

左图 用浅绿色的−45° 斜线的图案衬托紫罗兰色和粉色的观赏植物。

右图 画带有白色调的植物时，可以考虑用深色的、有两个方向的图案的背景形成强烈对比。

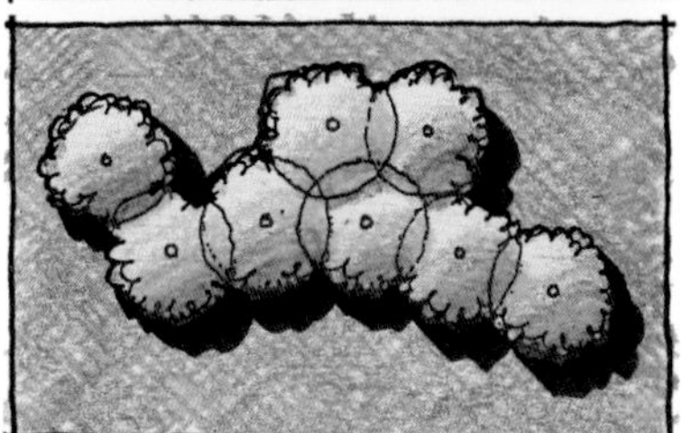

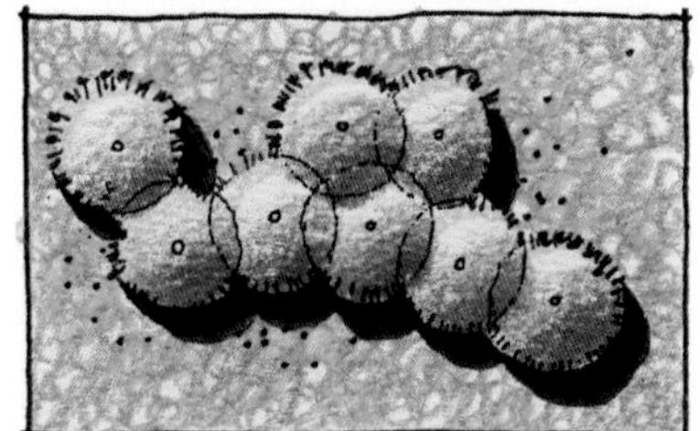

左图 沿着白色调的地方涂黄色的轮廓，这样可以提亮深绿色散点卷曲线背景中的植物。

右图 用亮黄色色调表现的植物可以与紫罗兰色和绿色卷曲线的地被植物形成强烈对比。

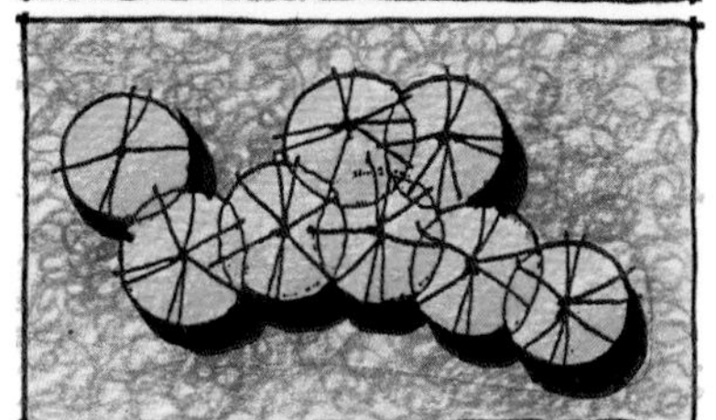

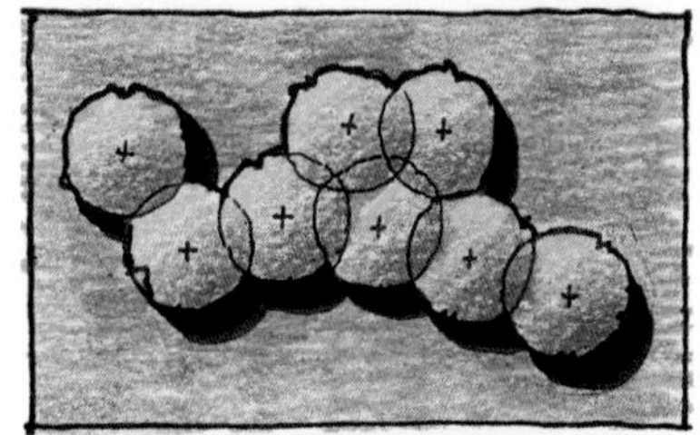

左图 在植物边缘附近的绿色地被植物可以压暗，来制造强烈的明暗对比。

右图 浅蓝色经常被用于较深颜色的常绿植物的亮部中，尤其在浅绿色的背景中。

左图 红色或橙色的植物中的白色调制造了它们与黄色和浅绿色的地被植物的明显的界限。

右图 绿色中混入棕黄色的植物衬托在橄榄绿色的背景中，营造了一种颜色上更柔和、更细微的变化。

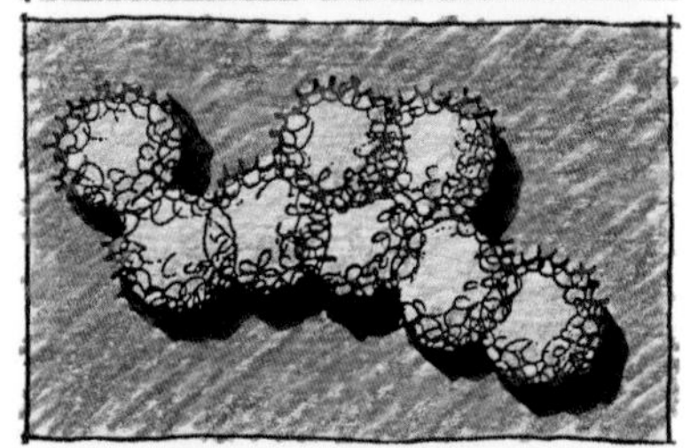

左图 当用黄色和浅绿色画地被植物时，橄榄绿色的植物中加入的蓝色调可以制造一种明显的对比。

右图 有黄色调的绿色植物会与用相似的颜色中掺杂一点蓝色的卷曲线绘制成的背景产生对比。

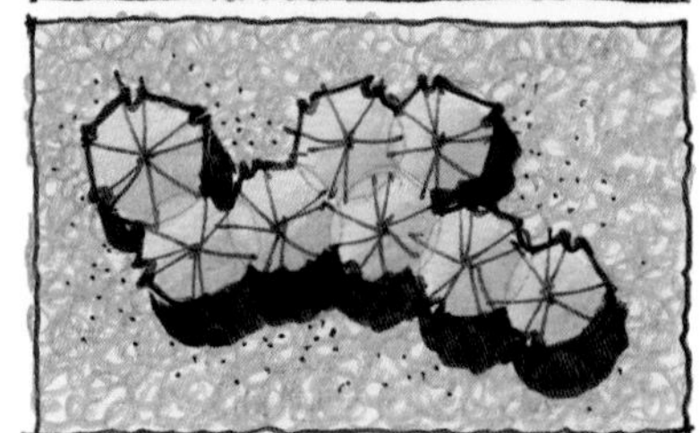

图15-19 群植的植物和地被植物的对比

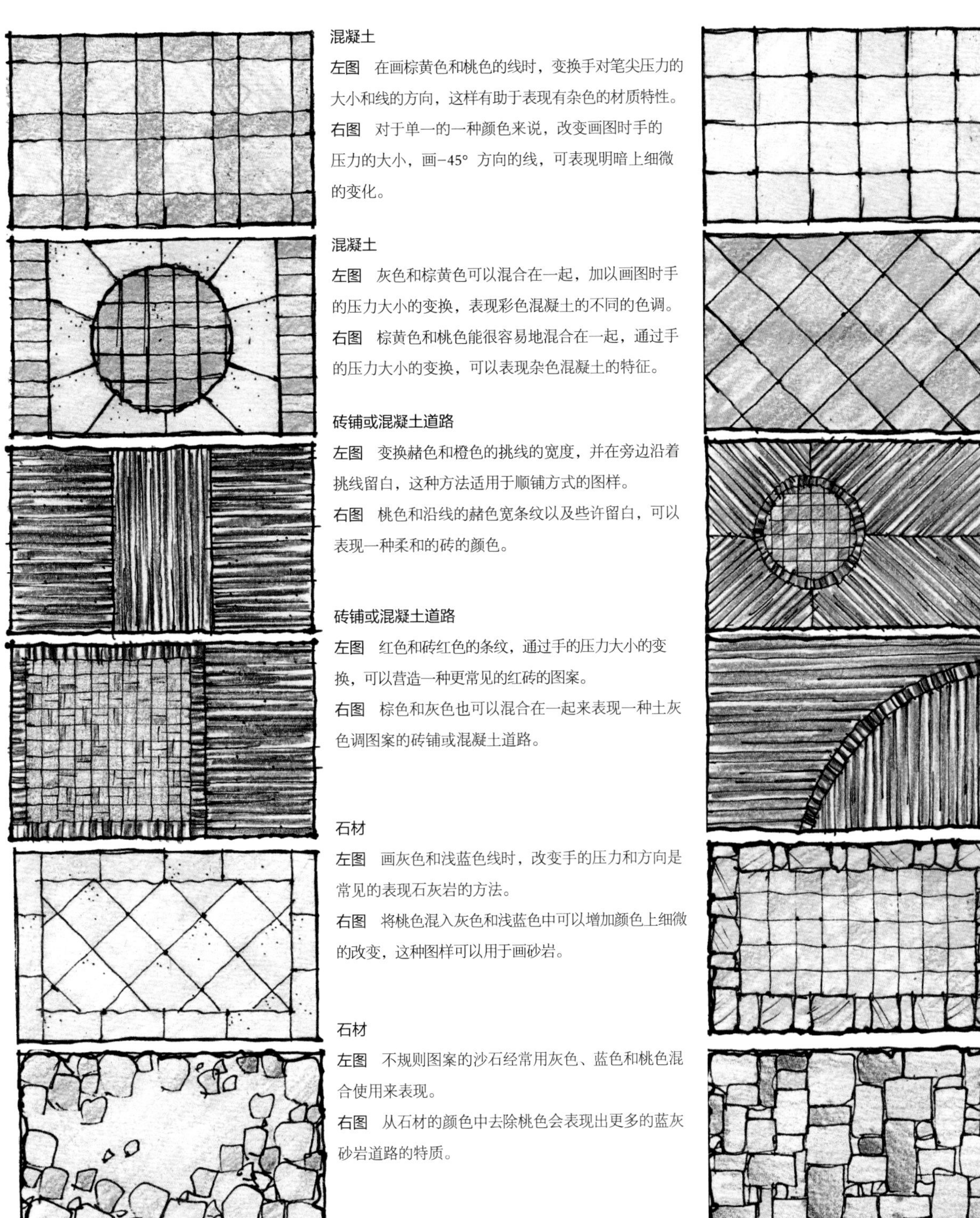

混凝土

左图 在画棕黄色和桃色的线时，变换手对笔尖压力的大小和线的方向，这样有助于表现有杂色的材质特性。

右图 对于单一的一种颜色来说，改变画图时手的压力的大小，画−45° 方向的线，可表现明暗上细微的变化。

混凝土

左图 灰色和棕黄色可以混合在一起，加以画图时手的压力大小的变换，表现彩色混凝土的不同的色调。

右图 棕黄色和桃色能很容易地混合在一起，通过手的压力大小的变换，可以表现杂色混凝土的特征。

砖铺或混凝土道路

左图 变换赭色和橙色的挑线的宽度，并在旁边沿着挑线留白，这种方法适用于顺铺方式的图样。

右图 桃色和沿线的赭色宽条纹以及些许留白，可以表现一种柔和的砖的颜色。

砖铺或混凝土道路

左图 红色和砖红色的条纹，通过手的压力大小的变换，可以营造一种更常见的红砖的图案。

右图 棕色和灰色也可以混合在一起来表现一种土灰色调图案的砖铺或混凝土道路。

石材

左图 画灰色和浅蓝色线时，改变手的压力和方向是常见的表现石灰岩的方法。

右图 将桃色混入灰色和浅蓝色中可以增加颜色上细微的改变，这种图样可以用于画砂岩。

石材

左图 不规则图案的沙石经常用灰色、蓝色和桃色混合使用来表现。

右图 从石材的颜色中去除桃色会表现出更多的蓝灰砂岩道路的特质。

图15-20 砖、混凝土和石头铺装材质

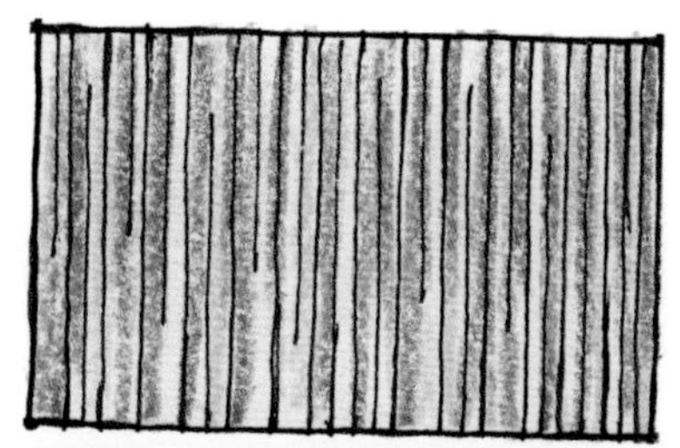

木材

左图　宽的棕色和黄色的条纹，配以留白，是木质铺面常用的颜色。

右图　用棕色的宽条纹和一些南瓜橙色和棕黄色的条纹，可以画较深色的木材。

木材

左图　棕色宽线条混入桃色线条，以及沿线留白，表现出一种色彩柔和的木质铺面。

右图　用细长的弧线画出的木质纹理可以涂棕色、棕黄色和黄色，来表现杉木铺面。

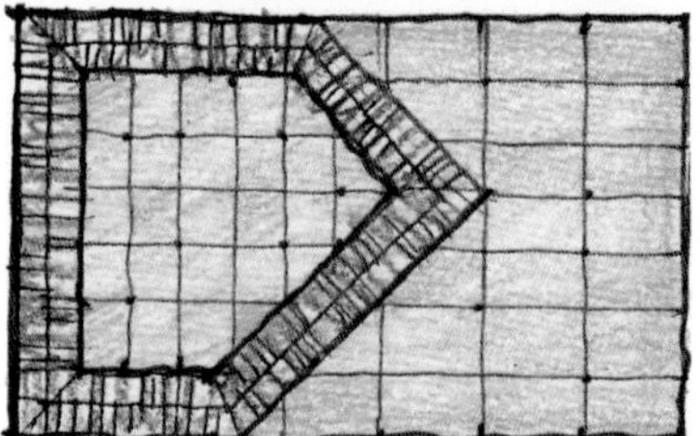

混合材质

左图　桃色和棕黄色可以表现杂色混凝土的特质，边缘处用砖红色和桃色表现。

右图　当描画几种材质相接时，可以用颜色和线型来表现对比强烈的改变。

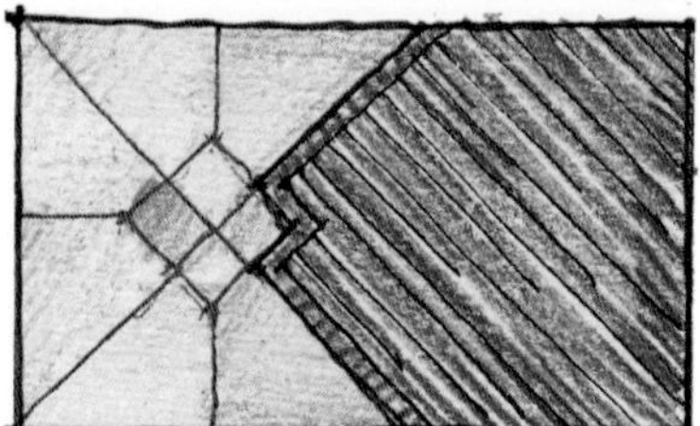

混合材质

左图　当用完全不同的颜色来表现不同的材质时，就会产生更加强烈的对比。

右图　当一些相似的颜色被用于不同材质所呈现出的不同的图案时，就会产生更加协调的视觉效果。

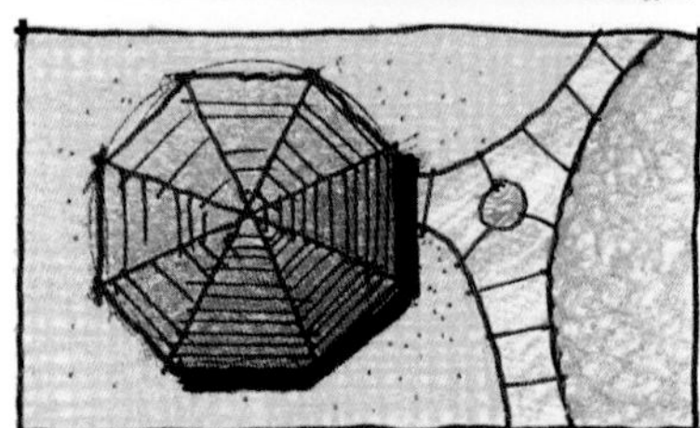

构筑物

左图　在凉亭的色彩中，屋顶的左上方相对于右下方较暗的颜色来说，色调会更浅，线也会更少。

右图　在主要的构筑物（如房屋、车库、凉亭等）周围加上一圈更粗的黑线来突出这些元素。

构筑物

左图　屋顶向阳面可以涂成黄色，而背阴面涂上棕色或灰色。

右图　如果不用黄色，桃色和棕色可以是屋顶颜色十分美观的搭配。

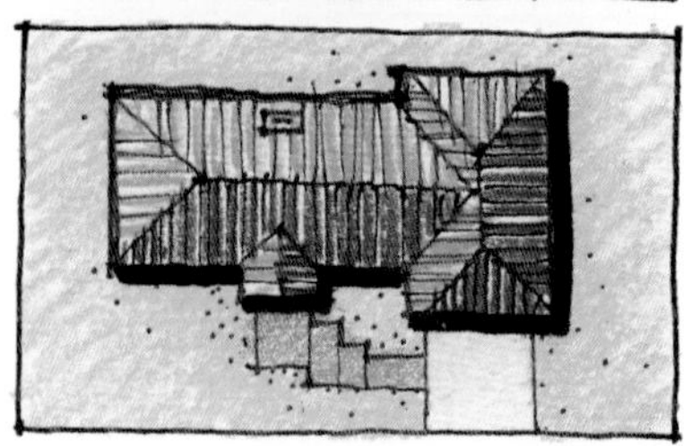

图15-21　木材、结合铺路材料、遮阳棚和其他建筑物

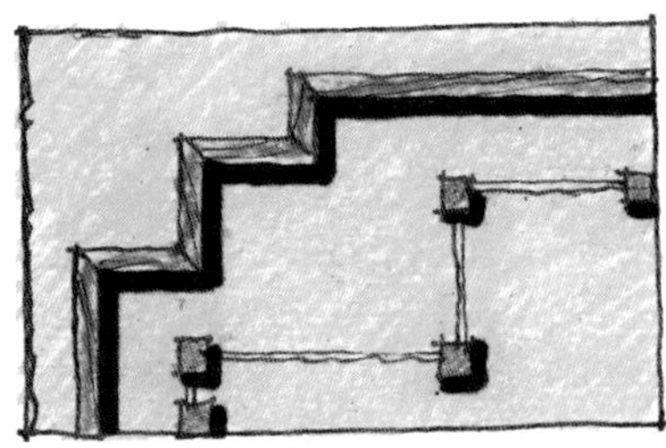

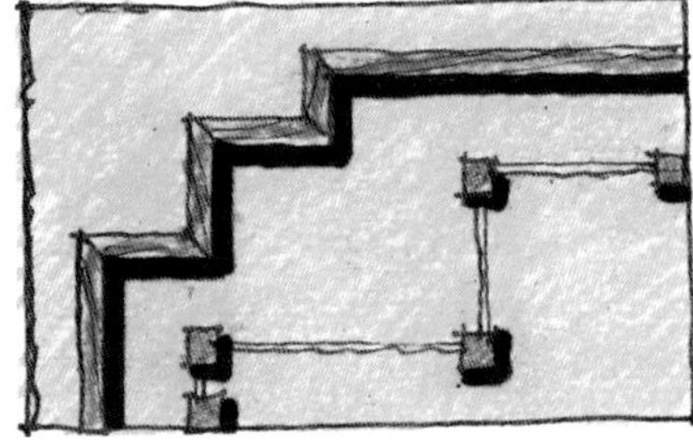

围栏和长椅

左图 木栅栏和木桩用棕色和黄色上颜色，阴影在形体的右下方。

右图 长椅可以用任意的混合颜色来表现，用阴影表现它们的三维体量。

墙体和种植槽

左图 石灰岩的柱头可以用灰色和浅蓝色表现，砖红色来表现砖墙，棕黄色和粉色表现砂岩。

右图 用不同的颜色使种植槽的墙面构成差异，但所使用颜色的数量应少于种植槽中的植物所用颜色的数量，这样也能将雕塑衬托得更加鲜艳多彩。

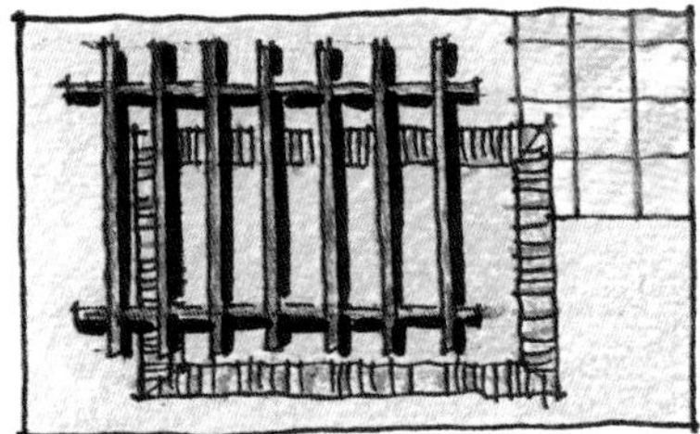

廊架

左图 给木质廊架涂棕色和黄色，然后给廊架图形的中间其余部分上颜色。

右图 在廊架和与其相邻的元素之间创造颜色上的对比，然后给这个廊架结构加上阴影。

喷水池

左图 将喷泉边缘部分用较深的蓝色压暗，加入少许黄色，并在喷水的地方加入浓重的阴影。

右图 在喷泉的图形整体上完颜色后，用涂改液、黑色的边缘线和阴影来提亮喷水的部分。

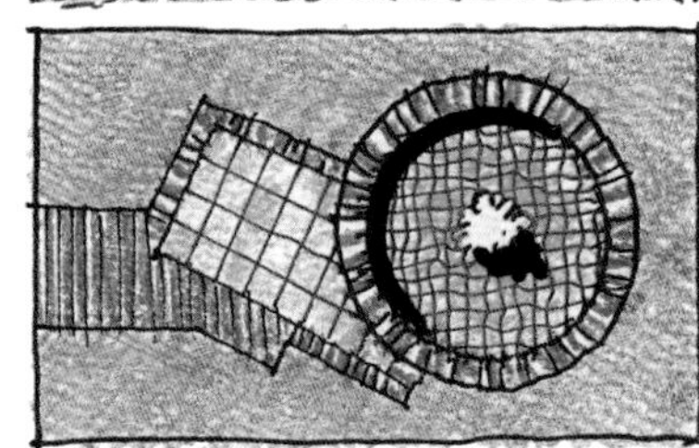

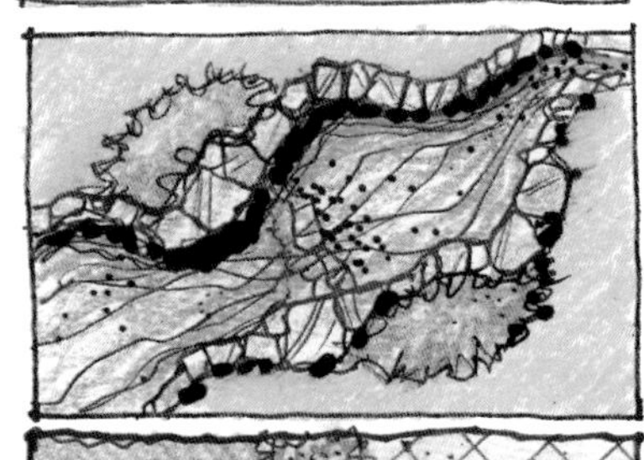

溪流和水池

左图 画蜿蜒曲折的蓝色线代表流动的水。其中加入一些黄色调和紫罗兰色色调，然后在各个地方点一些散点。

右图 用不同的笔尖压力和蓝色的退晕来填充代表水的图案中的一些弧线。在弧线交叉的地方点一些散点。

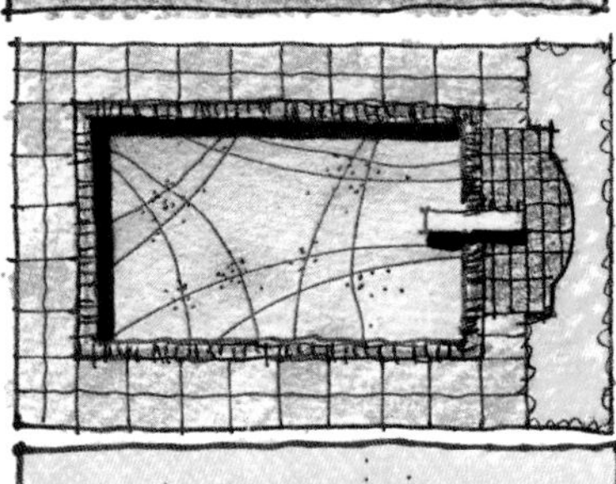

温泉和瀑布

左图 将SPA左上部压暗，右下部提亮，偶尔在喷泉中加入一些散点。

右图 在瀑布所处的位置留一条白，在上面画黑色的云线，并用渐弱的散点提亮。

图15-22 墙体、围栏、长椅、种植槽、廊架和与水相关的要素

图15-23 落叶树和热带树木的剖面图绘制示例

图15-24 常绿针叶树木和热带树木的剖面图绘制示例

图15-25 户外娱乐空间的方案图纸

图15-26 户外空间的剖面表现图

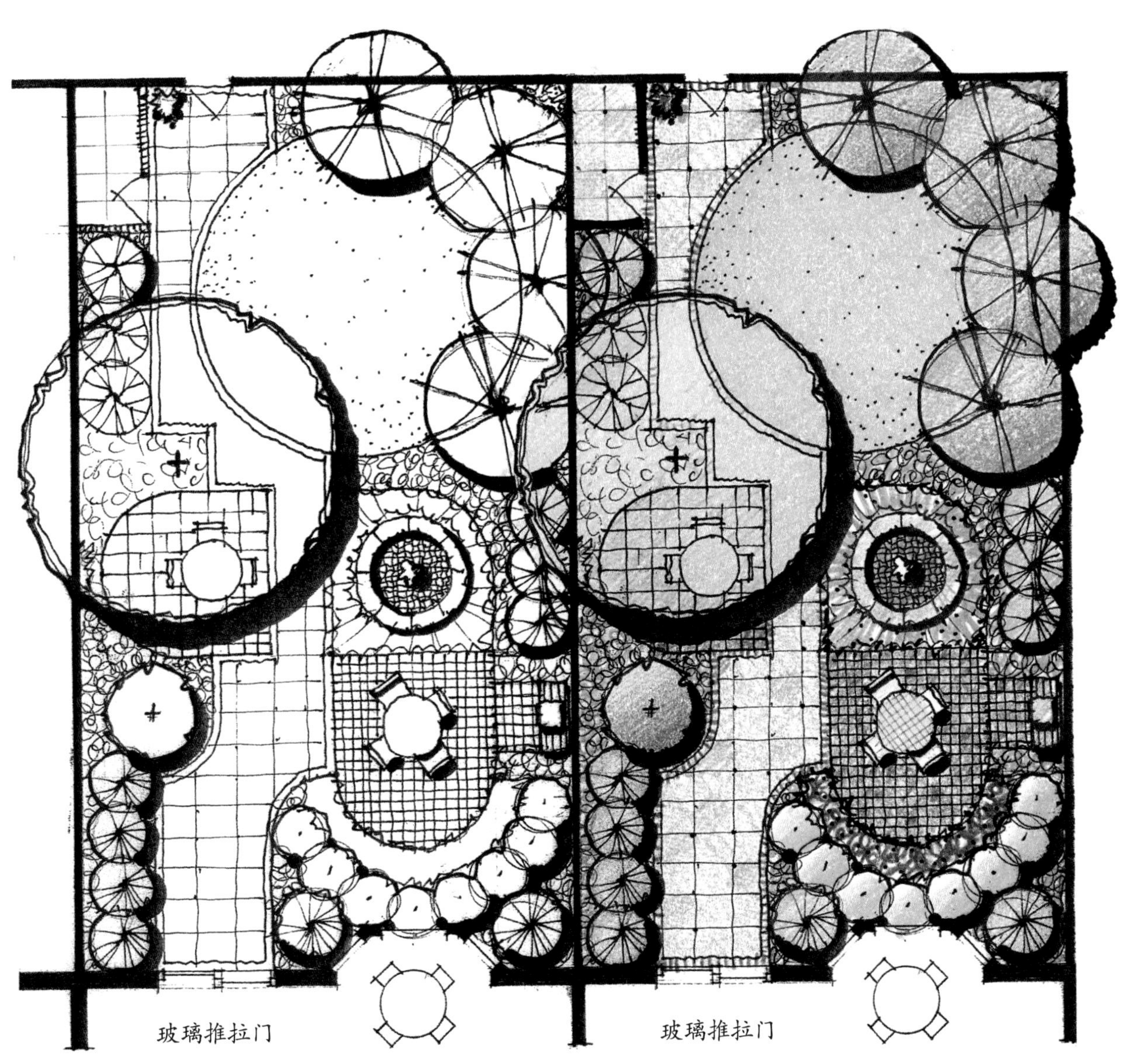

图15-27 黑白渲染平面图（左图）和将颜色添加到黑白渲染平面图中（右图）示例

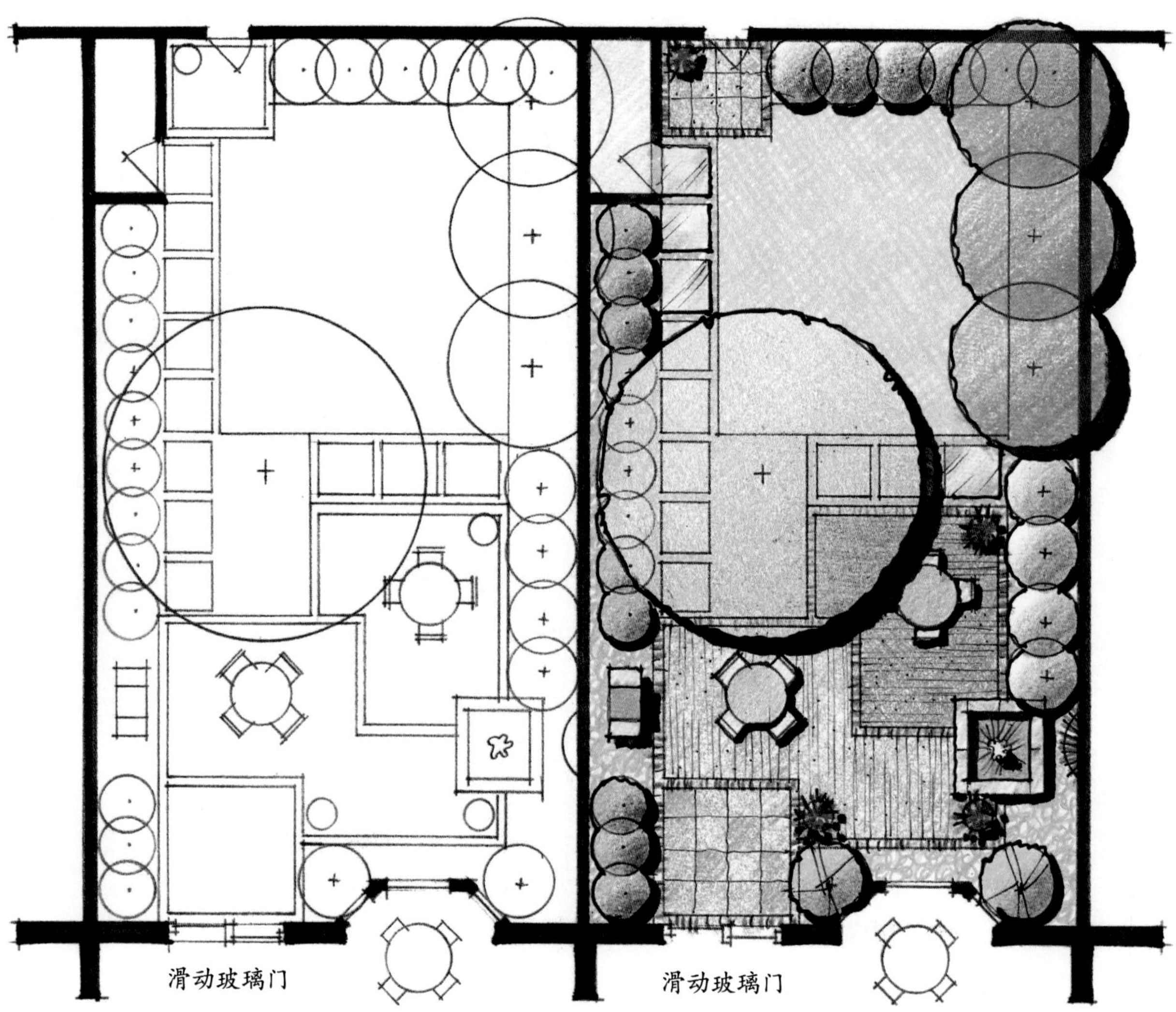

图15-28 基本平面图（左图）和基本平面图中添加颜色（右图）

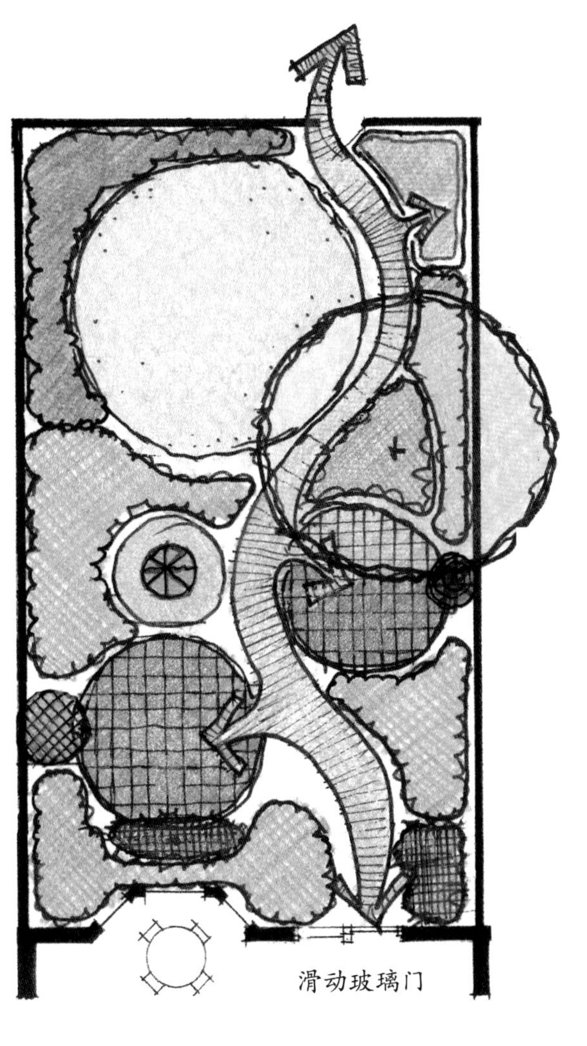

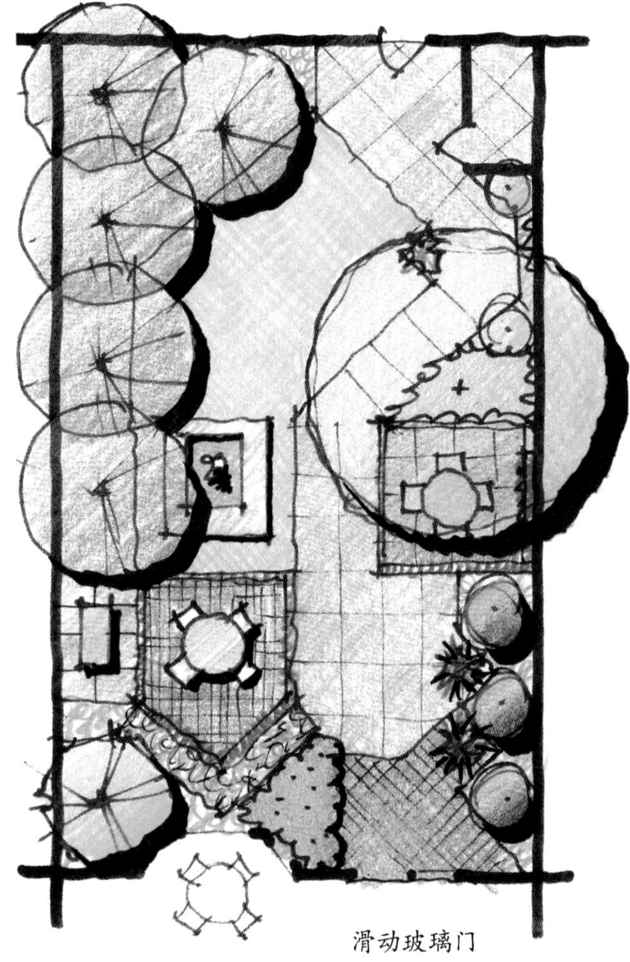

图15-29 渲染颜色（左上图）和早期设计研究的色彩渲染（右下图）

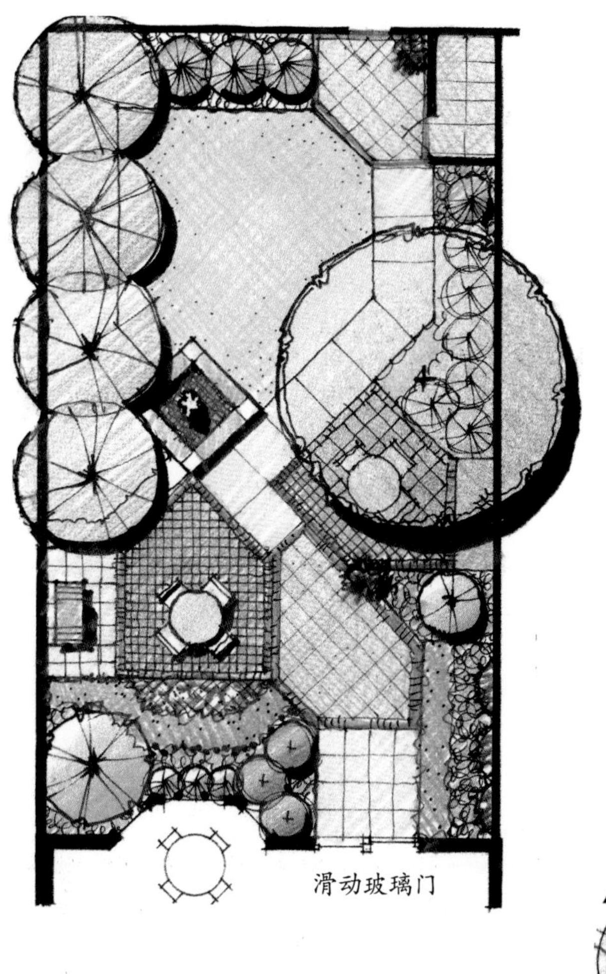

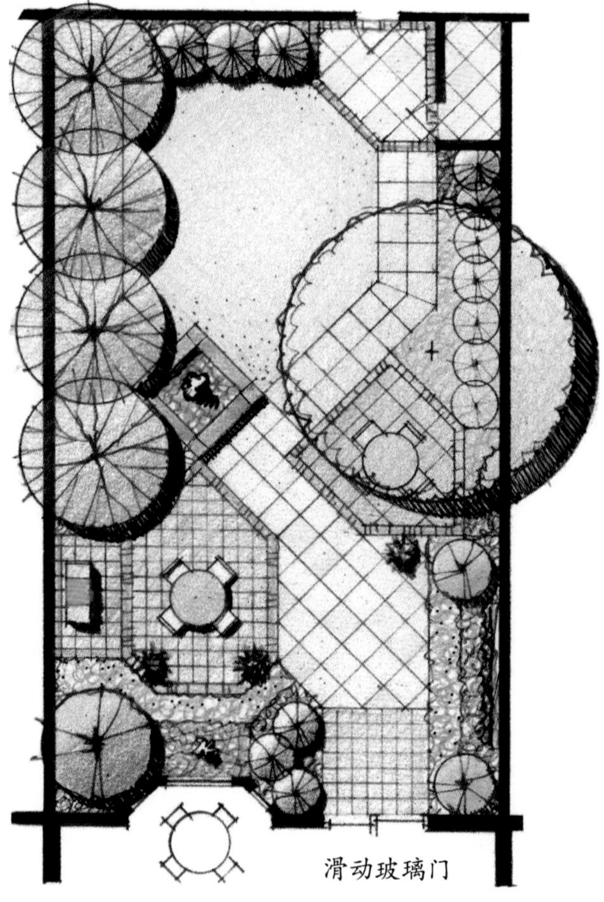

图15-30　渲染颜色的初步设计（左上图）和渲染颜色的最后总体规划（右下图）

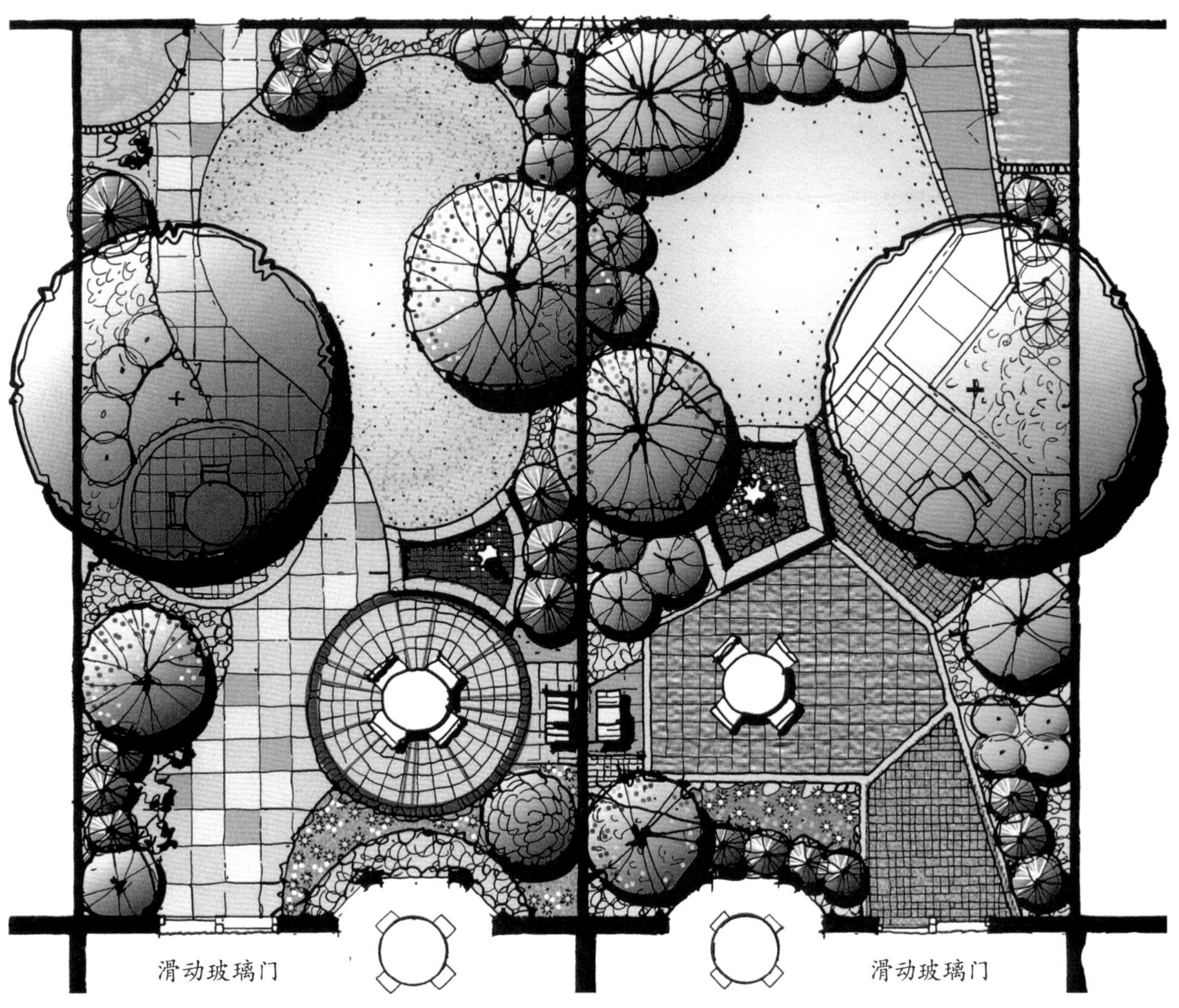

图15-31　矢量绘图工具的彩色效果

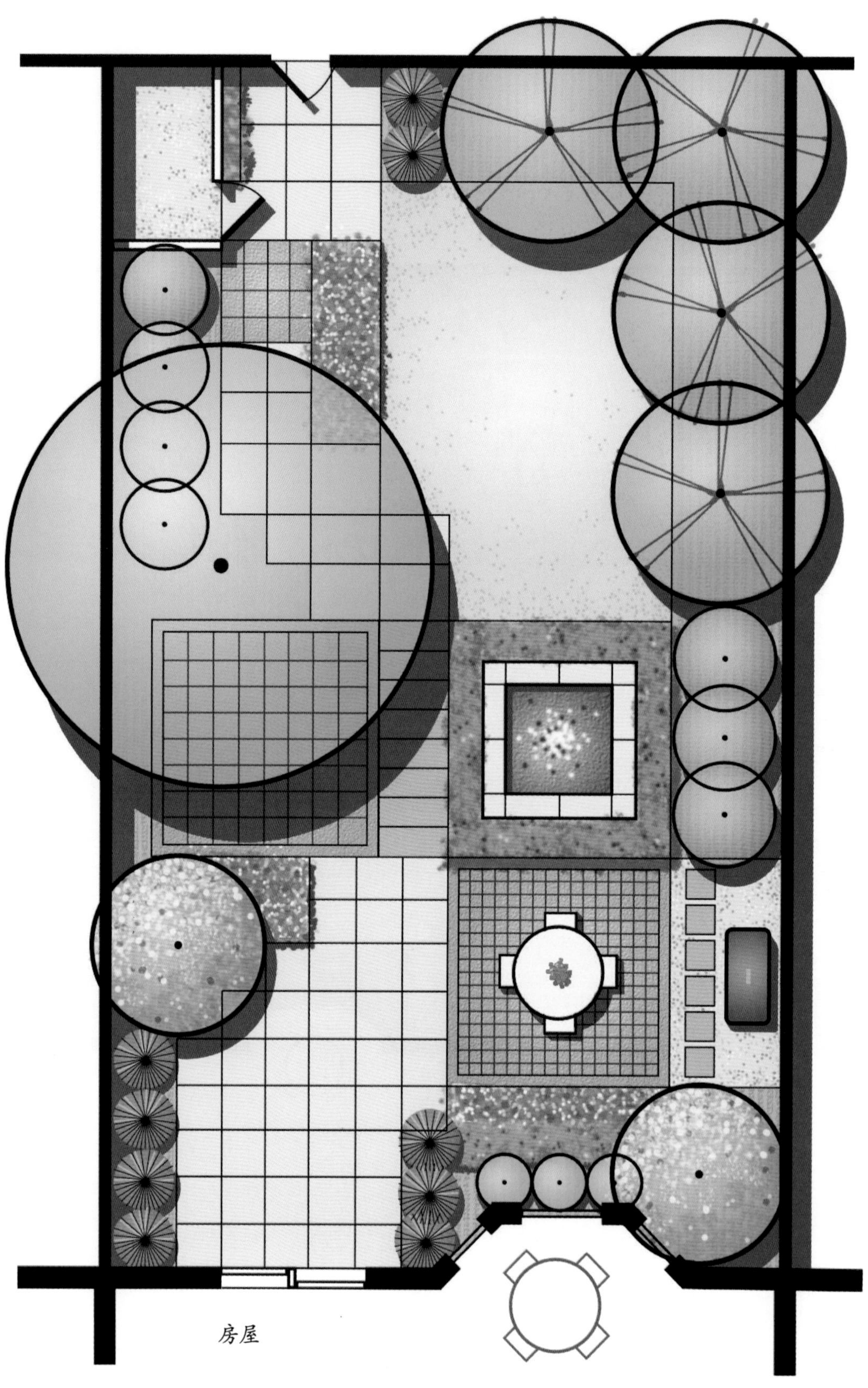

图15-32 PS软件处理彩色效果

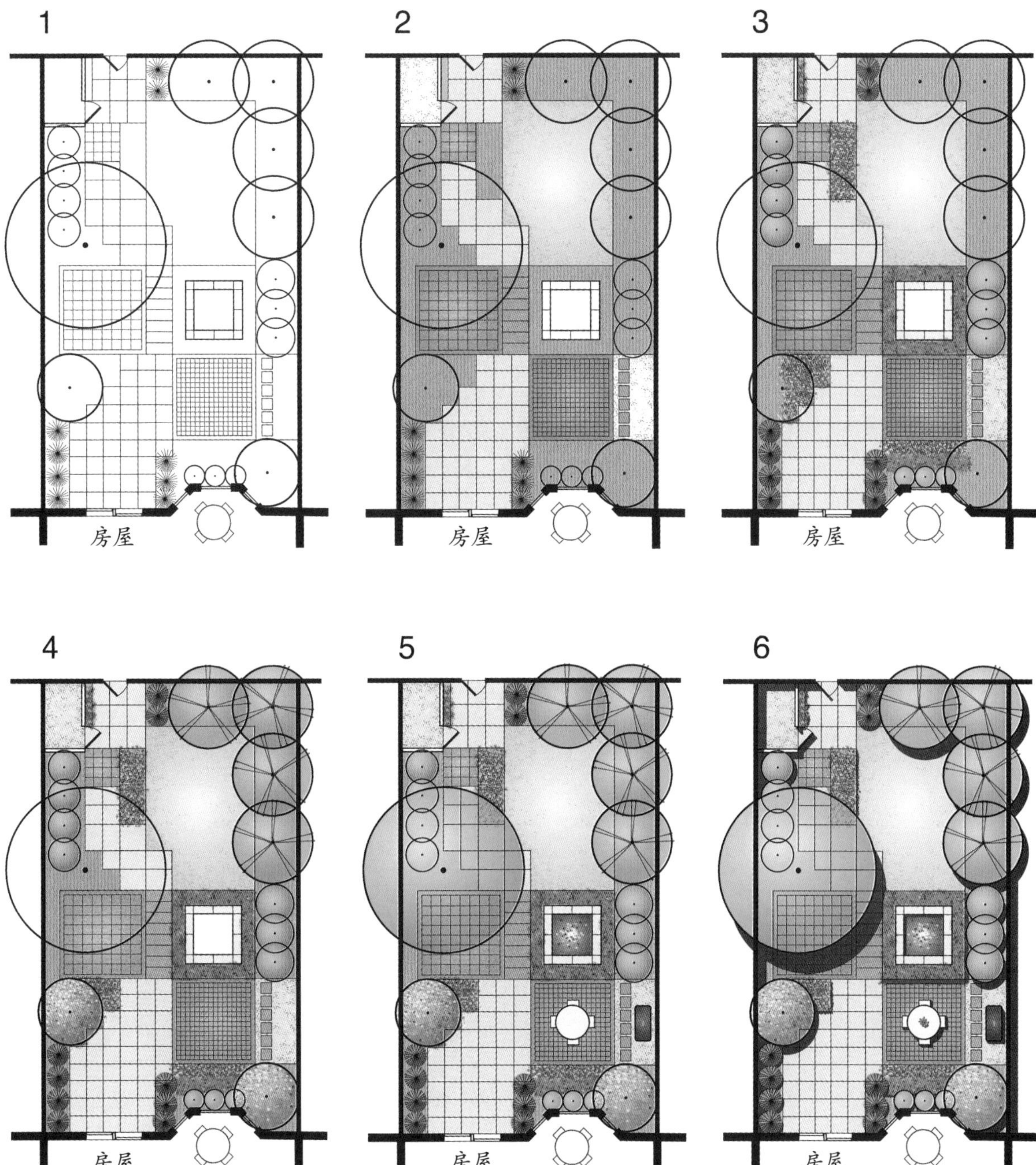

图15-33 PS图像处理软件渲染的一般过程

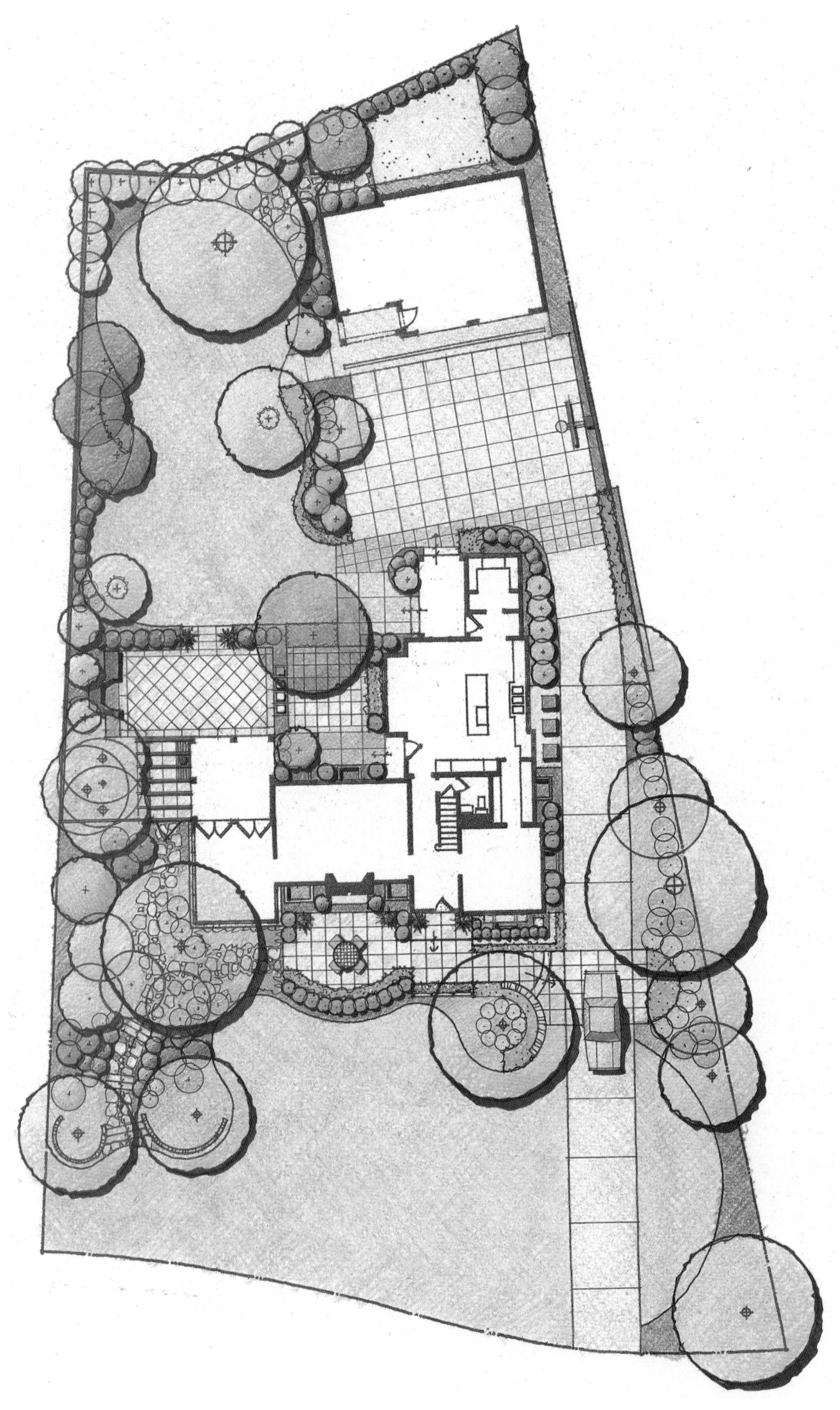

图15-34　色彩渲染齐茨克住宅总平面图

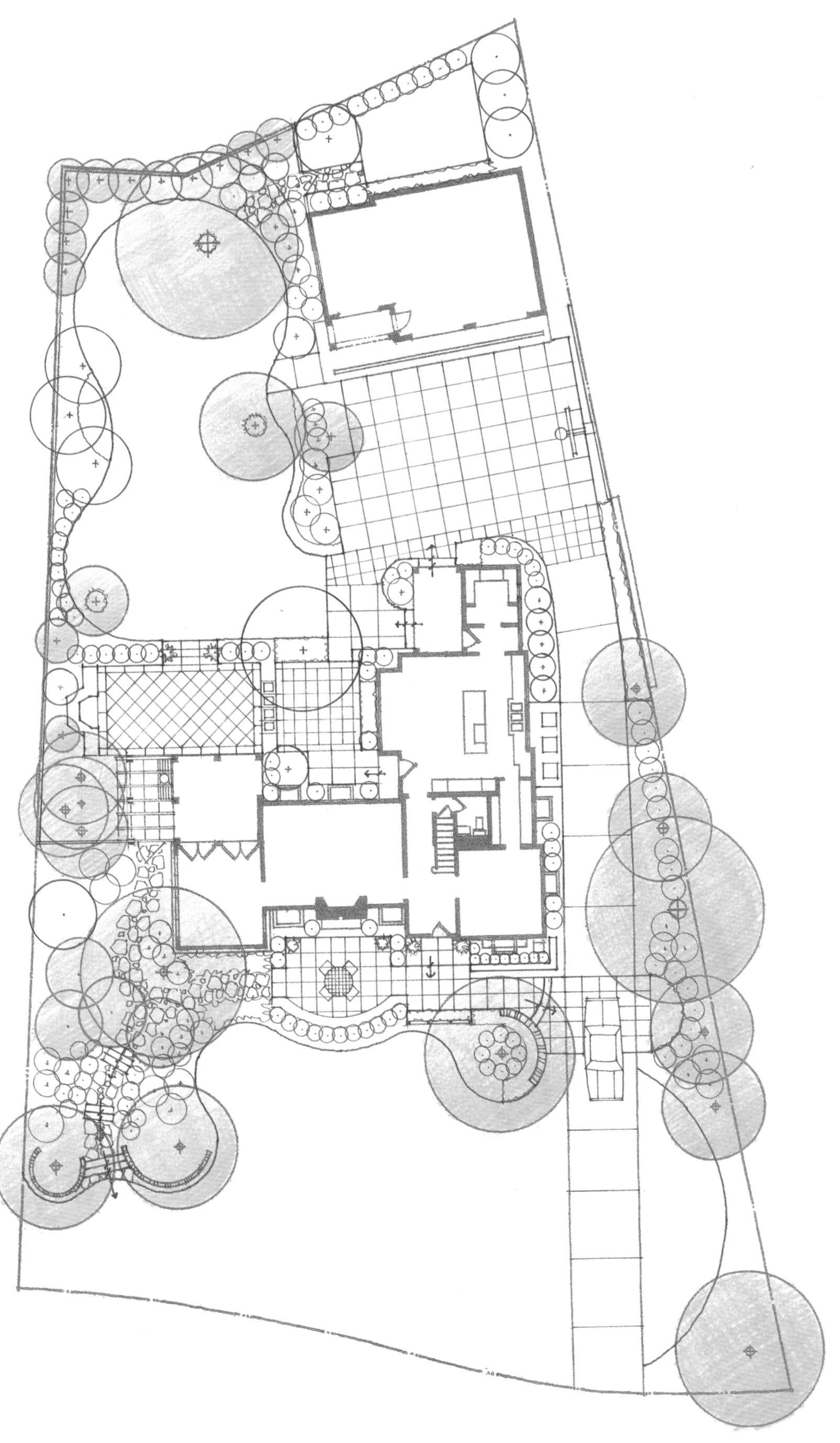

图15-36　第一阶段：现有树木颜色

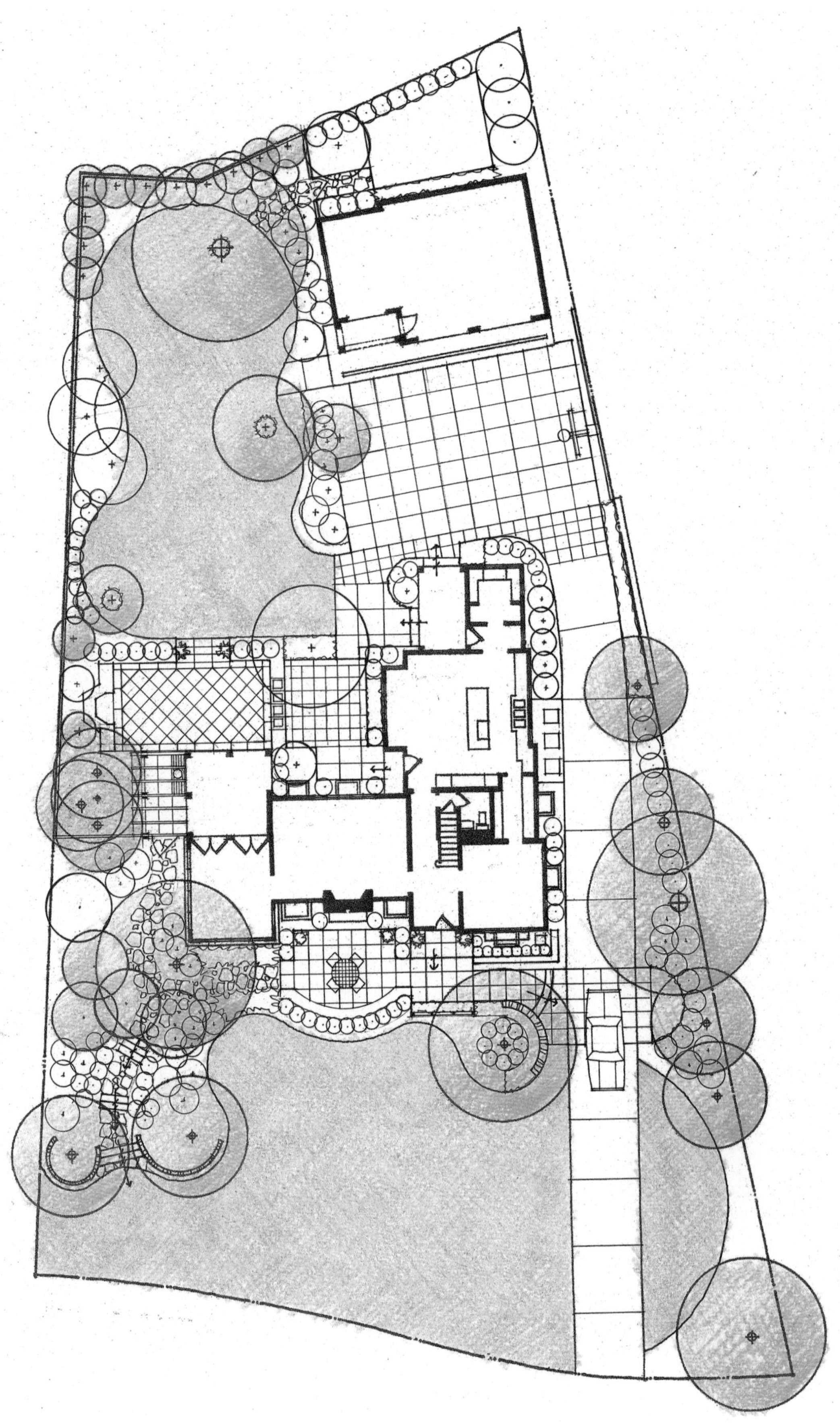

图15-37 第二阶段：草坪的颜色

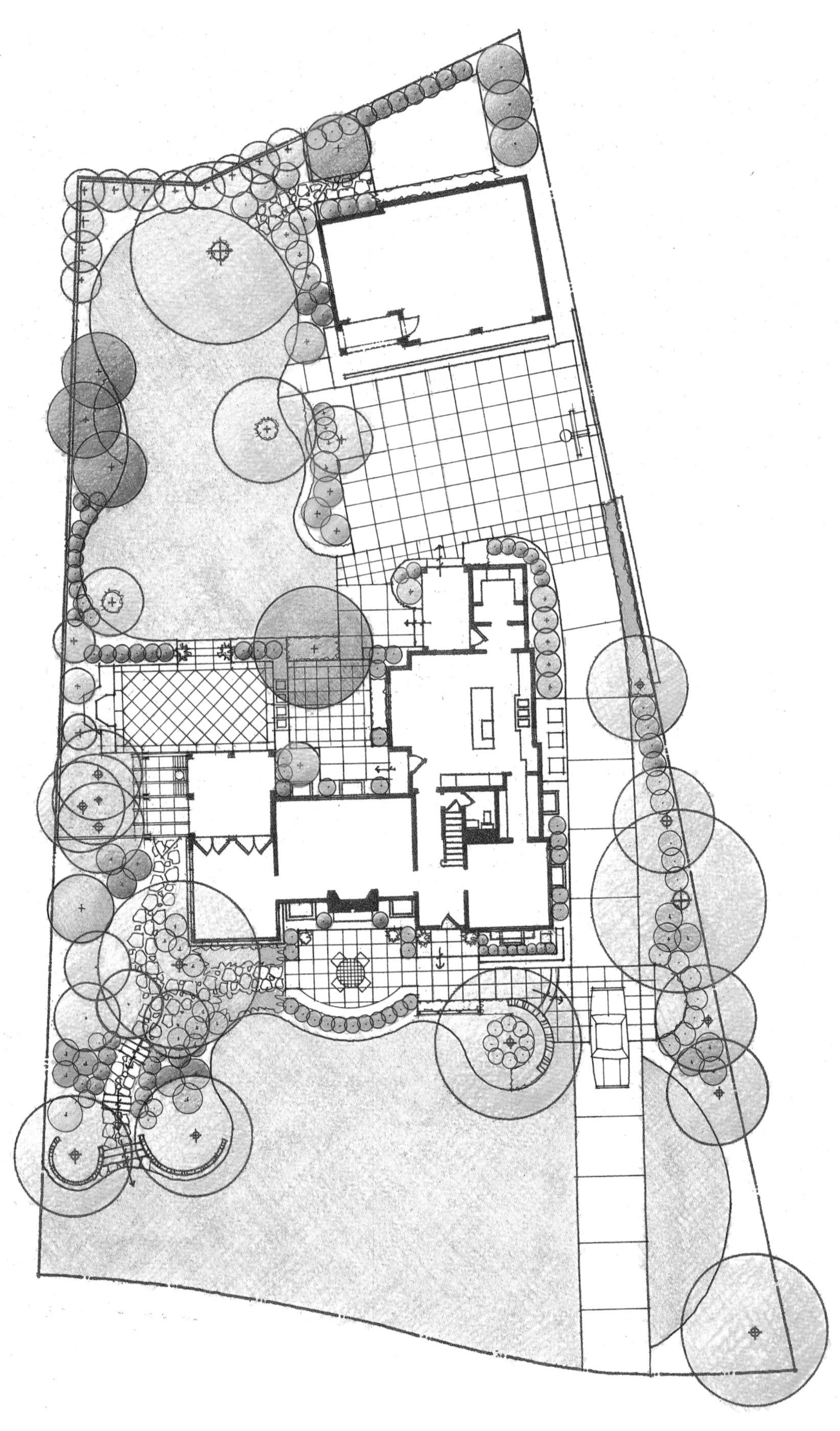

图15-38 第三阶段：乔木和灌木的色彩

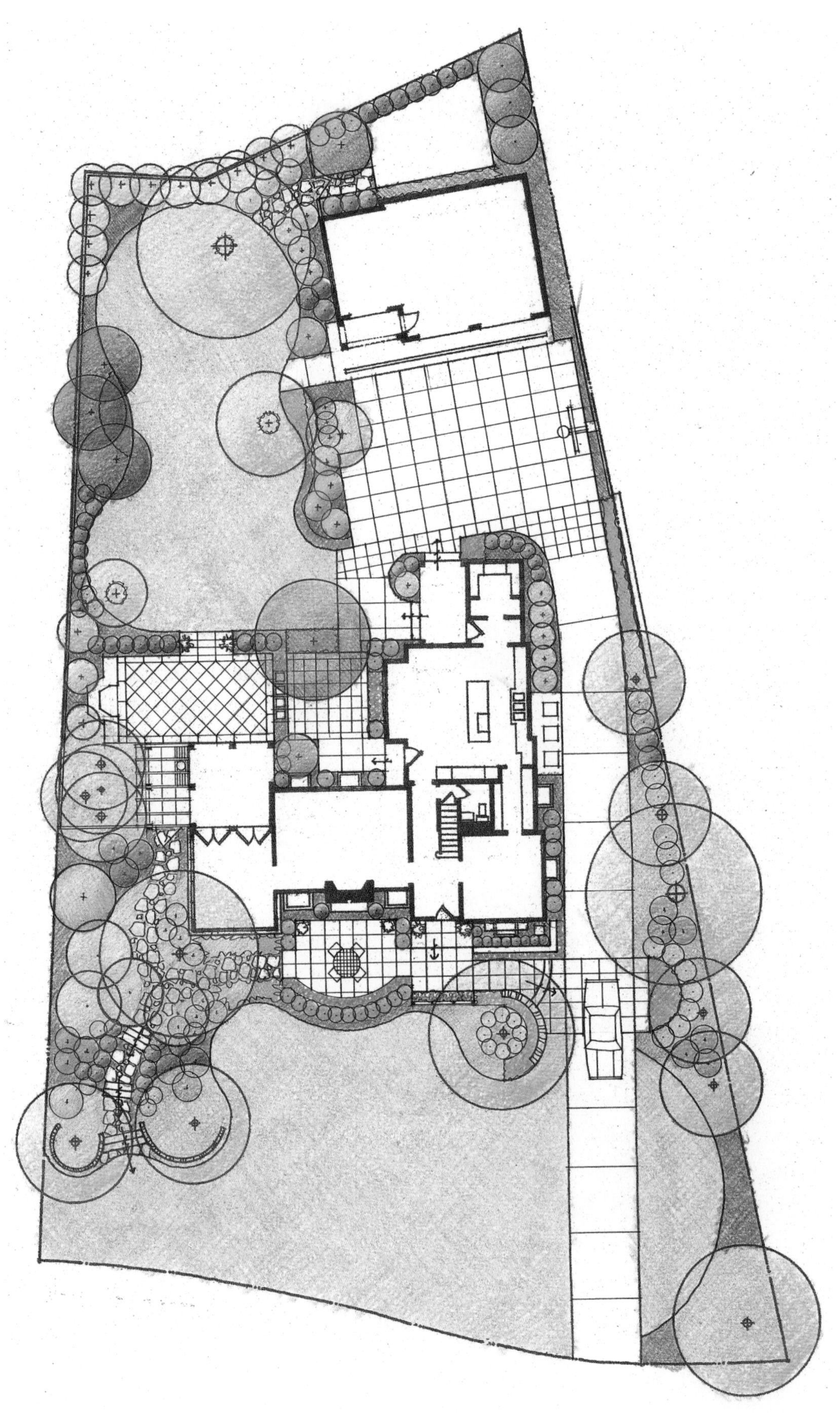

图15-39　第四阶段：地面颜色覆盖和季节性色彩区域

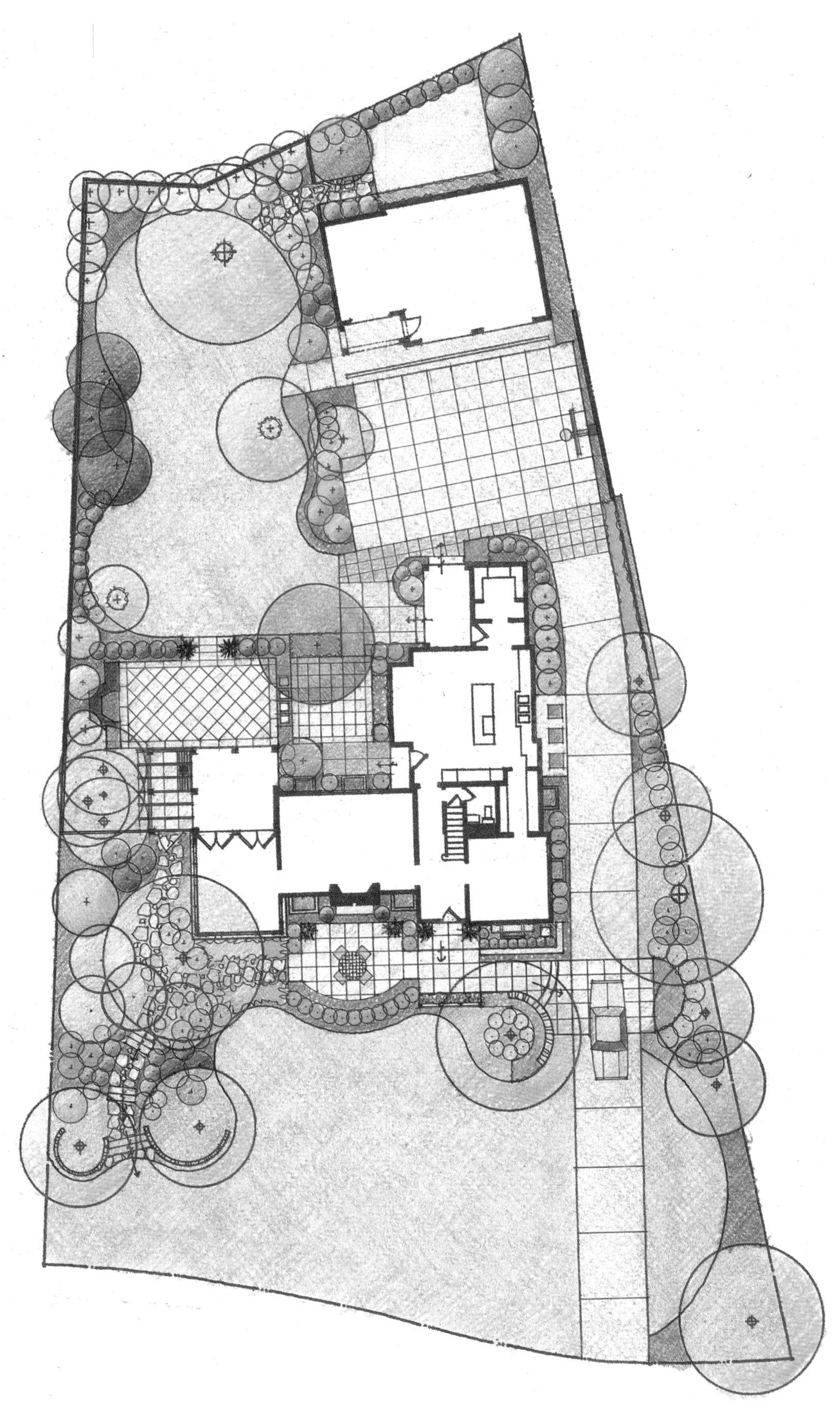

图15-40　第五阶段：人行道和各种各样的物品添加的颜色（栅栏、壁炉、乔木、格栅、砾石、变电箱、窗洞等）

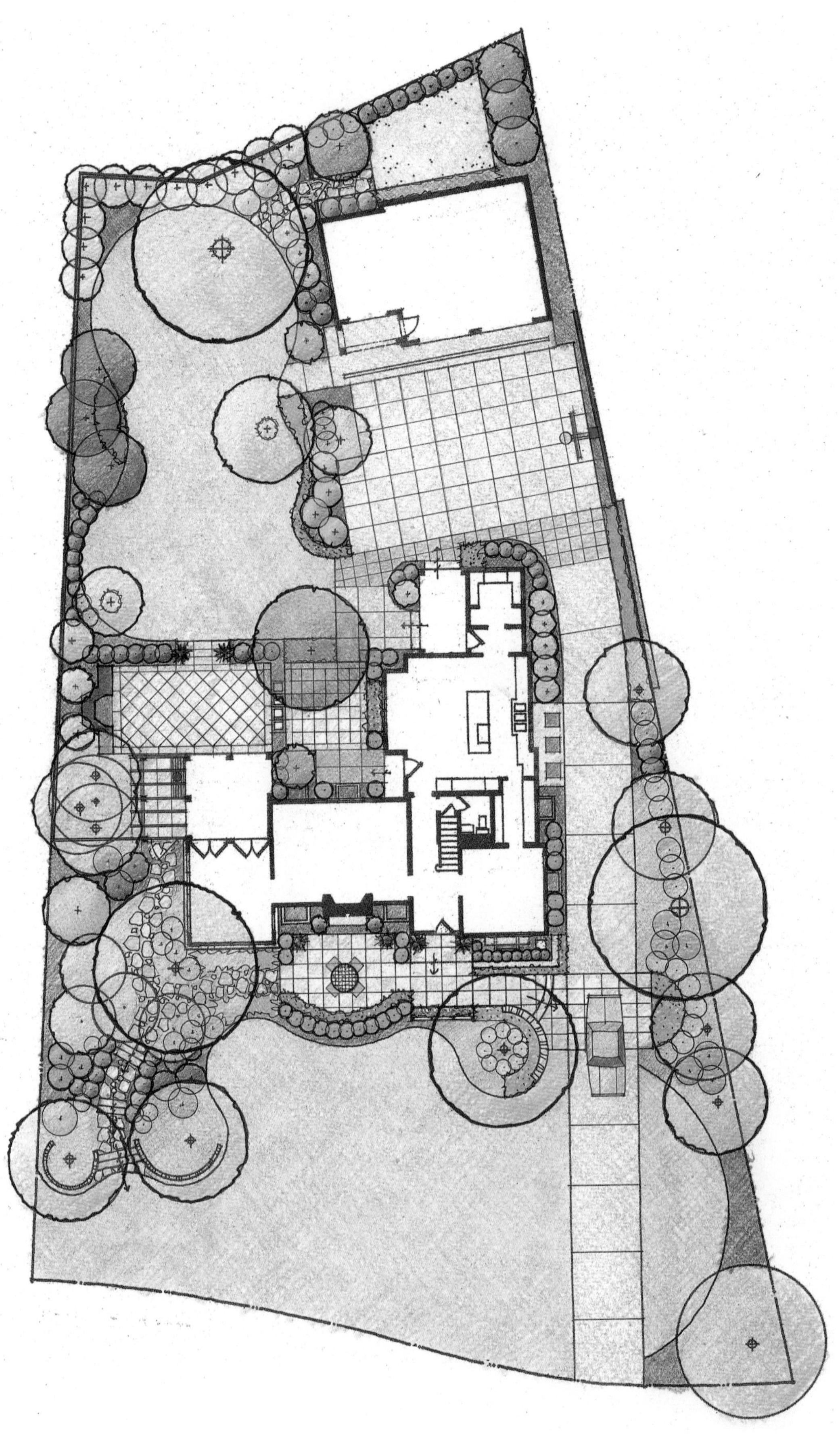

图15-41 第六阶段：使用黑色马克笔突出边缘和添加纹理

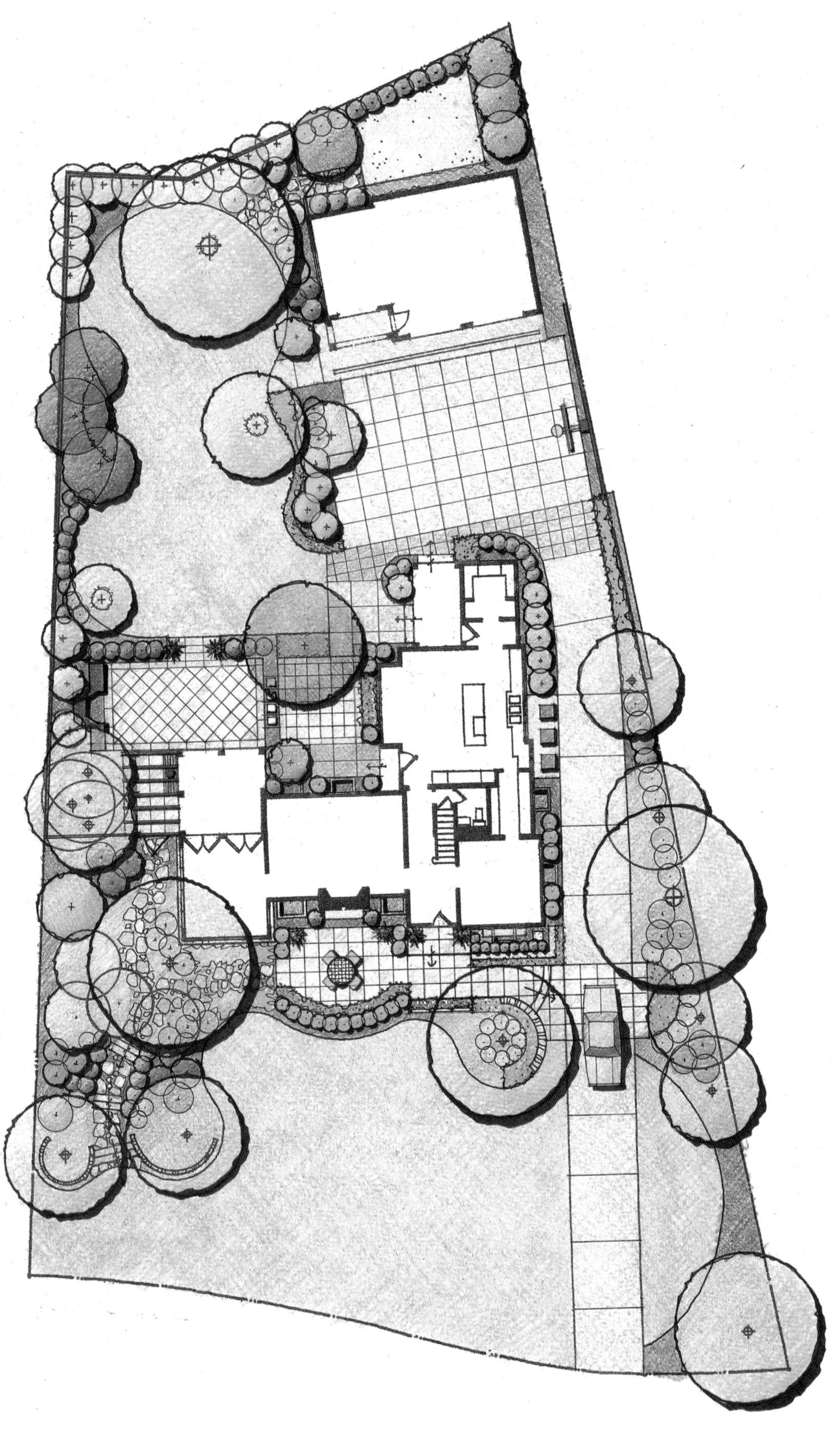

图15-42 第七阶段：添加阴影（阴影大小随元素的大小而变化）

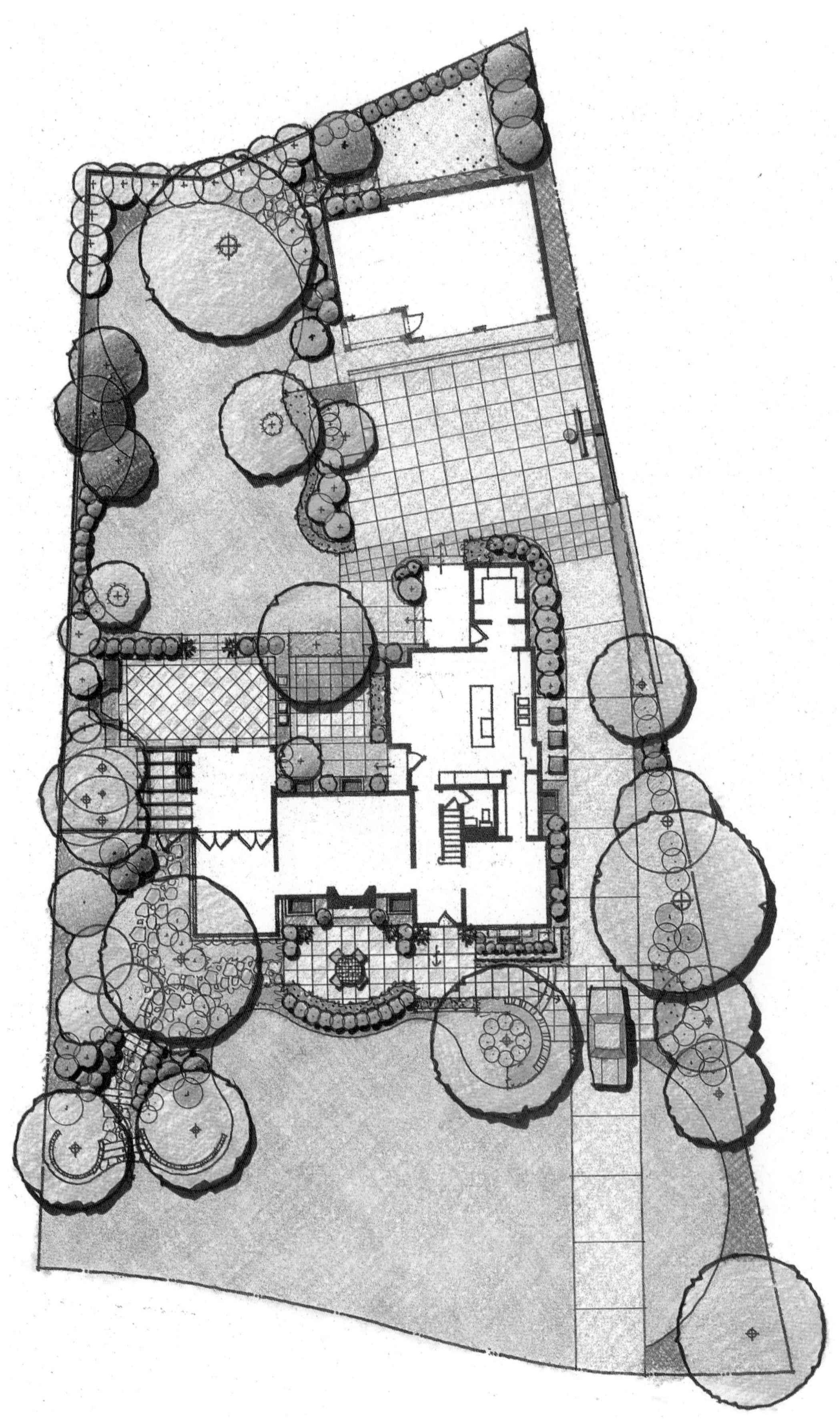

图15-43　11英寸×17英寸呈现颜色减少的齐茨克住宅总平面图

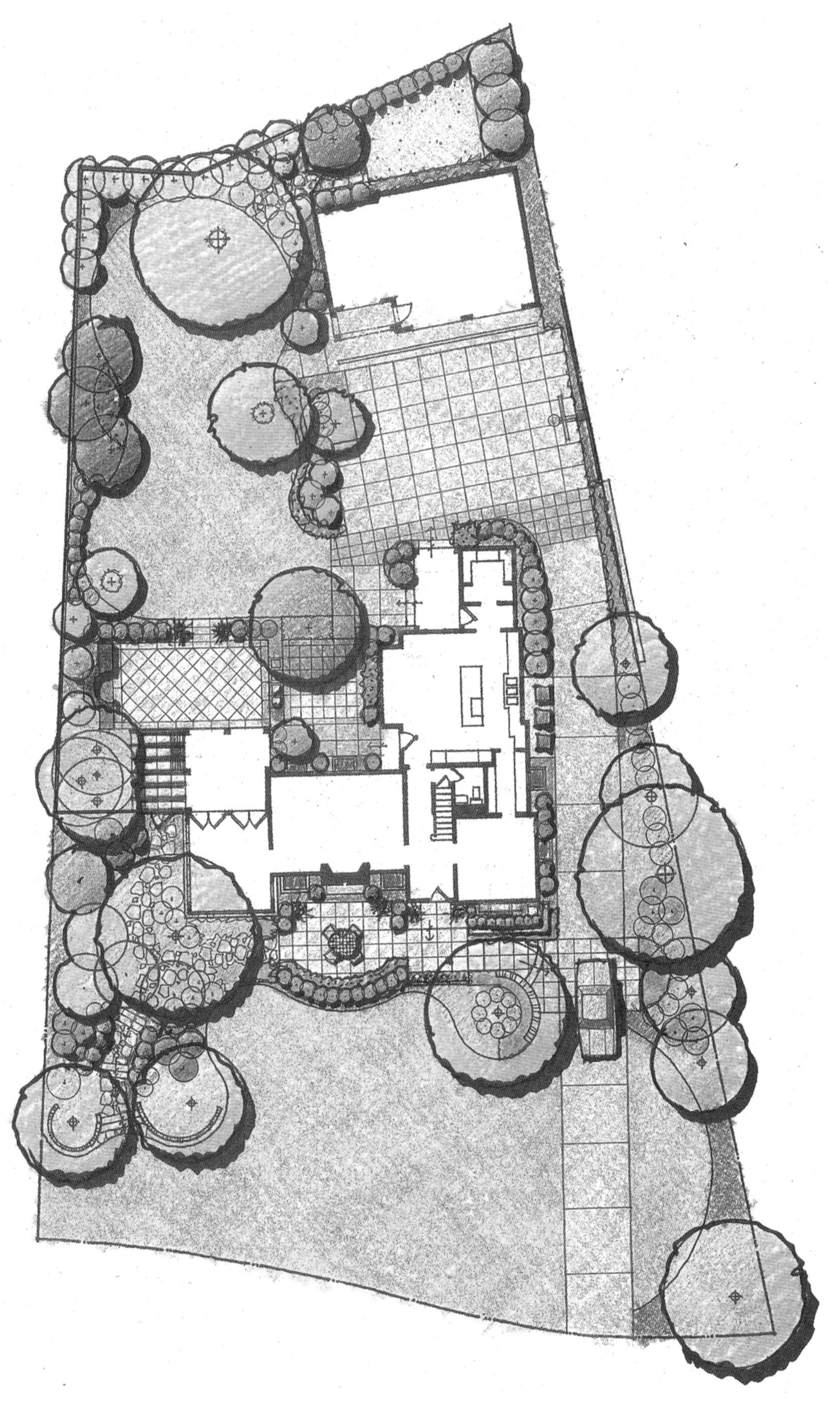

图15-44　8½英寸×11英寸呈现颜色减少的齐茨克住宅总平面图

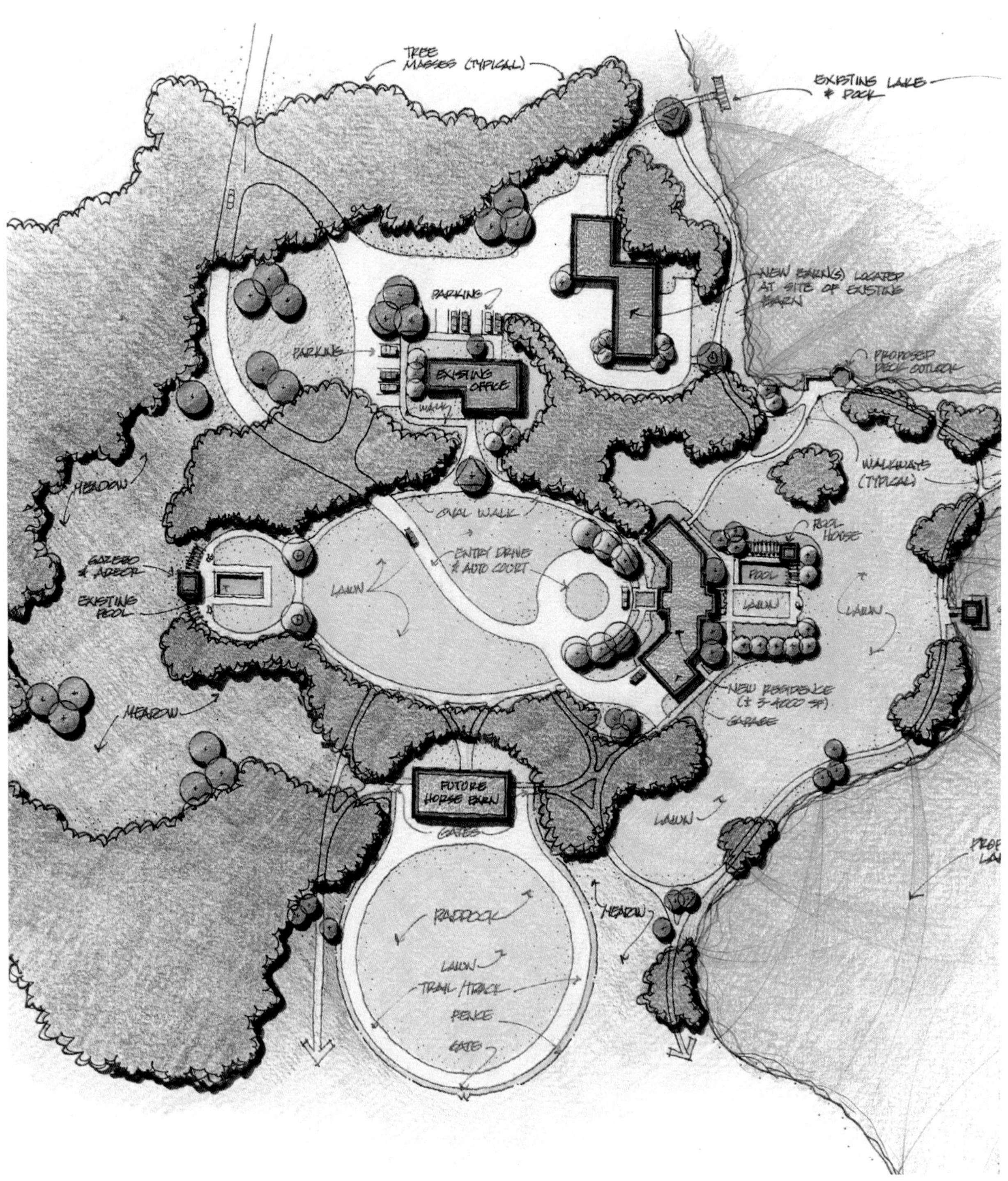

图15-45　平面图表现：8~9英亩

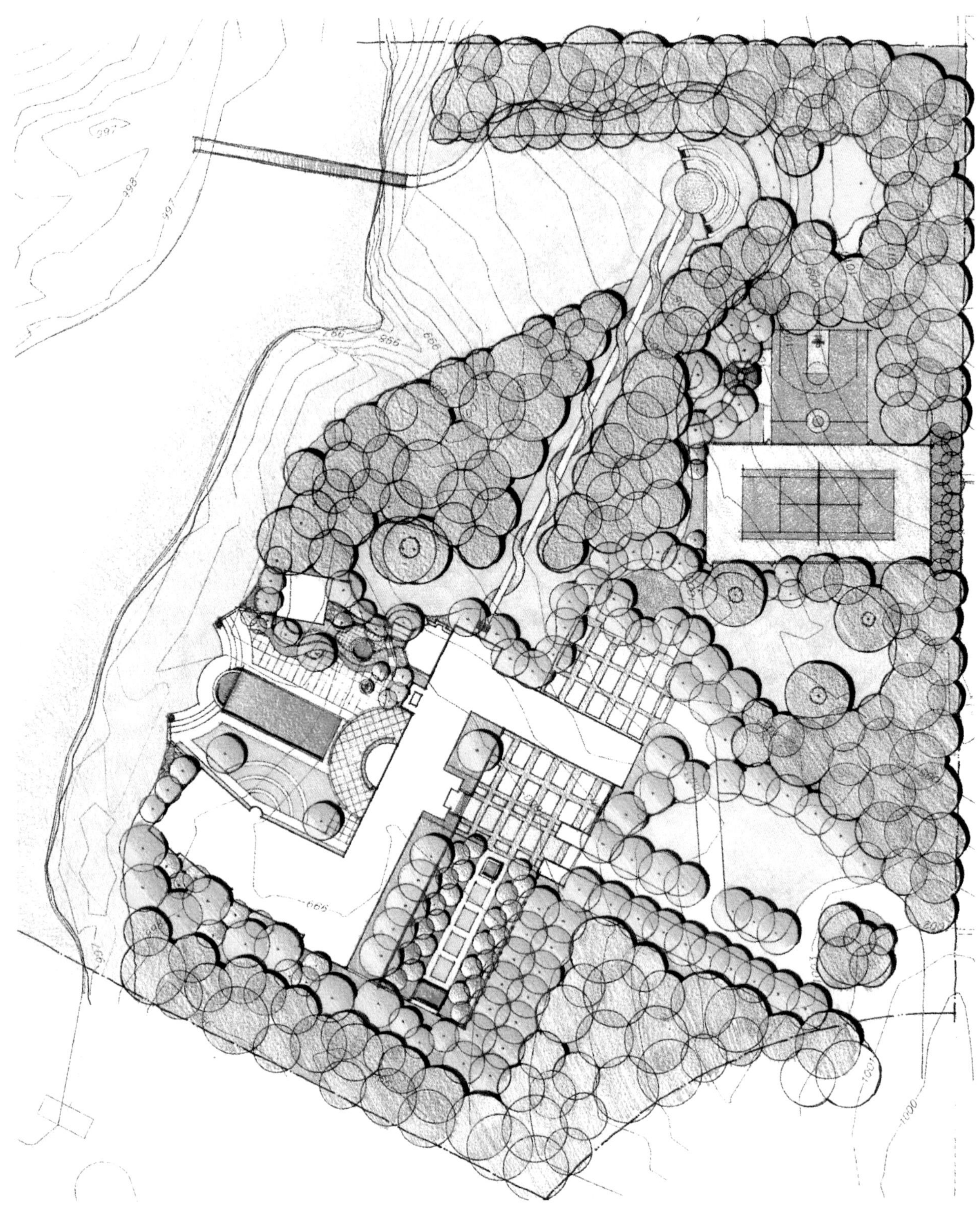

图15-46 平面图表现：5~6英亩

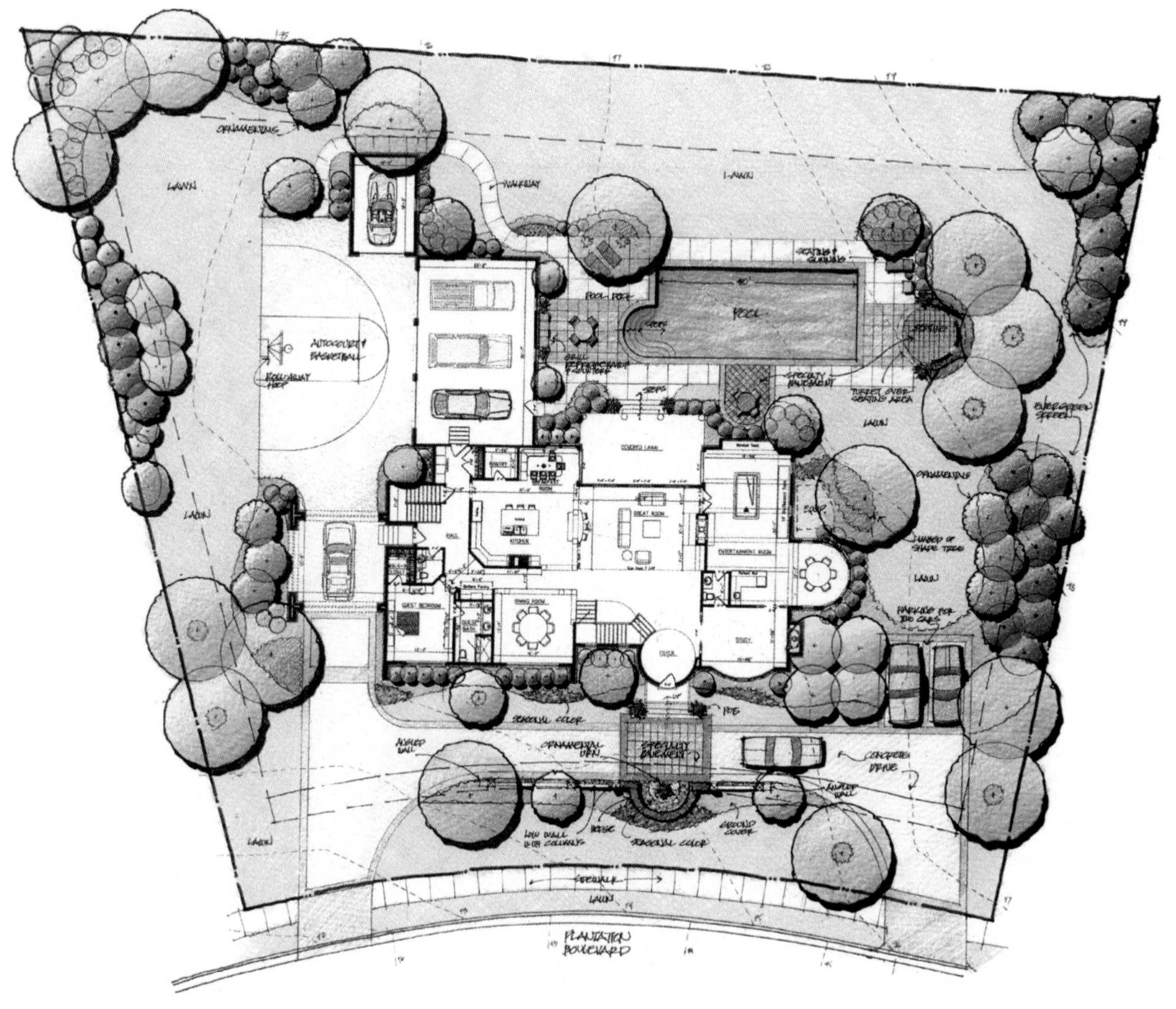

图15-47　平面图表现：3/4英亩

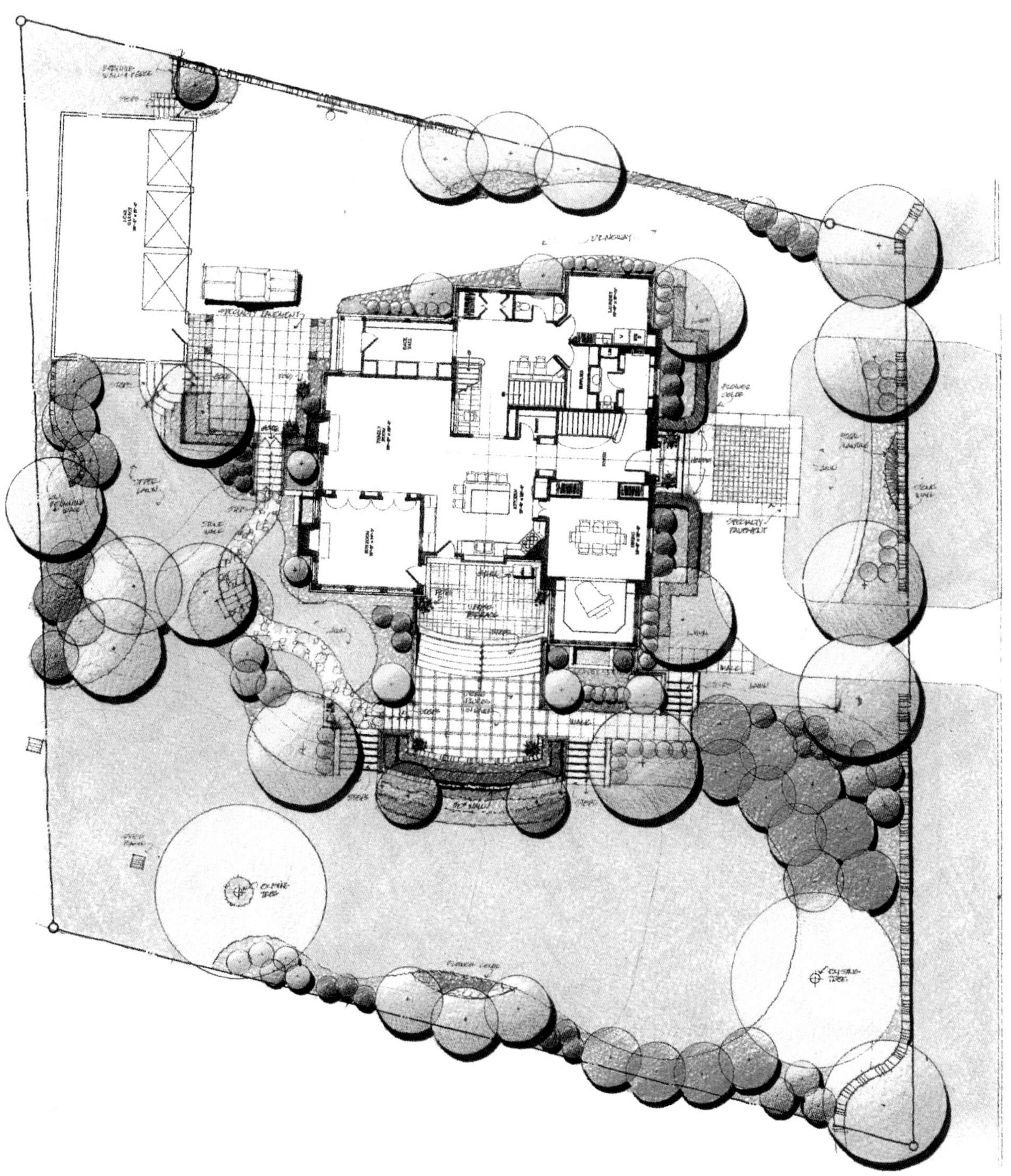

图15-48　平面图表现：1/2英亩

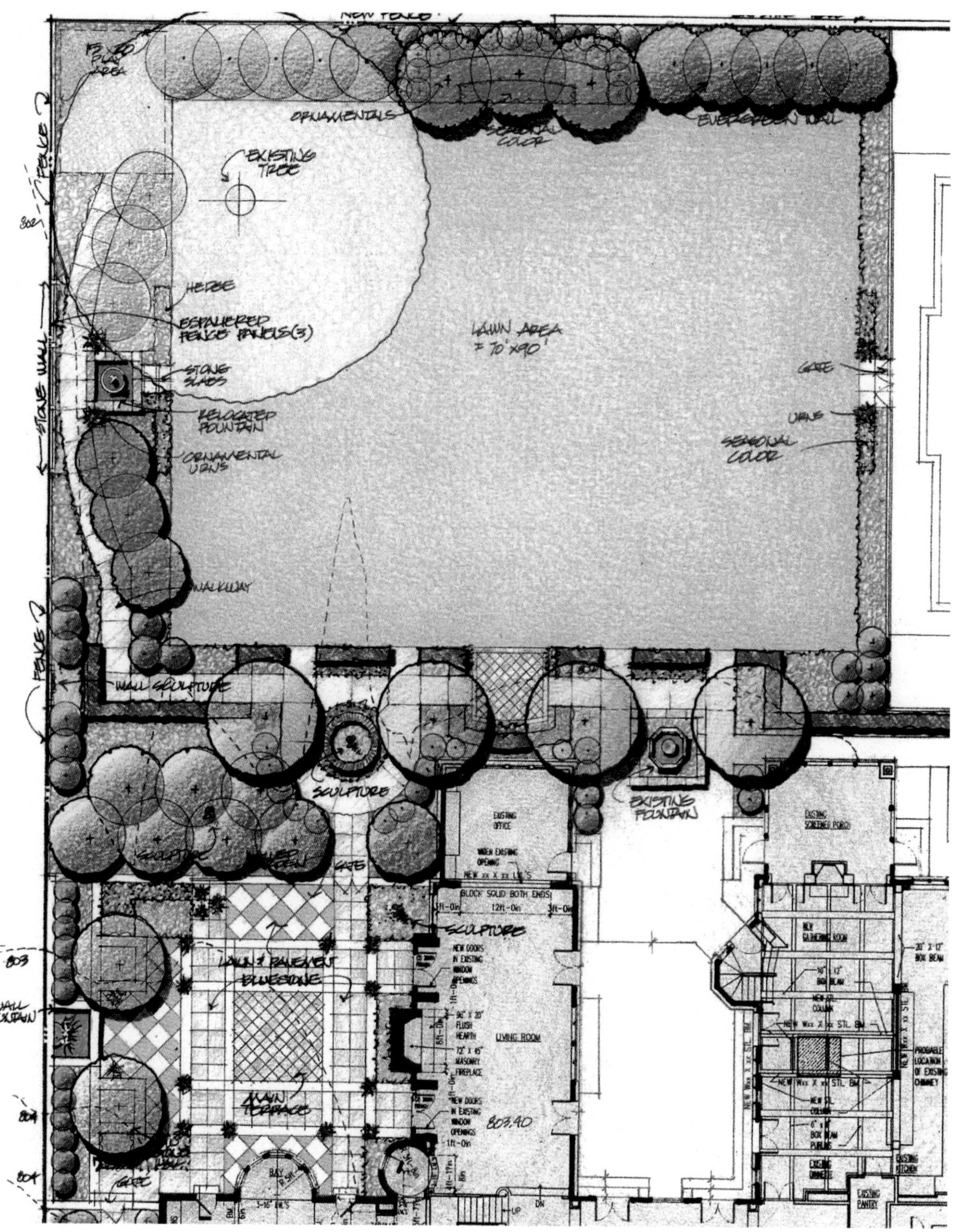

图15-49 平面图表现：1/3英亩

住宅景观设计

（全新第7版）

〔美〕诺曼·K. 布思
（Norman K. Booth）
〔美〕詹姆斯·E. 希斯　著
（James E. Hiss）
张海青　马雪梅　彭晓烈　主译

北京科学技术出版社

图书在版编目（CIP）数据

住宅景观设计：全新第7版 /（美）诺曼·K.布思，（美）詹姆斯·E.希斯著；张海青，马雪梅，彭晓烈主译. —北京：北京科学技术出版社，2020.9

书名原文：Landscape Architecture Design Process for the Private Residence

ISBN 978-7-5714-0556-4

Ⅰ. ①住… Ⅱ. ①诺… ②詹… ③张… ④马… ⑤彭… Ⅲ. ①住宅—景观设计 Ⅳ. ①TU241

中国版本图书馆CIP数据核字(2019)第246609号

住宅景观设计（全新第7版）

作　　者：〔美〕诺曼·K.布思　〔美〕詹姆斯·E.希斯
译　　者：张海青　马雪梅　彭晓烈
责任编辑：王　晖　宋增艺
责任校对：贾　荣
责任印制：李　茗
封面设计：申　彪
图文制作：北京八度出版服务机构
出 版 人：曾庆宇
出版发行：北京科学技术出版社
社　　址：北京西直门南大街16号
邮政编码：100035
电话传真：0086-10-66135495（总编室）
　　　　　0086-10-66113227（发行部）
　　　　　0086-10-66161952（发行部传真）
电子信箱：bjkj@bjkjpress.com
网　　址：www.bkydw.cn
经　　销：新华书店
印　　刷：三河市国新印装有限公司
开　　本：889mm×1194mm　1/16
字　　数：720千字
印　　张：39
彩　　插：10.25
版　　次：2020年9月第1版
印　　次：2020年9月第1次印刷
ISBN：978-7-5714-0556-4

定　价：198.00元

译者名单

主　　译　张海青　马雪梅　彭晓烈

副 主 译　汤　煜　付　丽

参译人员　马翔楠　郑毅彬　张　玉　熊　菲

刘絮荫　姜　玥　王琳琳　刘淑华

前　言

在美国，那些邻近独立式住宅的场地是住宅环境的重要组成部分。它们往往比住宅的室内面积大，同时也具有更为广阔的视野。住宅周围的景观并不仅仅是一块土地，更是丰富家庭活动和户外娱乐的场所。对于许多家庭而言，住宅场地完整地体现了他们的生活方式和家族历史。人们常会在这里举办大型的家庭聚会，与家人和朋友共度难忘时光。这里同时也是野生动植物的栖息地，是家庭成员亲近大自然的场所。在这里，他们能感受到阳光明媚、微风拂面、阵阵花香。一个经过精心设计和维护的景观能为住宅带来7%~15%的增值（盖洛普机构）。这些增值不仅基于种植，还包括步行道、围栏、室外生活空间、室外厨房、水景等。

对于专业设计人员来说，住宅景观设计是一项具有挑战性的工作，因为设计的好坏直接影响着居住者的生活品质。经过良好设计的住宅场所能为居住者的生活带来积极的影响，例如消除住宅功能上的冲突和矛盾，并提供舒适的休闲娱乐活动场所，创造一个赏心悦目的居住环境。住宅景观设计同时也是一项令人振奋的工作，设计师需要与委托人近距离接触，了解其个人喜好，利用精细而唯美的手法进行设计，在短时间内看到从图纸设计到三维实体景观实现的全过程，这是非常有成就感的一件事。住宅景观设计还是实施和尝试新理念、新材料的实验室。对许多景观建筑设计师而言，住宅景观设计为他们提供了学习小地块设计的机会，而这些将成为他们设计更大公共空间项目的经验。

住宅景观设计一般都是由专业的设计公司负责的。美国风景园林师协会（American Society of Landscaptures Architects）2013年的一项调查显示，设计公司平均每年设计6~20个住宅项目，其中24%的公司每年设计超过21个项目，14%的公司每年设计超过30个项目。几乎所有的设计/建造公司和许多园艺苗圃公司也参与了住宅景观的设计和实施。事实上，大多数家庭都接受过这些公司的设计服务。

然而，在某些情况下，住宅用地的设计普遍都不是很正确的，也不是很完善的。一位开车经过的司机或沿着一条典型的郊区街道步行的行人都可以看出很多显而易见的问题。修剪过度的基础种植带、长得过快的行道树、狭窄的车道、缺乏实用性的人行道和入口、养护管理差的草坪……这些仅仅是其中几个常见的问题。房屋后面的院子是很少有人会设计的空间，结果就是在视觉和布局上都显得混乱。

本书的目的就是要为读者详解住宅景观设计的基本原则。本书是由设计者及研究人员一起撰写的，书中讲述了一些基本的原理、概念，做住宅规划的步骤及与住宅相关的内容等。本书非常适合景观设计的初学者以及那些正在从事住宅设计并希望提高自己水平的设计师。

这本书阐述的设计思想和原则代表了业界普遍认可的设计理论以及经验丰富的设计师推崇的设计标准；一部分设计思想则源于60多年来给大学生、苗圃主人和景观承建商讲授知识的课堂经验，因为我们发现课堂上讲授的众多概念和技法对于住宅景观设计是必不可少的；还有一些设计思想来自我们对住宅景观设计项目的经验总结。我们都是注册景观建筑设计师，已经设计了超过150个住宅景观方案，并且许多方案获得了地方的、全国的乃至国际的设计奖项。

全新第7版特色

我们对第7版进行了大量的修订。

将景观建筑师和设计师设计完成的景观项目照片整合到第2章，以展示不同类型室外空间的真实案例；

第4章增加了一个新客户的真实案例，以演示设计过程的顺序步骤；

新增大量施工前后的平面图、图表和照片，清晰展示了一个景观设计项目从开始到结束的全过程；

第5章和第8章新增了关于使用当前最新计算机技术和社交媒体的讨论和演示；

第15章新增了快速平面渲染技术的示例以及在Photoshop中为总平面图着色的过程。

最后，对全书的文本进行了编辑，删除了无关内容，使读者更容易理解。

本书框架

《住宅景观设计》分为三个部分。第一部分为哲学框架，为本书的其他部分提供基本原则和概念指导，包含现代艺术、可持续发展和室外空间等内容。第二部分为设计过程，详述了从最初与客户会面到完成最终设计成果的一系列步骤，包括会见并与客户进行访谈、基地详图的准备、项目开发、基地分析、功能图解、初步设计、形式构成和空间构成等内容。第三部分为应用，展示设计过程如何被应用于不同的住宅基地，并包含基于特殊的基地条件的设计实例和方案解读等内容；第三部分还用大量篇幅介绍了色彩表现的理论和技法。

下载教学资源

为了使用在线教学资源，教师需要申请教师访问密码。登录www.pearsonhighered.com/irc注册以获得访问密码。在注册后的48小时之内，您将会收到一封包含访问密码的确认邮件。获得这个访问密码后，请访问该站点并登录，以获取您希望下载并使用的材料的完整说明。

答谢

首先，我们感谢艾琳・穆利根对本版图书的出色编辑。她不仅仔细检查了拼写、语法和图片清晰度，还像刚买了书的人一样认真阅读，对不熟悉或无法解释的术语提出质疑，提出建议。她是一个精力充沛，要求很高的“监工”，推动我们将这一版本修改得明显优于上一版本。毫无疑问，她是最好的编辑。

我们也感谢以下个人和景观公司为我们提供了项目的照片。

- 乔尔·科特，布里克曼城市环境设计集团；
- 汤姆·伍德，森林景观设计公司；
- 约翰·雷纳，奥克兰苗圃；
- 杰森·克罗姆利，马特·塞勒，海登格瑞克景观设计公司；
- EDGE景观建筑和城市设计公司。

最后，我们感谢以下导师对上一版本全面又富有洞察力的评价：

- 查尔斯·富尔福德，密西西比州立大学；
- 尼尔·柯克伍德，哈佛大学；
- 迈克尔·莫尼，宾夕法尼亚州立大学；
- 安娜·里维斯，北卡罗来纳农工州立大学；
- 迈克尔·西摩，密西西比州立大学。

诺曼·K.布思　美国风景园林师协会终身荣誉会员

詹姆斯·E.希斯　美国风景园林师协会终身荣誉会员

目 录

6 基地测量和基地图的准备 173

7 基地分析与设计任务书 213

8 功能图解 233

9 初步设计及设计原则 267

10 形式构成 295

11 空间构成 354

12 材料构成和总平面 425

第一部分

哲学框架

1.典型的住宅用地　2.室外空间　3.可持续设计

本书的第一部分为住宅的景观设计提供了一个哲学框架。有很多方法与理论应用于住宅区的环境景观设计，从最小限度的基地开发到繁华的城市与郊区精心布置的绿洲花园，均有相关的理论指导。此外，一些设计强调对植物配置和住宅景观园艺的处理，而另外一些则强调营造一种受欢迎的生活场景。

事物内部存在一系列的可能性，因此合理的住宅场所设计应基于对环境的尊重来创造适宜的户外生活空间，从而丰富客户的户外生活方式。以上是本书的基本概念。

第1章分析了美国各区域独立式住宅的选址实例，为以更好的方式进行住宅景观设计提供了一个出发点。第2章介绍了住宅场所设计中一个重要的组成部分：室外空间。第3章概述了创造与维持一个与周边环境相协调的可持续发展的住宅景观环境的众多战略。理想的住宅景观环境应该是由一系列的户外空间组成，并且这些空间能够为各种各样的活动与功能提供设施。

总的来说，前3章关于体贴舒适的、环境敏感的住宅景观设计的概述为读者提供了相关的背景知识。

1

典型的住宅用地

学习目标

通过对本章的学习，读者应该能够了解：

- 确定典型住宅用地的总体特征,例如住宅位置、庭院类型以及每种类型的一般特征和用途。
- 总结前院的常见问题，包括缺乏草坪边缘、车道和车库门的设计不合理、前面走道的尺寸不够、走道前面入口的设计没有想象力、入口门厅设计不正确、存在基础种植但草坪上的植物缺乏利用等。
- 提供具体的例子，说明为什么每个典型的前院问题都需要关注。
- 总结后院的典型缺陷，包括与邻居的视野、较小的户外生活区、最小的隐私、不关心微气候、乏味的视觉特征、与“房屋”的内部关系差、储藏室的存在以及蔬菜花园的布局。
- 提供具体的例子，说明每个典型的后院形式存在的问题。
- 总结侧院的常见问题，包括难以进入、作为存储区域使用、对微气候知之甚少、空间使用效率低下以及住宅之间的直接视野等。
- 提供具体的例子，说明侧院的一般性困难问题。

概述

从事住宅区景观设计的设计师对每个项目都应关注三个重要方面：①委托人（客户）；②基地；③住宅本身。没有哪两个委托人、基地或住宅是完全一样的。每个委托人都有自己的兴趣爱好、社会地位，理想和生活习惯也不一样。同样，每块基地因性质、地形地势、周围环境条件，以及种植的植物不同而有所区别。另外，每栋住宅都有自己独特的建筑风格（每栋住宅细部结构都不同），使建筑平面、装饰、家具布置等呈现不同的特点。

住宅周围的环境也非常重要。优美的住宅环境会使主人、来访者、邻居和过路人在美学和心理上产生共鸣。作为住宅的外围场所，室外景观可以看作是住宅建筑形式的外延。社交活动、用餐、烹饪、读书、日光浴、娱乐、园艺活动或是简单的放松都可以在室外空间进行。另外，基地环境可以体现出主人的生活习惯和价值取向，也可反映其自身个性和对待环境的态度。融入室外空间，树上小鸟的吟唱，鲜花盛开的芬芳以及造型独特的树木，都可以使主人彻底放松，使思想与情感充满愉悦。

因此，在进行住宅景观设计时必须精心设计，充分发挥其功能和作用。

本章第一部分介绍了普通住宅用地的总体布局。第二部分分析了在传统的住宅用地中前院、后院和两侧院子的视觉及功能特性。这部分的研究为后面的章节提供了理论基础，即重视设计过程以及提高住宅区质量的技术和原则。

典型的住宅用地

在美国，任何住宅中均有一条车道或人行道贯穿于庭院中，使得住宅周围的交通十分便捷。通常住宅楼看上去都是一层或两层，四周是宽敞的草地和各式各样的植被（图1-1）。除了用地尺寸大小，设计整体包括四个要素：①房屋（家）；②前院；③后院；④侧院。住宅建筑通常都设置在宅地的中间，这样就会产生两个尺寸大小相仿的前院和后院以及侧面狭窄的院子。

住宅的设计领域广阔，包括形状、尺寸、特点方面。尽管社区中有一些住宅建筑特点相同，但是仍然很难发现两个完全一样的住宅。即使你可能看到两户具有相同平面图和建筑特点的住宅，但是你会发现这两户住宅用着不同的墙纸、涂料、地毯、瓷砖、家具、壁挂、窗帘等。不同的人有不同的个性、职业、爱好、偏好、财产等特征。因此，当拥有者和住宅之间的关系上升成为一个家时，住宅的建筑风格会随着家庭的不同而形成独

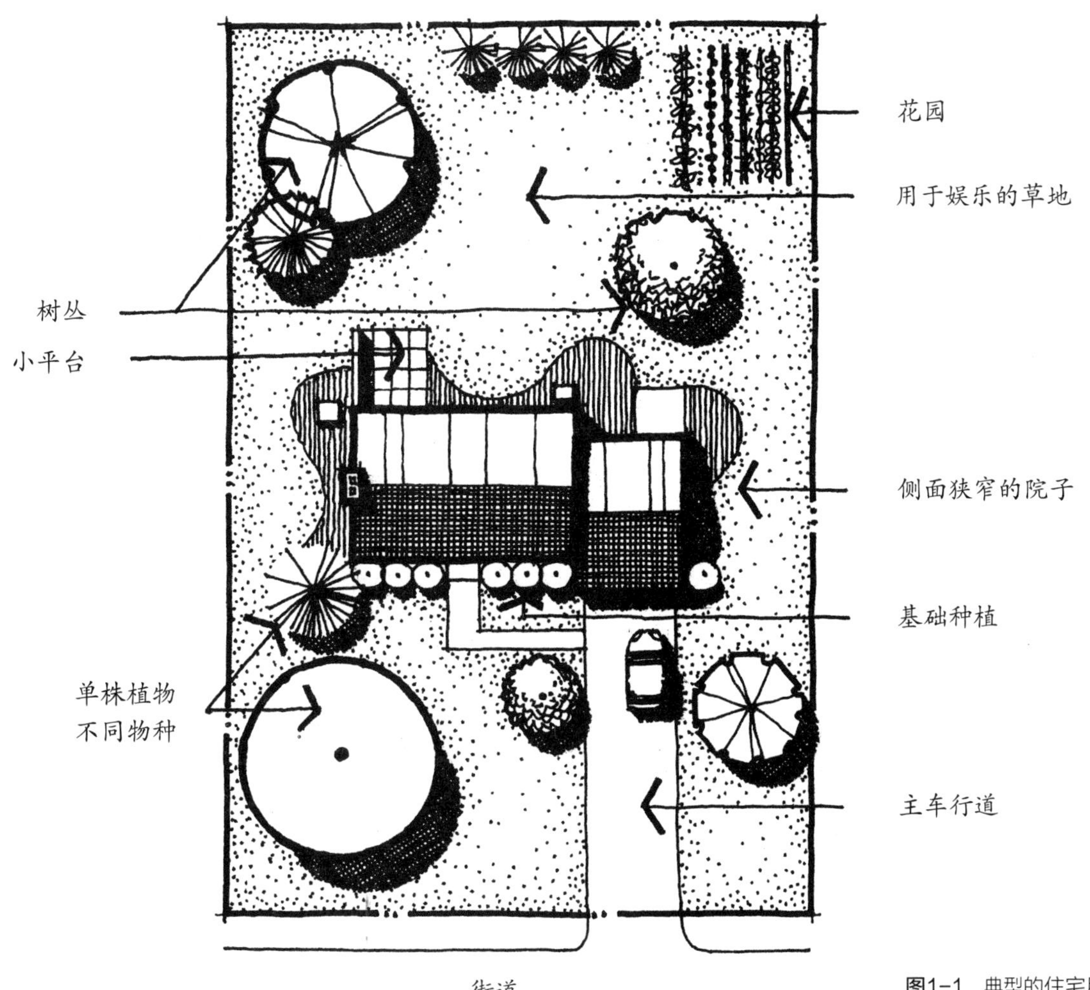

图1-1 典型的住宅用地

特的景观。

前院一般都作为住宅的公共环境。其中，车行道位于基地的一侧，其余大部分地方铺满绿色的草坪。

在美国的干旱地区，碎石和砾石代替了草坪，前院有时种植一些树木，在院子中形成各种各样的树荫。更典型的是，在住宅基部周围种植植物，有时由常绿的针叶或阔叶植物组成。这些植被一年四季都是一道绿色的围墙。最后，还有一条狭窄的人行道从车行道或街道一直伸展到住宅的前门。

后院则是典型的住宅用地中变化最多的。在旧时的住宅中，或在美国西部州县的住宅中，后院通常用墙或植被封闭起来。在这种情况下，后院便成为基地中最私密的地方。在新式的住宅中，尤其是美国的东部和中西部地区，后院常常是开放的，在两家分界处很少或根本没有分界物。这样，后院就没有多少私密的地方。大多数的住宅用地，后院要比前院更有用。室外平台、工作空间、花园以及用于娱乐的草坪都设置在后院。后院也是室外日常活动的主要场所。还有一些基地，后院并没有任何用途，其侧院一般是一个狭窄的剩余空间，除了联系前后院外几乎没有什么用途。因此，这个地方可能被用来种植树丛、放置空调或热泵；也可用来储存一些杂物，如木材、拖车或其他一些不方便放在车库或地下室的物件。此外，则很少用院中的要素来占据这个空间。

尽管这种对住宅用地的描述并不完全适用于每一块基地，但也概括出整个美国住宅用地的普遍特点。令人惊奇和困惑的是从新英格兰到亚利桑那，从佛罗里达到加利福尼亚，美国所有的地区都可见到这种“典型的住宅用地”。诚然，在材料（尤其是植被材料）的应用、建造技术，以及对于住宅用地的使用及风格方面，各地均有各自的特点。然而，在住宅用地的尺寸、功能、组织及大体外观上普遍有相似之处。

下面仔细分析住宅用地的三个主要区域：前院（常指作为公共空间的部分）、后院（通常指私密空间）以及侧院（通常根本不把它当作一个空间）。

下面所介绍的情况是通过对美国独立住宅用地仔细观察而概括出来的。

前院

大多数住宅用地的前院有两个基本功能：①它是从街道来观赏住宅的环境或前景；②它是到达住宅及其入口的一个公共区域。从景观学角度考虑，前院为从街道欣赏住宅这幅“画”提供了一个“背景”。人们更多地重视安排住宅基部及院中的植物材料，以建立一种“边缘的魅力”，也就是说，从街道上看，前院与住宅都很迷人。

前院还是一个公共场所，是到达及进入住宅的重要通道。住宅的主人以及亲戚、朋友和其他拜访者将这块公共空间视为宅地的前奏。

记住前院这两个功能的同时，让我们进一步地指出一些典型前院存在的特殊问题。

前院草坪缺少边界。在很多住宅用地中， 住宅设置在宅地的中央，这样住宅前面都有一块开放的前院草坪。

由于这个区域的开放和无界定的边界，其规模常常给人一种莫名的“真空地带”的感觉。当一块用地的前院草坪与邻居的草坪混在一起且没有任何间隔或界限时，就可能出现了这样的问题（图1-2）。

突出车行道和车库门。在大多数前院中，车行道和车库门这些元素位于视野的突出位置（图1-3）。大面积的沥青或混凝土和大型车库门是显著的外观特征，并相对减弱了前院的整体外观。相比而言，住宅前面的入口是比较次要的。当汽车停在车行道上时，行人几乎没有行走的空间，只能在狭

图1-2 很多前院缺少一个界定的边界（彩图见插页）

图1-3 车行道和车库门是许多前院的主要视觉元素（在许多前院中，车行道在视野中占主要地位）（彩图见插页）

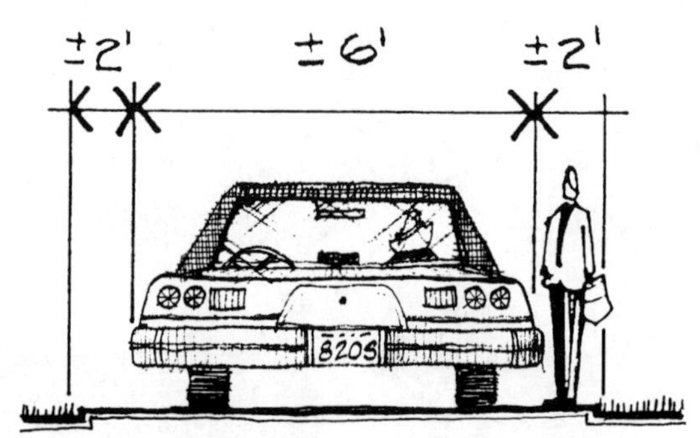

图1-4 当车停在车道上时，就几乎没有人走的空间了

窄的边缘或草坪上行走（图1-4）。这种情况在好的天气里还可以接受，等到下雨或者冬天车道两旁堆满积雪时，就显得尤其不方便。当车行道位于侧院内且两侧的灌木排列成行时，车行道的狭窄情况会更加突出（图1-5）。

入口步行道太窄。从车行道一直伸到前门的步行道一般是3英尺*宽。这个尺寸很窄，迫使人们站成一纵队在上面行走（图1-6）。

入口步行道在视野中消逝。入口步行道的另一个问题是它不能轻易地

---

* 1英尺=12英寸=0.304米
1英寸=2.54厘米
1'（英尺）=12"（英寸）

图1-5 院子边车道的灌木突出了它狭窄的效果（沿着车行道种植的灌木强调了车库的视野）（彩图见插页）

图1-6 典型的3英尺宽的入口步行道迫使人们排成一纵队行走

看到，特别是它与车行道相连的地方（图1-7）。在这样的实例中，没有任何东西能使人认识到或注意到入口步行道的位置。

入口步行道缺乏视觉焦点。当一个人走在入口步行道上时，一边是一

图1-7　许多入口步行道在视野中很隐蔽（彩图见插页）

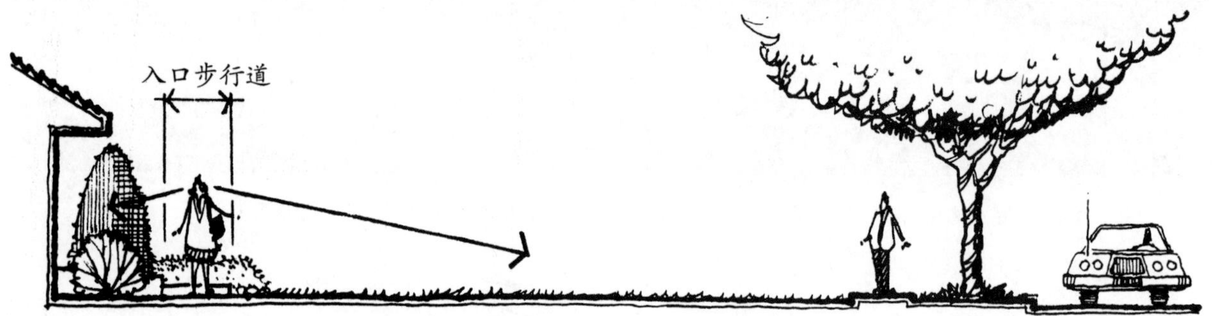

图1-8　一片开敞的草坪和灰暗的基部植物带几乎没有为入口步行道提供任何视觉焦点

块宽敞开放的草地，另一边是基部种植墙（图1-8），几乎没有吸引人之处。而且人行道的路面材料缺乏明显的特点，仅仅作为到达门前的通道，毫无吸引人的焦点。

入口门厅太小。入口门前常常有混凝土砌制的平台或门廊，往往作为室外门厅或过渡区域。由于它的尺寸很小，当下暴雨的时候，人都不能站在那里，而且打开纱门时人得走开，否则雨水就会溅到脸上（图1-9）。

入口门厅没有围合物。入口区域或门厅常缺少一种充分与街道、前院相隔的感觉。常常直接暴露于街道上或通过街道暴露给邻居，以至于每个人都能很轻易地看到进出的拜访者（图1-10）。

同样，入口也直接暴露于炎热的夏日、冬季的寒风或降雪这样的天气条件下，如果来访者长时间站在前门处，会感到很不舒服。

隐蔽的前门。与上述相反，在某些室外入口处，前门被过于繁茂的植物隐蔽起来，从而阻隔了门前的视野（图1-11）。对于一个初访者来说，

图1-9 许多入口非常小，一开门就感到非常不方便

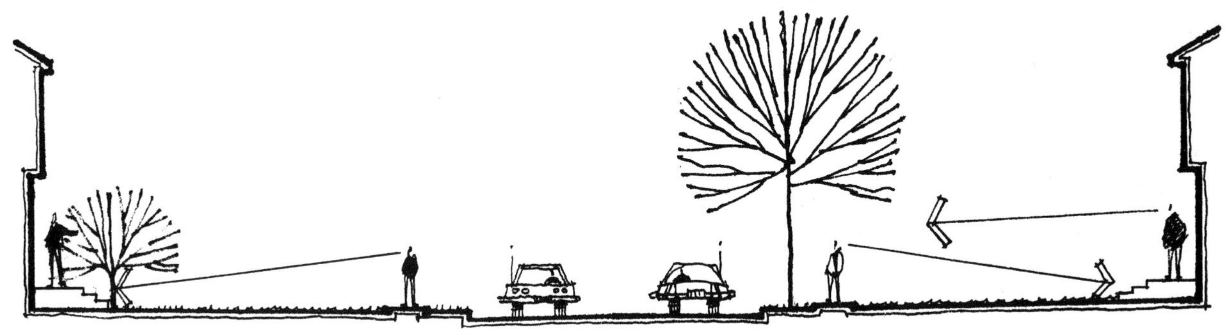

图1-10 许多室外门厅缺少空间分隔，使之与街道、前院和邻居分隔开

找不到前门会有一种不舒服、迷惑的感觉。

基部种植。在前院中对植物的利用常限于基部种植——即在住宅基部成行地种植一排灌木的习惯（图1-12）。

这里灌木以常绿植物为主，常常被修剪成几何形状，如立方体、三角锥、圆球状（如果你喜欢，还可以修剪成足球、饮料罐、蛋卷冰激凌、盒子等形状），如图1-13所示。这种修剪方式源自意大利和法国的园林设计。在那里，植物被修剪成规则的形状，以便与规则的庭院和规则的建筑

图1-11　过度生长的植物材料有时候把入口步行道和前门都挡上了（彩图见插页）

图1-12　典型的“基部种植”（彩图见插页）

图1-13　基部植物常被精心修剪成类似足球、棒球等几何形状

图1-14 除非站在窗前，否则人在屋内时常看不到基部植物

形成和谐一致的风格。

在美国，基部种植应用始于17世纪末期。由于住宅建造时高出地面几英尺，为重力式高炉建造地下室，这样就形成了高高的基础墙。基部种植最初就是为了隐藏基础墙。然而，许多现代的住宅很少有或根本没有暴露在外的基础墙。基部植被的另外一个问题就是它更多的是被过路人欣赏而非住宅主人。除非站在窗边，否则在屋内看不见基部植被（图1-14）。

生长过快的基部植物。许多基部植物的一个重要问题就是生长过快，阻挡了住宅的窗户，并挤向邻近的入口步行道。

在一些基地上，一层的窗户全部被大片的树叶遮挡，阻挡了光线和向窗外眺望的视野（图1-15）。屋主人对此种情况的一种反应是长时间关闭阴影下的窗户，以阻隔外界对灌木丛背后的视线。

草坪上散落的树木。前院中的树木与灌木丛有时是满院子随意栽种来

图1-15 生长过快的基部植物时常挡住窗户，减少室内日光量

图1-16 前院中的植物常以随意的方式种植，以填满整个院落（彩图见插页）

填满草坪区域的（图1-16），这常使得在使用草坪割草机时就像在障碍场地上驾驶一般。

缺少娱乐设施。许多前院的一个普遍特点是缺少一种令人难忘的形象或风格。它们的风格给你的感觉是平稳，不会令人激动，而且与邻居家的前院非常相似。大多数的前院只是一个住宅的公共环境，很少为屋主人提供任何室外活动和娱乐的机会。大多数前院也很少有地方能够坐着喝咖啡，与朋友交谈或是读书。

如何能改善或避免以上这些问题，使前院成为住宅基地中一个有吸引力的、实用的和好客的空间，这对于设计师而言是一个挑战。

后院

在典型的住宅用地中，后院的功能是容纳多种活动的场所，包括：①室外活动和招待客人；②娱乐；③实用的活动，如园艺活动和储藏等。为了适应这些活动，后院一般备有像室外家具、烧烤架、沙箱、秋千、游泳池、扎木柴的绳索、空调、金属的储藏房等设施。尽管这些设施类别不同，有时甚至还不能并存，但所有的这些活动和设施通常都一个挨一个地紧密地摆放在后院。这使得后院成为典型的住宅用地中使用密度最大的部分，也成为最难组织和设计的部分。

以下这些就是需要对后院加以规范的方面。

缺少分隔。许多新近形成的住宅中的后院都是开放的，缺少限定的区

图1-17 许多后院相互混在一起，形成一个莫名开放的大空间（彩图见插页）

域。相邻的院子相互混为一体，从而形成了一个巨大的绿色空间，使得周围区域的每个人都易于接近它（图1-17）。结果是住宅的后院很少或几乎没有个性和私密性。如果有人进入某家的后院，就会被周围邻居看到。这就使得那些注重隐私的人不喜欢使用后院。随着时间发展，人们逐渐用围栏和植物把后院围起来，从而使后院与相邻的基地分隔开。

用墙和围栏围住后院。在美国的西部地区，后院都趋向于用围墙或围栏围起来（图1-18）。有时在后院的后面还有一条小路，通向位于基地后面的车库。这样，相邻的后院就被隔离开来，很少甚至根本看不到外面的环境了。

不同的视觉特点。在一些住宅中，由于住宅相似的尺寸、相似的位

图1-18 有一些后院，尤其是在西部的一些州，完全用围墙围上

图1-19　相互间完全开放的后院很可能形不成漂亮的景观，并造成视觉上的混乱

置、相似的空地尺寸，使得它们的前院都呈现相同的特点。相比之下，同样的住宅，其后院由于生活方式、兴趣爱好、人的个性以及家庭规模的不同而各有不同。如果后院相互开放的话，其结果则会造成视觉上的混乱（图1-19）。

室外活动面积过小。室外活动和娱乐空间，如果有的话，通常是由一块（混凝土、砖、石或木头等材料制成的）平台构成，问题是许多平台都非常小（图1-20），一般尺寸均为12英尺×12英尺（或面积在100～150平方英尺之间）。尤其在19世纪60年代早期的建设发展阶段，这种形式更为普遍。尽管这么大的地方足够放下几把椅子、一张小桌子以及一张躺椅，

图1-20　一个普通的12英尺×12英尺的室外活动及娱乐场所对于舒适的休闲活动来说太小了

图1-21 许多室外活动和娱乐空间缺少空间围合以及与邻居间视线上的隔断

可是却不够招待几个客人（图1-21）。

缺少私密性。平台经常是用来休闲和娱乐的。然而，它们使用起来却很不方便，因为平台的周围通常都没有保持私密性的遮挡物。平台空间很开放，并暴露在周围邻居的视野里。一个人坐在平台上就感觉好像是在公开展示一样。

恶劣的微气候。另外一个使得许多室外活动和娱乐空间不舒服的原因是人们在头脑中没有考虑去调节小气候。在北部地区的住宅中，室外平台在很多时候是凉而潮湿的，并且暴露在冬季的寒风中（图1-22）。而在西部地区的住宅，室外平台在夏季的午后会变得非常炎热，尤其是当没有足够的阴影遮挡的时候。人们不应该使用那些没有充分考虑阳光、风向及降雨的室外空间。

缺乏个性特点。就像前面的入口步行道一样，许多室外的平台都缺乏个性特点。它们是冷酷的、不近人情的空间。无论多长时间，人们都不愿使用它们。对于许多人而言，坐在混凝土平台上是一种单调的体验，除了开放伸展的草坪和后面邻居家的住宅之外，什么也看不到（图1-23）。

图1-22 一些室外活动和娱乐空间对阳光与风向缺乏考虑

图1-23 一些室外活动与娱乐空间缺乏独特的个性特点（彩图见插页）

与室内缺少联系。这些室外平台的另一个问题是，它们与住宅的室内缺少联系。高度的变化和距离趋向于把室内与室外分离开，而不是协调连接它们（图1–24）。一些后面的出口常开在一个混凝土平台上，这个平台在规模上比前门平台还要小，这就会出现同图1–9提到的同样问题。

不雅观的储物棚。许多家庭都有一些维修和娱乐性的设备，如草坪家具、烧烤架、草坪割草机、园艺工具、手推车、孩子们的玩具、脚踏车、滑雪橇等。甚至是典型的20英尺×25英尺的两车车库也没有多余的地方来储藏这些东西。因此，许多屋主在后院建起金属的或木制的储物棚，用来储藏额外的物品。这些储物棚在风格和特点上通常不同于住宅，因此看上去很刺眼。

图1-24 门前的台阶能把室外的活动与娱乐空间和室内分隔开

图1-25 蔬菜园位于后院较远的一角，不仅在视觉上不美观，而且离水源很远

蔬菜园。在住宅院子的后角上常有蔬菜园。它距离最近的水源有一些距离，但仍然离住宅很近，以致在不生长的季节里成了一块空地，就像一块褐色的补丁（图1-25）。

后院设计最关键的问题是如何将实用功能与艺术性结合起来。后院并不仅是把休息、烹饪、娱乐和园艺空间机械性地组织在一起，它可以在包含这些功能的同时，使一个人感到这儿是一处非常有吸引力和安全感的空间区域。

图1-26　位于侧院的车行道可能会没有空间供人们行走通过

侧面的院子

与前院和后院不同，大多数侧院除了能使人接近住宅四周之外，没有什么用处。因此，大多数侧院都被浪费了，成为剩余空间（拐角基地或在住宅一边或两边均有充裕空间的基地除外）。由于缺乏与住宅直接的通路，侧院常常成为令人忧虑的地方。侧院的宽度不等，从很狭窄的3～5英尺到一般的8～12英尺，有时甚至更宽。以下列举的是对典型侧院的具体情况的描述。

被通道所占据。穿过侧院的通道可以供车辆通过，人步行通过，或两者皆可。若是可供车辆通过的通道，那么这条车行道常常占据了侧院的全部（见图1-25），这样就会产生一个同前院中占据一边的车行道一样的问题（图1-26）。当车停在侧院的车行道上时，这个原本有限的空间就显得比前院更狭窄了。

更倾向于存储用途。因为侧院不在人们的主要视线之内，也不属于主要的活动区域，所以侧院常用来存储那些会引起视觉反感的器材和材料。大一些的侧院则成为汽车、小船、周末旅游汽车等物品的储存空间（图1-27）。

潮湿而阴暗的气候环境。一些侧院都很阴暗潮湿。潮湿是由于侧院很狭窄以及缺少阳光照射，尤其是下过大雨的地区这种现象尤其明显。

浪费空间。伸展的侧院由于与住宅的连接不方便，而不能用作活动场地。这就成了一个相当大的但没有实用价值，同时又是必须有的地方。

住宅与住宅之间的视野。一些侧院的尺寸非常狭小，这就使得相邻人家的窗户直接相对，这些窗户降低了住宅间的私密性（图1-28）。为了减少这种麻烦，大多数屋主人都在这些窗户上安上窗帘，而且窗帘总是拉上

图1–27　侧院时常用于停放汽车、拖车和小船等

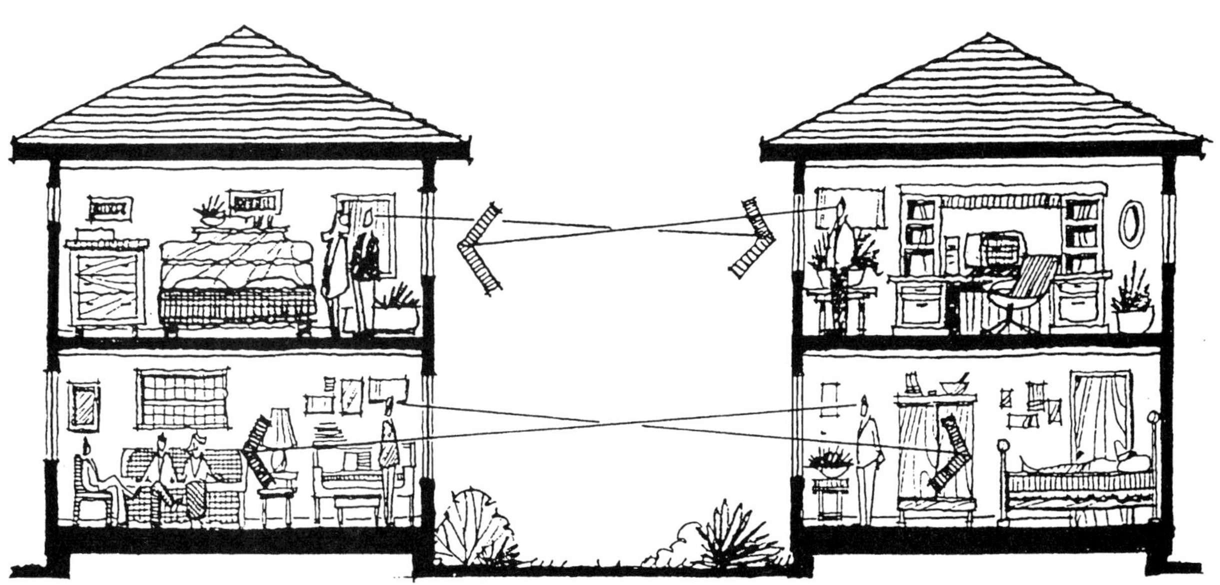

图1–28　狭窄的侧院降低毗邻住宅间的隐私性

的。一个更彻底的方法，而且是一种普遍现象，就是在建造房屋的时候就不设计侧面窗户。

小结

典型的美式单户住宅通常是由前院、后院、侧院组成，基本上每个国家在这些部分都面临着许多问题。住宅本身拥有一种独特的建筑风格或与社区中其他建筑有相似的特征，遗憾的是，典型的住宅通常选址在一个混杂的环境。

许多住宅往往因缺乏合适的设计而让人感觉失望，住宅选址对于设计来说是至关重要的。然而，绝大多数居民毫不关心住宅周边的环境，却常常以住宅的吸引力和功能性而沾沾自喜。住宅设计为景观设计师提供了一个良好的机会，去创造一个具有吸引力的和优美的环境来提高居民的生活质量和改善生活水平。因此，景观设计师在设计时不应该低估周边景观环境对居民生活质量的影响。

2
室外空间

学习目标

通过对本章的学习，读者应该能够了解：定义室外空间，并总结出一个典型住宅区的七种可能的室外空间。

- 总结场地的三种平面，并给出可用于每个平面的景观元素的具体例子。
- 命名五个区域，以获得户外到达和进入空间，并确定每个区域的设计考虑。
- 为户外生活和娱乐空间确定具体的设计指南，涉及大小和比例、家具的布置、流线、垂直和架空平面以及与相邻空间的关系。
- 确定与位置、流线、风向、可容纳烹饪工具和作为烹饪元素的与火有关的户外食品准备空间的具体设计指南。
- 确定具体的设计指南，以确定与位置、平面比例和场地平面相关的户外用餐空间。
- 为“户外休闲空间”确定与大小、位置、形状、与其他场地的关系以及景观相关的具体设计指南。
- 确定水池和喷泉的具体设计指南。
- 确定包含与位置、材料和场地相关的“室外存储空间”的具体设计指南。
- 确定与“户外花园空间”相关，包括位置、与其他空间、阳光、水源和景观关系的具体设计指南。

概述

在住宅基地的设计中有很多因素要考虑。设计师必须考虑诸多事项，其中包括客户的需要与需求，室内（房间、门、窗等）与室外的关系，预算限度，以及现有场地条件中的有利因素与约束因素。当设计师用图示在图纸上倾注自己的想法，开始创作设计解决方案时，应该绘制功能图表现使用需求，空间特性及材料的尺寸、形状、颜色和纹理之间的关系。然而，还必须有一个中心主题来指导所有有关住宅设计的想法：可用空间的创造。创造可用的室外空间，也许更可以理解为是室外的房间，这是在发展设计方案时考虑住宅基地和基本的建筑体块的首要方法。

室外空间的重要性基于这样一个宗旨，即住宅用地设计不仅仅是一个在地面上的二维空间式样的创造或是沿着房屋周边布置植物，而是一个空间的三维组织。空间，是我们生活、工作休闲的实体。所以，所有组成室外环境的基地元素，如植物材料、步行道、墙体、围栏以及其他的结构应被看作有形元素来对室外空间进行限定。住宅的设计师应该把设计看成一种室外空间的创造与组织，还应该研究这些组成部分是如何限定和影响空间的特点与基调的。

本章中讨论了什么是室外空间，如何创造和使用室外空间。我们通过比较与对照室内与室外的空间来介绍本章内容。另外，对于像集散和入口空间、娱乐空间、室外用餐空间以及消遣空间、工作空间、景观空间等空间的定位和设计的准则提出一些建议。总的来说，本章为住宅基地设计建立了基本的设计宗旨，这个宗旨一直贯穿于本书其他章节。

图2-1 一个成功的空间需要: ①充足的空间；②围合面；③空间特点

室外空间

什么是空间？设计师在设计过程中使用“空间”这个词，是用来形容由环境元素中的边线或边界所形成的三维的空处或空洞。例如，室内空间是存在于所有建筑中的地板、墙体、天花板之间。同样，室外空间可以看成是由诸如地面、灌木、围墙、栅栏、遮篷、树冠等环境中的有形元素围成的空间。

对于非专业人员来说，空间这个概念最初是很难掌握的，因为人们常常习惯于把环境景观形容成像建筑、树木、灌木和栅栏等有形物体的集合体，而非空间本身。这就需要一些调整和训练来把室外空间看成是能正常看到的物体之间的空间。

一个有计划的室外使用区域如果有：①足够的空间；②充分的私密；③装饰；④家具布置，则可以作为一个有用的空间。一个成功的室外空间可以近似看成是室内空间。如果一个空间能为活动提供足够的空间、充分的私密、装饰以及家具布置的话，我们会发现这个空间是非常舒适、令人愉快的，也是很成功的。

图2-1阐明了一个成功的客厅空间发展的三个连续步骤。空间的基本功能是满足最低需要，就像桌子和椅子一样。空间的基本使用就源于此。但是空间可能感觉很空，而且使用者易于感到使用不便，不舒服，这是由于缺少空间限定。人们习惯了地板、墙壁和天花板。因此，通过增加室外就餐处栅栏以及架空的棚架等室外设计元素，空间就有机会为使用者提供更多他们所熟悉的空间特征。但是，这三个围合平面在应用一些材料、图案和色彩之前，空间感觉上还是像个空的住宅模型。因此，始终要记住材料、形式和色彩的选择对于成功的空间是非常关键的，这一点很重要。

理解室外空间一个很有效的方法，就是可以把它当作类似于住宅内部

图2 -2 室外空间可以看作与室内空间相似

房间一样的一系列室外房间（图2-2）。每个室内房间都清楚地由地板、墙壁和天花板来限定，有一种围合限定的感觉。同样，在住宅基地室外环境中也潜在地存在这样的房间，如入口空间、娱乐空间、生活空间、用餐空间以及工作空间。同室内空间一样，室外空间由三个基本的围合面所限定：①基面；②垂直面；③顶面（图2-3）。

图2-3 空间围合的三个平面（彩图见插页）

基面

室外空间的基面或地面支撑着室外环境中的所有活动和基地元素。人们在上面行走、跑步、就坐、工作、娱乐玩耍。这样，基面就受到最多的直接使用和磨损。基地中频繁使用的区域，要铺上一层硬质表面，如铺装材料。而那些不常使用的区域则常常用软质表面铺地，如草地、地被植物或地面覆盖料（如碎石）。很明显，基面是设计师用来组织已做好的设计的首要平面。需要强调的是，好的设计是从功能开始的，而功能组织则是从基面开始的。

垂直面

垂直面是由像住宅的立面、围墙、栅栏、树木及灌木的簇叶、密集的树干以及陡峭的坡地等这样的基地元素所组建起来的。垂直面在环境中最主要的作用是一种围合物（图2-4）。垂直面界定了空间的边界，并把相

图2-4 垂直面（地形、墙壁、围栏以及植物原料）常用来提供空间的围合（彩图见插页）

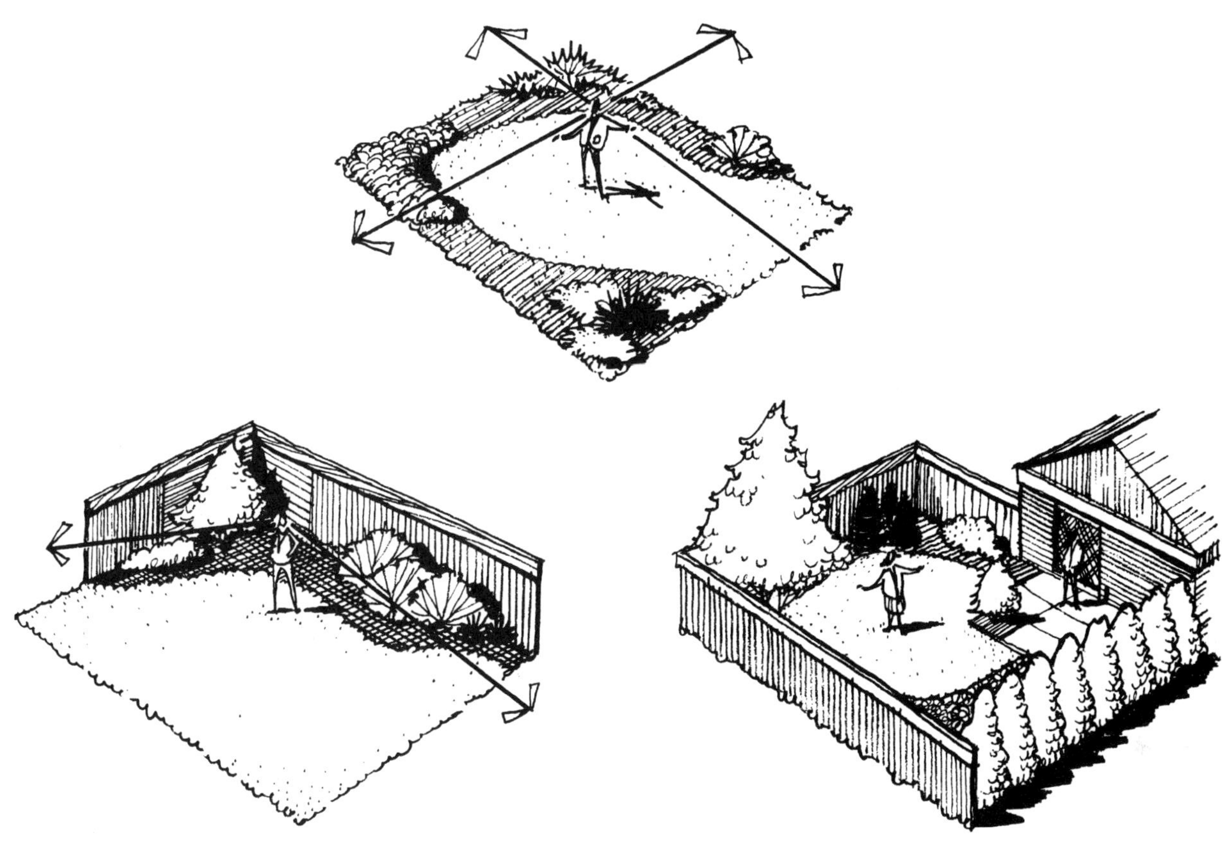

图2-5　室外空间可以有各种不同程度的围合

邻的空间隔离开。同样，垂直面还直接影响视野。在环境中，它决定了从某个地方向外看见的多或少，因此，也影响着室外空间的私密程度。一个室外空间也许在许多方向上都很开放，视野能向外延伸，也可能在几个方向上局部围合，也可能是全部围合（图2-5）。垂直面可能用来引导和约束视线去看吸引人的地方，或者用来遮挡视线，使人看不到那些乏味的景物（图2-6）。另外，垂直面的特点也影响到空间的感觉。从粗糙到平滑，

图2-6　垂直面可以约束或屏障视线

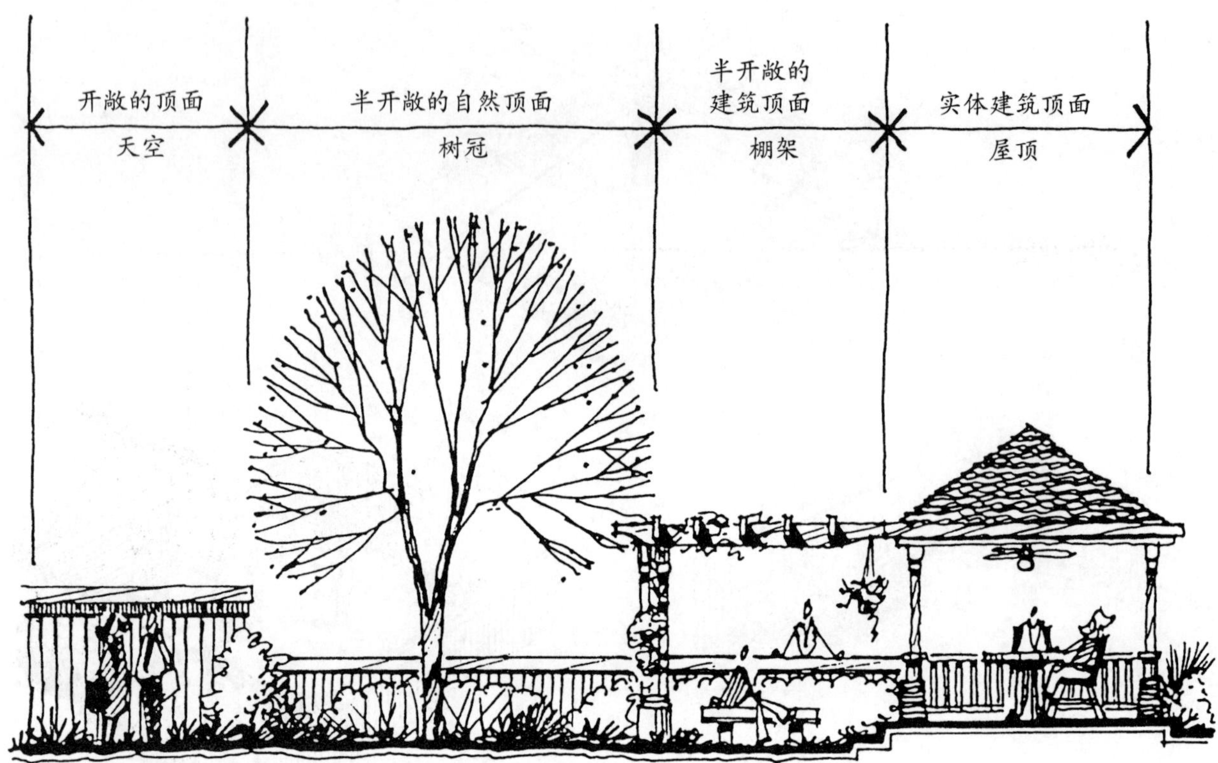

图2-7 顶面可以影响自然光射入空间的数量

从亮到暗，从实体到透明，等等。垂直面有很多不同变化，每种变化都影响空间的基调。

顶面

一般像帆布篷，高过头顶的棚架、凉亭、藤架，树冠的底部，甚至是天上的云彩都可以成为顶面。顶面有两个功能，第一个功能就是它会影响自然光（如阳光）照射到某个空间的数量和质量（图2-7）。光线从上面进入一个户外空间的程度会有很大的不同。一方面来说，可能是由于没有架空，自然光可以最大限度地进入空间。另一方面，可能是由于顶部完全封闭，阻挡或只能允许少量自然光的进入。即在需要光照的地方，顶面可以完全开敞；在不需要或很少需要光线的地方，顶面可以是实体封闭的。在这两种极端之间，顶面可能会补铺上各种透明或半透明的材料，以使透过的光线和漫射的光线进入到室外空间。架空的棚架（如葡萄藤）、长得稀疏的树木（如美洲皂荚），或者是色彩亮丽的帆布篷都可能制造富有戏剧色彩的光影效果。同样，一个半透明或局部开放的顶面可以在地面上相邻的墙上以及围栏上投下很漂亮的阴影图案（图2-8）。顶面的第二个功能是从感觉上影响空间的规模。例如，一个很低的顶面就会造成一种亲密的感

图2-8 花架可以形成生动的阴影图案

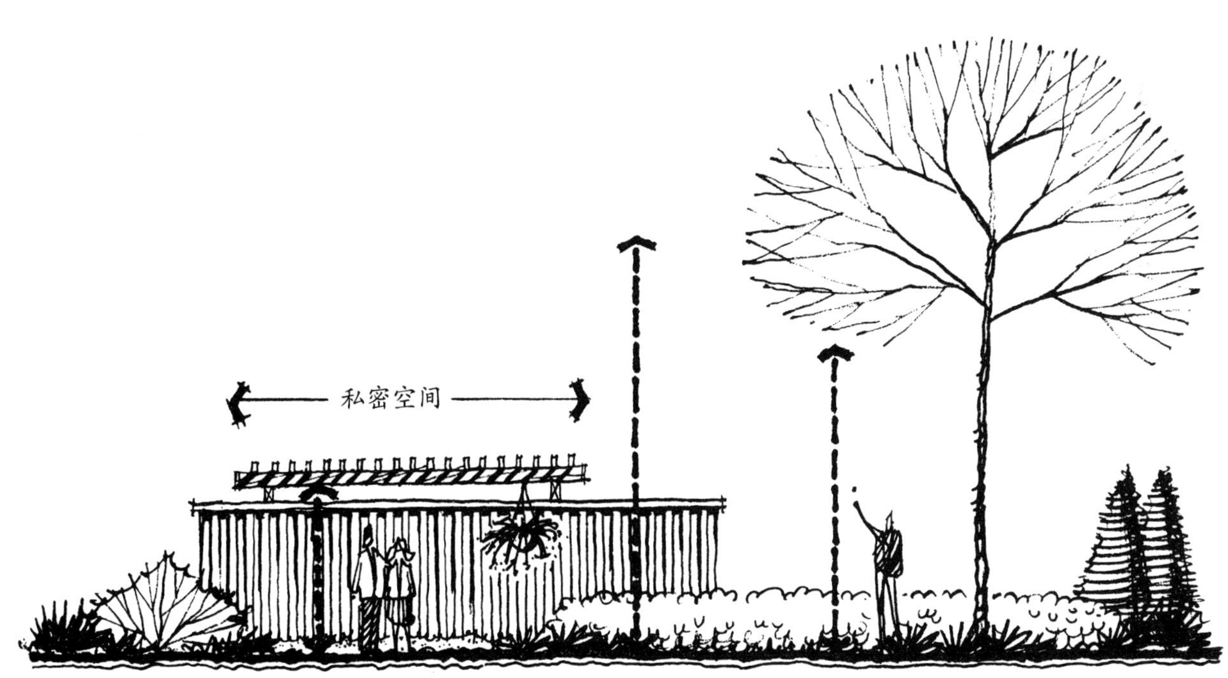

图2-9 不同高度的顶面其围合的感觉也不同

觉，而一个高的顶面则可建立起一个更高的环境（图2-9）。

在室外环境中，基面、垂直面和顶面组合在一起，共同形成了有着不同使用功能和感觉的各种各样的空间。例如，一个室外空间可能完全封闭，以营造一种相当私密而又内向的感觉（图2-10）。这样的空间则有很强的私密感倾向，并与其他空间分开。相反，室外空间也可能非常开敞，有一种开阔的感觉，不仅暴露在太阳与风这样的自然气候之下，又有向各个方向发散的视野（图2-11），最后，设计师必须决定哪种围合方式以及

图2-10　一个室外空间可以完全被围合，并与周围的环境隔离开（彩图见插页）

图2-11　室外空间可能是很开敞的，而且视线可到达周围的景物（彩图见插页）

围合程度最适宜某个空间，以使之适宜空间计划用途和基调。

在某些情况下，室外空间与室内空间很相似。两者都是由基面、垂直面和顶面限定的体量。人们在室内室外同样进行活动、工作和娱乐，但同时两者之间有能够被辨认和理解的差别。总的来说，人若是在室内，则对于一个空间的开始及另一空间的结束没有什么疑问。间隔空间的墙壁完全是实体，只是在门或其他开放的地方空间连起来了，这也是相邻空间唯一的连接处。内部空间的另一个特征是在一段时间内，室内围合的感觉与光线都没有太大的变化，尤其是当窗户很小或封上的时候。

相比之下，室外空间的边界的限定就不是很严格。这样，有时很难发觉一个室外空间的结束与另一个空间的开始。室外空间常常更倾向于用暗示来分隔限定，而不是用明确的围合物（图2-12）。举例来说，植物材料本身不能像室内的墙壁那样提供明显清楚的边界，除非它们被修剪成很明确的树篱。很多植物都比较松散，没有固定的形状，这时视线可以穿过看到外面的空间与事物。另外，限定室外空间的元素常是变化的、不固定的，这不同于住宅中的一般墙体。

室外空间与室内空间相比，它在一段时间内的变化更富有戏剧性。生长及季节变化对于植物的空间分隔能力有很大的影响。在美国的某些地方，主要用植物来限定的空间在夏天会很封闭，而在冬天，当叶子落光的时候，就会显得很开敞。室外空间的感觉也会受到天气（太阳、云、雾、雪）和光线变化的影响。在一个温暖、充满阳光的日子里，室外空间会显得很吸引人，反之，则会变得讨厌而又忧郁。夜间的室外空间会比白天显得更小些，围合感也更强些，这是因为黑暗削弱了人可见视野的距离。所有可能的因素综合起来使得室外空间的感觉有很多的变化。

图2-12 与室内空间不同的是，室外空间更趋于开敞，很少限定（彩图见插页）

室外基地的功能区

正如前面提到的，一块住宅用地可以看成是一系列的室外房间或空间。这些空间有几个功能，有一些与室内空间的功能很相似。在许多建筑用地中，最明显的室外空间包括室外的集散及入口空间、娱乐或活动空间、进餐空间、休闲空间、工作存储空间、园艺空间。这一段的目的是检查每一个空间，更加清楚它们的功能，并为空间的发展提供设计准则。要达到这一目的，首先要研究每个室外空间相对应的室内空间，以获得如何设计室外空间的知识。

室内入口门厅

入口门厅常常位于前门的里边。它是室内与室外环境的过渡空间。门厅在感觉上是个过渡空间，它使人在进入住宅或即将离开时适应环境，而且是主人迎送客人的地方。

室外门廊

室外门廊应该是室内门厅在室外的延续。正因为这样，它与入口门厅有很多相似之处，但同时也有些不同。正如第1章中讨论过的那样，典型住宅用地中的室外集散和入口空间缺乏识别性和特点。实际上当人们到达前门时，就会有一个很重要的问题："当说'欢迎'的时候，这个空间是要为人们提供一种愉快的感觉，还是在客人进入住宅时仅起到简单的容纳作用？”

一些针对室外和入口空间的设计指南可以帮助设计师开发一个愉快的入口空间来补充住宅。首先，一个合理的室外集散和入口空间应该满足几个目的。其中，它至少应该以一种安全而有序的方式轻松地引导人们从院外走到住宅前门。这条路线无论白天黑夜都应该很明显，能够轻易通过。

但是在一个好的设计中，集散和入口空间不应该仅满足这些实用功能。它在为屋主人提供愉快感的同时，还应该展现出自身的魅力，来衬托住宅。它应该为来访者提供舒适与有趣的氛围，还应令人赏心悦目，为屋主人提供一个放松身心的空间。室外集散和入口空间在设计时不妨展示一些特点和个性，这样就为基地、住宅和住在里面的屋主人提供了恰如其分的介绍。

整个室外到达和入口空间可以分成五个次一级的与到达和入口相关的区域（图2-13）。当人们到达或离开基地时，都会穿过或经过每个区域。“公共”区域一般在控制线或地产边线处。无论步行还是乘车，人们到达的那一刻都要穿过控制线或地产边线。“半公共”区域是在车行道上或挨着车行道。它一般是这些区域中限定最少和乐趣最少的部分。位于车行道和室外入口空间之间的步行道则是“过渡”地带。这个区域定位于

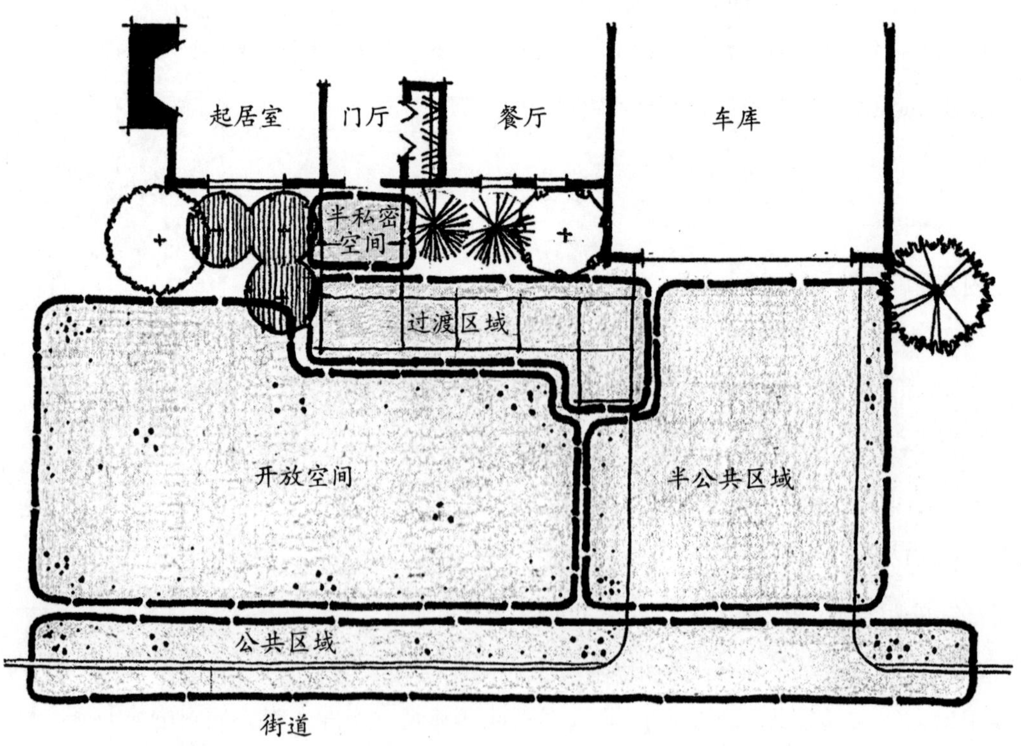

图2-13 典型住宅基地中入口各区（彩图见插页）

步行，这就使得这个区域的规模与细节都很关键。室外门廊是“半私密”空间，就像室内门厅一样，这个空间在会见和迎接来访者时是一个过渡空间。“开敞空间”区域则覆盖了前院剩余的空间。在许多实例中，这个空间通常都是由前院草坪与树木所占据着。客人实际上不会穿越草坪，它无疑是一个视觉元素。

这些区域中的每一块都共同形成了到达庭院和进入住宅的总体感觉。因此，在设计方案的发展过程中，对每一块区域都要进行仔细研究。以下各段为每个区域提供指导方针。

公共区域。这第一块区域可以设计成基地入口的感觉。在实例中，基地的边界，特别是沿着步行道或街道前面的边界，可以通过矮墙、围栏或植物使前院形成围合感（图2-14）。当步行或驾车穿过这个围合立面时，就会感觉到已经进入其中，就像人们穿过室内房间的通道一样。沿街空间围合的另一个优点是它把前院与街道分离开，并建立起非常私密的感觉。如果前院用来就座和休闲，这就会使之更加舒适。不过，对于靠近街道的

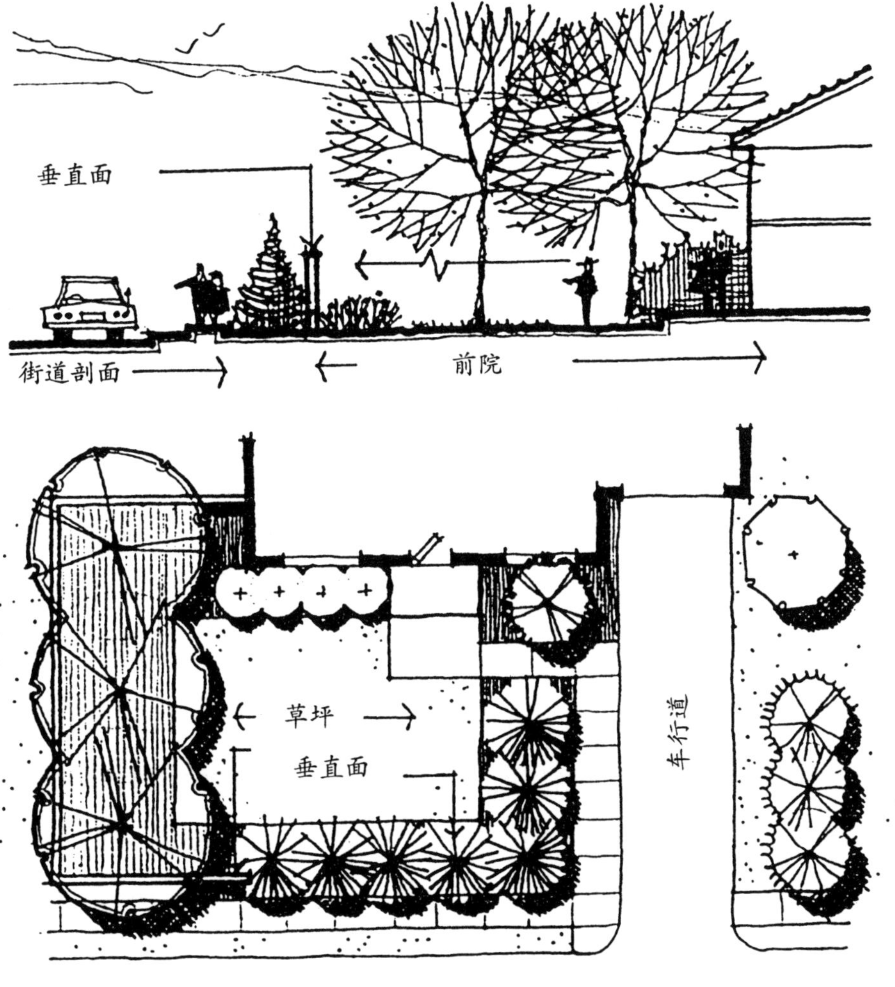

图2-14 垂直面常沿着街道，为基地提供围合感，并把基地与街道隔离开

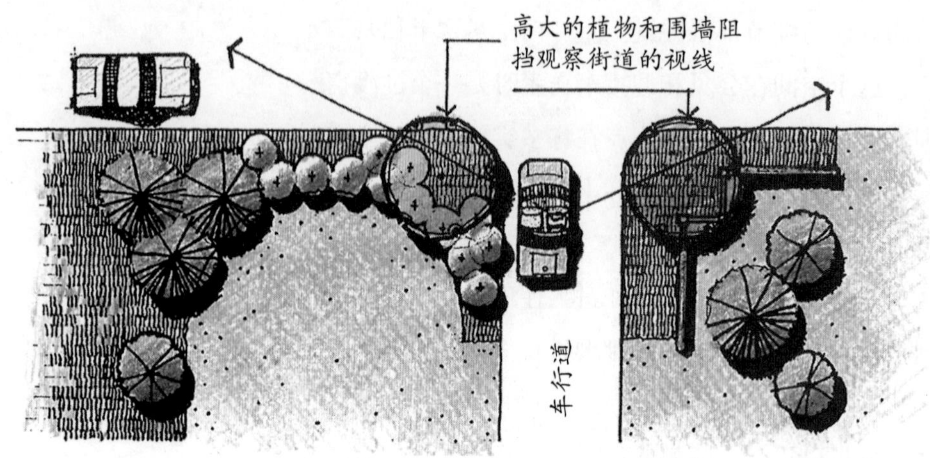

图 2-15 高大的植物和围栏不应该放在阻挡司机观察街道视线的地方（彩图见插页）

围合，还需要注意一些问题。首先，这个区域中围墙或植物的高度不应干扰车行道内外观察的能力，特别是对于司机倒车驶入街道（图2-15）。第二要注意的是沿街围合物应该遵守当地的分区条例。其中可能有对前院中围墙、围栏及植物的位置与高度都有所限制。

半公共区域。下一个区域是车行道及沿车行道两边的区域。这块区域的主要用途就是以舒适的方式为停车和穿越这个空间的行人提供充分的空间。车行道应该有足够的宽度容纳预计的车辆，使之舒适地停泊在这里，但是不能过大，从视觉上来控制到达区域或整个前院。大多数的汽车需要一个9英尺×18英尺的停车空间。所有的围墙、植物都应远离车行道的边界，防止干扰车门的开启及人们在车行道边的行走（图2-16）。

这个区域中步行道的材料与图案应细致考虑。由于相邻着大尺度的车行道，步行道材料对行车道的视觉比例及视觉感染力都有直接的影响。比如混凝土地面简单的方格就会使其看起来要比实际的小（图2-17）。

车行道边线的两边要留出充足的空间，能允许人们在沿车行道行走时不会刮到停在那里的车，或走在湿湿的草地或雪堆上。可以沿着车行道的一边或两边设置一个步行道（图2-18）。为了让人识别出这里是步行区域，步行道应该用不同于车行道的材料或图案。步行道表面应与车行道的标高平齐，不应该有台阶或其他出其不意的高度改变。可以用一些低矮的植物来强调步行道的边界或者把它与相邻接的空间或草坪区分隔开。

如果入口步行道不是沿着车行道边伸展的话，对于直通前门的入口步行道的位置应该有一个明显的指示。可以把步行道做成更大的区域或把它设在沿车行道边线的恰当地方（图2-19）。在平面中，到达的地方最好应该是类似于漏斗形状，使人便于识别，能逐渐把人引到步行道入口上。另

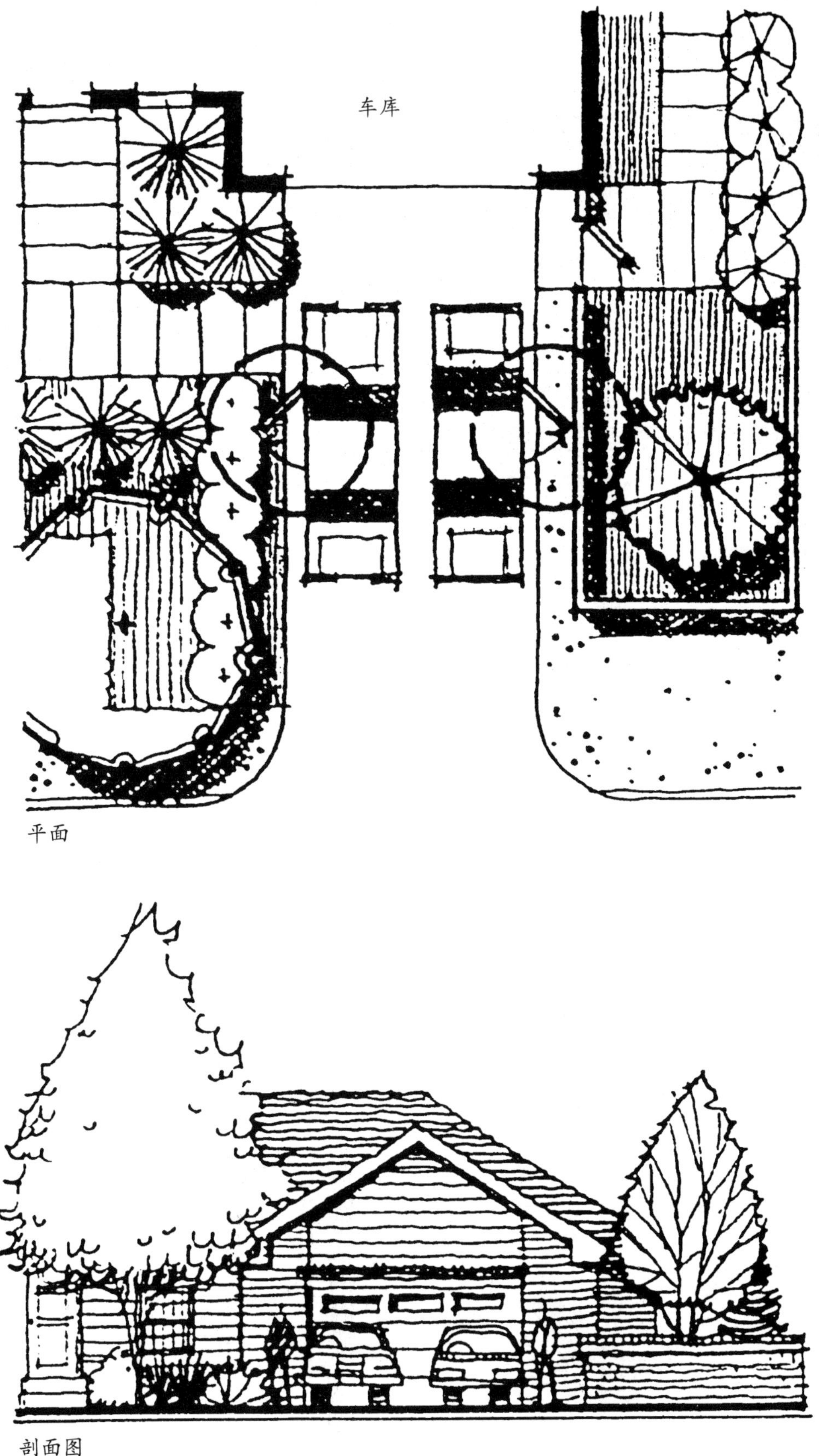

图 2－16 植物、围墙等物如果太靠近车行道，会影响车门的打开和周围的步行

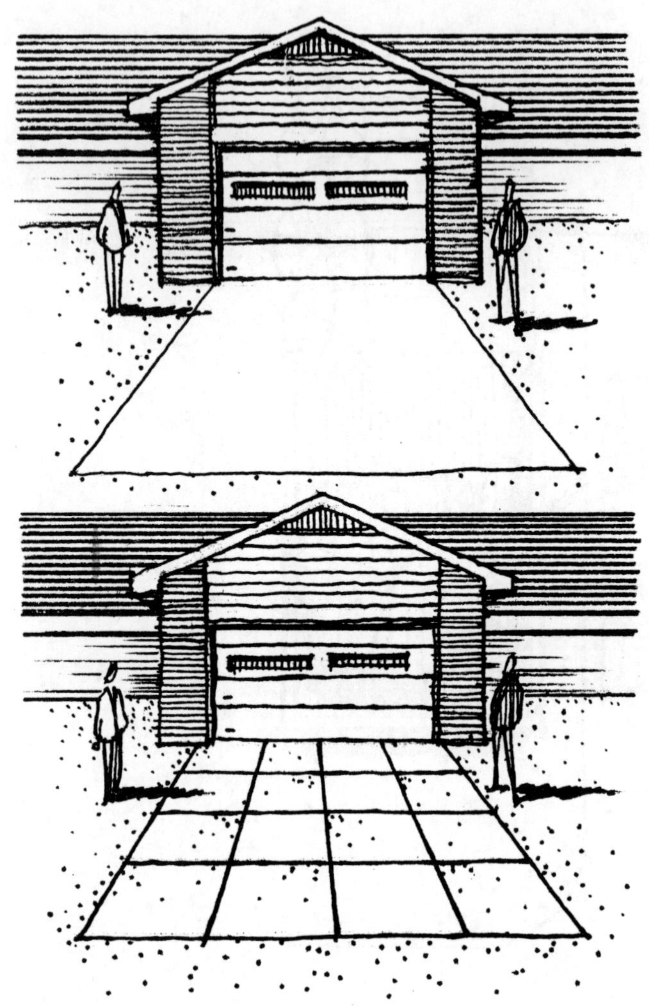

图 2-17 地面上简单刻画的图案会缩小车行道表面尺度

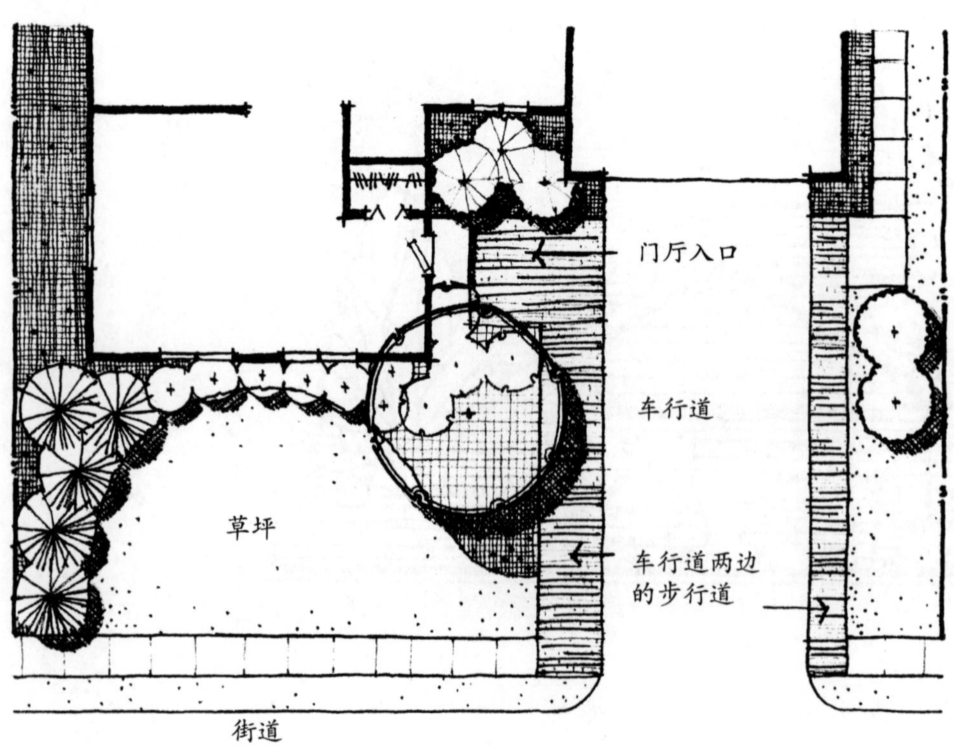

图 2-18 在车行道两边的步行道上走更接近门厅入口

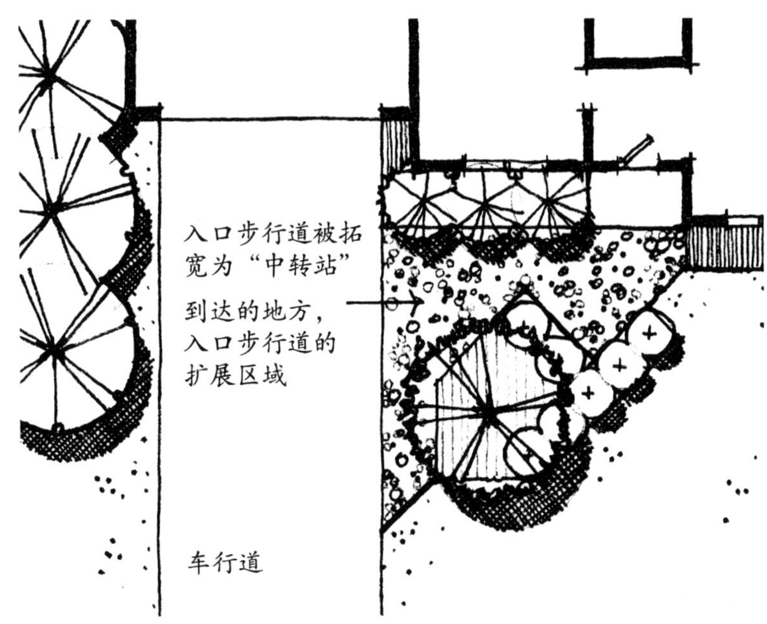

图2-19 拓宽步行道入口或称之为“中转站”，会创造出一种更为热情好客的氛围

外，这个区域应该设在车行道大多数车停靠的地方（图2-20）。这样人们从车上下来时可以直接走到步行道上。在车行道附近不应设置台阶，以免绊倒下车者（图2-21）。

上下车的地方，还可以用一些有特点的元素仔细装扮，如观赏树、有季节性颜色的植被、灯饰，或者把这些元素结合起来，这会吸引更多注意，更容易识别（图2-22）。

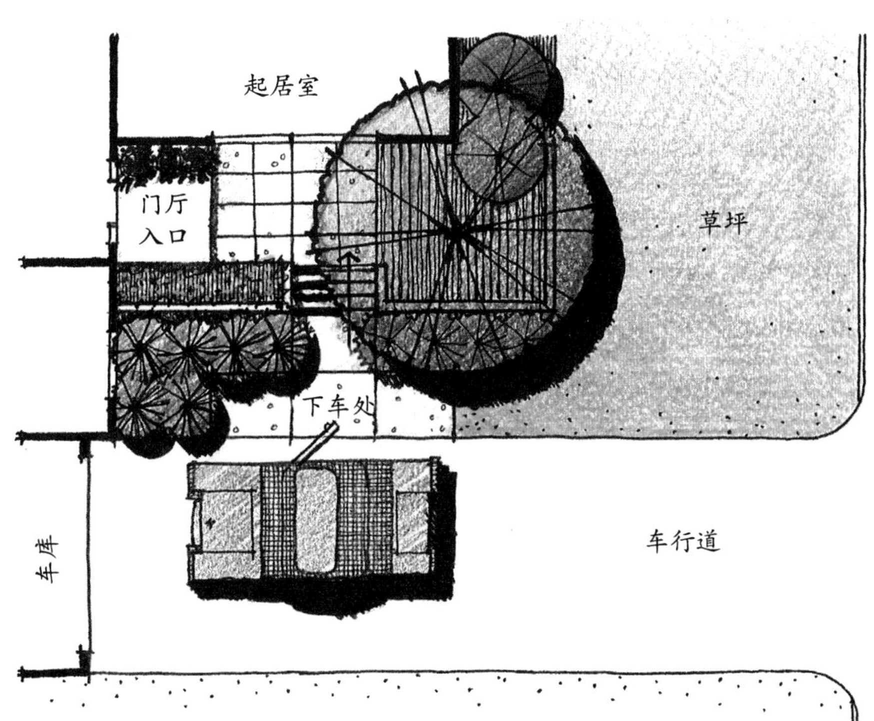

图2-20 “中转站”应该设在一般车行道汽车停靠的地方（彩图见插页）

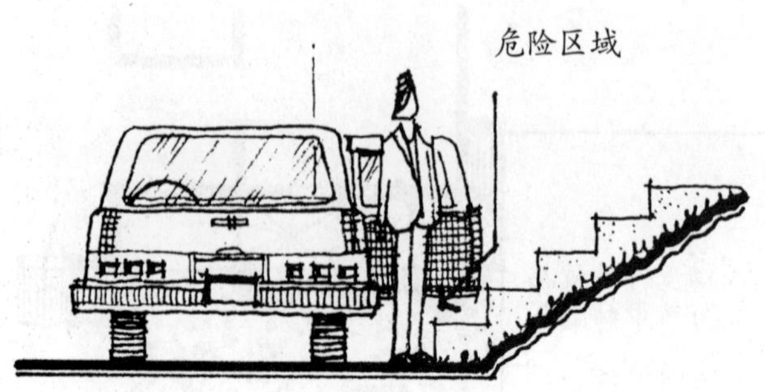

图2-21 禁止在靠近车行道边的地方设置台阶

图2-22 在步行道入口处可布置一些装饰植物或灯饰等，以达到对入口的强调作用

过渡区域。过渡区域在到达一系列空间中，下一个区域就是入口步行道。它首要的功能就是容纳并引导从车行道（半公共区）到室外门厅（私人区域）之间的活动。它还应该用沿步行道变化的视野来创造一种愉快而安全的步行环境，这可以通过人们走向前门时改变入口步行道的方向及随兴趣而改变视野和位置来实现（图2-23）。此外，沿着步行道设置观赏树、应季鲜花、雕塑、流水或其他可能的东西，这些结合在一起会增加步行道的特点。矮墙、围栏或植被也可以与步行道相结合，这有助于引导和支持步行活动（图2-24）。这些低矮而垂直的平面也会提供围合感，这样人们会感觉自己是在走过一个空间，而不是一个没有限定的开敞区域。尽管入口步行道要做得有趣，但它不能太曲折，以防拜访者迷路（图2-25）。

图2–23 客人沿步行道走向前门时，曲折的步行道会产生不同的视野（彩图见插页）

图2–24 矮墙、围栏及植物能够帮助引导穿越这个空间的步行活动（彩图见插页）

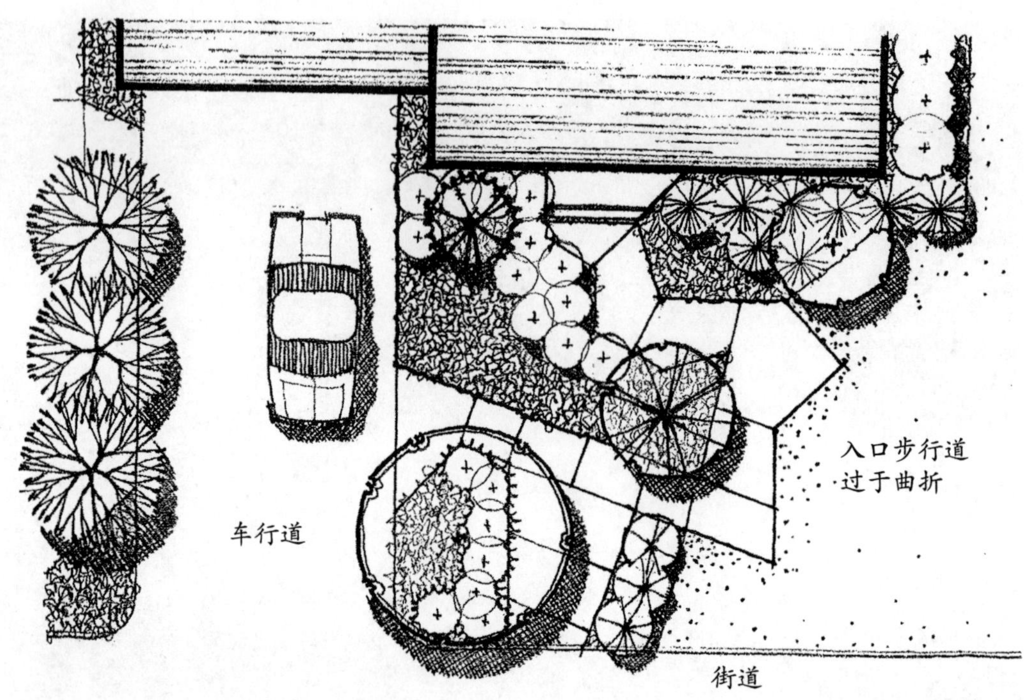

图2-25　禁止入口步行道过长及过于曲折

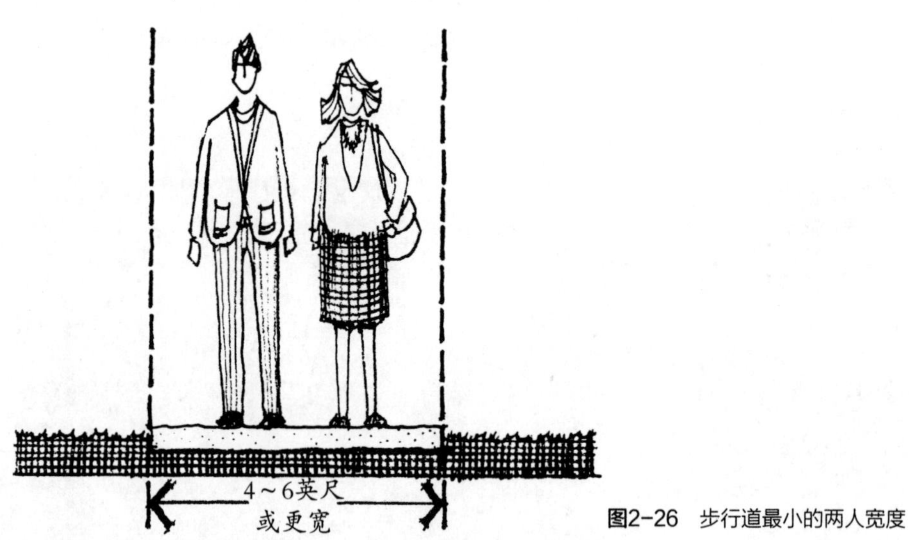

图2-26　步行道最小的两人宽度

从安全和便利角度考虑，步行道至少要有4.5英尺宽，以便宽松地容纳两个人并排行走（图2-26）。如果需要的话，可以在入口步行道中设置台阶以适应地势变化。

半私密区域。室外门厅是到达系列空间中的下一个区域。这个空间类似于入口门厅作为过渡空间使用，用于停车和聚集。室外门厅是步行入口和室内门厅之间的过渡空间，正如室内门厅是室外入口和其他房间的过渡。

另外，室外的门厅在尺寸上要比入口步行道还大，要有同样的平面面积，这样感觉上才像一个到达目的地空间。这个空间应该能够容纳一小群人聚集在门前，而不影响开关门。另外，室外门厅应该设计成这样：当前门开启时，这个区域的大部分都在一侧（图2-27），这样使人很容易进出住宅。

要把室外门厅布置得有充分的围合感，设计师就要仔细考虑三面围合的场所。地面不妨铺上与入口步行道不同材质或图案的材料，以暗示这里是专门用于集散的场所（图2-28）。垂直面可以用来控制室外门厅内外的视线，同时也把门厅与前院周围区域隔离开。像图2-29所看到的，观赏树不仅是重点在装饰元素，而且还作为障景及引景元素引导人们转入前门。根据预计的围合程度，垂直面在高度及通透度方面都有变化。在某些实例

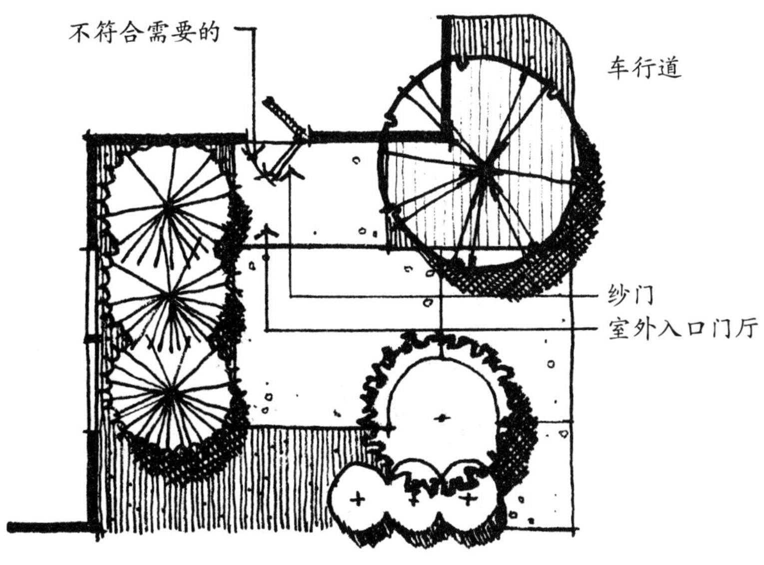

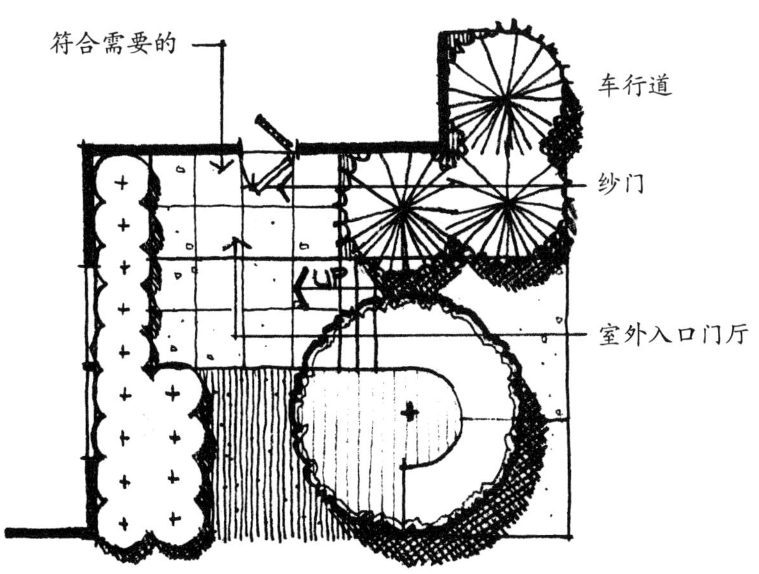

图2-27 在门有开合的情况下，要有足够空间进入

图2-28 步行道的材料及图案的变化常用来强调入口门厅（彩图见插页）

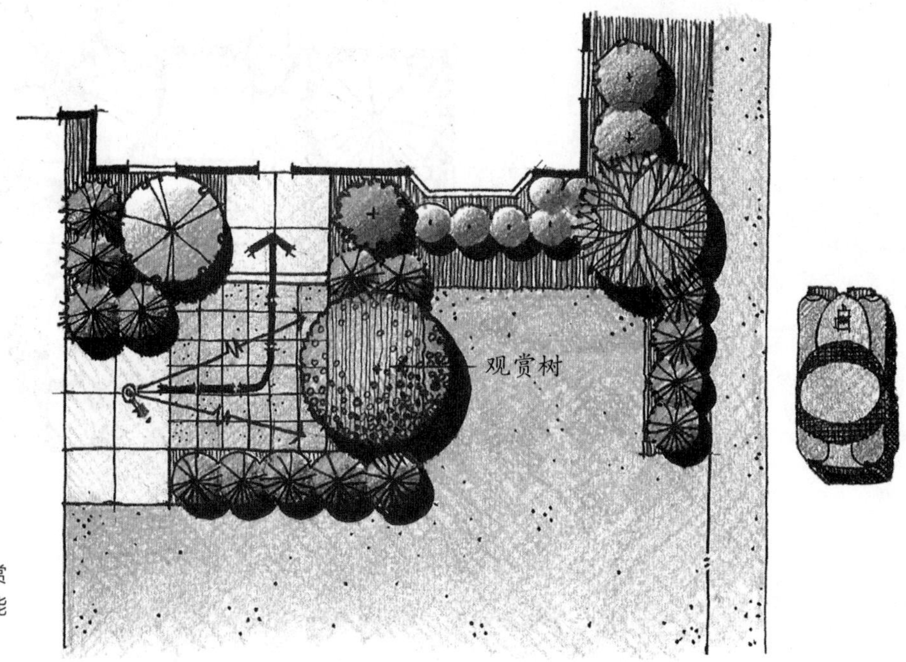

图2-29 一个高大的元素或观赏树会提供重点的有屏障的视野，能够引导步行活动（彩图见插页）

中，室外门厅围合得相当私密，而在另一些情况中，则可能经精心挑选形成对其他区域的视线景观。而且，设计师应该仔细查阅当地区域法令中关于垂直构件（如围墙及围栏）的高度与位置的限制。

在室外门厅中，顶面可用来形成私密空间，同时在烈日或雨雪之下还能形成保护（如果是实体的话）。

同室内入口门厅一样，室外门厅也应该表现出“好客”的意思，营造一种愉快的氛围。这里可以用盆栽树、雕塑或其他元素来布置这个空间，让空间有一种亲切感，例如，室外门厅中还可能设置长凳，提供休息，这也是屋主人友好好客的一种体现。

开敞空间区域。室外集散和入口空间中的最后一个区域就是前院中剩余的区域。根据基地的总体尺寸不同，这块区域大小也有所变化，可能很小，也可能占地几十平方英尺*。它的尺寸影响着它的最佳使用方式。在小基地中，这块区域可能很有效地作为植被区域，并与一些其他的区域结合起来。这种情况下，就不需要草坪了。另外，这个区域也可作其他用途，如室外的休息空间（图2–30），这个功能可以并入到室外门厅。

大一些的基地中，最后一块区域常被一块草坪区域、地面铺装、碎花岗岩及原有植被等所覆盖，它是住宅与前院中其他区域的前景。至于这块区域与前院其他区域结合的程度如何，则是一个环境和选择的问题。有可能这块剩余区域被明确地分离开（图2–31），也有可能与其他区域融合在一起（图2–32）。

总之，室外集散和入口空间的所有区域应建立起一种友好而好客的氛围。到达和入口空间是住宅基地中最值得注意的室外空间，因此值得设计师在这部分下点功夫。

室内起居与娱乐室

住宅中一个主要的房间就是起居与娱乐室。根据屋主人的要求，这个空间可以是一个起居室、家庭游艺室或是一个大房间。在所有情况下，这个娱乐空间实际上是半公共的，因为这里是招待客人和进行其他活动的场所。另外，屋主人在这里度过许多时光。它经常使用的两个原因是：①这里

图2–30 在空间较小的前院中，草坪则被使用空间与植被所替代（彩图见插页）

* 1平方英尺=144平方英寸=0.093平方米

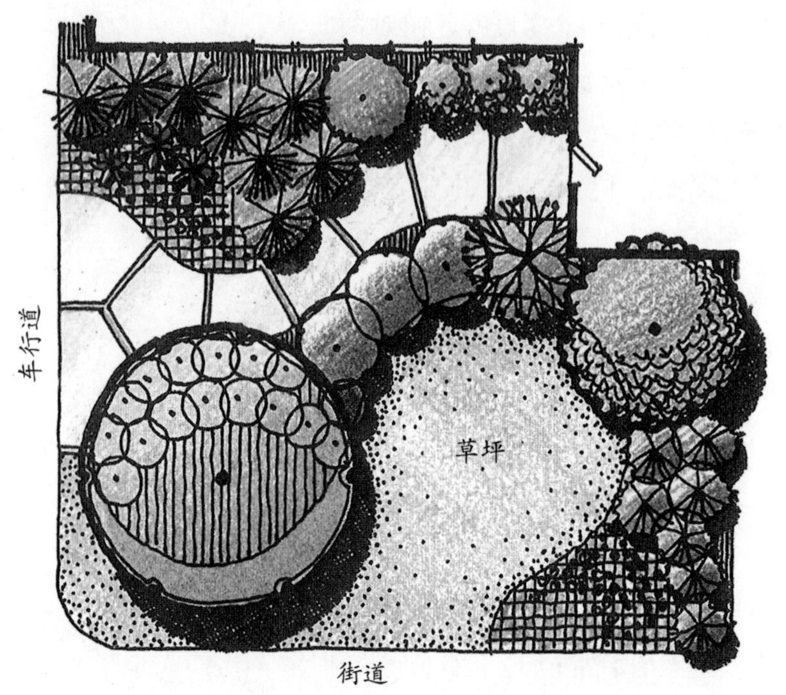

图2-31 入口步行道可与草坪相分离（彩图见插页）

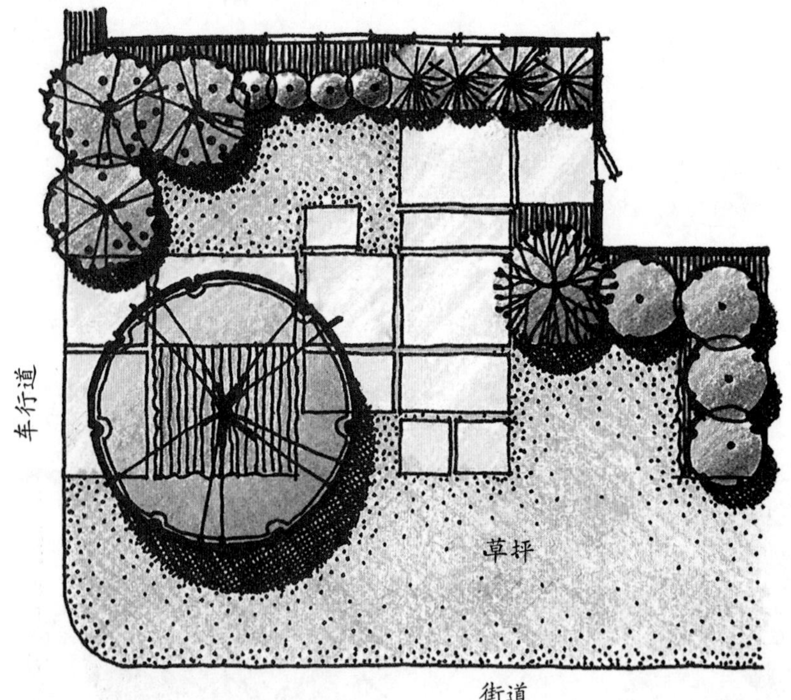

图2-32 入口步行道与草坪相结合（彩图见插页）

的装饰与家具布置建立了一个舒适愉快的氛围；②这个空间可以用作各种用途，家庭聚会、招待客人、进餐、读书、听音乐、看电视、交谈等。灯光在这个空间中扮演着很重要的角色，一般它可以进行变化，以匹配所进行活动的基调。一个角灯就可以为阅读提供足够的光线，而壁炉则用来制造一种温暖舒服和亲密聚会的特殊情调，或者当所有的灯点亮时，又能为晚会或家庭聚会营造一个明亮而又活跃的气氛。

这个空间主要的功能就是交谈。因此，这里的家具布置要有利于交谈，且在舒适而轻松的环境下进行。

室外起居与娱乐空间

室外起居与娱乐空间与室内的一样具有几个功能。它应该创造一种平和安静的氛围，能容纳个人与小团体在其中休闲、交流，并且使用灵活，可举行大型晚会及其他社交集会。

在设计室外起居与娱乐空间时首先应该考虑的是，建立正确的比例与尺度，这样才能正常运行。这个空间应该有相当合适的平面比例，以适应其聚会和集会的功能（图2-33）。在这类空间里，应该避免狭长的尺度关系，这意味着运动，就像是过道，而且作为交谈的地方，很难布置家具。该空间的大小由预计的使用人数及所需家具来决定。在第8章中有关于典型空间及元素建议尺寸的一些资料。为了防止室外起居和娱乐空间在比例上过大，它在组织上可以划分成一系列的小一些的次空间，每个次空间包含一个特定的功能（休息、娱乐、日光浴、读书等）。这可以通过不同的平面构成、铺筑材料和高差来满足（图2-34）。

设计师还要研究室外起居和娱乐空间中家具的摆放及其他的元素，以有利于交流及其他活动的进行。设计师切不可在没有考虑空间如何使用的情况下，随意创造空间或是过分迷恋空间的形式。已经有很多这样的教训，在设计空间时，很少或根本没有考虑诸如人们实际上是怎样坐的，会看到什么或是怎样经过这个空间等问题。举个例子，椅子一般应该是摆成

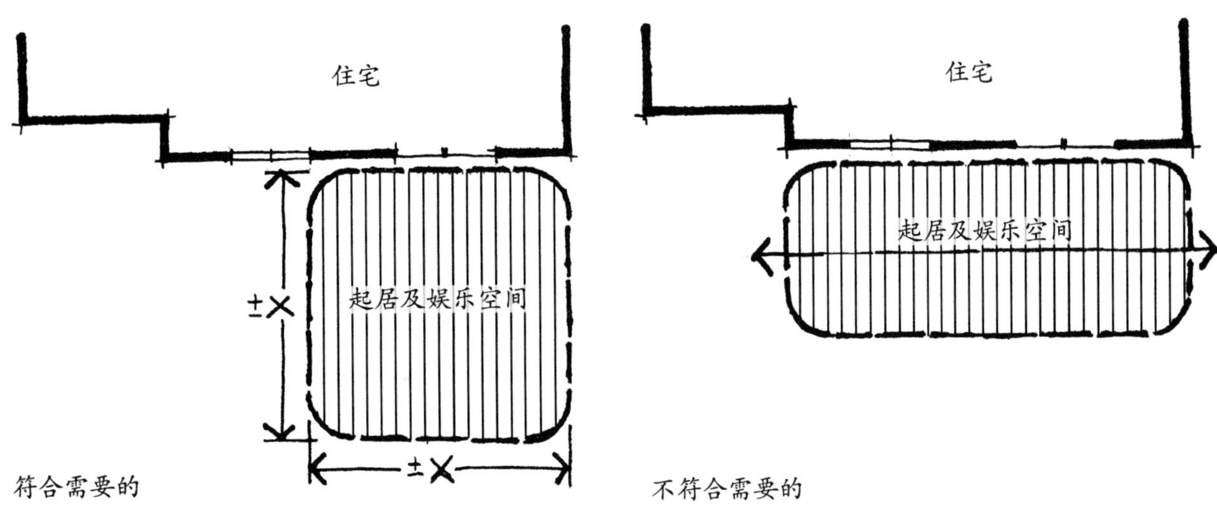

图2-33 室外起居和娱乐空间应该有合适的平面比例

图2-34 室外起居和娱乐空间可以组织成一系列更小的次空间，每个次空间都有自己的功能（彩图见插页）

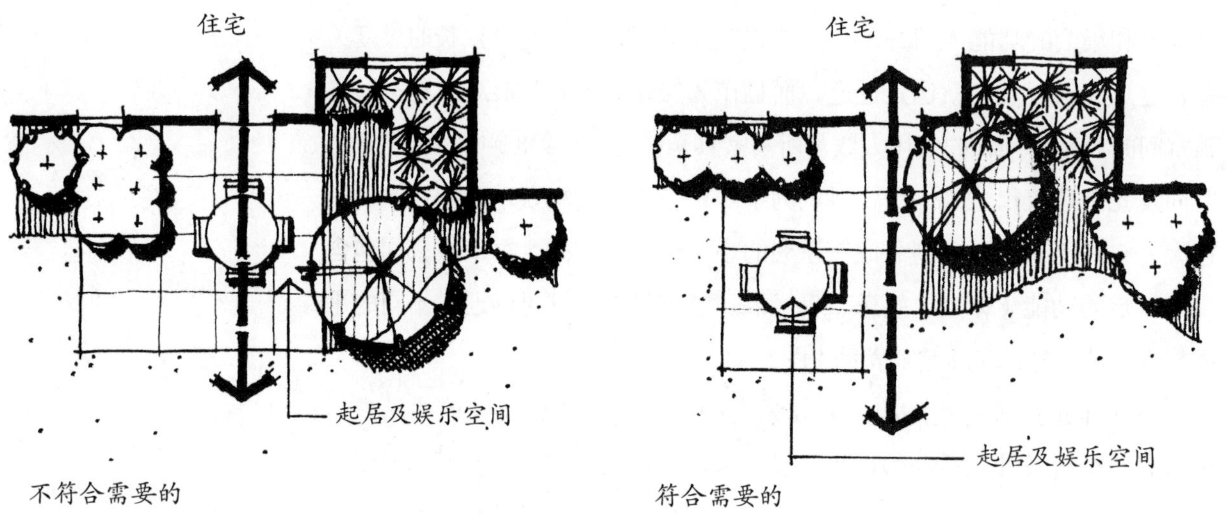

图2-35 起居及娱乐空间周边应设置环形路线

环形，这样人们可以面对面地交谈。还要有环形路线，这样交通路线不会受到交谈人群的影响（图2-35）。

作为设计师，另一个重要的考虑是，要在室外娱乐空间里建立一种围合感，特别是要应用垂直面和顶面。用垂直面形成的围合体可以用墙、围栏、地形、单株植物或植物组团围合而成。垂直面可以遮挡邻居的视线，形成私密感，同时还能阻挡猛烈的寒风和午后的烈日（图2-36）。

顶面可以用棚架、凉亭、藤架、帆布篷、树冠等物来限定（图2-37），因为在室外入口门厅中，顶面可以形成一个"天花板"，使得空间更加舒适与比例适合。坐在半封闭或全封闭的顶面底下常常比坐在完全是开敞的空间中更符合人的需要。另外，顶面不一定要覆盖整个空间。与其整个覆盖，不如只延伸到室外起居和娱乐空间的一部分（图2-38）。这就形成了

图2-36 垂直平面用于提供户外生活和娱乐空间的空间维护和隐私（彩图见插页）

次空间，一些地方有阴影，一些地方有阳光。顶面也可以在地面上形成迷人的投影，在它的上面还可以悬挂一些盆花、风铃等装饰物。

室外娱乐空间应该有围合感，尤其是私密性需要，但在哪边都不能有完全的封闭。在空间垂直平面和顶面上要有足够的开敞，以允许视线和阳光的通过。在一些特殊位置可以利用垂直立面将人的视线引导到院内或院外特定的景区。应该有意识地在整个基地上的不同地方建立焦点，以形成景观点（图2-39）。在某些实例中，利用基地之外的高尔夫球场、湖泊或绵延的远山，也是不错的方案。

室外娱乐空间的地面同样要高度重视，应该使用稳定而耐久的材料以加强空间预期的效果。主人和客人都会在这个空间消耗很多的时间，这就使得他们对这个地方材料的细节和工艺等方面比其他地方有更近的观察。因此，材料的质地、颜色、图案及建造细节在视觉上要协调而且有吸引力。关于可能的材料及图案在第12章中有更详尽的讨论。

在可能的情况下，室外娱乐空间应该与具有相似功能的室内空间相连接。人们常愿意把室内与室外结合起来，这样它们就可以看成是同样整个环境中相互连接的协调的一系列使用空间。而且，设计师可以通过设计围

图2-37 起居及娱乐空间中的顶面可以由自然的及人工的元素来限定（彩图见插页）

图2-38 起居及娱乐空间可以部分覆盖，形成阳光照射和有阴影的次空间（彩图见插页）

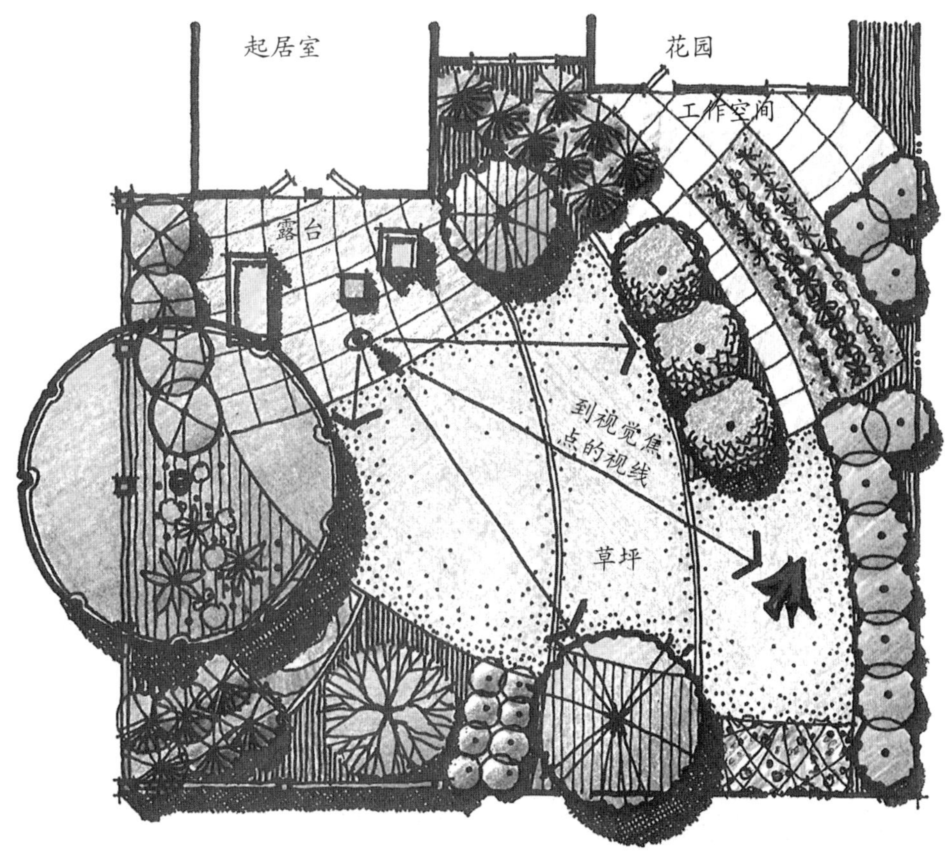

图2-39 不同的焦点可以用来创造遍及后院的视线（彩图见插页）

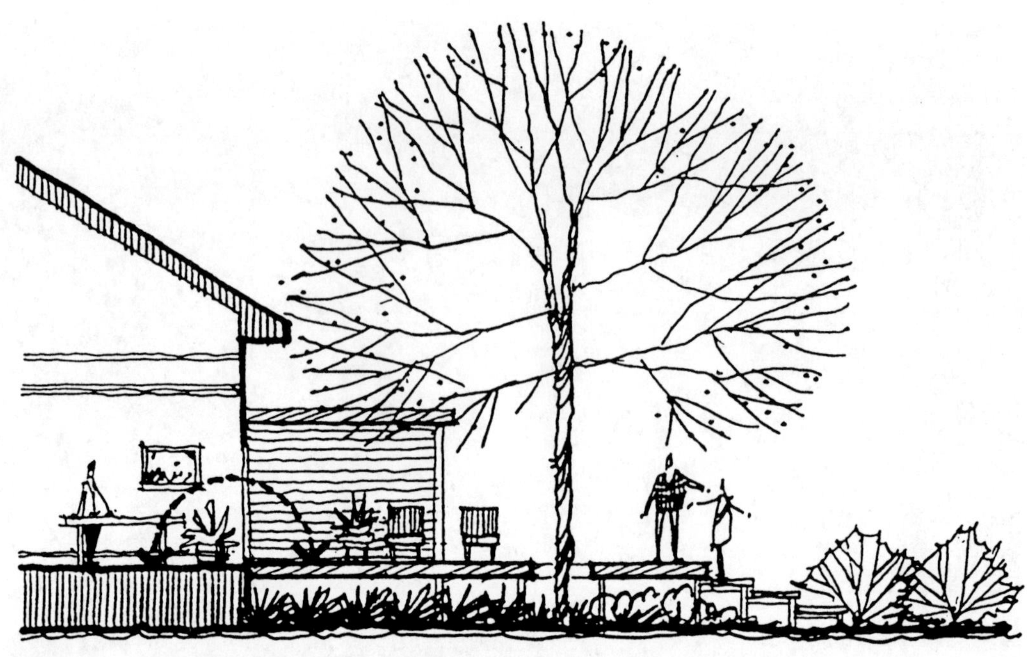

图 2-40 可以通过使室内外的地坪在同一高度来达到视觉上两者的结合

合的三个面来达到这一点。在地面上，协调室内外的一个方法是用木制铺装把室内地板平面延伸到室外（图2-40）。也可以通过重复地面或墙面的材料与图案使室内外从视觉上结合起来。天花板可以通过用架空的藤架顶篷来延伸到室外起居及娱乐空间（图2-41）。

总之，室外起居和娱乐空间在住宅基地中是一个潜在的使用最频繁的空间。如果设计得当，它不仅会成为家庭室外活动的中心，也会成为来宾正式及非正式娱乐活动的中心。正因为这样，这个空间应该有与室内起居及娱乐室相似的特点，无论早晚都能舒适地使用。

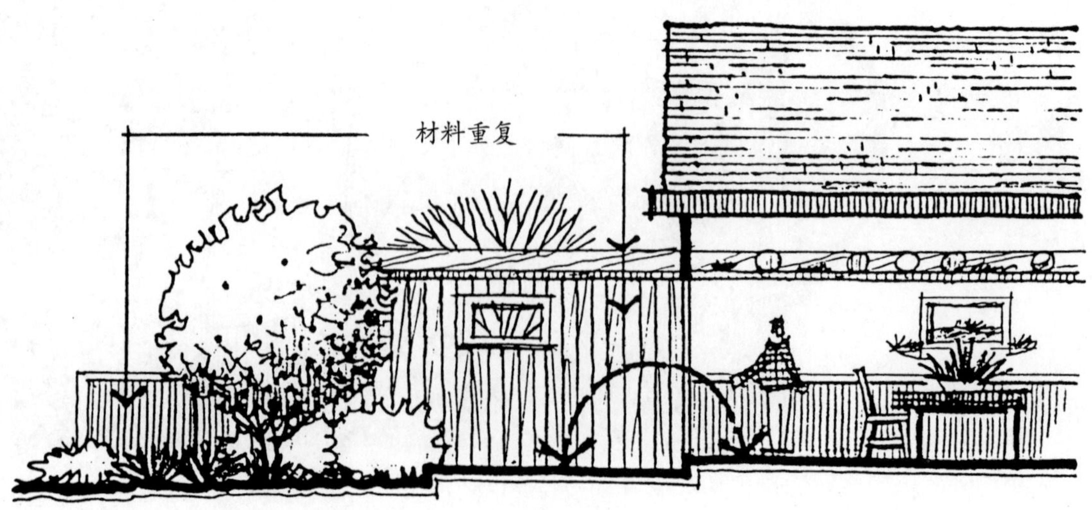

图2-41 通过在室内外地面上重复使用相同材料来达到视觉上的结合

厨房

厨房是住宅中的实用房间。它的首要目的就是准备烹饪、储藏食物及进餐。但是厨房也可以成为社交场所。你是否注意到在你所参加的聚会中，人们大多聚集在厨房或厨房周围，这一点并不很重要，但有一点须注意，即各种烹饪、餐饮器具应放在中心区附近，并且这里通常有一个提供其他工作和存储的空间，便于使用。一个好的厨房要有足够的台面区域进行操作及放置烹饪器具。厨房一般是设置在住宅中运送食品和送出垃圾，且易于进出室外的地方。它还要靠近早餐和餐厅区域，这样食物可以很方便地送进送出。

室外食物准备空间

室外食物准备空间有很多变化，从一块简单的有地面铺装的放置轻便烧烤架的区域，到制作精美的有着嵌入式的用具、台面和存储的空间（图2-42）。除了一些特殊的情况外，设计这块空间有几个准则。

室外食物准备空间的定位很严格。它应该放在能够便利地与厨房、室内餐厅和室外进餐空间相联系的地方（图2-43）。食物准备空间需要邻近室外进餐空间，这样食物可以很容易快捷地在这些空间之间进行传递。最理想的是，这些空间直接相连，这样搬运食物、盘子及用具等物时很容易。另外一个关于室外食物准备空间定位的考虑就是盛行风向。食物准备空间应该设置在室内或室外其他空间的下风向的位置（图2-44）。无论是使用便利烧烤架还是嵌入式用具，都应该有一个台面空间或平面，用来放置食物和烹饪器具。它不必很复杂，但会使烹饪更加容易。这个台面一般离地36英寸（指台面高）、24英寸深（指台面宽），使用起来很方便。

因为室外烹饪离不开烧烤架或火炉，这样火便少不了，所以要注意火源。附近树木的枝条要与烧烤架保持一定的距离，这样产生的热就不会引燃附近的树叶。当然，木台面不应过于靠近火源。

对室外食物准备空间应该仔细研究，使它适合整个设计，这样这个空间就会有效地运作，看上去是有意识而经过深思熟虑的。很多时候，这个空间只是被简单地留出地方，而没有什么预先的计划与考虑。如果设计得好，它不仅不会破坏整个设计，还会增添不少色彩。

室内餐厅

室内餐厅，虽然它的首要功能是进餐，但也可以用来做游戏、写作、学习等，这是由于这里有一张很大的桌子和几把椅子。餐厅在组织和设计上常

图2-42 室外厨房可以从简单到精致（彩图见插页）

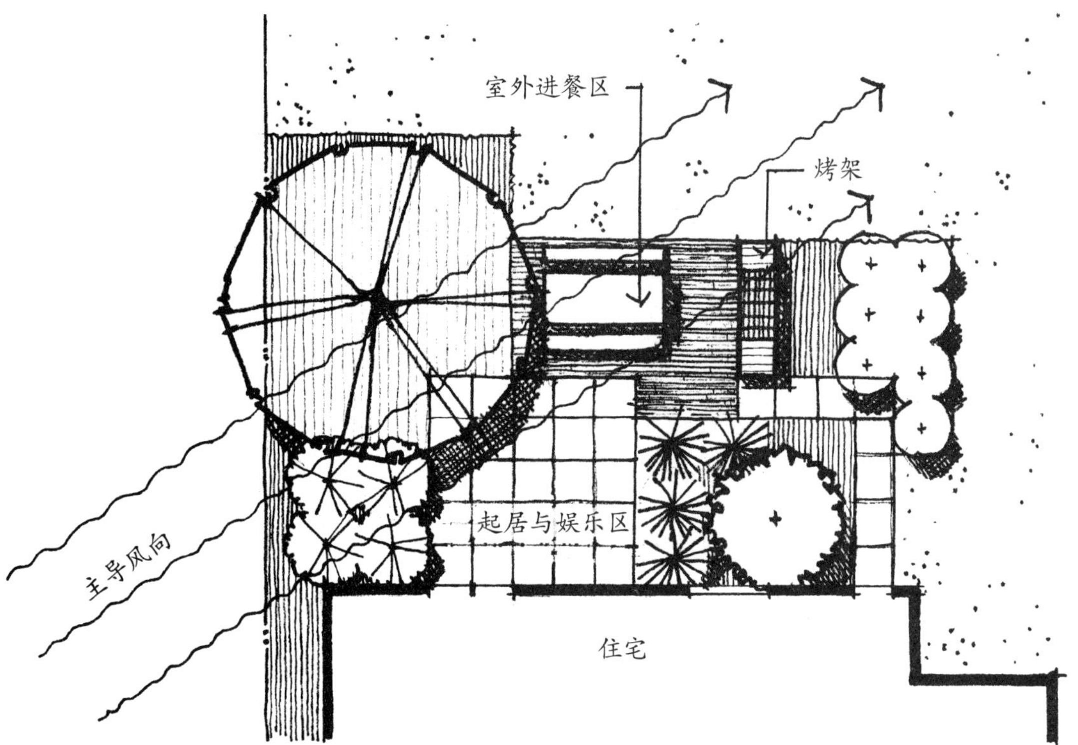

图2-43 为使用方便，室外食物准备空间应设在室内餐厅、厨房及室外进餐空间的附近

图2-44 烧烤架应该设在室外起居、进餐的下风向

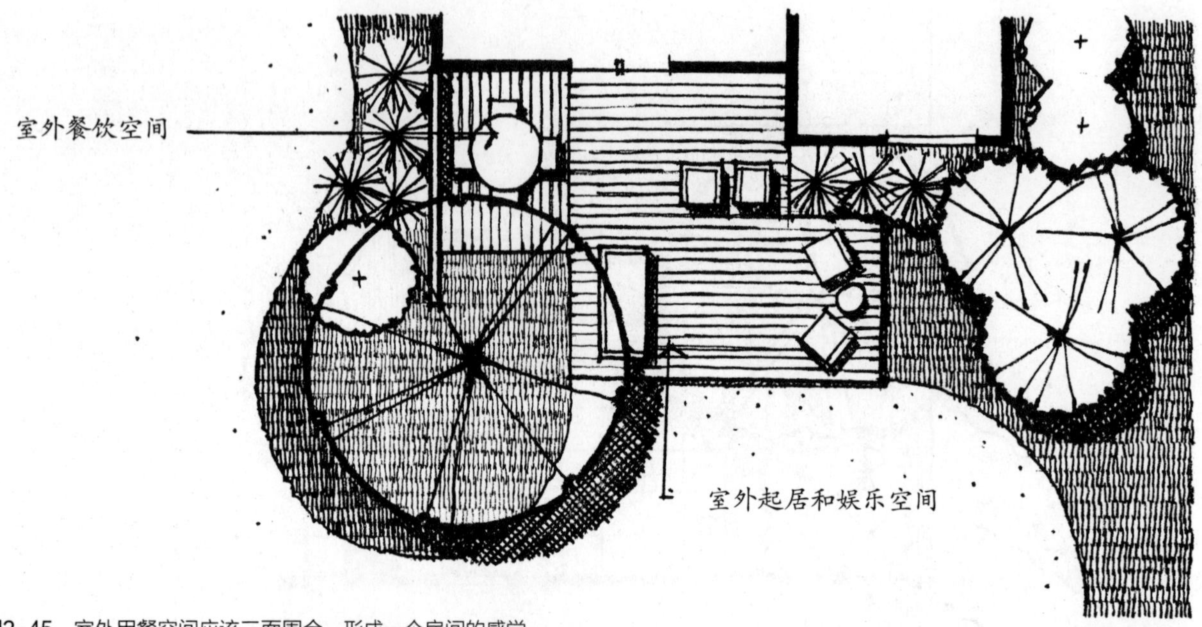

图2-45 室外用餐空间应该三面围合，形成一个房间的感觉

常是很简单的，许多餐厅的尺寸大约有125平方英尺，它的比例一般是长宽相等或是长略大于宽。更多的时候，餐厅都是挨着厨房和起居室，这样对两者都很方便。餐厅中的餐桌是餐厅的主导要素，其他的都是次要的。餐厅没有起居室那样舒适与便利，也没有厨房那样实用。然而，它把进餐（与厨房联系在一起）与交谈（与客厅或家庭活动室有关）融合在一起。

室外进餐空间

许多住宅基地中的室外进餐空间只是在平台或草坪的什么地方有一张野餐桌。在一些情况下，这可能适合偶尔的进餐，而不太适合更私密的聚会。多数情况下，室外用餐空间有着与室外起居与娱乐空间同样的缺陷，即：①没有或很少有识别性；②缺乏封闭空间；③邻居间的隐私性很弱；④没有针对太阳和风的影响提供足够的保护。针对这些问题，这里有几条设计原则供参考。

同其他的功能一样，室外进餐空间应该按一个房间那样设计。这就意味着设计师要对室外空间的三个面进行设计，以制造一种围合感（图2-45）。

像室内餐厅一样，室外进餐空间应该设在娱乐空间及食物准备空间的附近，以便与它们有很好的联系。在许多例子中，室外进餐空间可以作为起居和娱乐空间的一个次空间（图2-46）。这可以通过形状、铺地材料或高差等变化来达到。

图2-46 室外进餐空间可以设计成起居和娱乐空间的一个次空间（彩图见插页）

室外用餐空间的平面比例应该是长宽相等，或者为了容纳野餐桌而拉长一些。它的尺寸变化则根据该空间所摆放的桌子与椅子的尺寸和数量而定。

其他室外空间

还有一些其他的室外空间与房间需要进行关注。包括消遣空间、工作/储藏空间及园艺空间。在设计时有几个需要注意的地方。

消遣空间。室外消遣空间当然应该设在平地上，并带一点坡度，以便能充分地排水。而且与安静的休息区或布置盆栽植物的区域保持一定的距离。消遣空间的形状应该恰当而充分地根据消遣的类型而定。在功能需要之外，消遣空间应该作为室外的房间来进行限定，无论是通过暗示还是物理围合，它都应该有一种空间限定的感觉。

在所需的空间和元素都被放置之后，基地中可能会有额外的草坪。草坪区域的边界和形状不应该事后考虑或是任其自然。草坪区域的外形与轮廓应该与基地中其他空间的形式一样，应深入研究（后面的章节有介绍）。草坪区域的边界可以用林地覆盖物、地被植物、灌木丛及树木、围墙围栏等物来形成（图2–47）。

图2–47 可以采用连续的地被植物边界和植物群设计休闲区（彩图见插页）

游泳池或喷泉，既是特色元素，也是娱乐元素，特别是位于温热带地区的国家。在所有的例子中，水池应该考虑：①根据预计的使用（休闲、正式游泳、视觉焦点）来确定水池的尺寸；②水池外周要有适宜的环路；③根据基地的其他功能来确定水池位置；④水池的机械系统与设备的位置；⑤建造水池时重型设备能容易进入；⑥遵守当地政府为了保护儿童与动物而制定的关于水池围栏的种类与高度限制的法规。尽管可能还有其他一些重要因素需要考虑，但应当强调的是，水池由于它的独特性而成为设计的控制元素，因此使它成为非常重要的元素需要进一步研究。

室外工作/储藏空间。室外工作/储藏空间在住宅基地中主要是个实用空间。它的功能是储藏木柴、园艺和消遣设备及其他的大型或不需要放在住宅、车库或地下室里的物品。室外工作/储藏空间也可以是工作的地方（装置灯、栽种植物、设备修理等）。由于有这些功能，室外的工作/储藏空间应该靠近车库或地下室，这样材料与设备可以很容易地搬运（图2–48）。它应该有一个质地坚硬的、耐磨的 、防滑的地面。还需要一道墙或围栏来进行围合，既为了安全，又可以把它与基地的其他空间隔开。在室外工作/储藏空间里，不妨设置一个工作台、盆栽台及围起来的仓库。这些都需要

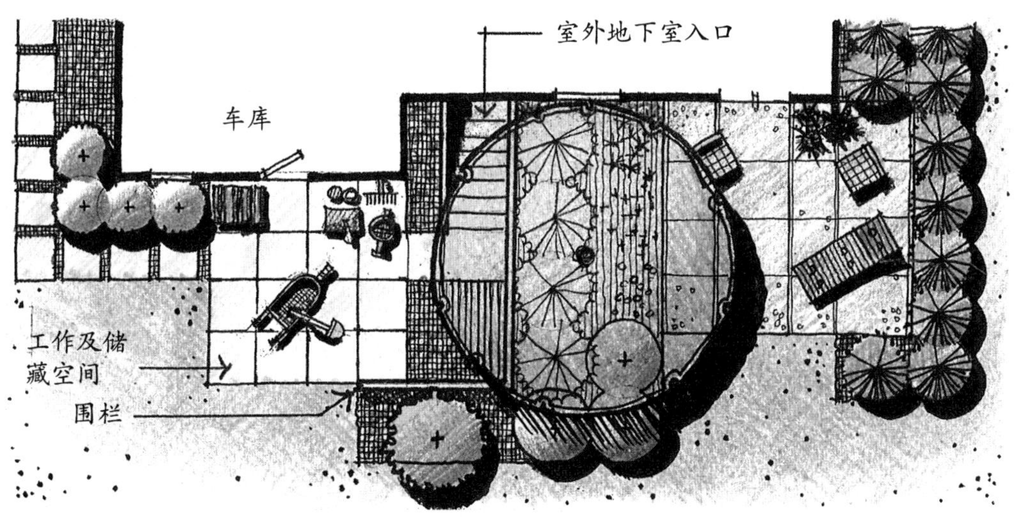

图2-48 工作及储藏空间应当靠近车库和地下室入口，同时要与娱乐空间分开（彩图见插页）

图2-49 工作台、盆栽台与储藏室可以一种很吸引人的结构方式组织在一起

统筹设计和建造（图 2-49）。

园艺空间。园艺空间是住宅基地中另外一个实用区域。它可以是一个工作或消遣的空间，用来种植水果、草本植物、蔬菜、四季皆有的花床。为了能够充分发挥作用，园艺空间的位置很重要。它应该设在肥沃的、排水通畅的平地上。能够接受充足的阳光。如果在一天之内无法接受持续的阳光照射，那至少能在早晨和中午接受到阳光。在中午或午后需要遮阴，因此时段光照过强，水分散失过快。理想情况下，园子需要靠近像水井或室外水龙头这样的水源。如果水管需要延长很长的距离才能到达园子则很不方便。园艺空间也不应放在光秃秃的、过于显眼的地方，尤其是在蔬菜和其他植物都不生长的时候。你可以利用灌木、围栏或围墙作屏障，将菜园遮掩好（图 2-50）。

另外，还可以探索其他更好的方式，而不只是简单地把后面角落的花园当作是最好的空间。例如，与其单独建一个菜园，还不如把蔬菜与院子

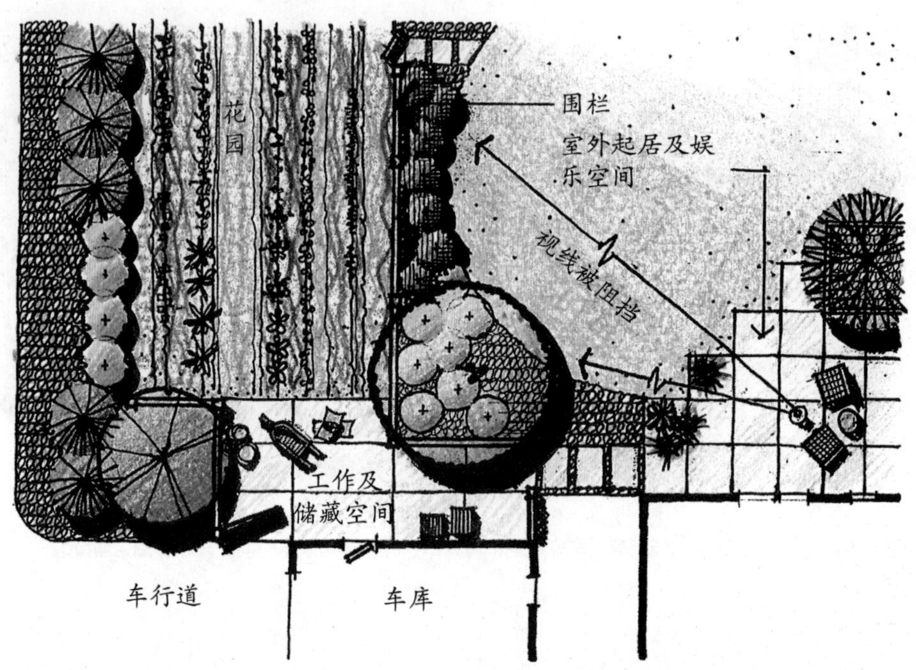

图2-50 植物与围栏可用来屏障园子，蔬菜可以与其他的植物组团结合起来（彩图见插页）

里其他植物结合在一起来种植，许多蔬菜都有漂亮的叶形和花朵。这种做法就是把蔬菜当作其他植物一样，可以有很多作用，用来作为空间的边界或作为有趣的景点等（图2-51）。另外一种想法是把园子设计成一系列抬高的植物床。这就使园子呈现出一个整洁而又组织有序的面貌，还能使人更容易地站着照管蔬菜。抬高的基地还可以把肥沃的土壤掺到园地里去。

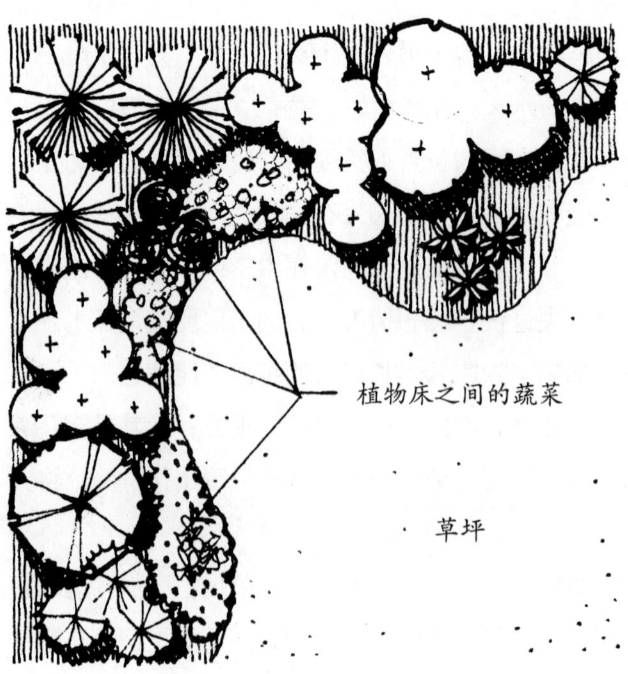

图2-51 蔬菜可以与其他的植物组团结合起来

小结

指导设计所有住宅区的核心是“创造实用的室外空间”。在住宅景观中，各种各样的室外空间是由三个面所围成的封闭空间——地面、垂直面和顶面。室外空间是住宅设计师的建筑基本构成要素。典型的室外空间包括五个具体的空间：①到达和进入的空间；②生活和娱乐空间；③准备食物的空间；④就餐空间；⑤游憩空间；⑥工作/存储空间；⑦花园。设计师要用富有想象力而又实用的构思来创建可以提高居民生活质量的外部居住空间。

3
可持续设计

学习目标

通过对本章的学习，读者应该能够了解：

- 可持续设计的定义。
- 可持续景观设计的六个主要原则。
- 设计住宅景观并使之与区域环境相适应的不同的战略，包括处理气候和材料的技巧。
- 最低限度影响住宅区的技术，包括保护植被、减少土地平整、减少地表径流以及保护野生动物栖息地的方法。
- 恢复退化土壤的方法，包括修复土壤、去除有毒物质和清除不适当的植被等。
- 设计住宅景观时应采取与自然事件和周期相协调的方法，包括了解太阳和阴影模式，在炎热季节里尽量减少太阳辐射，以及在寒冷的季节最大限度地接受太阳照射的方法；了解风的模式，在寒冷的季节尽量减少在风中暴露，以及在高温季节最大限度地接受风的方法；节约用水的方法；考虑选择合适的植物；减少径流以及预防野火的方法。
- 在住宅景观设计中应考虑回收和再利用的不同方法，例如，如何回收现场的材料，使用该地区的再生材料，并建立一个堆肥区。
- 确保住宅景观成为一个健康的环境，包括使用无毒材料和维护健康的实践活动。

概述

室内设计和室外设计虽然有许多共同之处，但是它们之间有一个重要的区别，就是外部空间始终处于一个存在着自然要素和自然变化过程的室外环境之中。住宅的基地是由丰富的生物——包括乔木、灌木、一年生植物、多年生植物、草坪，甚至是小型植物如苔藓和地衣组成的一个生活实体。此外，住宅还是各种动物——鸟类以及在林下、在木头里或是在草本植物上、在树冠上生活的昆虫的栖息地。空气、植物、土壤中还有成千上万的我们肉眼看不见的微生物。总的来说，这些生物形成一个相互联系的生活网络，构成了整个住宅景观。

一系列的自然过程诸如生长、枯萎、太阳、风、降水、径流及野火等共同作用影响着住宅基地上的各种生命形式的生存与健康。虽然这些无所不在的力量或多或少都可能是毁灭性的，但也给生命提供了生存所必需的要素。同样，这些自然力量所到之处，景观也格外生动活泼。

总之，住宅区景观是充满生气和活力的、不断变化的，应该进行必要的设计和管理等。恰当的住宅设计必须是能够促进区域当中所有生命体的健康，顺应大自然的力量。最终形成的设计也应考虑更大范围的环境问题，乃至整个地区、国家以及全球。这种景观设计方法通常称为可持续设计。本章论述了可持续景观设计的概念，并提出了许多住宅区适应环境的设计方法和管理策略。

可持续设计

“可持续性”和“可持续设计”在设计和环境专业领域中逐渐普及，甚至成为流行术语，但是它们的定义和意义不同。简单地说，“可持续”的意思是能够继续下去、持久的和自给自足。因此，“可持续景观设计”的过程就是在创造一个以自给自足的方式、使用最小的能源消耗和维护、能够持久下去的室外环境。可持续设计的引入对景观的影响最小，而同时又支持住宅区中所有生命体的健康。可持续设计还有一些类似的名称，如自然绿色设计、环境保护设计以及低影响设计。

可持续景观设计是一个理想的概念，不仅对个人住宅用地有好处，对于较大的环境背景也是如此。最重要的是要认识到，每一个住宅不是一个孤立的岛屿，而是整个大环境中的一个组成部分，所有事物和过程是相互关联的。个别的住宅区设计和管理会对周围产生潜在的影响，而这也会影响到整个区域、国家，甚至是世界。我们现今的世界有着众多的环境挑战，包括全球变暖、自然资源减少、空气和水污染、能源成本的增加、水资源短缺等等。可持续景观设计认识到了这些问题，旨在帮助减轻这些问题。真正的可持续性是指对每个地块和它周围的一切都保持着环境的敏感性。

为实现这一目标，可持续住宅区应该：

- 适应区域背景环境
- 对基地影响最小化
- 恢复受损的区域
- 与自然因素和自然周期协调
- 再利用和回收
- 创造一个健康的环境

创造一个可持续住宅环境的愿望会根据近处和远处的自然环境情况而变化的，它也是一种全面的设计理念，会影响设计过程中所有的步骤，对设计中所包含的要素的选择，连同它们的位置和材料选择的决定都会有影响。如同创造室外空间的概念或审美准则，可持续发展的原则和技术为设计提供了一个框架。然而，可持续性并不意味着一个住宅区必须看起来完全“自然”才是“可持续”的。如果需要，可持续景观设计可以呈现出自然的状态，但它也可以形成任何地方的任何风格。可持续性也不意味着住宅景观看起来凌乱、缺乏管理或根本没有设计。如果要做可持续设计可能会意味着大量的管理和很好的维护。可持续原则指导设计的选择，同时又给予设计创作以相当大的自由和空间。

本章接下来的部分将对一系列的可持续性的原则和策略进行详细的讨

论。在阅读和研究这些内容时，我们应当认识到，许多的原则是相互重叠和相互支持的，采用一种策略往往也会应用其他的。因此，应当将这些不同的原则和策略综合应用，这样才能使其发挥最大的效用，创造一个可持续景观住宅。

适应环境

原理

住宅用地应符合区域背景。

每一个地理位置都因气候不同而形成自己独特的生态环境，包括地形、地质、土壤、植被、动物等。这些相互依存的自然因素与人类强加的领土，如直辖市、县、乡，共同形成一个区域。区域的大小因位置的不同而有所变化，但这个区域的大小通常在1～2小时车程范围之内。尽管范围很大，但每个地区有其自身特殊的物理特性和环境特点。可持续设计需要了解每个区域的特殊性，采用恰当的组织管理、材料、施工技术和整体视觉质量来适应这种特性。

适应区域气候

每个地区都有一系列与众不同的气候因素，包括温度变化范围和变化周期、降水量和降水模式、风向和风的强度、随季节变化的太阳辐射角、晴天的数量、温度。这些因素对住宅区内所有室外空间和可利用区域的大小、位置和朝向都有影响。适合这个区域的设计常常并不适用于另一个区域。例如，在英格兰，室外的休闲空间最好是在房屋的南侧，以便能够享受到太阳的温暖，而在新墨西哥，室外的休闲空间则应该在房屋的东、北侧，以便能够充分地利用房屋的阴影（参见本章“自然现象和周期”中的“阳光和阴影模式研究”）。

区域气候会影响到建筑材料和技术的使用（参见本章“再使用和再循环”中的“从区域中使用回收材料”）。例如，木材在温带气候地区中是很好的室外应用材料，却不适用于炎热、干燥的气候区域，强烈的阳光会使其迅速老化。同样，如何选用材料，如何使用，如何与环境相协调，这些都取决于区域的气候条件。在寒冷地区必须牢记，所有结构和路面地区必须要考虑冰冻，而在温暖的区域则没有这种需要。

住宅基地上使用多少水以及在哪里使用水，这也取决于地区的气候。理想情况下，一个景观设计应仅使用天然降水，如果没有，则可以在选定的地区进行灌溉（参见本章“自然现象和周期”中的“节约用水”）。此外，植物要根据温度范围（抗寒区）、降水量、降水周期来进行选择。

利用地方材料

在可持续景观中所使用的材料应该是能够批量生产的、资源丰富的，或是就地取材的。注意，这里所说的当地材料不是指那些在其他地区或其他国家生产的、在本地供应商那里购买的材料。就地取材具有几个方面的优势。首先，本地材料因为其成分的组成、颜色、纹理等方面在视觉上与周围环境相协调，部分材料的独特色彩甚至代表了该区域的特征。另一个好处是，利用地方材料往往成本较低，因为运输成本很少。如果是水路运输石头的话，从本地的采石场购买要比从较远距离的其他地区或其他国家便宜得多。此外，就地取材还能够因为雇用本地的居民而使本地的经济收益增加。

就地取材也适用于植被等。人们发现本地植物材料或本土植物在本区域地理环境中能够自然成长，因为它本来就适应当地的气候、土壤、昆虫等。本地植物也包括那些从其他地方类似的气候和土壤条件移植过来的植被，但必须注意确保这些植物不是入侵物种或带进不属于这个区域的虫害。与引进其他地区的植物相比，本地植物材料还能生长在无人管理的区域，并能够和其他的原生植被形成植物群落。

对基地影响最小化

原理

住宅景观设计应该具有对现有的基地一个最低限度的影响。

可持续设计应尽可能少地改变现有的场地条件，以保护基地现有的要素，以及支撑这些要素的自然过程和自然周期。这一目标是最难达到的，也是最关键的，因为一个没有受干扰的自然环境，任何人类的活动都会改变它。建设房屋的位置和通向入口的道路通常需要把植被进行分级和清除。除此之外，要努力保护现有树木和其他重要的植被，保护基地内部独特的地质结构，尽量减少场地修整，保护其自然的排水模式。现在基地常常被先前的客户或开发商改动很大，这种现象在很多地块上也很普遍。那么在这种情况下，无论是要拯救那些当初引入到基地的任何残余的自然景观还是要保留自然特征和要素，都是一个很大的挑战。以下策略能够减小对基地的影响。

保护现有植被

基地上现有的所有植被应尽量保留，特别是树，因其大小和生态影响是最重要的。有一种情况例外，在火灾易发地区，最好是把靠近房屋的植被移走（参见本章“自然现象和周期”中的“预防野火”）。现有植被满足了一些重要的环境功能，如稳定土壤、保持土壤潮湿、夏季降温、减少风的影响、消除空气中的二氧化碳和尘埃粒子，制造氧气。植被中还栖息着许多鸟类、动物和昆虫。在特定地点的树木的环境效益可以用I-Tree景观或I-Tree设计来估计，两者都是免费的在线程序，根据树的实际位置和房屋的预估年龄来计算收益（见本章“额外资源”）。移除现有的植被则会减少这些潜在的好处，暴露出土壤，增加径流和侵蚀，夏季气温增高，还有风力加大等其他相关问题。

为了减少基地上植被的损失应该做到以下几点。首先，景观设计师需要对植物覆盖的地点以及植物存活的条件进行调查。这可以作为现场分析的一个组成部分或者作为一个独立的研究项目，如果植物覆盖面积较大，可以使用谷歌地图或I-Tree工具来完成。有必要的话，还可以请一位受过培训的树木学家或园艺师来专业地评估植被的状况。

第二，如果有植被必须移除，那就首先应该选择那些健康状况不佳的、侵入的、外来的植被。用整形修剪或选择性分枝来替代移除植被是一种比较明智的方法。

要保护存留在基地上的树木，不要改变或压缩树冠在地面上的滴水线范围内的土地。大多数的树根都是存在于树冠下面距离树几英尺的土壤里，虽然一些根可以远远超出树冠的范围（图3-1，参见图13-11）。树冠下面的

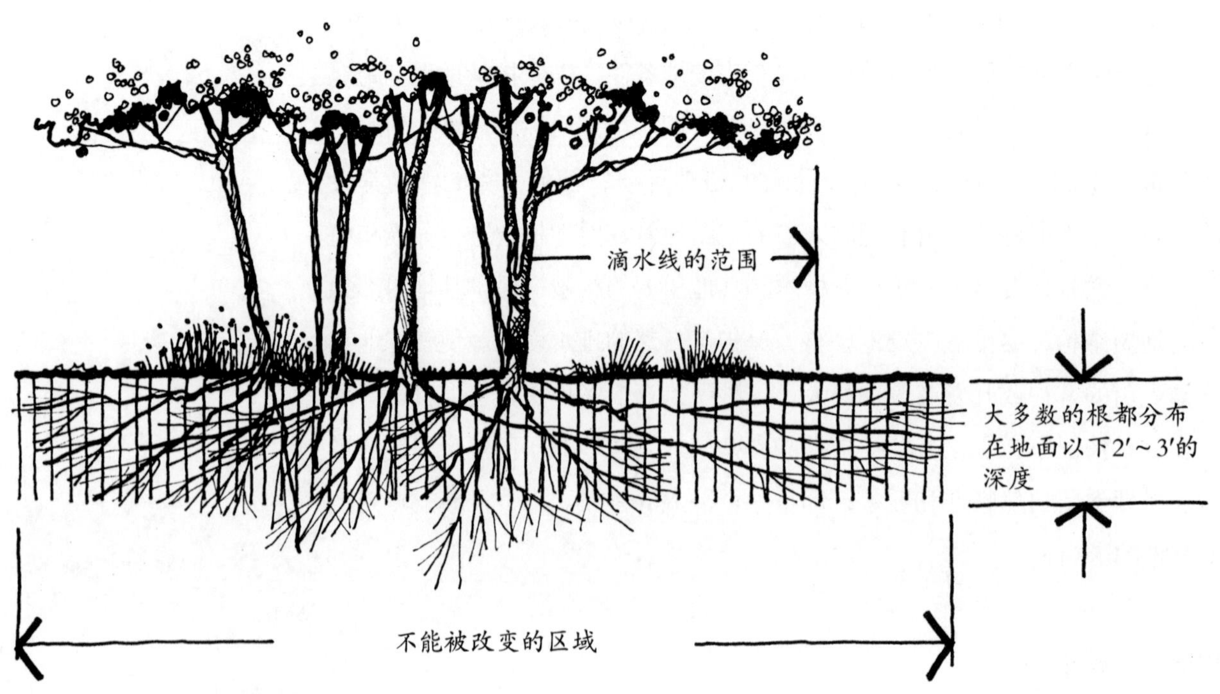

图3-1　树冠下的土壤不能被压实或改变

土壤层都比较敏感，在施工期间，这部分土壤应该用栅栏围起来，以防止由于建筑设备的挪动、建筑材料的仓储使土壤开裂。提交的设计要把所有结构、铺装道路区域、大量使用的树滴水线外的草坪进行定位。如果某些结构必须设置在树下，则可以将相应部分的地面垫高，以减少对根部土壤的挖掘量。同样，设在树下的铺装地面应该是多孔的，或是像甲板一样架起来（参见第13章“特殊项目基地”）。树下最佳的地表面应该是覆盖住土地或是有其他木本和草本植物，这样可以保护树根，并有助于保持土壤水分。

减少场地平整

正如前面已经提到的，在施工过程中，一些场地平整或移动土壤是一种常见的和必要的活动，这是为使房屋和其他结构融入景观中，畅通排水系统，或只是为了美观。这种活动是由重型设备如推土机、叉车或铲车来完成的，但精细平整通常是人工来完成的。场地平整改变了土壤的自然分布，并对土壤进行压实，使得土壤环境受到干扰。此外，现有的植被即使没有受到干扰，也总是几乎被移除，原有的排水模式也被改变。即使微小的场地平整也可以使得基地的某些部分的土壤削去或是运走，而与此同时又使别的地方增加土壤或产生过多的堆土。这会造成严重的斜坡，使土壤容易受到侵蚀，破坏自然的地面轮廓。

减少场地平整，房屋和结构应设置在相对水平的或平行轮廓的地方，如在图3-2中描绘的。这可能使得房屋被放置在不居中的位置或是挨着建

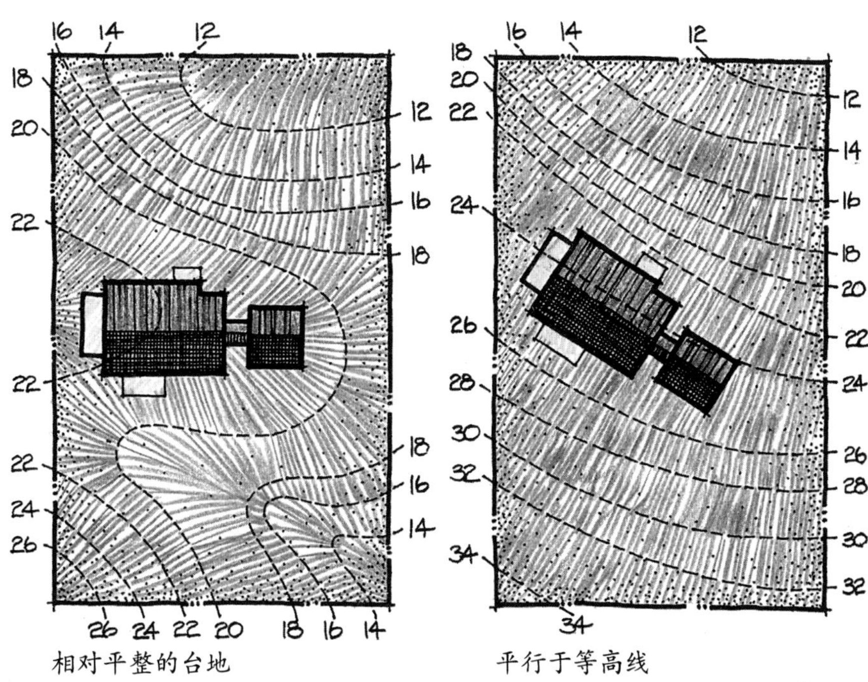

图3-2 建筑要放置在台地上，或是平行于等高线，以减少场地平整（彩图见插页）

筑红线。在坡度较陡的场地，可以在房屋上坡或下坡的位置使用挡墙，降低建房屋部分的斜坡坡度，或是用梁柱结构将房屋架在斜坡上（图3-3，参见第13章“特殊项目基地”中的“坡地”），以减少场地平整。施工开始前，应该在纸上和在场地上对应该进行平整的部分画出一个明确的边缘线，并形成一个可见的障碍。尽可能应用最轻的设备或甚至人工来进行，减少对土壤的压实。最后，在额外的场地平整之前，包括平整范围内的所有的表层土应被仔细地移除和储存。表层土以后可以撒在平整区，成为一种有利生长的介质。

保护地表水

所有的基地里都会有暂时的地表水存在。在暴雨期间及之后穿过基地表面或是地下的排水沟，寻求较低的渠道和区域进行收集。地表水可能长期或永久地存在于潮湿地区或湿地。一些住宅区也毗邻溪流、河流、池塘、湖泊。所有这些形式的地表水应受到保护，以保持自然流动、减少水土流失、减少污染、保护水中的生物。

房屋、其他建筑、铺装区域都应该设置在自然排水通道之外，避开洪水，避免影响基地上排水设施/通道的数量和质量（图3-4）。虽然小的排水通道可以被挪动，但这也是一种破坏性的行为，可能导致一些不必要的场地平整。同样，在低洼地区和湿地不要设置建筑，因为这些地方是重要的野生动物栖息地，也是地表水渗入地下、补充地下水的通道。应沿湿地和水体边缘建立一个植被缓冲区作为排水过滤器，如图3-5所示。

植物缓冲区会阻挡土壤被侵蚀，吸收污染物，从而清洁进入溪流、湿地或湖的水流。尤其是从车道、水池区、施肥的草坪和菜园区域流出的水要排入水体时，更要设置这样的植物缓冲区。沿河流和溪流岸边的边缘也要设置一个植被缓冲带，帮助减少侵蚀。地方和区域的环境法规应当对缓冲区的深度有一个明确的要求。

保护野生动物的栖息地

从地下到树上，都是鸟、地面动物、昆虫和微生物的栖息地范围。在自然环境中建造房屋和相关的景观时，这些栖息地容易被破坏或移除。另外，由于自然界中的生命体都是相互依存的，那么当设计师有意识地保留某些特定野生动植物的栖息地或类似的形式时，同时排除了另外一些野生动植物，这样也会使环境受到伤害。

应用先前的战略可以使野生动物栖息地尽可能少地受到冲击。此外，

使用挡墙

降低斜坡坡度

使用梁柱结构

图3-3 在较陡的基地中减少场地平整的可选择的技术

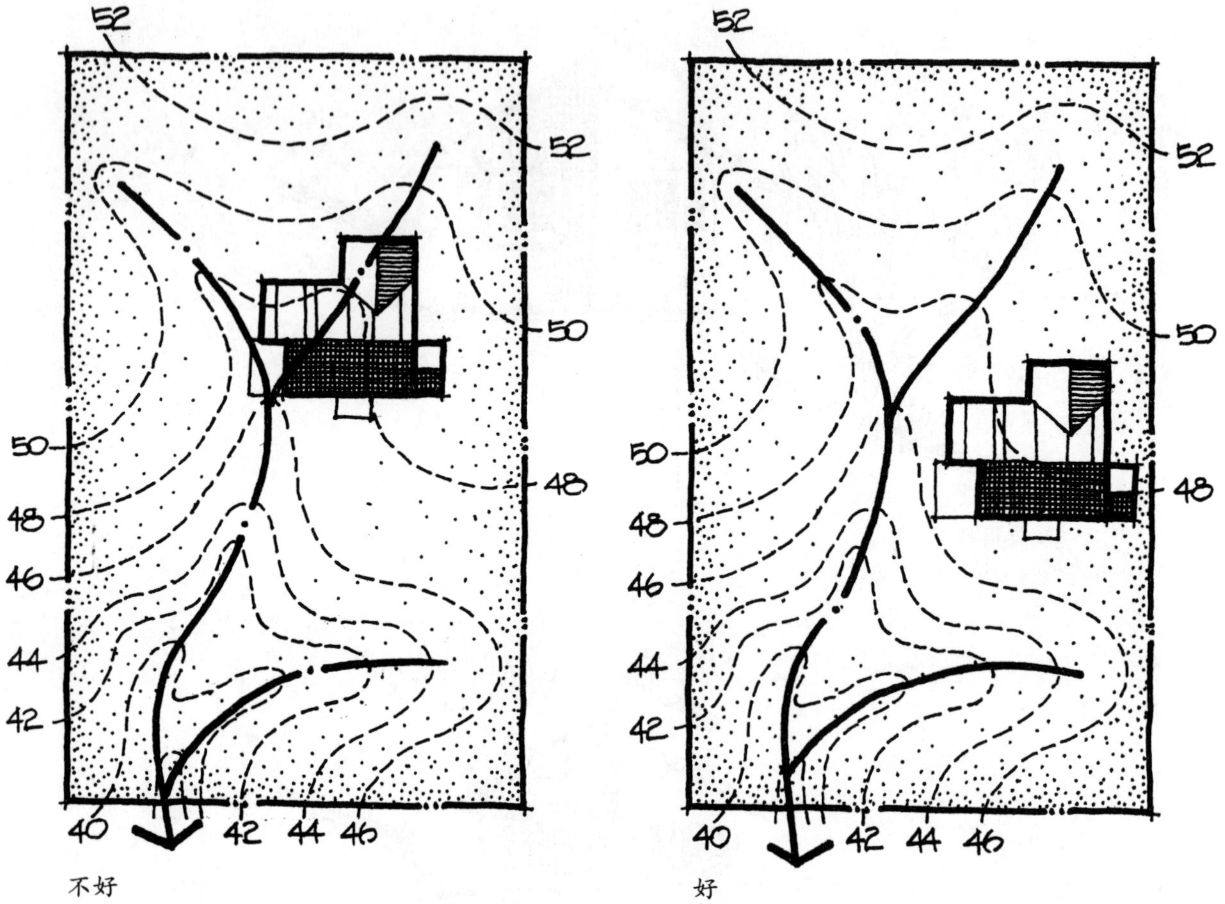

不好

好

图3-4 建筑和道路不应建在排水的路径上

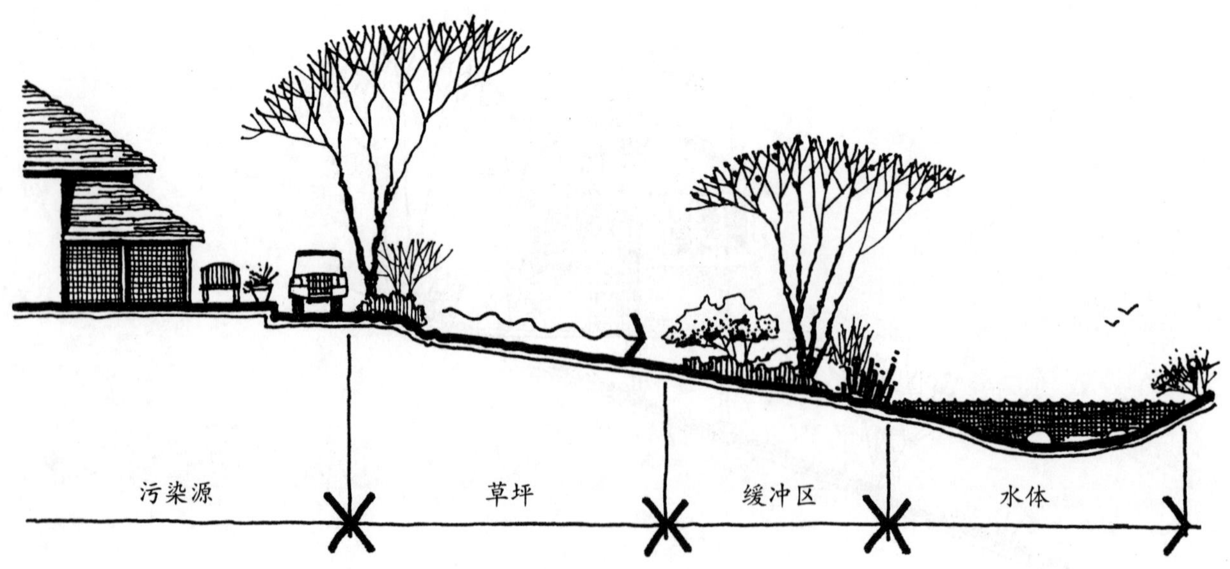

图3-5 所有的水土边缘应建立在一个植被缓冲区以过滤地表径流

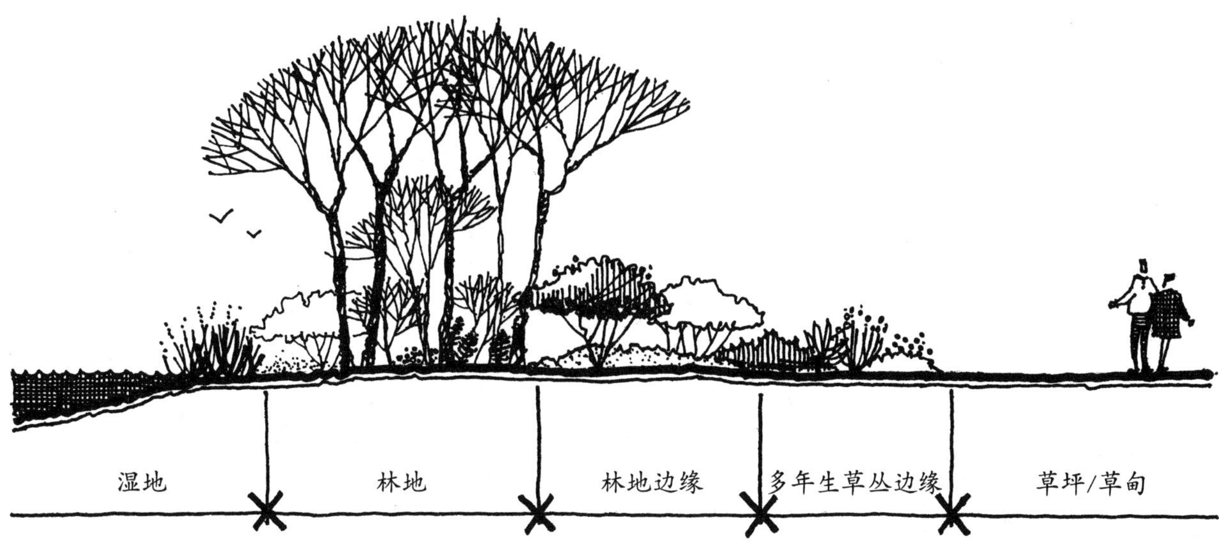

图3-6 为野生生物栖息地创造一个多样性的环境

如果基地条件允许的话，应该保留不同种类的栖息地。开放式草坪或草甸区，一年生和多年生园林植物，由灌木和小乔木组成的林地边缘、树林、湿地等，在温带气候里可以为一系列的活的生物体创造出不同的环境条件（图3-6）。这些不同类型的环境在不同气候的地区也可以转化为其他生物体的栖息地。多样性在一个健康的生态系统中是必不可少的，因为它支持着自然界中的生物体相互依存的关系，更有能力抵抗疾病和压力。应该尽可能地保留天然的栖息地，并使基地内部及相邻基地的栖息地都相互联系，这样才能保证物种多样性，以及植物群和动物群正常活动（图3-7）。要避免那种分散和孤立的栖息地。

现场修复

原理

将一个有缺陷的住宅基地恢复成健康的环境。

尽管不常发生，但许多住宅景观已经严重改变了基地原来的自然状态，而成为一个退化的环境。观察近期开发的一些地区，会发现最明显的受损部位是新建住宅周围的那些荒芜的景观。更糟糕的是，这些基地上开发者仅仅留下光秃秃的土。此外，那些最初存在于这片土地的原有景观，可能在许多年前就被农业用地占领了。因此，真正的“自然”很早以前就不见了。

有一些住宅区景观的改变不太明显，这样的住宅区也有比较盛行的草坪和基础种植。虽然看上去一片绿色，景观也好，但这样的基地往往也有

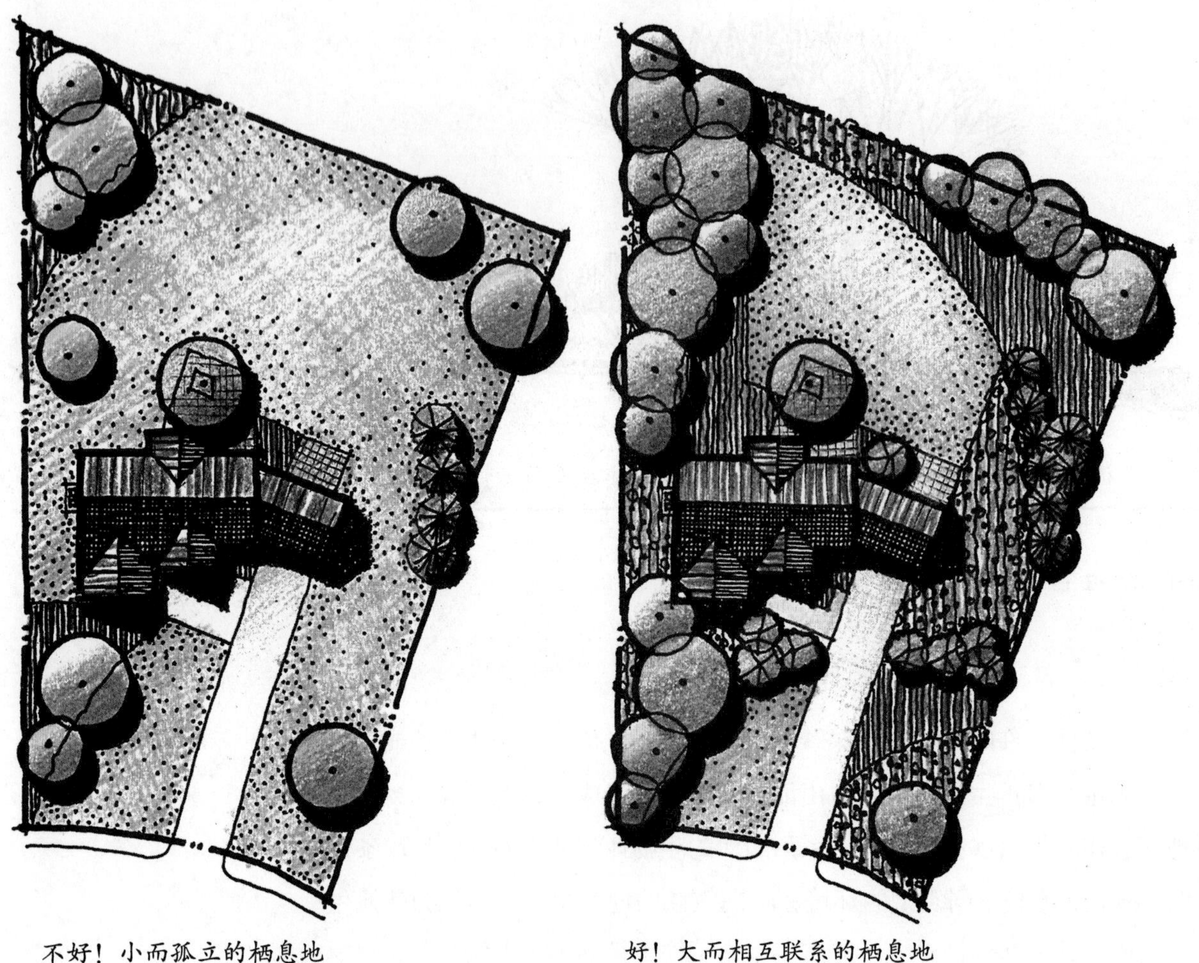

图3-7 野生生物栖息地应尽可能地大，并且相互联系（彩图见插页）

很多问题，例如，土壤贫瘠，缺乏植物多样性，野生动物的栖息地很少，必须使用化学肥料和杀虫剂（图3-8）。此外，在旧城区中存在很多被破坏了的景观环境，多年管理不善，甚至没有管理。在土壤和结构材料中存在的有毒物质则归因于周围的住宅景观。

因此，对于众多的住宅区来说，最大的挑战不是保存现有的自然环境，而是要将其还原成为一个改善的、繁荣的状态。从理论上讲，理想的做法是把有缺陷的景观恢复到开发前的自然状态，而实际上这常常是不可能的或不可取的。然而，受损的基地可以而且应该被恢复到健康、可持续的状态中，成为一个适合人类、植物和动物生存的地方。这一目标可以通过两个步骤实现。首先，基地中发现的所有问题和不适当材料必须进行更改或移除，我们接下来会进行讨论。其次，基于本章所提出的可持续原则，应重新设计基地。

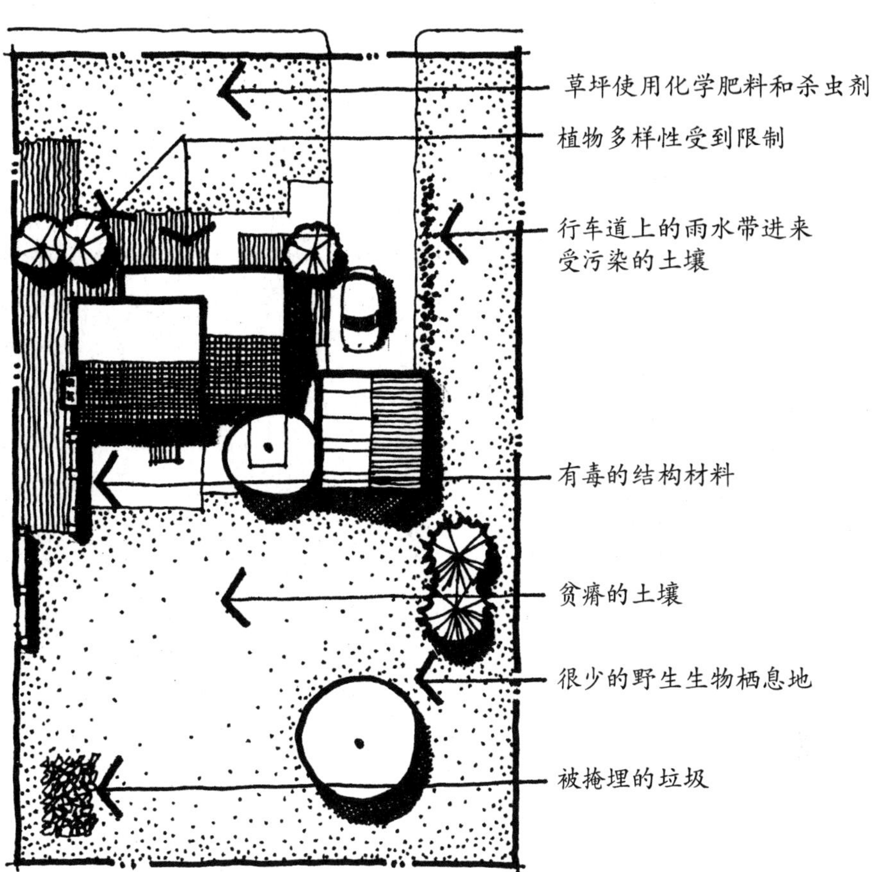

图3-8 较差的住宅区景观环境常见弊病

修复土壤

一处被废弃的基地土壤可能会出现缺乏表层土、被压实、贫瘠或含有污染物如铅、油、农药等问题。一处可持续的景观在很大程度上依赖于健康的土壤，只有健康的土壤才能够支持所有生活在土壤里及地面上的生物。所以在应用其他策略之前，必须先恢复土壤健康。首先应该对土壤进行测试，以确定其物理组成、酸碱值，以及各种土壤成分。然后，再对土壤中所缺失的成分进行修正，但要在必要的地点位置，控制适当的数量。在某些情况下，黏土或砂能够使土壤具有更合理的结构，而钙、石膏、磷、氮或其他矿物质的添加可能会影响到土壤的肥沃程度和pH值。

堆肥同样可以显著提高土壤的有机含量和整体健康度。一些土壤学家建议，在土壤中施堆肥，土壤和堆肥的松散体积比应为2：1[1]。实际操作中可以每6～8英寸深的土壤深度施加2～4英寸厚的堆肥（图3-9）。堆肥不仅能够增加有机物含量，而且还为微生物提供了培养基，反过来，这些微生物又能够聚集土壤颗粒改良土壤，从而再创造土壤结构和土壤内的孔隙空

[1] Tracy Chollak, Pawl Rosenfeld. Guidelines for Landscaping with Composted Amended Soil. 22.

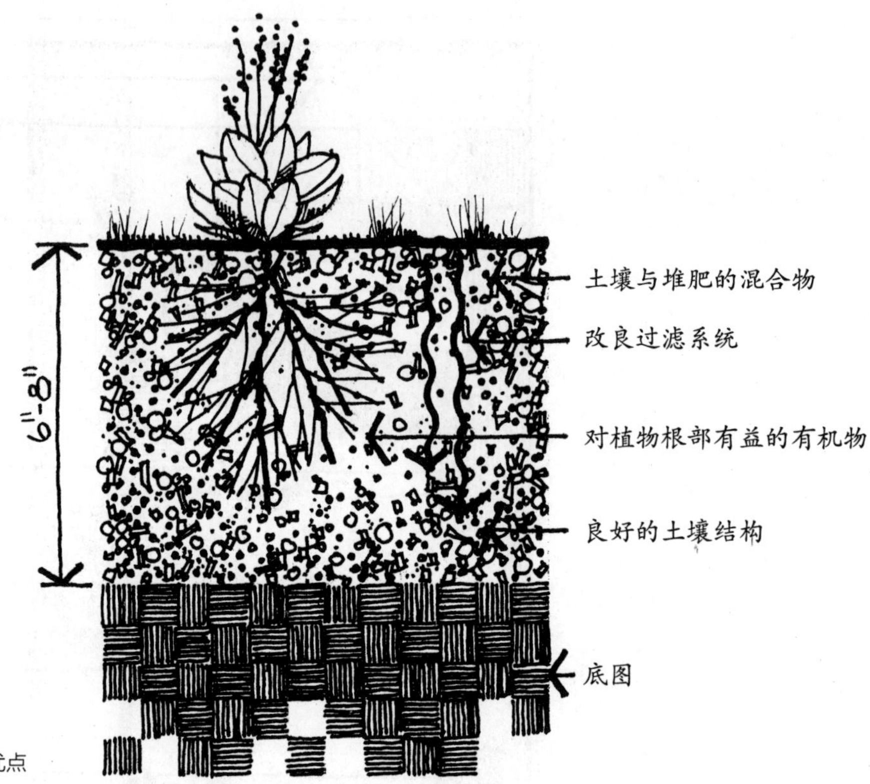

图3-9 在贫瘠的土壤中施堆肥的优点

间。微生物也能分解土壤中的有机污染物和重金属。混合了堆肥的土壤使得地表水更有效地渗入到土壤里，从而在增加土壤水分的同时，又减少了地面径流（参见本章“自然现象和周期”中的“减少径流”）。总之，施加堆肥是解决土壤贫瘠和被压实状态的一种最有效的手段。

堆肥最好是从本基地内部收集到的。如果运输距离较短，也可以使用从本地区其他地方运来的（参见本章“再使用和再循环”）。需要注意的是，在使用农村堆肥时要确定这些堆肥是由哪些材料生产出来的。疏于管理的堆肥可能会包含杂草种子、重金属、塑料或其他污染物。堆肥也会“成熟”，把这种堆肥添加在土壤中不会消耗氮。

我们要尽量避免引入新的表层土来作种植土的传统做法。如果不能完全避免，也要尽量减少这种做法。这种做法需要卡车和重型设备来进行操作，这就需要消耗大量的燃料。此外，这种做法需要从另一块地中取得地表土，这会导致另一块地土质下降，而且本土植物并不需要地表土。

除去有毒物质

正如前面提到的，一些景观的土壤中或材料结构中可能会出现有毒物质（图3-10）。新建的房屋常常产生建筑垃圾，而这些垃圾则被留在基地

图3-10 住宅区环境中能够发现的典型有毒物质

的各个角落里，甚至被掩埋在地下。这些垃圾必须被清除，特别是油漆、胶水、化学溶剂等。应把这些垃圾与废弃的建筑材料分开，并将其运送到本地或本区域的危险废物收集站。

在旧的城市景观中，铅是一种常见的土壤污染物，尤其在建筑物的附近有滴落到地面的含铅油漆。在早些年弃置的建筑材料中也可能有重金属、油和其他污染物质，那时人们对于这种材料的潜在危害还没有什么认识。对于早期的物业或车库后面的位置要仔细检查是否存在这种有毒物质。可以和当地政府机构如环保局、卫生局等商定如何除去和运走这些材料，以确保这些有毒材料能被仔细地清除。受污染的土壤可以放置在密封防漏的容器里，放到本地区指定的有毒物质的收集点。不要把污染的土壤或污染的废物与其他的建筑垃圾或垃圾放在一起。

另一种有毒物质的来源是2003年以前的压制木材，这种木材主要用于地板、栅栏和其他结构。这种木材通常含有铬砷酸铜（CCA）防腐剂，而这种成分现在被证明是一种毒素。最好的做法是将所有的这种木材进行拆除，并用现在通常使用的、毒性较低的木材（参见本章“健康的环境”中的“使用无毒材料”）进行更换。然而考虑到成本和其他实际因素，这种做法通常是不切实际的。但是，用于儿童能够接触或使用或能直接渗入湿地、溪流或池塘的位置的木材，无论花费多少，必须进行更换。要参照国家环保局或当地卫生部门的规定，来确定如何最好地处理您所在区域的防腐木材。经过加压处理的木材，可以定期用石油涂层渗透着色剂来密封，以防木材腐蚀。

消除不恰当的植被

贫瘠的土壤、不正确的修复方法，或是上一个主人遗留下的完全错误的植物选择，这些都会导致住宅区中存在一些不良的或是侵入性的植物材料。根据问题的类型和程度的不同，所有体弱和患病的植被应被仔细修剪或完全移除。改善土壤条件也会帮助植物生长得更茁壮。那些由于不耐寒或是需要额外浇水而不适应当地条件的植物要被剔除。那些因为种错位置而没有充足的阳光照射、没有适合的土壤或排水条件的植物，如果可能的话，应移植到一个更好的位置上。

入侵植物是指那些外来的并且占据了大量的其他植物生长空间的植物。入侵植物的存在往往是由于被错误地引入，或因为当地较差的生长条件削弱了本土植物，却比较适宜外来植物的生长。由美国国家公园服务部设立的一个名为“杂草丛生：外来植物入侵自然区”的网站（http：//www.nps.gov/plants/alien/index.htm）能够很好地按照国家准则提供哪些植物属于入侵植物的信息。另外，由布鲁克林植物园出版社（Brooklyn Bo-tanic Garden）出版的《入侵植物本土替代》（*Native Alternatives to Invasive Plants*）这本书也能够很好地提供类似的信息。这本书除了确定外来入侵植物以及植物在什么状态下被认为是入侵的信息外，还提供了一个代替原生植物的清单和详尽描述。此外，最好是请教当地或大学推广服务的、园林的、园艺的专家来确定哪些植物在您的特定区域内被认为是侵入性的。人们可能会很吃惊地看到，如侧柏（*Thuja occidentalis*）和常春藤（*Hedera helix*）这样的较常种植的植物也是入侵植物，甚至一些种类的草坪也是入侵植物。

所有入侵植物都应该从基地中被淘汰出去，而这个任务可能比预期的更困难。与典型的植物移植或“除根”不同的是，所有的入侵植物包括其根系都要被清除。这可能需要额外的开挖以及手工做彻底的清除工作。在已经种植地区的杂草需要手工清除。大面积的杂草和入侵草本植被可以用无毒除草剂进行清除。

自然现象和周期

原理

住宅用地适应自然现象和周期。

所有住宅环境都与一系列的自然现象相联系并依赖于它们，这些自然现象包括太阳辐射、风和降水，还有潜在的火灾和地震对于区域的影响。大多数这些现象以季节性以及一定的预测性的周期模式发生。这些现象是始终存在的，在进行住宅景观设计时必须要考虑，这样才能使我们的设计成为可持续的设计，这些我们将在下文中进行讨论。

阳光和阴影模式研究

在能够有效地结合太阳光照设计之前，需要先了解太阳在一天之中及一年不同季节中的运动规律。随着太阳水平方向和高度角的不断变化，太阳在天空中的相对位置也是不断变化的（图3–11）。

在夏季（6月），太阳在东北边升起，顺时针运动，直至在西北方向落下。在温带，太阳在升起和落下之间所经过的角度约为240° 。同时，太阳高度角不断增加，在中午达到最高点，这时约为72° （图3–12）。

冬天（12月）太阳从东南方升起，至西南方落下。在温带，太阳运行经过的角度约为120° 。中午，太阳只升到与地平面夹角27° 的地方。在冬季，太阳高度角很小。因此，太阳照射强度降低，而且相对于一年之中其他的季节，它照射的方向也受到限制。在3月春分日和9月秋分日，太阳的运转轨迹与高度角是在6月的最大值和12月的最小值之间。

根据这些信息资料可以算出住宅基地中的阴影形状，并能定出日照最充足和最阴暗的地带，以及相关的小气候。图3–13～图3–15说明了温带地区一年四季中同一块基地上二层住宅的阴影形式。阴影的形式可以根据日照图中提供的资料绘制出来，日照图可以在许多公共图书馆、某些CAD研究机构、国家气象服务部以及各种互联网网站中找到。从这些阴影的形式可以得出以下的一般性结论：

- 夏天，住宅所有的面都能接受阳光的照射；同样，住宅的所有面都能形成阴影；
- 夏天，最大的阴影区会出现在住宅的东面或西面；住宅的南面或北面有较小的阴影；
- 3月和9月期间，最大的阴影区则出现在住宅的东面、北面、西面；
- 冬天，只有住宅的南面能受到阳光直接照射，北面没有阳光照射；

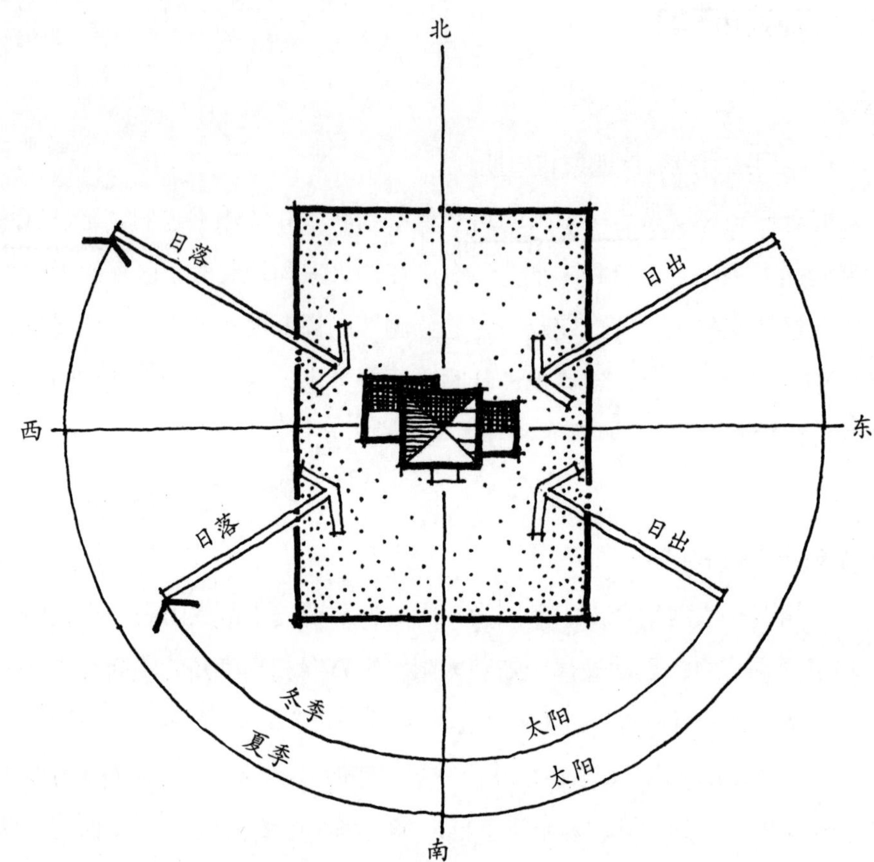

图3-11 一天与一年之中不同时间太阳的水平方位

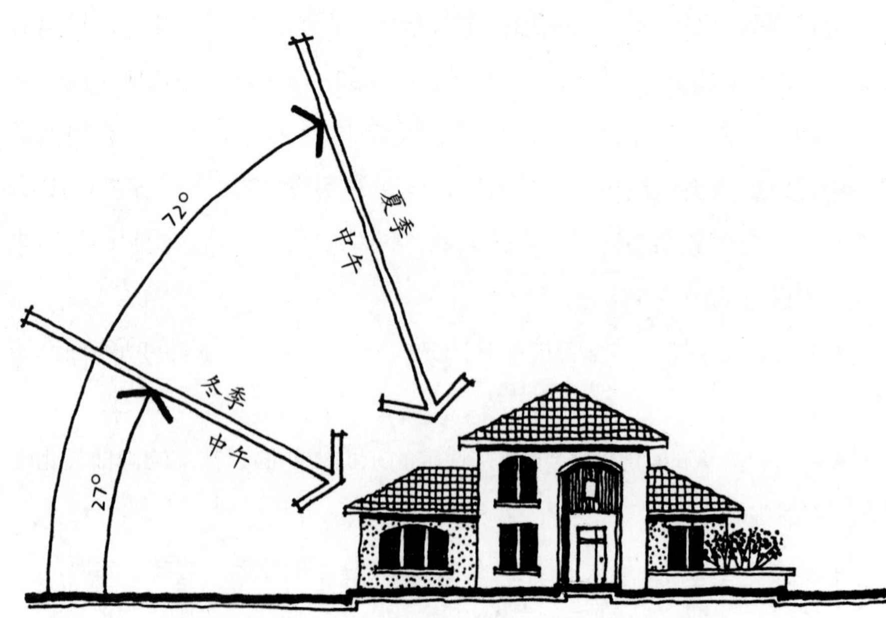

图3-12 冬季与夏季里中午太阳的高度角

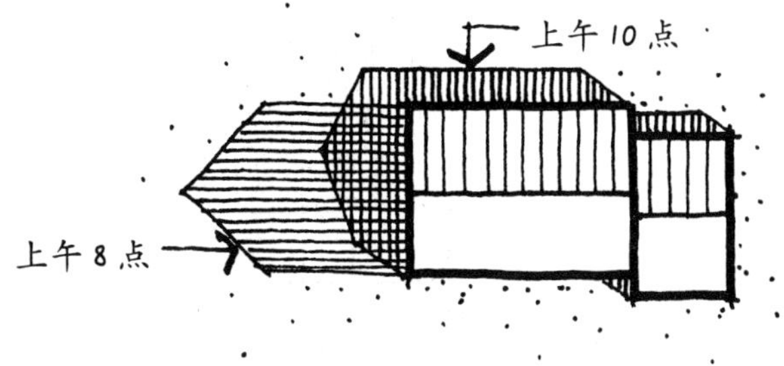

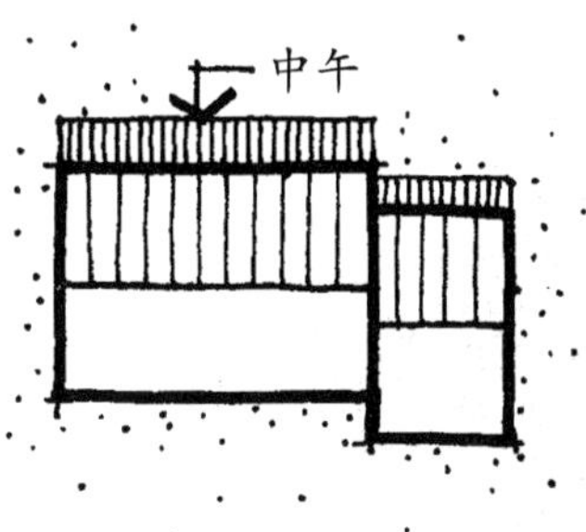

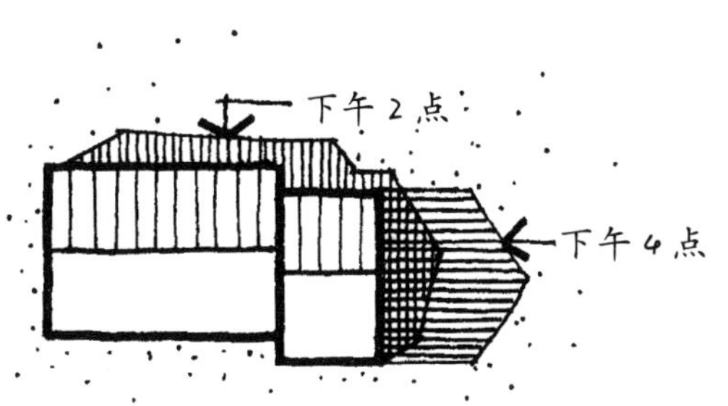

图3-13 6月一天不同时间二层住宅的阴影形式

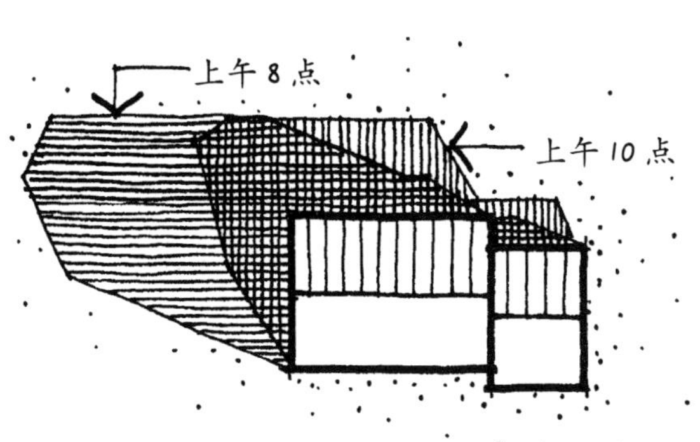

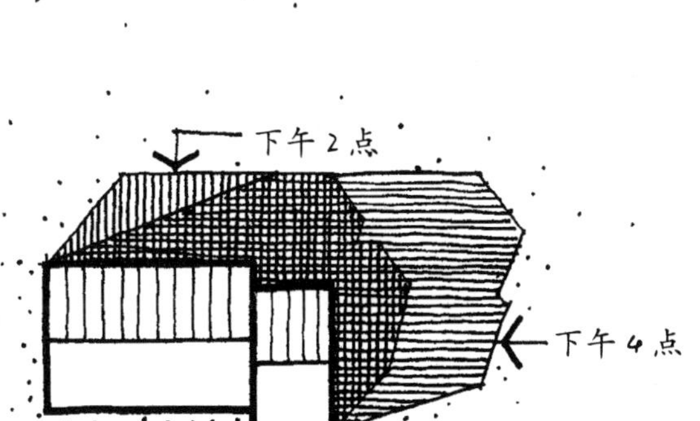

图3-14 3月和9月一天不同时间二层住宅的阴影形式

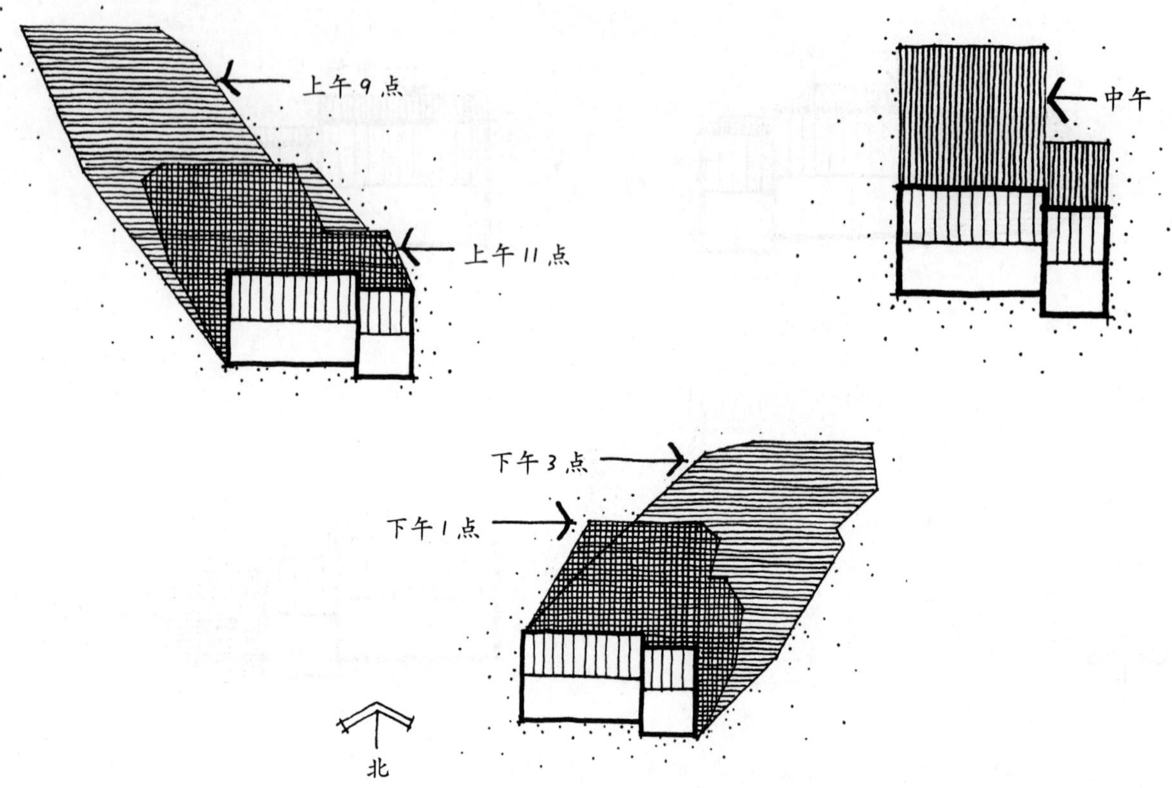

图3-15 12月一天不同时间二层住宅的阴影形式

- 一年里，住宅南面受到的阳光最多，北面受到的最少。

住宅基地如有不同方向的斜坡，也能得出相似的结论。向南的斜坡，就像是住宅的南面，一年之中能够得到最多的阳光，在冬季里是最暖和的地方；向北的斜坡，则是最冷的，尤其是在冬季里。北坡地面上的霜冻要比南坡上长1~2周。在夏季的几个月里，向东的坡地常是温和的温度，而向西的坡地则是最热、最干燥的。

理解了住宅区的太阳辐射和阴影的形式之后，则提出两个要求：①从春末至秋初的几个月中需要遮阳设施；②从晚秋到早春的几个月，阳光是非常受欢迎的。这两点无论对室外还是对住宅本身都是适用的。

炎热的季节减少太阳辐射

夏季的中午和午后是气温最高的时候，特别需要遮阳设施。这时，直接暴露在阳光下的暴晒面产生热辐射，降低人或动物散发体内热量的能力。一般情况下，人们在以下条件下会感到很舒服：①阴影；②空气流通较好；③气温在21~27℃；④相对湿度在30%~65%。[1] 当气温升高超出这

[1] Victor Olgyay Design With Climate: Bioclimatic Approach to Architectural Regionalism Priuceton, NJ: PrenCeton Univesity Press, 1963: 17-23.

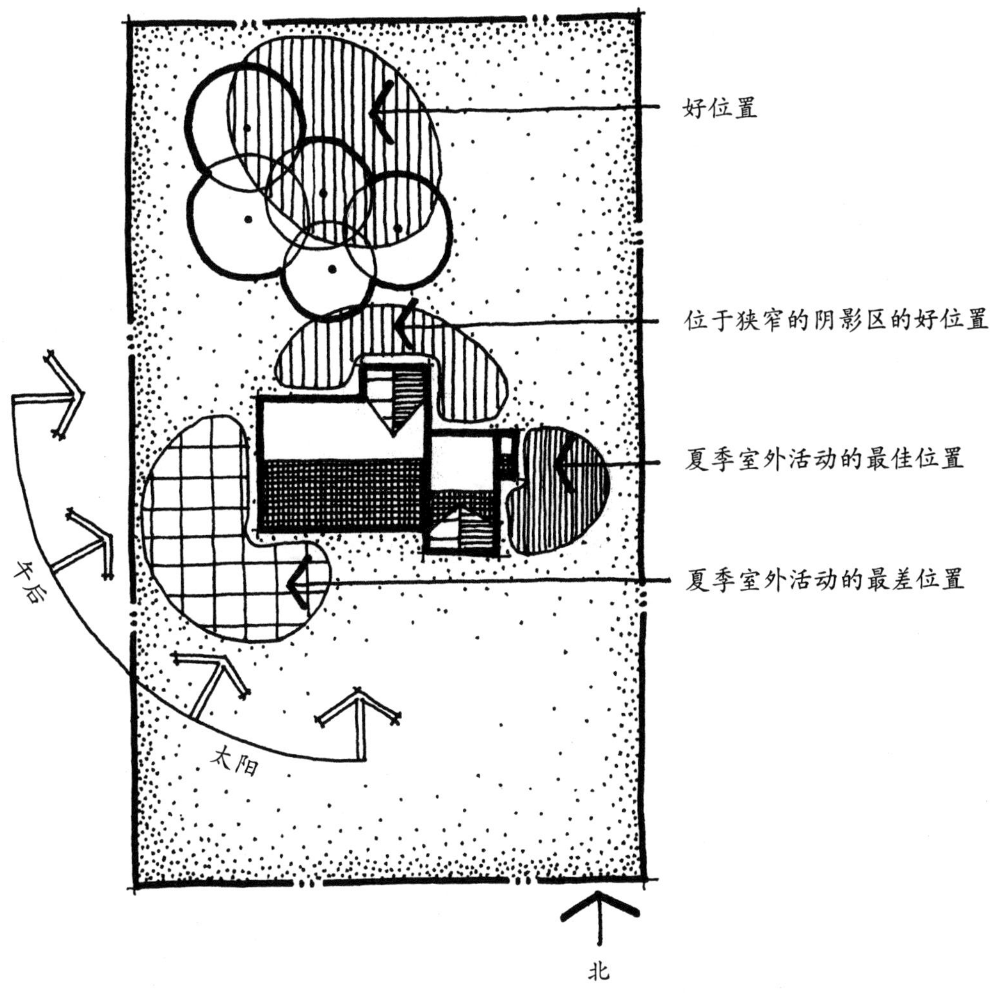

图3-16 夏季室外空间有阴影的位置

个标准或者有阳光直射时，这种所谓的舒适地带就会被破坏。广义上讲，在夏季，尤其是在午后的几个小时里，应该在住宅及室外空间采取遮阳措施。

若要达到这一点，在布局室外空间时应考虑到太阳的角度，最好的位置是住宅或是树丛的东边或东北边（图3-16）。紧靠着住宅或树丛北边区域也是很好的，虽然由于夏季从南边照射的阳光的垂直角相对高一些，这个阴影区的尺寸小了一些，但这些位置比其他一些位置明显更凉快、更舒服。

还可以引进一些元素来当作遮阳设施，以在住宅基地上形成阴影。最常用的方法就是有计划地种植一些冠幅较大的树木，使得住宅和室外空间在中午或午后可以处在凉爽的树荫之中。遮阴树可以通过几个方法来进行遮阳。首先，它们为一层或二层住宅的屋顶、建筑的墙壁和庭院中的地面挡住了太阳光。当它们直接受太阳照射时，这些平面会把太阳能转化为热能，并向周围辐射热（图3-17）。建筑物的屋顶、墙壁、地表面暴露在太阳下所

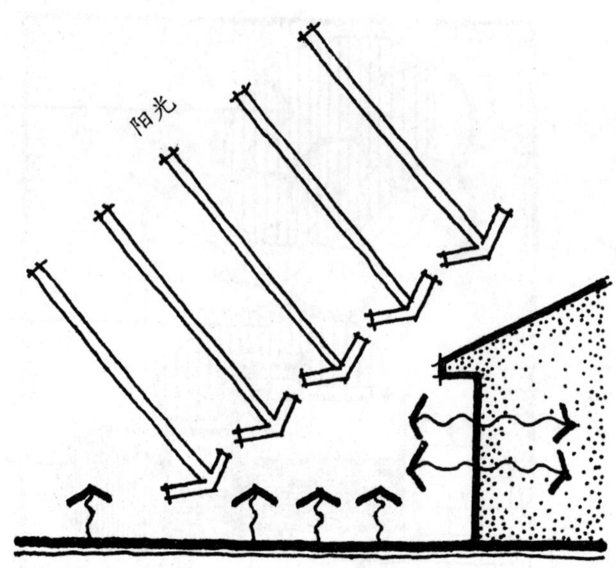

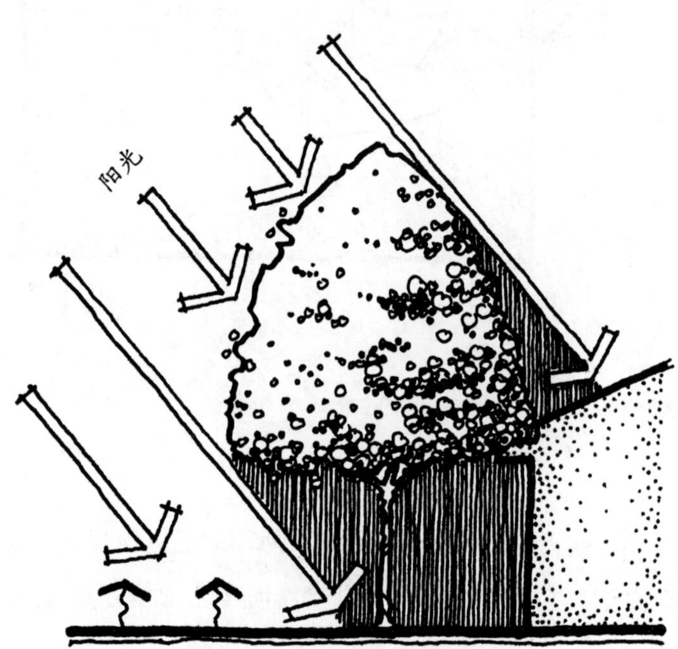

图3-17　树木可以为建筑的屋顶、外墙和地面提供阴影，保护其不受到太阳辐射

产生的热辐射到附近的空气，从而使温度升高。热同样通过受到辐射的建筑物表面向内传递到室内空间。通过比较发现，被阴影遮挡的表面不会使周围空气的温度升高，因此也就不会增加周围空气或建筑物内部的温度。

其次，遮阴树通过水分的蒸发蒸腾（通过叶表面散发水分的过程）来降低热空气的温度，植物的根部从地里吸取水分，水分通过树干与树枝，最后从植物的叶表面散发出去（图3-18）。正是因为水分从叶表面蒸发，同时就冷却了气温。曾有人估算过，一棵较大的遮阴树每天能蒸发100加仑

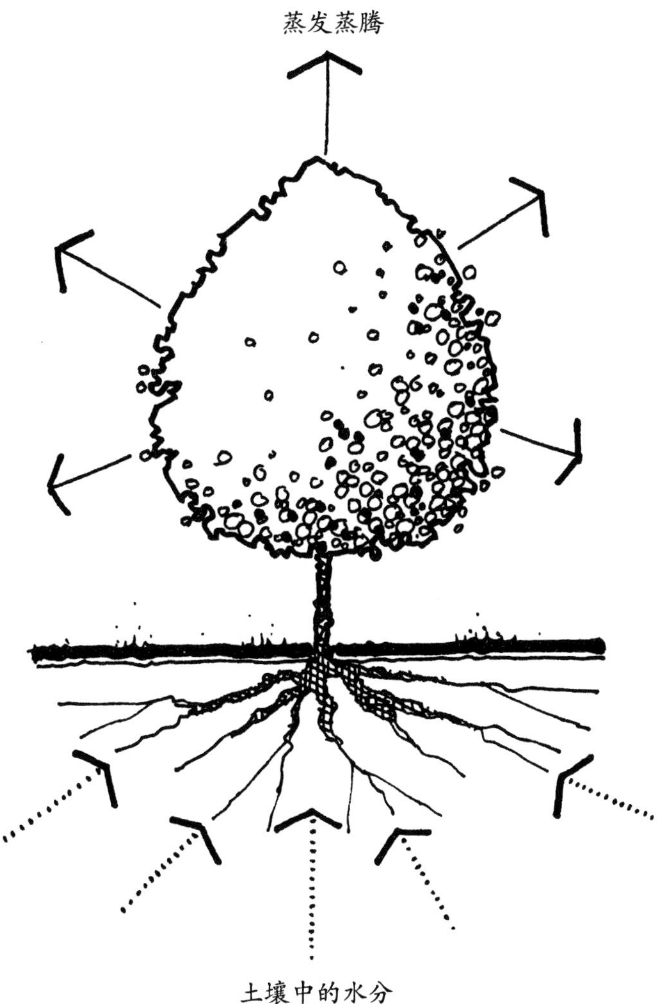

图3-18 遮阴树通过蒸腾作用冷却周围的空间

（约349升）的水分，其冷却作用相当于5台空调[1]。

为了能够提供阴影，树木常被种植在住宅或室外空间的西南和西边等需要保护的地方（图3-19）。遮阴树最好选用相对较高、冠幅较大、枝叶茂密的树种。因为枝条平展、冠幅较大的树种投下的树影要比向上丛生的树木大得多。

如果可能的话，遮阴树应该种在尽量靠近住宅或需要遮阳的室外空间地带，这是由于夏天太阳的高度角很高。一棵25英尺高的树，若放在距离住宅西墙10英尺的地方，则会遮住墙面的47%；而放在距离20英尺的地方，则只能遮住墙面的27%[2]。

---

[1] Anne Simon Moffat, Marc Schiler（Energy-Efficient and Environmental Landscaping）. South Newfane, VT: Appropriate Solutions Press, 1994: 9.

[2] Dr. James R. Fazio, editor. How Trees Can Save Energy. Tree City USA Bulletin #21(Nebraska City, NE: The National Arbor Day Foundation), 3.

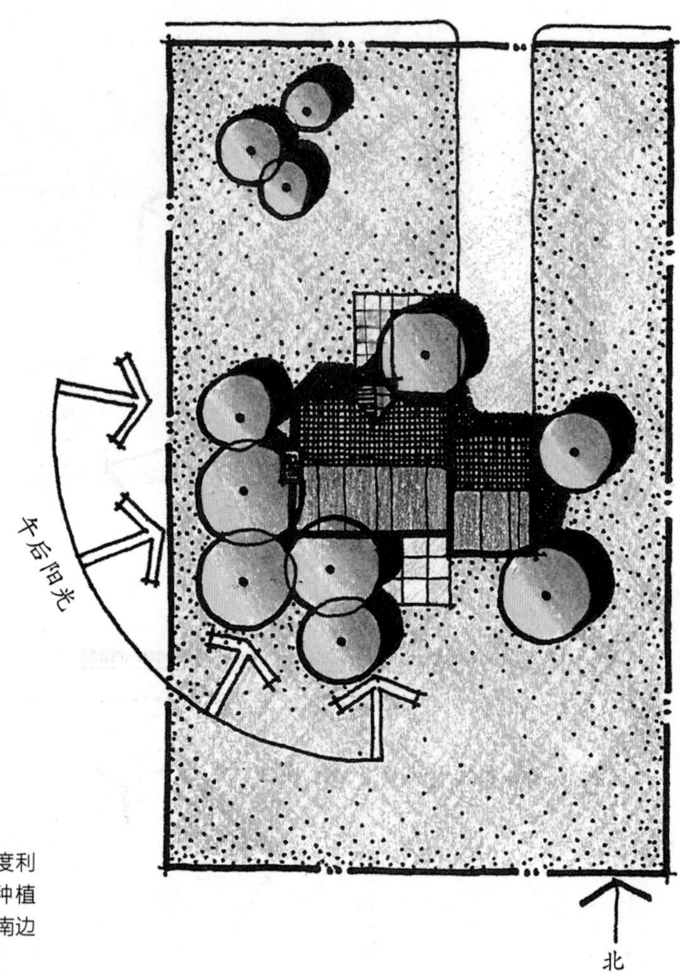

图3-19 为了最大限度利用遮阴树，它们应该种植在住宅或室外空间的西南边（彩图见插页）

葡萄藤可沿着住宅砖石墙向上爬，并为其遮阳，这就会防止前面提到的墙面吸收阳光并转化成热。沿着外墙种植的灌木丛会有相似的效果。这些方法用在东边或西边的外墙是最有效的，因为在这两个方向上太阳高度角比较低（图3-20）；由于太阳位于南边时高度角比较高，所以用葡萄藤覆盖或用灌木屏障南墙作用不是很大。

创造阴影有很多明显的好处。有遮蔽的住宅，其室内气温要比没有遮蔽的住宅低6~7℃，而且室内不舒适气温持续的时间要少一半[1]。这可转化为对空调需求的降低以及相应电费的降低。同样，在有遮蔽的住宅中，空调以10%的速率进行运转，其效果要比在没有遮蔽住宅中的空调还要好[2]。总之，有遮蔽的住宅使用能源效率更高。有大树遮阳的室外空间要比直接暴

[1] Anne Simon Moffat, Marc Schiler. Landscape Design Tbat Saves Energy. New York: William Morrow and Company, Inc., 1981: 18.

[2] Dr. James R. Fazio, editor. How Trees Can Save Energy. Tree City USA Bulletin #21. Nebraska City, NE: The National Arbor Day Foundation, 3.

图3-20 当太阳高度角较低时，高一些的灌木和葡萄藤可以为东侧和西侧遮阴（彩图见插页）

露在阳光下的空间凉快得多。在夏季，阴影使得室外空间使用时间延长，舒适度提高。

当太阳高度角较大时，遮篷与构筑物在中午及午后前半段能够非常有效地提供阴凉。为了有效发挥作用，遮篷与构筑物最好设在所要遮阳室外空间的正南/西方或偏南/西方（图3-21）。

当设计架空构筑物时，有几点不同需要考虑。一个是用来遮阳的架空物的密度与形式。遮篷或实体的类似于屋顶的架空面提供了最能遮阴和最有用的户外空间，从中午到午后中段使用频繁。然而，这种实体架空面虽然会在下面形成一个阴暗的空间，但还会形成一个保温罩，增加空间的温度。

如果能建造由多个单体组成的能分离空间的廊架（架空构筑物）则比较好。两个单体之间的空间能使热量上升，从顶面散发出去，这样就有助于空间保持凉爽。单体的尺寸和间隔对投影的数量有着直接的影响。大而密的间隔会产生最多的阴凉，而小而疏的间隔的单体则产生较少的阴凉。所能得到的阴凉则取决于空间使用、位置以及时间。密度与形式也与落在地上的投影有关系。落在地面上的投影的形式也是室外空间吸引人的特点。

廊架需要考虑的另一个问题是朝向，这也应该基于所需阴影的数量考虑。不考虑密度，当单体延伸的方向与太阳的方向垂直时，能产生最多的阴影（图3-22）。因此，在中午，单体应以东西向设置，以阻挡南向的太

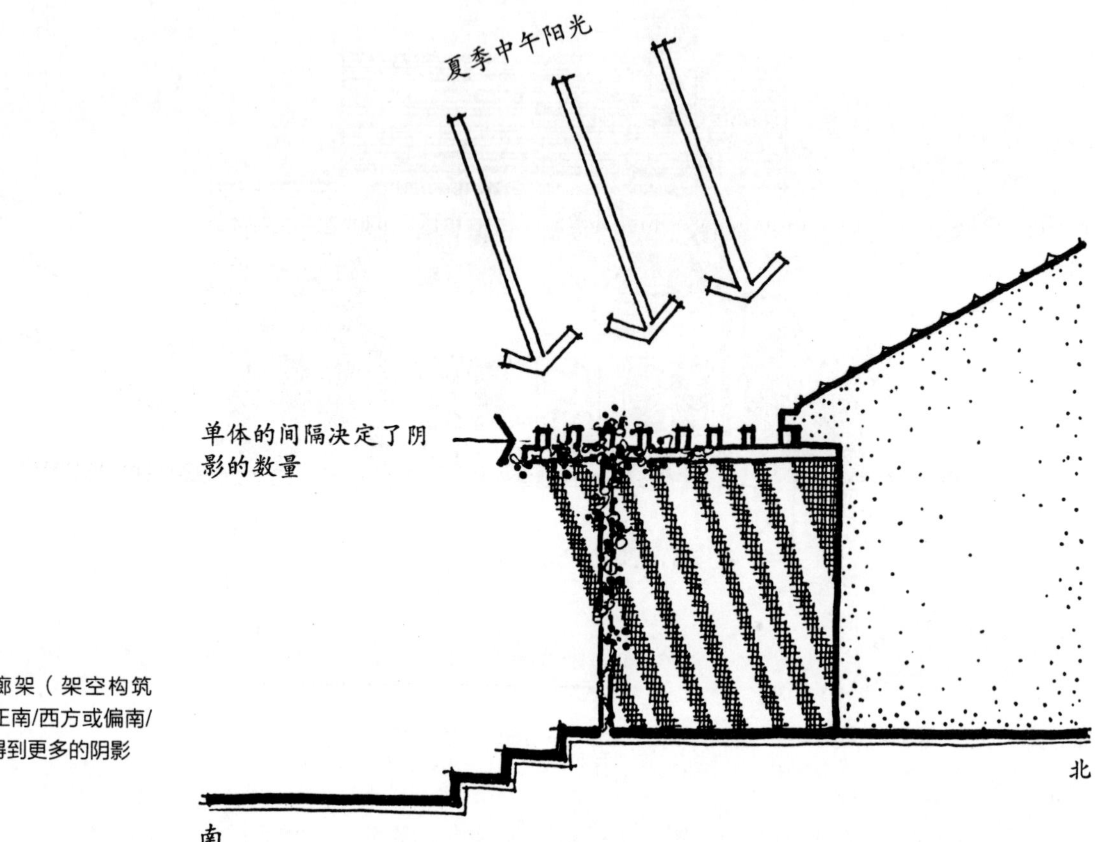

图3-21 廊架（架空构筑物）应该向正南/西方或偏南/西方布置以得到更多的阴影

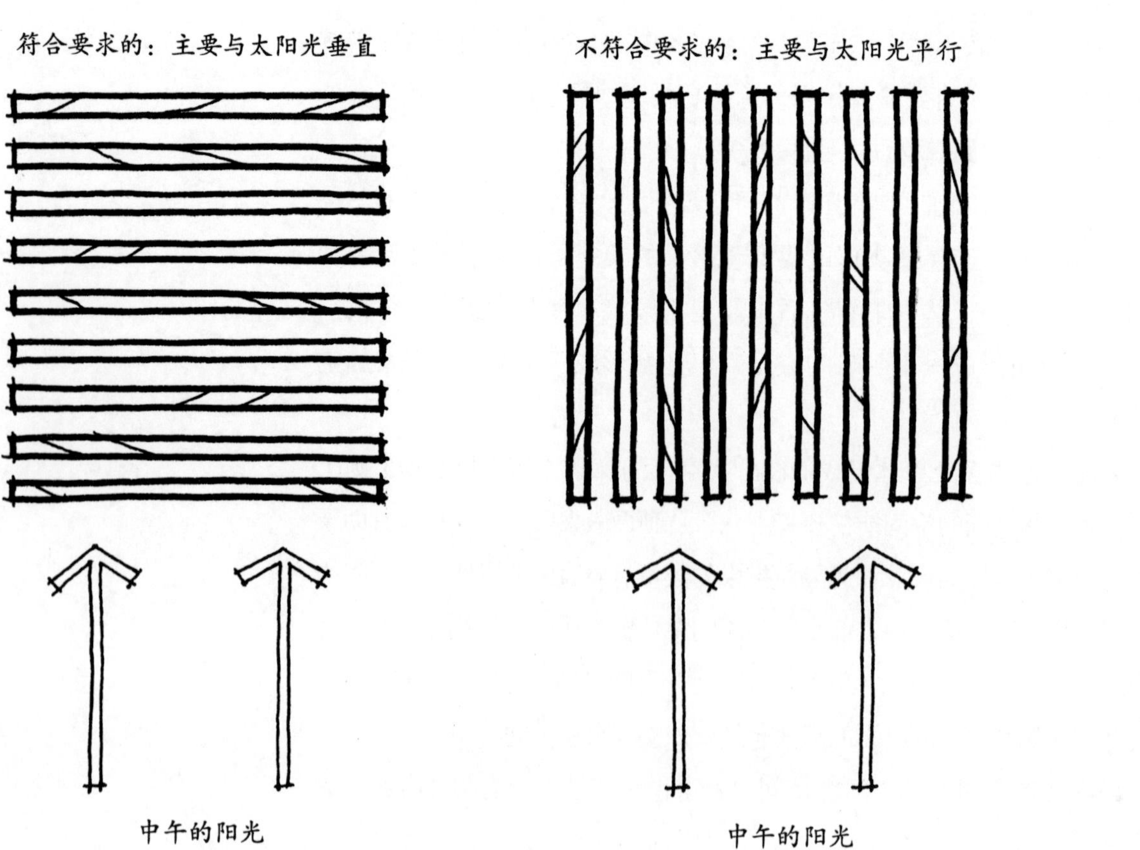

图3-22 廊架的单体应该与中午的太阳光方向相垂直

阳，形成有效的阴影；而在夏季午后当太阳从西边照射时，南北方向则更加有效。单体的角度也需要考虑。根据太阳光线恰当设置单体的角度要比与太阳光平行能形成更多的阴影。

遮阳设施也可以用墙和围栏来做，在夏季上午以及从下午中段到黄昏时分，这些垂直面也可以形成有效的阴影。在每天的这段时间里，太阳高度角比较低，垂直面可以代替顶面来遮阳。因此，墙和围栏最好设在需要遮阳空间的东边或西边。这些元素同样也可以在住宅的墙上形成阴影，有效地减少住宅在这种小气候中的热量聚集，通过使用廊架可以有效地调节阴影密度。

寒冷季节充分利用日照

每年从深秋到早春时节，日照条件最为理想。在美国北部地区最受人们欢迎，而在南部地区则差一点。在这几个月中，太阳照射可以使室外气温升高，延长室外活动的时间。在九十月份及三四月份这样的过渡月份里更是这样。同样，在冬季里，阳光可以使室内的温度升高，减少取暖费用的支出。

如果可能，在凉爽的季节里使用的室外空间要设计在住宅的南边，这样在白天就可以得到充足的日照。住宅南边的空间还会享受到由住宅外墙及相邻地面反射的热形成的“热袋”（图3-23）。深色的路面则由于吸收更多的太阳光线并把它们转化成热量而加剧这种热量聚集。在凉爽的季节里，不应该把要使用的空间设计在住宅的北面。

一些基地设计思想中需要考虑使太阳照射最大化。一种方法是在住宅的南边主要种植落叶植物。落叶树与其他的植物在夏季可以遮阴，而冬天落叶时，还可以使阳光透过。也需要对植物进行认真的选择与布置。落叶树应在住宅的南边广泛种植，以便可以更多地接受阳光照射，但太多的树也会减少照在住宅南边的阳光。

最好使用分枝点较高的树种，并把它们栽植在靠近住宅的地方（图3-24）。在这个位置上，夏季树木可以为住宅屋顶提供有效的阴凉，而在冬天，由于太阳高度角较低，可以使阳光通过树冠直接照在住宅的墙壁和窗子上。住宅南边最好选择枝条开张、松散的落叶树种，以获得充足的光照，而那些枝叶茂密的落叶树种和多数常绿植物则尽量少种，因常绿植物会完全挡住光线，减少潜在的热效果。

另外一个增强阳光照射的思路是尽量扩大住宅南边窗户的面积。当阳光透过窗户时，受光表面会将阳光转化为热能。这些热会在室内保留，形成“温室效应”。所以在南边种植的灌木不能挡住窗户。如果室外空间允

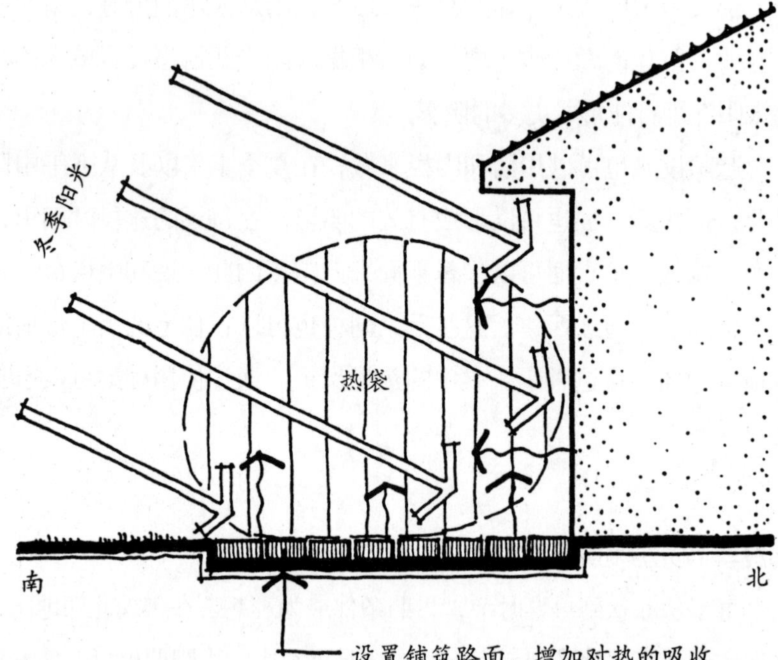

图3-23　冬天住宅的南面可以形成“热袋”

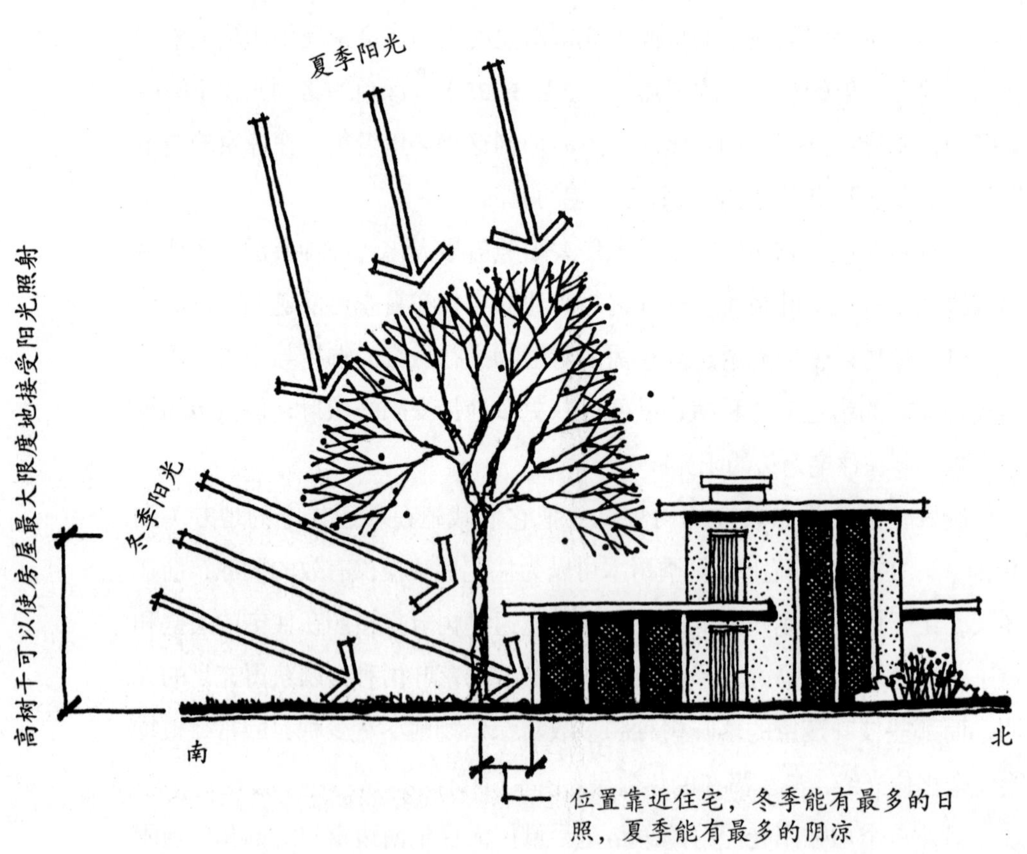

图3-24　落叶树枝干应该长得很高且靠近住宅，这样冬天里会有最多的日照

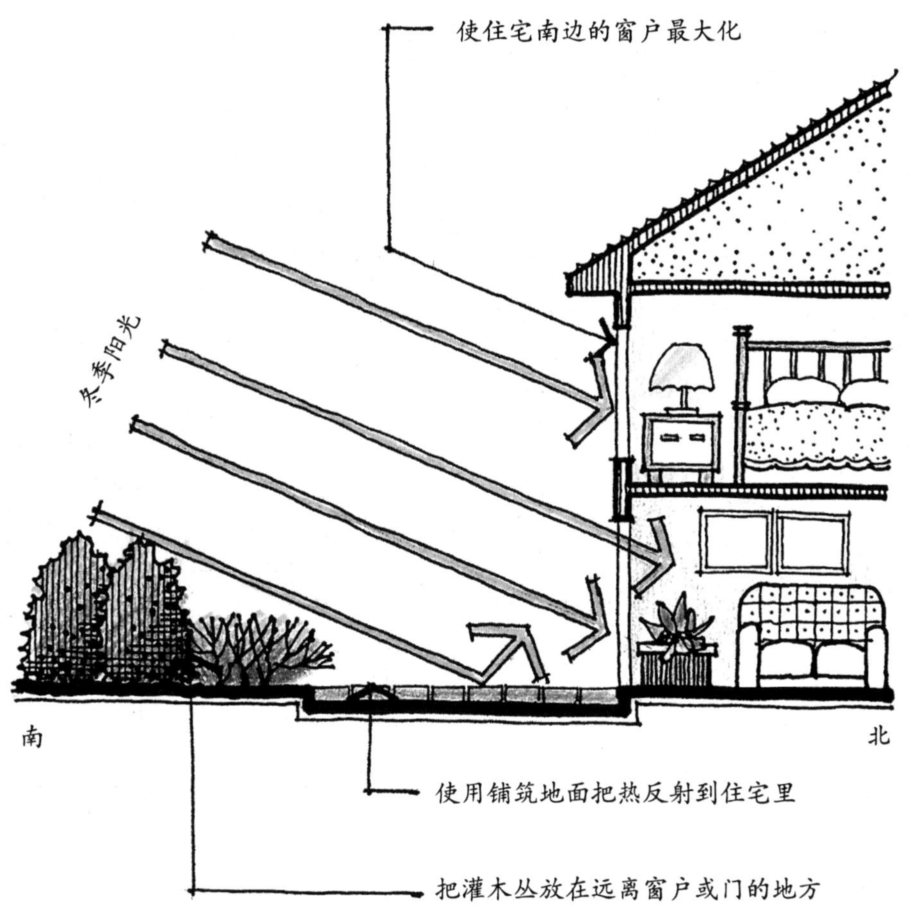

图3-25 如果设计得当，住宅南边的房间可以利用冬天的光照取得温暖的效果（彩图见插页）

许的话，紧挨着滑动玻璃门和其他相似的宽窗的地方设置铺筑地面，这样会通过太阳光反射到附近的房间以增加获得的热量（图3-25）。

研究风的模式

在设计住宅基地时，风是另外一个需要考虑的重要气候因素。当气温超过21～27℃的舒适温度时，则需要风。一方面，有风的时候，就像扇子一样使身体降温，会感觉比周围的气温更凉爽。另一方面，当气温降到21℃以下时，无需通风，因为在这种温度下，人会有冷凉的感觉，这就是通常所说的“寒流”。同样的现象也会发生在住宅内部。风可以带走住宅中的热量，并影响供暖和制冷所需的能源。

与太阳不同，无法根据季节、方向准确地对风进行预测。在一天之中，风要比太阳更富有变化，但基于季节和天气情况，它都有一个一般模式。从大的方面来说，一年之中风会从所有的方向吹来。但是，在美国风大多数都是从西边吹来。夏季，盛行风是南风及西南风，而到了冬季则转

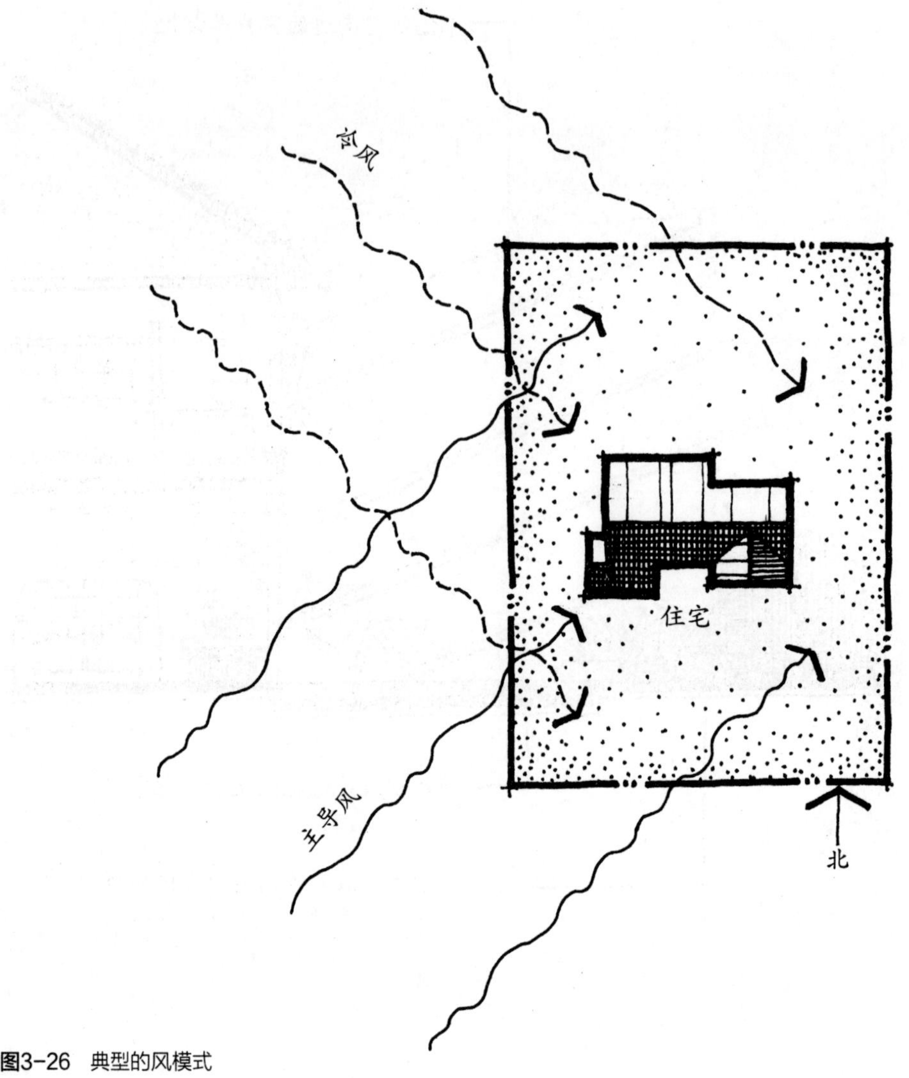

图3-26 典型的风模式

为西风及西北风（图3-26）。风的方向也与天气有关。例如，在暖和的天气里风向多是南风或西南风，而在冷天则变成西北风。这些一般模式还会由于山川与巨大水体的存在而出现更多的改变。最好能参考由国家气象局提供的天气记录，可以得到一定地理条件下更精确的风向。

对于一座位于温带地区的开敞、平整基地上的二层住宅而言，一年四季风向变化比较明显：

- 一年里有时候住宅的所有面都能受到风；
- 一年中住宅的南、西南及西边是受风最多的地方；
- 一年中住宅的东边是最能防风的地方；
- 在夏季的几个月里及暖和的天气中，住宅的南边与西边是风吹得最多的；
- 在寒冷的天气里，住宅的北边与西边常受到冷风吹，这种情况在冬天则产生负面效果。

特定的基地上以及其周围的地形、植被和其他建筑，都会经常改变以

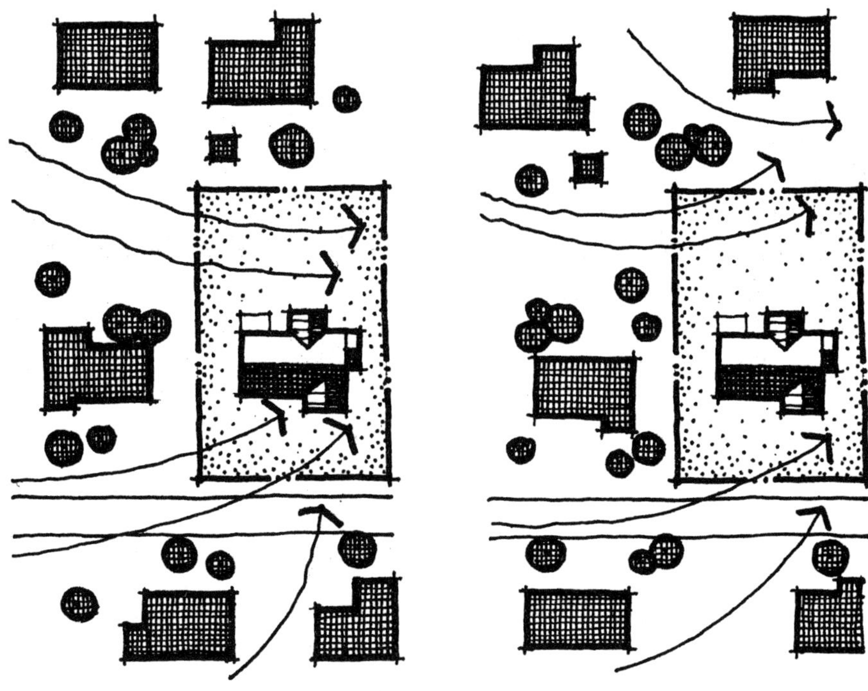

图3-27 非现场条件对风的流向和穿过场地的影响

上条件。至关重要的是，要对附近的现场条件进行研究，以确定如何影响风的流动。图3-27说明周边的房屋和植被的不同位置，会决定风到底是通过基地还是绕过基地。

关于住宅基地的风设计可以得出两个最终的结论：①需要防风设施来挡住西风和西北风；②住宅应选择暴露于南风和西南风吹来的方向。这两点不仅适合室外空间，也适于住宅本身。

提供防风设施

西北方向吹来的风有许多有害的影响，这里有几个防护住宅和室外空间的方法。其中包括室外使用空间恰当的地点、利用植被以及使用墙或围栏来作为防风屏障。根据以上对住宅周围地带的描述，最好把需要防风设施的室外空间设在住宅的东边或东南边，住宅本身能够为这些地方挡住寒冷的西风和西北风。这些地方特别适合在晚秋、冬季和早春时节进行室外使用。

同样，植被可以在住宅基地上用来屏障和引导风。植物叶子的作用就如同园林装饰小品一样引导风从其周围吹过。常绿针叶树和灌木最适合这种功能，因为它们一年到头都有相对较多的叶子。这就会形成两个受保护

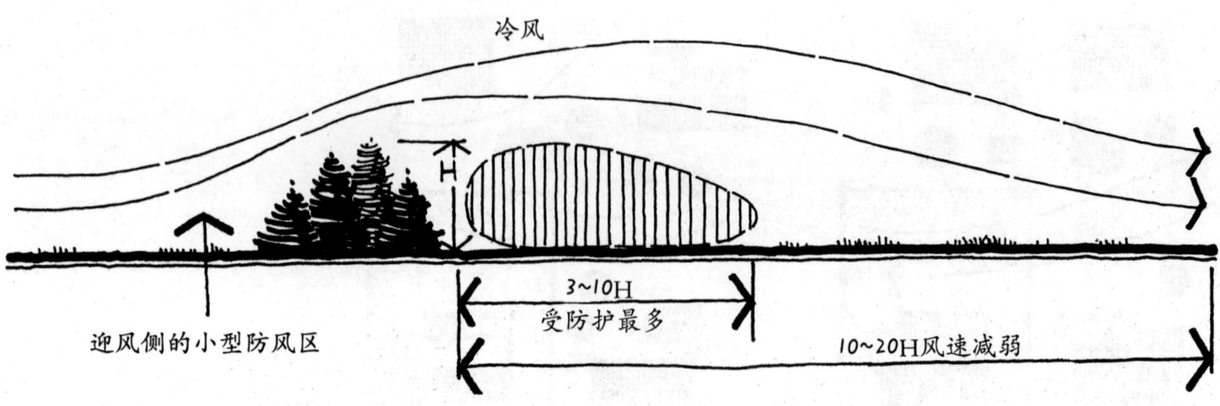

图3-28 常绿针叶林可以形成冷风防护区

的区域（图3-28）。有一个小的区域，它在树丛的迎风侧；而大的区域就是在树丛的背风面。

树木所创造的风力保护的区域大小取决于屏障中树木的高度和密度。一般的经验法则是，在背风区，树体高度的10～20倍的距离内，开阔地带的风可以减少50%[1]。在这个区域内，在树高3～10倍的距离内，最大风力会明显减小，并且会随着距离的进一步增加而变得越来越不明显。例如，一棵20英尺的树就可以在60～200倍的距离内显著地降低风速[2]。各种研究表明，在开阔地带的风经过树丛，背风区10～20倍树丛高度的地方风速可以降低60%以上。

还应注意的是，树叶密度为50%～60%，是从一组树木中筛选出来抵抗风影响最有效的状态。换句话说，有50%～60%的植被是树叶和树干/树枝结构，而剩下的40%～50%是开放的空间。这种情况下往往允许一些风穿过树群。当树叶密度增加时，由于通风不足，使风更快地偏转返回地面，从而减少了保护区的范围[3]。因此，一个中等密度的树群实际上比浓密的树木防风的效果更好。这使得部分风能够通过树丛，而树丛将风力顺势向上推，使风从树上吹过。如果叶子的密度增加，则很少有风通过树丛，这会使已经转向的风更快地回到地面，也就会减小防风区面积。

为了利用针叶树林与灌木潜在的屏障效果，应该把它们设置在住宅与室外空间的西边及西北边（图3-29）。为了更加有效，针叶树林应该沿着基地的西边及西北边形成一条连续带。常绿树丛如果是以更小的组团散植

---

[1] Gary O. Robinette, Plants People Environmental Quality. Washington, DC: U.S. Department of Interior, 1972: 78.

[2] 同上，79、82.

[3] 同上，82.

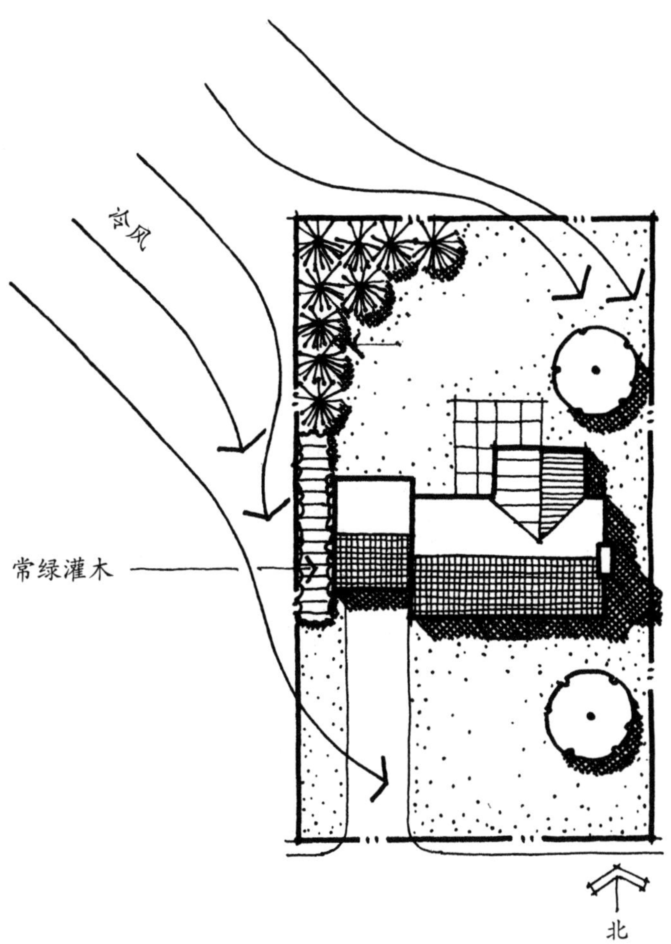

图3-29 常绿针叶林及灌木丛应设在住宅的西侧及西北侧，形成冷风防护设施

在基地中，则不会有什么效果。这会形成开口，使风自由通过（图3-30）。实际上，树丛的开口可能会在风通过时增加风速。恰当地种植常绿针叶植物能够在一年中寒冷的季节里节约30%的热量损耗[1]。

有一些特殊的基地条件，如可用的空间、住宅临街的方向以及视野好的方向，常常不允许常绿针叶林布置在基地外部的西北扇形区，因此，有一个应变的办法，就是把常绿针叶灌木丛种植在紧挨着住宅西边及西北边的外墙的地方（图3-31），这种种植方法不仅能够为住宅外墙阻挡冷风，还会在植物丛与住宅外墙之间形成“无风区”，实际上形成了一块额外的隔离区。

使用针叶林来阻挡风的一个缺点就是要占用很多种植所需的土地面积。有一种可以少占空间的选择就是用墙和围栏来屏障冷风。墙和围栏也可用来为住宅的西墙及西北墙挡风，可以使风从室外空间上部吹过。还有一种可能的方法是在住宅的北边用墙或围栏围住前门的西边和北边，形成

[1] Anne Simon Moffat, Marc Schiler. Energy-Efficient and Environmental Landscaping. South Newfane, VT: Appropriate Solutions Press, 1994: 75.

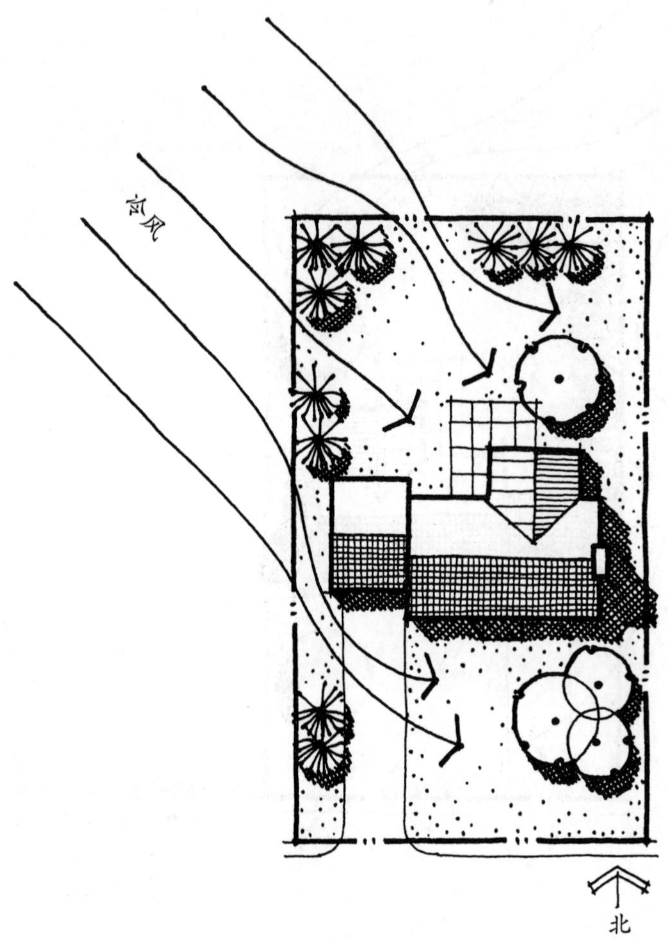

图3-30 分散的常绿针叶林会使冷风很容易地穿过基地到达住宅

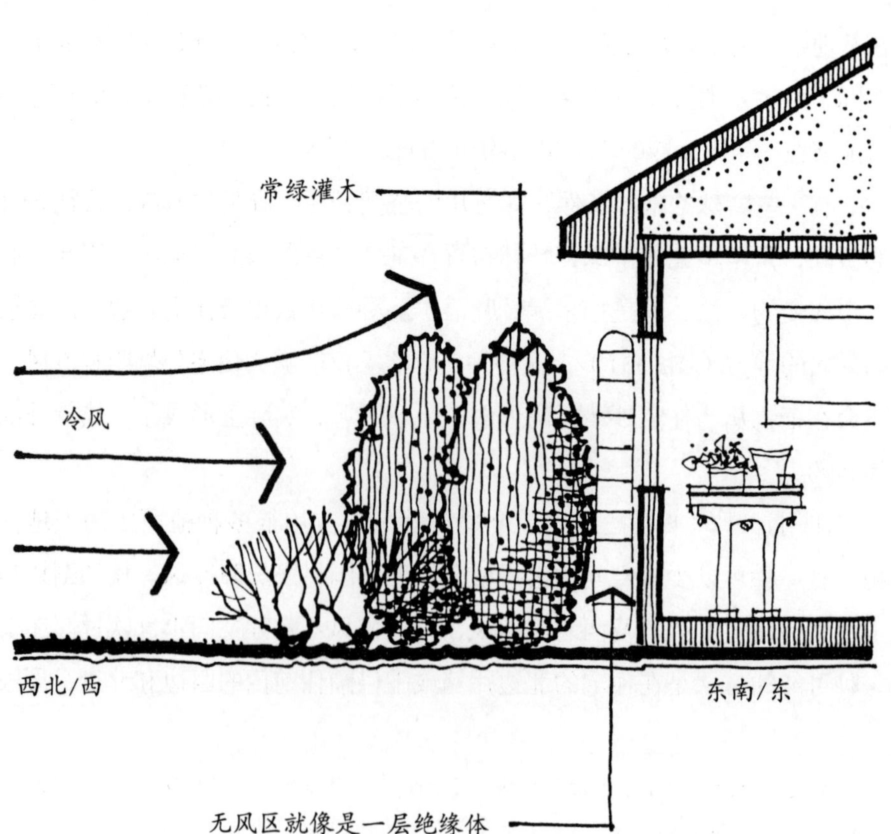

图3-31 在紧挨着住宅外墙处种植高大的常绿灌木丛可以保护住宅不受冷风影响

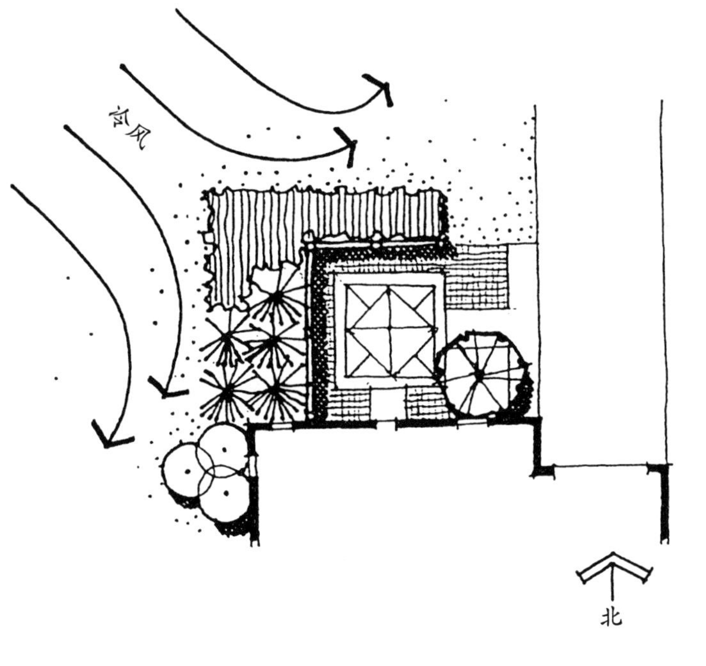

图3-32 常绿针叶植物和墙（或围栏）可以保护住宅北边的入口小道

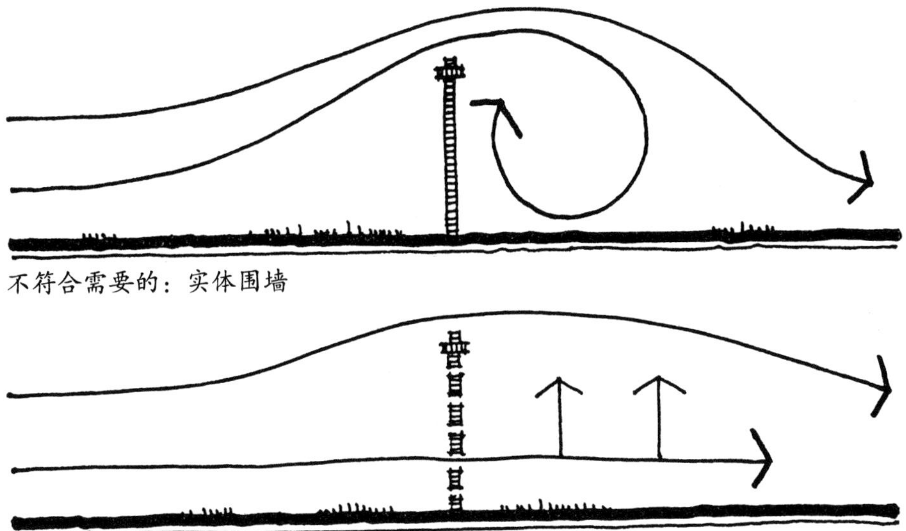

图3-33 适当通透的围栏，防风效果最好

入口空间（图3-32）。由于是北向，这个空间全是一个荒凉、阴暗、寒冷而且多风的空间。精心地设计和放置垂直面，挡住风并允许前门在进入最少量阵风的情况下开启和关闭。

当允许一些风穿过时，与植被相比，墙与围栏则是更令人满意的风屏障。一面实体的墙或围栏就如同很密的植被林，在被保护的一侧，以涡流的形式把已抬高的风又推回到地面。因此，把围墙与围栏作为风屏障，就应该在上面开些小洞或用一些独立板条（固定百叶窗条），这样能够允许一些风通过（图3-33）。没有通过的风则上升，并向围栏的顶部移动。垂直或水平的板条常常是最理想的，它可以使风渗透整个围墙或围栏。向上呈一定角度的水平板条可以把风引向空中。但不提倡使用向下呈一定角度的水平板条，它会把风引向地面，干扰植物生长并把地上的碎片与灰尘吹向空中。

另外，还有几种比较新的方法可以用来最大限度地减小暴露在冷风下的面积。一种方法是用吊在柱子或杆子之间的垂直帆布条。这样在满足了挡风这一需要的同时，也可以为空间提供亮丽的色彩。在需要保持视野又需要挡风的地方，最适合用强化玻璃或有机玻璃做的板条。如果户外有壮丽的景色，而且还想在冬季观赏，这时玻璃幕墙就是最佳的选择。对风进行屏障的最好办法不必是单一地使用植被或是围墙/围栏。如果把这些元素充分地结合在一起则更有利，它们之间的协同作用会最大限度地减小风通过时可能的负面影响。

炎热的季节增大通风面积

风也可以被认为是一项潜在的财富，在一年之中温暖的季节里，空气流动可以加速人皮肤表面的水分蒸发，由此带来一种更凉爽的感觉。风还可以防止室外空间变得太污浊。

一种方法是在住宅及温暖季节里使用的室外空间的南边和西南边设置开阔的草坪（图3-34）。在这样一个开敞区域里，盛行风无阻碍地吹入住宅

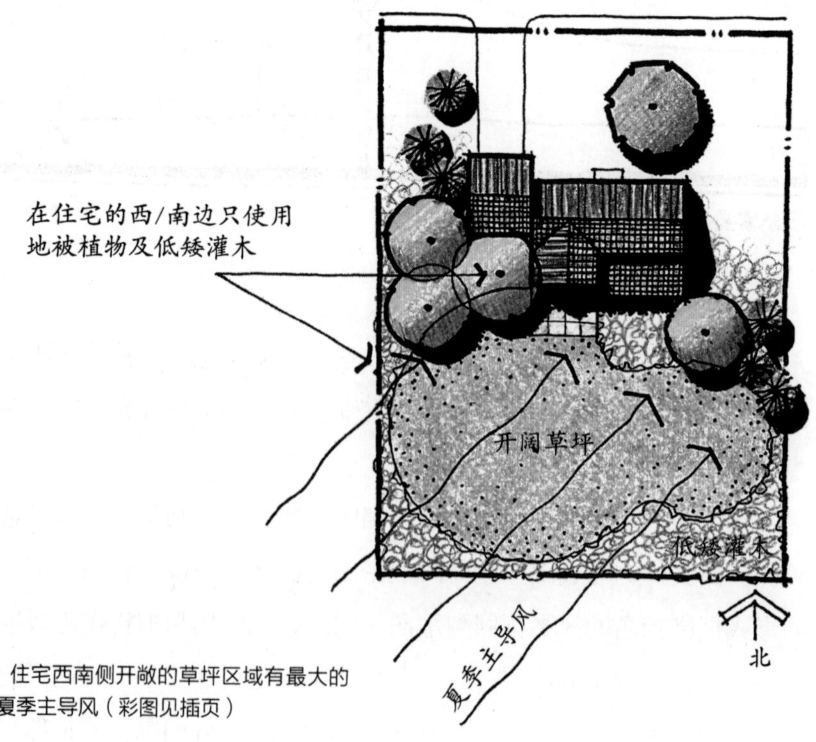

图3-34 住宅西南侧开敞的草坪区域有最大的面积接受夏季主导风（彩图见插页）

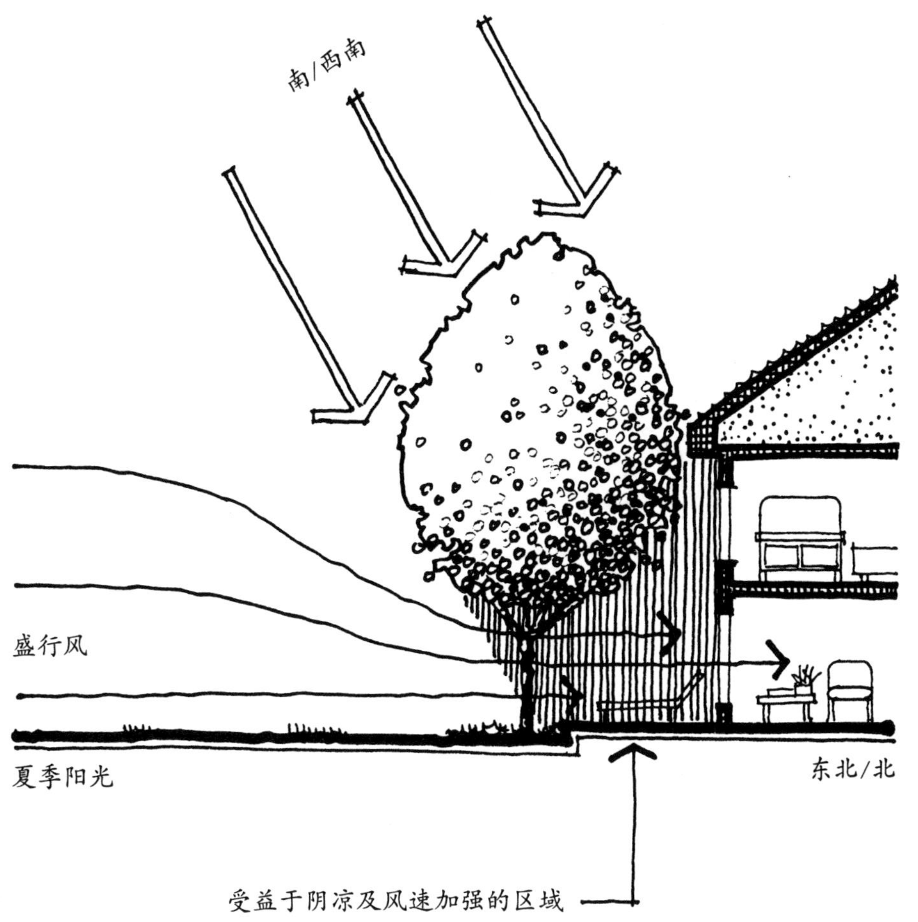

图3-35 落叶的遮阴树可以引导风，并且可以为在树底下的室外空间及住宅提供阴凉

或室外空间。相应地在南边和西南边的植物及其他元素的高度应该低一些，种植2英尺以下的地被植物、多年生植物或灌木的区域都会有利于通风。

落叶树冠下的空气流动增强了风的流动。在这里，风被集中在树叶和地面之间，使得树冠下面比阴凉处更凉爽。在住宅基地中，为了更便于利用这一特点，落叶树林应该种植在住宅或室外空间的南边或西南边（图3-35）。

植被、围墙/围栏及地形，这些元素可以大体形成“V”字形，把盛行风导向一个特殊的区域（图3-36）。在引导风的同时，最好能让风吹过植被表面，如草坪或是地被植物，因为在这类地面材料之上的气温会相对凉爽一些。如果可能的话，让风吹过水面，如湖泊、海或池塘、瀑布，这同样也是很受欢迎的。但是让风吹过铺筑地面是不合理的，因为这些区域上空的气温要相对较高些，会使相邻的住宅或室外空间的气温升高。

围墙与围栏也可以增大通风面积。像前面所探讨的，围墙或围栏可以用来以多种方式改变风向，使之绕过或穿过室外空间。为增加通风面积，围墙或围栏可以设计成有各种开口的形式。开敞的铸铁围栏或其他材料制成的开敞格栅形成最佳的通风效果，同时也提供围合感。使用栅栏也常常

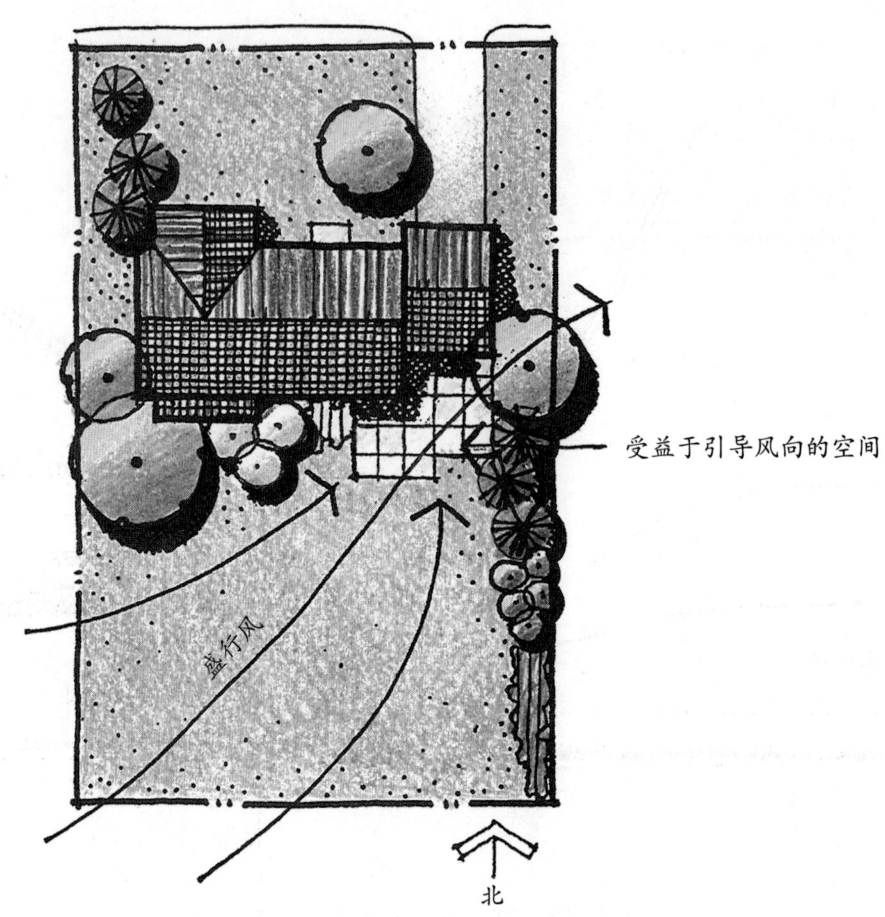

图3-36 植物可以形成"V"字形，把风引向室外空间（彩图见插页）

是一个不错的办法。围栏上的百页可以设计成旋转或翻转，可以进行调整，改变开口的大小和方向，从而相应地改变风向和风速。

总之，在住宅基地中可以应用很多方法来恰当地结合风进行设计。每种方法都要在尊重已有基地的地区性和特殊性条件来进行分析，明确它的可行性与潜在的影响。这些方法应该与对光照和其他基地需求的考虑相协调。应用结合风进行设计的一些或全部的方法，从根本上有益于提高住宅景观设计的质量和增加设计的趣味性。

节约用水

另一个自然发生的事件是降水，这也是生活在住宅区中所有生物用水的来源。虽然是必不可少的，但是降水是不可预测的，而且随着季节的改变和区域位置的不同，降雨量也不一样。在迈阿密平均降雨量约59英寸，波士顿是42英寸，西雅图是36英寸，菲尼克斯是0.5～7英寸[1]。5～10月是迈阿密最潮湿的日子，而4～6月则是菲尼克斯最干旱的几个月。在住宅景

[1] http://www.worldclimate.com

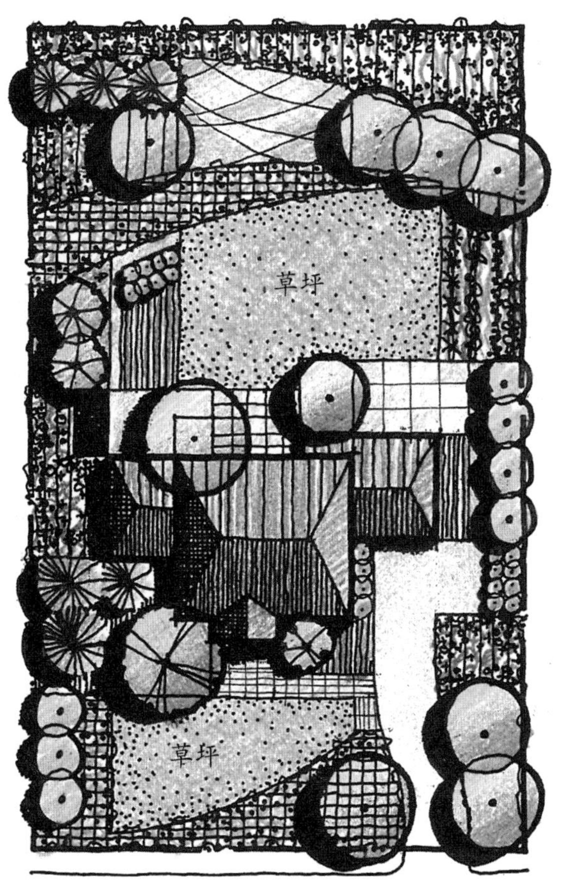

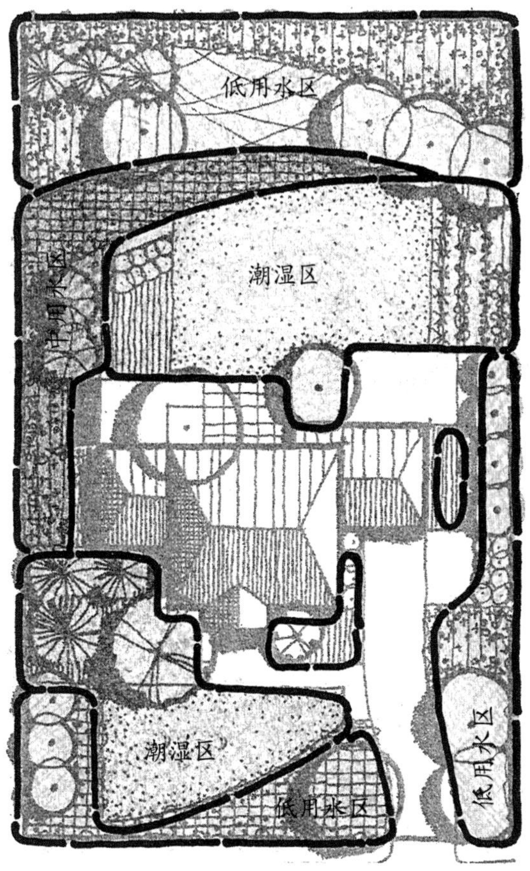

图3-37 要把基地的灌溉按照不同的用水量进行组织，以节约用水（彩图见插页）

观中，仅靠自然降水往往是不够的，需要补充各种形式的水资源，来帮助植物与草坪摆脱干旱。这种补充用水会耗费大量的水资源和费用。据估计，在美国，一个四口之家平均每天使用400加仑（1 514.16升）的水，其中30%是专门为户外使用[1]。此外，未来水将成为一个日益稀缺的宝贵资源。因此，可持续的住宅基地必须整合各种节约用水及合理用水的技术。

节约型园林是指在景观设计中最小量地使用水，这种园林常常应用在干旱地区，然而它在经历周期性干旱的所有地区都有所应用。节约型园林可以涵盖整个基地，或是基地中指定的低用水区域。周密的总体规划、选择适当的植物材料（见本章本节后述“根据区域降雨选择植物”）、有效灌溉以及良好的保养，都对节约型园林有很大的帮助。应该把这种总体规划加入到宅主人的思想观念中去，这样节约用水才能够成为整个设计不可分割的一部分。

优化节约型园林只能依靠天然降水。如果需要灌溉来补充用水，那么它应该根据区域不同的水需求来进行设计，以此作为节约用水的一种手

[1] Outdoor Water Use in the United States. EPAWater Sense, EPA-832-F-06-005.

雨水罐

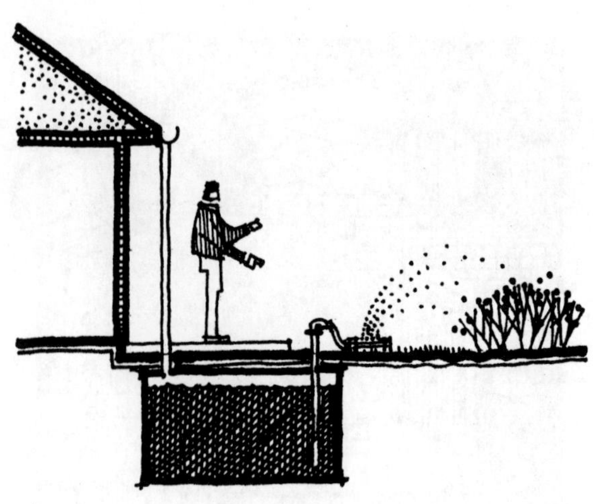

蓄水池

图3-38 收集的雨水可以储存在雨水罐或蓄水池中，作为浇灌植物的水源

段（图3-37）。例如，一个低用水区域应使用很少灌溉或不需要灌溉的耐旱植物。低用水区域应尽可能大，可以距离住宅建筑最远，因为它不需要管道和其他的联系。中度用水或湿度适中的区域在干旱的季节里以及其他几乎没有多余的水的时间里，需要一些灌溉。湿润的区域（通常包括草坪）最需要灌溉，应该比较接近住宅，以减少用于灌溉的管道或软管的长度。这个区域应尽可能小，以便节约用水。

对于理想的种植床和容器来说，滴灌或透雨软管是最好的灌溉方法，因为水直接进入土壤。一些灌溉方面的新技术不断涌现，如地下毛细管系统，会为景观提供更高效的水分分布。这些系统使用一根细管连接到一个像垫子一样的东西上，然后把这个像垫子的东西埋在地表以下，以此来保持土壤湿润。喷淋或喷雾式灌溉应尽量减少，因为总有一些水由于蒸发或是被风吹散而损失掉。最后，灌溉系统应该有一个雨水关闭装置，进行定期维护，修理漏水，调节流量，以及调整喷淋头的正确方向。

还有一些其他的节约用水的方法，例如把种植床上裸露的土壤进行覆盖。这样就会减少土壤里水分的蒸发，降低土壤的温度，可以减少那些既不好看又会和景观植物争夺水分的杂草，并降解成有机肥料。草坪（见本章本节后述“根据区域降雨选择植物”）应定期充气，以增加土壤中的空隙，这也有利于地表水向下渗透。草坪中草的高度应保持在2～3英寸，这样草就能覆盖住土壤，有利于保持土壤中的水分。

水的收集则是与节约用水完全不同的技术，它是把落在屋顶或是道路这样的硬质表面上的雨水收集并储存起来，作为灌溉植物的用水。有一个简单的收集屋顶等地方雨水的方法，就是在雨水管的端部放置一个专门收集雨水的水桶（图3-38）。同样，从屋顶或铺砌硬质地面流下来的雨水可以保留在一个水箱里，通常是采用一个埋在地下的储水罐。在农场，在水井普遍使用电泵之前，水箱是一种常见的存储水的方法。

对于住宅来说，还有一个不太常见的节约用水的方法，就是使用再生水或“灰水” 来作为一个景观的灌溉水。灰水是指用于家庭各种洗涤后剩下来的水，如洗碗、洗衣、淋浴等用过的水，这些水通常是排入化粪池系统或市政下水道的。然而，如果洗涤过程中没有使用毒素或化学品，那么这些水只是被轻微地“污染”。应该指出的是，灰水不是源于厕所的污水。适当改变管道，水从水槽、淋浴间、洗衣机、洗碗机可以排到一个容器里，储存起来作为植物灌溉的水源。人们常常认为，灰水在应用到景观之前就应该和自来水结合使用。在气候干旱地区，这是一个特别有用的概念，因为在这里，任何水都是有用的、值得珍惜的，但须注意，灰水不能用于浇灌根类植物或盆栽植物。

根据区域降雨选择植物

还有一个能够降低住宅基地水耗的策略，就是选择能够适应当地气候条件，不需要外界的帮助，就能够生长的本地植物或其他类似的植物。另外考虑到正常的耐久度，应当了解降雨的时间，以及降雨量的多少。正如先前所指出的，许多地理位置不同的地方有着不同的降雨周期，因此一年当中总有几个月要比别的地区更潮湿或更干燥一些。植物必须能够适应这样的降水模式，而不仅仅是降雨的年平均数。这往往意味着要使用那些能够适应自然降水周期的本土植物（参见本章“适应区域气候”中的“利用地方材料”）。不应使用需要更多水灌溉的植被，或只设置在基地指定的湿润区，这样植被才能够得到足够的补充水。

另一种需要考虑到用水情况的植物就是草坪。草坪需要相对大量的水分，以保持其健康和漂亮的绿色地毯外观。草坪和构成草坪的草只适合生长在凉爽、湿润的地区，如美国西北部以及英国，在这些地方，草坪可以作为设计元素。在其他地区，由于气候的原因，没有特殊管理，草坪是长不好的。

草坪还有其他的环境缺陷。草坪是生态单一组成的一个植物类型，是一种很少存在于自然界中的人工产物。相比之下，几乎所有自然生态系统都是由众多相互依存的植物和动物种类组成。由许多物种组成的生态系统是健康而又可持续的，因为如果一个物种受到伤害或损失，系统通常还可以生存，而草坪则不可以。最后，在草坪中，草的高度也是不真实的；大多数草坪草能够长到6～8英寸高。但是为了防止草达到“自然”的高度，必须花费大量的时间和精力来修剪草坪。

草坪必须辅以其他管理手段来保持健康和活力。持续的灌溉、施肥、病虫害防治、除草都是必需的，这样才能保持草坪美丽的外观。这需要时间和大量资源的投入，其中一些还对环境有害。草坪使用的农药和杀虫剂是对人体有害的，特别是儿童、许多鸟类和动物。如果草坪使用过化学药剂，应把警告牌放在草坪上。这些药剂的用量也很难把握，私人草坪中约40%在使用杀虫剂时每亩所用量比农民往往多3～6倍[1]。给草坪施肥是为了使它们长得更旺盛，但对环境容易造成潜在的危害。一些草坪中的肥料在暴雨中被带走，并流进附近的溪流和河流中。那么在这些小溪和河流中，肥料使得藻类和其他水生植物显著增加，最终会减少鱼和其他水生生物可用的氧气。一旦鱼类和其他水生生物死亡，则会危害水体生态系统的平衡。

当设计师设计草坪区时，一般需要先考虑两点：①减少草坪区的数量，②以关怀环境的观点来维护草坪。草坪应当设置在基地上被精心挑选出来的区域，这样也可以减少草坪面积（图3–39下图）。基地的其他区域则可以设计成其他用途和/或种植其他类型的植被。有些地面不适宜设置草坪，如树冠下的阴影区域、坡度超过3：1的坡地上、分散的小块地面，或是狭长的空间——如在房屋的一侧（图3–39上图）。在这些情况下，草坪是难以发展和维持的。这些区域最好覆盖其他的材料，如地被植物，也可以用多孔路面。

草坪区域的边界应该很好地限定出来，形成简单的形状（图3–40）。简单并带有弧线的草坪边缘是最容易修剪的。因此，应尽可能避免复杂或直角的草坪边缘。此外，草坪中避免布置如树木、灯柱、圆石以及鸟池等物品，它会阻碍草坪机工作。

目前有一些草坪替代品可以替代草坪。一种是低矮的本地牧草，这种牧草在几乎所有的气候区里都可以找得到。如紫羊茅（北方）、水牛草（中西部草原地区）、加利福尼亚草原苔草（西海岸），这些草往往有自然的外观，却不需要经常修剪或灌溉[2]。草地野花和本地草是另一个选择，尤其适合比较大的地区。草地可以随着季节的不同而呈现一种明显的季节变化，尤其是夏天，它会呈现出斑驳的颜色。由于草坪区域的观赏草有着不同的高度、颜色、纹理，可以为传统的草坪提供戏剧性的变化。观赏草全年都有视觉吸引力，不仅质地柔软，而且还随风摇摆。本地草原与之很相似，在美国中西部许多州都可能替代观赏草。这种广泛种植的地面覆盖植物也可以替代住宅区中的草坪，有较大的种植区域。在干旱地区，常使

[1] John Skow. Can Lawns Be Justified. 1991, 3(6): 63.

[2] Ruth Chivers. Alternative Lawns. Garden Design. 2006, 7: 70.

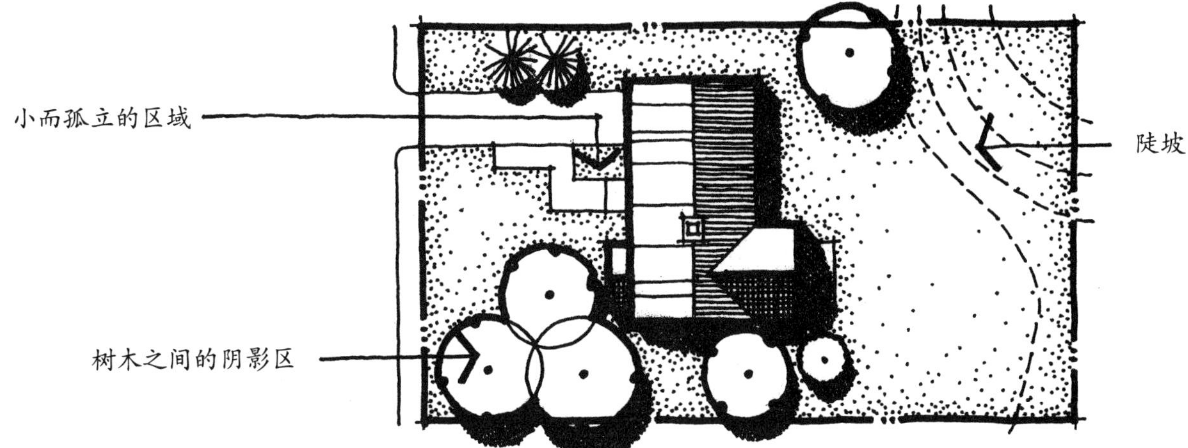

图3-39 草坪在尺度上应被缩小，并且只设置在相对开敞而又平坦的地方

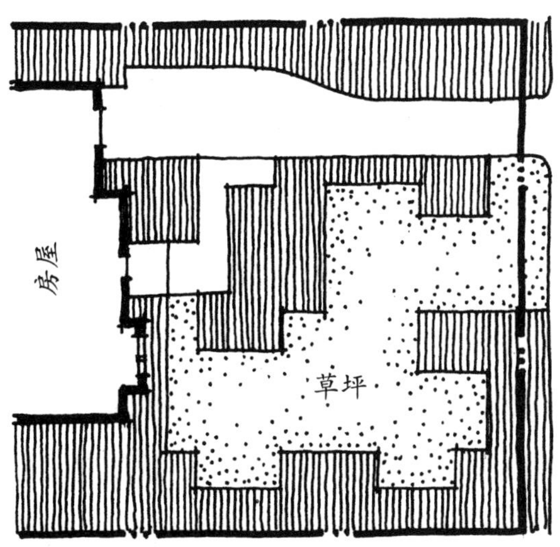

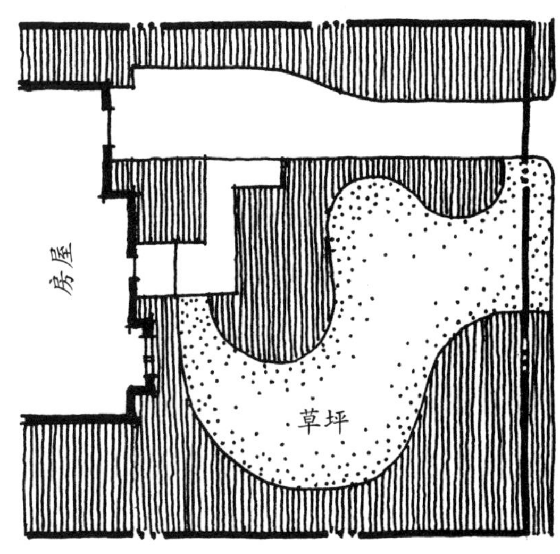

图3-40 草坪的形状要简单，以方便修剪

用碎石和风化花岗岩来替代草坪。

减少径流

由于土壤被压实或铺设了硬质而不透水的地面，造成了地面径流增加，这在城市和郊区是一个很重要的环境问题。许多城市中的土壤都像混凝土一样坚硬，这是为了阻止地表水下渗到地下而有效建立起来的一个坚实的屏障。此外，屋顶、街道、车道、停车场、天井、步道将地面密封起来，阻止地表水下渗到土壤。

由于水不能够渗入到地下，则只能流到附近的溪流和河流，尤其在暴雨之后，还会增加河水的流量。这种增加的水量又会造成下游洪水泛滥，水土流失，并把污染物带进水里。

可持续景观设计中，如果基地的地面是完全自然的，应该有效地减少地表径流的体积。还有许多节约用水的技术（见本章本节中的“节约用水”）可以减少地表径流。此外，全面改善基地的土壤结构也可以显著减少径流。正如前面所讨论的，改善土壤结构的一个非常有效的方法，就是在种植前往土壤中添加堆肥（见本章“现场修复”中的“修复土壤”）。

尽可能减少铺装地面的面积，这也可以适当减少径流。车道、步行道、天井、泳池甲板等处，在不影响设计的创作优点、正常功能的情况下，尽量降低其尺度的标准。很少使用的或是在整体设计中无关紧要的铺装地面，要尽量减少，甚至不用（图3-41）。

另一种减少地表径流的办法是使用多孔路面。多孔路面的铺装材料上有小空隙，这些空隙能够使地表水渗漏到下面的土壤中（图3-42）。聚合材料，如砂、砾石、碎石、木屑等本质上就是多孔表面。铺在沙地或碎石基础上的砖、石、水泥砖、木质的铺地，材料与材料之间也有空隙，这也属于多孔路面。在每块木板之间的小间隙也是一种多孔路面，通过木结构下的砾石能让水从地面渗透到下方。此外，一些混凝土铺路机制造商提供专门设计的混凝土铺路机，能够在铺设单元之间任意做出空隙，从而使地表水渗透到地下（见图12-27，图12-28）。传统的路面如混凝土和沥青是防渗漏的，应尽量减少，但是有一些特殊的混合多孔的混凝土和沥青表面还是可以用的。然而，后者只能用在地表水不会结冰的温暖气候区域。

另一种多孔路面是草地铺装路面，这种路面是由混凝土或塑料网材料进行铺装，材料上有着规则的孔洞贯穿。这种相互关联的混凝土或塑料网提供一种结构性的支持，孔洞里充满了土壤和种植的草或地面覆盖物（图3-43）。这是步道和不常用的车行道理想的路面铺装材料，它不仅

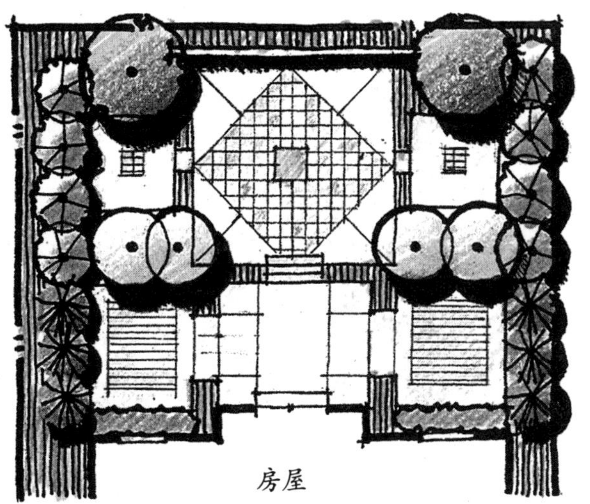

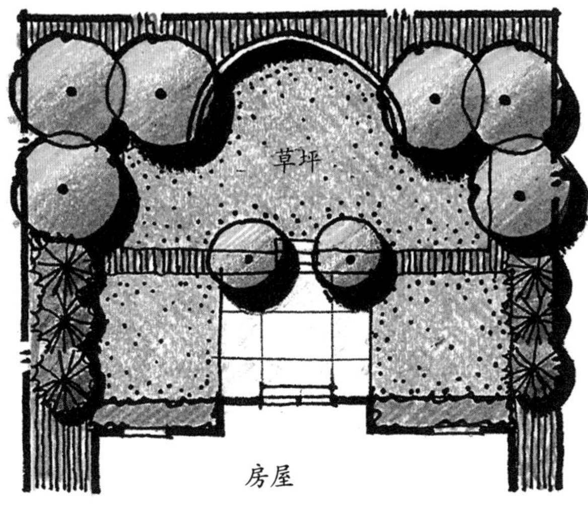

图3-41 铺装地面应尽量减少，以减少地表径流（彩图见插页）

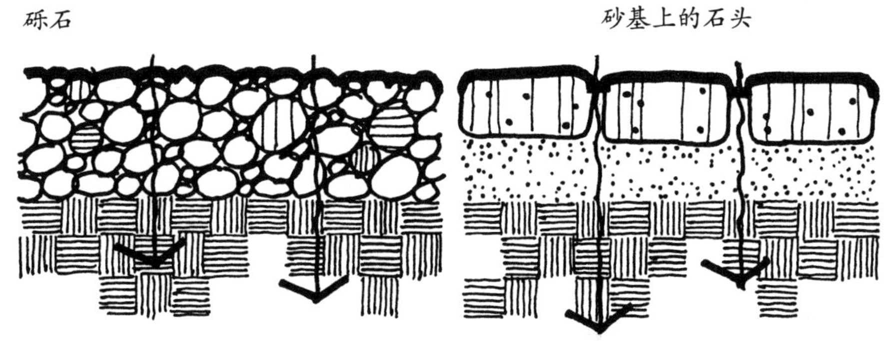

图3-42 多孔材料的铺装可以使水向下渗透

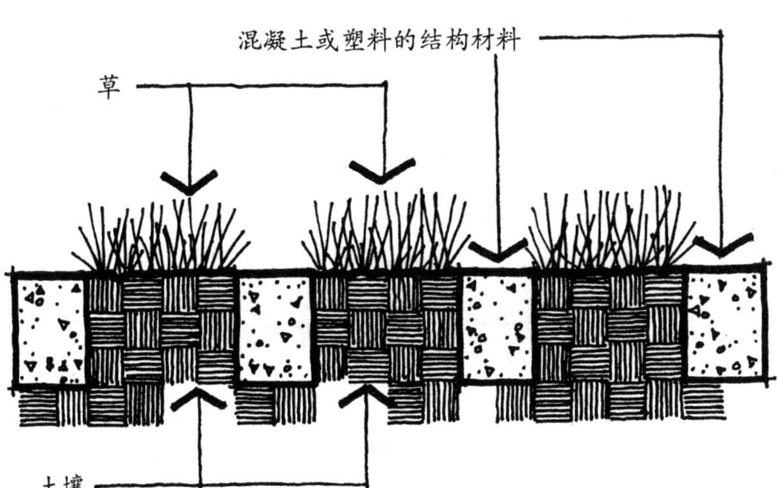

图3-43 草地铺装路面的剖面

对环境有好处，而且这种结构框架往往在视觉上不太明显，而使表面呈现出类似草坪的样子。但在经常使用或是需要除雪和搬运的部位，草路面是不适合的。此外，草地铺装路面一般是用混凝土浇筑，因为这种材料吸收阳光的热量和干燥速度比其他材料要快。

把住宅基地的地表水向草坪和种植区域排放，水可以更容易地进入地面，这样可以减少地表径流（图3-44）。同样，从屋顶流下来的水可以通过落水管连接地下多孔管，再排到土壤里，使水直接渗入地下（图3-45）。最近，有一个越来越普遍的想法，就是“雨水花园”，即人为地创造一个

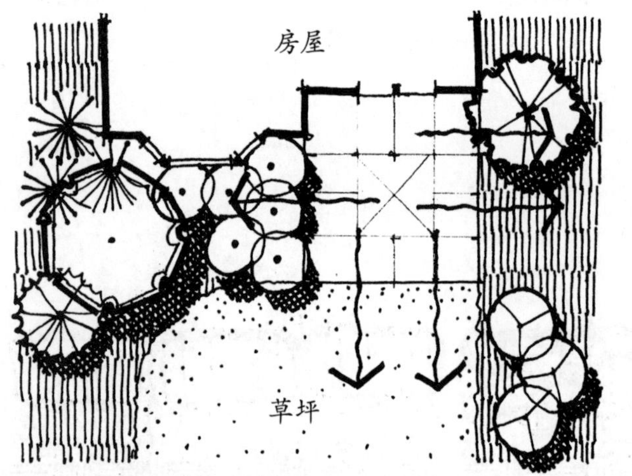

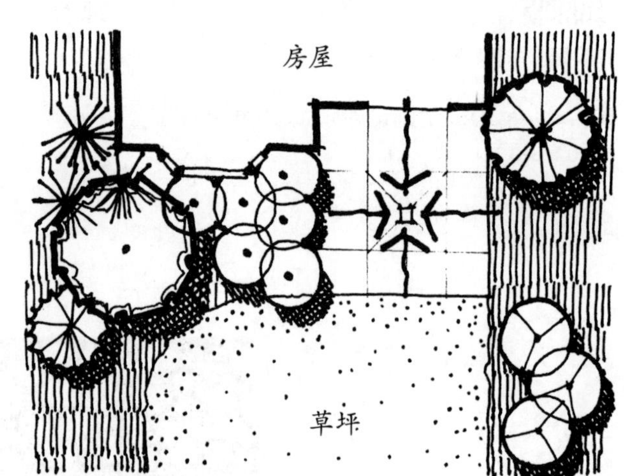

图3-44 铺装地面上水应当向草地和种植区域排放

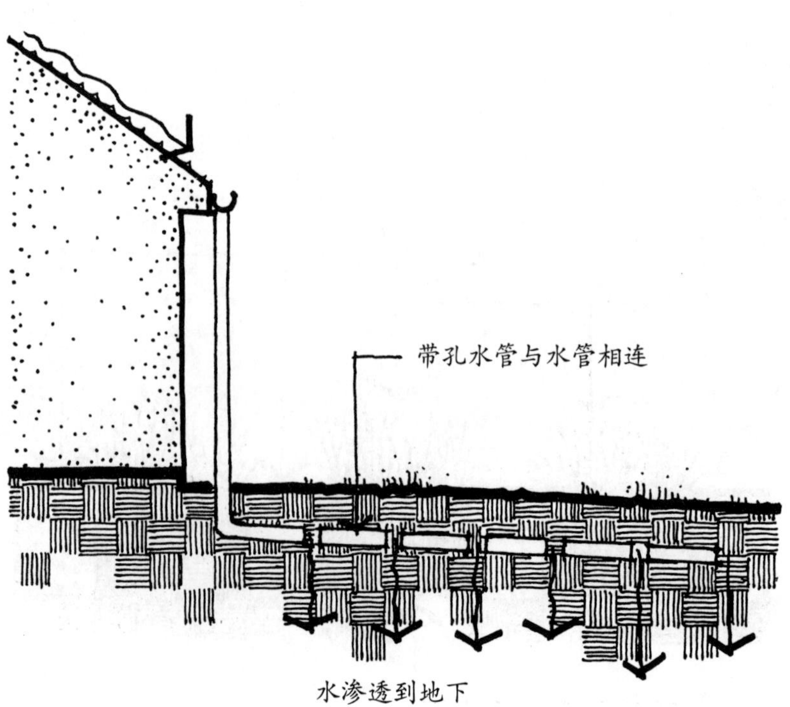

图3-45 从雨水管排下的水可以直接流入地下带孔水管中，以补充地下水

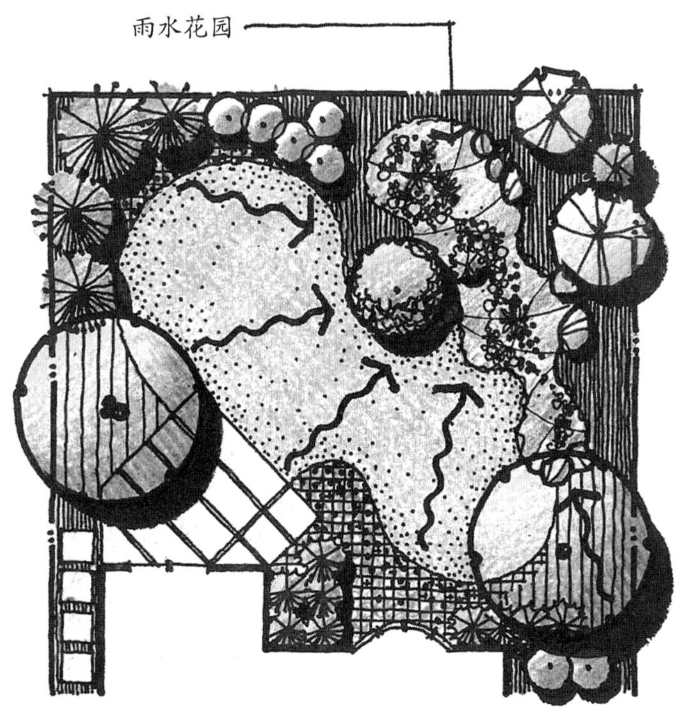

图3-46 雨水花园是人工制造的地势比较低的区域，应仔细地融入到总平面设计中（彩图见插页）

地势较低的区域，把雨水排向这里，以便保存雨水。保留在雨水花园的地表雨水，慢慢渗到地面下被植物吸收。雨水花园应该放在整个基地设计中的下坡处，从而使得地表水都汇集到这里（图3-46）。雨水花园可能看起来像一个沼泽，一个小型的湿地，一个源源不断的岩石区，等等。雨水花园的下面要应用沙质的或多孔的土壤，以便将水分渗透到土壤中去，雨水花园中的植物应该能够在潮湿的土壤上很好地生长，并且能够承受周期性的洪水（图3-47）。

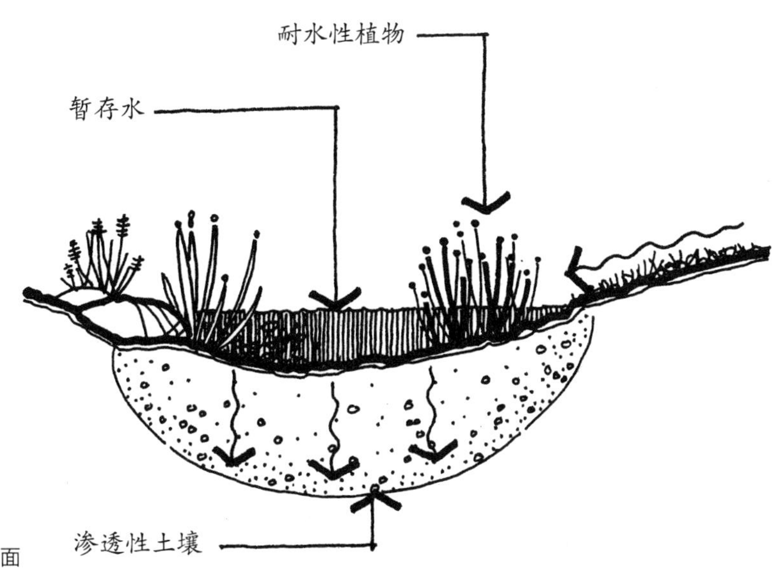

图3-47 雨水花园剖面

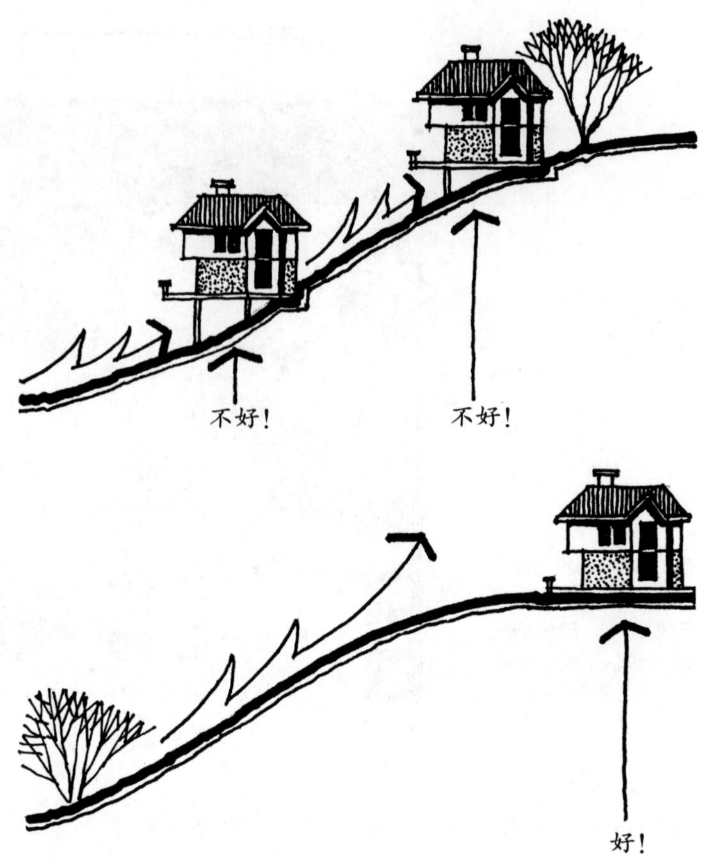

图3-48　房屋应远离坡地的边缘，以避开野火燃烧的途径

预防野火

对于美国西部干旱和半干旱地区来说，野火可能是一个真正的威胁。每年野火都会使数千亩土地被烧毁，造成数百万美元的财产损失。这些地区的可持续的住宅基地在设计时，应尽量减少潜在野火的威胁。减少火灾危害的第一步是确定野火向基地移动的可能路径。野火一般会与夏季主导风向一致，并会从山谷或峡谷底部一直烧到山坡和山脊的顶部。野火产生的热量会沿着斜坡向上运动，并会使火势向更高的地面发展，因此坐落在陡峭的山坡或山顶的房屋是最危险的（图3-48）[1]。而坐落在高处但是远离这种斜坡的房屋不处于上升热量的必经之路上，则不会暴露在野火中。另一个应加以研究的因素就是环绕基地的植被的种类和密度。如果在火势方向上有比较茂盛的植被，这会更危险。茂密群集的植被和积攒了多年的落叶枯枝会为野火提供丰富的燃料，并且会形成野火的连续燃烧轨迹。基地外的区域如果有这种类型的植被，也会对住宅区构成威胁，在进行预防野火的场地设计时，应当考虑进来。

[1]　Maureen Gilmer. The Wildfire Survival Guide Dallas, TX: Taylor Puplishing Company. 1995: 8.

了解了野火到达基地的潜在方向之后，在住宅用地的设计中应该建立一个“防卫空间”，这样就能最大限度地降低火灾从基地周边蔓延到建筑物的风险。防卫空间的大小和构成应根据地形、风向以及基地周边植被来进行设计。一般的规律是，防卫空间应从房屋向各个方向延伸150英尺，这个区域是相对平坦的，或倾斜角度达到20%的坡地（图3-49）[1]。如果坡度增加，则防卫空间的尺寸也要增加，特别是房屋的下坡方向。建议防卫空间里还要包含三个子区域（图3-50）[2]。区域1是指从房屋的外墙向外延伸5～10英尺距离所形成的空间，这个区域是用来阻断房屋与周围的景观的联系。因此，区域1可以布置低矮植物、地面覆盖物和/或铺装路面，但不要布置高大的乔木或灌木。区域1应该是基地中最潮湿的（如果需要可以进行灌溉）区域（参见本章本节中的“节约用水”）。区域2则是在区域1范围再向外延伸30英尺的空间，这个区域可以包括地面覆盖物、低矮的灌木、草地、路面、稀疏的树木（图3-51）。最好是水分含量高的植物，如本地植物、外来植物，或两者的结合。防卫空间的区域3位于区域2和基地边线之间。这一区域应该只包含被稀释的原生平面，以防止火在树冠之间移动，或者通过连续的植被群从地面向上移动。区域3中的所有的落叶枯枝以及患病的植物都应该去掉。当地消防法规应该有具体相应的指导方针，这些法规常会根据一些合理的建议进行修改。

还有一个相关减少火灾危害的策略，就是在基地中储存水，可以用来灭火或灌溉植物。保持对植物的灌溉，保证它们的健康，这样就能减少它们引起火灾的可能。因此，需要浇水多的植物布置在房屋附近比较好，而浇水少的则离房屋越远越好。水可以存储在一个地上的罐子或地下的水池里面（参见本章本节中的“节约用水”）。游泳池里的水也可以作为灭火的另一个水源，这样在景观中设置一个游泳池，除了休闲用途之外，还可以作为灭火急用水源。

再使用和再循环

原理

住宅用地应最大限度地利用和回收基地及周围地区的材料。

通过明智地使用材料，使得对环境的影响达到最小，这也是可持续的一个组成部分。对现场或附近地区材料的再使用和再回收，可以节省原材

---

[1] Maureen Gilmer. The Wildfire Survival Guide Dallas, TX: Taylor Puplishing Company. 1995: 58.

[2] 同上，59-60.

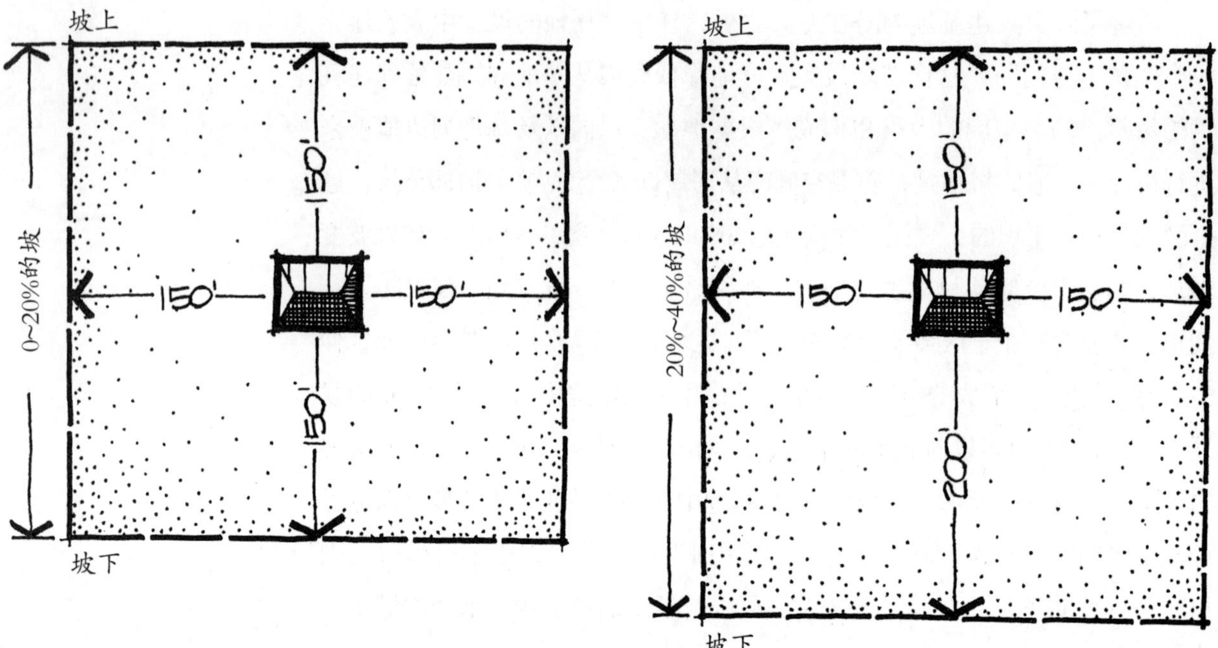

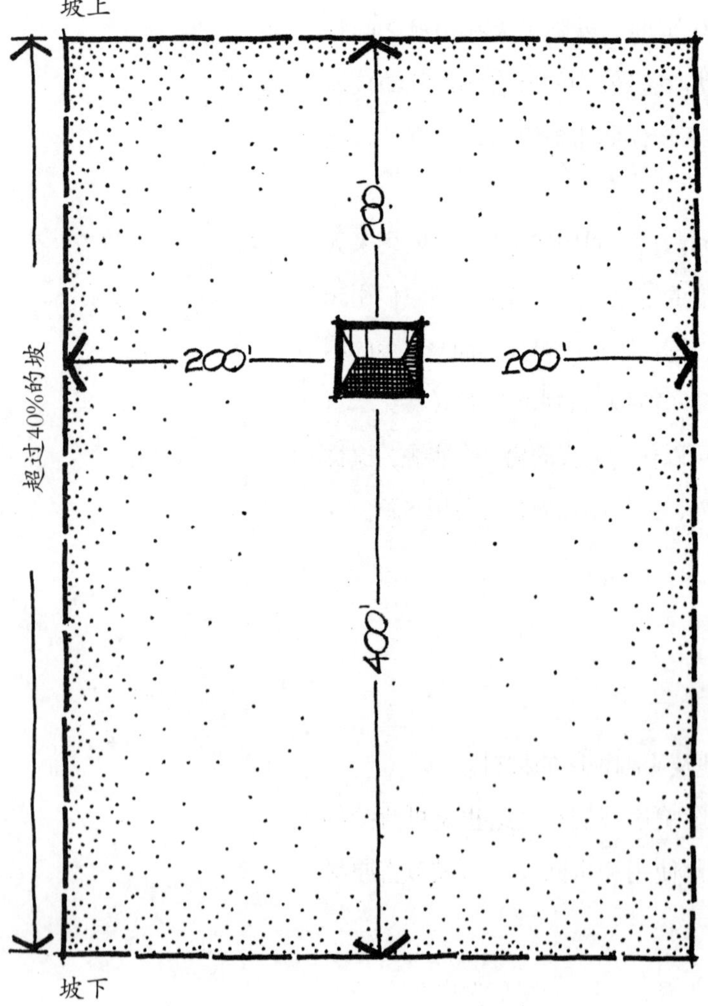

图3-49 带坡度的基地中预防野火的保护性空间的建议

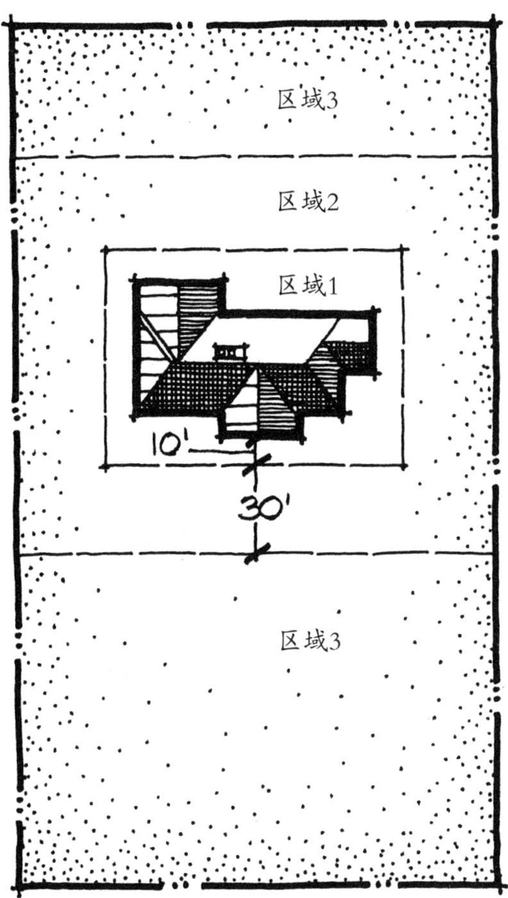

图3-50 预防野火的防卫空间的子区域

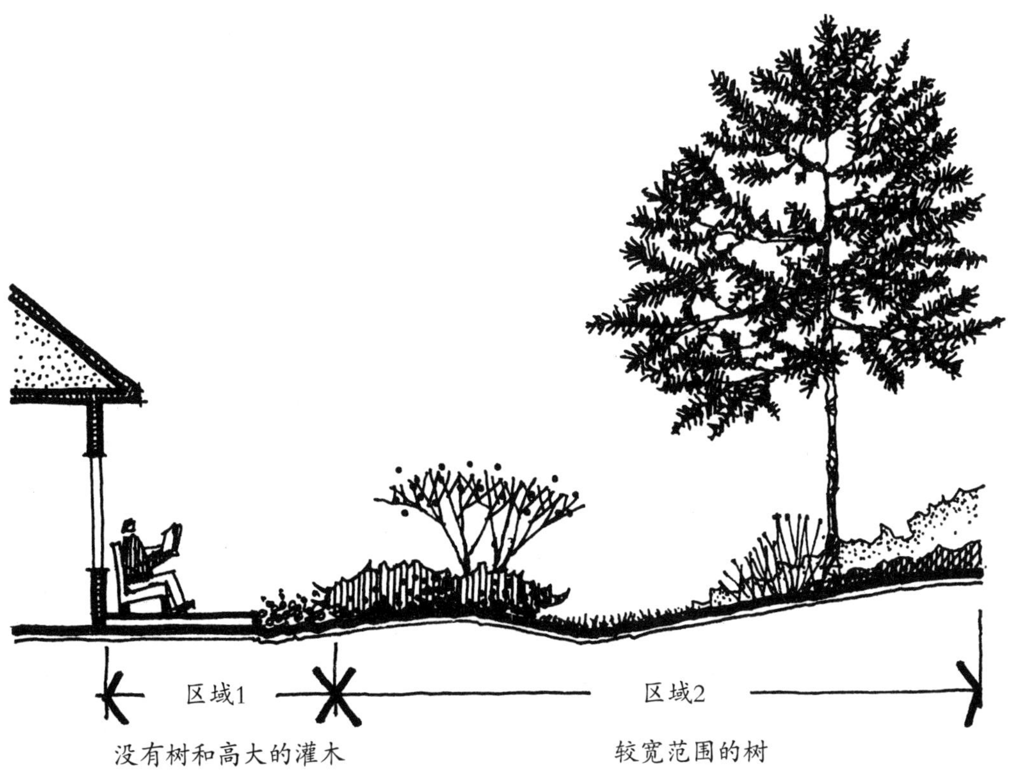

图3-51 区域1和区域2防止火灾从景观向房屋蔓延

料资源以及生产这些材料所需要的能源。量化能源（Embodied energy）是用来描述集体获取资源、制造、运输产品所需要的能量总和的一个专业术语，通常是一个看不见的成本，更是出奇地大。以下给出几个景观材料的量化能源（Embodied energy）的数值[1]。（单位均为Btu/lb，Btu指英热单位，lb指重量单位，1Btu/lb=232/kg）

普通砖	1 075～4 085
铜管	73 100
切割花岗岩	2 537
土壤	172
外部油漆	42 962
3 /4分机胶合板	4 472
磷肥	32 373
聚氯乙烯塑料	35 130
沙	16
石头	446

对于量化能量相对较高的材料，我们应尽量减少它的使用数量，或采用回收再利用的材料。

对材料进行再使用和再循环的时候，也使得运输成本和空气污染尽量减少或消除。对材料的再利用也可以控制垃圾场的扩大。在某些情况下，当材料重复使用和回收时，还能够降低建设成本。目前有许多对住宅区材料再利用和再循环的方法。

抢救现场材料

在设计过程中，基地上有一些材料可以被回收并用于设计。其中之一就是土。在平整场地时，应尽可能使得挖与填所产生的土方达到平衡，这样才不会需要向现场运送土壤或是往外运出。如果有多余的土壤，则需要采用一些创造性的方法，如做成土堤或有雕塑感的土堆，目的是为了无须运送土壤。基地中的巨石和小块碎石则可用于挡土墙、路面或台阶，只要其大小和形状符合使用要求就行。对于现场石头的使用可以进一步建立起适合于本地区的特点。正如前面所讨论的降低对基地的影响，现有的植被也应尽可能被保留。如果现有的植物材料是在不合适的位置，则应该被移植到适宜的位置以适应设计，而不是被砍伐。此外，使用现有的植被可以

[1] J. William Thompson, Kim Sorvig. Sustainable Landscape Construction Washington, DC: Islancl Press, 2000: 248-249.

使设计呈现出即时成熟、有时甚至是新种植被生长几年以后才能达到的一种景象。

住宅基地上已有的建筑材料也应该进行回收。最理想和最直接的方式就是将现有的路面、甲板、栅栏和其他结构纳入到新设计中去，不用移动或重新配置。如果因为它们目前的位置、状态或外观不符合新的设计，那么它们的材料应进行回收。沙子里的砖和石头很容易取出，把它们按照需要重新放置。混凝土可以切割成几何状的板块，或简单地分解，并在新区域中重新用作路面或挡土墙。在现有的甲板和栅栏上的木材，如果没有腐烂或结构上的问题，往往可以再次使用。刷一层新油漆或染色往往就看不出木材是重复使用的。

从区域中使用回收材料

回收社区或区域里现有的材料也可以用来补充或替代那些在住宅区里发现的材料。二手的建筑材料可直接从被拆除的基地、专业回收和翻新材料的零售公司或有时从城市的各种公共工程项目中节省出来的材料中获得。路面材料、木材、金属废料是最适合回收的材料。此外，一些不太常见的材料如碎玻璃和橡胶轮胎也可以考虑。不同的尺寸、不同的抛光程度、不同的颜色的碎玻璃（cullet），都是可利用的，甚至可以当作砾石使用。碎玻璃同样可以用于露石混凝土中，呈现出迷人的色泽，并使混凝土表面有反射的效果。碎玻璃也可以混合到石头铺砌的石子路和车道中。旧橡胶轮胎在某些情况下可以用来挡土，或用来填充，起到增加泥土的效果。此外，在垃圾场也可以发现许多其他的材料，这些材料可以给我们提供无限的机会来创造解决方案，让每一个设计都有自己的独到之处。

使用再生材料

再生材料是指部分或完全由再循环的材料组成的。目前在使用新材料的同时，也有数量惊人的再生材料和产品用于景观中（参见本章中的“再使用和再循环”）。

其中最流行和最有用的再生材料就是“塑木”，这是一种替代甲板表面很好的材料。取决于品牌，塑木可以只用再生塑料组成，或是把再生塑料和木屑结合在一起组成，这取决于材料的品牌（通常被称为复合木材）。塑料板材有多种颜色，被认为是一种比压力处理的木材还安全的材料，并且可以使用许多年，从而减少了长期维护。不过它的缺点是，成本较高，会褪色，并且受到太阳辐射时会积聚热量。

其他再生材料包括瓷砖、砌砖、由混凝土铺路机做成的碎玻璃或地面橡胶。一些户外家具如凳子、桌子、盆等也是可回收的材料。需要注意的是，要仔细分析再生材料的组成成分，避免使用那些含有聚氯乙烯或有相对大量的量化能量的再生材料。在这种情况下，一些再生材料可能弊大于利。

增加堆肥区

可持续住宅基地中应设置堆肥区，因为它体现了环境中的再生的概念。堆肥可以用来收集各种有机废物，包括树叶、草坪剪下的残叶、植物修剪碎片，甚至是厨房的蔬菜废弃物（图3-52）。所有这些有机材料缓慢分解成营养丰富的土壤，在景观中可作为土壤添加物或覆盖物。堆肥被重新添加到景观环境中，改善了土壤结构，并对植物生命提供支持，这个过程也是一个自我支持的“循环性周期”。堆肥区还有另外的好处，能够收集那些本应送到已经超负荷垃圾掩埋场的材料，堆肥也会很容易引导和屏蔽干燥的风以及视线。堆肥区可以是简单地堆成一堆，或是用不同的容器来进行收集和分解。当因为空间有所限制或其他的限制条件约束，而不能做成一个堆肥区时，会有相关条款规定将这些绿色景观材料运到主管部门规定的堆肥区，它可以为更多的社区服务。

健康的环境

原理

可持续住宅基地应该是一个适宜所有生命的培育的安全的环境。

所有的可持续原则的基本概念，就是要创造这样一种环境，它不仅令人愉快，满足视觉享受，更有益于健康的生活。所有先前讨论的可持续发展的原则和策略都是针对这样的环境。然而，还有很多方法可以用来确保住宅区景观成为一个健康的地方。这主要涉及材料的使用和不包含污染物和有毒物质的维护方法。

使用无毒材料

前面已经讨论过有很多关于可持续的住宅区中使用适当的材料的问题。一般来说，安全的材料是无毒物质和无污染物的，具有相对较少的量化能量。健康的材料在生产、无害安装、持久使用方面是很安全的。理想化的安全材料应该没有有毒的化学物质、重金属或油。虽然许多材料不

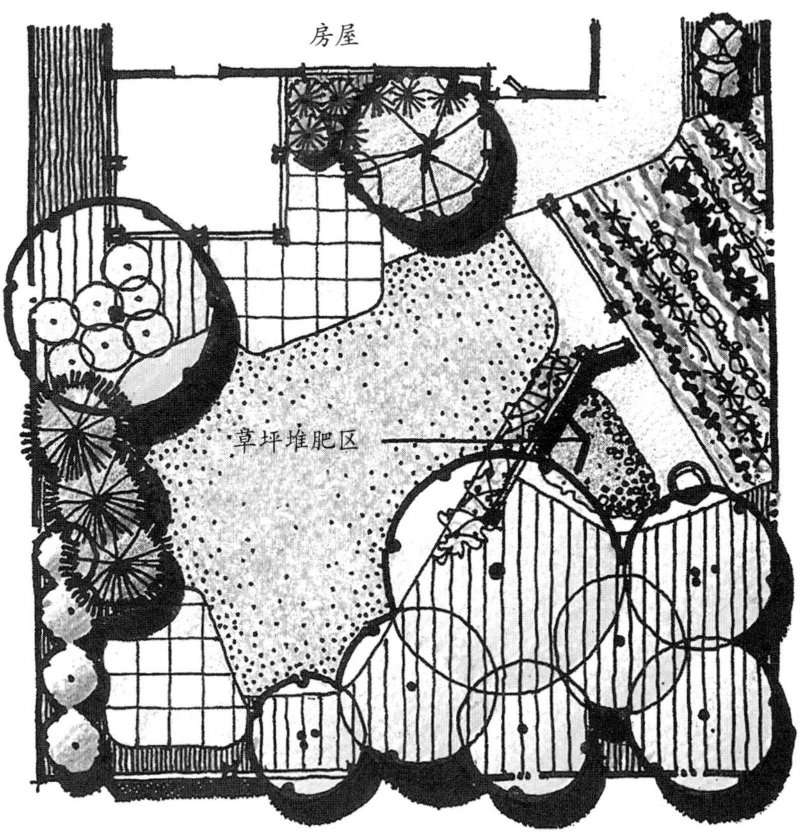

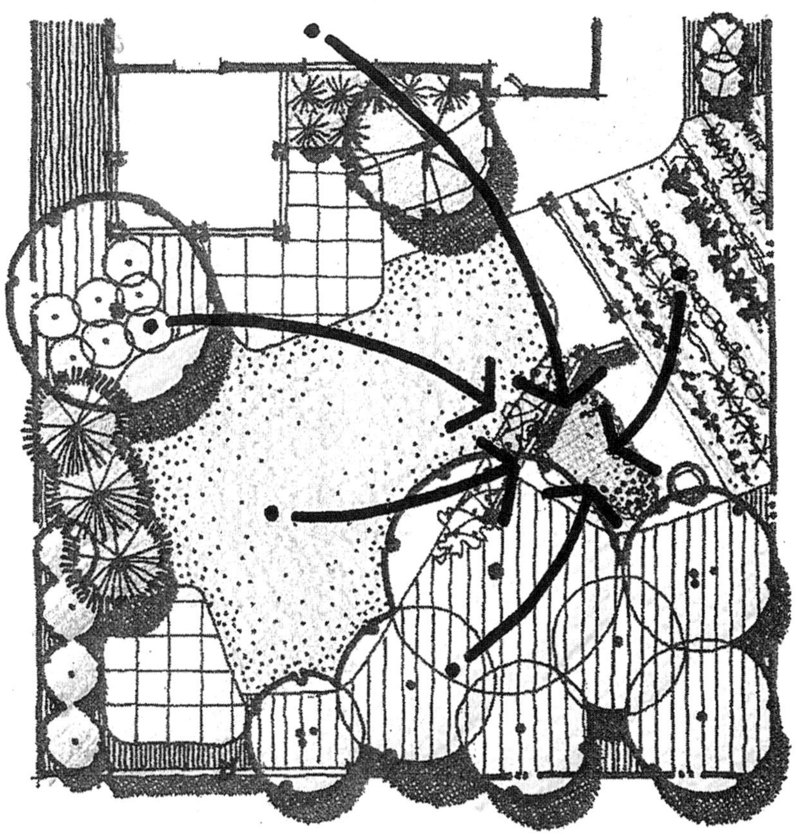

图3-52 堆肥区要收集室内和室外的植物性材料，使之循环利用（彩图见插页）

同程度地满足这些标准，但有些材料没有达标，最好还是避免使用。如在2003年以前生产的压力处理的木材，这种材料在生产过程中会产生铬砷酸铜（CCA），应避免使用。这已经在前面讨论过了（见本章“现场修复”中的“除去有毒物质”）。即使是新的压力处理的木材，在生产过程中也会产生胺铜（ACQ）或铜氮酮（CA），这些物质因为与铬砷酸铜相关性强，现在仍然是有争议的。再次，对压力处理的木材最好的工作程序就是戴手套进行操作处理，最后使用染色剂，将化学防腐剂封在里面。其他木制品（如铁路枕木或旧电线杆），都含有杂酚油或五氯酚，因此不推荐使用，因为这些化学物质在接触或呼吸时都有潜在的危害。

可持续住宅基地中，还有另一种有疑问的材料就是聚氯乙烯（PVC），这种材料经常用于塑料管和管道。虽然这种材料很受欢迎，而且也是一种景观中常用的材料，但是氯是一种潜在的有害化学物质，它能够溶解进入地下水或加热进入空气，聚氯乙烯塑料在燃烧时也是有毒的。应该考虑使用其他形式的塑料、黏土或金属管替代聚氯乙烯管。

两种常用的材料——沥青和油性涂料，最好不应该用在可持续景观中。沥青在加热时会产生烟雾，这对于化学物品过敏的人比较危险。此外，沥青是一种油性物质，虽依赖性日渐减少，却是一种不断增加经济和政治成本的石油资源。沥青也需要定期重新刷涂，以保持其密封性和结构的完整性。有许多沥青的替代品，特别是在住宅基地里，往往适用于车道。油基漆与沥青很相似，它们在潮湿时会产生有毒烟雾。现建议用水性涂料进行替代，这种材料往往也有类似的耐久性。

其他景观建筑材料也有不同程度的毒性。在可持续景观设计中，应对每一种材料的背景进行仔细研究，包括仔细阅读制造商提供的说明书和产品标签（见本章“额外资源”中的“健康环境”）。

进行健康的维护实践工作

许多住宅区的一般维护保养过程需要使用大量的有毒化学剂，来保证景观看起来 “健康”。这些化学品对人、植物和野生动物往往都是危险的，同时给人一种健康环境的假象。也许减少这种化学依赖的最有效的手段就是创造一个能够抵抗病虫害的景观。这可以通过建立有一定深度、成分适当的土壤，在区域内或是指定位置种植合适的植物。植被，包括草坪，要在正确的位置，在健康的土壤里生长，并配以适当施肥（接下来将要讨论的），最低限度的农药，以利于良好生长。

如果需要对植物材料进行一些额外的帮助，使它们更加茂盛，则需要制订一个“综合虫害管理计划”。综合虫害管理结合使用无毒化学品进行生物控制，如捕食昆虫和气味陷阱等。应该少量地应用化学品，并且在特定的地点，要选择在害虫最脆弱的时间。综合虫害管理需要了解害虫的生命周期和天气条件，以便能够正确而又准确地运用化学制剂。

施肥是另一种要营造一个健康的居住场所做的维护工作，大多数商用化肥实际上是好坏参半的。住宅区景观使用肥料实际上是河流、湖泊、溪流被污染的主要原因。添加的化肥进入水体后有助于藻类的生长，从而耗尽水中的氧气，正如先前讨论的（见本章“自然现象和周期”中的“根据区域降雨选择植物”）。在所有的景观材料中，化肥也是拥有最多量化能源的景观材料。在基地里添加适当的土壤可以大大减少对化肥的需求。如果需要使用肥料，那么可以使用有机肥料、牲畜粪肥、堆肥来补充土壤。有些有机肥还有另外的优点，就是使用再生材料如污泥等。

额外资源

今天，人们越来越多地了解和认识到“绿色设计”的必要性，在本章中讨论的可持续发展的设计理念和技术，对于“绿色设计”来说是不可或缺的。关于本章所述原则和技术，下面将为读者推荐部分详细的信息查阅路径，以便应用。

可持续设计

网站：

EPAGreenscapes http：//archive.epa.gov/wastes/conserve/tools/green-scapes/web/html/index.html

Greenscapes http：//greenscapes.org

能源与环境设计领袖　http：//www.usgbc.org/leed

可持续性网站　http：//www.sustainablesites.org

区域匹配

网站：

场景对象；评估和管理社区森林工具　http：//www.itreetools.org

现场修复

出版物：

Teri Dunn Chace.*How to Eradicate Invasive Plants.*Timber Press, 2013.

C. Colston Burrell. *Native Alternatives to Invasive Plants*. Brooklyn Botanic Garden, 2006.

Sylvan Ramsey Kaufman， Wallce Kaufman. *Invasive Plants: Guide to Iden-*

tification and the Impacts and Control of Common Northb American Species, 2nd Edition. Stackpole Books, 2012.

Douglas W. Talamy. *Bringing Nature Home; How You Can Sustain Wildlife with Native Plants.* Timber Press, 2007.

网站：

美国入侵植物 http：//www.invasive.org/weedcd

国家入侵物种信息中心 http：//www.invasivespeciesinfo.gov/plants/main.shtml

野生杂草：

自然区外来植物入侵 http：//www.nps.gov/plants/alien/index.htm

美国国家植物园；入侵植物 http：//www.usna.usda.gov/Gardens/in-vasive.html

自然事件和周期

出版物：

Pam Penick. *Lawn Gone*. Ten Speed Press, 2013.

Pam Penick. *The Water-Saving Garden: How to Grow a Gorgeous Garden with a Lot Less Water*. Ten Speed Press, 2016.

Lynn M. Steiner. *Rain Gardens: Sustainable Landscaping for a Beautiful Yard and a Healthy World*. Voyageur Press, 2012.

网站：

找到我的影子 http：//www.findmyshadow.com

suncalc：http：//www.suncalc.net

水的灵动的风景 http：//www3.epa.gov/watersense/docs/waterefficiet - landscaping - 508.pdf

再利用和再循环

出版物：

Meg Calkins. *The Sustainable Sites Handbook*. John Wiley & Sons, 2012.

Wesley Groesbeck and Jan Streifel. *The Resource Guide to Sustainable Landscapes*. Environmental Resources, Inc., 1995.

J. William Thompson and Kim Sorvig, *Sustainable Landscape Construction*, 2nd ed. Island Press, 2008.

健康环境

出版物：

J. William Thompson and Kim Sorvig, *Sustainable Landscape Construction*,

2nd ed. Island Press, 2008.

网站：

国家农药信息中心　http：//npic.orst.edu/pest/ipm.html

小结

景观设计应该遵循可持续发展的原则和标准，优秀的住宅设计也应该是可持续的。充分利用土地资源并且尽可能利用周边环境做出一个具有创新性的设计，这是景观设计师的基本责任。本章提出了实现这一目标应当遵循的原则和准则。实现可持续发展是相辅相成的，协调互助的，与本章中提到的措施与目的也是一致的。创建可持续的景观设计是一个整体的过程，也是对周边环境和生活在其中的人们的一种尊重。

第二部分

设计过程

4.设计过程　5.会见客户

6.基地测量和基地图的准备　7.基地分析与设计任务书

8.功能图解　9.初步设计及设计原则

10.形式构成　11.空间构成

12.材料构成和总平面

第二部分在第一部分提出的哲学框架的基础上，阐述了住宅用地设计的推荐设计过程。设计过程包括一系列繁琐的过程，需要设计人员深思熟虑并极富创造力，通过协调客户的要求和基地现状条件来实现设计师的设计意图。从本质上讲，设计过程是一种方法论，帮助设计师从广泛的设计意图推进到具体的设计方案。虽然设计过程不能确保每一个项目都是优秀方案，但在设计形成和发展的不同阶段，设计过程确实有助于引导设计师的活动和思考。

第4章基于一个实例项目，对设计过程的各个步骤进行具体解读。第5章介绍了设计师应当如何征询客户的想法，让他们参与设计过程，使设计结果反映客户的意愿。第6章和第7章详述了设计师如何获取、组织和评估重要的基地条件，这将成为一个设计基础。第8章介绍了功能图解，是组织一个基地整体布局的第一步。第9章、第10章和第11章提供了创建初步的总体规划所遵从的设计原则、指导方针和技术。最后，第12章探讨了在总体规划编制的过程中应用的潜在框架和指导方针。以上章节所述内容和设计步骤在设计过程的所有关键阶段都对设计师起到良好的指导作用。

4

设计过程

学习目标

通过对本章的学习，读者应该能够了解：

- 定义设计过程并解释为什么它在一个创建设计解决方案中至关重要。
- 确定设计过程的六个主要阶段。
- 列出设计过程在研究和准备阶段的六个步骤，并记录每个阶段发生的活动。
- 列出设计过程在设计阶段的三个步骤和在每个步骤中发生的活动。
- 描述初步设计的三个关键方面，以及这些方面如何影响初步规划的预分配。
- 确定在设计过程的施工文档阶段准备的四种类型的图纸，以及在每一张图纸上表达的信息。
- 明确为住宅景观项目准备施工文件的两个原因。
- 列出设计过程在实现阶段的两个主要步骤和在每个步骤中完成的活动。
- 确定在设计过程的主要阶段完成的四个常见任务。
- 确定在设计过程阶段大致要问的关键问题。

概述

正如第2章提出的，住宅基地应该被作为一系列的供人们集中、社交、娱乐、放松、体闲、进餐以及工作之用的室外空间。这些空间是构成一个好的住宅基地设计的基本框架。为了创造这些室外空间，景观设计师要采取一系列的解决问题的步骤，这就是通常的“设计过程”。每次设计师致力于一个新的项目时都应该有一个比较具体形式的设计过程，这有助于资料与想法的组织，也有助于在已定的环境中创造出合适的设计方案。本章主要探讨设计过程中的重要性，并概述各个步骤的内容。以后的章节会对这些步骤进行更细致的解释。

设计过程

一个过程可以被定义为“一系列的用于使某些事有好结果的步骤、行为或操作，如一个人为的过程”。同样，它是“一系列的事物经过从一种条件到另一种条件变化的行为过程或功能带来的结果，如湖泊逐渐干涸的过程”[1]。我们的世界充满了各种过程。自然界中的过程包括山脉经过几个世纪的发展变化、山谷通过各种侵蚀的形成、光合作用以及毛虫蛹化为蝴蝶的转变过程。人工的过程则包括汽车的制造、一条法规形成及经历的一系列事件、建筑的建造以及医学疾病的诊断。而所有参与一系列步骤或事件的过程都将

[1] The American Heritage Desk Dictionary, Fiftb Edition. Boston: Houghton Mifflin Harcourt Publishing Company, 2013. 664.

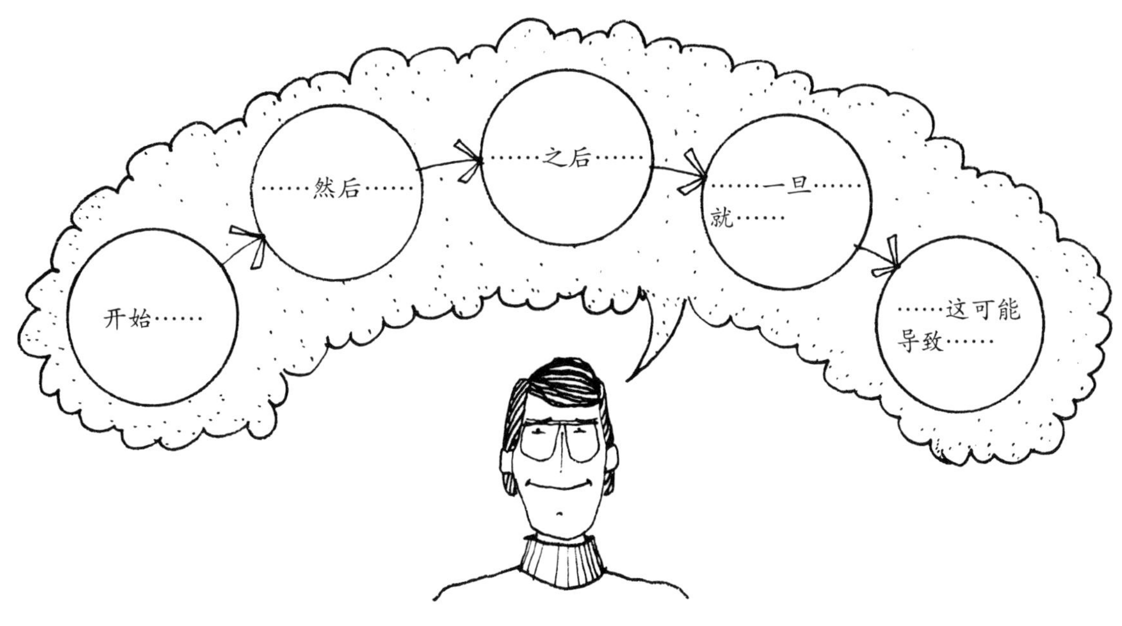

图4-1 设计过程有助于思想和事情的组织

导致一种变化或形成一种产品。

设计过程很相似。它是为设计师特定的客户和基地形成合适的设计方案而使用的一系列解决问题及创造步骤的行为。设计师从设计的开始到结束都应把这个过程作为组织框架。

设计过程很关键：首先，设计过程有助于资料与思路的组织。它使得设计师在恰当的时间得到恰当的资料，并用它做出决定（图4-1）；其次，设计过程在适当的时候为解决问题提供有条理的方法，引导设计师为客户独特的需要和特殊的基地条件形成恰当的方案；第三，设计过程能帮助设计师向客户解释设计方案，使设计师能够更容易地解释最后的结果。

基于以上原因，设计过程是一个复杂的思维过程。实际上，设计创造不是简单的，因为设计方案不是魔术变出来的，也不是从天上掉下来的（尽管很多人希望这样）。每个人做决定的过程与设计过程很相似，只是在日常生活中解决问题或计划事情时没有意识到这个过程。诸如清晨着装、买车、做饭、找个新的住址或是写封信等活动中所参与的一系列的步骤，都是人们在解决问题或完成手头任务时必须经历的。这些步骤常包括对形式的分析、定义问题、为解决问题形成的想法、对最佳变化的选择以及之后完成这个想法。正如所看到的，在生活中我们所有人都使用各种过程。这里所探讨的是设计师在为住宅基地创造设计方案时所使用的一系列步骤。

在住宅基地设计中，一个符合逻辑的设计过程包括以下主要阶段：

- 调研与准备
- 设计
- 绘制施工图
- 施工
- 养护管理
- 评估验收

无论以哪种形式，每个阶段对于住宅基地设计品质的实现都是必不可少的。尽管本书的重点是这个过程的调研与准备阶段，以及设计阶段，但在这个过程中所有的阶段都是很有必要的，这样才能够展示它们之间的关系。

调研与准备阶段

在调研与准备阶段中，设计师是在“做准备”。换句话说，设计师是在收集、组织和评估相关的客户端和网址所需要的信息。这个阶段包括以下步骤：

- 会见客户
- 制定设计方案
- 评估场地
- 绘制基地地图和底图
- 生产基地资料分类记录与分析
- 制定设计计划

会见客户

对一个住宅基地项目的设计过程通常是以客户与设计师之间的见面开始的。这是双方相互间逐渐了解并对准备基地设计的前景进行讨论的时期。在这个会见当中，客户一般会提供关于他们的需求、爱好、问题以及预算的资料。设计师可能会提出一些问题，以得到一些关于客户的重要信息。接着，设计师要对所提供服务的类型、准备设计所需的过程、为设计所支付的总费用提出要求（第5章中有关于第一次与客户会见时具体原则的介绍）。

制定设计方案/合同

在会见结束后，如果客户对设计服务有兴趣，设计师可以准备、签名和向客户提交“设计服务建议”（见第5章）。对于特殊的设计服务，需要清楚地确定特定设计服务的范围、进度和成本。在会见过后几天至1周的时间内会送到客户那里。在会见时，设计方案可以通过电子邮件或短信发送到客户手机。如果客户同意这项建议，他们会复制、打印、签名后，再将其归还给设计师。此时，在同意设计师开始工作的时候，设计服务的合同就会具有法律效应（第5章更详细地讨论了设计过程的这一步）。

评估场地

在收到合同后，设计师会考察该场地：①核对现有建筑物（房屋、车库、人行道、围墙、栅栏等）和植被（树木、灌木等）的位置及现状条件；②辨别主要的地势变化；③用照片记录场地及其周围各个区域。虽然客户提供的计划中已经存在部分信息，但是客户还应该提供其场地更加详细的信息，包括房屋计划、财产调查和地形测量。如果这些信息不能获得，设计师就需要自己亲自测量房屋和场地的尺寸。

举例说明，霍华德和玛莎·齐茨克的住所，是一个实际的设计项目，在本章中提到有助于概述设计的过程（图4-2～4-5）。

图4-2 齐茨克住宅前右方风景（彩图见插页）

图4-3 齐茨克住宅前左方风景（彩图见插页）

图4-4 主要从露台到齐茨克住宅的后院（彩图见插页）

图4-5 针对覆盖的齐茨克住宅（彩图见插页）

绘制基本原图和底图

在开始任何设计工作之前，设计师必须准备两幅图纸，作为基地详图和基地设计条件图。

首先准备基地详图，包括属性、房屋位置和现有的所有场地元素（车库、车道、步行、植被等）。这些元素将保持不变且作为设计理念产生的基础，会纳入到设计的建议中（图4-6）。

基地设计条件图包括属性、房屋位置、现有的所有场地元素。换句话说，基地设计条件图包括所有元素（剩下的那些和那些将被删除的），而基地详图只包括那些保持不变的元素。在基地详图上显示的，但不在基地设计条件图上的东西将会被移除。准备基地设计条件图有两个重要的原因。第一，它向承包商提供了关于新建筑施工前需要拆除哪些建筑的具体信息。第二，它允许承包商向客户提供一个说明，说明拆除和/或拆卸需要多少费用（图4-7）。在第6章提供了更详细的现场测量、基地详图和基地设计条件图编制说明。

绘制基地资料分类记录与分析

在这个步骤中，设计师首先对那些会影响设计的重要基地情况进行分类记录（编制目录），然后进行评估（分析），如基地的位置、周围邻居

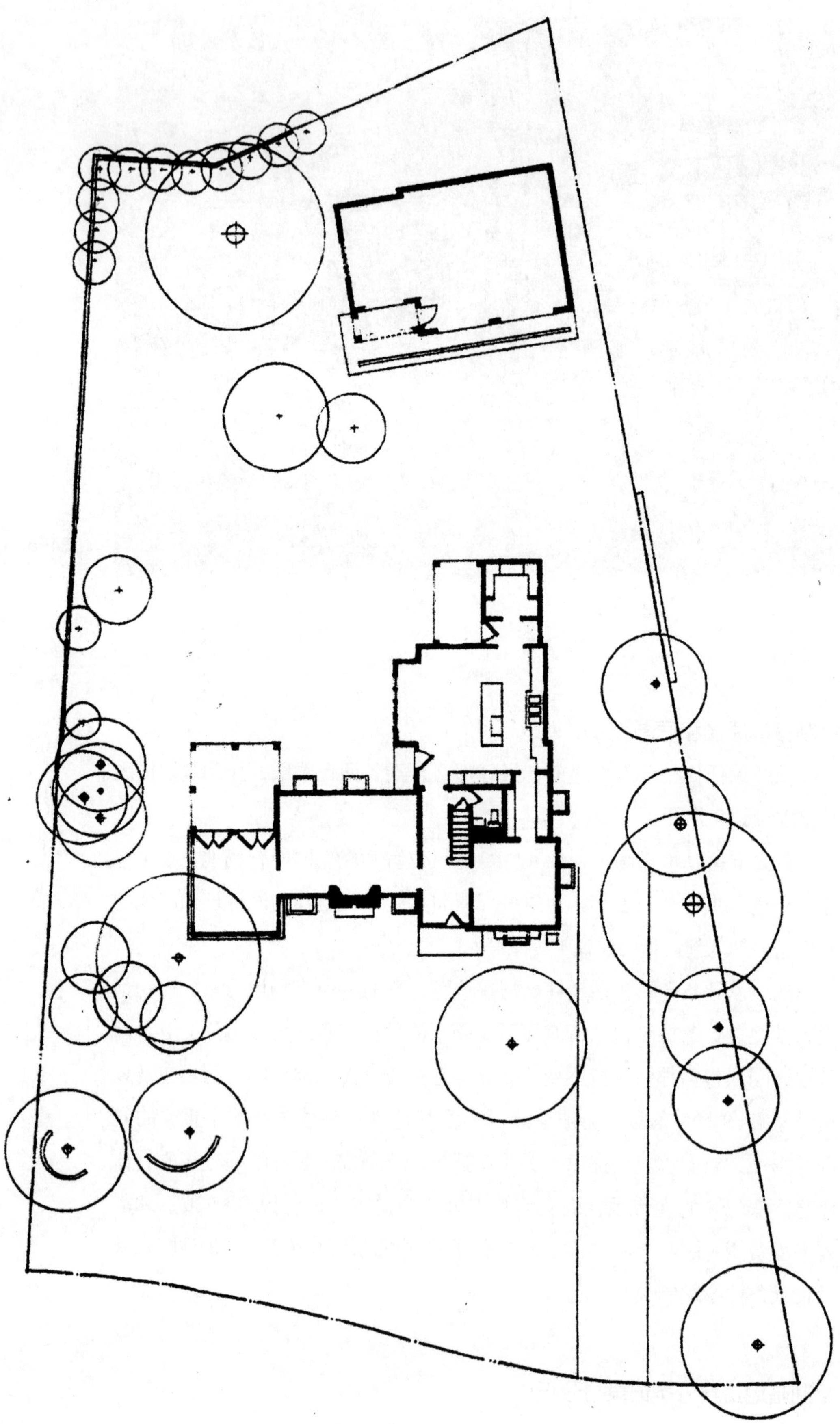

图4-6 提出了齐茨克旧居的底图

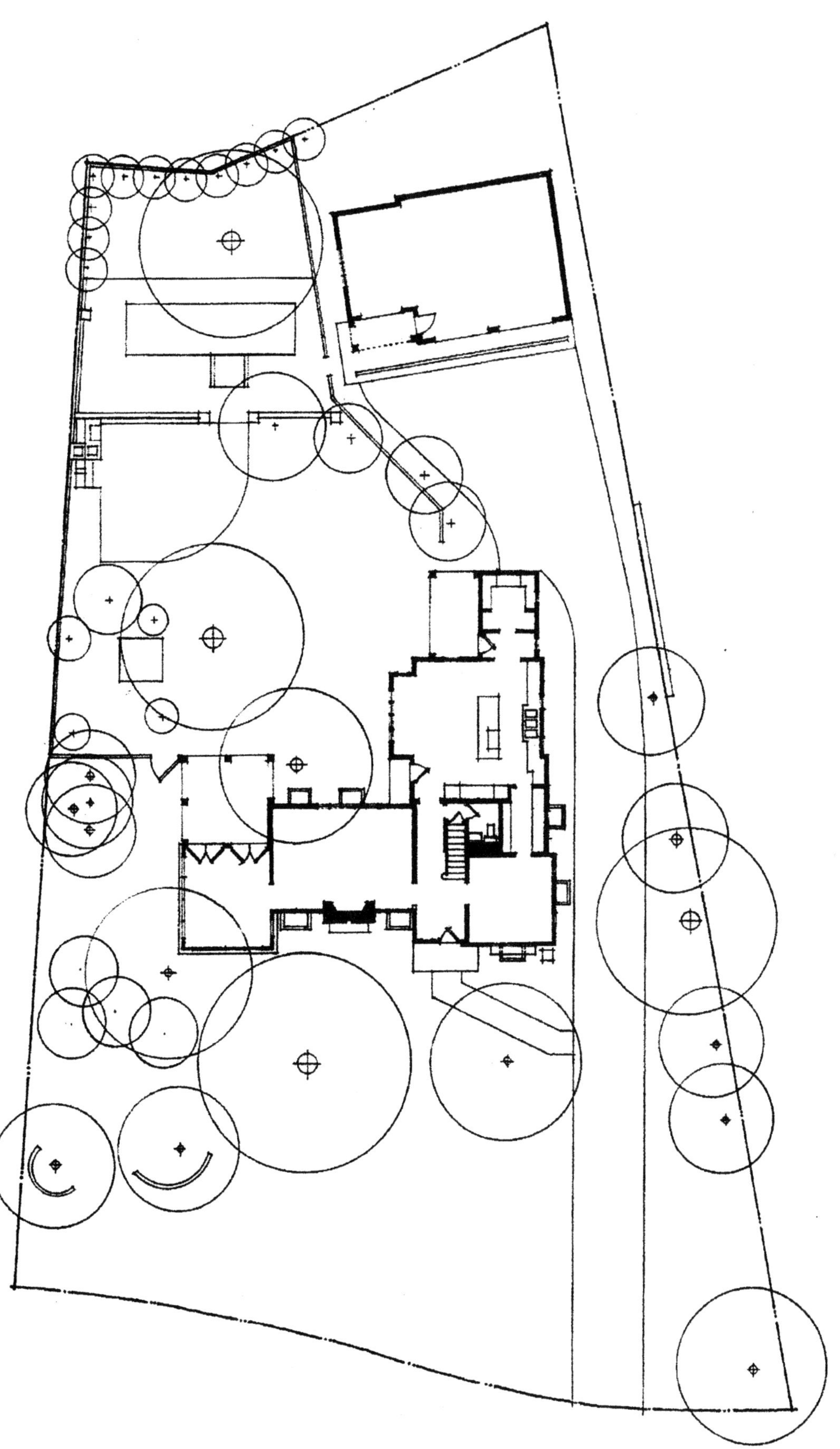

图4-7 现有的齐茨克住宅基地底图

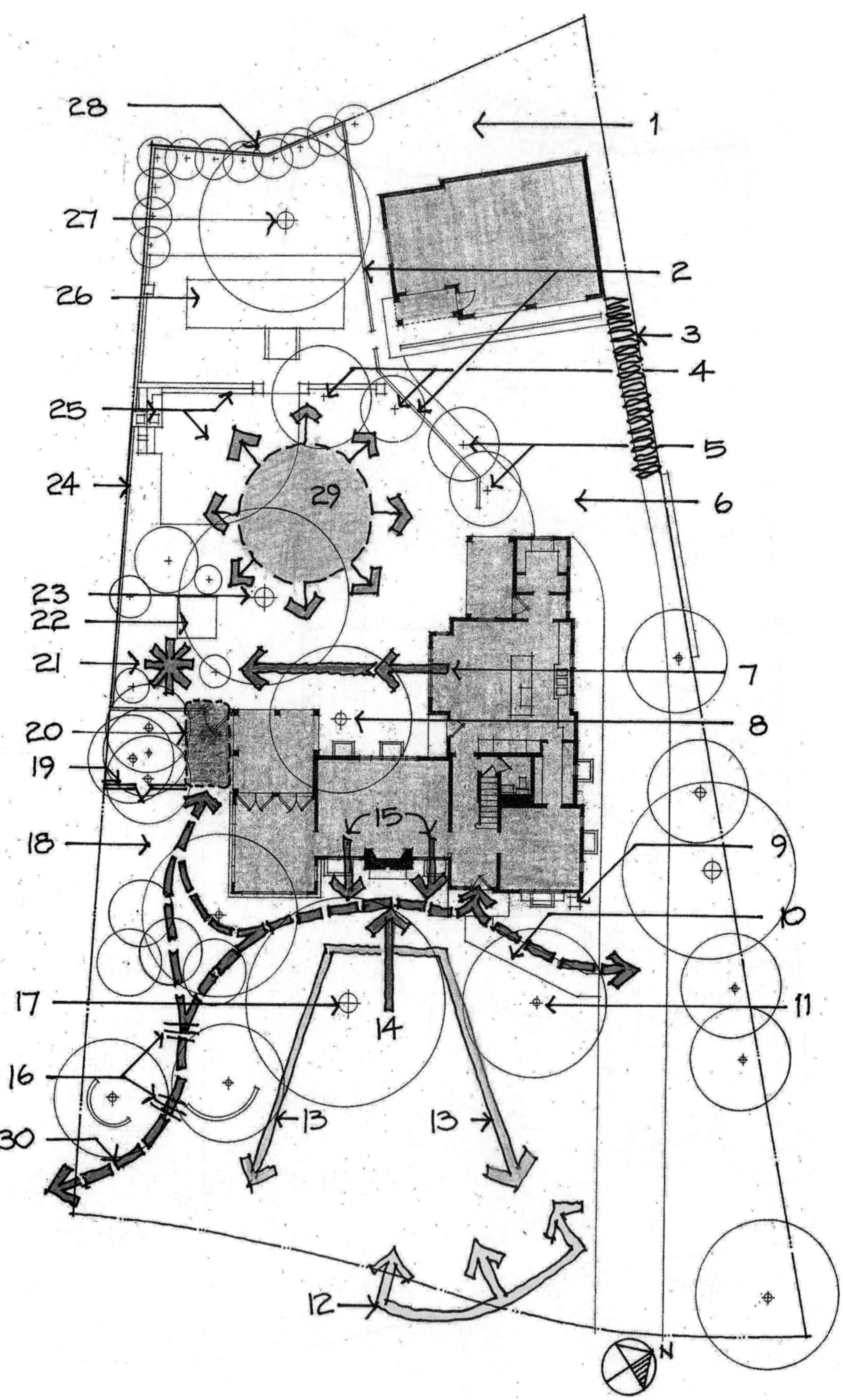

图4-8a 对于齐茨克的住宅场地调查与分析（彩图见插页）

的特点、传统习俗分类、建筑准则、地形、排水、土壤、植被、天气、功能、视野等。

对于足够简单的项目，可以将调查和分析作为一张图绘制（图4-8a）并且附一页简单的注释说明（图4-8b）。对于简单的项目，可用几页纸进行显示调查与分析。如果项目复杂时，可能需要单独的页面来调查和分析。设计师应该逐渐熟悉基地，并透彻地了解基地的特点、问题以及它潜在的东西。设计师越是了解特定基地的细节，就越容易在准备设计时做出恰当的决定（详见第7章）。

现场盘点/分析说明

1. 未来的花园
2. 拆下4个“木栅栏”
3. 需要高密度屏蔽
4. 保留的树木标本
5. 除去生长茂盛的常青树
6. 除去的沥青路面
7. 需要户外饮食和生活空间
8. 清除病树
9. 屏幕上的燃气表
10. 拆除开裂步行路，建设吸引入口
11. 创造一个强调标本树的种植空间
12. 增加早晨的阳光
13. 保持开阔的视野
14. 发展休闲空间
15. 创建视角到休息空间
16. 需要采取措施区分等级
17. 移除恶劣条件下的树
18. 需要阴凉的花园
19. 新栅栏/大门
20. 新建架空杆
21. 壁炉火坑为焦点
22. 将SPA移到有门廊的顶部
23. 清除病树
24. 为隐私保留篱笆
25. 拆除旧石壁炉、低矮的墙壁和天井
26. 拆除播放设备
27. 保留大灯罩
28. 边界树木：根据情况选择性留用
29. 最大限度地提高草坪的面积
30. 通过前院建立行人通道

图4-8b 齐茨克住宅场地调查分析报告

制订设计计划

研究和准备阶段的最后一个步骤是形成设计计划。设计计划可以认为是设计方案应该结合的元素与需求的列表或提纲。设计计划是作为基地分析与会见客户所得出的汇总。在其后的设计过程中，当初步的设计完成之时，这个计划对设计师来讲就是一个清单，以此来判断实际包含在设计中的每一部分是否是必须的（图4-9）。

设计

一旦设计过程中的研究和准备阶段完成，设计师就进入设计阶段。在这个阶段中，在与客人的会见、对基地的分析和计划的基础上，设计师开始研究和准备实际的设计方案。一般地讲，从设想到总体再到具体，设计阶段经过三个主要步骤：

- 图解（设想）
- 初步设计（总体）
- 总体规划（具体）

图解

设计的第一个阶段是用概念图将设计的主要空间和元素进行大致的排列。一般通常是从概念图开始，这是设计师的初步想法。最初的概念图是非常笼统的，主要涉及空间的大致位置、流通方向。设计师倾向于采用快速写意的绘制方式，通过各种各样的想法来组织主要的空间和特殊的元素（图4-10）。设计师往往有各种各样的想法来组织主要的空间，因此多准备几个概念图是很常见的。概念图的重要性是因为它为后续的设计阶段打下基础并且绘制比较快速和宽松。下一阶段是把概念图完善并转化为功能图（图4-11）。功能图是将概念图细分为更为具体的空间和元素。

概念图和功能图用两个图解符号如气泡、箭头、星号、交叉影线的手绘图形等以松散的方式代表基本的空间元素。这使得设计师能够快速地记录想法，而不会陷入形状和材料的细节上。这种宽松和快速的风格允许设计师在不需要花费不必要时间的情况下尝试变化布局和想法。由于设计师在设计的早期阶段可能有几种不同的想法，建议在8½英寸×11英寸页面中绘制概念图和功能图以节省时间。最终可以选择最佳图纸或图纸组合作为初步设计的基础，细节将在该过程中被模糊化。

霍华德和玛莎·齐茨克住宅的设计程序

- 前端
  - 专业的入门
    - 创建一个石头铺砌的区域作为一个欢迎进入的车道
    - 找到新的步骤进一步远离车行道的边缘
    - 仓库门前建立的石头露台作为室外门厅
    - 注意从街道到主入口的主要视线
    - 在入口处保留观赏树作为重点植物
  - 前面休闲空间
    - 建立一个石制休息空间，坐落在房屋前面且能直接进入其他所有的房间
    - 从住宅的客厅和室外门厅入口可以方便地进入休息区
    - 提供从居室到前院的开放式视野
    - 伴随常绿树篱笆建立元素
  - 树荫花园
    - 在四个季节房间的角落保留大的遮阴树，消除较差的常绿树木，并增加一些树下种植，为邻居提供额外的遮阴和隐私
    - 增加措施和非正式铺砌区域，允许邮递员从南面走到前门和车道
    - 从前面休息的区域到后院南部的房屋提供进入的通道
    - 前面的草坪和种植
    - 最大限度地增加草坪面积
    - 在车道北侧扩大草坪的面积
    - 保留沿车道和现有的树，尽量减少新的下坡，扩大车道北侧的草坪面积和清理区域
- 后端
  - 现有的树木
    - 保留后面的大树，车库东南角附近的观赏树木，以及房南侧的四季常青树
    - 把院子附近的草坪上的大树移在房屋附近的客厅外面
    - 保留现有的壁炉、石质露台和低石墙及桥墩
    - 对于年久失修的建筑，应予拆除
  - 开放的游戏区
    - 最大限度开阔草坪面积
    - 设计后草坪区域，要使蹦床保持数年，以致该地区的草坪变得更开放
- 车道
    - 拆除沥青车道并设计新的混凝土车道
    - 扩建车道，以便在车库北侧能使两辆车并排驾车离开，从而避免了车道上的倒车
    - 篮球筐的重新定位，以便有更多的空间玩耍
    - 消除车道南侧的栅栏，回到后面底线上的栅栏，用新的栅栏和大门将车库西角与后栅栏连接起来
  - 户外生活和娱乐
    - 添加额外的天井空间，将顶部的凉亭连接到覆盖空间
    - 在覆盖的天井南面的凉亭下提供烤架区域
    - 延伸更多的露台至草坪和覆盖天井空间之间
    - 在早餐区域外面增加额外的露台，在厨房附近有进入的门
    - 提供一个潜在的户外壁炉的地方，并从早餐区看到，以便它可以在附近的天井空间使用

图4-9 显示齐茨克住宅设计方案

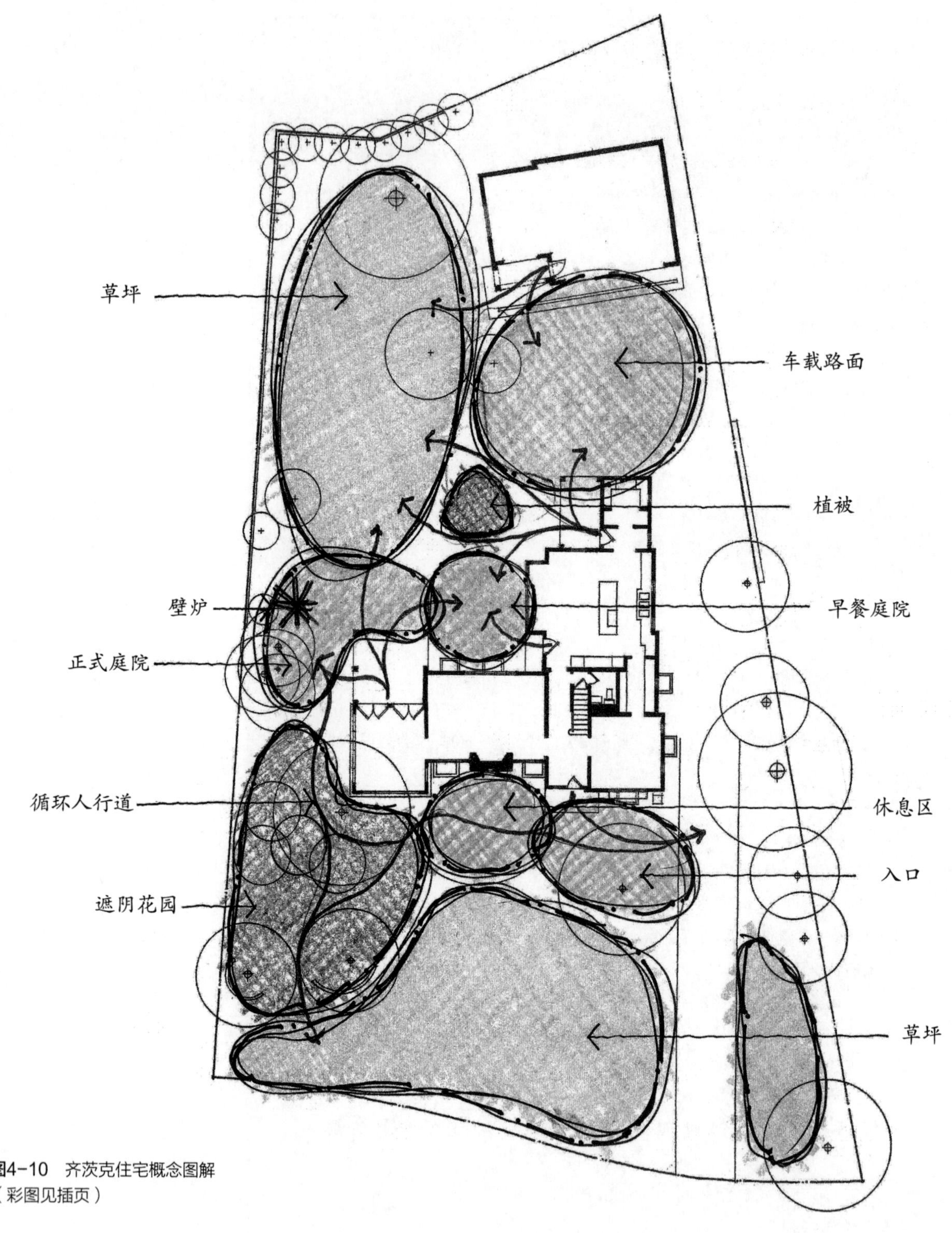

图4-10　齐茨克住宅概念图解（彩图见插页）

图4-10、图4-11的概念图和功能图呈现的颜色使它更容易区分空间和元素。这些图通常不呈现给客户，主要是为设计师自身评价功能关系时使用；然而，如果一个设计师选择在这个时候将各种想法显示给客户，应用不同颜色会有助于解释。第8章中更详细地讨论了图纸的使用和图形样式。

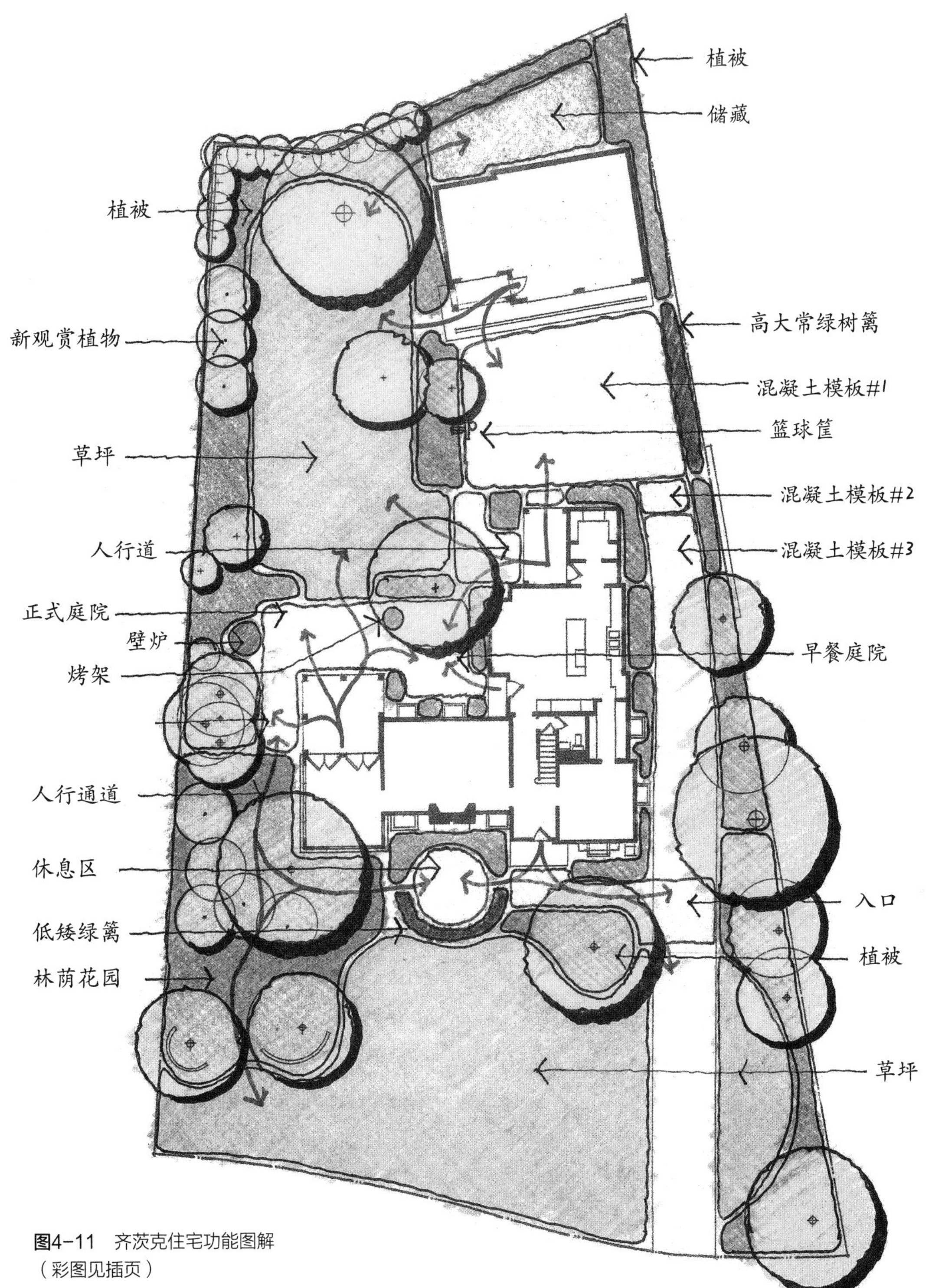

图4-11 齐茨克住宅功能图解（彩图见插页）

初步设计

设计过程的第二个步骤——初步设计，是把松散的功能图解的徒手圈和图解符号转变为有着大致形状和特定意义的室外空间。其结果是可以用来呈递给客户询求意见的说明性的初步方案。初步设计有三个重要方面要同时考虑，以此来创作初步设计。它们是：

- 设计原则
- 形式构成
- 空间构成

设计原则。设计原则是帮助设计师创作令人满意的设计方案的美学准则，它帮助设计师形成对整体设计布置以及像植物材料、墙体、铺筑地面图案等设计元素组成的美学评价。本文中有三个设计原则：秩序、统一和韵律。第9章中将对每个设计原则在它们在住宅基地设计中的应用进行解释说明。

形式构成。初步设计另一个关键的方面是形式构成。这个步骤为在功能图解阶段形成的所有空间和元素建立具体的形状（图4-12）。例如，在功能图解中一个代表室外起居空间的圆圈，现在被给予了一个可能由一系列具体形状组成的确切的图形。同样，草坪区的边界也画成一条明确的线，如一条迷人曲线。这种形式的发展建立了一个形象主旋律，它为设计提供了秩序的总体感觉。在形式构成中，设计师需要考虑功能图解的布置，同时还要考虑形式的外观及几何形状。就像场地的调查/分析和概念图，构图形式的研究可以在8½英寸×11英寸页面上进行。这将使准备各种选项更容易。形式构成将在第10章中详尽阐述。

空间构成。为了形成三维的室外空间，设计师利用斜坡（地形）、植物、墙体、围栏以及架空构筑物来作为空间围合的三个面。空间构成必须考虑其高度和体积与各种设计元素之间的关系，以形成一个实用美观的设计。第11章将对空间构成做进一步探讨。

通过将设计原则、形式构成和空间构成有机地结合起来，为客户的评审准备初步的设计方案。有些设计师选择准备一个初步方案呈现给客户。齐茨克住宅的初步规划如图4-13所示。正如所看到的，只有少数颜色被用来表达规划的各种空间和元素。有些设计师可能会选择为客户准备几种不同的初步设计方案。在这种情况下，可用一些简单的颜色为客户提供更容易理解的方案，并且不用花费太多的时间来准备。

总体规划

总体规划是对初步设计的细化或修改。如果设计出来的初步方案其中一个被选中，或者两者组合在一起被选中，那么，将细化为总体规化。图4-14为齐茨克住宅总体规划。在这最后的设计阶段，空间和元素，如路面、墙壁，比初步计划步骤绘制得更精确、更详细。

同样地，植物材料在总平面上作为个体的植物来显示，而通常在初步

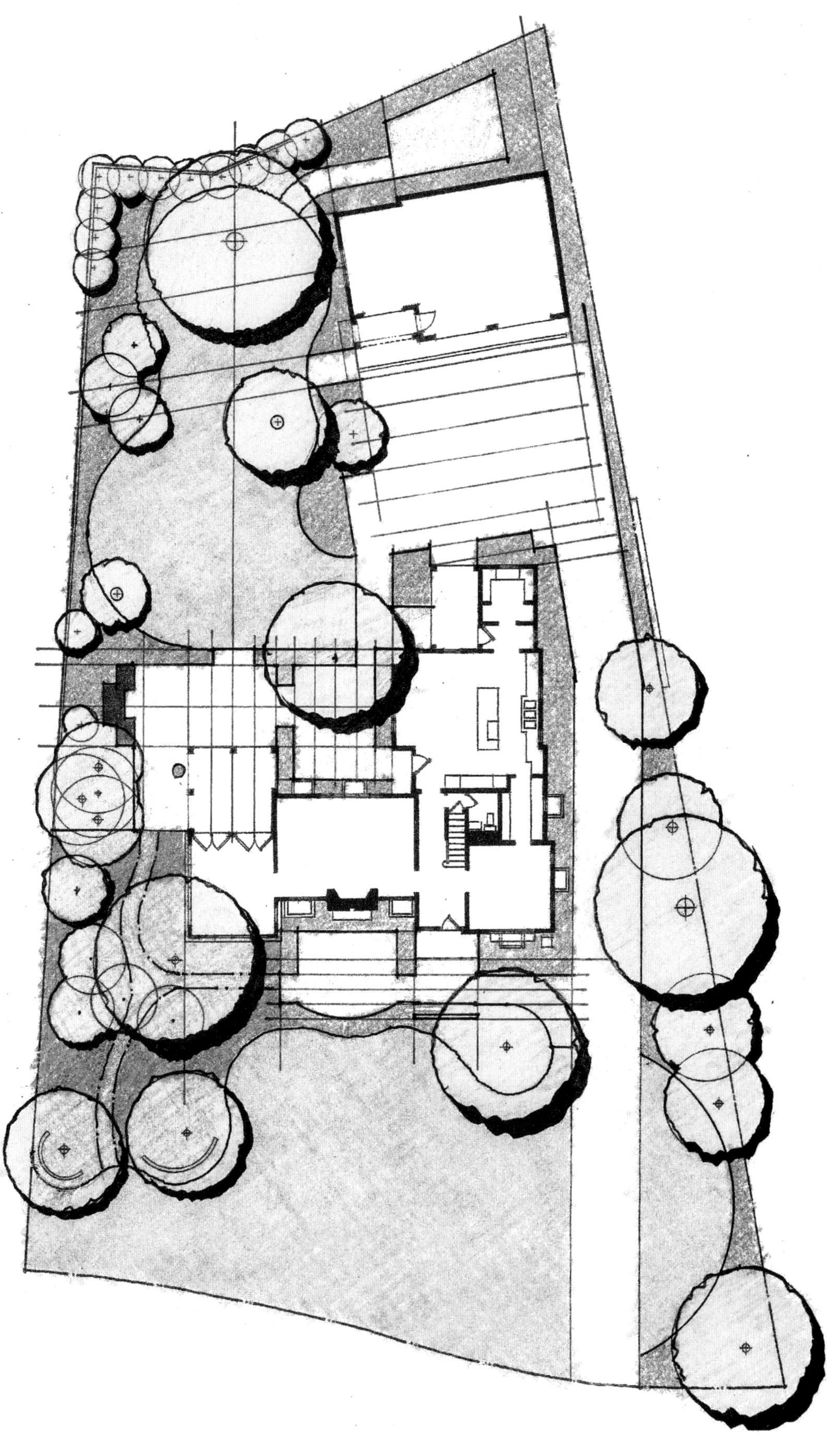

图4-12 齐茨克住宅平面构成研究（彩图见插页）

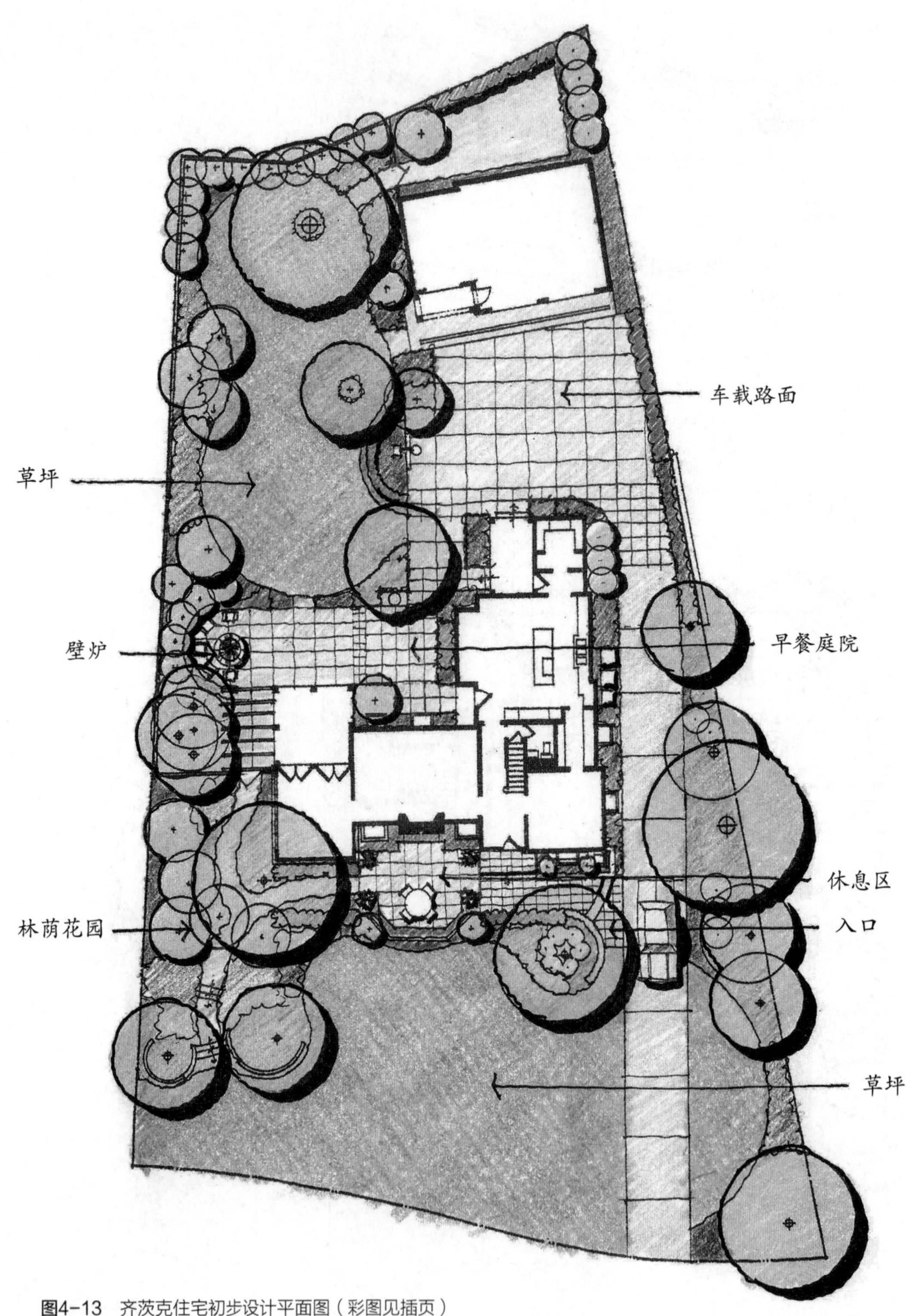

图4-13 齐茨克住宅初步设计平面图（彩图见插页）

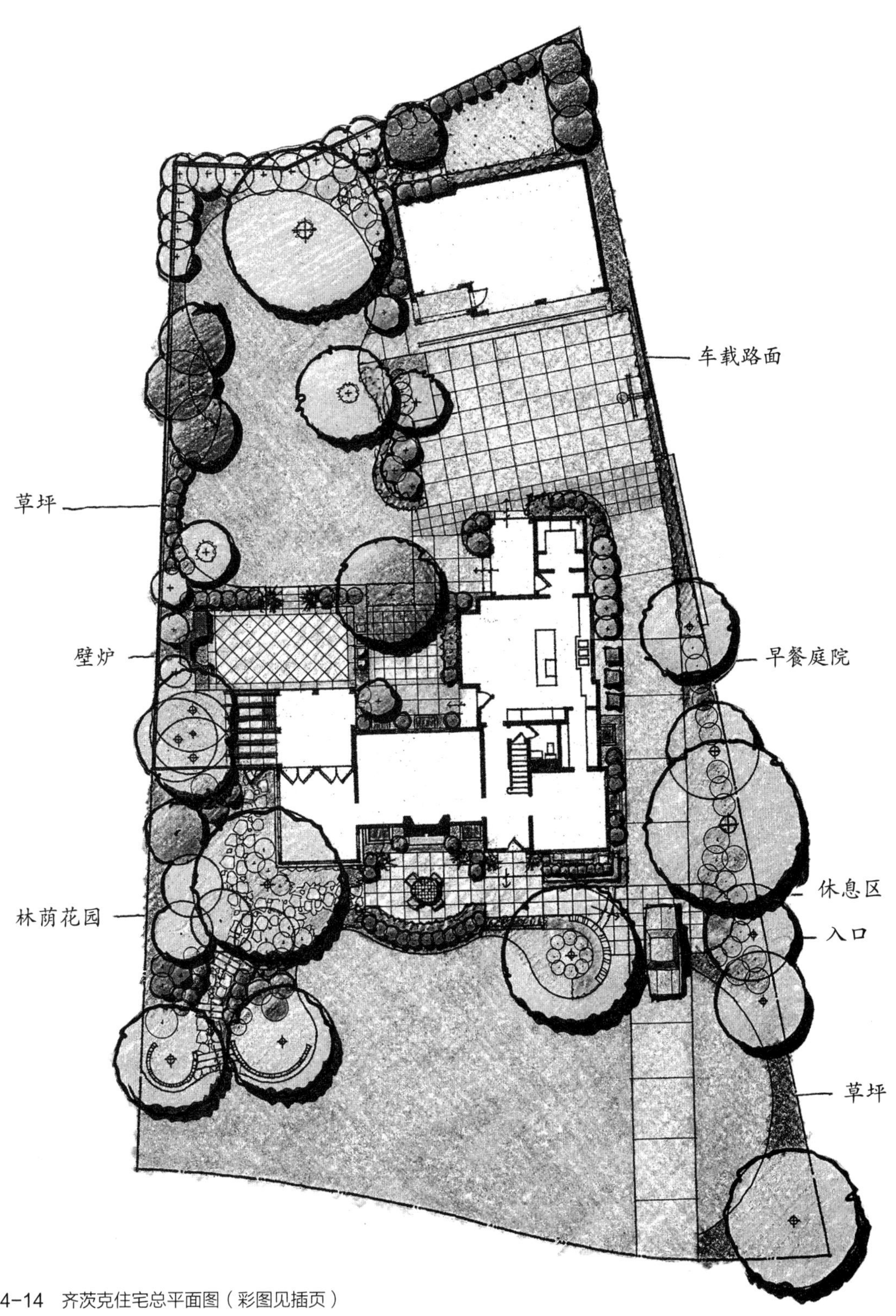

图4-14 齐茨克住宅总平面图（彩图见插页）

计划中作为广义绘制。具体的植物在总平面上有两种不同的识别方式。第一，设计师可以选择特定的植物并将其标记。第二，特别是在涉及范围较大的住宅小区项目中，设计可以选择在单独的合同下制定详细的种植计划和其他类型的详细规划。

总体规划中一个关键的特点就是构景要素组成，主要包括铺筑地面、墙体及围栏等构筑物元素的图案。尽管在初步设计中已确定了构景元素的形式，但是在总体规划中要进一步地研究，并画出更具体的图案。第12章将更深入地探讨总体规划的各种特点与功能。

如本章前面所提到的，研究准备和设计是本书中论述最详尽的两个设计过程中的阶段。然而，有时设计过程不到这两个阶段就停止了。实际上在以专业的态度来完成一个项目，还有其他的一些阶段。这些阶段将在以下的部分阐述。

绘制设计施工图

一旦总体规划完成并被客户接受，就可以准备一些其他的必要图纸，以便能够有效地完成表达在总平面图中的内容，这些图纸指的就是施工图纸。它们能够向施工人员说明并解释如何完成设计。需要准备的各种图纸有：

- 施工放线图
- 地形图
- 种植图
- 施工细部图

施工放线图

施工放线图给出设计中所有构景元素及分区的平面尺寸（图4-15），齐茨克住宅前入口的人行道、墙壁和台阶的布置图，尺寸标注应以宅地边界或建筑边线为基准。

地形图

地形图是用来表示地面上已有的和设计的标高。像草坪和种植区这样没有铺筑地面的区域，最好应该用等高线来表示。有铺筑地面的区域，设计标高常用点标高来表示。图4-16示齐茨克住宅前入口的地形图。

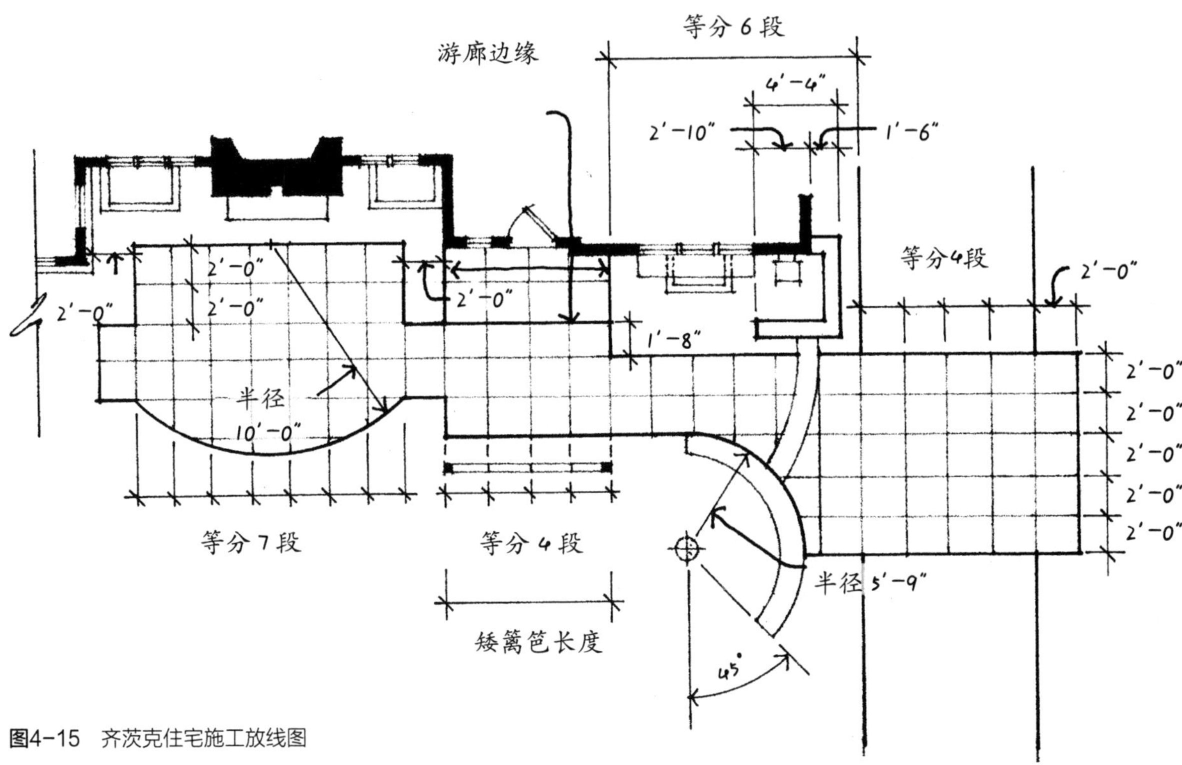

图4-15 齐茨克住宅施工放线图

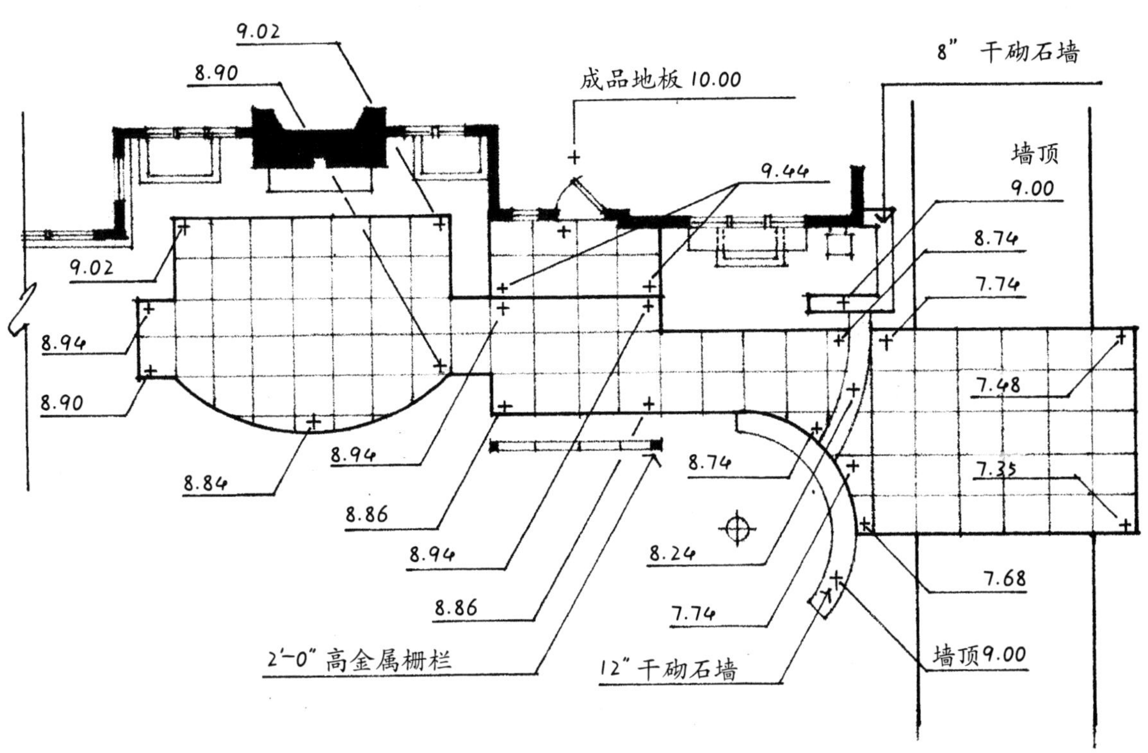

图4-16 齐茨克住宅地形图

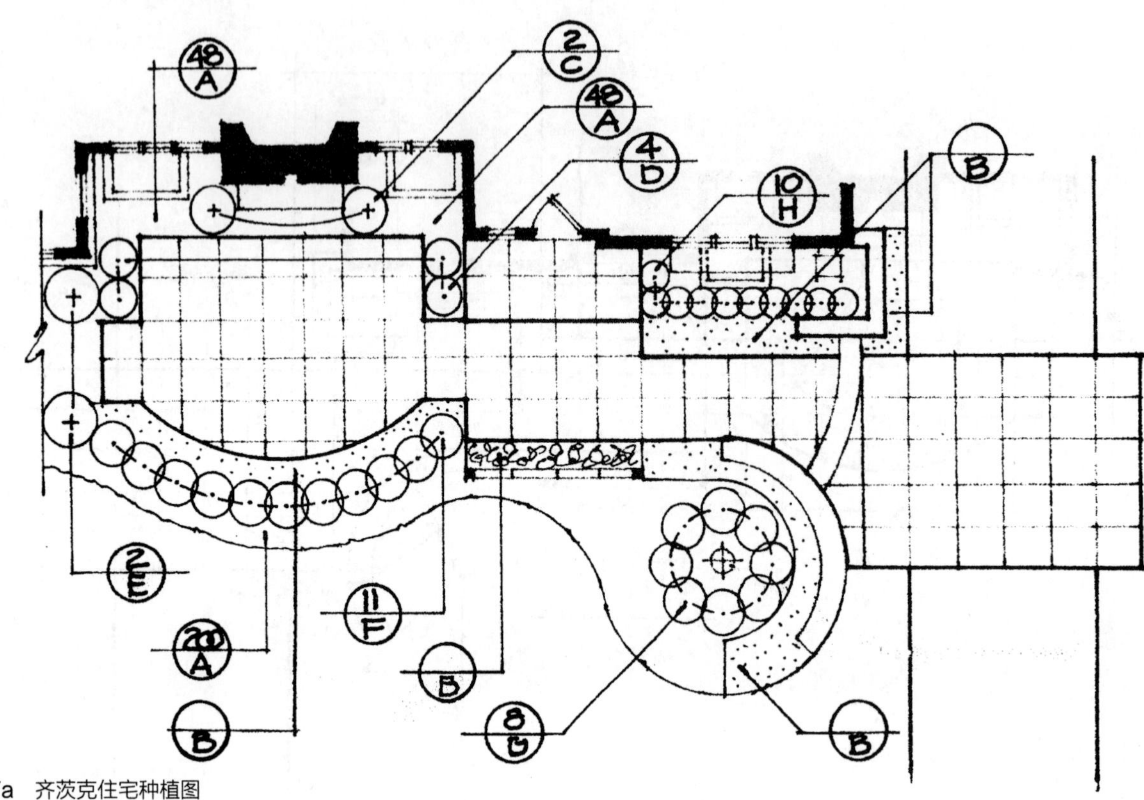

图4-17a 齐茨克住宅种植图

齐茨克住宅植物材料

图名	数量	常用名称	学名
A	296	长春花	蔓长春花
B	—	一年生植物	
C	2	绣球花	绣球花（雪皇后）
D	4	冬青卫矛	大叶黄杨
E	2	留春树	山矾
F	11	黄杨冬青	珍珠黄杨
G	8	红叶小檗	紫叶小檗
H	10	美国鼠刺	弗吉尼亚鼠刺

图4-17b 齐茨克住宅种植计划

种植图

种植图向承包商表明需要种什么种类的植物以及它们应该种在哪儿（图4-17a）。随植物平面一起，还应该有一张植物名单，说明设计中应用的所有植物的种类（图4-17b）。这张植物名单还要列出每种植物的数量、规格、条件以及其他的一些重要说明。

施工细部图

施工细部图常与放线图、地形图以及种植图布置在一起。正如它的名字一样，施工细部图就是用来表达设计中特殊部分如何建造。例如，施工细部图可能画出平台是如何建造的，围栏是如何做的，或者铺筑区是如何安装的。有时需要几张甚至更多的施工细部图来充分说明如何建造项目中的各个部分（图4-18）。

对施工细部的要求

施工放线图、地形图、种植图以及施工细部图之间都要相互协调。在完成时，这些图纸会告诉承包商如何实施这个设计。一个特定的项目是否要准备这些图纸，取决于项目的复杂程度及预算。例如，如果设计包含一个简单的平台，只有有限的植物品种，没有另外的构筑物，那么施工细部图可能就不需要了。如果设计中有大量的构筑物（平台、台阶、墙体、围栏、棚架等）、植物或是其他部件，施工细部图就必不可少，以确保设计能够按照设计师所期望的质量来完成。施工图是在单独的合同下编制的，由研究/准备和设计阶段单独提供服务和费用。

同时，公司的类型也决定了是否要用施工图。如果公司是一个专业的“设计公司”，则这些图纸就必不可少，对于设计兼施工的公司就不一

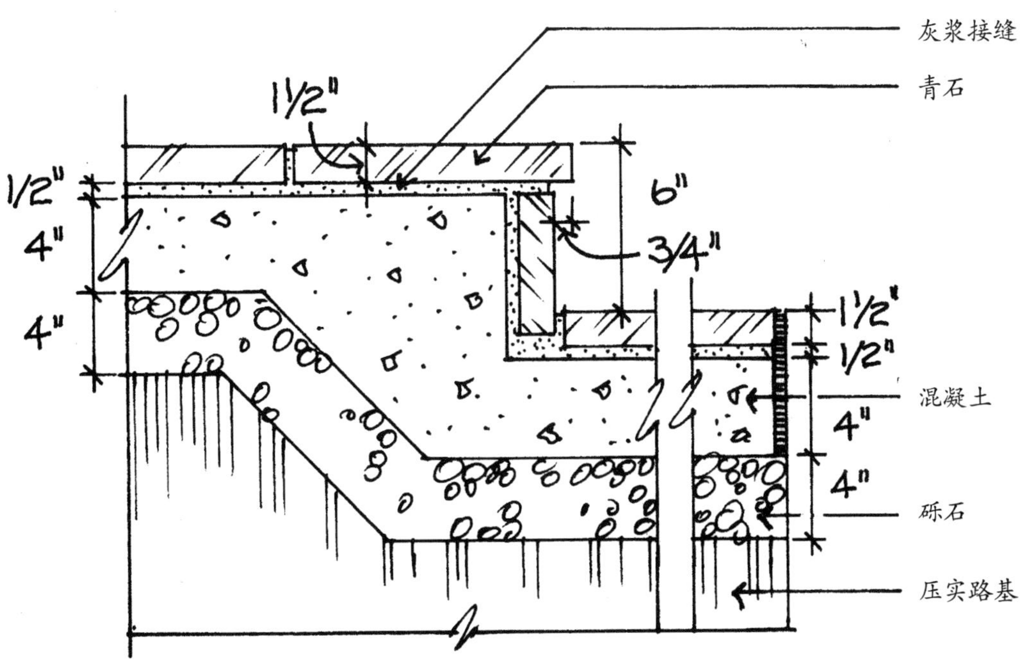

图4-18 齐茨克住宅前道石铺面施工细部图

定需要。一般设计公司只提供设计服务，它不直接参与项目的完成。在这类公司里，设计师应该以书面形式尽可能详尽地表述设计的意图，这样另一个公司的承包商可以正确地按照设计实施施工。一般情况下，承包商是通过投标的方式选出来的。也就是说，施工图要“展示出来”，通过一些筛选过的承包商提供完成设计所需的费用进行报价（投标）。客户通过投标过程对承包商进行比较，最终选出承揽工程的承包商。

另一方面，当为一家设计/建造公司工作时，设计师通常能直接在同一公司内与工头及施工队一起工作，以检查设计是否正确地完成。如果是这种情况，施工图就可以非常简单，甚至不需要说明设计是如何完成的，但需要设计师更多地亲临施工现场以监督设计的完成过程。

施工

一旦选择了承包商，无论是经过投标还是直接选择，客户应该与承包商签订书面合同。然后，承包商进场施工。施工（完成）阶段有两个主要步骤：

- 构筑物建造
- 植物栽植

构筑物建造是指结构性设计元素的建造，如铺筑地面、平台、墙体、围栏、台阶、长椅、扶手以及棚架（属于硬质景观）。植物栽植是指种植植物材料（软质景观）。有一些承包商专门完成硬质景观，而另一些则专门做软质景观，还有些承包商两者兼做。图4-19～4-22是一些完成施工后的齐茨克住宅效果照片。

在施工阶段，设计师需要注意施工过程中出现的各种问题，那些无法预见的问题可能会阻碍施工的顺利进行。而设计师在这一过程中的作用取决于他是否是设计工程公司的成员。如果是的话，设计师会亲临现场，监督施工进程，随时随地解决施工过程中的问题。如果是专门的设计公司，不负责施工，设计师可能要再签一份合同，定期到现场确保施工按设计方案实施。

维护

某种意义上来说，设计的完成只是它使用的开端。一个设计工程完成后，如果没有定期的维护与保养，大多数项目不会以很好的状态保持下来。一般的维护管理包括：

图4-19 齐茨克住宅前入口步行道和种植的完整施工（彩图见插页）

图4-20 齐茨克住宅休息空间完成施工（彩图见插页）

- 灌溉
- 施肥
- 除草
- 草坪修剪
- 粉刷
- 补植或修缮

常见的维护人员，一般是户主或是从相关公司聘用的人员，他们都是这个项目的最终维护者。这是因为他们的努力会在几年时间里直接影响植物

图4-21 齐茨克住宅部分完工的后院建筑（彩图见插页）

图4-22 齐茨克住宅完工的盖廊、凉亭和石天井建筑（彩图见插页）

的尺寸、形状及健康，种植床排列方式、替换构筑元素的材料与颜色，以及设计的总体外观与整洁程度。在很多情况下，尽管当初的设计与施工都完成得很好，但后期疏于管理使设计大打折扣。因此，维护与管理人员必须精通相关知识与技能；设计师要把设计的意图传达给维护人员，这些都是很重要的。设计师还应该定期回访项目，以确保设计能很好地被维护，如果设计以及维护在内的多个环节都能出色地完成，这个项目才算是成功的。

评价

设计过程的最后一个阶段就是评价设计方案的成功与否。这是一个不断发展的过程，需要不时地对设计的各个方面进行分析。通常的最好评价方法就是先在相当长的一段时间里观察这个设计。从评价中学到的东西可以应用于接下来的再创作中。以下这些问题可以定期提出：

- 设计看起来怎么样？
- 设计所起到的作用如何？
- 设计的哪一部分很容易或很难维护？
- 所有的植物长得都很好吗？哪种长得不好？为什么？
- 铺筑地面材料保持得如何？
- 木结构有什么问题？

同维护一样，一个设计项目的评价应该是一个持续努力的过程。设计师不能停止观察、分析、判断以及疑问。从这种观点来看，设计过程是一个持续的、不断发展的过程，它超越了单个项目的范围。

其他

根据前面的描述，设计过程好像是一个简单而有逻辑的过程，无论如何也能做出一个成功的设计。然而，事实并非如此简单。首先，设计过程不应该是一个已限定好的一系列步骤，尽管它是以这种方式表现出来的。在实践工作中，有一些步骤可能相互重叠，同时发生。例如，为准备工作草图所进行的资料收集与对基地的分析可能会在同一次实地观察中同时发生。另外，某些步骤在最终完成之前会重复发生。例如，一旦设计开始，设计师可能会希望再回到基地进一步观察。通常在设计过程中对基地的更新看法很重要，因为设计师会以一种更挑剔和质疑的眼光来看基地。可以看到，基地分析会贯穿整个设计方案形成的过程中。

在设计过程中同时进行几个步骤或是在不同的阶段中，在步骤之间来回进退没有什么错。实际上，这种实践做法是有益的，而且是创作一件成功设计方案所必需的。以一种完全有序而一成不变的方式进行设计可能会压抑设计师的创造力。这也不允许设计师可以从过程中任一个步骤开始，或是随意地由这个步骤跳到那个步骤。设计过程应该被看作是为组织设计思想与设计进程的总体纲领。

同样，当每次进行一个新项目时，设计过程的应用都会有些不同。每个设计项目特殊的环境，如预算、工作范围、基地特点以及客户的需要都会影响设计过程的应用。举例来说，一个很小的住宅基地，却做一个非常详尽的基地分析，这是在浪费时间。还有，客户有限的预算会限制为完成设计所绘制的图纸的数量。或者客户的计划非常简单，方案非常明确。因此，设计师在一开始就要认真评价每一项新的项目，以确定哪些是需要的，以及（通过哪些过程）如何完成这个设计。

关于设计过程，还有一个要素需要了解。严格执行并遵循设计过程的每一个步骤，也可能会导致一个平庸的设计，设计过程与设计结果的成功最终取决于设计师的能力、经验、知识、洞察力、判断力以及创造力。如果任一方面欠缺，尽管设计师有很好的想法，设计结果的质量也会降低。一个在形象和功能上都很成功，并且满足人的情感的成功的住宅基地设计需要敏锐的观察、详尽的研究、丰富的经验、灵感以及主观创造力。设计过程不是这些品质的替代品。它只是为设计人才提供能够有效利用的框架。

设计过程包含理性和直觉的判断。设计过程中的一些步骤（如基地情况分类记录、基地分析、计划制定以及功能图解）需要理性与逻辑思考。而设计中其他的步骤（如形式构成、空间构成、材料构成以及设计之中各原则的相互结合）则需要直觉的能力和美学的鉴赏。设计师在进行这些特殊设计步骤时需要对形状、形式以及空间有感觉。尽管这些能力和感觉能够用语言表述，但它们的实现还要依靠内在且富有逻辑解释的主观性。因此，设计过程还可以看成是设计师客观和主观能力的结合。

关于设计过程还有一点需要阐释一下，设计师的思想和方法的系统化很重要。没有经验的设计师按照设计过程的步骤，从头到尾设计是必要的，因为设计思想与设计方式的系统化对于设计师非常重要。正如学习某种新的技能或过程，缓慢而有条理地进行学习是有帮助的。初级设计师应当仔细地记录设计过程中的每一个步骤，并形成记录文件，以此作为学习经验。一开始，应用设计过程可能很吃力。但是，一旦熟悉了整个过程，许多步骤会变得更简单，而且不用花费大量的时间。对于有经验的设计师来说，设计过程中许多步骤不必一一遵循，因为他们会综合应用整个过程来设计。有时在一个特定的地点工作，设计过程中的许多方面可以作为过程中的标准方法，如土壤条件、建筑法规、植物材料及营造方式等。

小结

景观设计师必须考虑、评价，在准备一个成功的设计方案时完成许多任务。有这些问题是很常见的：

- 我需要什么元素来融入景观设计？

- 我如何创建没有种植空间地区的隐秘性?
- 如何适应斜坡和局部侵蚀的天井空间的需要?
- 应该清除哪些植被，在何处种植新的树木，为客户提供足够的阴凉处?
- 我应该用什么样的材料来设计步行道和天井?
- 如何正确地测量建筑物上已有的结构和元素以准备精确的绘图?
- 我应该准备多大的尺寸，我应该使用什么途径，我应该准备多少钱?
- 娱乐区应该有多大，永久的煤气炉应该设在哪里?

这些只是景观设计师遇到的许多问题的几个例子。所有重要的事情都不能随意地处理。所有类型的问题都应该以一种特定的方式进行管理，这样设计师就可以在需要的基础上处理必要的事情，并且基于一些优先事项来解决这些问题。为了帮助整理所做的事情，需要使用一些组织方法。这在设计过程中被证明是一个宝贵的工具。它提供了一个现实的框架来思考和处理设计师设计解决方案时所拥有的思想和观点。尽管有一定的标准，但它应该引导设计师以一种深思熟虑而又富有创造性的方式来寻求一个合适的设计方案。

5 会见客户

学习目标

通过对本章的学习，读者应该能够了解：

- 确定设计师或公司的推广方法，以及各自的相对优势和劣势。
- 确定设计的宣传材料的理想质量，并总结通常在宣传材料中提供的重要内容。
- 确定设计人员在第一次与客户会面时收集的客户信息。
- 确定客户愿望和客户偏好是什么，提供了什么信息，以及客户通常怎么来表达它们。
- 确定客户的生活方式是怎样的，设计师可以使用什么方式和技术来决定客户的生活问题。
- 指出设计师在客户对其场地和住宅建筑的考察中寻求确定的信息。
- 确定在会见客户时使用的咨询方法，每种方法的相对优势和劣势，以及每种方法提供的信息。
- 准备第一次与客户会面时应讨论的话题。
- 概述设计服务方案的内容和组织结构，并解释方案如何签订成为合同。

概述

一个住宅项目形成设计方案之前，设计师必须进行几项准备工作。每项工作都包括收集、组织并评价那些可以作为下一步设计阶段基础的资料。会见客户并与之交谈是调研与准备阶段的第一项工作，将在本章做更详尽的介绍，其他准备工作将在第6章、第7章中进行探讨。其他准备活动则与基地本身有关，包括：①测量基地；②准备按比例绘制的工作网格图与工作草图；③完成基地情况分类记录与分析；④拟定设计计划书。

会见客户并与之交谈是一项不可缺少的步骤，因为它能够为接下来的设计打下基础。这个步骤能够给予设计师关于客户对于基地的期望与需要的一些必要的资料。如果能够进行得很好，它还能够为设计师与客户在接下来的设计过程中如何相互接触定下整个基调。双方在自由坦诚的交流过程中建立起相互信任、相互尊重的关系，这非常重要。这也是形成客户与设计师都引以自豪的设计的关键组成部分。

本章以积极而富有建设性的方式为开始实施项目提供了一些原则，包括：推广、最初的客户接触、会见客户、形成对设计服务的建议。所有的这些主题与活动都是设计师与客户之间形成良好工作关系的基础。

推广的类型

只有当客户意识到设计师的工作过程和设计的吸引力时，客户和景观设计师才会见面。潜在的客户必须有足够的兴趣和动力才

图5-1 网站主页样本（彩图见插页）

能通过打电话、微信、电子邮件、网站或其他方式以寻求更多信息或请求见面。要做到这一点，设计师必须采用一些推广方式，如数字媒体、宣传册、印刷广告、工地标志、良好的口碑等。

数字媒体

每一个设计师都需要通过数字媒体进行宣传，数字媒体的优势在于可以快速而且频繁地进行更新。这实现了即时交流，方便了设计师与当前客户和潜在客户进行持续的对话。数字媒体也可以通过在那些喜欢阅读和浏览的人之间分享以直接接触到更多的读者。数字媒体的不足之处是，它们需要一个重要的时间间隔保持信息材料的不断更新。把大部分时间花在一个办公室里进行设计或项目管理。下面讨论使用数字媒体推广服务的方法。

网站。公司网站（图5-1）是一个企业所必须的。它的优势在于可以在你需要的时候更新它，它是交互式的，并且可能链接到其他站点。网站应该至少包含关于设计师或公司的背景和资质、设计服务、正在建设和正在进行的项目的图像以及联系的信息。此外，网站还应该包括项目的视频、与相关社会媒体的链接、与其他网站资源的链接、设计师所属的专业组织、已获得的奖项、客户满意度推荐信以及其他获得的荣誉，如报纸或专业期刊评论。

脸谱网。对很多的设计师，脸谱网（Facebook）页面（图5-2）也是宣传所必须的一个网站。脸谱网拥有数百万用户，这代表了脸谱网的一个优势是存在无数潜在的客户，可以通过在网页上分享自己工作获得别人的

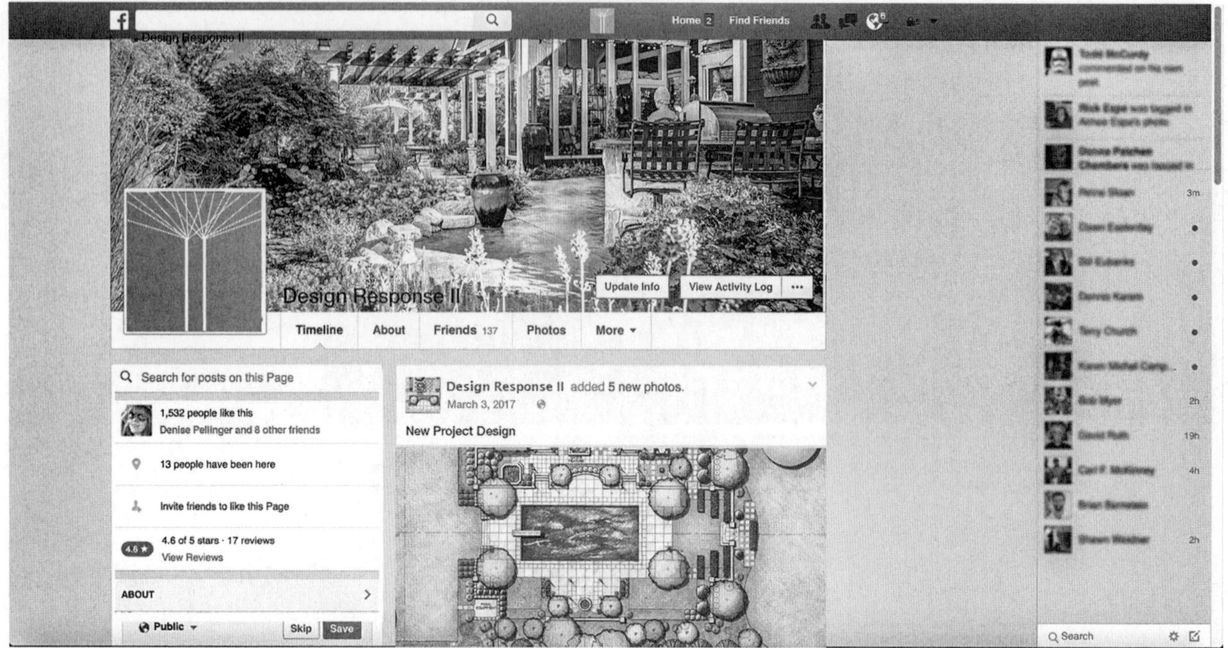

图5-2 脸谱网网页样本（彩图见插页）

图5-3 其他社交媒体（彩图见插页）

"点赞"，以此可以提高设计师的声誉且收获积极向上的情绪。脸谱网也给设计师提供了直接与"朋友"进行交流的机会。这就建立了一个持续的对话，让潜在客户有机会了解设计师的想法。脸谱网让设计师更快速地分享正在进行的项目，产生设计并进行有效的沟通。

其他社交媒体。设计师应考虑补充一个除了网站和脸谱网之外的其他社交媒体，像推特、谷歌、人际关系网、博客平台、微信朋友圈等（图5-3）。公司或者设计师可以在开发后通过客户端随时了解目前正在发生的事情，

图5-4 宣传册样本（彩图见插页）

发表正在进行的有关项目或展示设计师作品的示例等。例如，推特公司可以告诉客户，设计师可能展示新的设计方案、有效的范例、开放的空间等。照片墙、拼图和室内设计是视觉媒体，增加客户的好奇心与想象力，并促进其创建项目。许多潜在的客户看到实际的项目是非常宝贵的，尤其是在图像共享之后。现代媒体，客户倾向于社交媒体做所有的东西，若没有在线展示的网站的公司或设计师，将错过吸引这些客户的机会。

宣传册

宣传册是一个“随身携带”的作品，它以一种简明的形式呈现类似的信息（图5-4）。它通常包含完成项目的重要图像、概述公司或设计师的背景和资格、设计理念和联系信息。印刷的宣传册或宣传页可以邮寄或直接送给潜在的客户，也可以通过微信或电子邮件附件发送。宣传册容易携带，而且便于查看。缺点是容易过时，需要定期更新内容，以保持它的新颖性。

广告

现在数字媒体是接触潜在客户的主要手段，设计师可能想用更加传统的方式在报纸、地方杂志、音乐或体育比赛节目，或当地的电视、广播增加这些广告。广告的主要目的是为了吸引读者或听众的注意力，所以它必须具有足够的吸引力，呈现令人难忘的信息，并给予明确的联系方式。广告的优点在于它是针对不同时间和地点的观众。每个广告场地有一个特定的用户参数，广告的文字和图像需要适当地选择直接吸引那些听或看广告的客户。传统广告的缺点是成本相对较高，所呈现的信息比较短暂，很容易丢失或被遗忘。

工作地点标识

吸引潜在顾客最有效的一个办法就是在实际工作地点立一块吸引人的工作牌。牌子上标明正在进行的项目是谁设计的，谁进行施工的，以及联系电话。一个工作标识牌的优点在于它的邻居和路人很容易看到，并且可能会成为潜在的客户。但是，工作牌一定要精心设计，以吸引客户眼球。

口碑营销

最后，让潜在客户了解设计师工作的最好方法之一是从过去的客户或与其他设计师合作过的客户那里获得。广告的最佳形式是通过以前的客户积极将设计师推荐给朋友们和熟人。这就要求设计完成高质量的工作且与过去客户保持持续的关系，如各种方式的节目祝福，及时介绍自己近期的业务绩效，使老客户感到他们还是很优秀、很有用的。

推广设计

所有宣传材料的最终目标是令人产生足够的兴趣以激发潜在客户与设计师联系。要做到这一点，材料必须设计良好、引人入胜、令人难忘、易于阅读。此外，所有宣传材料都应该具有一致的外观和信息。这是一个公司独特的可识别的标志“Logo”，并在所有促销场所重复使用。无论是刊登广告或张贴在网站，整体信息应该是相同的。

设计师可能会自己设计宣传材料，但通常建议聘请一位专业的有丰富经验的平面设计师，并为每个地点准确地制作宣传材料。这样会形成一个协调一致、富有想象力和连贯性的宣传材料。设计师通过定义公司的宗旨、所提供工作的种类、总体设计方法和设计理念来帮助这项工作。如果是一个正在建造的项目和将要进行的项目，可用美丽的图片展示，这样比文字更有说服力，更能使人产生兴趣。

推广内容

以前与公众联系的方法是向潜在客户提供关于设计师或设计公司的信

息。每一项的格式、目的和内容各有不同，但都提供了关于设计师或设计公司的基本信息：①服务范围；②设计理念；③设计过程；④费用。

服务范围

要充分地认识设计项目需要各种服务，其中包括：①设计；②建造（建造平台、露台、围栏等构筑物）；③处理植物材料；④维护（在景观构筑物和植物材料配置完成之后的继续维护）。潜在客户应该知道设计公司能够提供哪些服务项目，因为各个公司的能力不同。

一个提供设计、建造、安装和维护服务的住宅设计公司一般就是设计工程公司，也就是全面服务的公司。这类公司的优点是能够为客户提供配套服务，并确保各阶段之间顺利交接，因为设计师和安装项目的人员在同一家公司工作。只提供设计服务的公司，之后要与工程承包商一起工作，共同完成这个设计。这些公司一般会提供高质量的设计，因为这是他们的专长。而且，这样的公司并不局限于为植物或其他材料列清单，他们更多的是创造或挖掘有创意的设计。另外，还有一些公司把重点放在植物上，包括它的销售、种植、维护，而对于设计和建造服务不是很内行。告知潜在客户公司的经验与专业能力是很重要的，这样他们就会知道公司能为他们做什么，不能为他们做什么。

设计理念

潜在客户应该很熟悉设计师的“设计理念”，或者设计师对设计项目的基本原则和评价。设计理念就是那些渗透在设计师作品中的概念和情感。然而一个设计理念必须基于一定的思想，大多数设计理念是通过以下途径表达的：①美学的或被认可的优秀设计；②可觉察的设计优点；③室外空间的重要性；④环境养护；⑤所喜欢的风格；⑥所喜欢的材料（包括结构材料与植物材料）；⑦与客户一起工作的方法。设计师应该尽量用简洁的语言表达出他/她的设计理念。最理想的情况是潜在的客户能够找到一位设计师，其设计理念正好与客户的价值取向和对景观设计的态度相符。在这种情形下，对于每个参与的人来说，整个过程会更加愉快。

设计过程

潜在的客户应该清楚创作住宅区景观设计方案所要经历的设计过程。许多屋主人既不能充分了解准备一个住宅基地的主体方案需要什么，也不知道设计所经历的各个步骤。对于设计师来说，有必要向客户提供有关设计过程的大致内容，以及设计过程每一步所需要的时间。潜在客户可能会直接面对设计过程中的以下步骤：①基地分析；②设计计划；③图解；④初步设计；⑤主体设计。每一步骤都应该用清晰、通俗的语言进行简单介绍，使每个人都能够理解。有时可以用图例来对书面描述进行补充。

这样做的主旨就是让客户明白，设计不仅仅是对植物材料进行选择和管理。一个设计方案是根据基地的现状与潜力，满足客户功能与美学的综合需求，所有这些都可以通过设计者的专业知识来满足。

费用

大多数潜在客户希望得到一些关于主体设计及其完成所需费用的信息。通常有两种收费标准，按小时收费或按总造价收费。尽管大多数客户从这条信息中受益，但一些设计师对提供这样的信息抱怀疑态度，因为他们担心这有可能会吓跑客户，或造成有竞争力的设计师和设计公司互相压价或抢生意。这些担心是很正常的。然而，设计师在设计过程中的一定时候必须告诉客户费用方面的事。通常早一点让客户知道收费信息比晚一点要好，否则，到最后双方都浪费了许多时间，却最终得知这个费用是无论如何都无法接受的。

另一个需要关心的问题是，是否需要承担设计费。如果客户签署了设计的施工合同，一些设计师就不会让客户直接承担设计费用了。这就是通常所说的"免费设计"。有些设计应该是免费的，因为它们只不过是张植物安排的快速草图，上面标示出特定植物在基地上的位置。通常这些植物都画在一张公司设计单上，并有每种植物材料列表及报价。这类设计只是一个简单的预算，应该和管工预算或电工预算一样是"免费"的。

然而，还有一种所谓的"免费设计"，实际上是需要客户进行付费的，因为给客户的材料没有成本，需要大量的时间来设计和准备。这些设计实际花费了很多时间进行设计和准备，之所以成为"免费"的，就是在于诱导客户签署项目合同。即使设计师告诉屋主人方案是免费的，为准备方案所花的时间大多数理所当然地算进整个项目费用中。因此，尽管客户可能认为他们免费得到了某些东西，其实没有。

有时，一个免费方案会使客户对设计师的专业水平产生怀疑。像医生、律师和财务顾问这样的专业人员负责他们的建议、咨询和服务。如果设计师"放弃"有价值的专业设计时间，那么他（她）用什么来进行这个设计？可以肯定，花在设计上的时间比任何东西都有价值，客户也应该明确这一点，并应该为这个时间付费。任何一个聪明的消费者都应该看到免费的东西是那些应该丢掉的不值钱的东西。聪明的消费者也应该意识到“免费”是诱使他们去买更昂贵东西的一个聪明的办法。

与潜在客户初次接触

如果宣传材料是成功的，潜在的客户们很可能会与设计师或公司直接接触。一般是通过电话、微信、电子邮件或短信，有时也可能对公司的办公室或施工地点进行拜访（图5–5）。客户做这些调查，以获取更多的信息，解答最初的一些问题，并安排一次会面进行更正式的关于聘请设计师（或设计公司）为他们的住宅进行设计的交谈。

相应地，设计师必须花费必要的时间来回答未来客户的询问。这可能包括已经以其他方式反复提供给客户的信息，因为听到某人亲自解释有时会更有效。设计师应该认真回答客户的提问，提供丰富的咨询，以打消客户的疑虑。设计师也需要向未来客户提出一些问题，以确保他们得到正确的消息，并且确定他们是否愿意合作。如果交流进展顺利，设计师可以再

图5–5 与设计师初次接触一般是通过电话、微信、电子邮件或短信（彩图见插页）

安排一次在客户家中的会见。

会见客户

下一步骤就是设计师与客户“面对面”的会谈，以讨论客户及基地的具体事宜。这个会面应该在客户的家中，这样可以使设计师第一次见到基地与住宅（图5-6）。在客户家中见面也能够给设计师提供一个很好的机会，使之充分了解客户的喜好，同时也为设计师获取必要信息提供了机会，以利于之后的设计过程。在一些情况下，这种会见也可以或有必要在设计师的办公室中进行。如果是这样的话，设计师需要另外找时间去一次客户的基地。

客户信息

对于设计师来说，这次会见的首要目的是获取关于客户的一些实质性的资料，这是设计方案的基础。这些资料包括：①家庭情况；②客户的要求；③顾客偏好的外观；④客户的生活方式；⑤客户对自己的住宅和基地的意见。

另外，这次会见还使设计师和客户有机会共同讨论有关这个特定项目的设计过程及设计费用，并为双方提供了相互提问的机会，明确在整个设计过程中他们所关心的事情。如果在客户家举行，这次会见还可以使设计师亲自观察基地，并作出一个初步的判断。此后，设计师还要对基地做一个更深入的研究（详见第7章）。其最终目的是使客户与设计师在基地设计的合作事宜上达成一致。

图5-6 会见客户
（彩图见插页）

家庭情况。设计师应该取得以下关于客户的基本资料：

- 家庭成员及年龄
- 成年人的职业
- 家庭成员的爱好，特别是对户外活动
- 使用基地的宠物的种类与数量

客户的希望。设计师需要确定客户对基地的展望，以便能把它写入"设计计划"（见第7章）。有几种方法可以获取本章后面讨论的信息（见"调查方法"）。无论采用哪种方式，设计师都需要明确了解客户的目标、所需的空间或用途以及对特定元素的要求。如果这些主题有任何一个要求被忽视了，设计师都需要重新考虑以确保它们全部被涉及。

客户的希望是广泛的，往往超越了"目标"，以及整个网站的内容。这些包括：

- 我们希望前院对我们的游客来说是一个鼓舞人心和吸引人的环境。
- 我们设想花园是一个避风港，在那里可以看到鸟类和其他野生动物。
- 我希望我们的家人和朋友可以在一个轻松的气氛中聚会。

除了表达他们的目标外，客户还需要确定设计中要包含的特定空间或室外使用区域。这些要求包括：

- 我们需要一个足够大的娱乐区来容纳我们不断增长的15口之家。
- 我想有一个进入到院前面时的标志，表达我们是谁并且给我们一个地方来展示我的季节性花盆。
- 我们需要一个大草坪区，让我们的孙辈打羽毛球，且从东面的邻居那里也可以看到的区域。
- 我们想要一个新的娱乐区，一个供孩子们玩耍的大草坪，后院的树旁边有一个安静的休息空间。

此外，客户应该讨论设计中所需的特定元素或特性，例如：

- 我们想在一个相当私密的地方有一个可容纳4个人的热水浴缸。
- 我想在房屋后面种上12棵苹果树。
- 我们想要一个多层平台而不是一层。
- 我们需要在独立车库附近加1个停车位。

设计师可以利用这类的信息来形成设计计划（详见第7章）。

客户的喜好。设计师应该了解关于景观设计客户喜欢什么，不喜欢什么。尽管所涉及到的内容与上个议题有些重复，但主要是探讨关于客户的喜好，如设计风格、审美情趣、建筑材料以及某些特殊的构景元素等。其目的是为了确定景观设计中各构景材料的美学特性和色彩构成。设计师可以通过询问从客户那里得到答案。设计师也应该了解客户不想要什么。在一些实例中，客户对他们想要的只是有个模糊的概念，而对于他们不想要的却能明确说明。

以下这些关于喜欢和不喜欢的说明可能会很相似：

- 我喜欢一些对我来说独特的东西，但看起来仍要保持其原有风格。
- 我们喜欢直线、干净的线条和大片的草地。
- 我喜欢植被覆盖层与植物纹理对比的自然面貌。

有一些关于喜欢与不喜欢的要求有时是很有用的，而且与设计计划结合起来相对容易。另外，有些要求可能很普通，易于解释（图5-7）。如“特殊”“独特”“不同”或“保守”等词句是很主观的，反映了客户对所计划项目的预想。

设计师应该如何解释这类主观的想法？设计师如何把前面提到的那些意见转变为有意义和有用的设计信息？如何把这些意见与设计方案结合起来呢？由此，要非常仔细。“特殊”这个词对非专业人士与对有经验的设计师而言有一定的差别。“独特”和“不同”这样的词不同的人有不同的理解。寻找附加的信息，以了解客户的主观评论是非常重要的。通过下面的提问，我们可以获得更多的客观信息。

最初的说明：

“我喜欢那些对我来说独特的东西，但看起来仍要保持其原有风格。”

需澄清的问题：

“您能把‘独特’定义得更具体一些吗？”

“您希望这个设计能反映您喜欢的特殊要求吗？像材料、图案、颜色

图5-7 一些客户的喜好可能是很主观的

等。”

最初的说明：

“我们不想要突出的东西，我们是个相当保守的家庭。”

需澄清的问题：

“您能举出一些对你来说突出的东西吗？”

“您能详细说明一下‘保守’这个词吗？”

最初的说明：

“我看到很多不同的住宅中都用到同一种围栏。我希望这样可以与住宅融为一体。”

需澄清的问题：

“ 您能描述一下您所指的不同之处吗？”

“‘融为一体’对您意味着什么呢？”

最初的说明：

“我们喜欢简单的却又与众不同的东西。”

需澄清的问题：

“您能谈一下或举些例子说明什么是简单的吗？”

“您认为的与众不同是什么？ 是不是有什么东西您确实不喜欢，因此就希望您的有所不同？”

有些客户发现很难用言语表达自己对外表的喜好，而别人没有想到或根本不知道。让他们找到他们喜欢或不喜欢的建筑风景特征性的图片将有助于让客户来定义自己喜好的方式。同样地，设计师完成同样的工作可以通过在会谈中共享文件夹中一系列的图片。

生活方式

在最初的会谈中，设计师还应该了解客户当前和未来的生活方式。客户的生活方式包括他们的行为和兴趣。这体现在很多方面，设计师应该遵守客户的衣着、汽车、家具、书籍、艺术、电子产品、体育用品、炊具等的生活习惯，了解客户在室内或室外喜欢做什么事情。同样，了解客户在哪里花费时间也是有帮助的。他们是否使用某些房间或区域以外的其他地方？设计师也可能需要了解以下问题：

- 您将怎样使用住宅周围的地方？
- 您要招待多少人？招待什么人？
- 您的社交事务有多少？
- 您会在外面烹饪或进餐吗？如果会的话，多长时间1次？

- 您在室外有娱乐活动吗？
- 您喜欢园艺活动吗？
- 您喜欢什么样的户外消遣活动？

对客户基地的观察。设计师应该向客户询问在他们眼中基地有哪些优势和不足。尽管设计师也应该对基地进行彻底的分析（详见第7章），但能同时获得客户的观察对设计师来说也是很有帮助的。实际上，客户比其他人更能了解基地，因为他们住在这里，并且能在一年之中不同的条件下观察基地。而且有些情况只有经过长时间观察才能看出来，设计师应该利用客户这种独特的观察角度，以及客户通过观察得出的结论。

客户对建筑的观察。客户对自己的住宅以及它的建筑风格的见解是很有帮助的。同基地一样，客户对住宅的想法与观察可以提供有用的信息，可以在基地主体设计中考虑。

首先，设计师应该问客户是否有一些“内在的”特殊爱好。例如，图5-8是房屋里几个房间的剖面图。在这栋住宅中，客户喜欢三个特殊的地方：①左面房间的拱廊和装饰细部；②大房间中的坡屋顶和窗户的形状；③住宅中许多墙面上刷的白色粉饰。这些信息应该详细地记录下来，在以后研究材料、图案和装饰细部上都会有用。

除了收集客户关于住宅内部构造的意见之外，他们对建筑外观特点的看法也很重要。他们会指出当初影响他们选择这栋住宅的特别之处。就像你从图5-9中看到的，不同的人喜欢不同的建筑。有些人喜欢屋顶和窗户，另外一些人偏爱特殊的材料和颜色，还有一些人则被特殊的构造所吸引，如门廊和烟囱。总之，记录他们对室外特点的喜好与记录他们对室内的评论是同样重要的。

当你到室外空间观察时会有助于你对建筑特点的把握（图5-10），另外，你置身于户外，讨论景观设计方案的可行性会更有效。例如，图5-10

图5-8 设计师应该鼓励客户表达出他们所喜爱的室内建筑风格（彩图见插页）

图5-9 不同的人由于许多不同的原因会喜欢不同的住宅
设计#N2855（上），设计#N3461（中），以及设计#3452（下）
可供蓝图，800—322-6797

中设计师对住宅的论述就更好理解了。“既然你很喜欢拱形窗这种形式，就很容易想到把这种形式用到室外空间，如就餐区、水池以及从侧院进入园区的拱形小道。而且在设计中我们还可以用一些不规则的石材与上面的拱形窗形成对比。”另外，设计师无论在室内还是室外，都要对建筑特征或特性做好记录。

图5-10 设计师应该鼓励客户表达出他们所喜欢的建筑外部特征（彩图见插页）
设计#N3409（上）。C住宅设计师。可供蓝图，800-322-6797

调查方法

很明显，设计师要做很多工作来了解客户、基地和住宅。因此，设计师要充分地准备与客户的第一次会见。设计师应该带着一本涵盖各项条款的记事册去进行会谈。如果必要的话，在会谈之前要编写一份备忘录来提醒设计师必须询问的关键话题。

在会谈中，设计师还必须能够准确地记录下客户提供的信息和见解。可以认真地做笔录，也可以录音。后者的特点在于可以把设计师从记录的重担中解脱出来，并且允许设计师在探讨中有更充分的理解。录音更准确，可以反复播放，使设计师更好地理解客户所说的内容。录音的内容可以在会见之后总结为笔录。

在与客户会谈中，设计师可以运用多种方法获得客户的信息。这些方法因人而异、因时而异，每个设计师应该总结出一套或几套适合自己的方法，其最终目的是设计师运用这些方法来了解客户。

口头上的探讨。获得关于客户信息的最普通的方法是通过口头上的探讨。这只是双方所用的个人方法，能够使客户充分地表达他们自己的意思。设计师可以让客户自由地谈话，或者用一系列问题引导谈话。客户应该有充裕的时间来回答问题，景观设计师可能不时地插话，以明确观点或咨询其他方面的问题。最后，设计师应该明确客户已经把他们所希望的住宅环境做了全面的描述，这时才可以进入设计过程的每一步骤。

调查表。询问的另一种形式是书面调查表。调查表是在一张或几张纸上准备好一系列问题（图5-11）。调查表保证了以一种清晰、有条理的方式向客户询问有用的信息。当完成时，调查表会给设计师一个关于客户信息的记录，在设计过程中可以参考。调查表的一个缺点就是它有时看起来太过于形式化，而且缺少人情味。

有一些设计师在会见之前就寄给客户一张调查表，以激发他们的想法。这就给客户足够时间来思考其中的问题及答案。然后设计师利用会谈来检查客户对调查表的回答，并澄清双方都可能存在的疑问。而另外一些设计师则喜欢在会谈时让客户填写调查表，以作为引导谈话的一种方法。

参考客户喜爱的照片。从客户那里获得关键信息的另一种方法，就是参考那些他们所喜欢的已完成的景观照片。在会谈之前，设计师可以要求客户收集一些描绘他们所喜欢的（或不喜欢的）园林风格、室外空间、材料、特殊园林小品、光线等照片。这些照片表达了客户的个人喜好，这些照片可以来自客户所游览过的地方、园林景观杂志、互联网网站，也可能来自各种书籍和杂志。

同问卷调查一样，这种方法也有助于客户在会谈前对工程项目进行思考，这一过程对于某些客户来说意义重大，因为这也许会产生一些从未有过的新奇想法，而且还有助于表达他们对于住宅景观的一些想法和意愿。“一图抵千言”这句俗话对他们来说再确切不过了。有时设计师可能要借用一部分图片，便于在初步设计阶段认真地加以研究。

对设计师作品的回顾。对于设计师而言，还有一个了解客户较好的方法就是回顾公司过去和现在的工程。保留一份工程的记录文件夹对设计师而言是一项极好的商业实践，它可以用作提升的目标，向客户表明自己的能力，并且也是机构内部的保留资料。

一个作品集可以有几种组合方式（图5-12）。传统的做法是将图像放在绑定文档中。因为图像可以很容易地取出或根据需要时添加，所以一个

客户调查表

本调查表的目的是为了获得有助于为您的住宅基地准备设计的信息。我们绝对相信您所提供的信息，并会以此为依据制订一个满足您和您的家人需求，并符合您基地环境的设计方案。在您认为有帮助的地方，可添上附加的评论或记录。在这里提前感谢您的合作。

Ⅰ. 家庭特征。请列举所有家庭成员的姓名、年龄、工作地点或学校以及兴趣喜好（尤其是有关室外的）。

____

____

____

____

____

____

Ⅱ. 现有的基地情况

A. 前院问题。请列举您所认为前院中现存设计中需要减少或纠正的问题。

1. 视觉上______________________________
____
2. 功能上______________________________
____

B. 后院问题。请列举您所认为后院中现存设计中需要减少或纠正的问题。

1. 视觉上______________________________
____
2. 功能上______________________________
____

C. 前院的潜力。请列举前院中积极的、在设计中应该保持或提升的因素和特征。

1. 视觉上______________________________
____
2. 功能上______________________________
____

D. 后院的潜力。请列举后院中积极的、在设计中应保持或提升的因素和特征。

1. 视觉上______________________________
____
2. 功能上______________________________
____

图5-11 调查表示例

Ⅲ.喜爱的室外活动。您希望在基地中进行哪些活动？请在其后面打“√”。

在每种活动后面，请标明您进行这项活动的季节，每周所用的天数以及每日的时间。

——烧烤
——进餐
——就坐/休闲/读书
——就餐/与家人聊天
——娱乐
　——4～6位客人
　——6～10位客人
　——10位以上客人
——日光浴
——观鸟
——园艺活动
　——一年生植物
　——多年生植物
　——蔬菜
　——果树
　——灌木
——娱乐活动
　——羽毛球
　——排球
　——门球
　——游泳
　——篮球
　——棒球
——其他（请列举）

季节				每星期的天数	时间
冬	夏	春	秋		

Ⅳ. 所喜欢的草地特点。请描述您认为在您的基地应该具有什么面貌（规则式/自然式，开敞/密闭等）。

____

Ⅴ. 材料

A 请列举您最喜欢的铺装地面、围栏、围墙等的材料。

____

____

B 请列举您喜欢的植物。

____

____

C 请列举您不希望使用的植物。

____

____

Ⅵ.预算。请确定您打算在未来的5年里每年的投资额。

图5-11 调查表示例（续）

图5-12 多种方法组织和展示作品集（彩图见插页）

类似于传统的记事本的活页夹是最常见的。作品集组合也可能是一个螺旋装订的文档，根据需要进行更新。作品集的另一种方法是在电脑上创建一个与客户共享的作品集文件夹。这些内容或全部数字图像可以与公司网站上显示的图像相同。

文件夹应包括以下内容：

• 一个项目类型的信息在大小、成本、风格方面是多种多样的；作品集应该只展示一个公司最好的作品，不应该是一个公司所承担项目的全部文档。

• 对精选项目的纪实，展示从项目开始到最后完成的整个设计过程的照片。

• 主体设计和其他类型的图片，如功能图解、细部扩大图、种植图、建造细部、剖面图等。

在第一次会见中与客户一起回顾文件夹可以达到几个目的。首先，它给客户一个机会，看一看设计师所完成的工程是哪种类型。尽管客户在这一点上对设计师已经比较熟悉，然而设计师所展示的这些工程可以加深客户对自己能力的了解。其次，对文件夹进行回顾可以让客户来评论设计师的工作，并表达出他们喜欢什么或不喜欢什么。同这里所探讨的其他方法一样，这也使设计师洞察什么能使客户满意或不满意。最后，对文件夹的回顾可以使设计师对项目实施过程加以解释，并介绍在形成过程中的一些想法。

总结会谈

首先，设计师概括总结出客户的主要观点及其要求，从而准确把握客户的想法。如果某一项仍不很明确，客户就有机会进行更正或补充。

接下来，设计师可能还需要回顾一下有关公司实际工作情况的信息。如果在客户没有看过公司的宣传册、广告或在会谈之前没有和设计师交流，这就很有必要。设计师可能需要回顾一下设计理念、设计过程等，以确定客户能理解设计师打算如何进行设计及其步骤。

最后，设计师还需要讨论客户关于这个项目的预算和设计收费。设计师应该询问客户是否为设计及其完成做过总体预算。如果客户不熟悉主题设计的一般费用或施工完成的花费，还需要向客户做一下介绍。设计师还应该明确，大多数主体设计的完成是需要时间的，因此建造和安装的总体花费时间可能会延至几年。

设计师需要解释主体设计要花费什么，还有设计师在设计收费方面不能犹豫，也不能隐瞒其后用于材料或安装的支付费用。设计师的专业设计的费用与建造、安装和维护合同的费用是分开计算的。在准备到主体设计的所有阶段（包括主体设计）时，要把所需的时间推算一下，会见客户时将基地测量、草图准备、基地分析、功能图解、初步设计以及主体设计加起来，形成一个实际的时间量。这就意味着量化的设计收费。没有具体的支付数量，但一般住宅主体设计花费在1 000～2 000美元之间。如果工作范围大得多，费用也就更高了。设计费从一个地理区域到另一个地理区域也不相同，因此要参考一个地区的其他设计师收取的费用，这样就不会对类似的设计服务提出太多或太少的要求。

当20个小时投入到形成住宅基地主体设计中时（图5-13），这个时间应该转化成等价的报酬。公司会提醒客户（一般3次）设计师每小时的收费标准，使其支付企业管理费和收益。公司一般向客户收取设计服务费每小时50～100美元。

客人拜访（每次1.5小时，共3次）	4.5小时
基地测量	1.5小时
草图准备	2.5小时
基地分析	1.5小时
构思（两方面）	2.0小时
初步设计（两方面）	4.0小时
主题设计	4.0小时
总计	20小时

图5-13 专业设计师为基地预计花费的时间段

形成设计服务的计划

到此为止，设计师和客户已经讨论了所有提出的话题，这时客户会被询问是否有兴趣签署一份设计服务合同。在第一次会谈结束时，他们可能做出决定，也可能需要考虑。如果他们决定继续这个项目，那么设计师应该准备一份“设计服务计划书”，并在会谈后的几天内寄给客户，客户可以研究一下具体条款，通常把所有条款都写到纸上时，客户才会对这个协议更放心，如果客户同意这份计划书，他们会签字并把副本返给设计师。

建议元素

许多公司的“设计服务计划书”有标准的形式，上面留有签署时间、日期、费用、条款和签名的空白处。有些公司则喜欢根据第一次会谈的内容编制一个更有针对性的计划书。无论哪一种，建议计划书中都应包括以下内容：①姓名和地址；②工作范围；③图纸/成果；④客户会谈记录；⑤施工时间一览表；⑥收费与支付一览表；⑦合同认可。

姓名和地址。同任何正式的信件一样，计划书应该包括客户和设计师的姓名和地址，以及公司或设计师的电话，这样客户如果对计划书有疑问，可以很容易地与设计师联系。

工作范围。计划书应当明确设计师应该完成的具体任务。例如：一般任务包括完成基地测量、工作草图、基地分析、设计计划、初步设计选择，以及最后的主体设计。如果要求附加任务，同时也应该明确注释。

另外，建议设计师明确哪些不属于合同之内的事情。一些住宅主人以为主体设计包括了所有的实际安装和建造整个设计所需要的信息。许多主体设计包括了台阶、墙、围栏、凉亭等结构的建造，但建造这些设施还需要另外的图纸，客户需为承包商提供建造所必需的信息。而细部构造图纸一般不包括在“设计服务计划书”之内，除非设计师和客户事先达成协议将其包括在内。

图纸。“设计服务计划书”应明确将要给予客户的具体图纸。在一般的项目中，客户应该得到初步设计和主体设计的副本。另外，设计师还要准备其他类型的图纸，如剖面图以及透视图等来补充设计。对于每一种图纸类型，计划书都应该明确它的比例、什么类型的印刷或副本、是否彩色渲染，以及它应该展示什么。计划书还要标明给予客户的每张图纸的份数。

客户会谈。对于计划书很重要的就是在项目的各个阶段与客户进行会谈次数的说明。一般与客户进行三次会谈。第一次在本章已经说过了。第二次常在设计师完成初步设计时进行。这一次，设计师将接受客户关于不同的设计意见的反馈。第三次会谈，设计师向客户提交主体设计。根据项目中基地的尺寸和工作范围，可能会需要更多的会谈，尤其是当项目比较复杂时。

时间一览表。计划书应当明确：①设计工作开始的时间；②初步设计完成的时间；③主体设计完成的时间。根据所设定的设计项目各个阶段完成的时间，设计师可以通过告诉客户确切的完成工作的日期来精确推算完成的时间。可能有不可预见的情况发生，使工作进度拖后。由于这些情况都不可预测，因此不用确定确切的日期，大概的日期就可以了。当一个阶段的工作结束了，设计师可以打电话给客户，确定会谈的具体日期和时间。

收费与支付一览表。“设计服务计划书”应当概括出设计服务的收费。建议把设计服务的总费用分为：①聘请费；②部分完成费用；③最后完成费用。聘请费是客户在工作开始之前支付给设计师的费用，这类似于一个人购买特殊商品时所付的“定金”。聘请费在设计行业中是很普遍的，其数量因项目的不同而不同，一般是总设计费的10%~20%。

部分完成费用是在提交初步设计时所付的费用。其数量为总设计费的40%~60%。通常大部分设计时间都花费在这个阶段，因此也体现在费用的数量上。

最后费用的支付是在提交主体设计的时候。其数量从20%~50%不等。有一些公司在完成所有具体工作后才收取最后费用。不论使用哪一种支付方式，都要明确“什么时候”需要支付“多少”。

合同认可。我们讨论了这么多，一直专注于计划书。还有一个相关的文件就是合同。但两者是有区别的。计划书只是个书面材料，其中概述了需要支付费用的服务项目，它不具有法律效力，而仅是一个协议，客户可以接受也可以不接受。然而，当设计师和客户签署了计划书，那么这份计划书就成为法律合同。因此，当计划书提交给客户时，设计师应该签字，以使它成为从设计师到客户的协议。如果客户接受计划书，他们会签字表示接受。这份签署过的文件则被认为是设计师和客户之间根据计划书内容规范的法律合同。因此，计划书上应留有设计师和客户签字的空白处和签字日期，并且在计划书中要规定有限时间，如30天。

合同签署完成后，设计师就可以开始工作了。然而，在接到签署合同之前是不应该进行任何工作的，因为设计师没有得到法律授权操作。而且，如果客户拒绝签订合同，设计师就会白费时间。

邓肯住宅

本文中为了对设计过程的各个阶段提供详尽的解释，这里和以后的章节将针对设计的每一阶段并结合一个示范设计项目进行介绍。这个示范项目是邓肯住宅，从这里开始，以后的章节中会介绍设计过程中的其他步骤。这个项目是个真实的项目，所参与的客户是住在郊外的典型独立式住宅的普通客户。

邓肯家的住宅是一栋两层的、有四间卧室的房屋，有着暗蓝色护墙板、白色的砖墙以及白色的木装饰（图5-14，图5-15）。它坐落在一个比1/4英亩大一些的草地上，其西、北、东面都有邻居的居住地包围着，基地平坦。在前院和后院里有几棵散置的树木。对于邓肯住宅更详细的描述和相关照片将在第 7 章中介绍。

为了能够开始这个项目，布赖恩和帕梅拉·邓肯打电话给詹姆斯·E·肯特（一位景观设计师），探讨他们院子未来的规划。在他们最初的电话交谈中，他们表示希望提高他们院子的外观和使用价值。为了达到这一点，他们表示需要有私密性，有一处室外的家庭娱乐空间，还要求有遮阴的前门入口，并种植植物。邓肯夫妇的需要好像是颇具挑战性的设计项目，于是肯特先生要求在他们家与他们见面。肯特先生解释第一次见面无须付费，并接受了与他们见面的邀请。

图5-14 邓肯住宅临街景观

图 5-15 邓肯住宅北边景观

到达邓肯家后，肯特先生认识了布赖恩、帕梅拉和他们的两个孩子。首先，他们在起居室会谈，肯特先生鼓励他们谈谈他们的需要、愿望以及对院子的期望。必要时，肯特先生需问邓肯夫妇一些问题，以确定他们的想法或找到有关他们要求的具体信息。在会谈后期，他们漫步在住宅和基地中，肯特先生一边倾听着邓肯夫妇谈论所关心和要求的事，一边记录下一家人的想法和建议。然后，肯特先生谈了一下他公司的实力，以及与客户一起工作的过程。他解释说，要以最好的方式形成总的主体设计就需要完成邓肯夫妇所想到的每一件事情，尽管开始邓肯夫妇有些担心，但他们认识到主体设计是他们的院子必须做的工作。为了不让邓肯夫妇仓促做出决定，肯特先生告诉他们，他要准备一份“设计服务计划书”。如果他们满意的话，就可以签字，并把它返回，就可以开始进行设计了。他感谢邓肯夫妇给他这个机会与他们见面，并表示希望能够为他们提供设计服务。

回到公司后，肯特先生准备了一份“设计服务计划书”，并寄给邓肯夫妇两份副本，一份留给他们，一份返回。他所写的公函及计划书见图5-16和图5-17。

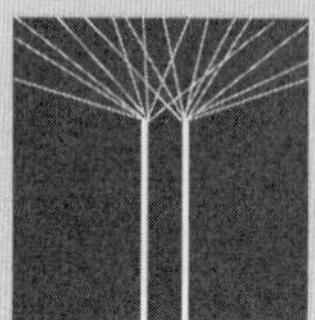

DESIGN RESPONSE TWO

62047 Bedford court， Eugene oH 10548
电话：（614）830-4900
传真：（614）830-2010
邮箱：designresponsell@gmail.com
网址：designresponsell@charter.net

2017年7月26日

布赖恩及帕梅拉·邓肯
4140 垂柳大街
Eugene. oH 10548

亲爱的邓肯先生及太太：

上星期四晚上有幸与你们见面，并围绕改进您的住宅基地环境进行了探讨。对您们所提供的机会表示感谢，对您们所提供的关于改进您们住宅的意见和建议表示感谢！

我把我们首次会谈所讨论的内容编写了这份“设计服务计划书”，希望在未来能与您们一起合作。尽管还有些基地问题需要我们讨论，但我相信有各种可能可供选择，把问题转化为潜力，满足您特殊的需求。

敬上

詹姆斯·E·肯特
景观设计师

图5-16 公司信件

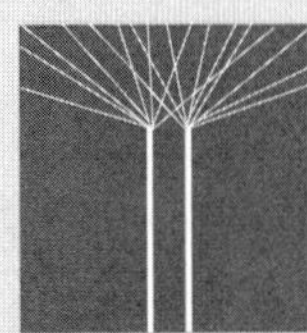

62047 62047 bedford court
Eugene，oh 10548
电话：（614）830-4900
传真：（614）830-2010
邮箱：designresponsell@gmail.com
网址：designresponsell@charter.net

设计服务计划书
邓肯住宅

工作范围。以下概括的是需要完成的计划任务：

1. 吸收从您处得来的所有计划与基地资料。
2. 实地测量并形成工作草图。
3. 分析基地现有条件和基地周围条件。
4. 准备两个可供选择的初步方案，将会在您家里呈给您。
5. 对其中一个方案进行更细致地改进或将两者合为一个，形成最终的主体设计。

请注意工作范围不包括以下内容：

1. 任何基地构筑物的细部构造或工作图纸。
2. 设计的实际建造或安装。

图纸。我会按照时间表向您提交以下图纸：

1. 两份整个基地的初步方案。这两个方案将以1/8″=1′-0″的比例徒手绘制。它们会标明所设计的物景元素的位置（以及基地已有的需保留的特色），如步道、车行道、平台、围栏以及植被。注释会标明铺筑地面与围栏的材料、围栏高度以及植物材料的总的类型。您将得到每个设计的两份副本。
2. 一份主体设计，以1/8″=1′-0″比例的草图，标明具体的植物材料的名称及其他的材料与图案，您将得到这张图的两份副本。

时间表。我将在收到签署合同之后开始工作，初步设计将在15日内完成，届时我会打电话通知您，安排一个具体的时间把它们交给您。在这次会谈之后，会有10日的时间供您研究初步设计，并向我返回意见，我将开始进行最后的主体设计。这需要7日时间来完成。我将再次给您打电话，安排一个时间提交最后的主体设计。

收费与支付一览表。准备和完成以上提到的图纸和服务共收费$1 000.00，支付情况如下：

在签署计划书/合同时支付$200。
完成和提交初步设计时支付$400。
完成和提交主体设计时支付$400。

合同认可。这项协议在30日内有效。如果这份计划书您满意并接受的话，请在密封的副本上签字，并把它返回给我。

詹姆斯·E·肯特　　日期　　帕梅拉·邓肯　　日期　　布莱恩·邓肯　　日期

图5-17　邓肯住宅的“设计服务计划书”

小结

与客户见面是设计的关键。与实际创建一个设计相比，它是整个项目的基础。如何设计与设计动态材料，设计师最初如何与客户交谈，第一次会议是如何进行的，以及如何编写一份计划书，都建立在这个基础之上，并为接下来的每一项设计打下基础。例如：客户首先体验什么，他们看到什么，以及他们所听到的……都有着深刻的影响，需要给予与设计本身同样的重视。

6
基地测量和基地图的准备

学习目标

通过对本章的学习，读者应该能够了解：

- 定义地块、地块平面图、基地平面图、基地详图和基地设计条件图，以及各自图面上需表达的信息。
- 获得基地数据的三个途径。
- 测量基地近距和远距物质要素的三套测绘方法。
- 描述与房屋有关的物业线的定位程序，以及在地段上定位房屋的程序。
- 描述确定房屋墙壁、门和窗户位置的推荐过程，以及确定和记录现场要素的测量技术，例如煤气表、电表、水管等。
- 描述定位在地面公用设施线上的步骤，以及定位单个树木和其他植物材料的程序。
- 绘制基地设计条件图和基地设计详图的步骤。
- 列出平面图上的项目。

概述

前面讲了许多如何与客户会面并确定他们的设计意愿的参考建议。当设计师与客户在“设计服务计划书”上签字后，这一步已告完成，双方之间的协议开始正式生效了。接下来设计师要做的就是尽可能全面地收集基地资料，以便提出各方面都符合现状条件的设计方案。设计工作通常开始于从法定文件上获取精准的测量信息、数字资料和依据现场测量所得数据绘制的底图。为了有效地利用时间，在获取基地测绘数据的同时就要做好场地分析工作（见第7章）。为了省去日后的麻烦，应该有条不紊地把这些做好。

本章主要讲述基地测量和基地图的准备，主要包括：①与这段工作相关的术语；②信息来源；③交谈和记录场地数据的指导原则和技术方法；④画出基地图的步骤。

术语的定义

在进行基地测量和基地图的准备过程中涉及五个基本术语：①地块（lot）；②地块平面图（plot plan）；③基地平面图（site plan）；④基地详图（base map）；⑤基地设计条件图（base sheet）。每一个术语都是在阐述或图示化住宅基地的过程中运用的常规表达（图6-1）。这些词容易混淆，在下面的设计中常常用到，但每个词的内涵和作用有所不同。

地块

地块（Lot）有时被称作场地（parcel），特指独户住宅的用

地块

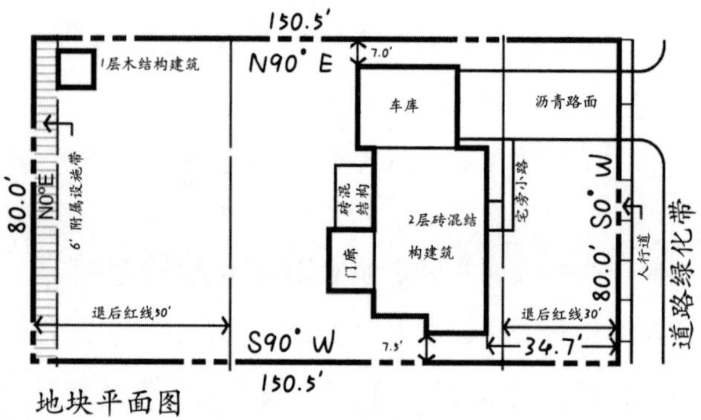

地块平面图

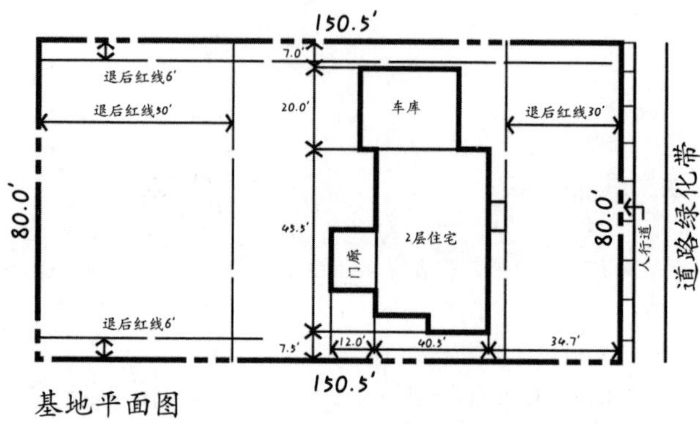

基地平面图

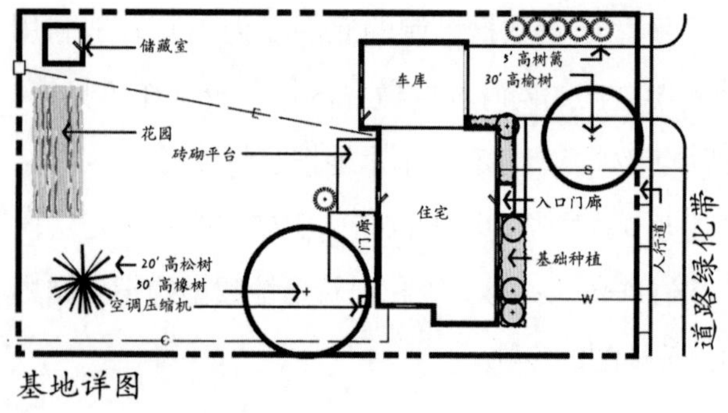

基地详图

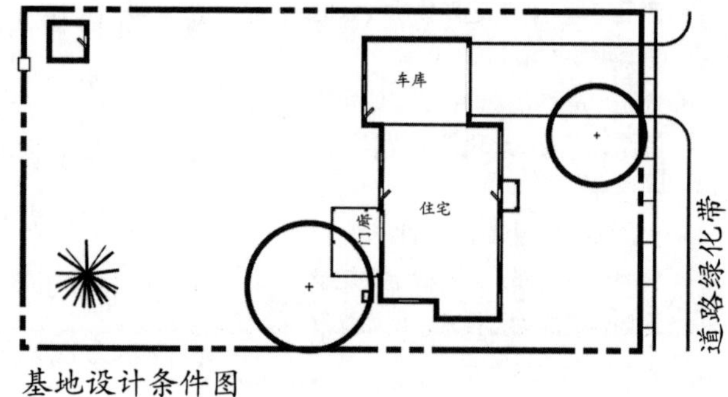

基地设计条件图

图6-1 绘图术语比较

地（图6-2）。为了避免与细化地图（通常被称作plat）和详图（通常被称作plot）等术语混淆，独户住宅用地应当被称为地块。

尽管地块多为由街道划分的宽边小于长边的矩形（图6-3），但它们在形态上有所变化。直角地块往往比例较为均等，而处于道路尽端或沿道路走向排布的地块往往呈不规则形。由不规则地形、岸线或者其他不规则的自然界线划分的地块则有更加自由灵活的形态。

地块的大小也多种多样。尽管地块的大小没有标准，但是设计师却往往能碰到一些很典型的地块类型。这些地块以1英亩作为参考计量，如图

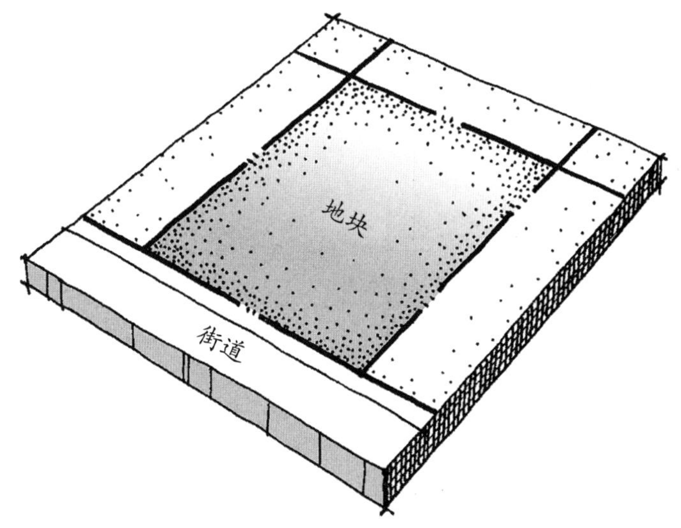

图6-2 地块是由用地线界定的地面面积

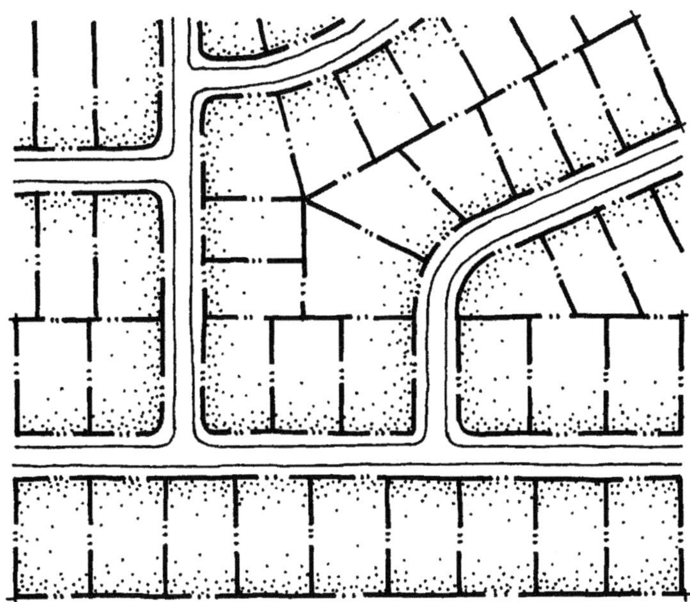

图6-3 典型地块形态

6-4所示。1英亩是43 560平方英尺，大约等于208′×208′。

小地块	1/8 英亩
平均地块	1/4 英亩
中等地块	1/2 英亩
大地块	1 英亩或以上

---

* 1英亩=4 840平方码=6.072市亩
1市亩=0.067公顷
1平方码=9平方英尺=0.84平方米

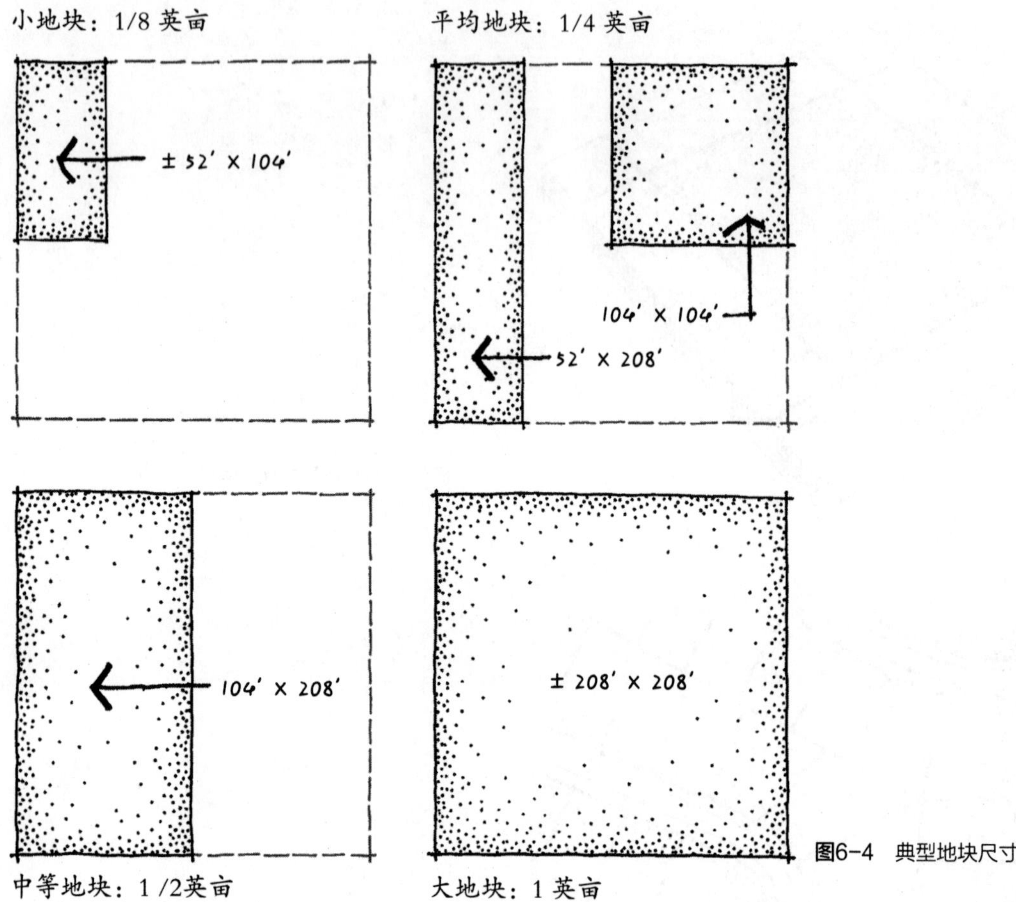

图6-4 典型地块尺寸

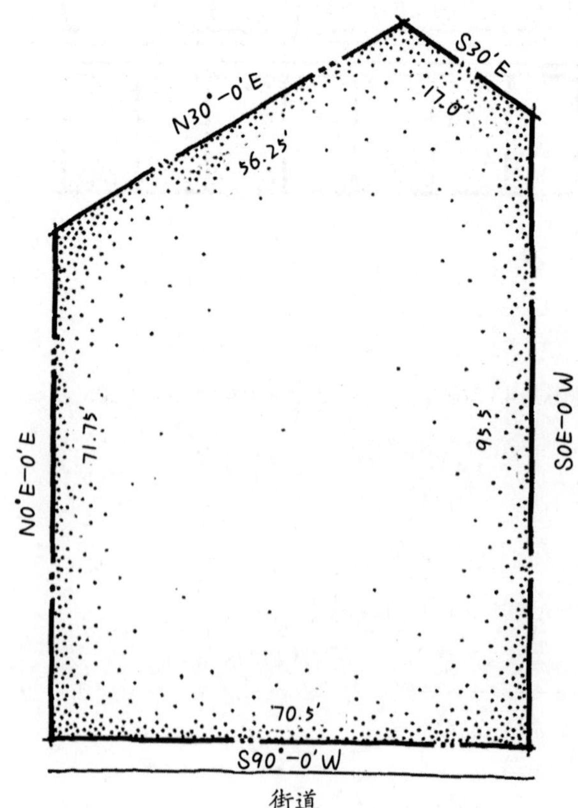

图6-5 典型的用地线方位和距离表示方法

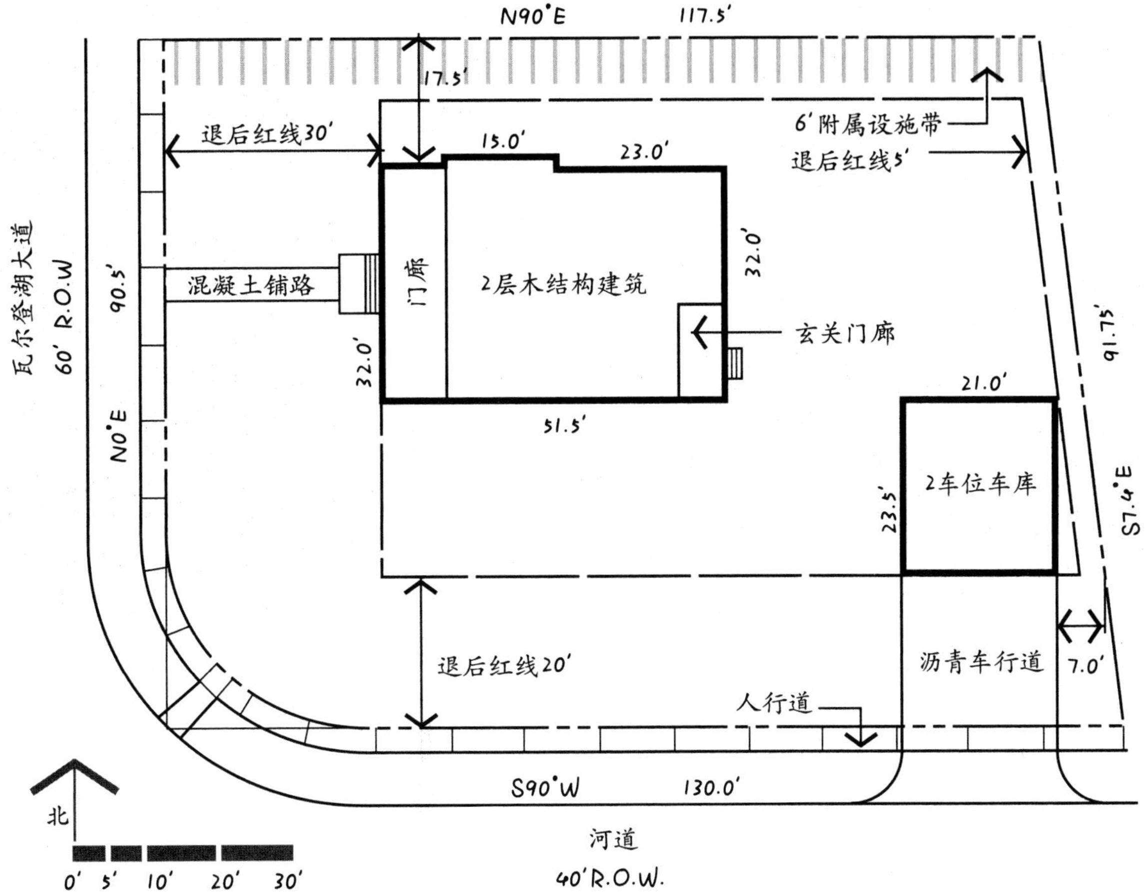

图6-6 地块平面图实例

地块边界由不明显的用地线限定，每条用地线都有两个参量：方位角和距离（图6-5）。方位角是指用地线自正南或正北向西或向东转角的角度，距离指的是每条用地线的长度。通常在地上插入铁钉来标明用地线的角点。

地块平面图

地块平面图按比例绘制，能准确地显示地块的形态、法定界线和已有的建筑结构（图6-6）。通常地块平面图由职业的测量人员绘制，这个过程通常被称为现场踏勘。

一张地块平面图通常包含以下信息：

- 用地线
- 每条建筑红线的方位角和长度
- 房屋的外形轮廓和尺寸
- 分离式车库、墙壁、围栏等其他构筑物
- 指北针
- 预留公共通道
- 人行道和林荫道

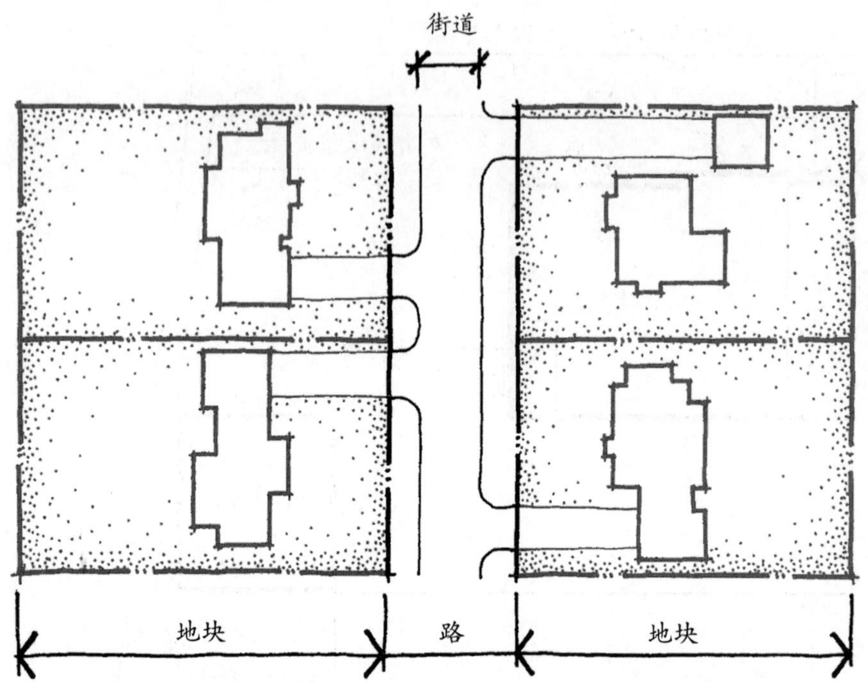

图6-7 预留公共通道

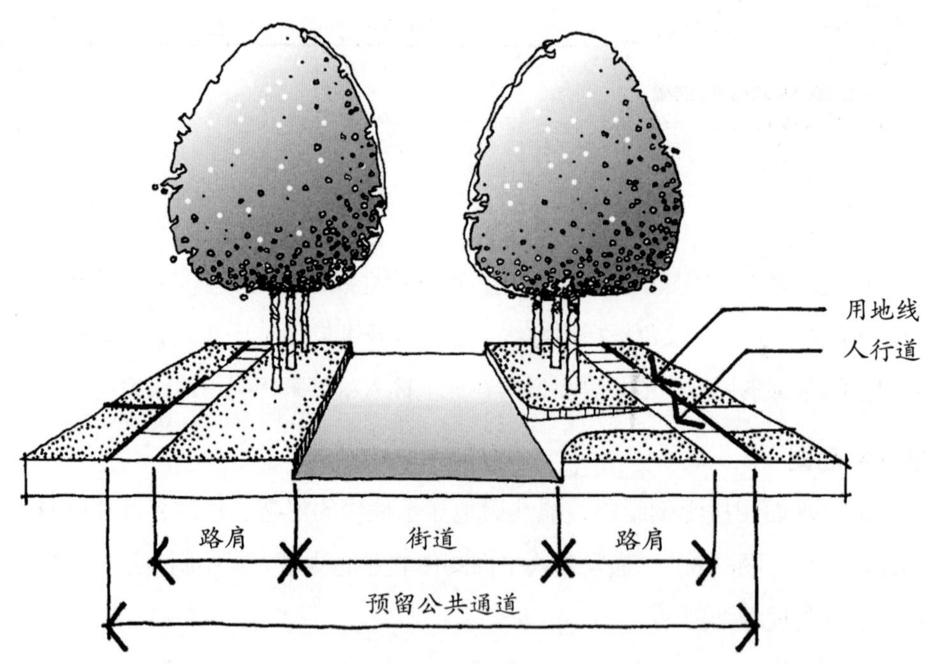

图6-8 预留公共通道内街道、路肩和人行道的位置

• 退后红线距离和附属构筑物

预留公共通道（right-of-way）是地块前部包括街道、人行道和绿化带在内的公共区域（图6-7，图6-8）。它一般宽60英尺，最小宽30英尺，最大宽120英尺。它的边界要与住宅地块的用地线重合。预留公共通道是由当地政府诸如村、镇、县、市制定的，因此，要想核对预留公共通道的宽度，就可以去当地有关政府机构查询。

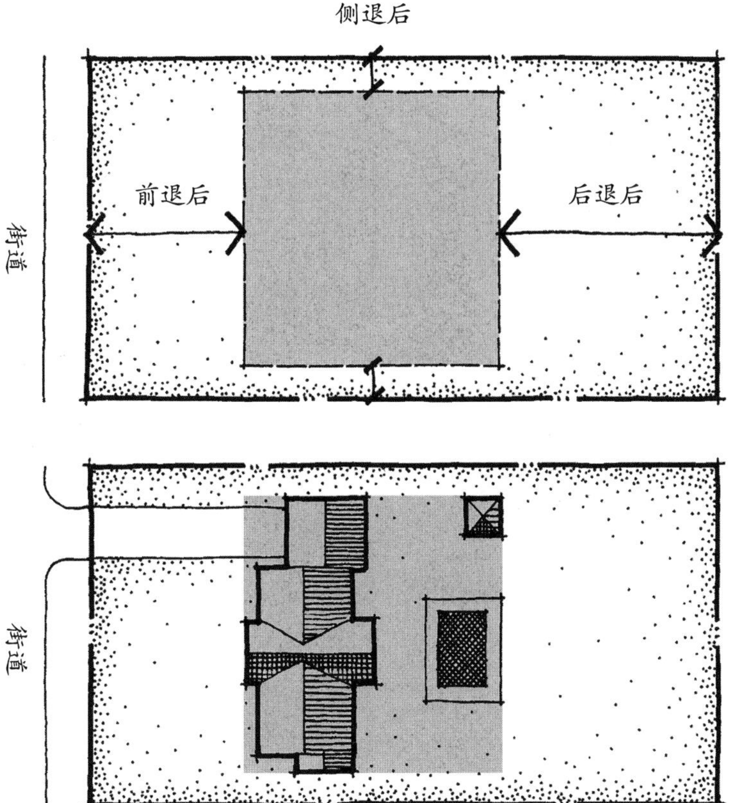

图6-9 退后红线示意图

人行道（sidewalk）通常包括在预留公共通道之内（图6-8），因此，人行道的边线也常常靠近用地红线。虽然人行道在住宅地块用地线之外，但大多数人行道的维护还应该是由住户负责的。

林荫道（boulevard）是位于人行道和街道边缘的地带，也被称为路侧带或种植带（图6-8）。工程管线常敷设在路侧带下，但是如果没有工程管线存在则多种植行道树。和人行道一样，路侧带由政府管辖，而不是像一些屋主认为的他们享有房屋和街道间所有土地的使用权。房主有责任维护路侧带，但通常被限制对街道进行任何形式的美化活动。

退后红线（setback）是指任何构筑物（如房屋或车库）距离给定用地线的最小距离。结果是多数私宅地块都会因为退后红线的需要产生前院、后院和侧院（图6-9）。景观设计师应该注意“退后”这个指标，因为它会影响到构筑物，诸如凉亭、水池、墙、栅栏等的布置。

附属设施带（easement）是权属于公共事业公司的位于地块一侧的条状地带（图6-10）。附属设施带往往跨越用地线占用两侧地块的部分土地，或仅仅位于某一地块内部。公共事业公司有权控制设施管线的敷设方式并负责对其进行必要的维修养护。因此，这个区域内禁止建设一切构筑物或种植植物，公共事业公司有权移除诸如此类的障碍物。

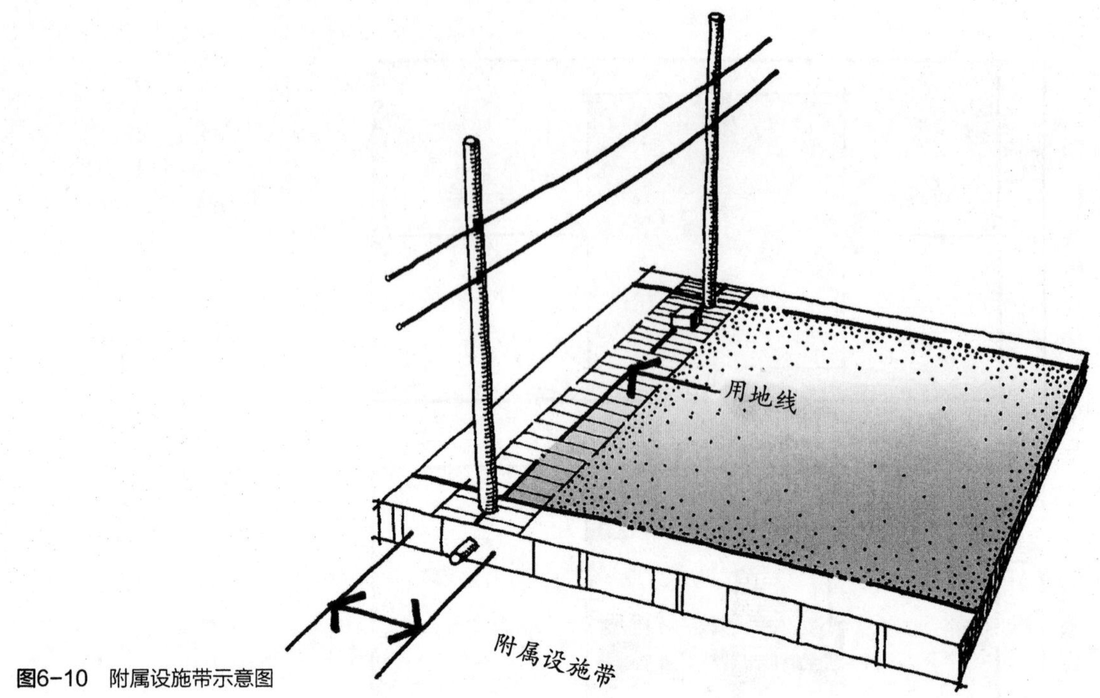

图6-10　附属设施带示意图

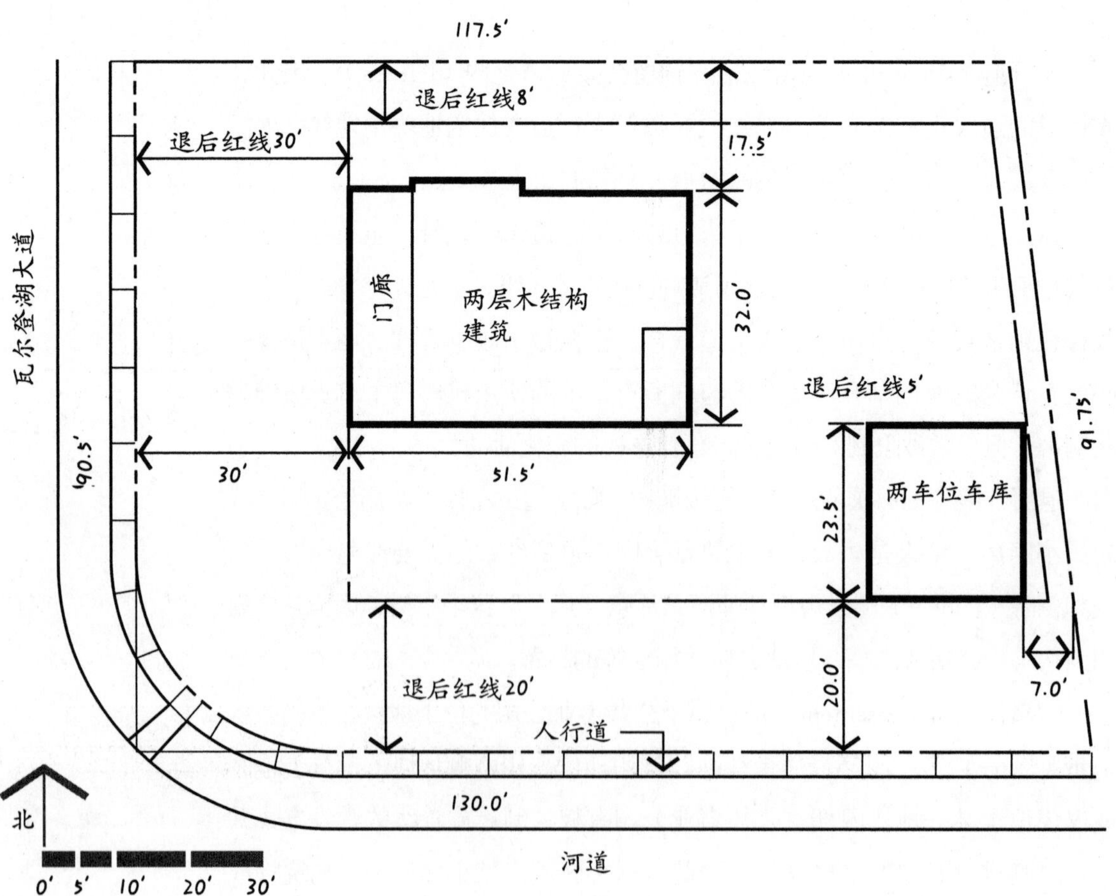

图6-11　典型基地平面图

基地平面图

基地平面图（site plan）包含两层意思，第一是对开发商和建筑承包商而言，基地平面图指的是在地块之中放入建筑之后的图纸。这种图给出了退后红线的长度和退后距离，还有基地的各个角点（图6–11）。这种图纸使建筑承包商明确了房屋应建在基地中何处。基地平面图通常还标出房屋附属设施和构筑物的位置，如车库、平台和游泳池。

基地平面图的第二种意思是对于景观建筑师、建筑师和工程师而言的，用来表示一定比例下的景观设计和建筑布局。设计构思和总图阶段的方案讨论同样是出自基地平面图。

基地详图

基地详图（base plan）是用来显示地块内部所有实体要素的图纸，这些实体要素包括：车行道、人行道、庭院、平台、露台、墙、栅栏、台阶、设施、植物等可见要素（图6–12）。

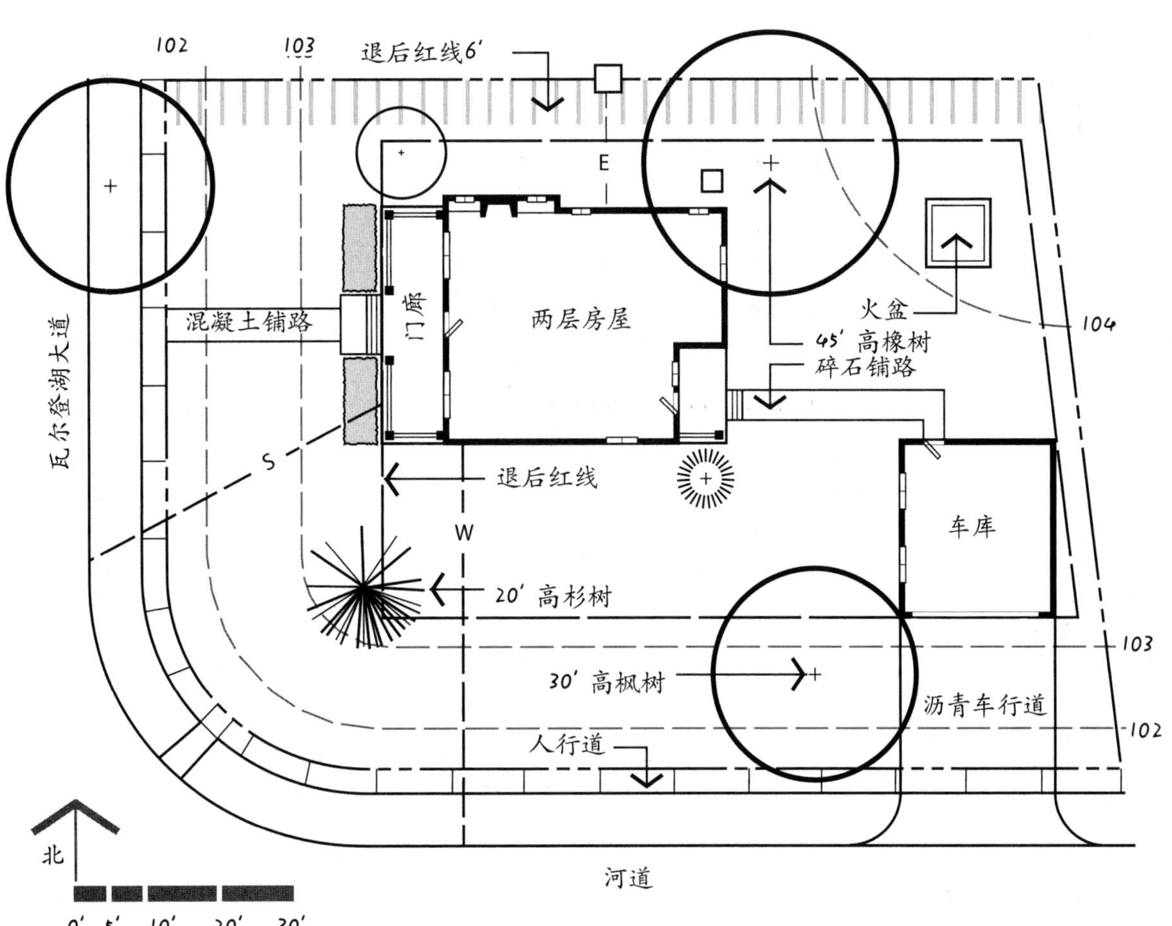

图6–12 典型基地详图（所有现状条件）

这张图是由景观建筑师在测量了基地内所有必要元素后绘制而成的。

基地详图的作用在于：第一，它记录了基地在新的设计或建构之前的全部现状，同时它能帮助厘清设计开始之后需要除掉被替换的或是重新布置的各种元素。第二，在第 7 章中所介绍的场地清单和场地现状分析离不开基地详图。因为设计师在与客户沟通场地的限制条件和潜在优势时，就需要基地详图和场地分析以便说明。如果对基地中各要素的记录不够精确的话，设计师将很难把新的设计构思融入到现有条件和限制条件中去。

基地设计条件图

基地设计条件图（base sheet）只标出设计时需要保留的元素（图6-13），和基地详图比起来，它更加简化。需要改造和拆除的基地元素不必在这张图上标出，目的是给设计师一个灵活宽松、能激发其创造力的“空白画布”。

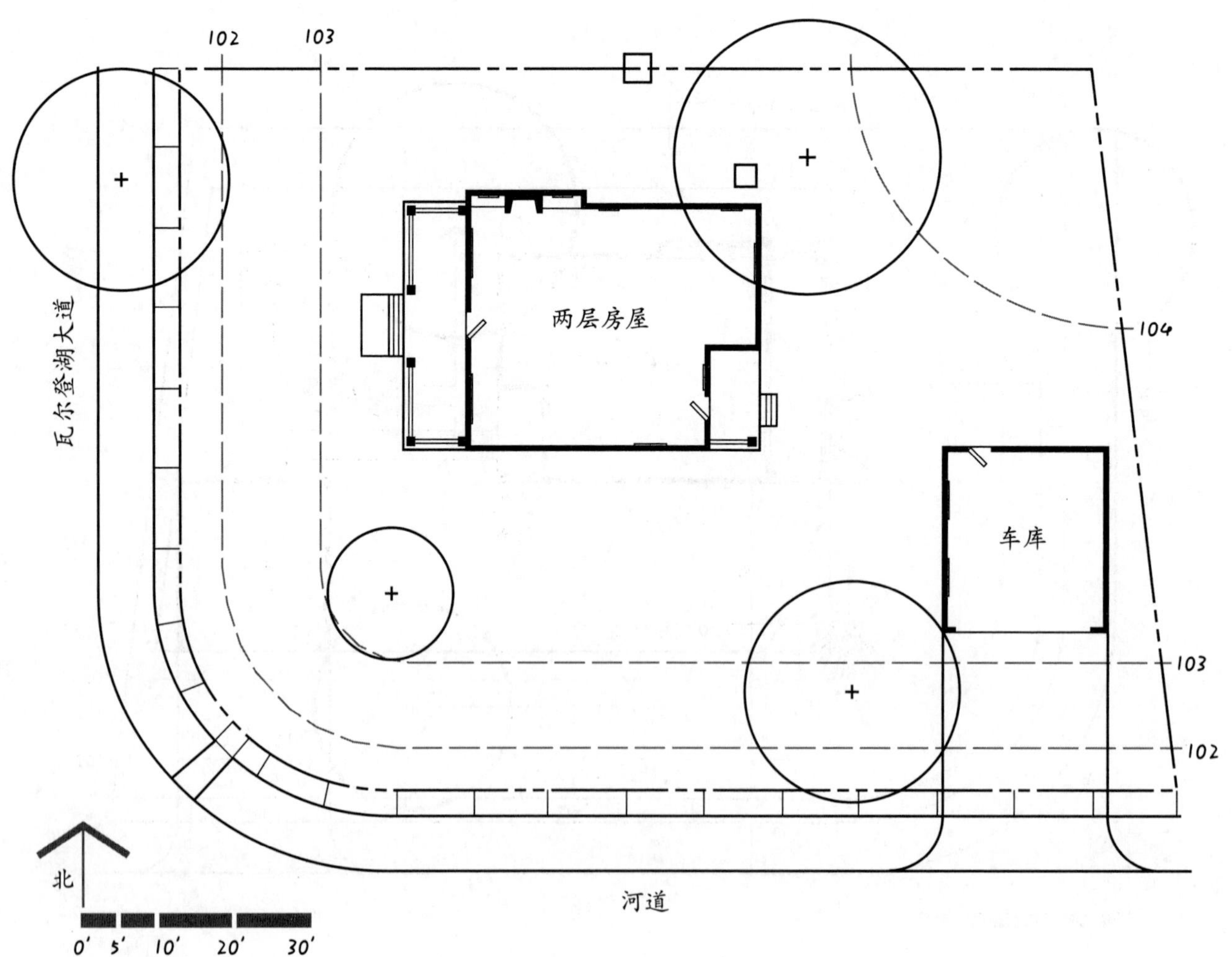

图6-13 典型基地设计条件图（需保留的现状条件）

收集现有基地资料

需要掌握基地内所有现存要素和法律限制（如附属设施带）等的精准信息，便于绘制基地详图和基地设计条件图。这些信息可以通过如下渠道获取：

- 法定文件
- 影像资料
- 建筑图纸
- 现场踏勘

法定文件

客户有义务提供给设计师两项必要文件的复印件，即房屋产权证和基地平面图。产权证是手写的注明房屋权属的文件，通常包含基地面积、尺寸、市政附属设施和法定约束条款等信息。没有房屋产权证的客户需提供房屋抵押合同的复印件，另外登记房屋所有权的政府机构也可提供产权证的复印件。

产权证通常辅以基地现状图和现场踏勘信息（可事先对基地有所了解），以及一份经测量员核实的具有法律效力的文件。基地现状图提供了基地内所有实体要素和不可见的具有潜在运用价值要素的精准信息，以保证绘制基地详图和基地设计条件图的准确性。

如果没有现状图可供参考，则需向政府工程部门索要基地测绘信息，工程部门有所有出让给私人建设用地的地块资料备份。建筑师事务所和建筑承包单位也要备份基地现状图。

如果不能从以上渠道获取基地平面图和相关影像资料，设计师就要和客户商定展开现场调研的必要。当现状条件较为简单，设计构思也较容易提出，此时就没有必要开展现场调研。一位有经验的设计师能够从影像资料和现场踏勘中获取有用信息（详见后述）。但是，当有对用地线位置和角点不明确，或者现场测量存在困难的情况出现时，现场调研就尤为重要了。

需要注意的是，常规上将栅栏和篱笆等构筑物认为是用地界线的观念是错误的，虽然栅栏和篱笆常设置在私有住宅的边缘，但不代表它们的位置就毗邻用地线。再有就是两块私有草坪间的分割线也常被误认为就是用地线。因为两栋住宅有着不同的退线距离，所以他们的中线不能称作用地线，同样车行道边缘也不能看作是用地线。设计师有必要了解用地线的确切位置，不能被主观理解所误导。

影像资料

为了绘制准确的基地详图和基地设计条件图，就要收集大量的现状测量数据。当地的审计部门、税务部门、分区规划部门和计划部门等政府机构，都会备份数字格式的图纸资料。多数情况下，电子数据可以直接从网站下载到电脑里，同样地，也可以购买或拷贝CAD格式的测绘资料。

各政府部门多以地理信息系统（GIS）数据库的形式在网站上发布影像资料，通过它可以从区域地图中查询任何比例的私人用地信息（图6–14）。将其放大到合适比例，就会显示出地块形态、用地线与房屋的位置关系和基地内其他的构筑物（图6–15）。一些GIS系统允许使用者添加或删除地块属性，如等高线、洪泛区和公共设施，甚至通过该系统可以查看到基地的航拍照片。

如果获取的数据信息是CAD格式文件，就很容易打印出所需比例的图纸。但如果数据是从网站上获取的，则只能截取屏幕大小的图幅，然后通过复印机将图纸按比例放大，通常比例尺定为1″=10′。为了确保用地线的图

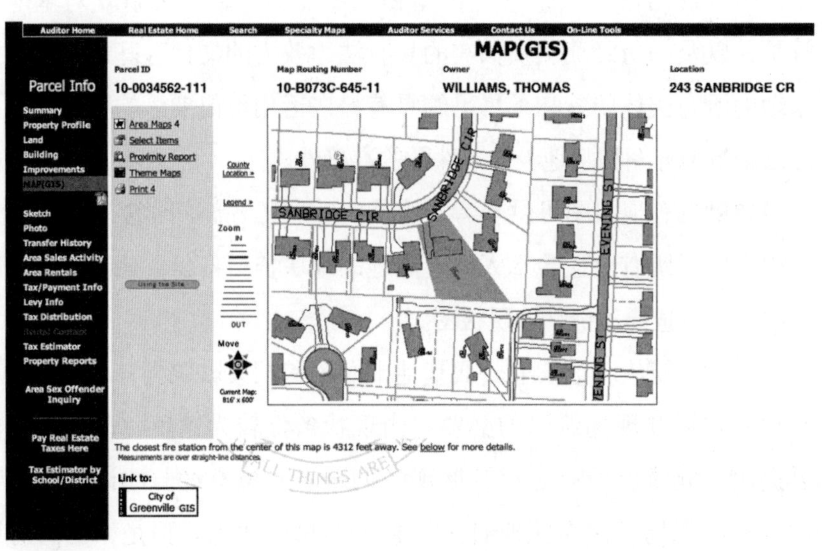

图6–14　GIS网站界面示例

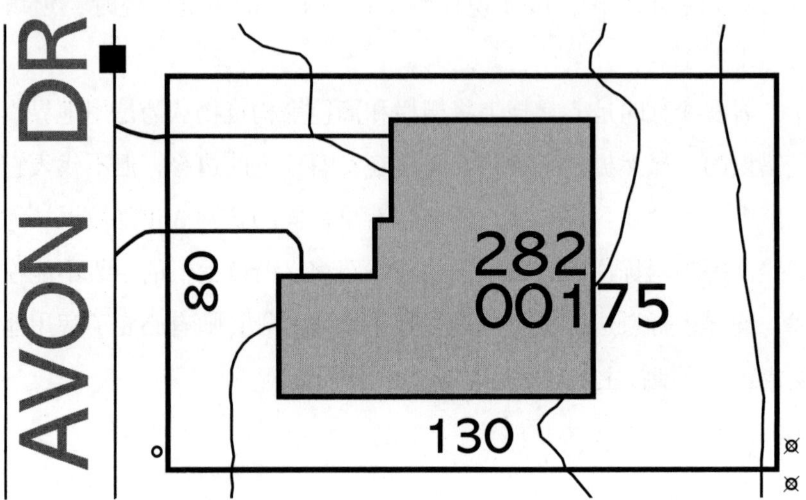

图6–15　GIS网站信息示例

面尺寸放大时的精确性，需要反复尝试。尽管这项工作与现场调查相比缺少了严密性，但在缺少现场调查环节的情况下，不失为较好的替代方法。在进行形象的方案设计前开展数据信息的采集工作，对于现场踏勘时尺寸的记录以及现场测绘图的绘制都有帮助。

建筑图纸

法律文件和数字信息来源于本地机构提供的一系列必要信息的网站。网站的信息涉及到不同方面，比如主要结构的位置。现有的房屋景观设计是方案非常重要的一部分，像门窗这样的结构就需要准确的信息。这些信息源于准备建造房屋的建筑图纸。客户可能有一套这样的图纸留底。建筑师或建造者也可能将这些文件存档。通过从建筑图纸中得到的信息，可以帮助设计地形图和底图。如果缺乏图纸，欲获得房屋重要尺寸的大小，就需要到现场测量，且需要做必要的信息记录。

现场踏勘

在走访现场时直接测量和记录基地的尺寸，是整个空间信息获取过程中最后也是最重要的环节。现场踏勘所要采集信息的数量和精细程度视前期获取的影像资料而定。如果先前收集的数据信息较为翔实，那么现场踏勘仅是对上一工作环节的补充。

如果缺少基地调查或数据信息收集环节，那么在现场踏勘中就要标注基地内的一切物质要素，包括用地线、房屋位置、其他构筑物和基地内相关的非物质要素。这对于要求有较高的准确度和组织性的方案设计来说，是一种节约时间的做法，这点将在后续部分继续阐述。

现场测量

现场测量具有重要性，设计师和他的助手首先要准备一个100米长的卷尺。两个人可以同时定位被测物体的两端，将尺子拉直，合作完成测量工

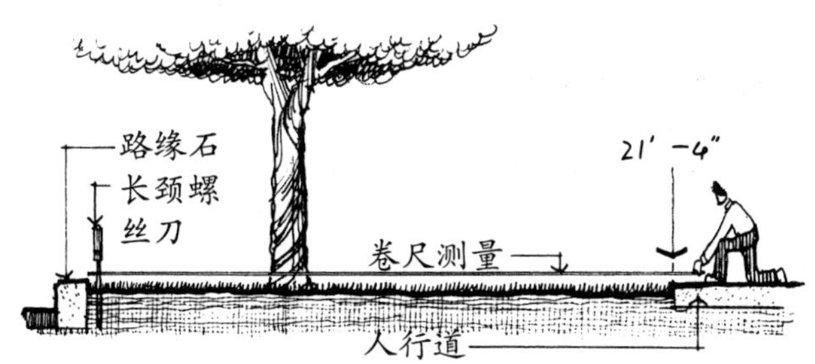

图6-16　用长颈螺丝刀固定卷尺末端

作。当设计师没有助手时，建议设计师用长颈螺丝刀、木桩等物体穿过尺子带环的一端固定在地面上（图6-16）。

通常现场测量有三种方法：①直接测量法；②基线测量法；③三角测量法。设计师需要熟练掌握这三种方法，因为每种方法对于测量点的确定所依据的理论都不同。

直接测量法。直接测量法是最常用的方法，适于量取互相平行的边线

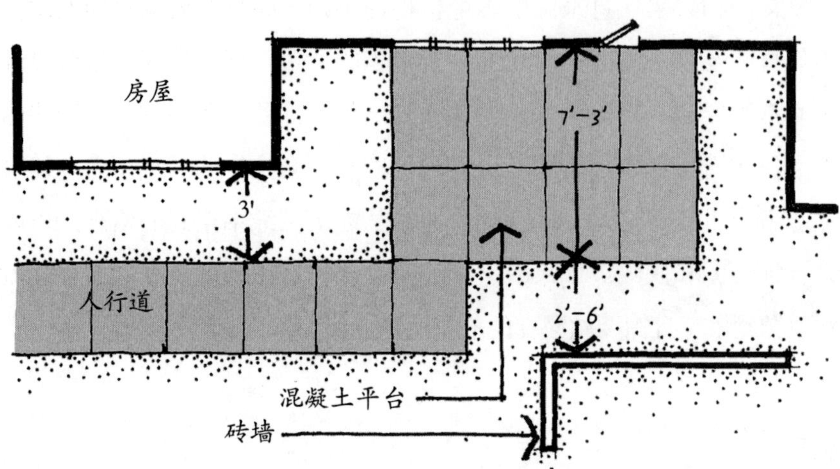

图6-17 直接测量法

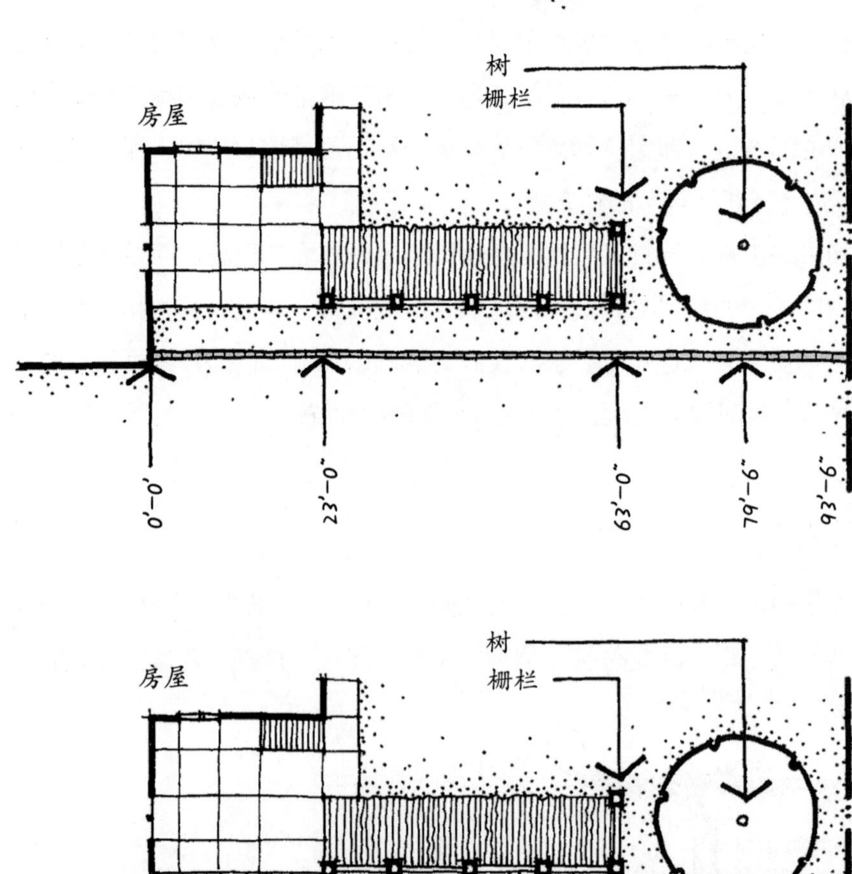

图6-18 基线测量法

之间的距离。将尺拉直对准被测物体的两端并读数。图6-17举例说明了这一方法：①测量人行道与墙之间的距离；②测量混凝土平台边线与房屋墙面的距离；③测量人行道与房屋墙面的距离。

基线测量法。基线测量法适用于测量位于同一直线各点上或相距很近的点之间的距离，基线往往是用地线、栅栏、院墙和房屋墙壁做基础。测量时卷尺沿着一条已知线即基线来定位各点或各条边。图6-18的上图所示为测量房屋墙面到附近用地线的距离，栅栏的近端距房屋23英尺，远端距房屋63英尺，树距离房屋79英尺6英寸，用地线距房屋93英尺6英寸。

建议将卷尺的末端固定在一点，所有基线上的点就可以依据这个初始点来读数。如图6-18下图所示，同样的工作需要测量4次，多次移动卷尺不但浪费时间还增加了出错的概率。

当要对房屋的门窗定位时，强力推荐使用基线测量法。图6-19中卷尺的基线是房屋的一条边线，卷尺的一端置于房屋边线的一个角点上，因此每一个门窗的两侧距角点的距离就可以依次量出。每测量一面墙上的门

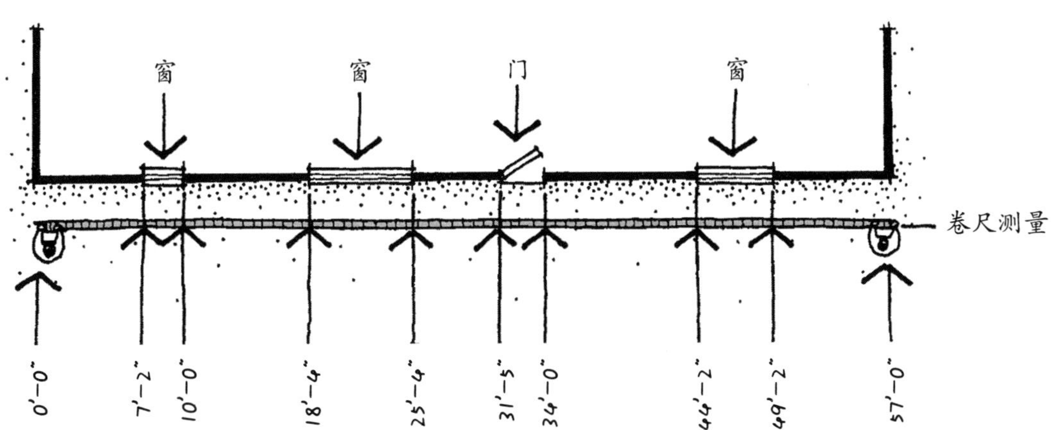

图6-19　利用基线测量法对门窗定位

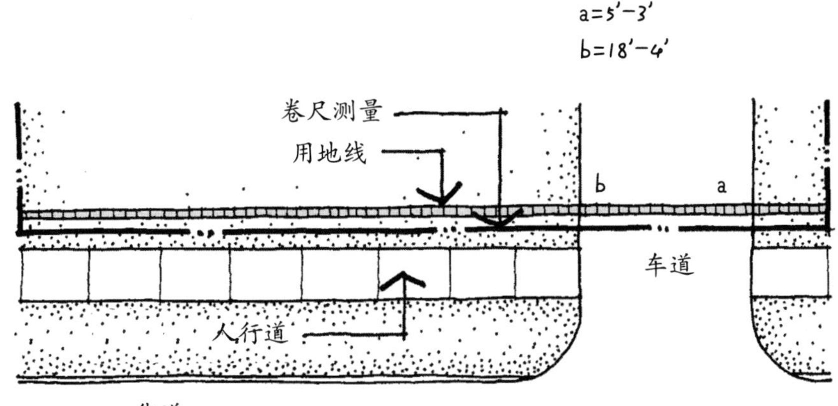

图6-20　确定用地线上车道位置示例

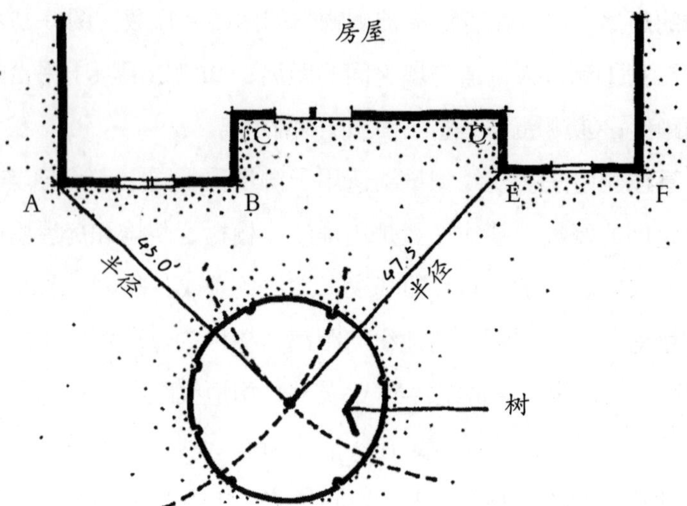

图6-21 三角测量法

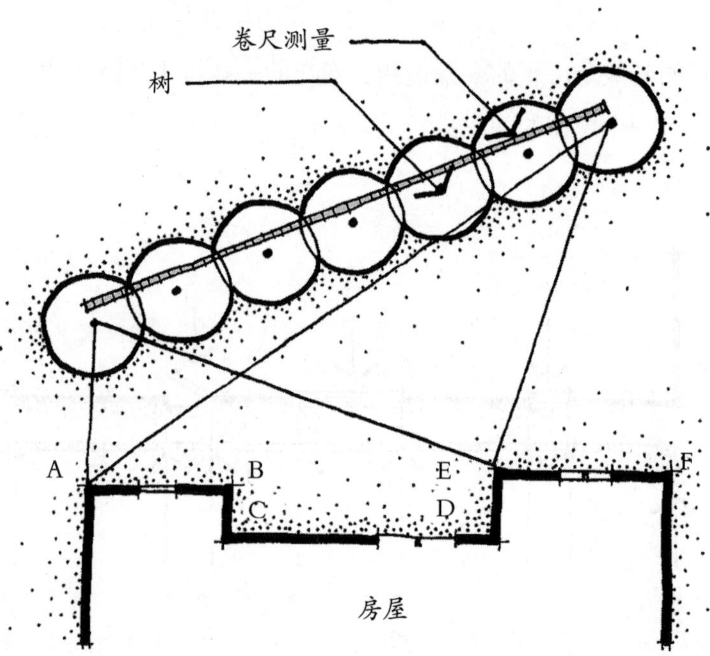

图6-22 三角和基线测量法

窗，就换用一条新的基线。图6-20中使用了基线测量法来定出穿越用地线的一条车道的两条边。

三角测量法。三角测量法就是利用两个已知点来定出第三点的位置。如图6-21所示，假设基地中有一棵树需要精确定位，这时可以利用房屋的两个角点（点A和点B）作为参考点，只需量出两个角点离树中心点的距离即可。在接下来画基地详图时，分别以点A、B为圆心，以各自离树中心点距离为半径画圆，则交点即为树的中心点。这种测量方法对于定位其他的独立的元素，诸如立杆、灯柱和设备等也是非常有利的。

如果遇到线或要素间彼此不平行的情况，三角测量法就可以派上用场了。图6-22中为了定位一排与房屋不平行的树，首先用三角测量法对每个末端树进行独立测量，然后通过拉伸两棵末端树之间的卷尺，用基线测量法定位其他5棵树。

记录基地的测量结果

除了完成现场测量之外，设计师还必须简明而清晰地记录下测量结果，组织好测量的标注的原因有三点。第一个原因是记录测量结果的人并不一定是最终绘制基地详图的人。基地测量的标注必须能让后来绘制基地详图或基地设计条件图的人看明白。第二个原因是在现场测量之后往往要隔几天甚至几个星期才能绘制基地详图，所以测量的标注应该确保人们日后可以轻松地看懂。第三个原因是可以避免因为一个尺寸遗漏或标注不清而再回到基地补测。因此，有条不紊、清晰可辨的标注可以节省时间和费用。

记录测量数据时，建议将草图纸、基地测绘图或者影像资料夹在硬纸板上。因为可能会记错数据，所以应该用铅笔来记录，而不宜用钢笔或马克笔。

测量地块

如果在现场调查和图像资料收集时未能掌握地块信息，那么首要的工作就是确定地块的形状和面积。在第5章末提到的邓肯住宅，可作为例子用来说明怎样进行第一步。首先，在一张草图纸上快速地勾出地块的轮廓并把纸贴到硬纸板上，不用在乎地块的确切形状，只需画出看到的大致外形和正确数目的用地线角点即可。然后，在每个用地线角点给出一个数字标注，比如罗马数字（图6-23）。接下来，因为用地线角点是在这个位置上发现的，所以在角点之间测每条用地线的长度。边测量边在同一张图上记下结果，邓肯住宅的用地线是一个80英尺×150英尺的矩形。用地线的角点通过埋在地下几英尺的铁管来确定，这是一个90° 角的完美矩形。

房屋在地块中的定位

下一个步骤就是要测量房屋本身的尺寸。首先在之前绘制的草图上快速勾出房屋的轮廓。从前一章的图5-14和图5-15，可以很容易地估出房屋的外形。在这一步中没有必要画出门和窗的位置，只画墙线即可，确定每面墙的方向都正确，然后在房屋的各主要角点用大写字母标出（图6-24）。角点D和E没有标注字母，因为壁炉的角点并不是房屋的主要角点。

当房屋被画在图纸上后，就可以用三角测量法通过用地线已知的角点来定出房屋的精确位置。首先选出两个角点，这两个点必须便于测量并与它们邻近的两用地线端点有直接的联系。接下来就从选定的一个点开始，

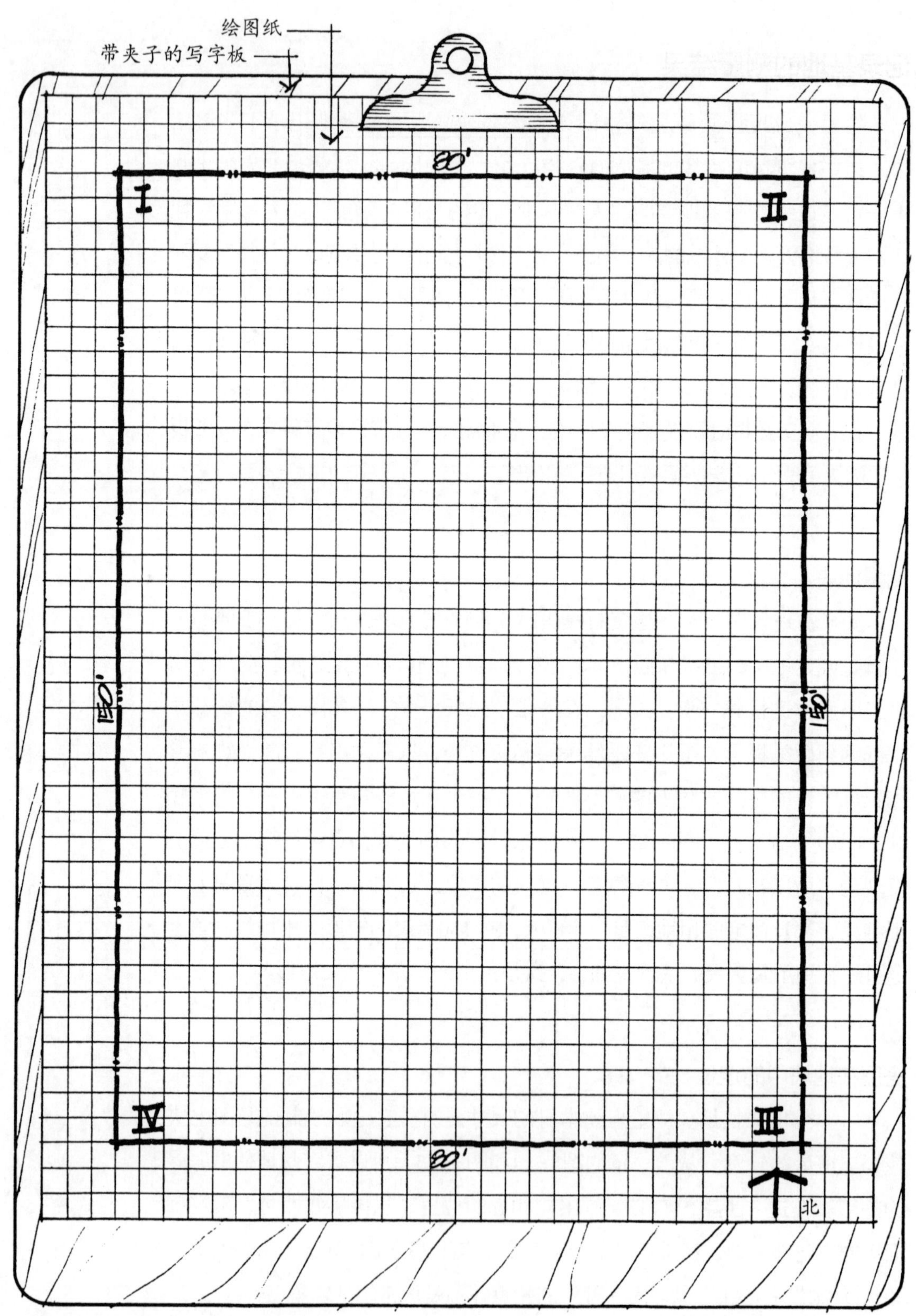

图6-23 使用罗马数字标明用地线角点

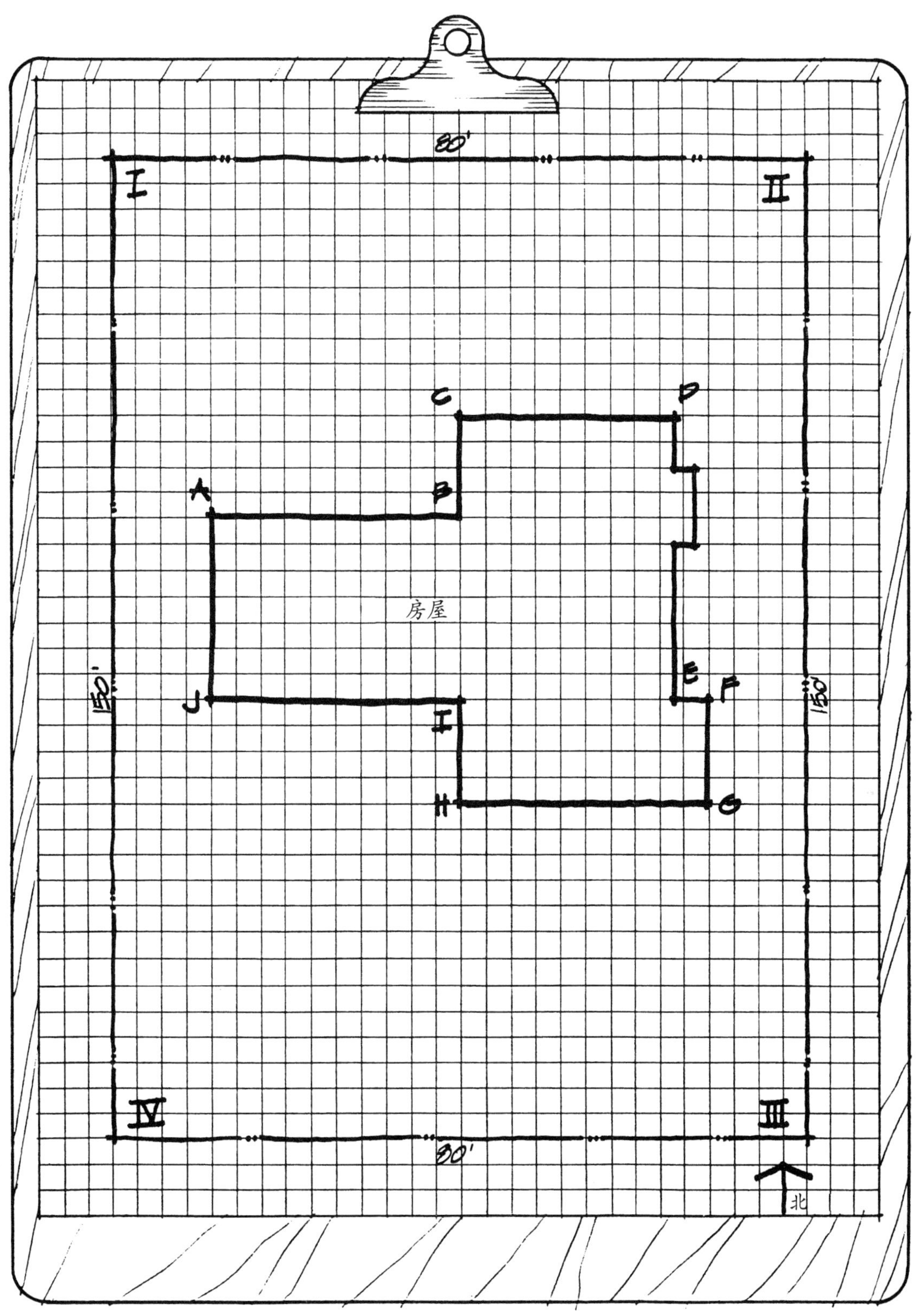

图6-24 使用大写字母标明房屋角点

分别测出这个点所在两条边的长度，重复上述步骤完成对第二个点的测量。以邓肯住宅为例，在图6-25中分别量取房屋的端点G到用地线上点Ⅲ和点Ⅳ的距离并在草图上标明。同样地，再分别量取点J到点Ⅲ和点Ⅳ的距离。这些距离将房屋的正面两个端点和前面的用地线联系起来。在确定了房屋的两个端点之后，整栋房屋在基地中的位置也被精确地定位了。

不应在房屋前面测量角点，应分别量取两个角点A和点D到房屋后用地界线上点Ⅰ和点Ⅱ的距离，房屋背面也被准确地定位了。任意两房屋角点可与任意相邻的、便于测量的两用地线端点组合，但没有必要测量出每一个房屋角点与用地线端点间的距离。

确定房屋中墙体、门和窗的位置

在确定了房屋的位置之后，就应该测量每面墙包括墙上的门窗了。往硬纸板上再贴一张草图纸，再描一遍房屋的轮廓。不过这一次房屋轮廓线的比例应比上一次稍大些，因为有许多细节要素要定位。

以下几个参考原则可以帮助设计师画出比例相对准确的房屋平面。

步骤1. 首先，快速勾出房屋外墙的轮廓线。绕着房屋走一圈，并记下角点的数目以及布局的轮廓（图6-26）。

步骤2. 接下来，在第一步勾画的草图平面中将所有的门窗位置大致标出。这只需擦去部分墙线并用铅笔在门窗处标注清楚即可。将门窗分开标注便于区分，门可以标作D_1、D_2等，窗可以标作W_1、W_2等（图6-27）。在设计过程的后几个阶段，明确主要的入口位置，门的开向，房屋的主要和次要开窗分别在哪是非常重要的。

步骤3. 草图平面中每一个门窗都有两个侧面（或边）。为了便于测量，每一个侧面（或边）应该有专门的标注。图6-28中从点A到点B在每个侧面上依次标出1，2，3，4，5，6。因为墙AB有三个洞口，所以侧面从1标到6。同样的步骤适用于测量其他墙面。

墙和门窗已经绘制在图纸上，接下来要沿着每面墙进行精细测量，应用基线测量法，将卷尺拉直测量两个房屋拐角之间的距离。如图6-29中示例，以点A为原点，用卷尺依次测量出墙AB上门窗的尺寸，按照图中的标注方法记录下门窗的尺寸。

在标好了所有门和窗的水平尺寸之后，就应该测量窗台和门槛距地面的高度了。例如：窗W_1的窗台离地面高3～6英尺，就可表示为W_1：3′-6′。所有窗台和门槛高如图6-29所示。

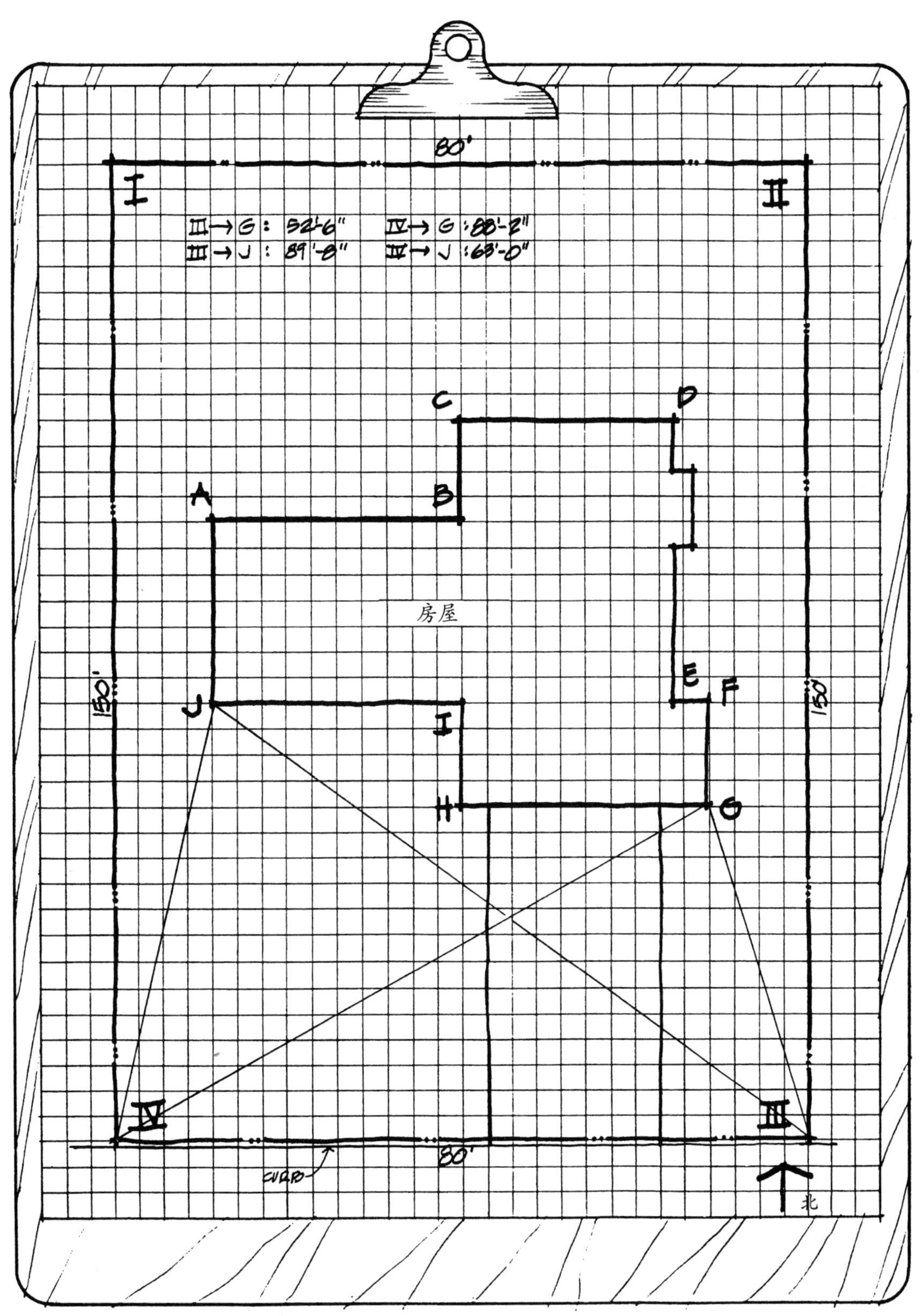

图6-25　三角测量法可以通过用地线的角点来确定两个房屋端点的位置

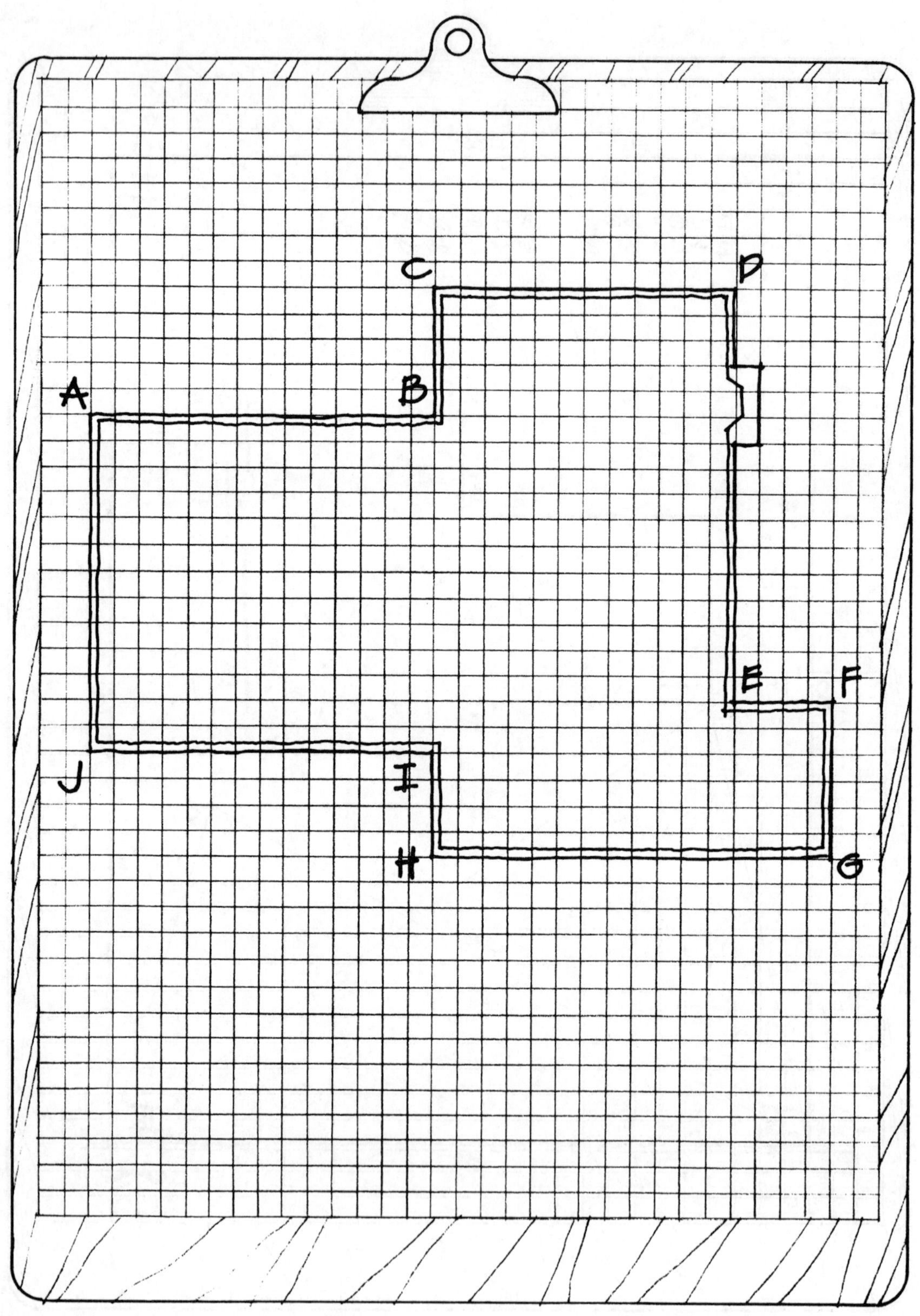

图6-26 大致画出房屋的平面轮廓

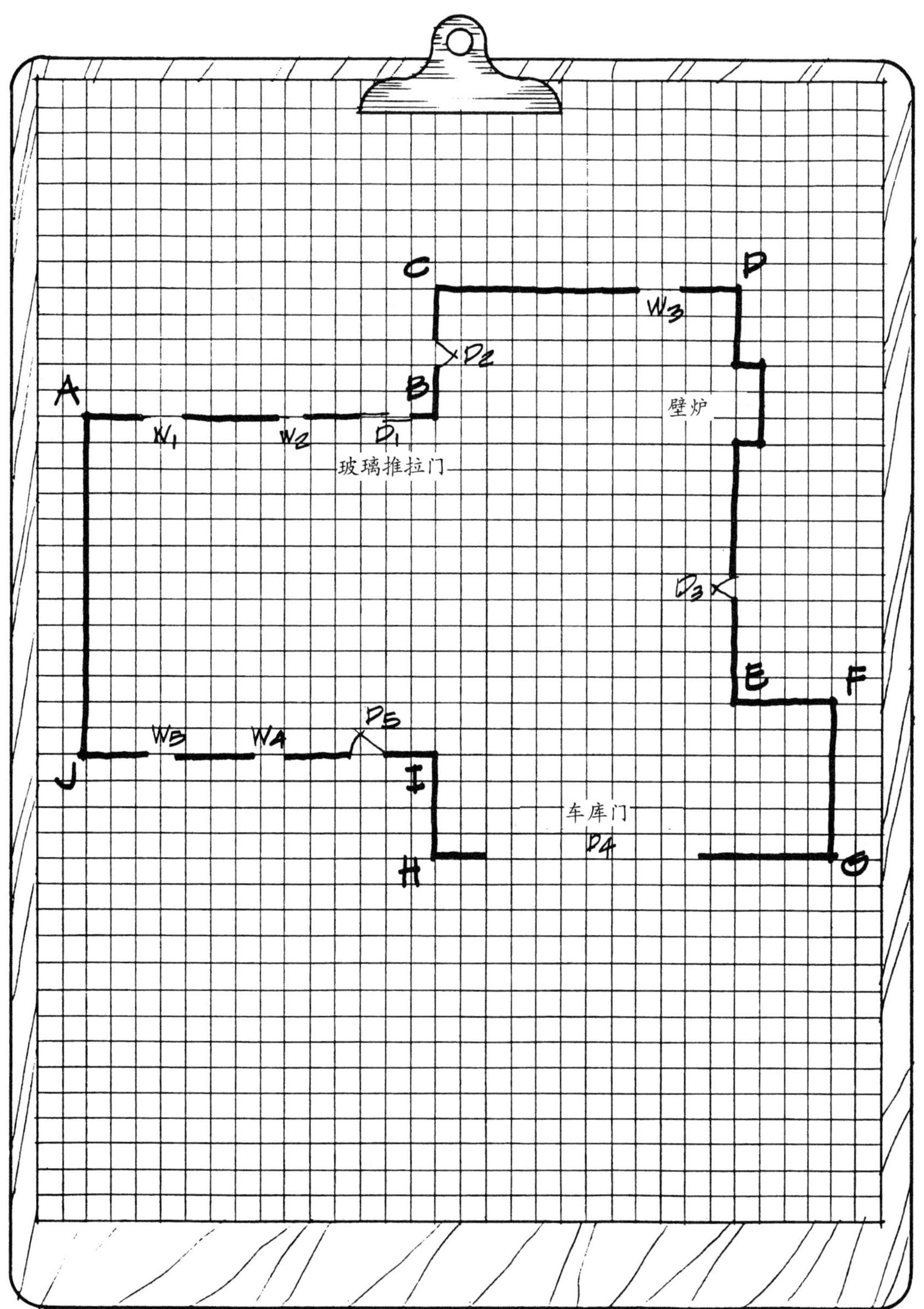

图6-27 标注门窗的一种方法

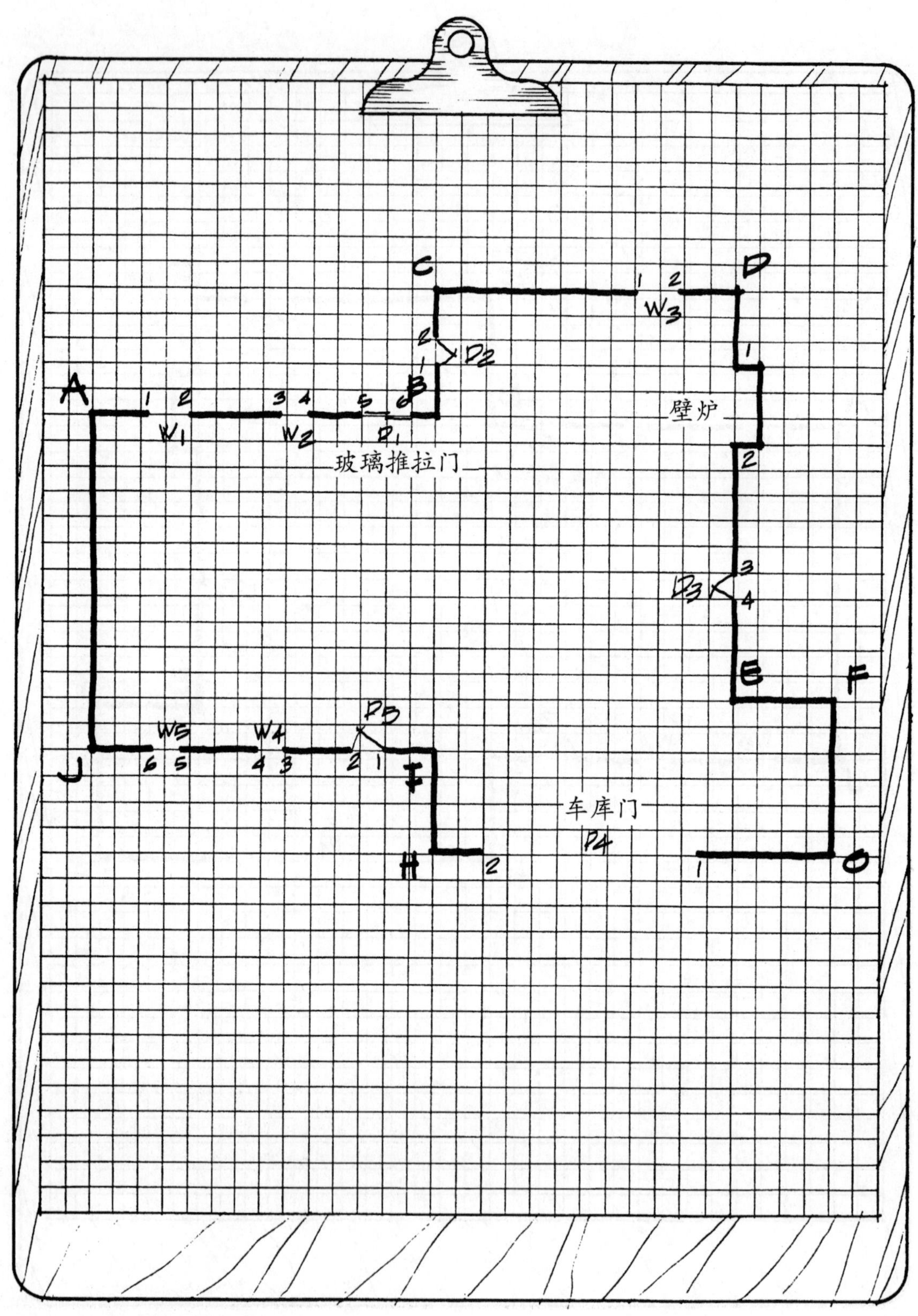

图6-28 标注门窗洞口的一种方法

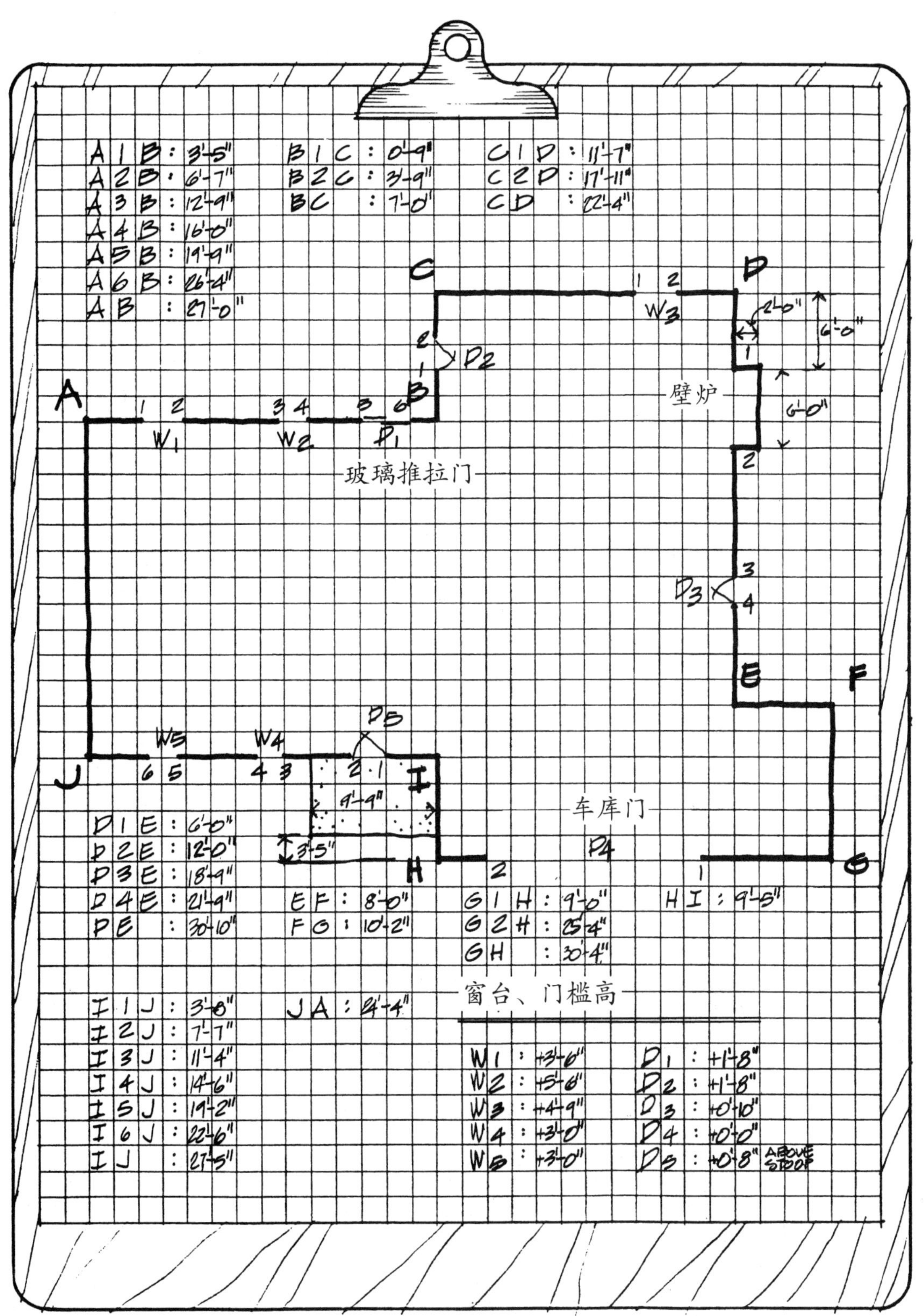

图6-29 邓肯住宅的门窗测量

房屋墙体外缘各元素的定位

房屋墙体外缘的其他重要元素，如煤气计量器、电表、空调、进水阀门、排水管、窗户井（通气井）、壁炉清扫口等，也应该定出其位置。

上述这些元素可以参考已有的门窗位置而在平面中轻松地画出。当标明了房屋平面中的这些要素之后，画箭头指向它们所在的位置，如图6-30所示。这将有助于将其中每个元素的位置与房屋墙体上的其他点和边线区分开，需要将每一个元素以特定的符号标记。

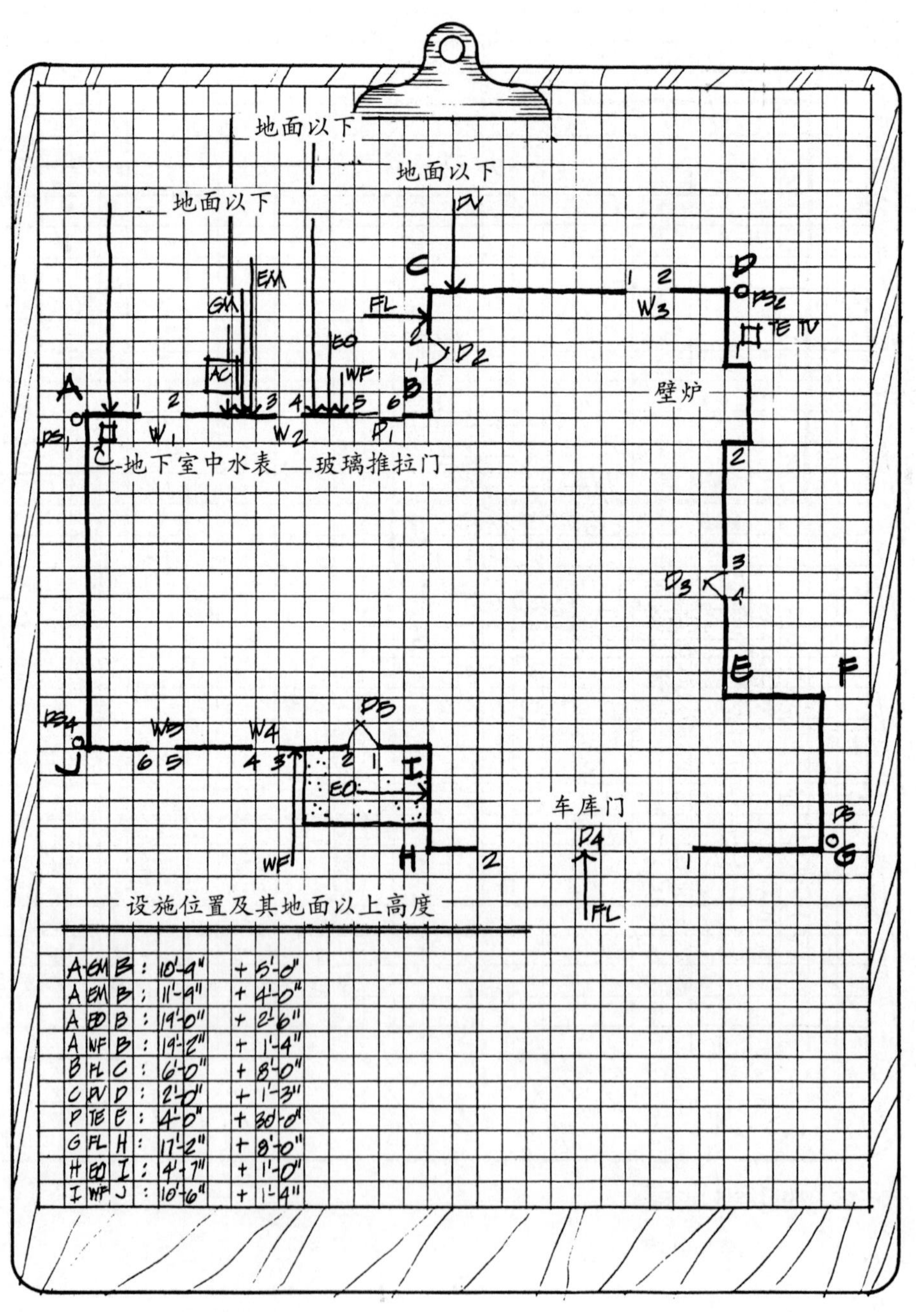

图6-30 邓肯住宅的设备测量

下面列出了常用元素的缩略语：

Gas meter（煤气表）：GM；Electric meter（电表）：EM；Water faucet（水龙头）：WF；Downspout（排水管）：DS；Telephone box（电话接口）：TE；Electrical outlet（电路接口）：EO；Cable hookup（电缆接口）：CA；Dryer vent（通风口）：DV；Floodlight（户外照明）：FL。

这些元素的测量结果也可以像门窗侧面一样被记录下来。例如：燃气表在AB墙上距A点10英尺9英寸的地方，离地高5英尺。其他元素的距地高度也应该记录下来。

设施线路的定位

在施工、远期的设施维护和设计布局阶段，确保设施线路定位的安全性与准确性是十分必要的。地上的设施线路很容易定位，而位于地下及潜在设施线路的测量是一个棘手的问题。

地上的设施线路。以下是关于测量输电线、电话线和有线电视线等线路的五条建议。

第一，通过电线杆附近的用地线角点定位基地内部或附近的电线杆，或者运用三角测量法选取房屋的两个角点进行定位。

第二，估计一下柱子上线路的高度。这个数据可以通过与站在柱边的助手的身高相比而大致得出（图6-31）。

第三，使用基线测量法，估测线路与房屋墙线相接点的位置（图6-32）。

第四，估计一下线路与房屋墙线相接的点（接入点）的高度。这可以使用与第二步相同的方法（见图6-31）。另一方法是量出一块砖或一块护壁板的高度。然后数一下线路切入点距地面的砖或护壁板的数目就可以估计出高度了。

图6-31 估计电话线杆的高度

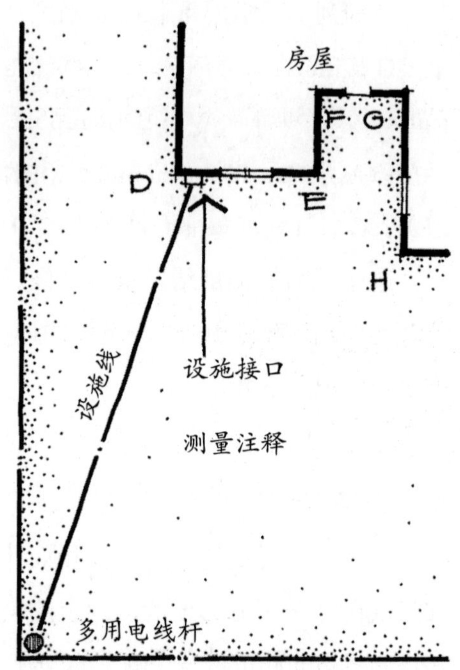

图6-32 测量和标注线路于何处接入房屋

第五，需要对电线杆和房屋之间线路的最低点进行定位。最低点的平面位置可以沿着线路或用三角测量法确定，最低点的高度可以按前面介绍的估测方法确定（图6-33）。设施线路的离地高度和长度对于设计方案时定位建筑和树木至关重要。

地下的设施线路。地下的设施线路通常包括燃气、给水和排水，另外在过去的25年中，社区建设飞速发展，电线、电话线和有线电视线路也被布置在地下。线路敷设在地下比较隐蔽，不仅给测量带来了麻烦，一旦被损坏，存在较大安全隐患。确定地下设施的位置首先要做的是，让客户与当地的地下设施定位服务机构联系，因这个机构使用探地雷达（GPR）定

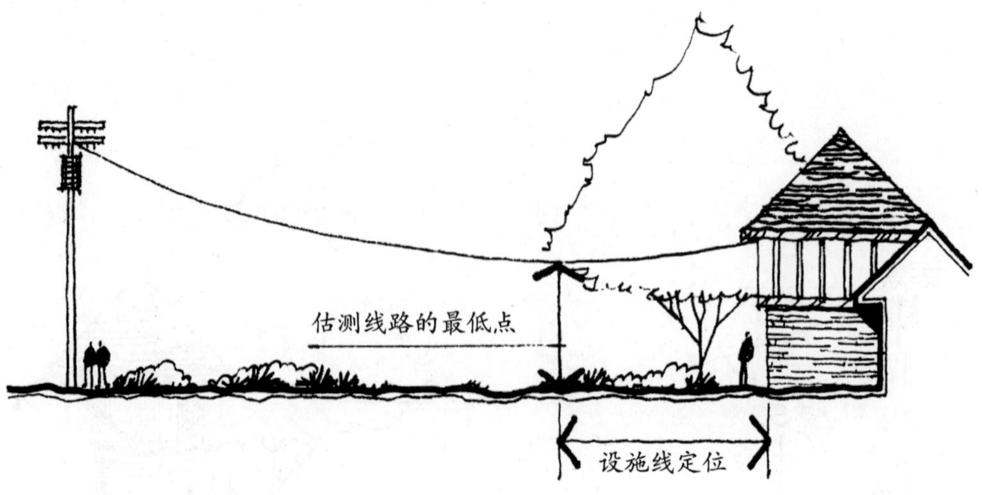

图6-33 确定设施线路的最低点

位地下设施，并在地表用小彩旗或油漆线做标记。要在实地测量前完成对地下设施的定位，使得测量有据可循。

前面介绍的定位地下设施线的方法很可靠，在条件允许时应当采取。但如果过程缺乏可行性，或者需要有关方面提供更多的信息时，应采取下述步骤。

第一，沿着用地线、预留公共通道或毗邻的院子定位地下设施线路。例如电线或电话线，指的就是变压器、接线盒，或其他流出额定电流的金属容器。而对于煤气管道或给水管道，在基地内某处或预留公共通道内应该有可开关的阀门。通常在这些地方上部都有铸铁盖，以确定它们的位置。这些点都可以通过三角测量法测出。

第二，标出电线与电话线的变压器和接线盒的长、宽、高。

第三，确定这些线路进入房屋的位置。如果房屋有地下室，仔细检查一下地下室的墙就会发现切入点的位置。而如果房屋没有地下室，那么沿着第一层墙的基础仔细找一圈，也会找到的。

第四，确定地下设施线与地表的距离。这个数据很难得到，即使联系了多个公共设施公司也只是得到推荐的定点位置。煤气管线、电话线和电缆距地面的距离很难确定，因为在挖掘地面时，它们很容易遭到损坏。

确定树和其他植物的位置

每一株观赏树、灌木丛和大规模绿植的位置都应该在院子中定位，不论是否最终决定被纳入设计方案中。与其他基地内的元素一样，现有的树木和植物应在图纸上画出并做特殊标记。如图6–34所示，邓肯住宅内保留的树木用代码T1～T9标记，灌木丛用代码S1、S2等标记。

房屋附近的植物定位，运用基线测量法和直接测量法可以很容易得出，位于基地内其他位置的灌木可以用三角测量法得出。植物的测量是最耗时的，需要分五步进行。

第一，用三角法确定树木的中心点。因为卷尺不可能放在树的中心点上，所以卷尺应该保持在树干的一边，与树的中心保持一致（图6–35）。

第二，可以将卷尺靠近树量出树干的半径（图6–36）。

第三，计算树冠底部到地面的距离。这个高度可以借助一位身高已知的人估测（图6–37）。

第四，要估计树的遮阴范围，可以在地面估画出树冠的投影，并用卷尺量出（图6–38）。

第五，树的总高也可以通过与助手的身高对比而大致估计出来，如同

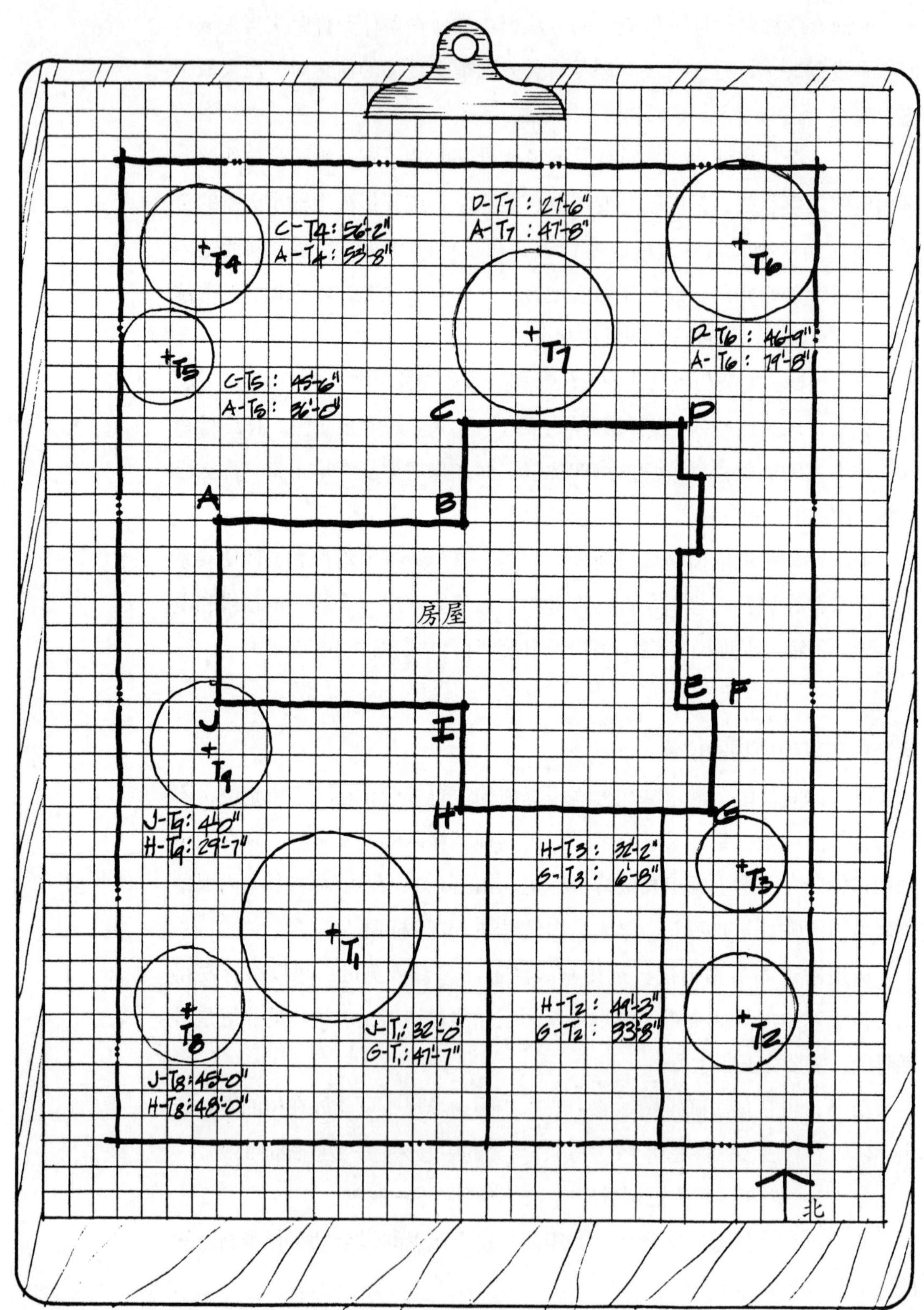

图6-34 邓肯住宅的树位测量

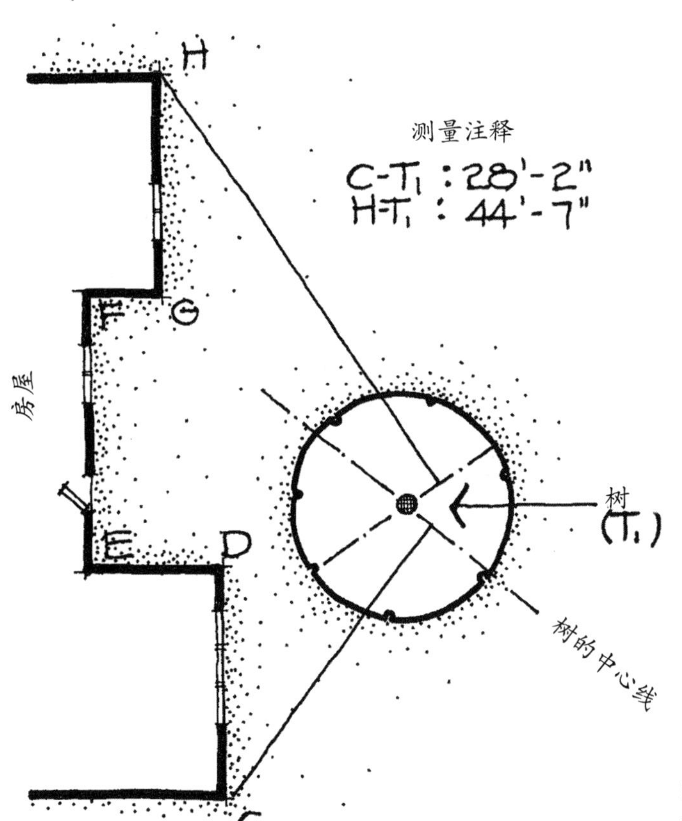

图6-35 利用房屋角点定位树木示意图

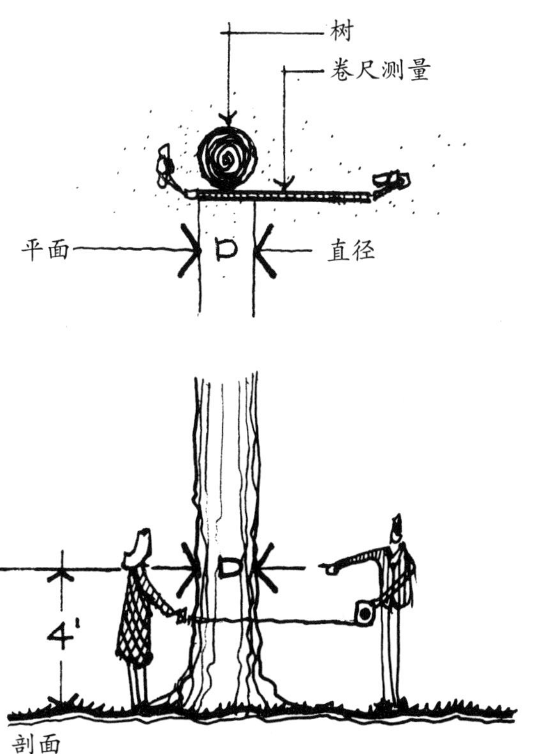

图6-36 测量树的直径

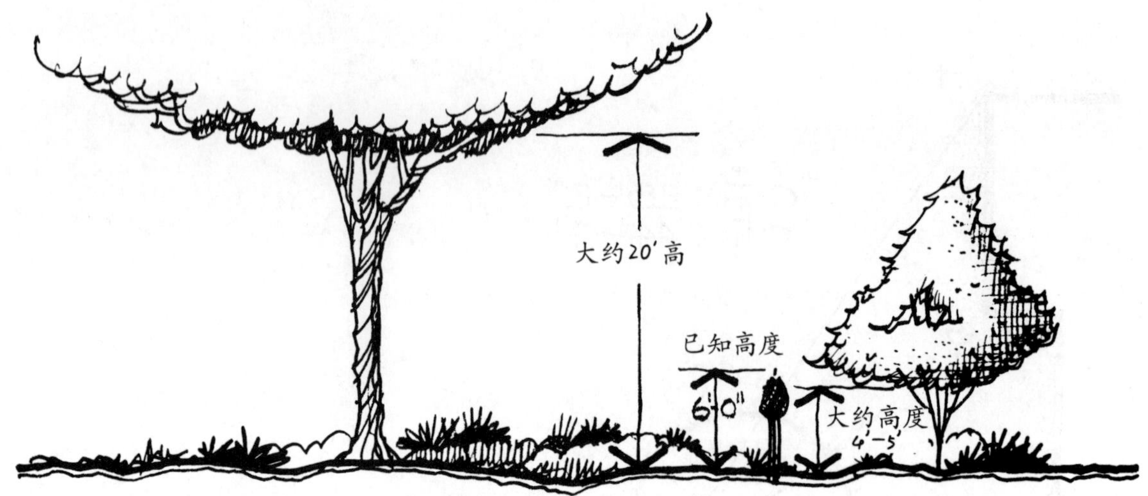

图6-37 用已知身高的人作参照物，估计出树的分枝点高度

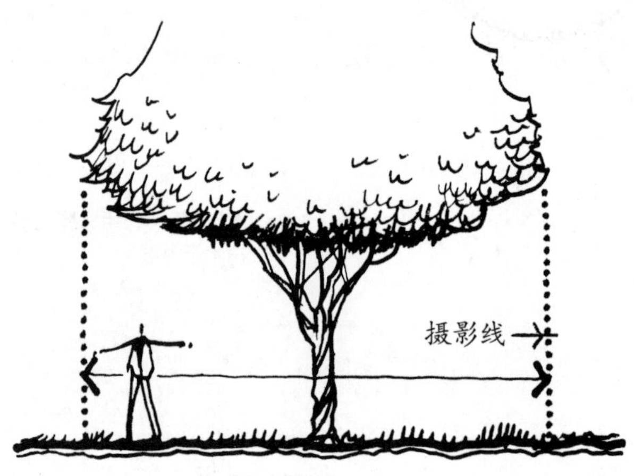

图6-38 冠层的传播是从滴灌带到滴灌带的测量

前面介绍过的测量电线杆高度的方法。

拍摄基地现状

建议在走访基地的同时，用数码相机、智能手机或小型平板电脑（如iPad）拍摄基地的全套照片，也可以在后续的现场踏勘过程中拍摄。何时拍摄照片及照片的多种用途，将在下面的章节做全面的介绍。

绘图程序

当基地测量和记录完毕后，就可以开始准备基地设计条件图和基地详图了。因为两者有许多共同之处，便于设计师协调准备。

第一步应当绘制基地设计条件图，图上应标出用地线、房屋位置、其他如车库等构筑物，以及基地内所有现存需保留的、在设计时予以考虑的物质要素。设计进程需要事先与客户沟通，如果对于某些设施的留存问题存在分歧，就先不要画图。图6-39所示为邓肯住宅的基地设计条件图。

第二步是绘制基地详图，将基地设计条件图作为初稿，用不同方式进行拷贝。如果基地设计条件图是电脑绘制的，文件的拷贝和将其重命名为基地详图就相对容易。如果是手绘的，就需要通过复印机拷贝在质量较好的图纸上。基地详图是在基地设计条件图的基础上添加基地内所有物质要素，图6-40所示为邓肯住宅的基地详图。

完成了基地设计条件图和基地详图的初稿后，将作为一个备份存档备案。数据文件可以刻录到光盘或者外部硬盘驱动，手绘文件应保存在安全、干燥、平整的地方。只有初始手稿的拷贝图能在随后工作中使用。基地设计条件图的副本可以作为绘制平面方案的依据，如果在现场踏勘时没有进行实际测量，基地详图的手绘复印稿可以在考察基地时使用。

在准备以上图纸时，纸的类型、绘制媒介、绘制比例、纸张大小和图纸布局都是需要考虑的重要因素。

纸张类型和绘制媒介

基地设计条件图和基地详图可以用电脑绘图软件或者徒手绘制，具体选择什么绘图方式取决于设计人员的手绘水平、可提供的计算机硬件和软件设备以及财政预算。绘制基地设计条件图和基地详图最常用的纸张是羊皮纸（类似于我们国内的硫酸纸）和塑料胶片。羊皮纸是一种半透明的纸，特别适合用铅笔作为绘制工具。常用铅笔类型为HB、H和2H。在羊皮纸上最好不用签字笔绘制，因为它很难被擦掉。

与之相反，塑料胶片或“绘图薄膜”是一种薄的透明胶片，对铅笔和签字笔都适用。在塑料胶片上用铅笔写字时要多加小心，因为塑料胶片上的笔迹很容易蹭掉。铅笔在羊皮纸上则不易蹭掉，因为铅笔头能更深地嵌入到羊皮纸的凹凸纹理中。塑料胶片的优势是墨水可以轻易擦掉，而且比羊皮纸寿命长（因为抗拉抗皱）。总之，羊皮纸和塑料胶片的韧度是大多数拷贝和打印用纸选择它们的原因。牛皮纸比聚酯薄膜便宜且重量也稍轻。但应注意，不要用描图纸画基地设计条件图或基地详图，因为描图纸太轻太薄，所以很容易撕破。

绘图比例

对于住宅的庭园景观设计，推荐使用两种绘图比例。如果设计师经常以工程比例画图，那么1″ = 10′就是推荐使用的比例。这个比例的好处在于

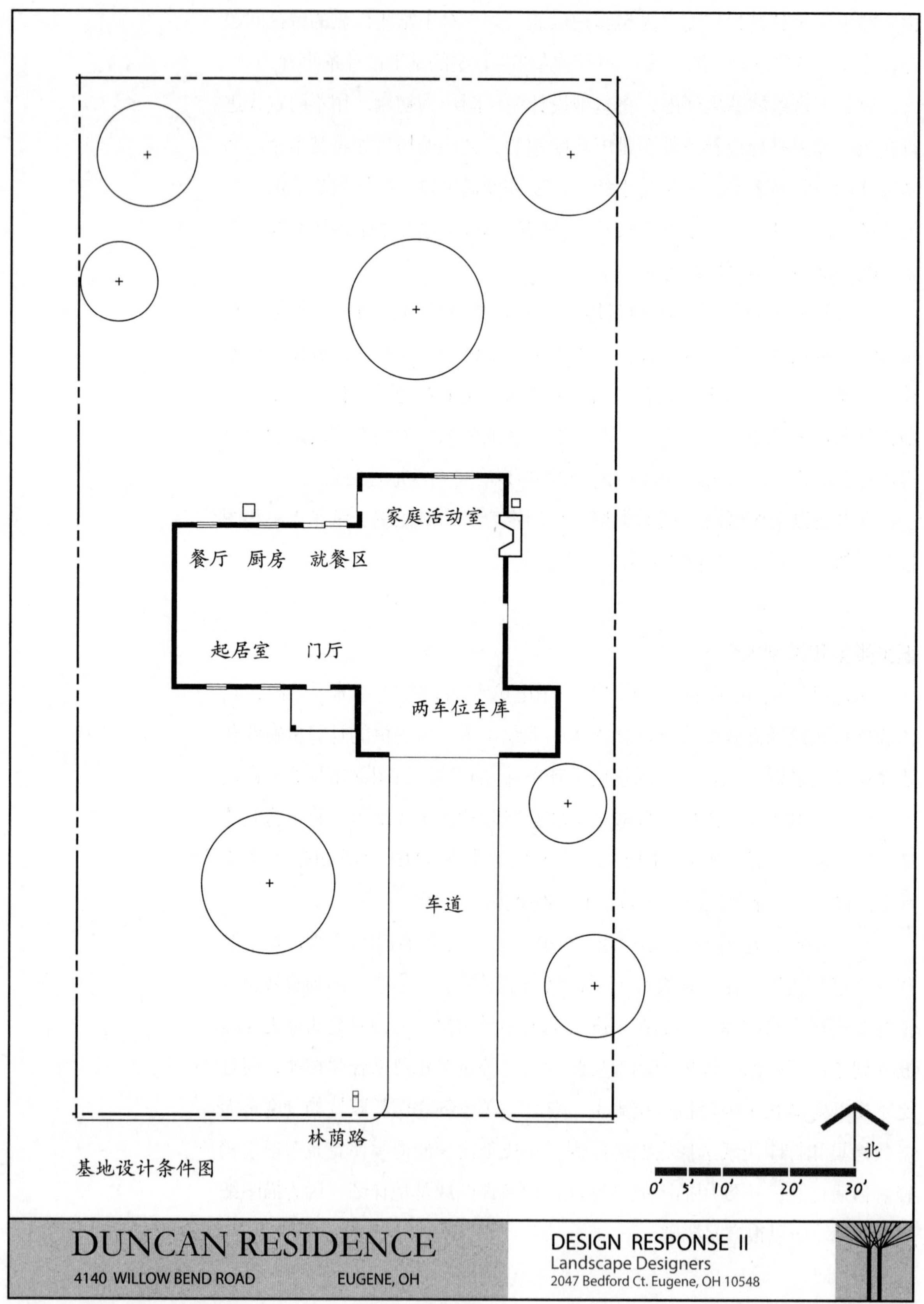

图6-39 邓肯住宅的基地设计条件图

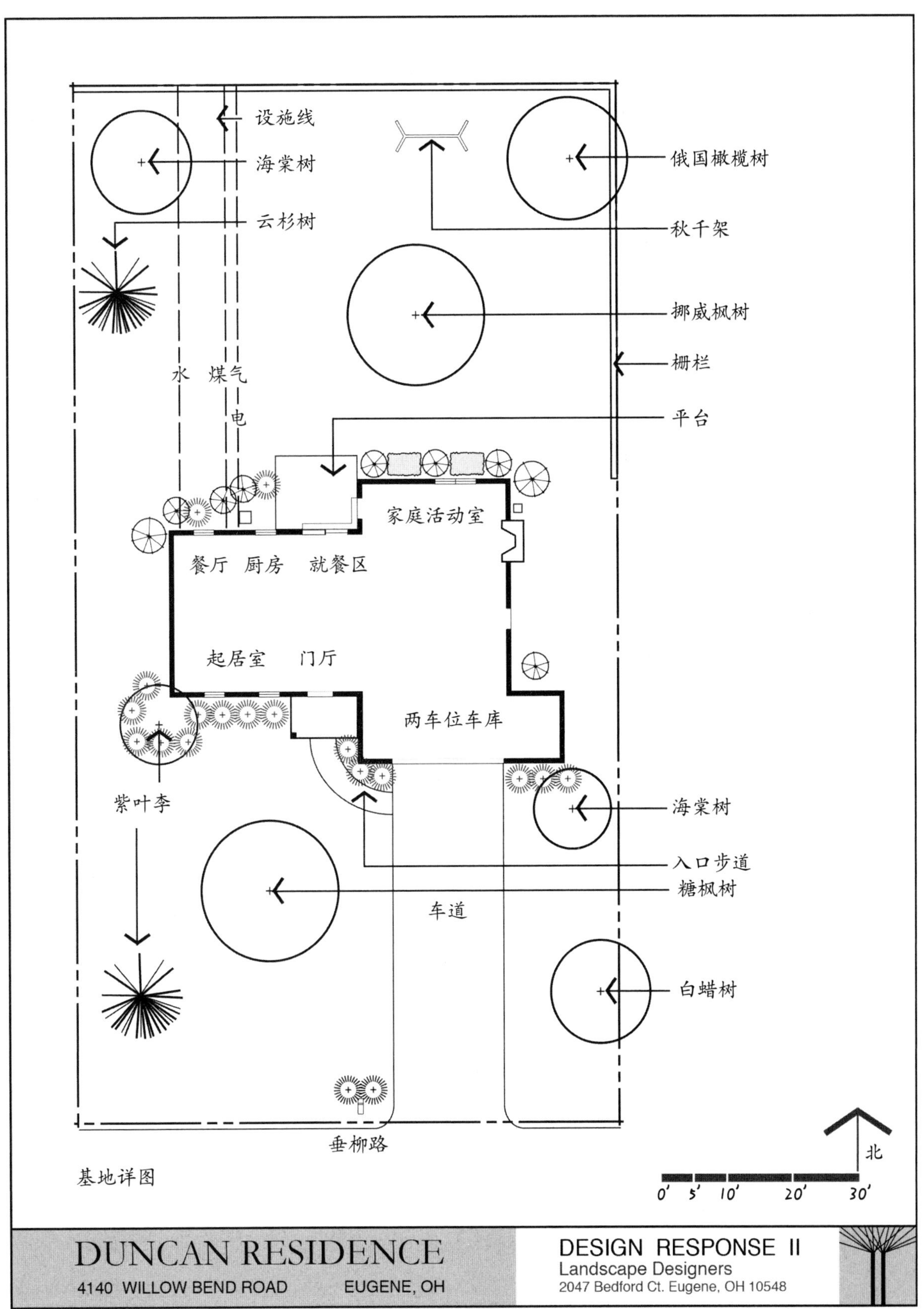

图6-40 邓肯住宅的基地详图

由测量队提供的测量数据使用的也是工程比例，一个75英尺×150英尺大的地块若以此比例绘制所得的平面大小为7.5英寸×15英寸。如果设计师通常用的比例是建筑比例，那么1/8″=1′-0″就是推荐使用的比例。这个比例更好使用，因为距离必须确保放缩到1英寸以内。并且这个比例更容易被户主所理解，因为大多数人都有一把“尺”，上面可以读出1/8英寸。同样一个75英尺×150英尺的地块若以此比例绘制，则所得平面大小为9.375英寸×18.75英寸。当某些区域的设计需要放大比例以便研究细部时，可以使用1/4″=1′-0″这个比例。

图纸尺寸

绘制基地设计条件图和基地详图所选用的纸张大小，取决于很多因素，包括基地的大小、绘图比例、可提供的羊皮纸和塑料胶片的大小以及标准复印纸的大小。底图上的必要注释应保持简明。

羊皮纸和塑料胶片的尺寸。羊皮纸和塑料胶片有两种标准尺寸。一种是以6英寸为模数，最常见的图纸尺寸是24英寸×36英寸、另外还有18英寸×24英寸和30英寸×42英寸。塑料胶片有单张的也有成卷的，有三种宽度，分别是24英寸、30英寸和36英寸。24英寸×36英寸的图纸尺寸可以满足按照适当比例绘制全部住宅基地的需要，并且还能留出空白处用来记录文字、距离等（视图面布局而定）。在24英寸×36英寸的图纸画的图，需要用大画幅复印机和扫描仪传给绘图仪。

另一种标准图纸尺寸就是常见的铜版纸，一般铜版纸的尺寸有8.5英寸×11英寸、11英寸×17英寸。

复印机/绘图仪。在选择图纸尺寸时应考虑的另一个因素是可用的复印机和绘图仪的规格。理想的图纸尺寸是图在被复印后没有多余的纸边。所有标准复印机默认8.5英寸×11英寸和11英寸×17英寸两种尺寸的铜版纸。加宽的打印机通常可以打印24英寸、30英寸和36英寸三种尺寸的图，也可以使用42英寸宽的被裁切成任意长度的图纸。

图纸布局

每张基地详图和基地设计条件图，不管其比例和纸张大小如何，都应该有一个组织良好的布局，要达到这个目标，设计师必须考虑以下6个元素：①标题栏和图纸标题栏；②绘图区；③指北针；④绘图比例；⑤注释与图例；⑥图纸边界。下面给出了几个在图纸上布置好这些元素的参考原则。

标题信息。每一张设计图/施工图的标题栏都应该包括：

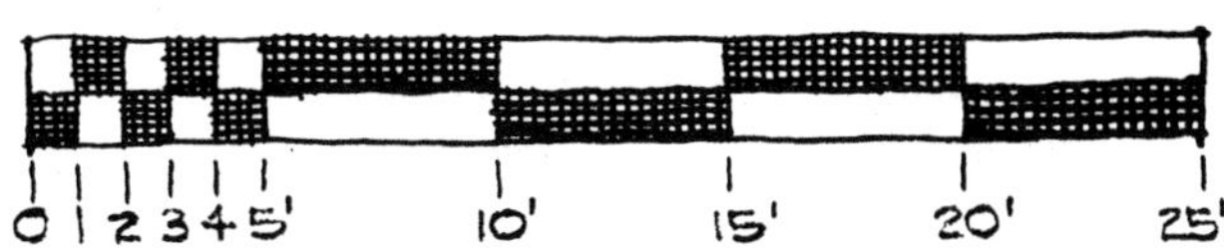

图6-41 图示比例尺

A. 客户/建筑师信息

1.客户名称和地址。

2.设计师或公司的名称和地址。

3.图纸标题（如初步计划、总平面图、平面布置图等）。

B. 制图信息。绘图信息既可以放在标题栏里，也可以放在栏外，因为它与客户和设计师并无多大关系。

1.图纸标题。

2.用数字和图示来表示比例。建议使用图示来表示比例，因为其保证了图纸缩放后比例的精确性（图6−41）。然而用数字表示比例的绘图方法只在原稿上较为准确，图纸经缩放后容易出现错误。

3.指北针。

4.日期。

以上信息的位置和字体大小是在画基地详图时的两个重点问题。如图6−42所示，一张图纸上有几个典型的位置可以放标题。最常见的位置是图

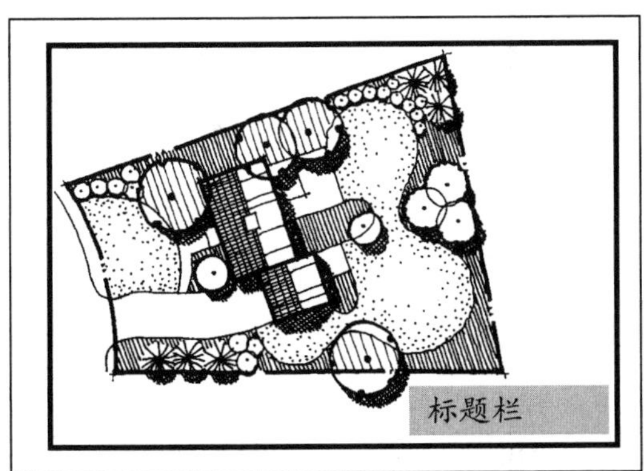

图6−42 标题栏在图纸中的位置

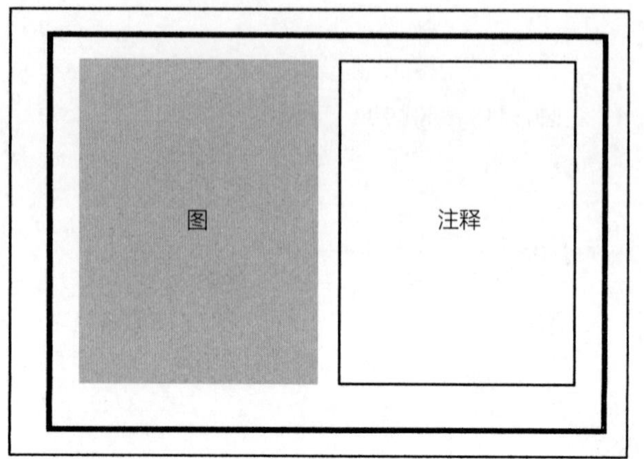

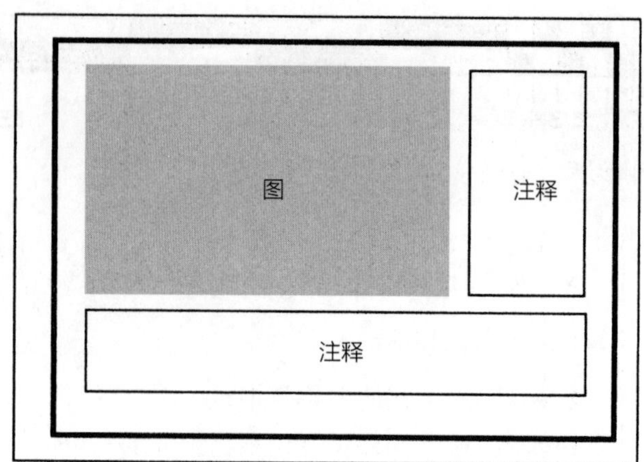

图6-43 空白区域用来放置注释和图例

纸的右下角。这个位置使人们在翻阅一套图时很容易看见。其他一些较好的位置有图纸的底部和右侧。标题不应该放在图纸左边，因为几张图装订在一起，标题很难被看到。

在标题栏中的字体大小应该分成几个层次，客户姓名是最重要的元素，应该用最大的字，较为典型的是高1/2英寸的字。设计师的名字稍次要一些，字体稍小一些，大概1/4英寸高。地址和绘图信息，尽管都很重要，但还需使用最小的字体（不小于1/8英寸高）。

绘图区。绘图区的位置一定要一目了然。一般说来，绘图区最好不要放在中心处，使绘图区的一边或几边出现“空白”。“空白”可以用来写注释、标图例（图6-43）。

指北针。每个平面图都与指北针有关系，这很重要，因为它可以使客户确定图纸的方向。虽然指北针通常指向图纸顶部，但由于场地的布局和大小，并不总是这样的。指北针通常放在文字和（或）平面比例尺附近。就指北针的方向而言，标准的做法是将指北针的北点指向图纸的上方或左边，或是左上方（图6-44）。但是也有例外，就是当客户习惯于从某一特

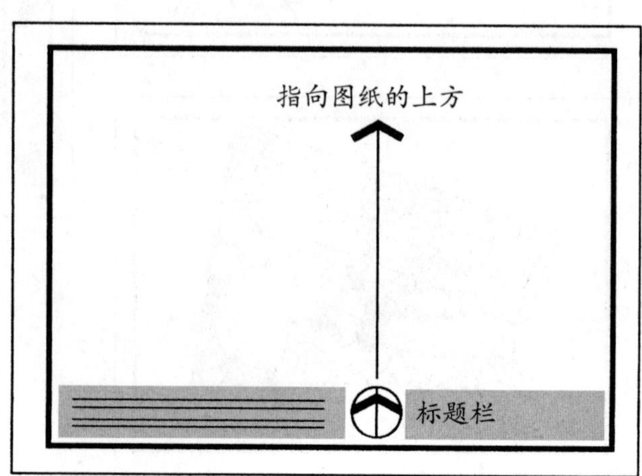

图6-44 北向通常指向图纸上方

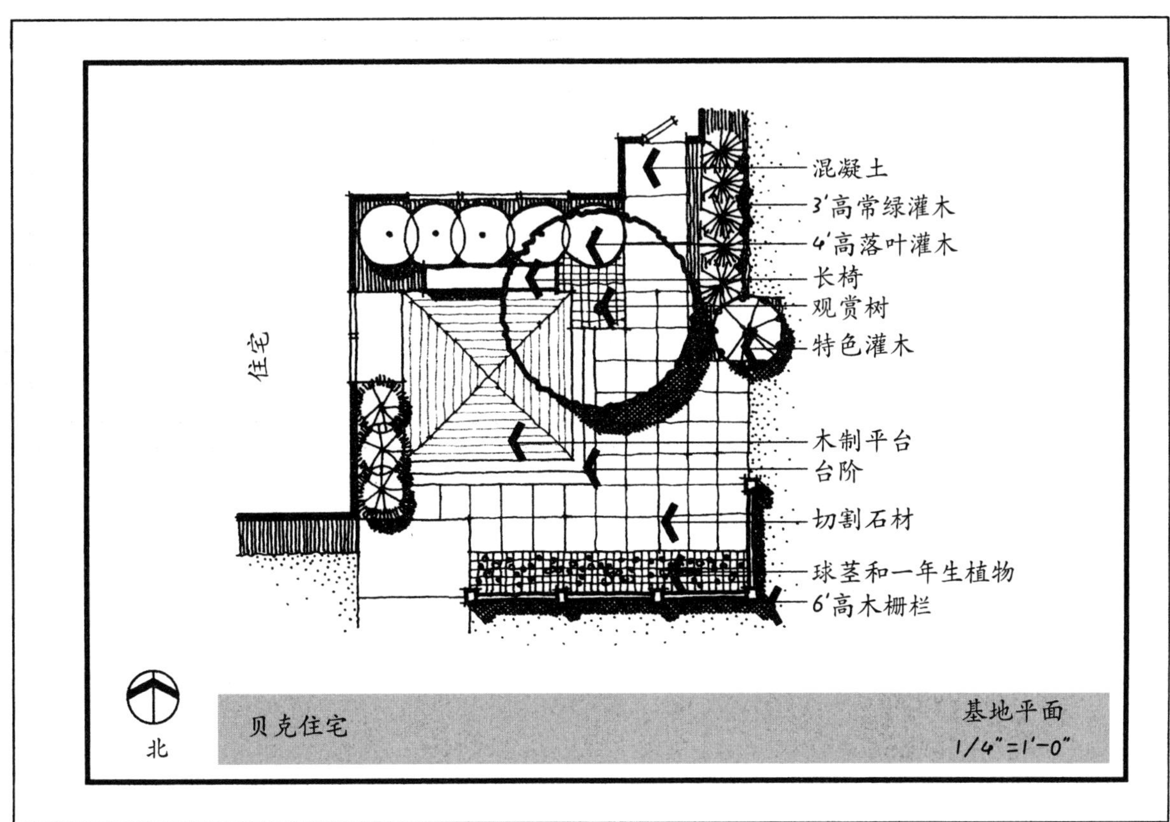

图6-45 注释应该整齐地列出

定角度，例如从街上向用地内看去时，指北针往往会指向不确定的方向。

图纸比例。图6-41中所展示文字和（或）图形比例尺是每幅图所必须的。它为客户提供了关于计划中所显示的事物大小的参考框架。

指北针和比例尺应该靠近放在纸上的一个明显位置，通常朝向底部。指北针和比例尺包含在标题栏内或纸张的其他地方。

注释和图例。注释和图例最好放在靠近绘图的“空白区”内。就注释而言，应该尽可能地靠近它们在平面中所指的那个点或区域，从注释引向绘图区中特定点的引线应尽可能地短。注释和图例应该统一字体大小（1/8英寸最理想），做到有条不紊（图6-45）。

边框。边框尽管不十分必要，但却扮演着画框的角色，并衬托图纸中的图和注释。边框的宽度通常在1/2英寸与1英寸之间。如果要将图纸粘贴或装订成册时，在图纸的左侧要留有较多的空间。因为这是很常见的做法（图6-46）。

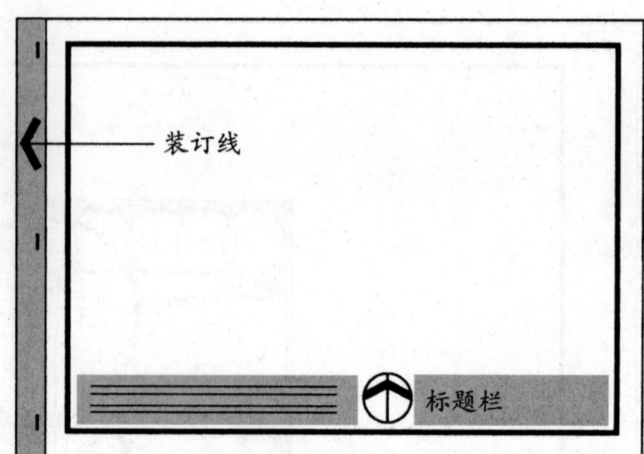

图6-46 装订线通常位于图纸的左边

小结

角点测量、基地详图和基地设计条件图的准备是确定设计过程的基本信息的关键步骤。在这些步骤中，必须非常注意组织和准确性，因为设计的后期过程步骤将使用这些绘图作为它们的起点。

7
基地分析与设计任务书

学习目标

通过对本章的学习，读者应该能够了解：

- 基地调查和基地分析的不同之处。
- 基地信息的来源。
- 信息收集主要包括基地位置、地形、排水、土壤、植被、微气候、建筑和其他构筑物、基础设施、景观、基地现有功能。
- 定义在基地目录中显示特定基地信息的两种典型方法。
- 概述分析所收集到的关于基地的问题。
- 解释基地信息是如何被记录和识别的。
- 基地分析所需要的数码工具。
- 设计任务书的定义和目的。
- 设计任务书通常所包含的信息。

概述

基地分析与设计任务书的准备是在方案的调查和准备阶段进行的两个主要任务［除了测量和底图的编制（见第6章）］。基地分析的目的，即基地研究，是要确认所有重要的环境条件并判断这些条件如何影响最终的设计成果。在环境分析的过程中，设计师应该尽可能地熟悉环境以使他最终的设计成果能够适合特定的环境条件。设计任务书通常在环境分析之后进行，是调研和准备阶段的高潮。设计任务书列出设计中所有的要素和要求，并为设计的开始奠定基础。

首先，有必要清楚地了解基地研究的两个不同步骤——调查和分析。调查是指收集所有有关基地的信息，它包括基地的位置、尺寸、材料、基地元素存在的条件，例如步行道、平台、栅栏、市政设施和植物。调查也包括基地的其他方面，例如土壤类型、坡度、市政设施的位置、主导风向、日照分析、重要景观等，换句话说，基地调查就是收集数据。

其次，基地分析是对在基地调查中所获得的信息进行评估。基地分析对这些信息进行判断并决定设计该怎样适应这些条件。例如，计划建设的项目怎样和现有的庭院空间相联系？公共设施如何影响设计的布局？阳台设计怎样才能解决午后阳光直射？什么样的绿化需要保留并融入设计当中？

基地调查早于基地分析，是因为在做出判断之前有必要先收集相关资料。然而，实际上这两个步骤经常重叠，尤其是对于有经验的设计师，他们能用快速而本能的设想来应对不同的基地条件。对于有经验的设计师，问题常常在于中断基地调查和没有彻底详细的基地分析。没有处理不同基地条件的经验就很难理解不同条件的潜在意义。不过，对基地有一个完整的了解是景观设计的基础，有条不紊地进行每一个步骤对于每个设计师来说都是非常重要的。

基地清单

总的来说，基地调查是相对容易的，设计师需要具备以下态度：①带着刨根问底的态度去调查（勘探基地）；②要有条理（可能按照一个调查表）；③对信息的记录要准确，所收集的信息应该被整理得有条不紊、通俗易懂。这对后期设计是十分有帮助的。

信息来源

对于现场测量，可用许多潜在渠道来收集所需信息，包括：①当地政府部门；②网络；③委托人；④现场观察。无论哪种渠道，设计师只需收集直接适用于该项目的信息。当然花费时间和金钱去做这样的事为的就是获得信息，所以，设计师要反复地问："我真的需要这个吗？我要如何使用这些信息？这重要吗？这些信息会影响我如何设计吗？"如果这些回答都是肯定的，那么就应该得到这些信息。

当地政府或社区。关于外墙缩进、允许使用权、围栏或围墙的高度和位置、基地结构的高度限制、可用的材料等这些信息应该从政府的规范审计部门获取，也有必要考虑一下是否需要建筑许可证。除了审计部门，一些社区和共管协会也有相应的设计标准来确定可接受的样式、材料和颜色。同样，一些直辖市有树木种植条例来指定可植树种。这些内容要结合项目随时随地收集，即使是在某一领域内非常有经验的设计师，也要定期检查这些条例，因为它们会随时变化。

区域的温度、气候特点、降水、风、霜冻日期、干旱条件等都需要从国家区域气象服务中心或者相应的县、州服务机构（也可以运用网络资源）获得。

网络资源。有很多种网络资源可用来咨询获取关于居住用地的信息。一个是通过在前一章中已经提到的市、县审计师的网站提供的在线GIS制图系统。除了提供有用的三维信息，这种互动式的GIS制图系统还可以定位公共设施、轮廓线、冲积平原，以及邻近的房屋和构筑物。一些在线GIS制图系统也可以支持平面视图转换成影像文件，这有助于设计师即刻了解基地的周围环境。

可以通过手机或电脑在谷歌或百度地图中搜寻有关资料。它非常有助于基地调查和分析，因为设计师可以从任何距离和角度观察任何一个居住用地。而且，设计师可以添加一个三维视图的房屋，首先使用Sketchup创建一个数字模型（见图7-12），然后导入地图。导入结果可以打印出来并用于场地调查记录或者只用作分析工具。

除了这些网络地图资源，大部分先前概述的需要从政府部门获得的信息也可以从网上获得。所以，在去政府部门机构找资料前可先在互联网上搜索所需的数据。

委托人。另一个关键的居住用地的信息来源是委托人本身。通常，客户通过长期观察天气和季节条件的变化而获得十分有价值的基地信息。例如，客户可能注意到哪些地方容易积雪，地面排水流向或者大雨后的积水区在哪里，哪些地方干得快，邻家的孩童在哪里穿过庭院，哪些地方难以修剪等。委托人提供的这些信息和设计师收集的同样重要。因此，总结客户们对场地条件的描述对设计师是非常重要的。

现场踏勘。关于基地最有用的信息通常是通过现场踏勘而获得，这需要敏锐的观察力、用来记录的写字板和纸以及相机。这些也用于同一基地测量或后期底图已经完成的情况。如果走访恰逢测量，那么实地观察和笔记说明可以记录在基地草图上、规划图纸上或者从网上打印出来。当基地走访发生在测量之后，底图复印件是记录实地观察的最好地方。无论什么时候进行观察，现场笔记和图示符号常用来识别和强调一些必要信息。一般情况下，每一个景观设计师或设计公司都有一个专门的从经验中总结出来的符号语汇库。从详细的现场踏勘得出的图形计划就是场地清单（见图7-8，图7-9）。

除了将场地内所见所闻标注在底图或规划图纸上，前面提到的数码照片也同样有用。有以下四个原因。①照片可以作为现有房屋和场地条件的图像记录者，理论上可以减少必须返回场地去收集更多资料的需要。②拍下文件中的现有条件和作为“案例”的图片要在拍摄任何建筑之前。拍照时，要在图上标示出拍照地点，以便于在施工中和施工后在同一地点拍摄，进行比较。这些“之前之后”的摄影比较都是很有意义的。③数码照片可以用来在场地分析时提出建议，正如本章后半部分提出的那样。④图像可以用作手绘的基础，或者用作创建设计思路的数字化草图（见第14章）。

照片应该从场地不同角度拍摄，另外，应拍下房屋的细部和风格特点，因为这都能吸引委托人的兴趣。还要拍下房屋的每个立面，来展示从一个立面到另一个立面材质和形式的变化，因为一个面的特征并不一定和另一面相吻合。从本质上讲，应该拍摄足够的照片，以作为之后设计阶段的参考。

前面第5章及本章中介绍的邓肯住宅，已经拍摄了大量的照片。回顾一下，住宅的前院相当宽阔，而且在车道的两旁还有一些长势不错的树。图7-1所示，在沥青路面和西面带有小入口平台的门廊之间用3英尺宽的混凝土步行道连接起来，邓肯住宅的侧院非常狭窄并且不实用，东侧有一个碍眼的垃圾桶，并且瓦砾碎片都堆在那里（图7-2）。后院是开敞的，没有

图7-1 邓肯住宅前面现有的混凝土入口步道和土丘

图7-2 邓肯住宅东侧的垃圾桶和杂物

图7-3 从邓肯住宅的后院向西看到的邻家房屋

图7-4 从邓肯住宅后院向北看到的邻家房屋

遮挡，在基地的北面有挪威枫树和秋千。在基地的东侧和北侧有栅栏和植物，给人一种部分围合的感觉。但是仍然有一些值得注意的外部景观，比如在邓肯住宅的后院向西（图7-3）和向北（图7-4）看很容易能看到邻家房屋，向东（图7-5）可以看到邻家房屋的后院景观，效果相当不错，而西北向（图7-6）和东北向（图7-7）也是很吸引人的。

典型基地信息列表

下面是基地调查需要确认的一些基地条件，并不是所有的条件对每个

图7-5 从邓肯住宅后院向东看到的邻家后院

图7-6 从邓肯住宅后院的西北角向西北方向望去的景象

图7-7 从邓肯住宅后院的东北角向东北方向望去的景象

项目都是必要的，因此，下面的这个表只是一个参考性的提纲，具体还应结合个人的实际情况来使用。

A. 基地位置

1. 确认可用的基地范围和它们的条件。
   a. 它们是住宅、商业、娱乐、教育？
   b. 邻近的地产维护得如何？
2. 确认所处的街区的特征。
   a. 住宅的风格、年代和条件？
   b. 植被的大小、种类和生长情况？
   c. 街区的特点是什么？
      - 其布局是否开敞？植被是否茂盛？环境是否整洁、吸引人？周边是否有其他地产等。
3. 确定街区交通路线的特点。
   a. 基地所在街道是什么级别？
      - 是直达的街道、单行道、双向车道还是死胡同？
   b .街道上的交通量？
      - 交通量在白天有较大的变化吗？如果有，何时？
   c. 在街道的交通中有多少噪声和车灯光通过窗户进入户内？
   d. 什么是到达基地的主要方向？
      - 有多个入口吗？
      - 哪条路用得最频繁？
      - 基地中的哪个位置是公认的第一视点？
4. 确认在街区内对新建建筑的规范限制和方针。
   a. 什么是允许的建筑类型和结构，尤其是独立的建筑，例如车库、工具间、露台、绿廊等？
   b. 所允许的新建筑的高度和建筑面积是多少？
   c. 要求建筑的退后距离是多少？
   d. 需要哪些建筑许可证？

B.地形状况

1. 确定整个基地内不同地块的缓坡坡度（坡度清单）。
2. 确定潜在的受侵蚀的和排水不良的区域。
3. 确定内部（室内标高）和外部沿着房屋地基的高差变化，尤其是在门口处。
4. 决定在基地内各区域的休闲步行道（这也决定相对的坡度）。

5. 确定从顶部到底部的台阶、墙体、栅栏等的高差变化情况。

C. 排水

1. 确定排水方向。
   a. 从房屋向各个方向都能排水吗?
   b. 水从落水管排出后流向何处?
2. 确定蓄水池。
   蓄水池的位置及储水时间。
3. 确定基地内的排水位置和怎样排出基地。
   a. 是否有基地外的水排入基地内，如果有的话多少、在哪、何时?
   b. 当水离开基地时流向哪里?

D. 土壤

1. 确定土壤性质（酸碱度、含沙量、含泥量、含石量、土壤肥力等）。
2. 确定表土的深度、厚度。
3. 确定土壤岩层的深度。

E. 绿化植被

1. 确定并标明现有绿化植物种类及位置。
2. 在适当的情况下，确定:
   a. 植物种类。
   b. 尺寸［胸径（地上部分大于4 英尺的树干直径）、分枝点、冠幅、总高度］。
   c. 形式。
   d. 颜色（花和叶）。
   e. 密度。
   f. 明显的特征和特点。
3. 确定整体状况、重要性、潜在用途和委托人对现有绿化的看法。

F. 微气候

1. 确定在一年内日出、日落的时间、不同位置及方位（1 月、3月、6 月、9 月）。
2. 确定在一年的不同季节和一天的不同时候，不同的太阳高度角。
3. 全年或全天中这里大多数时间是阳光明媚还是阴雨绵绵。
4. 在夏日下午，哪些地方是暴露的，哪些是有遮蔽的。
5. 可以暴露在温暖冬日阳光下的地方。
6. 确认在全年的主导风向。
7. 确认夏日凉风能吹到哪些地方。

8. 确认哪些地方暴露在冬日寒风中。
9. 确认冬天冻土的厚度。

G. 现有建筑

1. 确认房屋类型和建筑风格。
2. 确定正立面的颜色和材质。
3. 确定窗和门的位置。
    a. 对于门，要确定开启方向和使用频率。
    b. 对于门和窗户，要确定它们的顶部（窗台）和底部（槛）的高度。
4. 确定内部房间的功能和位置。
    确定哪些房间是经常使用的。
5. 确定地下室的窗户及其地下深处的定位。
6. 确定室外设施的位置，例如雨水管、水龙头、电源插座、住宅灯光、电表、煤气表、排气孔、空调等。
7. 确定悬吊物的位置并标出它们与房顶之间的距离和它们距离地面的高度。

H. 其他的现有构筑物

1. 确定现有步行道、地台、台阶、墙体、栅栏、游泳池等的条件及材质。

I. 公共设施

1. 确定公共设施的界限（水、煤气、电力线、电信、电缆、排水沟、化粪池、过滤池等）。
    a. 这些公共设施能够带来便利吗?
    b. 有电话线和电线的接线盒吗?
    c. 有没有设施控制阀?
2. 确定空调和热泵的高度及位置。
    哪个方向是进风口，哪个方向是排风口。
3. 确定给水的设备与公共设施相连接的位置。
4. 如果当地有灌溉系统，也要获得它的资料。

J. 景观

1. 记录从基地内各个位置向基地周围看所能看到的所有景象。
    在不同的季节景观是否发生变化。
2. 从室内向室外望去的景观。
3. 从基地外看基地内（从街道和从基地的不同方向都是这样）。
    基地内哪是最好的、哪是最差的景观。

K. 空间和感觉

1. 确定室外空间的范围和位置，确定室内地面、墙体、天花板的材质。
2. 确定这些空间的感觉和特点（开敞的、封闭的、明亮的、通风的、黑暗的、幽暗的、兴奋的、休闲的）。
3. 确定愉悦的或噪声（鸟鸣、汽车噪声、孩子玩耍、树叶的“沙沙”声）。
4. 确定好闻与难闻的气味。

L. 基地现有的功能和问题

1. 确定目前基地内不同区域的使用时间和使用方式。
2. 确定一些日常活动发生的位置，例如，每天离家回家的路线、外部休憩、花园、工作区。
3. 确定环境的主要问题（维护不好的草坪、在人行道边缘被踩坏了的草坪、由于使用的频繁而遭破坏的草坪、疏于除草的草坪、破碎草坪的铺装）。
4. 确定冬季雪堆积的位置。

识别和记录基地信息是在底图的附件上完成的。图7-8及图7-9显示用两种不同技术绘制基地信息。如图7-8这样的图形在现场时可以用平板电脑绘制。这种技术要求设计师即时对现有的现场条件进行注释，并用不同颜色进行表示。图形是动态的和不精细的。这张图被带回办公室，并根据需要将其转换为平板上或图纸上的基地分析。图7-9是在浏览基地时从现场记录中提取的一个更加完善的现场清单，它的图形风格适合于与客户共享，是基地分析的基础。

基地分析

基地分析是基地研究的第二步，也是比较难的一步。基地调查仅仅是收集和整理有关基地的信息，而基地分析要评价这些信息的价值和重要性。基地分析的目的在于归纳出现有基地条件的利与弊，以至于最终的设计方案能够适应基地的特别条件。

这通常用绘制另一份草图或记录以下问题的答案来完成，这些问题在前面的基地调查中已经确定：

- 这个信息重要吗？
- 如果重要，它的影响是有利还是不利？
- 如果它存在问题，该如何解决呢？
- 如果还有利用价值，那么应该怎样利用呢？

设计师应该意识到基地调查和基地分析在措辞上的不同之处。基地调查的记录只是简单地陈述事实，而基地分析则是评价和定性的描述。基地分析中出现的关键词包括：应该、必须、限制、允许、使成为、使构成、挽救、利用、隔开和扩大。下面是一些实例：

基地调查	基地分析
• 3英尺宽的混凝土步行道	• 太窄，需要拓宽到5英尺并且换成一种柔和的材质
• 在基地后面是视野开敞的疏林草地区	• 需借助框景强化视景线

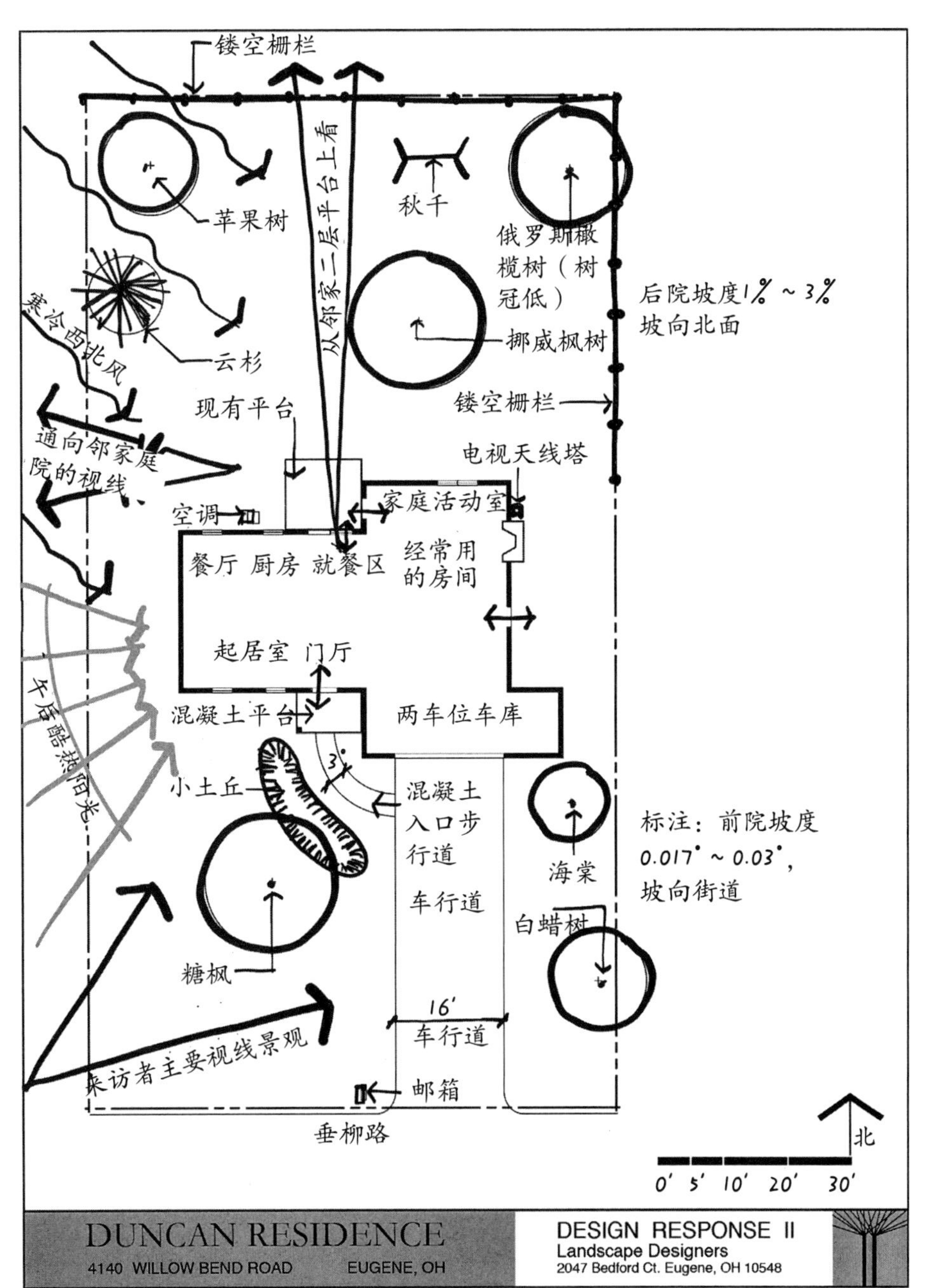

图7-8 在iPad上绘制的邓肯住宅现场的清单（彩图见插页）

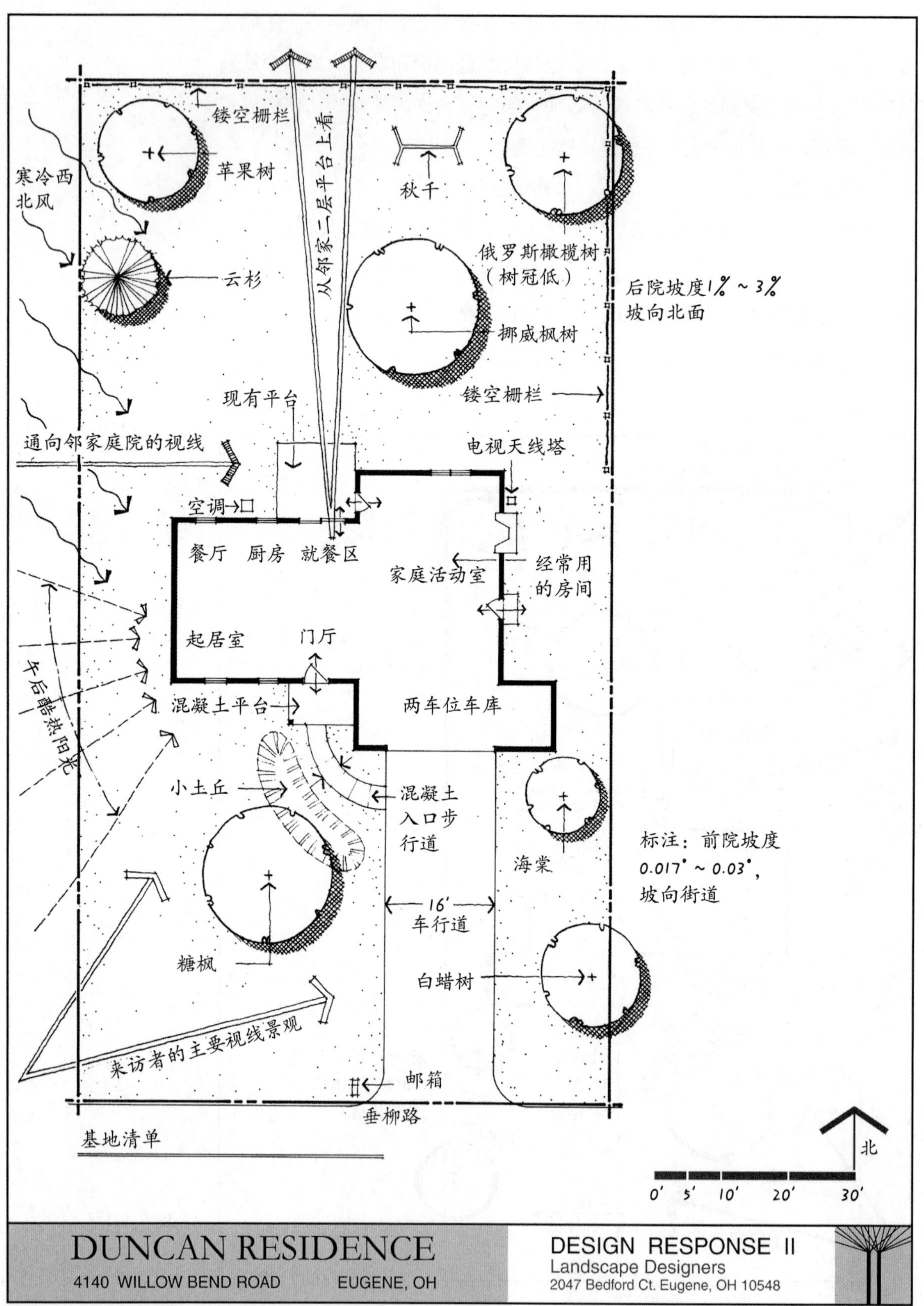

图7-9 在办公室绘制的邓肯住宅基地清单

• 现有一个100平方英尺的平台	• 应该扩大到至少200平方英尺
• 长势良好的大型无花果树	• 应该保留，不妨把远离房屋的休息区安置在无花果树下
• 房屋和基地的背面暴露在夏天午后炎热的阳光下	• 房屋的背面应该用树或其他方式遮挡；在这个区域内室外空间应该避免直接暴露在阳光下

现场分析内容

图7-10显示了邓肯住宅的基地分析。回想一下图7-8和图7-9所示的关于基地清单所列举的一些事实和条件，现在基地分析评估这些信息，并且对可能预见到的问题在设计方案中给出一些建议。例如，以下是关于前院的建议：

1. 现有的树木应该保留并且结合到设计之中去。

2. 应该通过加宽沥青路面和正门之间的人行道来创造一个更有亲切感的入口，对路边的微地形根据需要或铲平或改造。

3. 应该强调入口空间（外门廊）的视线，并将其与门厅和起居室的视线相结合起来。

4. 住宅的西南侧和西侧应该有树荫，为夏日的下午提供阴凉，而在冬天的下午则有利于提高房间的室温。

5. 从机动车道到东侧的车库门口应该有一条通道。

有关后院的建议：

1. 在院落的西面应设屏障或栅栏，以便建立住宅的私密性。在视觉上，与位于院落北面邻居的娱乐区隔离，这些屏障在冬天还有助于抵挡凛冽的寒风。

2. 应该考虑设立一个通向室内的室外起居或娱乐空间，如果设置外部娱乐空间的话，应该考虑在房屋的北墙上相应地设置可滑动的玻璃门。

3. 出于休憩需要，草坪应尽可能地开敞，现有的挪威枫树可为附近的庭院提供树荫。

4. 秋千应该放置在后院，使其不至于是一个很明显的碍眼物。

5. 电视天线塔应该遮蔽，以降低它过大的尺度。

这些发现和建议在编写设计任务书过程中以及接下来的设计过程中都应该多加考虑。这样不断参考基地分析才能确保设计与它的结论和建议相呼应。另外，通常设计师在向委托人阐释初步设计思路时可以向委托人阐释基地分析。基地分析可以为设计的整体概念以及特殊设计元素的决定提供理论支持。本质上讲，基地分析就是设计方案的理由。因此，基地分析

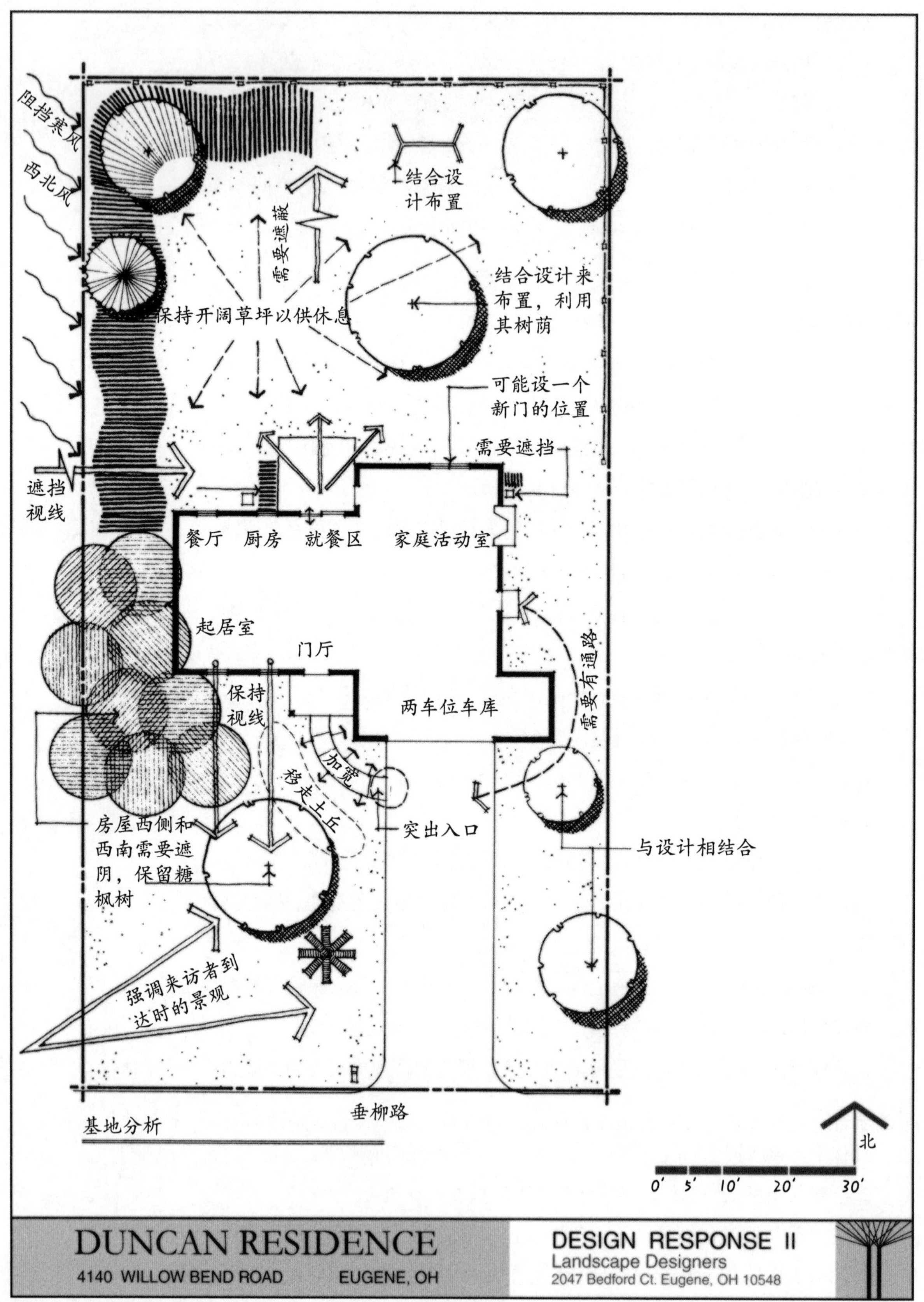

图7-10　邓肯住宅基地分析

应该整理得简单又有条理，以便于委托人理解。

基地研究是研究和准备阶段的一个重要组成部分，重要的是可以用来帮助解释后期设计过程的决定而不用花过多的时间。因为它主要是设计师使用的工具，所以信息和分析都是在底图的副本上绘制的。8½英寸×11英寸或11英寸×17英寸，通常是足够记录和标记必要的信息的。如果项目记录的数量有限，可以减少所有手工绘制的符号和注释。在项目更大更复杂的情况下，应用图形符号显示在与它们相关联的数字计划中，并编写一个Word文档来清晰地描述绘图的各个方面。

辅助工具

除了典型的基地调查和基地分析策划，还有另外几种方法可以辅助基地观察的记录和交流。一是利用委托人通常更容易理解的照片而不单是基地分析图形表达基地信息。此外，照片对于基地调查和分析都有益处，因为：①照片可以记录现有信息（落水管位置、植被状况和种类、景观、房屋的材质和形式）；②在形成设计理念时可以作为基地和建筑外观的图像记录者；③基地和建筑的具体细节有助于以后的设计过程（路面模式、围墙特征、建筑细部以及门窗模式等）。

除了这些用处，照片还可用来记录基地调查的见闻并做出分析笔记（图7-11）。这些可以直接记录在照片上，照片可以是打印的，也可以是用拷贝纸描画的，或者是在电脑中用Photoshop处理的。对于基地分析策划，这些记录的照片有助于和委托人沟通意见并给出一些建议。

另一个分析并可视化基地的方法是在Sketchup或其他模型程序中建立一个计算机模型（图7-12）。有经验的人可以很快地建立这种模型，特别是不需要显示每一个建筑或基地细节时。基地分析中Sketchup模型有三个好处。第一，可以让设计师从多个角度看到整个基地的情况，有些角度是在地面上看不到的。这使设计师更容易地理解基地的情况。第二，在模型中可以随着时间和地点的变化形成阴影区域。这样可以清楚地看见基地中阳光和阴影区域。第三，计算机模型可以用来记录基地分析说明并可以为探索设计理念提供基础。

设计任务书

设计任务书是一个书面清单或所有元素、空间的大纲，并要求将其纳入到设计方案，例如，包括私密围栏、观赏园林雕塑、火坑等；空间标

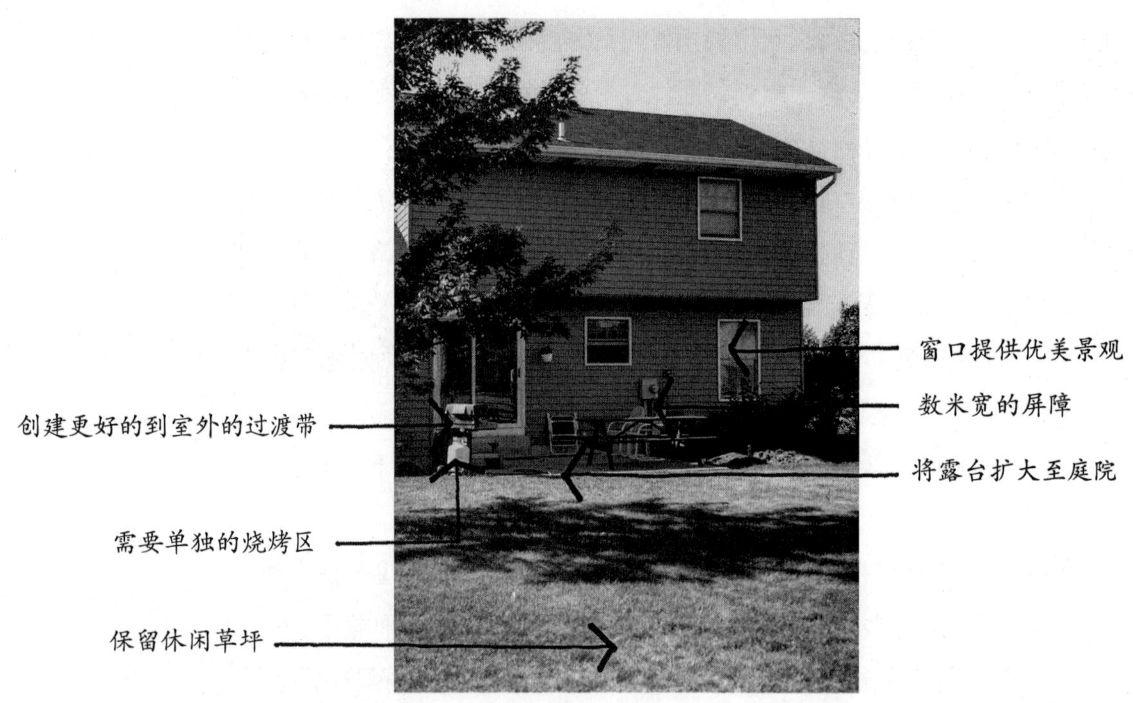

图7-11 用照片记录邓肯住宅基地分析笔记

识，例如烹饪、餐饮、座位、晒太阳和工作。需求是它解释设计方面的陈述，如为街道上的私人休憩花园提供某种私密形式，“纳入一系列的植物来吸引蝴蝶”，或者“最大限度地利用草坪面积来进行积极的体育活动”。设计任务书汇集了基地分析的结论以及委托人想要表达的需要和愿望，委托人的需要和现有基地的信息早已经收集和记录好了。现在设计任务书所要做的就是把前几步所做的工作汇总一下，得出一个关于设计总体要求的提纲。

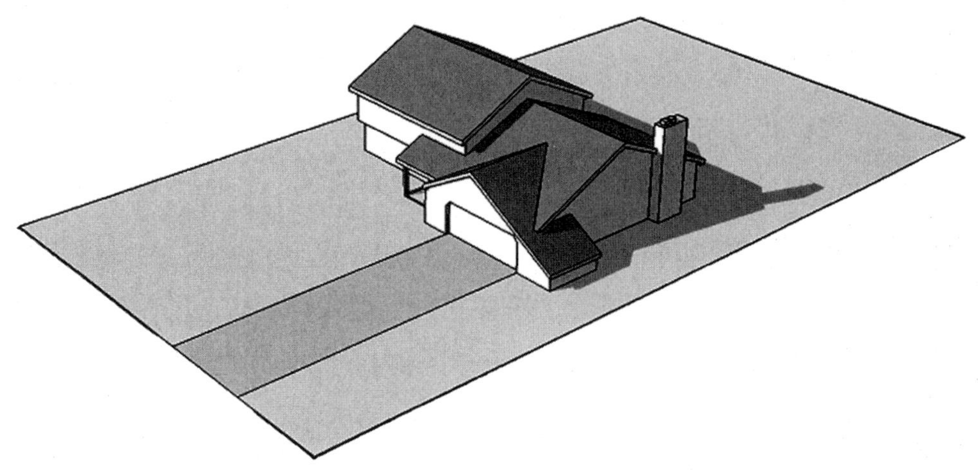

从东南方向看

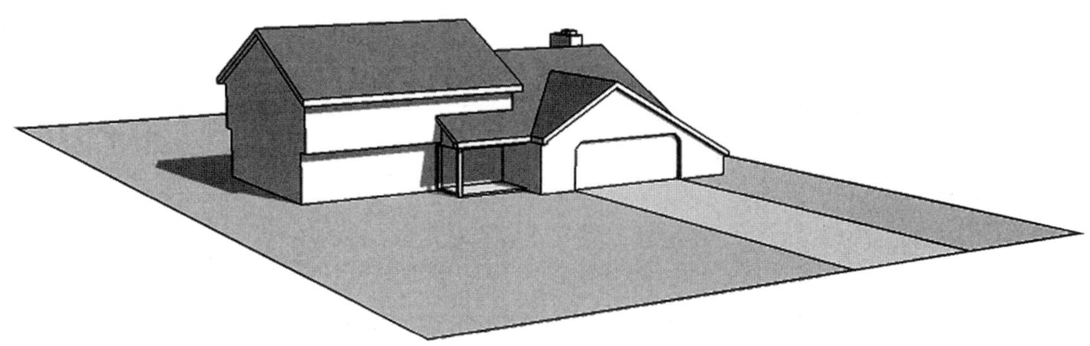

从西南方向看

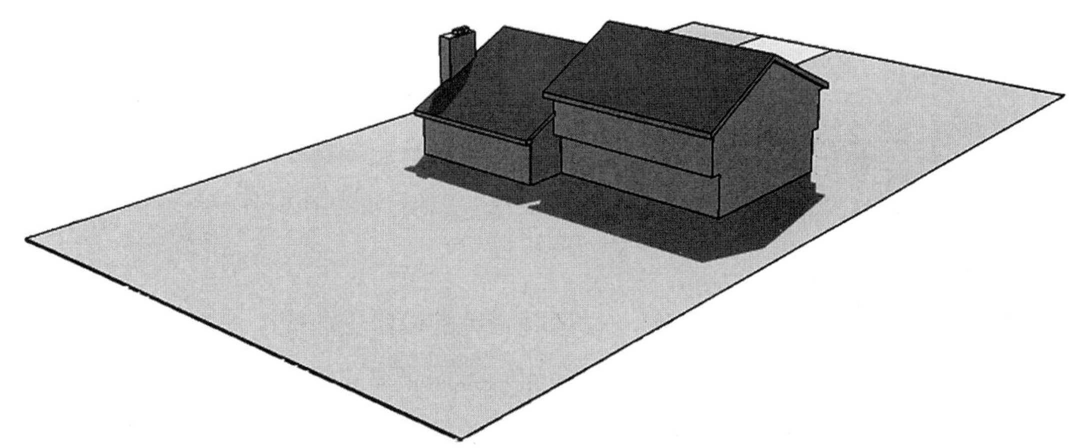

从西北方向看

图7-12 不同视角下的邓肯住宅Sketchup模型

设计方案是设计过程的研究和准备阶段的最后一步。就像一个戏剧表演的节目单或是体育赛事的程序册一样， 设计任务书里罗列了所有可能在针对特定基地和客户的方案中起作用的元素。

设计任务书的功能

一个设计任务书有三个功能。第一个功能是它为设计师提供在设计过程中所需要考虑的基本元素，并且以设计任务书中列出的设计元素来提醒设计师“这就是此设计必须包含和对应的内容”。

第二个功能就是设计师的核对表，设计师可能阶段性地参考设计任务书以确保任务书中所提到的所有要素都得到满足。如果没有一个表提醒设计师的话，很容易遗忘一些要求和细节。

设计任务书的第三个功能是作为设计师和委托人的交流工具。在设计任务书完成之后，设计师应该和委托人再对它进行核查，以确保其得到委托人的同意，这样就可以使设计师真正对委托人的意愿做到心中有数。设计师可以根据基地分析的结果向委托人建议增加一些原来没有考虑到的要素。

像设计过程所有其他的阶段和步骤一样，设计人和委托人都不应该认为设计任务书就是最终结果。尽管在制定设计任务书的时候要尽可能地完整，但是不要认为设计任务书是绝对不可更改的，随着设计过程的一步步深入，原先的想法和目的可能会改变，这往往是很有道理的。因为不论是设计师还是委托人都认可的是在特定基地环境下做出的设计，而不是把一个事先想好的想法硬塞到基地中去。

下面是为邓肯住宅所准备的设计任务书，是用来说明设计任务书应该如何组织和编写的例子，但是绝不是唯一的编写组织方法。它来源于与邓肯家人交谈以及本章前面所提到的基地分析的结果。

邓肯住宅的设计任务书

由景观设计师James E. Kent 编写

A.温馨、有欢迎气氛的入口步行道

1. 尺寸：4. 5~5 英尺宽。
2. 材质：和房屋材质相一致。

B. 室外入口门廊和休憩区

1. 尺寸：应足够放下2 把椅子和1个小桌子。

2. 材质：和入口步行道的材质一样，但是图案不同，要有助于暗示出这是一个特殊的空间。

C. 从汽车道到东西车库的铺装通道

1. 尺寸：至少3 英尺宽。

2. 材料：未定。

D. 外部入口空间（平台）

1. 尺寸：250～300平方英尺，必须可容纳8～10个人社交聚会和非正式用餐。

2. 材质：可以做个突出的木板平台，这样从早餐区到地面就有了高差的变化。

E. 休闲草坪区

1. 尺寸：尽可能的大。

2. 材质：终年常绿草。

F. 秋千区和附加的设施

1. 尺寸：125～150 平方英尺。

2. 材质：沙子、树篱或适当的再生材料。

G. 用来堆木头的储藏间

1.尺寸：4英尺×8英尺。

2.材质：卵石或混凝土。

H. 遮蔽西面邻居视线的屏障

1. 尺寸：此时还不知道。

2. 材质：未定，可能是绿化、构筑物或是二者的结合物。

I. 遮挡基地北面视线的屏障

1. 尺寸：此时还不知道。

2. 材质：因为是一个可用空间，所以可能需要绿化。

J. 遮挡房屋北向的空调机

1. 尺寸：2～3 英尺高。

2. 材质：可能是终年常绿植物或是低矮的栅栏。

K. 现有树木

1. 应该保留。

L. 预算

邓肯认为，方案一旦实施，全部资金可能超过以前所做的预算，为了现实一些，邓肯一家已经建立了一个从37 500～50 000 美元的 5 年消费计划，这大概占到他们家250 000 美元消费的15%～20%。

小结

在实际设计工作开始之前，必须完成一些关键任务。在设计过程的研究和准备阶段收集的信息为接下来的设计提供了基础。基地研究（基地信息和分析）和设计方案是将设计师从研究的准备阶段过渡到设计阶段的两个关键步骤。

8 功能图解

学习目标

通过对本章的学习，读者应该能够了解：

- 明确图解的定义和目的。
- 概述在设计过程开始时使用图解的重要性。
- 定义概念图解以及其与功能图解的关系。
- 明确目的、图形风格、媒介和概念图解的内容。
- 描述绘制概念图解的过程。
- 明确在准备绘制功能图解、确定空间和元素在基地上的位置时应该考虑的因素。
- 明确大小、位置、比例、轮廓配置、内部划分、边界、流线、视线、聚焦点和竖向变化的含义，以及每个元素对质量的影响和空间的使用。

概述

在了解客户和基地两方面的情况之后，设计师就拥有了这两方面的资料。第一方面的资料来自和客户的会面，并将客户对于空间元素的需求和期望做成书面表格。第二方面的资料就是标在一张基地详图副本上的基地现状分析和现状清单。在研究和准备阶段的最后一步就是要把这两方面资料相结合，来制订出设计任务书。

准备阶段完成之后，景观设计师就可以开始设计了。首先要进行功能图解，将书面的设计计划内容同具体的基地条件有效地联系起来。这一章讨论的是功能图解的定义、目的及其在设计过程中的意义，以及如何应用功能图解提升设计质量。

功能图解的定义与目的

功能图解是一种快速、手绘的图形，它是一种使用气泡符号的语言，以图形方式描述元素在场地之间的彼此位置。功能图解通常在基地详图上绘制，尽管有时创建初始图而不直接引用场地。很多设计师以此在客户面前探索早期设计理念的灵感。

功能图解的目的是探索一个广泛的概念，拟议设计的布局。功能图解以一种整体的方式研究方案预算、循环、视线、筛选、特征元素、种植区域等所需的位置。他们建立了设计的整体组织结构，就像做书面报告的大纲。功能图解是设计的基础，是设计过程后期持续的内容。

功能图解的重要性

功能图解对整个设计很关键：①为最终方案奠定一个正确的功能基础；②使设计师能够在宏观层面上对设计进行思考；③使设计师能够构想出多个方案并探讨其可能性；④使设计师不只是停留在构思阶段，而是继续迈进。

建立一个正确的功能分区

一个经过审慎考虑的功能图解将使后续的设计过程得心应手，所以它的重要性不管怎么强调都不过分。这个时期做出的决定将会一直贯穿在接下来的设计中。如果不对，那么在后几个阶段问题就会接二连三地冒出来。请记住：设计的外观包括形式、材料和图案都不能解决功能上的缺陷，所以设计一开始就要有一个正确的功能分区。

保持宏观思考

原始底图的特征是统一的。设计师在关注特定的外观之前认为这是“重点”。没有经验的设计师最常见的一个错误就是一拿到设计，就在平面上画很具体的形式和设计元素（图8-1），往往尽可能使设计看起来“真实”，例如：平台、露台、墙和种植区的边界线在功能考虑得还不是很充分的情况下就赋予了高度限定的形式；类似地，材料及其图案的位置和对应的功能还没敲定，就画得过细。像这样太早关注过多的细节，会使设计师忽略一些潜在的功能关系。

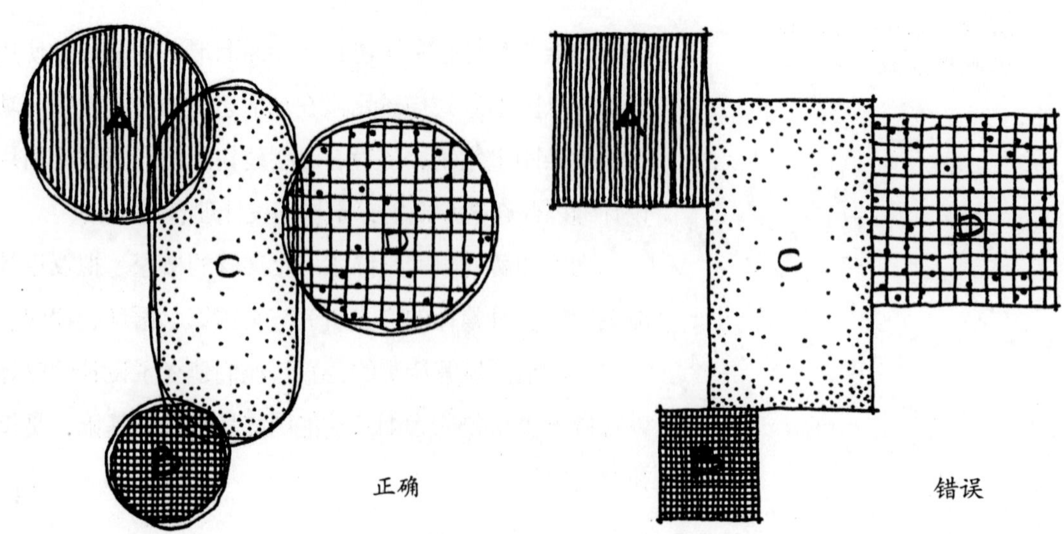

图8-1 功能图解中的空间应该用徒手勾出气泡形式来表达，而不用画其具体形式

为什么要先总体考虑后再关注细节？其原因就是时间问题。因为在设计过程中改动是不可避免的，太早确定细节而后再更改，将会造成时间上的浪费。平面越详细，设计更改时重画一张平面就越费时。当然，在每个设计阶段都会有变更，但是在初始阶段，如果用功能图解的图形语言合适地组织总体功能的话，改动起来就十分迅速，耗费的精力也相应地较少。

研究备选方案

功能图解可以是多种多样的，因为图形语言是快速的、流畅的、自发的。许多备选方案在短时间内进行研究，可以激发设计师的创造力和新颖性。

超越先人之见

对于设计师来说，根据专家经验和心理意象观点来设计构思是很常见的。其中一些想法是特定的，其他的则更为普遍。其他先有的想法若很生动，能够使解决方案很容易想象出来。对设计师而言这种见解是令人兴奋的，但应该谨慎处理，以免抑制设计师的创造力。但先有的想法往往成为被唯一考虑的。不过应该记住，先入为主的想法只是第一种解决办法。虽然第一个想法可能是好的，但设计师永远不会知道它是否是最好的，除非其他想法都被探究。一个设计师不应该只接受第一个想法而不考虑其他的选择，因为功能图解允许对洞察力的自发探索，允许设计师更容易地超越第一个想法。

概念图和功能图

在设计过程中使用了两种类型的图：概念图和功能图。每种类型的目的、图形特征和内容如图8-2所示。其设计目的是建立游泳池和园林区之间的户外生活区，这是设计的核心。功能图是从概念图演变而来的，在本质上稍微更具体些（图8-2右图）。这个序列通常是无缝连接的，不需要设计师对绘制的图表类型给出过多的考虑。当设计师更多地考虑设计时，概念图会顺利地发展成功能图。

概念图

概念图是设计阶段的第一步，是设计师第一次绘制的设计图。概念图的目的是研究设计的全面布局，并探索组织主要设计元素的其他方法。正如“概念”这个名称所暗示的，这个图旨在探索设计的大思想、远景或宽

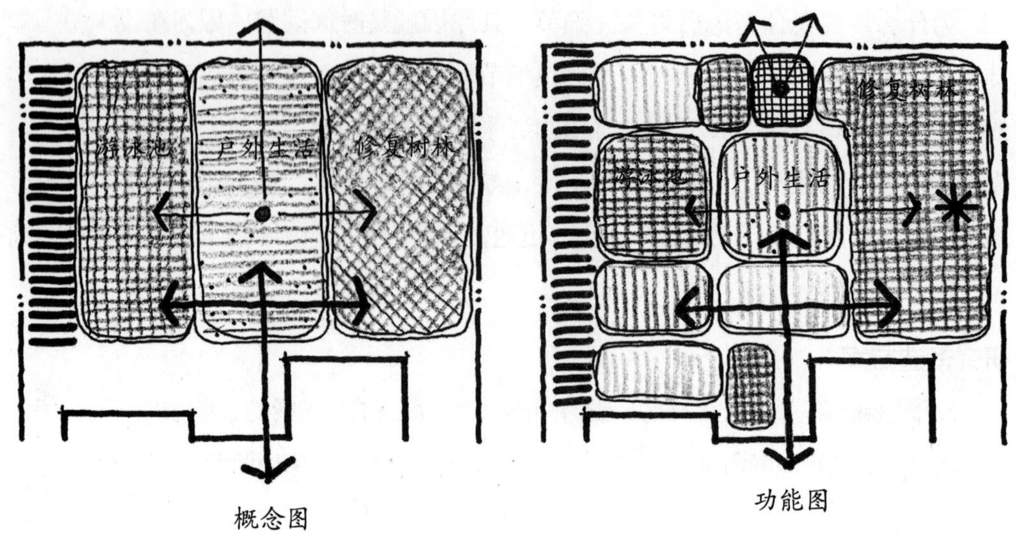

图8-2 概念图和功能图的比较（彩图见插页）

泛的方法。设计师对最重要的空间和元素放在何处、它们是如何相互联系的以及场地和房屋的关系进行了试验决策。在设计过程的这一点上，设计师只关注大局，而不涉及任何形式、材料或小元素的细节。

查看一个空白的场地并做出新的设计决策有时是设计过程中最困难的一步，尤其是对新设计师而言。如果没有明确的前进方向，或是意识到任何事情都是可能的，那是令人担忧的。概念图的优点在于它们允许尝试和错误，能够在发现缺陷时重新快速绘制一个新的和更好的想法。设计师不应该担心在这一步的设计过程中犯错误。在这个概念阶段，画出不完美或完全不完善的想法是很常见的。相对地试图把所有的东西都画出来，这是一种更好的方法。

概念图是徒手画出气泡、线条、阴影和“图形符号”，呈自由绘制性的（图8-3）。图形风格是快速、流动，往往是不精细的粗线条。其目的不是

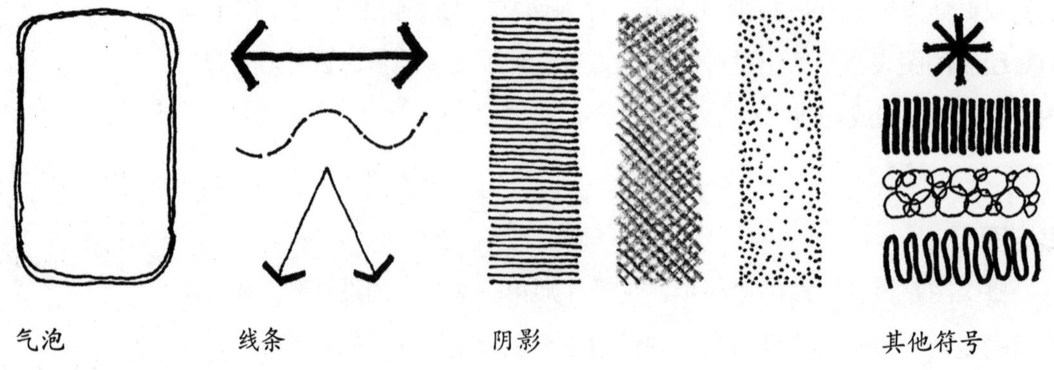

图8-3 绘图符号中使用的图形符号

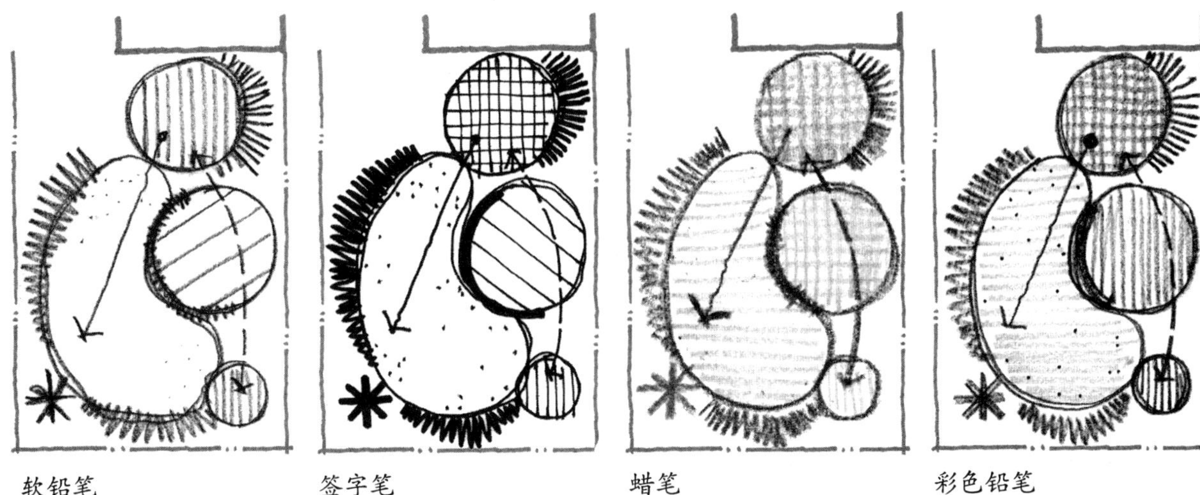

图8-4 绘制概念图的工具（彩图见插页）

画一幅“漂亮的图画”，而是快速研究不同的布局方案，概念图是创造性的思维，帮助设计师构思，并且不与客户共享，尽管它们可以在需要时使用。

概念图可以用不同的工具绘制，传统的方法是用铅笔在描图纸上画图。推荐使用软铅笔，这样可以毫不费力地绘制线条，设计师也可以使用彩色铅笔、签字笔、蜡笔或其他多种工具（图8-4）。所有这些工具的使用，会产生粗略的线条图稿，这不仅是可以接受的，而且是实际需要的。

概念图还可以用电脑绘图程序如土坯插画和速写软件等绘制。图8-5所示概念图被画在平板电脑上（见图8-41）。同样，概念图可以用PS图像处理软件和其他与计算机相连的绘图程序绘制。这些图形程序类似于设计师用铅笔徒手绘制图纸的方式。CAD和其他绘图程序不应用于生成图形，因

图8-5 在iPad上绘制的概念图（彩图见插页）

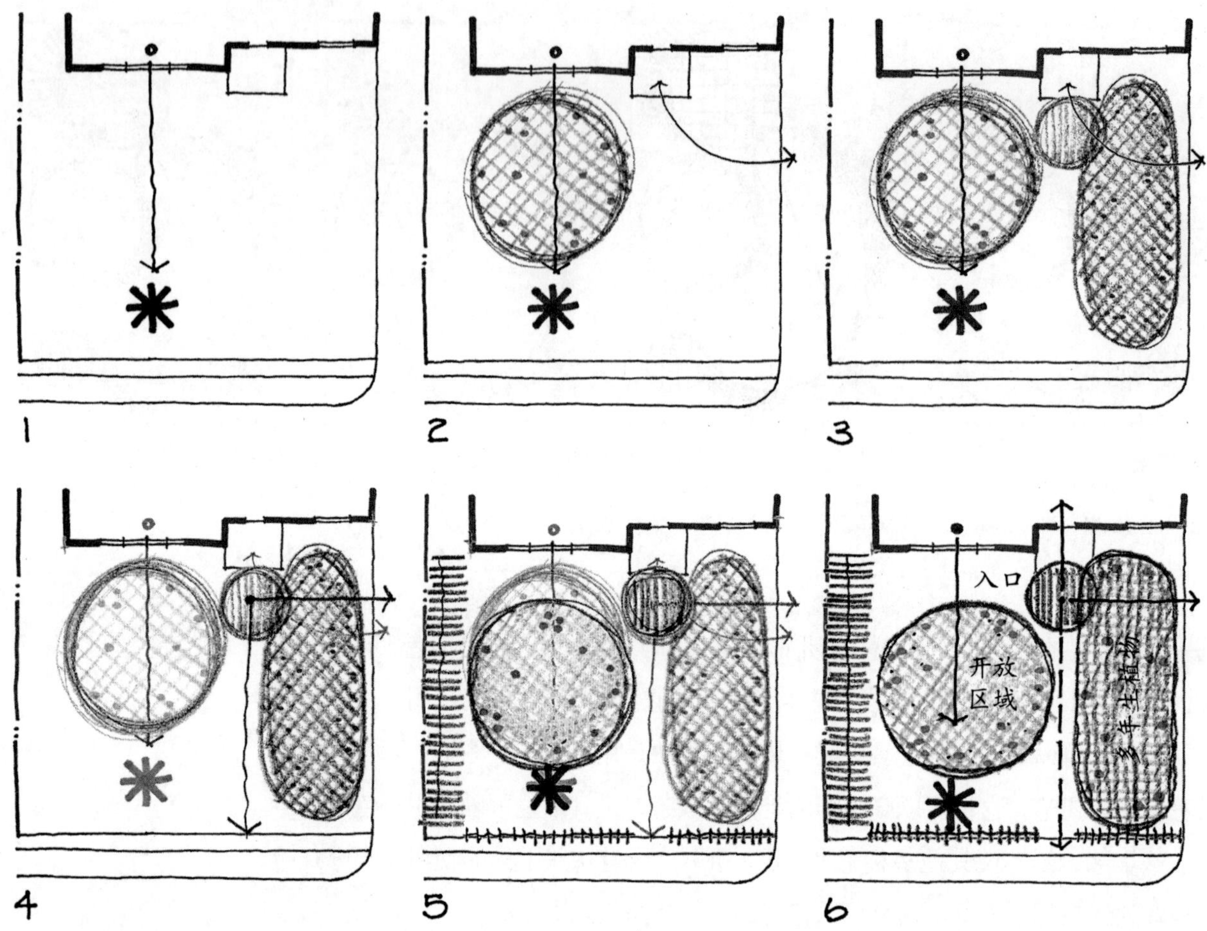

图8-6 绘制概念图连续步骤示例
（彩图见插页）

为它们是相对固定的向量，不支持流畅的绘图风格。

无论采用什么绘图方式，概念图通常使用图8-6中所示的图层来表示。在这里，一个概念图绘制了一个前院花园与底部的街道和右边的车道。第一步是在这个例子中绘制设计的基础元素，在这种情况下，主要目的是在房屋的前窗提供一个直接视角的焦点（1）。其次，绘制一个泡泡图，代表一个开放区域，在前面的院子里，箭头勾画在车道和前门之间（2）。绘制一个带有红色阴影的泡泡图，建议在户外花园中添加一个扩大的户外休息空间和一个绿色的泡泡图（3）。然后在初始图纸添加一个新的图层，并画出箭头来表示对进入前门的修改思路（4）。此外，主要开放区域从房屋移开，并添加筛选，从邻居和部分街道处封闭花园（5）。最后，添加另一层来产生最终的概念，对先前的层次进行图形细化（6）。每一层都是下一步的升级，让设计师有机会发现和（或）改变概念。一个好的概念通常是分阶段发展的，很少能在一个步骤中画出来，而且随着概念的细化，最初的想法很容易发生变化。

建议以比功能图和随后的平面图更小的比例绘制概念图。比例越小越好，因为一个小比例的图（图8-7）可以让设计师将整个项目区作为一个整体考虑，只考虑组织，并避免去纠结不必要的细节。此外，小绘图尺度便于快速绘制，激发自身思考，并鼓励创造其他方案。

概念图通常考虑到设计区位概况、近似大小、估计最重要空间和设计元素的比例。此外，概念图也可以检查和筛选主要的环路、视线。其中，区位概况是最重要的，因为设计师可以使用概念图作为一种方法来测试视觉上不同的空间位置。所有这些因素都在功能图中再次研究，但需要更多的思考和细节。下面是对这些因素的更深入的讨论。

功能图

功能图与概念图非常相似，但它更详细，功能图是直接从概念图演化而来的。在探索了一些可选的概念图之后，设计师通常选择一个或两个最好的项目组来满足客户的目标，并解决基地上存在的任何问题，且能够表达创造力，在这个基础上创建功能图。

功能图是在概念图的基础上创建一个新的绘图层（图8-8左图）。如果概念图画得像前面讨论的那么小，那么功能图可能要与概念图相同或放大到

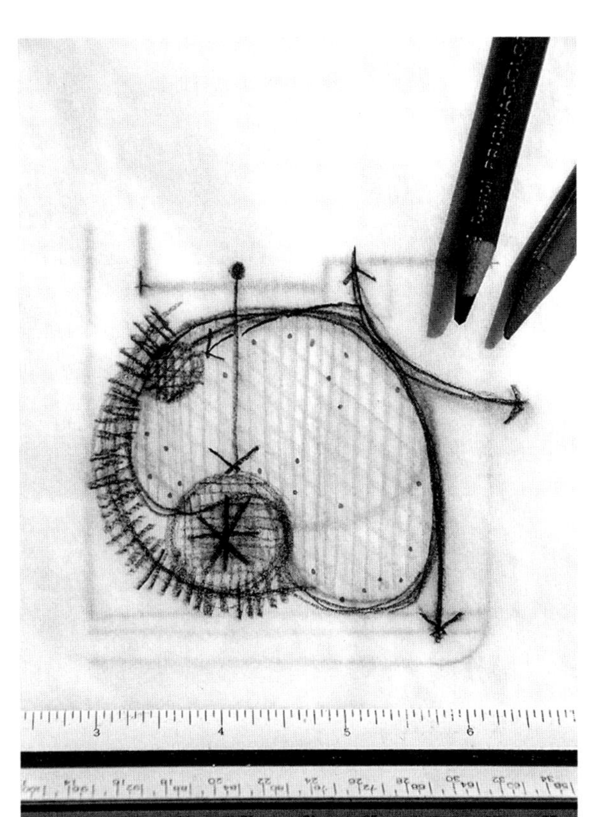

图8-7 概念图是在相对较小的范围内绘制的（彩图见插页）

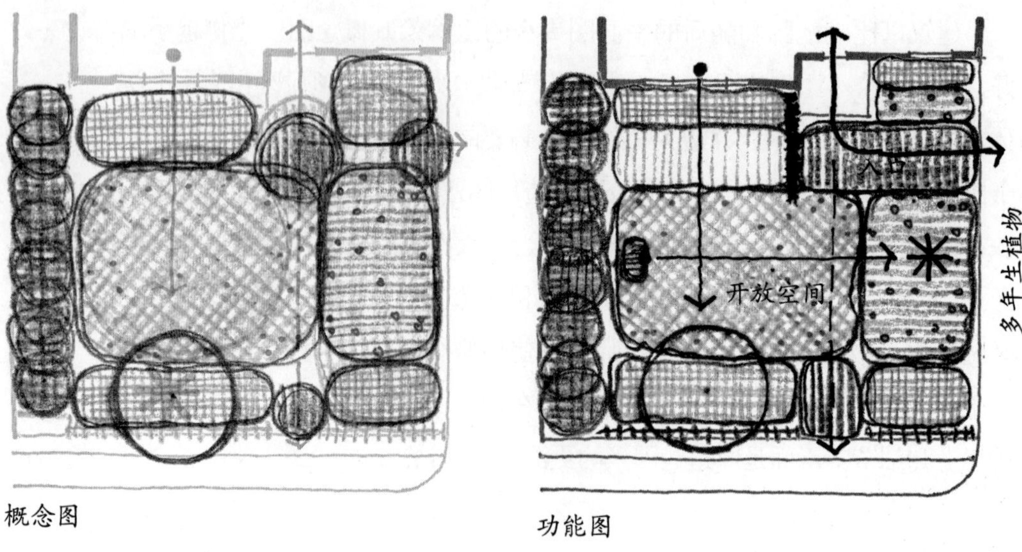

图8-8 功能图直接从概念图演变而来，变得更加详细（彩图见插页）

更大的规模。随着功能图的进行，添加了概念图中未显示的大小或不重要的空间和元素。例如，种植区域、种植树木位置、墙壁、栅栏、休息区等，功能图都增加了设计过程中所有的空间和元素（图8-8右图，与图8-6进行比较）。尽管功能图更详细，但它仍然以与概念图相同的图形样式来绘制。

设计师继续绘制图层，每一个后续的图层都比前一个图层更为精细。此外，人们会考虑其他的想法来解决不容易设计领域的问题或者在出现新的想法时试用一下新的设计。设计师应该使设计不断完善。

功能图描述了随后列出的因素。尽管在概念图中考虑了其中一些因素，如大小、位置、比例和轮廓，但是功能图更深入地考虑了这些因素在设计组织中的作用。

- 大小
- 位置
- 比例
- 轮廓配置
- 内部划分
- 边界
- 流线
- 视线
- 聚焦点
- 竖向变化

下面的段落将分别讨论这些因素，但在实践中，它们往往是结合起来考虑的。

表8-1 功能的尺寸要求

1. 单人站立：5平方英尺
2. 人们站着交谈：每人8平方英尺
3. 坐憩区
   a. 一把铝制草坪椅：2英尺×2英尺
   b. 一把带坐垫的木板椅：2英尺6英寸×2英尺6英寸
   c. 两把椅子

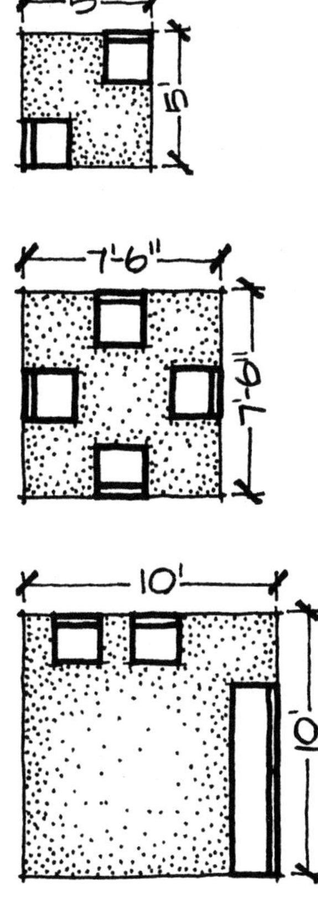

四把椅子

两把椅子和一把长沙发

   d. 凳子：坐深：18英寸
      坐长：2英尺6英寸/人
   e. 交谈区板凳布置
      亲密型

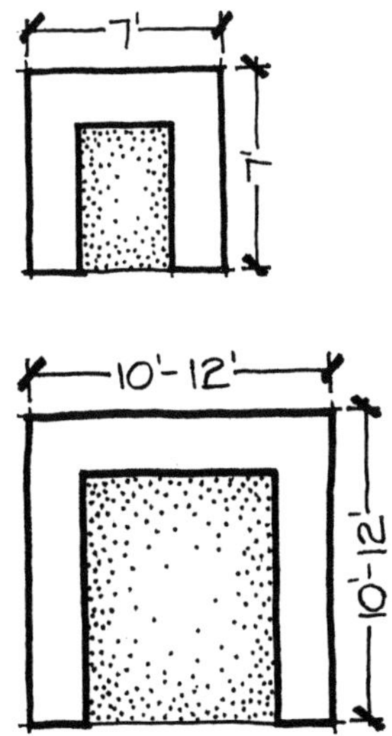

群体型

   f. 一把铝制休闲椅（用作日光浴或座椅）：2英尺×6英尺

续表

g. 一组休闲椅（两把休闲椅一组）

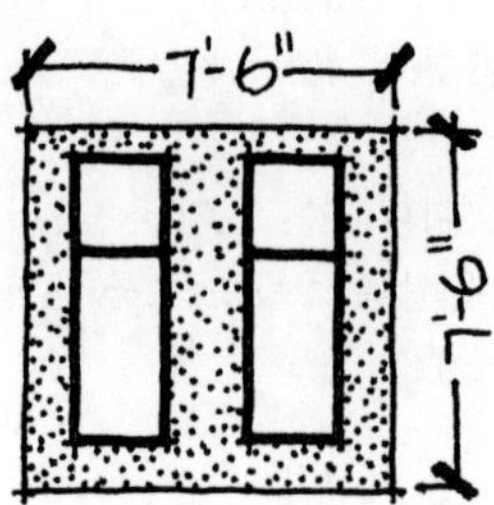

三把休闲椅和咖啡桌一组

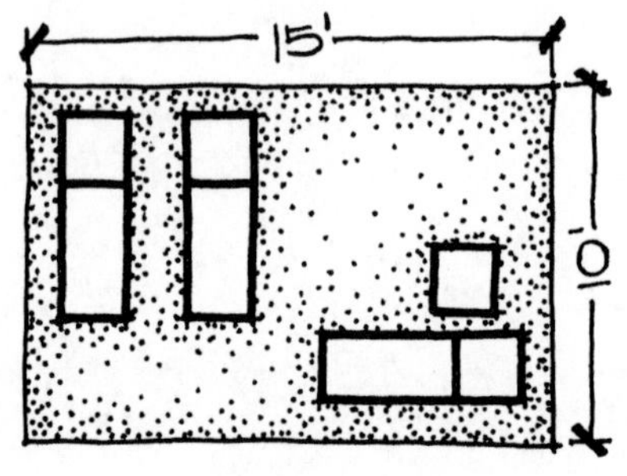

4. 就餐区

a. 双人式

一把椅子：2英尺×2英尺

双人桌：2英尺×2英尺

需要最小区域：2英尺6英寸×5英尺

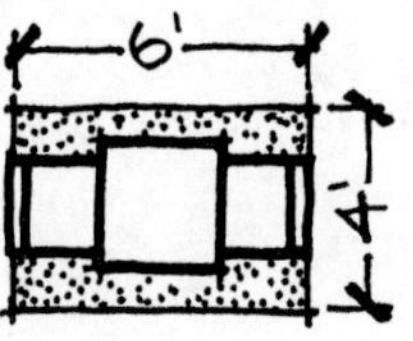

b. 四人式

一把椅子：2英尺×2英尺

桌子：2英尺6英寸×2英尺6英寸

需要最小区域：6英尺×6英尺

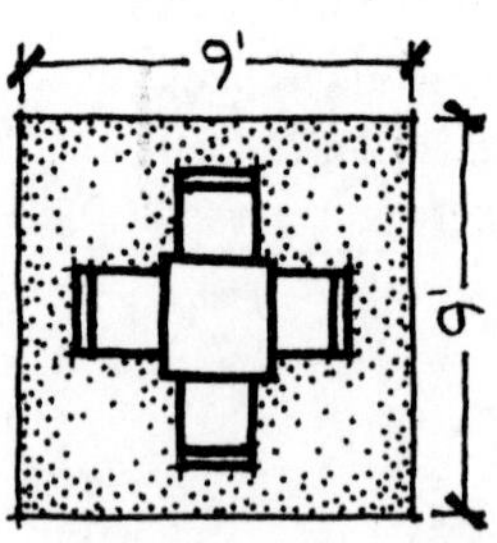

c. 六人式

长凳：1英尺×5英尺

桌子：2英尺6英寸×5英尺

需要最小区域：5英尺×6英尺

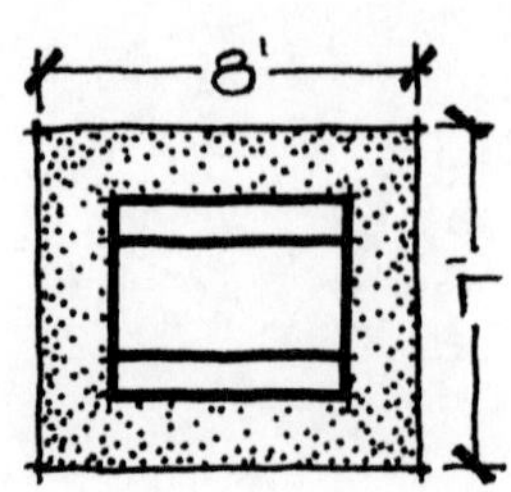

续表

d. 八人式
一把椅子：1英尺×5英尺
一张桌子：2英尺6英寸×5英尺
需要的最小区域：5英尺×6～7英尺

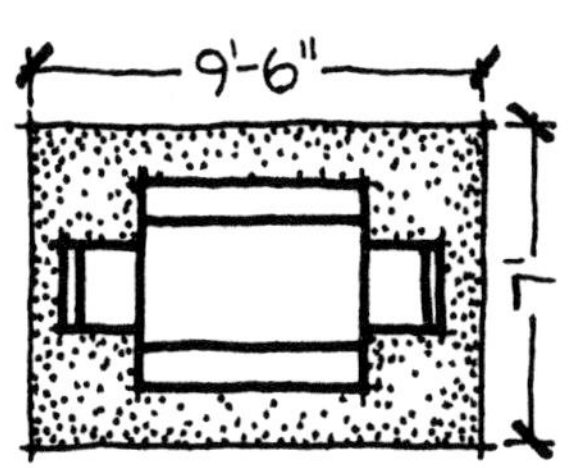

5. 备餐和厨房区
a. 烤架：2英尺×2英尺
b. 柜子的顶面：2英尺×4英尺
c. 总共所需大小：20平方英尺

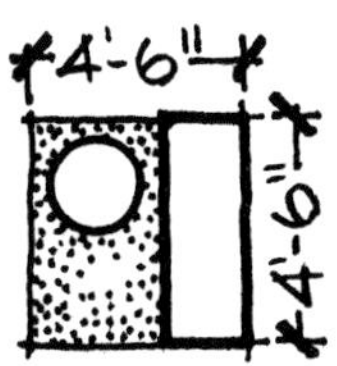

6. 休闲区
a. 羽毛球场（双人）：17英尺×39英尺（比赛使用边界）
20英尺×44英尺（整个区域）
b. 草地棒球游戏：38英尺×85英尺（比赛使用场所）
50英尺×95英尺（整个区域）
c. 飞盘、棒球、足球：15英尺×40英尺
d. 马蹄铁：每40英尺，设一个桩
10英尺×50英尺（整个区域）
e. 网球（双人）：36英尺×78英尺（比赛使用边界）
60英尺×120英尺（整个区域）
f. 排球：30英尺×60英尺（比赛使用边界）
45英尺×80英尺（整个区域）
g. 后院篮球场最小：25英尺×25英尺
h. 半个篮球场：42英尺×40英尺
i. 游泳
平均游泳池大小：18英尺×36英尺（无平台）
24～36平方英尺/人
标准泳道池：10英尺×60英尺
温泉浴池/漩水浴缸：5英尺×5英尺
j. 沙坑：4英尺×4英尺
k. 秋千：10英尺×15英尺
7. 贮藏
a. 垃圾箱直径：2英尺
b. 两个垃圾箱：2英尺×6英尺
c. 储存柜：4英尺×4英尺×8英尺
8. 停车
一个停车位：9英尺×18英尺

大小

在勾画功能图解之前，设计师应该清楚设计中各空间和元素的大概尺寸。某些时候，这些信息在任务书中就已经包括了。而如果任务书中没有提及，就可以查一些参考书，以明确在住宅基地上某种典型的功能需要多大的尺寸。表 8-1 给出了常见的标准尺寸，当然，可以根据特定条件的特定要求加以调整。

在确定了必要的大小之后，将任务书中的每个空间和元素画在一张白纸上。每个内容都必须使用与基地设计条件图一致的比例，按其大致的尺寸及比例用徒手绘制的“泡泡”图表示。有时仅用数字来描述空间的大小很难让人确切理解它在基地中的实际大小。例如“100 平方英尺”的一块区域的大小并不能让人很明了。只有当这块区域按给定的比例以“泡泡”图的形式表现时，设计师才能较清楚地看到它占据了平面中的多大地方（图8-9）。

按比例勾画出各空间和要素之后，设计师就会更清楚哪些功能应该放在基地中的什么位置。例如，设计师面对任务书中的大空间，就需要在基地中找到大面积的空地。同时，设计师也可以看出是不是任务书中的所有空间和要素都能够放在基地中。有时有些空间或元素在基地中找不到相应的区域，这时就需要同客户协商对设计任务书进行变更。

位置

概念图中研究了主要空间和设计元素的大致位置，功能图细化了这些元素的位置，增加了在概念图中没有考虑的元素位置。在研究位置时，设计师需要了解功能关系、可用空间和现有的场地条件。

功能关系。基地中的每个空间和元素的位置都应该与相邻的空间和元素有良好的功能关系。例如，设计师可能会问，起居/娱乐区应放在哪里？能靠近游戏区吗？或者靠近室外就餐区？如果在这里放上一个室外起居/娱

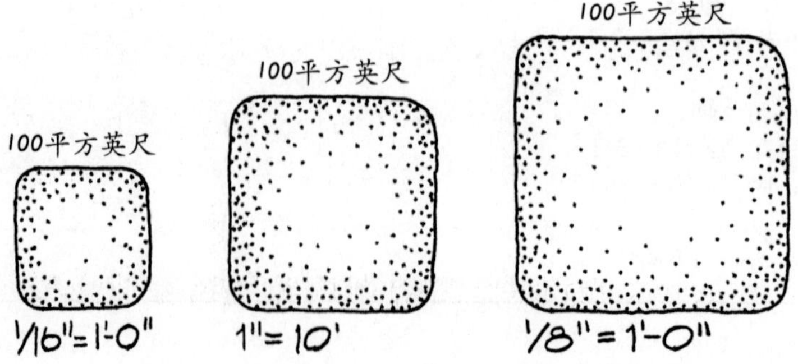

图8-9 当空间以给定比例绘出时，设计师能够对空间的大小一目了然

乐区，那么它的西边又该是什么功能区呢？此外，有关室内外关系的问题也会被问及，例如，室外就餐区设在什么位置能与厨房紧密联系呢？

当然，那些必须协同工作或相互依赖较强的功能应该紧挨着设置，而那些不相兼容的功能应当分开设置。对有些空间和元素的功能关系很容易作出判断，而另外一些则需要仔细研究方能作出决定。

可获得的空间。在哪儿放置空间和元素还取决于基地中可获得空间的大小。每个空间和元素都必须与它在基地中所选的位置大小吻合。当一个空间相对于基地中的某块特定区域而言太大时，问题就出现了。这种情况就需要重新组织功能图解，减小空间或元素的大小，或是从设计中删减某些空间或元素。

现有基地条件。每个空间和元素在放置到基地的过程中都应该恰当地联系现有基地状况和基地分析。例如：室外的起居和休闲空间最理想的位置是有部分遮阴、景色优美，可方便进出室内的地方。而菜园应布置在有排水井、土壤肥沃、阳光充足且靠近水源的地方。对于其他的一些空间来说，理想的基地条件又有所不同。为了明确各自要求的理想条件，设计师可以对基地中将要设置的各个空间和要素列一个理想基地条件表。

在明确了每个空间或元素所要求的基地条件之后，设计师就可以把空间和元素放在条件理想的基地中去。理论上讲这很简单，实际操作中也往往如此，但也有基地部分或所有条件都不尽如人意的时候。例如，室外的起居和休闲空间在基地中找不到有部分遮阴、有吸引力的景观以及可以直接进入室内的地方，这种情况下，设计师应在不损害基地和空间功能的前提下试着把空间和元素尽可能放在理想的地方。或者设计师也可以提议修整现有基地为空间或元素提供合适的条件。例如，如果室外的起居和娱乐区没有可遮阴的树或吸引人的景观时，可以把这些条件加入到基地中。

比例

画功能图解时需考虑的另一个因素就是比例。室外空间的比例是指长与宽之间的相对关系。新手往往用简单的“泡泡”图来表示各个空间（图8-10）。这种图解使室外空间就好像一栋每个房间都是正方形的建筑一样，显然这种图解并不太合适。

每个室外空间的比例都需要特别考虑这个空间的用途，拟定的用途变化了，其比例也会跟着变化。总的来说，空间既可以是等比例平面，也可以是不等比例平面。

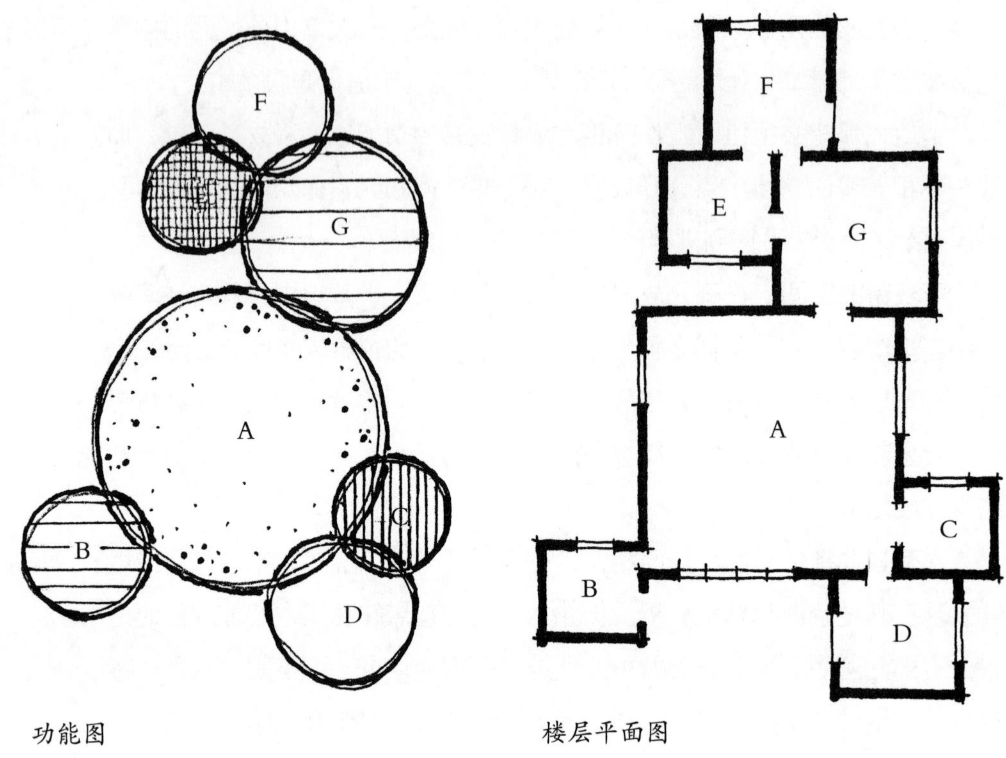

图8-10 一个所有空间全用圆表示的图解与一个所有房间都为正方形的建筑相似

等比例平面。等比例平面的空间是指长和宽大致一样长的空间（图8-11）。这样的空间缺乏方向性，因而适于贮藏、停留或是聚集。当基地中有适当的围合时，等比例平面的空间具有一种向心力（图8-12），这种空间适合一群人坐下来交谈。另外，等比例平面还适宜于人们进出房屋都要停留的外部入口门厅（图8-13）。

不等比例平面。不等比例平面的空间（图8-14）指的是长大于宽或宽大于长的空间。具有这种比例的室外空间由于它们又长又窄的性质，因而像建筑内部的走廊一样能够暗示出人的运动（图8-15）。长而闭合的空间在景观设计中也可用于指向其端点处的景观（图8-16）。不等比例平面的空间尽管适合作为流动空间，但却不适于作为集聚空间，因为人流的大量聚集会阻塞空间的通畅。狭长的空间很难摆设家具用作谈话空间，这样的布局看起来更像一辆地铁机车（图8-17左图）。而图8-17右图所示的布局，当人们面对面坐着时，交谈起来会更容易。但是，长空间（如门廊或阳台）还是很适于面向外部景观摆设某些亮点家具的（图8-18）。

轮廓配置

轮廓是指一个空间的总体形状。例如，空间的外形可以是简单的、

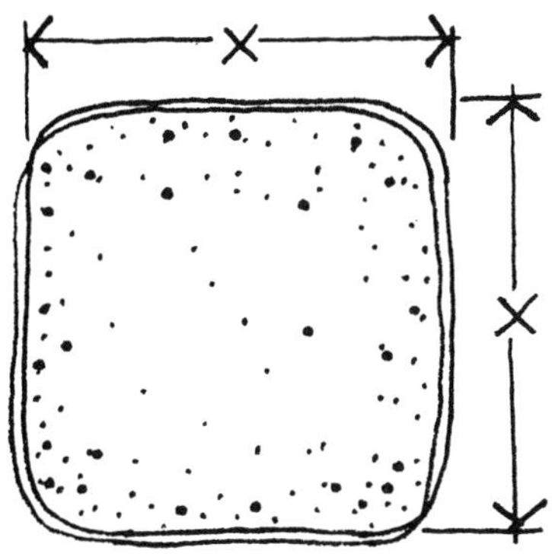

图8-11　等比例平面的空间中，长和宽大致相等

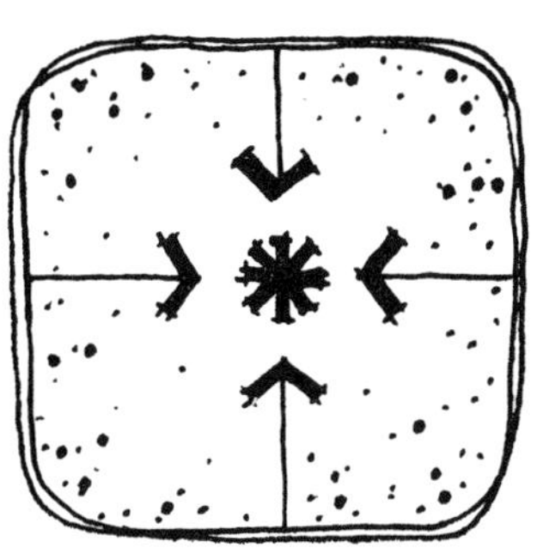

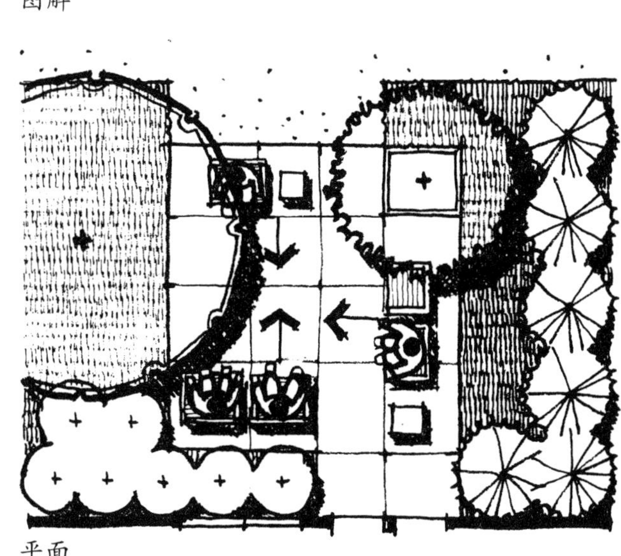

图8-12　等比例平面的空间有一种向心力，有助于交流

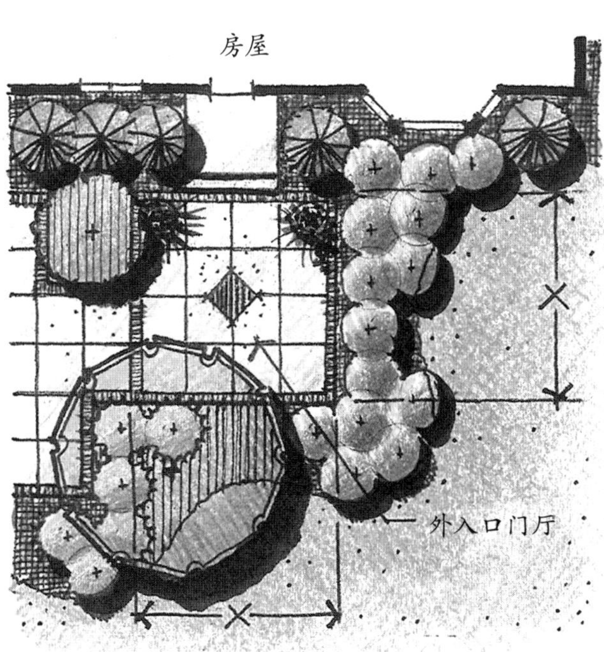

图8-13　室外入口门厅可以运用等比例平面以暗示人们停留并聚集（彩图见插页）

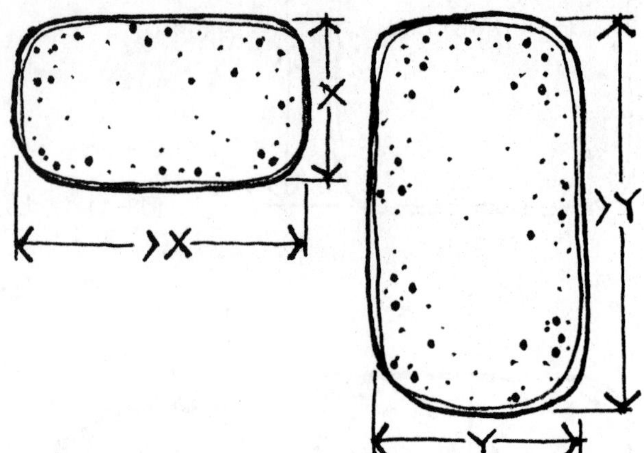

图8-14 不等比例平面的空间，长和宽不一样

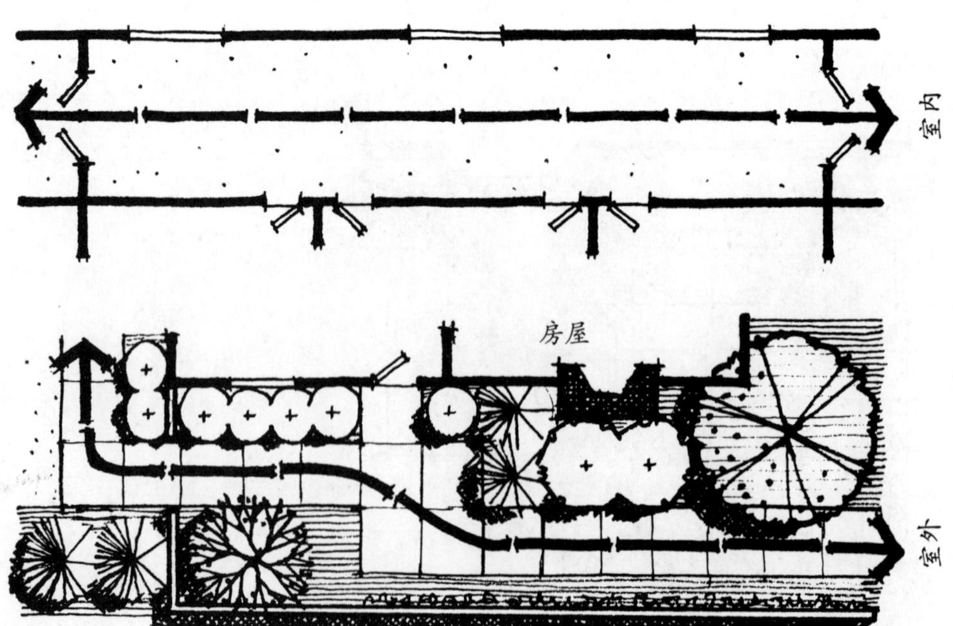

图8-15 不等比例的空间像走廊一样暗示出流动性

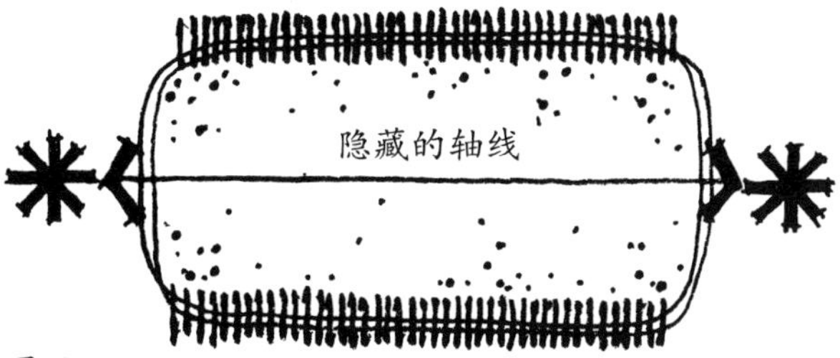

隐藏的轴线

图示

平面

透视

图8-16 不等比例平面的空间当两边围合的时候，往往会将注意力集中到它的一端

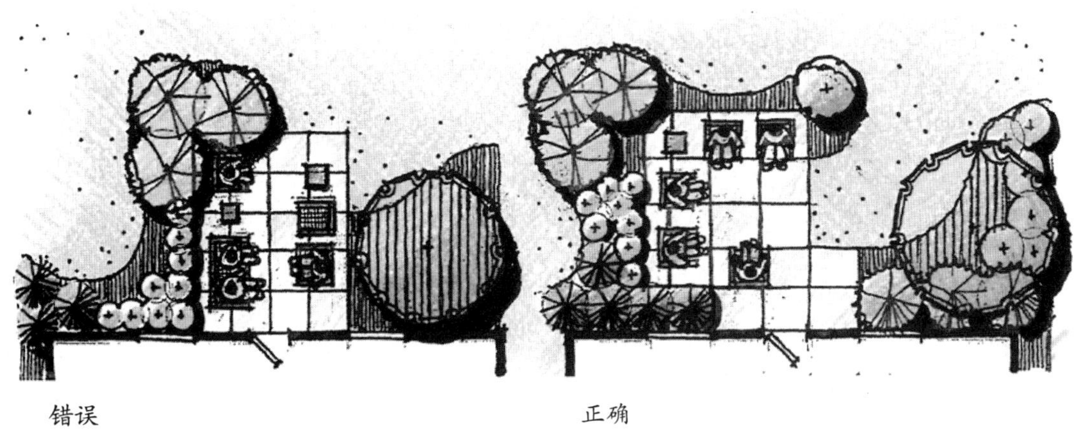

图8-17 空间的平面比例决定了它是否能作为集聚、谈话的空间（彩图见插页）

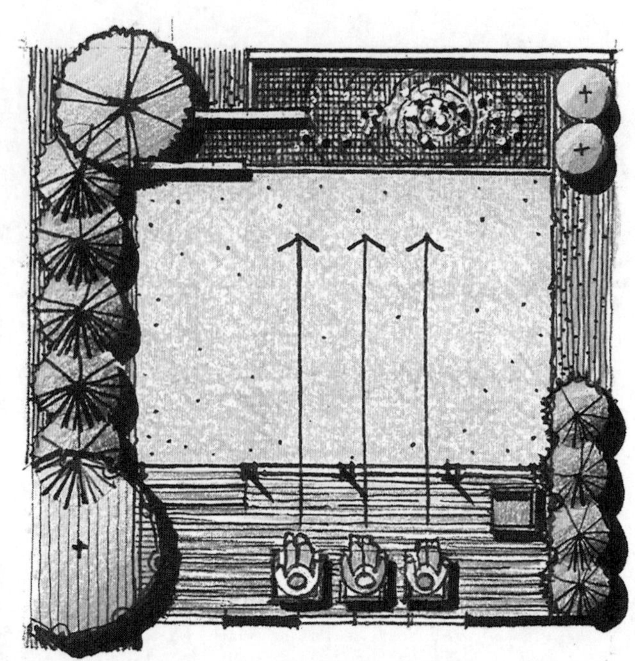

图8-18 不等比例平面的空间使家具的布置直接面向外部景观（彩图见插页）

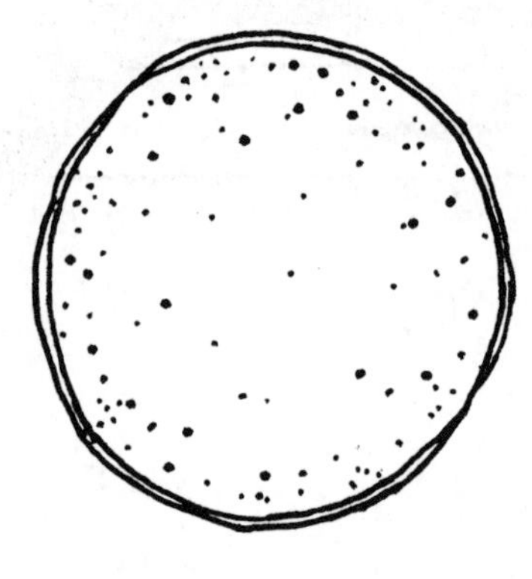

图解

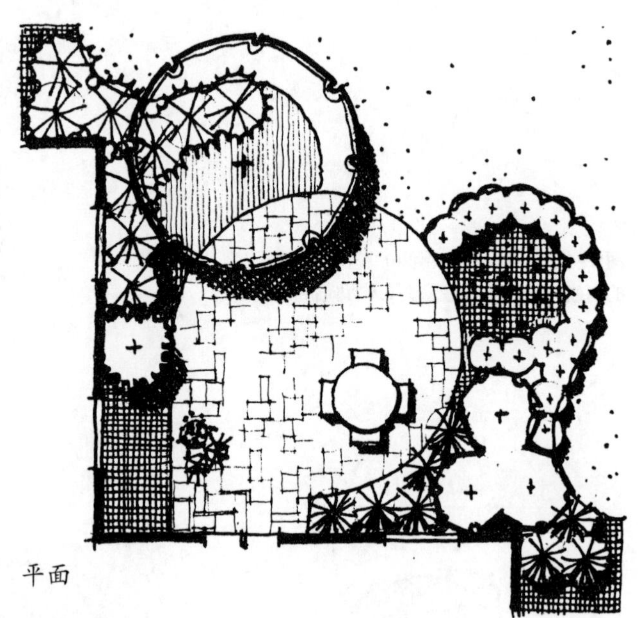

平面

图8-19 一个配置简单的空间有很强的统一感

“L”形的或是复杂的。但是，轮廓配置并不是指一个空间的具体形式，不是指一个区域是否是圆的、方的、曲线形的或是尖角形的。轮廓配置和比例相近，也是一种对空间属性的概括，但是它与比例相比更为细致。下面将阐述几种基本的轮廓配置。

简单的轮廓配置。空间的大轮廓可以是种简单的轮廓配置（图8-19）。这种轮廓配置的空间有很强的统一感，因为整个区域很容易从任何一个地点被完整地看到。这种简单轮廓配置的空间适于作就餐区或室外门廊一类的聚集空间。

“L”**形轮廓配置**。顾名思义，这种轮廓配置的空间在中间弯曲了一下，形成一个拐角（图8−20），并且在“L”的两臂划分出两个较小的子空间，同时这两个子空间仍保持着连续的感觉。“L”形轮廓配置的空间能够产生一种悬念般的吸引力，因为从其中任何一个子空间都不可能完全看穿另一个子空间，人们不知道转角后面会藏着什么，因此会产生一种神秘感（图8−21 左图），“L”形内部的转角区是一个从“L”形内部所有位置都能轻易看见的关键部位，因此它是一个潜在的视觉焦点区（图8−21右图）。运用“L”形空间的例子有：图8−22 左图是一个旁边设有座椅区的主要的娱乐空间；图8−22 右图是一个木铺的平台，旁边设一个座椅区和一个观景区。

复杂的轮廓配置。室外空间的第三种可能配置是由一条充满变化的边界线组成的（图8−23）。这些边界的变化或是边线的“推和拉”，为它们

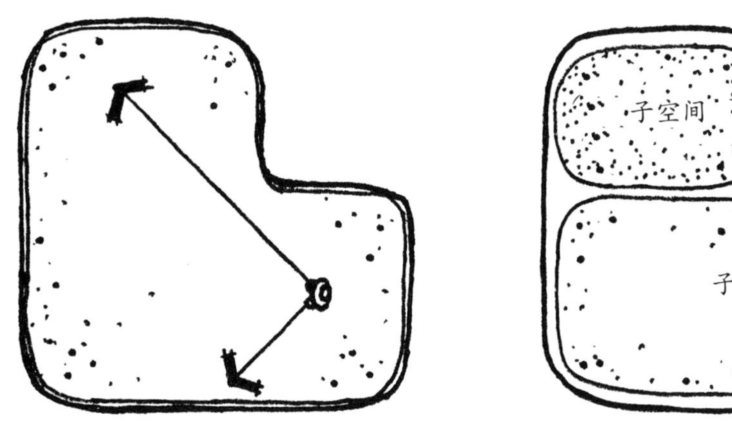

图8−20 “L”形轮廓配置的空间倾向于将自身分成两部分

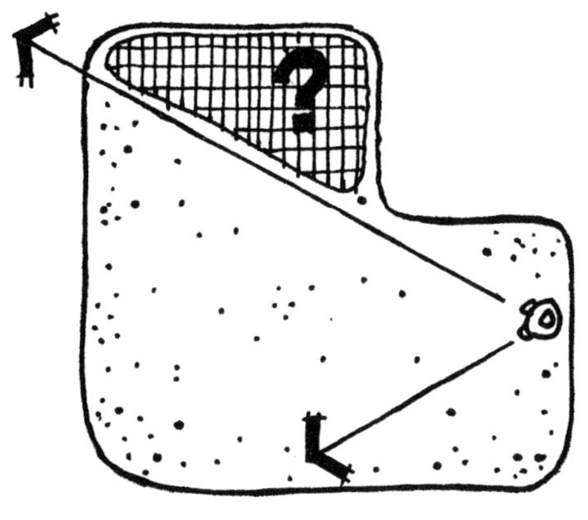

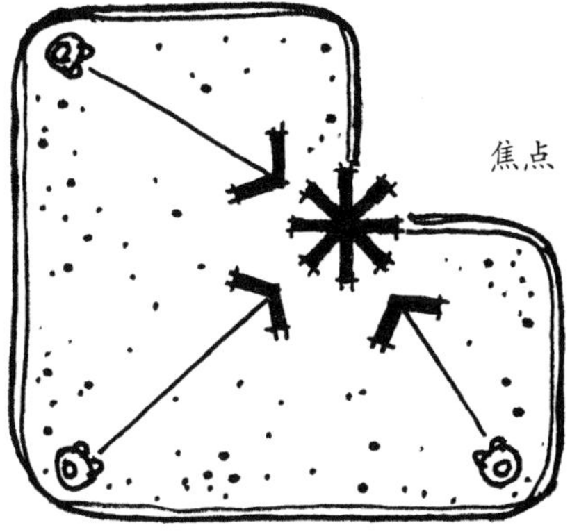

图8−21 “L”形轮廓配置的空间特征

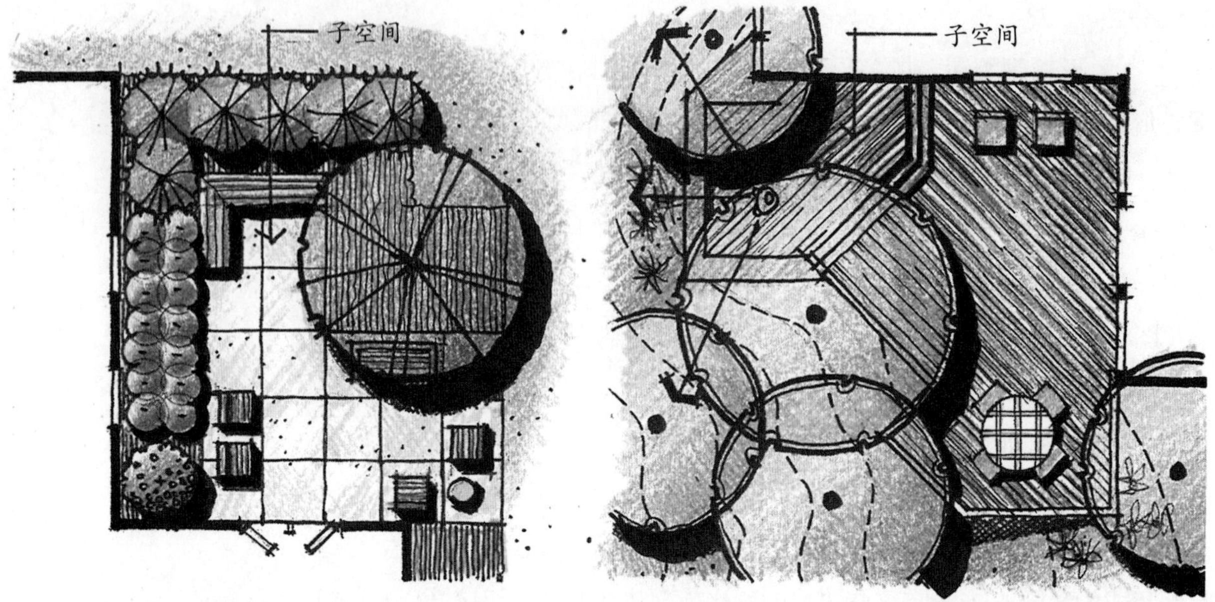

图8-22 L形轮廓配置空间的每一个角落都可以作为另一个大空间的子空间（彩图见插页）

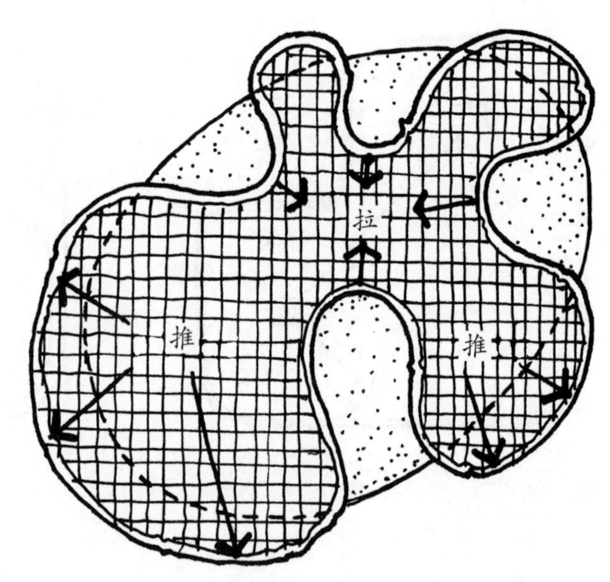

图8-23 复杂轮廓配置的空间的边线向外推或向内拉

所包围的空间增加了多样性。每一个向外“推”的边线都创造了一个小的子空间，而每一“拉”则将这些子空间分隔开。当室外休闲的空间有了这种变化后，围绕着中央空间的边缘将会产生一些可供小范围亲密人群活动的口袋空间（“外推”的空间），如图8-24所示。这种复杂轮廓配置的另一个例子见图8-25。中间的木铺平台为周围的景观提供了不同且独一无二的视点。

内部划分

画功能图解时另一个需重点考虑的因素是如何组织好每个空间的内部

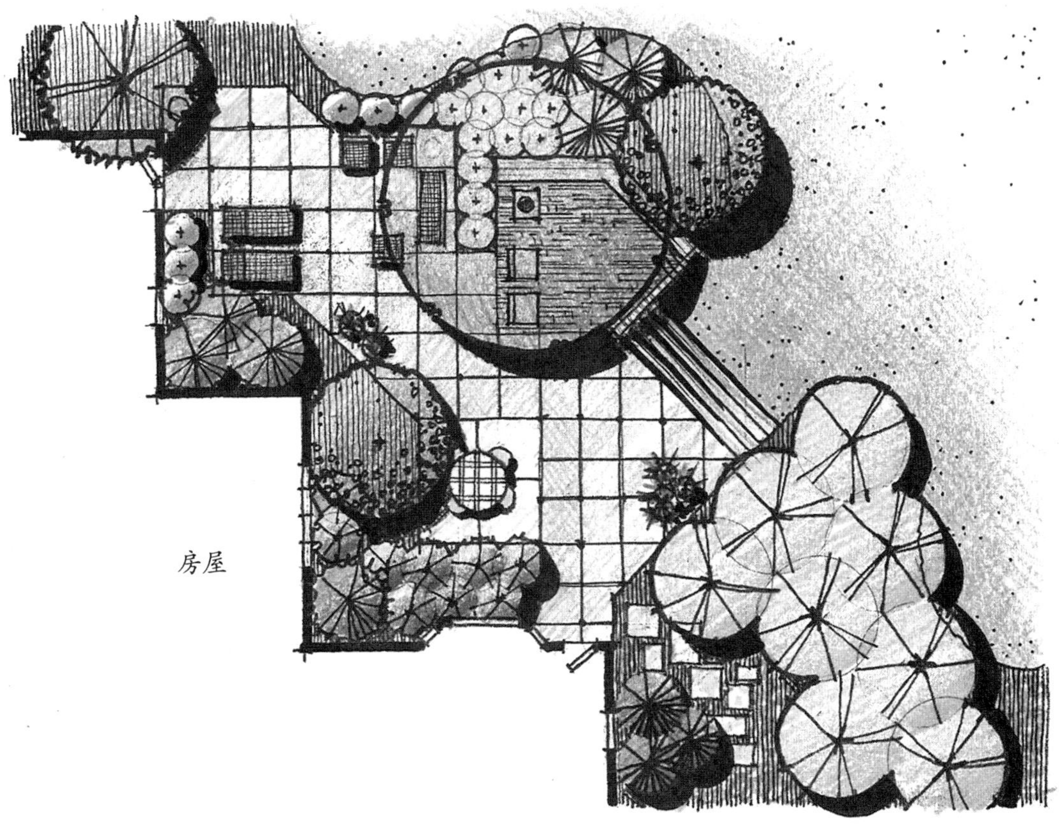

图8-24 复杂轮廓配置能够在中央空间的周边产生几个小空间（彩图见插页）

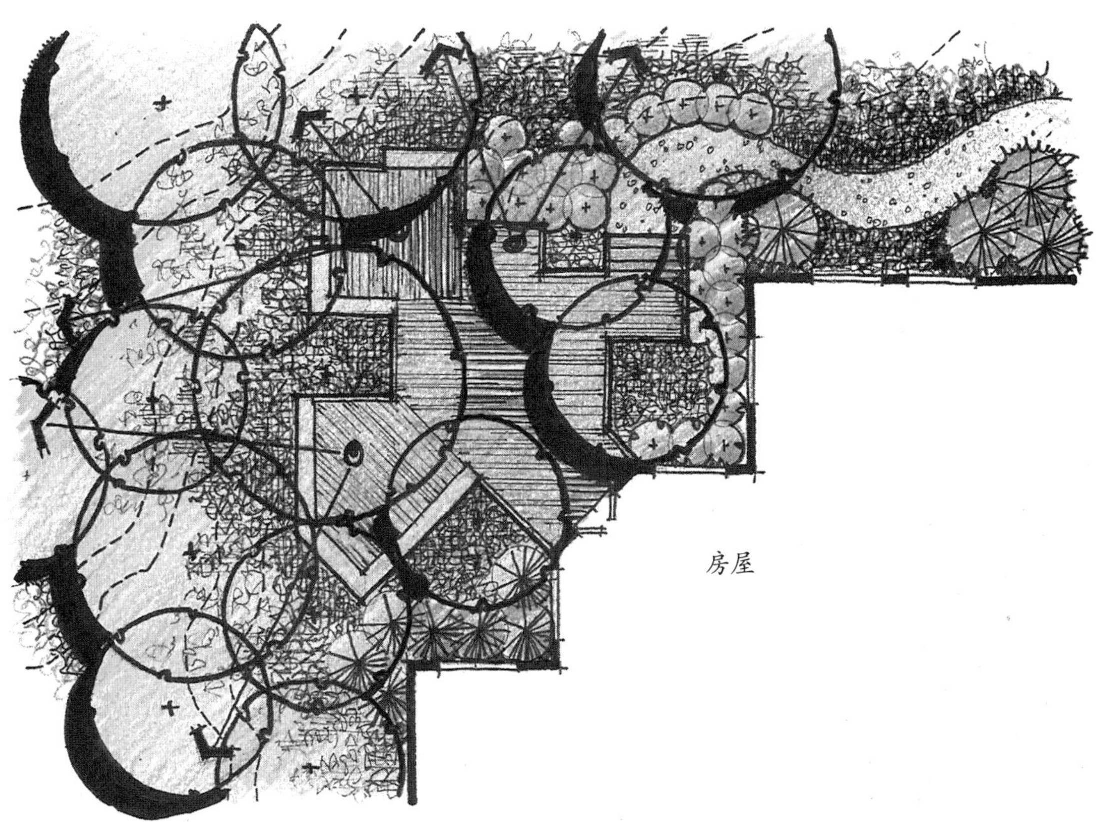

图8-25 复杂轮廓配置能够为周边的子空间提供直接面向周围景观的视线（彩图见插页）

结构。设计师在这个阶段有机会更清楚地理解每个空间的功能，如图8-26中室外起居和娱乐空间的内部组织就是将其划分为更为具体的功能区。在整个的起居和娱乐区中又分设谈话区（图解中的空间A）、安静的休息区（空间B），以及日光浴区（空间C）。对种植区也做了同样考虑，根据植物的大小和叶的类型可分成更为具体的种植类型区域（图8-27）。但是，灌木和其他一些小型的植物将在初步设计阶段涉及，故在此处不做介绍。

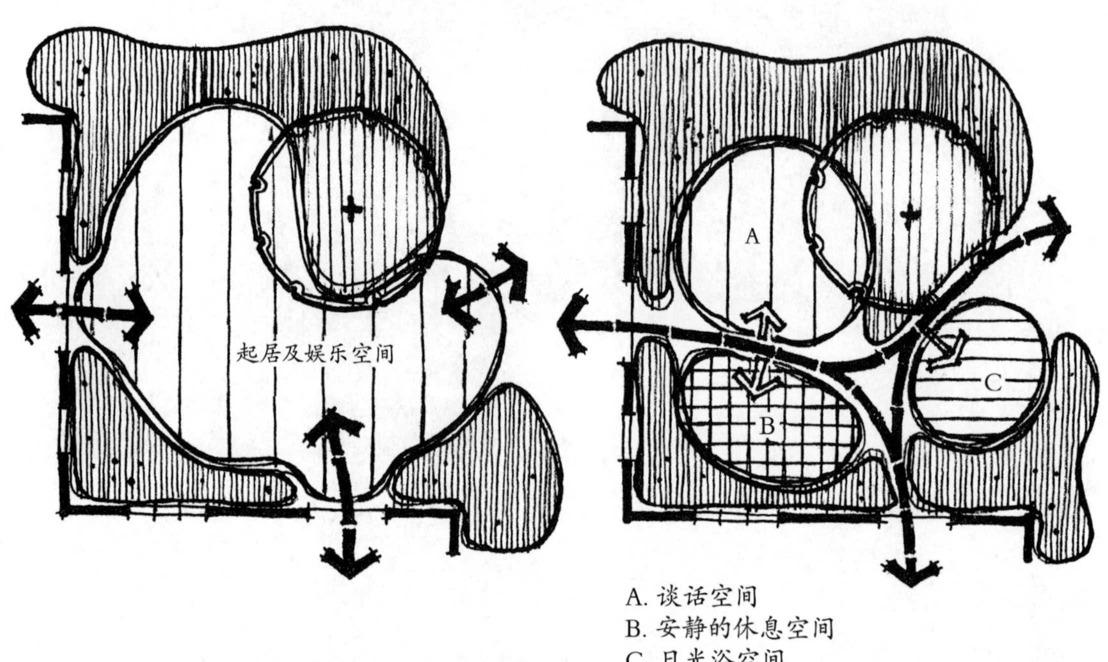

图8-26 功能图解中的空间可以细分为更为具体的功能

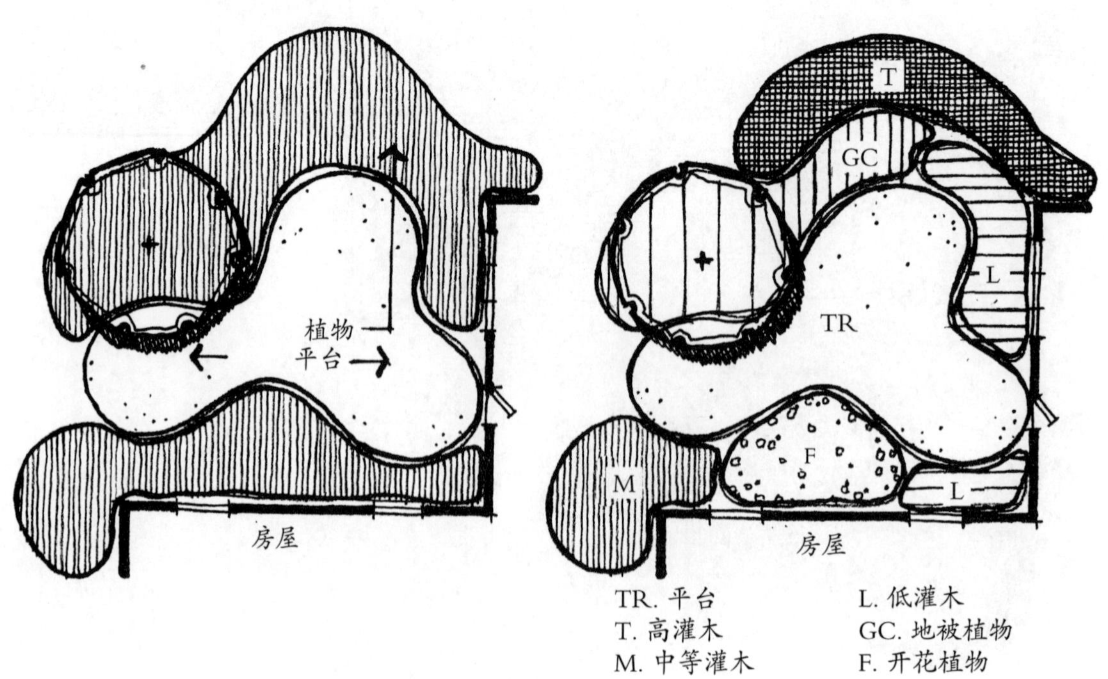

图8-27 功能图解中的种植区可以细分为更为具体的种植类型

图8-28 透明度的图例

边界

一个空间的外部边界的形成有几种不同的方式，可以用地面的不同材质进行限定，也可以用立面上的坡度或高差，种植的植物、墙、栅栏或是建筑进行界定。其中，边界的透明度不同，特性就不一样。因此，功能图解中“泡泡”图周围的轮廓线应详尽地表明其是否透明的特征。

透明度。透明度是指空间边缘透明的程度，它影响人们视线的通畅。透明度有三种类型：①实体；②半透明；③透明（图8-28）。

实体边界：是指那些诸如石墙、木篱或密植的常绿树等不可看穿的物体。这种边界可用于完全分隔或提供私密性。

半透明边界：是指那些如木格栅、百叶篱、防烟透光塑料板或是疏叶型绿篱等，视觉可以部分穿透的边界。这种边界既保持了一定程度的开敞，又提供了一种部分的围合感。

透明边界：完全开敞，视线可以毫无遮挡地到达设计指定的区域。这种边界可以由一片玻璃墙或什么也不设来实现。

流线

流线关注的是沿着空间基本运动线路的各个空间的出入点。入口和出口的位置可以在图解中用简单的箭头标出。图8-29箭头表明了进出空间的运动方式。除了出入口，设计师还需探讨并确定穿过空间的最主要运动线路，以规划出一条连续的流线，这可以用简单的虚线和指向运动方向的箭头来表示。并且这一步应该只针对主要的运动线路，而不是每一条可能的运动路径。

考虑流线的过程中，设计师应该问几个问题：流线是应该从空间的中央穿过，还是沿着空间的外部边缘走呢？或是直接从入口到出口？抑或随意地蜿蜒穿过空间？设计师必须研究流线的不同可能性，并确定哪种与空间的功能最吻合（图8-30）。

当然，不仅要考虑流线的位置，对其密度和特征也要加以考虑。如前所述，可以用虚线和箭头这些图形符号来表示流线。而流线的其他一些特

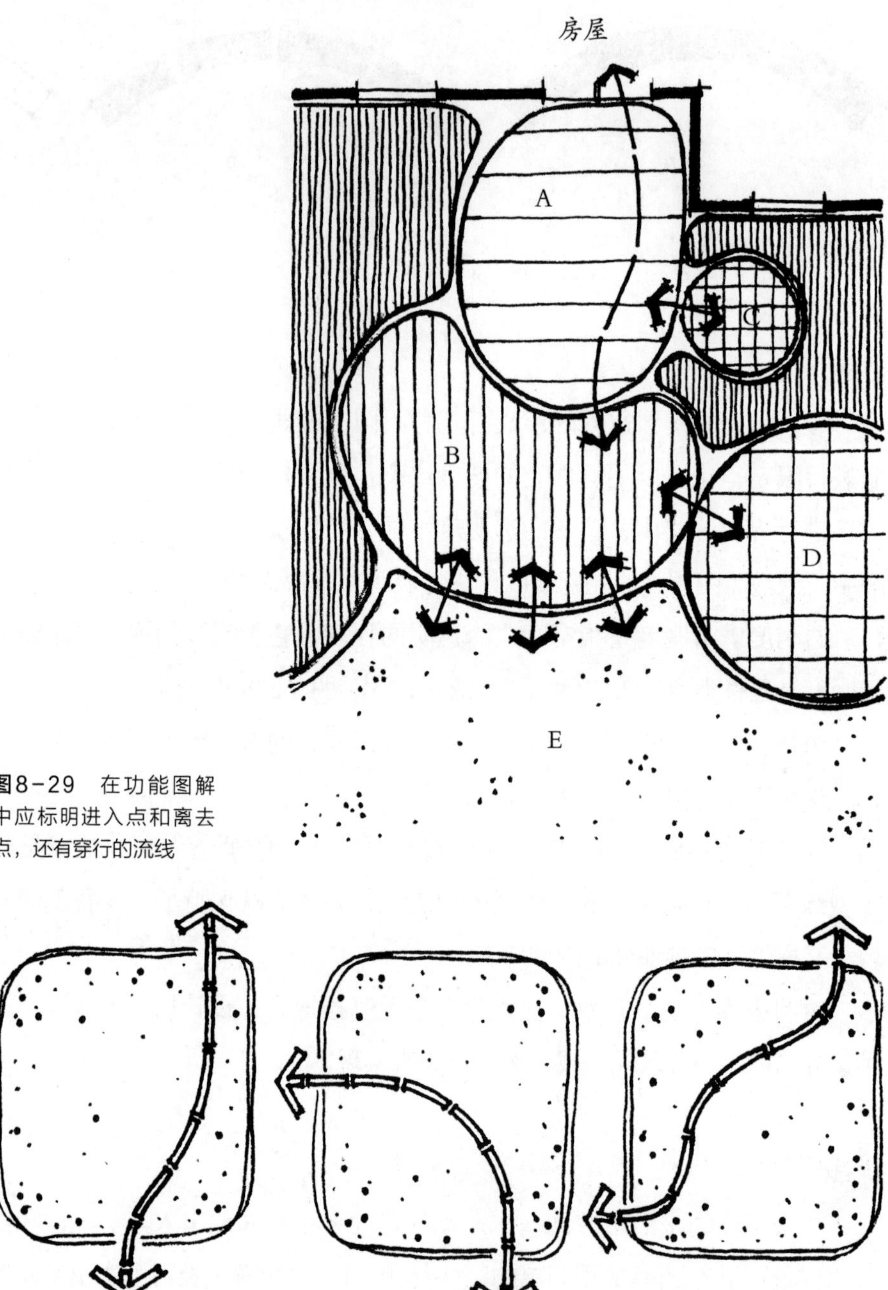

图8-29 在功能图解中应标明进入点和离去点，还有穿行的流线

图8-30 流线穿越空间的不同方式

征，如密度和性质则可用更为具体的箭头种类来表示。

流线的密度这个因素是指流线路径的使用频率及重要性。流线强度大概可分为主要流线和次要流线两种。

主要流线：这种类型的流线较为重要，使用频率从中等到高频。例如介于车道和前门之间的入口人行道或是从室内的起居室经室外起居及娱乐空间到达草坪区的流线。

次要流线：这种类型的流线不大重要，相对于主要流线而言使用频率较低。例如，沿房屋外围一圈的路线，还有随意的花园小径。图8-31 和图 8-32 分别显示了主要流线和次要流线的图例。

视线

视线是功能图解中应该研究的另一个因素。人在空间中从一个区域或某个特定的点能看到什么或看不到什么，对于整个设计的组织和体验很重要。在功能图解的发展过程中，设计师关注的是对主要空间来说最有意义的那些视线。视线有几种不同类型：①全景视线或远景；②焦点视线；③屏蔽视线。

全景视线或远景。这种视线视野范围很宽并且通常强调离观察者有一定距离的一个景点。这是一个向四面敞开的视线，举几个例子：一个可以望见远山的视线，或是看到下方的山谷，或是可以望到邻近高尔夫球场的视线，当这些视线向外延伸到邻近的或远处的景观时，也可以称为借景。这些美景往往可以借助框景加以强化，而且可以至少保证视野开阔，以便将这部分美景组织到景观设计中，因为它们是这个设计视觉体验的一部分（图8-33）。

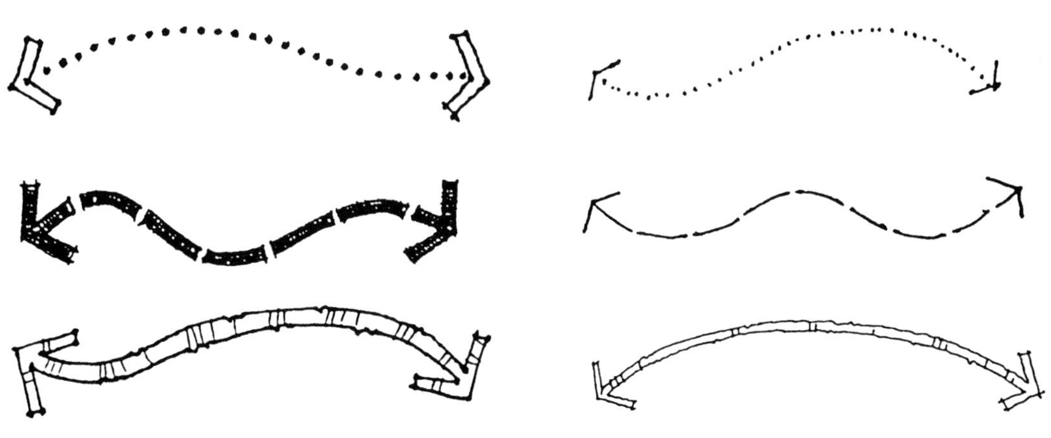

图8-31 主要流线的图例

图8-32 次要流线的图例

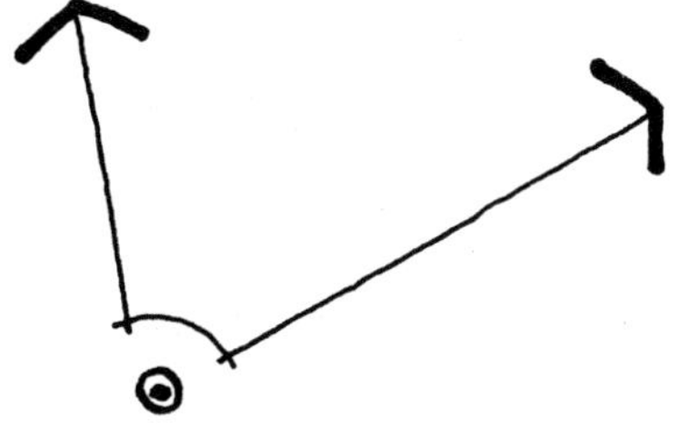

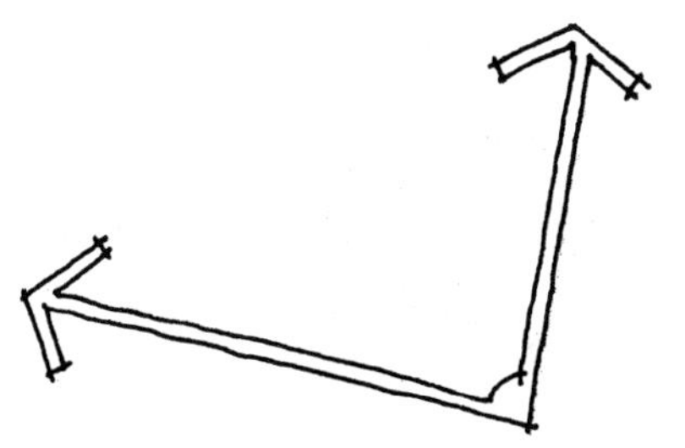

图8-33 全景视线的图例

焦点视线。这种视线聚焦在一个特定的景点上，比如一件雕塑品，一棵独一无二的树，或是一个艳丽的花坛。焦点视线可以指向基地内或基地外的一个点（图8–34）。

屏蔽视线。这种视线是人们不希望看到的应该屏蔽的视线，可以使用高大植物、墙体、栅栏等来遮挡（图8–35）。

聚焦点

聚焦点与视线密切相关，是指与周围环境相比独特或是十分突出的视觉元素。例如一棵虬劲苍老的古树、清澈的河水、烂漫的春花或是一件雕塑、一棵大树，在功能图解中要设计好聚焦点的位置，来配合视线的设置。聚焦点能够突出景观中的亮点，所以是决定性的，不要滥用聚焦点或是不加区分地将它们散布于各处。因为这样会造成令人目不暇接的混乱印象（图8–36）。

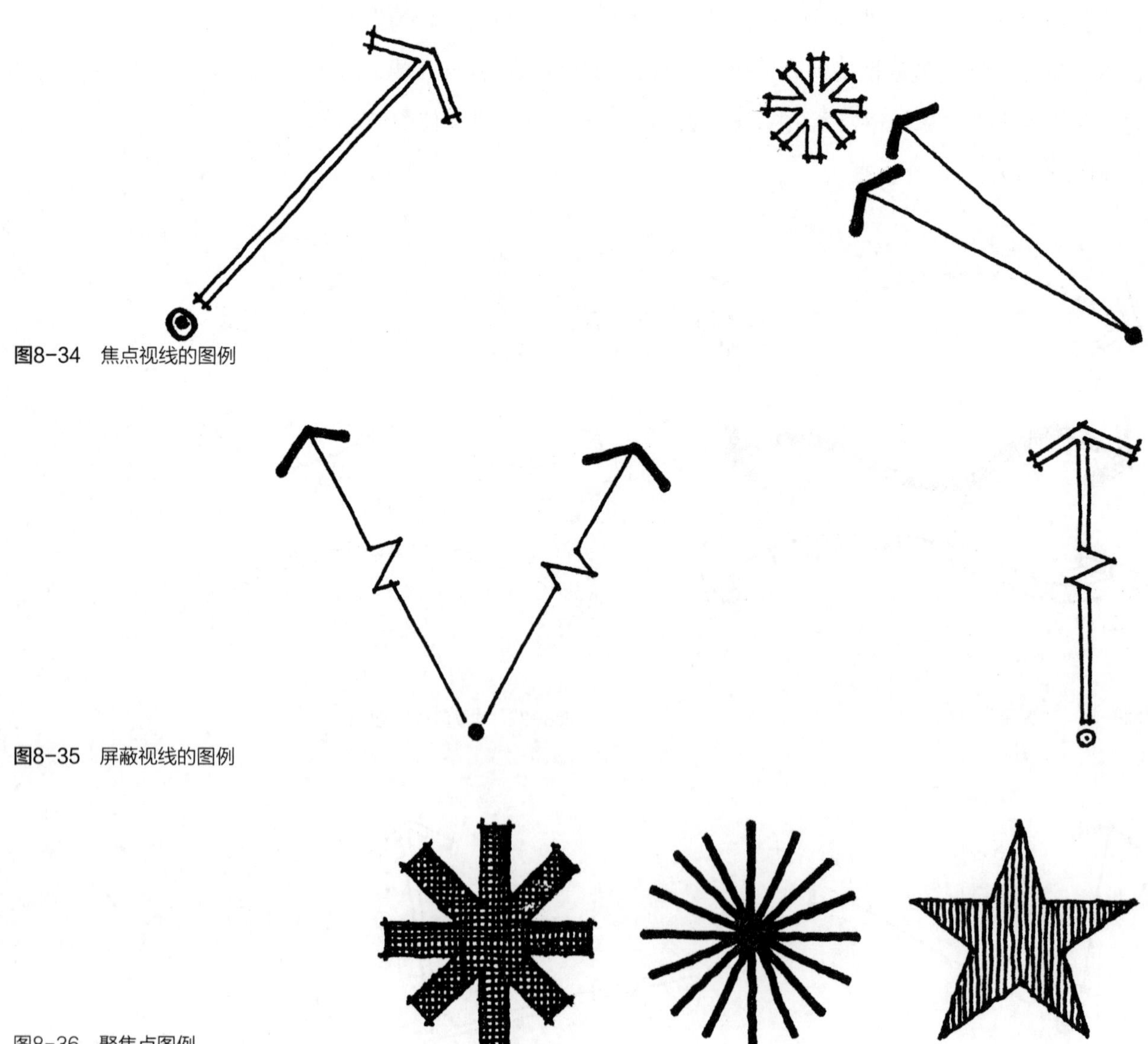

图8–34 焦点视线的图例

图8–35 屏蔽视线的图例

图8–36 聚焦点图例

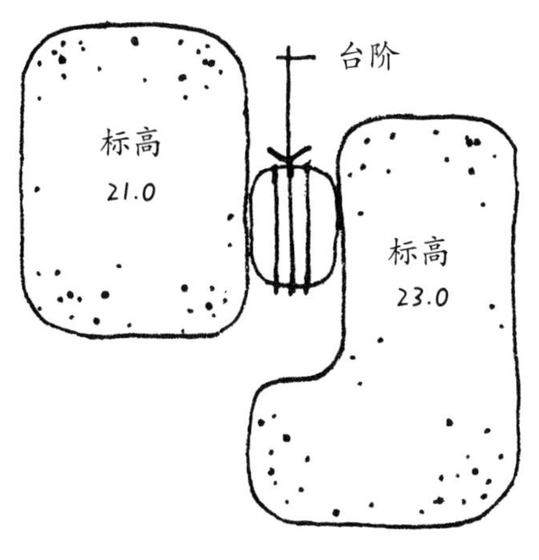

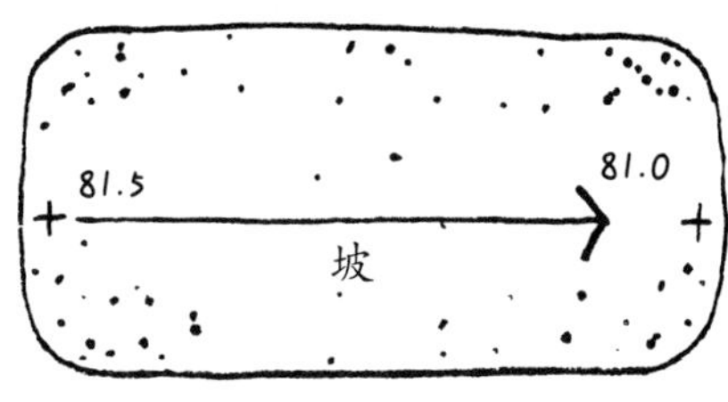

图8-37 空间之间的高差可以用点标高来表示

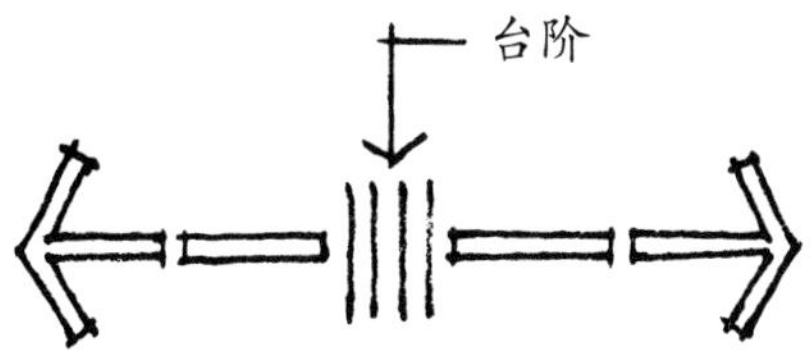

图8-38 可以在流线中用线条形象地表示出台阶的大概位置

竖向变化

在功能图解的发展过程中也应该好好研究竖向变化，因为在这个时期设计师开始思考平面的三维形式。设计师可能会问：草坪区是应该比室外娱乐区高一些还是应该齐平？如果确实需要做竖向变化，又应该是多少呢？1英尺，还是3英尺？

在图解中各空间之间的高度变化的表示方法之一就是利用点来标高（图8-37），这种方法允许设计师决定哪些空间比其他高，大概高多少。另外一种表示高差的方法就是用线表示出沿流线的台阶位置（图8-38）。

从前面这些阐述可以看出，在功能图解阶段确实有大量的设计组织因素需要考虑，要全面考虑这些因素确实比较困难，但却是必需的。把握好每个因素与其他因素之间的关系是必要的，因为这样整个设计的功能才能在精心策划下协调良好。在设计过程的这个时期，对设计的组织考虑得越多，在后续阶段做出设计决策就越容易。

功能图解小结

如前所述，设计师在准备功能图解时要考虑各种不同的设计因素，这些因素相互影响，所以应该综合起来考虑。当功能图解完成的时候，整个

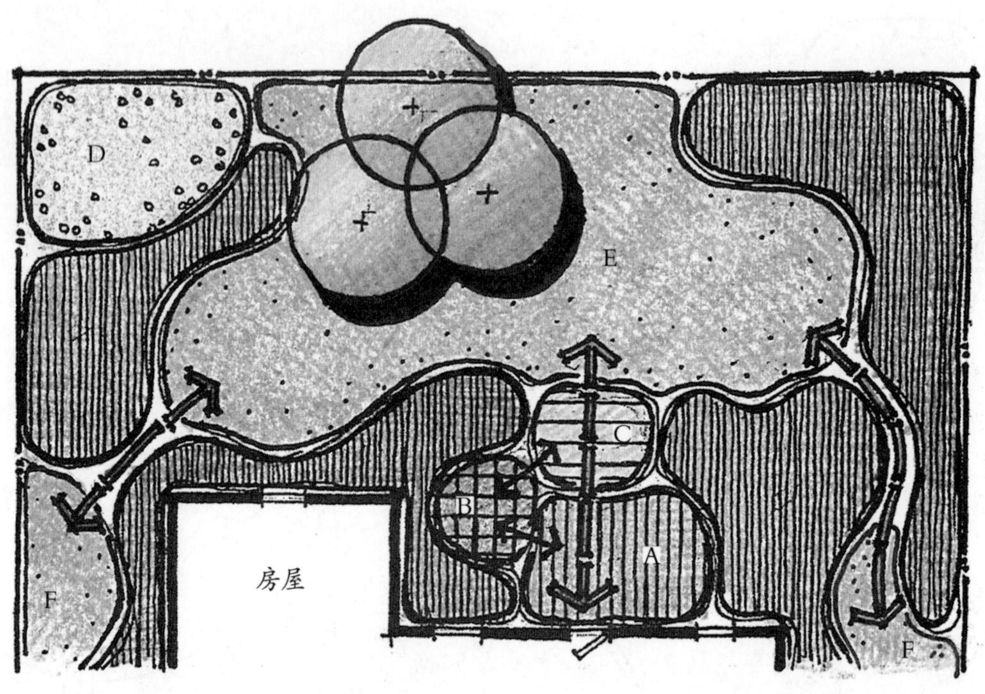

正确

图8-39 在完成的功能图解中，所有的基地区域都应该有“泡泡”或其他符号（彩图见插页）

基地都应该布满“泡泡”图和其他代表所有必要的空间和元素的图形符号（图8-39）。在整个布局中不应该出现空白的区域或“孔洞”（图8-40），如果出现这样的地方则说明设计师还未想好这块地的用处，这时应该确定其用途。

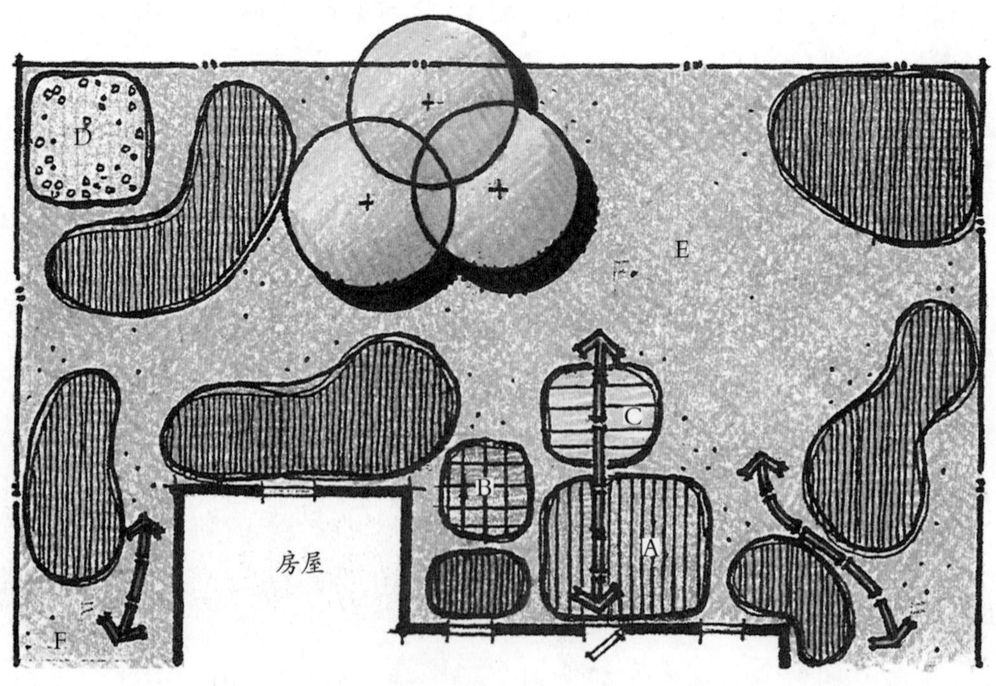

错误

图8-40 在一张完成的功能图解上不应该有空白的区域或“孔洞”（彩图见插页）

在这个阶段可以尝试多个不同的选择，对基地的组织一般以2～3个方案为宜。这使得设计师在组织基地的功能上更有创造性，并且还可能发现比最初设想更为完善的解决办法。在经过一系列方案探讨后，设计师最好在其中选择一个最佳方案或是综合几个方案的精华，然后再继续进行设计。

邓肯住宅的功能图解

我们回顾邓肯住宅会帮助读者更好地理解在一个实际项目的过程创造和如何使用功能图解。在完成了研究和准备阶段的所有步骤之后，设计师现在准备为邓肯住宅进行一系列设计。

首先，设计师与客户交谈并对场地进行考察后深入研究了几种组织想法。设计师花0.5个小时左右的时间制作三种不同的概念图，利用平板电脑对设计想法进行快速研究（图8-41）。

概念图A将线性草坪区域（浅绿色）延伸到房屋主要居住区的前院和后院。室外生活空间（浅黄色）是家庭房间的延伸，游乐区停留在目前存在的地方，因此从房间里能很明显地观察到。工作区位于车库的侧门附近，方便使用且不受室内和室外生活空间的影响。筛查从邻里住宅到西部和北部包围的后院。该场地的其余部分作为一般种植区域。

概念图B探索前院和后院在东/西方向上的草坪区域。室外生活空间较

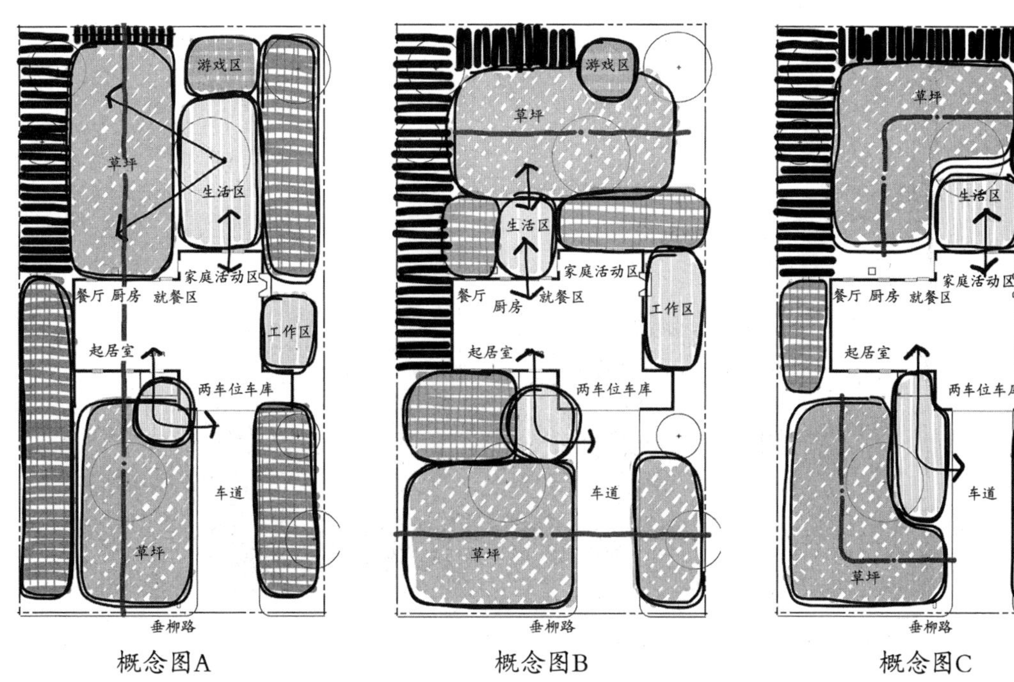

图8-41 邓肯住宅的可选择概念图（彩图见插页）

小并且位于厨房外。游戏和工作区域与概念图A处于相同的位置。再一次筛选覆盖了后院的西部和北部边缘。

概念图C将草坪区域塑造成前后两排的“L”形结构，以使它们更具有吸引力。每个“L”的一边可以直接从房屋最主要的居住空间中看到，如概念图A。室外生活空间再次被定位为家庭房间的户外延伸，并且游戏区域被改变，因此，它将不会是显而易见的元素。但它仍然位于从室外居住空间能看到的地方。另一个变化是前面的入口沿着车道延伸。部分设计类似于之前的概念。

绘制了这三个概念后，设计师花时间分析每一个概念，比较它们的相对优势和劣势。设计师放弃了第一个概念，因为它的北/南方向性太过重复和可预测。设计人员继续对概念图B和C进行更多的研究并将每个模块开发成功能图。功能图（图8-42）是基于概念图B但是给予整个基地区域更多的研究和详细分析。草坪区域变得越来越复杂，部分靠近房屋，并且开放、宽敞，能够允许进行娱乐和游戏。入口步行道沿车道延伸一段距离，以便更好地识别主入口，并便于从车道进入。种植区域在这些空间周围种植植物以帮助划分空间，并为走在入口处的人提供视觉上的良好感觉。现有的糖枫树与新种植的植物相结合。

次要流线可以从房屋的东侧、车道与设计的工作/贮藏区之间进入房屋。与之形成对比的是，房屋的西边较开敞，只有一片树林可以在下午用于遮阴。

在后院，一块抬高的地面靠近家庭活动室和休息室，在功能上作为室外就餐空间。在这个空间的东北向设置一个烧烤架，为的是让生火的烟能够被吹散开（主导风向是西南向）。而室外的起居和娱乐空间的位置远离房屋，以便利用后院其他地方的景观。在就餐空间的东面设了一段栅栏使就餐空间更为私密，类似地，在起居和娱乐空间的周围也部分地种植了密集的树林以求私密。

草坪西面、北面和东面的一些屏障为后院提供了必要的私密性。东北角原有的树被保留下来，并增加了一些种植，使其看起来不是那么孤单。

功能图B是基于概念图C设计的（图8-43）。在此构思中，基地前面的休憩空间与现有抬高的入口平台相结合，形成一个大空间而不是两个隔开的小空间。入口人行道与车行道通过一块种植区分隔开，以打破硬质铺装僵硬的感觉。另外，在车行道旁还设了一个回车场方便车辆掉头。在与街道相接的车行道两边种树，可将车行道的边缘柔化并遮掩起来。在后院，将家庭活动室的原有窗户改为玻璃拉门，门外设置室外起居/娱乐空间作为

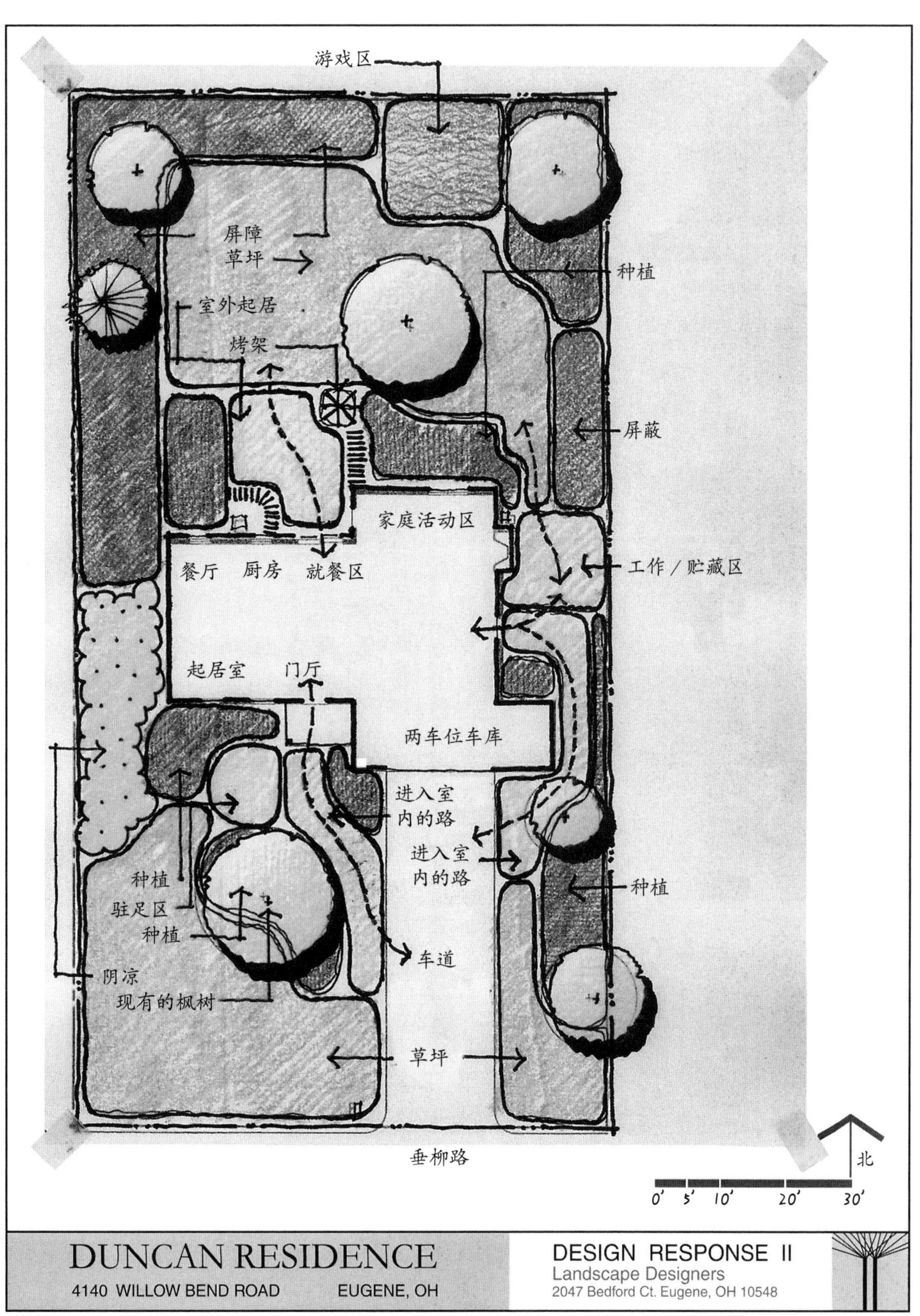

图8-42 为邓肯住宅而作的功能图解A（彩图见插页）

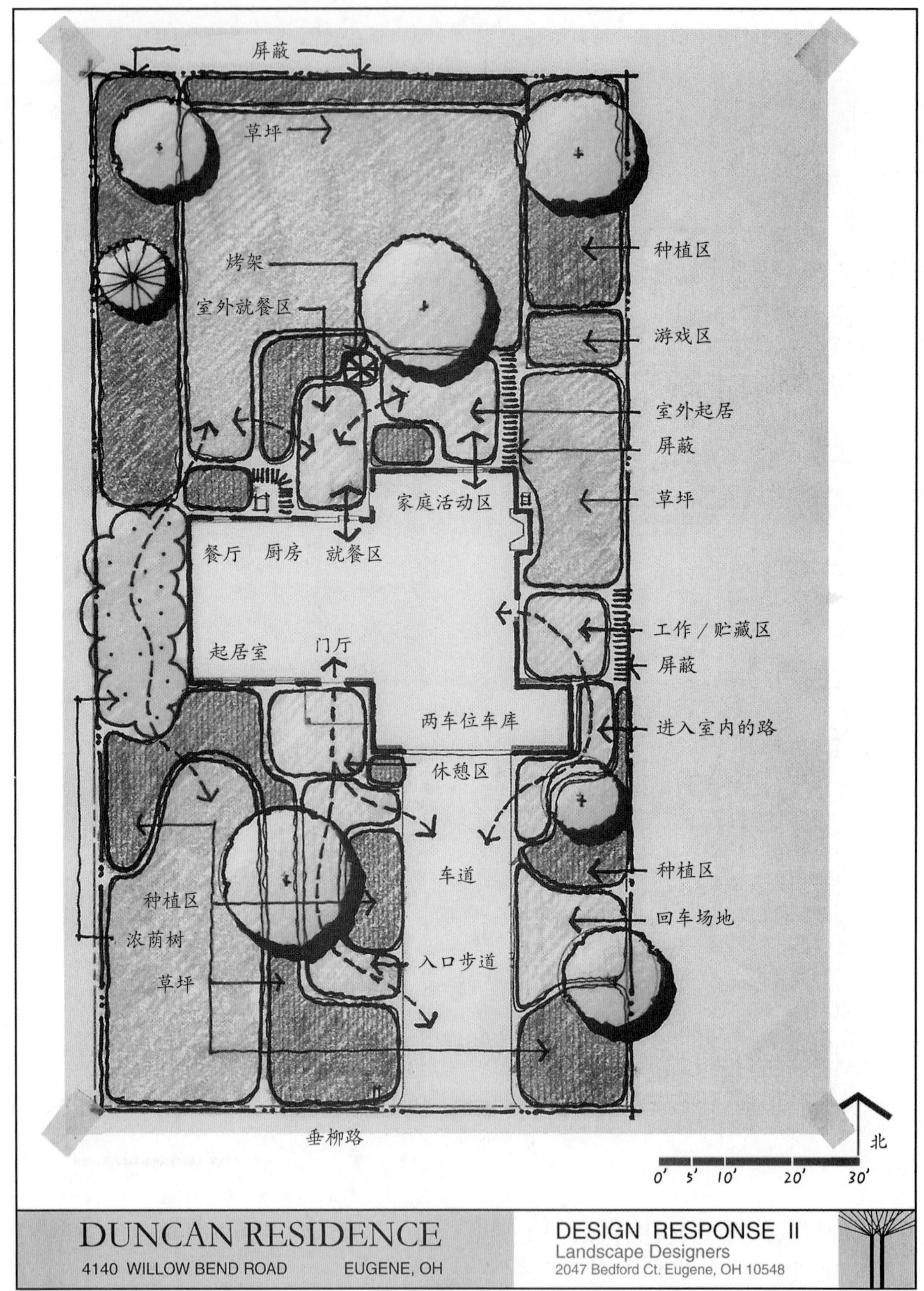

图8-43 为邓肯住宅而作的功能图解B（彩图见插页）

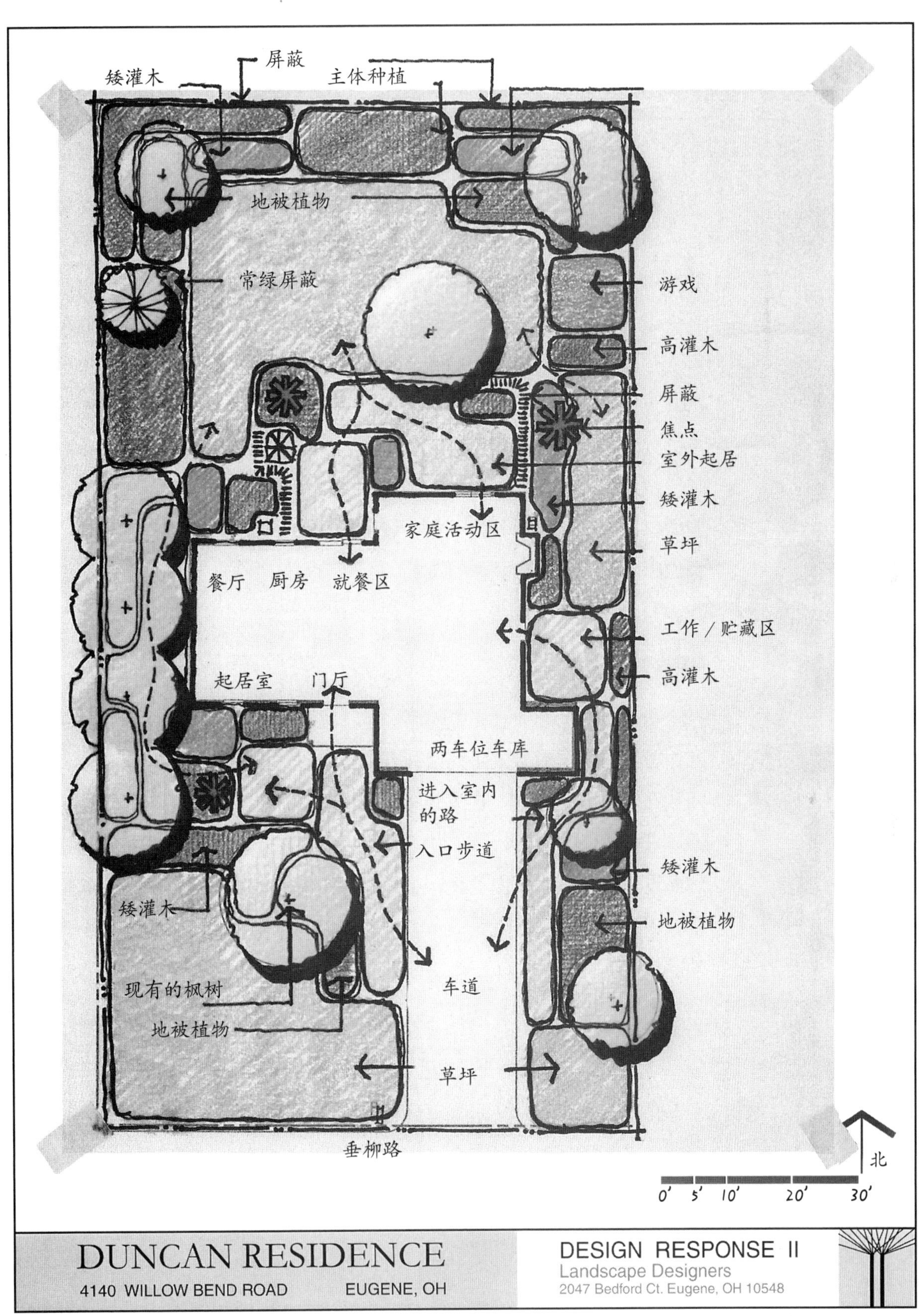

图8-44 为邓肯住宅而作的功能图解C（彩图见插页）

家庭活动室的外部延伸，一条狭窄的屏障设在用地线的北边，这样就不会占用太多后院的地方了。

功能图A和功能图B都研究了基地中要求设置的空间和元素的不同组合方式。在多数情况下，邓肯一家和设计师都发现每个方案都有过人之处。于是，在对这两个方案做出评价之后，邓肯一家决定将两个方案结合起来。最后，设计师根据邓肯一家人的意愿，又绘制了一个功能图解——图解C（图8-44）。

这个方案对邓肯住宅的前院探讨得较多，对入口门厅兼休憩空间、入口人行道以及草坪区的轮廓配置均作了修改。入口门厅兼作休憩空间现在已经被细分成更为具体的使用区，甚至连座椅的位置都已给出。种植区也被细分并标出不同种类植物的大体位置（虽然没有灌木或地被植物作为独特的植物）。另外，方案还考虑了不同空间相对地面的高度。图解中已标明入口门厅/休憩空间将要高出入口人行道大约1英尺。视线和聚焦点的图例也出现在此功能图解中。同时，对后院也做了同样的考虑。

小结

功能图解是设计过程中的第一步，设计师根据客户和基地收集到的信息，将灵感以图形方式研究设计方案。首先绘制概念图，其次探索主要空间和元素的可能位置。这些概念图允许设计师在进行下一步之前可以快速尝试一个想法。因此，图形并不精细。功能图是基于一个或多个选定的概念而设计的，它们细化了设计组织，对功能、大小、布局、边界条件、环路、视图和近似高度给予更多的细节和关注。功能图至关重要，因为它们是设计所有后续步骤的基础。

9
初步设计及设计原则

学习目标

通过对本章的学习，读者应该能够了解：

- 初步设计的意义和目的。
- 创建一个初步设计的过程和通常包含的内容。
- 三个初步设计的原则和它们对设计的意义。
- 设计中整体的定义和可供选择的其他设计方法。
- 设计中整体性的定义和创造整体性的方法。
- 韵律的定义和设计中创造韵律的方法。

概述

第8章讨论了在设计的第一个阶段怎样运用功能图解对整个设计进行功能上和空间上的组织。这些因素的组织为接下来的初步设计奠定了基础。

初步设计从功能图解开始，最终成果是一张图解性的基地平面图。要做好初步设计，设计师需要把握住三个相互关联的因素，第一个因素是运用三个基本的设计原则：秩序、统一和韵律，仔细考虑美学上的组织和外观的设计，这些原则有助于设计师创造视觉上令人愉悦的方案。

第二个因素叫作形式构成，即确定设计中所有二维的边界或线的确切位置。设计师需要把功能图解中大概勾画的空间轮廓转化成二维的具体形式，这一阶段开始形成视觉上的风格或设计主题。

初步设计要把握的第三个因素是空间构成，空间构成是以形式构成为基础，对室外空间进行三维上的设计，设计师运用平整场地（地形）、植树、墙/栅栏、台阶、顶层结构等，来完成对整个环境的设计。

这一章的目的：①讨论初步设计的定义及目的；②概述初步设计的发展过程；③讨论设计的基本原则。初步设计的其他重要方面将在第10章（形式构成）和第11章（空间构成）中讨论。

初步设计的定义与目的

设计过程的第一步是初步设计。这一步描绘了早期阶段计划中所有设想发展的目标。该计划以手绘和使用圆形符号的方式进行绘制说明。该计划为客户提供了“从飞机上向下俯瞰”整个设计的视图，所有元素都按比例绘制（图9-1）。虽然在这个阶段，建议使用有限的颜色来节省时间，但一些设计师喜欢使用更多的颜色、更多的细节，如图9-1b所示。

初步设计的目的：①研究设计中所有元素的协调关系；②研究设计外观和美学；③将客户的意见反馈给设计师；④提供初步方案；⑤为客户提供反馈给设计师的意见。

研究元素之间的协调

初步设计的另一个目的就是探讨设计元素之间的视觉关系。设计师在考虑每个元素的位置、大小、形式和基本材料时都应该把它放在由其他元素组成的环境之中。例如，设置墙或栅栏时就要考虑其与相邻的铺地之间的关系。又如布置一棵遮阴树时也需考虑周围的植物，每个元素都应作为整个设计的一个有机部分，而不是孤立的个体。

研究设计外观和美学

初步设计还有一个主要目的就是要研究空间和元素的设计外观。初步设计中最初关注的是整个设计及设计中单独元素的美感。因为在这个阶段，设计师开始对每个元素的大小、形式和基本材料做出选择。尽管材料的图案暂时无须考虑，但设计师却要确定基本的材料类型。例如，设计师可能要在石材或砖、木材或混凝土、落叶树或常绿树等材料之间做选择。设计师同时还需考虑设计的几个基本原则以创造一个视觉上令人愉悦的设计。

提供全面的视野

初步设计的另一个目的是让设计师和客户都能把设计作为一个整体环境来讨论。从某种意义上说，初步设计是拟议设计的第一个完整的画面。虽然功能图显示了整个设计的解决方案，但它们以更普遍和实用的方式进行。相比之下，初步设计显示的所有设计元素以一种更现实的方式构成环境。

提供初步方案

在制订初步设计之前，设计师需要通过各种方法来解决设计问题。正如图中的阶段一样，有几种可供选择的选项，如设计师可以以两个不同的初步计划为基础来选择制订两个初步计划，呈现给客户不同的解决方案。

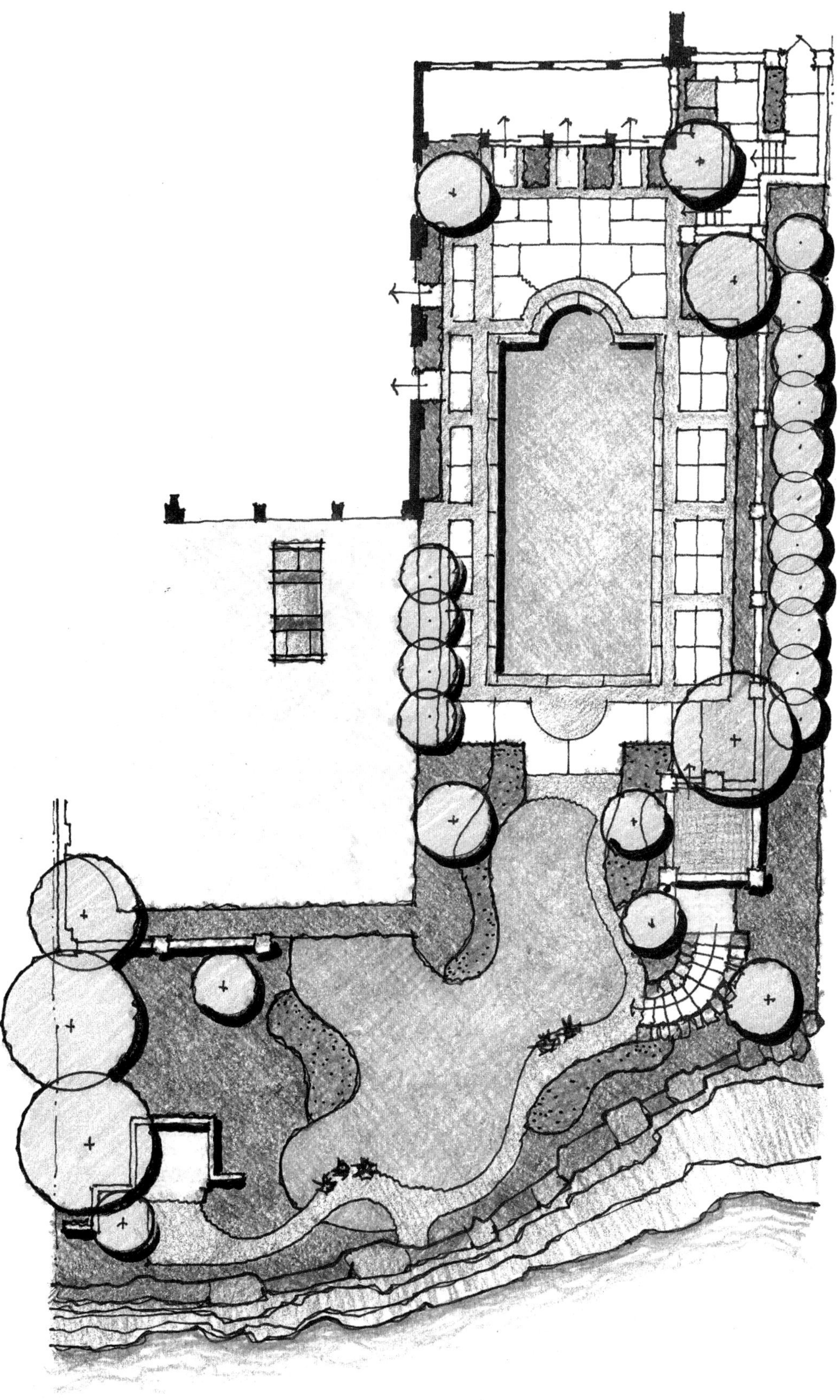

图9-1a 有限颜色的初步设计样图（彩图见插页）

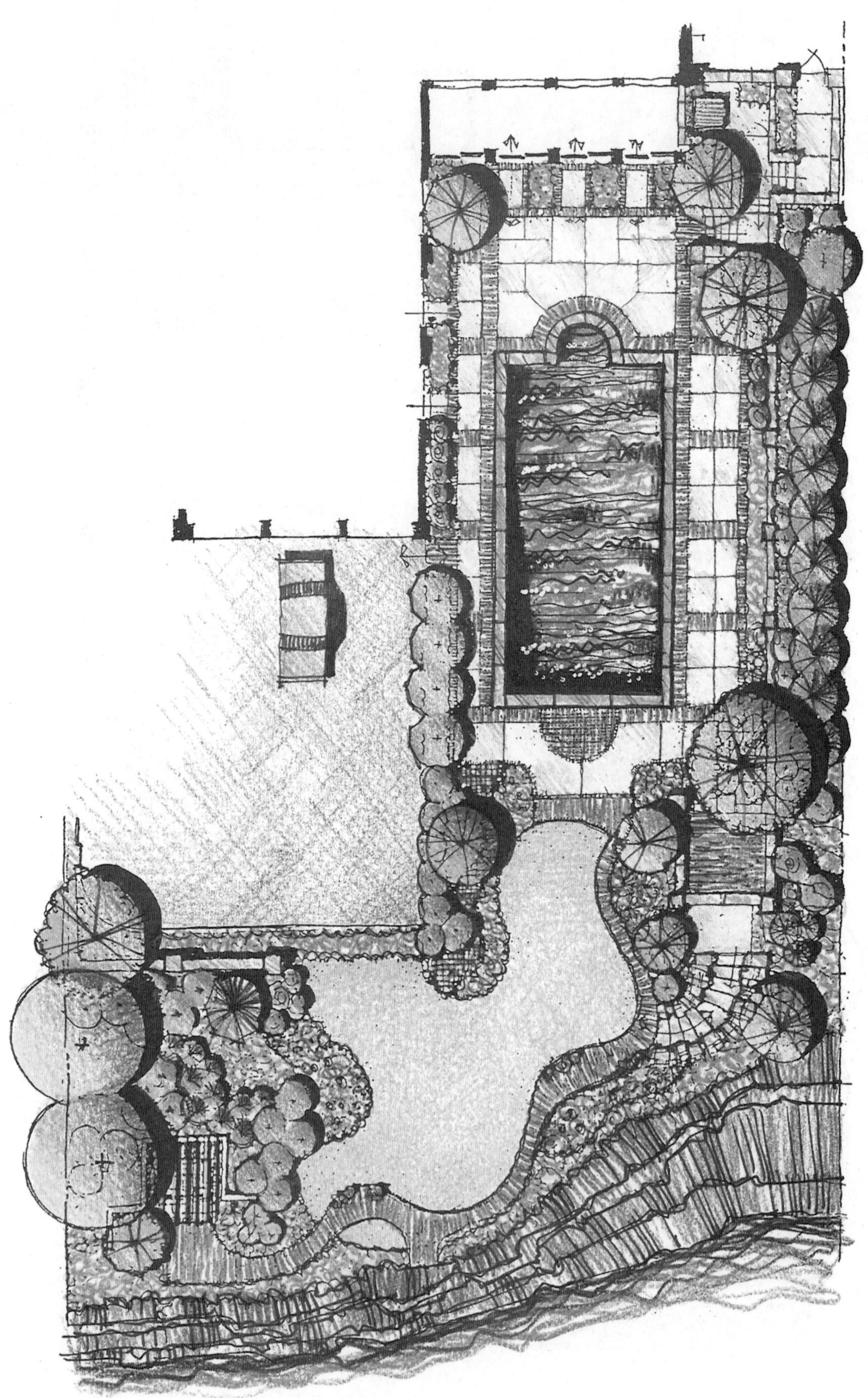

图9-1b 具有丰富颜色的初步设计样图（彩图见插页）

当几个初步计划制订出来，客户可能喜欢一个计划的一部分和另一个计划的另一部分。

明确客户的反馈

经过设计师的说明之后，通常客户还是能够看懂初步设计的。在一张初步设计的平面图中，树看起来像真的树，平台上木材的符号使其更真实可信，铺地也可以看明白，因为客户可以在图中看到表示石材、砖铺或混凝土的符号。

通常，初步设计让客户第一次全面了解这个设计，也让客户第一次有机会将自己的想法和感受反馈给设计师，这对双方来说都很关键。设计师需要知道客户的感受，以知晓设计是否满足客户的期望。同样地，客户做出的反馈也是十分重要的，因为仅根据设计师的意愿来对设计进行“取舍”是不合适的。毕竟，最终的设计将是客户每日生活的场所，所以设计必须要为客户所接受。客户们常常倾向于对他们亲自参与设计过的方案持较积极的态度，因此客户不仅仅要更多地了解设计，而且更应该在方案的成长阶段参与进来。

初步设计只是一个过渡型的方案，它需要根据客户或设计师的反应来进一步完善，通常客户在初步设计中会看到许多要修改的内容。同样地，设计师为了完善设计也会对设计的某些部分继续深入研究，设计师在初步设计时考虑几个修改方案，这都是常事。因为要研究所有元素的协调性，所以设计师很可能会看到上个阶段没发现的问题，于是就要做出适当的调整。

初步设计的过程和内容

在整个初步设计过程中，应该在最佳的功能分析图上面放一张描图纸，以开始最初的平面研究，这样上一阶段的组织成果就可以直接用在初步设计中了。此后，随着初步设计的深入，功能分析就可以放到一边了。某些时候，功能分析的最初布置将在初步设计中更改，因为设计师现在是以一种更为完整和详细的方式来看待整个设计。例如，某种植区为了容纳下规定数量和大小的植物，原来设定的种植区将不得不加大。又如，为了让某个空间看起来更吸引人，需要对其比例或轮廓进行修改。所以，大多数设计师认为在初步设计阶段的局部设计应尽可能地完善。

就像功能图解一样，初步设计在其发展过程中也是用软铅笔随手勾画在描图纸上的，不使用各种绘图工具或CAD，因为它们会阻碍构思快速、自由、随意的表达。对初学者而言，常常在这个问题上经不住绘图工具或CAD的诱惑，因为他们认为这样会使图面看起来更整洁、更专业。如图9-1b所示，一张即使是徒手画的初步设计图，看起来也很清楚明了，并且很专业。

如前所述，初步设计应该用半写实的图形符号来表示所有的设计元素。这种图形风格，有时也可以称为说明性的风格，因为它是用来说明设计元素的外观特征的。因此，设计师应该运用基本的绘图原则，如：线的粗细变化，疏密的对比，运用肌理来表现材料的外形特征，以及运用阴影来绘图的立体感。通常来说，一张初步设计平面图应该按比例画出下列内容：

1. 用地线和相邻的街道。

2. 房屋的外墙，包括门窗。尽管也可以按比例画出房屋室内的一层平面，但这不是必须的。一般建议大家标出房屋中各个房间的位置即可。

3. 用恰当的符号和肌理表示的设计元素，包括：

（1）铺地材料。

（2）墙、栅栏、台阶、头顶上方的构筑物和其他构筑物。

（3）植物。树应当单株画出，而灌木应该成片画出。

（4）喷泉、水池等。

（5）家具、盆栽植物等。

另外，初步设计平面还可用图例或注释标明下列各点的位置：

1. 主要使用区域（如室外门厅、娱乐区、就餐区、草坪、花园等）。

2. 铺地和其他构筑物（墙、台阶、廊架等）的材料。

3. 植物的类型和大小（落叶浓阴树，20英尺高针叶常绿树，6英尺高阔叶常绿灌木等）。

4. 地平面的主要高差可以用等高线和点标高来表示。

5. 其他有助于向客户说明设计的注释。

6. 指北针和比例。

设计原则

初步设计过程中有许多美学方面的基本设计原则可供设计师参考。就如同功能分析图为一个住宅设计项目提供功能组织一样，设计原则有助于进行设计的视觉和美学方面的组织。不同的设计理论在术语上和设计原则的分类上通常略有不同，但有一点非常相似——探讨如何形成优秀设计方案的基本方法。本书介绍的三个主要设计原则是秩序、统一和韵律。

秩序、统一和韵律这三个原则可适用于空间及元素的形式构成、材料构成以及材料的图案构成。如果不运用这些原则，整个设计往往会看上去不舒服（图9-2），这样的设计往往被描述为不协调的、混乱的或是对视觉的一种干扰。当合理地运用设计原则时，整个设计就会变得非常富有吸引力（图9-3）。

这些设计原则都是经过时间和实践检验不断完善的基本构成原则，并且适用于广泛的设计领域，包括景观学、建筑学、室内设计、工业设计、平面设计和摄影。这些设计原则特别适合初学者，因为它有助于在构成时选择材料和形式。但是，这些原则并不是公式，它们的运用并不能保证设计方案自然而然就美观。在这本书中你已经学到，一个成功的设计取决于许多因素。设计原则确实有助于做出一个好设计，而且忽略它们必定会导致设计的不完善。但是像其他设计参考原则一样，这些设计原则并不是必须遵循的绝对真理。一个有经验的设计师可能会反其道而行之，却仍然能够使设计美观实用。

秩序

秩序被定义为一个设计的“大效果”或是设计的整体框架。这是指一个设计暗含的一种视觉结构。对树而言，秩序指的就是树干和树枝的结构（如同树冬天没有叶子时的情景），是树干和树枝决定了树的整个形态，叶子仅仅是加强了这种结构。类似地，任何一种动物的骨架也能形成秩序，动物的高度、宽度和形状均取决于其骨架。在人造物中，我们可以看到建筑物秩序的形成在于尚未装上墙和屋顶时的结构框架。建筑的墙、屋顶、门、窗和其他元素都依附于这个内在的框架。

在初步设计阶段，形式和材料的和谐构成将会形成视觉上的秩序。就像前面提到的那样，形式构成能形成一种主题或风格，从而产生一种很强的视觉秩序感。图9-4举例说明了没有一致主题的平面（图9-4左图）与形式和谐的平面的区别。图9-4右图平面的秩序感是因为形式的一致性，因此当你阅读第10章“形式构成”的时候，这一阶段的一个隐含目标就是要为设计赋予一种秩序感。

在一种设计主题或风格的环境中，有三种方法可以建立秩序，它们包括对称、不对称和成组布置。

对称。有两种截然不同的组织设计元素的方式：对称和不对称，它们都可以产生秩序。两种方法都能以各自不同的方式在整体上创造一种均衡的感觉。均衡就是一种感觉，指设计的不同部分之间有一种平衡感（图9-5）。

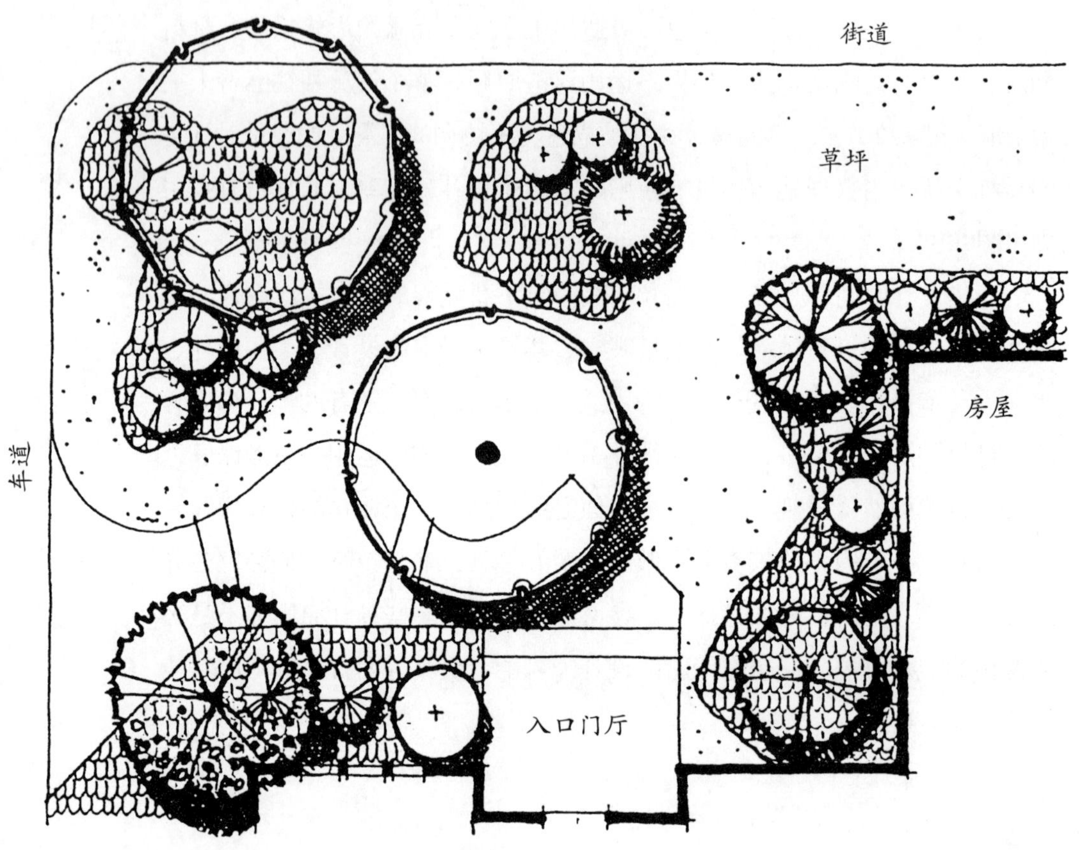

图9-2 不运用基本设计原则时，住宅基地设计就不吸引人

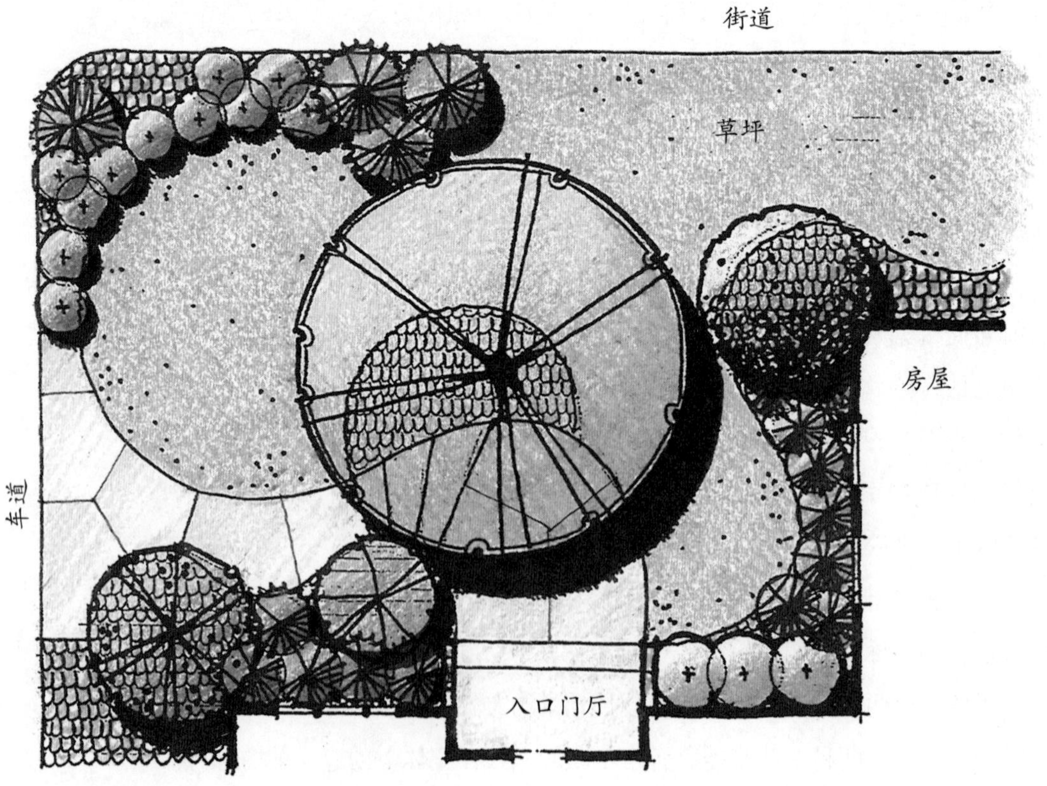

图9-3 运用了基本设计原则的住宅基地设计既吸引人又有组织（彩图见插页）

缺乏秩序和视觉主题

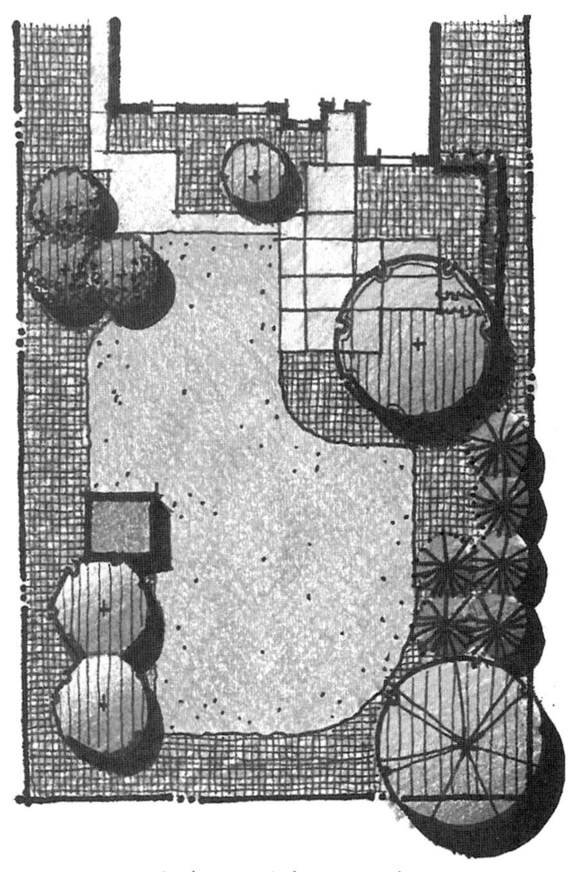

协调一致的形式建立了秩序以及视觉主题

图9-4 一个视觉主题在设计中创造了秩序（彩图见插页）

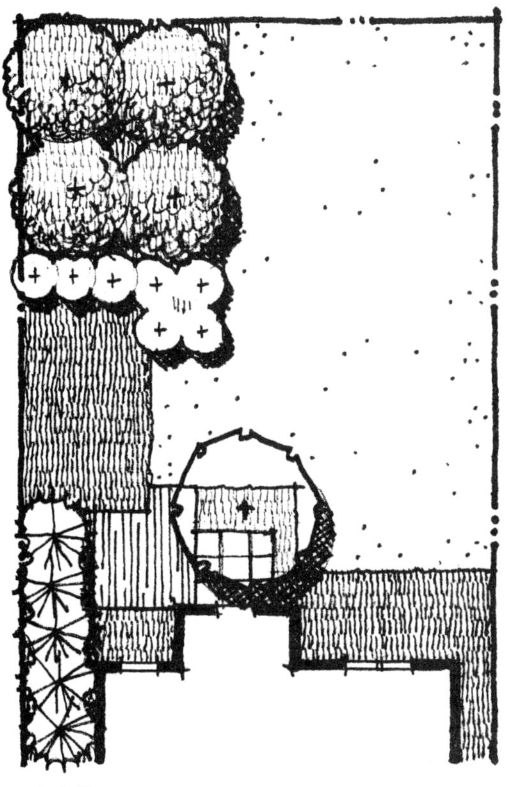

不平衡

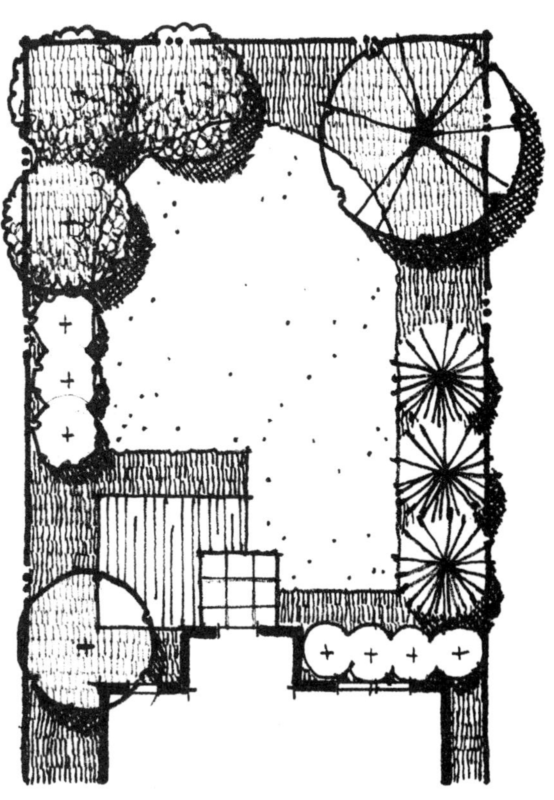

平衡

图9-5 当设计的视觉重量平均分布时，平衡感就产生了

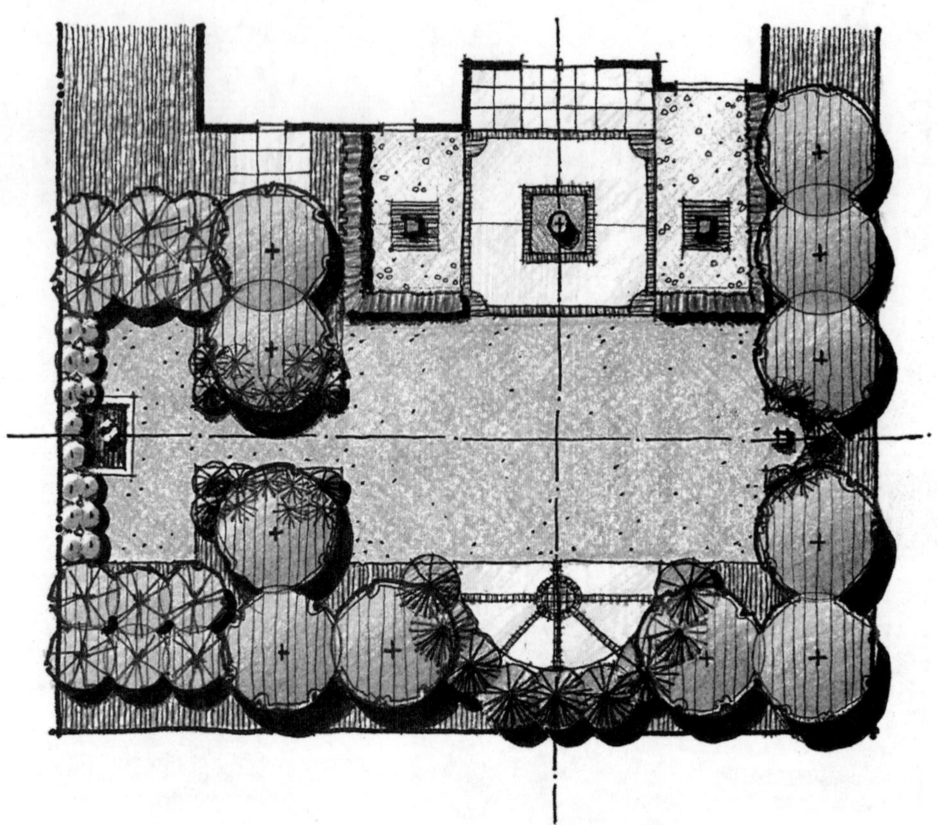

图9–6 围绕两条轴线对称布局的设计之一（彩图见插页）

图9–5左图的设计显得缺乏平衡，太多的设计元素被放在了用地线的一侧，使这块区域看起来“沉”，而基地的另一侧看起来非常“轻”。右图的例子中，设计元素的设置使得视觉重量均匀地分布。设计中的每一个元素和区域都与其他的元素和区域保持平衡。

对称是通过将设计元素围绕一个或更多对称轴对等地布置来建立均衡感。典型的对称是指对称轴的一侧是由另一侧经过镜像而得来的。图9–6显示了一种设计，它使用两条轴线来形成对称的设计。因为轴的两边是相等的，所以必然会产生平衡，对称相对来说容易实现。对称布局中的任何一条轴线都能够在末端产生一个直接的对景视线，如果运用得当，这种布局能产生一个强有力的设计主题。

不对称。设计构成中的另一个创造平衡的主要方法是不对称，这种方法更多的是依靠人的感知，而不是像对称那样靠绝对相等来产生平衡。理解不对称原则的一个好方法就是想一想游戏场地中的跷跷板。当大小相等的两个小孩分别坐在离支点相同距离的两边时，就产生了对称的平衡（图9–7左图）。但是，当两个小孩不一样大时，他们必须坐在离支点不同距离的位置，这样就产生了不对称的平衡（图9–7右图）。不均等的部分可以通过调整其位置来实现平衡。

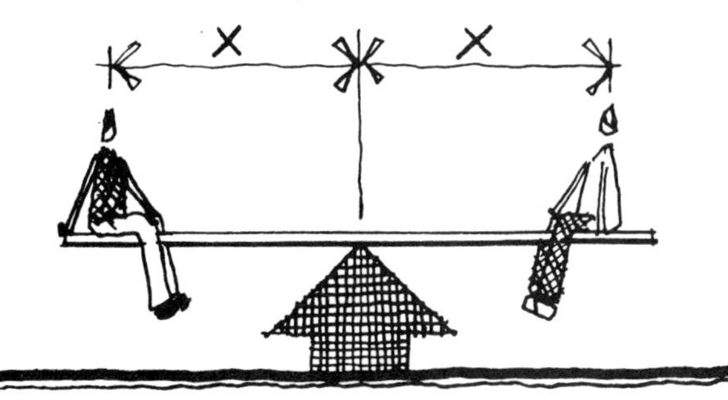

对称的平衡

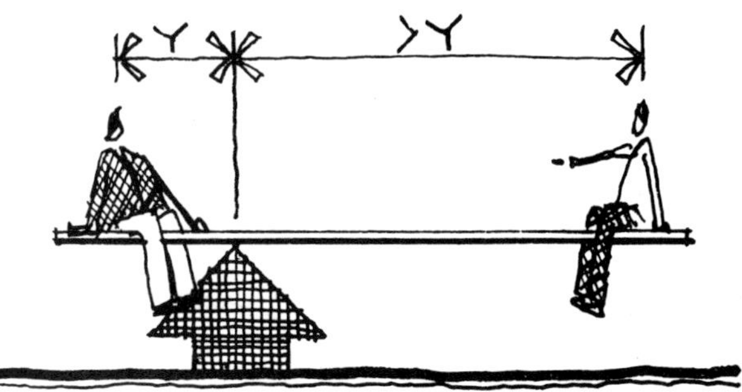

不对称的平衡

图9-7 对称与不对称的概念对比

与对称布局相比，不对称的均衡往往令人感到更随意自然（图9-8）。另外，不对称的设计布局不像对称设计那样仅有一个或两个好视点，它可以有很多视点，每一个都有着不同的观赏效果。

因此，不对称的设计往往会形成“步移景异”的效果。

成组布置。不管是在对称还是不对称的构图中，都可以运用成组布置作为设计构成中建立秩序的另一种方法，成组布置是一种将成组的设计元素放在一起的技巧。每当设计元素以特定的形式成组聚集在一起时，一种

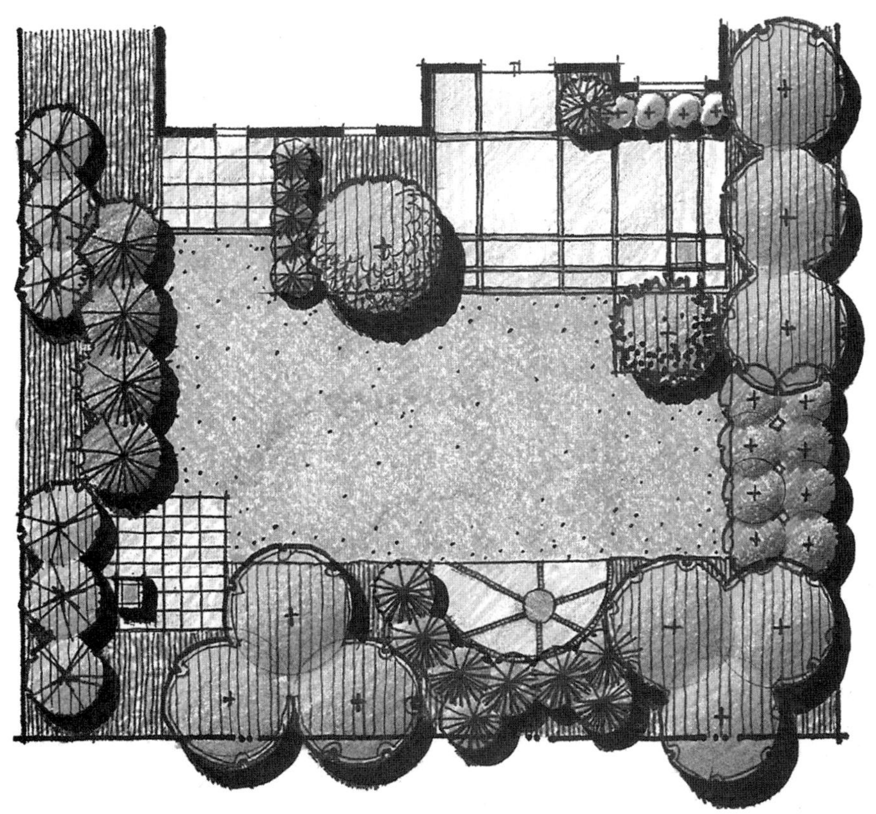

图9-8 结合不对称平衡的平面例子之一（彩图见插页）

基本的秩序感就产生了。

在住宅基地中所有的设计元素，诸如铺地、墙、栅栏、植物等，都应该成组布置以形成秩序感（图9-9 右图）；这些元素不应该分散开（图9-9左图），因为这样会使构图产生一种混乱和花哨的感觉。尽管这条原则适用于所有设计元素，但是就植物的布置而言，它显得尤为重要。种植设计的一个重要原则就是要将植物按组团布置（图9-10），关于种植设计的其他建议详见第11章。

能产生强烈秩序感的成组布置的方法之一就是将相似的元素成组设置。在种植设计中，相同类型的植物应该成组放在一起（图9-11）。

当设计师开始组织设计的布局时，很重要的一点就是要考虑构成中的秩序（整体结构）应该由什么来填充。建议建立一个一致的主题或风格，并应用成组布置以对称或不对称的形式来实现这种秩序。在设计过程中越早考虑秩序原则，结果就会越好。

统一

初步设计应该考虑的第二个设计原则就是统一，统一指的是设计构成中各元素之间的和谐关系。秩序建立的是设计的总体组织，而统一令人产生的是整个设计是一体的感觉。统一的原则会影响到每一个设计元素将以什么样的大小、形状、颜色和肌理出现在由其他设计元素组成的环境中。当整个构成达到了统一的时候，所有的设计元素会让人觉得浑然一体。

在前面讲到了对于树、动物和建筑而言，秩序是如何建立的。下面同样举这些例子，树的统一感在于树叶的大小、形状、颜色、肌理等。换句话说，正因为这棵树上的叶子都相似，才给人以一棵树的印象。毛发和肤色是动物的统一元素，而具体的建筑材料以及门窗类型则使建筑呈现一种视觉上的统一感。

景观设计中统一感的产生主要建立在主体、重复、加强相互联系三个原则以及这三个原则协调的基础上。

主体。在设计构成中将一个元素或一组元素从其他元素中突出出来，就产生了主体。主体的元素是构成中的一个重点或焦点。这个主体的元素产生了一种统一感，因为构成中的其他元素看起来都服从于它或较它低一级。这些其他元素在视觉上是统一的，因为与主体元素相比，这些次要元素之间的差别看起来很小。

如果构成中没有一个主体元素，视觉可能会无休止地在构成元素中游移，因为设计中没有一个元素或部分可以使目光停住（图9-12 左图）。当

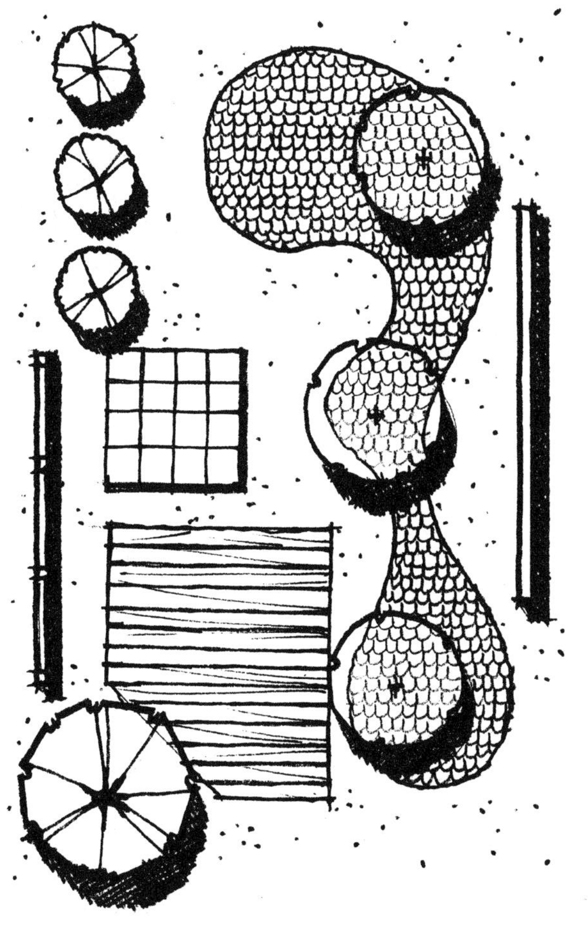

图9-9 当设计元素成组设置时，均衡感便由此产生

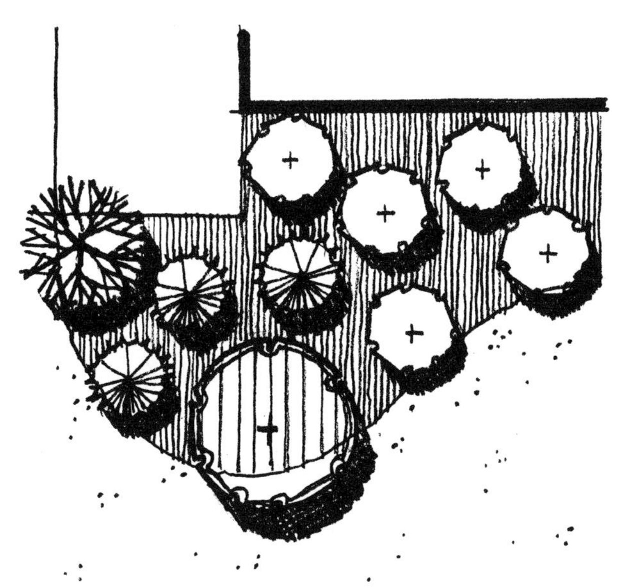

图9-10 植物应成组布置以形成秩序的效果

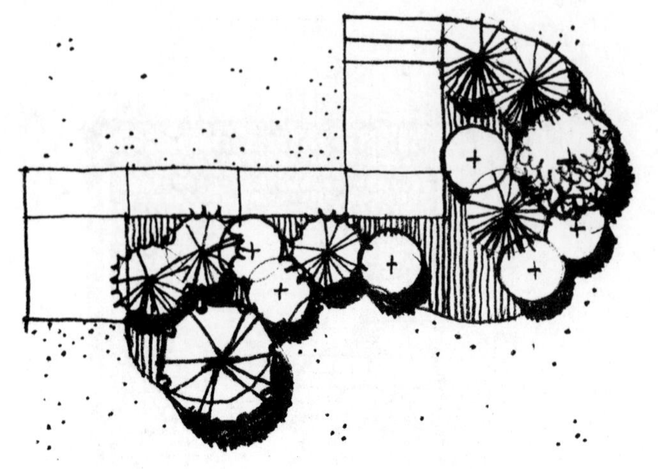

相近的植物过于分散，缺少秩序

相近的植物成组种在一起

图9-11 相近的植物应该种在一起

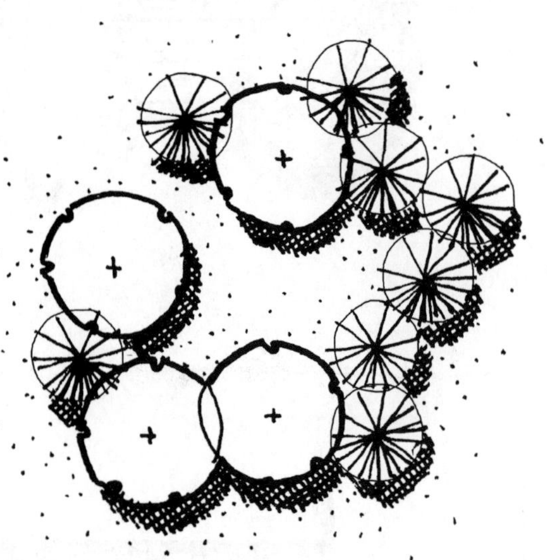

构成缺乏主体元素

主体元素吸引人的注意力并成为焦点

图9-12 主体应与设计构成相结合

在同一个构成中引入一个聚焦点时，它在功能上就像块磁铁一样能够吸引人们的目光（图9-12 右图）。

设计中可以通过夸张一个元素或一组元素的大小、形状、颜色或肌理来使其成为主体（图9-13）。以这种方式创造焦点时，应该注意几点。首先，主体元素必须同构成中的其他元素有一些共同的特征，以使人感到它是构成中的一部分。其次，设计中可以有不止一个焦点，但是不应该设计太多，否则目光就会持续从一个焦点移到另一个焦点上，使人有视觉劳累之感（图9-14）。

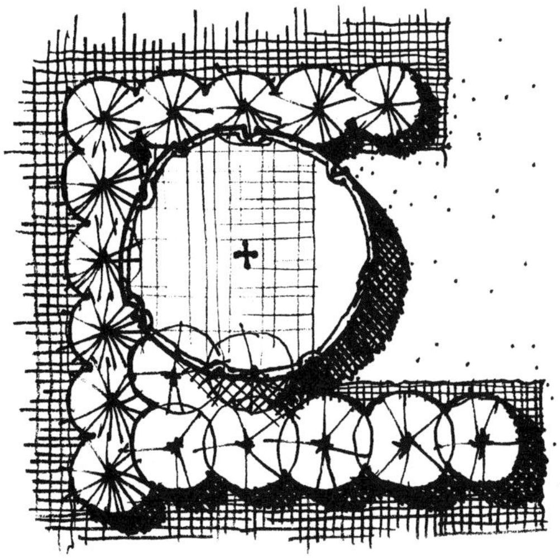

大小

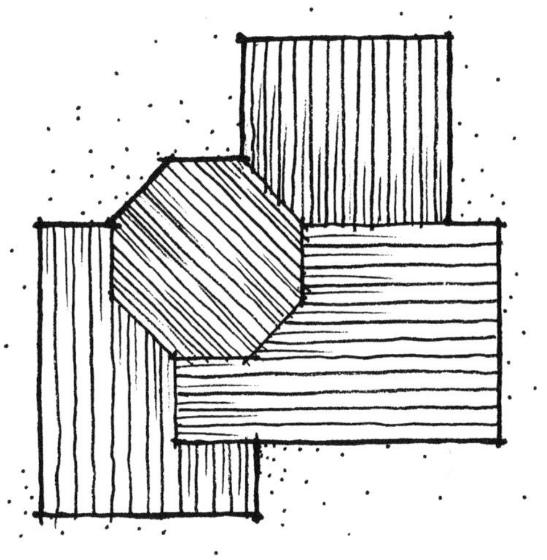

形状

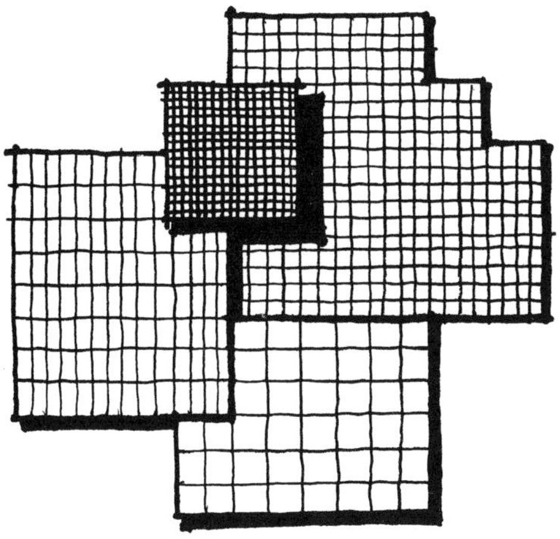

色彩（明暗）

肌理

图9-13 通过大小、形状、颜色或者肌理的比较可以产生主体

图9-14 构成中太多的主体会导致混乱

主体原则可以以很多种形式用于景观设计之中。方式之一就是用于设计的空间组织上。许多不良设计的通病就是缺乏主体空间（图9–15 左图），没有了主体空间，所有空间的视觉感和功能看起来几乎相等。一个经典的景观设计在空间大小上应该层次分明，并有一个或更多的主导空间。在有些基地中，草坪这块相对较大的地方形成了主体空间（图9–15 右图），而在其他的基地上，诸如室外入口门厅空间（图9–16）和室外起居及娱乐空间（图9–17）更适合作主体空间。

一个迷人的水景，一块雕塑，或一个在夜间的光点也可以创造优势。其中每一个主体都能在景观设计中引人注目。在种植设计中，主体可以是浓阴树或吸引人的植物，如观赏树种、花灌木、花草或是其他独特的植物类型（图9–18）。

重复。设计构成中创造统一感的方法之二就是重复。重复原则就是在整个设计构成中反复使用类似的元素或有相似特征的元素。图9–19列举了两个极端的例子，一个在设计中没有一点重复，而另一个将元素完全重复。

第二种方式是在重复设计中创造统一。重复是在设计构图中使用相似元素或元素具有相似特征的原则。如图9–19左图所示，此构成中所有的元素的大小、外形、明暗（色调）和肌理上均不相同。这个构成过于复杂，因此缺乏统一感。但是完全缺乏重复也会导致视觉混乱的构图。图9–19右图显示的构成中所有元素却有着相近的大小、形状、明暗（色调）和肌理。因为这些元素有许多共同之处，所以能产生强烈的视觉统一感。虽然它们能提供强烈的整体感，但太多相同的元素往往导致构图的单调，当构图没有变化时，视觉很快就会感到疲劳。

因此，理想的方法就是在设计中重复某些元素以求统一，同时其他元素富有变化，以维持视觉趣味性（图9–20）。在多样和重复之间应该取得一种平衡，遗憾的是，要达到这种平衡并无定式。

在住宅基地设计中运用重复原则有以下几种方式。第一，在设计的任何一个区域内，不同种类的元素或材质的数目应减到最小。例如，室外空间应该只用一两种铺地材料，因为太多的铺地材料会造成视觉上的凌乱感。设计师还应该限制任何一个区域中植物的种类和数目，应该避免像植物园那样包括许多不同种类植物的设计。

在精简了设计中所运用的元素和材料之后，下一步就应该熟练地将它们在整个设计中重复应用。当眼睛在不同的位置看到同一个元素或材质时，一种视觉上的呼应就产生了。这就是说，眼睛和大脑在两个位置之间形成了联系，于是在意识上将它们连接起来，这样就产生了统一感。应用

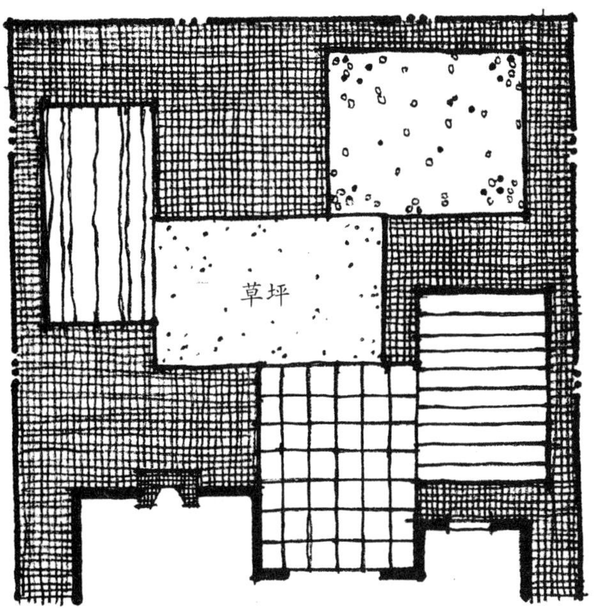

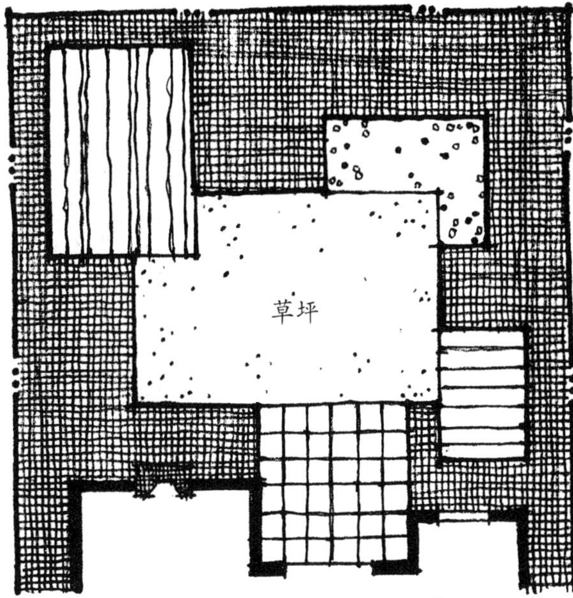

图9-15 在基地设计中应该有一个主体空间

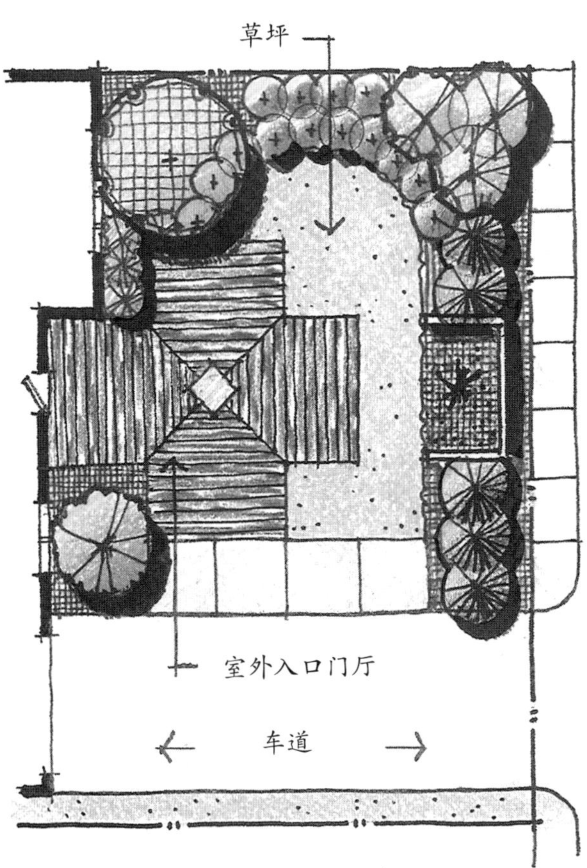

图9-16 室外门厅充当主体空间（彩图见插页）

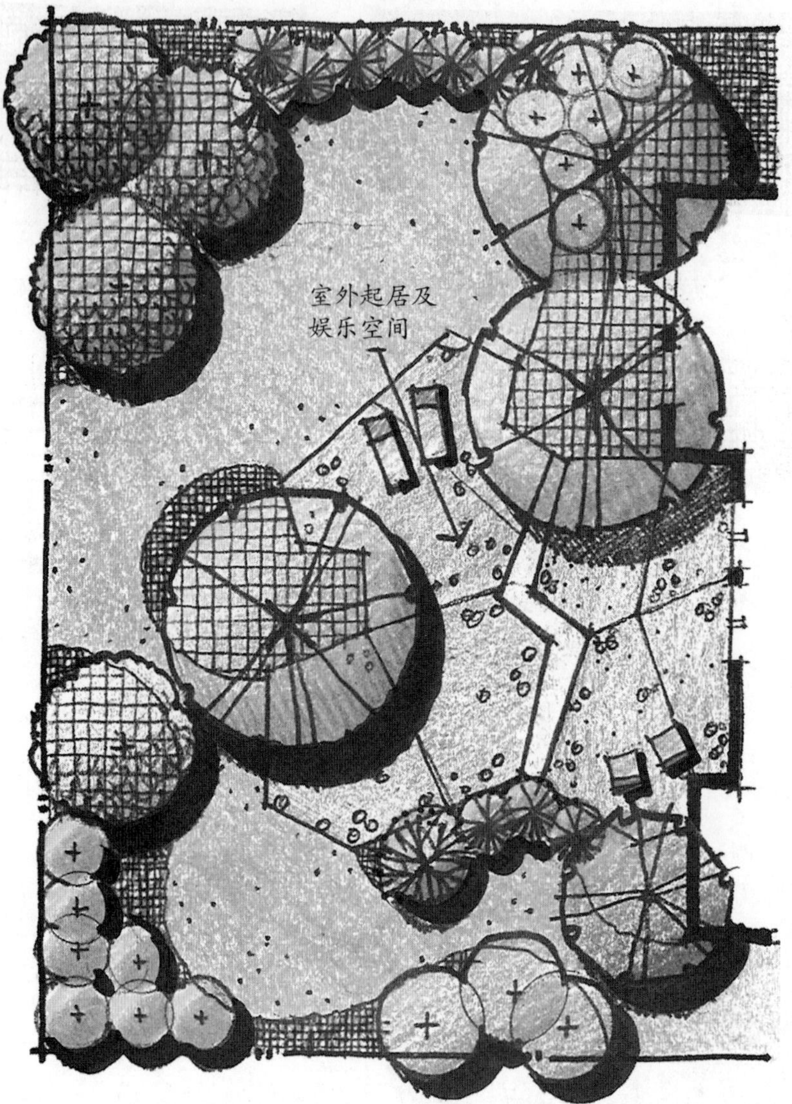

图9-17 室外起居及娱乐空间作为主体空间（彩图见插页）

图9-18 一棵观赏树的独特生长习性使它成为一个主体的视觉元素（彩图见插页）

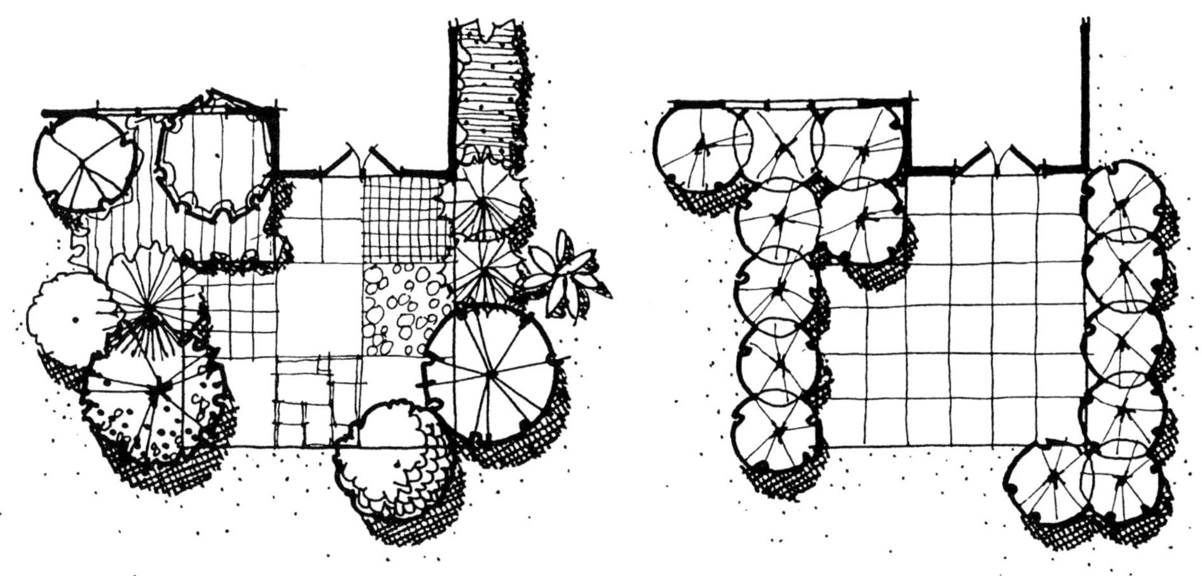

构成中的所有元素都不同，缺乏统一感　　构成中的所有元素都相似，产生统一感

图9-19　如果在设计构成中所有元素的外观均相似，则会产生一种统一感

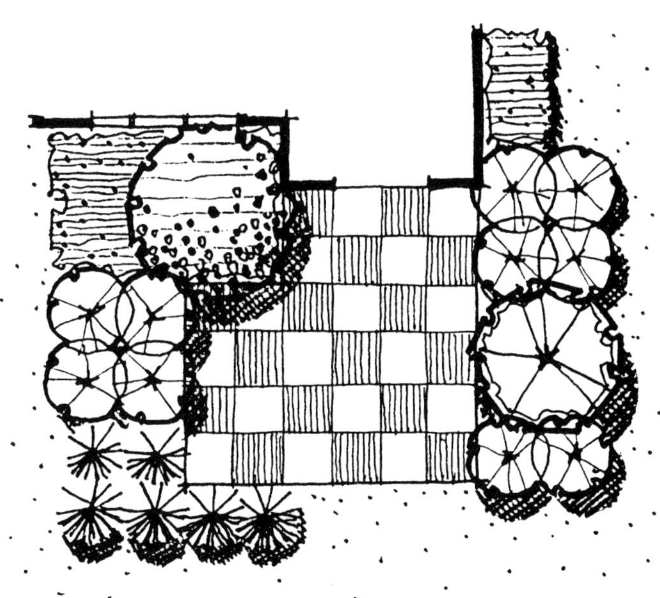

图9-20　设计构成应当在多样和重复之间维持一种平衡

实例之一就是在房屋的正立面使用一种特定的材料，而后又在景观设计的墙体、栅栏或铺装上重复使用它们（图9-21）。

在种植设计中也可以应用类似的原则。尽管在图9-22中树和地被植物总共只有五种，但它们却交织构成了一个和谐的整体。请注意：为了形成视觉上的呼应，低矮的常绿灌木材质（植物A）是怎样放置在三个不同地方的。同时要注意，并不是每一种植物都重复种植。为了变化和强调重点，有些植物在设计中只出现了一次，这样是试图维持一种重复与变化之间的平衡。

图9-21　砖块在房屋、矮墙和铺地上的重复使视觉上有统一感（彩图见插页）

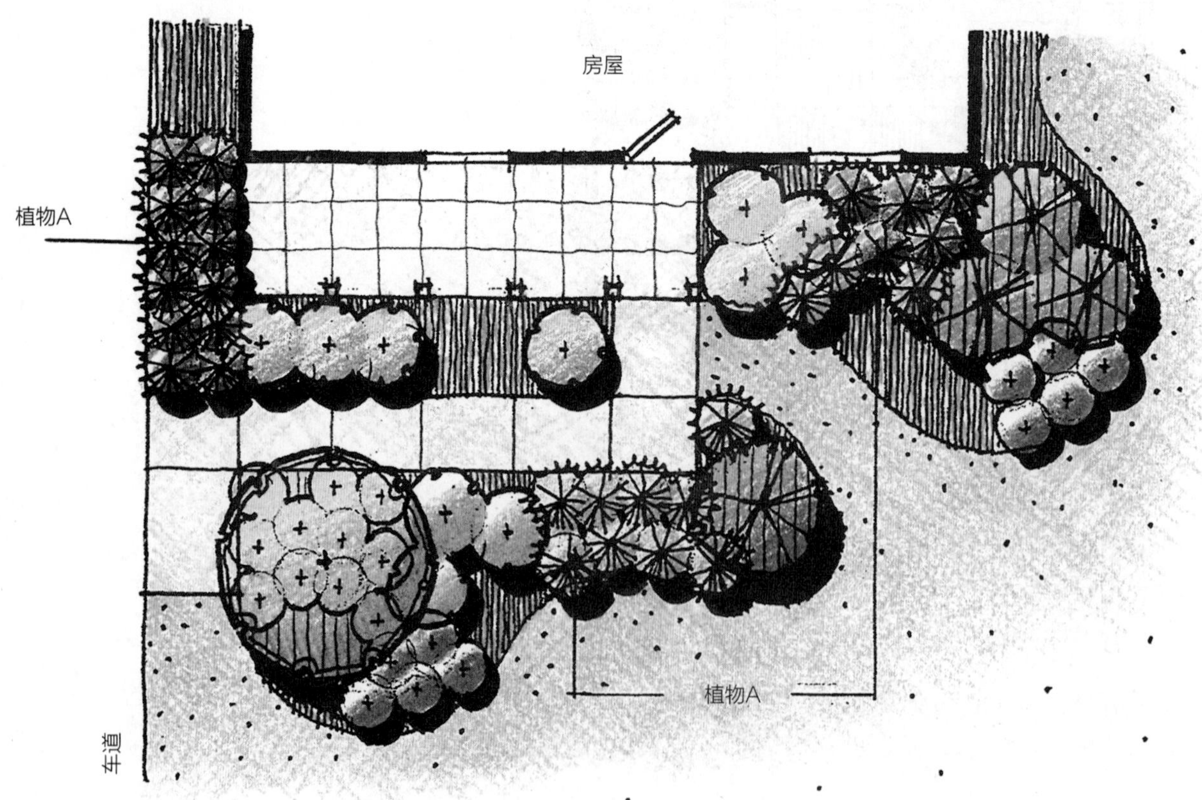

图9-22　选定的植物种类交叉种植在植物区（彩图见插页）

图9-23 基地中的不同空间和元素之间应该加强联系（彩图见插页）

加强联系。第三种在设计构成中创造统一感的方法是加强联系。加强联系的原则就是要把设计中不同的元素或部分连接到一起。成功运用这条原则之后，眼睛就能很自然地从一个元素转移到另一个上面，其间没有任何间断。

在住宅基地设计中有几种方式可以运用加强联系的原则。如图9-23左图，设计中的不同区域像碎片一样分开，这个平面由于被分成了多个孤立的部分而缺乏统一感，并且彼此之间没有或很少有视觉上的联系。而图9-23的右图，同样的设计元素经过修改后将不同的区域连接起来。原先孤立的部分现在移到了一起，并且引入了一个新的元素把各个分离的部分联系起来。修改后的平面有一种连续性，这有助于产生统一感。这对住宅基地来说是一种合适的方法。因为它把整个基地或设计区域一起当作一个整体来考虑，而不是一些拼贴起来的、琐碎的分散空间。

同样的原则还可以用于种植设计中。图9-24左图在一块草坪上加了一些分散而独立的植物，但这种布局是缺乏统一感且不易维护的。当同样的植物以图9-24右图的方式种在一块公共的地被植物区域时，地面上地被植物产生的视觉联系能使眼睛轻易地将不同的植物联系在一起。

加强联系的原则还可用于立面设计上，一片灌木、栅栏都可用于联系景观构成中那些分离的元素（图9-25，图9-26）。

三位一体。设计构成中实现统一感的第四个方法就是三位一体。无论何时，只要三个类似的元素形成一组，一种统一感就会自动产生。三个同一种类的元素（而不是两个或四个）能够形成强烈的统一感。当眼睛看到

图9-24 在种植构成中地被植物加强了元素之间的联系

灌木和乔木之间没有视觉上的联系

低矮的灌木将乔木和其他灌木联系起来，形成了一个统一的构成

图9-25 低矮的灌木作为相互联系的元素（彩图见插页）

无联系

栅栏和低矮的植物建立了相互联系

图9-26 低矮灌木和栅栏加强了各元素之间的联系（彩图见插页）

图9-27 视觉上往往倾向于把由两个或四个同种元素组成的构成分开

由偶数元素组成的一组，通常倾向于把它们分成两半（图9-27），而数字“3”不容易再分，因此仍可以看成一组（图9-28）。在一个单一的构成中，使用奇数元素比偶数要好，这是基本原则，但不可不加思考地随便应用。例如，在一个构成中有很多棵植物，比如6、7、8棵或更多，这时眼睛可能会将它们视为一群，而不能分辨其为奇数棵还是偶数棵。而如果一组中只有2、3、4、5棵植物的话，眼睛就会迅速辨别其奇偶。但是，有时在某些场合，偶数比奇数要好，特别是在规则、对称的景观设计中。

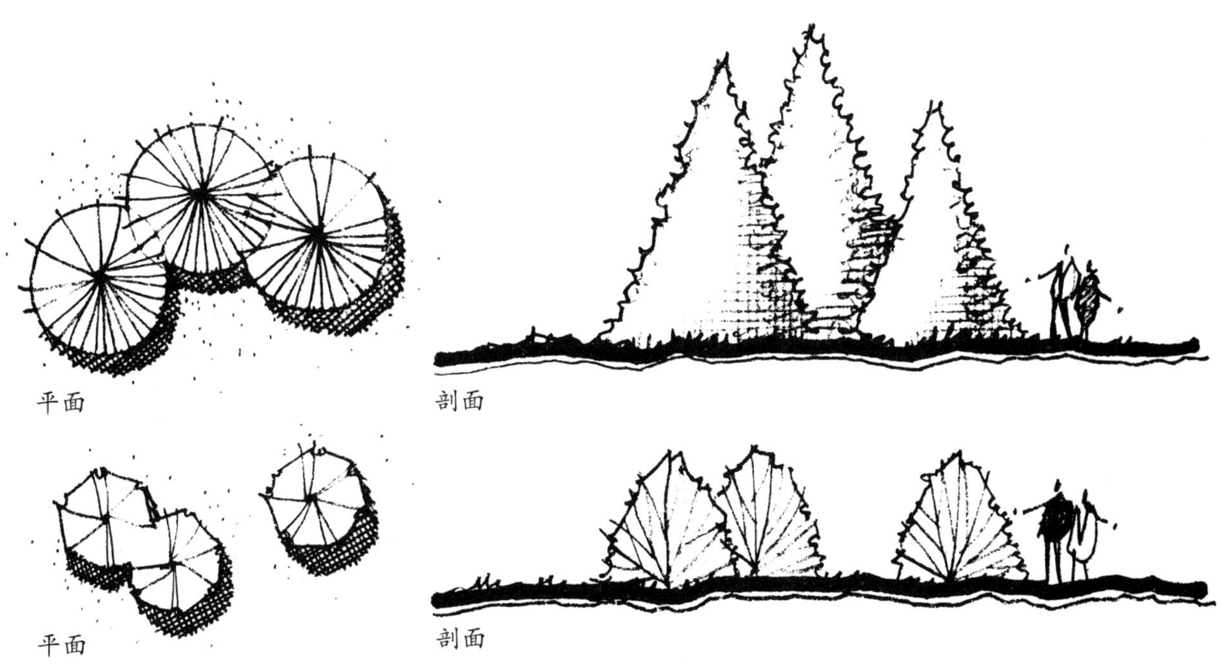

图9-28 构成中三个相似元素成组设置会产生强烈的视觉统一感

韵律

初步设计中应该应用的第三个基本设计原则是韵律。秩序和统一处理的是设计的总体组成以及在此组成中各个元素之间的关系，而构成中的韵律针对的却是时间和运动的因素。当我们体验一个设计，我们的体验会持续一段时间，我们不可能在瞬间体验一个完整的景观设计。

我们倾向于依次浏览构成的每一部分，通常在脑子里将它们形成图案模式，是这些图案模式的时间间隔赋予了设计动态的、变幻的特质。仔细想一想音乐的韵律也许会更明白一些。韵律是由音符中潜在的顺序所形成的，通常也叫节拍。节拍是一种可认知的模式，它决定了一件音乐作品的动态结构，且能够影响人们体验这首音乐作品的时间间隔。它有多种可能，可以是慢速而轻松的，也可以是快速而有力的。

在住宅基地设计中能产生韵律的四种方式有重复、交替、倒置和渐变。

重复。为产生韵律而使用的重复原则与为达到统一而使用的重复略有不同。为了产生韵律感，在设计中运用重复元素或一组元素的反复来创造出显而易见的次序。例如，图9-29列举了四个不同的元素线性重复的例子。对于其中每一个例子，眼睛有节奏地从一个元素转移到另一个元素，这种节奏有点像音乐中的节拍。在这些例子中，元素之间的间隔决定了韵律的特征和速度。在住宅基地设计中，这个原则可用于诸如铺地、栅栏、墙和植物等元素（图9-30）。同样地，这些元素之间的间隔对于韵律的速度来说很关键。

交替。第二种类型的韵律是交替。要创造交替，最简单的方法就是在重复的基础上建立一种连续的图案，接着有规律地把序列上的某些元素更

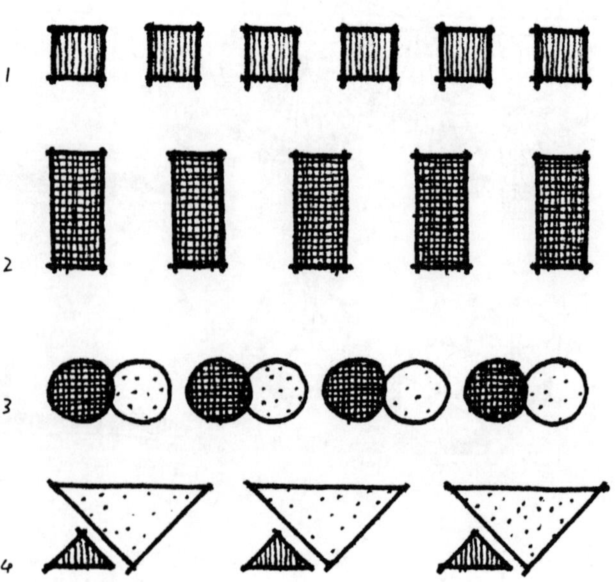

图9-29 元素的依次重复产生了视觉节奏

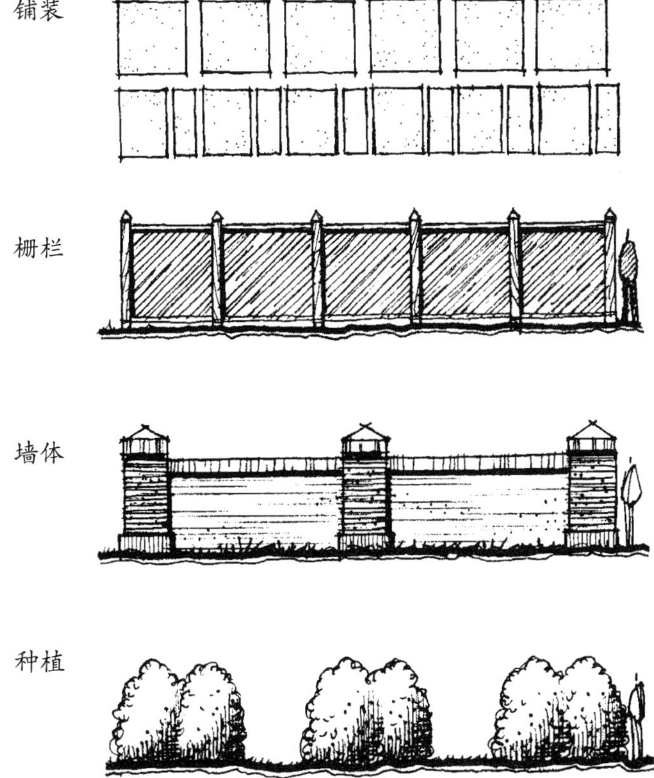

图9-30 在不同的设计元素中可以运用重复来产生视觉韵律

换成另一种（图9-31）。因此，一个基于交替而产生的韵律式样比基于重复而产生的韵律式样有更多的变化，更有视觉趣味性。更换后的元素在序列中能够产生突出或缓和的效果。图9-32显示了交替原则是如何与图9-30的例子结合起来应用的，像为了统一的重复一样，为了产生韵律的重复也不能滥用，否则会过于单调。

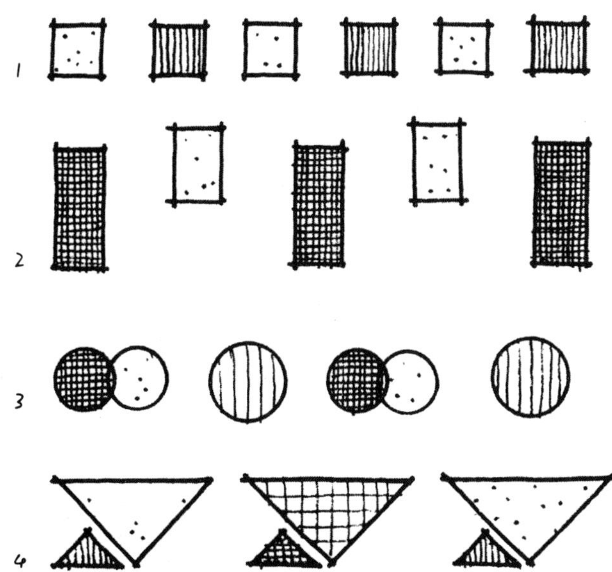

图9-31 构成中,大小、形状、颜色、肌理的交替能够形成视觉韵律

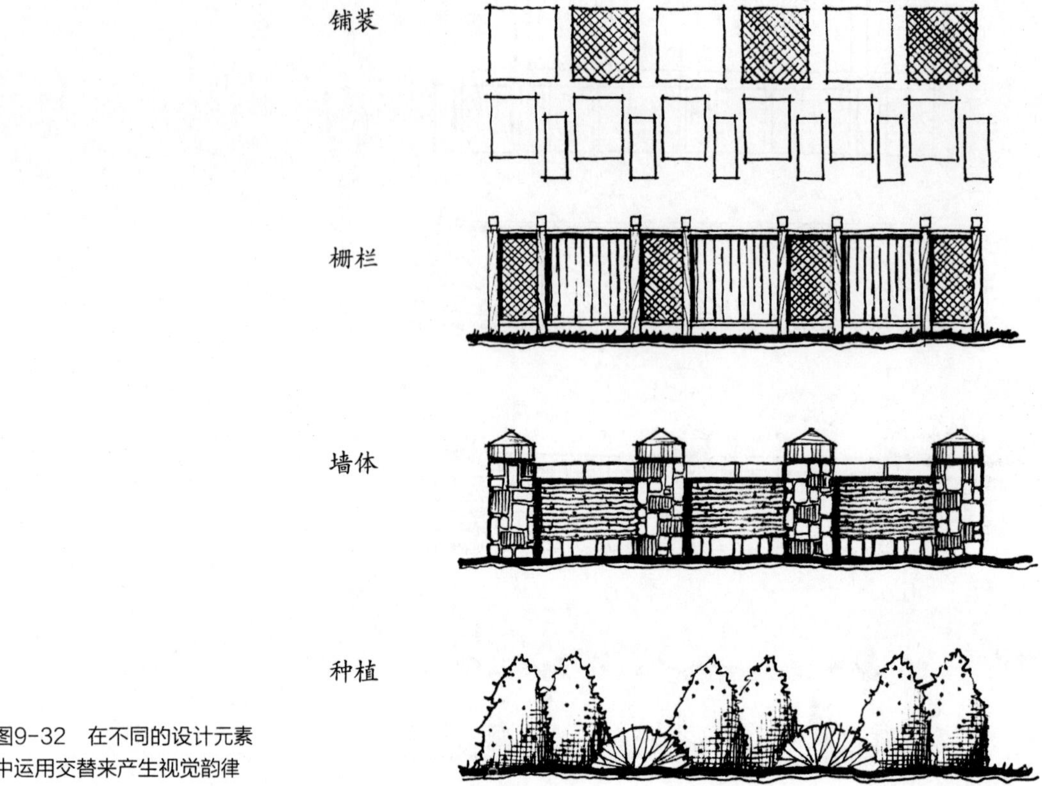

图9-32 在不同的设计元素中运用交替来产生视觉韵律

倒置。倒置是一种特殊类型的交替，只不过更改过的元素与序列中原始的元素相比，属性完全相反。换句话说，更改过的元素与其他元素性质完全颠倒。大变小、宽变窄、高变矮，等等。因此，这种类型的序列变化是对比度大、引人注目的。倒置原则可以有很多方式与景观设计结合（图9-33）。

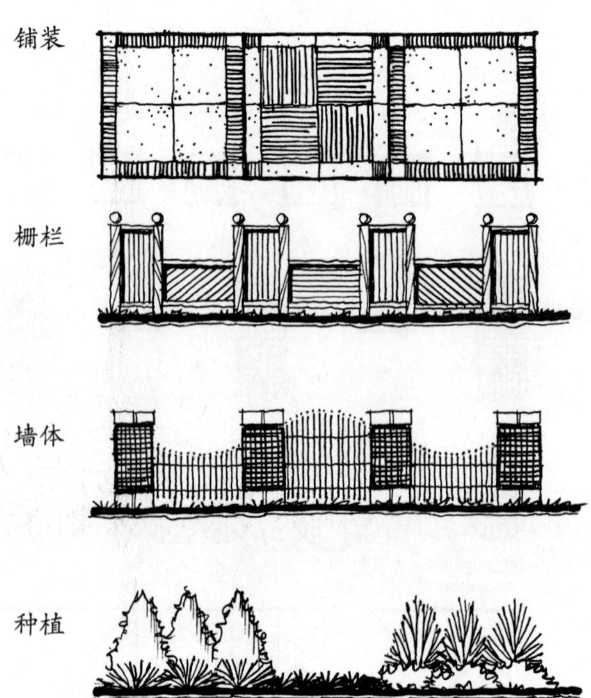

图9-33 铺地图案、栅栏高度、墙的框架以及灌木丛均可利用倒置来产生视觉韵律

渐变。渐变是通过将序列中重复元素的一个或更多特性逐渐地改变而成。例如，序列中的重复元素逐渐增大（图9-34，图9-35），或是将色彩、肌理和形式等特征逐渐地变化。渐变中所发生的变化能够产生视觉刺激，但是不会在构成的各元素之间形成突兀和不连贯的关系。

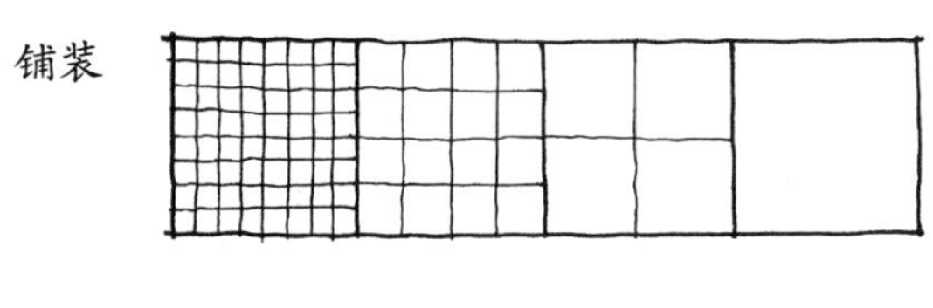

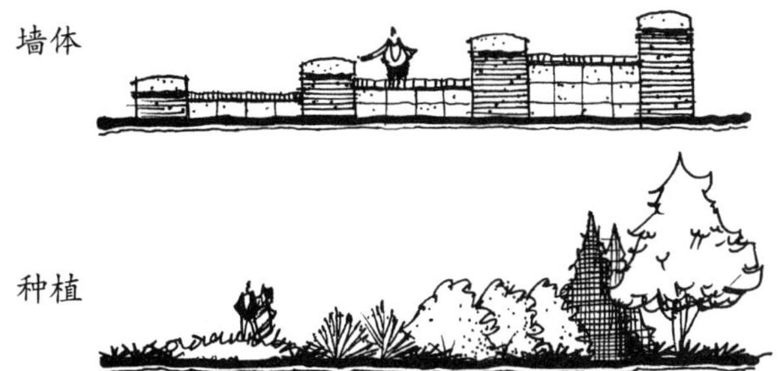

图9-34 通过依次将设计元素的大小渐变也能产生韵律

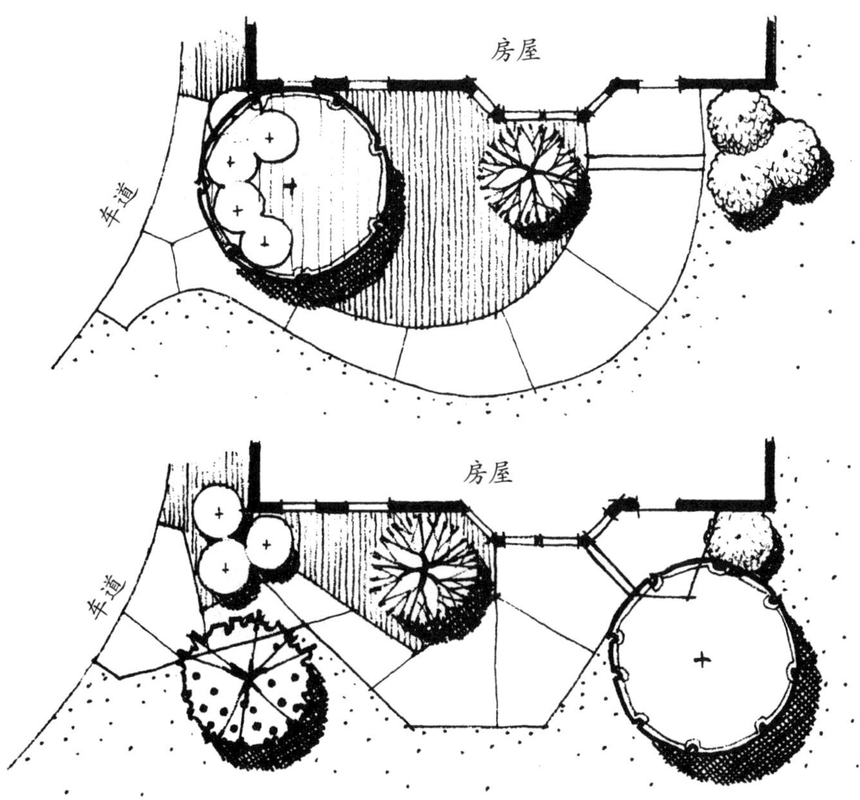

图9-35 散步道宽度的渐变产生了一种视觉节奏

小结

统一、整体和韵律的设计原则对设计效果在视觉上有直接影响。它们影响元素在组成中的位置、大小、形态、颜色以及纹理。在初步设计中，设计师在设计外观的关键决策时，应该有意识地遵守这些原则。与设计中的其他辅助方法一样，设计原则只是有用的指导原则，应谨慎应用。它们并不是设计成功的秘诀。

初步设计是迄今为止我们讨论过的设计过程中最现实和最全面的阶段。它以前面的步骤为基础，但又在范围和细节上超出它们。前面的步骤是为设计搜集重要的基地信息和了解设计基本的组成，而初步设计强调的是设计的视觉和情感方面的问题。

10
形式构成

学习目标

通过对本章的学习，读者应该能够了解：

- 平面形式设计是在创作的最初阶段确定的。
- 平面形式设计和功能图解的异同。
- 圆形和方形要素的关键组成部分，及其与其他形式组合时运用的方法。
- 在一个设计中合并各个形式要素的准则。
- 在二维平面基础上建立的潜在设计主题。
- 确定圆形主题、曲线主题、矩形主题、对角线对称主题、弧和切线主题、角度主题的特点及潜在用途。
- 在一个基地中合并几个不同主题的原因。
- 将建筑风格和房屋功能融入设计主题的认知。
- 概述开发一个特性面板的目的。
- 讨论在一个场所上设计一个形状组合的整个过程。
- 约束线的定义以及它们是如何呼应房屋指导设计的。

概述

第9章讲述了设计过程中初步设计阶段的思考要点，并指出初步设计的两个关键任务是：①形式构成；②空间构成。为了更清楚地阐明问题，本书中这两个问题是分开阐述的，但是在具体的过程中，它们通常是结合起来考虑的。

本章提出了形式构成的目的、基本原则，不同形式构成的主题及其应用，形式构成与现有建筑的关系，并介绍了在住宅项目中研究形式构成的过程。

形式构成的定义与目的

形式构成可定义为将一个功能泡泡图中的大体分区转化为具体形式，并造出其相互间在视觉上相联系的过程。图10-1显示了在同种图解中，功能泡泡图和六个不同形式构成之间的图形差异。

所有这些构成中的空间与功能图解相比，在大小、比例和功能上都相似，但在形式和位置上却更为精确。室外空间环境边界的一些典型例子包括下列要素之间的边界：

- 树池与草坪之间
- 平台与草坪之间
- 入口步道与树池之间
- 车道与入口步道之间
- 台阶与铺地之间
- 铺木板平台与露台之间

除了确定形式的边界以外，形式构成同时也形成了一个视

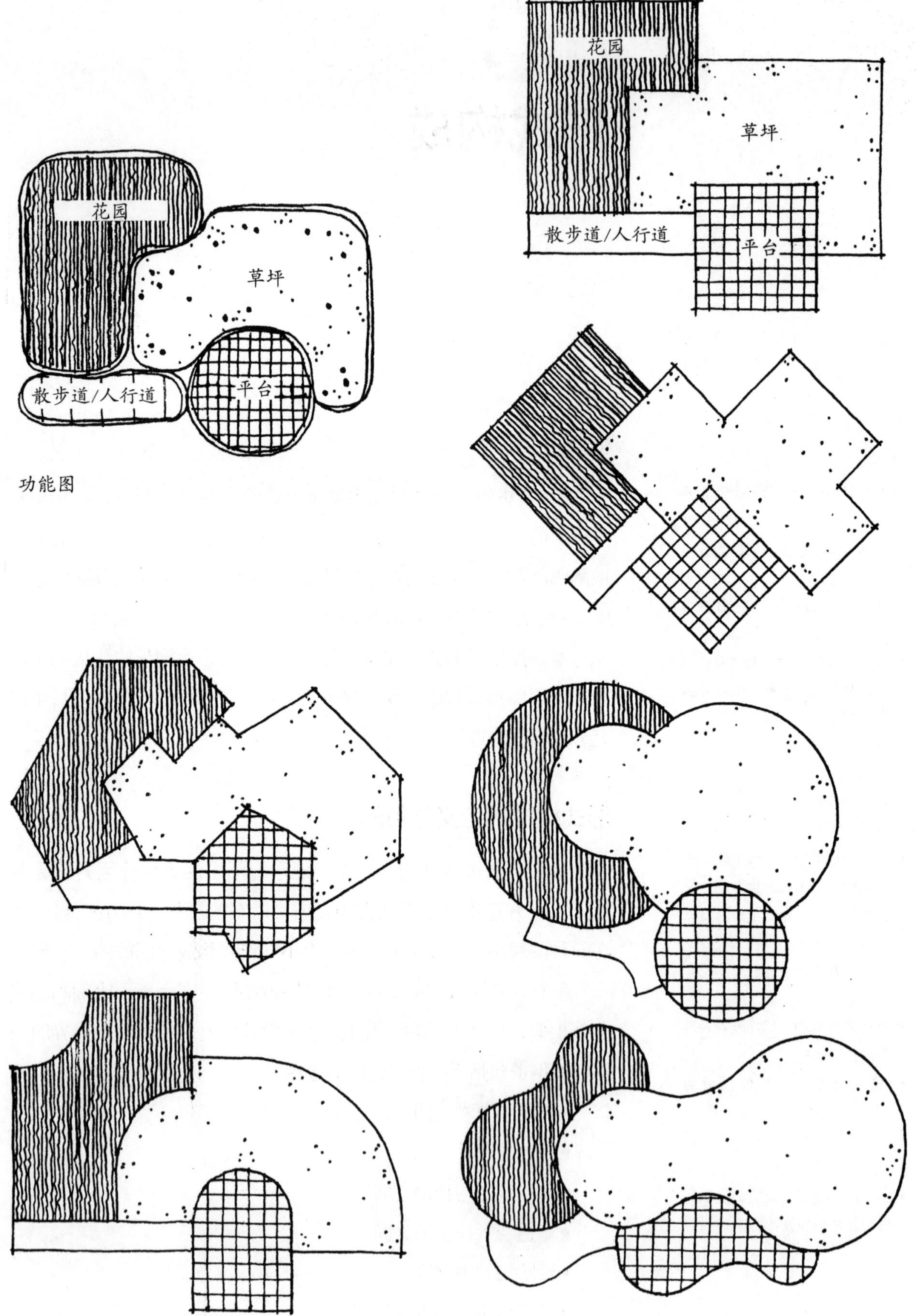

图10-1 功能图解与六种不同形式构成间的图形对比

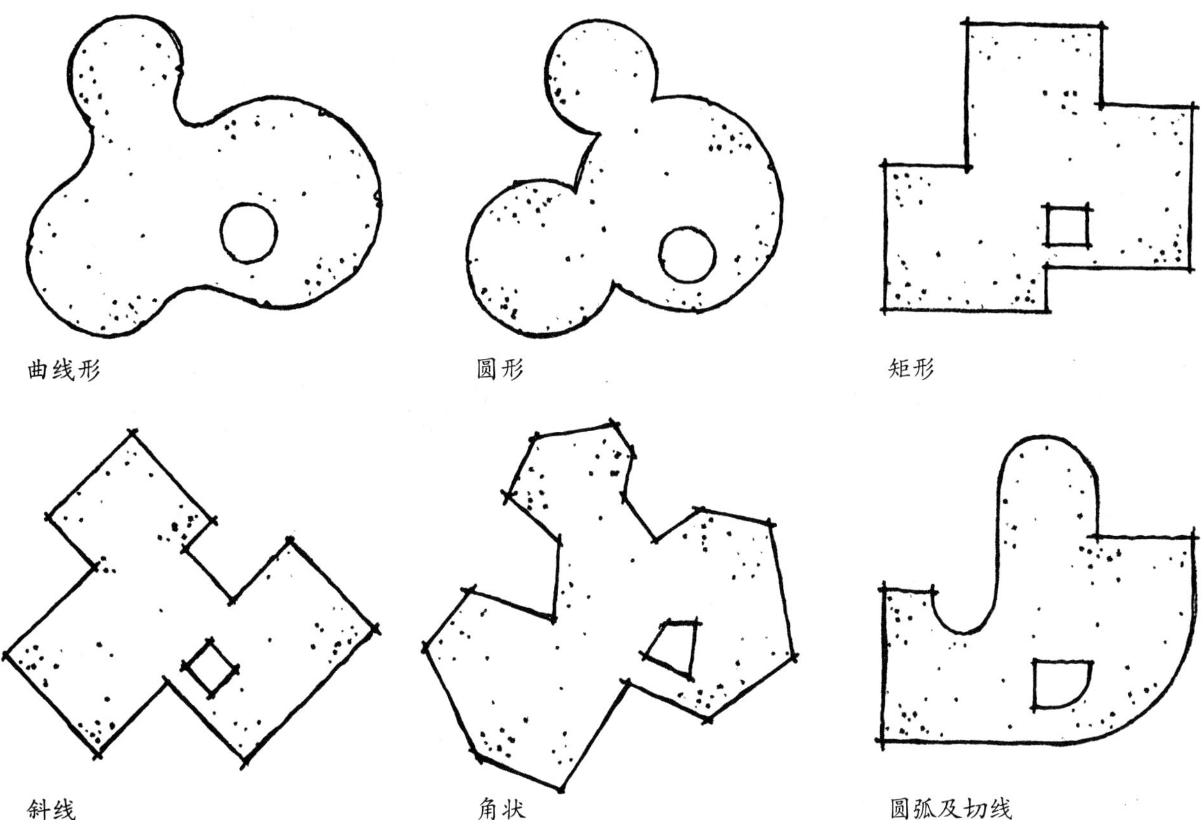

图10-2 形式构成中可能衍生的视觉主题

觉主题。因为它是由某些特定形式经多次重复而形成的，所以它能令人产生一致感及和谐感。就如同第9章中所指出的那样，形式的一致性是在景观设计中获得秩序的一个必要手段。特定形式的选取可能是基于：①花园设计的样式风格（如意大利文艺复兴式、英国式、维多利亚式、日本式、加利福尼亚式、后现代主义等）；②所设想的花园氛围或性质（非正式的、结构化的、有机的、被动的、随意的、全木构的、流动的等）；③基地特征；④房屋的建筑风格。尽管在住宅设计中设计主题可能多得数不清，但有一些几何形的主题却更为常见，它们包括：①圆形；②曲线形；③矩形；④斜形；⑤圆弧及切线；⑥角状。如图10-2所示。

功能图解建立了一种只可间接看到或感知的框架，而设计主题则能够提供一种能直接感知的秩序。设计主题之间建立了一致的形式秩序，使设计中所有的元素和空间之间关系和谐（图10-3左图）；如果没有这种主题，一个设计往往会被分散成多个视觉上毫不相关的部分（图10-3右图）。

形式构成建立了一个二维的基准，在室外空间设置墙和隔板时需以此为基础。总之，这些空间围合物的平面具有一种特殊的确实能被感知的性

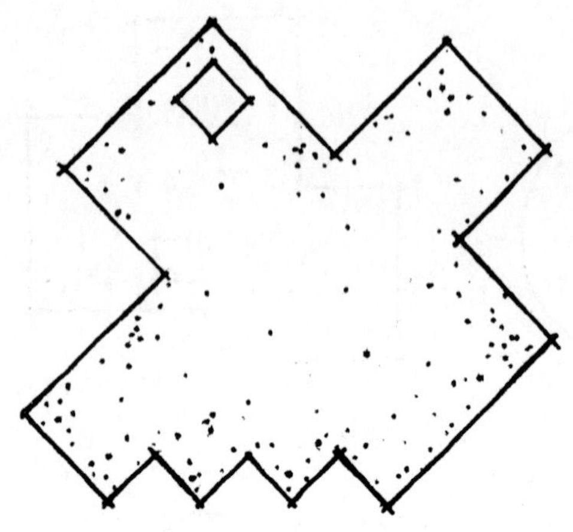

视觉主题一致能产生视觉秩序

视觉主题不一致，则会被分散成许多不相关的部分

图10-3 一致的视觉主题可以用在形式构成中建立秩序感

格或个性。

形式构成是设计过程中的关键性步骤，因为它直接影响着这个空间的美观。一方面，大多数人如果没有在一栋建筑里居住或研究一段时间的话，他们就不能判定这个设计在功能上是否好用。另一方面，人们对看到的形式反应迅速。通常，对一个设计是赞同还是反对往往快速地、主观地决定于由形式构成所形成的视觉结构。

圆

在世界上各种各样的形式中，圆是独一无二的，因为它的简洁性和完整性，通常被认为是最纯粹和最完美的形式。

圆的许多元素参数和参量在设计构成中是非常重要的，具体包括：①圆心；②圆周；③半径；④半径延长线；⑤直径；⑥切线（图10-4）。

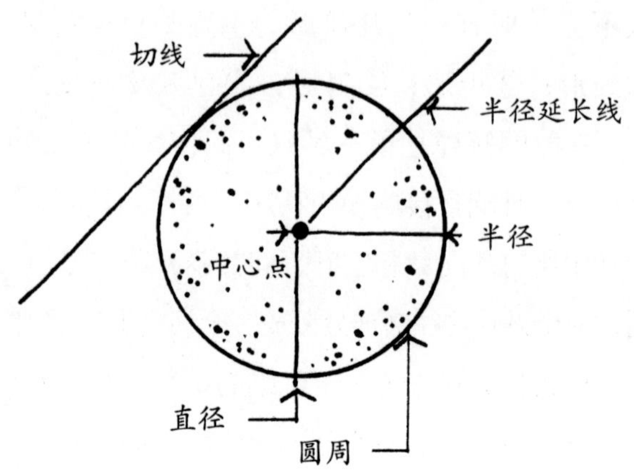

图10-4 圆的各种参数

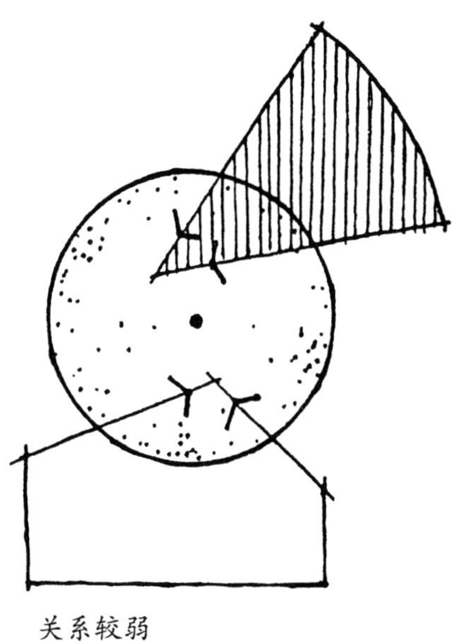

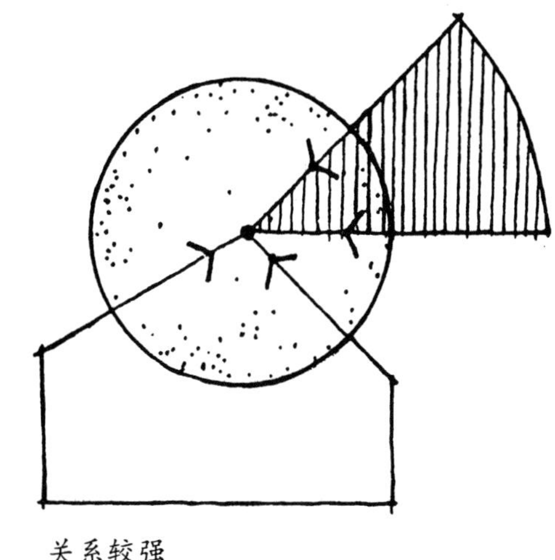

图10-5 线需与圆心发生关系以形成有力的视觉构成

圆心当然就是圆的中心点，所有半径和直径在圆心处相连或交叉。圆周或圆的外边界，确定了圆的范围，半径是从圆心引向圆周的直线。半径延长线与之类似，但突破了圆周的限制。直径是一种经过圆心、从圆的一边到另一边的直线，切线与圆周相连，并与半径垂直。

在圆的所有元素中，圆心恐怕是最重要的，首先，圆心是一个能吸引注意力的点。绝大多数人都能用铅笔或钢笔轻松地估计出圆心的位置。其次，半径、半径延长线和直径都经过圆心，从而加强了圆心位置的重要性。所以，用圆来设计时，首先要考虑到任何直接与圆心相连的线都能与圆发生强烈的关系（图10-5 右图）；那些不与圆心相连的直线则看起来好像与圆无关或关系较为模糊（图10-5 左图）。

类似地，连线及其构成形式与圆周相接的方式决定了这个构图是否成功。那些在构成中借用半径延长线与圆周相交的直线比不与圆周相交的构成看起来愉悦（图10-6），换句话说，与圆周成90° 的直线要比斜交的更为稳定。

因为设计需要多种构思方案供选择，所以很重要且应该使人意识到的一点是，以特殊图形为基础，对它的某些元素进行调整，从而形成多个组合方案。每个参量与其他参量相结合，便能生成一个新形式。构思中可能要用2 、3、4，甚至所有5个参量（图10-7）。

正多边形在构成中也很常见，并在圆内部成形。这里提到的正多边形有：①等边三角形（有3 条边）；②正方形（4 条边）；③正五边形（5 条边）；④正六边形（6 条边）；⑤正八边形（8 条边）。图10-8～10-12 说

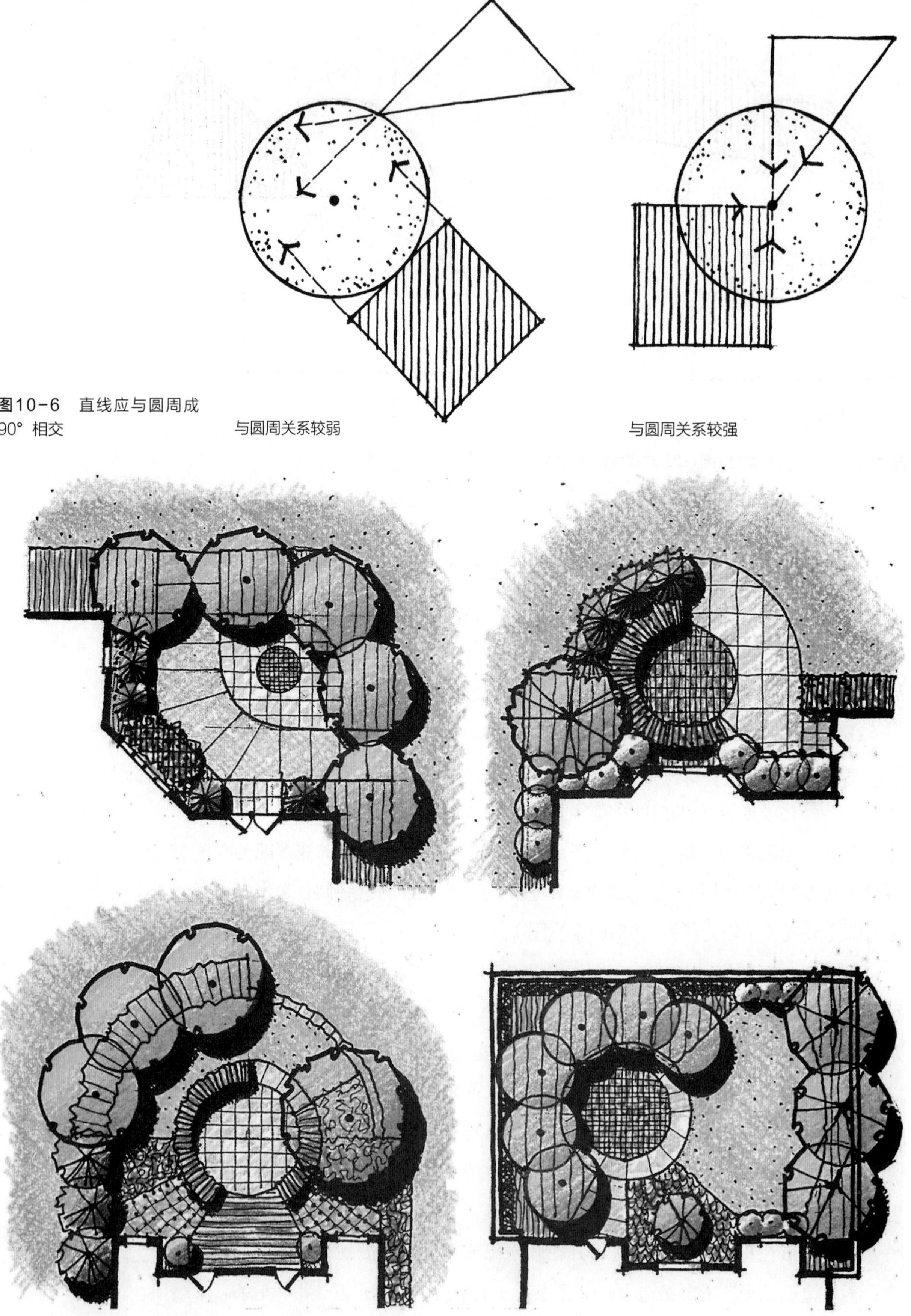

图10-6 直线应与圆周成90° 相交

图10-7 把重点放在圆的各参量上，就会有各种设计构成产生（彩图见插页）

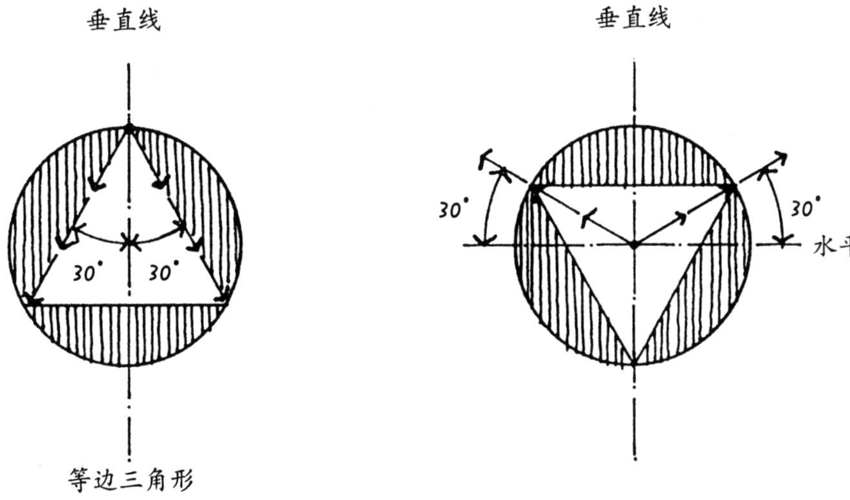

图10-8 在圆内形成一个等边三角形

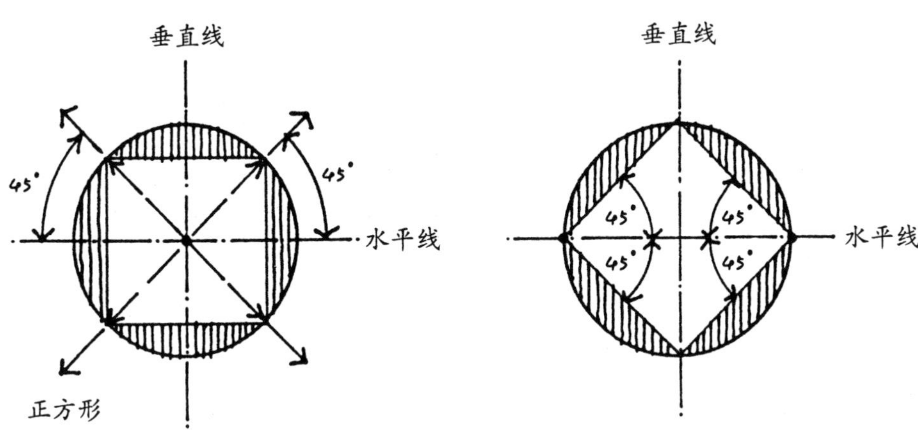

图10-9 在圆内形成一个正方形

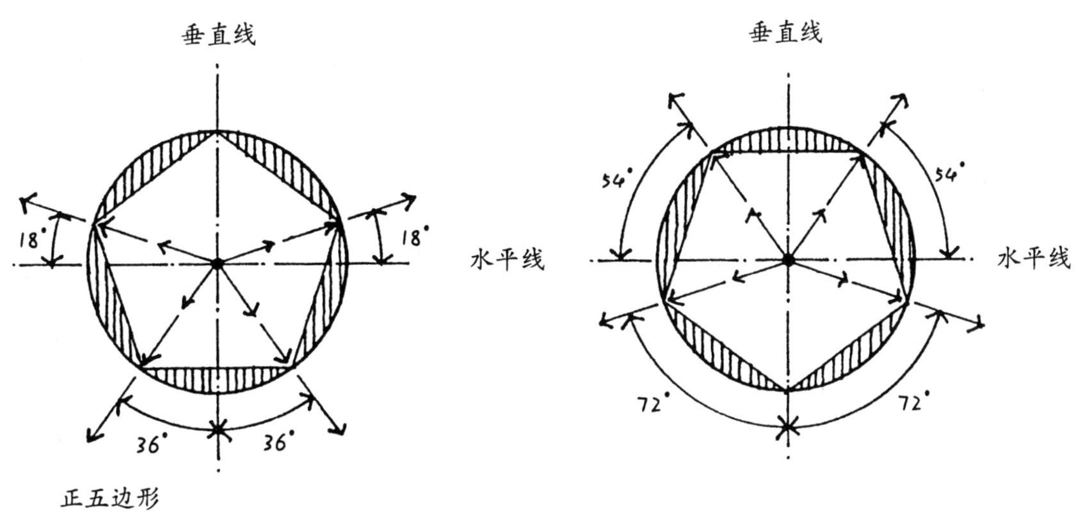

图10-10 在圆内形成一个正五边形

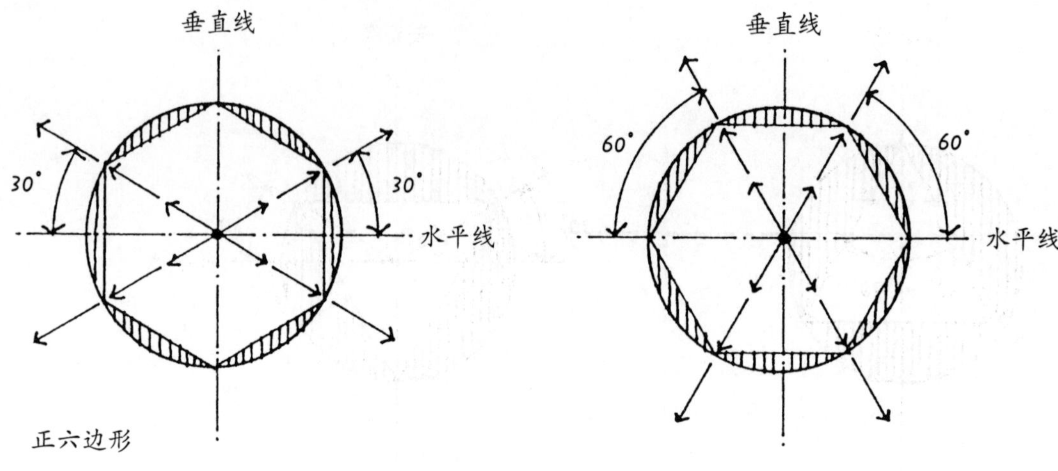

图10-11 在圆内形成一个正六边形

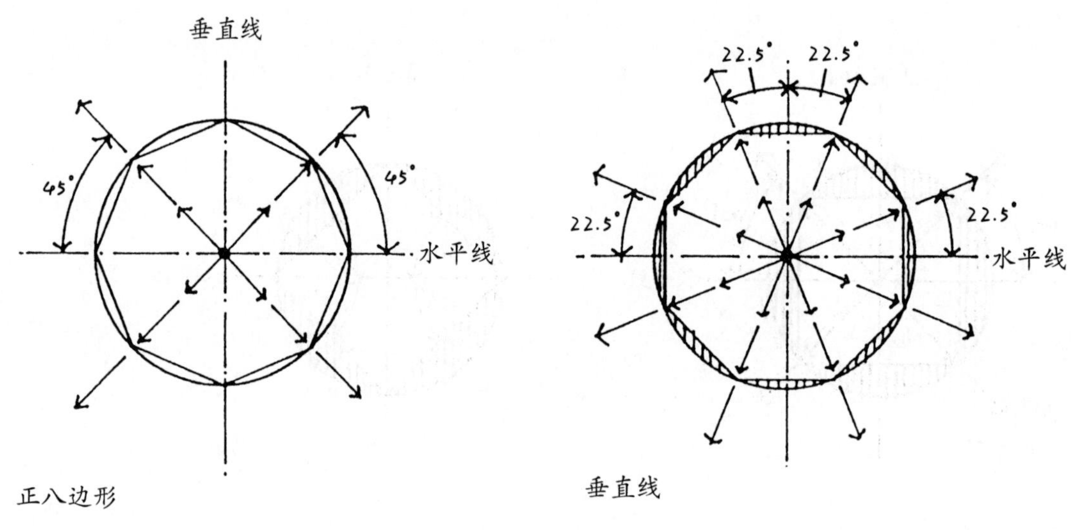

图10-12 在圆内形成一个正八边形

明了每种多边形是怎样在圆内部形成的。

正方形

与圆不同，正方形通常被认为是一个人造而非自然的形式，因为它由许多直线组成，这在自然中是找不到的。正方形的结构对称，是一种很规矩的形式，四条边等长且内角均为90°，正方形中暗含一条中线，将正方形分成相等的两半。正方形有两条对称轴，穿过中心点并与边平行（图10-13）。

因为正方形有四条独立而又划分清晰的边，所以它有四个确定的方向。而不像圆那样呈中心发散状（图10-14）。因此，正方形在四个角部形成了盲点，更强化了正方形的轴线属性。方和圆尽管有许多不同，但有一

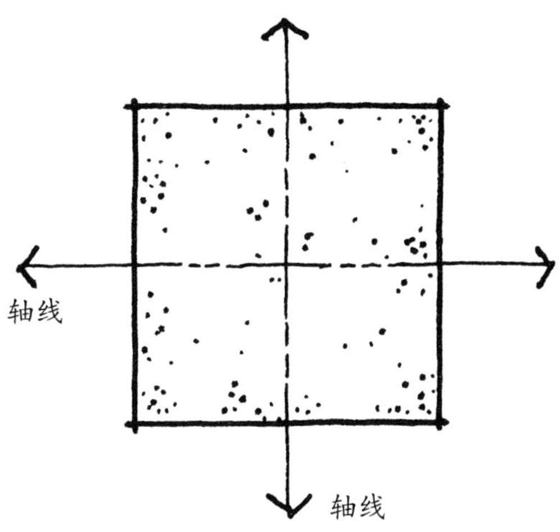

图10-13 正方形固有的两条经过中心点并与两边平行的轴线

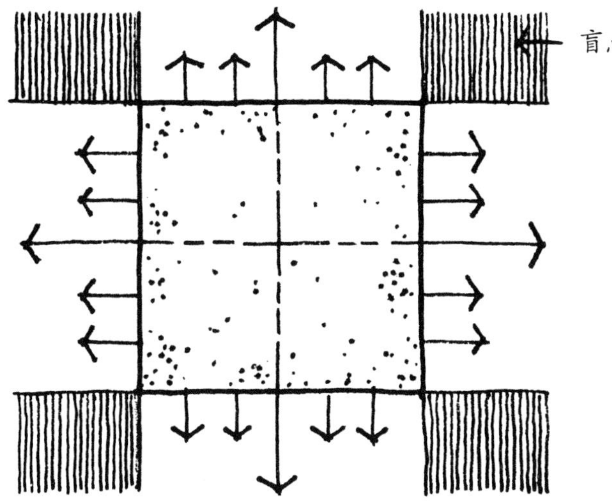

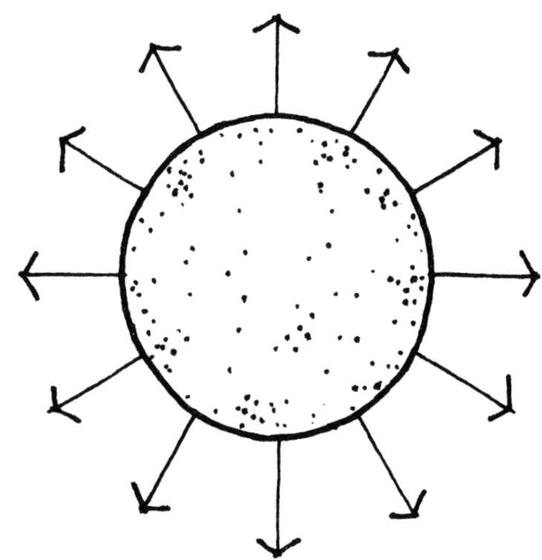

图10-14 不像圆那样呈放射状，正方形在朝外的方向中有“盲点”，不能在所有方向上都面朝外

点是相同的：每个都符合另一种形式（图10-15）。

正方形有6 种参量对构成有影响：①边；②延长边；③轴线；④延长轴线；⑤对角线；⑥延长对角线（图10-16）。探寻正方形各部分之间的不同组合，就像上面提到的圆，能创造出有创意的设计构成（图10-17）。

发展构成的另一个方法就是将正方形作为一个模数网格。把正方形细分为许多等大的正方形，就有了网格，例如：这些较小的方形边长可以是原正方形边长的1/2、1/4 或1/3。画出一个网格，就意味着存在着无数种构成的可能性（图10-18），还可以在原网格中加入扭转网格以形成不同的设计构成（图10-19）。

圆和正方形还有它们的各部分是无数个设计构成的基础。对于设计师来说，很有必要研究这两种几何形式以提高设计技巧。当设计师技巧熟练

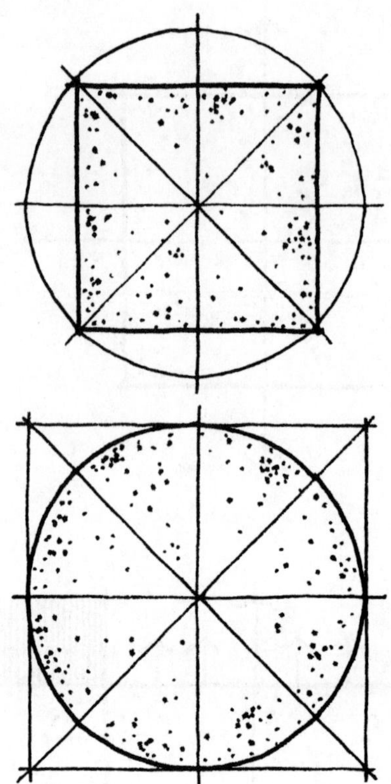
图10-15 圆与方相互包含

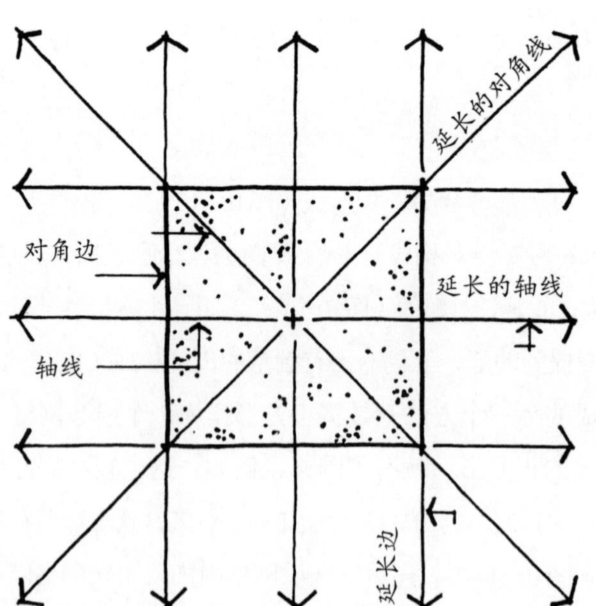

图10-16 正方形的各部分

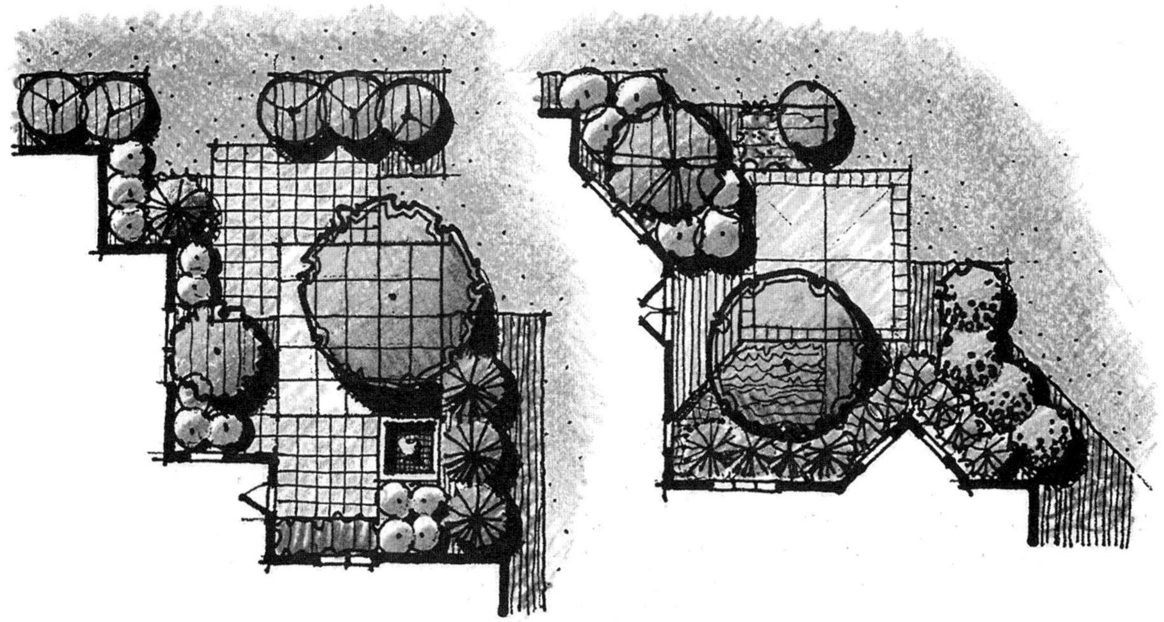

图10-17 改变正方形各部分的大小，能生成多种设计构成（彩图见插页）

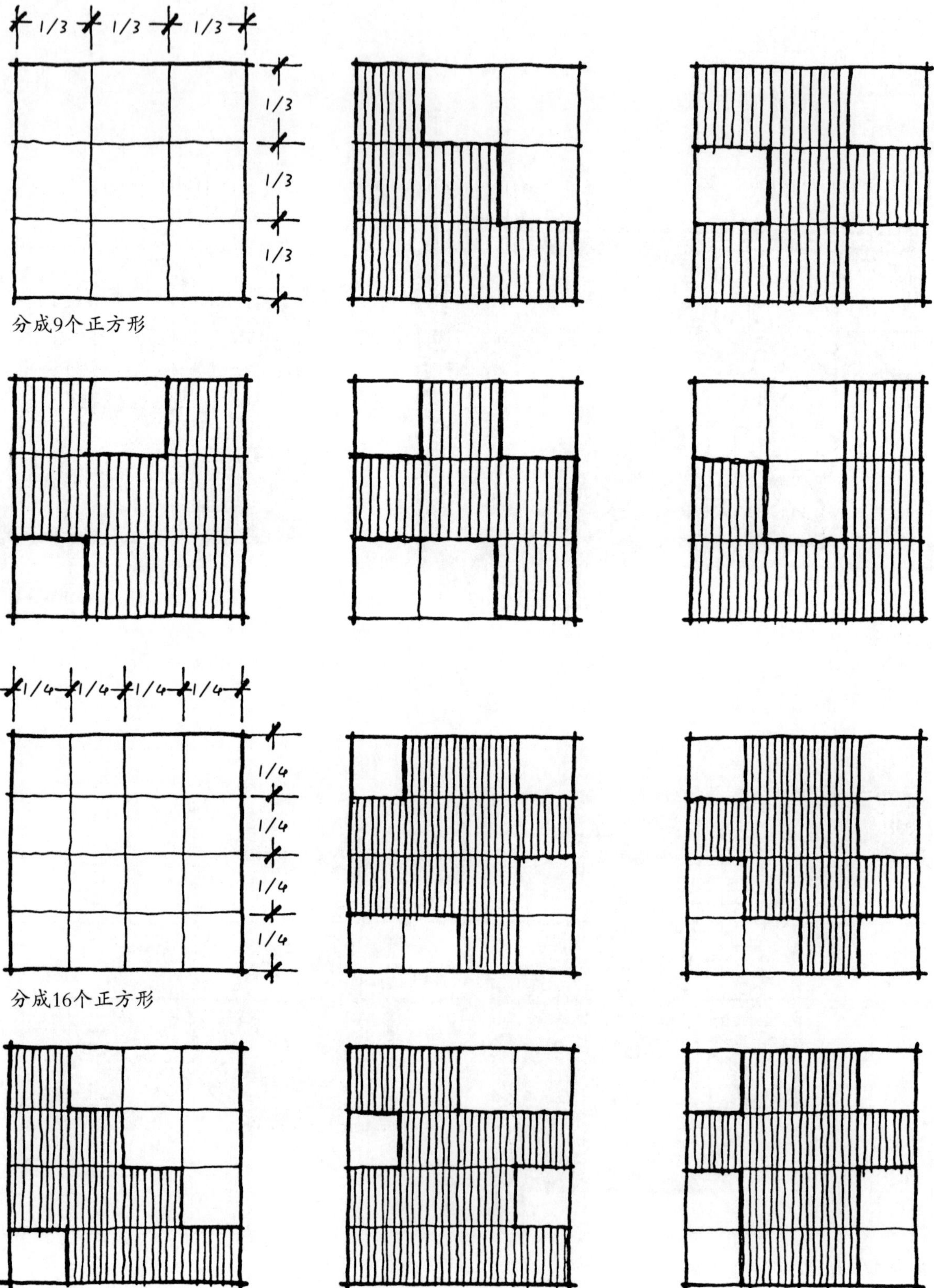

图10–18 在正方形中画一个模数网格，作为设计构成的基础

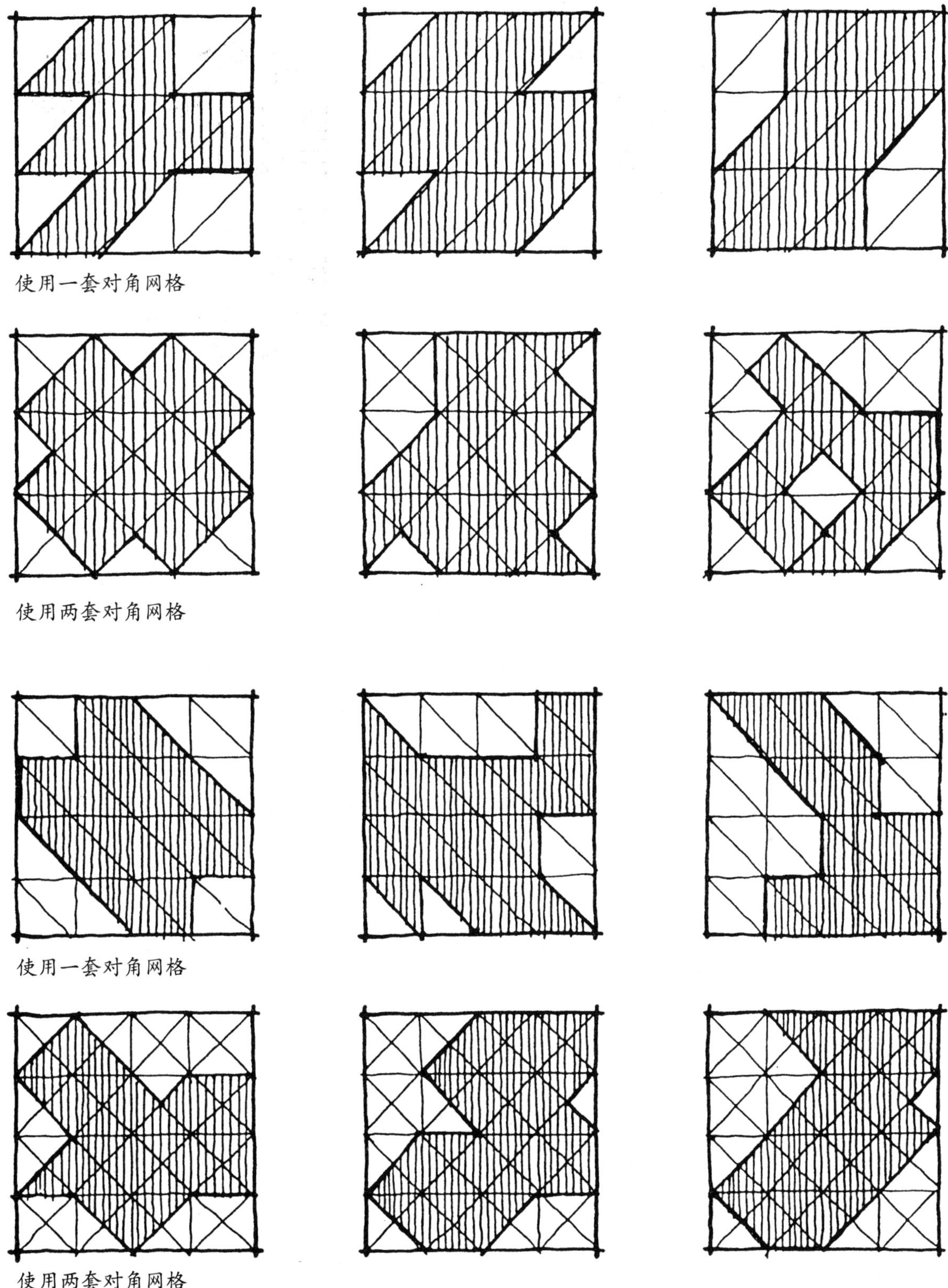

图10-19 对角网格可用来形成设计构成

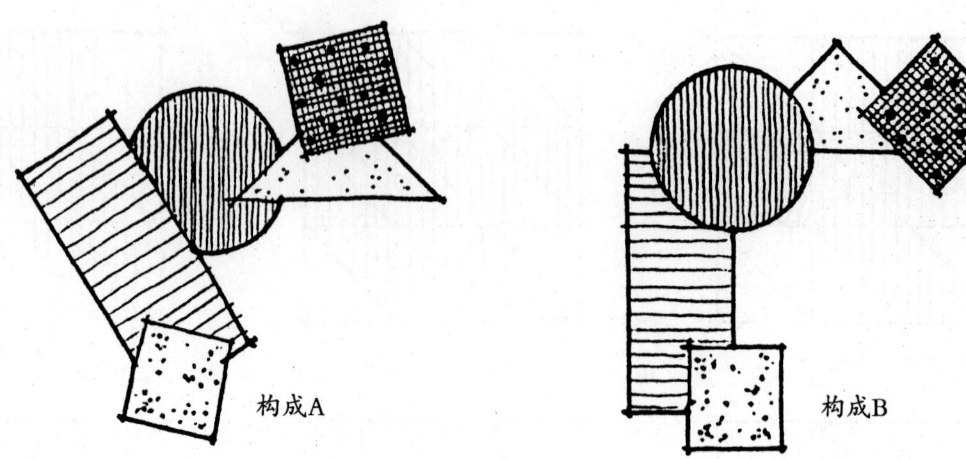

图10-20 各部分之间的关系对于构成在视觉上是否吸引人至关重要

之后，新的想法就会直接产生新的形式。

形式组合的参考原则

在形式构成中，设计师必须考虑结合后的形式与它的各部分之间的关系。当两个或更多形式组合到一起时，应该注意形式构成与各部分之间已经形成的一种关系。

图10-20展示了两个由同样的部分组成的形式组合，但构成差异很大。这种差异就在于构成中各形式的相对位置不一样。很明显，“构成B”看起来更像是经过组织后的形式，而“构成A”却像是几个图案的随意放置。“构成B”的组织是基于四条正确的关于形式组合的参考原则：①各部分对齐；②避免锐角；③确保形式的可识别性；④具有形式主体。

第一个也是最重要的原则就是每个形式的各个参量应与这个形式在组合后的位置对齐。举个例子，请注意图10-21 右图的构成中各个不同部分是如何对齐的，圆C的两条半径延长线同时又是等腰三角形B和矩形D的一条边。而且，B的两条边与D的两条边是圆C的半径延长线，矩形的角点同时又是正方形的中心。与之形成对比的是图10-21 左图各个组成部分之间缺乏内在的联系，而且各个参量没有对齐，这种构成理所当然是苍白无力的。

第二个形式组合的原则就是要避免形成锐角，锐角是小于45° 的角。图10-22 显示许多种锐角的形式构成，尽管其中一些构成第一眼看上去组织的还可以或者说视觉上还能接受，但是这些形状间的关系形成了不合理的锐角。构成中应避免出现锐角，原因如下：

1. 锐角使得构成形式间的视觉关系显得较弱，但却易成为视觉焦点。

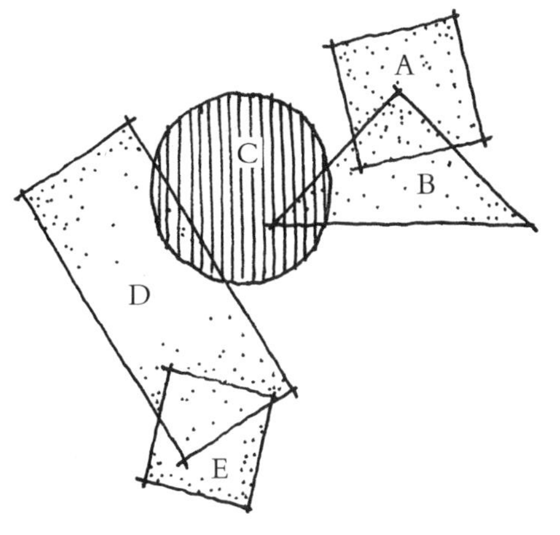

图10-21 相互连接的各个部分应与其他部分对齐

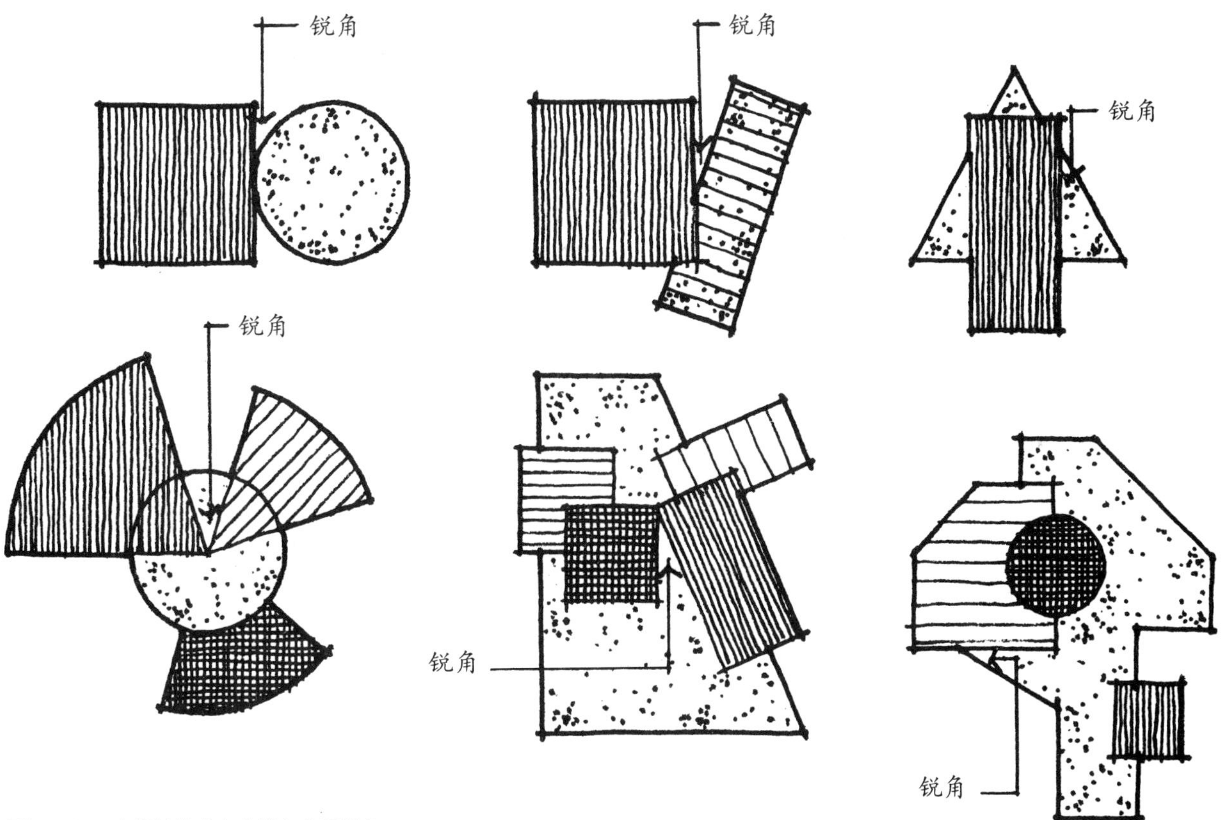

图10-22 在设计构成中应避免出现锐角

2. 当锐角出现在铺地区域内部或边缘时，就形成了结构上较薄弱的区域（图10–23）。

3. 当锐角在种植区的边缘形成时，这些地方往往不可能种植灌木，甚至连地被植物都不合适（图10–24）。

4. 若是用锐角区域来作为人使用的空间，例如就餐空间或娱乐空间，就会浪费许多空间，因为尺寸实在太小（图10–25）。

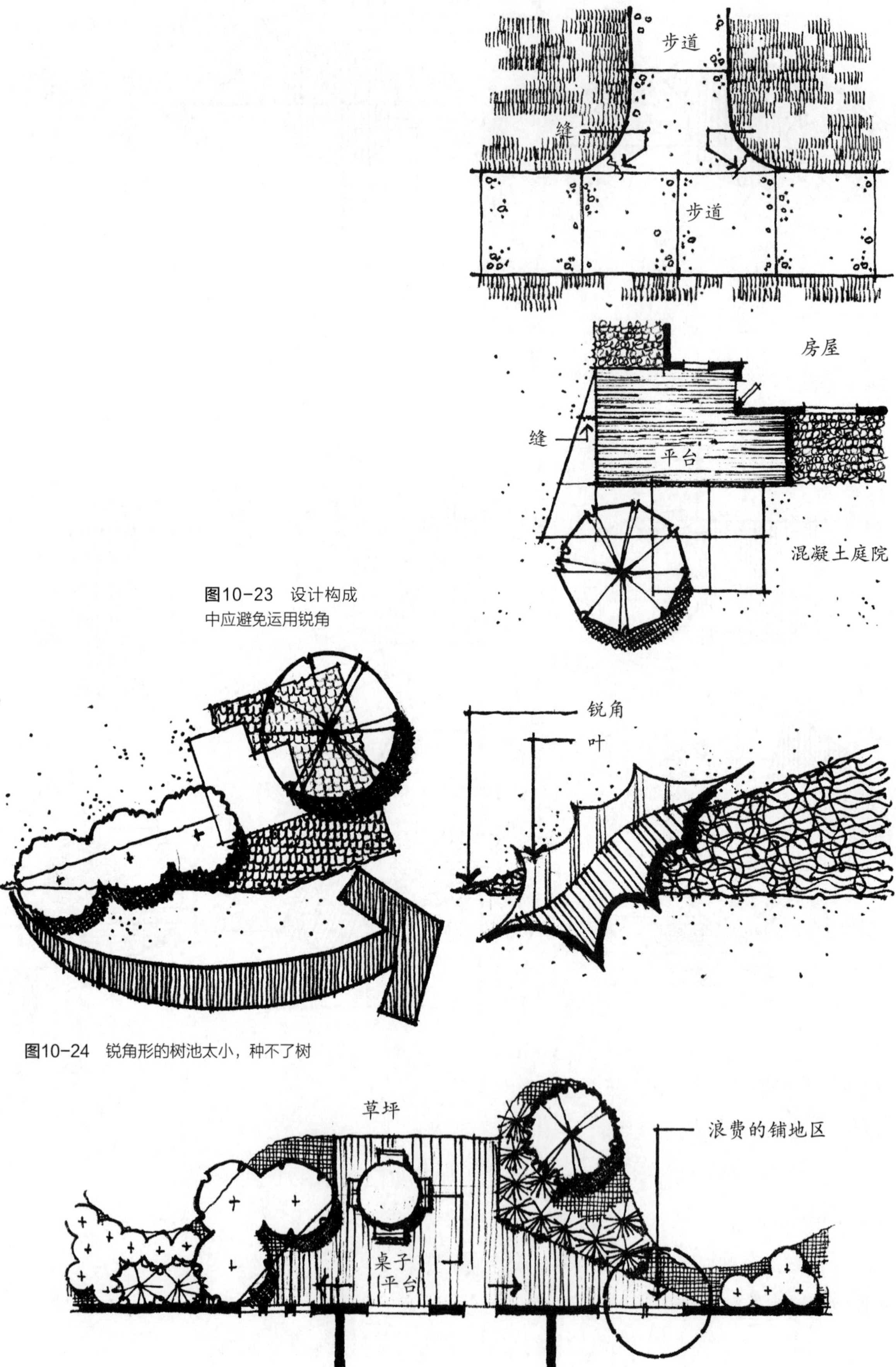

图10-23 设计构成中应避免运用锐角

图10-24 锐角形的树池太小，种不了树

图10 -25 锐角状的室外空间易造成空间浪费

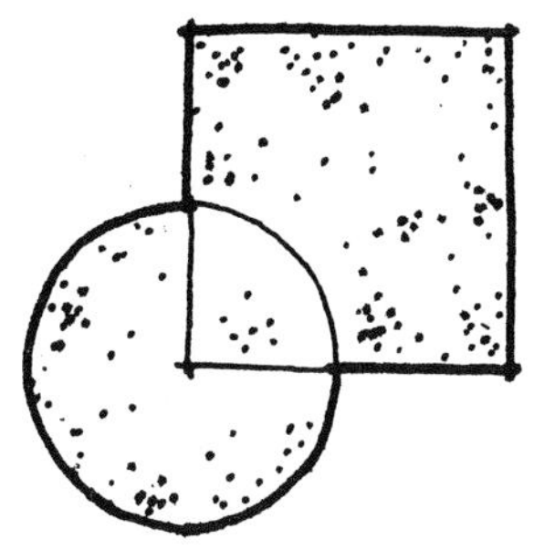
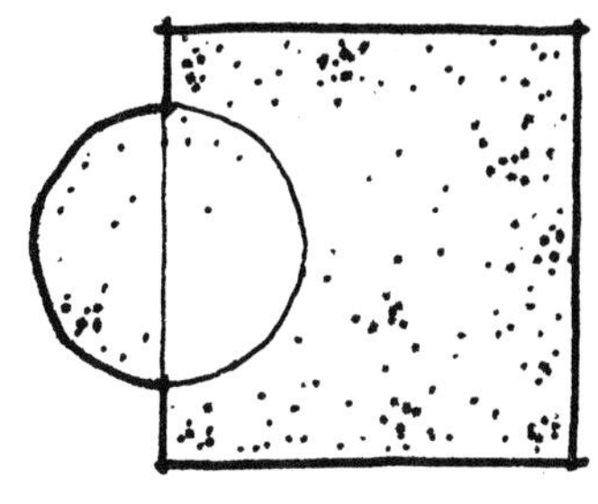
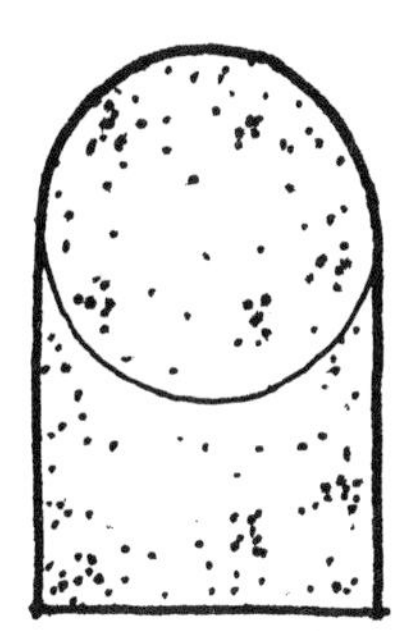

图10-26 关系强的构成范例中，每一个形式都是可辨认和可理解的

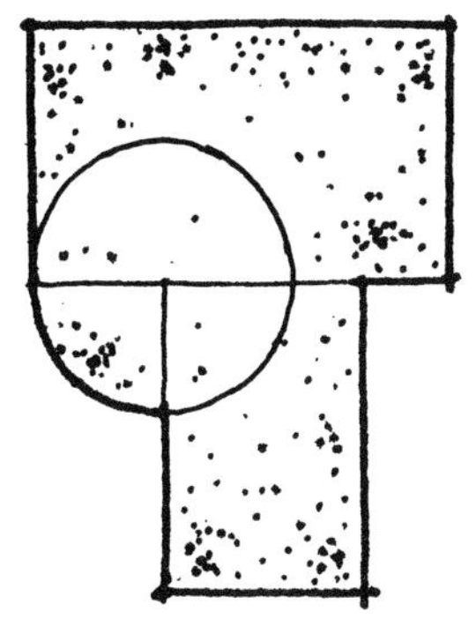

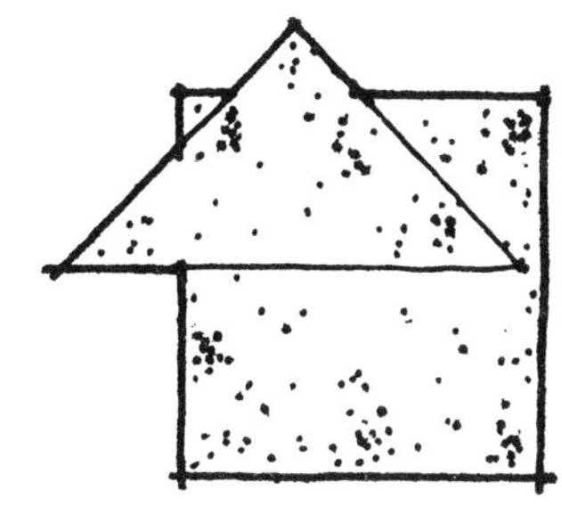

图10-27 关系弱的构成例子中，某些形式被其他形式所掩盖，不能识别

第三个原则就是要使形式具有可识别性。形式可识别性指的是在一个构成中单个的形式（图案）能被辨认出来，例如图10-26 中所示的圆和正方形就是可识别性的形状，而且每一个都把自身的一些特性赋予了整个构成。图10-27 则列举了一些构成中的形状对于整个构成缺乏足够的视觉支持的例子，其中甚至有些形式被其他形式所掩盖，当这种情况出现时，要么把“被掩盖”的形式去掉，要么改变它的大小和位置以提高可识别性。

最后一个参考原则是要让其中一个构图形式作为主体。这一点遵循了第9章中讨论的原则，并提供了更进一步的可识别性。一个完整的形式作为主体可以形成视觉重点，使眼睛得到休息（图10-28）。

这四个形式组合的参考原则在组织形式时是有价值的，尽管不可能适合所有的情况，但多数情况下，还是应该认真考虑的。

设计主题

在这一章的前半部分，图10-2 列举了由不同形式和线组成的各式各样的设计主题，它们是曲线、圆、矩形、对角、角和圆弧与切线。这六种主

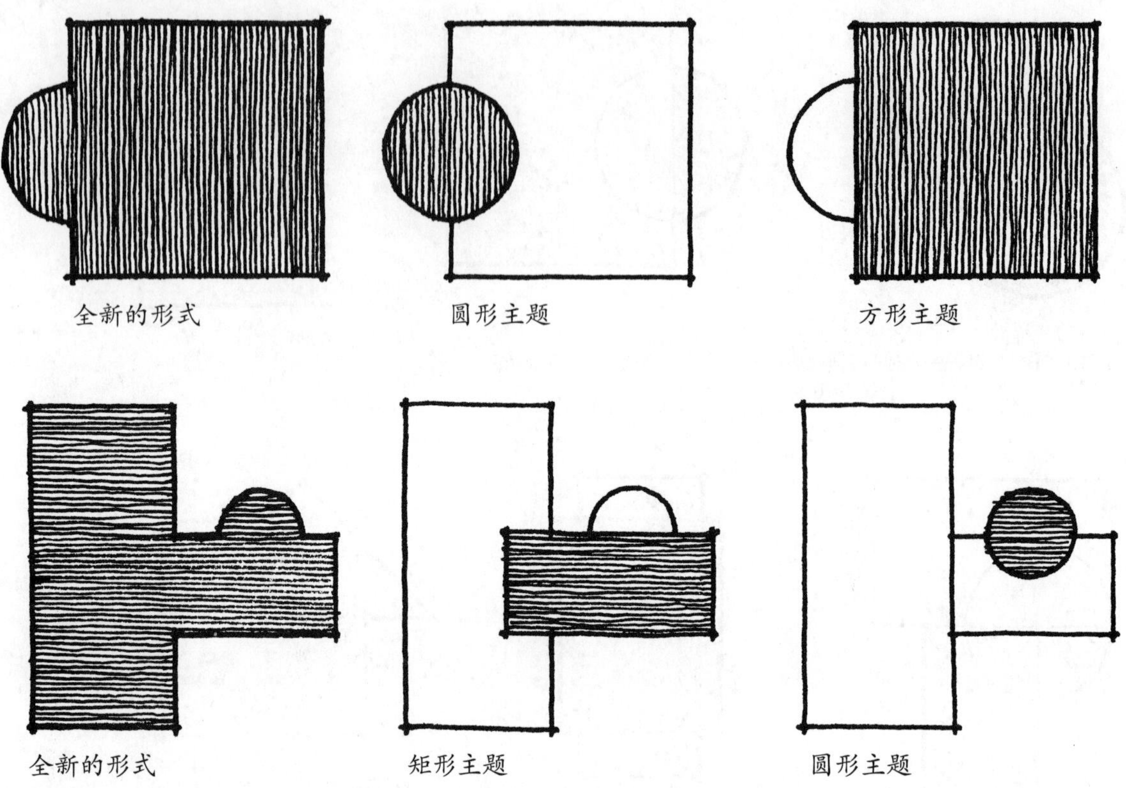

图10-28 在一个构成中，通常总有一个形式居主体地位

题为景观设计师创造视觉结构提供了更多选择，有些主题只由一种形式组成，而有些则有两种形式。但是，由两种以上的形式构成的组合形式很难获得一致性的主题。

下面将依次讨论每个主题的特点以及它们在住宅设计项目中的应用。

圆形主题

主要由圆或部分圆构成的设计称为圆形主题。圆形主题又分为叠加圆和同心圆两种（图10-29）。

叠加圆。许多相互叠加的圆具有“软化”边界构成的效果。运用叠加圆主题时应注意几条参考原则。第一，圆的大小宜多样。就像第9章中提到的那样，每个构成里应包含一个主导空间或主体形式。根据这一点，构成中的一个完整的圆形区域就会凸显出来成为突出的主体（图10-30）。这样的一个圆形区域可以作为草坪，或是主要的娱乐空间、起居空间，或是设计中的另一个重点区域。除此之外其他的圆的尺寸应小一些，大小也不必一样。

第二，当要将两个圆交叠时，建议让其中一个圆的圆周通过或靠近另一个

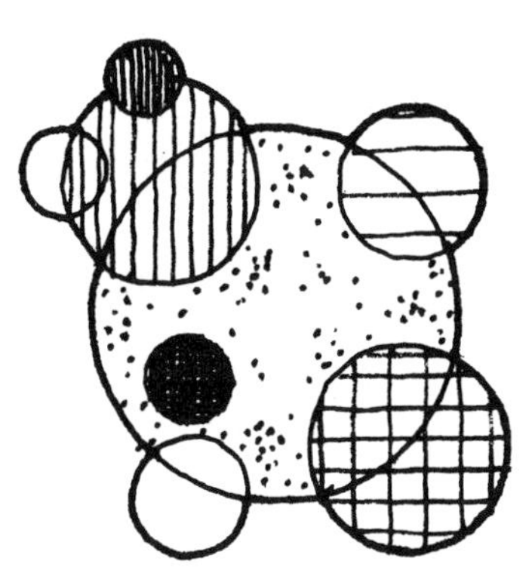

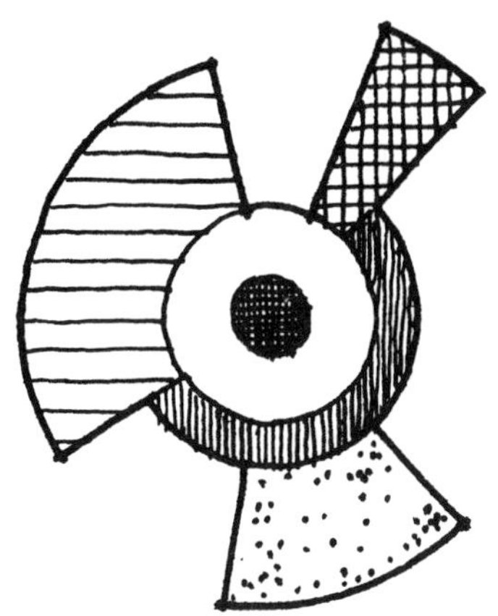

图10-29 两种圆形的设计主题

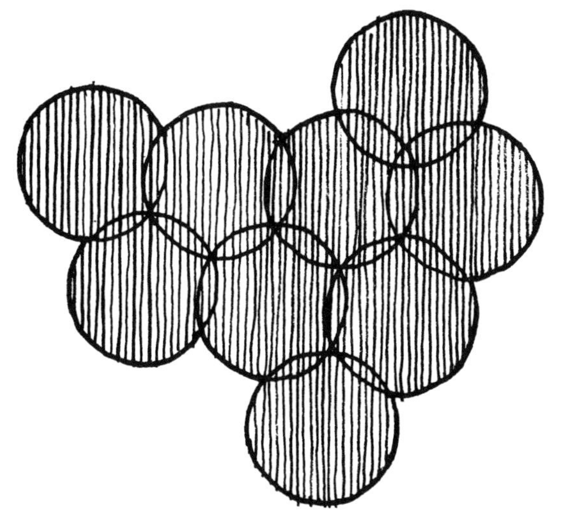

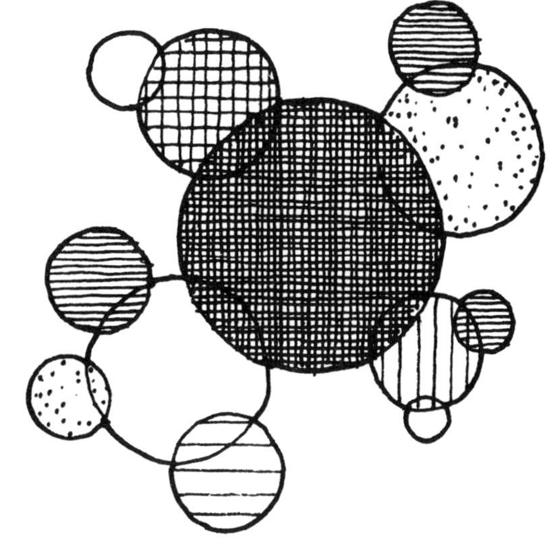

图10-30 在一个叠加圆的主题中，应该有一个完整的圆形作主体

圆的圆心（图10-31）。这样做有两个原因：一方面，如果两圆有太多重叠部分，那么其中一个往往变得不可识别，因为有太多部分在另一个圆里（图10-32左图）；另一方面，两圆若重叠太少，就有可能出现锐角（图10-32右图）。

叠加圆主题有几个特性。第一，它提供了几个相互联系但又区分明确的部分。当设计中要求有许多不同的空间或区域时，这个性质就很有优势。第二，就是叠加圆主题可以有很多朝向，这可以使设计具有多个良好的景观视线（图10-33）。

一方面，因为有多个圆重叠，所以叠加圆主题最好坐落在平地上或坡地上，这样每个圆就可在不同的标高上嵌入坡地中（图10-34），另一方面，这种具有强烈几何性的圆主题不适于在起伏剧烈的地形上使用，因为

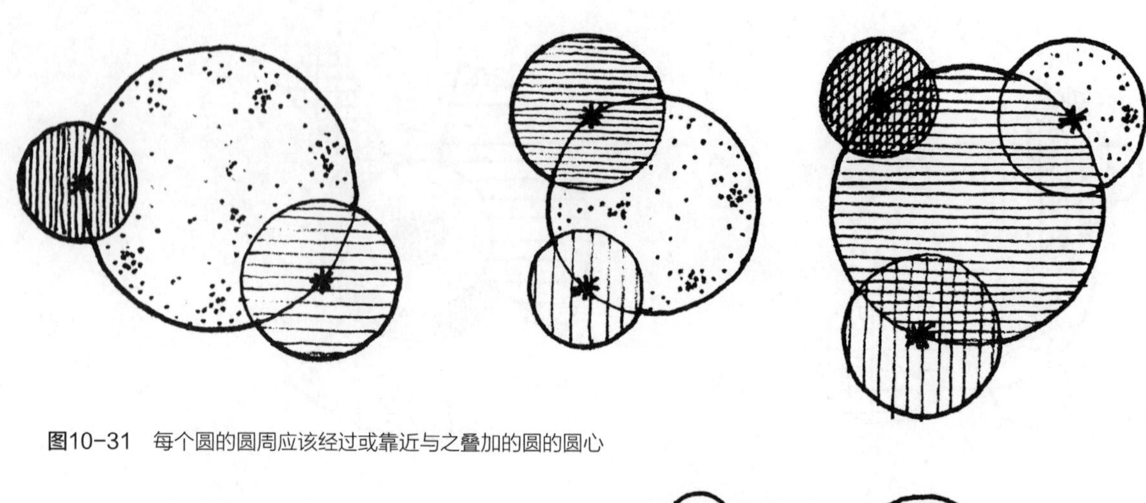

图10-31 每个圆的圆周应该经过或靠近与之叠加的圆的圆心

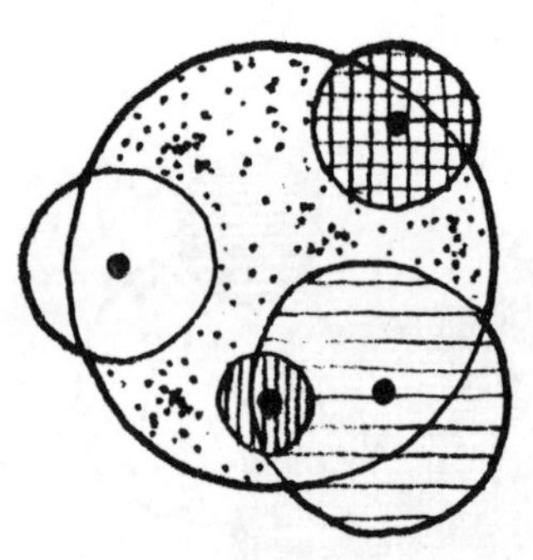

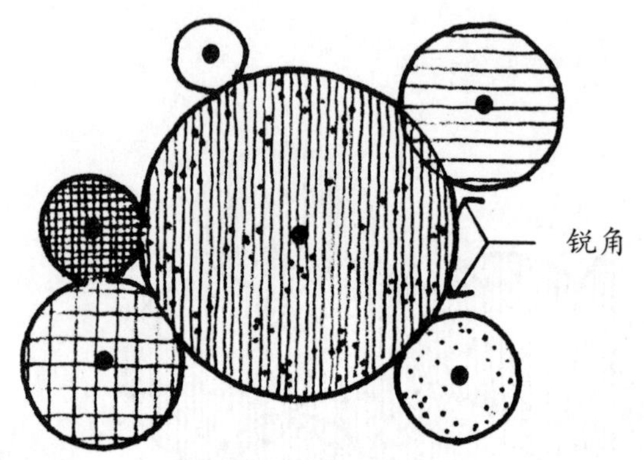

图10-32 构成中，圆的叠加太多或太少都会使其间关系变弱

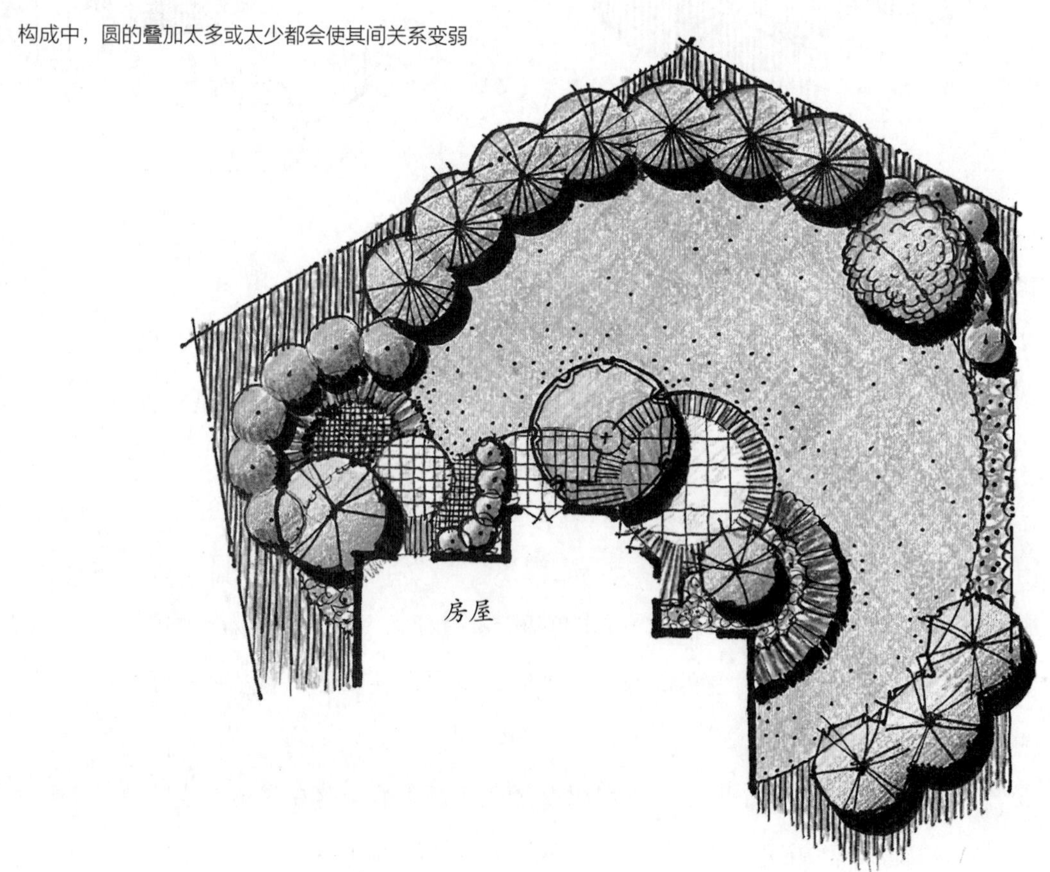

图10-33 一个叠加圆主题能为观赏周围景观提供几个视点（彩图见插页）

图10-34 在一个坡形基地中，叠加圆主题中的每个圆都可作为一个独立的平台（彩图见插页）

它会削弱景观的整体性和柔和性。

同心圆。同心圆是一种强有力的构成形式，它的公共圆心是注意力的焦点，因为它所有的半径和半径延长线均从此点发出（图10-35）。在同心圆主题中要忽略圆心的重要性几乎是不可能的。

同心圆主题中构成的多种变化可以通过变换半径和半径延长线的长度以及旋转角度来实现（图10-36）。

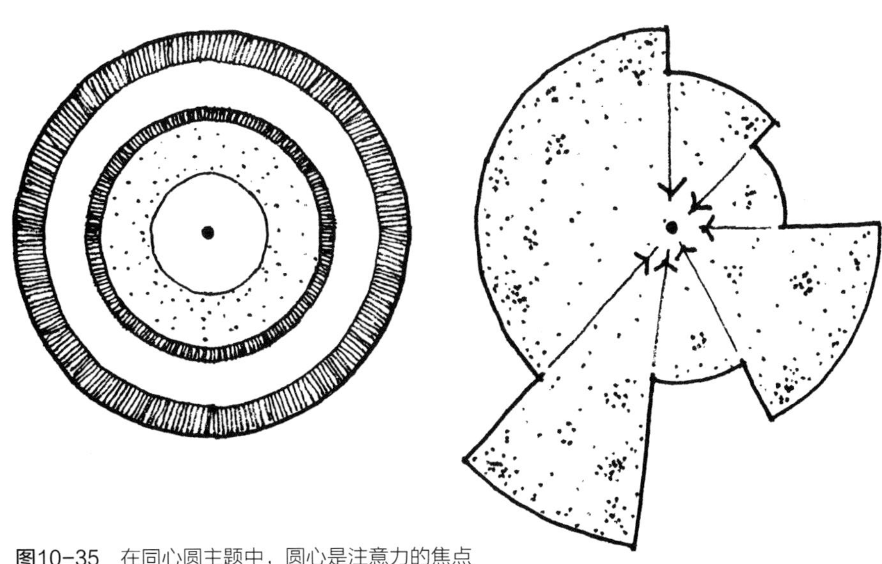

图10-35 在同心圆主题中，圆心是注意力的焦点

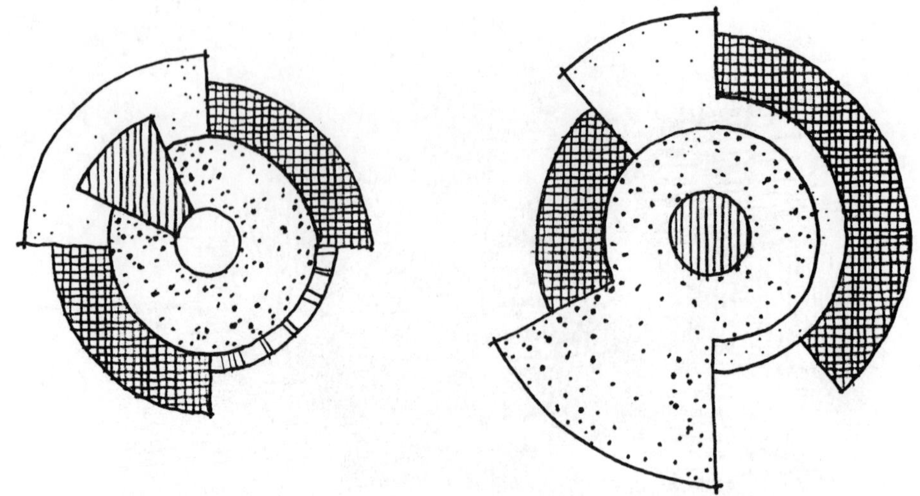

图10 -36 通过变换半径、半径延长线的长度以及旋转角度可以使同心圆主题有多种变化

同心圆主题最适于用在设计非常重要的设计元素或空间，以形成视觉中心，同心圆的圆心不能随意在基地上设置， 它应该在构成特点或空间构成上有非常重要的存在价值，以此来凸显整个设计构成。因此，它应该是一个诸如雕塑、水体或别致的铺地图案之类的视觉焦点（图10-37）。同心圆主题能为观赏周围景观提供全景式的视线（图10-38）。

曲线形主题

曲线形主题是一种很常见的设计主题。曲线这个词常常被认为是自然和自由形式的代名词。但是自然和自由形式这两个词却不能代替曲线这个词，因为曲线形主题并不自然，它毕竟是一个抽象的结构化的系统，尽

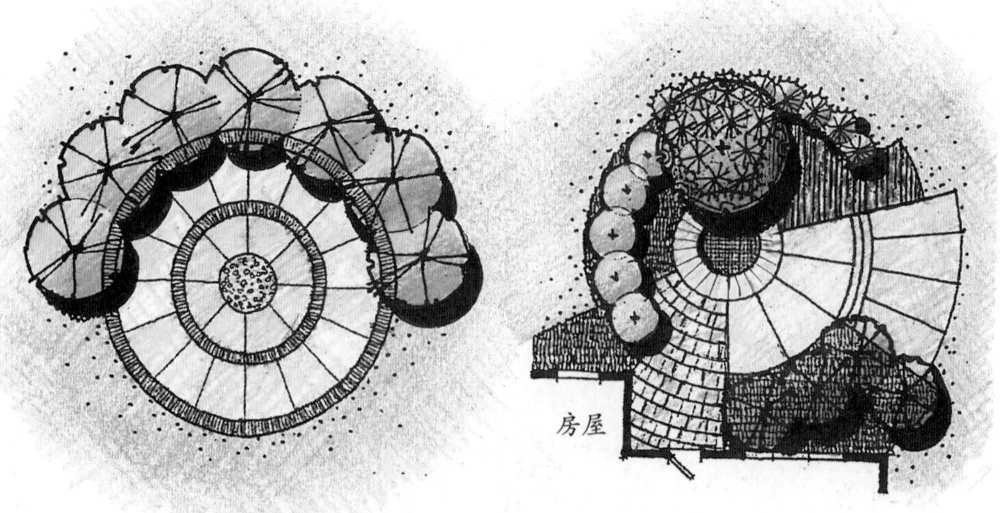

图10-37 圆心这个视觉焦点应通过特别的铺地或其他要素加以强调（彩图见插页）

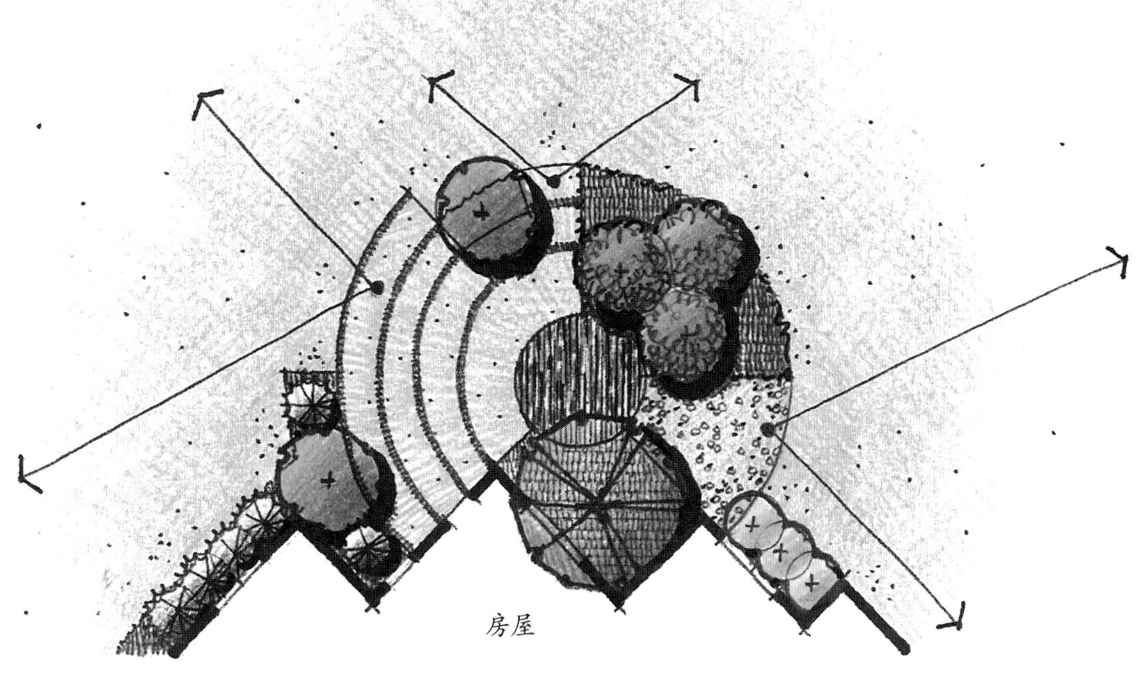

图10-38 一个同心圆主题的外部可以观赏周围景观的全景（彩图见插页）

管那些柔软的边缘看起来很像自然界中常见的流动线条。不使用“自然”这个字眼的另一个原因就是要试图消除那种认为“景观设计的一切都应该自然组合”的陈见。同时，称一种主题自然也就意味着其他主题是不自然的，含有一定的否定意义，希望读者在阅读此书时能逐渐意识到外部空间需要的不只是“自然地布局”，而是功能和美学上的成功。同样地，“自由形式”带有点“自由精神”的意味，或多或少地排斥结构性，而在曲线形主题中，几何结构尽管很微妙，但依然存在。

曲线形主题运用了不同大小的圆和椭圆的轮廓来构成整个形式。与叠加圆主题和同心圆主题不同的是，曲线形主题主要特点在于各部分圆和椭圆之间的“软接触”，从而形成平滑而连续的过渡（图10-39）。

曲线形主题设计的一个参考原则就是要让所有相交的曲线以直角（90°）相交（图10-40），这种方法会消除前面所探讨的锐角。但对许多设计师而言，这条建议似乎很难接受。因为两条柔和的曲线之间区域往往越变越细，最终斜交在一起（图10-41）。这样的情况虽然在线与线之间形成了更为平滑的过渡，但是空间的使用也因此成了问题。

此外，不同曲率、大小的曲线相结合也很重要，因为这样能增加多样性和趣味性（图10-42 右图）。除了大小、多样之外，还应该考虑如何将曲

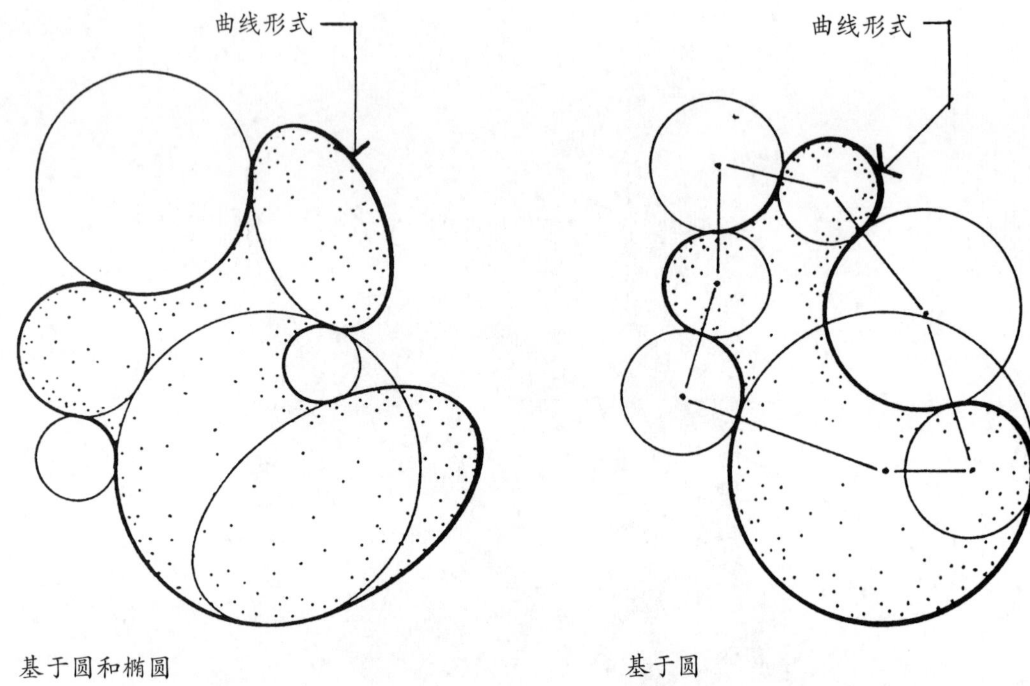

图10-39 曲线形设计主题，可利用相邻的圆和椭圆的圆周线形成连续的、流动的线

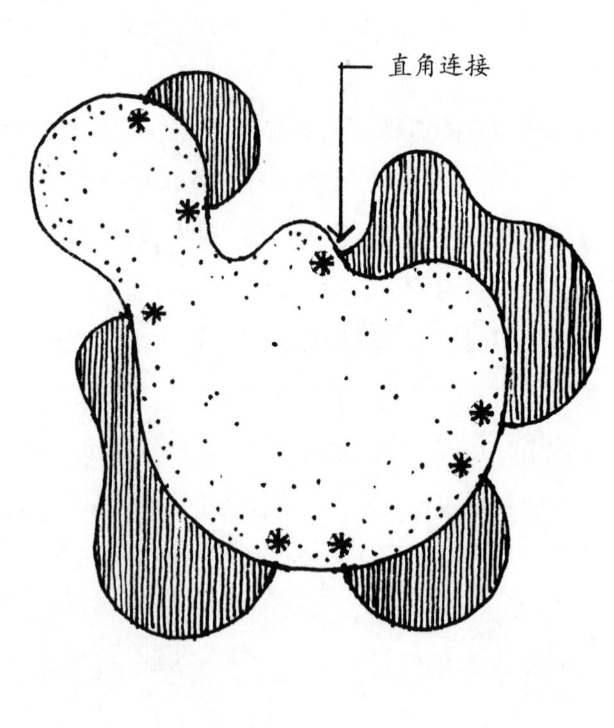

图10-40 以曲线为设计主题时，交接线应做成直角

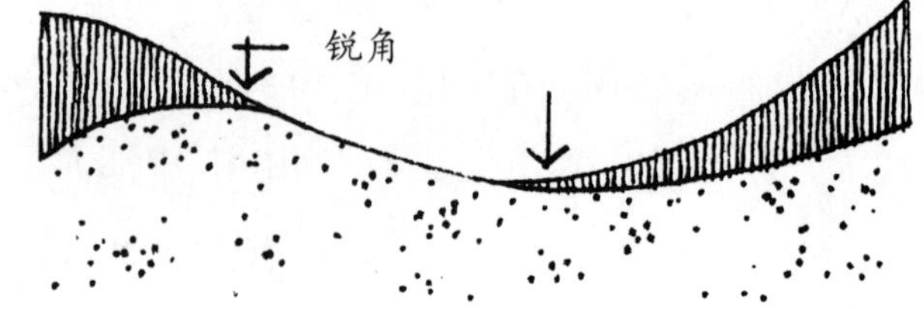

图10-41 曲线形主题中，交接线不应是锐角

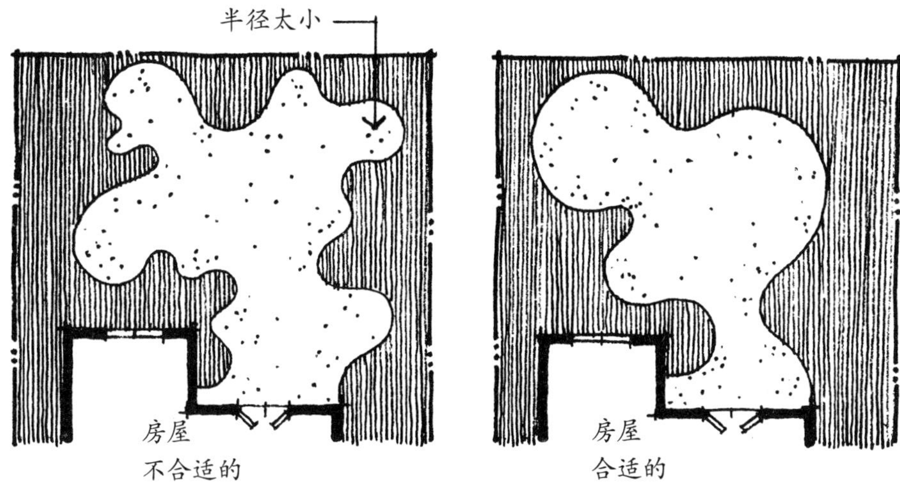

图10-42 曲线形主题中，曲线应是强有力的、显眼的

线的大小和尖锐程度与构成的尺度、材料和功能很好地结合。小曲率（或小尺度）曲线使用过多会使设计看起来花哨，甚至古怪（图10-42左图），使得设计难以继续。

曲线形主题具有一种被动的、放松的和沉思的特性。这种主题特别适于表现一种宁静或田园情结的设计思想，这种曲线形设计以流动、伸展的线引导人的眼睛跟着运动。在各部分之间的曲线边线往往能捕捉到人的目光并将其自然地引至构成的另一部分。在区域较小的空间里曲线形常常难以发挥，有时甚至会导致室外空间不够用（图10-43）。

曲线形主题中，地形的轮廓线可以是起伏的，并在局部用一块突出地面的石头作为对比。当然，地形也可以很平坦，但是需要使用一些竖向的元素来加强这种流动性。

矩形主题

矩形主题是由正方形和矩形组成的，并且所有形状与线条之间均成

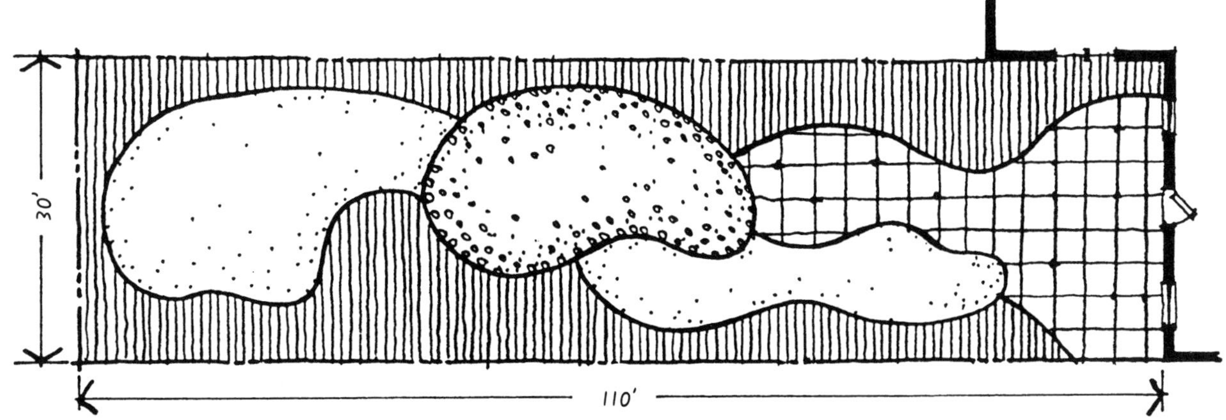

图10-43 曲线形主题不适合窄小的基地

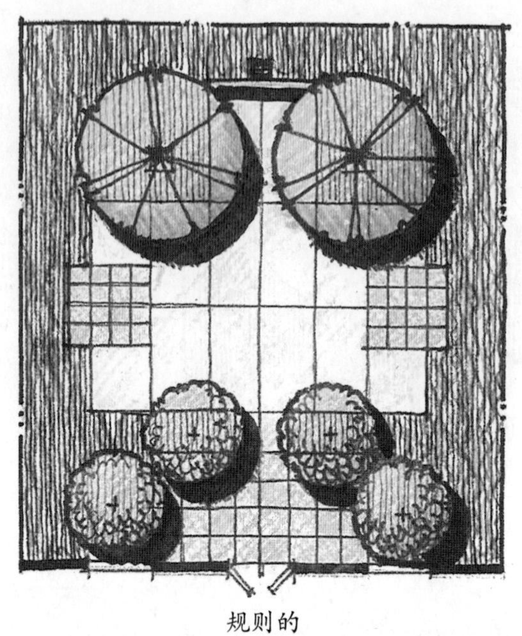

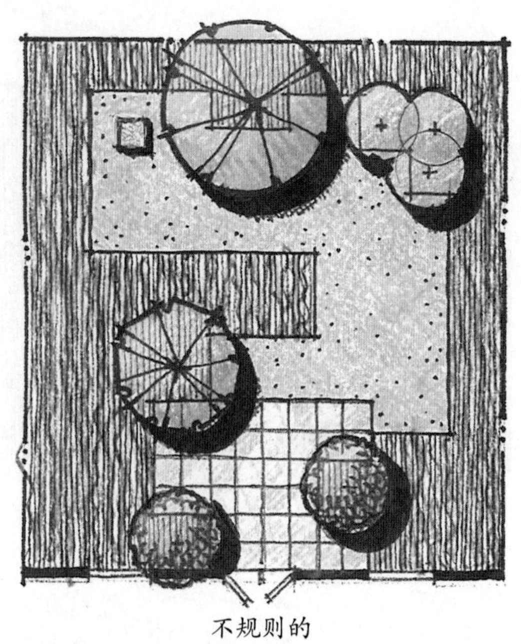

图10-44 矩形主题可以是规则的，也可是不规则的（彩图见插页）

90°角，这种主题可以设计得很正式，也可以很轻松随意（图10-44）。矩形主题通常与房屋各边平行，以此来加强房屋这种典型的矩形布局，对许多人而言，这种主题好像与想象中的有着多样而茂盛的草木的田园式室外环境大相径庭。尽管人们需要花一段时间来适应这么多的直线，但是矩形的确能够创造出愉悦的室外空间。请记住，有许多人生活在由矩形构成的舒适的室内空间之中。

当在设计中使用矩形主题时，应记住以下几点：①大小要多样；②形式的比例；③各种形式之间的叠加。在矩形主题中，会使用大量的矩形和正方形以形成视觉趣味性，同时会在构成中按空间的重要性形成层次。设计中最重要的空间应该有最大、最突出的形式，而较次要的空间在形式上则较小，不太突出（图10-45）。

构成中形式的尺度也要仔细考虑，太多的短线和小的形式（图10-46左图）会使设计显得目不暇接、缺乏联系，而且难以维护。图10-46右图更好地显示了对矩形的利用。

在设计中将两个或两个以上的形式相互叠加时，一条重要的参考原则就是要将重叠的部分限制在连接形式大小的1/4、1/3或1/2以内（图10-47）。这就使得每个形式都能保持自身的可识别性，并且为集中使用留出足够的空间。但这仅是一条参考原则。

当将室外空间作为室内空间的延伸时，矩形主题比较合适，因为它能在房屋和周围环境之间产生一种强烈的关系。当基地较窄时，矩形主题也

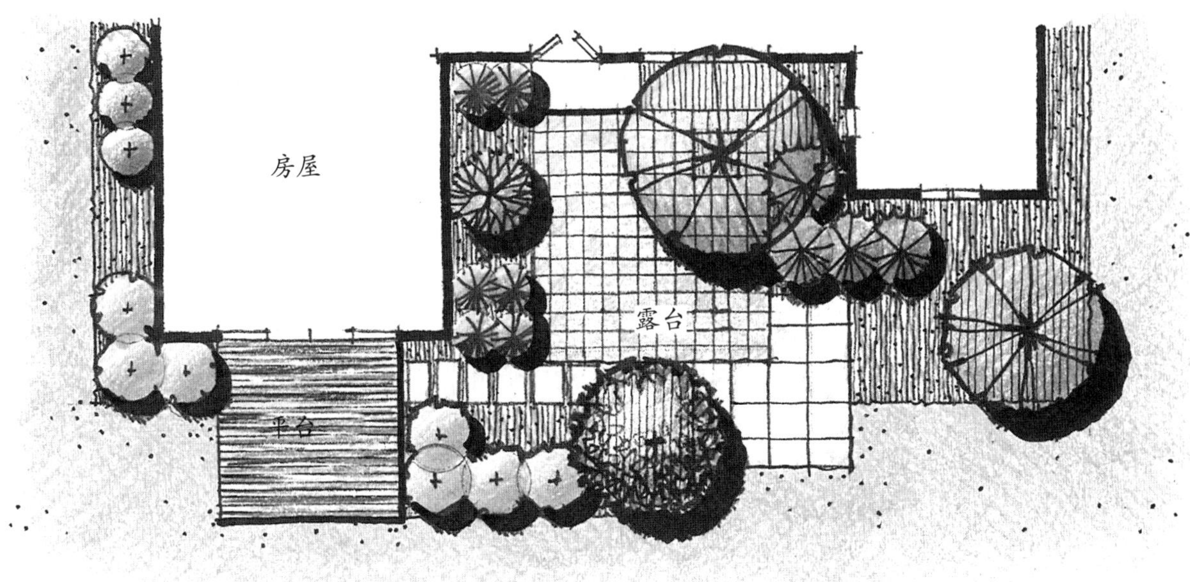

图10-45 矩形主题中，空间大小应有层次（彩图见插页）

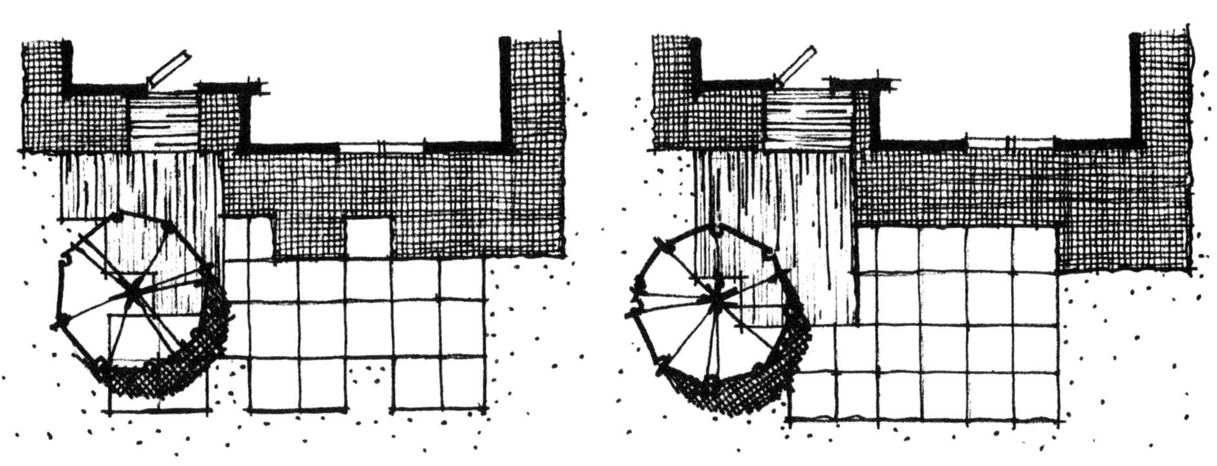

图10-46 矩形主题中，太多短线条会给人以目不暇接、缺乏联系的印象

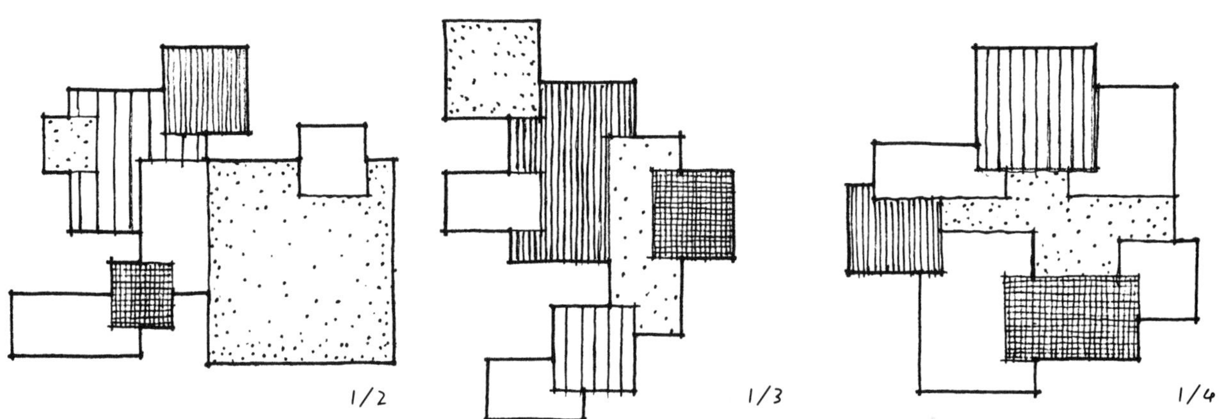

图10-47 在矩形主题中，应注意叠加的“度”

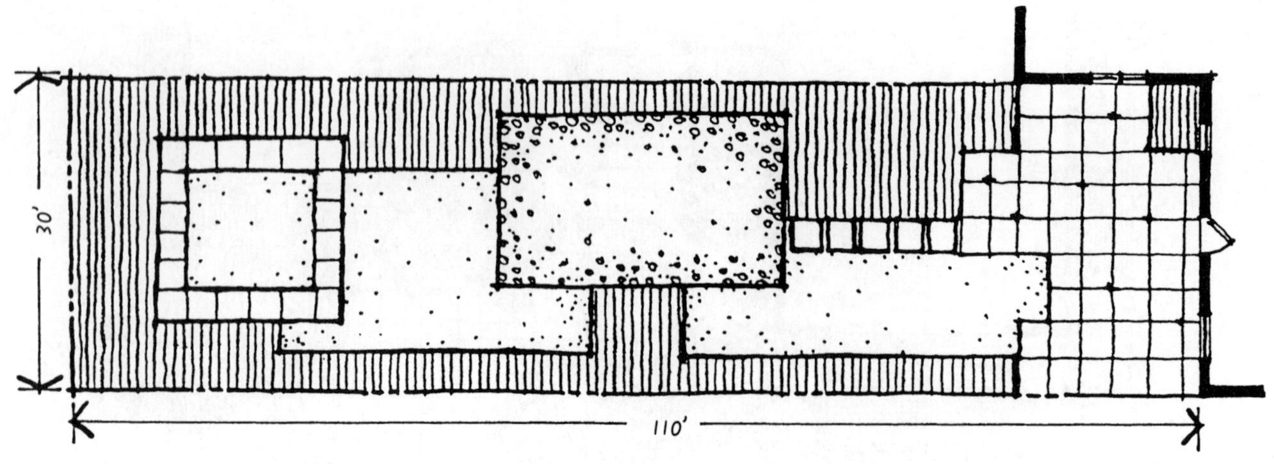

图10-48 对于窄小的基地矩形主题也是合适的

很合适（图10-48），因为它能够充分利用空间，而不像曲线形那么浪费（见图10-43）。

某些人可能会觉得矩形主题总是一些一成不变的直角，因而太过正式。但是一个精心设计的矩形主题在三维空间上加以适当的围合之后，即使是中规中矩的中轴对称设计，也能做得像其他主题那样令人耳目一新（图10-49）。此外，还可把一些植物修剪成自然的形式以增加一点柔软的质感和不规则感，从而比图纸上看到的更生动一些。

像圆形主题一样，矩形主题既适于地势平坦的场地，也适于坡地。在坡地设计中，可以将矩形主题中的各个形式分别与坡地的各个平台一一对应。

斜线主题

斜线主题的两种变体就是纯粹的斜线和调整后的斜线主题。

纯粹的斜线主题。它实际上是一个与房屋成一定角度倾斜的矩形主题（图10-50），因此，关于纯粹的斜线主题构成的参考原则与矩形主题的原则十分类似。至于倾斜的角度，虽然有许多种选择，但是建议选择60°或45°角，这两种角度同圆与方的几何性密切相关，并且有助于减少锐角。

当成角度的线与房屋相连时，将会产生一些功能上不大好用的空间。这种情况可以用两种方法解决。第一，就是允许房屋和基地之间成角度的关系存在（图10-51左图）。这种办法是可行的，只要成角空间不靠近门洞和交通区域或是没有不良视觉关系即可。第二，当房屋是90°角时使用过渡线，把房屋连接到构图的对角线上（图10-51右图）。

调整后的斜线主题。调整后的斜线主题实际是将矩形主题和纯粹的斜线主题相结合（图10-52）。这个主题将对角线和平行于房屋的线相结合。

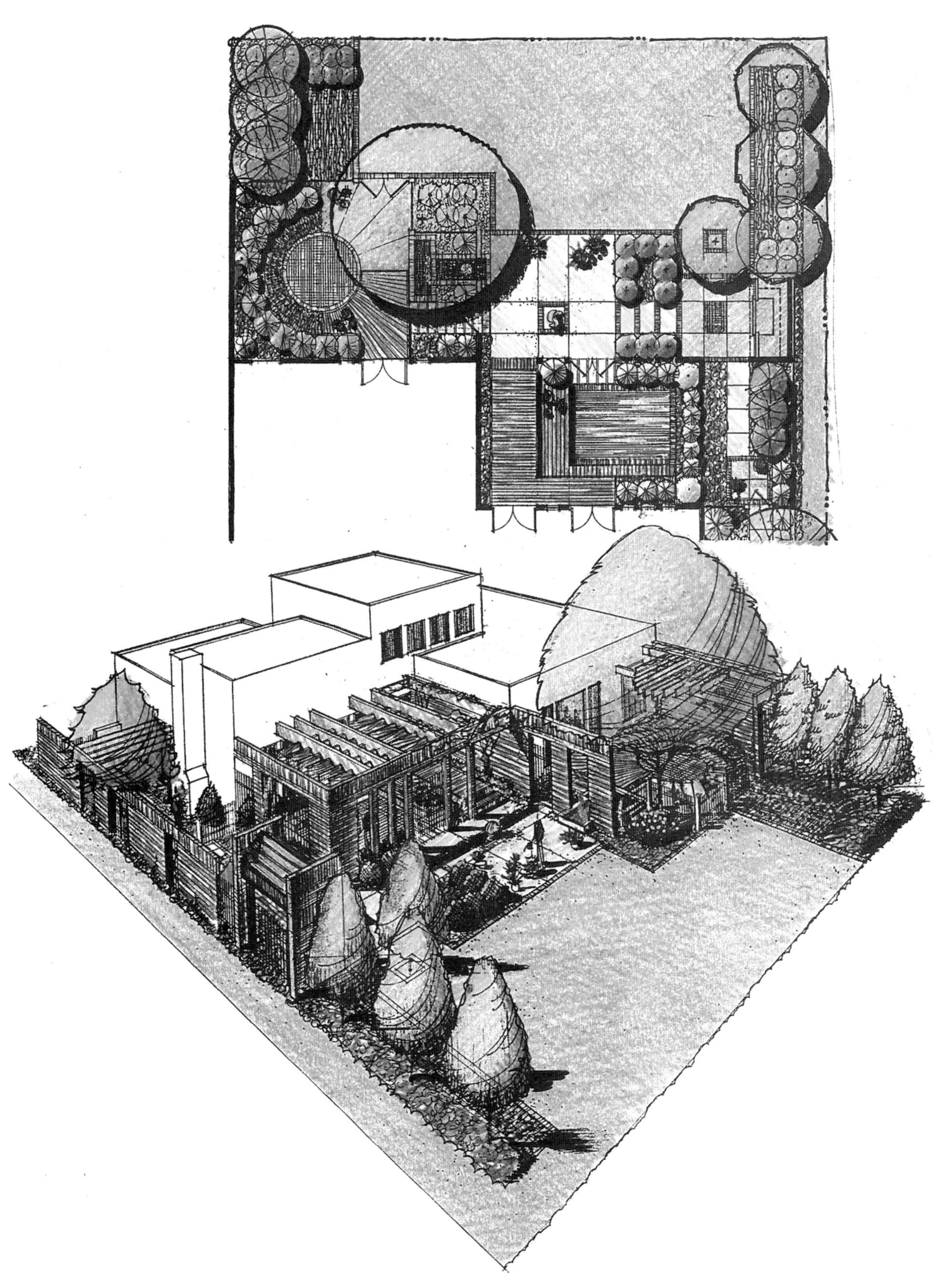

图10-49 如果在矩形主题中能在第三个维度（竖向）上提供多样的围合，将会给人带来愉悦的体验（彩图见插页）

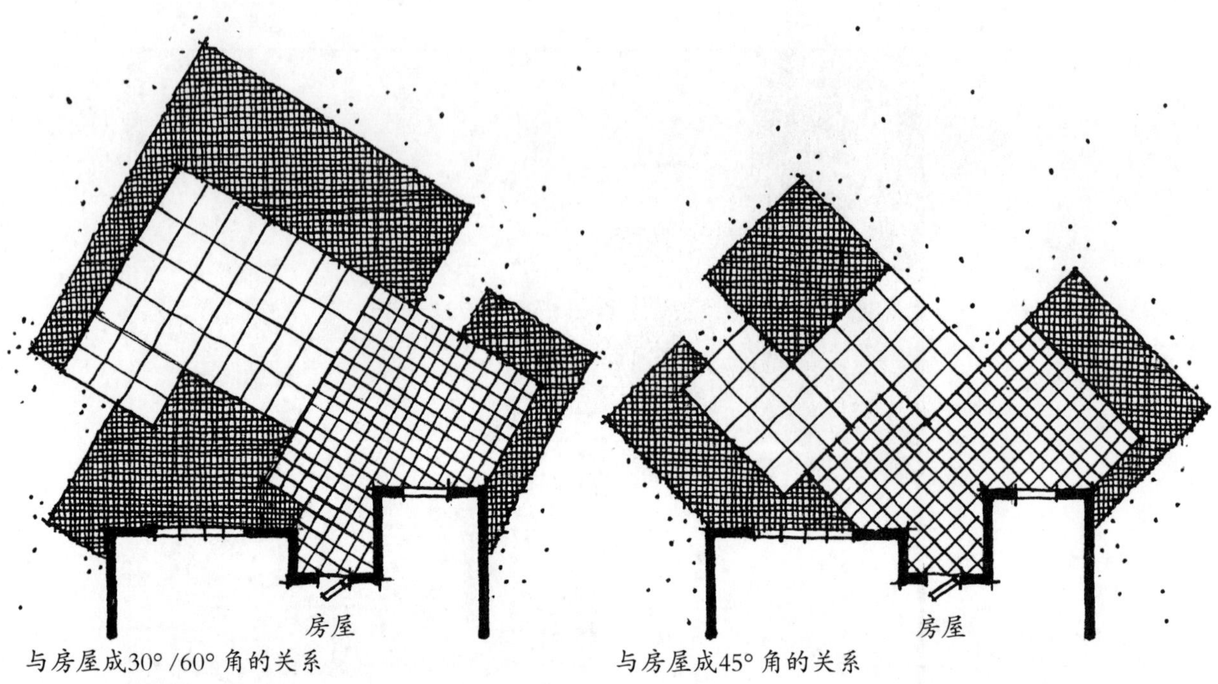

图10-50 斜线主题

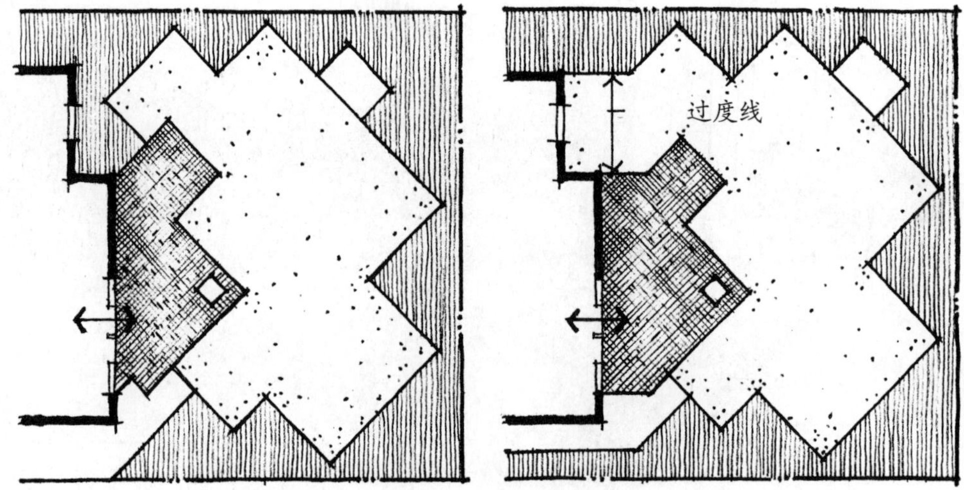

图10-51 斜线设计主题与建筑衔接的两种方式

当设计并不强调这种纯粹的斜线主题，而是强调这种倾斜的时候，调整后的斜线主题会取得令人满意的构成。这种主题能够非常容易地与房屋的90°线形成联系，但却在基地中增加了一些成角相交的线。

这两种斜线主题都各有优点，可能的用途之一就是当基地的设计需强调某一个朝向而不只是与房屋或建筑的控制线垂直的时候。例如，由于通常房屋的立面总是直接面对着其他房屋，要想消除这种强制视线的影响，就必须建立一个全新的朝向。当院子进深很小或者相邻的房屋靠得很近时，这种愿望就变得更为强烈，而一个扭转的朝向能够让人看到位于基地内/外的活跃点（图10-53）。

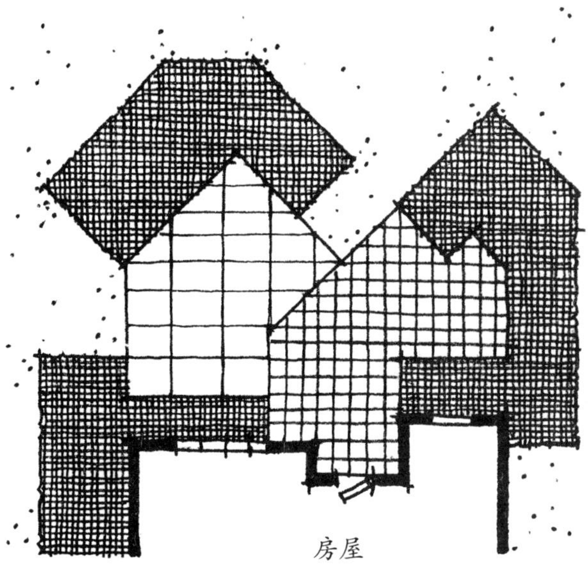

图10-52　调整后的斜线主题

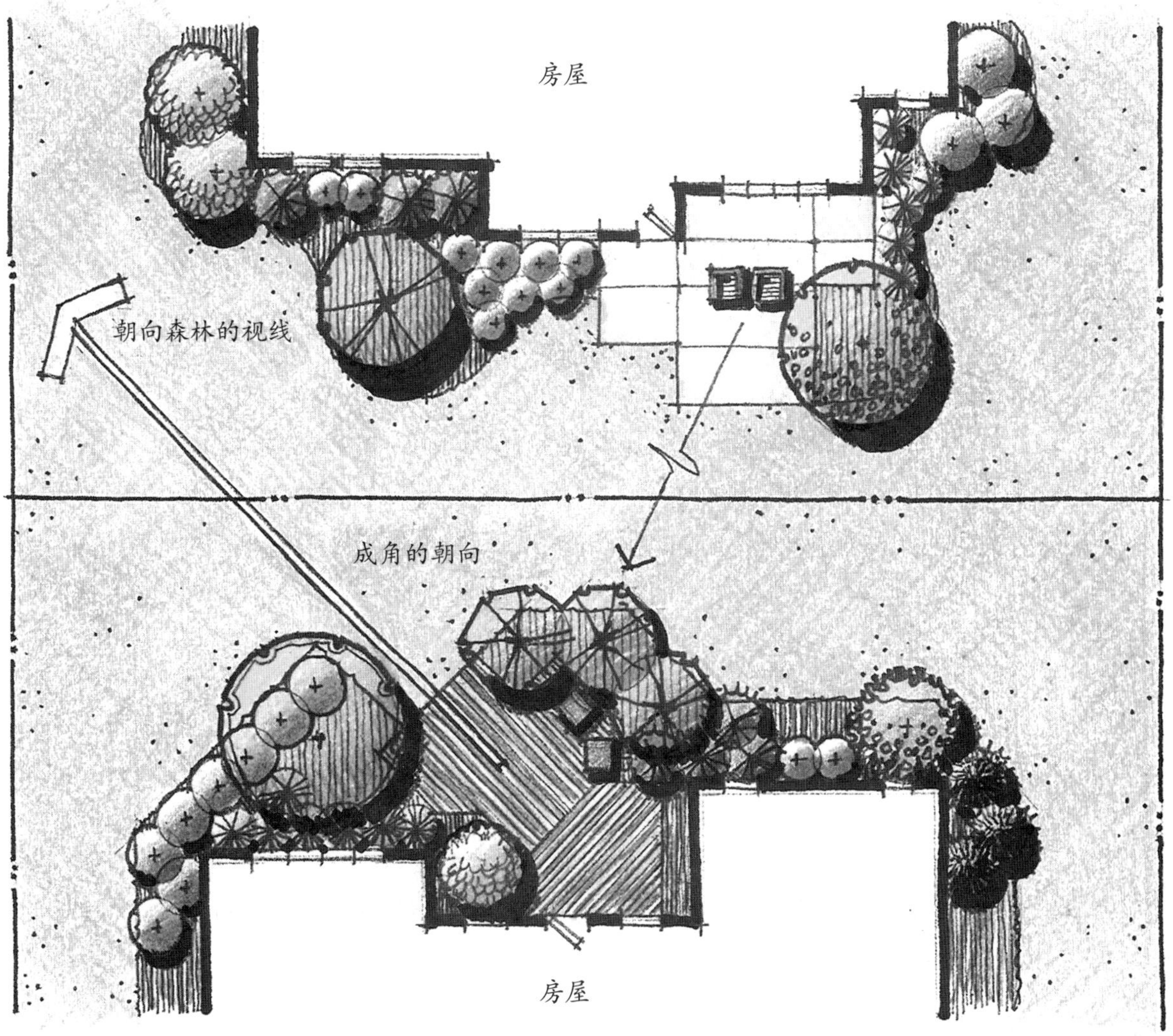

房屋

朝向森林的视线

成角的朝向

房屋

图10-53　斜线主题设计能产生一种强烈的方向感，以面向景观设计中所强调的区域（彩图见插页）

倾斜的布局有利于减轻窄小基地的局促感，因为它比与建筑控制线垂直的矩形布局能获得更长的长度（图10−54），结果使得空间看起来更大，使场地看起来更宽敞。此外，为了加强斜线主题的直线特征，场地也可以平整成平坦的区域。

圆弧及切线主题

圆弧及切线主题其实来源于不同主题的组合（图10−55），包括来自圆形主题中的直线。直线具有结构感而曲线有柔软和流动感，两者之间能很好地搭配在一起。

圆的一部分如1/4 圆、半圆和3/4 圆也可运用在圆弧及切线主题中。在设计中，设计师首先应该全部采用矩形的构成（图10−56 左图），接着将矩形的一部分变成圆弧（图10−56中图）。圆弧的引入并不是随便的、不经思考的，相反，设计师需要仔细地确定构成中的哪个部分或线条需要圆弧来柔化角部或得到圆边，而不能仅仅将矩形的角部变成圆弧（图10−56 右图）。

同样，在圆弧及切线主题中，设计师也要考虑各种形式的大小和比例。就地形而言，坡地需要整平，来适应圆弧及切线主题的许多结构性空间。起伏的地形将很难表现出这个主题中大气而有力的线条。也许仅就各种形式（元素）之间的关系而言，这种主题是合适的，但是在实际的情况中，圆弧的圆滑感可能会淹没在起伏的地表轮廓之中。

角状主题

角状主题是由一系列角度线组成，以形成一个具有视觉冲击力的结构（图10−57）。这种由直线和多边形构成的系统极具动感，但是却难于深入设计。第一眼看去，图10−57所画的角线像是随意所画。但仔细一看，所有的线要么平行，要么垂直，或是与后部的房屋成45° 或60° 。如果想采用这种主题设计，建议采用像图10−58那样与房屋成0° 、45° 、60° 和90° 的辅助线系统。如果不用这种辅助线，而用了过多不同的角，就会使得整个构成失去控制或显得混乱。

此外，当使用角状主题设计时，尽可能多地使用大于45° 的角（小于45° 的锐角要避免使用），这样会减少设计构成在使用和维护阶段可能出现的问题（图10−59）。

这种角状主题非常醒目且极具动感。它的有棱有角的特征特别适合一些不规则或恶劣的地形，如有大岩石突出地面等情况。

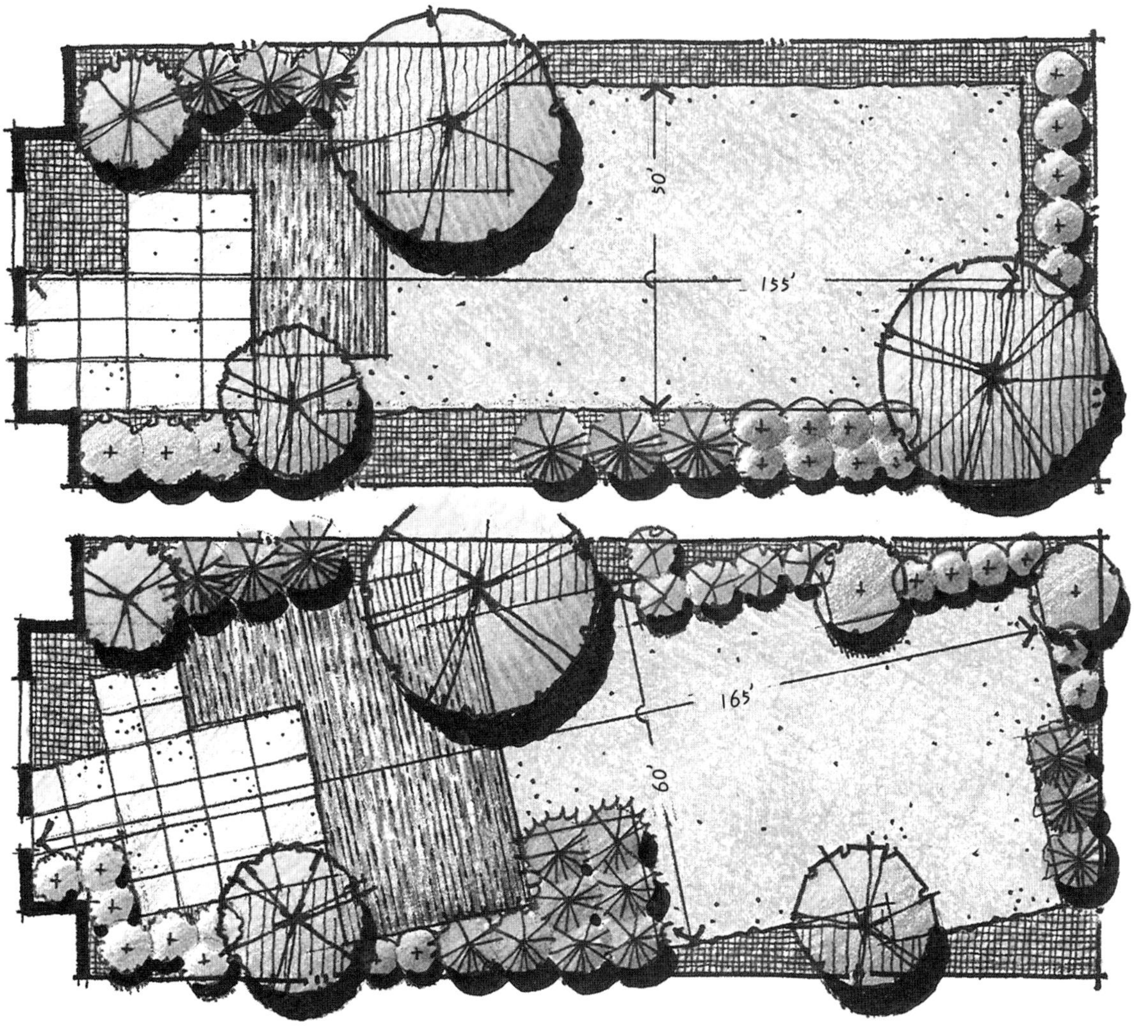

图10-54 通过强调可能得到的最长尺度，斜线的设计主题使小基地看起来更大一些（彩图见插页）

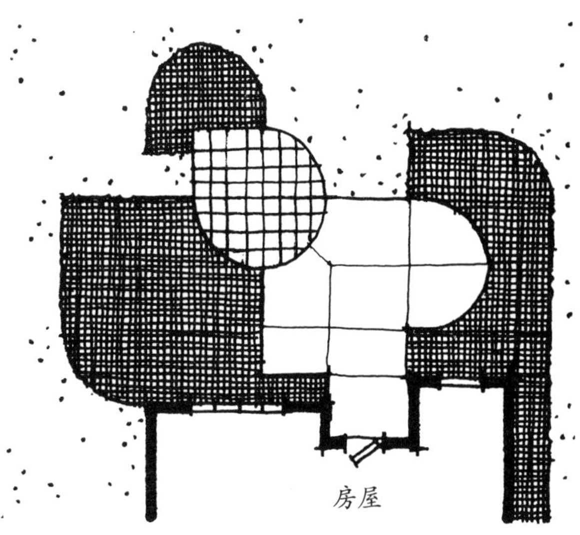

图10-55 圆弧及切线设计主题

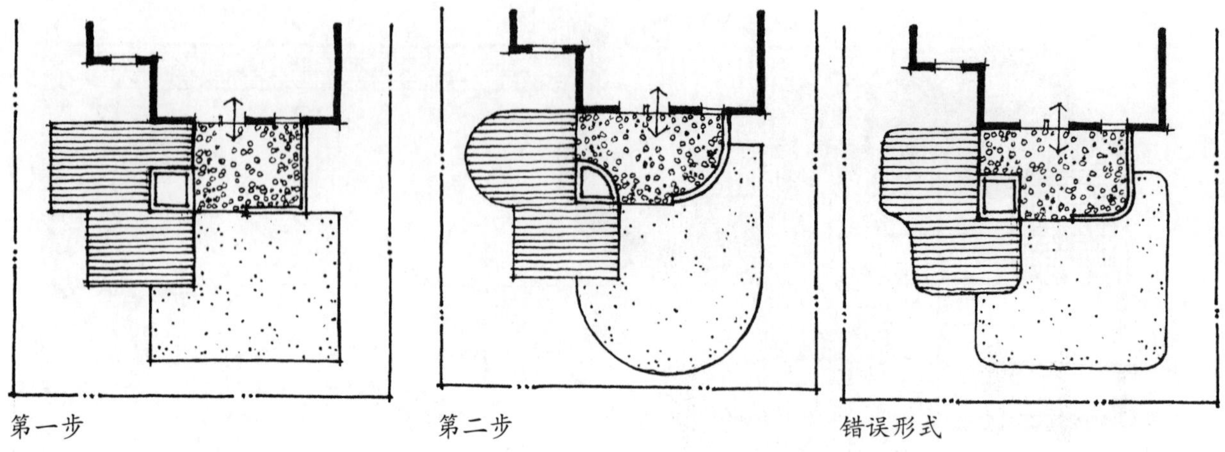

图10-56 设计一个圆弧及切线主题的过程

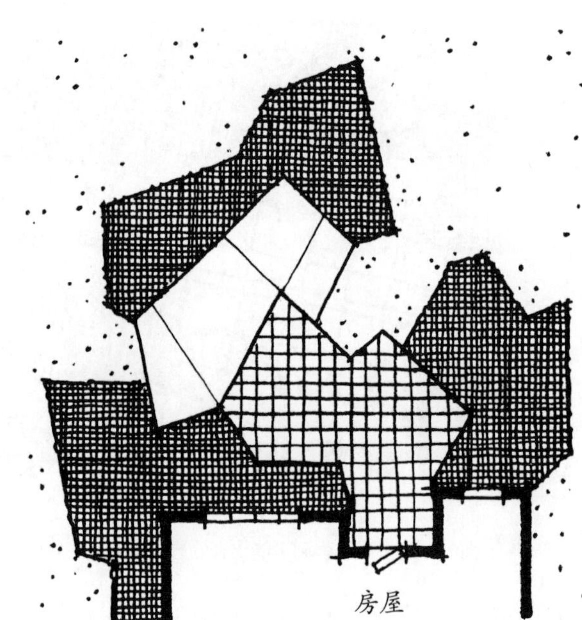

图10-57 角状设计主题

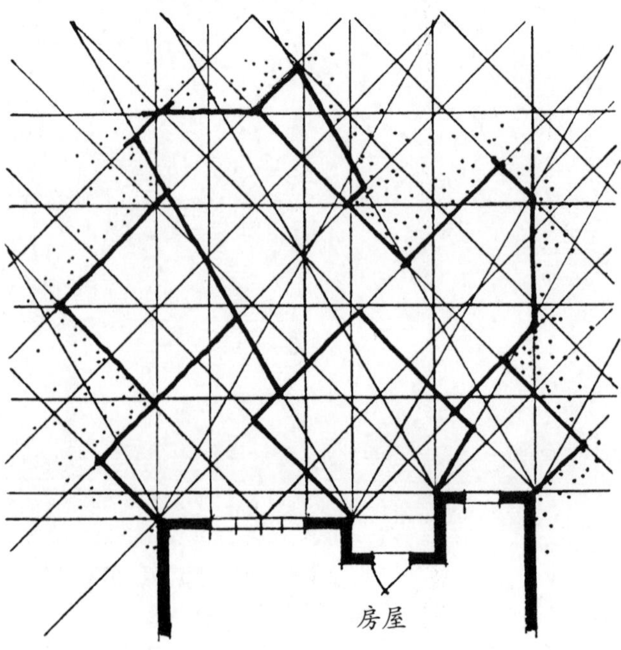

图10-58 运用参考线作为角状设计主题的基础

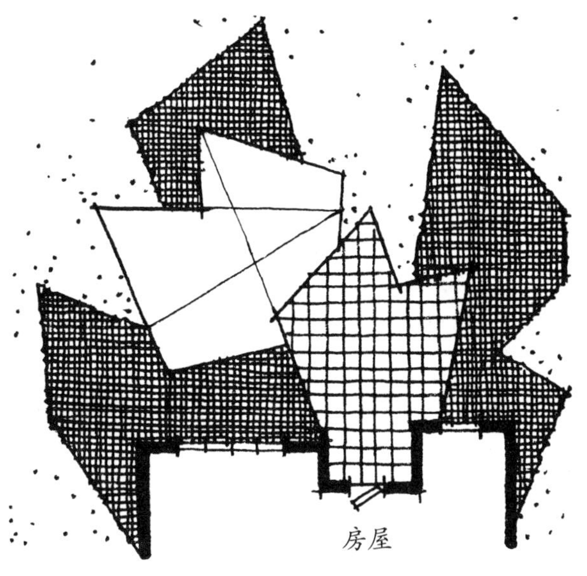

图10-59 角状设计主题中，应避免出现锐角和其他尖锐的形状

主题与主题间的组合

在设计住宅基地时，可以用一个主题贯穿整个基地的设计。一个主题可以同时出现在基地前面、旁边和后面；也可以在房屋前院用一种主题，而在后院用另外一种（图10-60）。这种方法有两个优点：第一，设计需要创造出具有不同个性的环境。例如，在前院人们希望有种正式的氛围，而在后院则希望设计得轻松自然。第二，因为一个人一次只能出现在基地的一个区

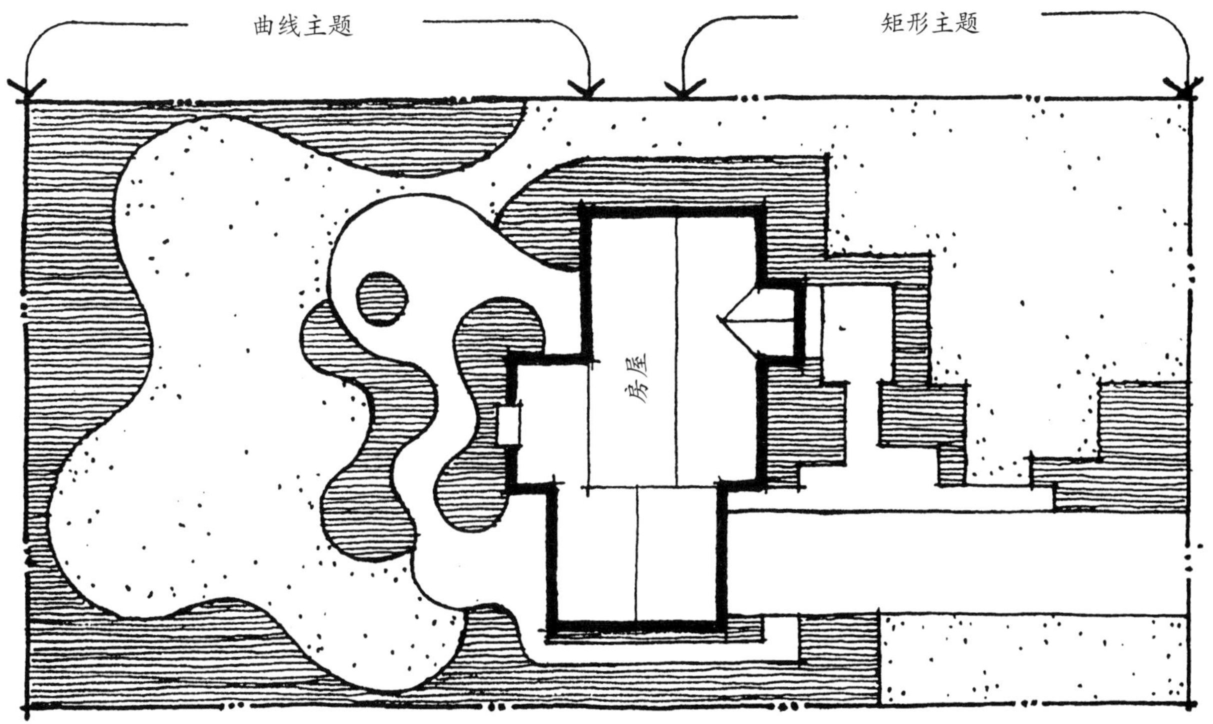

图10—60 前后院使用的设计主题可以不一样

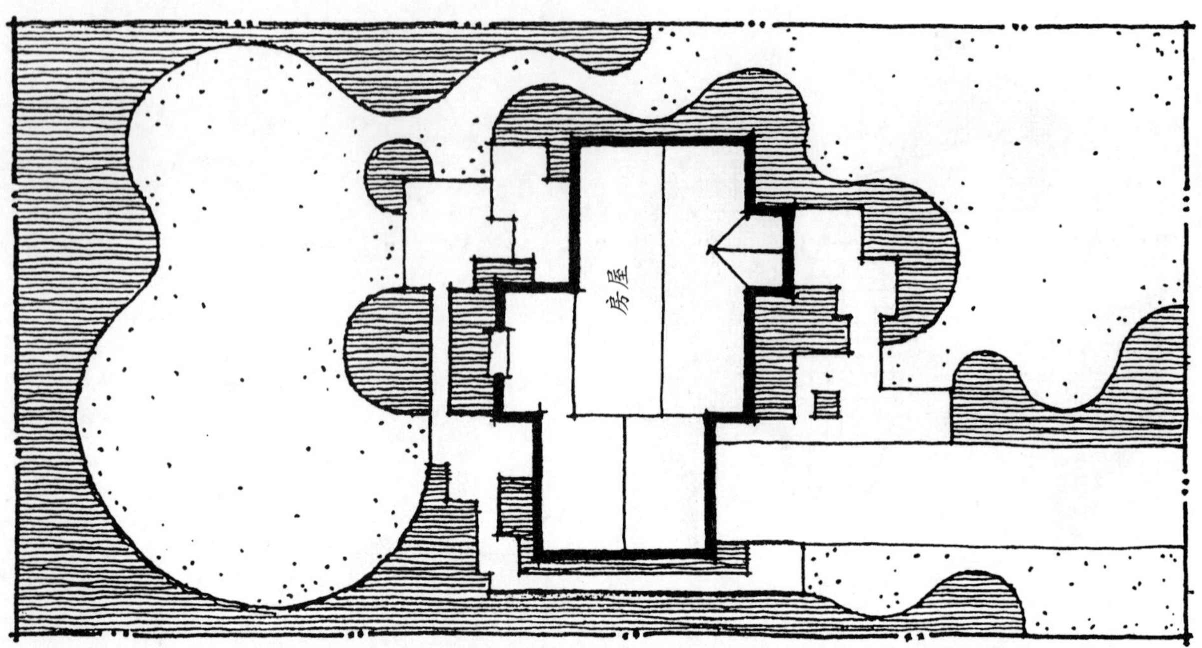

图10-61 矩形设计主题和曲线形主题相结合

域，所以不同个性的空间并不会相互冲突。但是，如果用不同的主题来设计相邻的空间，就要考虑在两者之间设计一个合理的过渡空间。

有时设计师也可以选用两种主题相结合来形成最终的构成。举个例子，图10-61 所示的设计对结构性要素（平台、露台散步道和栅栏）采用了矩形主题，而对所在的种植区则使用了曲线形主题。其中矩形主题的直线加强了房屋的轮廓，而曲线形主题则与植物的软质氛围相一致。靠近房屋处用直线，而远离房屋处则设计成曲线，由此当人远离房屋时便会有一种从人造结构向自然氛围过渡的感觉。

当两个相近的主题结合到一起时，通常不会成功。举个例子来说，矩形主题和调整后的斜线主题彼此相近，所以放在一起时就分不出重点。但要是把调整过的斜线主题放在一个较次一级的层次，仅在某些角部作一些微弱的切角处理，这个设计就变成了一个矩形主题（图10-62）。

还有一种方法是在一个选定的设计主题中，插入一个不同的构成形式作为重点。例如，图10-63在一个矩形主题中加了一个完整的圆作为重点，这种焦点可以是一处喷泉，或是周围有地表植被的一个雕塑，这种与整体构成形成强烈对比的特殊形式能够为构成增加趣味。

建筑对构图的影响

正如第1章所述的那样，每一个住宅景观项目的三个重要方面是：客户、场地和房屋。在设计的构图阶段，住宅的建筑风格是创造景观图案和

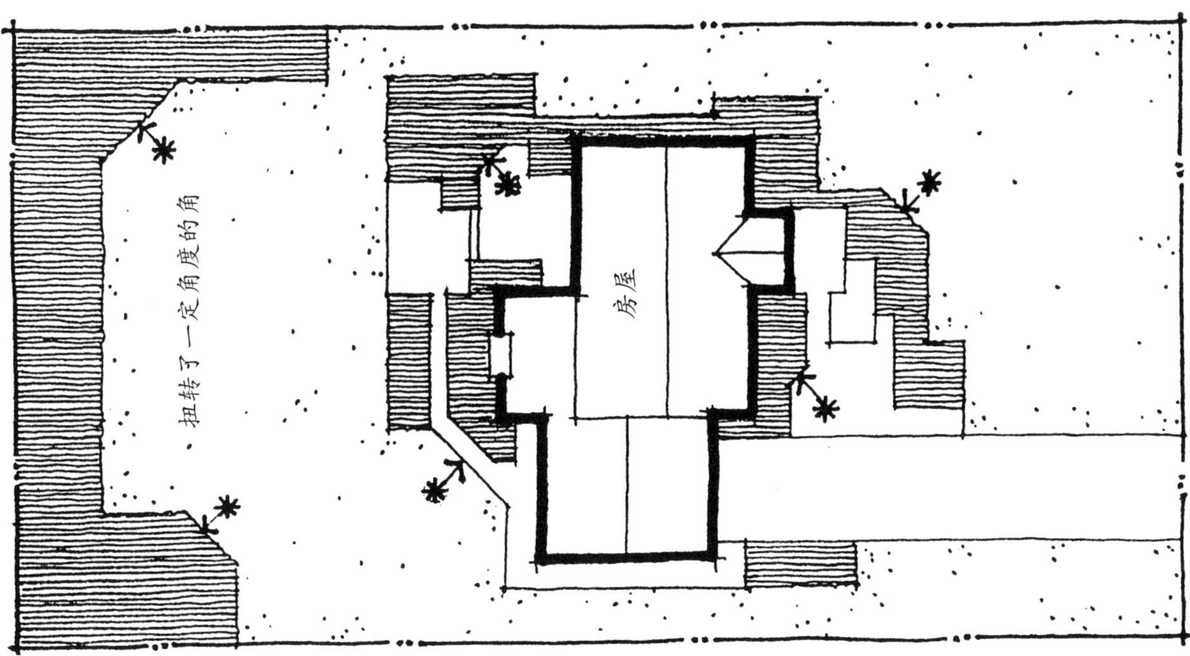

图10-62 矩形主题与斜线主题微妙结合

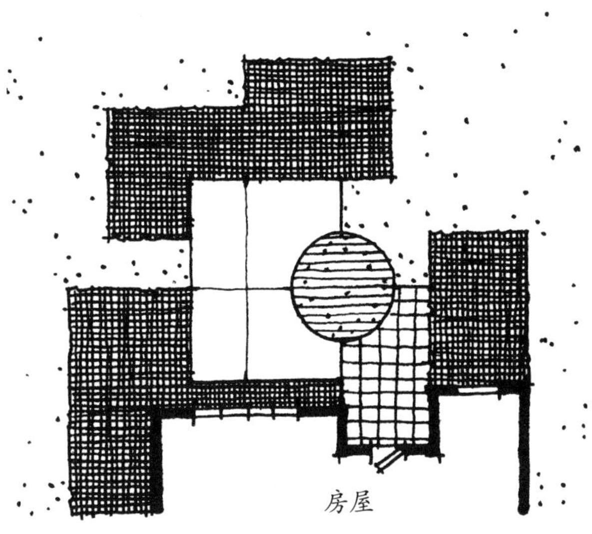

图10-63 在设计主题中，插入一个不同的构成形式可作为一种强调，如图中的圆

形式的巨大资源。当设计师使用建筑作为设计灵感来产生景观理念时，其结果就是在景观设计中融合了家庭与场地的元素。

为了做到这一点，设计师需密切关注建筑风格和（或）建筑特点，准备一个有用的构图设计工具——特性面板。

建筑风格

许多书籍和网站能识别并展示各种建筑风格。有些样式是基于其他国家

希腊复兴风格

维多利亚风格

格鲁吉亚风格

图10-64 有些房屋有着独特的建筑风格，因此具有鲜明的个性

的建筑形式，而另一些是独特的美国样式（图10-64）。当景观设计师有一个有明确房屋风格的客户时，花时间研究建筑风格以熟悉特定的建筑元素、比例、材料、图案和细节是正确的想法。景观设计师以特定的风格来关注每一幢房屋的特色，将为景观设计元素的形式和模式找到丰富的新理念。

建筑特征

不是所有的房屋都是以一种可辨认的建筑风格建造的，例如，有些房屋很容易被认为具有某种特殊的风格，而另一些房屋则有一些类似一种或多种风格的特点。然而，有些房屋几乎没有表现出什么风格。尽管建筑风格的存在至关重要，但建筑特点是“永远存在”且“非常重要”的。建筑特点是一个综合的整体物理属性和特征，共同展现整体的完整性。图10-65显示了三种不同的房屋，它们没有具体的建筑风格。然而，即使没有一种

图10-65 有些房屋没有特定的建筑风格，但仍然具有鲜明的特点

可辨认的风格，每幢房屋也都有一个明确的特征，如屋顶类型、门窗、材料、图案和建筑细节等方面。当景观设计师熟悉这些物理元素并把它们作为设计灵感时，就会出现构图的想法。

特性面板

在图案形成阶段，设计师着重于将功能图转换为可识别的形式，且开始建立设计的物理特性。前面提到的六个设计主题是给定的任何设计情况的选项，然而，设计师要根据特定的景观设计选择一个主题。因为房屋的结构非常重要，当考虑形式时考虑建筑是很重要的。探索建筑风格和特点的一种方法是开发一个“特性面板”。

特性面板是一种有益的设计工具。它是基于房屋的建筑特点如天井、围墙、架空结构等构成的设计理念的集合。设计师在探索景观结构设计时，通过“模仿”选定的建筑样式来画这些建筑。

图10-66示特性面板。房屋的立面显示在图的顶部，下图是六个“微型设计”，根据不同功能的房屋设计的不同结构。下面列出了每个微型设计和房屋的建筑特色，作为每个微型设计的设计灵感。

建筑设计理念特征：

- 庭院A：车库门上“装饰”通风口
- 庭院B：房屋主窗口在右山墙
- 庭院C：双山墙在房屋的左侧
- 围栏A：前门廊栏杆和拱门
- 围栏B：左上山墙菱形图案
- 高架顶：前廊拱廊和屋顶

当在特性面板查看这些微型设计时，注意将选择的每个建筑特征的一般模式转化为硬质景观，没有必要对每个建筑特征进行细化。我们的目标是想象和探索将房屋的现存特征融入景观。设计师设计一个特性面板，以探索新的技术和新的形式组合。

选择设计主题

前面介绍的六个设计主题为设计人员提供了各种形式的设计，用于进行形式组合研究。回想一下，每个主题都有一个区别于其他主题的鲜明特征，在选择合适的主题时，需要考虑几件事情。

很多时候，设计师选择什么样的主题往往反映出客户对总体环境氛围的喜好。举个例子，如果客户喜欢视觉跳跃而充满活力的设计，设计师

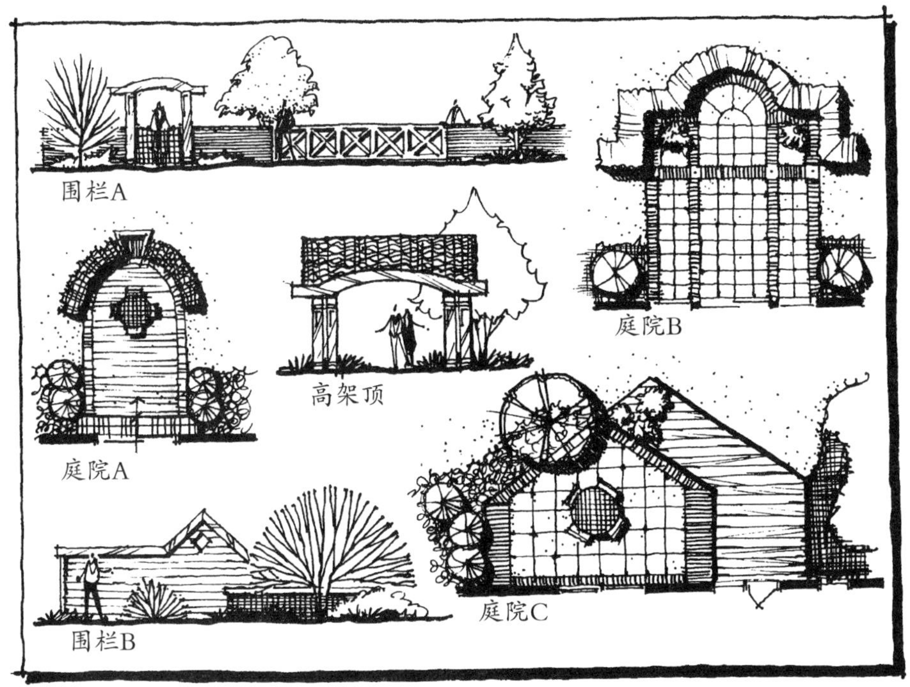

图10-66 一个“特性面板”可以帮助你记录先入为主的设计思想，且与房屋的建筑风格有关

很有可能会选择角状设计主题，做出与众不同又极其活跃的景观设计。而在另一种不同的情况下，客户可能想要一种较传统的、闲适的、柔和的氛围，这时，采用曲线形主题将更为合适。但是，在景观设计到底应具有什么氛围这个问题上，大多数客户还是依赖于设计师的判断。因此，设计师应该仔细观察建筑以获得进行设计的线索或依据。有以下几种方法。

第一，可以根据建筑的形体特征来选择具体的设计主题（如矩形、圆形、角状等）。举个例子， 一个屋顶、门窗、墙到处都是角的房屋最好采用纯粹的斜线主题或调整后的斜线主题。同样，圆弧及切线主题可能适合那些有明显水平及竖直线条，又有拱形门廊、窗洞的房屋。房屋的整体特征决定了采取哪个主题。

第二，这样一来，尽管客户可能不清楚他们喜欢什么设计主题，或者建筑本身也没有特殊的样式风格，设计师仍然可以将建筑自身的一些特点融入到对构成形式的设计中去。举个例子，一个没有风格、极其普通的房屋，但客户可能喜欢门廊的形式尤其是门廊的圆拱。于是，这个设计就可选择拱的形式和图案作为设计的重点。在这个例子中，设计师所选的设计主题是为了突出某个特殊的形式。

在下面的内容中，通过四个例子说明建筑是决定设计主题的关键。这些例子中的每一个都显示了房屋前面的图像，以说明其建筑的整体特征。每幅图像下面都是后院的平面图。建议在后院使用的形式是基于每种房屋的建筑形式。

图10-67列出了第一个例子。本案例中的客户对景观设计的特征没有偏好。虽然他们对建筑结构形式的建议都持开放态度，但他们不希望所有的景观形式过于结构化。他们喜欢阅读、锻炼和偶尔娱乐，是随性的人。在户外娱乐的时候，他们希望有足够的院落空间设置几张桌子和椅子。此外，他们希望有一个私密空间，不仅可以阅读和锻炼，而且也可与亲密的朋友一起娱乐。

门廊的拱形与整个房屋的矩形主题只是有一点细微的变化。对硬质景观（如台阶、步道、庭院、平台、栅栏等）的形式采用了矩形主题作为主体呼应。接着，用与门廊上拱形类似的弧形来强调主要聚集空间的边缘。在其余部分，则采用了曲线形主题的设计，既包含了圆拱的特征，又体现了曲线的柔性。而靠近餐厅的私密空间是由足够高的栅栏围合而成，必要的分隔可以让女主人进行阅读和锻炼。这块空间中的庭院形式为了与门廊的拱形对应，也略带弧度。

图10-68列出了第二个例子。这个例子中，客户很喜欢：①大角度倾斜的屋顶；②大大小小形式各样的窗户；③不规则的石头拼图。另外，客户每月要举行一次15～20人规模的派对，希望设计提供足够的空间，所以庭院要比通常的稍大一些。在开派对场地不够的时候，人们就可以到草坪上活动。客户还要求有一处设热水浴的私密空间，能够看到河的美景。因为客户特别喜欢钓鱼和滑冰，所以他们强调要突出河的景色。

对木平台的形式，采用了调整后的斜线主题来加强整个建筑的特征。在三个房间中每个都能打开推拉门而方便地到达木平台上。木平台的形状比较突出，可以下到铺石庭院的台阶。台阶的方向面朝观赏河景的最佳方向。庭院是由与砌房屋的石头相近的石块呈曲线形围合而成的。曲线形设计让人感到轻松自在，并能方便地进到草坪和河流区。而在主卧室外部则

图10-67 前面门廊的拱形构成是景观设计的重点（彩图见插页）

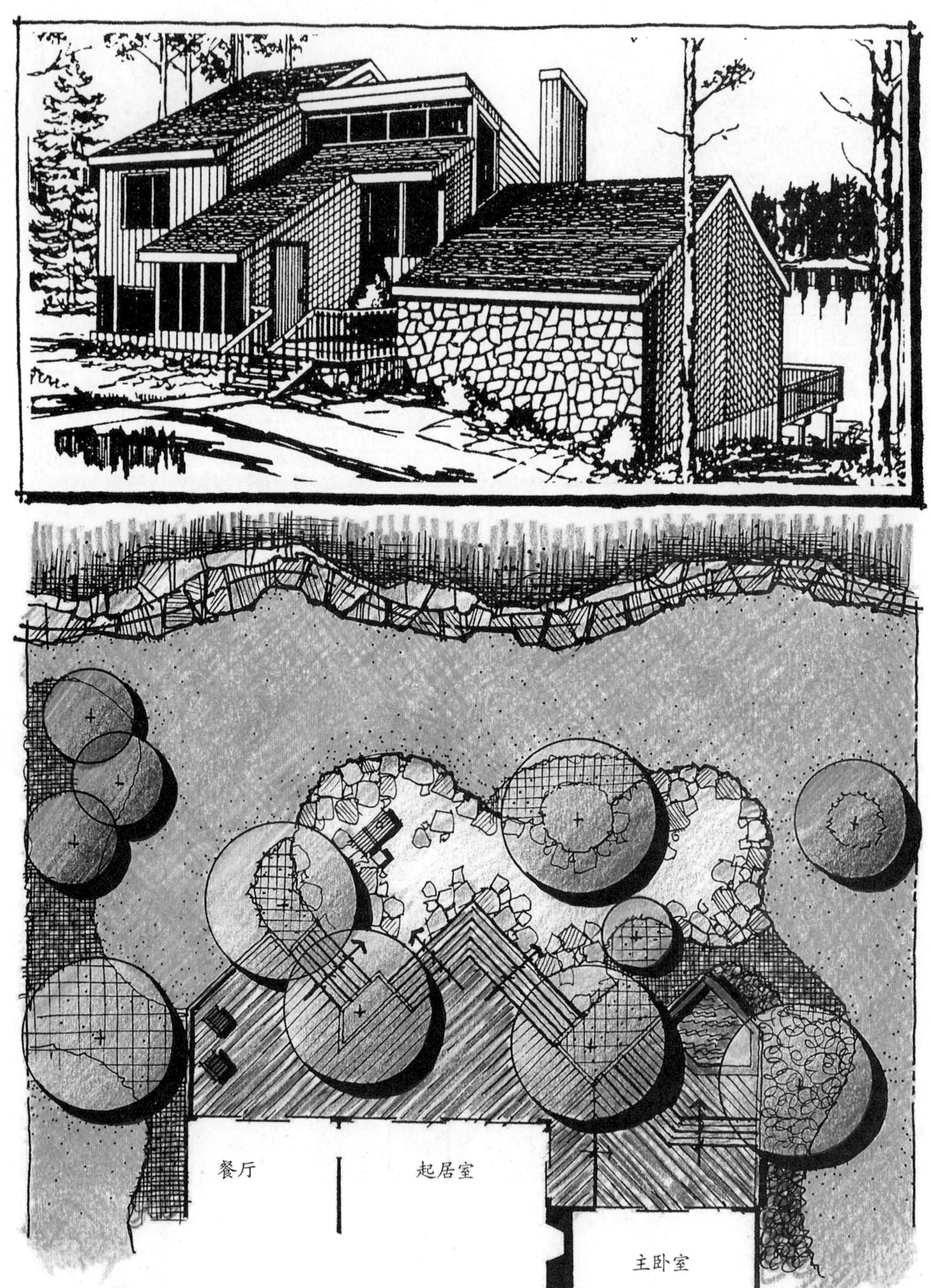

图10-68　形式结构体现在：①屋顶和窗户的角度设计；②木壁板；③不规则石头图案（彩图见插页）

设计了一个私密的热水浴区，两面用高的栅栏将娱乐区和用地线遮住，但是仍可以观赏到河的风光。

第三个例子如图10-69所示。客户是一对中年夫妇，分别在当地的公司担任管理职位。孩子们已成家立业。他们爱打桥牌，通常每月邀12位牌友打一次牌，室外的院子要能摆下三套四人桌椅。至于花园的风格，他们喜欢干脆利落型的，因为这和房屋的建筑风格相吻合。特别要指出的是，他们非常喜欢窗户的半圆形样式。

在图中可以看到，设计选用了圆弧及切线主题，这不仅呼应了建筑的半圆形样式，同时也映射了屋顶的水平线。家庭起居室外的主要庭院空间，它的形式来源于正立面上窗户的拱形样式。两边的小庭院，一边可摆上一套桌椅，且各自倾斜了一定角度与坡屋顶相呼应，同时又面向基地角部的特别种植区，形成对景。但是最主要的视觉焦点当然还是中央庭院区所正对的装饰种植区。庭院的材料是砖石结合，和建筑材料的颜色一致。

第四个例子如图10-70所示。客户是一对年轻夫妇。两个小孩正在上二年级，还养了两条狗。他们渴望回到家中能感受到一种轻松的气氛。对于建筑的风格，他们偏爱庄重正式的，特别喜欢洁白明亮的外观，他们家的室内装饰也显得非常正式。但对于室外庭院，他们希望尝试一下不那么古板的设计。为了休闲，他们要在院子里种点菜和多年生植物。他们还喜欢在室外进餐，因此计划在厨房和早餐区的室外设置一个永久性烤架。在社交方面，他们大概每隔1个月就要请6～8人来一次聚会。他们对基地边缘的一堵矮石墙情有独钟，因此庭院的地面也要使用石头。此外，他们还要求远离菜园，用栅栏围合出一个狗屋。

设计中采用了曲线形主题，以形成光滑、轻松、流动的线条。主庭院较宽敞，除了放置一张桌子和几把椅子以外，还可以摆一些其他用具，另外种几处花草点缀一下。庭院地面用的是石头，以与前方的矮石墙呼应。菜园设在靠后的一个角上，周围有一个小小的座椅，可以靠着树荫休息。栅栏紧贴在用地线上，以获得最大的使用空间，同时给狗提供一个玩耍的地方。在餐厅的外边设了一个室外烤架。

就像前四个例子所阐述的那样，设计师在形式构成阶段可以结合建筑形式的特征加以考虑。但是最主要的设计决定在形式构成阶段就应该完成。然后，在设计的空间和材料构成阶段，再考虑细部的形式、材料和图案。

形式构成的过程

选择和形成住宅建筑形式构图研究的过程比仅仅画出吸引人的形式要

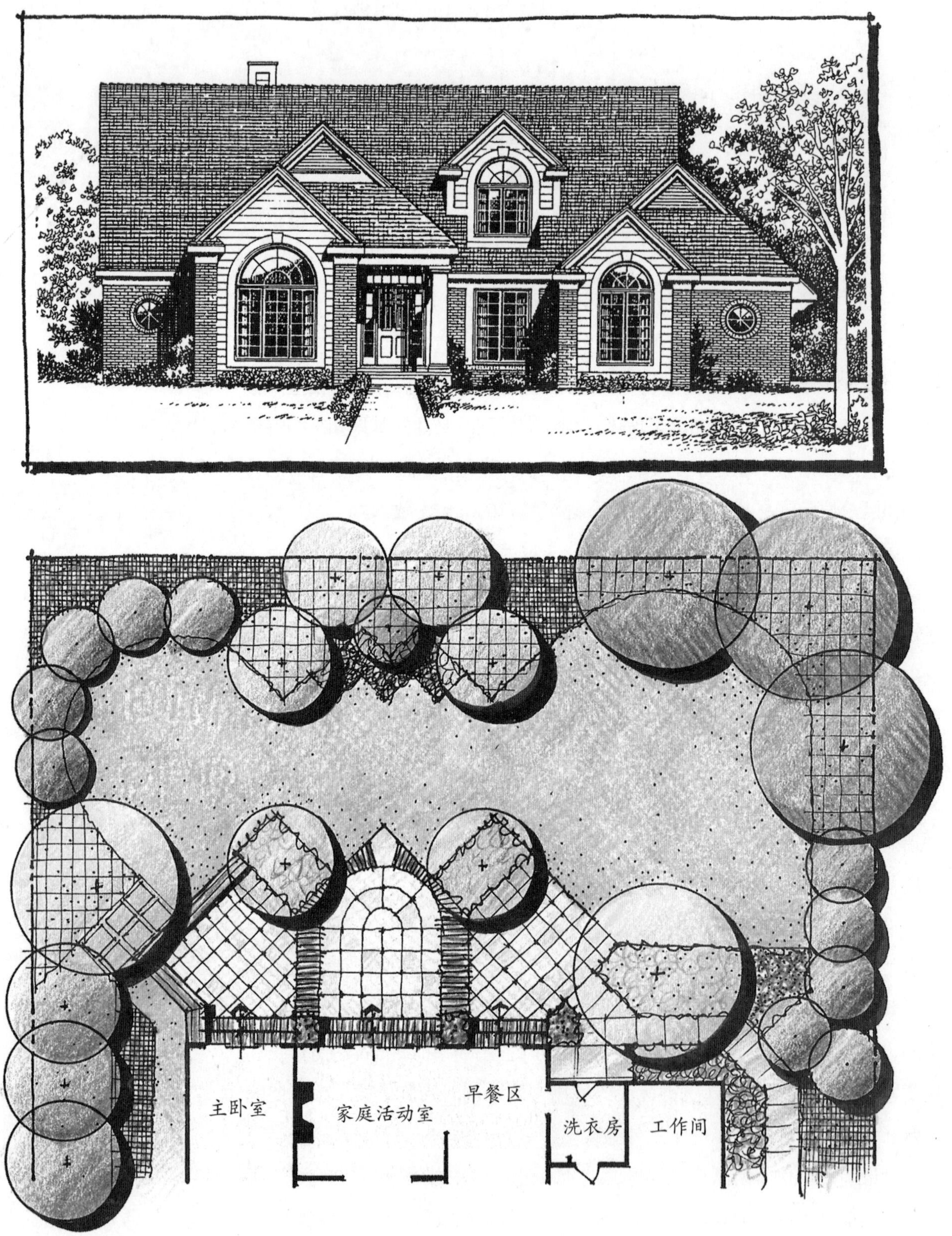

图10-69 形式结构体现在坡屋顶和圆形窗式样上（彩图见插页）

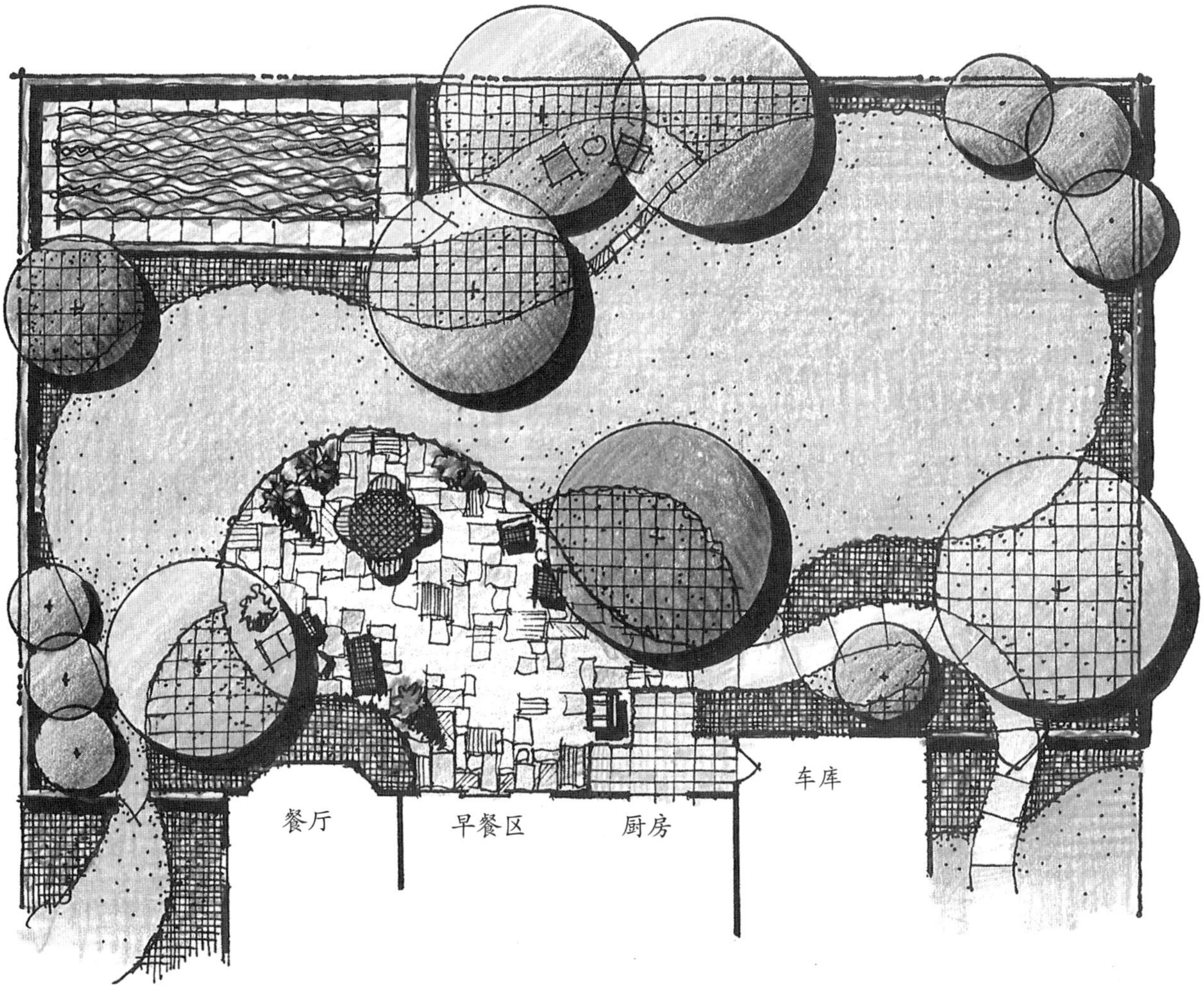

车库
餐厅
早餐区
厨房

图 10–70 形式构成反映出客户想要一个随意的、非正式的、柔和的花园的设计意愿（彩图见插页）

复杂得多。这个过程包括同时考虑几何形状、设计的特性、与现有结构的关系以及与功能图的关系。一个好的构图巧妙地融合了所有这些因素。

形式构成开始之前，首先要做功能图解，接着，设计师会选择一个设计主题或几个设计主题的组合。这种选择应基于：想要的设计风格或特点（正式还是非正式的、轻松的还是刺激的、现代的还是古典的，诸如此类）；与房屋的建筑风格相协调；适宜于现有的基地条件；客户的喜好。

一旦设计主题被确定了，设计师就要开始一系列形式研究的过程。这个过程中有两步很关键：①将拟定形式和现有构筑物联系起来；②将拟定形式赋予功能图解。这两步在设计中应该同时进行，但为了解释清楚，还是将它们分开阐述。

形式构成与现有构筑物之间的关系。几乎所有的住宅基地设计在深入设计过程中都必须与现有的或将有的构筑物，如房屋、车库、储物棚、凉亭、步道、平台、墙体等相结合。

因为现有的构筑物将会影响到庭园空间的轮廓和边界在方案设计中的位置，从而保证最后的设计结果是一个视觉上协调和统一的居住环境。如果这个关系处理得好，最后可能会难以分辨何者为基地原有的，何者为增建的。

通过将新的构成形式的边界与原有构筑物的边界相联系，可以实现这个目标。首先，设计师要获得一份反映现有构筑物状况的基地图副本（见第6章）。在这张图上，设计师要确认出现有构筑物的突出点和边界。对一栋现有房屋，考虑点和边界时应分几个层次：

1. 第一个重点：房屋的外墙和转角（图10-71）。

2. 第二个重点：外墙与地面相接的元素的边界，如门的边界，或外墙上材质的变化产生的划分线，如砖和木护壁板之间（图10-72）。

3. 第三个重点：外墙上不与地面相接触的元素的边界，如窗洞的边界（图10-73）。

下一步就是在基地图上从这些关键点和边线处向周围基地画线（图10-74）。一般建议使用彩铅，那样这些线就很容易与基地图上的其他线分开。这三种线称为约束线（lines of force），因为它们将使设计的形式构成与现有形式之间发生相互作用。作为强调，最重要的线应画得稍深一些。此外，还要加一些其他的线与这三种约束线垂直，以形成网格。举个例子，图10-74中，以线A与线B之间的距离X为单位，在远离房屋的方向再画两条，形成线C和线D。而在后院，距离Y被用作约束线的间距，线G和线H之间的间距为1/2Y。因此，这些附加线的间距并没有严格的规定。

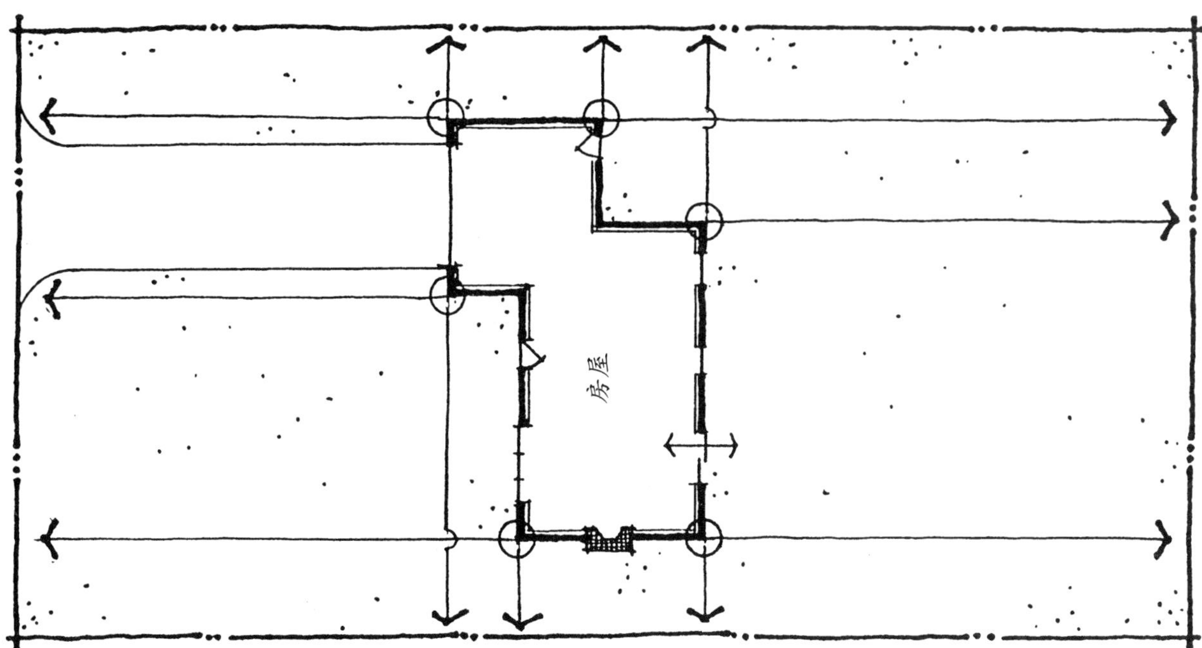

图10-71 外墙和转角在形式构成中是第一个重点

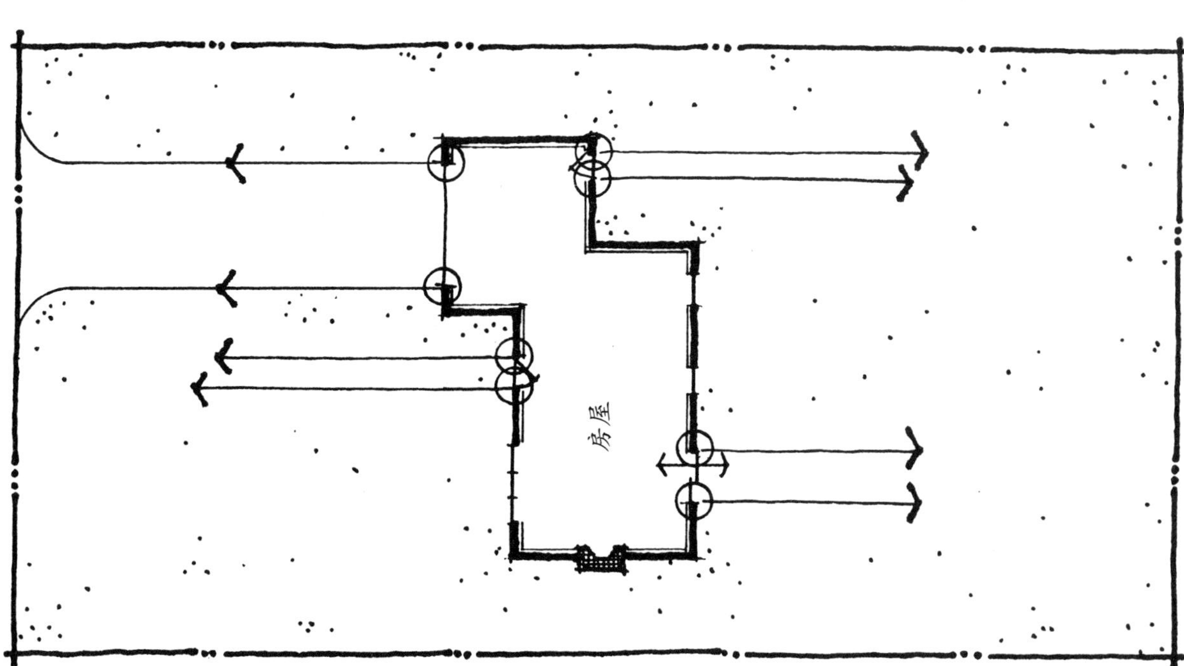

图10-72 门的边缘和材料变化是形式构成的第二个重点

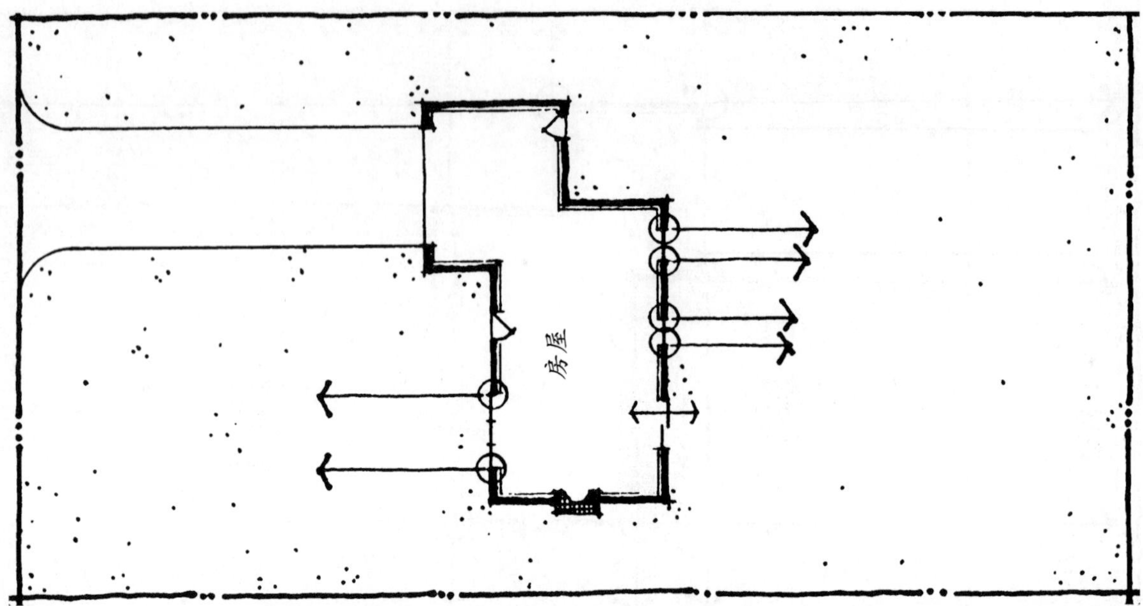

图10-73　窗的边缘是形式构成的第三个重点

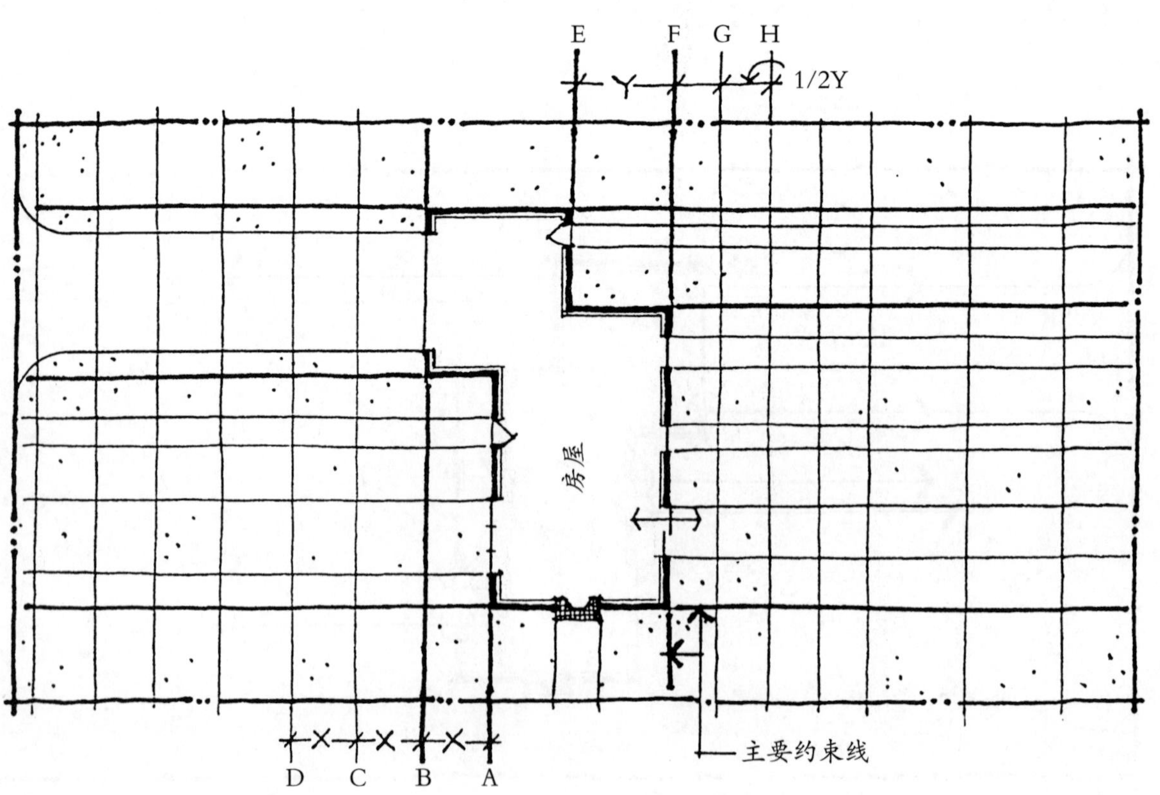

图10—74　约束线将延伸至远离房屋主要焦点的基地之中

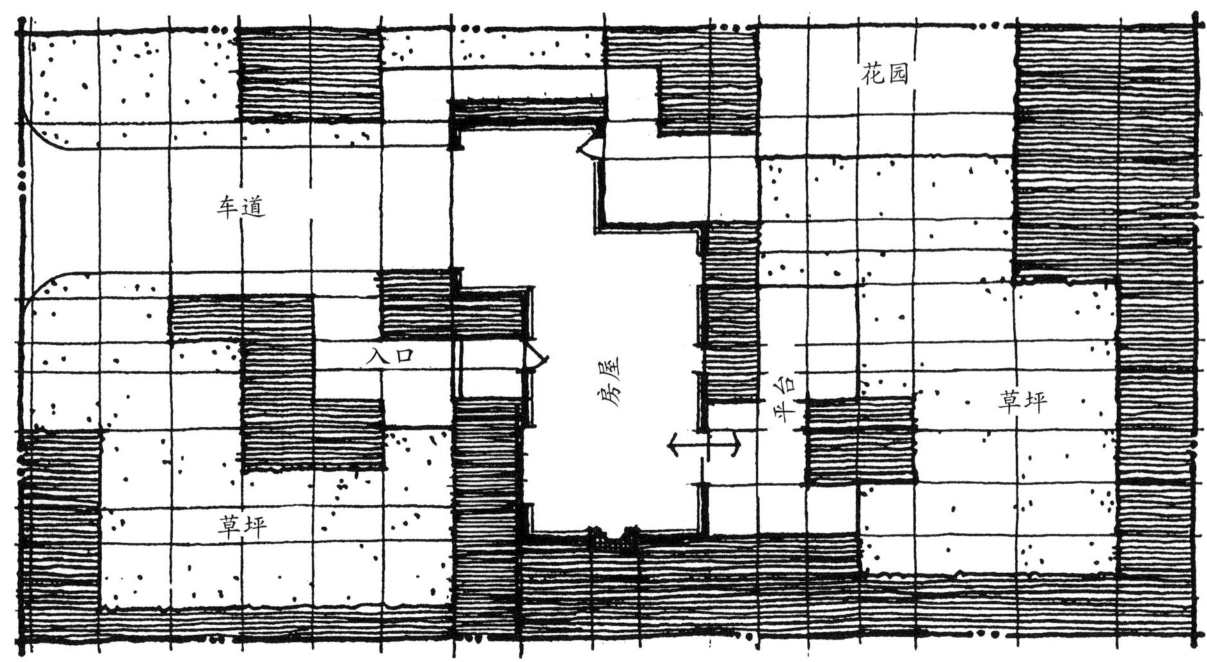

图10-75 一个基于潜在网格系统的矩形设计主题的例子

在基地图上画完约束线和网格之后，设计师应该在基地图上面放上一张描图纸，接着就可以开始在描图纸上进行形式构成研究了。这样做的好处是：①可以结合下面的约束线和网格系统；②还可同功能图解相结合（将在下面介绍）。图10-75是一个结合了约束线但还没有考虑具体功能图解的形式构成草图。从草图中可以明确两点：第一，用90°的网格系统可以轻松地将矩形主题的设计进行下去；第二，网格是作为整个基地内形式构成的基础，而不仅是在靠近房屋的地方。但是在几个地方，例如前面的入口和后部的平台，这些形式的边线并不与约束线重合，而是夹在约束线的中间，所以设计师不必认为形式的边线必须与约束线重合。

设计师并不总是用90°的网格来与房屋发生联系。如图10-76 所示，约束线可以自房屋向外以任何角度延伸。这个例子中，所有约束线均与房屋成45°角，所以设计师使用了斜线设计主题来与之呼应。

网格系统也可以产生其他的设计主题，可能用途之一就是将90°和45°网格相结合形成一个调整后的斜线设计主题。一方面，网格系统对矩形、斜线、角状、圆弧及切线主题都很有用，因为这些主题都与直线相关。而另一方面，网格系统对圆形和曲线形主题用处不大（图10-77），因为这些主题可以与现有建筑物的某些点和边线发生联系，很少用上网格。因此，在发展圆形和曲线形的设计主题中，除了最重要的约束线外，其余的约束线均可取消。

在圆形和曲线形主题中，最重要的问题是如何将基地中的线和边同房

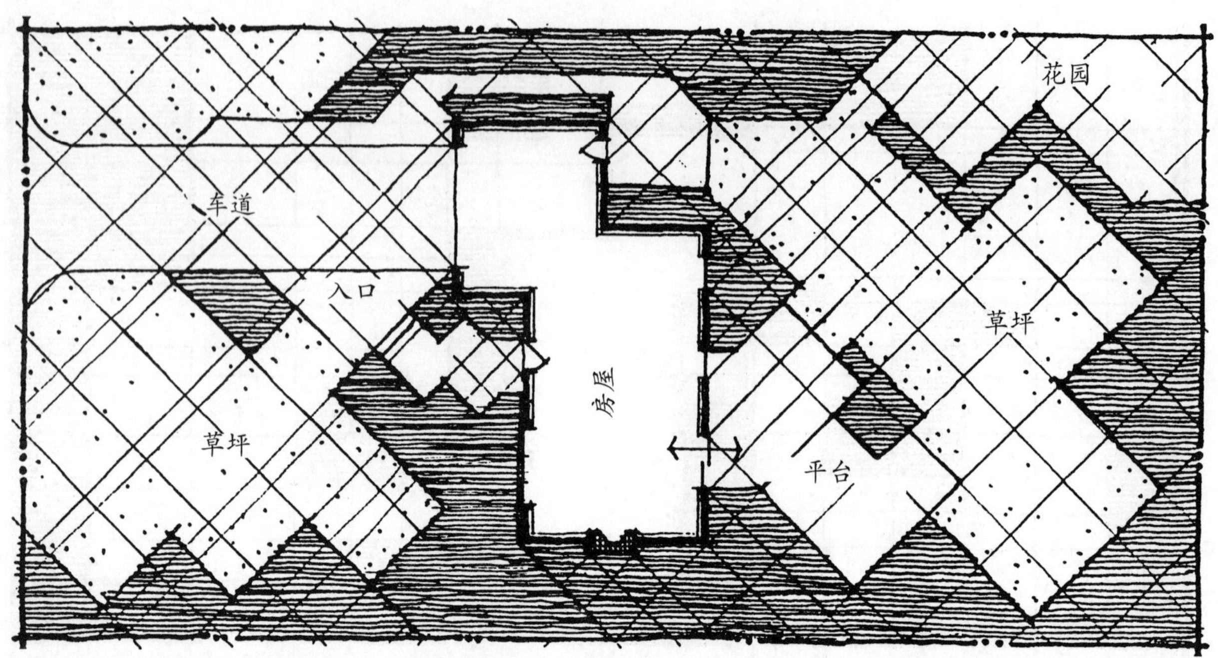

图10-76　一个基于潜在网格系统的45°斜线主题的例子

屋的边和其他直线边界联系起来。应该尽可能地在新形式与原有构筑物的连接处避免锐角和不良的视觉关系。在图10-77中，大多数的圆弧与房屋成90°角相交，当圆弧已经没有空间以90°角相接时（如车道的左边），可以以45°或大于45°角相接，避免使用小于45°角。

画网格的时候，要记住几点。第一，网格为如何将新的构成形式的边线定位提供了参考或线索。当新的构成形式的边线与网格中的点或线对齐

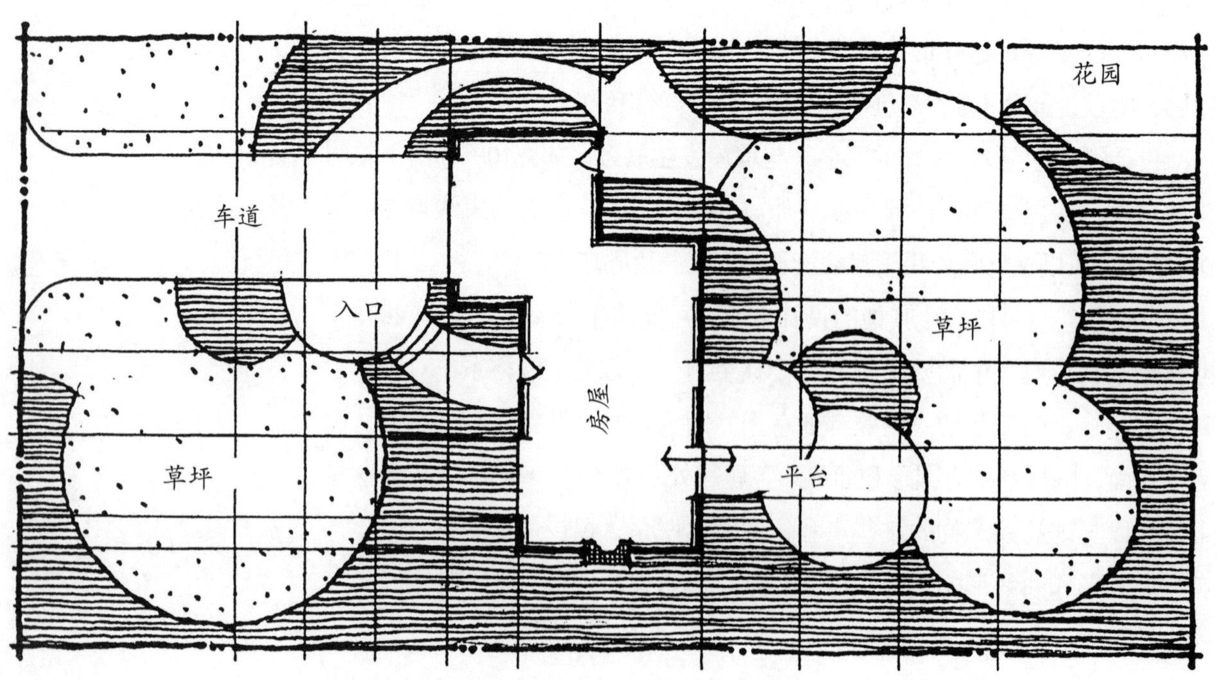

图10-77　在发展圆形或曲线形设计主题时网格系统的运用

的时候，这个形式就与房屋的点与边产生了强烈的视觉联系，这样，住宅与基地就形成了很好的结合。但是，如果两者不对齐也没有什么错，网格中约束线的使用只是一个辅助工具而不是绝对的必然途径。网格系统绝不是一个确保成功的魔术公式。

约束线和网格系统对于靠近房屋的设计形式与房屋对齐确实很重要，但是对于离构筑物较远的形式来说意义就不那么重要了。构筑物周围的场地与构筑物的关系是最密切的，在这个区域内，能够轻易地看到形式的边界是否与房屋的转角或门的边线对齐。但是距离建筑越远，即使场地与构筑物对齐了，也很难被察觉到。

既然约束线和网格只是一种线索，那么怎么在场地中建立它们，就无所谓正确或错误了。给定一个基地，让不同设计师来设计，每个人都会做出与别人稍微不同的网格。尽管最重要的约束线可能相同，其他的线则因人而异。建议网格中不要给出太多的线，只要每根线最后被证明有用就行。因为线太少了好像对设计师没什么帮助，线太多了又容易让人迷惑。

形式构成与功能图解的关系。除了与基地内现有的构筑物发生联系之外，新的形式设计应与上一步已敲定的功能图解发生关系（见第8章）。请记住，形式构成阶段的目标之一就是要将概括的、粗略的功能图解的边界具体化、清晰化。

首先，将一张画有约束线和网格的基地图放在功能图解的下面，就可以进行将形式构成与功能图解相结合的工作了。接着，将一张空白的描图纸放在功能图解的上面，就可以在描图纸上画形式构成的草图了（图10-78）。这样一来，设计师就可以透过描图纸参考下面的功能图解和网格平面（图10-79）。

有约束线和功能图解作基础，设计师接下来可以开始把图解中泡泡图的轮廓转变成具体的边线，这时可能会采用一种设计主题。设计师需要做的是把约束线、网格、功能图解以及设计主题结合起来。形式构成被认为是约束线与功能图解的审慎嫁接。这个过程并不容易，因为要考虑的东西太多，而且结果可能既看不出约束线的影响也看不到功能图解的痕迹。图10-80所示的调整过的形式构成，使用了一些网格线，此外还增加了一些其

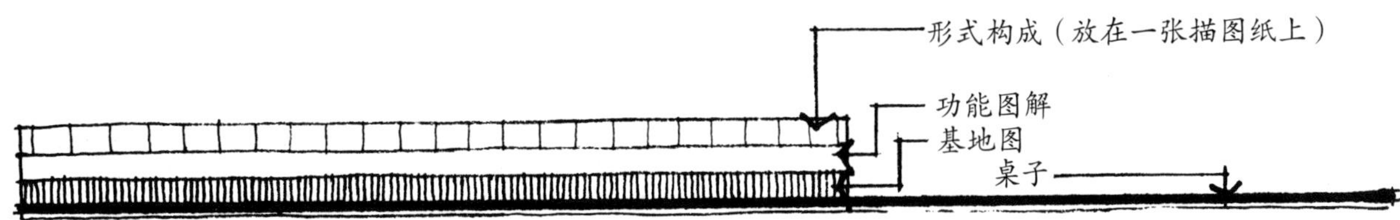

图10-78 形式构成与功能图解之间的关系是一种层层叠加的关系

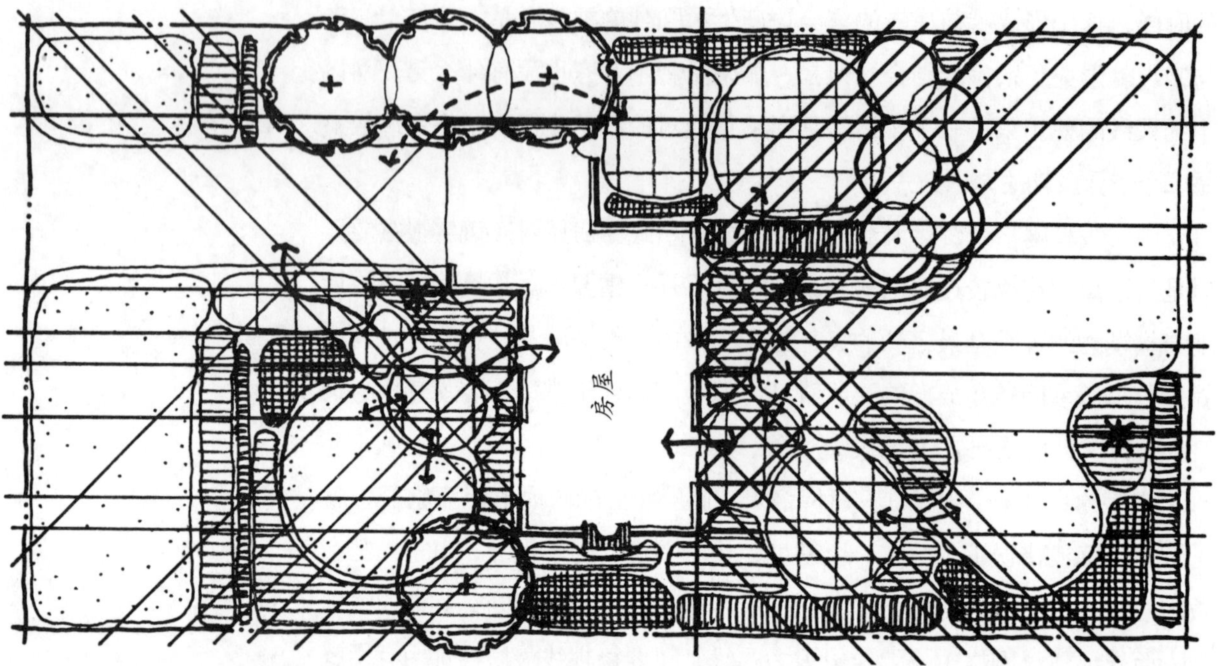

图10-79 将功能图解放置在基地网格系统之上

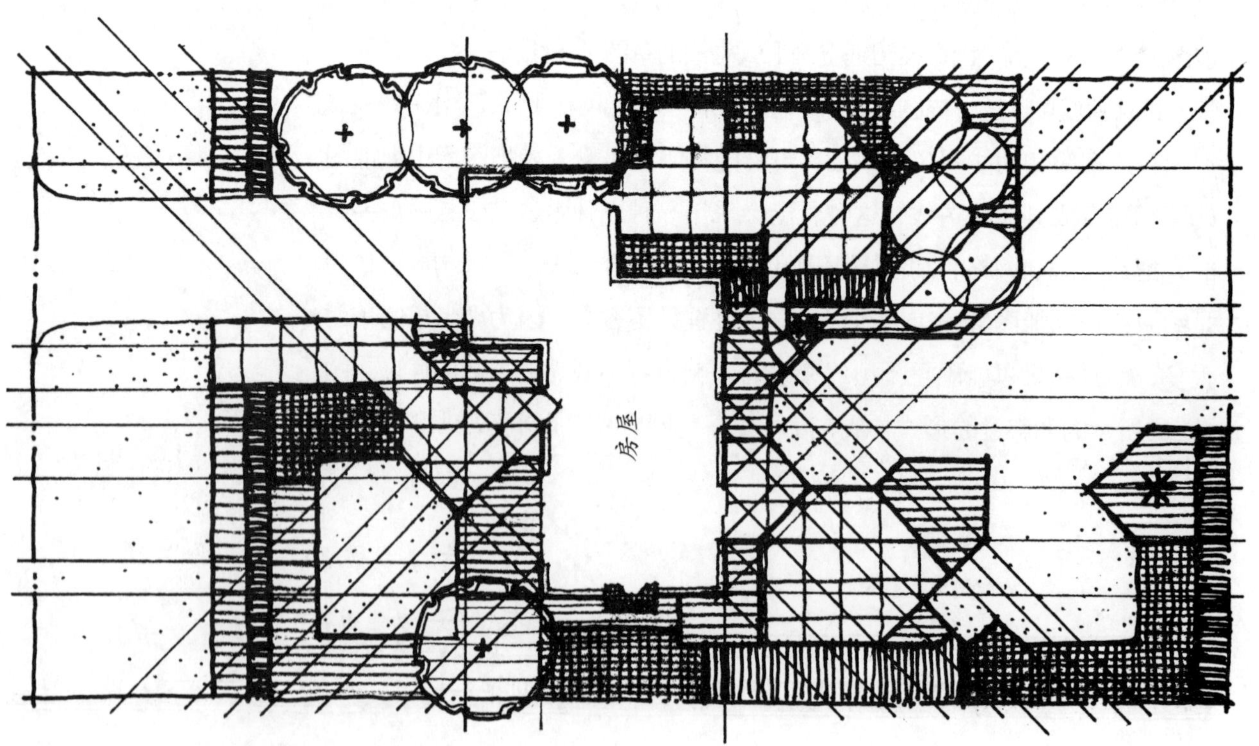

图10-80 设计主题与功能图解和网格系统密切相关

他的线。同时，形式构成的边线与压在下面的功能图解的轮廓尽管有一些变化，但相差不多。

在将新形式与功能图解相结合的过程中，设计师不必一一与图解中的泡泡图对应。图解只是一种参考线索，为形式边线的定位提供一个大致方向。因此，设计师可以自由地移动形式边线的边界以与约束线对应或是形成一个看起来舒服的构成。不过整体的大小、比例和位置还是应该大致与功能图解差不多。

刚开始的草图只是一种尝试，十分粗略，这时在第一张描图纸上再放上一张，就可以在第一个形式构成草图上继续修改和深入。几张描图纸下来，设计师就会获得一个较满意的结果。同时，应该鼓励自己多做几个方案。第一个想到的显而易见的解决办法未必是最好的，多个方案的比较能够帮助设计师发现一些容易忽略的问题（图10-81）。这种一张摞一张的深入过程将一直继续下去，直到做出既吸引人又可行的形式构成。

现在，也许读者更能体会到第8章所探讨的功能图解的意义。一个合理的功能图解会使得形式构成具有坚实的功能基础。但是，功能图解的缺

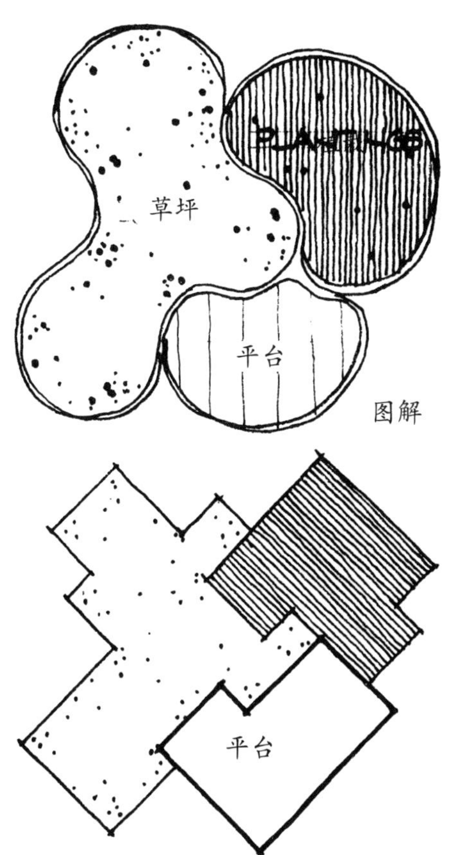

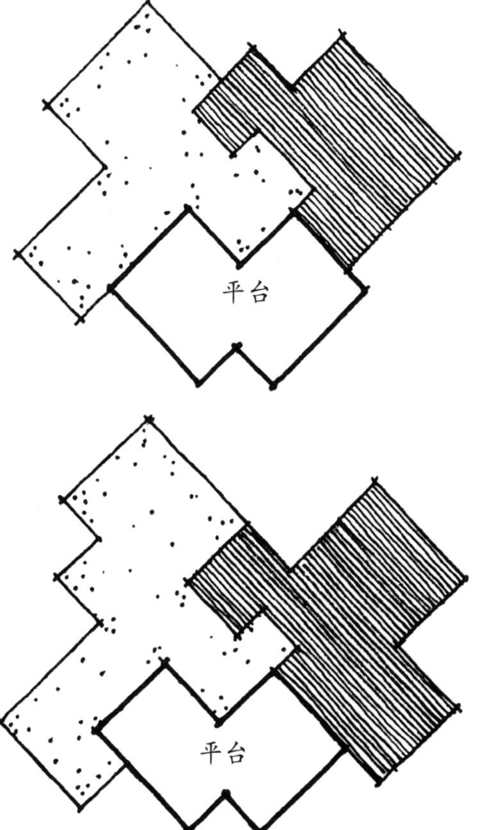

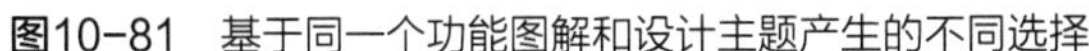

图10-81 基于同一个功能图解和设计主题产生的不同选择

点也同样会带到下一个环节。设计师很有必要花足够的时间去研究功能图解，以防止布局上的缺陷成为后续阶段的障碍。

在形式构成与功能图解相结合的过程中，设计师很有可能会想出一种比原有的功能图解更好的新布局。当这种情况出现时，建筑师应该回到功能图解阶段加以改进，然后再进入形式构成阶段。

邓肯住宅的形式构成

在第8章后面，为邓肯住宅做了一个完整的功能图解。这个图解是在探讨了多种构思，比较了三个功能图解方案之后确定的，本章它可以作为绘制邓肯住宅的若干形式构成草图的基础。

方案一：选择了矩形主题（图10-82）。注意这个构成是怎样联系之前的功能图解和约束线的。例如，请仔细观察室外就餐区和起居区的某些边线是如何与房屋、门、窗的边线对应的。

方案二：结合了矩形主题和圆弧及切线主题（图10-83）。大多数硬质表面用的是矩形主题，而草坪及植树区用的则是圆弧。这个方案充分利用了场地有限的面积，将建筑物与邓肯一家所喜好的轻松氛围很好地结合在一起。

方案三：结合了调整后的斜线主题与曲线形主题（图10-84）。构筑物（如步道、台阶、栅栏等）采用了斜线主题，而草坪边线和种植区则采用了较为柔软、圆滑的形式。位于后院的室外就餐区和起居区倾斜了一定角度，使视线从那里直接指向基地边界的曲线形种植区，使眼睛在观看后院景观时富有动感。

小结

在初期设计阶段，二维的平面构成是极其重要的。因为它是建立在功能图解基础上的，同时，功能图解也为三维空间的研究奠定了基础。具有较好的视觉效果和实际操作意义的平面形式是基于各个图形之间的几何关系，并直接被作用于功能图解，且还需要服从于现有构造、基地条件、设计特点和客户的要求。

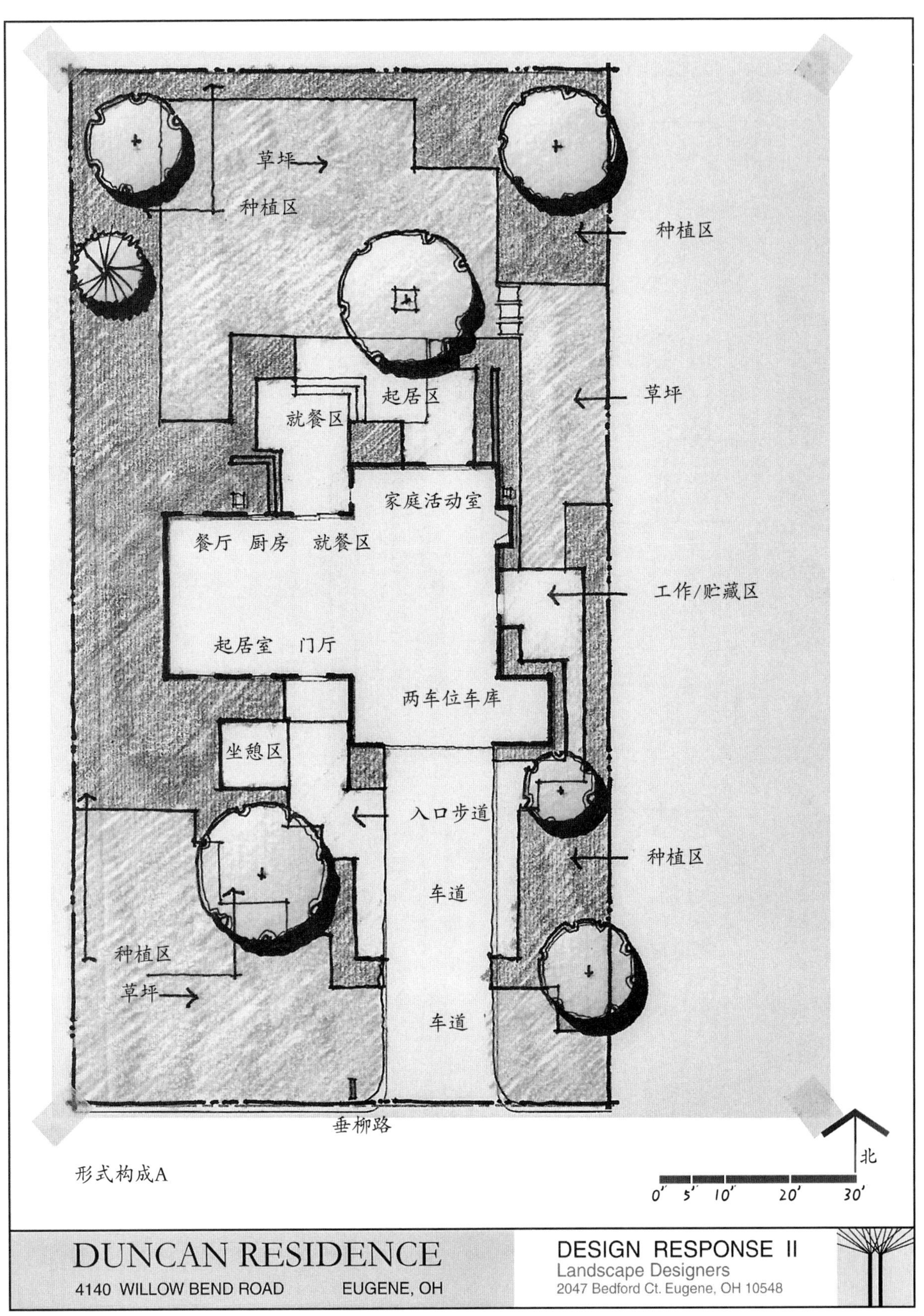

图10-82 邓肯住宅的矩形主题（彩图见插页）

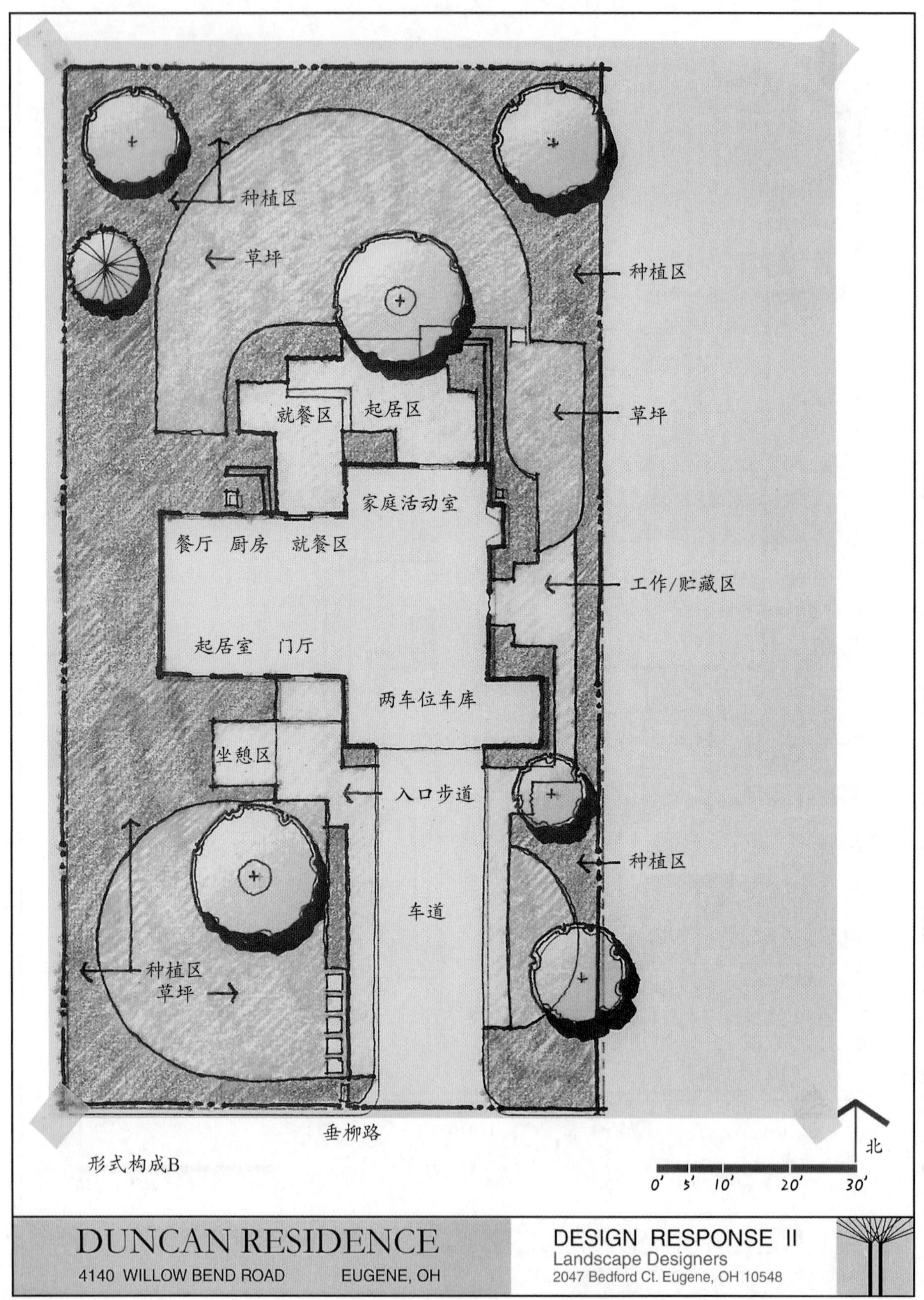

图10-83 邓肯住宅设计中矩形及切线主题的结合（彩图见插页）

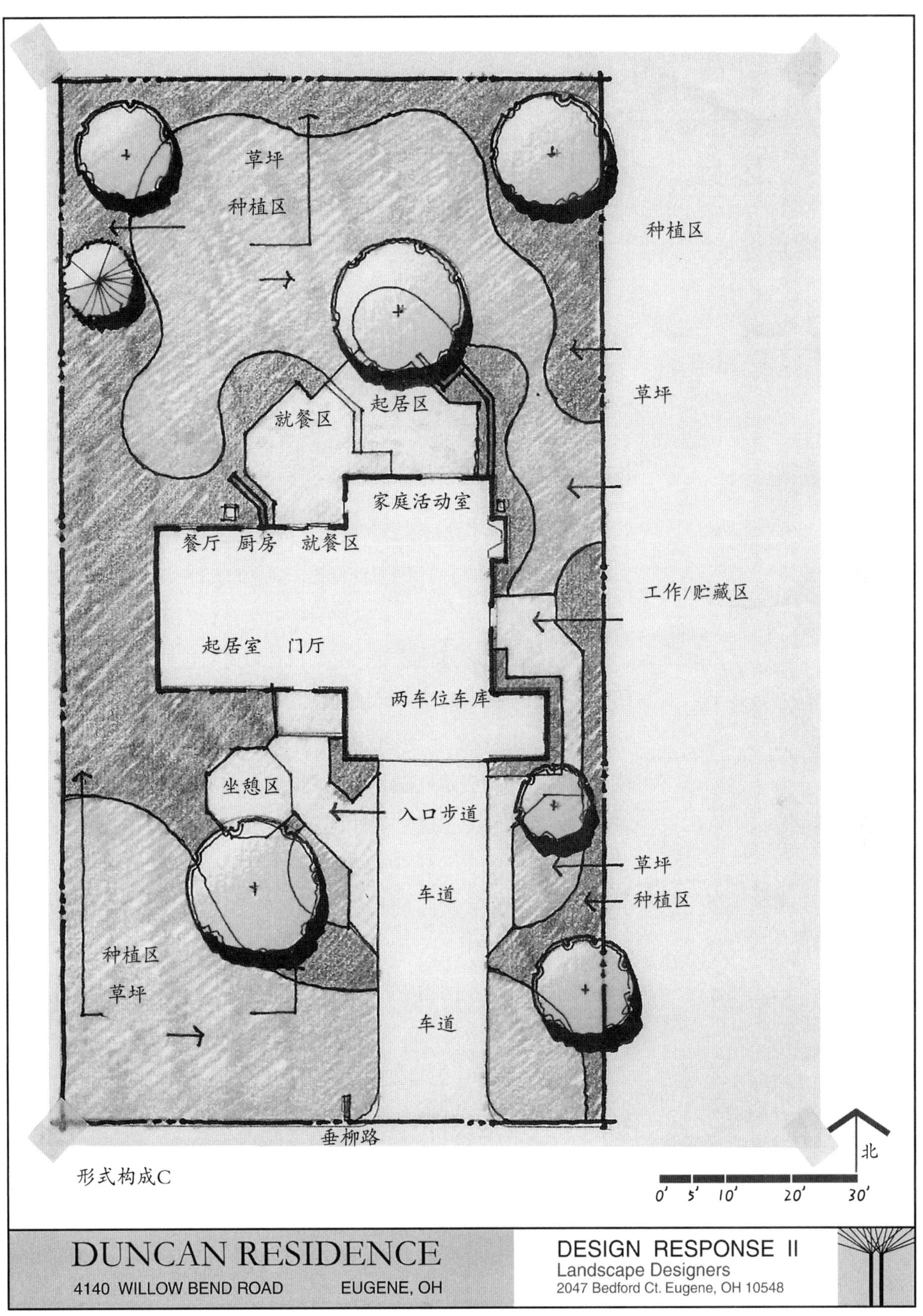

图10-84 邓肯住宅设计中斜线主题与曲线形主题的结合（彩图见插页）

11
空间构成

学习目标

通过对本章的学习，读者应该能够了解：

- 什么是平整场地，确定其目的，并概述减缓坡度的指导方针，以确保适当地排水。
- 了解安全台阶和坡道的设计准则。
- 重塑场地而获得的室外空间和屏蔽景观的概念。
- 初步设计中植被的一般类别。
- 建筑基地中植被的建筑性、艺术性、工程性的使用。
- 植被设计的步骤及其目的。
- 植被设计标准，包括那些体现组团、层次、整体设计、特征季节变化、植被类型和用途、质地以及生态环境等因素。
- 墙和栅栏的潜在用途，并勾勒出墙和栅栏在围合、透视和其他方面的不同高度和通透性的效果。
- 棚架结构的使用，随着高度和通透性的变化，它们如何变化。
- 基地结构和房屋的建筑特征之间的协调技术。

概述

第10章论述了初步设计阶段形式构成的各个方面。完成之后，形式构成提供了基本结构和可见的骨架，余下的设计将在此基础上进行。

有一点必须清楚，形式构成只是初步设计的第一步，尚未形成一个完整的住宅区基地设计。形式设计只是对设计进行必要的二维研究，并未全面考虑室外环境的空间体验。初步设计的下一步——空间构成，继续在二维形式构成之后，设计住宅区基地空间的外壳或表面。空间构成建立在形式构成框架上并加入三维的因素，就像室内房间的墙和屋顶建立在房屋的标准层上一样。它考虑总体空间如何形成，并确定围合空间的垂直和上部表面。如同前面所述，空间构成通常与形式构成同步进行。但是，为了便于说明，这两方面在这里将分开阐释。

本章将讨论空间构成的各个方面，包括初步平整场地、植被种植、垂直表面的应用（如栅栏和墙），以及棚架结构。

初步平整场地设计

住宅区基地设计的空间构成应从地面开始。这有几个原因：第一，地面三维设计与形式构成有较密切的联系。第二，地面设计是其他设计元素的基础，如植被、铺地、墙、栅栏和顶部构筑物。因此，地面的形式对其他元素的功能和形式有直接的影响。第三，地面为我们散步、跑步、休息、骑车等提供场所。在外部环境中，它的直接使用和损耗量多。因此，其三维构成是极其重要的。

平整场地通常是针对地面的三维立体操作，也就是根据功能和美学要求对地面进行平整和重塑。平整场地的主要工作就是土方的转移。

如在某处增加土方称为填方；而从某处去除或挖土方则称为挖方。通常，对于某一给定的工程而言，要尽量保证土方填挖平衡，以避免不必要的土方运输。

住宅区平整场地的两个目的是适用和美观。适用是指场地平整具有排出地表水、调节流线或场地上的其他用途。美观是指场地平整可以创造空间、场景或对景，提供视觉中心。平整场地既在工程方面非常实用，又在美化方面综合考虑了美学和艺术元素。两个方面应一同着手去做，使平整场地不仅在功能上适用，还能吸引人的视线。在下面内容中将详细讨论平整场地的目的。

排水

平整场地的一个实际目的是通过场地表面提供适当的排水能力。在住宅区里，许多地点都需做出特别的处理，以利于排出地表水。

结构角度。为了减少问题，地表水应从基地中房屋和其他结构中排出。在住宅区基地里，设计师会遇到几种坡度情况（图11-1）。第一种

图11-1 住宅区基地通常存在的坡度情况

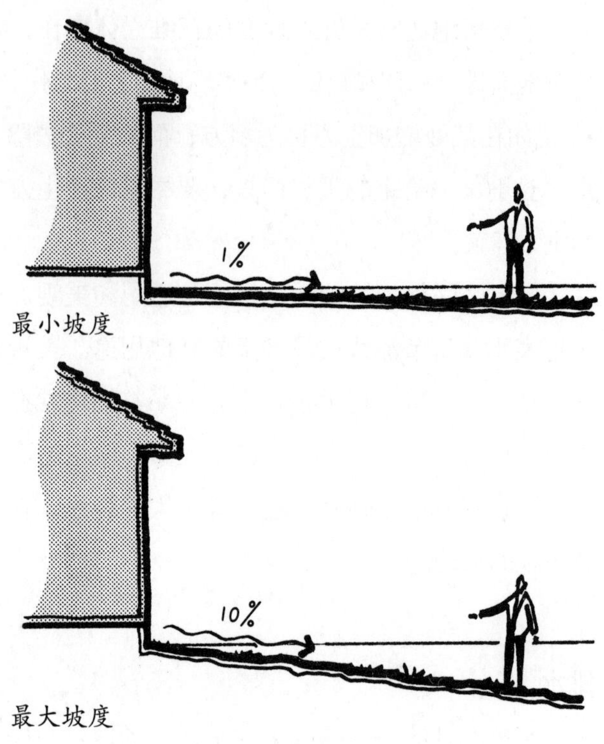

图11-2 地面坡度应在1%～10%的限度之内

情况是坡度从房屋开始，设计师应保持坡度，这样在排水的时候，水就会很自然地排走，不会经过房屋。如果是这种情况，几乎不用对地面进行改造。第二种情况是房屋处于较平的地面，场地必须再处理，从房屋渐渐出现下坡。地平面以1%～10% 的坡度渐离房屋或其他结构（图11-2）。

1% 的坡度大约相当于地面的水平方向每改变1英尺，在垂直面上相应改变1/8英寸（图11-3），可用坡度公式来理解：

垂直距离/水平距离=坡度百分比

垂直距离就是坡面在垂直方向上的改变，水平距离就是坡面在水平方向上通过的距离（图11-4）。因此，1% 坡度就是在水平方向上每100英尺升高或降低1英尺（1/100=0.01或1%）。10% 坡度就是水平方向上每100英尺升高或降低10 英尺，或者水平方向上每10英尺升高或降低1英尺。

第三种情况是房屋坐落在坡地上（图11-1 下图）。这种情况下很有必要在地势较高的地方建一个洼地或一条浅沟去汇集地表水，然后直接绕过建筑物将水引出去。

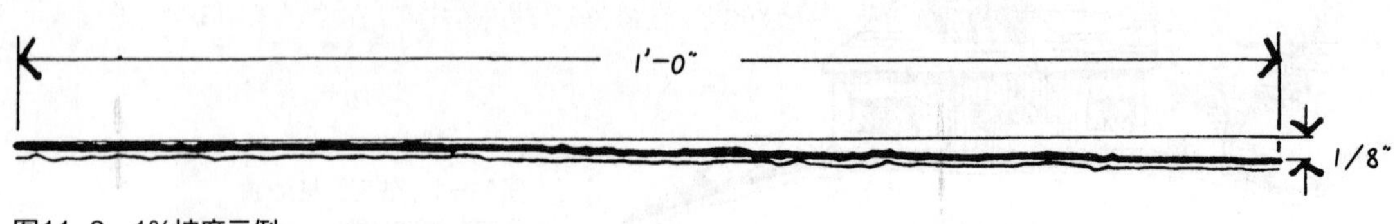

图11-3 1%坡度示例

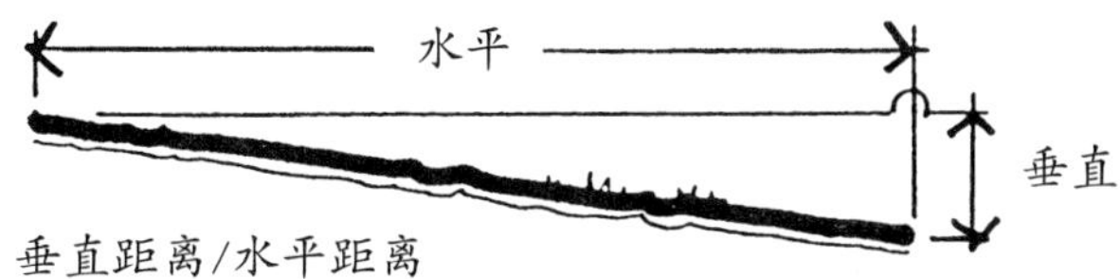

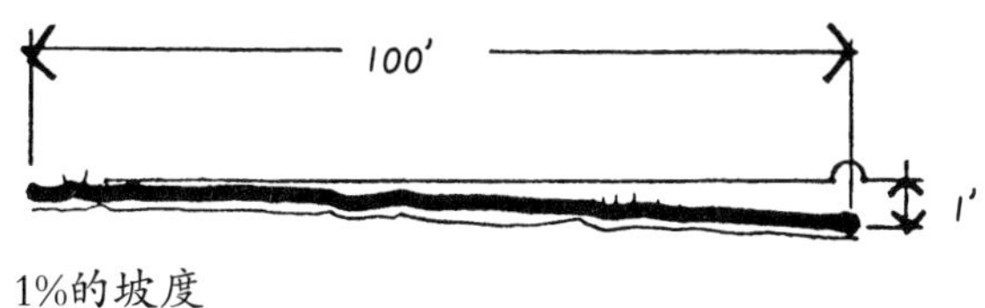

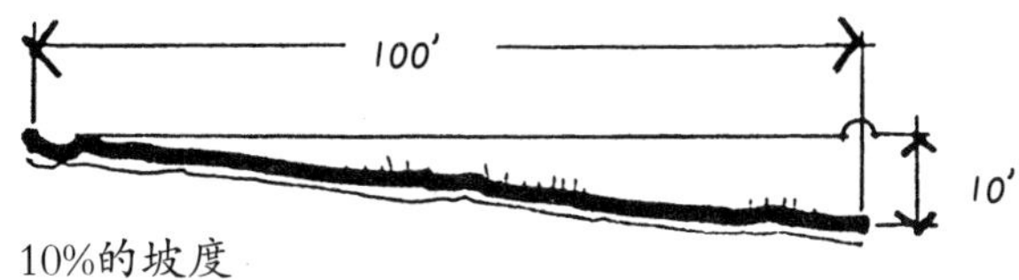

图11-4 决定坡度百分比的一个方法

路面角度。水应尽快从人行路和车行路上排出，以便在暴雨过后可以安全地使用。在北方的冬季，也有必要防止雨水的积聚，因为湿地可能被冰覆盖，引起安全问题。另外，铺筑的室外使用场地较快排出地表降水也是很重要的，像室外生活、娱乐空间，这样它们能在雨后尽快恢复正常使用。在任何一个铺筑地面上，积水小坑会降低其安全性和使用率。

为了达到足够的排水量，混凝土或沥青铺筑表面应有不小于1%的坡度。暴露表面的聚合混凝土、砖、石头或其他粗糙铺地材料，应有不小于1. 5%的坡度（水平方向每100 英尺，垂直方向1. 5 英尺的改变）。另一个极为重要的方面，人们站、坐着时间较长的室外铺筑地面应有不超过3% 的坡度。坡度大于3%的铺地能看出有个明显的坡度，给人一种不舒适或不稳定空间的感觉。人行路不可超过5%的坡度，车行路和停车场不可陡于8%的坡度。

草坪角度。水应从草地中适当排出，以防止存水或形成湿地。为达到有效的排水，建议草地坡度应为2%或水平方向每100英尺降低2英尺（图11-5）。然而，草地表面坡度应不超过25%（水平方向4 英尺，垂直方向1 英尺的改变）。大于这个最大值，对一个草坪修整者来说是危险的。

从草坪地区有效排除地表径流是和暂时保留地表水一样不可或缺的战略性可持续设计。如第3章所讨论的，在保留池塘、雨水花园等场所保持的地表水减少了场外洪水的发生，并有助于地下水的补充。设计师可以通过定位远离房屋的较低的区域和调整主要用地面积来解决看似矛盾的排水和

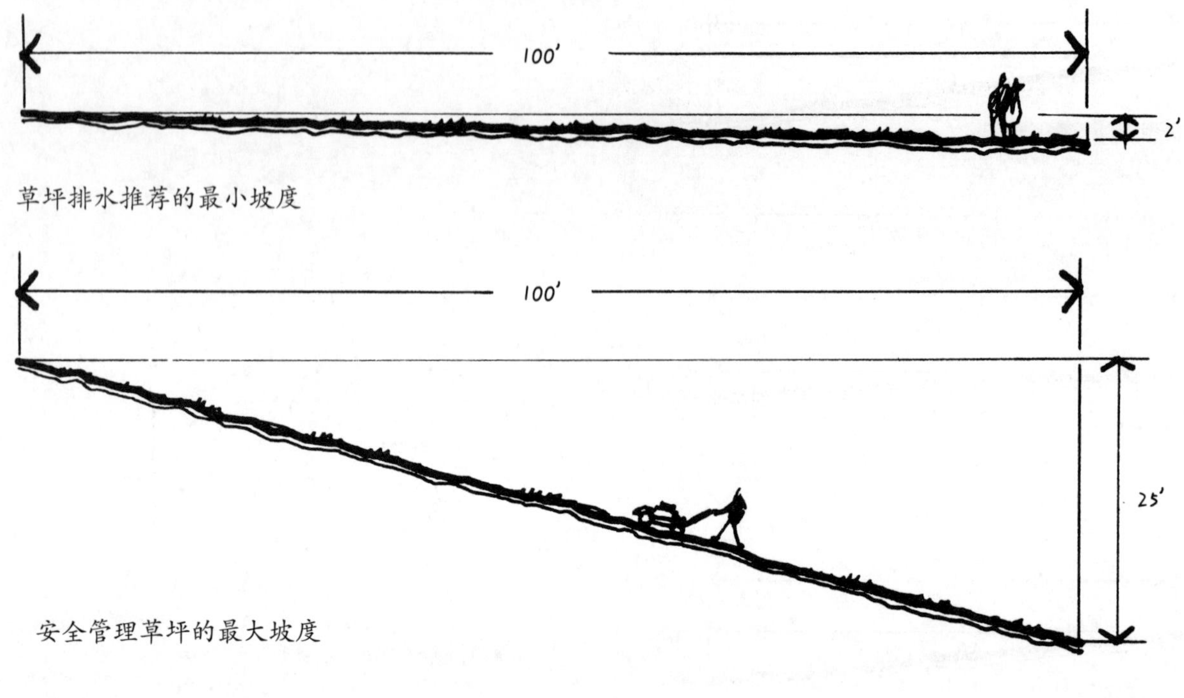

图11-5 草坪最小和最大坡度

重新安置目标。这允许在需要的地方保持顺向排水。

种植床角度。种植区域植被表面应该能够排出水，防止对植被的危害。对种植区来说建议地面坡度最小2%，但不超过10%。种植区坡度大于这个比率容易受到侵蚀，除非有地面覆盖层的保护。

调节流线

平整场地的另一个目的是调节坡地或不平地面间的交通流线。正如以上所述，人行路应不超过5%的坡度（或者水平每 20 英尺，垂直 1 英尺的改变），如图11–6所示。这个指导方针对入口步行道是特别适用的，这个地方人的舒适和安全是最重要的。

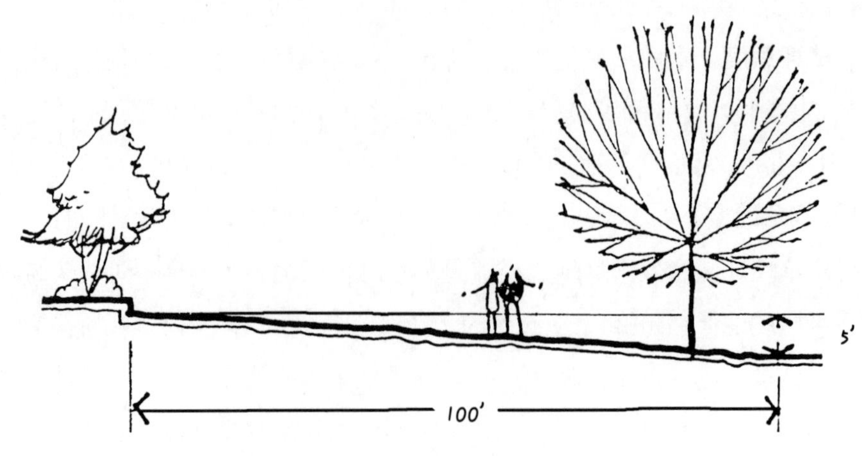

图11–6 步行道的最大坡度

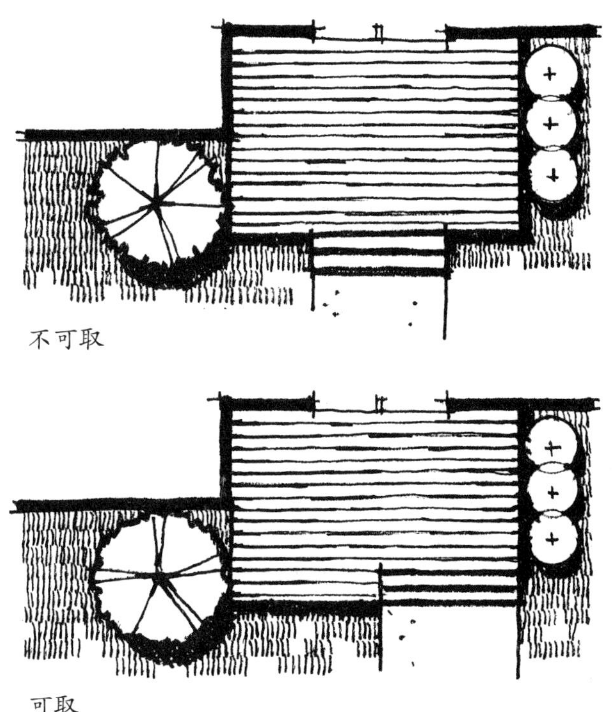

图11-7 台阶应作为整个设计构成的一部分

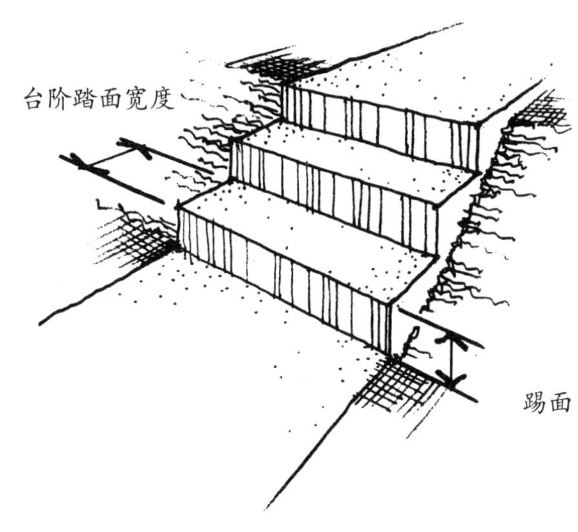

图11-8 台阶踏面和踢面

地面太陡则不能提供适当的斜面，有必要用台阶去连接两个空间之中的改变。有许多关于台阶设计的指导。第一，它们应成为整个设计的一部分（图11-7）。台阶不应被做得像个附属品（图11-7 上图），另外，台阶应有与整个设计主题相联系的形式，因此，在形式构成阶段就应考虑。

台阶应有适当的尺度。踏面（台阶的水平部分）和踢面（台阶的垂直部分）（图11-8） 应满足安全和舒适感，保证深度和高度。下面是通常用来指导踏面和踢面尺度的公式：

两倍的踢面高度加上踏面宽度应等于26英寸或2R +T =26英寸

图11-9的几个例子表明公式是怎样应用的。如果踢面（R）是6英寸高，然后公式被用于去决定适当的踏面宽度（T），如下所示：

第一步：2（6英寸）+T=26英寸

第二步：12英寸 + T = 26英寸

第三步：T=26英寸-12英寸=14英寸

或者，一个踏面（T）是15英寸，得出踢面高度（R）：

第一步：2R + 15英寸=26英寸

第二步：2R =26英寸-15英寸=11英寸

第三步：R=5.5英寸

就像从公式中看到的，室外台阶中踏面和踢面的尺度是相互关联的。

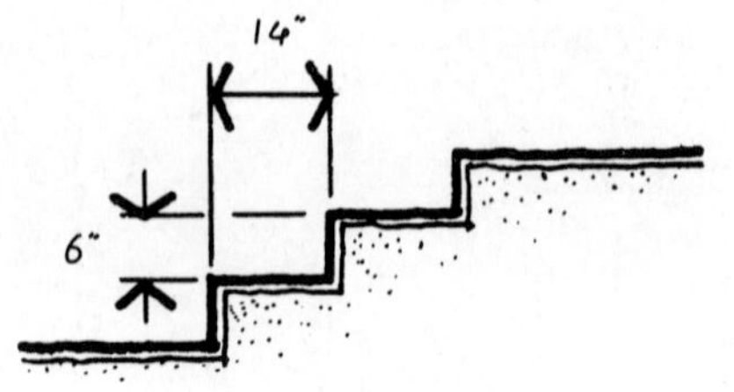

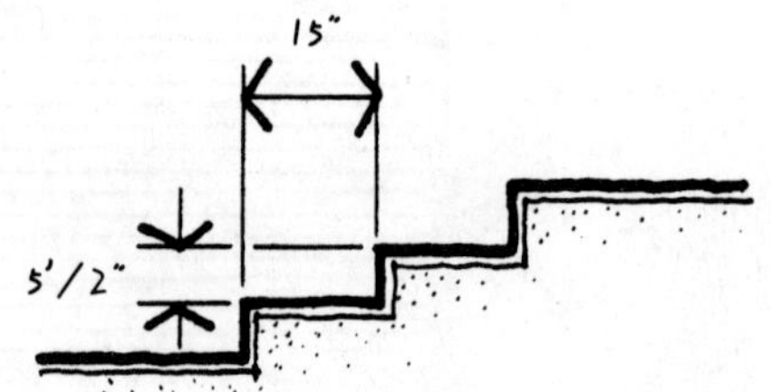

图11-9 适宜的踏面和踢面关系

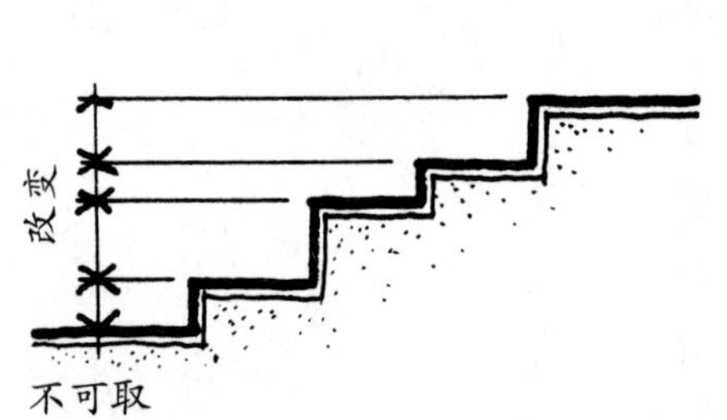

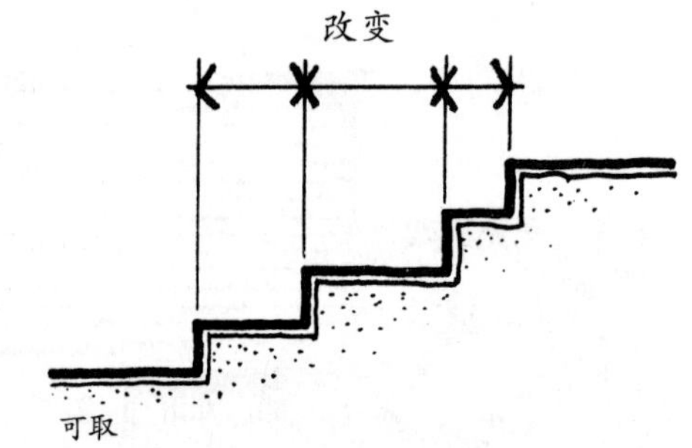

图11-10 一段楼梯中踏面和踢面尺度不应改变

当其中一个尺度变大时，另一个就变小。当一组台阶的尺度被给定，它们就不能改变（图11-10）。就是说，同一段台阶内，所有的踢面应为相同的高度，所有的踏面应为相同的宽度。如果这些尺度改变了，人们走起来就会很吃力甚至跌倒。

这是几个限制踏面和踢面尺度的最小值和最大值（图11-11）。每一个踏面应至少12英寸宽。低于这个数值的踏面对普通人的脚来说太窄了。踢面的高度至少应为4英寸，但不大于7英寸。小于4英寸，高度变得不明显，在室外不容易被看到而且增加了台阶数量。踢面的高度在7英寸之上时，会使老人、儿童和行走能力障碍者难于应付。

当台阶与主人流方向成直角时，使用最方便（图11-12），比较易于迎面走过一段台阶。设计师应避免使人上下台阶时不得不转过一个尖角（图11-12 右图），这是十分不便和危险的。

台阶常常是使人从一个平面到另一个平面最好的方法。但确实有个重

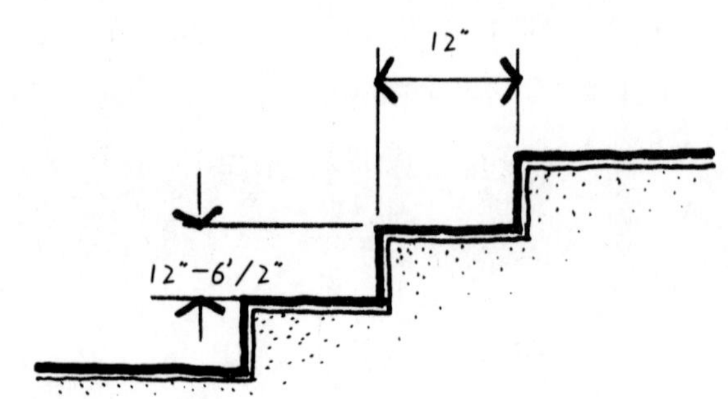

图11-11 踢面和踏面的最小和最大尺度

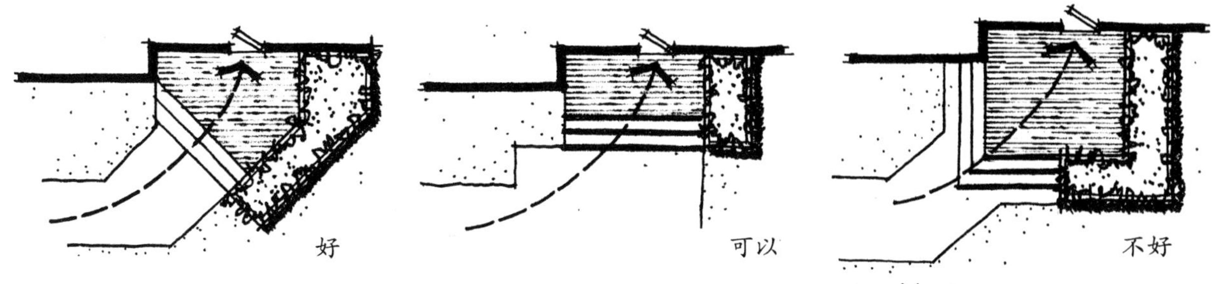

图11-12 台阶应与人流方向成90°

要的问题：它们不能与有轮子的交通工具取得协调，就像轮椅。对景观中的自由运动来说台阶就像个障碍。其结果是，在住宅区内需要提供坡道以使得轮椅和其他带轮子的交通工具的运行不受限制。

设计坡道有许多注意事项。第一，它们的位置和设计需要与设计的其他元素取得联系，以使得它们看起来是一个整体。更多的时候，坡道是事后才做的，这使得坡道看起来缺少联系和不协调。第二，坡道需要适当的尺度。坡道的坡度不应超过8. 33%（图11-13）。坡道坡度在水平方向上每12英尺，垂直高度不应超过1 英尺。这样就导致大部分坡道占去基地上很长的水平距离，尤其当与台阶相比时。举个例子，为了适应两个平面间2英尺的高差，坡道需要水平延伸24英尺。同等条件下，台阶只需几英尺。坡道应至少5英尺宽，不应超过30英尺长。

创造空间

在住宅区内平整场地有美学的目的。平整场地能限定空间边界和垂直面上的部分围合空间，第一个并且最简单的方法是改变两个相邻空间的高差（图11-14）。一个空间和另一个空间高度上的很小差别，使它们各自看起来像是一个特定的空间。空间之间高差越大，空间分离感越强。

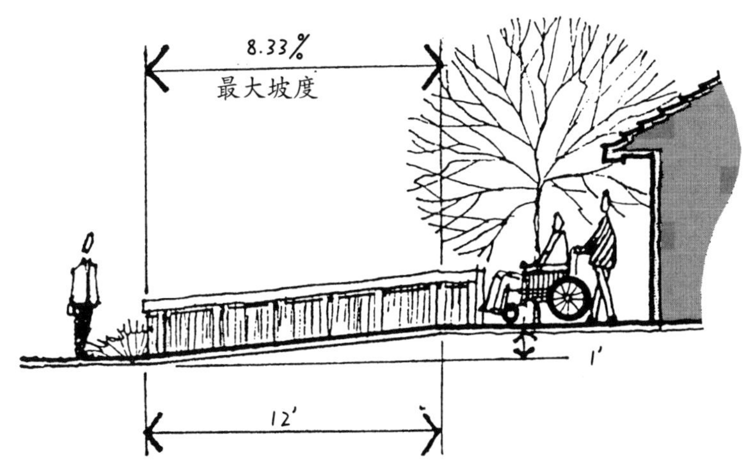

图11-13 残疾人坡道最大坡度

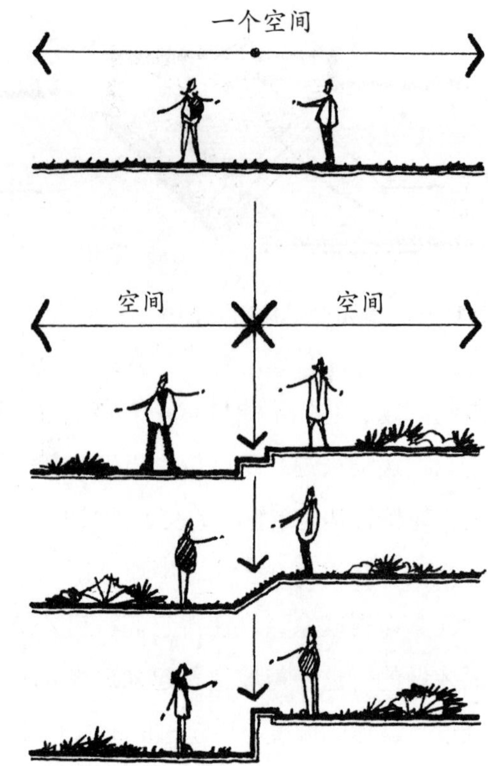

图11-14 相邻空间很简单的改变就能创造空间感

场地平整所产生的竖直面可用于限定空间的外表面。现有的地面可以通过挖空或用土堆成小丘来提供空间的围合（图11-15），还可以既挖又填同时进行（图11-16）。

在以上这些情况中，周围地面越高，空间围合感越强。当地面形成一个45°的视觉圆锥或延伸至视平线之上，就会获得最大的围合感（图11-17）。不管高度多高，环绕斜坡或墙体周围的树木能够增加突出地面的高度，因而赋予空间更强的围合感（图11-18）。

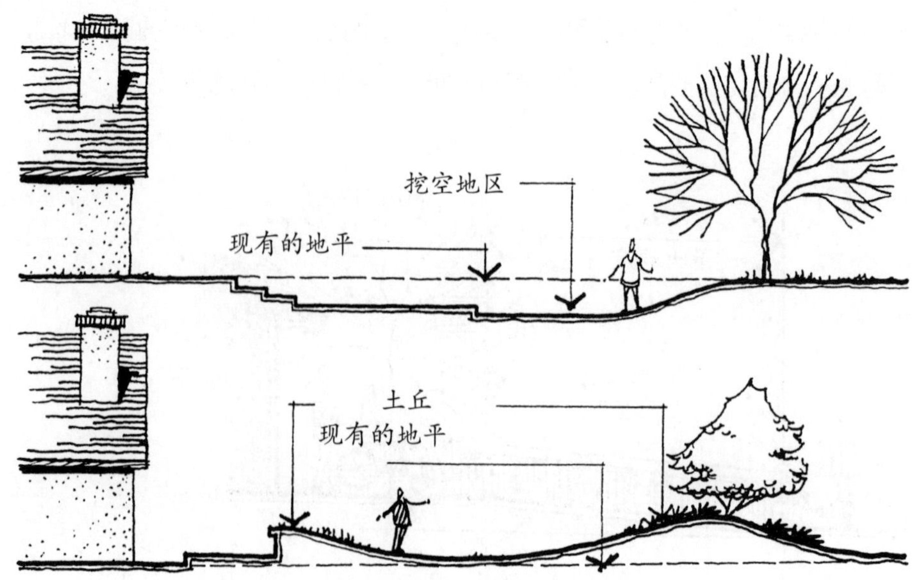

图11-15 空间周围的垂直平面可以通过挖空现存地面或用土堆成土丘来创造

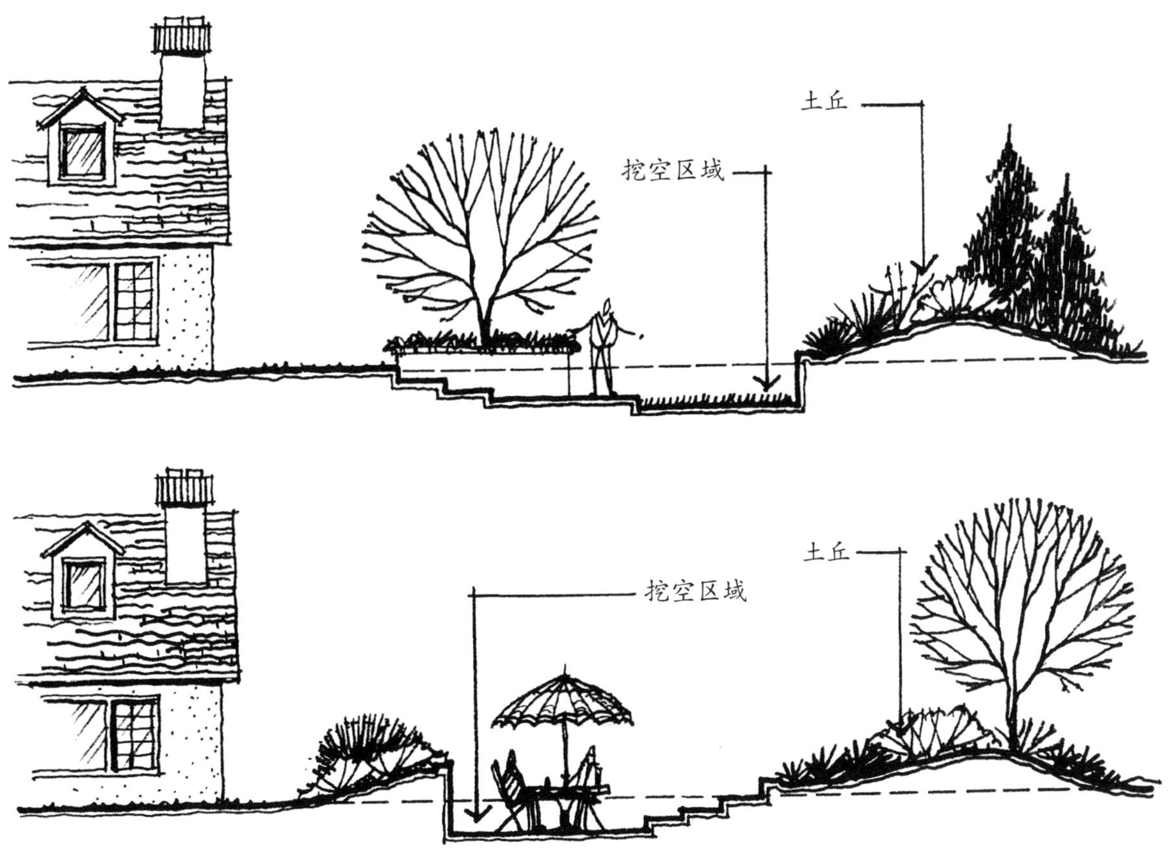

图11-16　挖空和堆土能用来在垂直面上创造围合空间

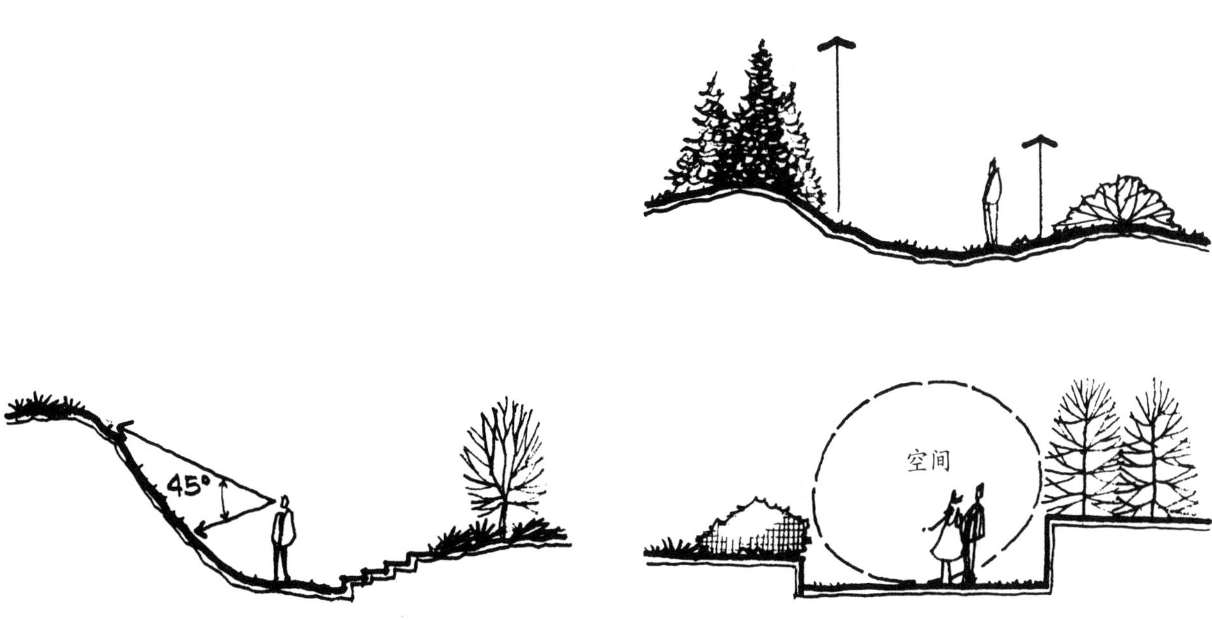

图11-17　当周围土面形成45°的视觉圆锥，就能产生最大的围合感

图11-18　植被元素能用来加强空间周围地面的高度

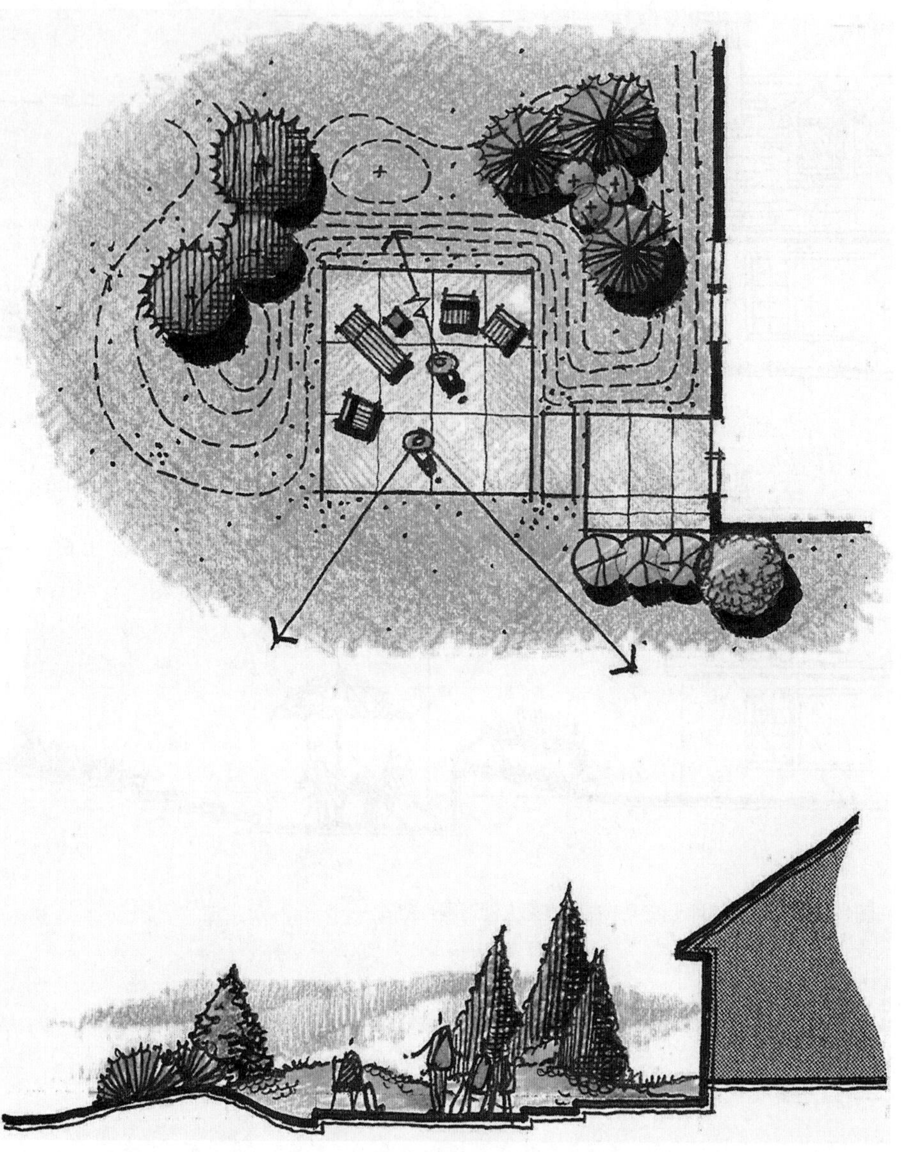

图11-19 地面的位置和高度可以变动以提供不同的围合感（彩图见插页）

用周围地面形成全围合对创造私密感是最适当的，例如，小休息区或私密的室外休闲场所。通常，一个空间仅仅需要在一个面围合，而在另一个面提供更开敞的感觉（图11-19）。周围地面能通过变化产生不同的围合感。

在所有条件下，在确定周围地面的高度时有几条指导原则是必须遵守的。对于斜坡，坡度不应超过水平每2英尺、垂直1英尺的变化，相当于2：1或50%的坡度（图11-20）。坡度大于此标准就易于出现滑坡或侵蚀现象。

当在垂直面上围合空间时，设计师应利用斜坡或挡土墙去加强形式构成的风格或设计主题。例如，曲线的设计主题应用柔软的、平缓的坡或山丘来加强（图11-21 左图）。坡应沿着曲线外边移动以在三维上加强它们的形式。矩形的主题可用挡土墙或陡坡来加强（图11-21 右图）。设计师也可

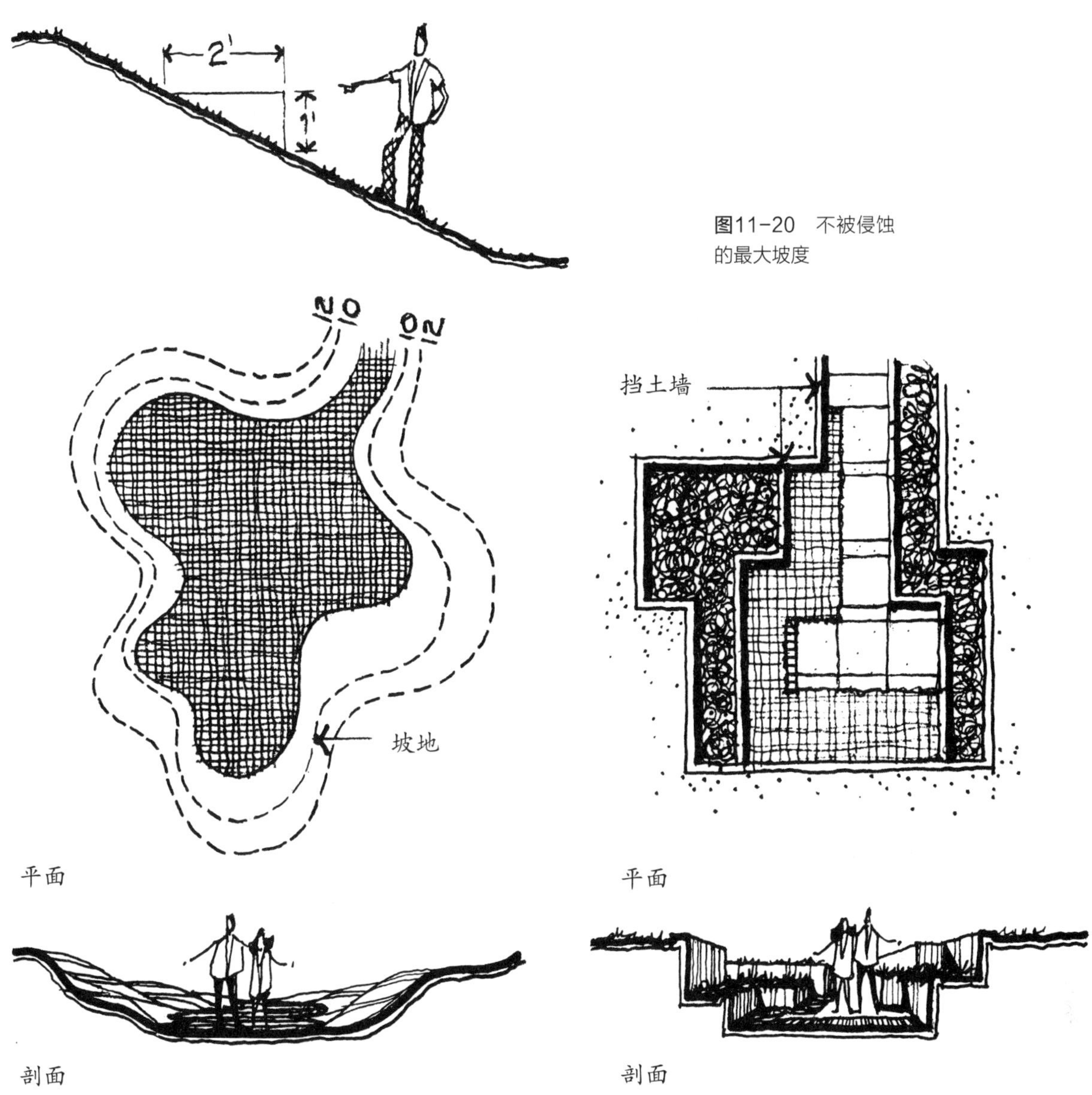

图11–20　不被侵蚀的最大坡度

图11–21　坡与挡土墙应相互联系，加强设计主题的建构

以把坡与挡土墙结合起来运用（图11–22）。

地面形成的基面或空间的特性也应有助于加强要表现的设计主题。对于曲线主题的设计，基面应是平缓的坡，并形成从一个空间到另一个空间渐变的轮廓（图11–23 左图）。对于矩形或其他结构的主题，在两个平面间的基面可以用台阶或梯田来保持相对的水平（不过仍然有坡度以提供适当的排水），如图11–23 右图所示。

屏蔽和对景

平整场地的第二个美学目的是屏蔽或对景。场地平整能选择抬高的基

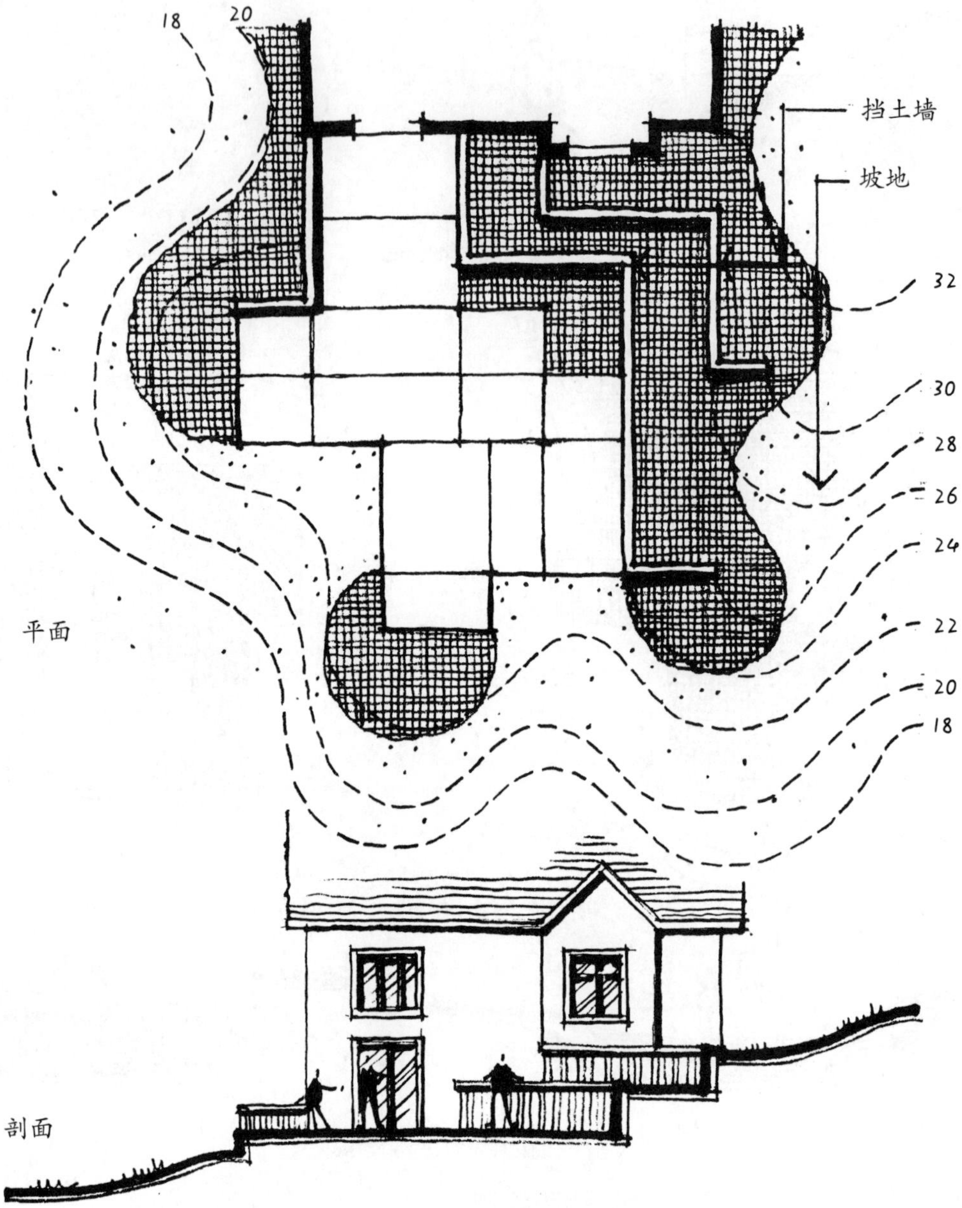

18
20
挡土墙
坡地
32
30
28
26
24
22
20
18
平面
剖面

图11-22 坡地和挡土墙的结合能更好地协调形式构成

斜坡式过渡
台阶式或梯田式过渡

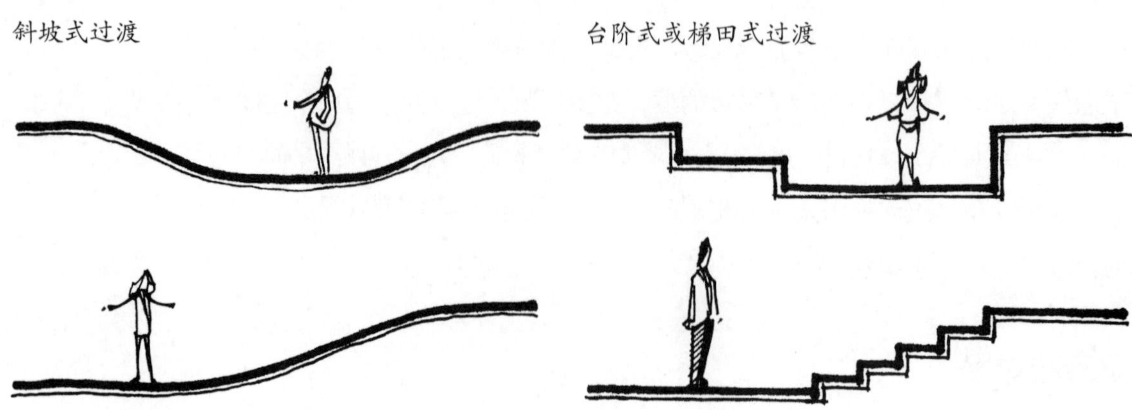

图11-23 在空间中，地面形成的基面坡度应与整个设计主题相呼应

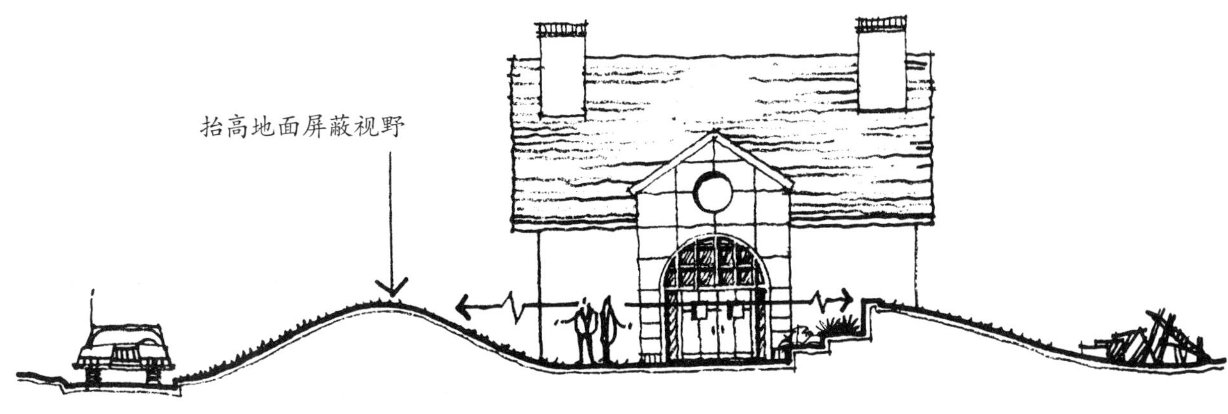

图11–24 地面可以平整以屏蔽不好的视野

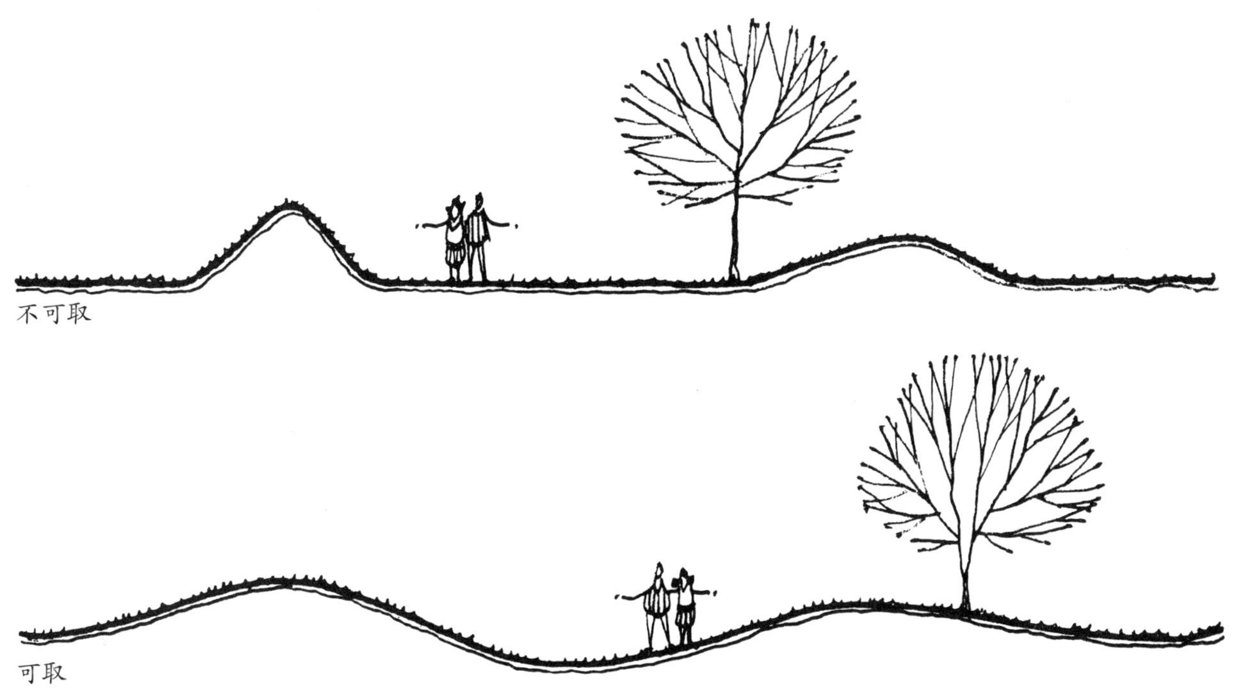

图11–25 土丘应与周围地面平滑过渡

地中的地块去阻挡不好的视野（图11–24）。土丘能屏蔽街景、邻近的车行路、相邻的后院等。另一个建议就是使土丘看起来是现有基地的一部分。土丘有时被堆成陡坡，看起来过于突兀，与基地很不协调（图11–25 上图）。应注意土丘与土丘、土丘与地坪之间的自然融合（图11–25 下图）。

在景观中，地面可以被塑造成朝向某一点的对景。山谷地形的斜坡，通过遮蔽其他无意义的画面能刻意创造景观（图11–26）。

初步种植设计

植被是空间构成中的另一个应用元素。住宅基地中，植被是构成地

图11-26 景观设计中，地面能被处理成较好景点的对景

表、墙和室外空间的最重要的设计元素之一。在景观中，它们是有生命的元素，在选择和安置上需要特别注意。它们能通过自身或和其他元素相结合去创造室外场所或加强设计主题。

初步设计阶段，设计师通过决定植被种在何处和在设计中所起的作用这个大方向来确定植被的应用。它们的选择必须基于功能、外观（尺寸、形态、叶色、叶形、花色、叶子质感、果实尺寸和颜色）和当前基地的环境因素（光照、通风、降雨量、土壤特性）。

植被有多种分类方式，其中之一是通过形态来分类。可分为：落叶植物；常绿针叶植物；常绿阔叶植物。下面对它们做简要描述。

落叶植物秋天落叶，春天又萌发新叶。因此，它们能表现出明显的季相变化和季节的更替变化。许多落叶植物都具有烂漫的春花、艳丽的秋叶，如观赏植物山茱萸、山楂、加拿大紫荆等，因其丰富的季相变化而被广泛应用。并且落叶树在夏季较热的月份能带来树荫，在冬季较冷的月份又不遮挡光线。

常绿针叶树是有类似针一样叶子的树木。常绿针叶树可用在长期需要大量叶子的地方，因为它们全年保留叶子。常绿针叶树应与落叶树结合运用，使得在一年之中，落叶树落叶后，植物景观仍保持一定的密实度和绿色。常绿针叶树在屏蔽不好的视野和阻挡冷风方面特别有效。另外，它们可以成组栽植作为落叶树的背景。

常绿阔叶树的叶子形状与落叶树近似。但是，它们全年保留着叶子。常绿阔叶树因为它们叶子的丰富肌理和春季华丽的花朵而常常成组地应用在设计中。但是，不能因它们的花漂亮而栽植，因为它们的花在一年之中只持续几个星期。常绿阔叶树的叶子可以为整个植被构成提供一个深色而有光泽的背景。

当总平面设计完成时，也就选定了植被的种类。

植物功能

在住宅基地中，植被能在许多方面发挥作用[1]。这些功能的用途是：①建筑用途；②美学用途；③工程用途。

建筑用途

住宅区中，植被可提供两个首要的建筑用途：创造空间、屏蔽或强化景观。植被能像地板、墙、天花板一样建立住宅区的空间围合，就像建筑的一个组成部分那样去创建室外场所。应注意的是，术语“建筑的”仅指围合空间，而不意味着用树创造直线的或规则的布局。植物材料作为室外建筑元素可以用于各种构图中。

创造空间。各种规格和类型的植被可以限定室外空间。然而，当用植被创造室外空间时，最好先植入树。因为它们的尺寸和数量可以在空间构成上建立整体框架。在设计中树用来创建垂直的“墙”并用叶子作为“天花板”（图11-27）。在设计中，当树布置完之后，可以植入低矮植物，补充树的空间组织。

图11-27 室外空间，树能被用来创造“墙”和“天花板”

[1] Gray O. Robinette. Plants, People and Environment Quality. Washington, D.C.: U.S. Department of Interior, National Park Service, 1972: 56.

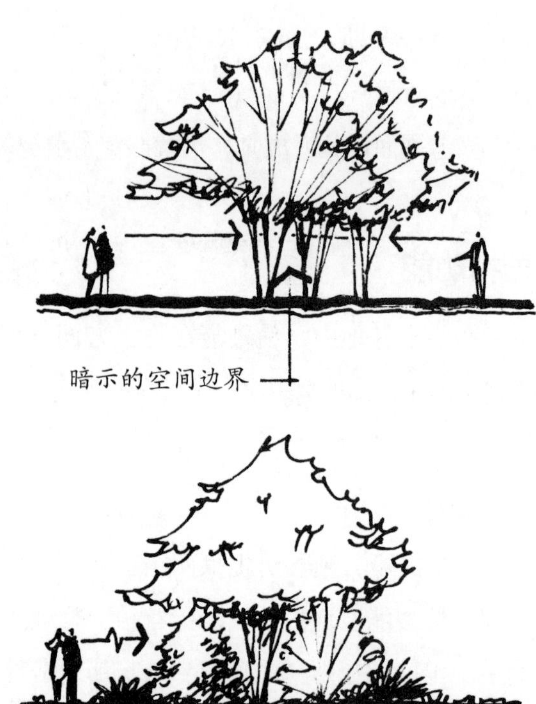

图11-28 在室外空间，树干能用来暗示垂直面

通过种树来限定空间的垂直面，共有两种方法。第一种方法，树下可以限定空间的边界，尤其是大量或成排种植时（图11-28 上图）。树干起到建筑中柱子的作用，微妙地从一个空间中分离出另一个空间。树干仅仅暗示空间边界，因为视线是通透的。要创造完全的围合空间，应该将小乔木和灌木同树干组合运用（图11-28 下图）。

用树来创造空间的第二种方法是通过它们的叶子在垂直面上创造空间，并且能够实现两个不同层次的空间围合（图11-29）。大树提供叶墙，限定外部空间的上部界面，而小树在视线高度上创造围合空间的矮墙。住

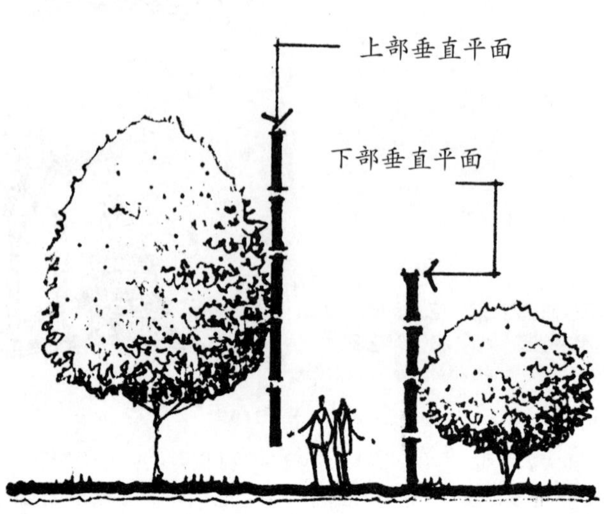

图11-29 大量的树叶可以在室外空间创造不同层次的垂直平面

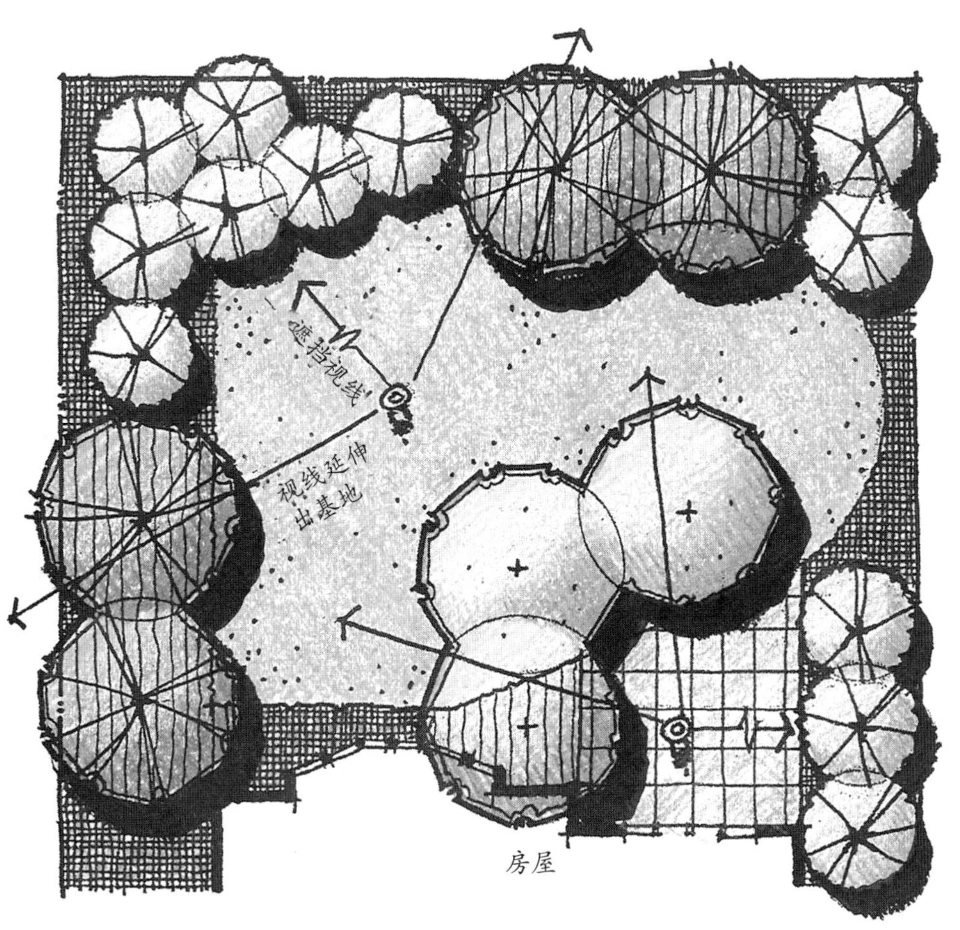

图11-30 不同尺寸的树形成了不同程度的空间围合（彩图见插页）

宅场地设计师可以利用这两个面去创造丰富的空间围合效果（图11-30）。对于视野需要开敞的地方，大树下形成的室外场所是最好的，而小树对于形成视线需要屏蔽的场所是适合的。在用树来创造室外空间的垂直围合时，设计师应决定是采取全年性围合还是季节性围合。常绿树用来形成全年性围合，而落叶树围合空间只能用在一年的晚春、夏季和早秋的月份。

利用乔木还可以构筑室外空间的“天花板”（顶棚），正如第 2 章所讨论的那样。植物构筑的顶棚能够暗示室外空间的大小，其所投下的阴影会令人感到十分舒爽。这样的空间可以像户外入口门廊、室外起居及娱乐空间一样，作为人们休息、聚会、放松的好地方。而树木的空间间距、树冠的冠幅、树木分枝点的高度不是一成不变的，其变化会影响室外空间的顶面围合程度（图11-31）。

用树限定的空间，应根据设计主题和地面坡度来协调树的位置。树的位置应有助于与地平面上的线和形式在三维上相呼应，以此加强形式构成的形状。设计中，树木不应不加区分地分散开，而应聚到一起，以它们的树干和叶子来强调基地的平面模式。图11-32 显示了在相同的地面上树的排列的两个设计——质量好与差。若是表达一个对称的设计主题，则树应与

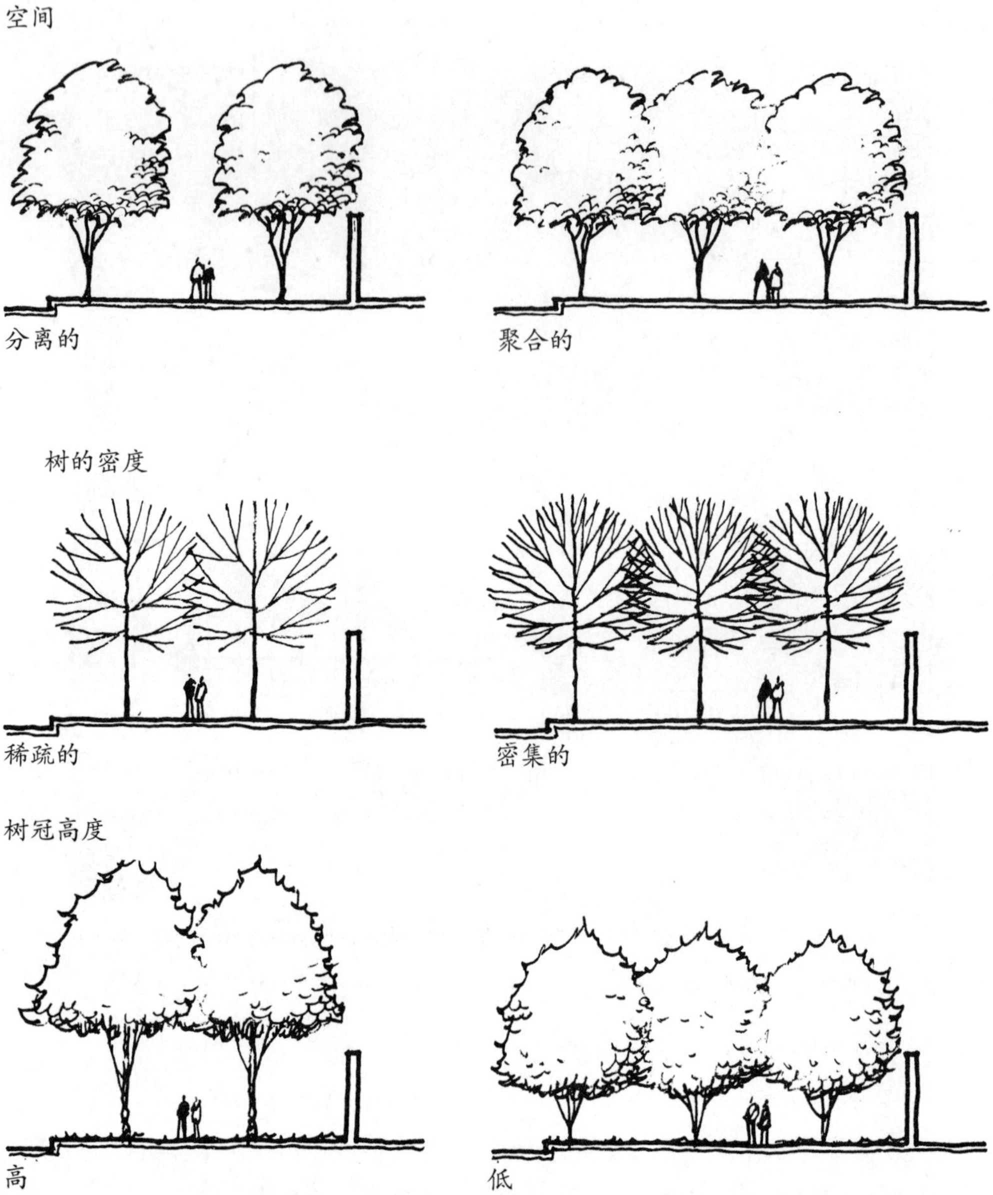

空间
分离的
聚合的
树的密度
稀疏的
密集的
树冠高度
高
低

图11-31 不同的变量会影响树荫如何形成室外空间的顶面

房屋
房屋
房屋
形式构成
不可取
可取

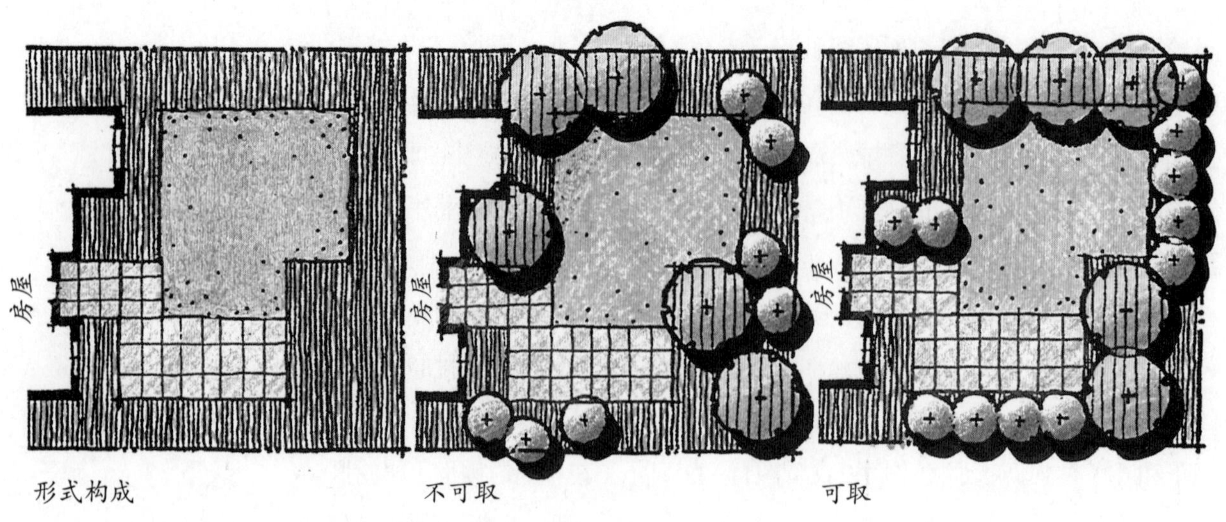

图11-32 树的位置应与整体设计主题相适应（彩图见插页）

图11-33 不同的设计主题和呼应的树的位置

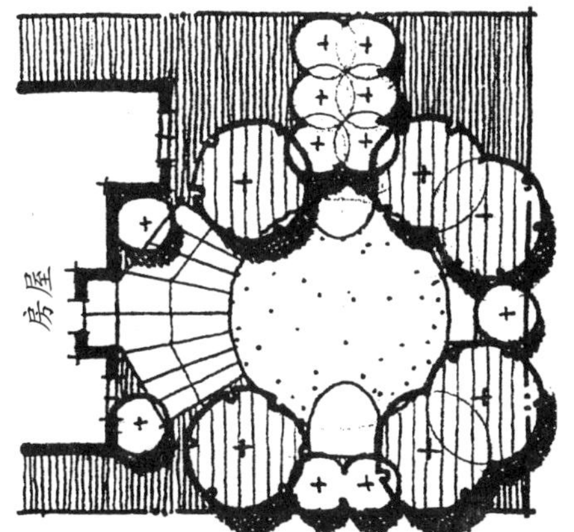

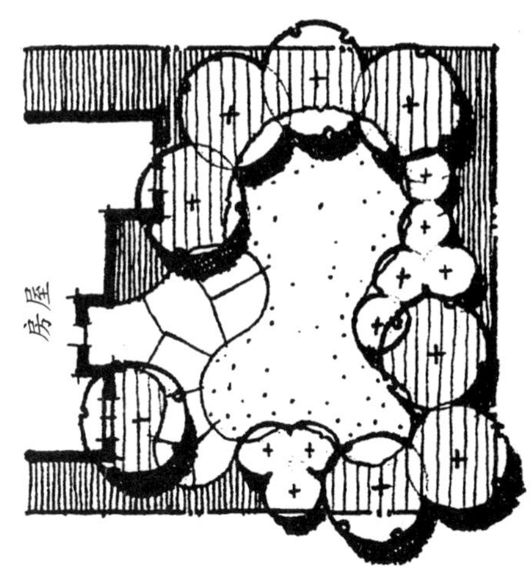

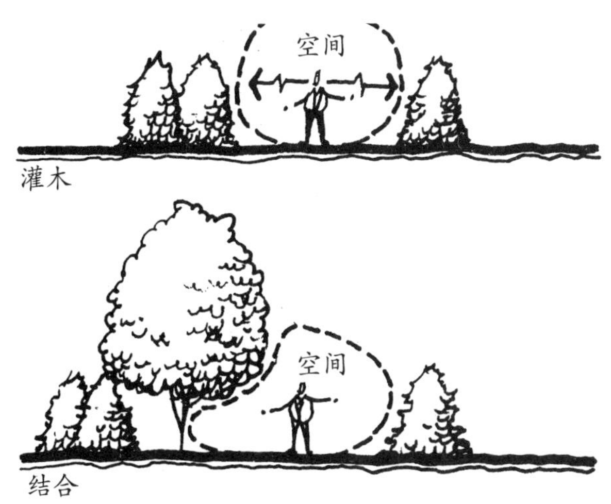

图11-34 高灌木可以通过自身或与其他植物相结合形成围合空间

轴线对齐，而在曲线形主题中，则要布置成流线型（图11-33）。

外部空间也可以用其他植被来建立。6英尺或更高的灌木可形成比乔木要低的围合空间，高灌木可以依靠自身创造空间，也可和乔木组合（图11-34），高灌木的功能类似顶棚之下的墙体。

1～3英尺高的矮灌木也可用来作为外部空间的限定。与矮墙相似，限定了空间边界，但不阻碍视线的通透（图11-35），对室外生活、娱乐空间或入口门厅的处理，这种方法比较适合。因为这种部分围合不会影响人们欣赏外围的景色，给人隔而不断的空间感受。并且部分围合常常在完全围合（封闭的视野）与完全开敞（全方位开阔的视野）之间起到良好的平衡作用。

地被植物是指高度不超过1英尺的藤蔓植物、低矮的一年生植物或多年生植物，它们同样能暗示空间的边界。靠近草坪或铺装周围的地被植物也可以暗示空间边界（图11-36），材质的改变和地表植被的微小高差意味着

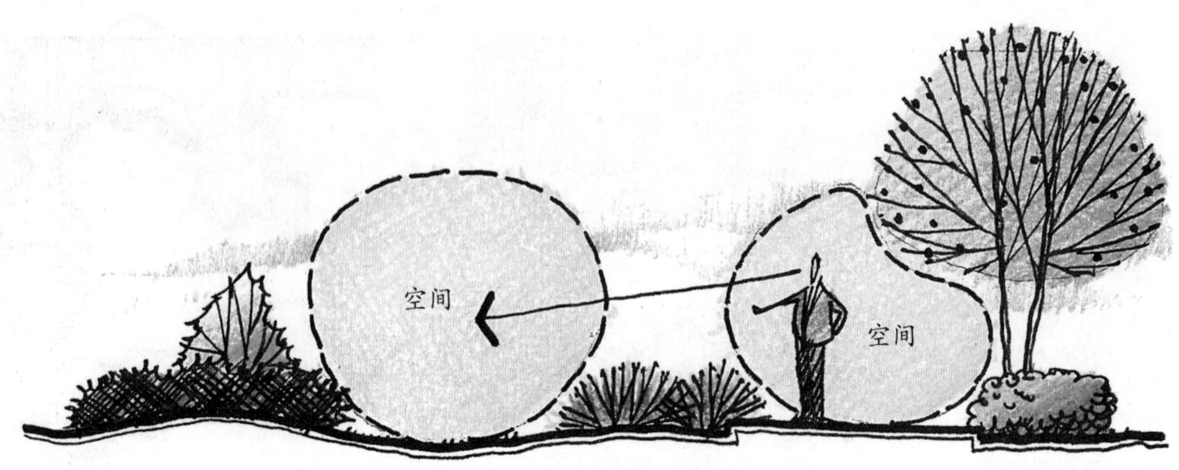

图11-35 矮灌木在相邻空间没有屏蔽的情况下暗示了空间的分离（彩图见插页）

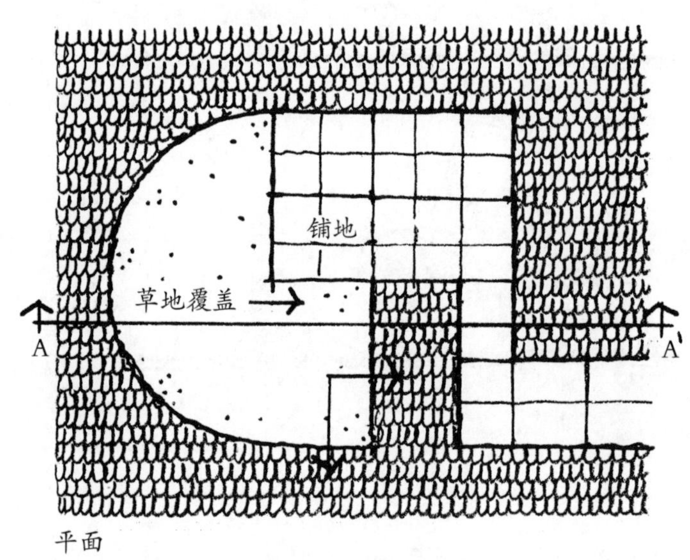

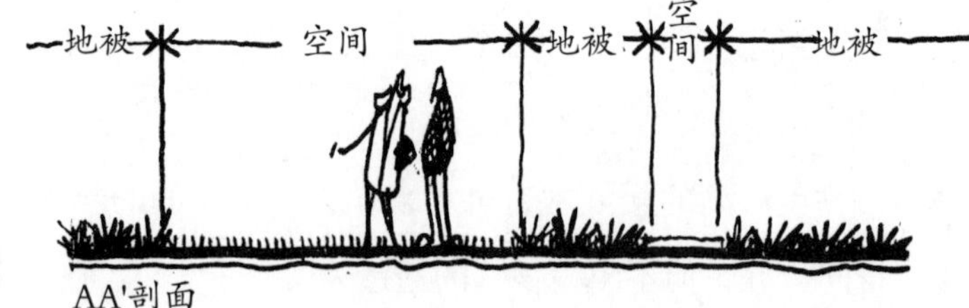

图11-36 地被植物能暗示室外空间边界

室外空间在地面上的边界。地表植被种植区的形状和边界应与整个设计主题相一致（图11-37）。

屏蔽和对景。在住宅基地中，植被的另一个建筑用途是屏蔽和对景。与其他设计元素相比，植被在屏蔽和对景上有几个优点和缺点。与陡坡相比，植被占用极少的空间，提供更高的高度（图11-38），因此，在一个小的住宅基地里，植被屏蔽视野通常要好于斜坡。然而，植被要比栅栏和墙

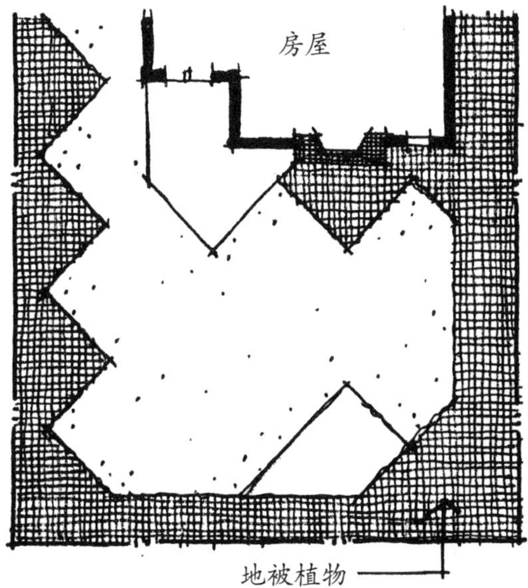

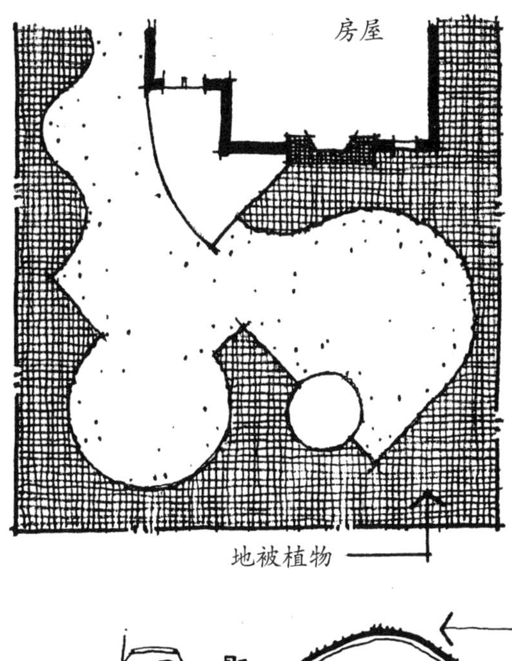

图11-37 地被植物应与设计主题协调

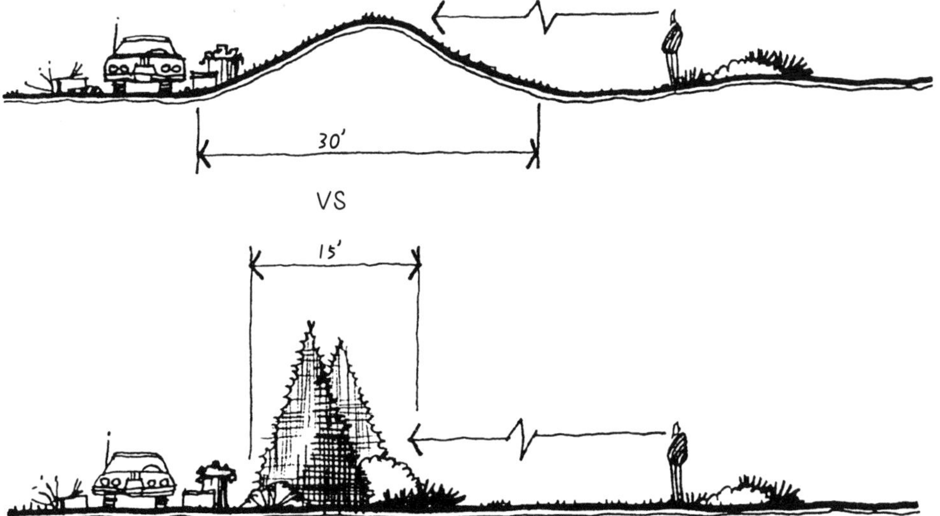

图11-38 在屏蔽视线上植被比土堆占用更少的空间

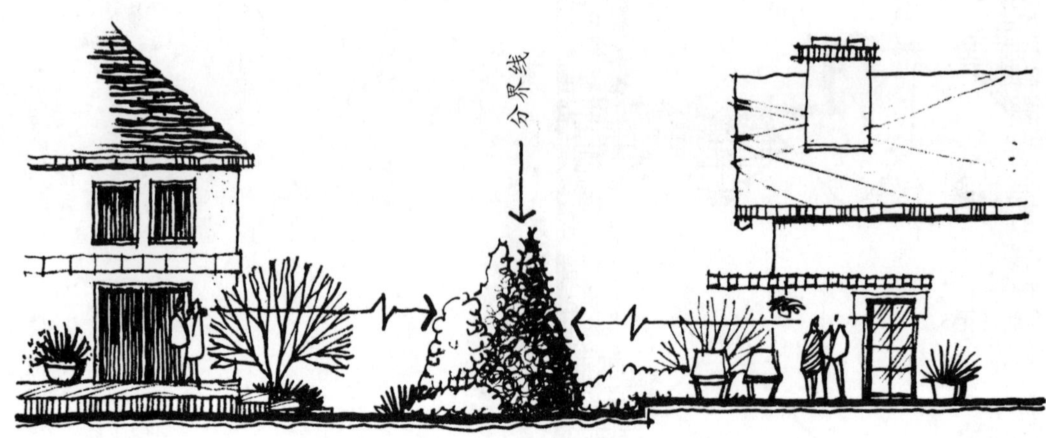

图11-39 植被能在相邻的邻居的休息娱乐空间之间提供私密性

占用更多的空间。植被需要时间才能达到成年时的高度；如果是落叶树，在一年里随着季节改变，它们的疏密程度也会改变。植物还需要适当的生长条件。另外，围墙和栅栏的屏蔽和分割作用则更持久固定。

在住宅基地中，植物能屏蔽朝向场地外的车行路、后院、储藏区的不良视野或场地中难看的东西，像空调、菜园等。植物通过屏蔽朝向邻近的外部休息娱乐场所和娱乐草坪区的视线，也能提供私密感（图11-39）。尽管常绿植物和落叶植物都可提供视觉上的平衡和趣味性，但在屏蔽视线方面，常绿植物通常比落叶植物更受欢迎，因为它们提供了全年的屏蔽。

树干和枝叶都可用来对景（图11-40），它们应与其他元素相协调以增强对风景选取区域或景点的对景效果。

图11-40 树干和枝叶能为选定的景点起到对景作用

美学用途

住宅基地中，植被常用来提供几个美学功能，包括提供视觉中心、呼应房屋的建筑风格等。

提供视觉中心。当准备功能图解时，设计师应该已经确定了设计构成的视觉焦点或重点的位置。初步设计阶段，由于植被的尺寸和形状与周围环境形成对比，许多这样的视觉焦点得以建立起来。

尺寸。那些较大的（尤其在尺寸上比周围植被高的）植物将作为视觉的重点。当树与其他植物相比是最大的元素时，它们将作为主要的植物（图11-41 左图）。当它们独自位于开阔的草坪区域内时也是如此（图11-41 右图）。当高灌木或观赏树在周围植物群中较高大时，也会成为重点（图11-42）。在选用以上这些做法时，要合理地控制植物的高度，不要选择相对其周围环境过高的植物。

要是植物控制了周围的环境，就会使设计的其他元素看起来过小。

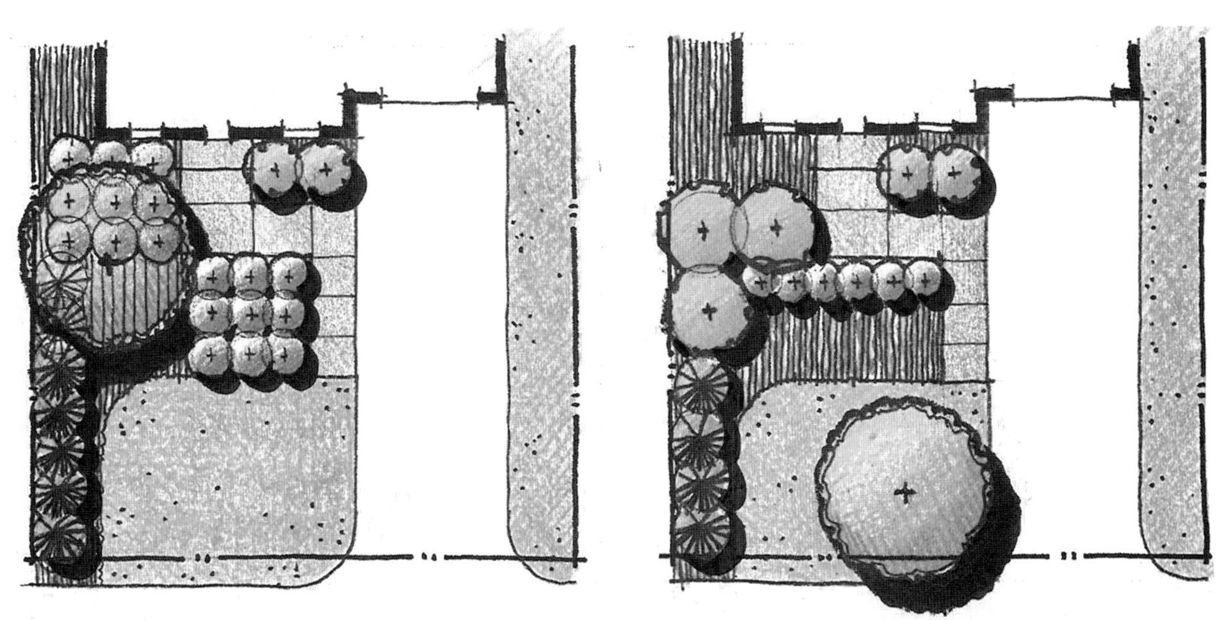

图11-41 依据尺寸将树作为主要元素（彩图见插页）

图11-42 比周围植物更大的树将被视为焦点

图11-43 在植被构成中，柱形、锥形和别致的植被形式可被作为重点（彩图见插页）

形态。与周围形态不同的植物通常被作为重点。例如那些在形态上呈柱形的（一棵树或灌木枝向上生长的分枝或多或少平行于主干）、锥形的或别致的植物最易成为焦点（图11-43）。

装饰植物因其规格和形态特点而成为设计的重点。观赏树是指终年拥有迷人的造型、色彩和质感的中小型乔木（树高且冠幅达10～15 英尺），如海棠花、山茱萸、山楂树或油橄榄等。观赏树可被放在重要的节点上，如入口步道附近、室外休息娱乐区或院子里等（图11-44）。

通常，观赏树最好放在种植区的主要点上或转角处，因为这些区域从不同地点或轴线末端都能被看见（图11-45）。在初步设计阶段，应协调好这些区域的形状（形式构成）和主体植物种植点（空间构成）之间的关系。室外空间的组织和形状必须能够衬托与突出重点植物。

呼应房屋的风格。植被的另一个美学目的是与房屋的建筑风格相呼

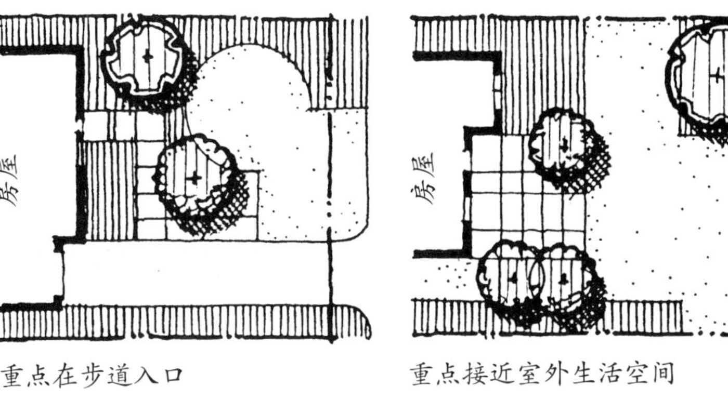

图11-44 观赏树放在不同设计点上

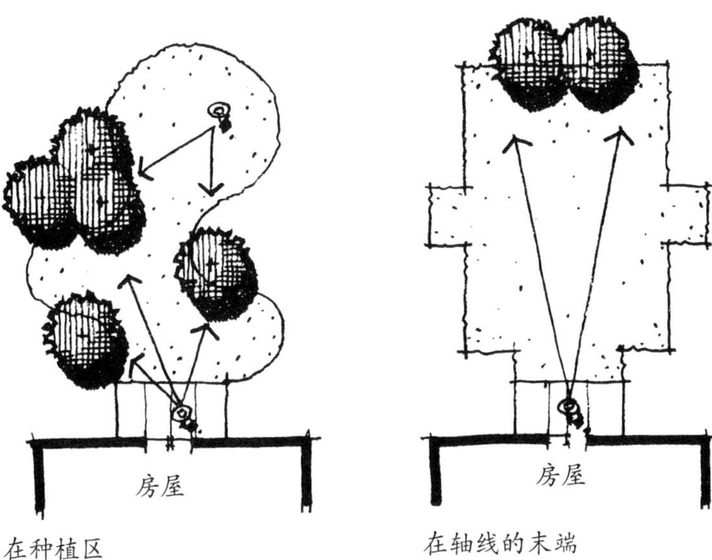

图11-45 重点的植物应放在设计的主要点上

应。在基地里可以用植物呼应或重复房屋的形式、线条和颜色。例如，可以用大量形成水平线的植物把单层房屋的水平线条延伸到相邻的基地（图11-46 上图）。如果是带有许多尖顶和山墙的房屋，可用一组帚状和锥状的植物形式来加强效果（图11-46 中图）。有时，采用相反的植物形式与建筑产生对比也是可取的（图11-46 下图）。

工程用途

住宅区植被的工程应用包括控制侵蚀、引导行人与车辆流向和屏蔽反射面的强光。

控制侵蚀。植被可用于陡坡或土壤松软的地区以减少侵蚀。种植地被

加强水平线的延伸感

呼应房屋的尖顶

与水平线形成对比

图11-46 植被能加强房屋的建筑风格或与之形成对比

植物、根系发达的植物是极有价值的，因为它们的根系可以固定土壤。覆盖的叶子可以保护斜坡，避免因地面震动引起滑坡和风引起的风蚀。植被可用于松软的土壤或坡度为2：1或50%的斜坡，超过这个限度，植被对防止坡地侵蚀的作用会减小。

引导流向。在住宅基地中，植被可以同墙一样引导行人和车辆的移动方向，如图11-47是一个不错的应用实例。车行道与入口门廊之间的步行道沿线种植了低矮的植物，游人可穿行其中，同时强化了运动的方向。类似的例子（图11-48）是沿着车行路种树，保证车辆在车行路面上，但是植被不应挤占车行道的空间，以避免妨碍车门的开启或者在北方地区影响积雪的清除。

屏蔽强光。植物能减少和屏蔽来自反射面的强光。一个方法是遮蔽诸

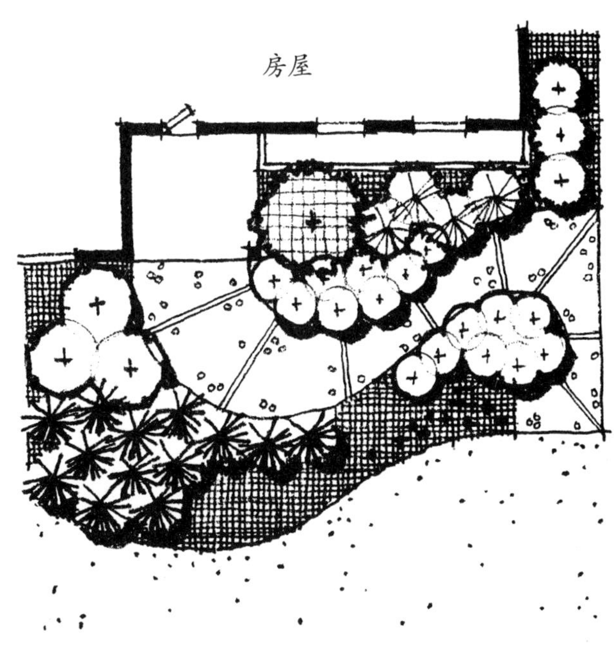

图11-47 植被可以引导人流沿着入口步道行走

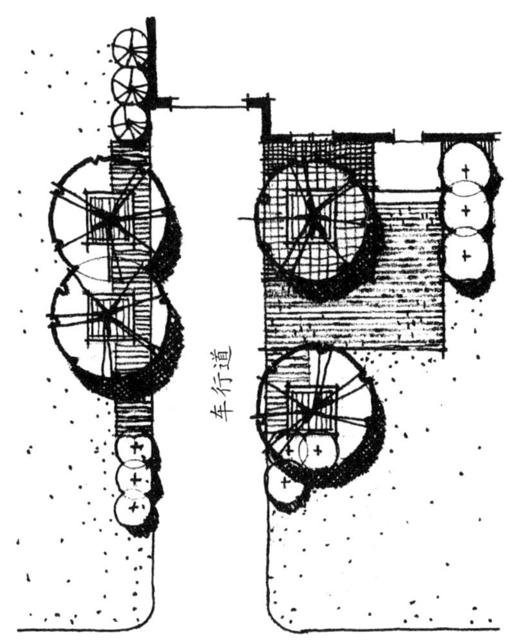

图11-48 在不限制人流情况下，植被引导车流沿车行道运行

如车或水等反射面。当太阳不能直接照射反射面时，强光就被减弱。当植被置于反射面和观察者之间时，强光也能被屏蔽（图11-49）。一个可行的应用就是在游泳池或大片窗玻璃与室外休息空间之间设置中低高度的灌木树篱。

种植设计过程

在初步设计的过程中，关于如何选择和使用植物的设计，需要一个广泛学习研究的过程。植物的种植需要符合建筑学、美学、工程学的原则，同时在景观设计上可以调节整体环境的特点和风格，还应该考虑到植物所

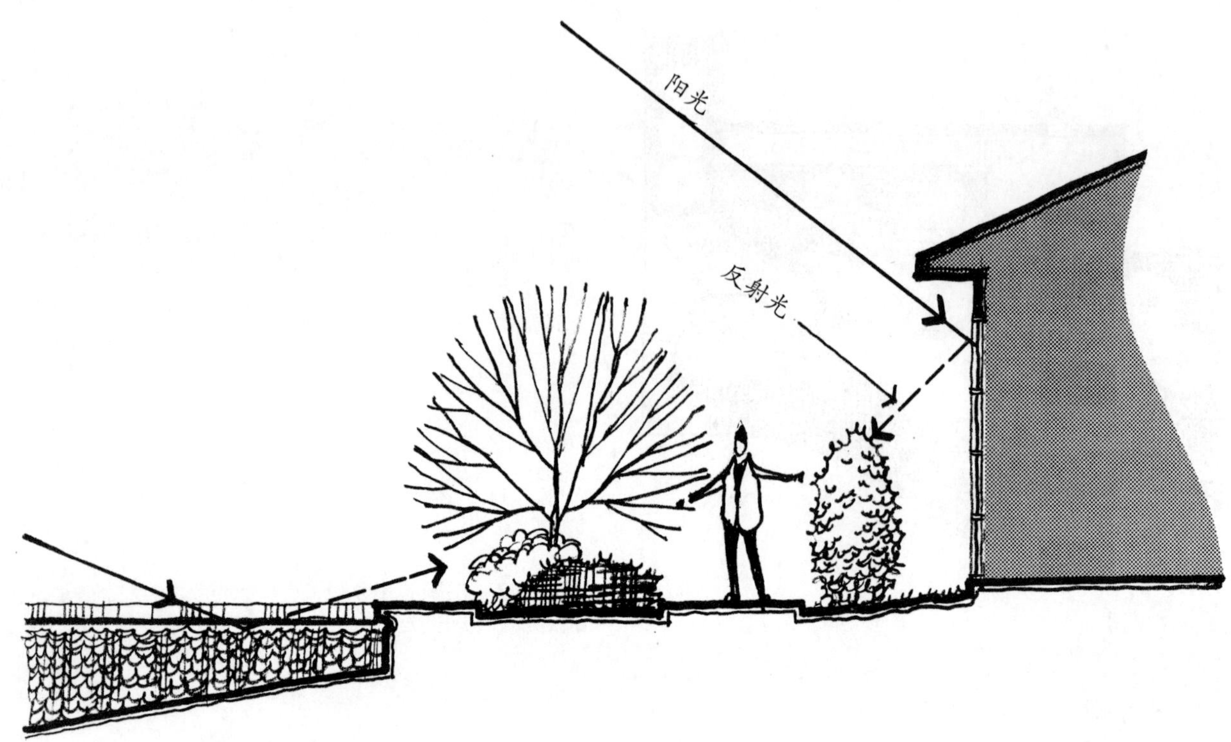

图11-49 植被能屏蔽来自玻璃、水面等的反射光

需的视觉特征，包括大小、形式、树叶的颜色和树叶纹理。在初步设计完成时，植物的设计应该符合大众的品味，并同时应用大众都知晓的术语，如“行道树”“低矮的常绿灌木”或“多年生植物”。通常在编制出总体规划之后确定植物种类或植物名称。

至关重要的一点是要明白，植物种植设计的过程是一个整体设计过程中不可或缺的一部分。种植设计本身不是一个独立的过程，也不是简单地从目录或其他资料来源复制植物名称的过程。首先是研究植物材料在发展过程中的功能图，然后再按下列步骤进行设计。在初步设计中，植物的构成形态和空间构成都应该予以考虑。在设计时，其所呈现的平面和三维空间效果，设计师都应该做到心中有数。举个例子，图11-50 中显示的后院的两个备选方案（图11-32）。在每个实例中，平面的形式、空间和植物种类的协调搭配都同时伴随着相关的研究。在观察的过程中，注意平面的形式和树的位置是如何反映在这些实例中的。

在初步设计中选择和搭配植物，设计师应该从一般概念开始，通过增加一系列的细节进行改进。第一步应该是绘制一个粗线条的、徒手画的种植设计结构图（图11-51）。在这个阶段，重点是确定树木、灌木群的位置和定义一般的地表覆盖空间的界限、树荫、树篱、视觉焦点等。首先是确定树木的位置，因为它们的尺寸大，对设计上的影响最大。其次，是加

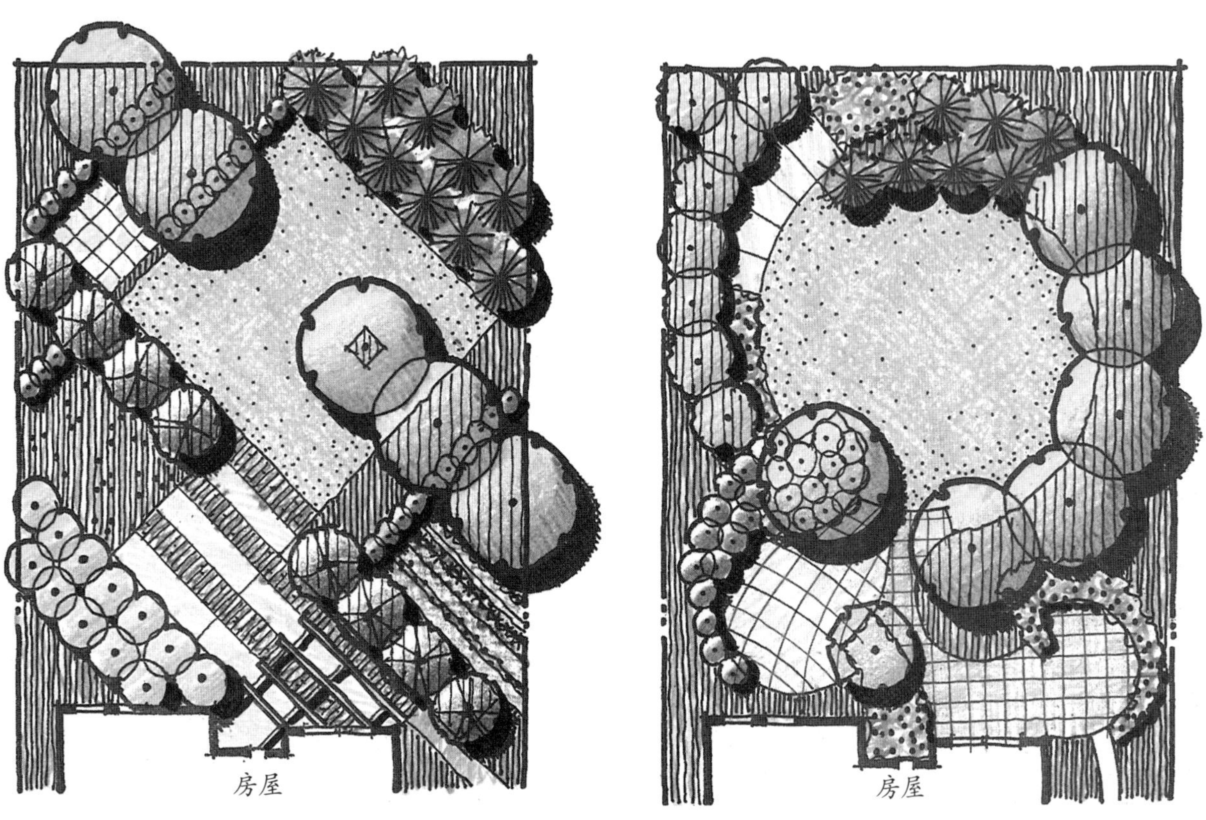

图11-50 植被的位置和安排必须与设计的形式和空间构成相协调（彩图见插页）

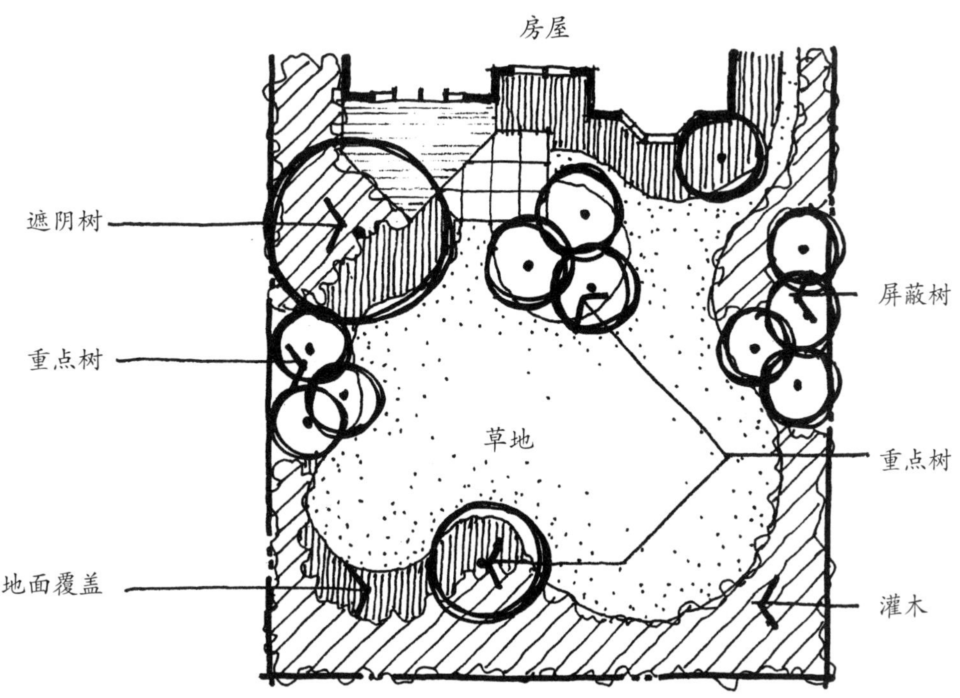

图11-51 第一，建立植物种植的主要结构

入灌木群，用来补充树木之间的空间，同时增加设计的元素。同样，这也应该做到形式和空间的协调统一。这可能需要反复地调整平面的形式和植物，因为它们是相辅相成共同起作用的。

第二步是在第一步之后继续研究和绘制植物尺寸。首先，考虑主体植物，并把它的实际尺寸按比例标在图上（图11−52）。接着，把小尺度的灌木画成泡泡图来代表小灌木组团。这些植物的高度在这个时期也被确定和绘出。这些小灌木通常用来连接主要的植被并为之提供一个高低错落的背景。另外，设计师通常把高大植物放在背景区，把较小的植物放在前景区。这样，设计师就建立了植物设计的骨骼框架。

第三步应该研究与植物相关的叶子颜色和质地。这可以通过在刚才的图中加线或颜色来表示（图11−53），目的是要创造一个拥有不同颜色、不同质感且生机盎然的植物景观。深绿色叶子的植物通常用作背景或者作为颜色较浅一些或开敞一些的落叶树之下的视觉终点。浅色叶子的植物最好用作前景或与深色植物形成对比。粗糙质感的植物常被用作重点，此时，光滑质感的植物用作对比。当完成这步之后，设计师已经限定了设计中所有植被的视觉特性（尺寸、颜色和质感），并且让它们恰当地与整个主题相融。应该指出特定的树种名字，无需绘出，只需标出植物的特性。

植物设计最后一步是在初步设计基础上完成植物的绘制（图11−54）。

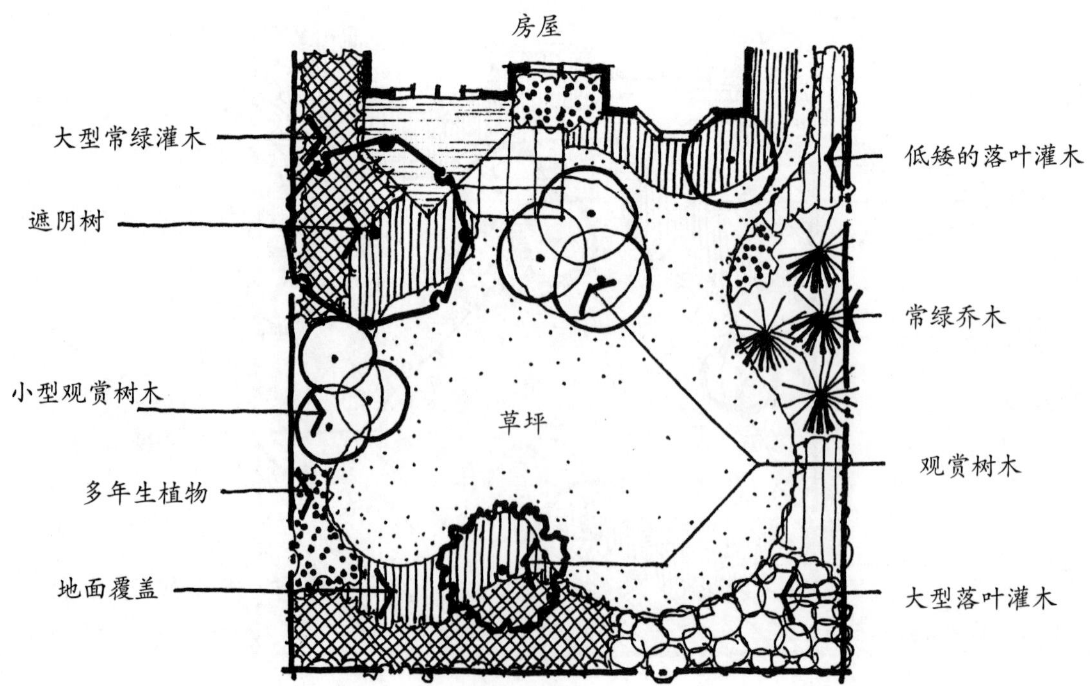

图11−52 第二，确定树木位置并且将灌木细分为更具体的种类

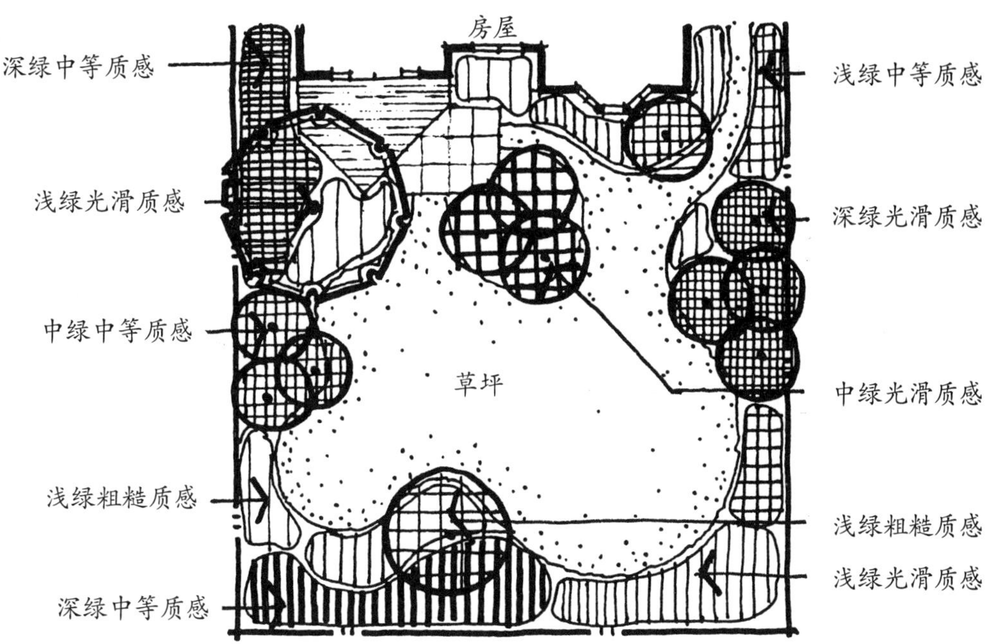

图11-53 第三，选择叶子颜色和植物质感

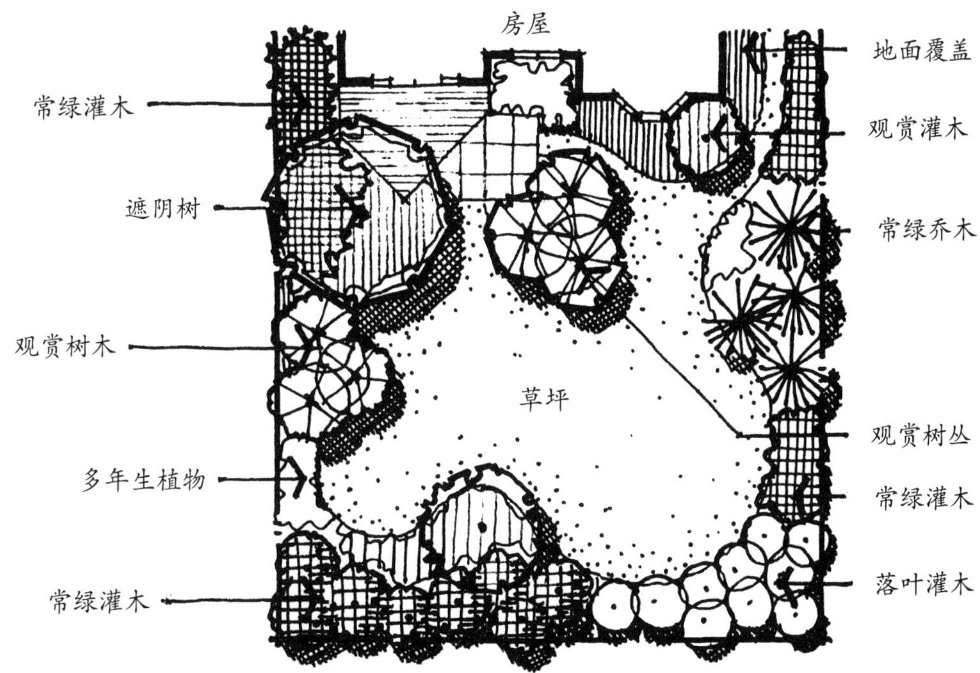

图11-54 第四，以比较形象的图例画出植物

所有的主体植物，如乔木，可以用单个的图例表示，也可以用单体形成的组团来表示，而灌木则用大的组团表示即可，不用区分单体。应尝试使用表示植物视觉特征的图例，例如深色叶子的植物应画上深色，而质地粗糙的植物应绘出粗糙的轮廓。然而，好的图示技巧之所以盛行，是因为它把植物的主要特征而不是所有特征表示出来了，而这也正是初步设计的特点，比如植物的名称也没有确定。这一切都要等到最终的总平面阶段再敲定。

种植设计原则

在初步设计中，当设计植物时，设计师需要考虑许多原则。其中一些在第9章的设计理论中讨论过。但是有读者要求应该统一审查各种技巧，包括大规模的收集，然后整理、重复、联系以及三者的统一。

群植。或许最重要的种植设计原则是将植物群植（图11–55），群植的植物要比散植的更具统一性，这就是群植原则（图9–10）。群植的植物往往更健康，因为它们在强光和大风中可以互相保护。此外，因为群植是可取的，所以可以大规模地种植相同的植物种类。

无论是群植木本植物还是多年生或一年生植物，都不应该由多种多样的植物组成，正如图11–56左图所示。相反地，群植植物应该是如图11–56右图所示，由同一种植物构成（参见图9–11）。孤植也可以，但是在使用时应该谨慎安排，不能位于整个树林的视觉焦点上。

分层组织植物。种植设计的另一个原则是考虑植物在垂直和水平方向上的分层使用。对于植物分层设计的研究，有助于设计师创造室外空间，提供具有层次感的景观，达到引人入胜的效果。

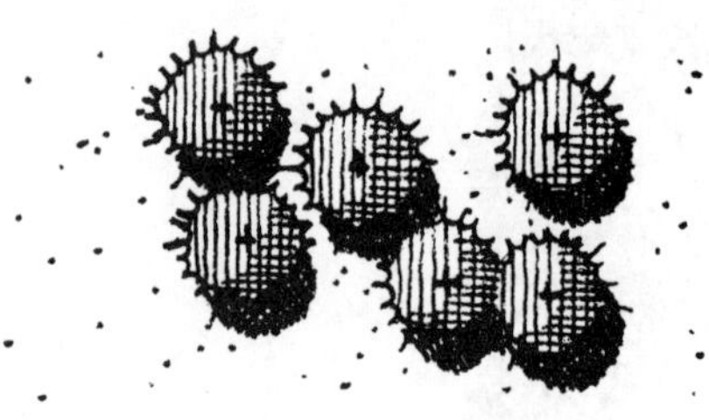

树木是分散的

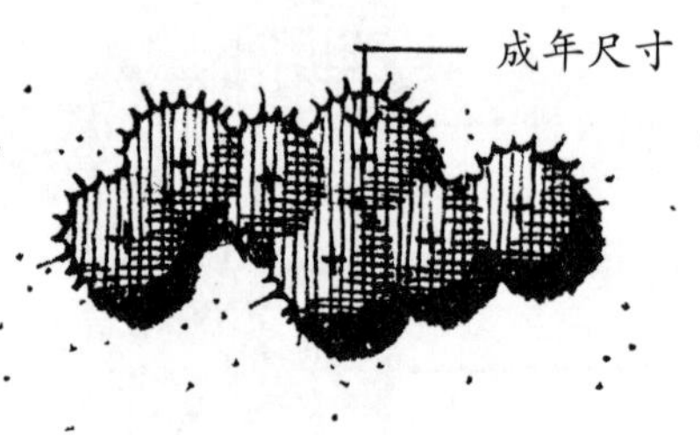

树木群植到一起

图11–55 树应以群植的方式组织

不可取，植物种类太多

可取，同种植物群植在一起

图11–56 群植应该由同一品种的多棵树组成

图11-57 种植设计应该按照三个层次来设计

从纵向上看，植物主要占据三个层次：地面、中间和树冠，如图11-57所示。这些就像在第 2 章讲述的室外空间中的地平面、立面和架空平面。大多数的设计组织每一个层次的植物，为了提供最大的视觉效果，并在垂直空间上创造最强烈的户外空间感。在某些情况下，为了创建所需的空间，会有意识地省略掉一个或者多个层次。

地面层是种植设计的基础。它通常是指覆盖在地面之上，或者是用低矮的植物建立起一个“地毯”种植床，它在其他两个层次中占主导地位。地面层设计在种植设计很早的阶段就产生了，原因在于种植床占据了地面很大的领域。地面层的大小和形状至关重要，因为在种植床植物配置中，它直接影响到其他两个层次的种植设计。

中间层是纵向上的种植设计，主要设计的是灌木和树干。这是创建窗户周边环境、控制视线以及联系室内与室外空间中最重要的一个层次。大多数的树木和灌木是种在种植床上的，因此就必须协调好地面层和垂直中间层之间的关系。一个很常见的现象是这两个层次之间需要经常调整来满足设计需要。特别是在墙的周围以及视线的角度上，应该更加注重考虑植物的高度和密度。

树冠层是户外空间或者是户外架空平面的上限，它是由树冠创造出来的。它控制着光线的透射量，让人在享受景观的同时提供遮阴休息的作用。树冠层经常使用在社交聚会等区域的上空。同时，树冠层是利用率最高的地方，它可以为生长在它下面的植物提供光和保护。在这一层中，应该注意的是树冠的密度和距离地面的高度。

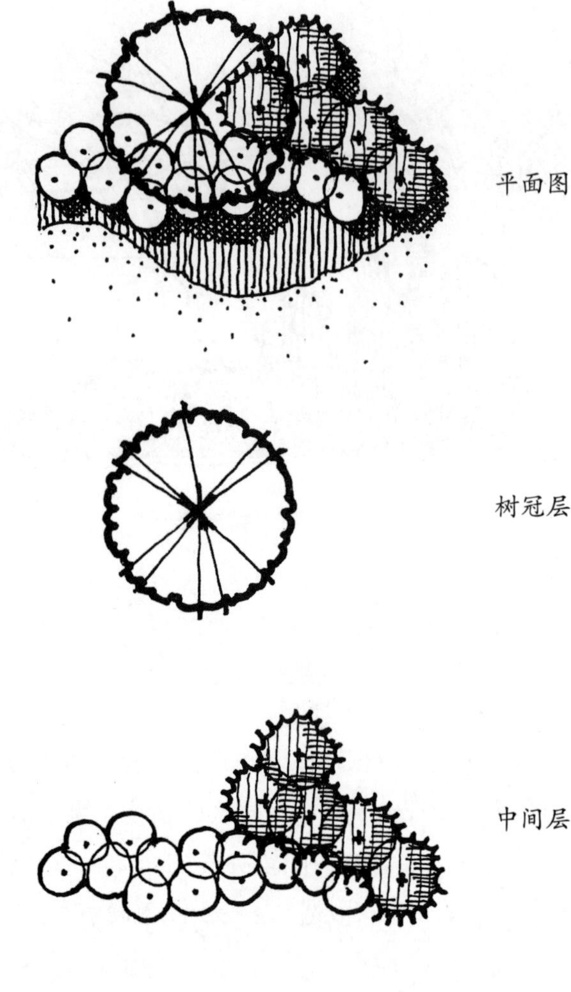

图11-58 三种不同层次的植物设计应该都可见，并在平面图的设计时就应该有所考虑

当看到图11-58中的设计时，垂直绿化的三个层次很容易就被遗忘掉了。而一名有经验的专业设计师应该可以解释并且能够看出这三个层次单独画出来的样子，并且使三个层次相互配合、相互协调。然而这并不意味着每个层次都需要完全重复另外两个层次的布局。很多成功的设计允许出现不同配置的设计，但仍需要符合每个垂直层次的要求，如图11-59所示。

植物的水平分层，最好还是在个别花圃内体现纵深感，在植物的形式、颜色等方面与另一个形成对比。凡是允许种植的地方，前景、中景和背景可形成不同高度的植物，如图11-60所示。前景经常使用地被植物或者一年生植物，中景可以用低矮的灌木和多年生植物形成中间的空间，而背景往往采用多年生、高耸的灌木或树木组成。

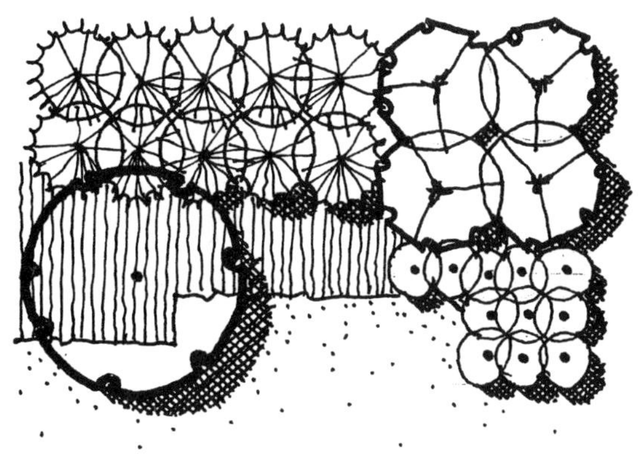

图11-59 植物的三个层次应该相互协调但不应该完全一致

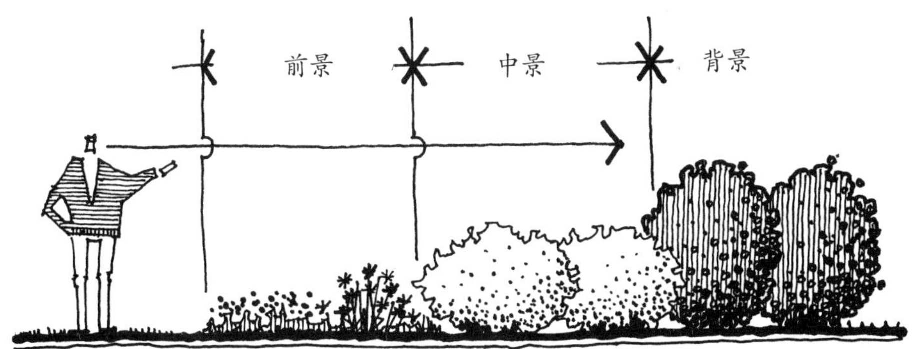

图11-60 种植设计应由植物三个水平层组成

经常需要在水平层建立色彩和质感的对比，使每一层都有与其他层次不同的“读取”之处。若水平层由太多相似的植物组成，则使植物之间几乎没有特点并且质量不高（图11-61）。在不同深度和水平层次内的植物可

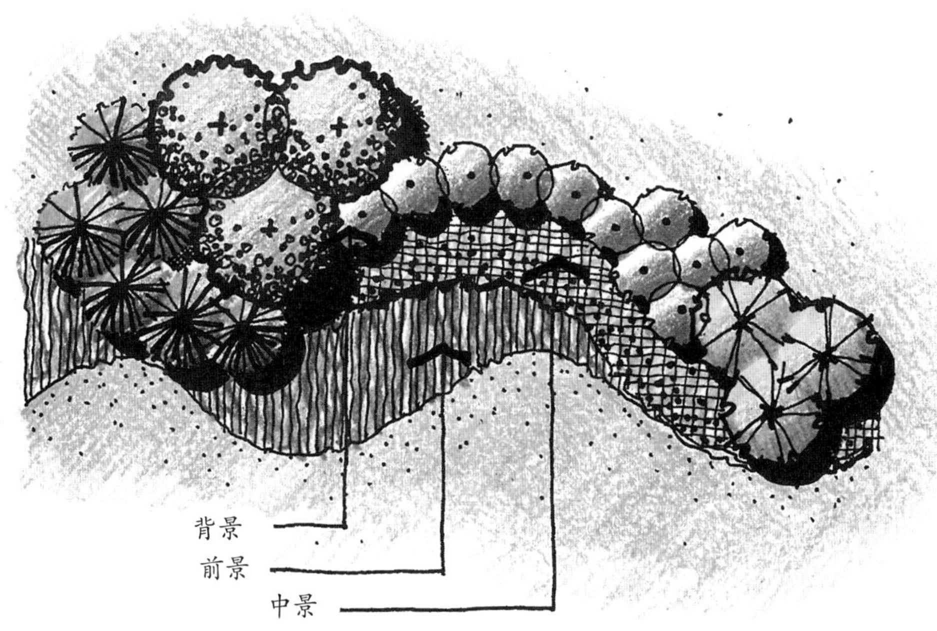

图11-61 植物的三个水平层在整个种植区深度可能有所不同（彩图见插页）

没有前景，空间更加紧凑

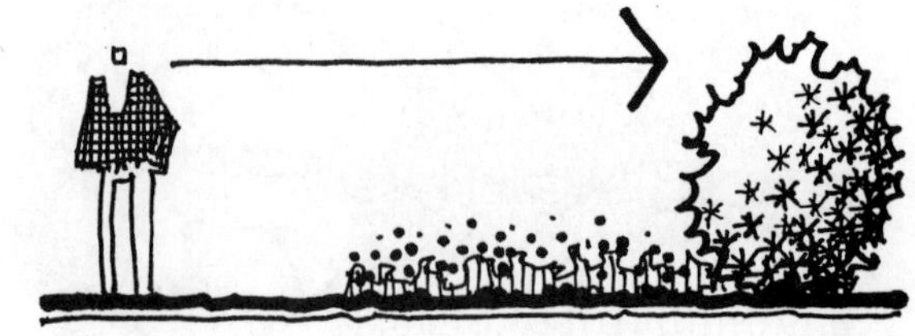

没有中景，空间更加宽敞

图11-62 植物的三个水平层可能会有所不同以营造不同的空间效果

以保持一种相似性，但是应该从种植区存在的差异上来创建更具有视觉上的吸引力。同样，这并不意味着需要始终有前景、中景和背景这三部分的存在。一些种植区可能适合有一个或者两个层次，这样可以更好地创建特殊的视觉效果（图11-62）。

根据整体设计特点协调植物。植物的组织和选择应该符合景观设计的整体风格。不应该基于设计师本身的个人喜好，而是应该在方案设计过程的早期，根据设计的主题安排植物种类的选择。此时，设计师应该注意用三种方式来广泛选择植物：①在行列和几何形体中；②在空间中；③空间和块的组合。

如图11-63所示，植物可以按照一条直线排列成几行或者形成树阵。通常在自然状态下，成行排列或树阵排列形成的是直线或者矩形。这种组织植物的方法是农业中进行种植和灌溉常用的程式化的方法。行列式和

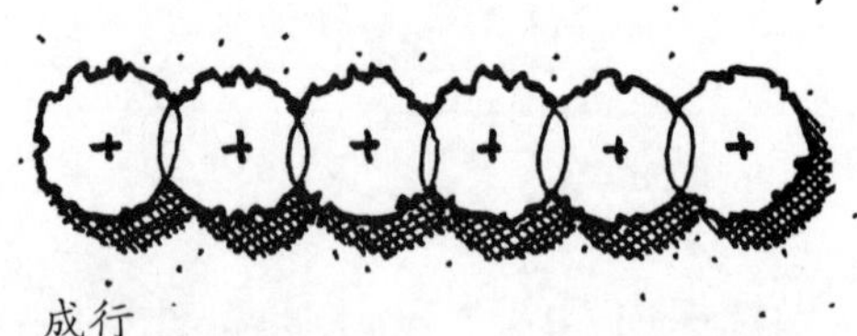

矩阵

图11-63 成行和植物几何块的示例

块状的植物种植应该用在正式的地方或以规则的几何图形为主的设计中（图11-64）。图11-65所示，植物种植的这一特点也适用于现代设计中，并且在当代由植物构成的图案中也有所体现。

组织植物的第二个通用技术是采用流线型设计。在自然群落中的植物是呈曲线或者在整体的形态中呈现流线型状态（图11-66）。在设计过程中应该注意使用流线型的植物，将植物在自然栖息地的组织形态模仿下来，应用于那些曲线、自然主义或模仿风格的设计中。在通常情况下，一种流线型的植物经常是用在形成复杂图案或纹理或颜色的种植区域内，而在正式和现代的风格中，并不使用流线型的植物（图11-67）。

组织植物的第三个方法是将流线型与直线块状相结合。在采用这种方法时，植物通常是放在行或块状的种植区域内的（图11-68），在建筑的外部周围形成一个框架，包括多年生或者一年生的植物都在这个范围里进行种植。而植物的行列结构和顺序结构同样在内部提供了一个选择的随机

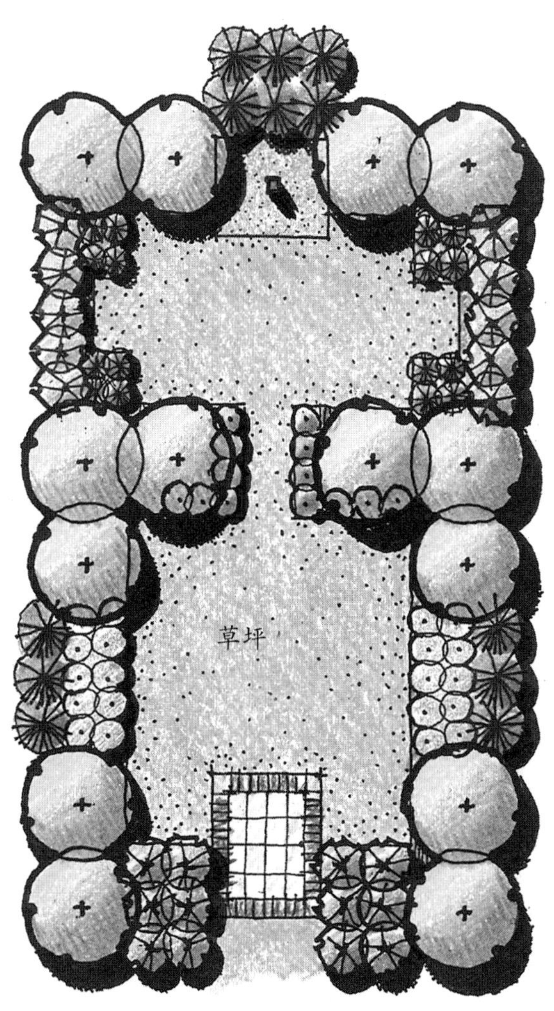

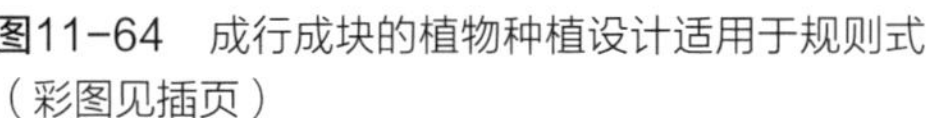
图11-64 成行成块的植物种植设计适用于规则式（彩图见插页）

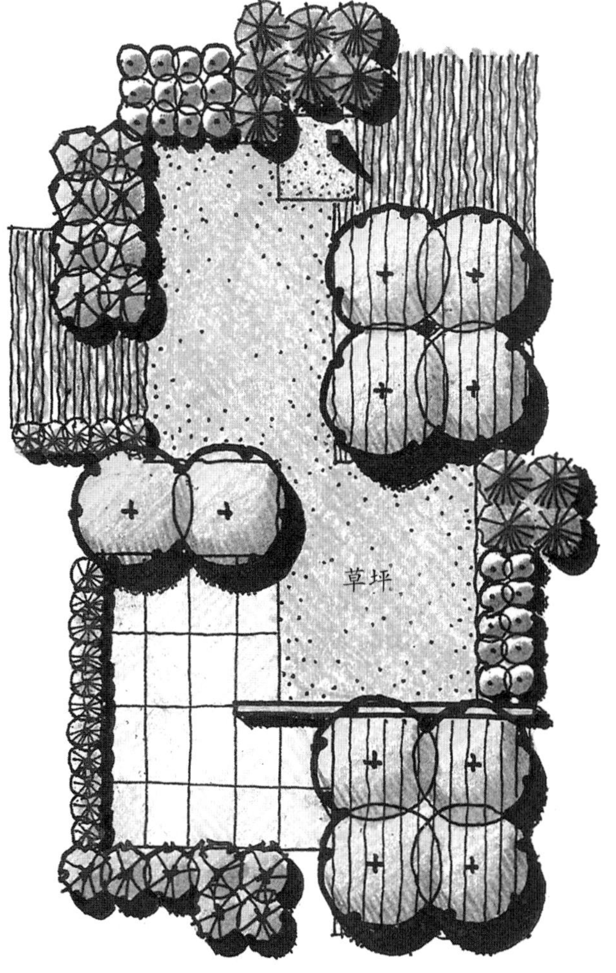

图11-65 成行成块的植物种植使设计具有现代特点（彩图见插页）

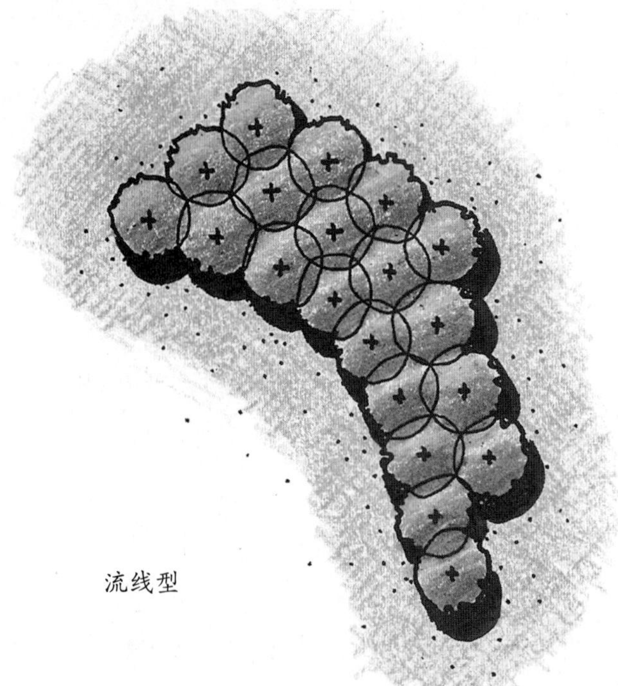

图11-66 成行成块的植物种植示例（彩图见插页）

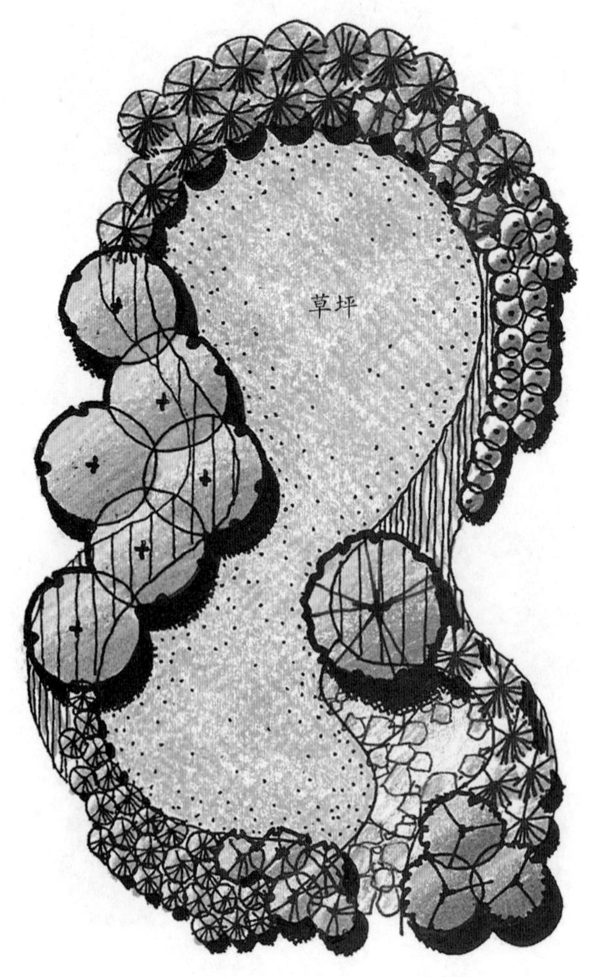

图11-67 流线型的植物种植用来模拟自然的设计（彩图见插页）

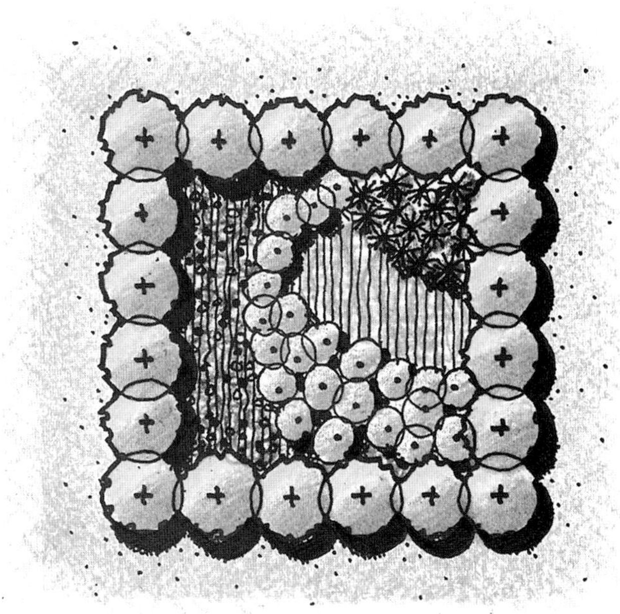

图11–68 流线型的植物种植和成行种植相结合的设计示例（彩图见插页）

性。这两种相反的风格相互吸引、相互补充。而这种相结合的方式是最适合于用作几何布局中的种植设计。

按照不同的季节进行设计。种植设计的另一个需要考虑的因素是适应季节的变化。也就是说，研究如何充分地展示植物本身在一年四季中的特点，以及如何与其他植物搭配。几乎每个地区都有分明的四季变化。春、夏、秋、冬是最显著的季节。此外，一些地区会经常降水，空气异常潮湿或呈季风性气候。

因为植物不是静态元素，所以最重要的是考虑到季节性变化。许多植物都是随着季节的变化而变化的，即使是在同一地区，看似相同的气候，每年也有着自己的气候周期。植物的外观和健康与气候季节性的变化有直接的关系。

关于季节方面的思考对于设计有益无害。其中一点是，它创建了一个一年四季都具有吸引力的种植设计。一个常见的错误是专为夏季设计，这是受许多媒体中无数的夏季植物图片的影响。在一些北方地区，在一年之中，夏季往往实际上只有短短的3个月。那么剩下的9个月怎么办？所有的这些景观都要消失吗？一个成功的种植设计应该包括所有季节的设计，使12月的景观同6月一样具有吸引力。

在多个季节中，研究种植设计的另一方面是可以帮助设计人员更好地选择植物的种类来表达每个季节的显著特点。例如，在春季就可以种植花卉，在夏季就可以栽植观叶植物，秋季的植物就要强调鲜艳的色彩，在冬季可以栽植具有趣味性的主干和分枝结构的植物，这样一年中的每个季节

月份	1	2	3	4	5	6	7	8	9	10	11	12
树种												
树A	枯树枝 →	→	→	新叶	枯叶 →	→	→	→	→	黄叶	枯树枝 →	→
树B	枯树枝 →	→	→	新叶	白花 →	→		块果 →	→	红叶 →	→	枯树枝
树C	深色针叶树 →	→	→	→	新针叶 →	→	球果 →	→	深色针叶树 →	→	→	→
树D	不可见 →	→	→	→	新生长 →	→	黄花 →	→	→	棕色树干 →	→	→

图11-69 标识设计一年四季植物外观的特征

都有高品质的景观。在一些地区，重要的是运用一部分植物适应每年的干旱季节，而另一部分植物应该用于迎接干旱结束后雨季的到来。

关于适应季节性变化的研究有几项技术。其中之一是对同一地区的每个季节做一个快速的色彩分析，研究种植设计在不同季节的不同外观。另一种方法是使用一个图表，显示大部分植物在一年过程中的外观变化（图11-69）。这使设计人员能够看到每一种植物在一年中的任意时间下，与其他植物不同的景观形态。它还可以帮助设计师确定在一年中的某一时间，有多少植物符合设计的要求。最理想的情况是植物的枝叶、花、果实顺应季节变化，而并不是所有的改变都在一个季节内完成。

然而，在小区景观设计中，这是最具有挑战性的设计方面之一。因为它不容易让人联想到一个动态的并不断变化的景观。在某些方面，建筑室内设计会相对容易一些，因为其中的元素会在一段时间内处于不变的状态。

使用多种类型的植物。一个最基本的原则是，在任何的种植规划中最好使用各种不同的植物种类。一年生、多年生、木本植物，包括混合落叶、针叶常青树，阔叶常绿植物，都应该被用来增加景观视觉上的趣味性。植物种类的范围越广，就越能够体现空间中的层次感和表达季节性的变化，这些在前面的章节中讨论过。此外，多种多样的植物搭配组合，通常是模拟其在生境中自然生长的状态。

在任何给定的住宅用地中的植物变化都有一个程度的问题。虽然一些植物可以用来增加视觉上的冲击感，但是如果太多，就会感觉混乱。对于运用多少种类的植物才合适这一问题，在设计中没有特定的原则。在同一个地点重复使用一种植物和其他植物之间应该有一个平衡点（见图9-22），同时这样也可以增加植物的种植模式（图11-70）。

在确定植物种类时，还应该考虑其整体景观设计的特点和周围建筑的风格。因为规则和现代式的设计风格通常需要更多的约束和简单的植物种植模

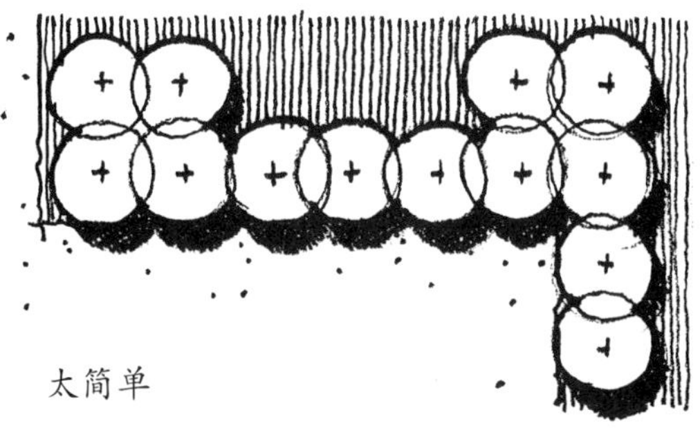

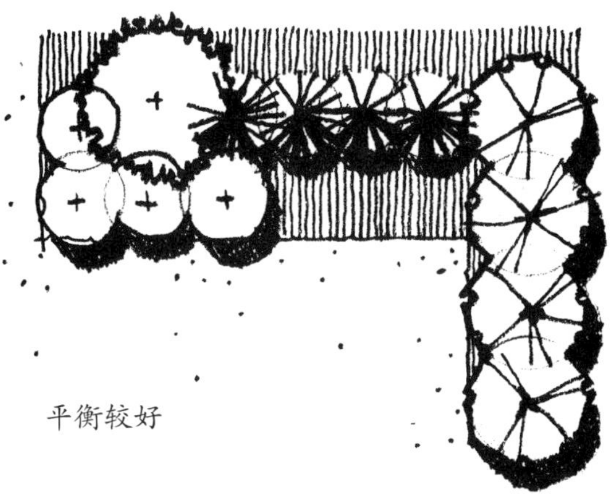

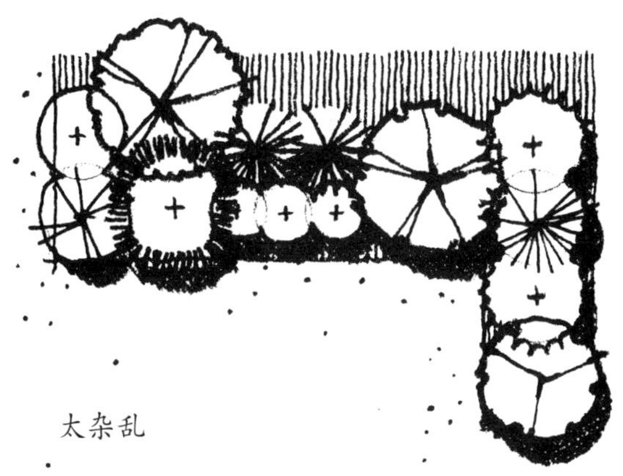

图11-70 在植物种类的多少方面应该有一个平衡点

式，所以非规则式的或模仿风格会适应范围更广的植物。一个地区的基础条件也会对植物的多样性有影响。每个地区都有自己的地域性植物，但是因为受到不同生态条件的限制，可能会出现与小区景观设计中类似的问题。

在一般情况下，可以将木本、多年生和一年生植物结合起来进行种植设计。木本植物可以作为一种元素存在于一年四季的景观中。它们应该用在景观的营造上，因为它们体形庞大、寿命长，所以通常是植物种植设计的主要结构。木本植物往往作为建筑周围室外空间的边缘，同时作为背景树。在北方的冬季，木本植物也最为突出，有时甚至是唯一的一种植物。

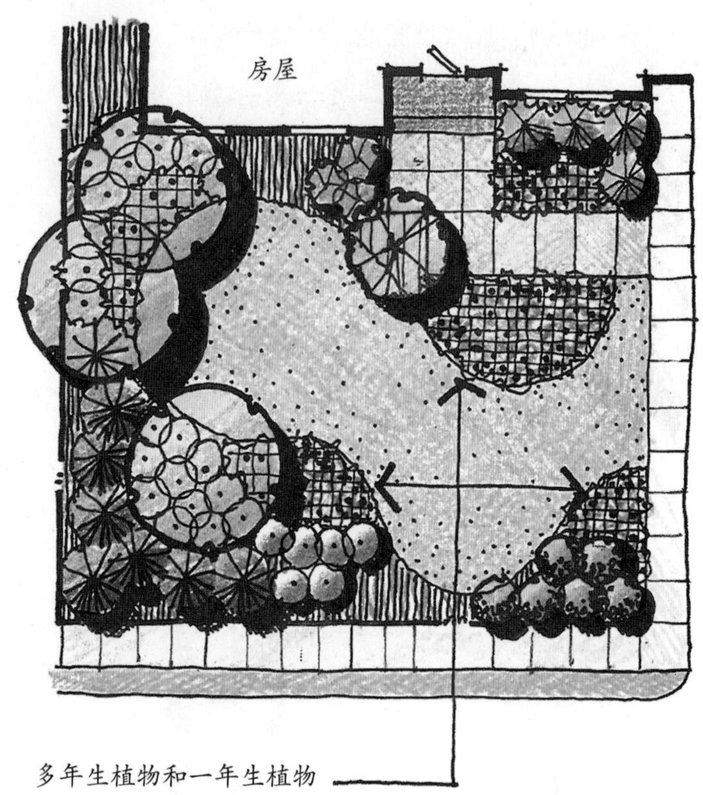

图11-71 多年生和一年生的植物最好是在靠近入口和视觉焦点的位置，以便突出植物群体的重点（彩图见插页）

因此，应该首先考虑木本植物。

多年生和一年生植物会使景观增加季节性的特点。多年生植物是指在生长季节结束后死亡，在第二年春天再次成长壮大的植物。多年生植物以多种形式存在，同时给设计师提供了大量的设计方案。然而，大多数是利用多年生植物花的颜色和（或）它们的叶片纹理。多年生植物最好用于靠近房屋入口的视觉焦点上、一个种植池的末端、一条轴线的末端或与其他多年生植物搭配形成整体（图11-71）。多年生植物有时也很有创意，可以栽在花盆中，放在入口的周围或户外的生活区。一年生植物是仅持续一个生长周期的植物。主要是利用它们花的颜色，在景观中创造画面感，同时成为焦点。它们是在有许多多年生植物的地方最适合做前景的植物。

在本植物材料中，落叶树、针叶常青树、阔叶常青树之间组合的平衡应该是设计的目标。特别是在落叶植物落叶后的冬季，这一点显得格外重要。一方面，有太多落叶植物的冬季景观因缺少常绿植物会显得过于单薄、通透（图11-72上图）。另一方面，在气候条件相似的地区，常绿树太多的冬季景观（图11-72中图）看起来有阴郁的感觉，不是令人舒心的景观。而最理想的状态就是各类植物达到适当平衡并创造一个成功的冬季景观（图11-72下图）。

落叶植物的运用也有它的原因，其一是落叶植物更能突出景观的季节

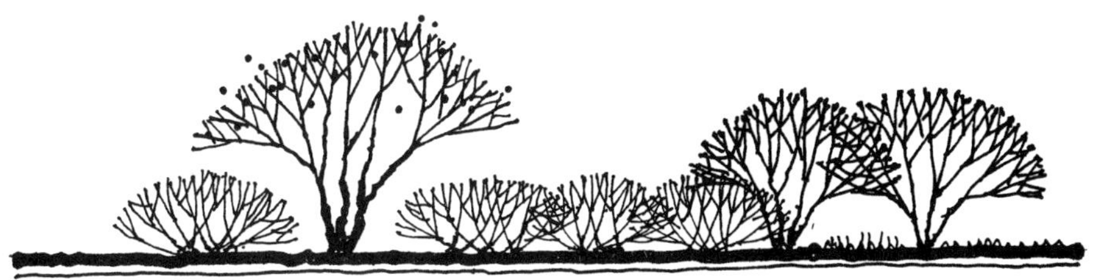

不可取：太多落叶树显得单薄，过于通透

不可取：太多常绿针叶树会产生阴郁的情绪

可取：落叶树和针叶常绿树之间的平衡配置

图11-72 落叶树与针叶常绿树在构成上应平衡搭配

性变化。落叶植物通常会创造一个四季分明的动态景观。每个季节都有每个季节的特点，这从某种意义上讲，景观确实是活的。相比之下，由针叶树或阔叶常绿植物为主体的景观，如果由没有生命的物体组成景观，那么往往会出现静止和固定的状态。

也可以利用落叶植物的花卉。许多观赏性的落叶灌木和乔木在春天都有吸引人的花，这些适合放在视觉中心上。落叶植物的另一个用途是作为前景树，特别是当背景是常绿植物或结构性植物的时候。春天的花、秋天的果、冬天的枝条，往往在一个灰暗的背景衬托下会更明显（图11-73）。同样，当落叶乔木作为冠幅层的组成元素时也可用于体现轻便和通透感（图11-74）。

相比之下，针叶常绿植物可用于创造一个永久性的感觉。虽然针叶常绿植物随着生长也会发生变化，但是它们在换季和生长时的变化不是很显著。其相对固定的外观提供了稳定性，同时弥补了落叶植物在营造重量感上的不

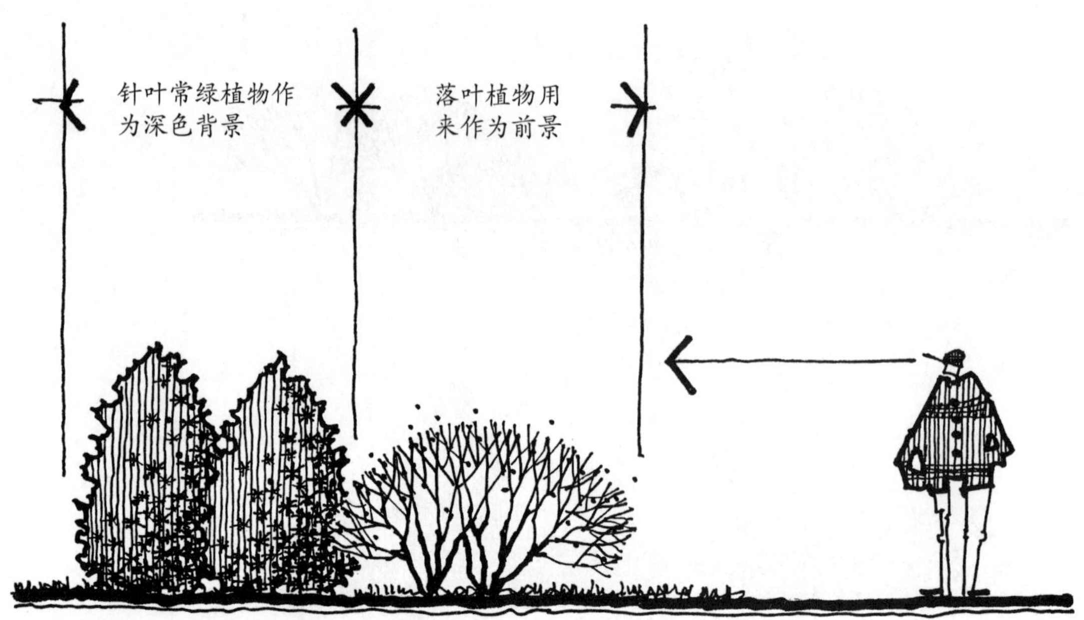

图11-73 落叶植物经常被用来作为前景的同时针叶常绿植物提供深色背景

足。针叶常绿植物还可以在种植中创造视觉上的重量感。作为一个群体，在所有植物中，针叶常绿植物的枝叶往往颜色比较深。因此，针叶常绿树在全是落叶植物的群体中是最适合做背景树的植物，并能成为焦点（图11-73），或在靠近地面的视觉中作为深色基底（图11-74）。综上所述，落叶植物和针叶常绿植物搭配效果是最好的，因为它们有不同的侧重点。

常绿阔叶植物和常绿针叶植物一样，全年植物都有叶子。杜鹃属、山月桂和玉兰就是很好的例子。大多数常绿阔叶植物需要在酸性土壤和阴暗潮湿的条件下才能正常生长。作为一个群体，在春季，常绿阔叶植物的花

图11-74 落叶植物适用于营造具有通透感的树冠，而针叶常绿植物则提供了一个靠近地面的深色基底

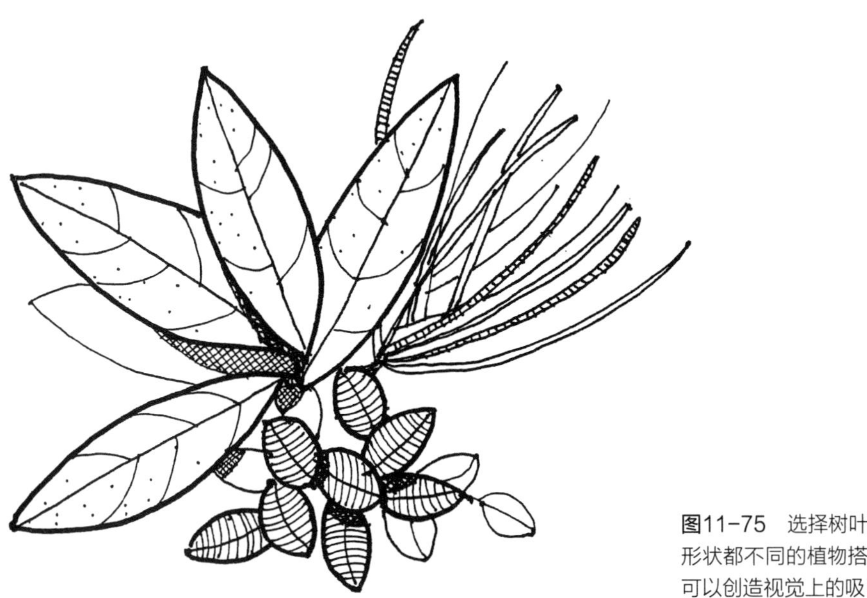

图11-75 选择树叶的大小和形状都不同的植物搭配组合，可以创造视觉上的吸引力

是最吸引人的，而且往往是这一组景观品质的代表。与所有植物一样，常绿阔叶植物的选择也应该谨慎，因为它们的花期只持续几个星期。幸运的是，许多常绿阔叶植物的叶子也极具观赏性，这使得它们即使不开花也很有吸引力。

将植物按质地搭配。在初步设计中选择和组织植物时，除了考虑其他的方面外，最好还要考虑一下植物的质感。植物的质感是指植物给人的视觉感受、触觉感受，而这些主要取决于其树叶的大小、枝叶的形状、植物的整体生长习性以及在何处观赏植物，这些对植物的质感都有影响。在一般情况下，大的枝叶会给人带来粗糙的质感，小的枝叶会给人精致的感觉。尖的叶子给人尖锐的感觉，圆的叶子则比较圆润，小的像针一样的叶子则比较精细。

区别植物种类最好的方法就是通过观察它们的叶子。因为植物的叶子比它的花和果实持续的时间长，所以它更容易观察辨认。通过观察辨认叶子的特点，有助于区分植物的种类，就像图11-75中所示的一样。如果树叶之间没有差别，那么就会被认为是同一种植物。

质感粗糙的植物最好是作为视觉的焦点，因为它们很容易在其他植物中凸现出来。同时，质感粗糙的植物可以很好地拉近与观赏者之间的距离，从而使整个空间的距离感缩短（图11-76）；而精细质感的植物则相反，往往会拉长与观赏者之间的距离。

在合适生境中种植合适的植物。植物的选择与组织应该适合其所在的生态环境。像日照、风沙、土壤湿度、土壤成分、土壤pH值等因素都会影响植物的正常生长。同样，在住宅用地中同样会涉及到这些问题。

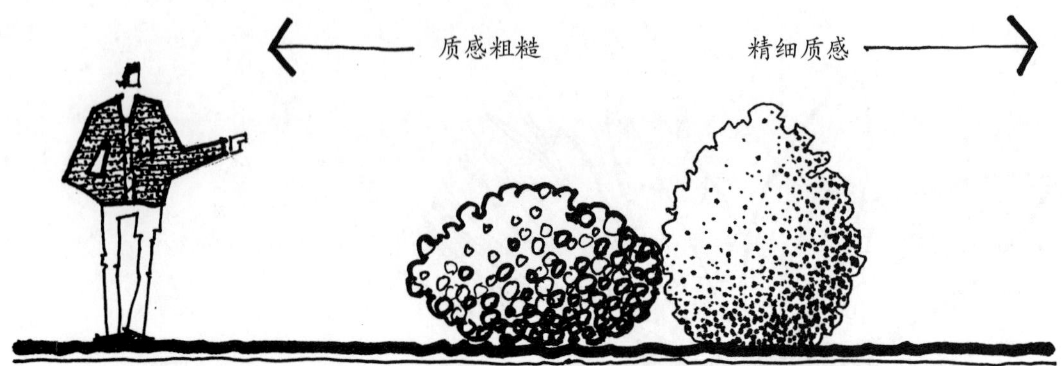

图11–76 质感粗糙的植物好像可以“走近”观赏者，而精细的则相反

最关键的生态因素就是日照。通常情况下，植物理想的生长条件可分为三类日照条件：①充足的阳光；②部分阳光/部分阴暗；③阴暗。在任何给定位置上的住宅用地的日照量，主要的影响因素是用地中的建筑以及现有的和规划的植物。可取的作法是画一张日照分析图（图11–77），这样可以帮助设计师根据植物对阳光的不同需求来安排植物的位置。

因为受日照和风沙的影响，在房屋的周围会形成四个微气候。在种植方面，这些微气候可以理解为以下几个方面。

房屋的南面：

• 在这里的植物必须能够耐阳光暴晒，因为在南面，夏季的时候，阳光将从上午一直持续到傍晚。

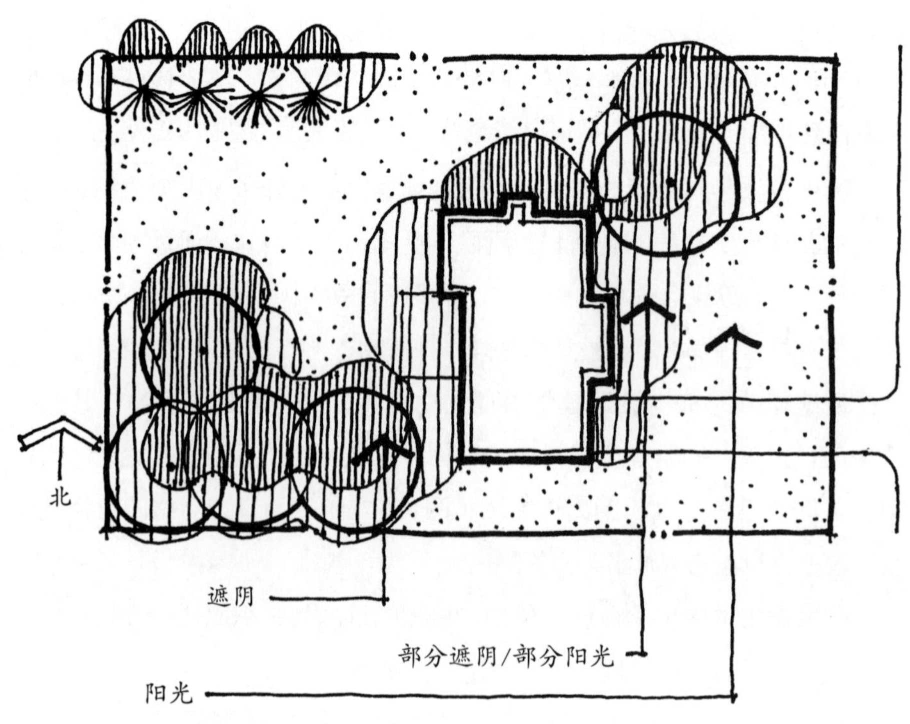

图11–77 通过日照分析图确定植物位置

• 充足的水分供给是必要的，因为在持续的阳光照射下，植物的水分会蒸发得很快。

• 通常适合生长在偏南的抗寒地区的一些植物可以栽在这里，因为这里的早春和晚秋有最适宜的温度，这样可以延长植物的生长季节。

• 应该更多地关注位于这里的针叶常绿和阔叶常绿植物，因为它们适应北方气候，而在阳光明媚的冬日里，植物不能够充分利用从冻土中蒸发出水分时，对植物本身存在着潜在的伤害。

房屋的东面：

• 对于需要部分阳光、部分遮阴条件的植物，尤其是那些需要早晨温柔的阳光和低温的植物来说，这是一个最好的位置。

• 对于原生林地边缘的植物和大多数的阔叶常绿树来说，这也是一个最为理想的位置，因为它属于一个需要保护的过渡地带。

房屋的北面：

• 对于需要充分遮阳、凉爽和潮湿的土壤条件的植物来说，这里最为理想；但是因为空间的狭窄，在盛夏时节，这一区域的太阳高度角比较高。

• 如果房屋位于北方地区并且对于西北风没有遮挡，那么就应该注意保护那些抗风性较差的植物。

• 因为缺乏日照的缘故，这里植物的花期要迟于种植在房屋其他方向上的植物。

房屋的西面：

• 种植在这里的植物，必须适应强烈、高温的午后日照。

• 因为这里是房屋周边最热的地方，同时也是房屋周围四个微气候中生长环境最恶劣的地方，所以这里的植物要有很强的抗旱和耐热性。

• 如果植物需要温和的日照，或者适宜在阴暗的环境中生长，那么它一般不适宜种植在这里，除非可以通过其他的手段遮阴。

• 充足的水分供给是必要的，因为植物的水分蒸发会很快。

• 如果植物不能忍受夏季的暴晒和冬季的严寒以及干燥的气候条件，那么应避免种植在这个位置。

同样，树周围和树下也分为不同的日照区和遮阳区。尽管这些区域中遮阳区的组合和数量根据树的形状、尺寸和密度有所不同，但是总的种植特征是和房屋周围的微气候类似的。现有树木的日照区/遮阳区比较容易确定，因为可以根据现有树木的尺寸和高度制定日照表，然后通过实际观察计算出来。

而即将要种植的树木遮阳区的确定就难得多了，因为需要考虑最初树

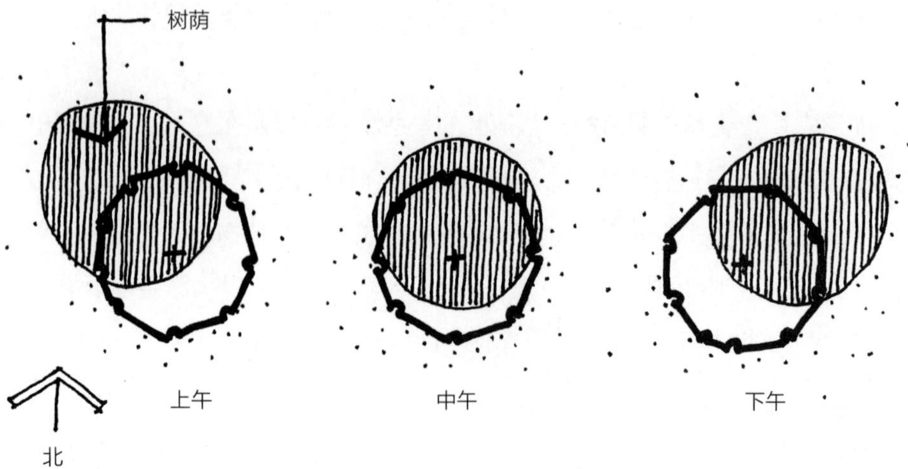

图11-78 一天中一棵树阴影的位置和大小的不同

木的尺寸和以后的生长速度。刚刚种植树木的遮阳区数量通常会比较少，所以周围的植物应该是能够耐受阳光的。几年之后，原来离树木最近的阳光区变成了遮阳区。因此，景观设计师必须同时考虑到需要种植树木的短期和长期的微气候变化。

另外，需要记住的事情是关于树周围的植物栖息地。由于日照角度的原因，树荫向一棵树下面的南侧、西侧、东侧延伸。在树的下面，东侧和西侧比南侧能收集到更多的阳光（图11-78）。所以，一些需要更多阳光的植物应该种在树下面的这些地方。

树冠层下面的种植区域比在它之外的区域要干燥一些，因为树的叶子上面能够保留并吸收一些水分。此外，树的根部系统从土地里吸收水分使得可用于其他植物的水分减少。树冠层下的植物如果不更耐干旱，就需要通过灌溉补充水分，还有就是在酷暑的那几个月通过其他的方式浇水。

树荫最大的区域并不是出现在树南侧而是在树的东侧和西侧（图11-79）。这是因为在正午时，当阳光从南面照过来时，太阳在天空中处于一个相对高的角度，因此在树荫的北侧产生了一个相当小的树荫区。喜阴的植物不能种在离绿荫树北侧太远或者是在仲夏时被直接照射的地方。

除了考虑阳光照射，景观设计师应该也能在一处场所识别出排水方式和土壤湿度。如果有必要，应该准备一张带有这些条件的地图好用来分析这个场所以帮助选择植物来适应不同条件的土壤湿度。

图形指南

有几个步骤来生动地描述初步设计中的植物。

尺寸。首先，所有的植物应该作为成年的或者接近成年的形态画在这个规划中。尤其是对于灌木和小乔木。大的树可以50%～100%的形态画在上

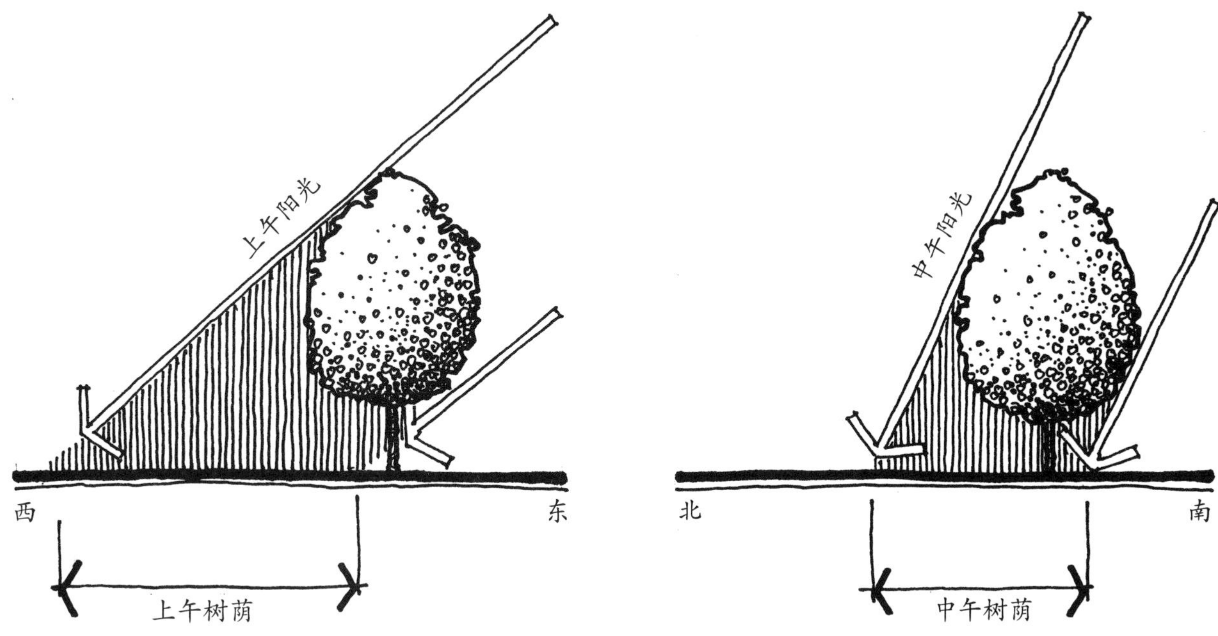

图11-79 夏天一棵树东西两侧的树荫比北侧的大

面，因为它们需要很多年才能达到完全成熟。这就要求设计师熟悉植物以及其成年后的大小。如果这样，那么未成年的植物中会首先出现斑块，因为在单体植物之间会出现空间。然而，随着时间的推移和植物的生长，植物会填补这些空间来形成一个连续体（见图11-55）。当为客户讲述初步计划时，很重要的一点是告诉他们植物可能需要花费数年或者更多的时间来达到预期的效果。

灌木群。在初步设计中，象征性地用不含有单体植物的灌木群来表示灌木。树群中的单体植物通常直到总图中才画出来。图11-80显示出了植物在功能图、初步设计、总体设计这三个阶段的不同表示方法。在功能图中是概括性的，在总体规划中是最详细的。

墙和栅栏

空间构成中，墙和栅栏是设计师能用来定义三维空间的另一组元素。如同关注植物一样，设计师在初步阶段极为关注墙和栅栏的位置和功能，还有它们的材料。例如，设计师可以决定接近室外入口门廊的墙是石头的，而东边边界的栅栏应用外表粗糙的西洋杉构筑。设计师通常不确定墙或栅栏的实际外表或立面上材料的具体模式。这个细节的研究将在后面的步骤中论述（见第12章）。

墙和栅栏通常有两种能被用在住宅区里：①挡土墙；②独立墙或栅栏。挡土墙从较低的地面砌起，为了加固或支撑斜坡或较高的地坪而砌筑

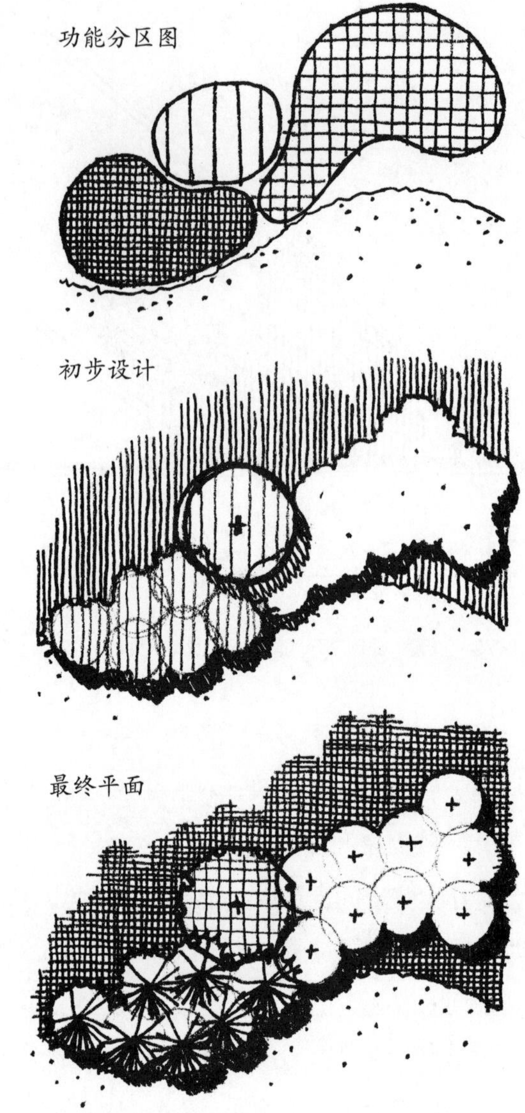

图11-80 功能分区图、初步设计和蓝图在图面上以不同方式表达

图11-81 挡土墙

图11-82 独立墙或栅栏

（图11-81）。正如场地平整的段落中提到的，挡土墙可以被认为是地平面视觉上和功能上的一部分，它们的位置和功能与地面密切相关。挡土墙通常用砌体砌筑，这些砌体包括石头、砖、砌块或经过压缩处理，能耐得住与地面长期接触的木材。

独立墙或栅栏是立在景观中不需其他结构元素支撑的元素（图11-82），墙体常用砌体材料砌筑，而栅栏常用木材或钢材建造。

挡土墙和独立墙体可用来满足住宅基地中的一些功能。墙和栅栏通常充当空间边界、视线屏蔽、提供私密性、引导视线、改变光照和通风，同时与植物一样也有组景、屏蔽等作用。如前所述，与植物相比，墙和栅栏的优点是完成这些功能不需要花费等待植物成熟的时间，不需要种植所需的特定环境条件。它们也不占用基地过多的面积，在空间有限的地方很实用。

墙和栅栏的功能

另外，墙和栅栏可用作其他几个目的：①房屋的建筑延伸；②其他元素的背景；③统一；④形式和图案的视觉趣味。

建筑的延伸。墙和栅栏可用几种不同方式把一个房屋或其他建筑与基地在视觉上和功能上联系起来。方法一，在景观中，墙和栅栏可以使用与建筑表面一致的材料，因此加强了房屋和基地的视觉联系（图11-83）。这种材料的重复使用在房屋和基地之间创造了很强的统一感。方法二，利用墙和栅栏来使房屋融入景观，让它们作为房屋的延伸嵌入基地中（图11-84）。这种建筑的延续就像伸出的手一样拥抱基地，这两种方法使房屋和基地看起来像一个完整的环境。

背景。如果墙和栅栏的颜色和材料图案不明显，可以作为前面其他元素的中性背景。利用这一点，可以使分散的视野汇集于前面的焦点景物上（图11-85）。这种情况常见于空间边界或沿着基地的边界。

图11-83 在场地中，墙和栅栏可以重复建筑表面的材质

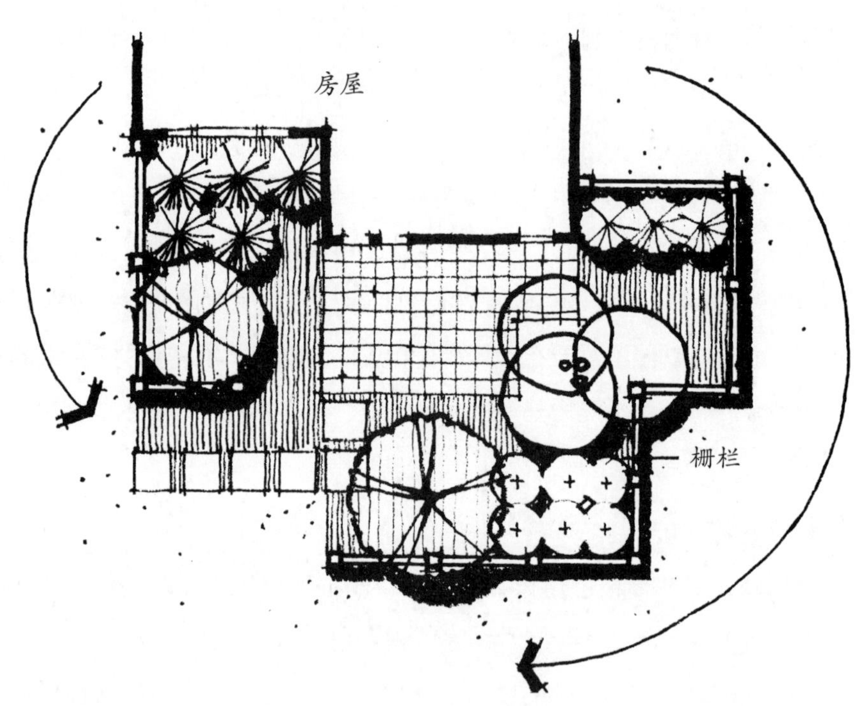

图11-84 墙和栅栏能像手一样从房屋伸入基地

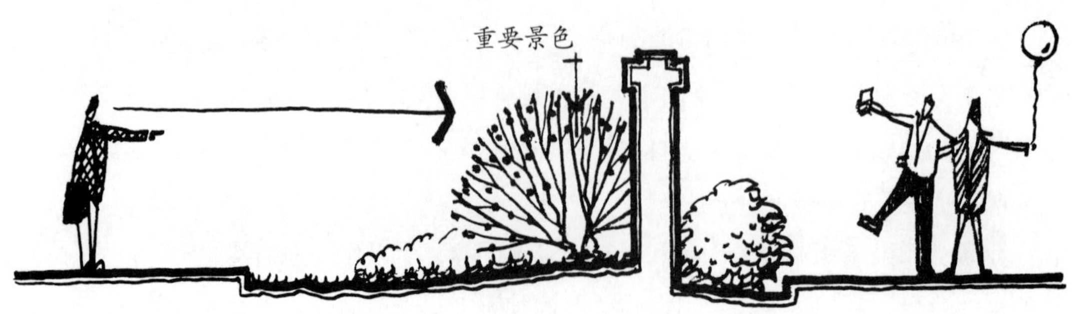

图11-85 在阻挡不佳视野的时候，墙和栅栏也可作为重要景色的中性背景

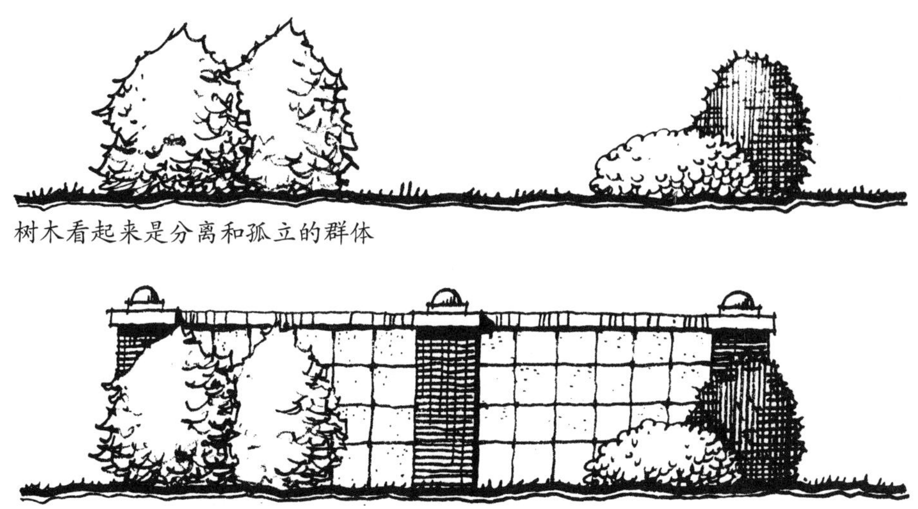

图11-86 墙和栅栏可以在视觉上统一那些看起来孤立的元素

统一。墙和栅栏一个相似的用途是能联系缺乏关联的元素（图11-86），栅栏或墙能统一分离的元素，使它们看起来像一个整体。

视觉趣味。墙和栅栏可以选用图案和纹理俱佳的材料，以使人的视觉感到舒服、愉悦（图11-87）。墙和栅栏还可以设计成各种凸凹的花格，而且它们无时无刻不在变化着。然而，设计师不必在初步设计阶段详细发展

圈11-87 带有装饰的墙和栅栏

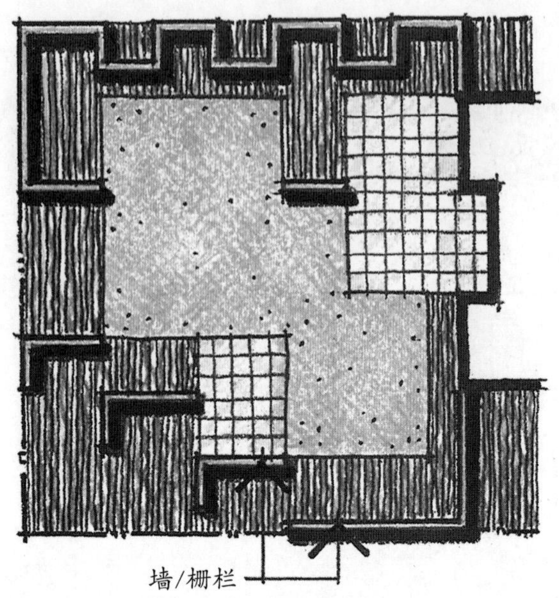

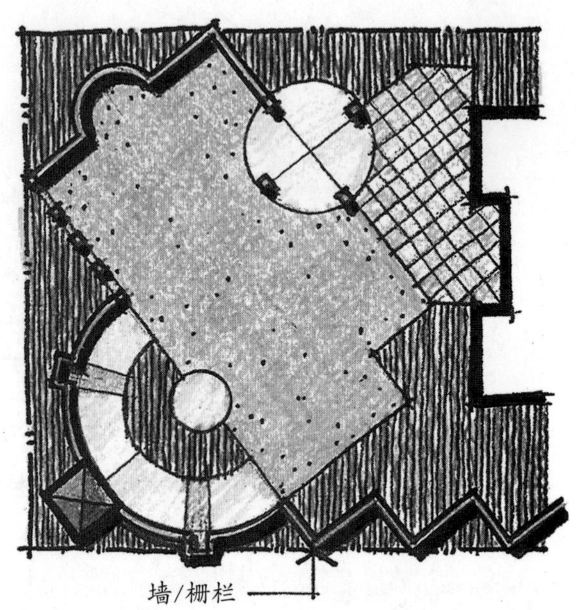

图11-88 墙体的平面布局在完善设计主题上可以提供视觉趣味（彩图见插页）

这些构思，只需把它们作为设计概念的一部分即可。

墙和栅栏的布置也可提供视觉趣味。墙和栅栏并不是按绝对的直线布置，相反，它们的平面布局就可以创造生动的线条和图案，并可以强化整个平面构图（图11-88），再次重申一下，墙和栅栏必须与总平面图紧密联系，以便在第三维度上强化这一构图。

在景观设计中，作为构景元素，墙与栅栏材料的选用是最基本、最典型的一个方面。除此之外，景观设计师还应该意识到垂直面在景观空间设计中的多样性和适用性。

图11-89说明了内部和外部环境的墙和栅栏：①帮助创造多种空间；②高度的变化提供不同程度的私密性；③洞口（窗户）用于限定特定的区域或视线；④支撑一定数量的器具（花盆、雕塑、画等），这些为每个空间增加了特色。墙和栅栏的设计对以上四个方面需要仔细设计，使得这些要素能够像内墙一样体现其空间价值。

高度变化和空间分隔

墙通常被认为是：①房间的分隔物；②家具的背景环境。然而事实上，外墙还有许多其他的用处，图11-90说明了9种不同的高度及其用法。

在设计墙与栅栏时，应注意高度的变化，使其适应室外的日常生活，不但具有功能性，也应具有观赏性。

图11-89 外部墙体高度和特点的变化也能像室内墙体一样发挥空间上的价值

· 8英尺
· 内部墙体
· 非常私密
· 经常需要变化

· 7英尺
· 外墙体
· 非常私密
· 可能需要局部变化

· 6英尺
· 普通栅栏
· 足够私密（除了高个子人）

· 5英尺
· 到成年人下颌的高度
· 半私密
· 坐着私密性强

· 4英尺
· 平均成年人胸部高度
· 分割；不私密
· 休息室放肘部的支架；与邻居交谈

· 3英尺
· 厨房操作平台高度
· 分割；不私密
· 顶部宽些用作台面或放罐子的架子

· 26英寸
· 桌子高度
· 分割；不私密
· 可能是台面也可能是高凳

· 2 英尺
· 矮桌
· 弱分割
· 适宜坐高

· 16 英寸
· 普通长椅
· 极弱分割
· 放花盆和罐子的高度

图11-90 不同高度的墙体有不同的功能

通透和私密程度

如果不考虑高度，墙和栅栏可借助门、窗调节空间开敞程度：利用窗可观赏室外空间景色，所以窗对于内、外墙来说是都是非常重要的。

从私密程度考虑，实体墙过于封闭（图11−91上图），所以建议适当改变砌筑形式，在墙体上形成各式花格，用来放置特殊的植物或雕塑，以形成视觉焦点。

如图11−91中图所示，墙体上设置了花格窗，不但封闭性降低，而且为藤本植物生长创造了条件，还可通过窗格观看远处的景色。

图11−91下图是一面高低错落的、有多种花格的墙体，这种开放的矮墙为小灌木和其他小装饰物提供了室外空间。

通透性的变化主要取决于墙或栅栏的窗洞面积的大小。一些位置，像靠近较大水体的地方，可能墙或栅栏的洞口就较小。一些规范规定垂直墙面至少需要50%的洞口面积才能满足邻舍的通风要求。图11−92 给出了几个由0.8英寸×0.8英寸（2厘米×2厘米）大小的木头建造的栅栏，它们洞口面积百分比由大到小、变化不一。可见，洞口开得越小，栅栏开敞的百分比就越小。

图11−91 室外的植物可以是实体，部分开敞（彩图见插页）

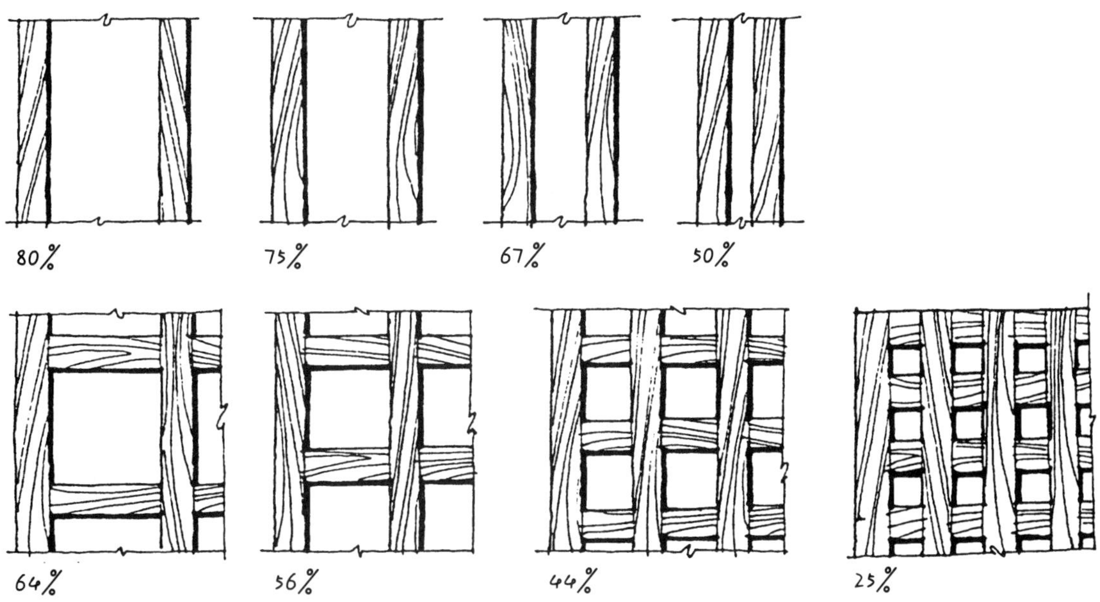

图11-92 开敞的百分比（实体区与开敞区面积对比）

用于布置装饰家具

外墙像内墙一样可起到支撑作用。其中之一就是作为背景，在其上悬挂多种装饰（图11-93）。图左侧提供强烈的私密感而图右侧则给人一种开敞的感觉。

墙也可设置一些搁置花盆、雕塑或其他物体的搁物架，图11-94中由灰泥粉饰的墙面应用了景观设计中弧线和切线的设计主题。

一面栅栏或墙可以用来悬挂悬垂植物（图11-95）。这里栅栏用垂直板材做成特别的图案，是重点区域，可作室外餐饮区，尤其是中间弧形的区域。

图11-93 墙可以用来作为墙体悬挂物的背景（彩图见插页）

图11-94 墙上的搁物架为放置植物提供空间（彩图见]插页）

图11-95　可用悬挂的悬垂植物装饰墙面，增加空间特点（彩图见插页）

图11-96　墙体上的灯光用于夜晚照明（彩图见插页）

图11-97　窗洞被用来作为窗户或采光（彩图见插页）

与室内空间一样，如果在室外空间设置相应的照明设施，也可在夜间应用。在栅栏顶部的灯光照亮垂直的墙面（图11-96），栅栏反射的光也能为周围的空间提供足够的光照。

窗是构成室内空间所必要的要素。没有它们，我们会有一种被囚禁的感觉。它既提供视野，也提供光线。而且有许多形状和尺寸，经常附以窗帘或百叶以改变私密程度或明暗程度。外部的栅栏或墙也需要有窗洞（图11-97）。图的左侧有一个窗洞，可以通过外面的百叶窗来调整，当需要私密的时候可以把它关上，当需要和邻居交谈或观赏景观时，可以开启；图的右侧采用的是有色玻璃，嵌在墙内，其尺寸和形式与左侧一样。

当不需要私密性的时候，还要考虑宠物的需要。矮墙或矮栅栏也要像高墙一样设计图案，以丰富墙面的特点。此外，矮墙的设计还要让宠物能看到相邻的空间（图11-98）。

图11-98 矮墙上的洞口可以让宠物看到外部空间（彩图见插页）

棚架结构

最后一个需要考虑的因素就是棚架结构，如凉亭、藤架、绿廊，所有这些都为外部空间提供顶棚，作为人们聚集区域的遮蔽要素。

外部顶棚是非常重要的设计要素，它们的高度、图案、风格都随设计中墙和栅栏的不同而不同，要给予足够的重视。要像设计室内天花板那样设计室外的棚架结构。对于设计师而言，收集有关棚架结构的信息是很重要的。它包括高度、开敞度、支撑设备。

图11-99显示了一个不同空间的室内室外剖面图，高度和开敞的变化能使立面和空间发生变化。这两张图中左面的空间在尺度上都是封闭的，带有亲密性的，当人从左到右时，空间变得开敞，空间尺度也变大了。有一点值得注意的就是，室外的棚架对外部空间的作用和室内天花板对室内空间的作用是一样的。

天花板设计不仅能提供不同的尺度感，而且还可以根据功能和美学目的而改变其开敞程度。图11-100显示了一个用来做遮蔽的棚架的基本结构，然而结构的一部分置于空间的另一部分之上，产生了一个具有某种图案的顶部平面，此外，还可用来悬吊植物。

图11-101展示的这一构筑物有一部分被栅栏支撑，可容纳一张桌子，并与右侧花架下的子空间区分开。

根据这种情况，有的时候不需要遮蔽，尤其是在通过门廊看建筑的时候。这时房屋主人可能希望有一处可以用于夏季乘凉。图11-102说明了一个凉亭是如何遮阴的，它的下面是用一面具有镂空花格的栅栏作为背景，同时对这一区域起到强调的作用。

凉亭也能在地面和垂直面上投射下阴影图案。这些图案是由外部空间的材质和厚度决定的，而且在一天之内有着丰富的变化。

图11-99 室外棚架和室内天花板一样有空间价值（彩图见插页）

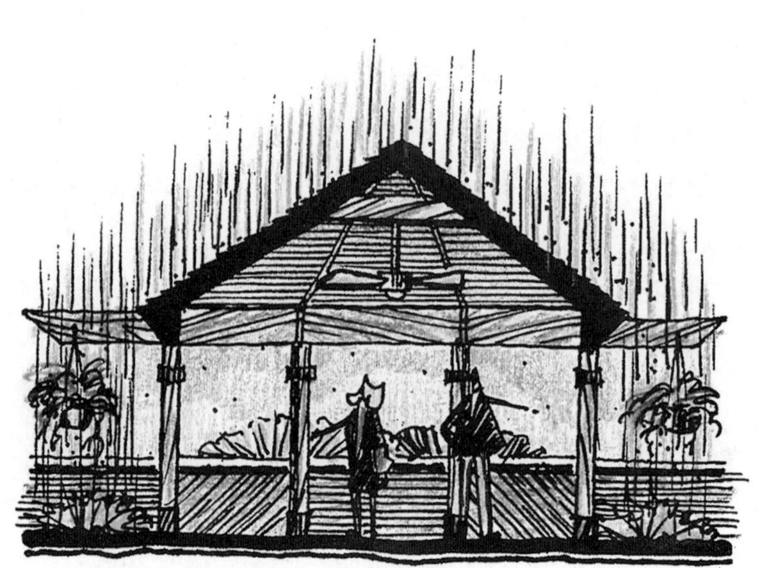

图11-100 棚架结构可以遮蔽日照和风雨（彩图见插页）

图11-101 棚架结构开放或封闭程度可根据需要组合应用（彩图见插页）

图11-102 凉亭可供遮阴纳凉，而且还可创造丰富的阴凉效果（彩图见插页）

顶棚架可以在高度和开敞程度上进行变化，也可以用它们承载其他陈设物。图11-103展示了3个棚架结构如何在高度、风格和图案上变化，以及如何悬挂花盆、秋千、灯光等饰物的示例。

反映建筑物特征的景观构筑物

现通过4个例子来说明房屋的建筑风格将会影响设计师的想法和设计

图11-103 棚架结构能悬挂植物、秋千和照明等饰物使空间功能更加完善（彩图见插页）

图11-104 庭院、凉亭、墙壁都以房屋前面的拱门为原型（彩图见插页）

方案，每一个图示都说明庭院、栅栏或墙、上部结构会受到建筑风格的影响。假设在这个过程已经决定了设计主题和形式，那么，设计师下一步应该以建筑的感性手法来设计立面和顶面，同时也受到形式构成的影响。

图11-104上图示露台仿照突出的拱形前窗。拱门在露台上重复出现，并且窗玻璃与混凝土或者石头背景图案相协调。顶部的凉棚设计成简单重复的拱门，类似前门上方的拱门。它由一些柱状结构支撑，其特征是从内部或外部用装饰件装饰细节。

在图11-104下图，墙主要是砖墙。墙的旋转方向和立面高度的变化与坡屋顶的角度相呼应，这主要是考虑到院子的右侧需要极强的私密性，而院子左侧景观较好，应该开敞些。拱形的前院大门在矮墙上突出出来，而高墙上的开窗则让人可以看到墙后令人愉悦的景观。这个开窗在式样上模仿了车库上方的通风口。

图11-105显示了一个十分不同的房屋，与前面相比主要有3个不同之处。正如你所看到的，大山墙都具有强烈的建筑风格。庭院图案与它的山墙形状相似，庭院的周围是横木，与建筑的木材颜色十分相配。混凝土构件或混凝土铺装采用明快的颜色，使其在色彩上与外墙粉饰一致。庭院的中心主要反映建筑物窗体的特点，在此例中选用了一个成45°角的篮状砖格图案。

廊架的设计主要参考房屋正面入口的细部，小的弧形托架和建筑两层山墙的大托架相呼应。

图11-105所示的房屋，栅栏主要由三个要素构成，较矮的部分反映房屋的板材与灰泥分格。木制的开敞格子形图案与房屋本身的窗户相似。这

图11-105 庭院、凉亭、墙壁都是按照房屋二楼的大山墙建造的（彩图见插页）

些方格对于生长的藤蔓植物来说是必要的结构支撑。大门区域的设计受窗户的图案和坡屋顶的影响。

图11-106展示了另一个例子，主要庭院空间的设计受到房屋左侧两个山墙形式的影响；位置较高的平面是石质地台，能够到木质平台，然后到达草坪地带。石材和木质的纹理与房屋立面相一致。凉亭的设计是参考了拱门和门廊上面柱子而设计的。屋顶是一个四坡顶，可以从屋前看到屋顶的两个方向。

围合私密空间的栅栏从一头延伸到另一头，它的颜色和材质与房屋水平方向的木护壁板相一致。设置了一个与房屋正面窗户十分相似的窗框。这个栅栏也考虑到适合藤蔓生长的区域。从前面的门廊到托架的这段栅栏被设计成拱门，以与窗玻璃的图案相协调。

最后用来说明空间构成的例子如图11-107所示。庭院设计主要受到房

图11-106 庭院、凉亭、栅栏以房屋左边的山墙为原型（彩图见插页）

图11-107 庭院、凉亭、墙壁以房屋前面的窗户图案为原型（彩图见插页）

屋正面窗户设计的影响。庭院的大部分是混凝土的，而在结合处和边缘处要用砖砌，以和房屋的材质相一致。尽管主要的窗户用了大量的木质，而这并不意味着庭院也一定要这样做。重申一点，园林建筑小品完全可以按照一种特定的风格样式来建造，只不过这种风格的表现程度依设计师的感觉和材料的性质而定。高架凉亭是一个简单的结构，它使用凉亭的精确图案和房屋的尖端进行装饰工作。凉棚建于一个形成部分封闭的矮砖墙上，这个可以透过房屋前面的窗户底部看到。

砖可以用来砌筑矮墙供人们休息时坐靠，也可以在右侧砌筑高墙。一个开敞的木制花格架，可为藤蔓的生长提供一个区域，而且可以透过花格观赏外围景色。此外，墙有一定的角度，以与屋顶的形式和角度相一致。

在空间构成阶段，发挥硬质景物的特点使其成为设计的兴奋点。由于地板、墙体、天花板是构成三维空间的构景要素，所以它们的设计细部要与房屋整体相一致，最好的方法是使它们与房屋特点相一致，而不是把它们与景观混杂在一起。

邓肯住宅的初步设计

在回顾了第10章的三个形式构成之后，设计师决定继续做两个初步的方案，图11-108（a、b）基于图10-82的形式，而图11-109（a、b）基于图10-83的形式。在图11-108a和图11-109a所示的初步设计用了较少的色彩，同时在图11-108b和图11-109b所示的初步设计使用了详细的较多的色彩。读者可以比较这两个方案的形式，初步方案已经加入了绿化、栅栏和铺地。

图11-108（a、b），绿化和其他要素在许多地方加强了形式构成的组成。在前院，沿入口步行道的矮灌木和地被植物限定了这个空间，并与草坪区加以区分，而紧邻休息空间栽植观赏性灌木，可以起到强调的作用。这一部分的种植都是围绕现存的一棵糖枫树进行设计的。

此外，沿房屋西墙种植一排遮阴树，以防夏天日晒。车行道东侧的植物种植与前院相呼应，与原有植被相协调，而且还屏蔽了工作存储区域。在后院，沿地界线种植的大量植物构成了视线屏障和空间围合。常绿树种植在右侧，主要是为了遮挡邻居家二层平台的视线和冬季寒冷的西北风。观赏树沿地界线北侧种植，与房屋和室外餐饮区、起居区正对，构成了良好的视觉焦点。起居区外围的栅栏围合增加了空间的私密性。

图11-109（a、b）所示的初步方案，在前院，矮灌木、观赏树和中等尺度的树都被用来限定地平的曲线平面，入口步道两侧的树木较少，保留草坪内的枫树作为视线的交点，而且观赏性植物可用来强调休憩区。在后院，与图11-108（a、b）的设计理念相差无几，只是比较强调弧线的运用，装饰性植物被用来强调弧线的中心，因此处是最容易被看到的地方。

小结

空间构成体现了住宅基地内的三维空间并创造室外空间的围合物。形式构成作为基础，空间构成研究地面等高线、台阶、墙、栅栏、植被、棚架结构，以及其他创建室外空间的建筑特色。总而言之，在景观设计中设计师会安排有经验的人做这些工作。

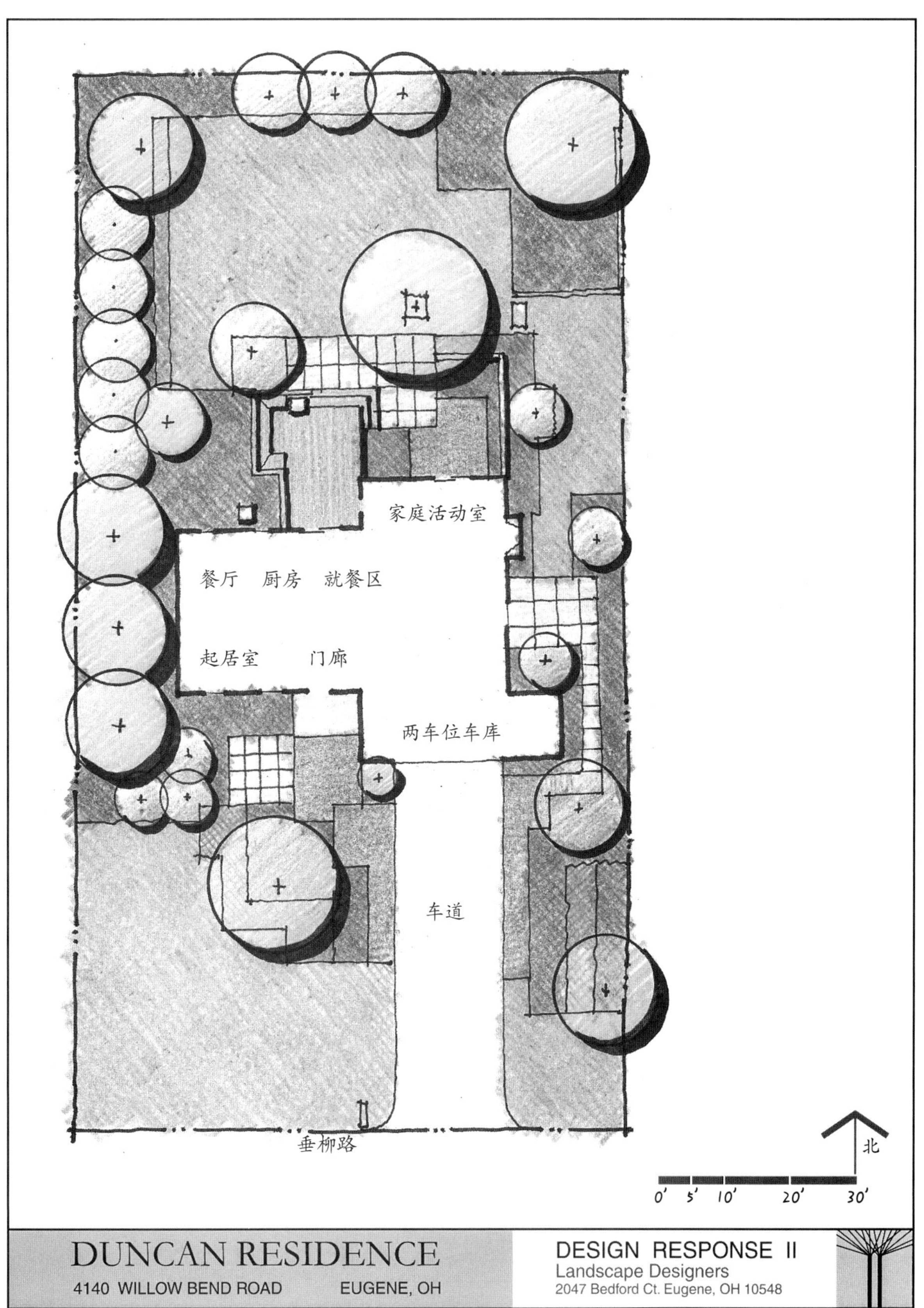

图11-108a 邓肯住宅初步设计平面A（色彩有限）（彩图见插页）

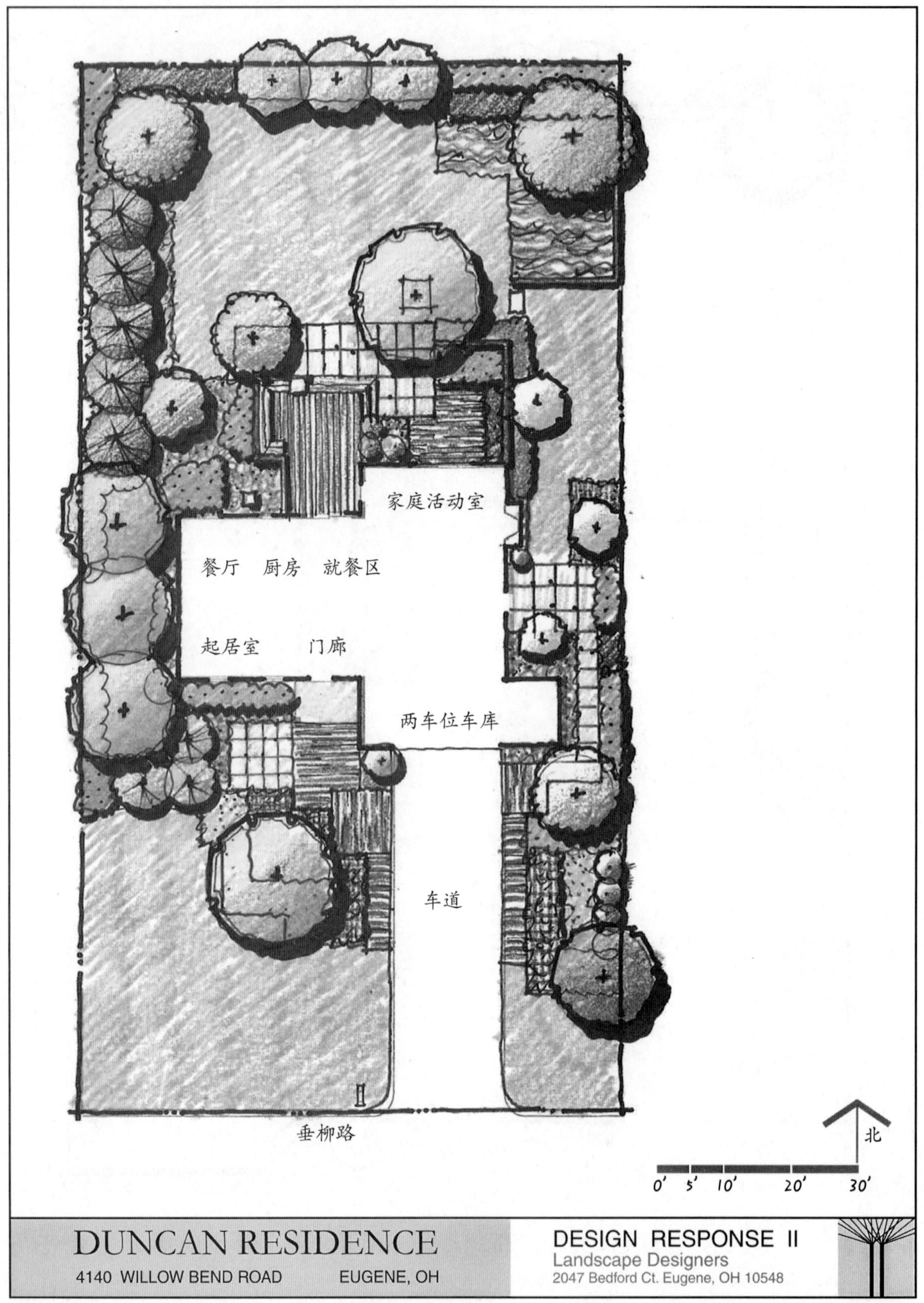

图11-108b　邓肯住宅初步设计平面A（用详细颜色绘制）（彩图见插页）

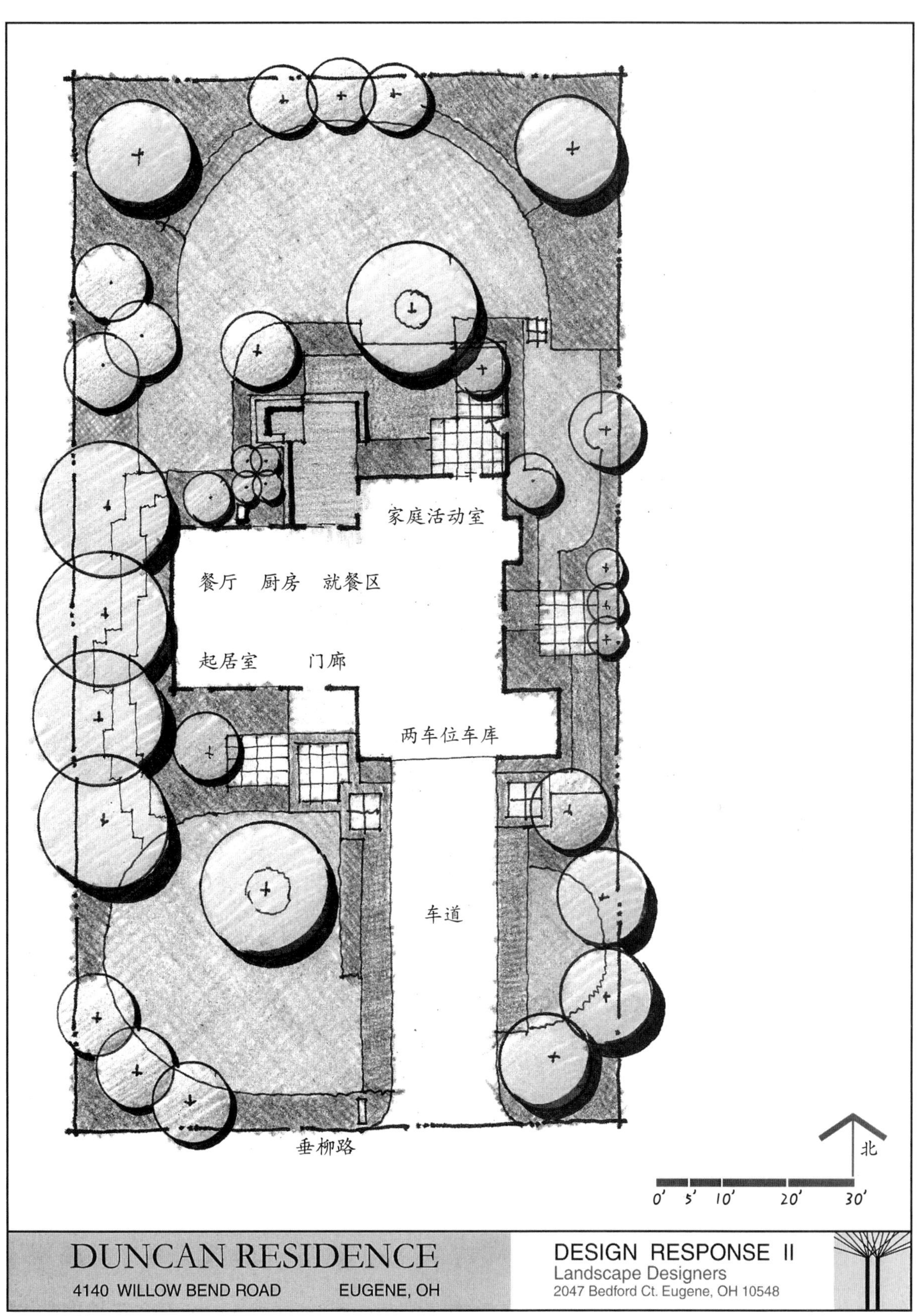

图11-109a 邓肯住宅初步设计平面B（色彩有限）（彩图见插页）

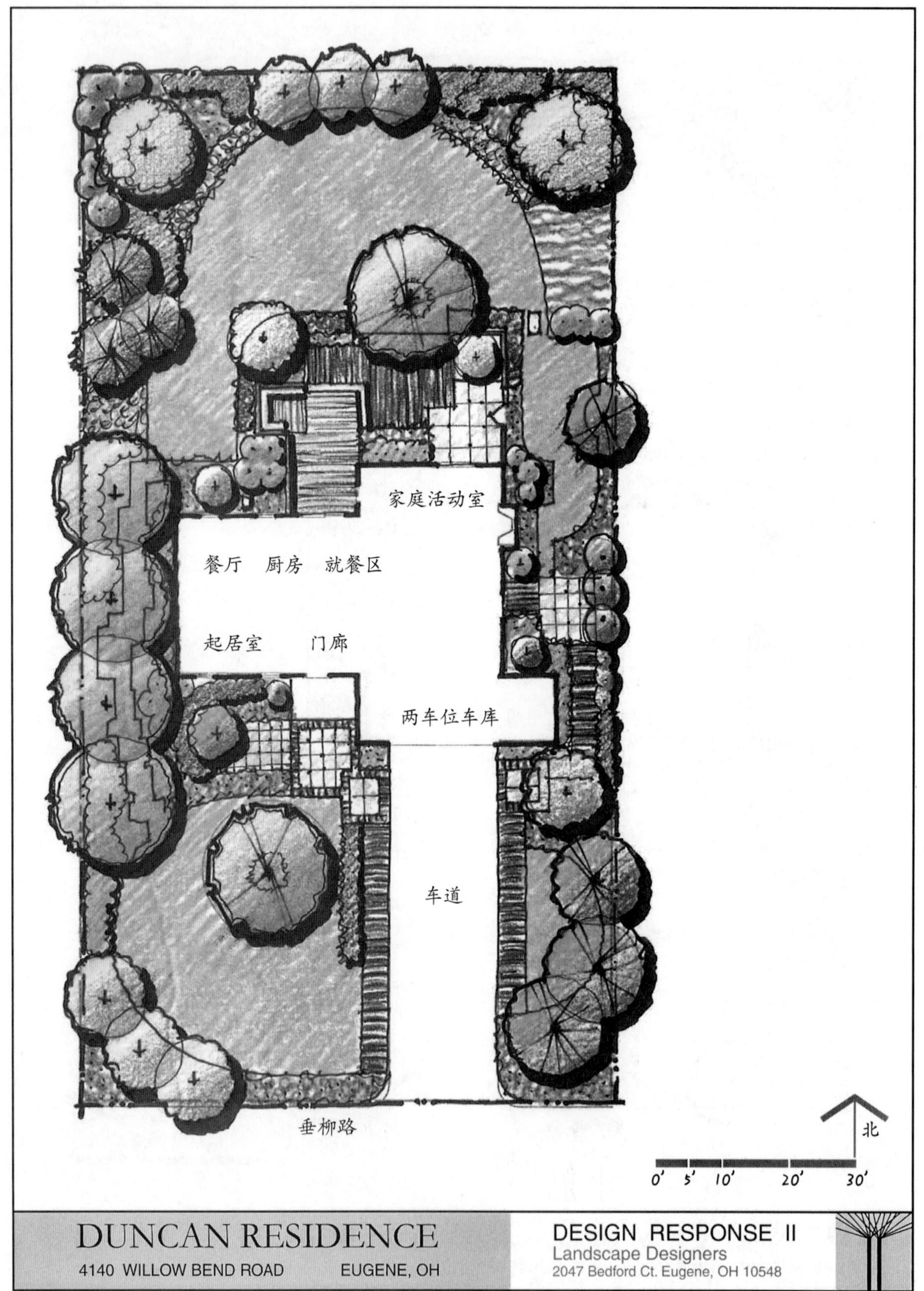

图11-109b 邓肯住宅初步设计平面B（用详细颜色绘制）（彩图见插页）

12 材料构成和总平面

学习目标

通过对本章的学习，读者应该能够了解：

- 在确定选材时，应综合考虑各种因素。
- 了解疏松路面材质，包括砾石和可再生材料的特性及潜在的用途。
- 了解石、混凝土铺路石、瓷砖、砖与木材的特性及潜在的用途。
- 了解黏性材料如混凝土的特性及潜在用途，并为路面图案的构建设立准则。
- 了解石、砖、混凝土预制板、木质及金属在景观小品中的特性及潜在用途，并为景观小品的使用材质设立准则。
- 编制设计的步骤，了解概念设计与总体设计的差别。
- 了解总体规划中图形样式设计，并能领会其表达的意思。

概述

如第9~11章所讲述的那样，初步设计探讨并研究了两个主要问题：第一，通过形式构成和空间构成，建立一个二维和三维的空间框架。地平面上的二维形式和诸如地面、植栽、墙、栅栏以及头顶上方的构筑物之类的三维元素被综合到一起以创造室外空间。第二，初步设计还研究了设计的总体外观及风格。通过选择设计主题，组织不同的设计元素，初步确定材料，共同形成了一种设计的氛围或个性。

但是，初步设计本身也暗示出对这些关键问题所做的决定仅是初步的，所有的设计和概念在得到客户的评价之前都不是最终的结果，因此，客户的反馈是必要的。设计师通常把初步设计阶段视为可以试验各种不同构思的探索阶段。对于那些勇于尝试不同设计方案的设计师来说更是这样。在整个初步设计过程中不需要考虑太多细部。设计师只需大概选择一下材料（用砖还是木头，常绿树还是落叶树等），而不用考虑这些材料的颜色或图案。

更为完整详细的设计决策须在绘制总平面阶段即设计过程的最后一步时做出，总平面的绘制是建立在前面步骤的基础上，向客户提供一个最终的设计，用于指导其住宅基地的营造。总平面是设计师所有努力的总结，有时也是设计师向客户提供服务的结束。而另一些时候，设计师会继续这个项目直到下几个阶段（见第4章）。

这一章给出了几条在总平面中选择构成材料及其图案的参考原则，绘制总平面的过程，以及总平面的图形风格与内容。

材料选择

初步设计中对材料的大概选择和绘制总平面图阶段的进一步详细选择应考虑以下几方面因素：功能、形式、风格/特性、区域气候、可持续性、预算/维护、实用性。此外，还要考虑客户喜好、环境景观与住宅的建筑风格是否协调等方面的因素。

材料的实用性以及地域性非常重要。材料的选择不应该只根据设计师的个人喜好或是从当地的供应商那里直接拿来，对于任何给定的元素或区域而言，应从丰富的材料知识中仔细研究合适的材料。

功能

在选取路面、立面、架空层适当材质的过程中，大部分需要考虑何时使用、如何使用以及材料使用时间的长短这三方面的因素，更具体的因素包括：材料的实际用途、材料是否接触地面、材料所处环境的日照强度、风力等级以及降雨量。

形式

所有元素的形式（尤其是路面形式）对材料的选择会产生直接的影响。一般来讲，模块化以及自身形状为长方形的单位材料能创造出更好的长方形形式。反之，易于弯曲形成流动边缘的松散/柔韧的材料能够更好地划定曲线形状。

风格/特性

在选择材料前，应考虑房屋及其环境景观的风格。举例子来讲，砾石、粗切石、自然风化的木头适宜营造充满乡土气息粗犷的乡村景观；相反，砖、砌石、金属材质易于营造光鲜的城市环境。

区域气候

日照强度、频率、时间、降雨量、霜冻甚至风力对于材料的选择均有直接影响。在温暖气候区使用的材料一般不能在温差较大、霜冻较多、积雪严重的寒冷气候区使用。相同的道理，黑色材料可能适宜在寒冷地区使用，黑色易于吸热却不易反射热量，正是由于这个原因，在温暖的地区并不适宜使用黑色的材料。还有一些材料受天气的影响较大，降雨多的地区最好选用防滑性较好的材料。

可持续性

正如第3章中所讨论的，每一个设计方案都应考虑其对环境的影响，并应试图最小化地占用土地，一些材料除需要开采稀有资源之外，材料的制造场地距离使用场地也较远；还有一些材料是回收以前使用的材料，或者是来自当地的材料。此外，有毒性与需要长期维护的材料在使用的时候需慎重考虑。

预算/维护

客户的预算在景观设计的选材上是关键的影响因素之一。如果客户的预算较为紧张，设计师希望使用昂贵的材料或者设计精致的图案和严格的施工方法是件天方夜谭的事情，此外，没有客户愿意花不必要的钱，因此，根据需要应选择那些成本相对较低的材料。

实用性

考虑到预算以及可持续性，景观设计时，最好选用当地的或者是易于获得的材料。然而，在某些情况下，若已经获得户外空间认证权，为了塑造独特的空间，这时可以考虑使用独特的材质以及先进的安装技术来达到特别的效果。

铺地材料

下面将对住宅基地中常用的几种材料作一个简要的概括。着重介绍铺地材料的外观与设计特点，暂不讨论其构造上的技术（对于这方面的信息，读者需查阅其他资料）。根据景观设计中铺地材料的物质特性可分为以下几类：①疏松材料；②块状材料；③黏性材料。

疏松材料

疏松材料又称显微疏松材料（如沙砾或碎石），是指那些并不通过黏合剂固定或彼此黏结的材料。但是疏松材料必须铺在拟定的区域范围内，最常见的疏松材料包括砾石和各种再生材料。

砾石。砾石的面积为一块小石头的1/4～3/4（图12-1），常见的有河岸砾石和豌豆砾石（以豌豆大小命名），这两种类型的砾石都是圆形的，彼此间移动较为方便，因此，当用脚轻微地踩砾石时，往往会伴有独特的“吱嘎”声。砾石的色彩较多，包括黑色、灰色、浅黄色、金黄色、红

图12-1 典型的砾石尺寸（彩图见插页）

色、米白，较大的色差范围增强了砾石质感的吸引力。有的砾石不仅仅包括一种颜色，同时混合有多种颜色，构成了砾石斑驳的外观，甚为漂亮。

砾石作为景观路面有以下几个作用：

- 营造犹如花园小径或密林幽径，随意自然的特性景观区域。
- 构成次级道路或存在于不常使用的空间。砾石不适宜在其上行走，也不宜运行推轮式的物体，因而，在经常使用的空间与路径，不宜使用砾石材料。
- 用来营造曲线、曲面或者不规则形状的地区，因为砾石没有预定的形状，所以极易塑造各种类型的地面形式（图12-2）。

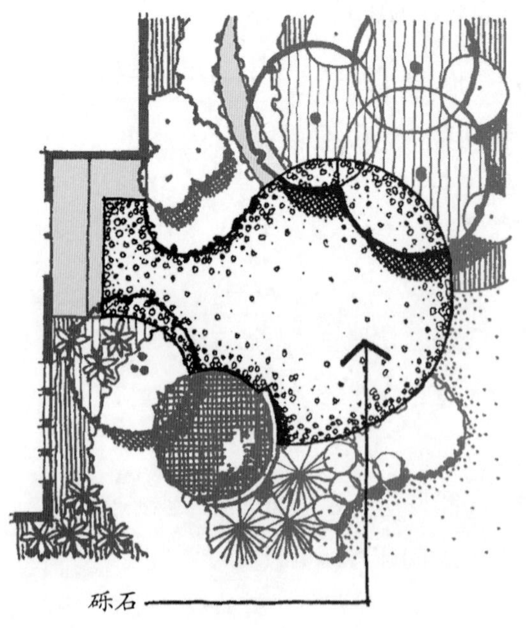

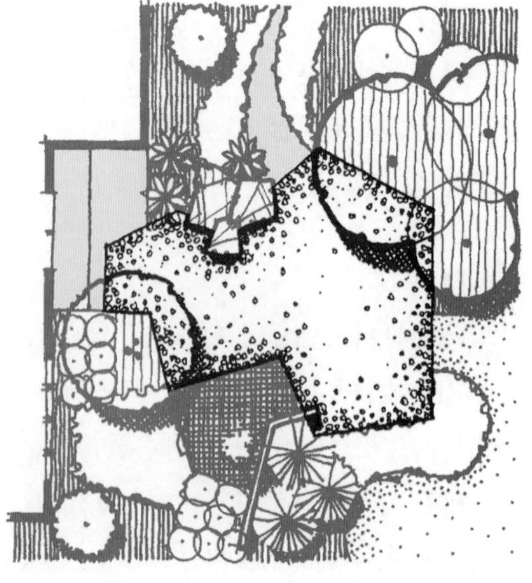

图12-2 砾石可用于界定弯曲与不规则的路面铺装

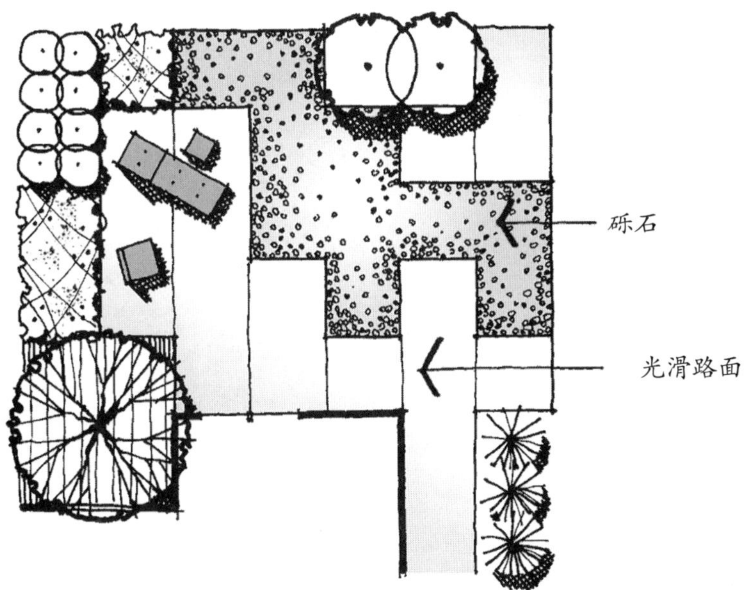

图12-3 砾石路面与光滑路面纹理形成对比

- 塑造吸引力强、柔软质地的路面。
- 形成光滑路面材料与凸起路面材料纹理的对比（图12-3）。
- 适宜在干旱气候以及植物不宜生长的区域铺装道路。
- 形成透水性较强的路面。砾石是可持续景观与水资源回收利用的理想材料，它可以最大限度地减少地表径流（详见第3章）。

松散特性的砾石也存在潜在的不利因素，在以下情况下不宜使用：

- 积雪道路。
- 维护成本低的道路。
- 砾石极易被踢到或者无意间带到临近的景观区域，因此砾石路需要额外的保养。

设计时使用砾石的原则是：若路面的边缘为金属或塑料材质时，砾石材质就不能单独使用，应与木质或其他的路面铺装材料混合使用（图12-4，图12-5）。砾石是无固定形状的材料，存在模糊的边界，如若没有

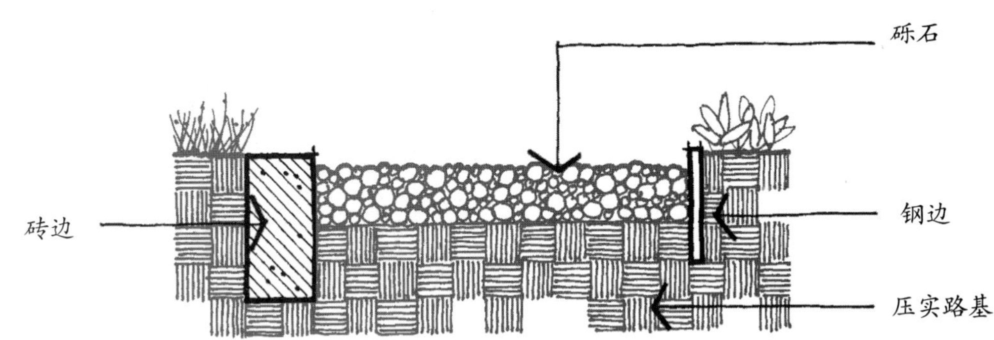

图12-4 在其边缘处需要铺设砾石

图12-5 路面砖包边的砾石路面（彩图见插页）

设定的边缘，就极易与周边区域相融合。

可再生材料。有几种类似砾石积聚形态的可再生材料，其中最引人注目的是可再生的玻璃碎片。废弃材料回收利用促进了该材料的推广，在过去的5年里已经形成了一种相对较新的路面材料。首先由玻璃瓶及其他废弃的玻璃产品回收获得玻璃碎片，随后将其震动研磨至微圆的锯齿形边缘碎片，最后形成平角、大小不等，其变化范围为1/8～1/2英寸的玻璃材质。通常会在较小范围的路面内使用玻璃材料（图12-6）。与传统的路面材料相比，玻璃材质的独特之处在于，除了可以塑造透明的效果外，还可以营造明亮鲜艳的色彩效果。回收玻璃以及其他可再生材料的局限性与砾石相似。

回收玻璃作为一种特殊可再生材料，在景观设计时可用于以下几个方面：

- 营造在阳光照耀下闪烁的明亮色彩区域。与砾石一样，玻璃的颜色可以是统一的也可以是多种色彩的混合。
- 随着太阳高度角的变化，产生各个角度动态的、闪烁的外观。
- 与常见的铺装材料形成对比。

图12-6 可回收玻璃（彩图见插页）

图12-7 陶瓷碎片作为路面材料（彩图见插页）

- 用于营造具有现代化的景观特性，并且与炎热、干旱气候相兼容，其明亮色彩与景观环境易于共融的区域。
- 与砾石类似，构建透水性较好的路面。

其他可用于铺装路面的可再生材料有陶瓷碎片以及来自轮胎的橡胶。破碎的陶罐会形成一个角度，不规则的形状尺寸取决于破碎部分的尺寸。铺装有陶瓷碎片的步行道呈现出深红色的独特纹理（图12-7）。地面橡胶、粒状生胶的尺寸一般从1/18至1/8英寸不等，其颜色常见的为黑色，制造商根据购买者需要也可生产出暗棕色、砖红色及其他颜色的橡胶材质。粒状生胶可以像砾石那样当作疏松材料来使用，从而形成柔软而富有弹性的表面，在举行比赛的区域可以形成一个安全缓冲区。

块状材料

块状材料是指那些以固定大小和形状生产的材料，例如石头、砖、瓦片、混凝土铺地板或木头。一般来说，块状材料比疏松材料或黏合材料更昂贵，因为它们需要更多劳力去开采、生产和铺装。

石材路面。石材是一种包含广泛类型与形状的铺装材料，石材的来源及其用途决定了石头的形状。散石、毛石、河石是常见的石材类型，这些类型的石材有众多的形状、颜色，其用途如下所述。

任何不规则形状的石头均可称为散石，散石随机分布在地球的表面，因此，无需刻意地去寻找它们。因为其来源的不同，散石可能会有锋利的角度，也有可能较为圆润。

散石以典型的原始形状被使用，应用于以下景观设计：

- 由大小随机、形状不一、纹理起伏的散石营造一个具有自然的、高低起伏特性的铺地路面。有些散石有显著的化石痕迹，并且嵌入式地积聚形成了不稳定的颜色脉络（图12-8）。

图12-8 具有吸引力的不规则的散石色彩（彩图见插页）

•用于定义次要道路或者不经常使用的空间（图12-9）。散石的不规则形状使得跨越其表面存在潜在的困难，尤其是对于行动不便的人，其难度更大。此外，散石无法为户外小品的设置提供平坦的表面。

•在接缝处利用沙砾、草坪、阶梯式地被填充物等方式进行处理，营造一个视觉破碎的表面（图12-10）。由于散石本身具有不规则性，同时将这些奇形怪状的石材拼贴在一起，则易于形成一个支离破碎的路面，而不是连续的路面，可起到意想不到的美观效果。

•在纹理与形状方面与统一的、光滑的路面材料形成鲜明对比。

采石，顾名思义，是指通过采矿的过程，将地球表面的石块切割成所需要的大小与形状所形成的石头。采石外观变化的差异，主要取决于石材的地质来源以及石材的加工过程。

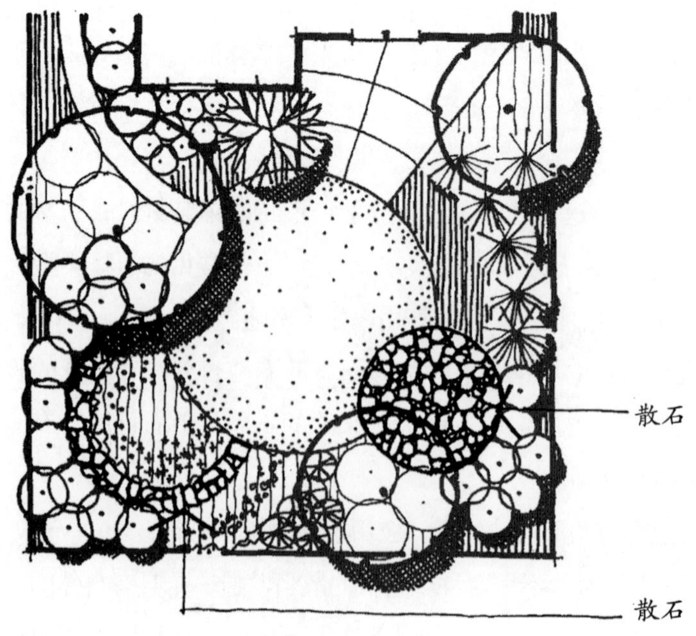

图12-9 散石最好用于非主要区域

图12-10 利用散石创造破碎的路面（彩图见插页）

旗石是最常见的采石类型之一，其特征是相对较薄的石板或“旗帜”，通常厚度为1/2～1英寸。与散石不同，旗石可以被切割成不规则形、多边形或者矩形的形状（图12-11）。个别旗石的尺寸波动由 1 英尺或不到 1 英尺跨度到 3 英尺，大于 3 英尺的旗石不太常见。典型的旗石颜色变化由灰色到类似石灰岩的黄色，在蓝色（常称青石）、淡黄色、淡红色、或褐色的背面，会存在一些较为微妙的灰色差距（图12-12）。旗石要比散石的价钱贵得多。

旗石适用于以下情况：

- 构建平滑的表面，同时暗示精致的永恒以及与自然的联系。
- 创建一个在色调与色彩上存在微妙变化的暗灰色表面。
- 在形状与特色方面与单一的路面形式（如混凝土预制路面）形成对比（图12-13）。
- 依据石材的形状及组织形式来构建定向的或者静态的图案模式（图12-14）。
- 与散石相似，在接缝处利用沙砾、草坪、阶梯式的填充物等方式进行处理，营造一个视觉破碎的表面，若石头彼此间紧挨或者用灰泥进行结合，则会形成连续的界面。

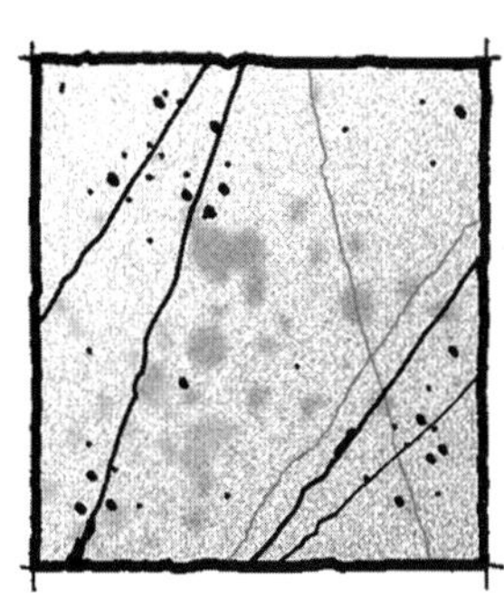

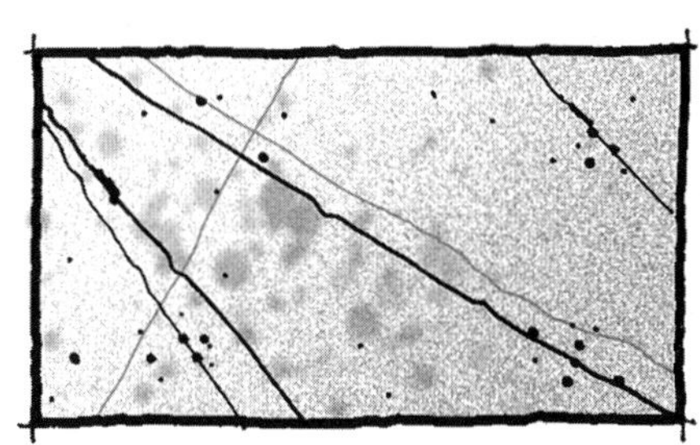

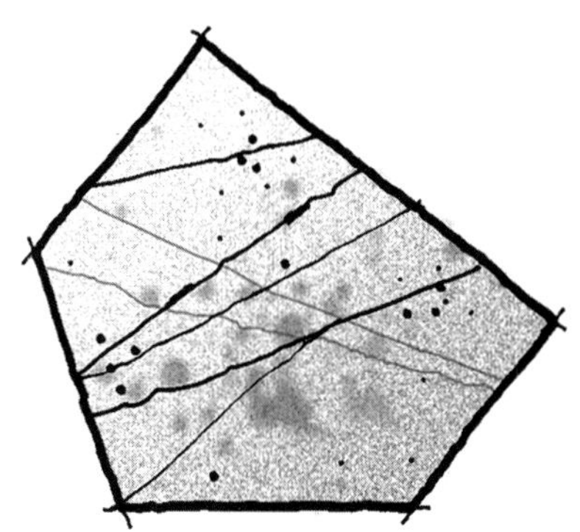

图12-11 典型的旗石形状

图12-12 典型的旗石颜色（彩图见插页）

图12-13 旗石与比邻光滑路面的对比（彩图见插页）

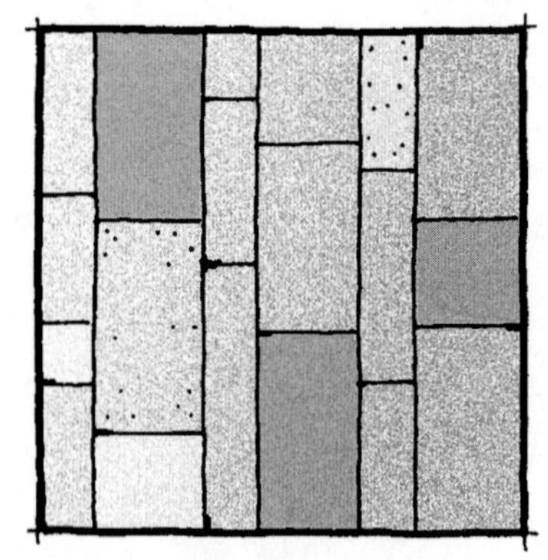

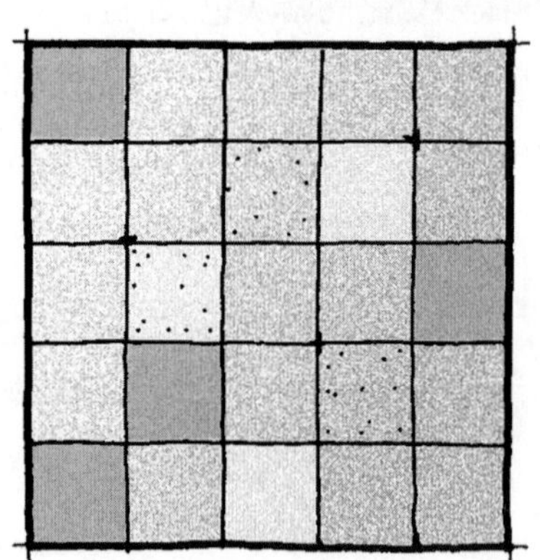

图12-14 旗石图案

同时存在其他类型的采石。石灰石、石灰华以及石英石被切割成精确的长方形与正方形的形状，常常被称为切石。其颜色的变化范围虽然较广，但是比较典型的颜色有黄色、暖黄色、玫瑰红（图12-15）。通常通过打磨或者轻微抛光，会使得这些石头呈现出较为精致的外观。切石因其价格较为昂贵，所以销售对象通常为预算较为充裕的客户，精确的切石一般用于以下情况：

图12-15 切石微妙的色彩变化（彩图见插页）

- 营造雅致平滑的路面，极具吸引力的颜色脉络从侧面强调了路面的雅致。
- 烘托出精致以及严谨的设计风格。
- 与矩形铺装区在视觉上相兼容。

另一种形式的切石称为磨砂石。这类石头的形状多为矩形，通常比旗石要厚一些，稍显粗糙以及不规则的边缘为其显著特性（图12-16）。尽管花费较大，一些磨砂石路面类似于水泥铺地，仍受到部分客户的青睐。常用于以下情形：

- 烘托铺装路面的悠久及仿古外观。
- 因其相对粗糙的表面，易于界定路面边缘。
- 形成矩形或者圆形的图案模式。

河卵石多呈圆形，这与其所受到的上千年之久的流水压力有关，我们在河床或者湖边就可以找到它们，因而又常被称为“河洗”。作为路面材料的河卵石其标准的尺寸为1～2英寸，一些用于景观设计中大尺寸的河卵石也可以找到。通常呈黑色、灰色、棕褐色、小麦黄以及白色（图12-17）。大多数河卵石具有统一的色彩，还有一些拥有不同颜色的斑点和斑驳条纹的外观。河卵石适用于以下的路面铺装：

- 圆形的石头凸出路面，提供较为明显的凸凹质感（图12-18）。

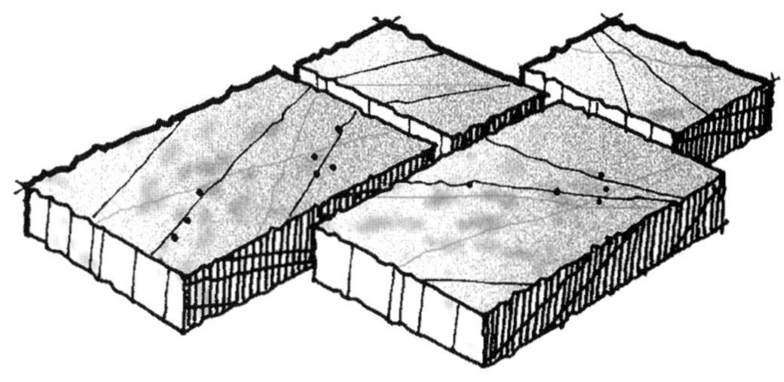

图12-16 外观破碎的磨砂石

图12-17 各种各样的河卵石（彩图见插页）

图12-18 极具吸引力的河卵石纹理（彩图见插页）

• 与光滑的路面质感形成对比，可以形成一个装饰性的路面。

• 在某一区域减缓行驶速度，因其难以在河卵石表面通行，因而在通过的时候较为容易减速。

• 限定非步行区。河卵石可以用来阻碍使用某一空间，或作为引导沿着流畅路面行驶的标识（图12-19）。

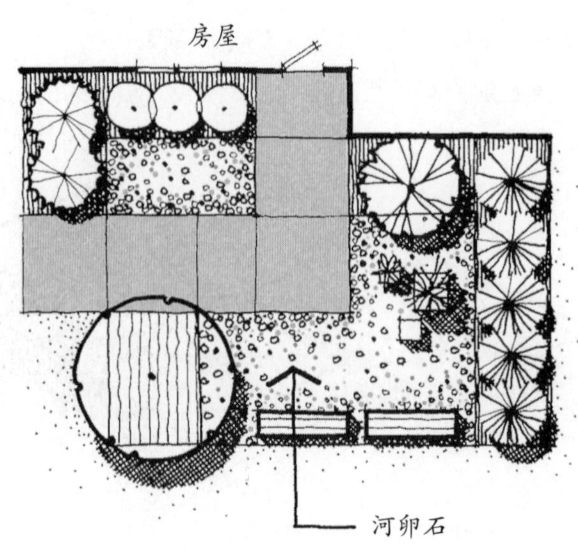

图12-19 用河卵石定义非通行道路表面

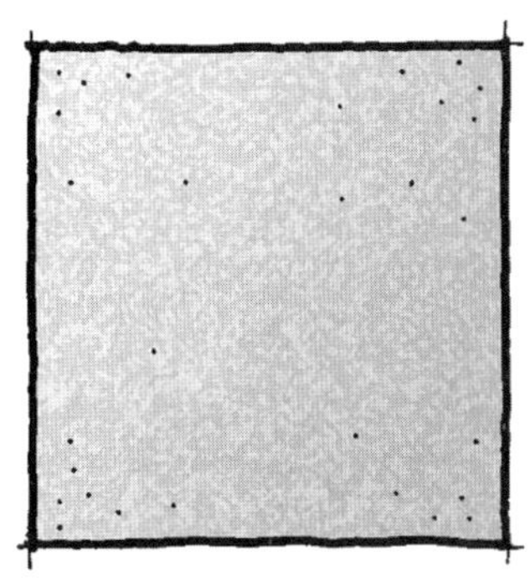
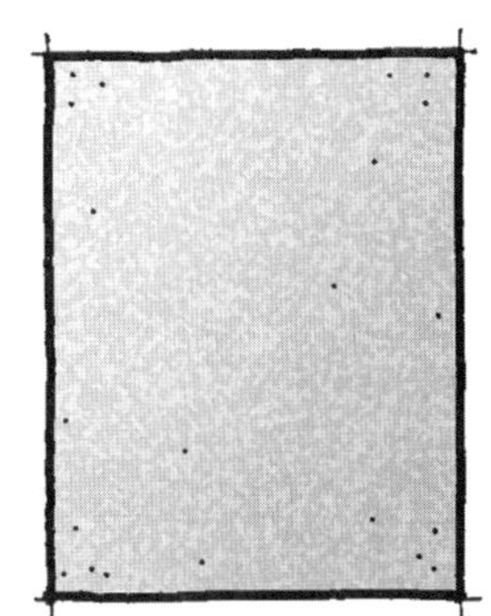
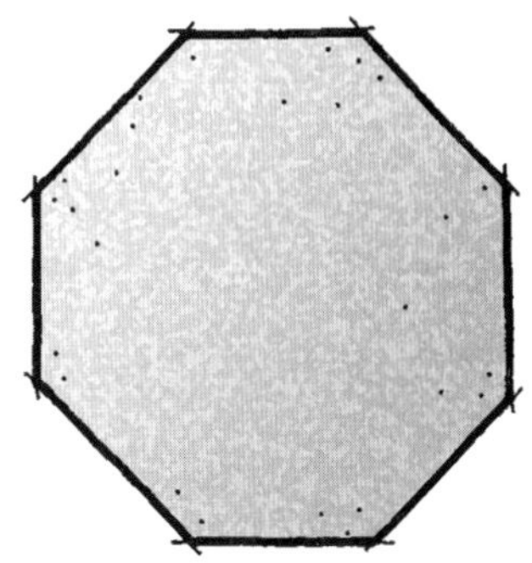

图12-20 预制混凝土示例

预制混凝土。预制混凝土路面除需要装配式组合外，其他方面与切石较为类似，预制的意思即是在生产车间，利用模具进行混凝土浇筑、冷却，最终形成单位路面材料进行出售。大多数预制混凝土呈现灰色的正方形及长方形（图12-20），其他形状（八角形）及颜色在市面上也能见到。大多数预制混凝土的尺寸模数为1～2英尺，其价格和尺寸与形状相似的切石相比，要稍微便宜一些，因为预制混凝土可以大批量生产。

正方形以及长方形预制混凝土板适用于以下情形：

- 用较少的钱营造出类似切石的表面，对于精打细算的客户来讲，预制混凝土是不错的选择。
- 以不同色彩的混凝土模块为基础，创造出独特模式（图12-21）。

图12-21 预制混凝土组件混合而成的不同颜色（彩图见插页）

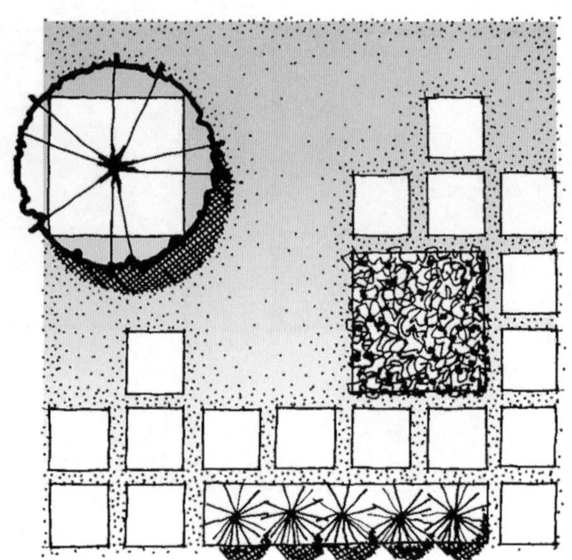

图12-22 由植被分隔预制混凝土组件形成的狭小空间

• 倘若在两板相接处紧密抹泥灰或者在接缝处利用沙砾、草坪以及适用于阶梯路面的覆盖物进行填充，则利于创造连续的界面（图12-22）。

• 创造透水性较强的路面，在接缝处用ASTM（美国国际材料与试验协会）#8或者ASTM#9的沙砾或草坪填充。

预制混凝土块看起来类似旗石。这种砖块也是利用模具制造出来的，类似将较多的石块一个紧挨一个用石灰黏在一起，形成一个单元（图12-23），该单元的形状较为适用于与其他的形式一起构成另一个模块，用来铺设路面。当你第一眼看到这种路面时，认为是由不同的石头构成的，若仔细观察就会发现路面材质的重复性，这是一种较为有效的、符合效益成本的替

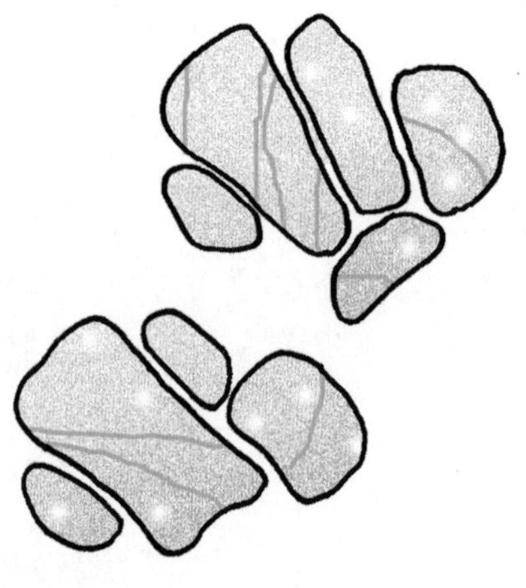

样本单元

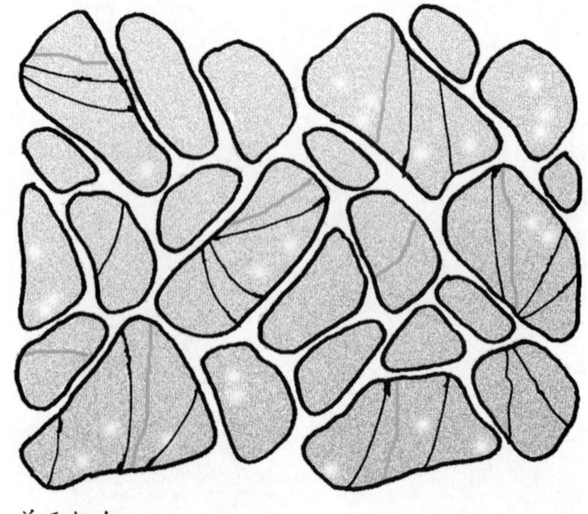

单元组合

图12-23 预制混凝土组件形成的石板外观

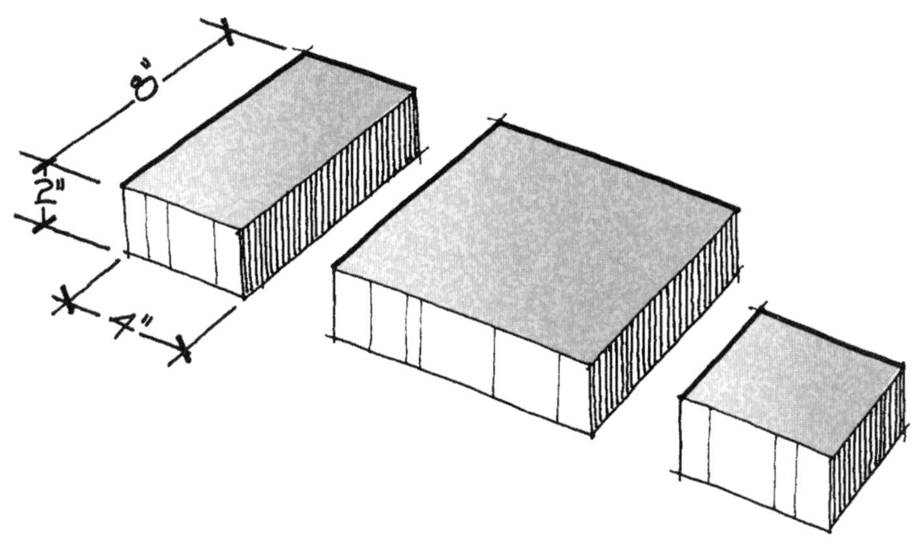

图12-24 混凝土路面砖典型的形状与尺寸

代方式。这种形式的混凝土预制板与散石有着类似的功用，但在模块单元的接缝处，预制混凝土板可以形成较为统一的密实路面。

混凝土路面砖。混凝土路面砖是另一种形式的预制铺装材料，有着较为广泛的潜在的形状及色彩变化范围。混凝土路面砖是小区景观设计中广泛使用的路面铺装材料之一。最常见的是2英寸×4英寸×8英寸的混凝土路面砖块，此外，混凝土路面砖有矩形、正方形、八角形以及其他形状，易于组合成模块单元（图12-24）。一些路面砖有清晰的定义形式，还有一些有凸凹粗糙的边缘，潜在的颜色范围由砖红色到各种色调的灰色、浅黄色、棕褐色及棕色（图12-25）。每个制造商都有自己的调色板，因此需要事先与他们联系，以便确定需要的颜色。

混凝土砖的另外一个功能是将彼此相互连接在一起。许多混凝土路面砖与砖类似，单位简单、拥有平坦侧面的形式，适于与另外一个相邻的直边进行融合。然而只有与相邻统一形状的路面砖单元进行组合才可以构建

图12-25 预制混凝土样本（彩图见插页）

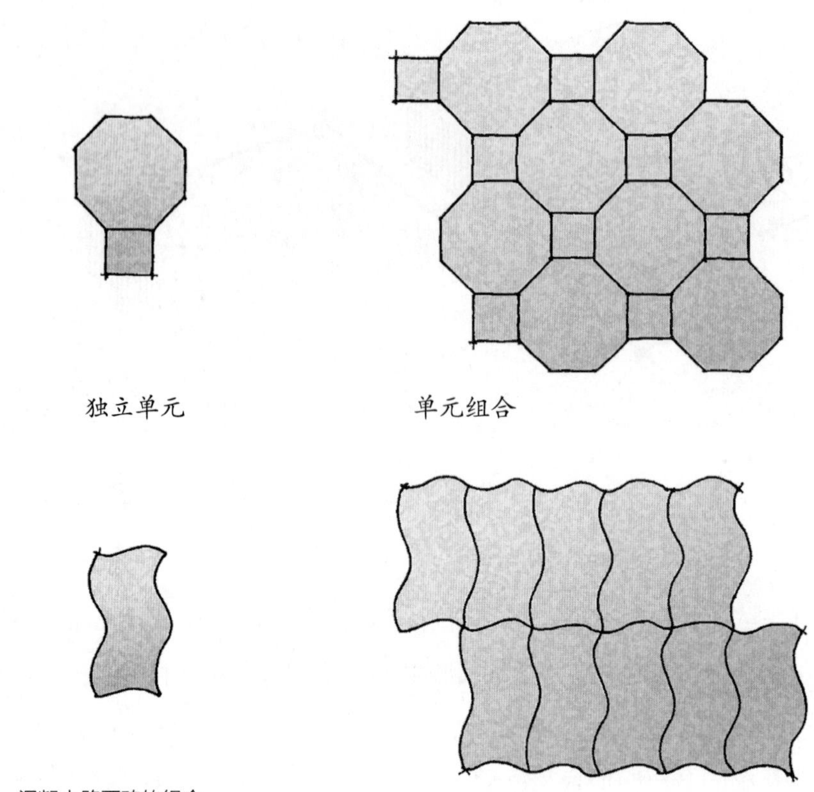

图12-26 混凝土路面砖的组合

出较为清晰的轮廓线（图12-26）。这些环环相扣的单元，表面上看起来是独立的个体，实际上却是一个完整的单元个体。混凝土路面砖的优势在于可以形成结构感较为强烈的路面形式，与众多单元构成的路面相比，它可以承受更多的重量压力。

混凝土路面砖的一个特性是透水性。由于制造商的不同，会有不同的透水形式，有些在一个角落里砌孔，还有一些沿其侧面会有较小的凸起存在（图12-27）。当聚合在一起的时候，就会在彼此间存在空隙，这时就

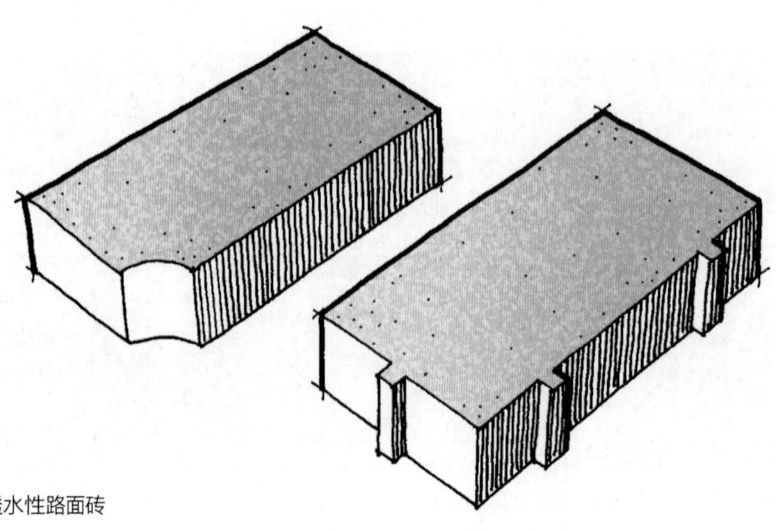

图12-27 透水性路面砖

图12-28 用砾石填充的透水性混凝土预制板

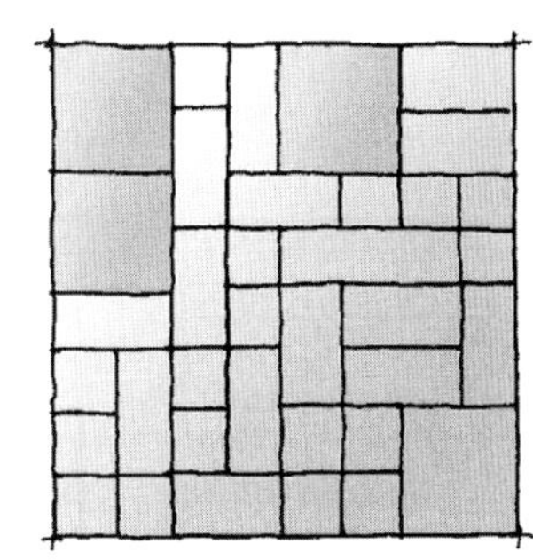

图12-29 混凝土路面砖图案样本

需要在接缝处填充ASTM#8 或ASTM#9 沙砾，从而使得雨水渗透到土壤里（图12-28）。

所有的混凝土路面砖都有一个较为明显的特性，即存在多元化的模式，这些模式是生产线根据由工程师制定的设计标准制造出来的（图12-29）。一些是模拟砖的形式，还有一些在形状与表面质感上与石头较为类似。此外，在同一路面上，通常会结合不同的形状与颜色进行设计。通过精心地挑选合适的颜色及精细地切割出所需的尺寸与形状，这些路面砖可以用来创建字母、标识。

混凝土路面砖适用于以下情形：

- 提供一种多用的路面，步行道、入口处、露台、工作区、车道等处均可使用混凝土路面砖。
- 利用较低的成本，模拟传统的砖以及石头模式。
- 用不同的形状及颜色构建显著的路面铺装模式。混凝土路面砖可以创造其他材质无法实现的多种模式（图12-30）。
- 适合各种形状的路面。与长方形砖块一样，混凝土路面砖适用于长方形区域，也可以使用切砖机将其切割成适用于各种路面边缘的形状。
- 与一些路面材料一起或者由ASTM#8或者ASTM#9沙砾分割单元块，

图12-30 用混凝土路面砖构建的独特铺装图案（彩图见插页）

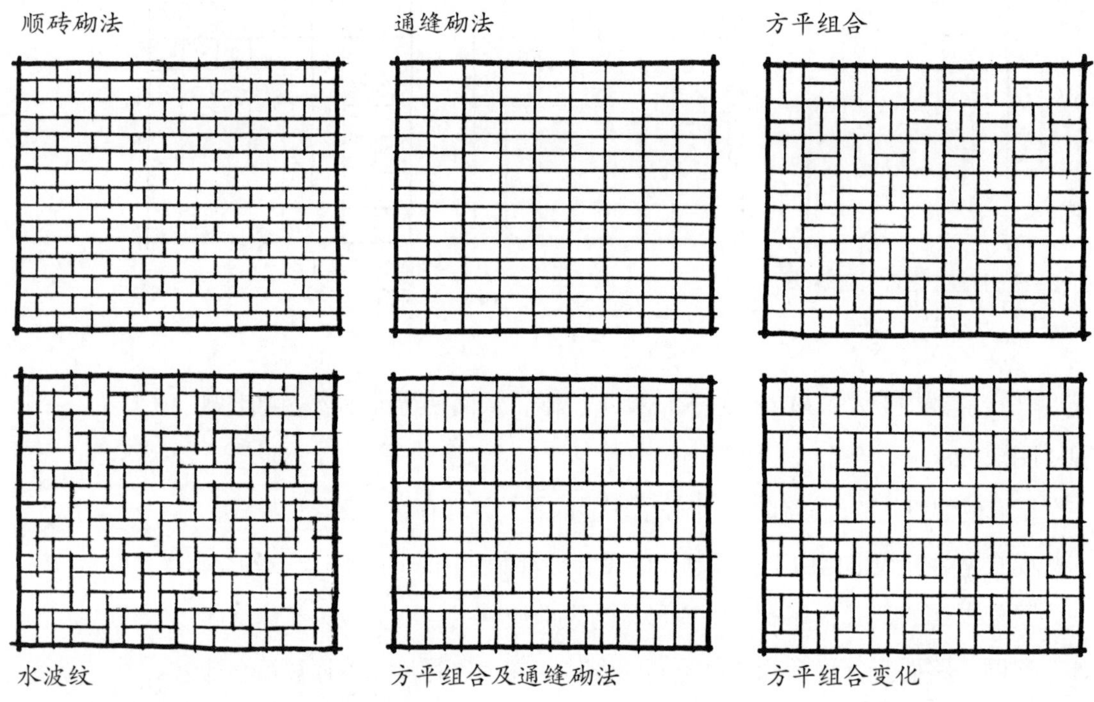

图12-31 砖路面常见的模式

形成具有透水性的路面。

砖路面。砖又称黏土铺路砖，是成单位的路面铺装材料，其制作过程是将液态的黏土浇筑到模具内，然后在较高的温度下烧制成永久的形式。砖作为路面材料已有数世纪之久，最常见的尺寸为（2～1/4）英寸×4英寸×8英寸，这种传统的尺寸可以组装成一系列的形式，如定向形式及静态形式（图12-31，图12-32）。砖常见的颜色为暗橙色，较暗或较亮的灰色以及棕色的色调变化也可以见到。

砖作为景观路面材质常用于以下情形：

- 在热情、友好的环境中，构建具有吸引力的颜色与质感空间。

图12-32 砖图案样本（彩图见插页）

●显示历史的厚重感。由于在过去的几个世纪里砖是最常用的建筑材质，因此砖意味着传统、古色古香的特质。

●在视觉上使得路面与建筑统一起来。

●与冷色调的材质（如混凝土与旗石），形成视觉上的对比。

适当的设计与安装，砖应该：

●包含金属或者塑料材质的边缘、石头和砖块用砂浆砌合的地方、经加压处理的木质路面以及其他的一些路面，都应使用铺路砖。

●被放置在长方形或者圆形路面区域，要尽量减少安装与切割砖的费用，不规则或曲面边缘会造成砖的切割（图12-33，图12-34）。尽管可以通过切割的方式来铺装任何形式的路面，但为此所付出的花费也较大。

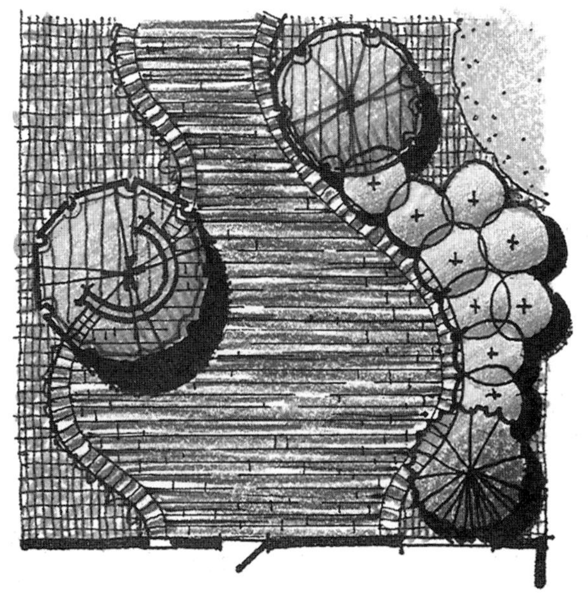

图12-33 砖最适用于无需切割的区域（彩图见插页）

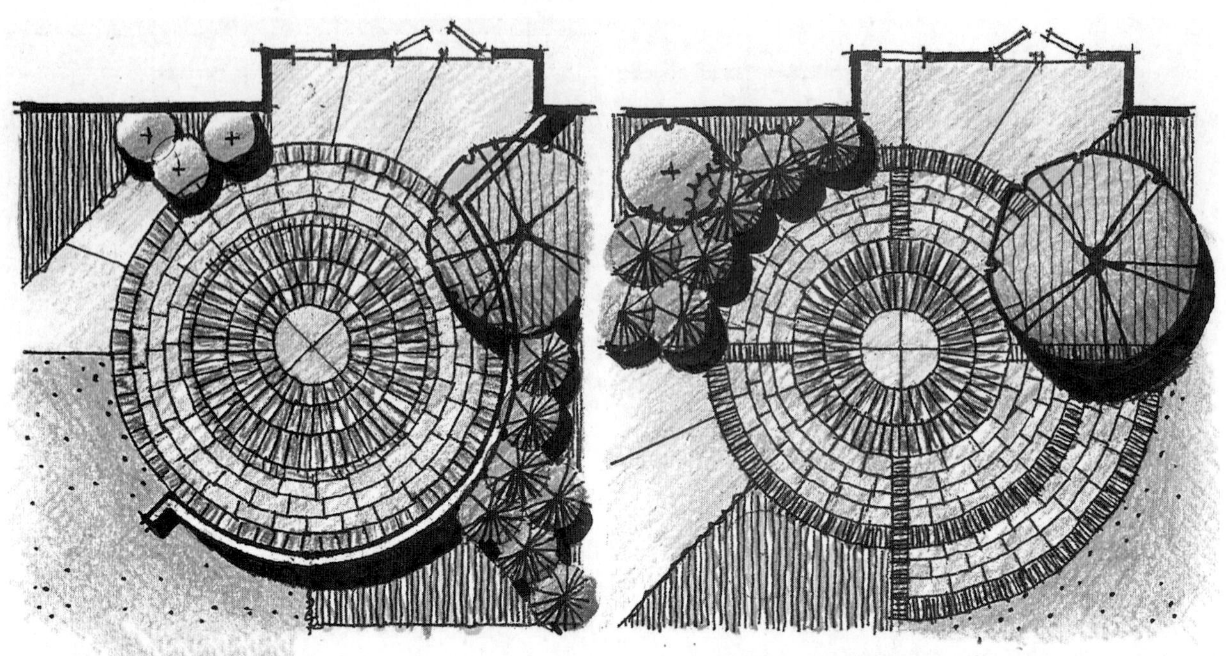

利用同心圆的砖图案　　利用同心圆和延伸半径的砖图案

图12-34　圆形区域砖的铺装图案（彩图见插页）

瓷砖。瓷砖是另一种路面砖的形式，其制作过程与砖类似，然而瓷砖比砖要薄，因此无法承受霜冻，在寒冷的气候带是禁止使用的，只适用于温暖气候地区。瓷砖的尺度跨越较大，从几英寸到18英寸。瓷砖的颜色变化由土色到玻璃色。由于其超薄的尺寸，瓷砖通常铺在混凝土基础的表面作为装饰。

瓷砖适用于以下情形：

- 形成地中海的设计风格（图12-35）。
- 营造优雅、光滑的路面。
- 创建混合颜色及混合形状的精致模式。
- 提供鲜明突出色彩的玻璃质感。

图12-35　瓷砖营造出地中海风情特色（彩图见插页）

木材。木材是另一种常见的块状路面铺装材料，同时是极具灵活性的模块化材质，具有潜在的使用价值。路面材料的标准尺寸为2英寸×2英寸、2英寸×4英寸、2英寸×6英寸、2英寸×8英寸，等等。尽管木材可以被切割或结合成众多多变的模式，但2英寸×4英寸与2英寸×6英寸在路面铺装时仍是常用的尺寸（图12-36），木材具有极具吸引力的自然色彩与质感，可以涂染成各种颜色，进而增加其功能的多样性。

木材的另一个优点是它几乎可以随时在任何地理位置上使用。然而，在选择木材时，应注意到木材被切割和研磨的地方。理想情况下，项目指定的木材应该来自本地。如果不可行的话，应该从最接近的区域获取。应避免从外国进口木材，特别是南美洲的木材。从长远角度考虑，应该发展可持续林业，以保证木材的获得。

木材与其他的块状材质不同，它是一种有机的材质，随着时间的推移，经受风化可以被分解。作为路面材料的木材常被灌入化学物质，进而来延长其使用寿命，称为压力处理的木材。一些木材如雪松及红木木材拥有自然的化学物质，可延缓其分解的速度，虽然价格有些贵，但仍然是极好的路面铺装材料。为了进一步延长其景观寿命，木材应尽量在不与地面

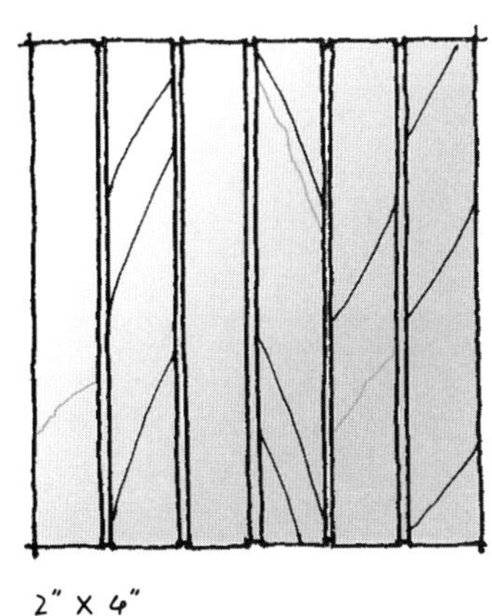

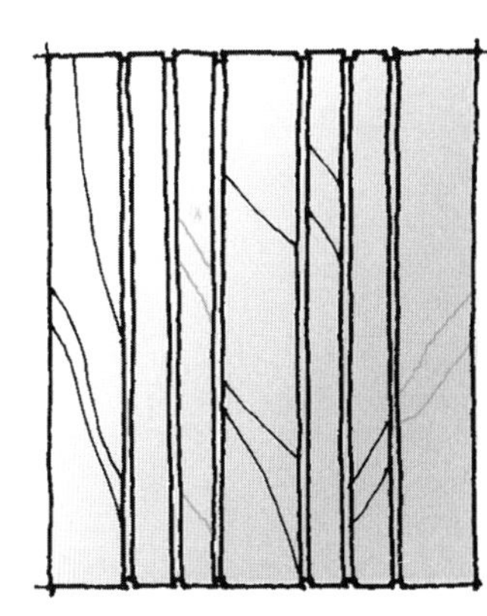

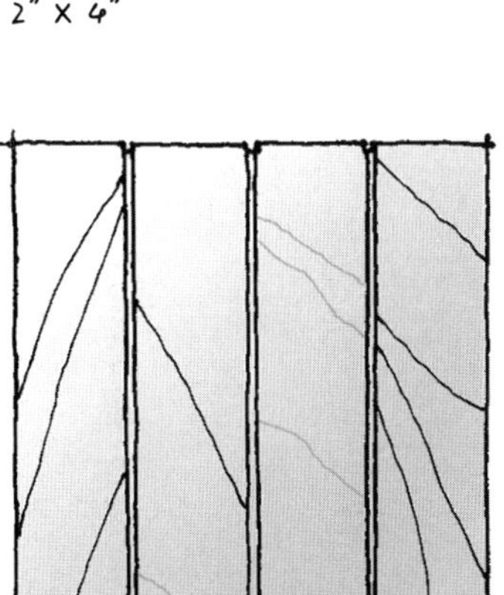

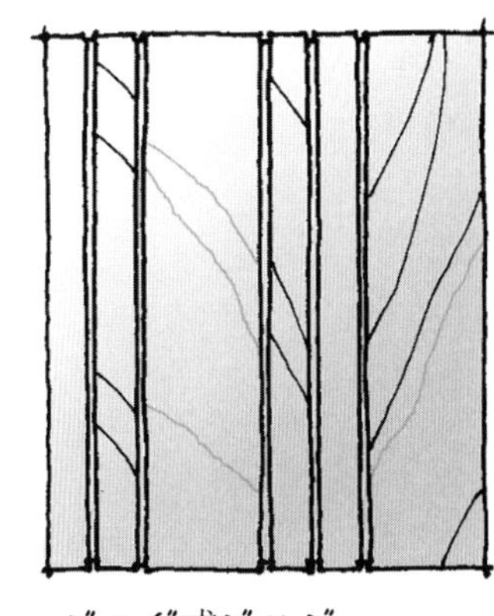

图12-36 由标准尺寸构成的可能图案

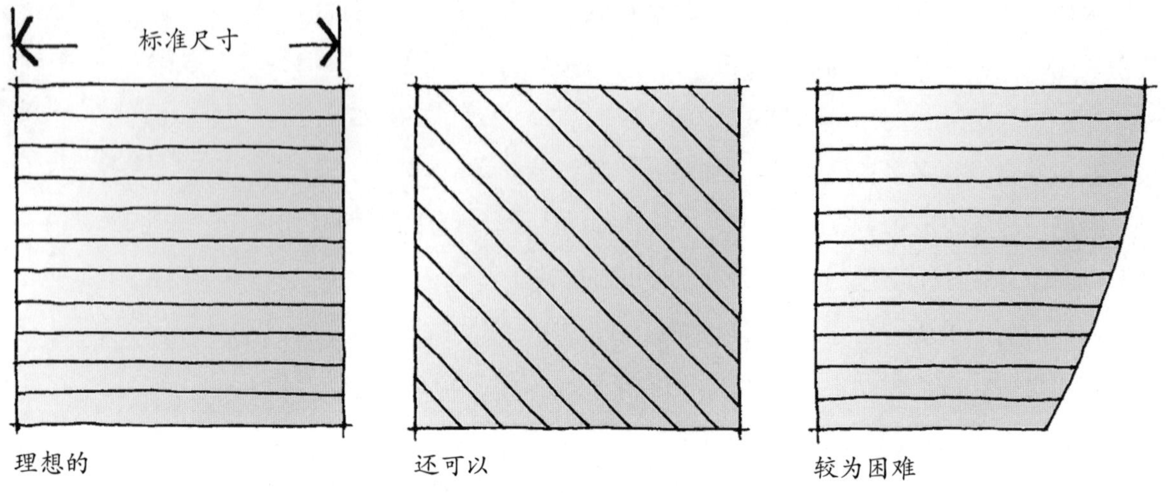

图12-37 若与路两侧平行或者呈现一定的角度，则此时适于使用木材

接触的地方使用，如甲板上。当基底下面是沙砾或者泥沙含量较高、排水能力较强的土壤时，木材也可以直接铺装在基面上。

木材是较好的路面铺装材料，常用于以下情形：

- 创建较软的表面，使脚下产生松软的感觉。
- 延长至平行于矩形区域或者与矩形区域成一定的角度倾斜（图12-37）。木材不适用于弯曲的区域，如果在木板的一端进行切割，可以将其削减为适用于任何曲线的形状，但这种情况是比较少见的。
- 创建不同方向感的路面模式（图12-38）。

图12-38 木材可以创造定向的路面模式（彩图见插页）

- 形成透水性较强的路面，允许表层水体由板缝流入板下的土壤内。
- 在与地面接触不密实或者严重破坏树根的地区，建立高架铺平的路面。

复合木材。塑胶或者合成的木材可以作为代替木材的装饰材料，在其三维尺度上与真木无异。复合木材的称谓并不是空穴来风，它本身就是塑料材质，往往是从盛牛奶、水以及果汁的容器回收而来的。此外，还有一些厂家回收木屑或者一些下脚料加工成木材。因此，复合木材是一种环保材料，它是由回收材料而不是现存的树木制造而成的材质（详见第3章“再使用和再循环”）。复合木材有较多的颜色，更多的是模拟着色剂的颜色。塑化木的优点在于它不需要定期的表面处理，从而保持了其耐水性。然而，塑化木比真正的木材要昂贵得多，当其暴露在日光下时可以吸收或辐射热量。

复合木材是一种较好的路面材质，常用于以下情形：

- 与实木有着相同的用处，同时不需要长期的维护。
- 作为可以代替实木的可持续发展材质。
- 创建与地面直接接触的类似木材质感的路面。

黏性材料

黏性材料是可塑性很强的材料。也就是说，这些材料没有预定的形状，与塑料类似，可以塑造成任意的形状与尺寸。黏性材料的适应性较强，与其他的路面材料相比，价格较为低廉，尤为适用于不规则的路面。

混凝土是常见的黏性材质，价格低廉，并且适用于较多的景观设计形式。大部分的住宅景观人行道需要厚度为4英寸的混凝土，混凝土的特点为灰色的颜色及相对光滑的表面。整个路面延长线的膨胀和接缝通常会割开混凝土表面（图12-39）。伸缩缝垂直贯穿整个混凝土板，需要用橡胶或者

图12-39 伸缩缝与控制缝示例（彩图见插页）

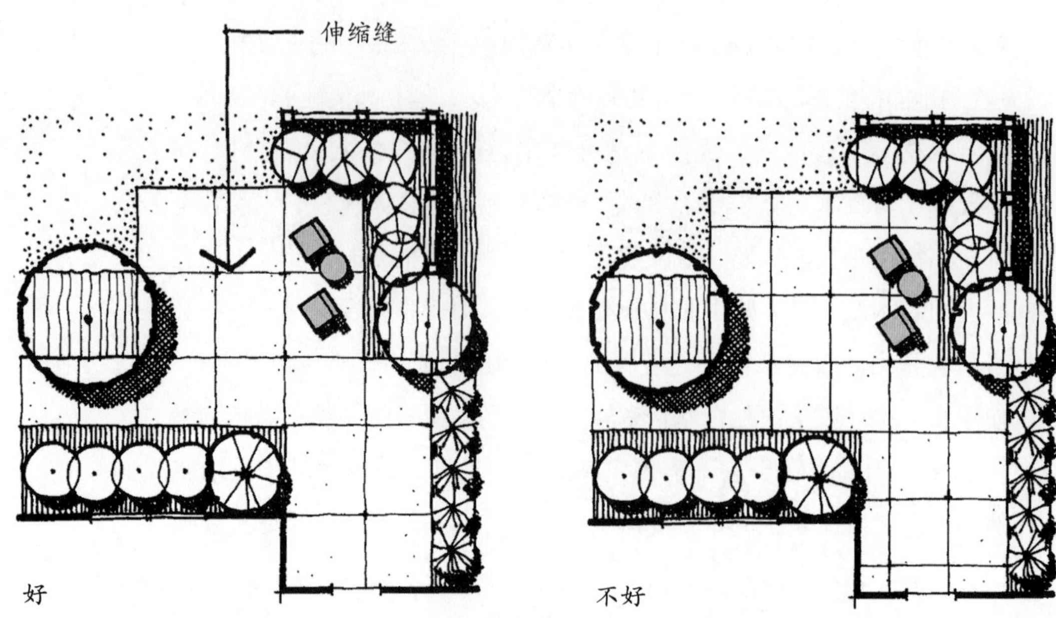

图12-40 伸缩缝应延伸至路面的边缘以及铺设区域的角落里

沥青类的材料进行填充，伸缩缝可以防止混凝土在伸缩的时候爆裂。控制缝垂直延伸至地表下1/4英寸处，将其固定住，用来“控制”裂缝的位置，防止裂缝的产生。应该从技术与视觉的角度选择伸缩缝与控制缝的位置，使其设立的位置较为自然（图12-40）。

混凝土的一个潜在缺点是其单调的混凝土灰色，这可以用多种方式进行改善。第一，可在混合的混凝土内添加颜料，从而形成不同色调的灰色、黑色、浅黄色及红色。此外，可以对混凝土的表面进行化学处理，产生润滑的外观，或者通过磨光以凸显它的颜色以及质感。适量的沙砾可以添加到混合的混凝土内，当混凝土固化时可以通过洗涤的方式处理表面，该项技术称为露石混凝土，使得混凝土呈现出犹如砾石的外观。

混凝土是适宜的路面铺装材质，常用于以下情形：

- 适合不规则的形状、弧形以及较为复杂的铺面区域（图12-41）。
- 限定流动的地面形式，犹如风通过该景观区域。
- 以最小的成本，铺装最大面积的地面。
- 提供一个多功能的铺装路面，适用于任何景观设计。
- 由伸缩缝与控制缝产生的线，构建成线型模式。
- 在其表面印记其他材料的模式及其组成元素，来产生定制的设计形式与纹理（图12-42）。

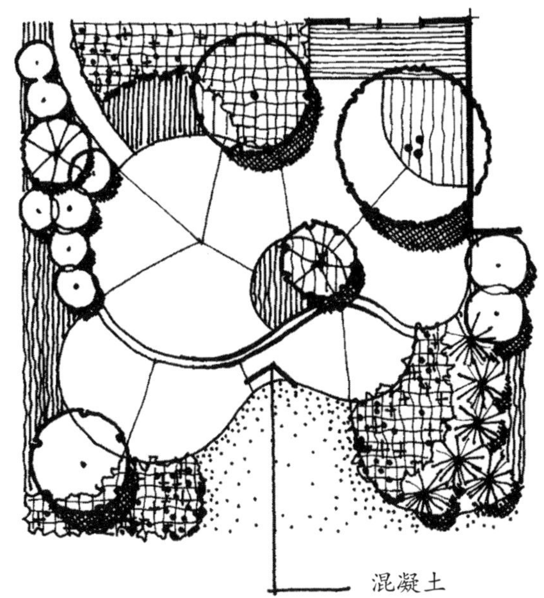

图12-41 混凝土适用于曲线或者不规则形状的区域

图12-42 在混凝土凝固前可以改变为其他的纹理与形状（彩图见插页）

路面形式与指导方针

在景观设计中，除了要为路面选择适当的铺装材料外，确定其铺装模式也是必要的。路面铺装模式是由铺装材料的大小、形状、颜色以及排列次序和单独使用该材料还是与其他材料一起使用来确定的，在研究路面的形式时，设计师应该考虑：①形式的复杂性；②根据路面的形式来选择适宜的铺面形式；③与周围环境相适应的形式。

形式的复杂性

由使用材料的数量决定的三个标准来衡量材料的复杂性：①统一的材质；②多变的材质；③多样的材质。

统一的材质。在整个铺设地区，使用一种具有相同模式的材质来铺装路面，是最为简单的路面设计（图12-43左上图）。该材质是均匀的，不存在大小、颜色以及方向上的变化。具有丰富色彩及纹理变化的材质易于进行统一铺装，这些材质具有内在的视觉吸引力。对于平淡的材质如混凝土，并不能起到很好的作用。

统一材质形式常用于以下情形：

• 当路面存在接缝空间以及存在多个铺装区域时，统一的材质形式可以创造视觉的统一性。

• 在某一空间中若存在较多的边缘空间或者子空间时，统一的材质使得该区域的复杂性得到简化。

• 在景观设计中创建一个极少受关注的路面铺装区域。

• 为家具及其他元素的放置构建一个简单的背景。

• 极易安装，降低成本。

多变的材质。这种路面铺装形式，是由同一种材质在大小、形状、颜色和方向等方面改变形成的路面铺装模式。混凝土铺装路是这类形式的典型代表，如前文所示，该材质有着众多的形状及颜色。一种材质形式变化差异的微妙还是明显，是由产生材料差异的对比程度来决定的。用一种材质来构建多种形式的方法有很多种，包括：

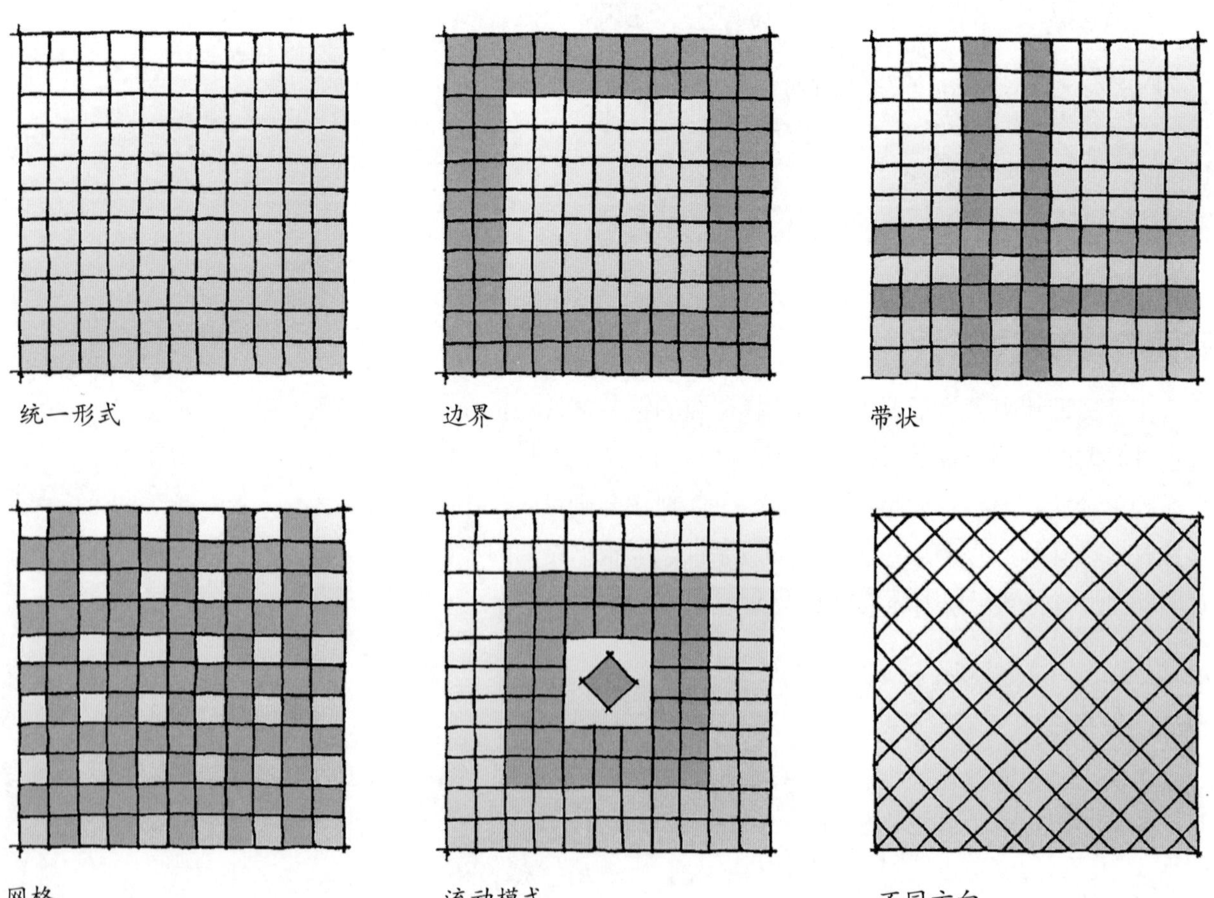

图12-43 由一种材质构成的不同铺装形式

- 边界：边缘形式的创造不同于内部模式的创造（图12-43中上图）。
- 带状：线或者带状延伸至路面的鲜明对比形式（图12-43右上图）。
- 网格：形成一个网格的线、带状或者重复的领域（图12-43左下图）。
- 内部设计：通过内部的“浮动”设计，来形成多变的形式（图12-43中下图）。
- 方向改变：构建形式中显著的视觉对比差异，来反衬铺设区域的整体造型（图12-43右下图）。

多变材质常用于以下情形：

- 在保持材料统一类型的形式下，营造视觉吸引点。
- 表达创造力或产生不同寻常的铺路表面。
- 吸引人关注地面，尤其是在没有家具或者其他物体存在的空间。
- 创造视觉的方向性或者与周围环境的联动性。
- 在同一铺设区域，定义子空间或者不同的使用领域。

多样的材质。用于创建路面模式的第三种选择，是在同一个铺设区域使用不同的材质。这样就增强了先前讨论的构建形式多样性的可能性，并允许设计师利用每种材料发挥其最佳功能特性，是一种优化性组合方式。其构建模式的技术与先前统一材质的概述相类似。不同的材质整合在一起时，需注意的是：从安装的角度出发，必须确保它们在成分以及技术上相协调（图12-44，图12-45）。

多种材质常用于以下情形：

- 创造视觉兴趣点，表达创造力。
- 增强材质的吸引力（如混凝土），否则会显得较为单调沉闷。

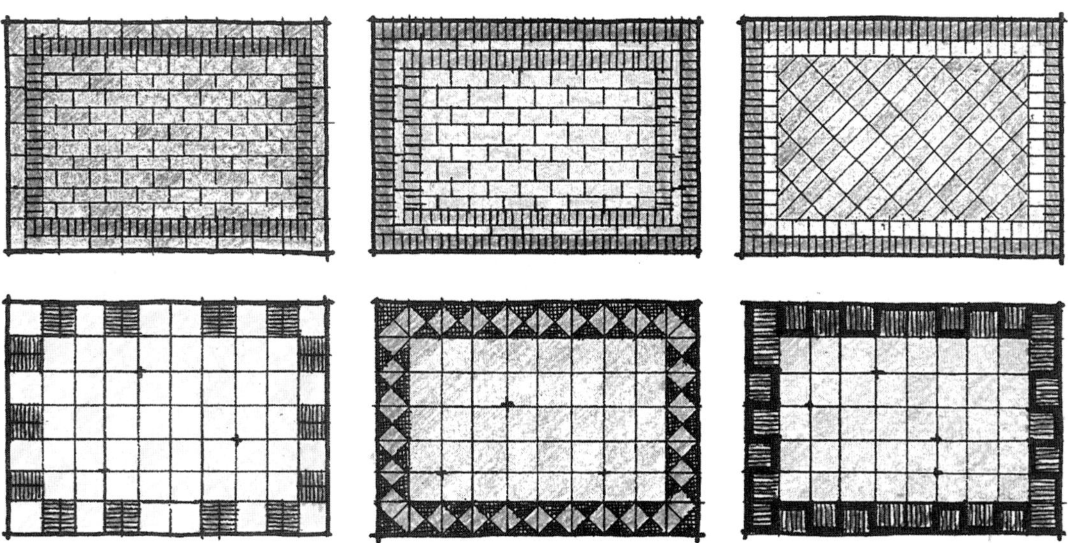

图12-44 由不同材质构成的图案（彩图见插页）

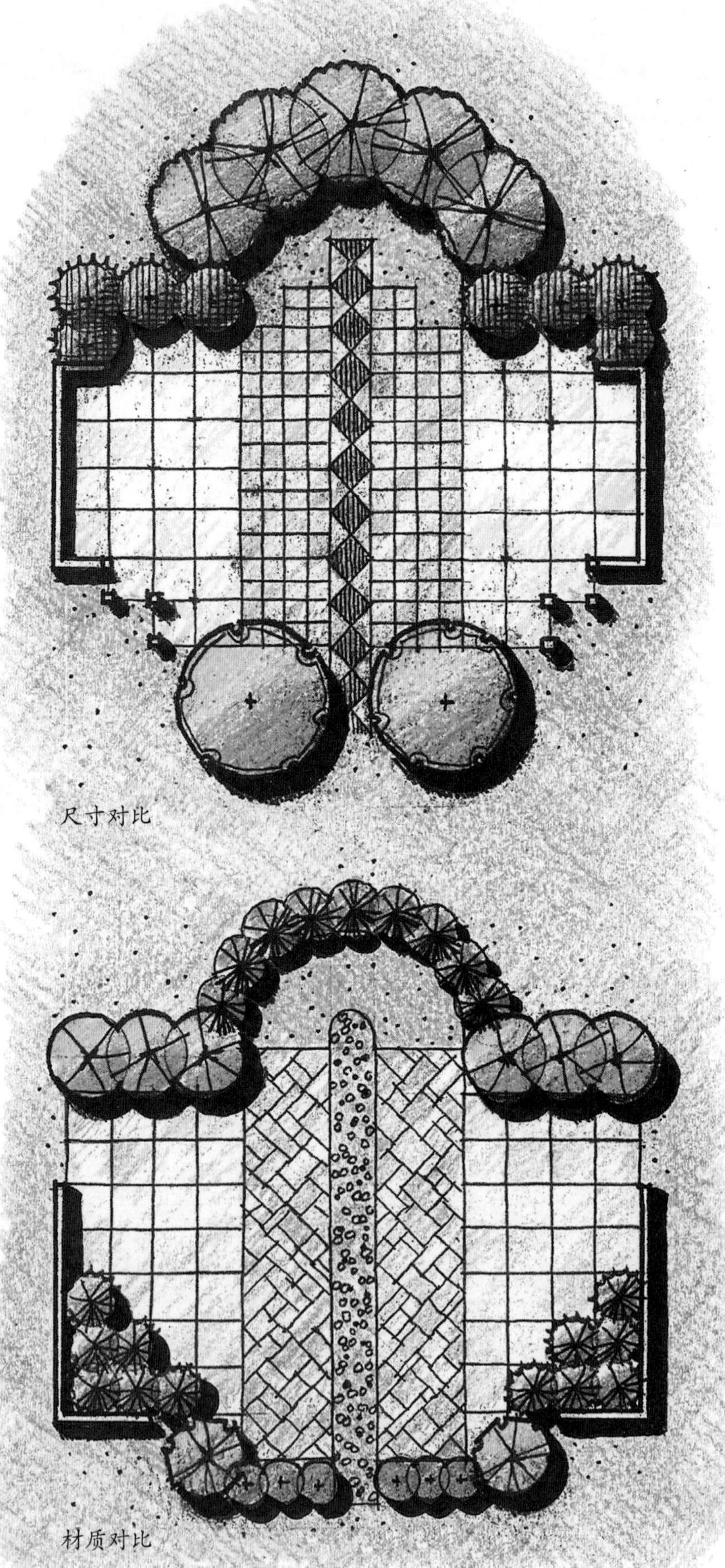

图12-45 通过材质及模式的对比，可以重点强调铺装的区域（彩图见插页）

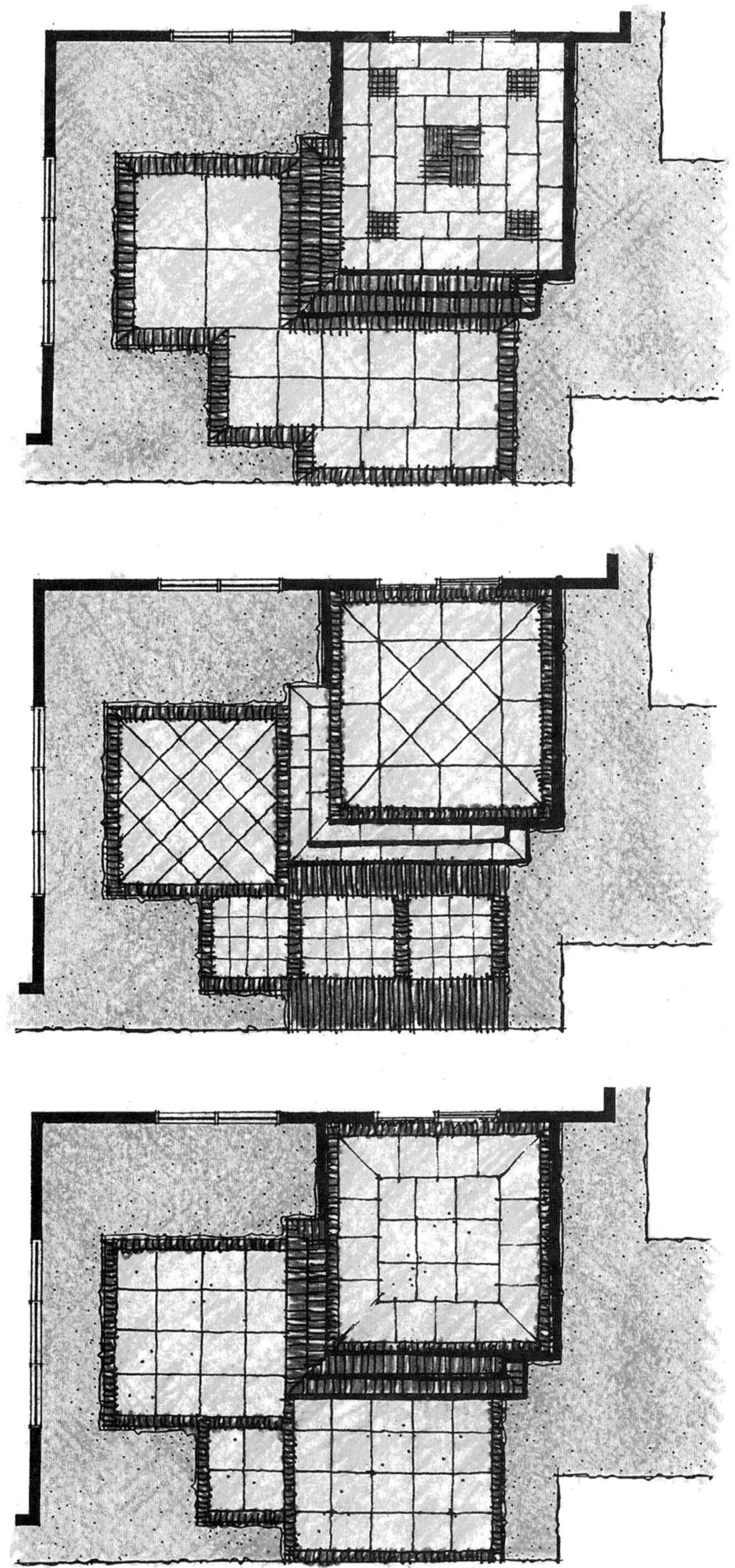

图12-46 带状、边界、网格在矩形铺装区域的多种选择方式（彩图见插页）

• 强调结合材料特性，如质感、颜色、形状等。

• 创造视觉的方向性或者与周围环境的联动性。

• 在同一铺设区域，定义子空间或者不同的使用领域。

铺装图案

与其他设计一样，铺装图案设计关系到铺筑区域的整体造型。铺设区域及其内部设计是同时进行的，在设计时需要考虑彼此间的联系。下面介绍考虑铺筑区域形式多样性的基本原则。

矩形区域。矩形区域的路面铺装形式有多种，主要取决于材料的选择以及整体地形的复杂性。

• 长方形的铺路材料如石材、混凝土铺面砖、砖，这些材质极具兼容性，若铺装区域平行于路面区域，这个方向最大限度地降低了边缘处块状材料的切割。

• 边界、带状及网格可以很容易地用于简单区域的铺装。根据其周边环境的脉络及形式等级的追求，来确定是用对称还是不对称的路面铺装形式（图12-46）。

• 线形及带形图案在复杂的铺装区域，可以被看作是角落或者边缘的扩展（图12-47）。

不规则区域。不规则形状模式或者有角度存在的路面区域，因其不存在与两侧平行的情况，设计的难度较大，应充分考虑以下几个方面：

• 定向模式或者地砖的组合应尽量平行于最突出的路面边缘，使其产生视觉上的兼容性，同时也可以最大限度地减少路面材质单元的切割。

• 同样，若铺设区域平行于路面两侧，或者毗邻房屋，边界及内部形式

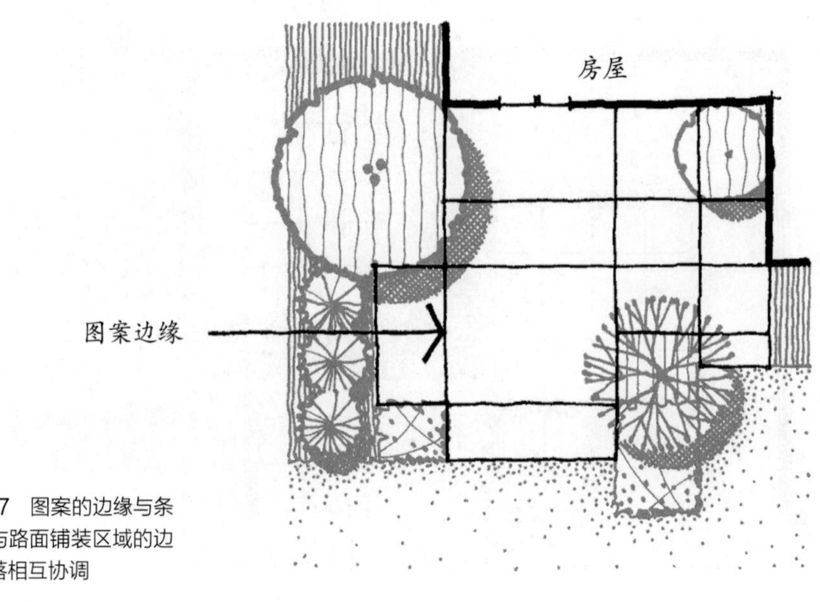

图12-47　图案的边缘与条纹应该与路面铺装区域的边缘和角落相互协调

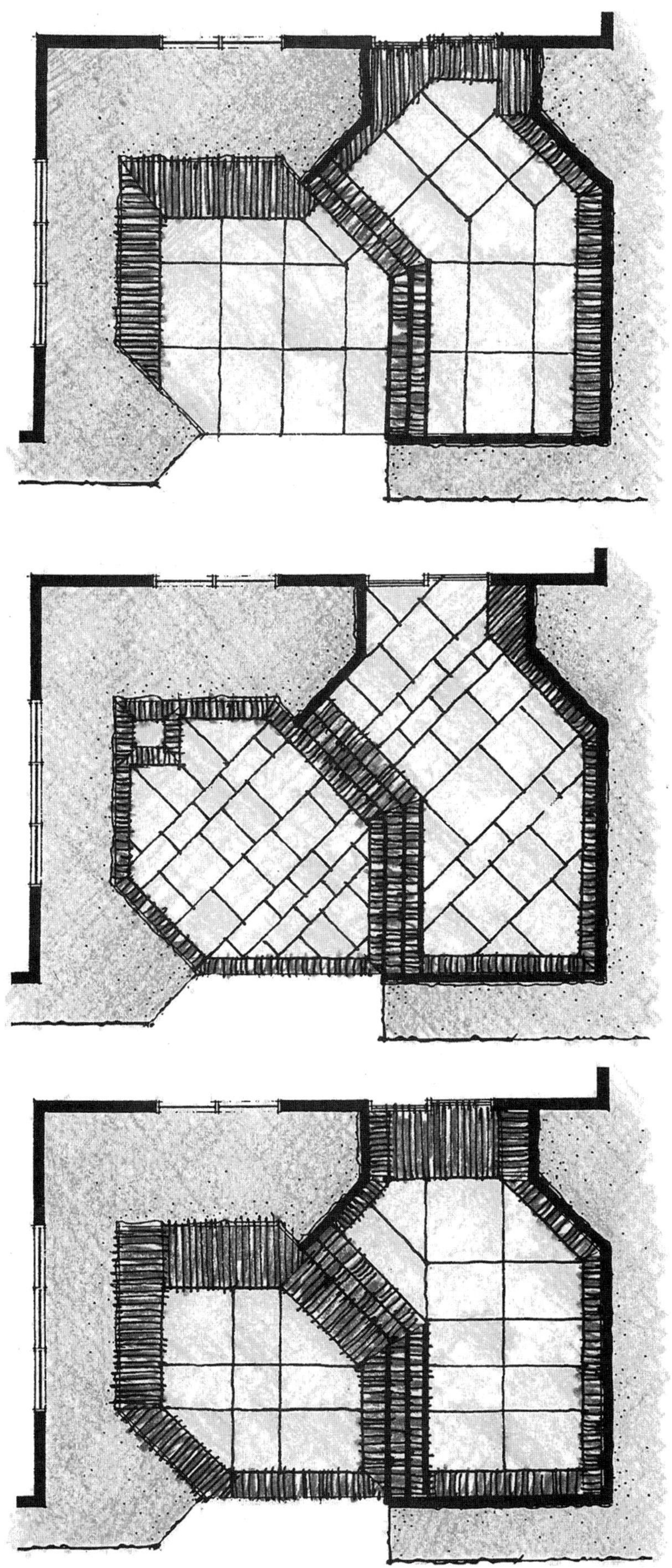

图12-48 庭院设计中，路面铺装图案与房屋边缘相协调（彩图见插页）

可以简化（图12-48）。

•线形或者带形宜用于路面两侧的延伸，并将路面切割成相反的两部分（图12-49左图）。

•同样的，路面可以分为较小的区域，来呼应整体的形式（图12-49右图）。

圆形区域。设计圆形的路面铺装模式往往具有较大的挑战性，因为众多的材料是长方形或者线形，这些形式不适用于弯曲的边缘，木材是最不适用于圆形区域的铺装材料。不过，基于圆的内部几何规律，建立圆形铺装材料模式的基本原则有四个：

•利用圆的半径来分割图案。采用这种方法时，应关注半径的交汇点圆心（图12-50），太大的半径容易形成半径间狭小的区域，进而使得路面模块难以适合狭小的空间，在中心放置一个小圆可以解决此类问题，这样就会在半径间形成宽阔的区域，消除锐角的存在。

•使用同心圆，以构建间距等或不等的圆形空间（图12-51）。

•使用前两种方式的结合方式。这种方式为创建精准的圆形铺面形式提供了最大的可能性（图12-52）。

•使用边界框架形成独立的内部圆形或半圆形的路面铺装区域（图12-53）。

曲线区域。曲线区域是最具挑战的图案设计形式，因为其内部存在完整的直线与曲线边缘。正如先前讨论的，疏松材质以及黏性材质最适用于曲线区域。若内部的几何形状存在规律性，可以推导出直线的存在。以下是两种创建曲线区域图案的技巧方式：

•由曲线区域到外边缘的潜在圆形的中心出发的半径为基准点，半径应置于合适的位置，使得与路边缘成直角。这是在圆形区域内形成图案最为普遍的方式（图12-54左图）。

•使用曲线将路面划分为较小的组成部分，同样，内部的弧线应该延伸至外边缘，并与外边缘成直角（图12-54右图）。

融入环境。除了要与铺装区域的形态相符合以外，还要考虑与其周边的环境相协调，例如周边的房屋、地理区位以及毗邻的景观环境。

协调的房屋。若铺装的区域毗邻房屋或距离房屋较近，设计时应该考虑到视觉的协调性。要做到这一点，这些材料的形式应该采取以下措施：

•与房屋的风格与特点相兼容。

•配合突出的角落、门以及房屋的窗户，使得路面与房屋作为统一的整体呈现（图12-55）。

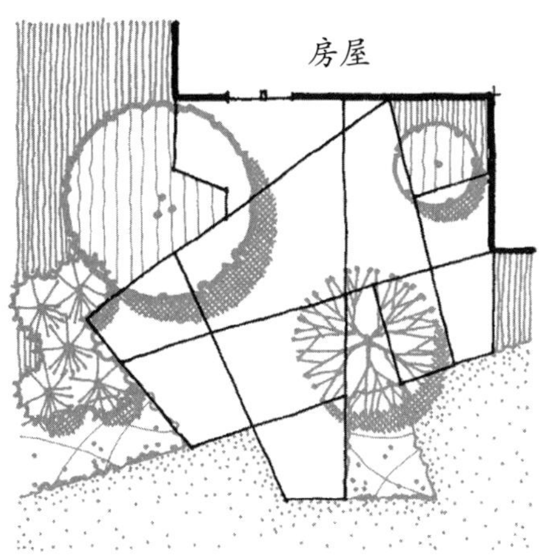

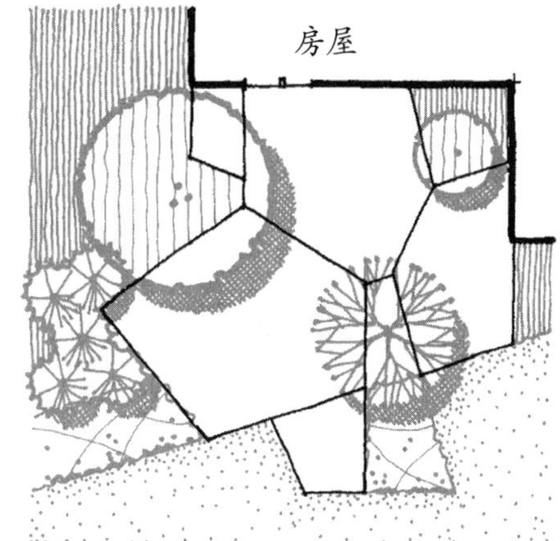

图12-49 建立不规则铺装路面技术示意

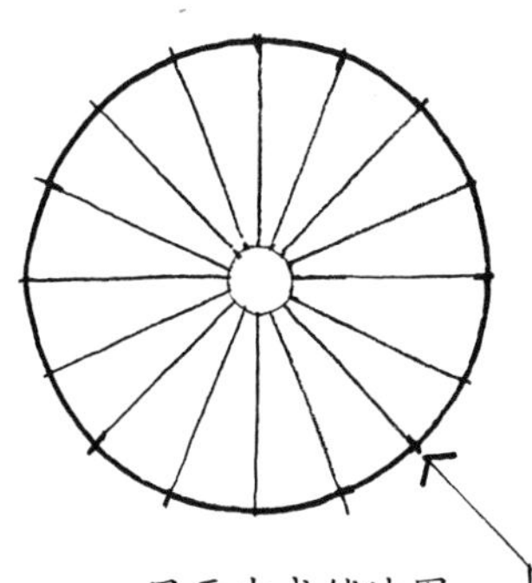

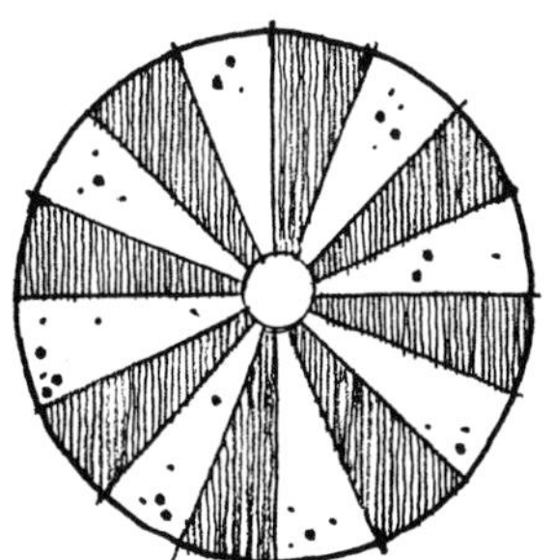

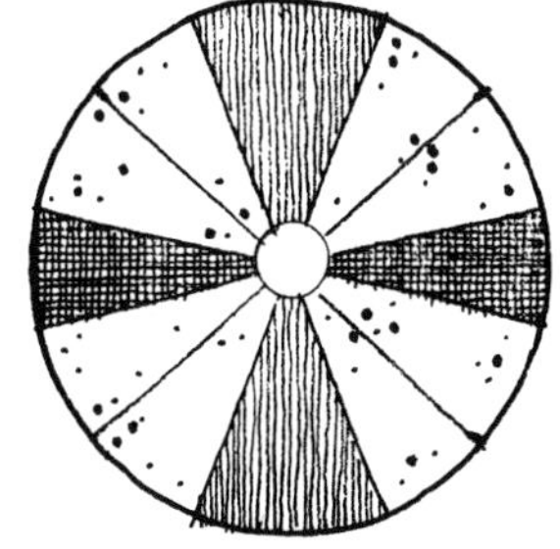

图12-50 圆形区域内可以利用半径辅助线生成铺地图案

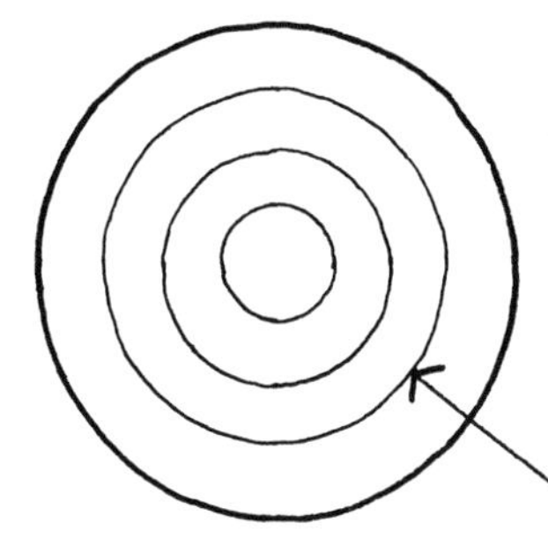

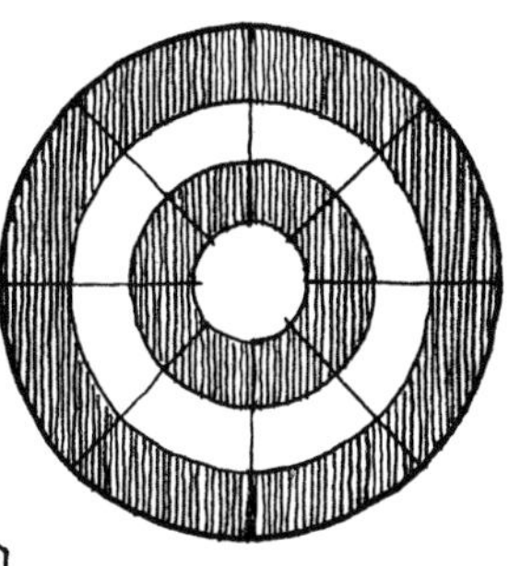

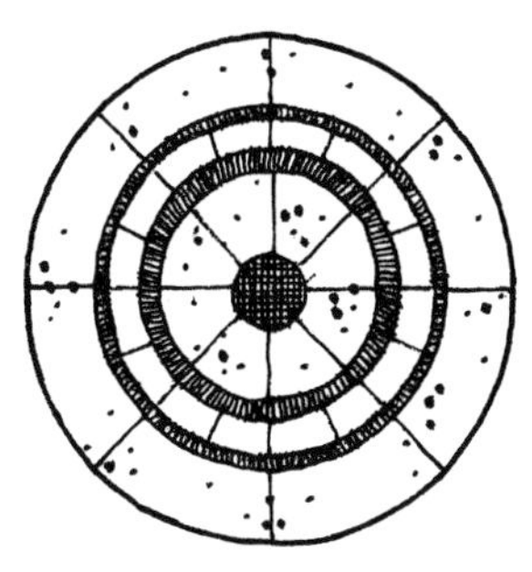

图12-51 圆形区域内可以借助同心圆来生成铺地图案

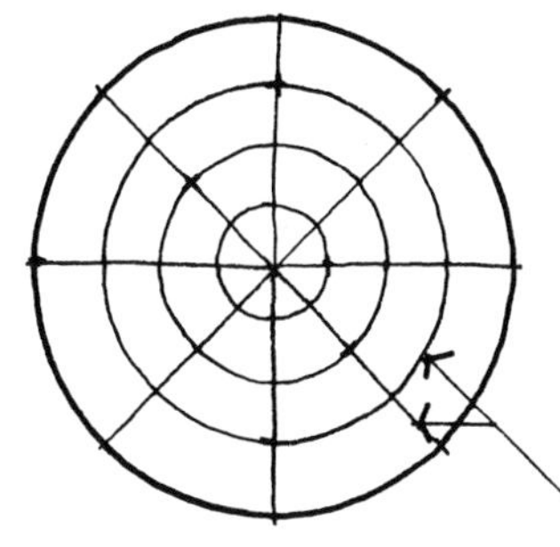

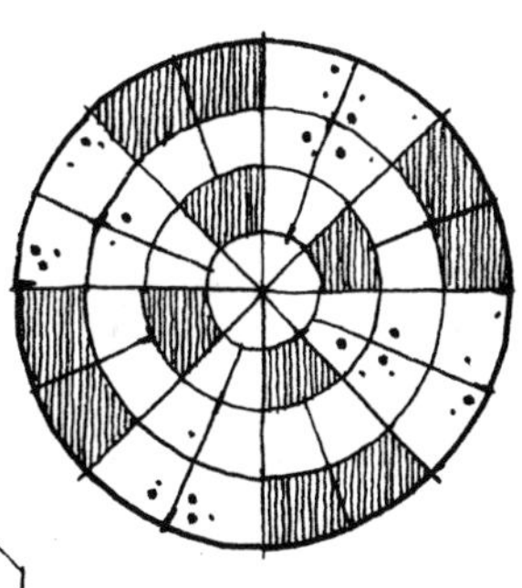

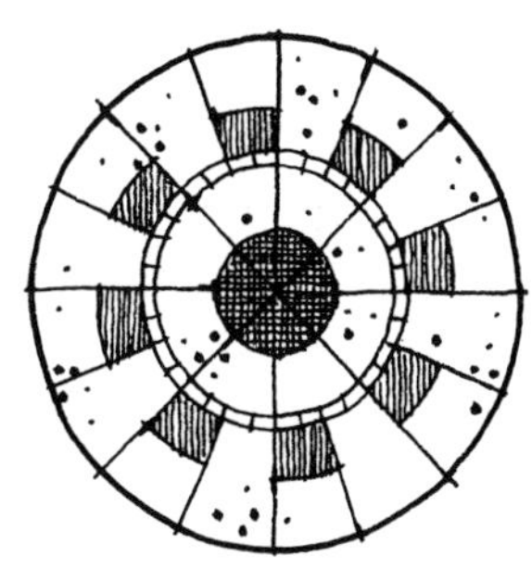

图12-52 在圆形区域中，将半径和同心圆结合起来也可以生成铺地图案

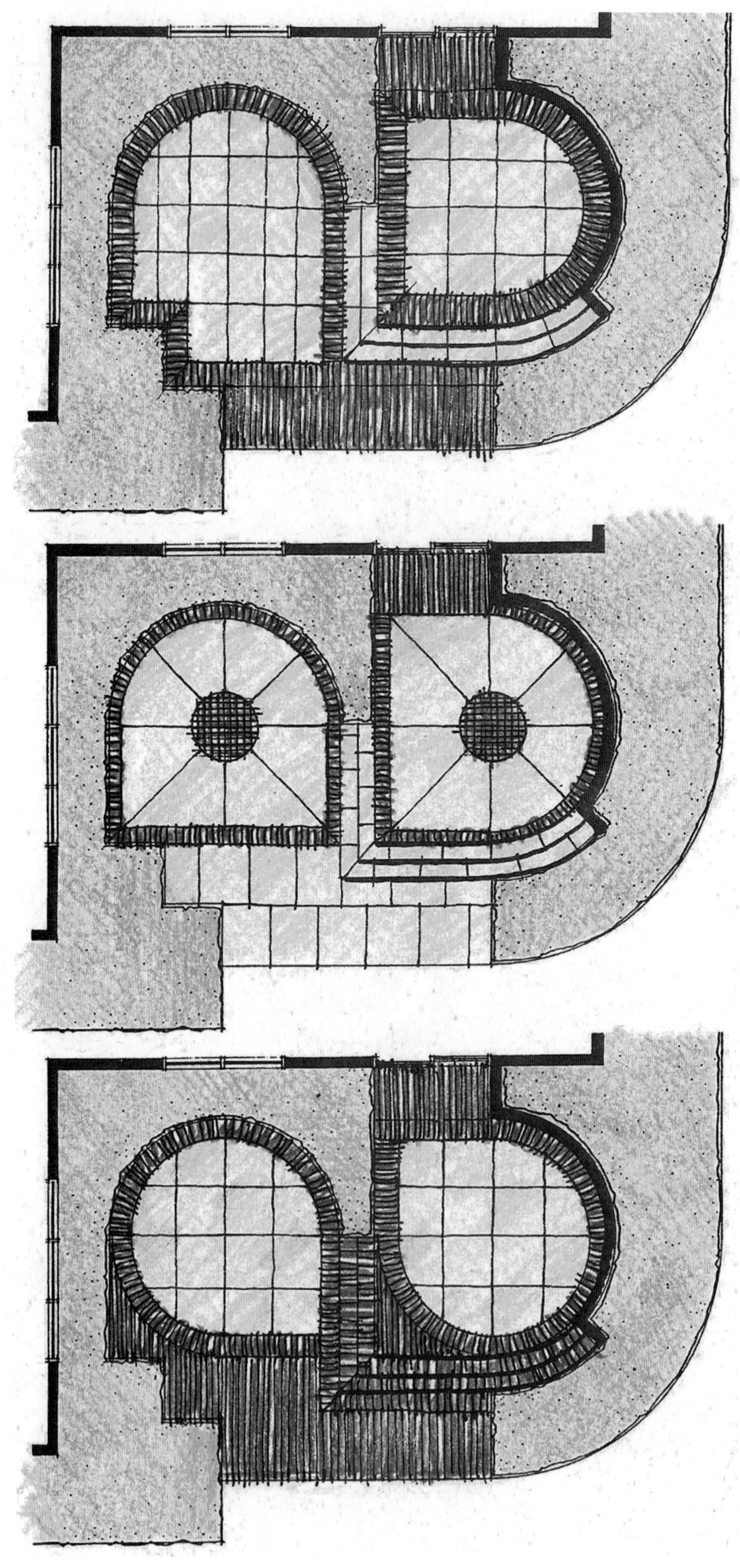

图12-53 在圆形露天区域，使用边界框来限定内部图案（彩图见插页）

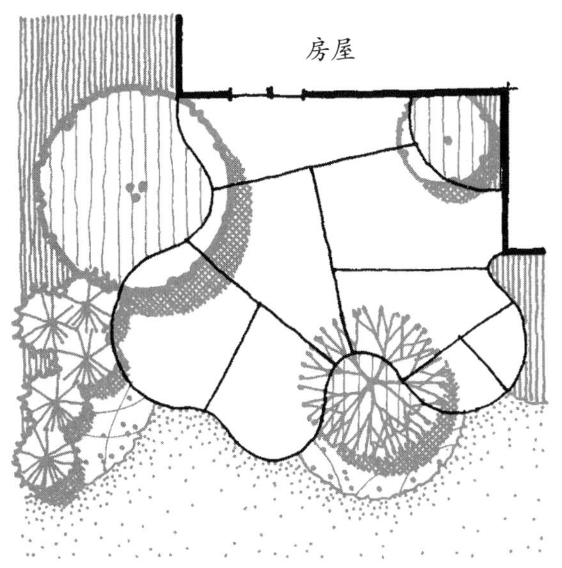

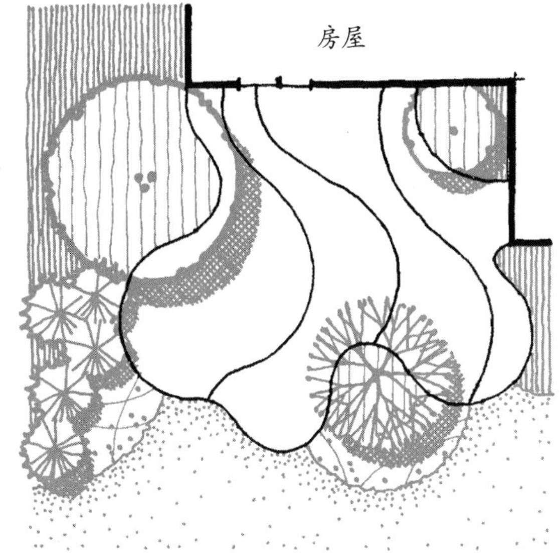

图12-54 在曲线区域创造铺地图案的技术方法

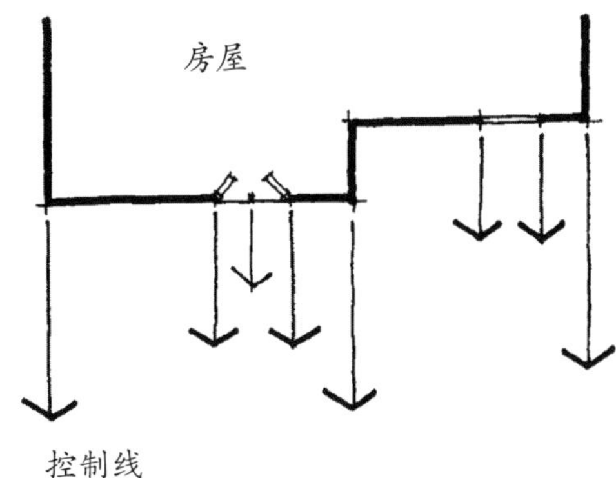

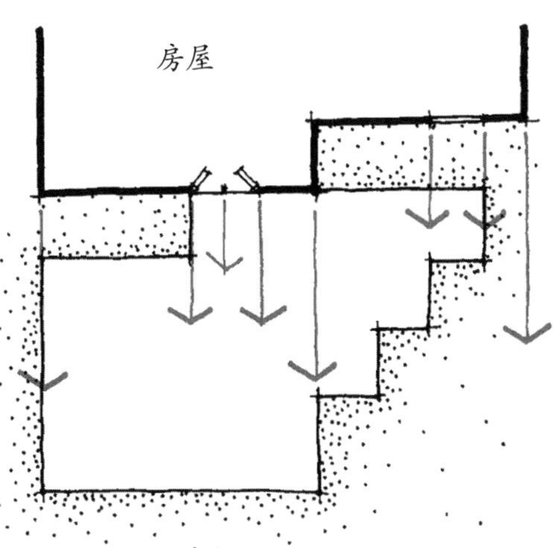

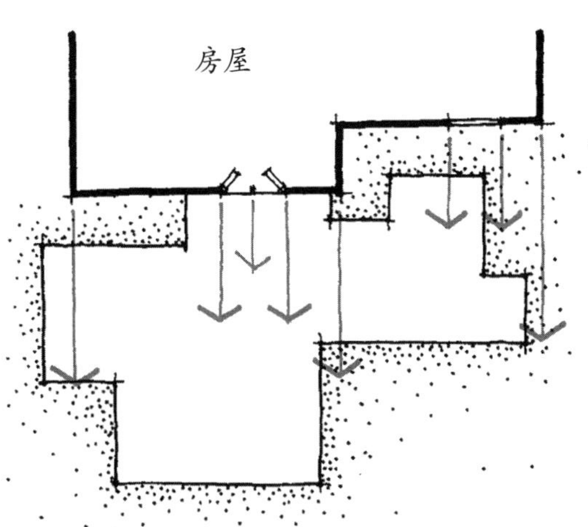

图12-55 铺装区域的边缘应与房屋显著的角落、门及窗相协调

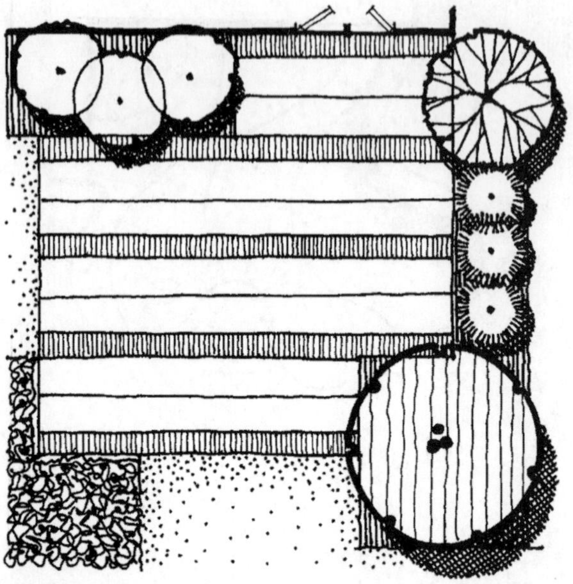

房屋 房屋

强调宽度 强调长度

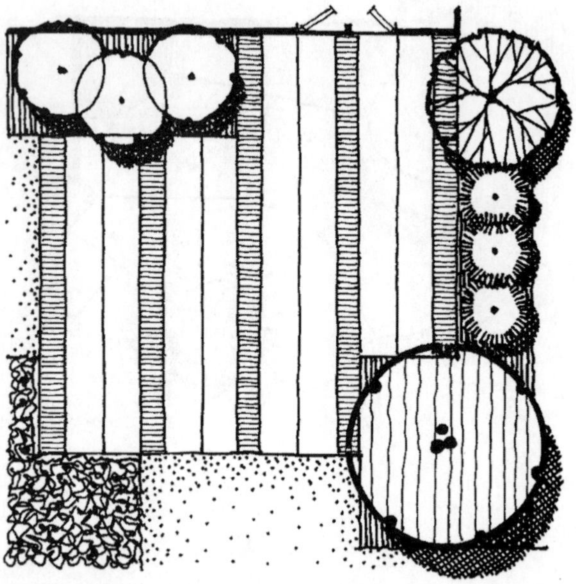

图12-56 由路面的定向线可以直观地感知房屋的宽度及深度

•考虑房屋格局的方向性。由房屋向外延伸的直线，可以直接延伸至景观空间，但与房屋平行的直线却相反（图12-56）。另外，延长的直线应当完全一致，任何缺陷的存在，站在房屋的角度都很容易被发现。

•考虑重复或者呼应建筑细部及特色的材质图案（图12-57）。图12-58显示出独有的弧形门廊如何在临近路面上重复出现的。

相符的景观小品。同样地，地面铺装图案设计应与毗邻的墙壁、围墙、台阶、棚架、水池等相协调（图12-59）。

路面模式应该：

•与临近的构筑物的风格及特性相协调。

•配合突出角落、边缘以及构筑物的位置。

相符的景观延续。在一块住宅用地上，路面铺装图案与较大范围内的景观设计均存在联系。要做到这一点，路面模式应该：

•满足毗邻的植床线的需求。

•在视觉上与临近的区域相兼容。

构筑物材质色彩

除了要考虑某一地点内的铺装材质外，景观设计师还需要确定墙壁图案，栅栏、长椅、花架、架空结构的材质等，下面将要阐述在住宅用地

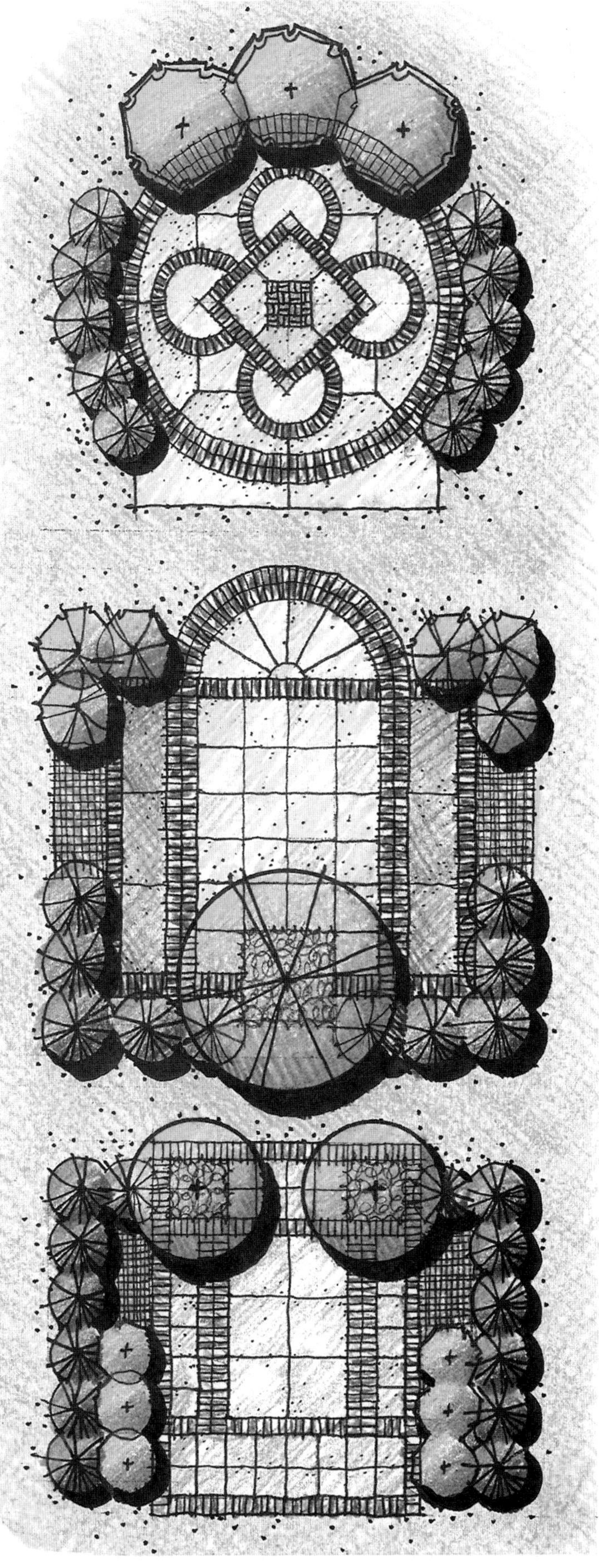

图12-57 材料图案应与周围毗邻的建筑图案相关联（彩图见插页）

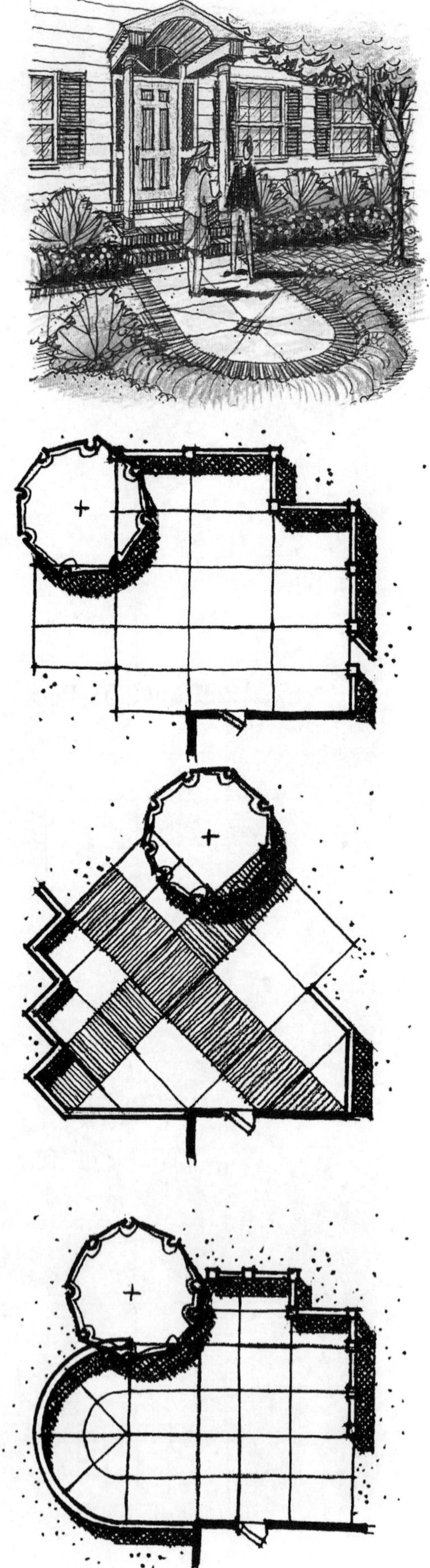

图12-58 材料图案可以不断重复建筑极具特色的方面（彩图见插页）

图12-59 路面铺装图案可以与墙体及栅栏的角落、边缘、位置等相互配合

中，在构筑物材质的选择上，所使用的常见材料的颜色。可以看出，一些材料的使用与路面的铺装材料相类似，但其组成成分及图案在运用到构筑物上时，还是与路面存在差别。

石材

与路面材料类似，也有很多不同种类及形状的石材，用在景观构筑物的设计中。最常见的类型有三大类：漂石、石板以及切石。

漂石。漂石多为圆润的石头，沿水体或岩石地形区域可以看到未经开采的漂石（图12-60），漂石的尺寸范围为3～12英寸，颜色变化范围为灰色、棕褐色及浅黄色，还有其他的颜色存在，其颜色取决于发现漂石的区域及当地的地质资源。漂石常用于以下情形：

- 用石灰将其固定在某处，构建挡土墙及景观墙（图12-61）。
- 营造具有亲水性或由乡村景观包围的原生态特征的景观区。
- 创建截然不同的圆形纹理。
- 在种植区凸显强烈的视觉焦点。

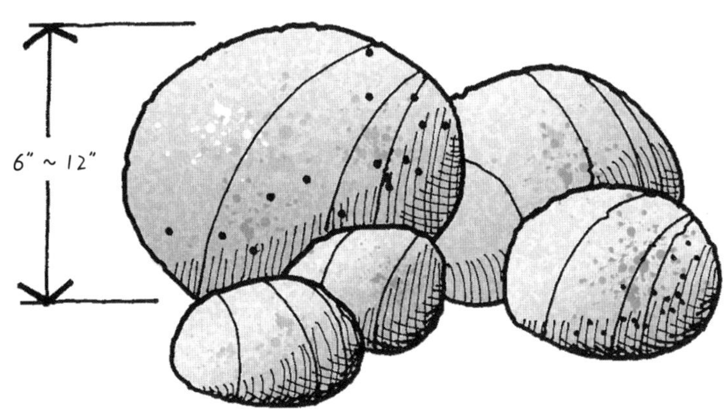

图12-60 漂石典型的外观与尺寸

图12-61 由漂石构建的低矮的挡土墙

图12-62 石板可以复制岩石外观（彩图见插页）

石板。石板是较大的石头经过开采、切割而成，常常保留粗糙、不规则的特性。石板的宽度变化范围为6～12英寸，深度与长度则为2～4英寸，还有更大的尺寸，但不常见。石板的颜色取决于地质来源，常呈现出灰色、浅黄色、鹅黄色、黄色、橘红及蓝色调的条纹。石板适用于以下景观设计中：

- 创建有厚重、坚固美感的挡土墙。
- 在斜坡处，重复使用露出地表的岩石，构建阶梯式的斜坡形式（图12-62）。
- 构建崎岖的台阶形式。

切石。切石是经过开采、切割而成的相对平坦的块状物体，切石的质量参差不齐，这是由切石的地质来源以及切割的准确度来决定的。一些切石保留了粗糙、凸凹的外观，也有一些打磨得很光滑，并且拥有直边（图12-63）。切石的厚度变化范围为1～6英寸，长度的变化范围为1～2英寸。切石常用于以下情形：

- 创建砂浆砌合的或者石头直接堆积的挡土墙，具有鲜明的横向特性。

图12-63 切石在景观小品中呈现的不同外观（彩图见插页）

• 构建独立的墙壁。

• 根据选择的切石类型，可以营造粗糙、不规则的或者精致典雅的视觉特性。

• 定义任意平面形式，包括曲线或者弧线形式（图12-64）。

• 将景观环境与石质的房屋在视觉上联系起来。

砖

景观小品中使用砖与路面上使用砖，在三维形态以及视觉品质上都会产生相同的效果。但其物理特性上存在不同，路面砖随着时间的推移，将会承受风化及冻结/解冻的周期，因此容易磨损破坏。砖常用于以下情形：

• 作为基础材料或者独立的墙壁贴面。

• 在墙壁上，构建不同的图案模式（图12-65）。

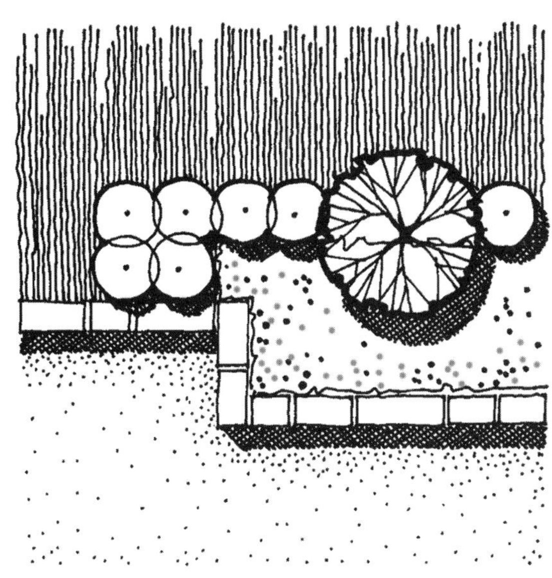

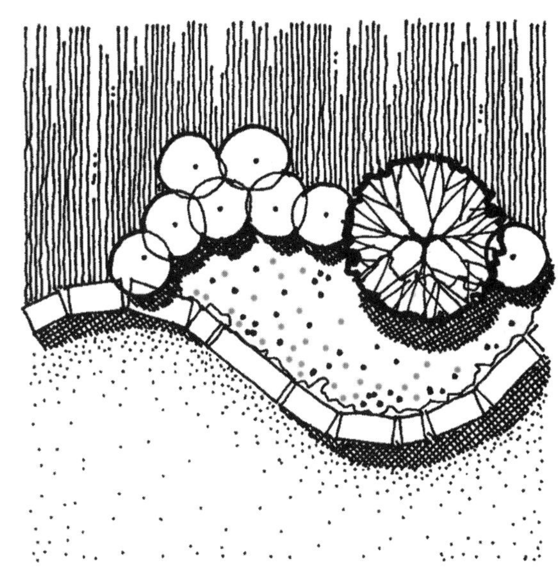

图12-64 切石可以用来构建不同形式及风格的挡土墙

图12-65 常见的砖墙面图案

图12-66 预制混凝土砖形成的墙体（彩图见插页）

- 在砖房屋与景观环境间，创造视觉上的联系点。
- 创造历史性的符号，尤其是在砖作为普通建筑施工材料的地方。
- 在景观环境设计中，营造与多数绿色植物不同的暖色调。

混凝土砖块

混凝土砖块（CMU）具有特定的大小与形状，与用于房屋地基及其他构筑物中的典型灰色混凝土块不同，这些砖块以自然的方式进行装饰（图12-66）。混凝土砖块的尺寸变化幅度较大，其常见的变化尺度范围为：宽度为4～12英寸，高度为4～8英寸，长度为4～8英寸。一些用于景观构筑物中的混凝土砖块与路面材质相同，颜色各不相同，最常见的颜色为灰色、黄褐色以及棕色。完成后的表面也有广泛的变化范围，从光滑、粗糙到凸凹不平。混凝土砖块与石头以及砖相比较而言，其优点在于成本较低，并且能够极快速地安装。混凝土砖块常用于以下情形：

- 建造挡土墙，独立墙壁以及台阶。
- 装饰厨房柜与附属的壁炉，并与室外的厨房联系起来。
- 单一的色彩及统一的混凝土预制砖外观（假设给定的制造商同时生产）。
- 构建具有统一色彩及纹理的墙壁。
- 形成石头与砖不能提供的色彩。

木质

木材具有多用性，与砌块材料相比，价格较为便宜，因而在景观小品中被普遍运用。木材的尺寸在景观小品的使用中，其变化的范围比路面使用时更为广泛。此外，木材还可能包括胶合板，具有舌状与凹槽的材料形式。有些木材被切割后，可用于构建标杆、遮盖物以及栏杆。大多数用于景观小品中的木材为压力木材，尤其是与地面接触时更应该选择此类木材。雪松的价

图12-67 木栅栏的潜在图案形式

格尽管很贵，但因其具有天然的防腐作用，仍是不错的材质选择。

若与地面接触，也可以选用其他的木材。木材的独特优势在于可以被油漆或染料染色，从而有较大的色差变化范围，可为建筑提供多种颜色。木材可以在以下的景观小品中使用：

- 构建多种图案形式的直围栏（图12-67）。木材轻质的特性使之易于被切割成任何尺寸的材料，从而具有较大的灵活性，可用于构建不同高度、不同图案、开放式的围栏（图12-68）。
- 在景观设计中重复房屋的颜色。
- 构建格状与开放的棚架结构（图12-69，图12-70）。

图12-68 不同开放程度的木栅栏（彩图见插页）

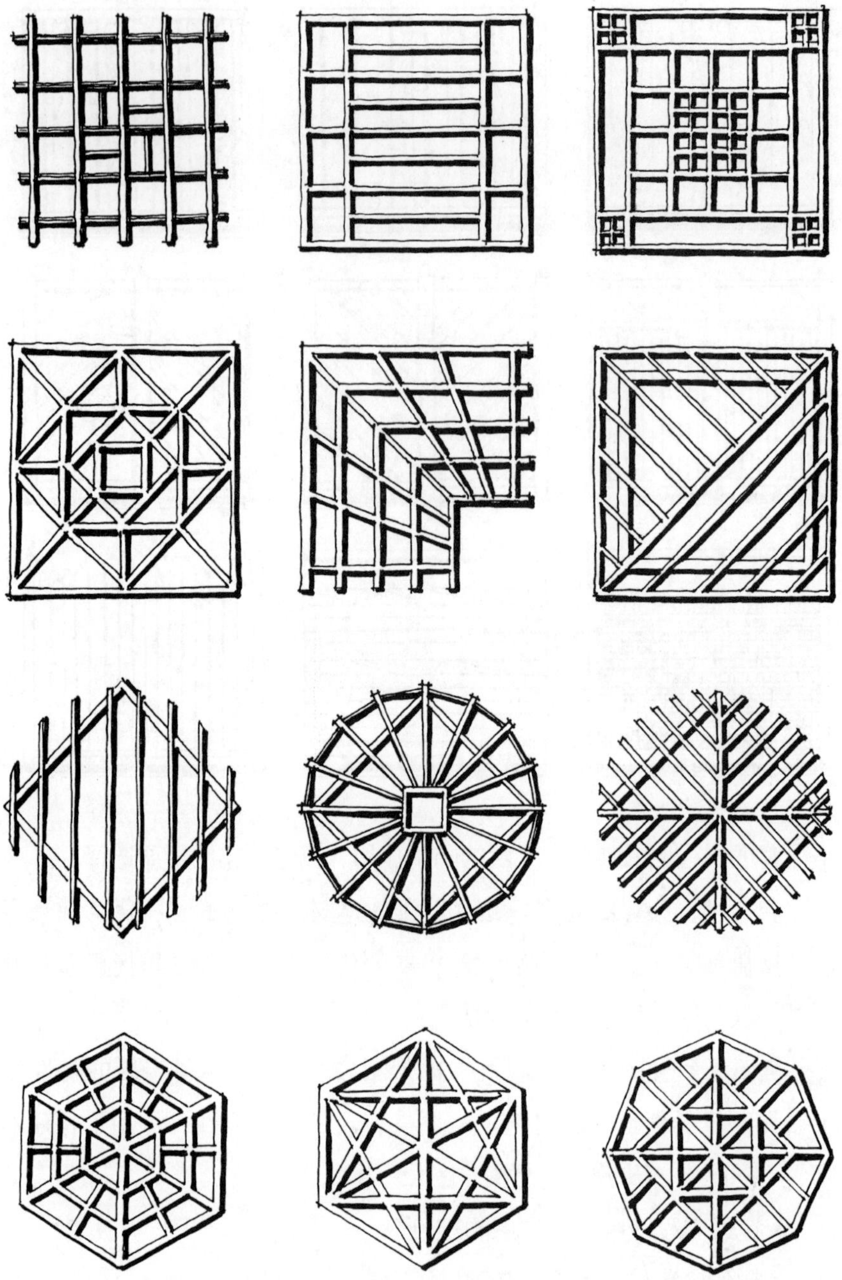

图12-69 由方形、圆形、六角形、八角形构成的棚架装饰图案

图12-70 木质棚架的结构形式（彩图见插页）

其他材质

除了前面所述比较常见的材质外，下面将会讨论几种不常见的景观小品材质。

铸铁。是一种具有韧性的铁合金，可以弯曲与焊接。铸铁可以较长，也可以比较薄，有各种大小口径的尺寸，既有空心也有实心的。铸铁的独特品质之一是其可以通过扭曲形成简单或者复杂的图案，因而在外观上具有较大的灵活性。另一个特性是其材质图案的制作多为手工制作，因而相对来讲，装配的价格较为昂贵。铸铁常用于以下情形：

- 构建由设计师确定的精确规格的栅栏。
- 当染成黑色时，极具历史特性。
- 在简单背景的映衬下，构建极具吸引力的简单或者高度精细的图案形式。
- 提供一个半透明的屏障，视线可以部分地由一侧透视到另一侧。

金属屏风。金属屏风通常是由金属丝构成的给定尺寸的面板。金属丝的厚度与间距因制造商的不同差别较大，因此，可以获得一系列尺寸的金属屏风板。金属屏风常用于垂直的平面，同时必须与其他元素相互结合使用，如用木杆或石墙来作为支撑。金属屏风适用于以下情形：

- 构建一个半透明的屏风，功能类似于稀疏的窗帘，遮盖一部分，暴露一部分，在另外一侧形成半遮掩的效果。
- 提供藤蔓或其他植物攀爬的支撑，从而形成一个“绿色长城”（图12–71）。
- 当放置在平坦的路面上时，形成具有纹理与色彩的前景。
- 在景观设计中，营建城市时尚的景观风貌与特色的工业外观。

结构模式与指导方针

在进行景观结构设计时，需要选择适当的材料以及设计形式，应始终注意一些事项。

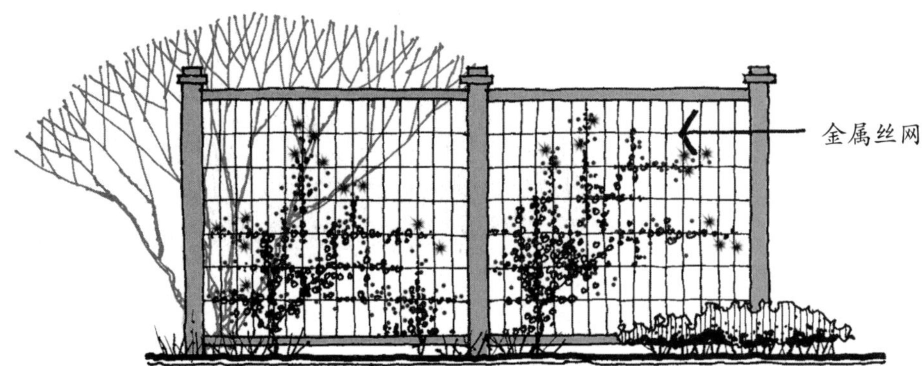

图12–71 金属筛孔可以构建半透明的平面，同时可以为葡萄的生长与攀爬提供支撑

图12-72 围栏与围墙的材料和图案应与毗邻的房屋与路面相协调（彩图见插页）

与房屋的关系

应尽一切努力来构建房屋与景观结构的联系，进而使景观环境与房屋形成统一的整体（图12-72）。可以通过重复使用如石头、砖等材质，也可以通过在房屋的墙壁、围栏、附近乔木上涂染颜色，进而达到统一的效果。此外，设计师也应该仔细选择房屋的一些建筑细节，构筑物可以不断复制建筑的某一细部形态（图12-73）。

图12-73 在景观设计中，构筑物可以复制建筑细部（彩图见插页）

图12-74 对场地结构的替代研究有助于确定房屋和场地最适合的特征是什么（彩图见插页）

特性与功能

正如本章开头所讨论的那样，应根据当地的气候和邻里的视觉特性以及材料的有效性，来选择适宜的材料。超越特定的住宅区域来综合考虑各种因素，最终确定哪些材质适合或者不适合该区域景观环境设计，这是必不可少的一步。此外，构筑物的特性应该与景观特色的风格相协调，这有助于形成较为恰当的整体设计（图12-74）。

围栏与框架

自由矗立的围墙与围栏如果有较为有趣的细部设计，而不仅仅是平坦的表面，将更具吸引力。一种方法是强调墙及围栏顶部的线性覆盖帽（图12-75）。覆盖帽使视觉终止在围墙与围栏的表面，并且降低视线游荡在背景和天空间的机会。带有标杆的遮盖物以及栏杆底部有助于形成表面的框架，就如同照片的画框。

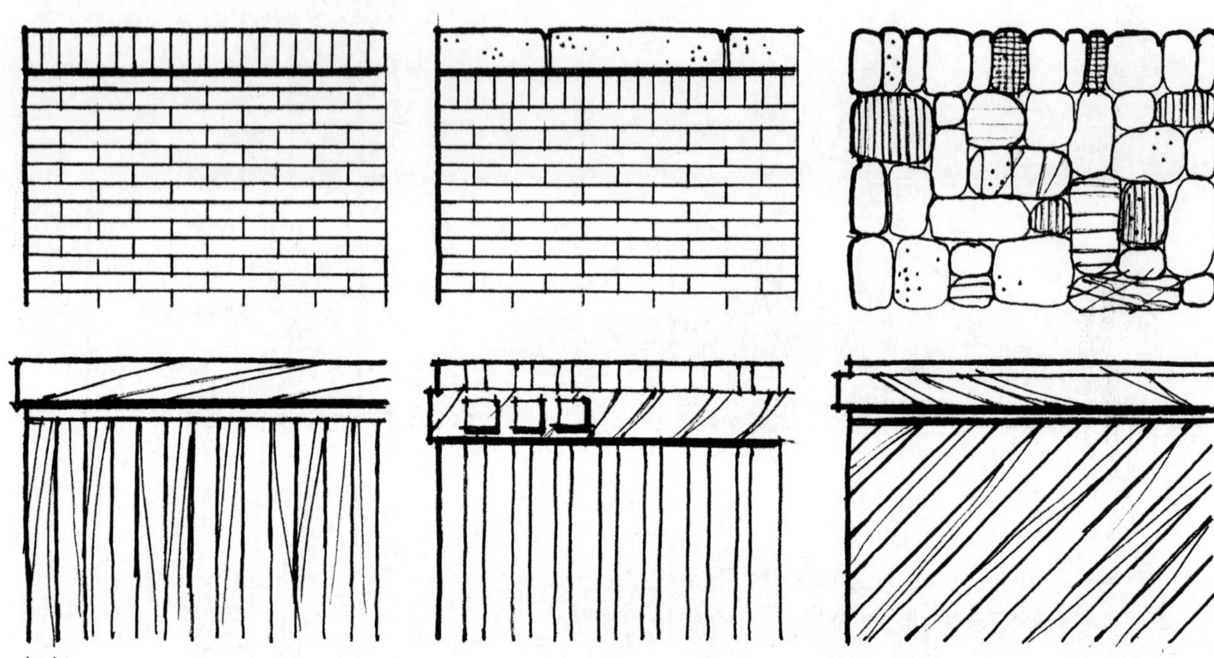

图12-75　墙体与围栏潜在的帽子形式

总体规划过程、风格和内容

正如在本章导言中所指出的那样，总体规划设计从初步设计开始，并逐步不断地深入，最后进行详细设计。这个过程的重要部分是为所有的设计过程的元素选择材料，这一点在本章的前几节讨论过。倘若初步设计只有一种选择，总体设计就需要增加更多的细部及细化设计。如果初步设计有两个或者两个以上的替代方案，总体设计就需要选择最佳的设计方案或进行方案的组合。

准备总体规划的第一步是寻求客户方对于初步设计的反馈意见。一般来讲，当设计师向客户提交初步方案时，客户就会提出一些意见与看法。如果客户没有给出意见，那么设计师们应该在介绍完方案后向客户询问一下他们的想法。这些关于设计要点的反馈意见是对设计的“第一印象”，可以帮助设计师去判断方案的接受程度。设计师们应该能够明了客户对于提交的方案何处有异议以及异议的程度。

而且除了征求他们的第一想法，设计师也应该给客户更多的时间去深入思考这个初步方案。客户往往需要时间考虑重要的构思观点或者对这个设计关键的地方做出决定。设计师应该不希望客户做出以后会使双方都后悔的草率的决定。深入思考初步方案所需要的时间可能要长达几天或者1周不等。然而，最好不要给客户多于1周的时间，因为他们可能已经开始忘记那些在汇报中所陈述的要点了。

为了尽快得到客户的反馈意见，设计师应该额外给客户方留下一套或者两套初步方案的副本，但是记住，千万不要给他们留下原件，这些原件应该保存在设计师自己的公司里。设计师应该鼓励客户方从头到尾地彻底研究这些图纸，并且直接在这些影印的副本上写出评语意见。在给予客户方充足的时间对初步方案做出评论之后，设计师应该对主体方案的深入进行有一个清楚的设计方向。

除了要寻求客户方的反馈意见外，设计师也应该独自花时间回顾一下初步的方案。通常来讲，设计师会确定初步方案里的某些地方还需要深入研究修改。有时候，设计师可能会发现一些地方是根本不合理的，这些地方就不得不重新再做。在其他的地方，有些设计可能比较合理了，但是还没让设计师觉得十分恰当，那么这些地方就需要进一步推敲和调整，来提高品质。或者还是在其他的一些地方，设计师们可能找到了一个比最初的想法更好的解决方案。

在拿到客户方的反馈意见和检查完最初方案后，设计师可能就要回到画图板前面修订这个设计。当设计师修订这个规划，为主题方案做准备的时候，可能发生三个关联的事情：①重新设计；②深入细化；③详细设计。接下来的内容我们就描述一个水塘地块的初步设计是怎么在这三个主要规划阶段中被修订的（图12-76）。

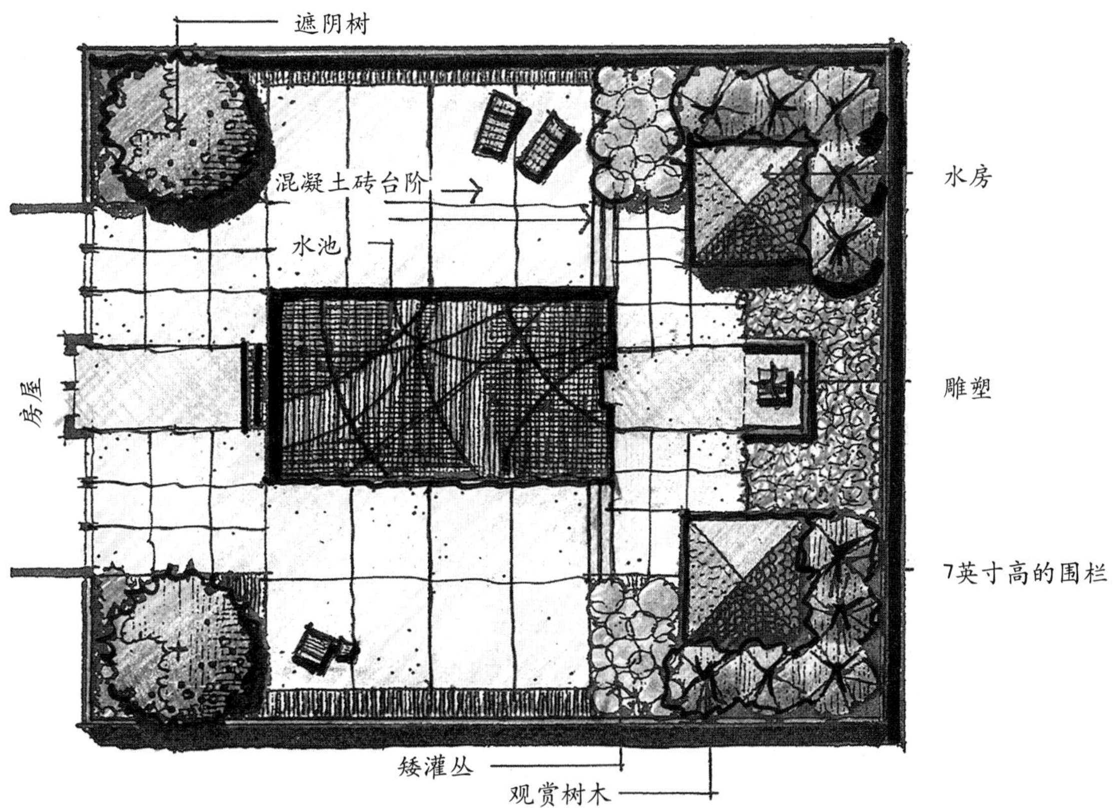

图12-76 初步设计实例（彩图见插页）

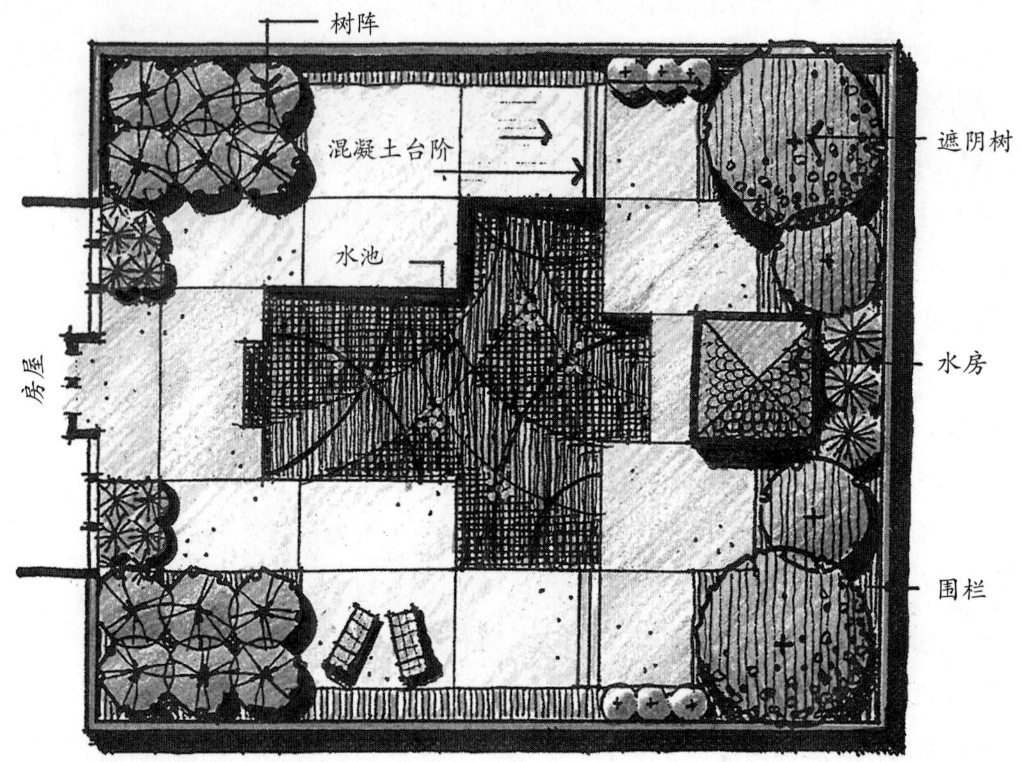

图12-77 与初步设计形成对比的总平面图设计示例（彩图见插页）

重新设计

首先，设计师可能不得不改变某些地方的设计以至于产生一个新的解决方案。这是重新设计中最彻底的一种，常常会完全变更初步设计中的一些形式或者设计理念（图12-77）。在这个例子中，水塘的形状和水房的位置已经被改变了，然而却仍然保留了完整的轴线设计。

深入细化

其次，设计师可能修改或者改进了设计中的某些地方。这常常包含了选择性地重新布置和修改设计的某些形式或者理念（图12-78）。在这个例子中，与初步设计相比，人行道的形状、台阶的设计和植物的配置已经被合理地调整了。

详细设计

最后，设计师可能会研究并且展示出比初步设计更加详细的地方和更加详细的设计理念（图12-79）。在这个例子里，人行道的图案和植物的配置比在初步设计里显示的更加详细。

如果设计师在整个概念设计阶段都仔细思考的话，就应当能指出更多

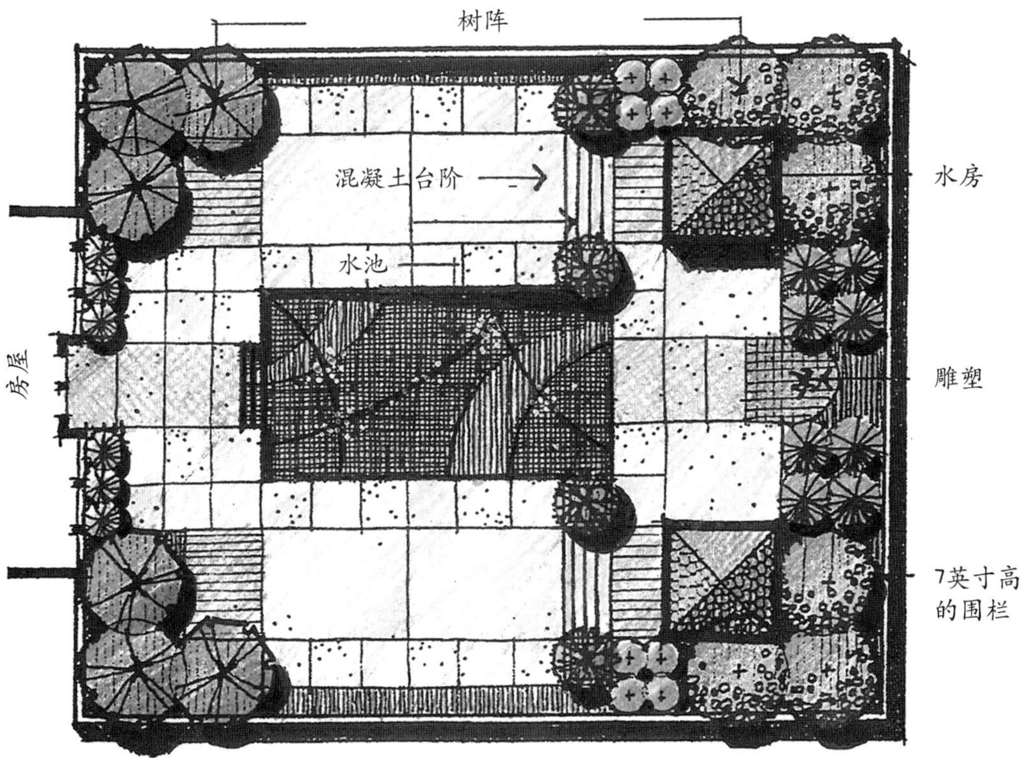

图12-78　初步设计阶段较为精细的总体规划示例（彩图见插页）

图12-79　总体规划设计比概念设计更为详细的实例（彩图见插页）

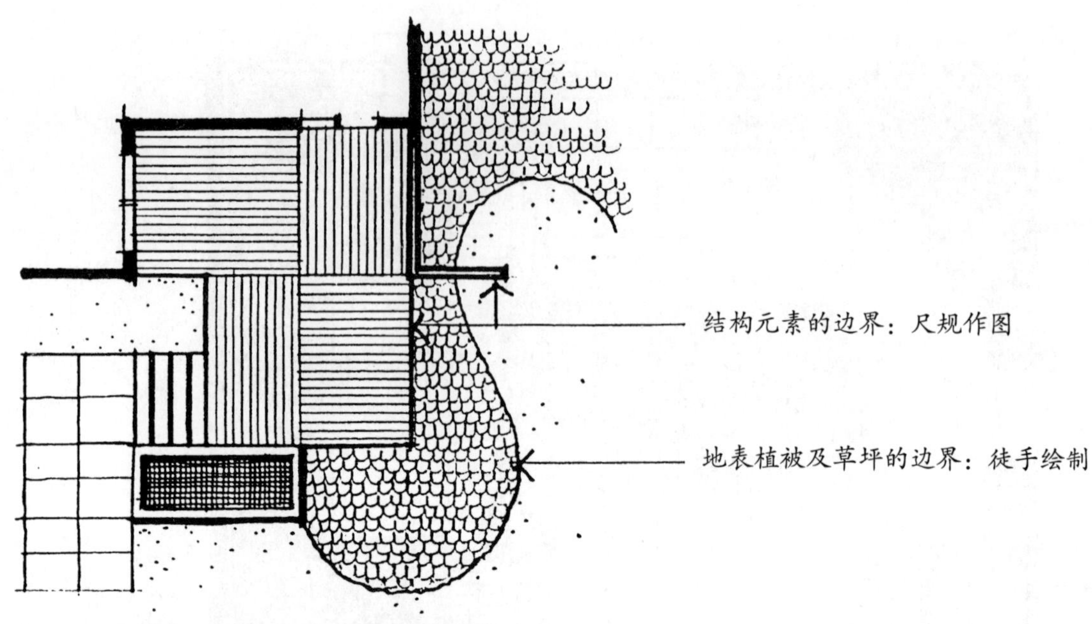

图12-80 总平面图中结构元素的边界可以用尺规作图

的细节和精致的组合以及更多的细节设计。

总体规划和其他一些图纸完成之后，比如一些节点设计和观点的表达，设计师就会再一次向客户进行汇报。在整个汇报过程中，设计师必须审视那些在概念设计汇报之后对设计做出新的变动、精简和增加的部分。

在很多实例中，对于设计师来说，对总体规划的最后一次汇报意味着项目的结束。然而，设计师必须明确地告诉客户，在总体规划实现之前还有很多需要改正的地方。设计师必须参与设计的实施过程（并得到一定的补偿），从而达到意想中的质量。正如第4章所说，一个单独的建议需要附加总体计划以外的服务费。根据自然条件的不同，这些参与可能不同于偶然的审查或者对设计执行情况的评价，有时需要全程监理，不管设计师扮演什么样的角色，有一些参与是很有必要的。

与概念设计相比，总体规划需要更加精细和可控制的绘图方式，徒手绘制的设计比用CAD绘制的设计更加清楚。图12-80所示的建筑边缘元素（庭院景观）如墙体、墙壁、路面铺装、台阶、水池等是手绘的或者是用CAD程序画出，由此可看出两者的差别。必须指出很多人更喜欢徒手绘制总体规划，因为速度更快而且更加随心所欲绘制，如果所有的结构线条都是精确手绘的，那么结果会更加完美。

总体规划中的植物和其他自然元素（软景观）可徒手或者用CAD绘制。若用徒手绘制植物，最好先用圆模板轻轻地描出植物群体以及其中单体的轮廓线（图12-81左图）。当完成很轻的轮廓线时，设计师可以再用钢笔或者软铅笔描一遍，使植物的边界更加清晰（图12-81右图）。这种技巧

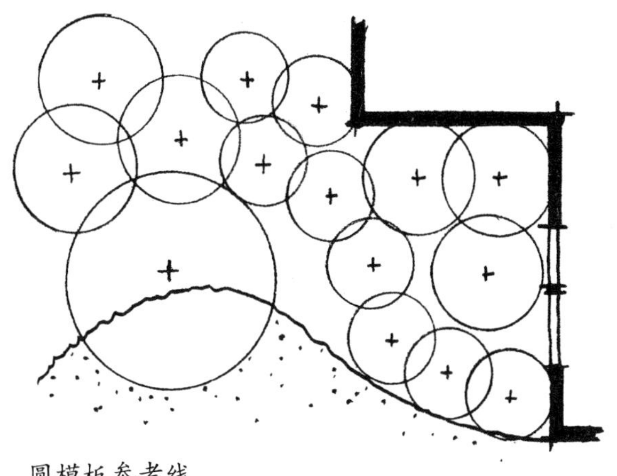
圆模板参考线

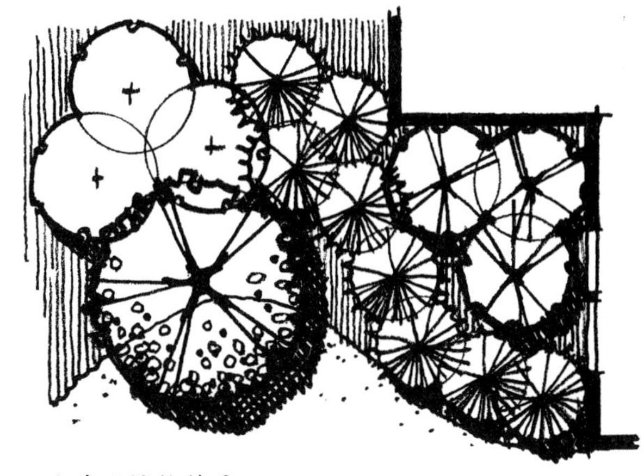
徒手画植物符号

图12-81 在总平面图中画出树木的过程

使植物在图中比结构元素显得更自然一些。植物和其他的一些自然元素则不适合在总体规划中绘制，因为这会使得这些元素显得僵硬、机械。

总体规划必须表达出在此之前的概念设计所表达出的一些基本信息，包括：

A. 用地线和毗邻的街道。

B. 门与窗的房屋外墙。

C. 已经存在的场所元素和特征应该作为设计方案的保留部分（应该在基地设计条件图中出现过）。

1. 公共事业设备：例如空调设备、（制冷）热泵、煤气表和电线杆等。

2. 路面现有的各个领域：例如车道和步行道。

3. 保留现状的植被。

D. 用适当的符号或肌理绘制和说明所有的设计元素。

1. 铺地材料与图案。

2. 墙壁、栅栏、台阶以及其他构筑物；棚架结构需要单独出图，以免与铺地、植物等混淆。

3. 保留原有植被。

4. 多年生植物、一年生植物、装饰草等成片标注。

5. 喷泉、水池、溪流等。

6. 室外照明的位置。

7. 岩石、石块等。

8. 家具、花坛、雕塑等。

E. 总体规划应该用注释或图例在图中注明。

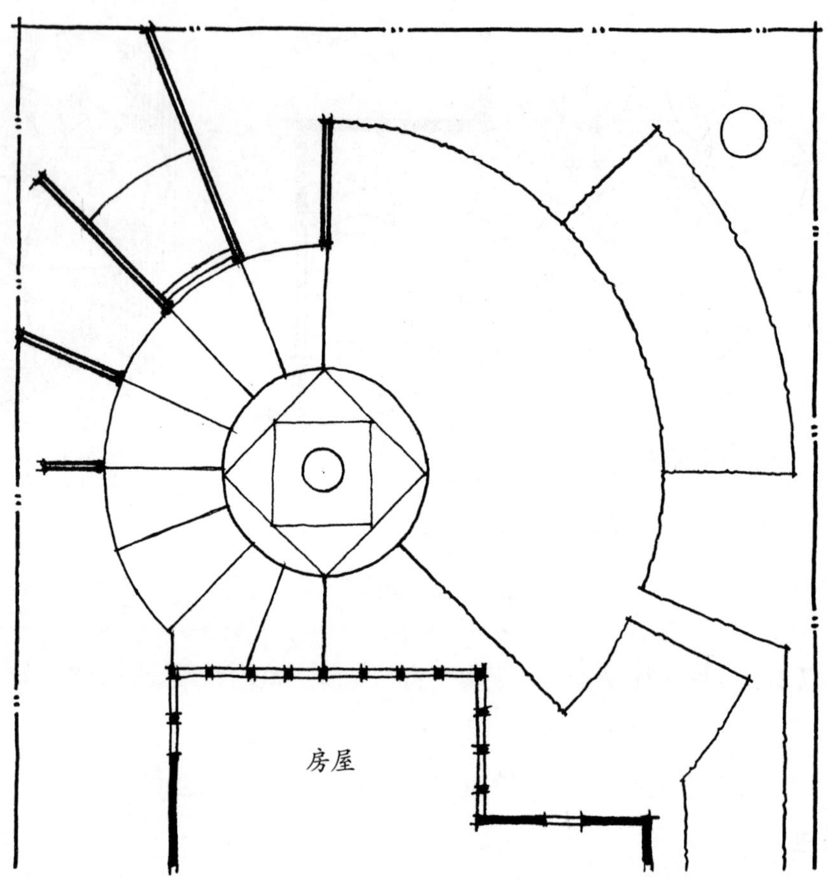

图12-82 部分完成的作为底图绘制的总平面图实例

1. 主要使用领域，如室外入口门厅、生活和娱乐区、露台、游泳池、草坪和花园等。

2. 人行道、围墙、栅栏、棚架等的材料和图案。

3. 植物材料的数量和学名（除非画一个单独的种植平面图）。

4. 粗略估计地面上各点高程和等高线。

5. 墙壁、围墙、台阶、长椅等的高度。

6. 其他可以向客户解释说明设计的注释。

7. 指北针和比例尺（图解和文字）。

如果景观设计师预计要画附加的设计图纸，例如植物配置图、平面布置图或高差平面图，总体规划应该先绘制出来，使它作为这些附加图纸的基础。这就需要总平面图起初只画一部分，房屋、用地线以及对于所有图纸都相同的空间的边界和设计元素应该最先绘制出来（图12-82）。标题栏内的信息、指北针、比例、边界线也应该在这一时期完成。然而，不必画出植物、肌理、阴影或标签。这部分完成的总体规划副本应在开始之前完成，并存储在电脑里，以便在后续的图纸绘制设计中作为底图。

完成这些以后，总平面图的绘制可以通过添加植物肌理、阴影和标签等来完成（图12-83）。现在部分完成的总体规划副本可以用于其他额外图

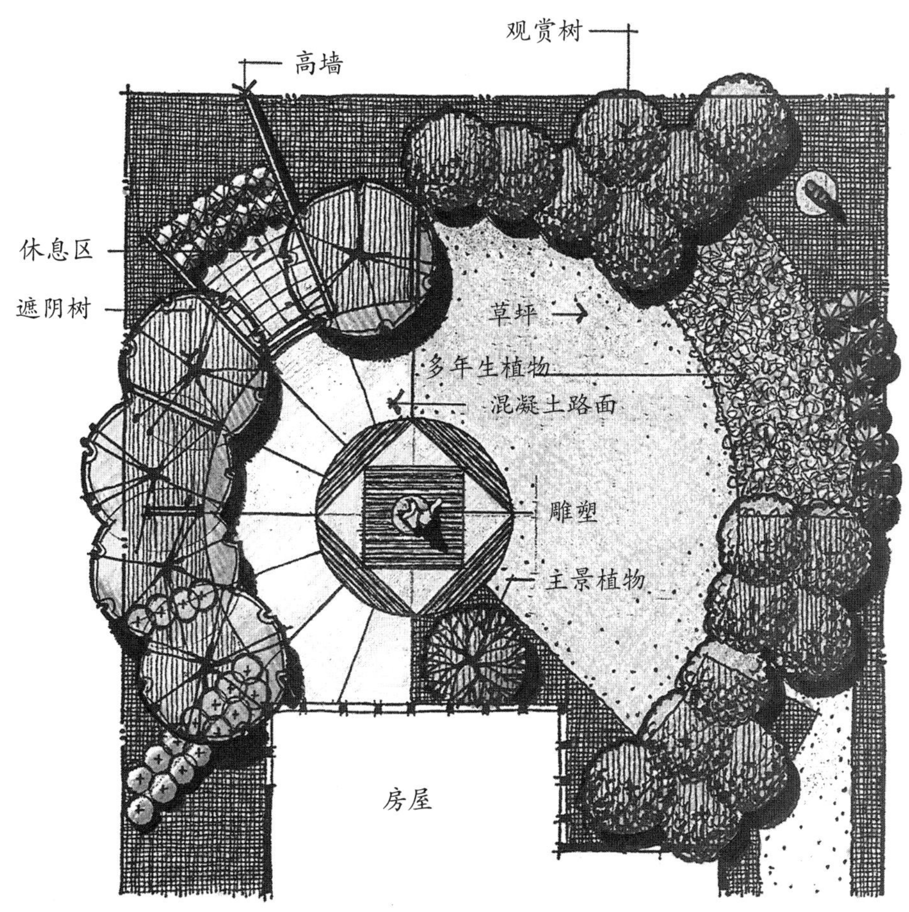

图12-83 总平面图实例（彩图见插页）

纸的绘制（图12-84，图12-85）。这一过程可以节省时间，不必重复绘制总体规划和额外图纸都有的边界线和符号。

邓肯住宅的总体规划

回顾这两个初步设计平面图之后（图11-108，图11-109），邓肯决定选择初步设计B。通过对这个初步设计的讨论，景观设计师肯特试图设计另外一个方案进行一些修改和改进，结果是如图12-86所示的总体规划图。

我们可以看到，这个总体规划方案与之前的初步设计方案非常相似。然而，近距离地观察就会发现大量细微的变化。在前院，对坐憩区的形状进行了修改，植物种植也有所改善。例如，西南角落的大多数低矮的红豆杉和成片的山楂树更加明确，并且加强了草坪区的弧度。西面的房屋处理的方式与初步设计方案相似。沿着房屋东边的区域只进行了略微的修改，工作、存储区和草坪的形状变得更方整，以便与庭院更好地连接。此外，靠近樱桃树的灌木被取消了，从而使这种观赏树更加明显。在后院，完善了许多地方的植物种植。原有的挪威枫树与靠近砖平台的种植区结合在一起。空调附近的植

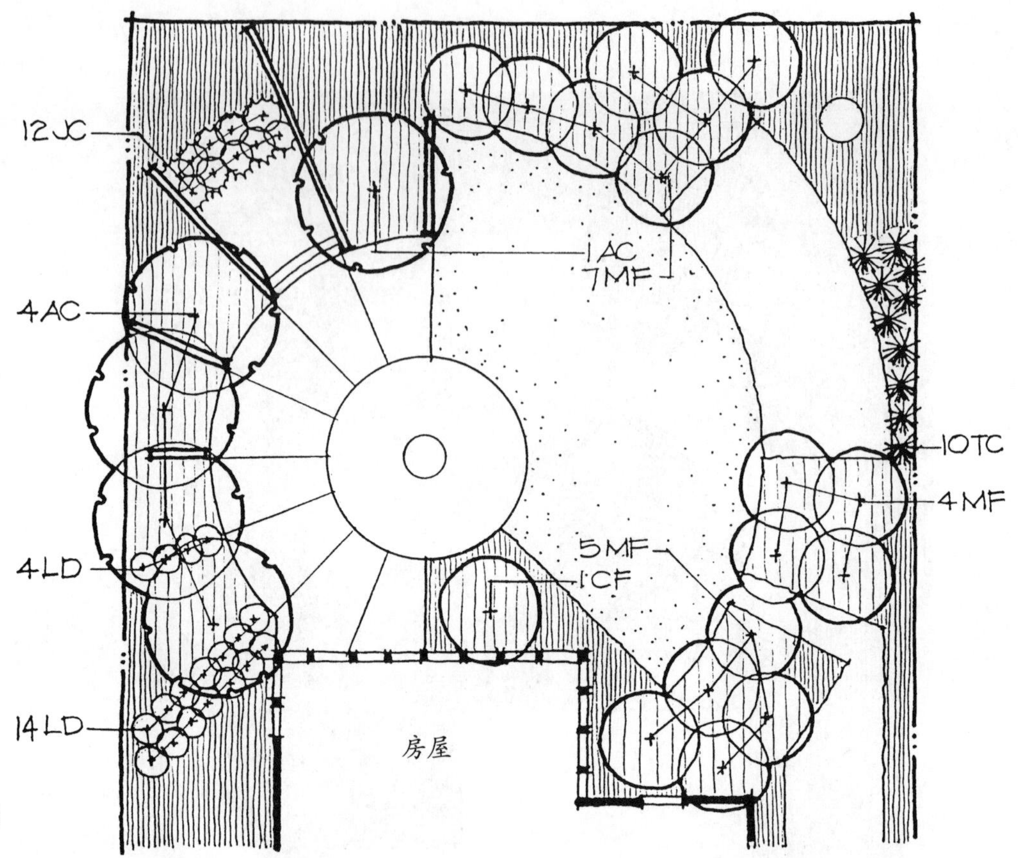

图12-84 植物种植平面图

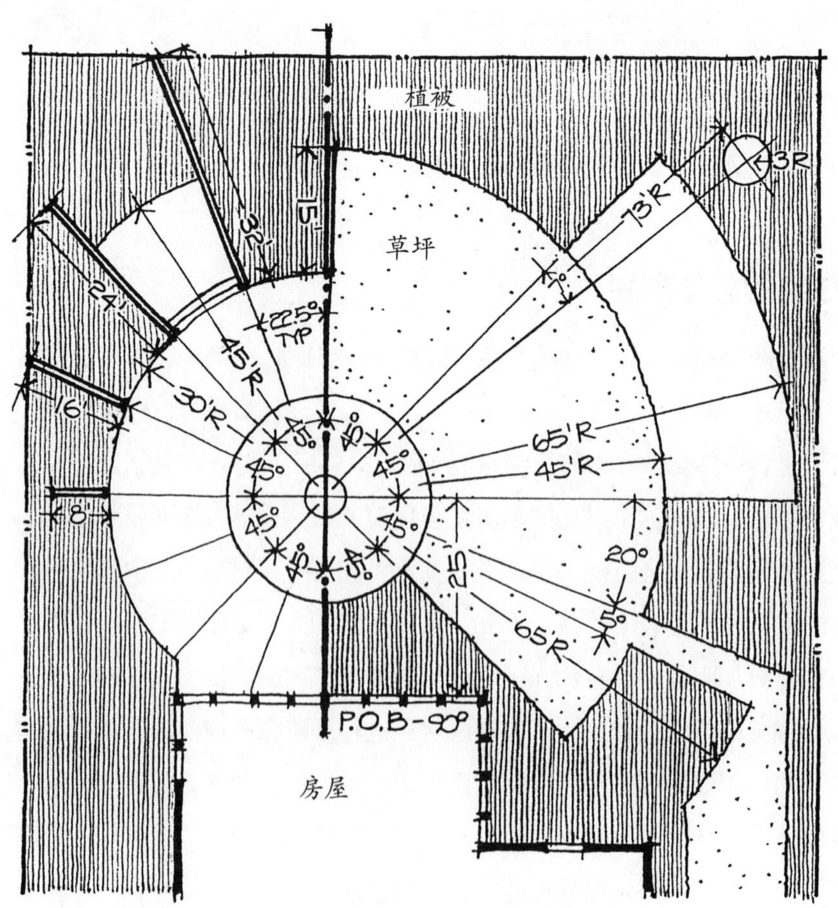

图12-85 定位平面图

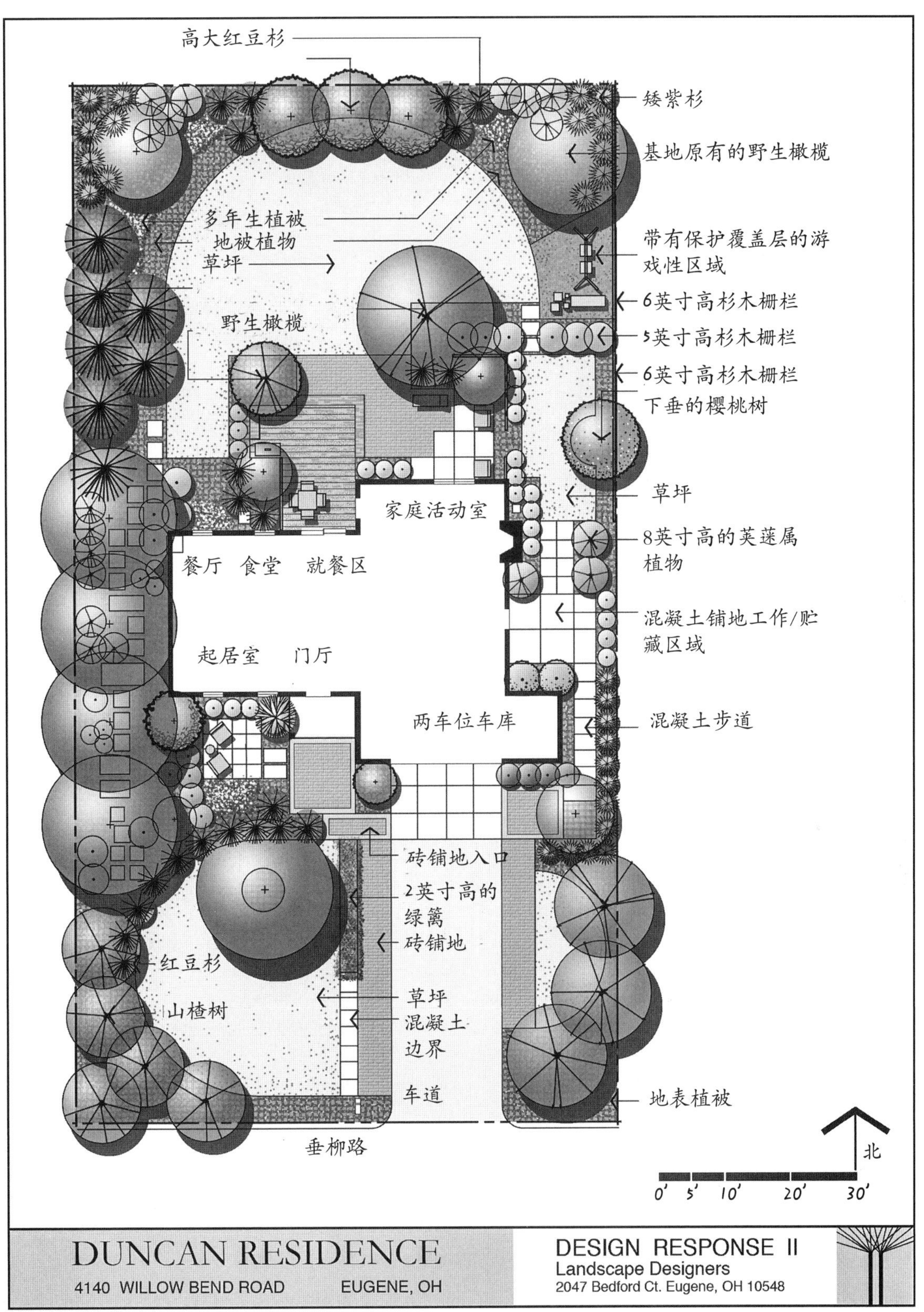

图12-86 邓肯住宅总平面图（彩图见插页）

图12-87 邓肯住宅的凉亭、栏杆和栅栏图案（彩图见插页）

物也已经发生了变化，沿草坪区的北边，种植一片地被植物作为草坪与种植区的边界，在地表植被的后面设置一片高大的多年生植物，在夏季能够提供缤纷的色彩，所有这些的后面均是一片已限定的灌木。

如图12-87所示，位于砖铺露台东边的栅栏和位于木制平台上方的凉亭，露台的栅栏充当了一个隔断，并将露台与旁边的庭院分割开来。从东边望去，它又增加了一个私密空间，凉亭部分开敞，可过滤阳光，并且使葡萄藤得以依附其上，这些构筑物的图案与特征都与矩形的设计主题相呼应。

小结

总体规划的设计过程是设计阶段的结束。之前的所有长时间的辛勤工作到此告一段落，总平面以图形的方式向客户展示平面中实施的一切，他们的基地将会是什么样子的，尽管总平面并不能立即实现，但它确实为住宅基地的协调发展制订了一个长期的目标。它们为室外的环境设计指明了方向，并且在满足基地的特定条件下和客户的特殊要求下，把室外的居住环境设计成一个整体的环境。总平面设计应协调基地与客户要求的双重需要，以构建适于特定环境的景观设计。

总体规划从初步设计的三维框架开始，结合具体的外观设计建议，通过研究每个设计元素的特征、颜色、纹理、图案和比例，选择和协调植物、路面和结构的特性面板，以达到理想的设计。总体规划完成后，设计师基本满足了与客户初次接触的基本设想。

第三部分

应用

13. 特殊项目基地　14. 备选方案设计中的案例研究
15. 景观设计图色彩表现

本书的最后一部分提供了一系列的实例以适用于不同客户和场所条件下的设计程序。每所住宅的场所都是独一无二的，并需要一个独特的设计程序来应用。场所的不同在于场所的位置、大小、形状、周围的环境、植被、地势，以及房屋的建筑风格。同样地，不同的客户在家庭规模、家庭成员的年龄、需求、品位，以及房屋的可用预算上都是不一样的。总之，设计师必须做好准备去面对许多不同的情况，同时创造适合于每种情况的设计方案。

第13章调查研究了特殊类型的住宅设计项目的挑战及设计方针，包括拐角的场所、树木繁茂的地点、倾斜地块以及连栋住宅花园。第14章提出了若干不同的个案来研究设计项目。其中的四项阐明了对不同项目的一系列备选设计方案的探究，这些项目包括了一个前院、一个后院，以及一个公共庭院。本章的最后一个项目提出了一个独特的设计程序，运用透视图进行设计构思以及当作销售卖点。这些草图会随同数码图像上的一次次修改而得到发展。第15章演示了一种技术，即利用彩色铅笔来表现景观设计图，并辅之以实例。本章提供了对常规设计元素的着色方法，包括树木、灌木、铺装、花坛颜色、混凝土、砖块、石头、木制品、水体等。此外，还有一些实例是使用CS和PS等计算机软件来进行着色的方案。

13
特殊项目基地

学习目标

通过对本章的学习，读者应该能够了解：

- 拐角地块的特殊条件和问题。
- 拐角地块的基地开发的设计原则。
- 树木茂盛的基地的特殊情况和问题。
- 树木茂盛的基地开发的设计原则。
- 倾斜地块的独特条件和问题。
- 倾斜地块开发的设计原则。
- 连栋住宅花园基地的特殊条件和问题。
- 连栋住宅花园基地开发的设计原则。

概述

前面的章节针对一幢独栋别墅的设计进行了其理想设计程序及指导原则的探讨。

前面介绍的邓肯住宅的规划设计仅仅是抛砖引玉，以说明设计程序的不同阶段是如何应用于一个实际的项目基地的。在美国与加拿大的郊区有许多与此相类似的单体住宅。二层楼房位于一个面积约1000平方米（0.25英亩）的矩形院落中央，地势平坦的院落被其一分为二，前院邻近公共街道，后院位于住宅后面。与许多住宅基地一样，开始时除了房屋空无一物，像一块空白的画布。邓肯住宅因为相对平坦、空旷的特质而几乎没有什么限制条件。设计师可以任其思路飞驰，运用植物材料、园林小品、地面铺装等构建一处完美的室外景观。

邓肯住宅虽然很典型，但它却并不代表住宅景观设计师所接触到的所有可能的场所条件。其中一些场所可能小些而另一些可能大些。一些场所的一部分或所有部分都有明显的地形变化，而另外一些居住场所大面积地覆盖着树木或是其他的一些自然植被。一些住宅项目被紧挨着的联排别墅限制在一个封闭空间，而另一些项目或被乡村旷野所包围，或面向这些乡村旷野。总之，景观设计师会接触到各种基地条件。为创造一个优秀的总平面图，每一个场所条件都需要对设计过程进行相应地调整。这一章节的目的就是为了说明，在前几章中所提到的设计过程以及指导原则经过怎样的修改才能适应特殊条件下的基地。

街角

大多数郊区的地块都做了规划，大多数地块都与邓肯住宅很相似，一面邻近公共街道，其余各面与邻舍毗邻。然而在大多数细分的地块中都有一小部分位于交叉路口的拐角处。拐角地块一般都是方形的，并有两面邻接公共街道。这种地块形状能产生许多特殊的基地条件，需要特别注意。

特殊的基地条件

有两个前院的基地。拐角地块所具有的特征之一是，它面临两条相交的道路，因此它有两个“前院”。拐角地块的临街界线长度是典型地块的2～3倍（图13-1），因此，通常在一个典型房屋中对前院的所有考虑，在拐角地块中都要进行双重考虑。直接面临街道的场地需要规定“控制吸引力”并提供适当的“公共形象”，这就需要额外的努力，并且有时候会有双倍的花销。

基地大部分属于“公共领域”。直接将拐角地块的两个前院相连接，就会有这样的情况产生，基地的大部分面积属于“公共领域”（图13-2）。这也就是说，这一地块的大部分面积是位于房屋与两条相交道路之间。这种情况的产生是由于两条临街界线和后退红线的需求，它们使房屋坐落于基地的后部。这种房屋位置增加了对这一场地的社会监督服务，同时也减少了私密性。在这一场地较大的公共区域中，可能促使一些如草坪娱乐或户外运动这样的活动，这些活动通常是在后院进行。

有限的后院空间。拐角地块的大部分面积位于公共领域，因此，私人

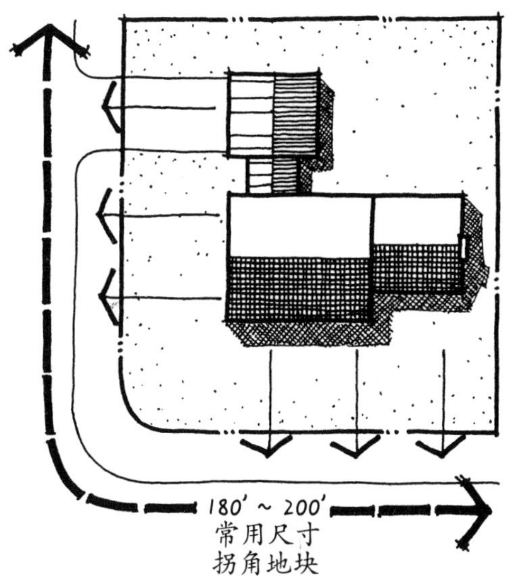

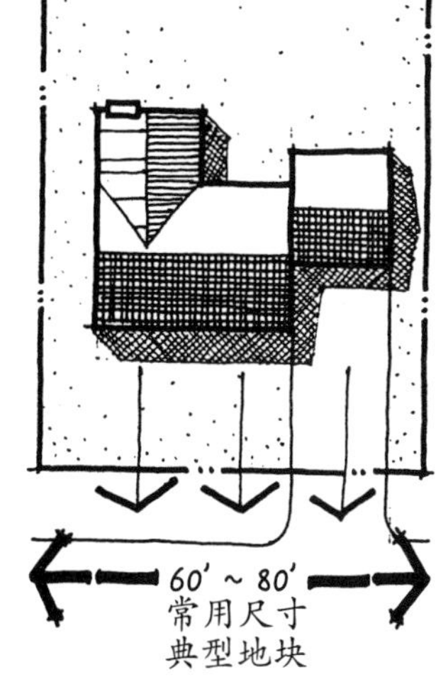

图13-1 拐角地块的临街界线长度是典型地块的2～3倍

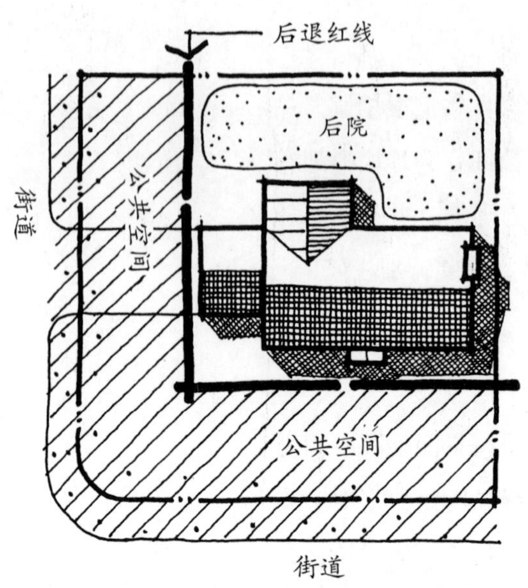

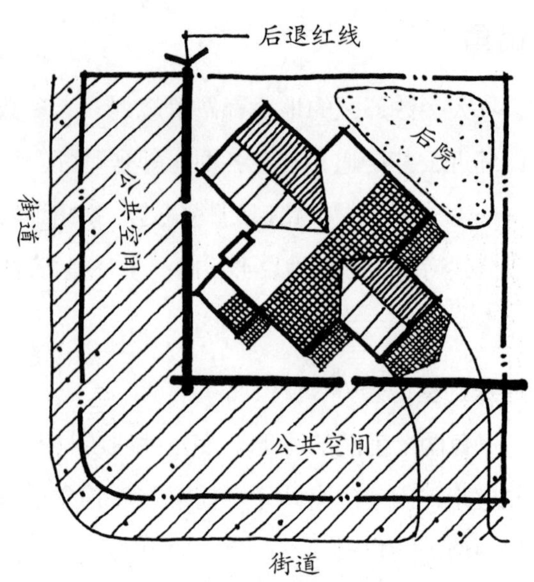

图13-2 大部分拐角地块的面积属于公共领域，后院只有很小的空间可以利用

领域或后院空间缩小到一个相对较小的面积（图13-2）。事实上，一些房屋是这样坐落于拐角地块的，它们的后院被缩小到标准侧院的尺寸大小，只给户外活动留下了较小的空间，通常有平台、露台、娱乐草坪、菜园等户外活动的场地，其尺寸会被大幅度地缩减，或被移到临街的一面，或者全部被取消。

易混淆的前门。两块临街的空地有时会令人产生迷惑，哪里是房屋的前面，哪里是进入房屋的最佳位置——从街道还是从车道。这种迷惑的产生有很多理由。一个原因就是位于一些拐角地块的房屋，它的前门一面临街，而车道连着另一边的街道。迷惑的另一个原因是，位于拐角地块的房屋有好几个门，一个面临着一边的街道，而另一个却面临着另一边的街道。那么究竟哪一扇才是前门呢？除非入口处有明显的区别，这样第一次来访者才不会从错误的街道进入这个场地，也不会到达不适当的入口。

缺乏私密性。因为毗邻两条街道，并且房屋与后面、侧面的建筑控制线特别接近，由此而产生的社会监督服务不断增加，故拐角地块的私密性也在减少。在一些拐角地块，从街道而来的视线不仅能延伸至前院，而且能够直接延伸至后院（图13-3）。在这种情况下，几乎可以从地块的三个不同方向看到房屋和院子。此外，缩小的后院空间很容易使视线、声音、气味不断传入邻居的院子。有限的面积同样意味着屏障植物的空间也很小。因为直接将房屋的背面定位于朝向邻居房屋的后院，所以房屋另外一个角落的私密性也随之减小（图13-4）。产生这种情况的原因是，从房屋的后窗和后院可以直接看到邻居的后院。

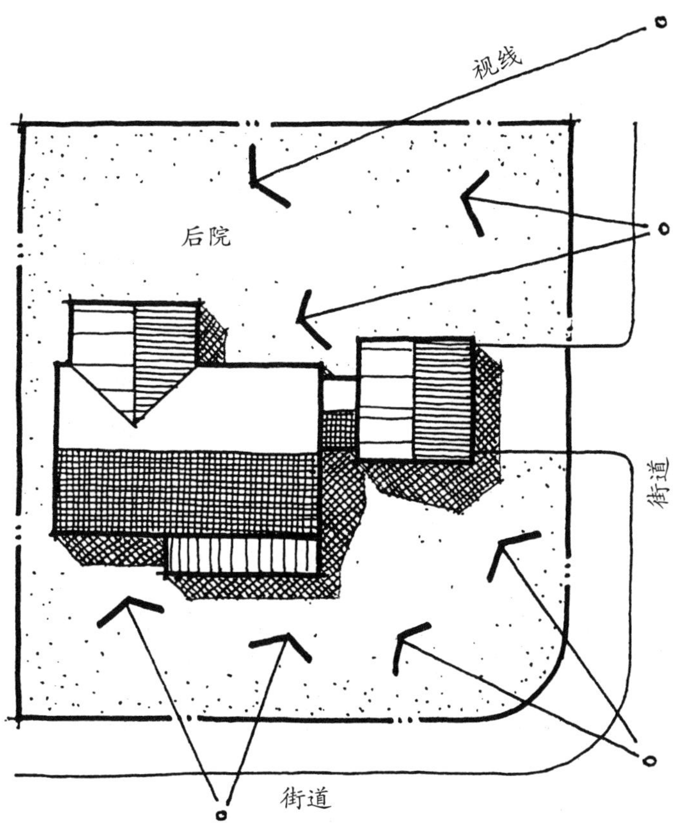

图13-3 从相邻街道投射而来的视线，不但能延至前院，而且能延至后院，因此减少了私密性

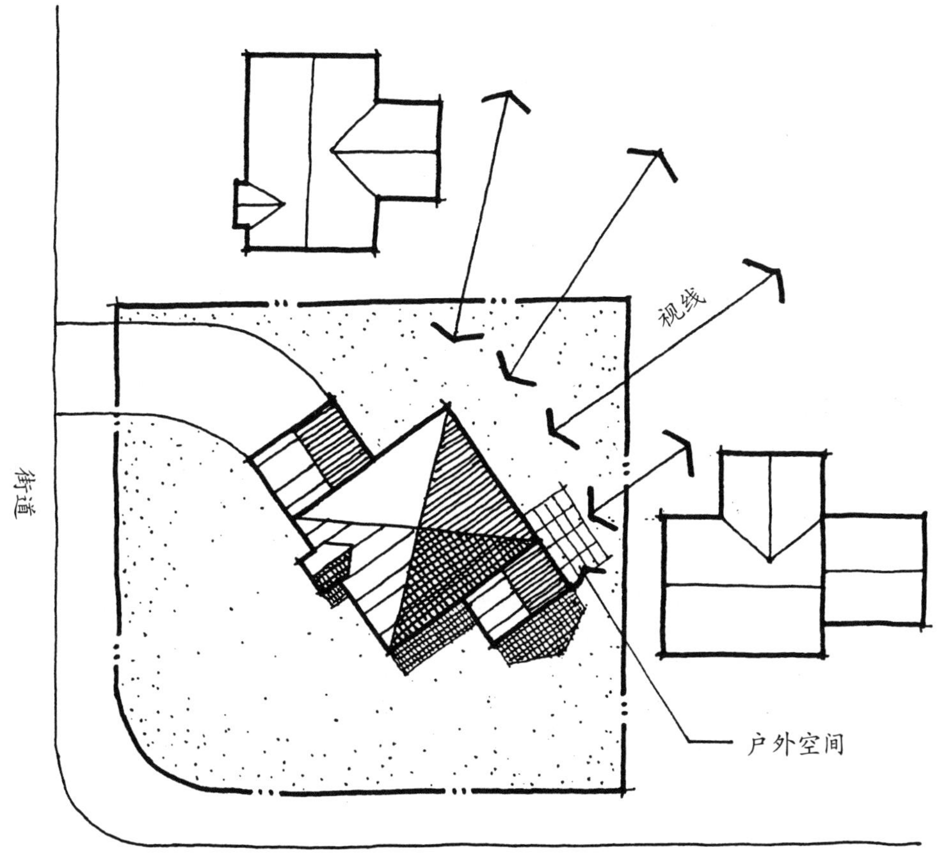

图13-4 因为房屋朝向邻居的后院，所以一些拐角地块的私密性大大减少

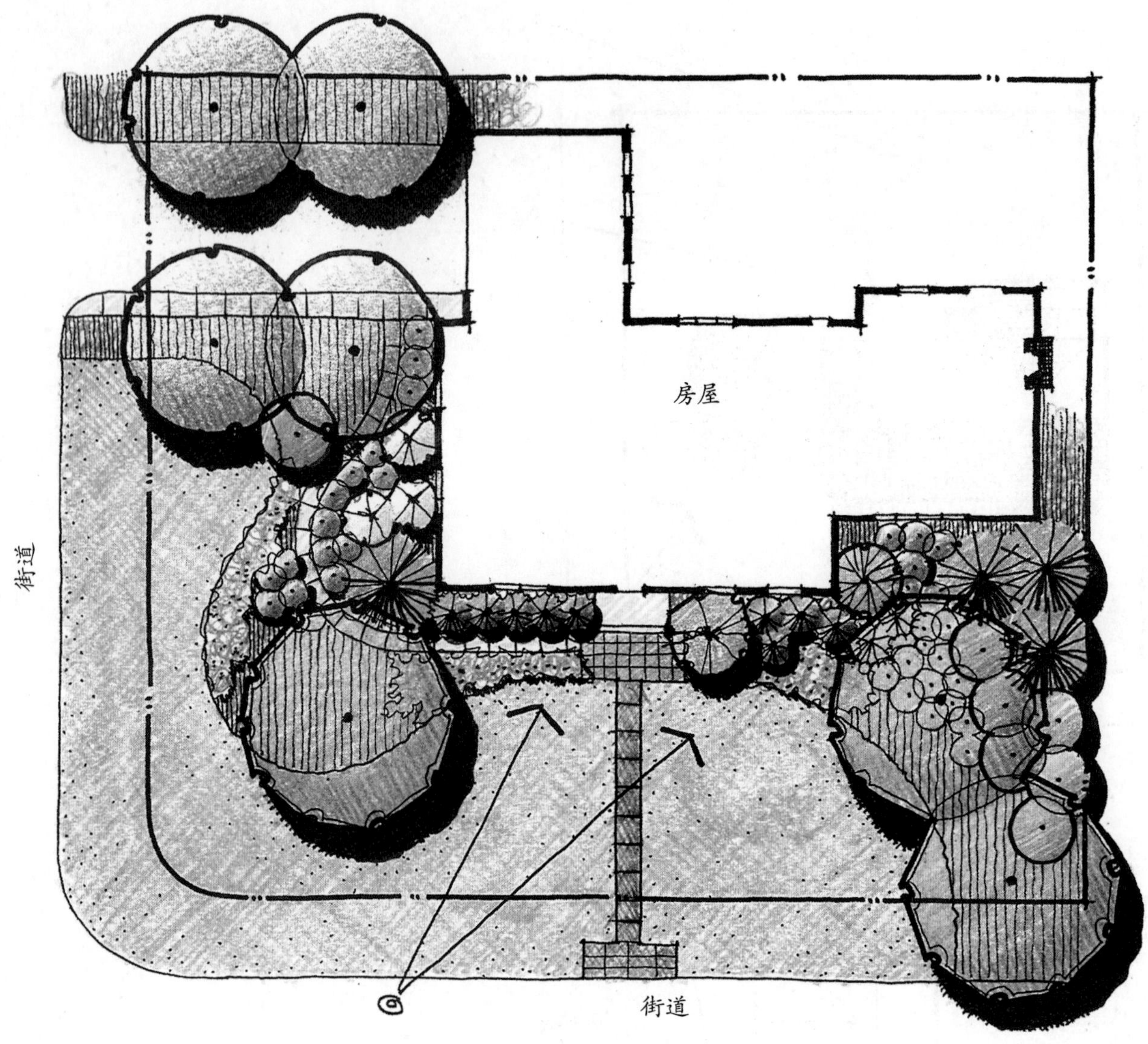

图13-5 前门处应该重点强化，以吸引视线与来访者（彩图见插页）

设计原则

街角场地的设计将面临一系列的挑战。以下的设计原则作为一种方法而提出，用以说明与街角居住房屋相联系的那些特殊的基地条件。

统一沿街布置。街角地块处的基地设计中，应该通过一系列的设计形式与材料色彩来统一两个沿街布置（图13-5～13-7）。对一个设计师来说，将两个临街区域作为一个整体来进行处理是非常重要的。这样，房屋与地块看起来就像是一个统一的基地，而不是两个对立面或是毫无关系的区域。即使面向街道的房屋前面与侧面有明显的方位之分，也要将其作为一个整体来进行处理，而面向两条街道地块的统一组合，可以使这个房屋与宅院无论从任一角度看去，都会获得一种连续的“公共形象”。

建立一个重点的层次。在一个已选定的地方或在一个统一的沿街布置

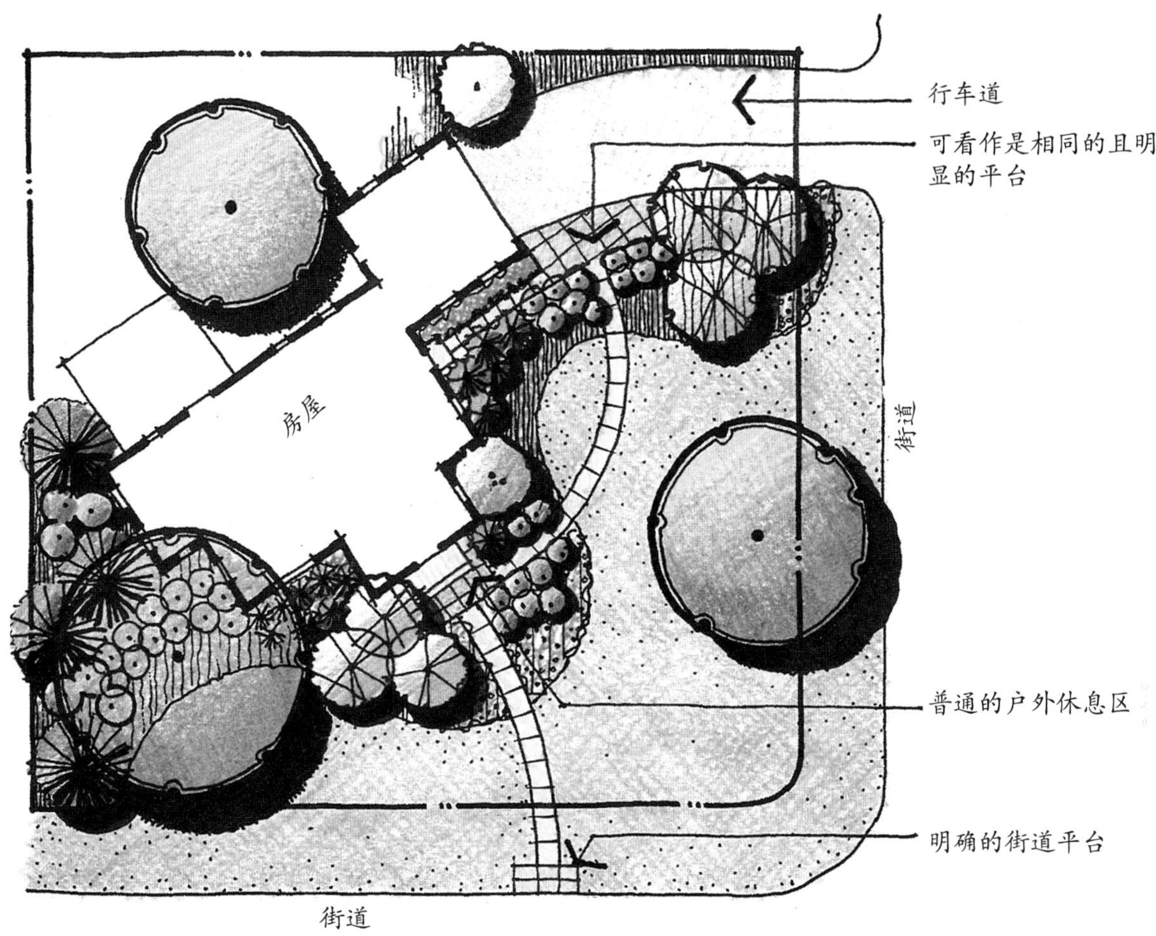

图13-6　两条人行步道非常必要，并且在靠近前门设置一个普通的户外入口休息处（彩图见插页）

范围内，应该设置相对的重点。房屋的前面以及与它相联系的入口处，应该在视觉上加以强化，从而引导视线，使来访者到达前门（见图13-5）。这一概念的确定，会避免沿街地块可能出现的单调形象。

明确入口人行步道的位置。需要清晰地确定一个人从哪儿、怎样进入房屋的前门，尤其是当人们无法从各个入口点立即看到房屋的前门时。除了在视觉上对前门加以强化之外，设置及设计入口人行步道也是非常重要的，这样可以使客人及服务人员很容易找到通往入口的路。拐角基地通常需要设置两条不同的人行步道。一条人行步道应该直接从一条街道延伸至前门，并且用艳丽的植物、局部照明、标识牌等进行重点强化，以表明它的重要性（图13-5）。另一条人行步道通常有必要从车道处进行设置，同样，它也需要清晰可见，并且直接通往前门。这两条人行步道在一个普通的户外休息区应该相互联系，使每个人在进入房屋时都有相同的感受（图13-6）。

在前院中有选择性地设置使用设施。因为后院的空间通常是有限的，所以设计师应该考虑在更多临街的公共空间中设置恰当的使用设施。如果在靠近街道一面建立恰当的分隔与屏障，那么就可以在毗邻房屋的公共部分设置小的休息或就餐的场所。理想的情况就是创造一个空间，一部分与街道隔离，但又可以看到些许外面的景观。当坐下休息时，三四英尺高的植物、墙以及栅栏能够提供一定的隔离，但仍然可以使户主看到前院与街道其他各处的景观。这种设置可以使户主直接与街道活动进行联系，而不会使私密性受到损害。沿着一条街道的草坪可以用于娱乐。同样，如果当地规划部门允许的话，可以用植物或结构物使公共活动空间与街道隔离。

建立私密感。在拐角地块建立私密性非常有必要，由于房屋位于拐角处，它的私密性经常受到损害。在相邻的街道以及邻居的房屋之间都应设置一定的屏障来加强私密性。如果当地规划部门允许的话，就可以在选定的地方沿着街道或人行道的边缘，设置墙、栅栏或篱笆（图13-7）。为了

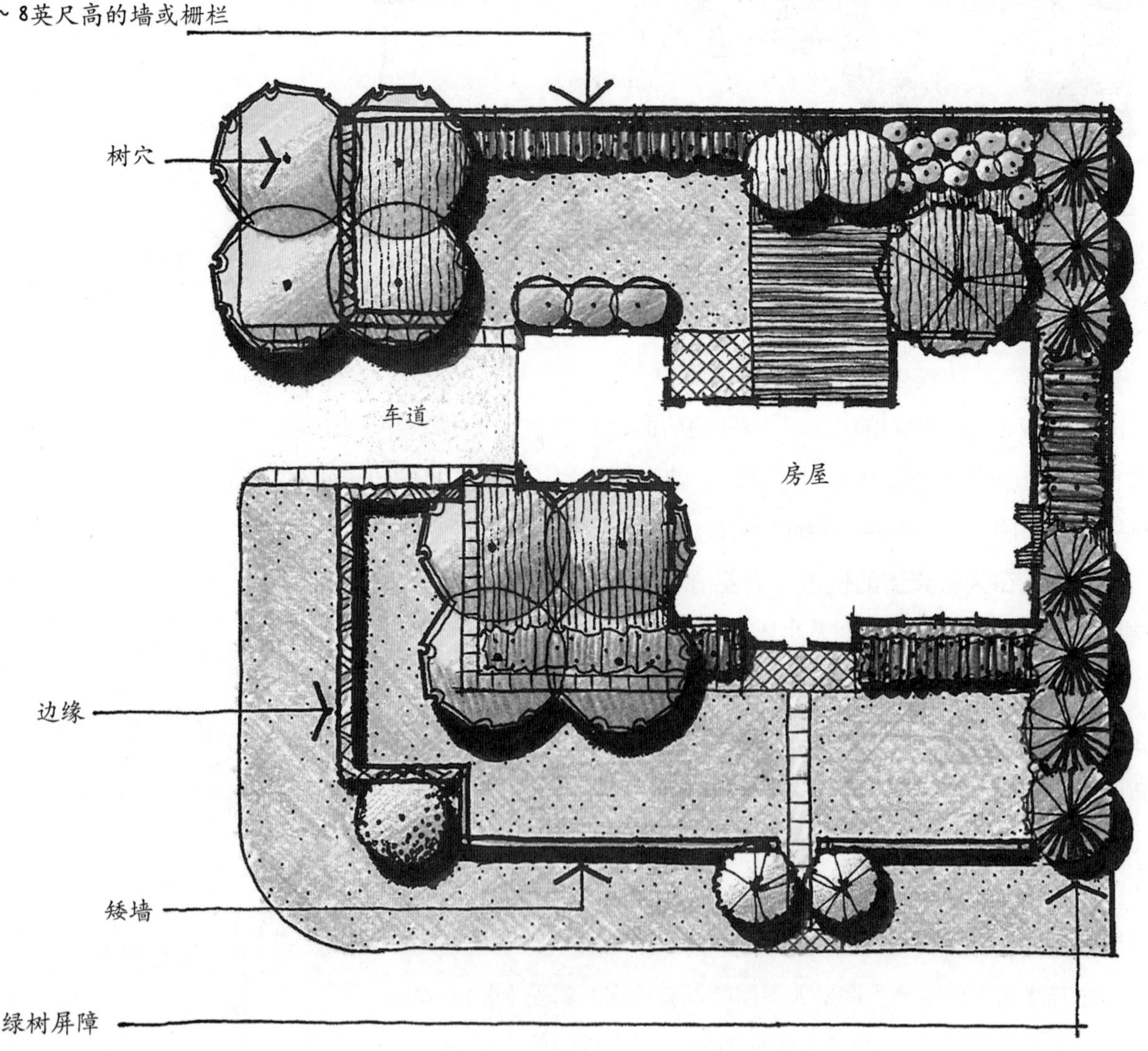

图13-7 可使用墙与栅栏将院子空间与相邻的街道进行分隔（彩图见插页）

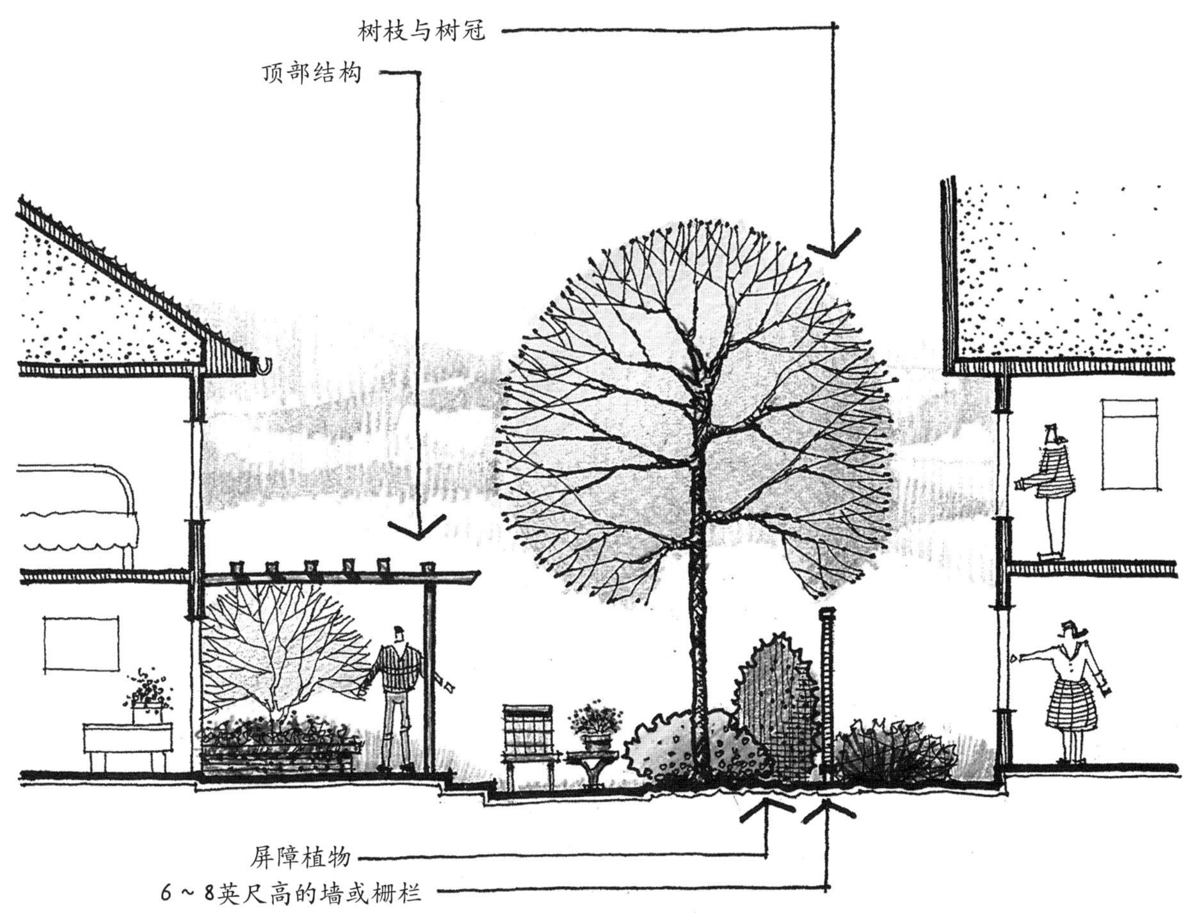

图13-8 在后院中应使用顶面结构以及栅栏与墙，从而与附近邻居之间建立起一种私密性（彩图见插页）

使场地与街道进行隔离，即使一个两三英尺高的低矮垂直面也可以起到隔离的作用，同时使房屋的院子部分与公共街道隔离开来。在后院中沿着控制线设置屏障更为重要，因为房屋与地块控制线非常接近，并且缺乏户外空间。在这种情况下，墙与栅栏通常是最好的解决方法，因为它们可以使房屋与邻居之间建立结构牢固的隔离物，而无须占用更多的空间。除此之外，设置顶部平面来隔离附近房屋上部楼层人的视线也是非常必要的（图13-8）。

将后院城市化。通常后院的尺寸很小，往往将拐角地块的后院看作是一小块的城市空间，而不只是一个典型的郊区后院（图13-9）。因此在这一空间，应该缩小或完全消除草坪的占地，取而代之的应是一系列设有铺装的户外休息处、娱乐场所以及饮食空间，对这些活动的设置，都应考虑在其垂直面以及顶面进行详细的空间围合设计。一般用植物在墙、栅栏、顶部棚架处进行处理，创造围合空间与邻居进行隔离。吸引人的地面铺装应该主导院子的平面，并用精心设置的树、池进行平衡。如果对拐角地块处的后院进行恰当的处理，那么就可以将其视为建筑的延伸，无论在视觉上或

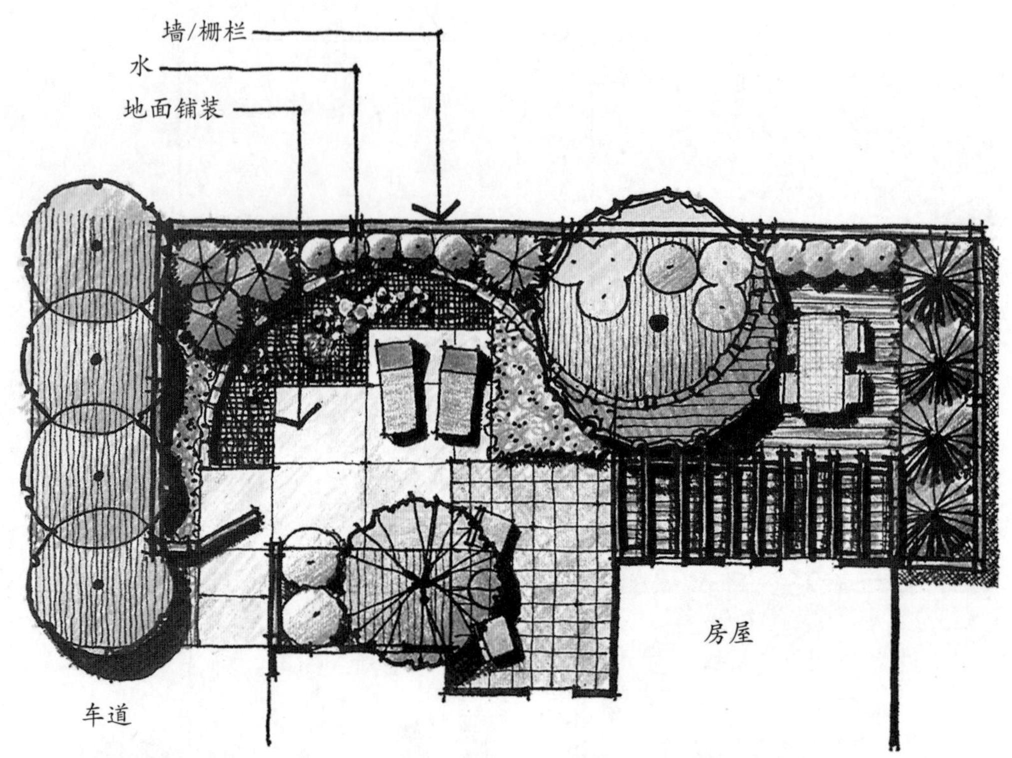

图13-9 将拐角地块的后院看成是城市花园，并设置一系列具有良好限定的户外空间（彩图见插页）

在功能上，都可将室内空间引入室外（详见本章“连栋住宅”）。

林地

一种情况，许多郊区地块，像邓肯住宅一样，所处的环境，或者在开发之前就缺乏树木，或者在开发的过程中已将树木清除掉。无论在哪一种情况下，对一个郊区独户家庭的住所基地进行总平面图设计时，往往很少或者没有树木。而另外一种情况却是居住房屋被设置在林地中，现存的树木将其部分甚至完全覆盖。多年以后，保留的现存树木已成为基地中不可缺少的一部分，那时我们才知道正是现存树木创造了基地独特的环境。

特殊的场所条件

小气候。落叶树的存在创造了不同的小气候，在一年四季中交替变化（图13-10）。夏季树冠中茂盛的树叶遮挡住太阳的强光，而在其下产生一个相对阴暗、清凉与干爽的环境。同时，阴影区内的气温比太阳直接照射的地方要低5～8℃。在林地中，这种小气候通常令人感到很舒适，并且为家庭空调节省了费用。冬季树叶落光后，可让大量的阳光直接射入。在这个季节中，当我们需要暖意时，阳光的直射可满足这种需求。因此，落

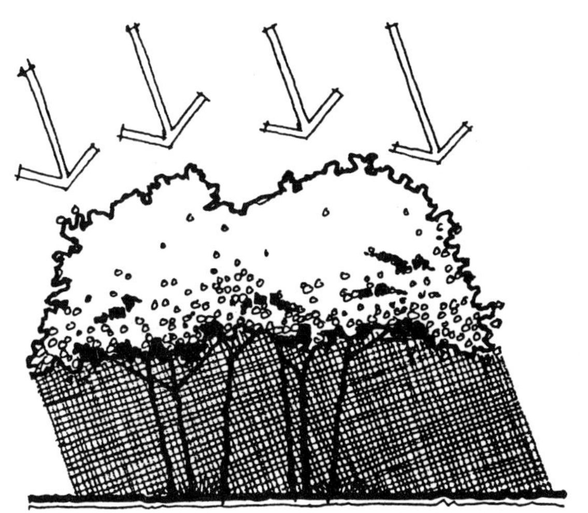
夏季，落叶树遮挡住阳光，创造一个阴凉的空间

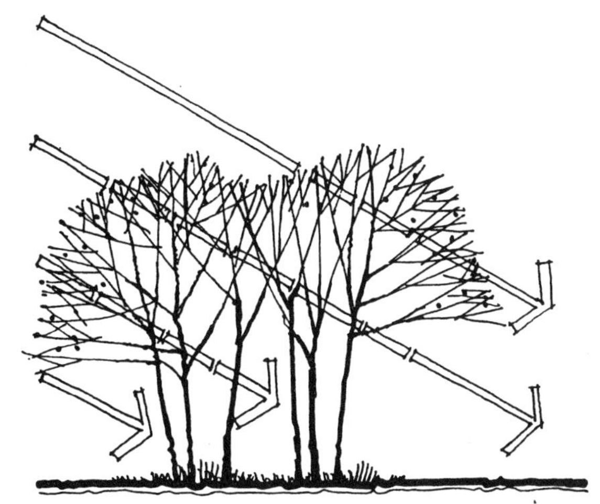
冬季，树木允许阳光射入，产生温暖的场所

图13-10 在一个居住场所，落叶树的存在将会创造不同季节截然不同的小气候

叶树的存在不但能满足室内对阴凉与温暖的需要，也能满足室外空间的需求。

树根。在林地周围，树干通常是最基本的结构元素。大多数树根在地下交织形成复杂的网络，并直接位于树冠下的土壤中，有两三英尺深，还有一些树根延伸到树冠之外的土壤中（图13-11）。除了给予结构上的支撑作用之外，树根还是树木的养分、水以及空气的来源。在有落叶及疏松肥沃的土壤层中，充足的养分使树根保持健康。树根也需要在土壤中有足够的空气和水分。它们及它们所支撑的相关树木，很容易受到土壤的密实度以及地表面排水系统的影响。

视觉隔离。小树丛可以使房屋与附近的房屋以及相邻的街道产生视觉上的隔离。一组树干的功能就像是一组柱子，可以限定空间，也可以使空间彼此分隔。然而，树干不要过于密实，以免形成完全的视线遮挡屏障，它们最好起到从一个空间过渡到另一个空间的暗示作用。因此，即使一个林地中的基地并没有完全与它所在的环境隔离开来，也可以产生隐蔽与私密性的感觉（图13-12）。

设计原则

为了保存以及美化现存的树木，在设计过程中林地需要特殊的考虑。我们将用大量的设计原则来实现这样的要求。

缩小草坪面积。在林地场所中，典型的郊区草坪应该被缩小，甚至是取消掉。有很多理由可以解释这种做法。正如已经证实过的，夏季林地中

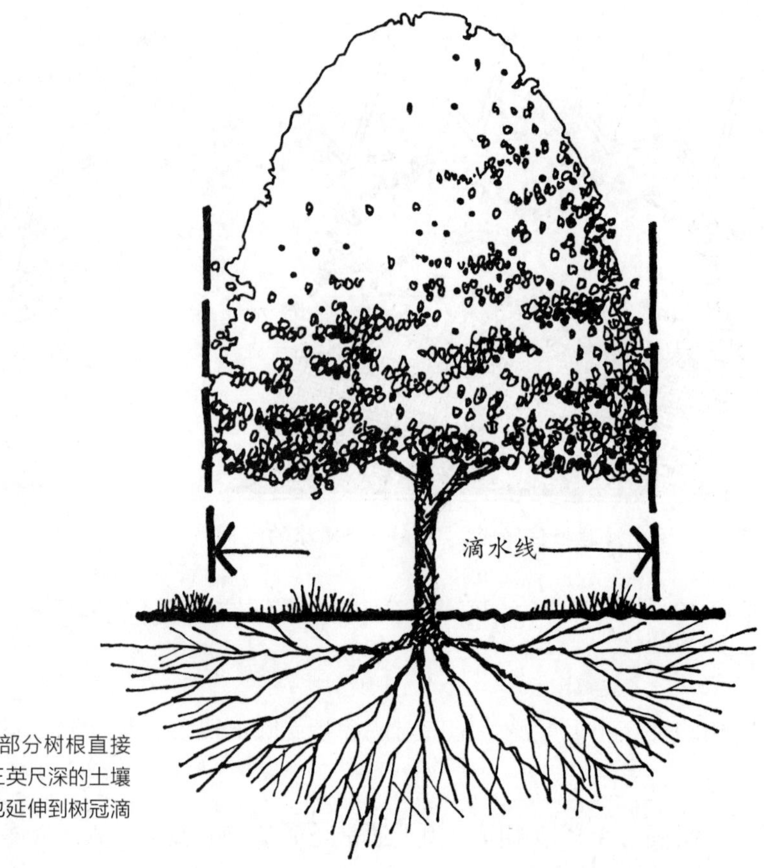

图13-11 大部分树根直接位于树冠下两三英尺深的土壤中，一些树根也延伸到树冠滴水线范围之外

有恰到好处的阳光，以及相对来说较为干爽的土壤条件。即使草坪能够适应林地中的阴凉，却也要经常与树木争夺营养。仅仅树木茂盛的环境并不益于草坪的生长。此外，种植草坪时通常需要移动下层植被，并会破坏地表土壤。下层植被的减少，会破坏生态林地的整体平衡，并使林地的再生能力下降。地表土壤的破坏会伤及树根、改变排水模式，两种后果都会使树木受伤甚至死亡。

图13-12 一组树干，可以使房屋与附近的房屋产生一种视觉上隔离的感觉

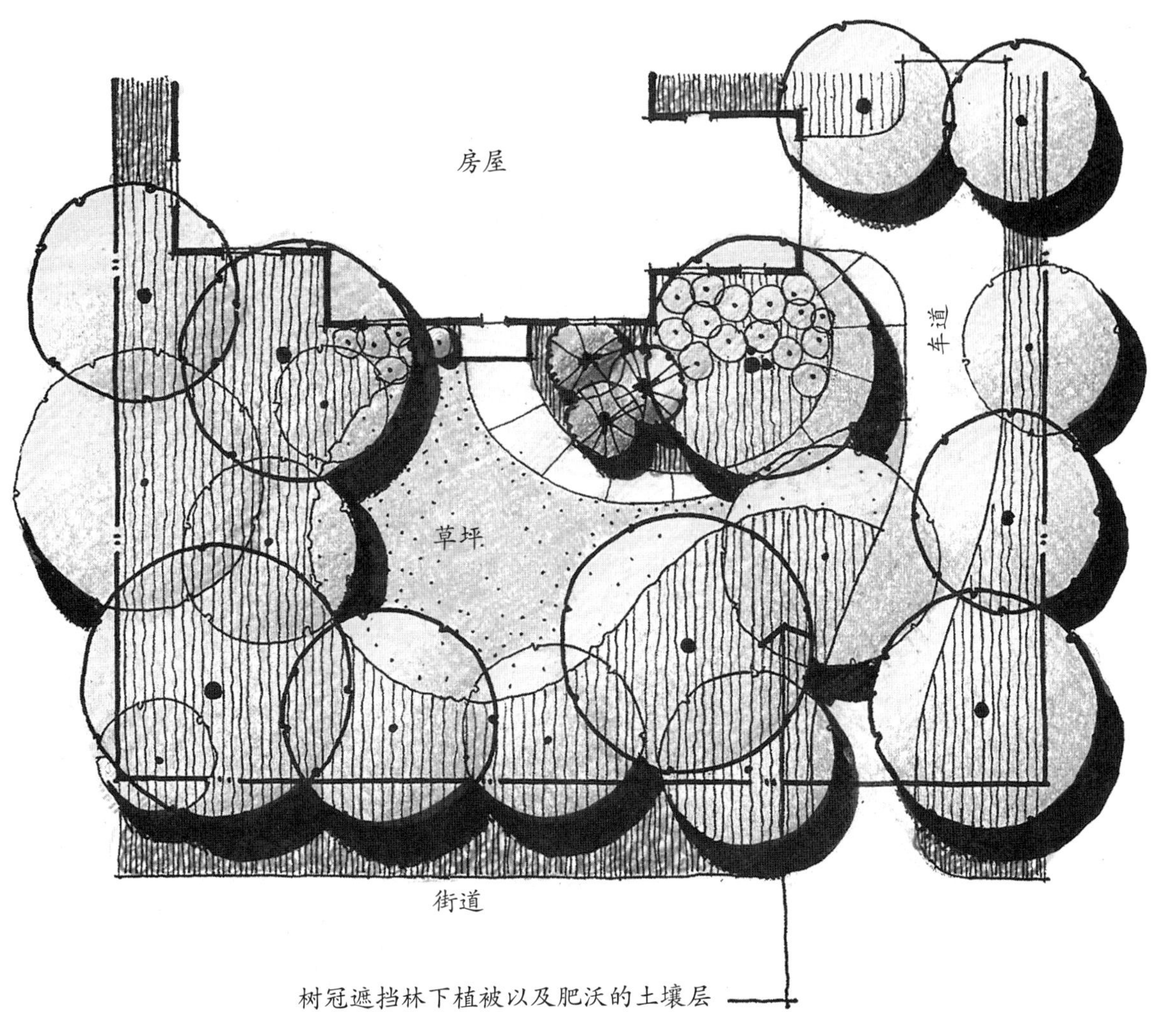

图13-13 在林地住宅场所，应不设草坪或尽量缩小草坪的面积（彩图见插页）

如果实在需要一块草坪，那么应该尽量缩小它的尺寸，并且将它设置在一块夏季时能接收大量阳光的区域。可将它设置在毗邻街道的一面，开敞的街道过道使那儿能受到太阳直射，或者将它设置在接近房屋的地方，可将房屋与保存的林地进行一定的分隔（图13-13）。场地的其他区域可以保持原来的自然状态，有自然的土壤和低矮的树木。

围绕树木进行设计。为了在现存树木的周围设计好户外的空间及功能，我们必须做好每一项工作。同时，需要一些额外的工作。首先，必须对现存树木进行准确定位，然后，在树干之间进行仔细的空间设计，这样就可以对少量的树木进行移动，使之适应外部的环境功能。同时在已铺装过或木板铺设的地面上，设置一些如休息、娱乐以及饮食活动的空间，这对组成外部空间非常重要。现存的树木可能会在这些区域延伸，比起它们不存在时可能会将空间划分得更为鲜明与复杂（图13-14）。在建设中这种方法很可能需要对土地进行一些调整。

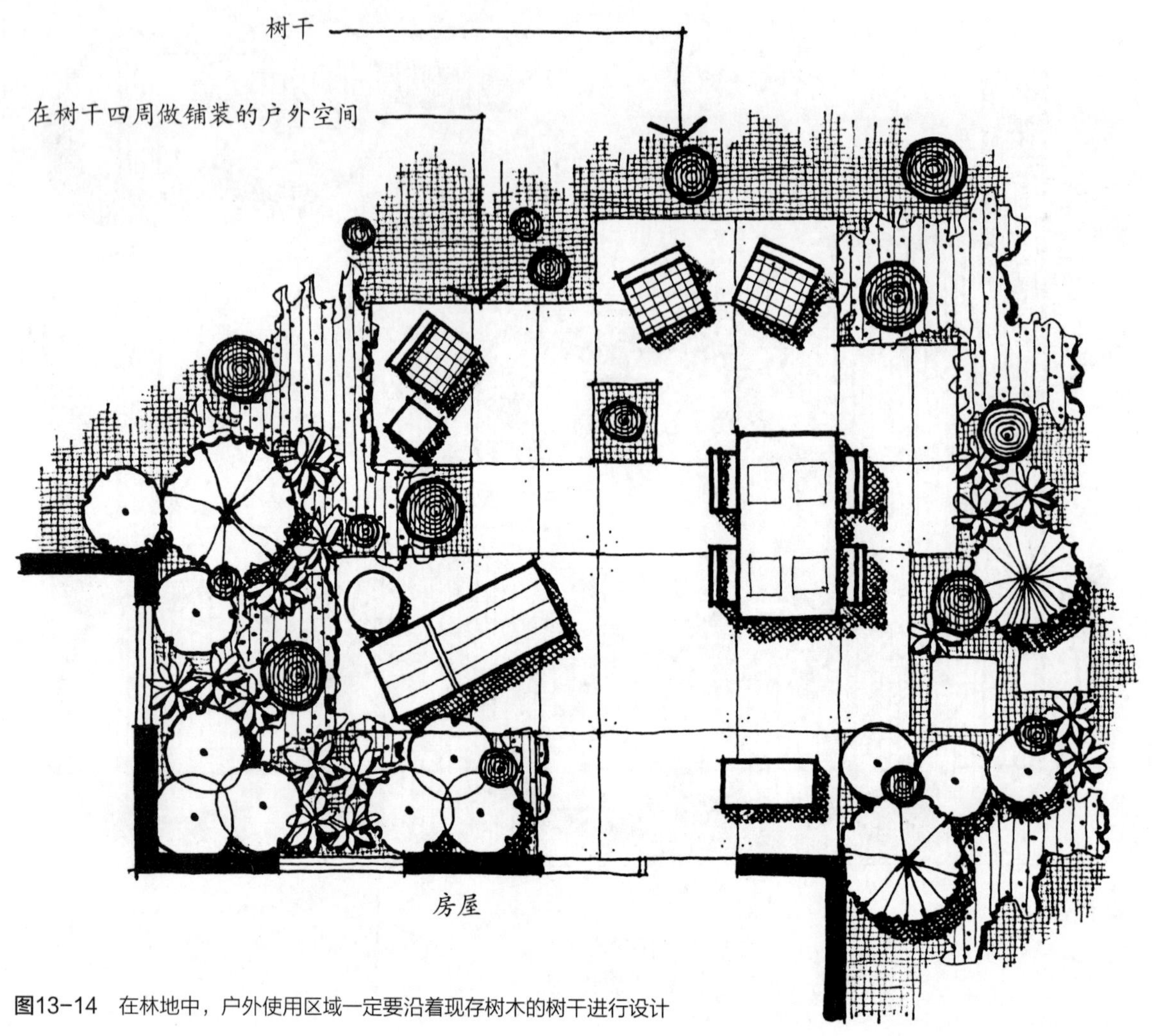

图13-14 在林地中，户外使用区域一定要沿着现存树木的树干进行设计

保留现存的坡度。在林地中，为了尽量减少对树根的干扰，通常要保留一些小的坡地，或是保留一些土地中有变化的台地。如果这个场地上是一座新建的房屋，那么有可能它周围的土地大多被改动过。超出这个建设区域，我们应做出自己的努力，来保持现存的土地状况。如果人行步道、外部空间的构筑物、墙体，甚至草坪都是这一设计的一部分，那么确定它们的位置就更有意义。应尽可能使这些功能符合地形的要求，同时满足恰当的建设要求。如果适当地变换坡度有意义且重要的话，那么尽量用墙或树木来保持树基周围的坡度，至少应该使现存的坡度保留在一棵树或一丛树的滴水线范围之内。不要让树木滴水线以下的空地（土壤覆于现存的地表面）充满物体，因为这样会改变树根从土壤中获得空气与水分的能力。

减少土壤板结。尽量不要使林地场地的土壤板结，因为这样会减少土壤中的空气和水分，同时不利于树根的发展成长。步行交通、各种地面的穿行等，连续地使用与运动会导致土壤板结。偶尔几次穿越林地不会有什么影响，然而在同一块土地上的连续运动，就会影响甚至损害地下土壤。避免土壤板结的一个方法就是在现存的地面水平线上，将步行与户外活动区域抬高，设置在平台上（图13-15）。也许最初打制木桩支撑一套平台系统会产生很多麻烦，但从长远的利益来看，这样能很好地保护地面土壤。这种做法也尽量减少了对坡度的改变，同时可以让雨水等直达地面。

使用喜阴植物。在林地中，我们要仔细考虑选择耐阴的植物种类。林地中有些区域在夏季可能接收不到直接的阳光照射，而有些区域只能在一天中的某一时段受到阳光的照射。我们必须选择一些能适应这些条件的植物。因此，比起典型居住场所中的植物，林地中植物的搭配应该会有所不同。在林地中一般种植场地或场地附近的本土植物，因为本土植物不仅能适应特殊的林地环境，而且看上去它们属于林地环境的一部分。

坡地

坡地是指部分地表面位于倾斜的平面上。通常，地面的坡度大于3%（在水平面100 英尺升高 3 英尺）才会感觉到坡度的存在；当坡度为5%

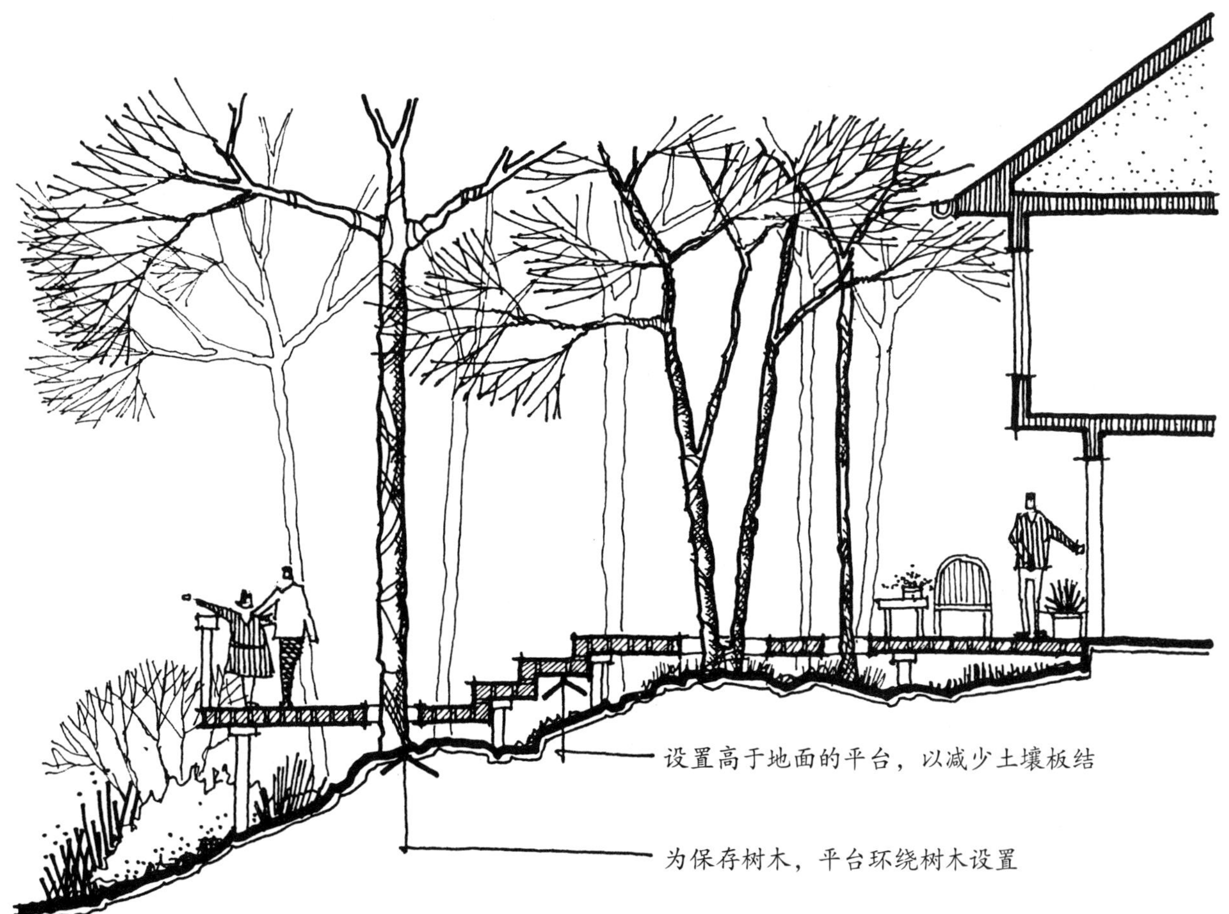

图13-15 在林地中，我们应该将户外使用区及人行步道提升到地面以上的露天平台上，以减少土壤板结

时，才能看到地面有一个清晰的坡度；地面坡度超过5% 时，会更倾斜。当坡度不断增加时，就会很难处理。无论多么陡，所有的坡地场所都有特殊的条件，因此在设计独立家庭居所时，都应对此进行精心考虑。场地越陡，这些条件越明显。

特殊的场地条件

不稳定性。因为一些原因，所有的坡地都给人一种不稳定的感觉。首先，当你站在坡地上，一只脚总是比另一只脚高（图13–16），在坡地上很难有一个稳定的基础。一个人在坡地上行走，必须保证持续而充足的体力，因为总是存在一种要被拖下去的感觉。对放置在坡地上的建筑物或其他构筑物来说，也是有这样的感觉。同样，在设计时，通过在它们的位置处设置平台或通过一些特殊的结构系统将它们与坡地联系起来，使它们获得“稳定的支撑脚”。同样的条件下，我们必须多花一些时间与费用克服坡地的内部不稳定性。

坡地的不稳定性是可见的。当将坡地与平面相比较时，坡地总是在暗示一种运动、一种活动或是一种变化，我们的视线总是随着斜面进行移动，而观察平面时，总是停留在某一点。这种状况在某些情况下让人感到有趣，而在另一些情况下却是很难解决的问题。

下坡方向。在坡地上，无论物体或是视线都有一种向下移动的潜在趋势。很明显，将任何可移动的物件放在斜坡上都有可能向下移动。水、土壤、石头、碎屑等总是倾向于向下滑。另外，在斜坡上人们的视线通常是

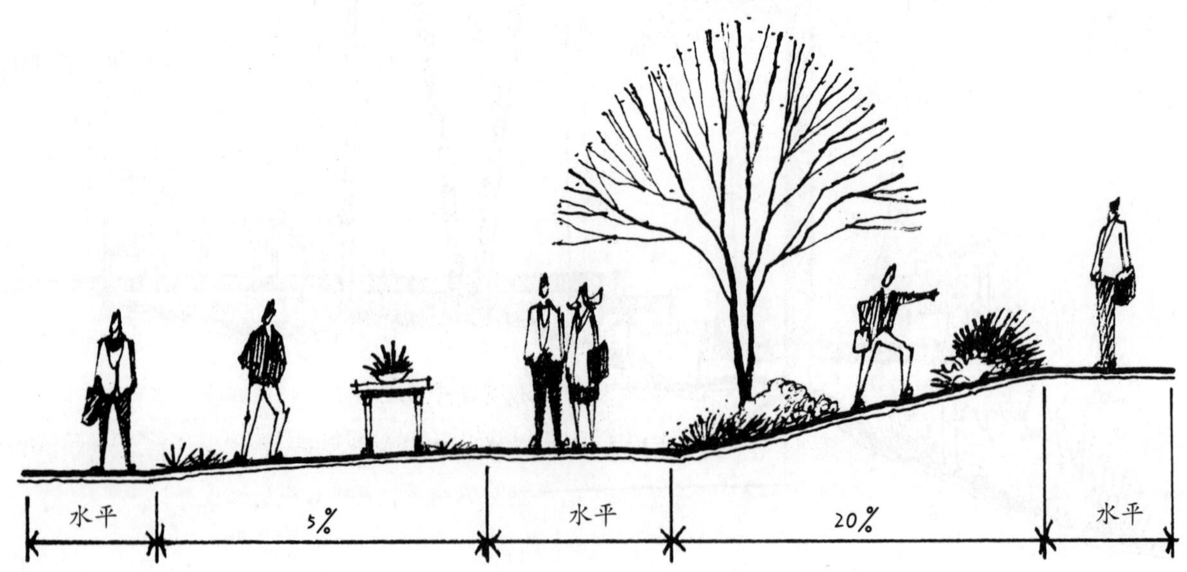

图13–16 坡地给人们创造了一个不稳定的步行条件及结构

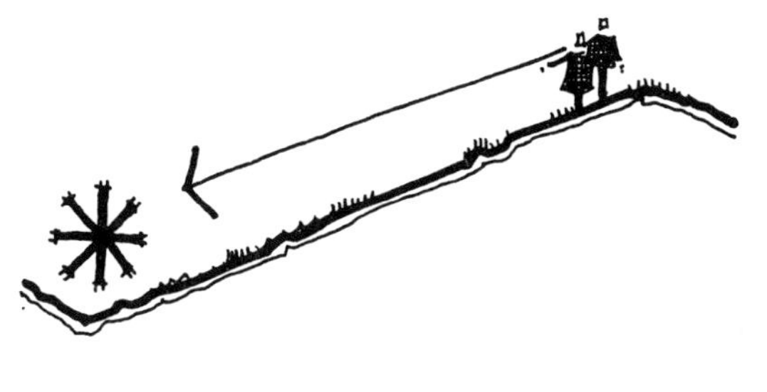

图13-17 在斜面上视线较自然地就会向下看较低处

图13-18 坡地的一些部分常会朝房屋方向排水，因此会产生潜在的湿润状况，并会对房屋及其基础造成损害

朝向低坡处，人们观看坡底处景观区中物体与区域就像是站在户外倾斜的台地上观看景观一样（图13-17）。在较陡的场地中，这种观赏通常可能是将方向聚焦到离景观较遥远的地方。在有明显地形变化的陡坡处，其景观往往很壮观。

排水。坡地处的地表排水是个经常谈到的话题。除非房屋位于山顶处，否则坡地上的某些部分就会朝房屋方向排水（图13-18）。正如第11章中所讨论的，改变场地顶部的坡度，改变房屋周围的地表排水方向是非常重要的。如果不进行正确的处理，那么房屋的墙与地面都会变潮，从而产生不良的视觉感受，而且会危及房屋的结构。当坡地的陡度增加时，排水就成为更棘手的问题。与平地相比，坡地处有大量的地表水以较快的速度流过，因此，在陡坡处要排除更多的水。陡坡处冲蚀的可能性也会增加，因为在大量地表水以较快的速度冲击下，覆土很容易被冲下山。

设计原则

应仔细研究坡地处的设计，并对这一特殊场地条件进行深入的了解。我们下面所提到的设计原则，将有助于完成此项设计。

因地制宜。为了实现坡地的用途，我们需要特别地研究以对坡地进行平整。这应该从我们进行坡地分析的准备开始，即绘制一张表明坡地上不同坡度的地图。坡地分析应表明，场地中哪部分是最陡的，哪部分又是最缓和的（图13-19）。因此，设计师应尝试将适当的用途与基地的条件相搭配，并在场地中对坡度进行最少的变动（图13-20）。例如，一个娱乐性

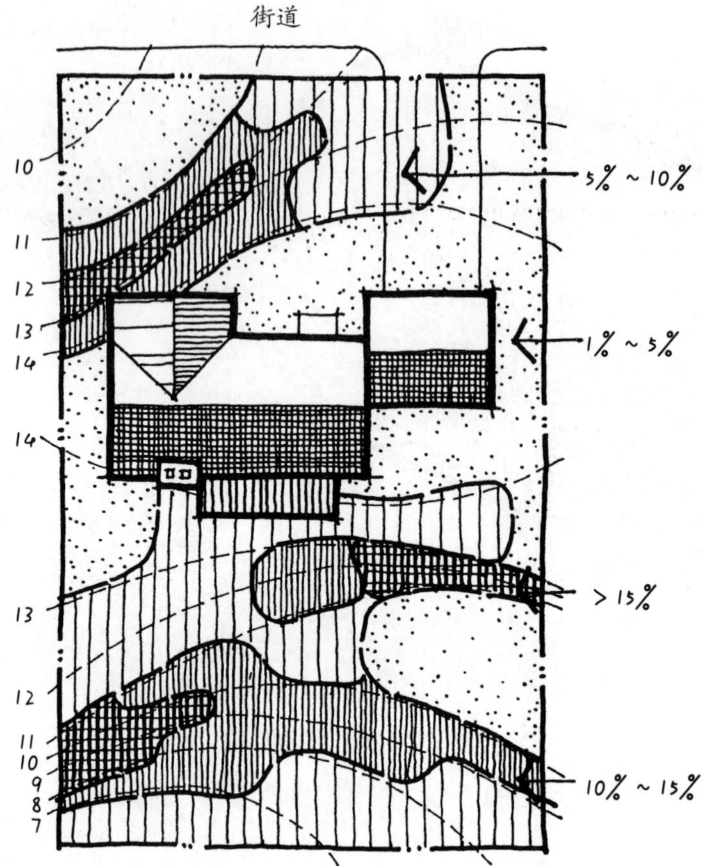

图13-19 坡地分析表明场所中各处的坡度

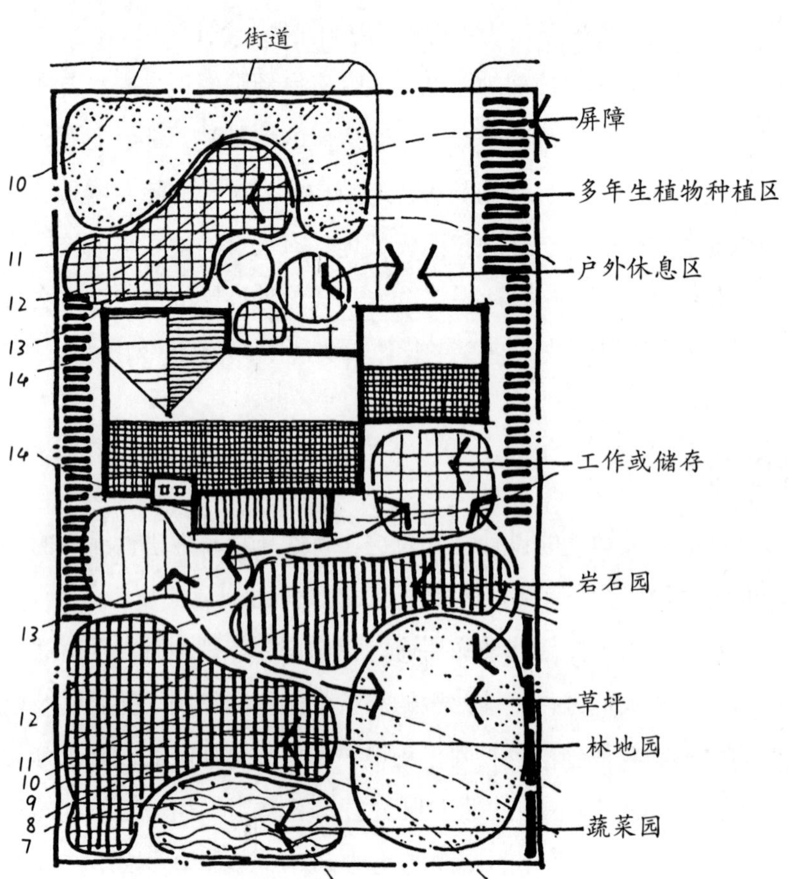

图13-20 应对户外使用区域进行仔细研究，使之与场所中不同坡地条件匹配

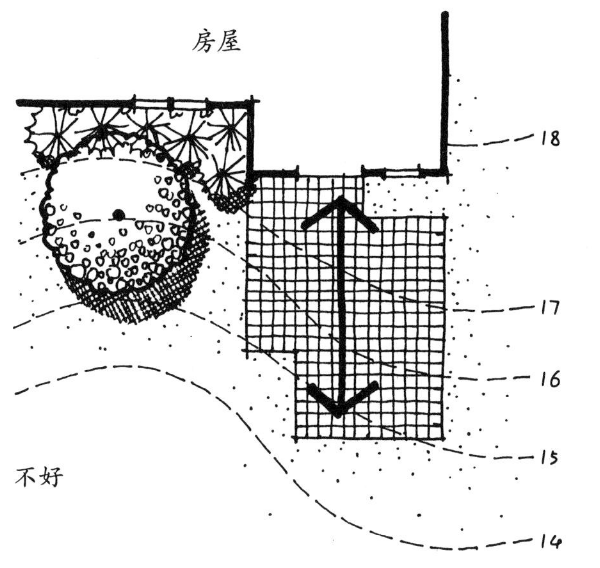

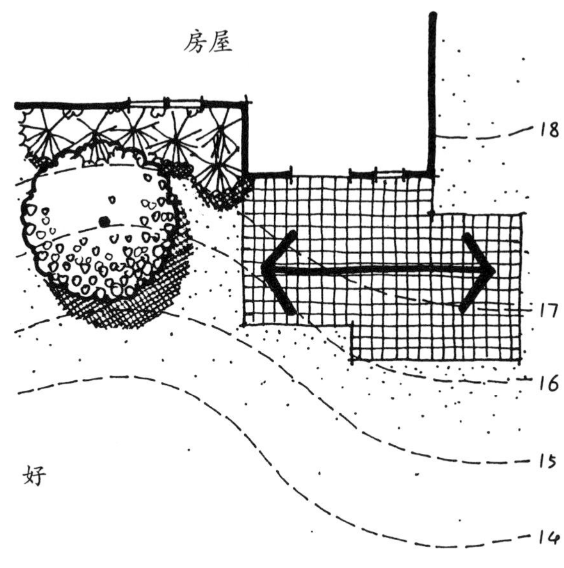

图13-21　户外使用区方位应平行于等高线，尽量减少对坡度的改变

的草坪最好设置在2%～4%的坡地上，不是供娱乐使用的草地坡度可设置在25%以内。当坡度超过25%时，就已经太陡不适合修剪了。另一方面，在坡度为5%～15% 的坡地上，可以将户外娱乐空间设置成不同高度的平台（详见第11章）。

应很好地将户外使用区域安置在坡地上，将它们定位在坡度改变很少的地方。这种做法通常是这样完成的：将户外空间的长向尺寸平行于等高线进行设置（图13–21），这样就可以将空间沿着坡面设置，而不是伸至坡内。同时，还可以减少挖方（将土壤挖掘出来）、填方（将土壤填到现有地面）和费用。

在较陡的场地，应将坡面分成不同的台地，将户外使用区进行分类以适应不同场所条件，这样就产生了一系列的大台阶，可将户外使用活动放置于此（图13–22）。坡度不超过50% 的种植坡面可作为连接不同使用空间的过渡，这种方法使景观看上去和谐多了，同时可通过坡地中的水平距离进行不同空间的分隔。有时，位于上坡与下坡空间中的挡土墙可作为适应不同高度的一种手段，挡土墙使风景看上去显现出建筑的风貌，同时使空间联系得更紧密（图13–23）。同样，通过对房屋的材料与边缘的延续可将挡土墙设计成房屋的延伸，使之与风景连为一体（见图13–23）。如果没有特殊的工程与花销的需要，就不要使挡土墙的高度超过3～4 英尺。

要使户外使用活动区域位于坡度超过15%的坡地上，通常需要一块支板。只是在坡地上架构支板，同时使其下的坡度保存初始的状态（图13–24）。支板能够很好地满足有限的空间活动的要求，例如户外休息、娱乐及餐饮

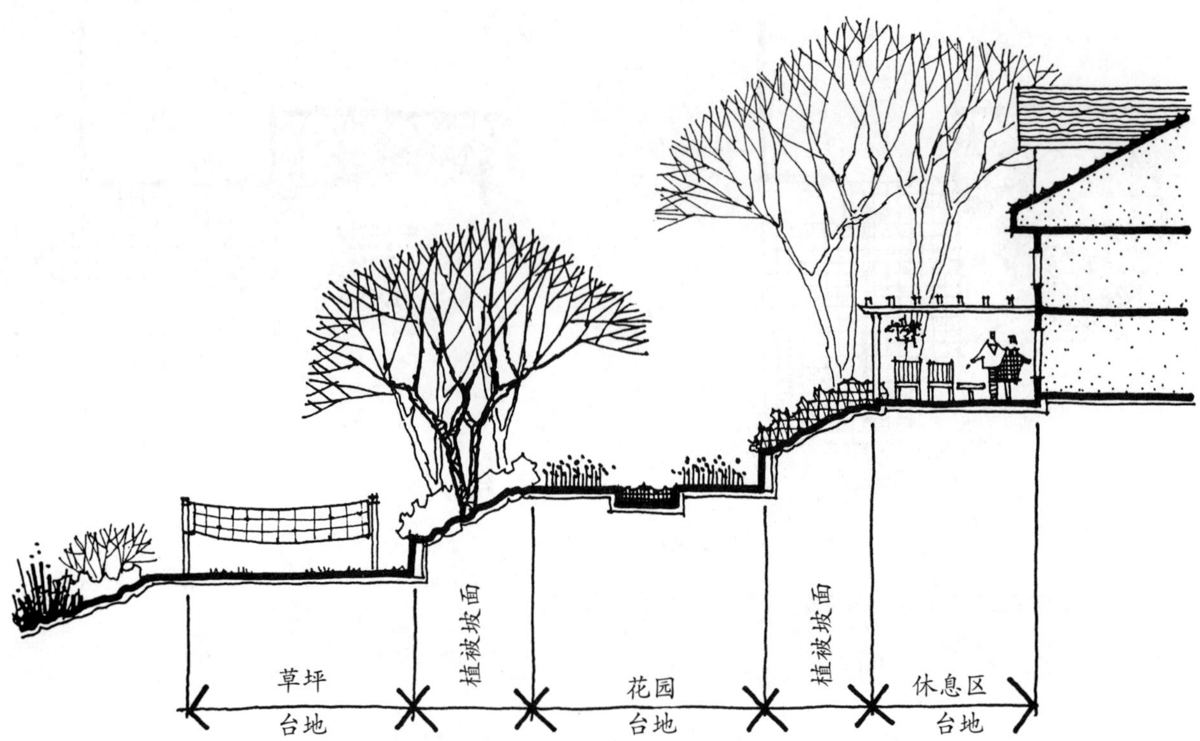

图13-22　可设计一系列的平台，使户外使用区域适应于坡地

图13-23　在坡地上，一系列由挡土墙所分成的台地可形成一种建筑风貌（彩图见插页）

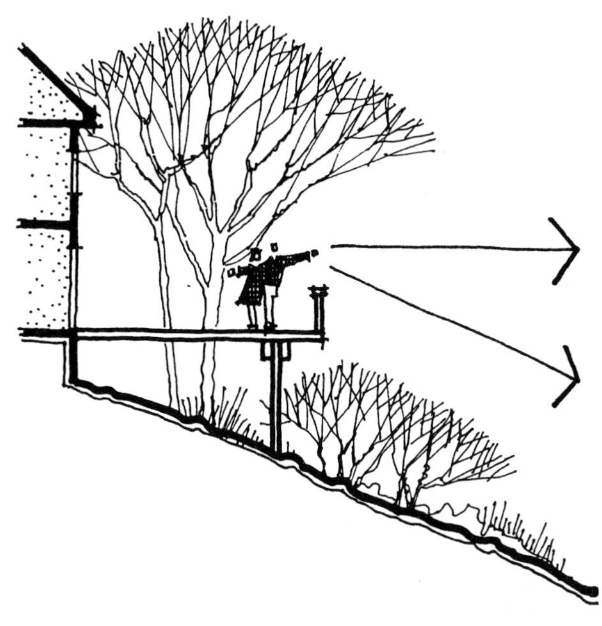

图13-24 支板保存了现存场地的坡度，同时提供了户外的景观视线

活动，很多时候，它可以视为是建筑的一种延伸。

一些户外活动可能不能设置在陡坡处，大面积的户外活动可能需要平缓地段，这样应取消坡地设计。通常认为最好不要轻易将一种活动强加于不适于它存在的场所。场所中最陡的区域就让它自然而然地存在，或者保留它原有的树木，或用原生态的植被覆盖此地。在地势复杂的地块，设计师不妨保留最陡的区域，让植物自然生长。

适当的运动。在坡地上，我们应该对运动给予适当的特殊关注。正如第11章所讲的，人行步道的坡度不应超过5%，5%～8.33%的人行步道就会被认为是坡面，并且必须遵守ADA（《美国残疾人法案》）。为遵守这一规范，为了减少人行步道的坡度，就应将人行步道的顶部与底部处不同的台地进行延伸，使之有较长的缓冲距离。在特殊的环境中，为了避免坡面过陡，人行步道需设计成“之”字形。

在坡地，通常采用台阶来解决相邻空间的联系。有可能的话，应避免相邻空间中极端的高度差，以减少所需的台阶数。当将台阶安置到一个设计中时，应遵守第11章中所提到的设计原则。此外，它们在形式与材料上应适应场地环境。相邻空间中的台阶应比所需的宽一些，这样会使人感觉到空间联系紧密，同样会使相邻空间的连接看上去流畅许多。

台阶的一个缺点就是容易在通常可以进去的地方形成障碍。因此，它要与坡道结合，一起进行设计，尤其是在一些公共场所，例如建筑的入口处。

利用景观。假设我们可以捕捉到坡地的景色，就应充分利用它，通过场地分析，设计师应做出决定，场地中在哪里能观赏到最好的景观，而且

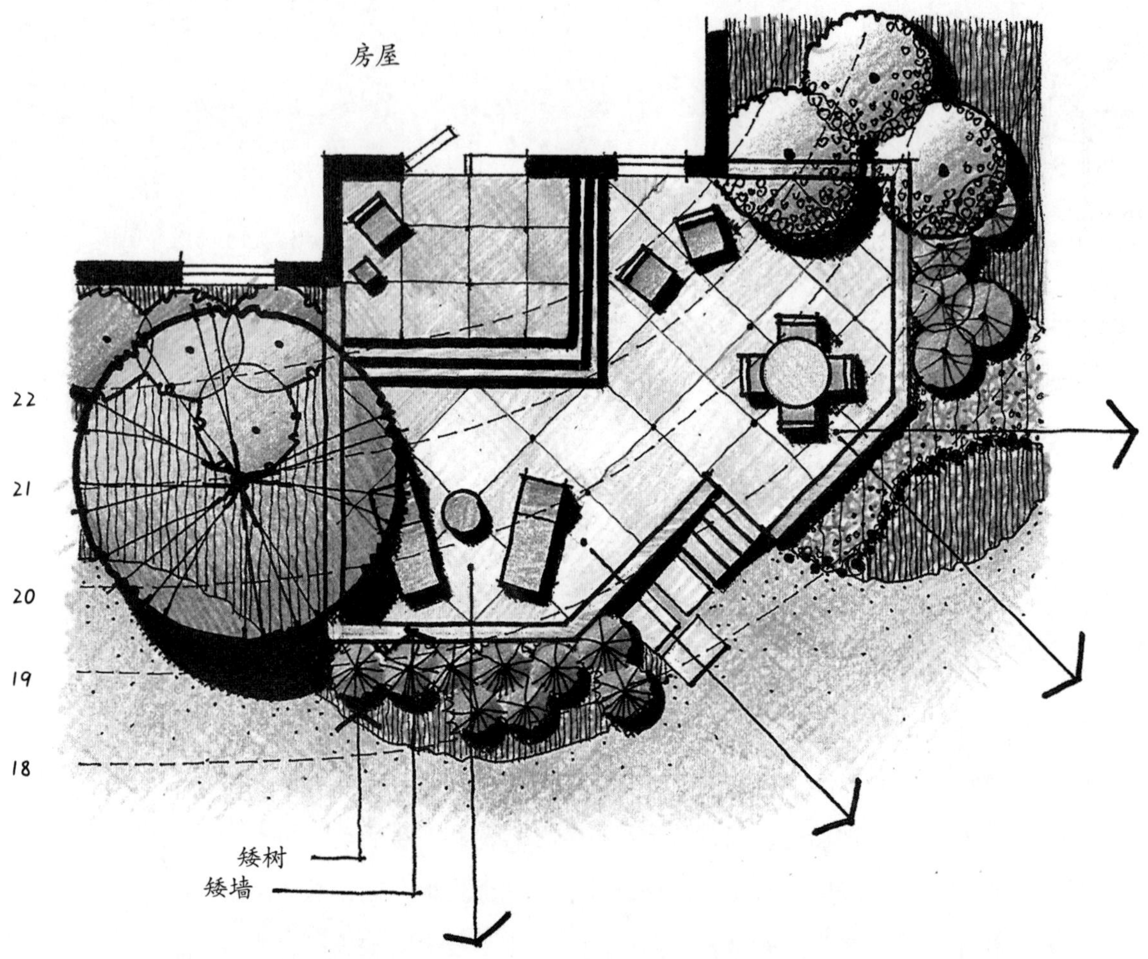

图13-25 在对户外使用活动空间进行定位与设计时，应充分利用低区域或场所之外的景观（彩图见插页）

尽量能朝向场地的各个方向。因此，为了利用景观，我们应有意识地将有选择性的户外活动设置于此（图13-25）。如果房屋前面或公共部分的景观值得欣赏，那么休息与集会的空间可设置于此，如果有必要的话，我们应对场地中的其他部分进行研究，并提高其价值。记住，此处的低区域会更容易被看到，因此，对它们要给予更多的关注。

对空间本身进行设计时，也应利用景色，为了做到这一点，应降低拥有好景色一侧的垂直墙面的高度（图13-26左图），必须超出视平线的垂直面，应尽可能做成透明的，可以使用玻璃或有机玻璃，沿着空间的下坡面做成垂直的围合（图13-26右图）。在有些实例中，可以在景色两边设置垂直的物体，同时在顶部设置顶面形成框景，这种做法也比较好。同样，在特别陡的场地，可以利用地面支架来充分利用景色。这样支架可能刚好架于树上，或高于周围的树，这样就可以一览远处的风景全貌。

控制径流与侵蚀。正如前面所指出的，我们应特别注意房屋周围的地表径流，以及位于房屋后面上坡处的户外活动区。这对所有的坡地来说都

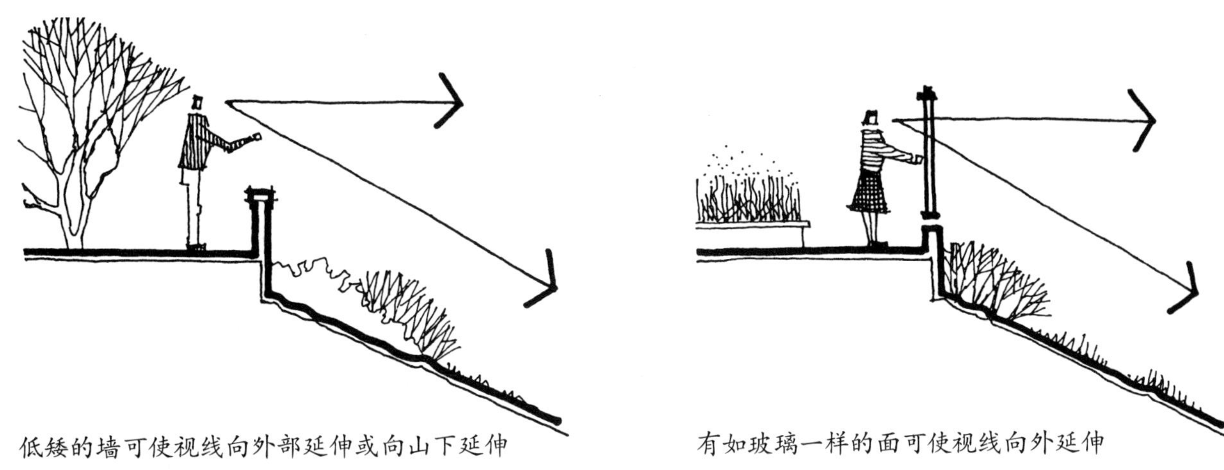

图13-26 垂直面应该低矮或者透明，从而可使视线通过一个空间向外延伸

是必要的。而在较陡的场地，因为潜在的侵蚀使这一切变得更加困难。为了收集与引导场地水流，我们应该在其中设计洼地与山谷，使它们看上去更适合于场地，以便将积水排出。应该避免由于过度陡峭的坡地形成看上去像大裂缝似的洼地。另一方面，由于水会排向场所的低洼处，因此那里会比较湿润。这种位置很不适合户外活动，最好留作种植地或成为天然植被生长的好地方。总之，所有坡度超过50%的坡地都应保持原貌，以减少坡地处的侵蚀。

连栋住宅

市区的连栋住宅与典型的郊区独户住宅基地有显著的不同。它通常是一个相对较矮的墙或栅栏围合起来的空间，并与另一连栋住宅相邻很近。相似的户外空间与一些一两层的公寓、一层单元式住宅、联排式公寓及独户住宅的小型后院相联系。这些小型的受建筑限制的花园需要特殊的考虑。

特殊的基地条件

盒子里的空间。典型的连栋住宅基地是一个顶部开放的类似于长方形的盒子。通常墙与栅栏从三面围合盒子，而住宅则形成盒子的第四面（图13-27）。盒子的顶部通常敞向天空，地面则是简单的水平面。墙状的垂直面与相对平坦的地表面形成一个简洁的建筑特性，使之看上去很像是房屋的内部房间。从房屋的内部看去，庭院就像是另一个房间，有着住宅中其他房间所共有的内部特征。

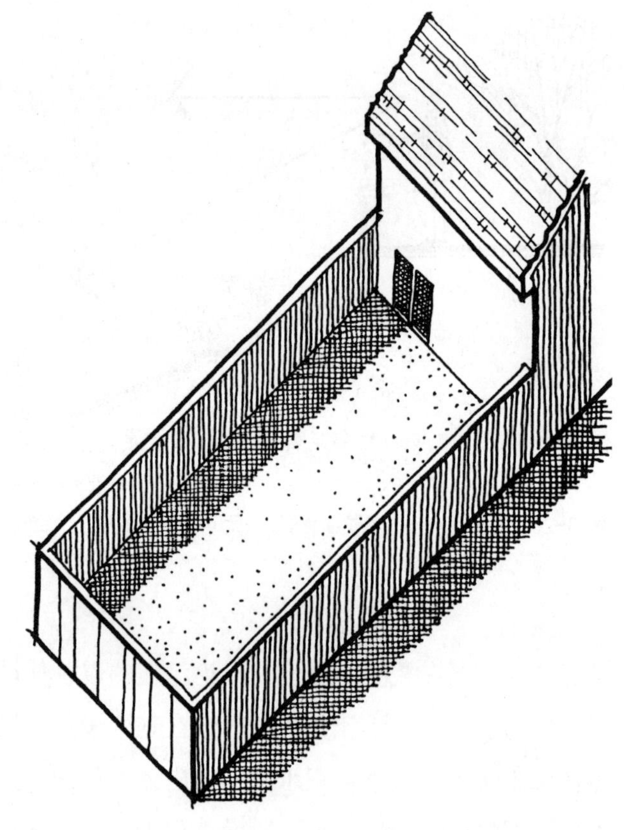

图13–27 连栋住宅的基地像是一个无盖的盒子

有限的视线与特性。连栋住宅基地中周边的墙或栅栏形成了一个具有内向性及自聚性的空间（图13–28）。由于墙所产生的分隔使花园中的视线及与周围环境的联系变得有限。因此，视线可能会被限制在连栋住宅基地的内部。

与此同时，连栋住宅花园本身有较少的空间特性。唯一的空间特性就是单调、毫无生气与吸引力。同时可以从空间的各个点看到其中的任何事与物。当站在空间中或从房屋内观察它时，确实“一览无余”。

此外，无论是向花园看去，还是从花园内看去，大多数的视线都直

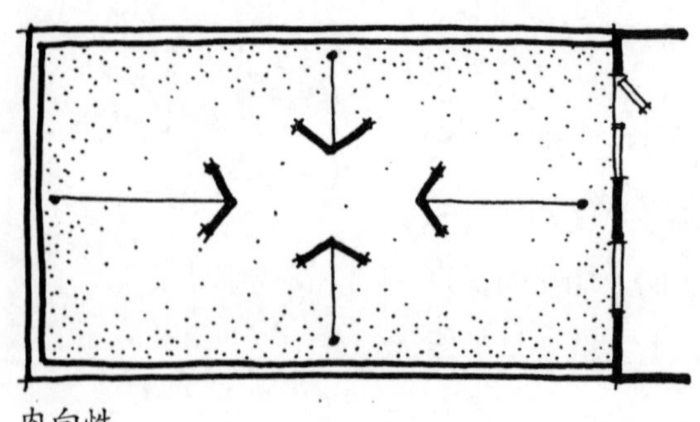

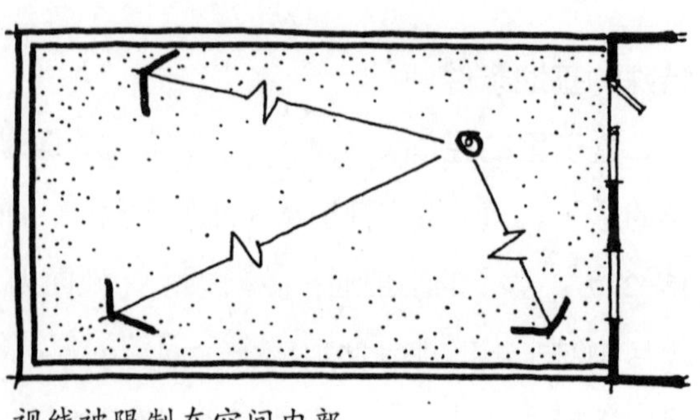

图13–28 连栋住宅花园的场地具有内向性，只有少数视线可延伸至场地的外部

图13-29 从房内看出的视线通常会聚焦于连栋住宅花园的后墙面上（彩图见插页）

接看到尽端或是外墙。尤其当视线从房屋内部看去时，这确实是真的（图13-29）。任何被放到端墙上或其前面的事物，都很容易被看到，其典型的功能作用便是作为焦点而存在。

有限的面积。连栋住宅花园面积相对较小，通常为100平方英尺，一般不会超过500平方英尺。这种小型的尺寸更具有前面已经讨论过的特性，它限制了使用以及可设置在此空间内的元素。这种小型连栋住宅花园创造了一种适合人体尺度的私密性与私人的休息场所。然而，对一些人来说，这种空间也会使人有一种压抑感。此外，这种小尺寸花园决定了它的设计重点，很少会有出错或调整的机会。

固定的出入口。固定的出入口通常决定了如何走入或走出连栋住宅花园场地（图13-30）。其中的一个入口就是在房屋本身一面。可通过一个标准门进入，也可通过多年前建造的大多数房屋中的玻璃斜拉门进入。另一个入口通常是在端墙处的大门，它可以通往街道、公园、车库或是公共绿

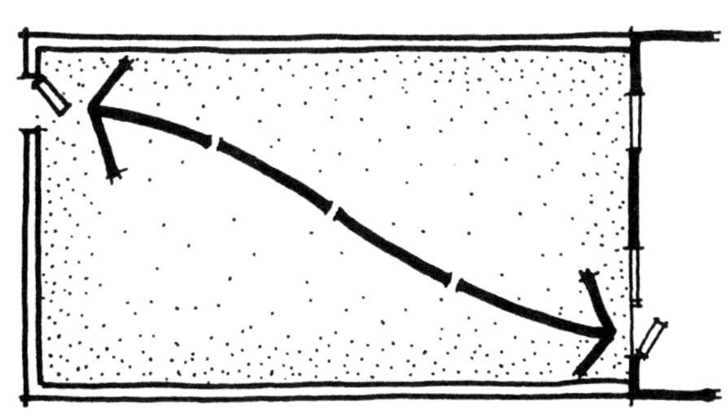

图13-30 住宅门与花园大门的位置设计连栋住宅花园内的通道呈流线型

图13-31 从邻居高层窗户中投射的视线减少了连栋住宅花园的私密性

地。入口点很少位于侧墙。而且由于现存的门、大门、窗户及外部场地条件的限制，通常是不能改变出入口位置的。

缺乏私密性。即使实体墙或栅栏围合成了连栋住宅花园的场地，但因为邻居可以从高层的窗户看到花园空间，所以它缺乏了应有的私密性（图13-31）。人在花园中的活动，就像是鱼在鱼缸中游动。对于附近高层的居民来说，这里就是舞台，无论发生什么都可以看得清楚。有限的花园尺寸，很难摆脱上述缺陷。一些花园的主人因为花园狭小的特性，很容易选择不去使用他们的户外空间。因为他们不希望“演戏”，便放弃了他们拥有的小型户外空间。

设计原则

设计一个连栋住宅花园不像其他居住项目的设计。需要设计师像室内设计师或建筑师一样，考虑多方面的内容，并使用不同材料的搭配。就像

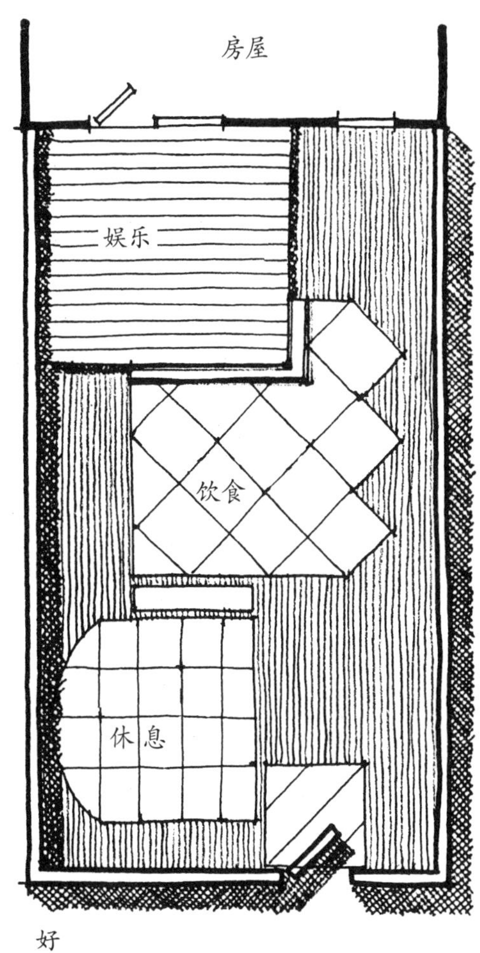

图13-32　为了满足视觉上的要求，应将连栋住宅花园分成几个不同的空间，并且创造一种大空间的感觉

讲述其他有特殊条件的地形一样，这里提出一系列的建议，以指导连栋住宅花园的设计师。

划分空间。应将连栋住宅花园划分成几个空间，以提供空间上与视觉上的不同兴趣。这样确实是有必要的，因为它可以减轻由现存盒子似的简易空间而产生的单调性。对于一些能够满足户主要求，适合花园场地的功能，如娱乐、休息、饮食、阅读、饮酒等，都应将其划分为它们独有的空间（图13-32）。根据对功能与空间的考虑，可将各个不同空间进行叠加或进行短距离之内的分隔。

从一个更精确的尺度来看，可以通过一系列的手段给各个空间进行明确的界定。在垂直面上，可以使用植物、墙或栅栏，或是低矮的土丘来围合空间，与此同时，可使空间互相流通（图13-33，图13-34）。在地面上，可采用不用的铺地材料，使各个空间拥有自己的特征与个性。不同空间中的坡度变化也可巧妙地分隔空间。总而言之，在由花园墙围成的框架中，这些方法的使用创造了多样的空间，就像在室内空间中家具、房间隔

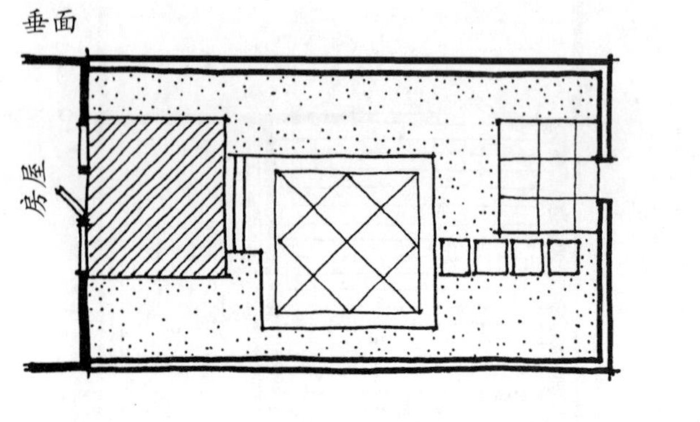

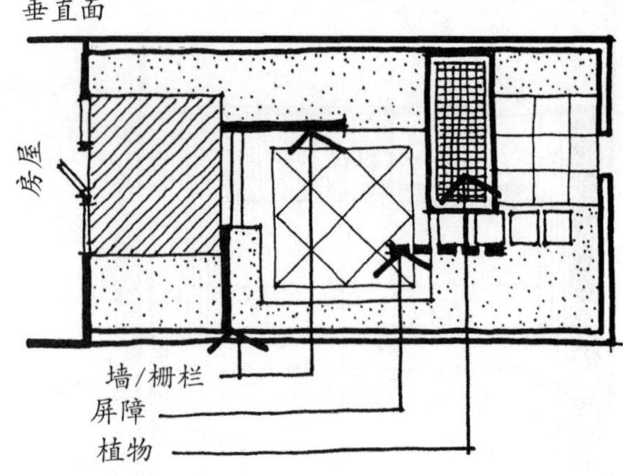

图13-33 在连栋住宅花园中可使用不同的铺地材料以及墙与栅栏来进行空间的划分

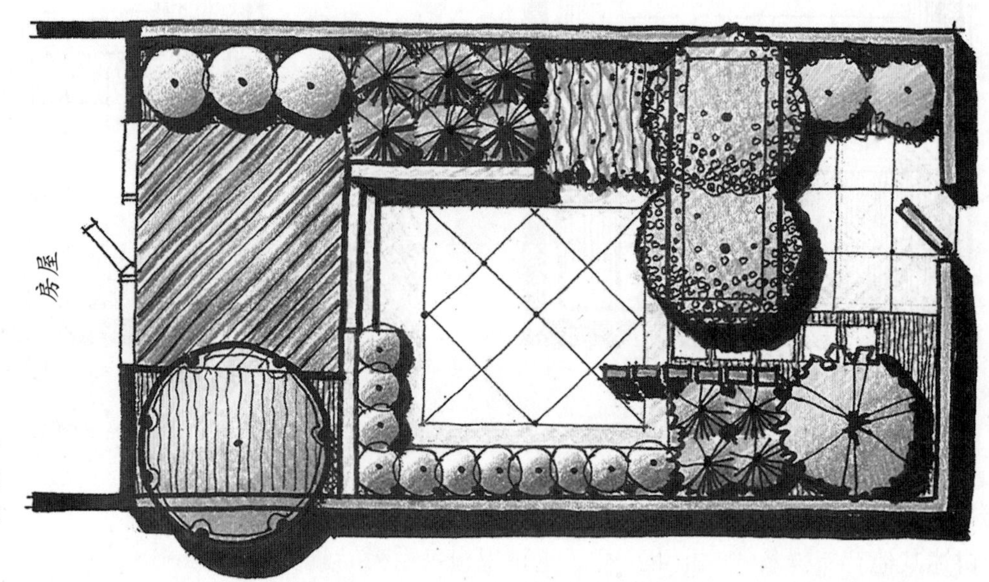

图13-34 在花园中，可将不同种类的植物与其垂直面相结合，来限定各空间（彩图见插页）

断、盆景、小地毯等所起到划分空间的作用一样。

增加空间的透视感。在工作中应一丝不苟，认真研究，最大限度地增强连栋住宅花园的透视感。通过总体规划将场地细分成不同的空间，还可采用不同的铺装形式，以及前面所提到的对垂直面进行的细心设置，这就是增强空间透视感的方法。使连栋住宅花园看起来比实际尺寸要大的一种方法，就是采用强化透视法。一是将空间的边缘向远处交会，使人感觉到它是从房屋处向远处延伸（图13-35左图）。当从室内或房屋附近向外看时，就会产生一种景深和距离感。相似的方法，就是使房屋近处的空间尺寸相对大些，而使房屋远处的空间尺寸相对小些（图13-35右图）。将房屋近处粗糙质地或色彩明亮的材料与花园尽端精美质地或淡色调的材料相比较，可以看出材料的颜色与质地同样会起到强化透视的作用（图13-36）。

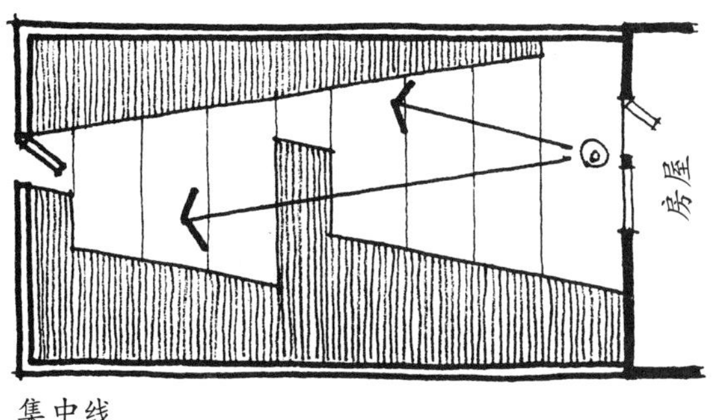

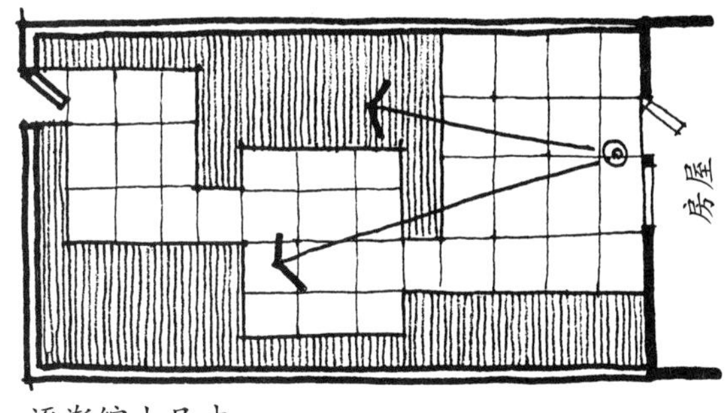

图13-35 使用不同的强化透视法，都能使人在看到别墅花园时产生一种距离感

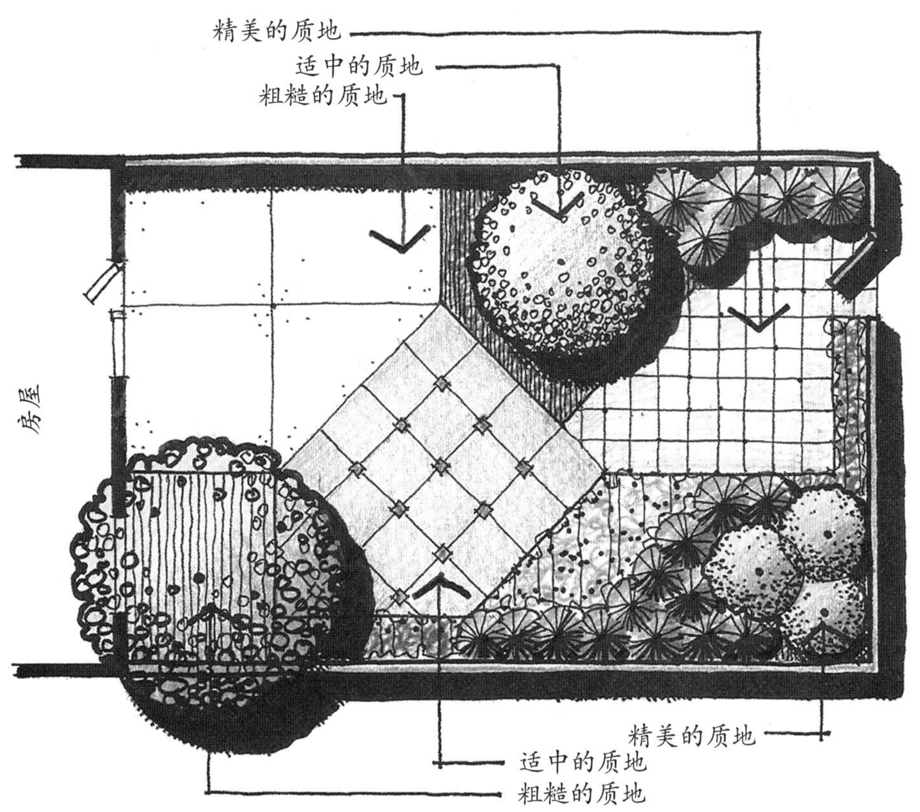

图13-36 将粗糙质感的材料置于房屋近处，同时将细腻质感的材料置于房屋远处，可使花园看上去有种深度感（彩图见插页）

另一种增强整体空间尺度感的方法，就是通过一些可变元素如树、墙或栅栏、水体、雕塑等的设置来吸引视线。当人们观察一个物体或是透过有如多枝树木的半透明面来看时，在另一侧的背景就会显得更加深远（图13-37）。因此，设计师必须精心地将高冠树或相似的建筑元素设置在视线透过房屋穿过树木的地方。这样会使树后花园中的其他部分看起来深远些。此外，垂直面可以设置用来隐藏选定的花园区域。当所有事物不能一次性被看到，当空间在一个物体或是垂直面后消失，都能感觉空间感的增强（图13-38）。在中国和日本的小花园中，通常所采用加大空间尺度感的方法就是隐藏空间或视线的终端。

图13-37 使视线穿越或围绕树木及其他垂直的物体，可增加空间的深度感（彩图见插页）

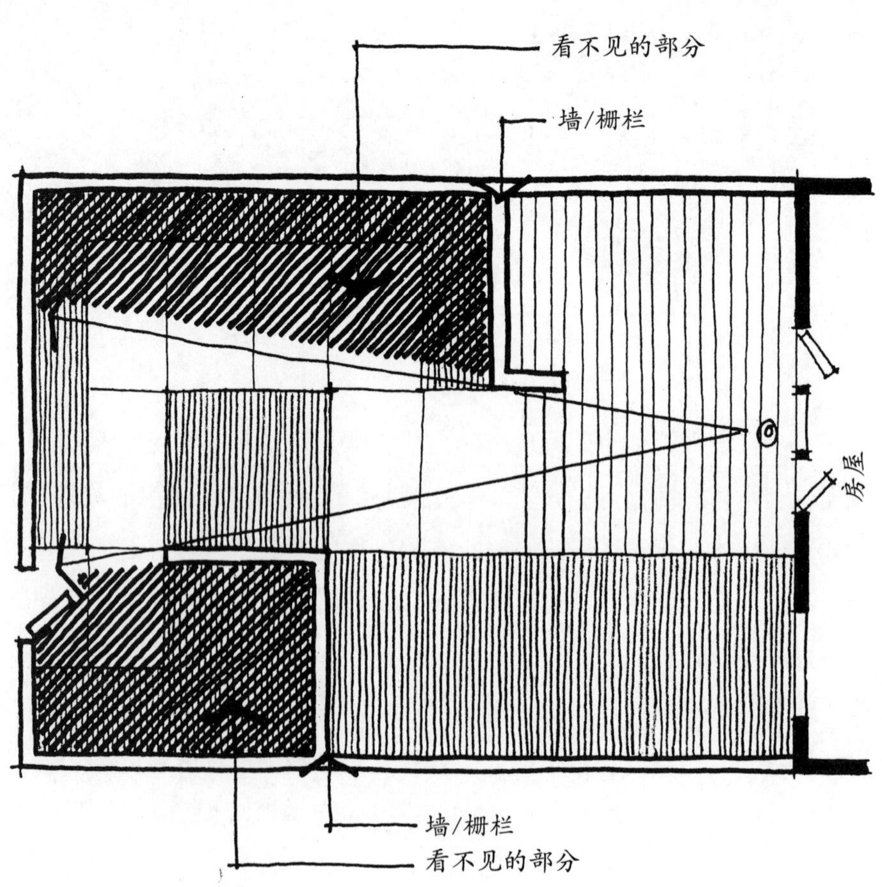

图13-38 当场所中的一些区域看不见的时候，可以增加连栋住宅花园的感觉尺寸

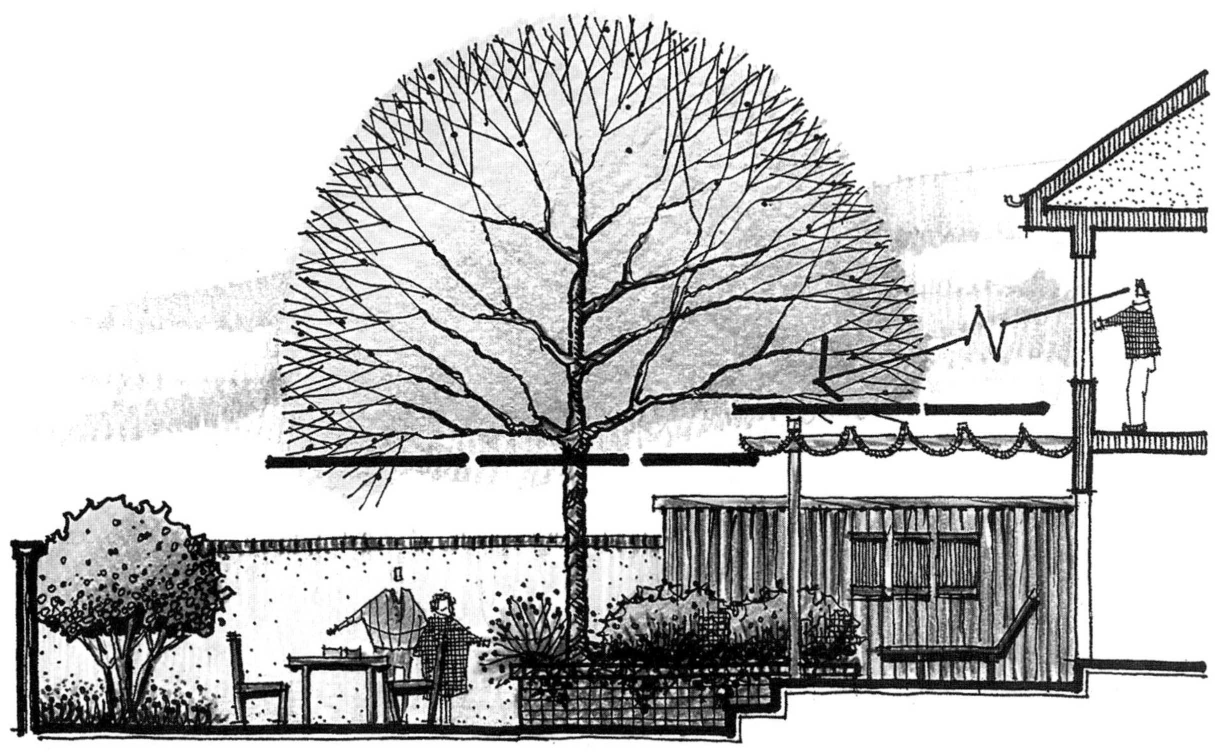

图13-39 树木或结构层形成的顶面可以用来遮挡上层窗户中人的视线（彩图见插页）

设置顶面。应有计划地将顶面设置于连栋住宅花园中，对所有的住宅场所来说，顶面是主人喜爱的物体，但在连栋住宅花园中它却是至关重要的，因为小尺寸的花园中经常有邻居上层视线的投来，这是一个值得注意的问题。在连栋住宅花园中，应将树冠、藤架、棚架或者其他遮盖物设置在经常使用的空间上面，借以遮挡上部视线并提供一个“天棚”（图13-39）。正如前面所讨论的，应在花园的不同空间中设置不同种类的顶面，从而加强空间的特性。对于位于住所南面或是西面的连栋住宅花园，顶面还可以创造一个阴凉场所。同时，位于房屋北面或东面的花园顶部应开敞些，可使更多的阳光射入潜在的黑暗区。我们应对有如凉棚似的建筑顶面进行详细的设计，因为它们容易受到关注。

利用现存的围墙/栅栏。为了各种使用目的，我们应充分利用连栋住宅花园周边现有的墙/栅栏。就像室内的墙面一样，应充分利用这些垂直面来加强不同空间的特性（图13-40）。对于围墙/栅栏的一个利用方法是悬挂植物。连栋住宅花园的有限尺寸限定了周边的墙，对那些可在墙表面生长的植物，如架子上的植物、悬挂的植物、葡萄藤等来说，周边的墙的确是极好的地方。这种做法是参考“垂直绿化”的做法，而在狭窄的区域中，这确实是一种很好的方法，可将植物与环境紧密结合。同时这些做法弱化了垂直的墙面，使它们看上去不那么抢眼。

图13-40 在连栋住宅花园周围的墙面上，可以用放置盆栽的搁板、镜子、壁画、壁龛、藤本植物等来增加它的视觉情趣（彩图见插页）

同样像布置室内房间一样，在周边的墙上悬挂一些艺术品与雕塑，这样可以增加视觉情趣，并且可以使单调的墙面更加生动。相似的做法是在外墙面的适当位置放置镜子。在室内，镜子相当于窗户的作用，能够反映出另一个空间。这样就能使人产生一种大空间的错觉。

小结

虽然许多住宅区与第1章中所描述的相似，但由于它们的位置与街道、现存的植被、地形或场地大小限制有关，一些基地需要进行特别考虑和设计解决方案。拐角处的景观设计必须解决两个前院和一个小后院的问题。设计一个树木繁茂的场地需要解决森林环境的生态条件，并尽一切可能保护现有树木的健康生长。坡地上的景观必须与边坡不稳定条件相适应和连接与统一相邻空间的差异相适应。连栋住宅花园需要尽量减少封闭的场所的影响，同时还能够保证邻居的私密性。

14 备选方案设计中的案例研究

学习目标

通过对本章的学习，读者应该能够了解：

- 明确用交替的方式去探索各要素的功能关系，车道系统，形态选择，材料选择与图案。
- 在数码照片上如何覆盖草图，帮助设计师完成设计，在设计阶段并向客户展示想法。

概述

在本书中，已经向读者展示了大量的在备选方案设计过程中进行的思考。在设计的前期阶段，当设计师开始组织任务书中的各要素与基地之间基本功能关系时，建议用交替的方式去探索如何有效地解决这个问题。同样，在平面构图中，也建议通过研究不同的设计形式，先确定设计的基本结构。此外，在空间构成设计阶段，应采用多种手法去创造空间边界、顶面覆盖、视线景观的限定等。在深化主体空间或子空间的设计概念时，可以采用硬质景观和软质景观元素相互独立，或者彼此融合的设计手法。最后，当确定了具体的材质和形式时，建议设计师应该在研究其他方案时注重结合不同材质，并运用于完善硬质景观和软质景观的最终形态。当一个设计师决定探究各个阶段的设计过程时，他所得到的，毋庸置疑将提高他为客户创造出别具一格的、令人兴奋且极具个人特点的空间的能力。

这一章节包含了四个不同的项目，每个项目都是由一系列的前院或后院的备选方案所组成。每组备选方案都各不相同。有些是基于同样的客户，有些基于同样的基地，有些则基于同样的设计流程。而方案中的这些差异，都是基于对地块内的功能组织和总体形式的设计理念。其他一些备选方案，是基于相同基地，但却面对不同的客户和不同的设计任务要求。无论如何，我们必须了解到，多方案比较是：①用于帮助形成最终设计方案的有效工具；②对于将设计理念传达给客户起到非常有效的作用；③对于设计师的成长非常有帮助。

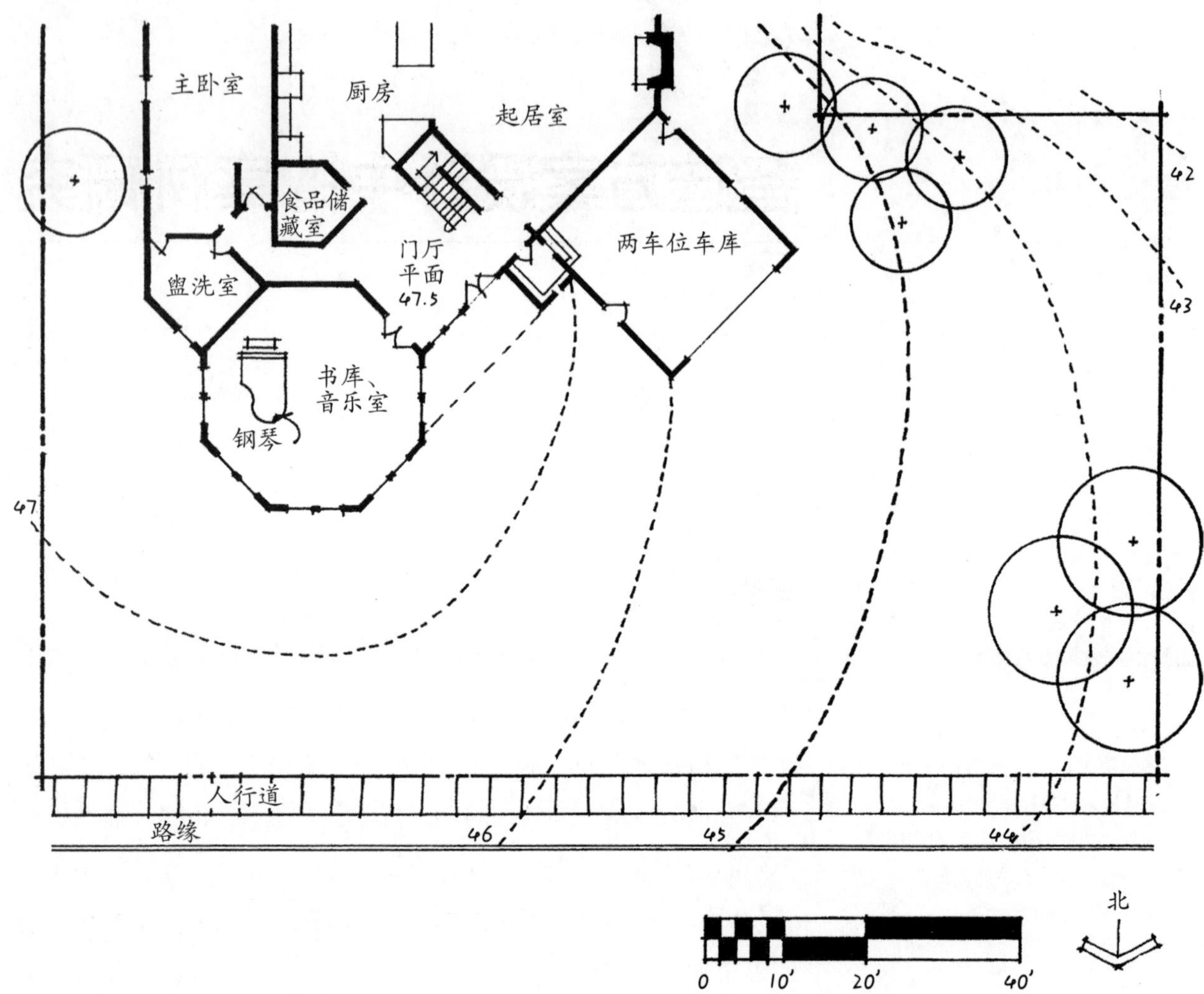

图14–1 麦金托什住宅前院的基地底图

项目1：托马斯·麦金托什和诺拉住宅

这个项目阐明了麦金托什住宅前院和后院的四种不同的设计方案。虽然这些方案有所不同，但每一个都是基于同样的客户、同样的场所，以及同样的设计程序，不同点在于功能的变化以及方案设计中运用的设计主题。

设计师的客户诺拉和麦金托什，最近在俄亥俄州沃辛顿市郊购置了一处房产，建筑师已经完成了房屋楼层的规划，但由于麦金托什偏爱各式各样的建筑风格，因而对于建筑立面一直很难做出最终的选择，相反地他们对住宅环境景观设计的一些基础设计理念很感兴趣，并已经委托该公司为景观设计顾问，前院的基地底图如图14–1所示，后院的基地底图如图14–6所示。

麦金托什住宅的前院设计意愿

在会议上，客户提供了一些他们对房屋景观环境设计的一些想法和考虑。

- 我们都是音乐爱好者并且喜欢弹钢琴。这将是一个我们可以休憩、娱乐、学习和阅读的地方。我们希望从这个房间的几个方向都可以欣赏各种各样的美景。

• 在前门的入口处要有一个小的覆盖区。我们希望即便下雨的时候也能够坐在门廊里休闲娱乐。

• 我们希望在前门入口有一个小庭院，可以用一个小树篱或低矮的墙把它和前院的其他地方隔开。

• 虽然沿街可以停车，但我们需要一个额外的停车空间用来招待朋友。

• 我们需要在后院的西边铺上路。

• 东面的邻居有一小块前面的休息区域正对着书房和音乐室，在此处，应该隐私一些，将其视野遮挡开来。

• 我们想有一个更通畅的视线能看到对面街道上的公园。

• 我们想保留院子西北部的三棵枫树，因为它们有助于挡住从前廊到西北的一块破旧的空地。

• 我们希望把较小的枫树放在车库的西边。

• 我们买房子的重要原因之一是我们想要一个“U”形车道，这样就可以在前门入口附近有一个停车区。

麦金托什住宅前院的备选设计方案

前院的四个备选方案如图14-2～14-5所示。虽然每一个都是针对同样的客户、同样的场所，以及同样的设计程序，但每一个在整体功能、形式构成、空间构成以及材质组合上都是独特的。

麦金托什住宅的后院评述

客户们分享了以下关于后院场地的想法和关注（图14-6）。

• 我们希望保留广阔的草坪和许多位于西南部公共绿地的树木景观。

• 户外烹饪和进餐一向是我们生活的一部分，于是我们想有一个永久的煤气烤炉及其内置的台面。

• 由于工作需要，我们大约每月要宴请客人，每次10～12人。另外，我们喜欢邀请朋友和邻居来进餐、休闲以及举行派对游戏。因此，我们希望地面上有着更多层次可提供放置长椅并且有额外的空间放一些桌子和椅子。

• 我们喜欢烹饪，往往会花很多时间在豪华厨房内，因而我们希望能有一个景观优美的漂亮庭院，它紧连着卧室，或许我们可以将它作为一个私人空间，抑或将它作为一个正式进餐的区域。

• 草坪区是至关重要的，因为我们的三胞胎孩子非常喜欢体育运动，她们想要一堵坚实的墙来练习射门，而不能将球踢到邻居的院子里。

• 我们都想拥有一个封闭的露台（直径约12英尺），设置在一个突出的

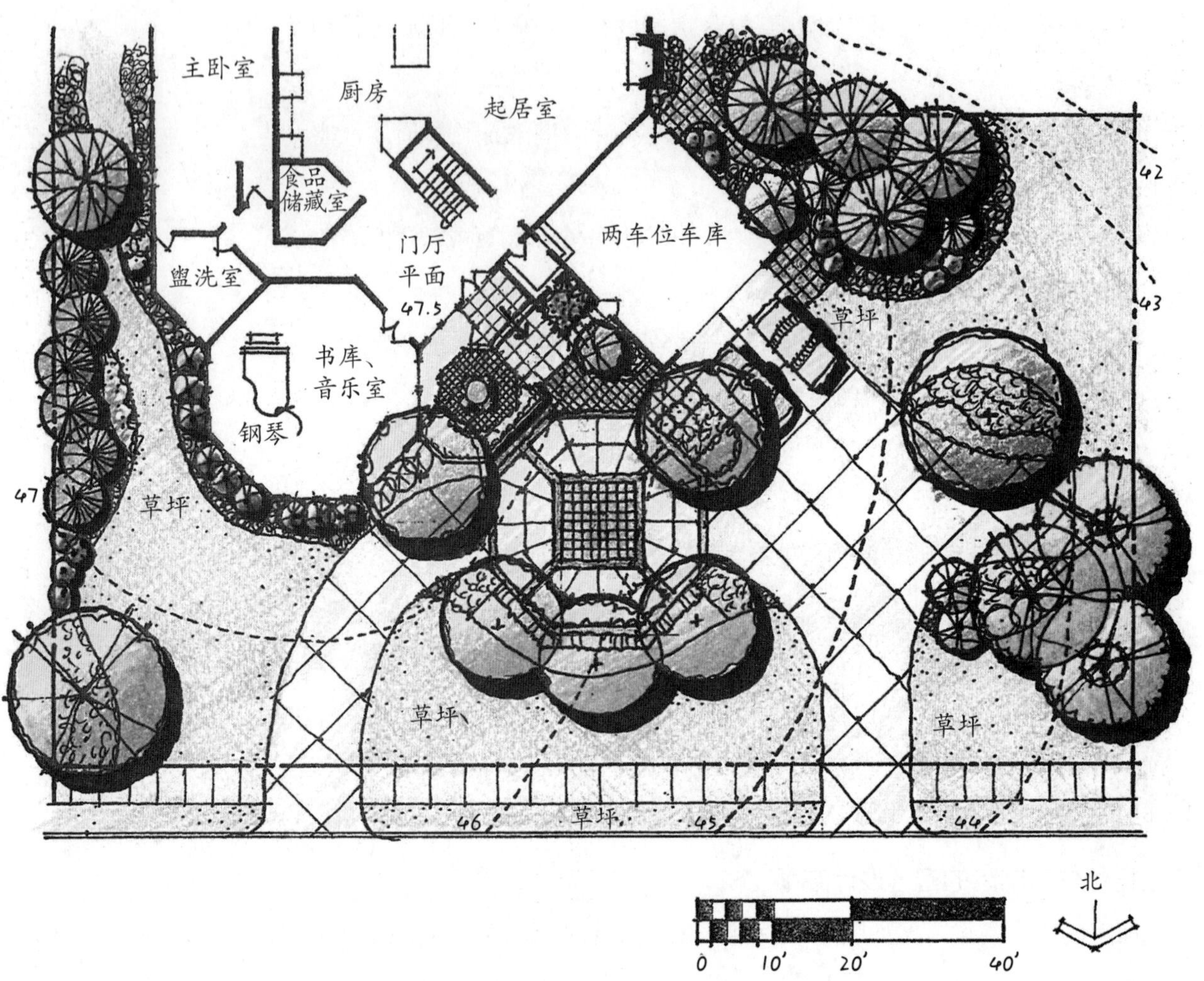

设计要点

整体形式。八角形的形式，以体现书房和音乐室的形状，明确景观的主要部分——下车区域和前面的庭院。

车道系统。采用附带有两个额外的车位的“U”形车道，保证即便车库停满了，同时还有足够的空间让车径直开入，倒车离开。

下车区与入口。下车区是这个住宅设计突出的一个空间，它体现了音乐室的形状。矮小的树篱，一个有季相变化的区域以及一些观赏树木将这个空间和前院隔离开来，该空间与前门入口紧密相连。

入口庭院。这是一个八角形的户外休息空间，毗邻主要通道，从门厅和音乐室都能看得到该区域，它虽然与下车区相分离，但可以看到下车区域以及前院的其他部分。

图14-2 麦金托什住宅前院备选方案1（彩图见插页）

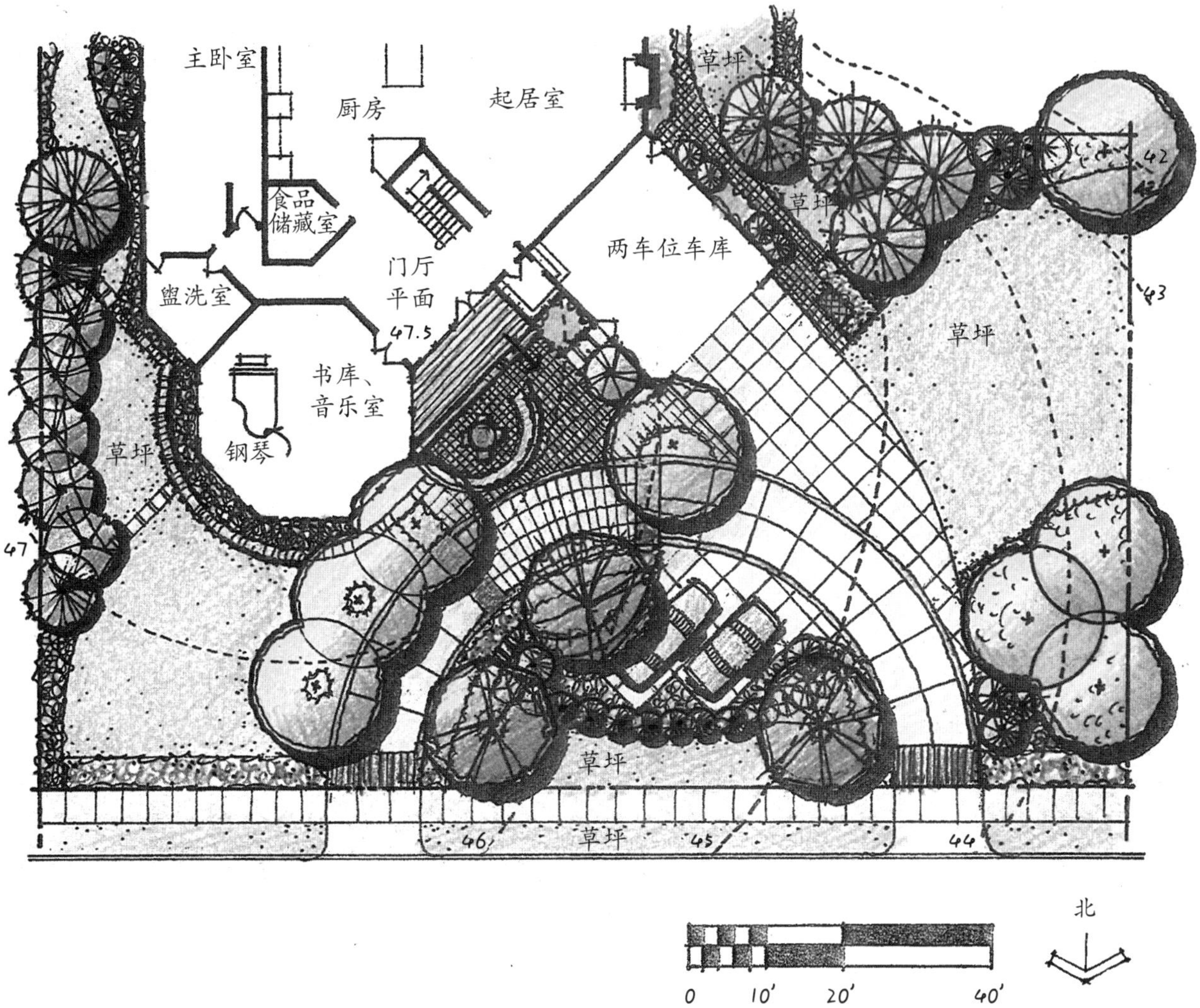

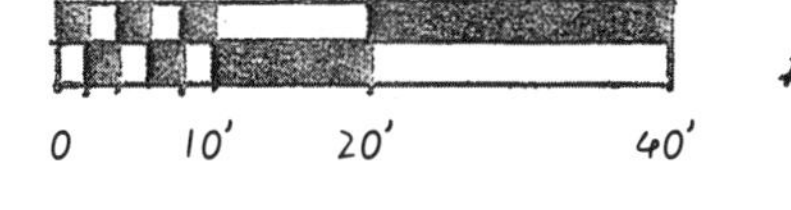

设计要点

整体形式。一些设计元素是由半圆和弧形成的，这些设计元素构成了车道、进入庭院的座位墙、书房和音乐室的砖石边缘以及一些主要树篱的基本形态。

车道。一个半圆形的车道提供了一个很平滑的入口、下车区以及出口，车道旁紧挨着两个额外的停车位，同时有大量的路面方便车辆倒退和离开场所，一个弧形的树篱将该区域与前方步道分隔开，弧形树篱与圆形车道相呼应。

下车区与入口。该区域是以步道的变化同余下的环形车道隔开，并将访客带至住宅前门入口空间。

入口庭院。门廊是相对简单的，沿着整个前端设有开放的木质台阶，提供了可以放置盆栽花钵的空间，院子周围还设置了栽种绿植的低矮座位墙。

图14-3 麦金托什住宅前院备选方案2（彩图见插页）

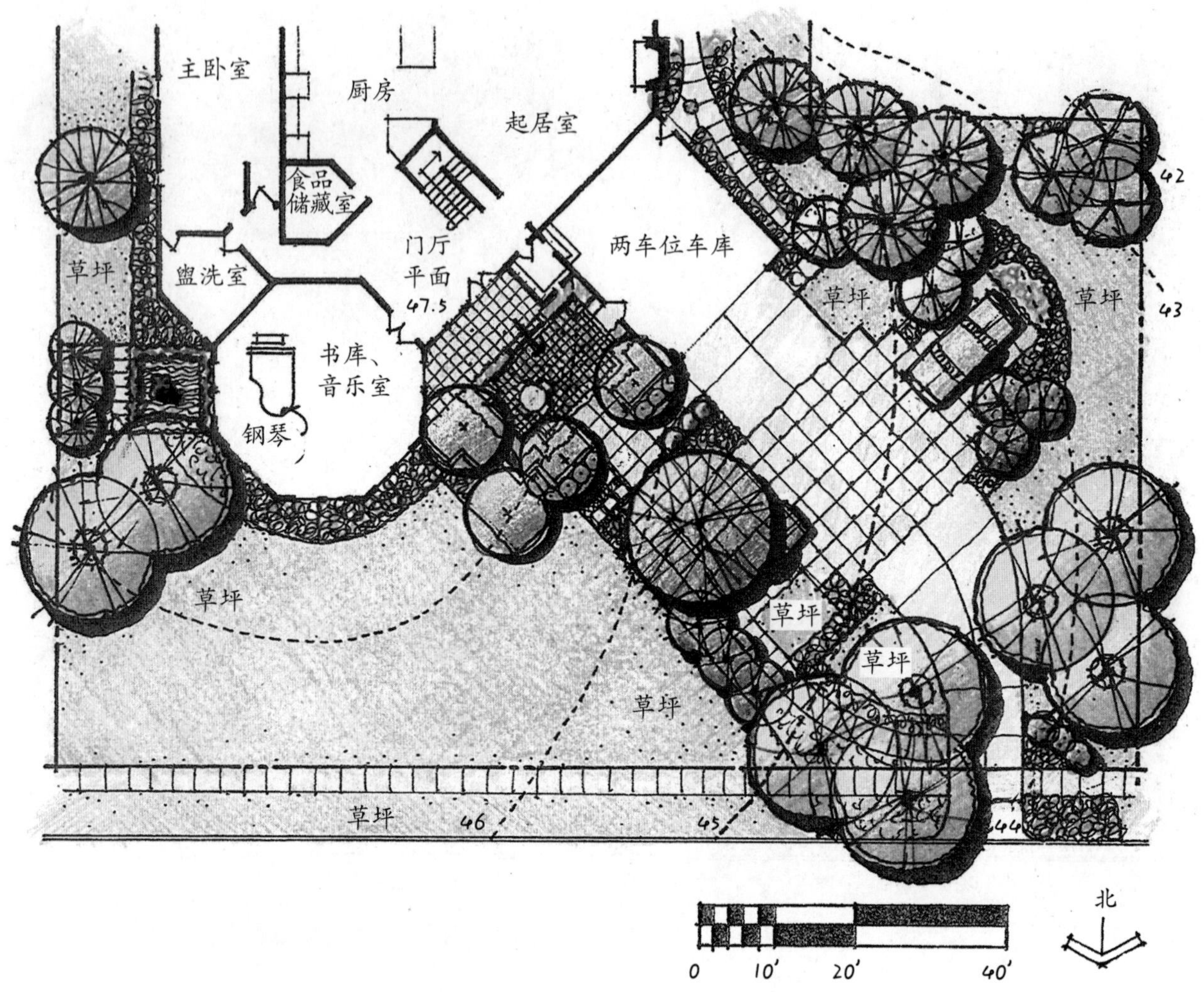

设计要点

整体形式。这个设计以矩形为板题，呼应对面住屋的前方以及车库，这些矩形都被设置成45° 角也是为了与八角形的书房和音乐室相呼应。

车道。该方案运用房产的西侧部分以维持前方草坪尽可能地宽阔。这是通过在房产的转角附近设置进入场所的车道，引导车辆直接进入车库做到的。两个停车位分别位于车道的东北和西南的两个更小的铺装区域。

下车区与入口。这里没有先前的几个设计中的单独的下车区。入口步道是其中一个停车位的延伸。车道入口附近的额外步道使得访问者可以不使用车道而走到前门。由于这样的布局，形成了一个很强烈的轴线引导人们到达前面的入口庭院。

入口庭院。入口庭院使用种植、矮墙或者栅栏的设计，强调了中心轴线，使入口庭院成为一个正式的主入口。

图14-4 麦金托什住宅前院备选方案3（彩图见插页）

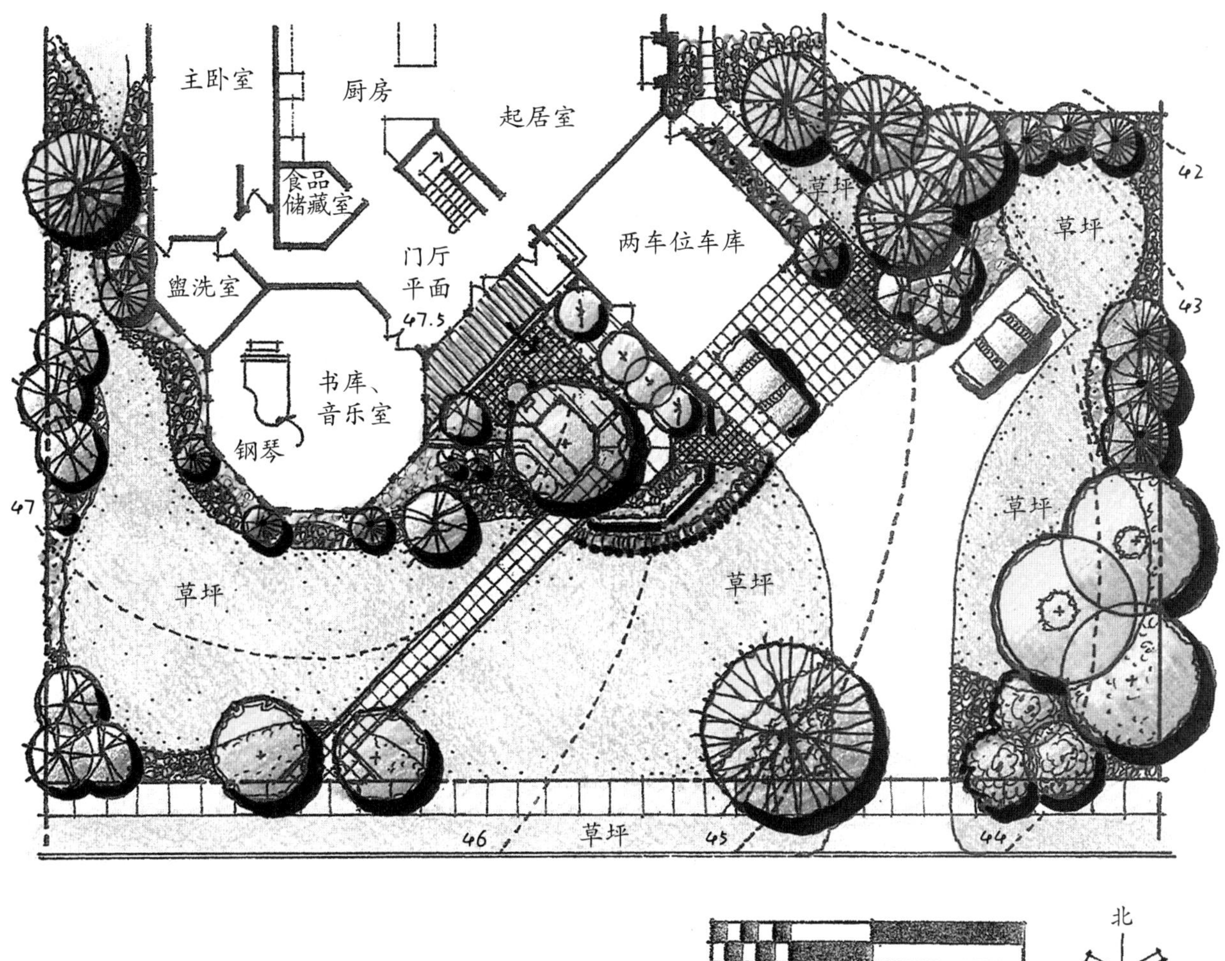

设计要点

整体形式。该方案将硬质景观最小化，从而使得软质景观最大化。除了车道和主要步道，大多数的人行道被设计成矩形和45° 角来呼应住宅的立面。

车道。这个简单的车道提供了到达车库的便捷通道和一个额外的停车位，车库前的区域周边有小型装饰图案，使空间看起来更袖珍，与人行道更接近。

下车区与入口。没有设计单独的下车区。一个八角形的铺装区域作为进入入口庭院的过渡空间，连接到车道上，向东北延伸至与公共人行道相交的主要步道上。

入口庭院。由一个开阔的木甲板和可以放置一些桌椅的八角形空间组成，矮墙和绿植将该空间和前院分隔开来。

图14-5 麦金托什住宅前院备选方案4（彩图见插页）

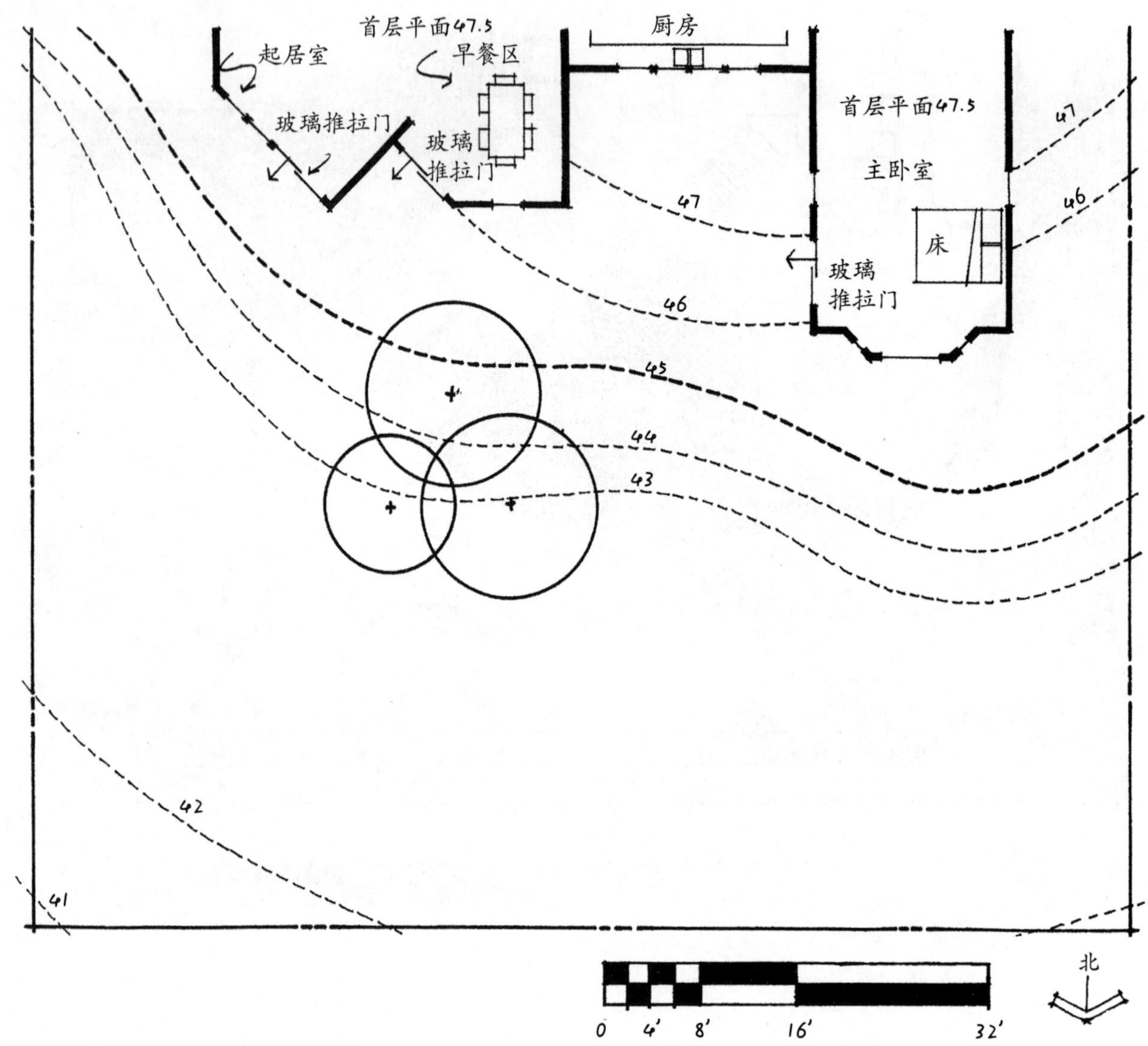

图14-6 麦金托什住宅的后院基地底图

位置能很好地观景而又不被蚊虫叮咬。

• 我们想要一个正式的小花园来种植药草，但我们不想让整个设计看起来太正式古板了，因我们通常都是比较随意的人。

• 我们真的不希望哪里都是喷泉，在我们另一处的房屋已经有一个了，它比我们想象的要麻烦得多。

• 我们希望从西面的木板区/厨房和卧室的庭院直接进入这个草坪区域。

• 请保留树木；它们在房屋前面提供了一些树荫，这是我们极度需要的。有一些高大的乔木实在是太好了。

• 东面的邻居有一个露台，离我们的基地边界非常近。现在我们要建造房屋，就需要保证我们有一定的隐私。

麦金托什住宅后院的设计方案选择

有四个后院的备选方案。后院的备选方案如图14-7～14-10所示。与前院

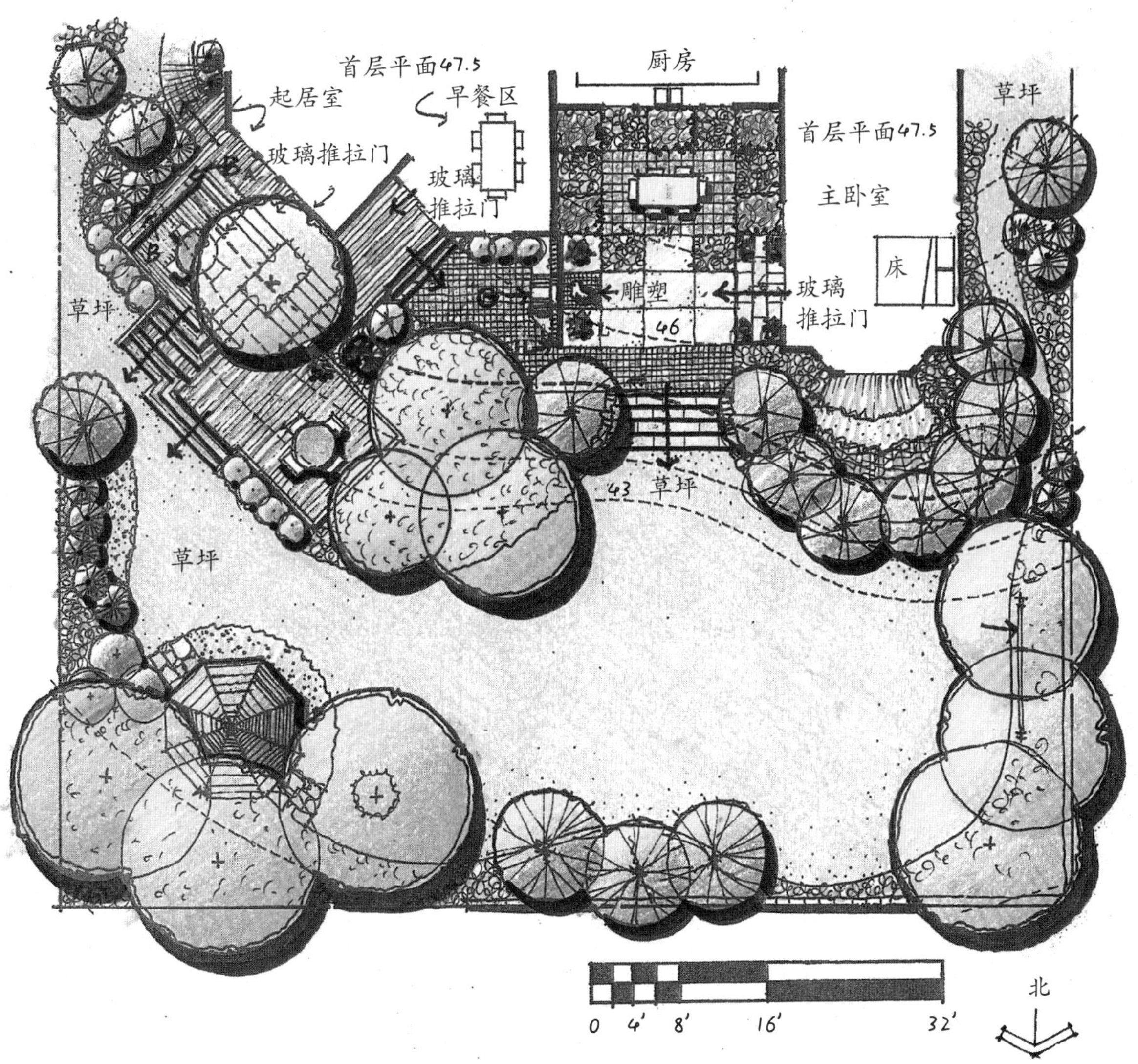

设计要点

整体形式。大部分的备选方案主要都是采用硬质景观，由一系列方形要素构成，然而，软质景观（植被）具有更为亲切、生态的特点。厨房外的花园是由若干方形构成的一个规整体系，从厨房的窗户望去，可以强烈感受到花园的景观轴线。

娱乐平台。娱乐平台的设计采用了一种轻松活泼的手法，该平台由好几级构成，呈45°角布置，并且与家庭活动室联系。在通往草地的入口附近，放置了几条长凳并设置了几级可以延伸入草地的台阶。这些延伸出来的台阶提供了一个小憩的平台，可以在此放上一些坐垫，或者布置一些盆栽。

厨房庭院。该庭院更像是由多种形式的铺装和各种植物绿化所组成的拼贴体。这个庭院几乎是一个双向均衡（对于轴线两侧是相同的）的设计。在庭院的西侧有一雕塑，而东侧则是一系列从卧室延伸出的台阶。烧烤架位于雕塑旁树篱的西侧。厨房中轴线统摄着厨房庭院，以及草坪最南端的三棵景观树。

游乐草坪。在庭院后面，设计了一个开阔的草坪。在草坪的东侧设计了可以踢球的场所，长条形的墙可以当作球门使用。在院子的东向和南向立了一道栅栏，防止球飞入隔壁院子。在院子的西南角有一凉亭，坐在凉亭内，可以一览从平台到绿地，再到西南端的景色。

图14-7 麦金托什住宅后院设计备选方案1（彩图见插页）

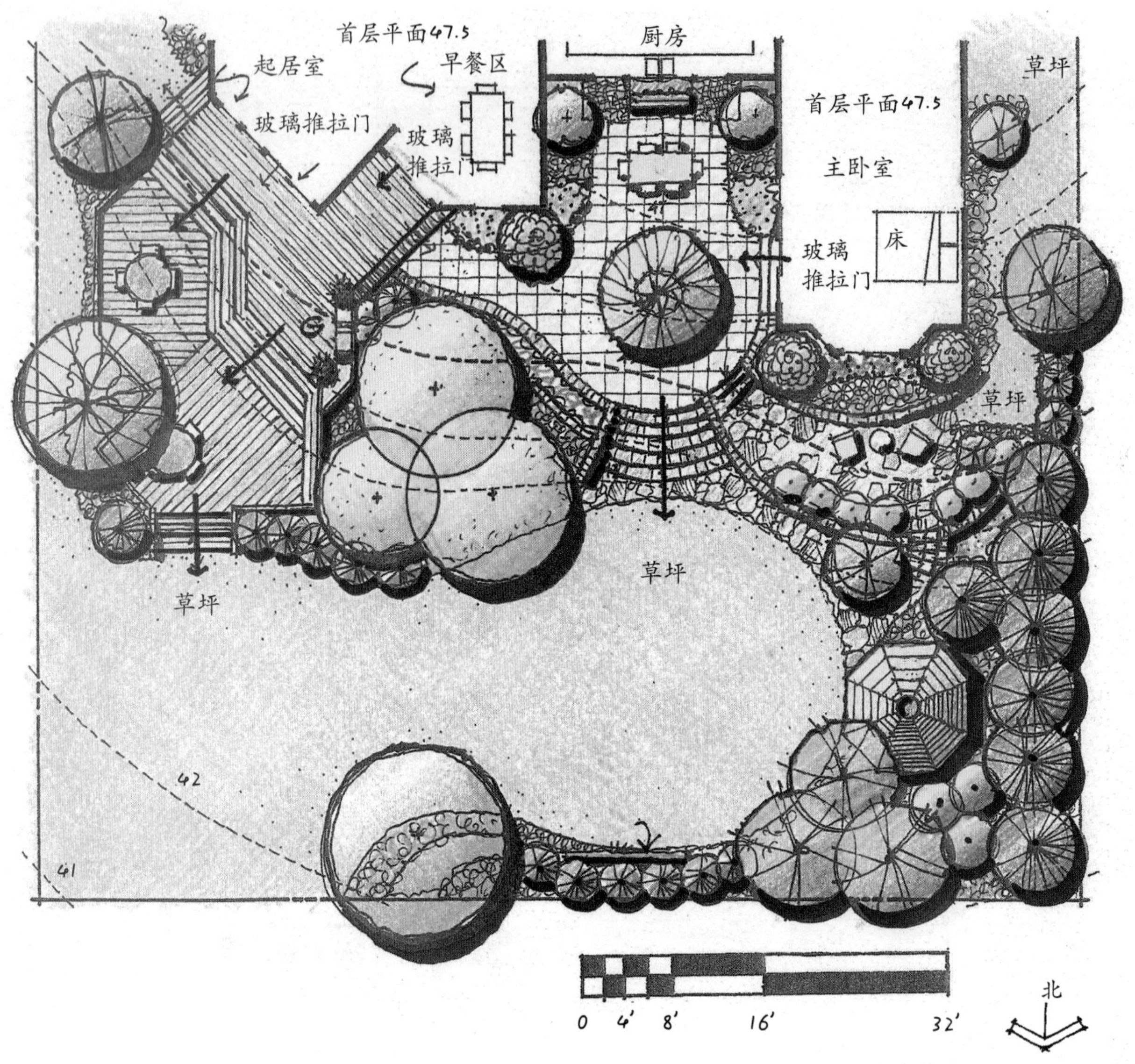

设计要点

整体形式。娱乐平台采用了斜线切割的手法，这一手法呼应了住宅的外立面。其余部分则采用曲线要素，为庭院带来轻松、自然的特点。

娱乐平台。该平台分为两层，由四级台阶分割，为桌椅摆放提供了多变的场地空间。两层之间台阶扩展延伸到与平台同样的长度，并提供了许多空间用于休憩小坐和摆放盆栽，烧烤架则位于上层平台的东南角。一系列小型的台阶构成了通往草坪的路，这些台阶与平台一起形成了更为封闭的空间感受。

厨房庭院。虽然庭院空间采用了曲线的形式，但其仍被设计为规整形态的庭院（与方案1相同）。通过在该区域的两侧种植相同的树木，创造出由厨房延伸向外的视觉轴线。这个庭院是相当开敞的，仅有一棵种植在视觉中心上的树木。这些台阶有足够的宽度，以至于可以延伸至草坪，形成了一种简单且开放的空间序列。

草坪。院子的西南部没有种植树木，使得房间面向公共绿地有着非常开阔的视线。球门墙位于宅院的南侧，其后种植着几株常青树。凉亭位于院子的东南角，掩映在落叶树和常青树之中。

图14-8 麦金托什住宅后院设计备选方案2（彩图见插页）

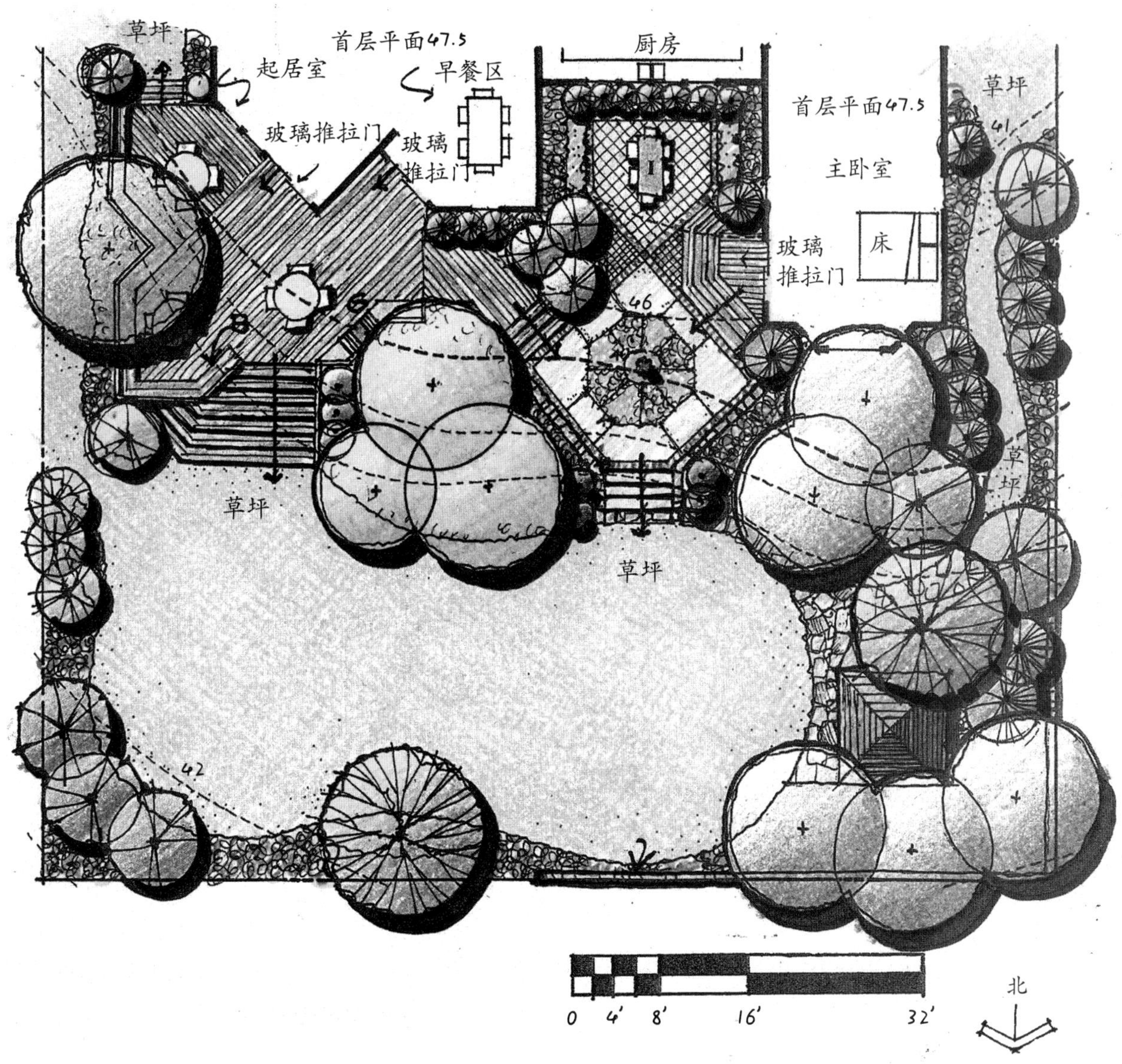

设计要点

整体形式。所有的硬质景观采用了斜线切割的手法，与其他的备选方案一样，种植池的设计采用了更多的曲线，显得更为轻松活泼。

娱乐平台。在这个备选方案中，所有的娱乐平台放置在较高的一层，采用此种设计时，从室内看，可用空间可被观察到的部分被最大限度地扩展了。并且，在进行游戏娱乐的过程中，避免了上下楼梯的麻烦。在平台上，布置着向东西两侧延伸的凹型长凳，且有多变的空间可供摆放桌椅，烧烤架设置在平台东南部。

厨房庭院。与之前的备选方案一样，庭院采用了对称的设计结构，庭院内的视觉中心是一处八角形的草本植物园，从厨房向外看去，是一处令人愉悦的景观。这样一个棱角分明的设计，使得西南向有较好的景观视线，强化了东南部空间。

游乐草坪。与备选方案2相同，凉亭位于院子的东南角，在基地的东南边界上设有栅栏，以保证亭子内部较强的私密性，在院子的东南角种植植物，以强化通往公共绿地的景观轴线。

图14-9 麦金托什住宅后院设计备选方案3（彩图见插页）

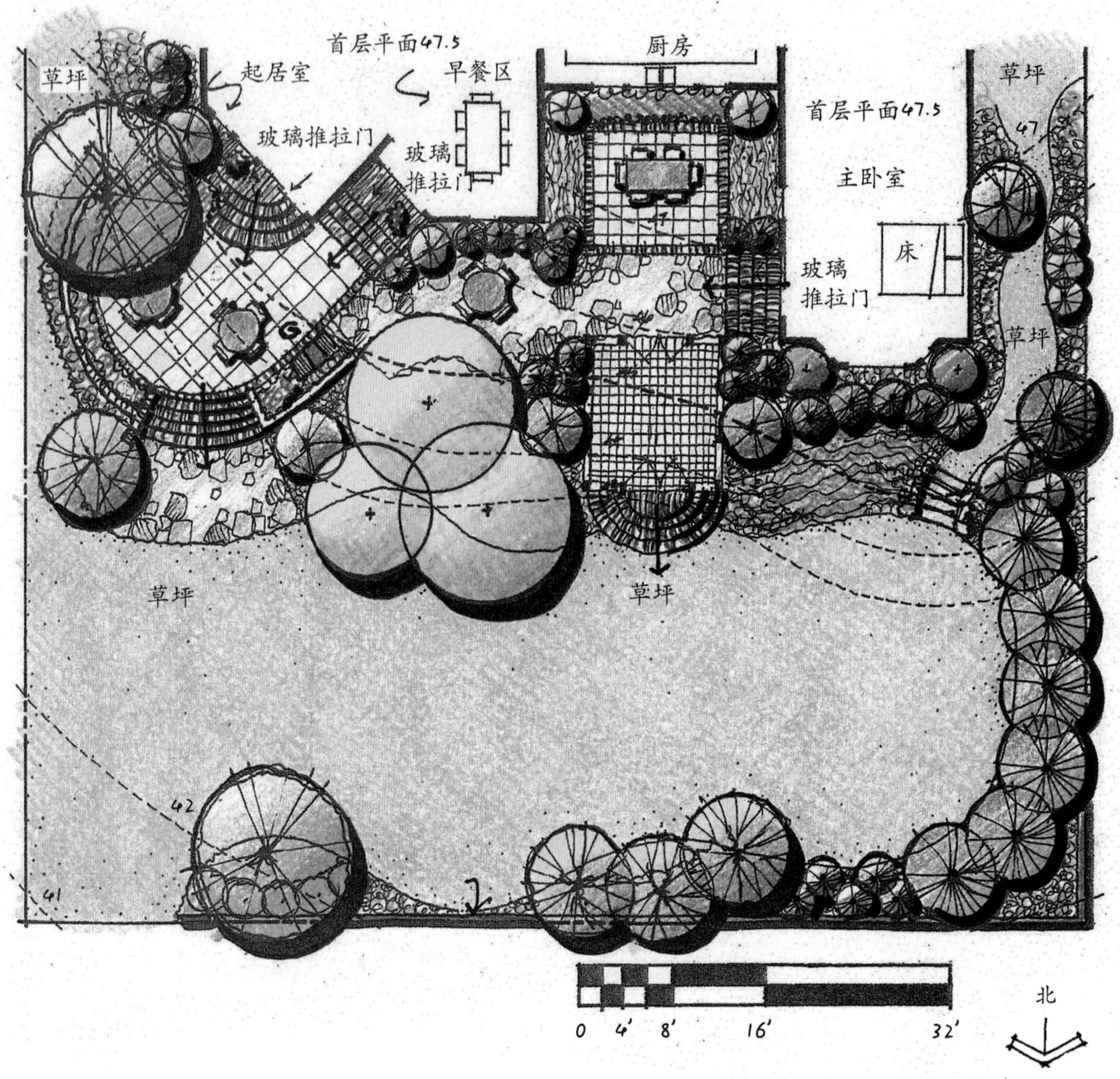

设计要点

整体形式。该方案在硬质景观的处理上采用了大量的圆形要素，并且在材料运用上与之前的方案有所不同，该方案并未采用任何木材。在这个设计中，人行道、台阶和墙体均采用了混凝土或砌体（包括砖、石头、模块墙等）铺装。

娱乐平台。两个砖砌的平台与台阶将主要休息区和家庭活动室联系起来。中间层的主要休息区可以摆放桌椅。向下走，是一小块石铺场地，可以将其视为是草坪上一块小平台。而烧烤架则放置在娱乐平台的东南角上。

厨房庭院。厨房庭院由一个简单的四边形构成，在其中间放置餐桌和餐椅。周边的植物多采用低矮的植株或是草本植物。在厨房入口空间的处理上，采用与娱乐平台一致的手法，即用一系列砖砌的台阶进行引导。

游乐草坪。在此备选方案中，一个主要的创新点在于：凉亭位于厨房庭院和草坪台阶之间。这样的设计，意在创造出一条隐约的、贯通庭院南北的廊道。一片开阔的草坪延伸至后院，被东面和南面的围墙围合，围墙并没有延伸到房屋的西南角，以确保从园内到公共绿地的视线是通畅的。

图14-10 麦金托什住宅后院设计备选方案4（彩图见插页）

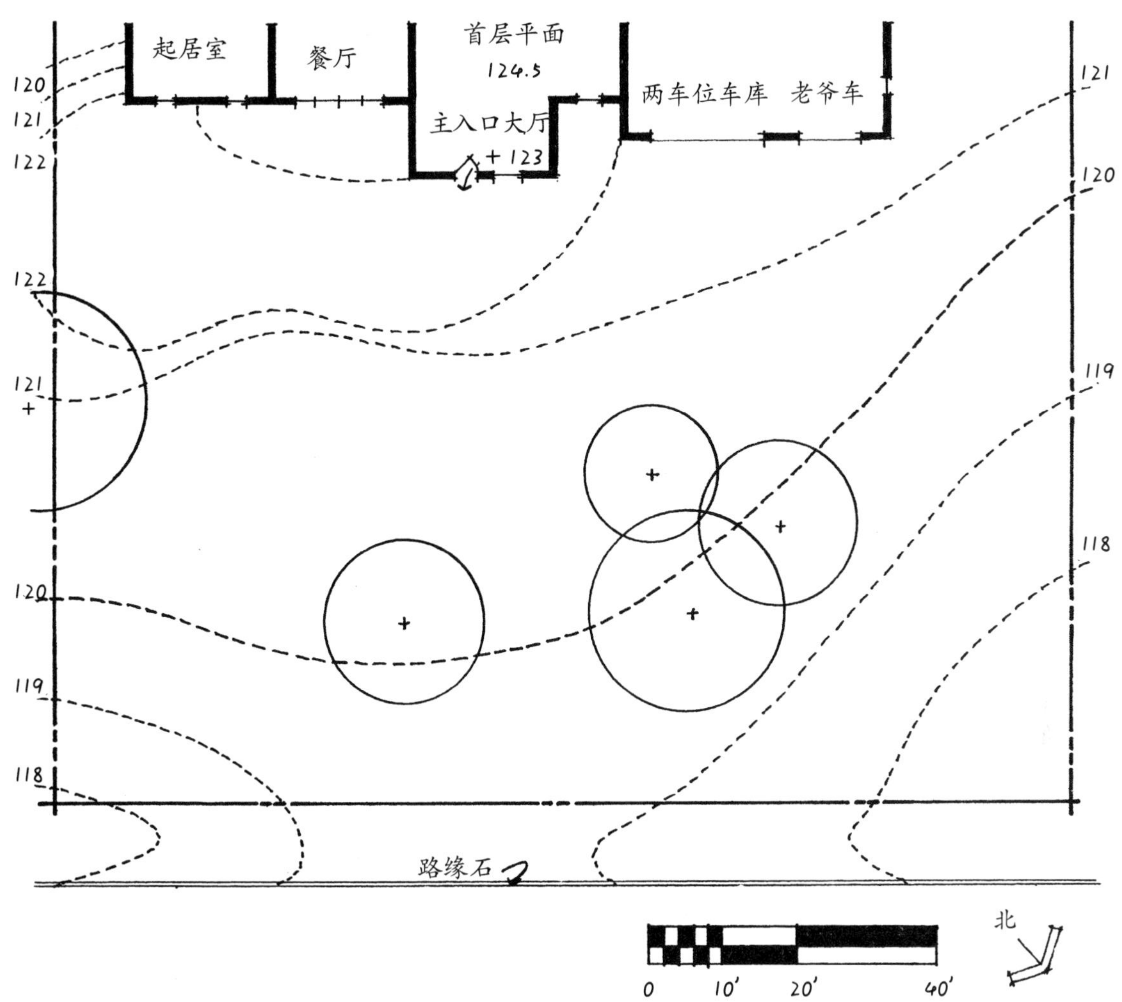

图14-11 弗莱明住宅基地底图

一样，每一个在整体功能、形式构成、空间构成以及材质组合上都是独特的。

项目2：杰西卡和布瑞恩·弗莱明住宅

这个设计阐明了前院的四种不同的比较方案。虽然解决方案是不同的，但每一个都是基于同样的客户、同样的场所，以及同样的设计程序。

客户是杰西卡和布瑞恩·弗莱明夫妇。杰西卡是一位胸外科医生，弗莱明是美国一位退休的海军陆战队医生，是当地医生协会的主席。他们有两个孩子——查德和布拉德，分别是12岁和13岁。杰西卡喜欢在晚春和夏天躺在外面写日记，读她最喜欢的两位作家安妮·赖斯和史蒂芬·金写的小说。弗莱明喜欢坐在外面看书，听各种音乐，写幽默小说。查德和布拉德通常会在前院玩球类运动。

大约18个月前，杰西卡和布瑞恩·弗莱明在俄亥俄州中部买了一栋房屋。在过去的一年，他们一直在大幅度地改进他们的房屋以适应他们的生活方式以及满足他们家人的需要（图14-11）。正式的生活区域以前是车库，前面的入口一直延伸至前院。一个新的三车位的车库加在院子过去宽敞的一面。再过几个月他们就想入住。

弗莱明住宅项目设计要点

经过与弗莱明家人的会谈以及其后的电话跟踪访谈，我们达成了共识，建立如下的设计任务书。

- 新的车行道宽度不少于3.7米（12英尺）。
- 增设两个来访者停车空间。
- 主入口附近设计一处带休息区的入口庭院，其面积为100～150平方英尺。
- 设计一个规则的几何式花园，其内种植一年生或多年生植物、树篱等，并提供放置雕塑和长凳的空间，面积为200～250平方英尺。
- 住宅北侧角落设置一处植物观赏区，用以阻挡街对面空地的视线干扰。邻居买下了这一小块空地，以避免周围建满住宅。然而不够理想的是，由于缺少了视线遮挡，使得远处的小型工业区一览无余。
- 从公共活动区到高尔夫球场，形成一个较为开阔的视野，保留并强化住宅东北角优美的景观观赏区。
- 通过植被种植带强化由街道到房屋的景观轴线。

弗莱明住宅备选设计方案

弗莱明住宅有四种不同的备选方案。这些备选方案如图14-12～14-15所示。与以前的案例研究中的麦金托什住宅一样，在整体功能、形态组成、空间组成和材料组成方面，所有这些备选方案都是独特的。

项目3：布莱尔·金斯利、拉萨姆、卡米拉住宅

该项目阐明了前院环境景观设计的3种不同的设计方案。与以往的方案不同，该项目的客户与设计任务书不断变化，而设计场地始终不变，基地详图如图14-16所示。这个新建的住宅位于纽约的萨斯奎哈纳河畔。住宅前院直接朝向东南侧开阔的水面，距住宅基地约200英尺的位置是一个50英尺宽的小沙滩，住宅后院将设计一个可以容纳两辆家庭小汽车、一艘小船以及一辆高尔夫球车的独立车库。一条完好无损的混凝土车道分布在住宅南侧，该车道延伸到后院，将后院与车库相连。由人行道到住宅前院附近地面高度变化约为3英尺，形成一个斜坡，根据客户的意愿，该斜坡可能需要进行修改。现状地下水与天然气管线分布在基地，详图上均有标识，四棵种植不久的槭树分散在前院各处。邻近的住宅距街道约为50英尺，其住宅

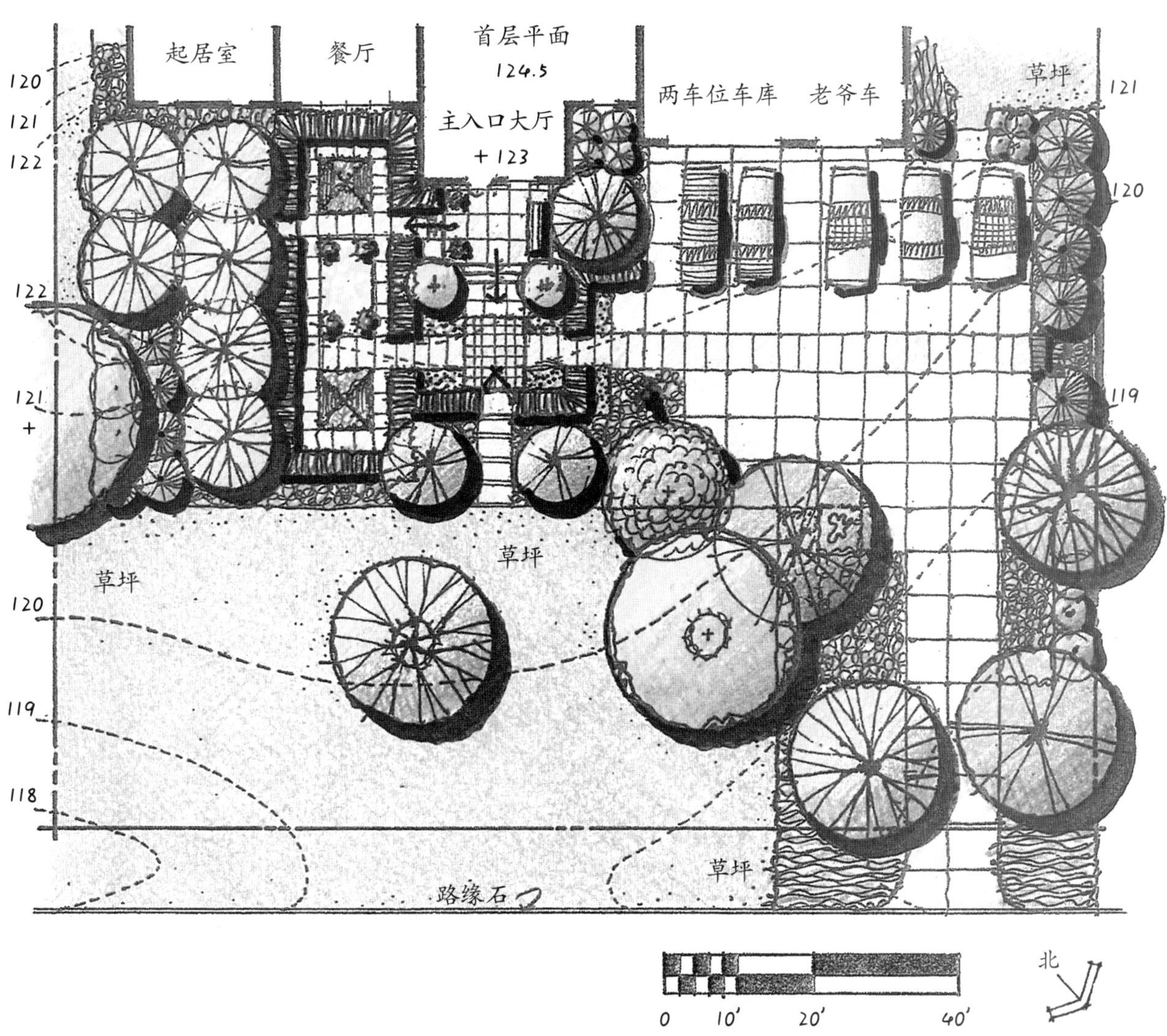

设计要点

整体形式。方案整体形态以矩形为主，矩形是简单、规则的几何形状，具有抽象的一致性，是统一与完整的象征，因此此次设计中追求强烈的轴线感，主要包含以下几条轴线：

（1）基地入口轴线

（2）绕过篱笆栅栏，平行于住宅前部，由入口庭院延伸至规则式庭院的轴线

（3）恰好由前门外空间延伸至规则式庭院的轴线

（4）连接前门，通过入口进入前院草坪的轴线

车行系统。车行道位于远离房屋的西北面，从而最大限度地增加前院草坪与绿化种植面积。除了位于车库前面三个必不可少的停车位外，另外两个停车位直接邻近车库设置，同时留有充足的回车场地。

入口庭院。入口空间由低矮树篱、中央铺地、抬高的入口平台限定而成，考虑到室外休憩及观赏花园的视野需要，在入口平台上设置有一把长椅，由抬高与下沉的两个入口空间均可进入规则式庭院。

规则式庭院。与入口空间相似，规则式庭院由低矮的树篱限定而成，并与餐厅处于同一轴线上，一条狭窄的步行道贯穿整个庭院，周边的树木围合庭院，产生私密感强烈的空间。

图14-12 弗莱明住宅环境设计备选方案1（彩图见插页）

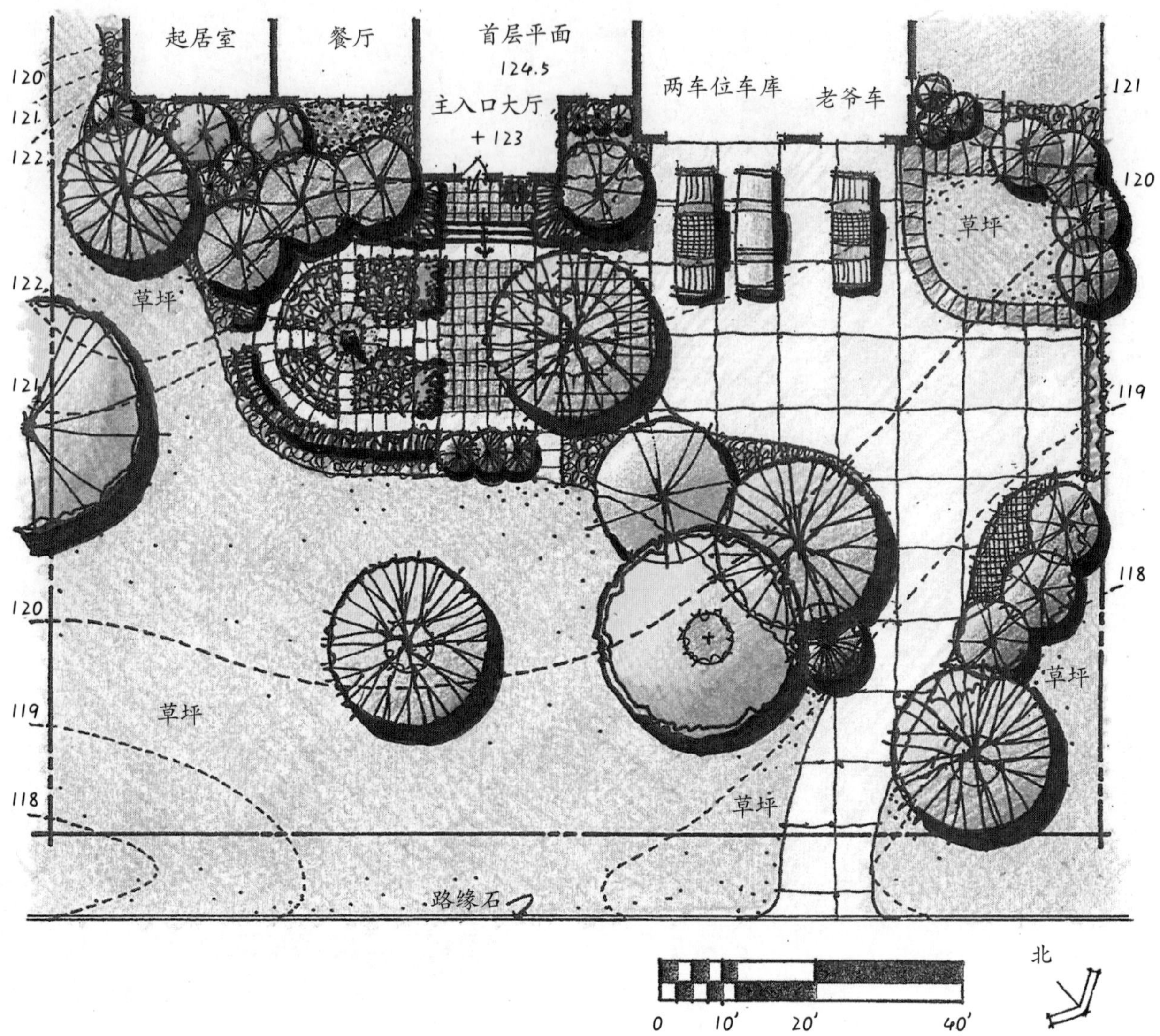

设计要点

整体形式。由一系列半圆形要素构成了草坪、绿化区、规则式庭院以及人行道的基本形态，创造出了柔和的景观特性，而方案1喷水池与硬质景观的边缘均采用了规则的矩形图案，形成的景观环境较为呆板生硬。

车行系统。该方案展示最大限度地增加草坪与绿化种植面积的另一种方式，车行道与停车场接近住宅基线，同时留有充足的入口空间。绿化集中在基地入口附近，起到了阻挡街道上车辆视觉干扰的作用。

入口庭院。前入口空间被分为围绕中心树的两个步行走道，当由车行道步行到入口时，中心树起到遮阴的作用。此外，前院入口空间较为开阔，并且重点突出了进入草坪的前门。

规则式庭院。规则式庭院作为入口体验空间的一部分进行设计，一条狭窄的人行道环绕在庭院周边，形成了可能是花钵、雕塑或者喷泉的庭院中心点。

图14-13 弗莱明住宅环境设计备选方案2（彩图见插页）

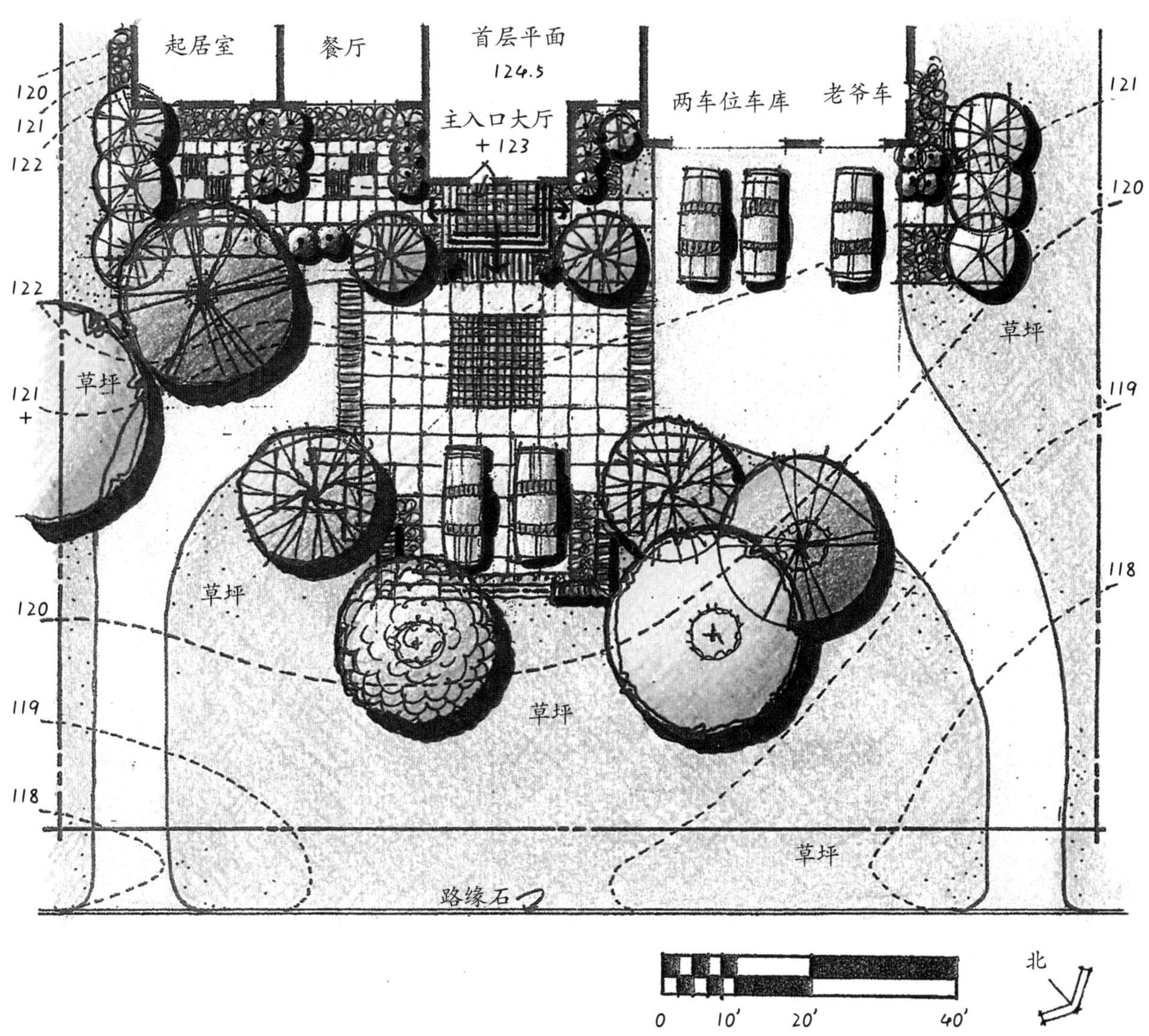

设计要点

整体形式。在住宅前入口附近，由矩形的设计主题营造出了占主导地位的入口/接待空间。

车行系统。基地内设置有便于进入与离开但无法回车的“U”行车道，车库前面设有三个停车位，另外两个停车位则位于前入口附近的接待区。

入口庭院。该方案运用不同材质创造出呼应设计主题的模式，设计了大型的入口/接待空间，低矮的树篱与装饰墙的结合体将入口庭院与前面的草坪分离开来。

规则式庭院。规则式庭院位于起居室与餐厅附近，透过起居室与餐厅的窗户均可以观赏到整个花园。另外，设计了一条狭窄的人行道由前门外主台阶进入庭院，加强了前门与庭院的联系。

图14-14 弗莱明住宅环境设计备选方案3（彩图见插页）

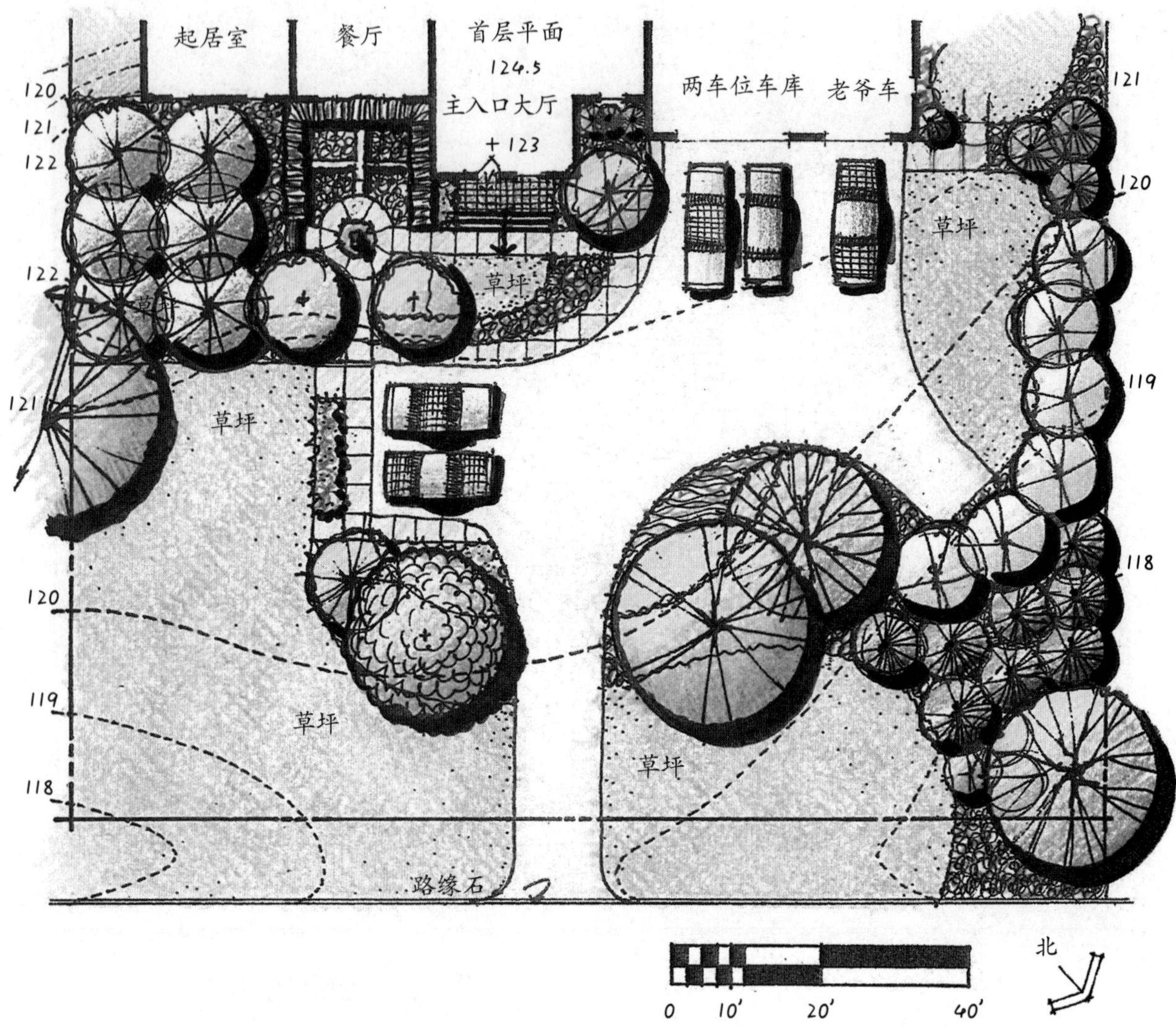

设计要点

整体形式。此方案中除入口与庭院外，均运用大量流动的轴线要素，与规则的设计主题相比，营造了较为柔和的住宅区景观环境。

车行系统。车行道位于场地中央附近，服务范围较广，方便了车辆进入车库和布置室外车位，为防止倒车进入附近街道，设置有回车场。

入口庭院。入口庭院毗邻前方的停车场与规则式花园的中心，整个庭院成为前门附近强烈的视觉中心。此外，庭院内设有进入车行道的入口。

规则式庭院。庭院设计重点突出餐厅以及车行道旁的人行道，由人行道上进入庭院的入口成为另一个视觉焦点。

图14-15 弗莱明住宅环境设计备选方案4（彩图见插页）

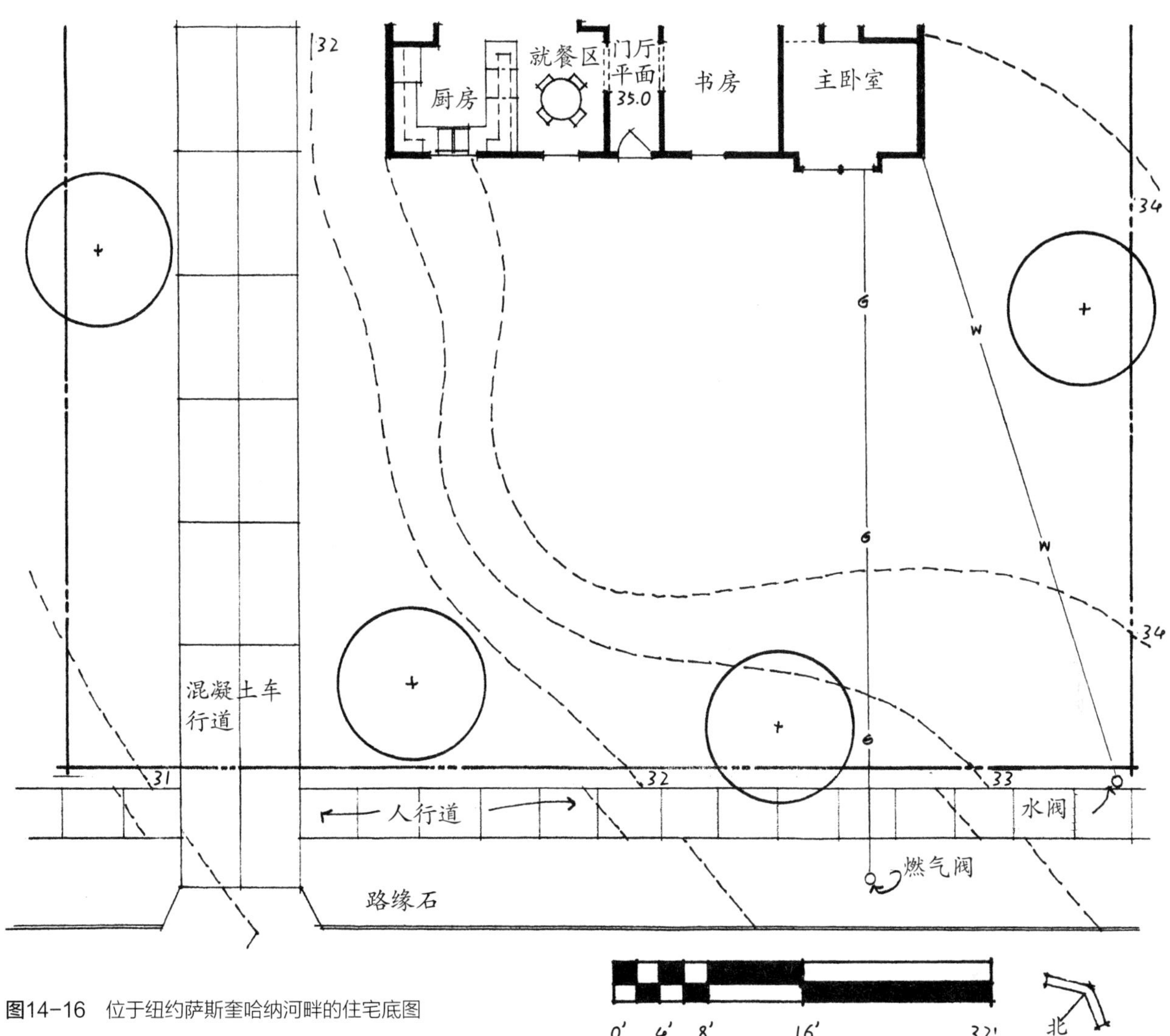

图14–16 位于纽约萨斯奎哈纳河畔的住宅底图

面积与该基地内的住宅面积大小相同，这里的每一位客户都十分友好，他们期待着隔壁新房屋里新邻居的到来。

案例1：布莱尔 · 金斯利与泰勒 · 本特住宅环境研究

布莱尔 · 金斯利和泰勒 · 本特最近买了新房屋。泰勒 · 本特在帮助三个孩子顺利完成学业后，决定去实现自己的梦想，他们正在为退休后的生活做准备，梦想在临水区建立一栋小别墅，并把他们的精力投入到家庭办公中。

布莱尔 · 金斯利和泰勒 · 本特非常友善，同时又追求独立的私密性，他们喜欢在自己豪华的花园内种植与养护各种一年生与多年生植物。喜欢散步、打网球与做饭的他们希望在新别墅的花园里也能做同样的事情。作为做事井井有条的夫妇，他们设想有一个对称式的景观环境来突出小巧却又不失豪华的别墅，最好设置两个不同级别的入口，即一个主入口，一个次入口，在次入口处留有放置几把椅子、一张桌子与一些盆栽的空间，这样他们就可以坐在户外交谈、读书或者听音乐，这些是他们感兴趣的户外活动。尽管他们希望从各个角度都可以享受到前院壮丽的水景，但仍强调前院的私密性应大于开放性。他们希望朋友与邻居最好从人行道与车行道指定的地点进入他们的领地，同时最好在房屋附近设置带门的铁围栏，以便他们的拉萨阿普索犬能够在后院自由玩耍，该设计方案如图14-17所示。

案例2：金和拉萨姆住宅环境研究

金和拉萨姆非常热情，并且热爱观鸟、观星、瑜伽等户外活动。在住宅区域尤为喜欢弯曲的形式，特别是弧形，因而现在的住区景观环境对于他们来讲显得较为拘谨，对于新的居住环境，他们期望能够更随意、生动并且富有想象力。石头与木头是别墅建筑的主要材料，他们认为在景观设计的取材上应适当吸纳与建筑材料相同的材质，要求房屋主入口处设置两级露天平台，平台上放置几把椅子、一张桌子以及一些盆栽植物，这样就会营造出适于读书、休闲及早晨练习瑜伽的宜人环境。沿车道两侧设置宽敞的人行道，从而提供一个热情好客的入口空间。现状基地前院在人行道上有一个小山丘，于是他们设想一块带有矮墙的凸起的草坪来保护前院的小山丘。他们不想要任何形式的围栏，围栏的存在只会缩小前院的空间，该设计方案如图14-18所示。

案例3：卡米拉和菲利佩住宅环境研究

卡米拉和菲利佩善于社交，邻居过来参观、吃饭、打牌对于他们来讲是件愉快的事情，户外休息、阅读、日光浴及听音乐同样是他们的最爱，即便计划利用一部分时间去垂钓与旅游，但大部分时间仍是与朋友和邻居在一起休闲娱乐。他们热爱步行、高尔夫球与网球，非常活跃，性格随意，所以他们期待拥有一个自然式的庭院。在景观设计中，他们倾向运用圆形与流畅的线条，而不是直线或者斜线。尽管这对夫妇较为友好热情，仍然希望人行道与街道在某种程度上隔离，确保必要的私密性。前院以开敞的室外空间为主，同时也应设置一些私有空间，另外，树木应沿着设计的弧线种植，创建一个充满曲线美感而不是方正规矩感的前院环境景观，该设计方案如图14-19所示。

项目4：IES国际公寓

IES国际是一家成功的计算机软件公司，最近买下了砂卵石（the Sand Pebble）公寓发展集团开发的12套公寓。IES就研发程序方面已与附近的各大高校建立了联系，并聘请世界各地的电脑专家前来参观指导。这些专家

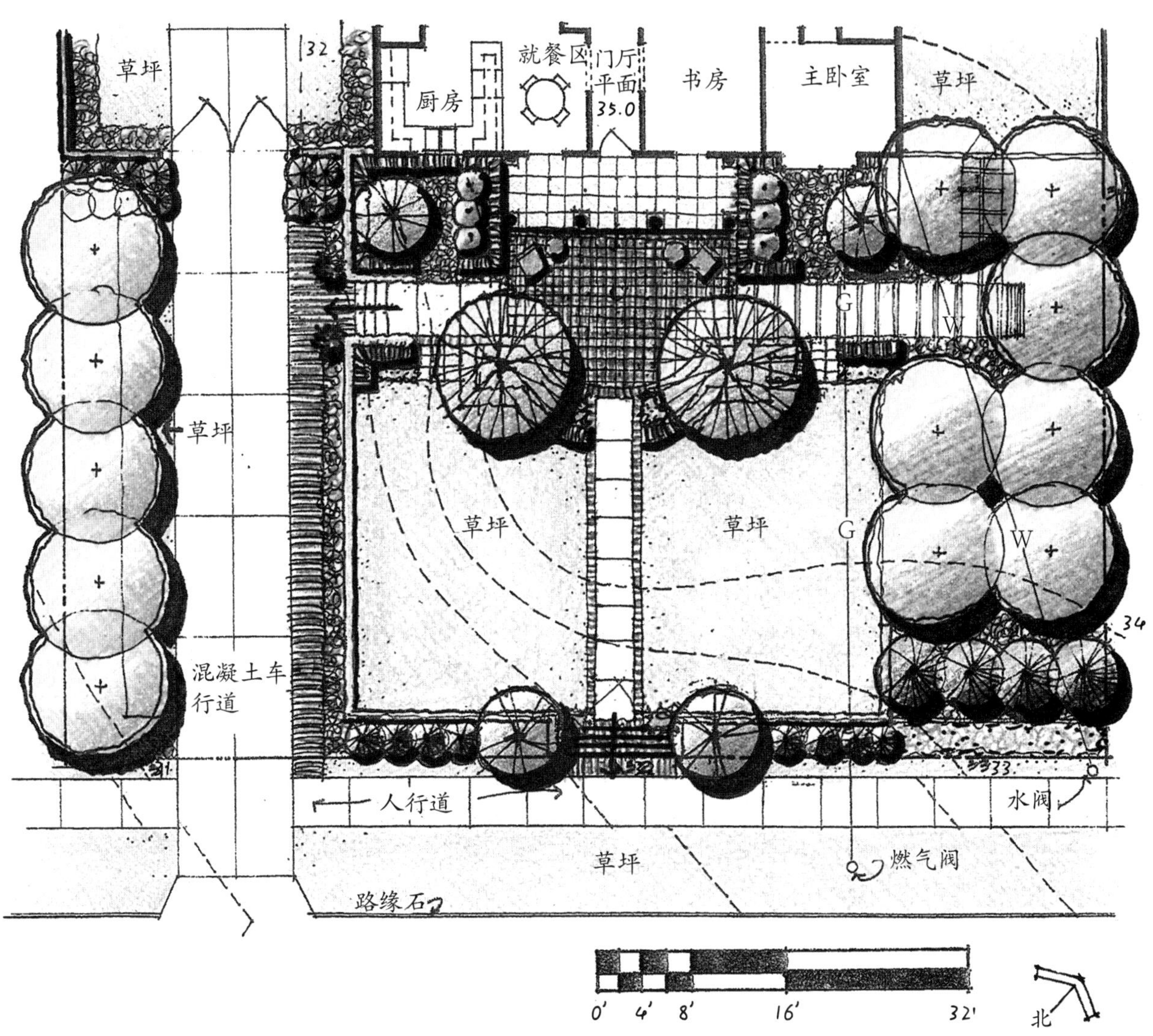

设计要点

整体形式。结构形式是这幢公寓的首要特点，两条轴线统领了前院空间。主要轴线对应公寓的中心并与房子前面的过道相连，次要轴线与房子平行并提供车行道出入口，富于装饰感的椅子布置于该条轴线的末端。

前入口。需要强调一下这个方案的门廊，从门廊的纵深方向延伸出半圆形的露台，营造了一个半私密半开敞的入口空间。

前院。低矮的院墙突出了前院低缓的草坪，矮树篱用来区分草坪与入口空间，主要轴线两侧对称种植植物。为突出主要结构形式，靠近用地边界布置树阵，起到较好的屏障作用。

图14-17 布莱尔·金斯利住宅（彩图见插页）

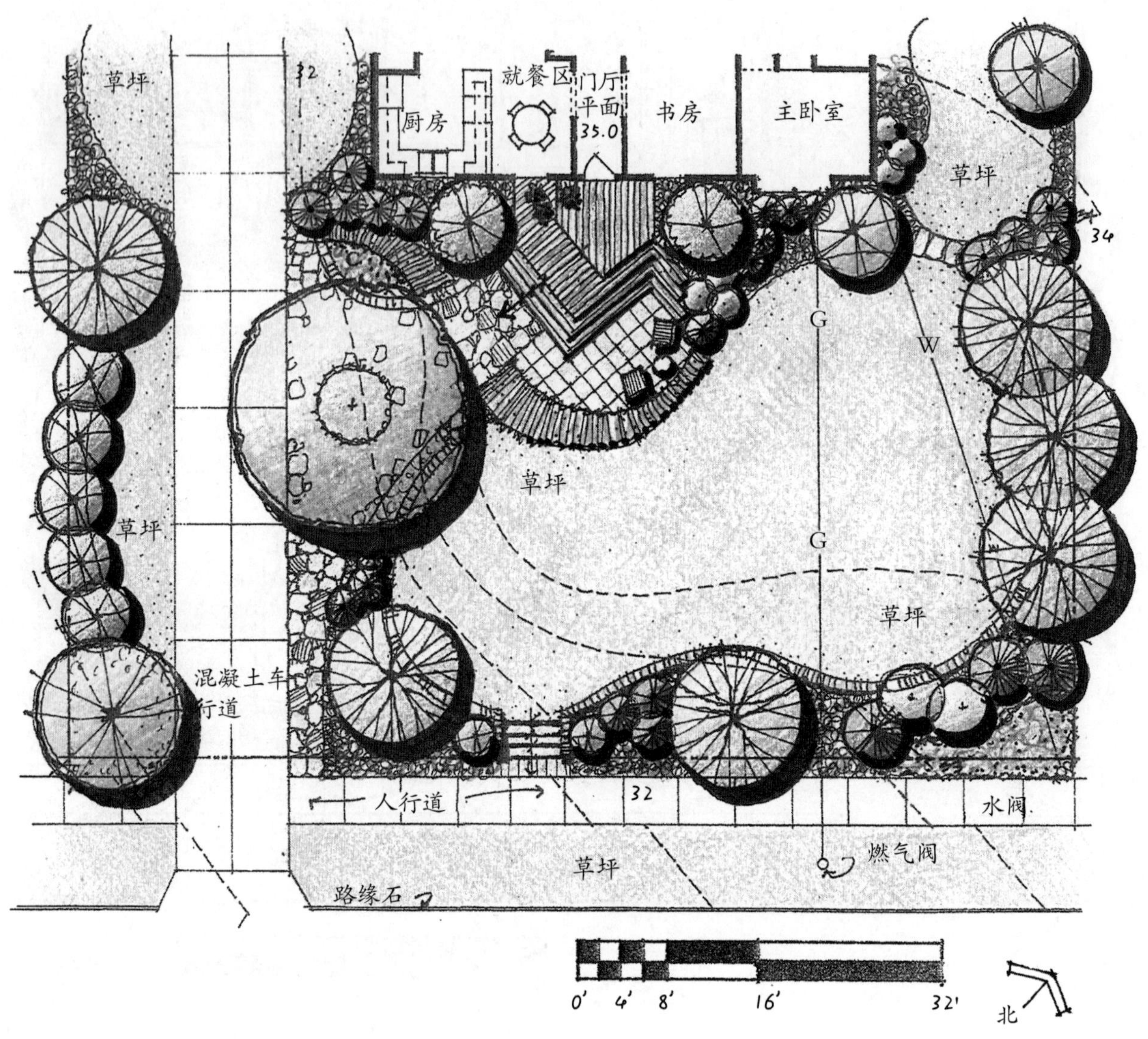

设计要点

整体形式。本设计提出一个非传统形式的解决方案，硬质景观和植物种植大多采用曲线形式，与先前正统的方案相比，这种设计更具柔和特质。

前入口。石铺的路面从前入口延伸到人行道上，给家庭增添了热情好客的氛围。带有转折和台阶的木质平台，为座椅和盆栽的灵活布置提供了空间。铺装的小曲线路面可以满足布置休闲桌椅的需求。

前院。草坪的边缘由低矮的石墙限定，提升了设计的自由感。植物的种植强调进入场地的视觉效果同时提供必要的隐私空间。

图14-18 拉萨姆住宅（彩图见插页）

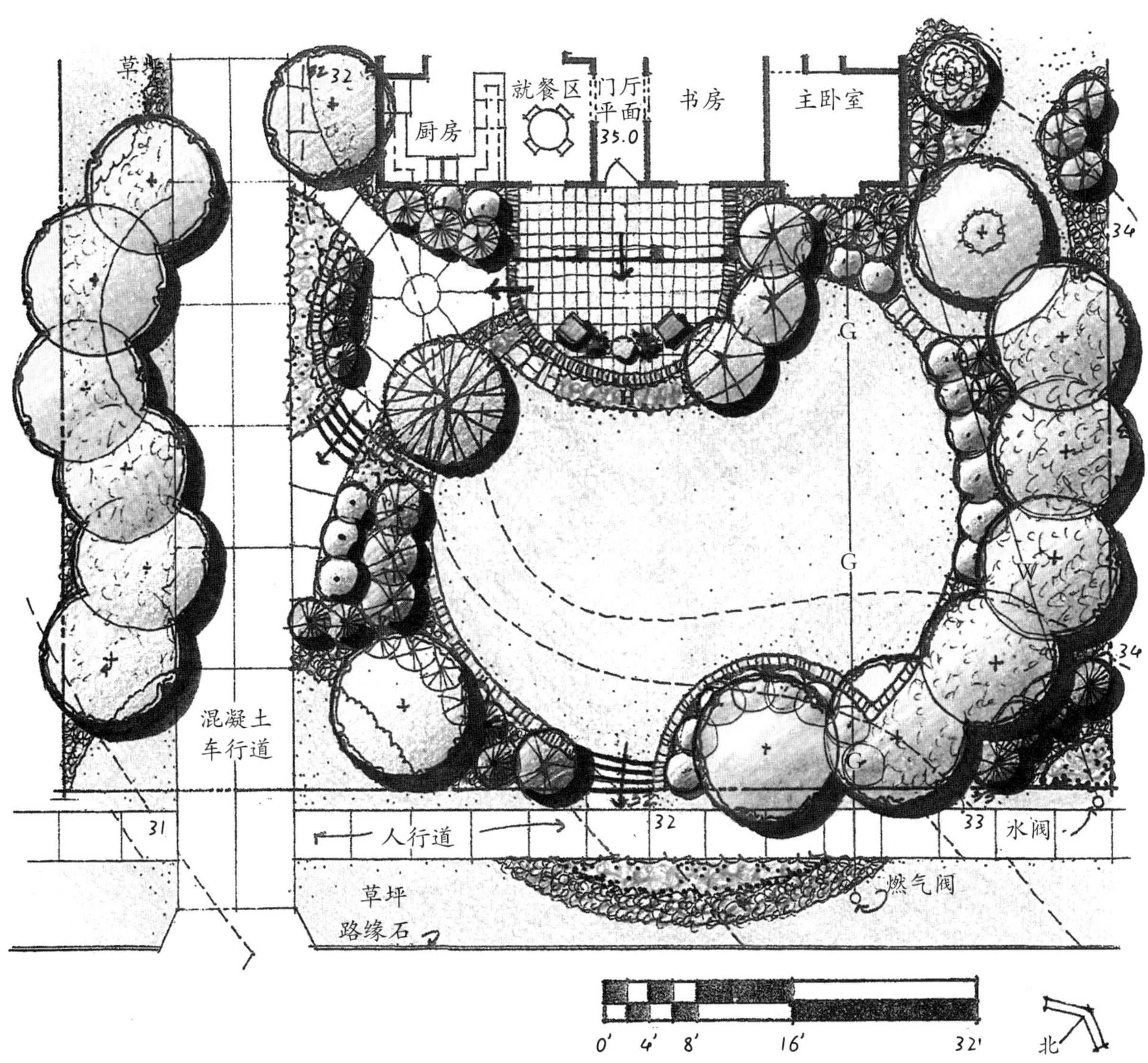

设计要点

整体形式。一系列不同尺寸的圆弧塑造了形式感强烈的自由式设计方案，圆形、半圆形、弧形被用来限定散步道、墙体、台阶、平台和植物的边界。

前入口。这个项目还被要求设计一处有充足阳光照射的半开敞的休息区。人行道远离房屋铺设，视觉的焦点被引向与车行道交叉处的小树丛上，入口通道被中心植丛分隔成两部分。

前院。前院草坪被设计成由几个曲线切割圆弧所余下的形状，明确限定了前入口和人行道旁主要植丛的位置。主要树木的种植呼应圆弧并以此界定曲线空间，从而营造出草坪与街道相互分离的空间界面。

图14-19 卡米拉住宅（彩图见插页）

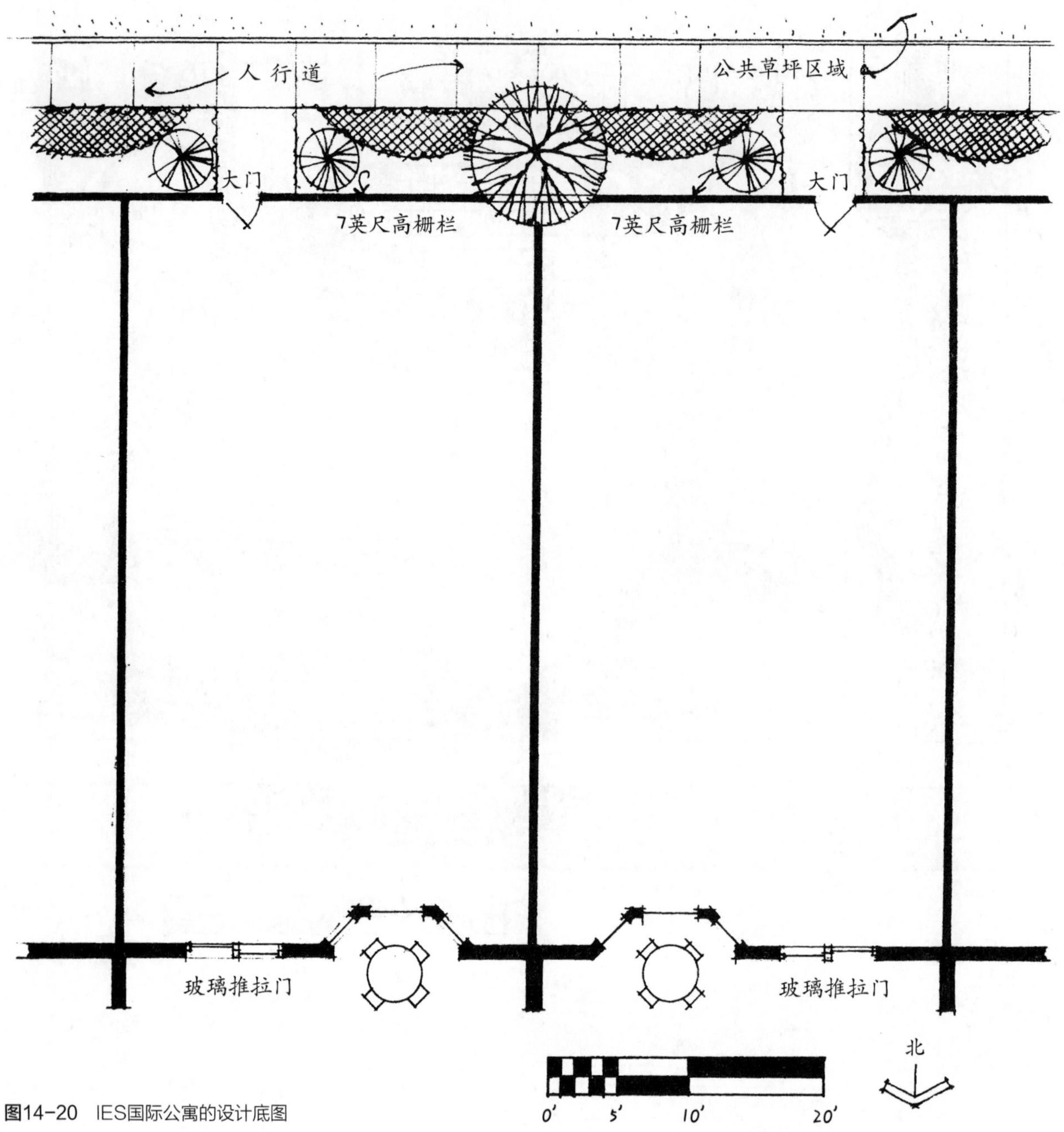

图14-20 IES国际公寓的设计底图

分别与高校和软件公司签署了为其两年的合同，他们及他们的家人将享有这12套公寓的使用权。

该公寓建于2003年，在通常的设计条件下，需要做一些室内和室外的实质性工作。每户都有30英尺×55英尺的室外空间。大多数室外空间地势平坦，都有由混凝土墙围合起来的庭院，一棵小乔木和几簇灌木丛，以及中间的草坪区域。

IES国际公司希望在对房屋的内部和外部进行整修的同时，注重室外空间的设计。公司希望每个单独的住宅都有别于其他公寓，并且为住户的户外娱乐活动提供可能。基地现存一些长势较差而且从未被修剪过的树木，通过与园艺师沟通，决定将这些树木移走。混凝土围墙将被拆除，基地内其他植物也将被移植他处，这就彻底清空了每个空间，犹如一张崭新的画布。六组并列的两个室外空间的设计方案在图14-20所示的基地平面内展开。

通过多次与设计师进行协商，决定每座公寓，户外空间包括以下内容：

- 在面积约为400平方英尺的铺装地面上设置两张直径为36英寸的桌子，每张桌子有4把椅子，这个空间可为住户提供8个人同时进行室外用餐。即便是没有客人，也能允许主人在两个不同的地点就坐。
- 一处可以永久放置烤架的空间。
- 一处面积接近20平方英尺的树荫。
- 种植两三株观赏树，每一株要求有3英尺的树冠并可遮盖10平方英尺的地面。
- 面积约为25平方英尺的水景或雕塑。
- 提供堆放垃圾的隐蔽区域（有坚实的维护结构，面积约为4英尺×8英尺）。
- 用树篱代替围栏。
- 硬质铺装连通住宅和大门。
- 混合种植落叶植物和常绿植物。
- 有覆盖的地面。
- 种植一年生或多年生植物。
- 多处放置盆栽。
- 在休息区种植大乔木虽是一个好的想法，但需要经过公寓主管部门和当地主管部门批准。

IES公寓的备选方案以两种不同的设计思路展开。

第一种，基于一个特定的功能图解，以六个不同的主题要素进行设计。这样做的结果是，在特定的功能组织下空间形式得以统一。图14-21即为指导六个备选方案设计的功能图解，同时也包括了六个方案所涉及的各种空间要素。

图14-22～14-24为运用下述主题要素进行的方案设计：

- 矩形（图14-22左图）
- 斜线（图14-22右图）
- 圆弧和切线（图14-23左图）
- 错位的斜线（图14-23右图）

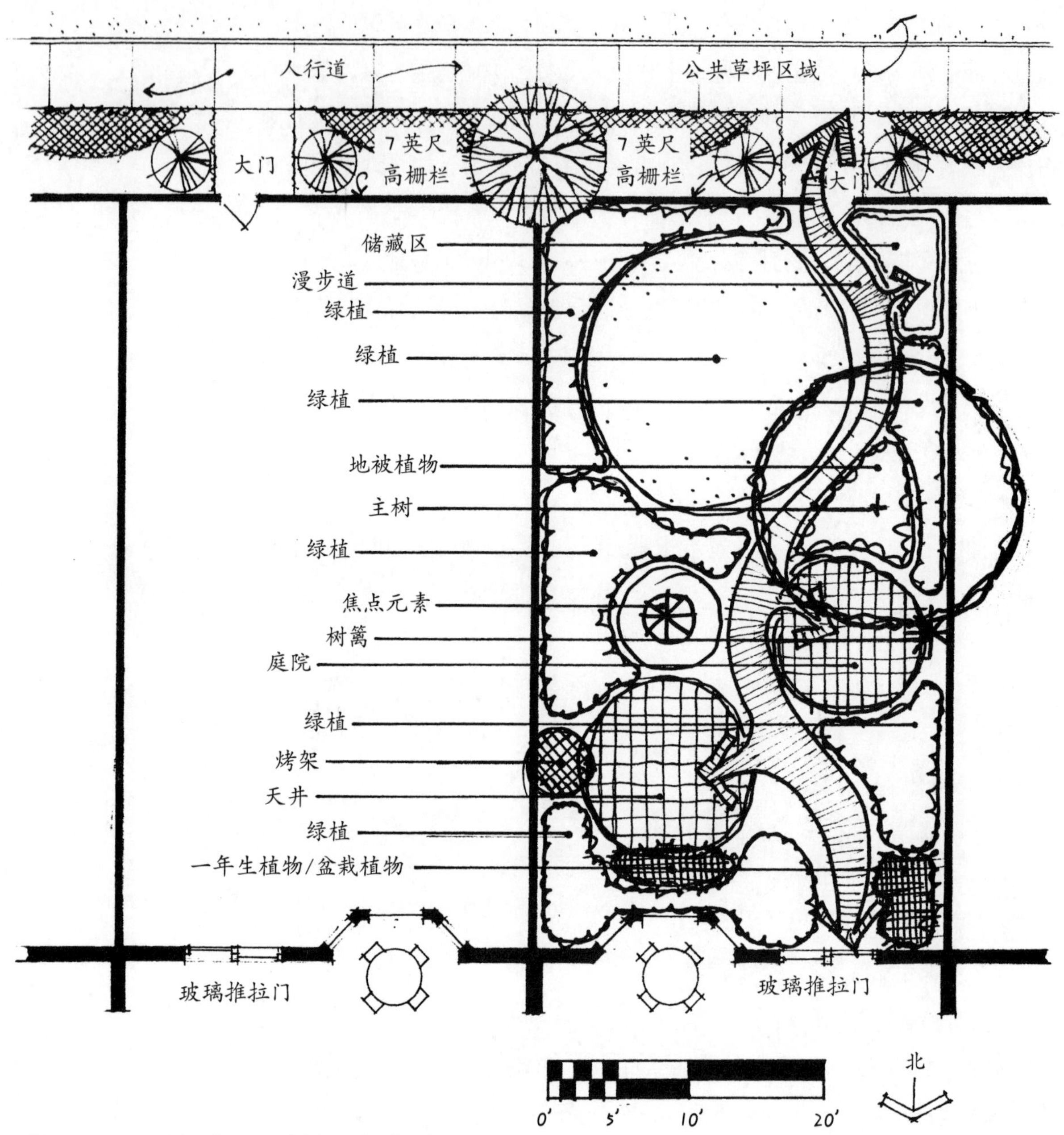

图14-21 IES国际公寓1~6号住宅的设计功能图解

- 曲线（图14-24左图）
- 角（图14-24右图）

第二种，分别基于不同的功能组织和形式组织来设计其余六个备选方案。我们并不提倡设计师需要尽可能多的备选方案，但是在现状条件下，设计12个独具特色的方案是很有必要的。如前所述，设计师应该意识到存在着众多方法解决同一个设计问题，如通过调整方案的功能组织或形式布局。图14-25～14-27所示为基于不同功能组织，选取下述各主题要素进行设计的方案：

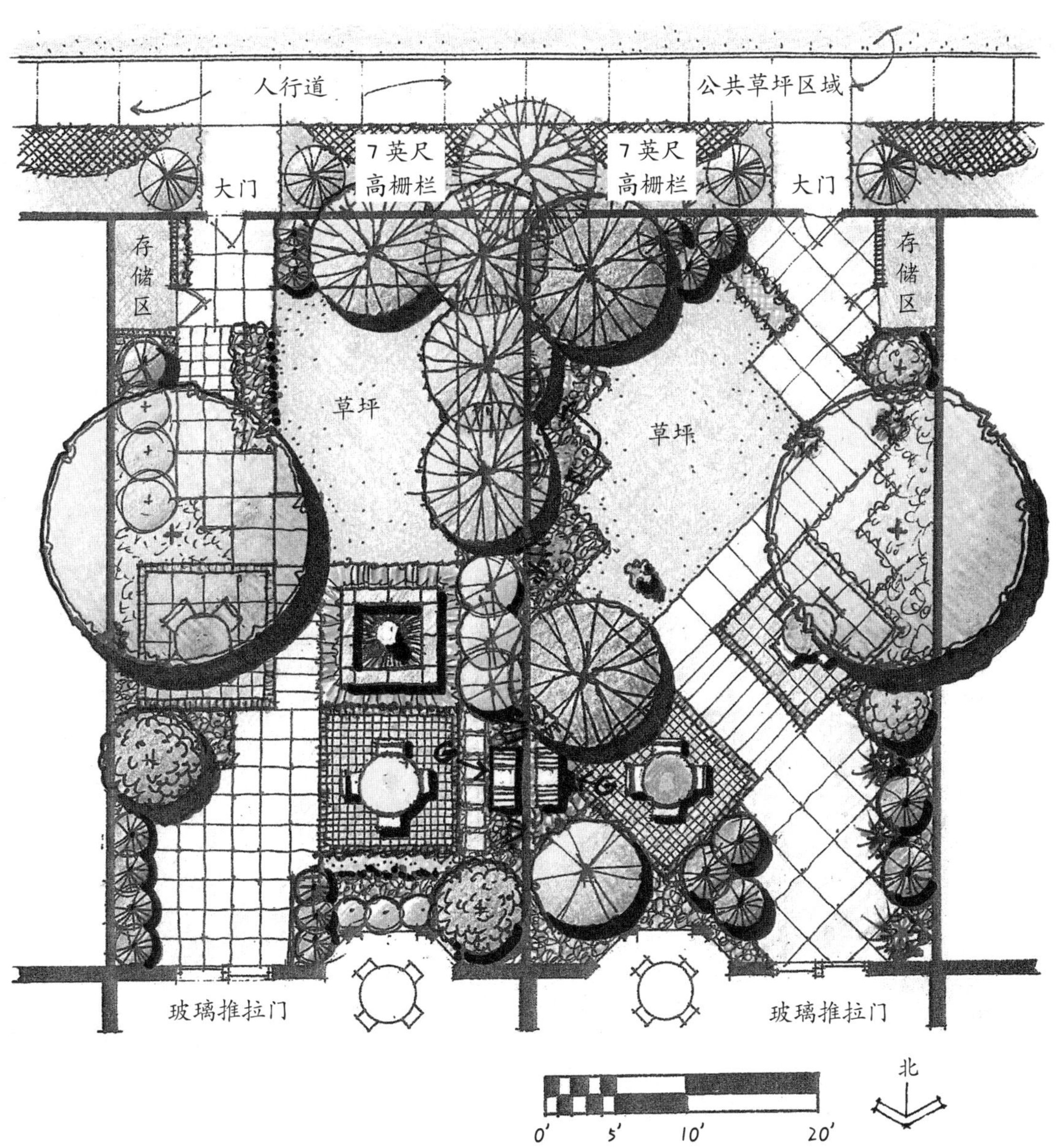

<table>
<tr>
<td>

设计要点

- 以矩形要素为设计主题。
- 充满阳光的主要休息区和喷泉与凸窗位于同一轴线上。
- 次要休息区位于树荫下，与喷泉产生强烈的视觉联系。
- 烤架位于主要休息区的西侧，其一侧为树篱。
- 矩形的草坪上种植观赏树木，营造出层次清晰的可视区域。
- 人行道多以混凝土或碎石铺砌，休息区地面采用硬质铺装。
- 存储区域位于院落的东南角。

</td>
<td>

设计要点

- 以斜线要素为设计主题。
- 由特殊材质铺砌的休息区对草坪和雕塑的视线良好。
- 烤架位于由观赏树环抱的主要休息区东侧。
- 三簇树篱位于草坪东侧。
- 五颜六色的盆栽植物被放置在人行道斜线的拐角处，给行人带来良好的视觉感受。
- 人行道多以混凝土或碎石铺砌，休息区地面采用硬质铺装。
- 存储区域位于院落的西南角。

</td>
</tr>
</table>

图14-22 IES国际公寓1号和2号备选方案（彩图见插页）

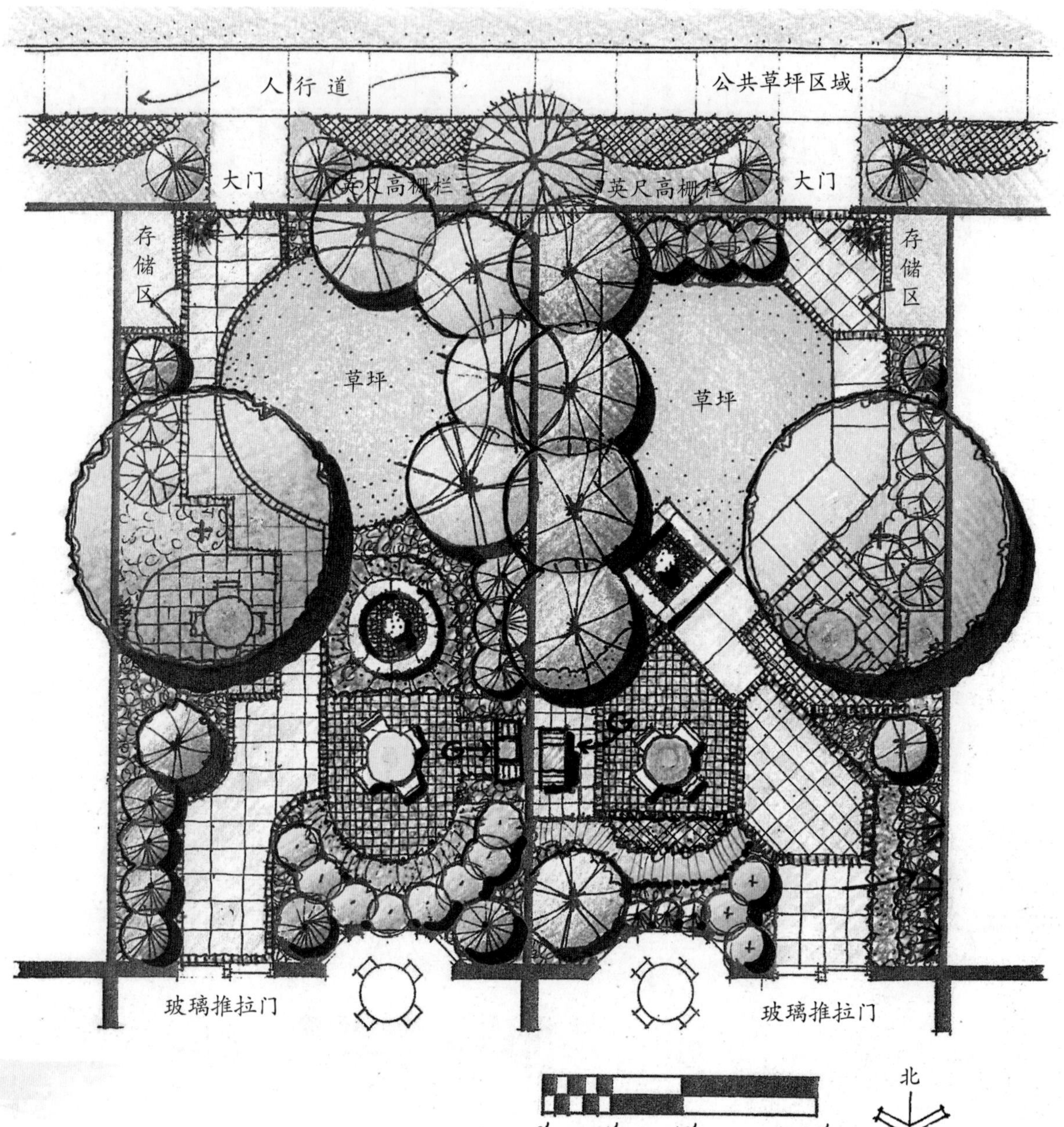

设计要点

- 以圆弧和切线要素为设计主题。
- 休息区为半圆形，与圆形喷水池的中心位于同一轴线上。
- 烤架紧挨西院墙，两侧种植地被植物和灌木丛。
- 人行道多以混凝土或碎石铺砌，休息区地面采用硬质铺装。
- 存储区域位于院落的东南角。

设计要点

- 以错位的斜线要素为设计主题。
- 休息区既可以得到阳光的照耀又可以享受阴凉，坐在其中可以观赏到喷泉的景致。
- 烤架位于与凸窗处在同一轴线的休息区东侧。
- 三簇树篱位于草坪东侧。
- 三簇树篱正好位于进入花园的主入口旁，紧邻宅院西侧的栅栏。
- 人行道多以混凝土或碎石铺砌，其边界也多用这种铺砌方法来限定。休息区地面亦采用硬质铺装。
- 存储区域位于院落的西南角。

图14-23 IES国际公寓3号和4号备选方案（彩图见插页）

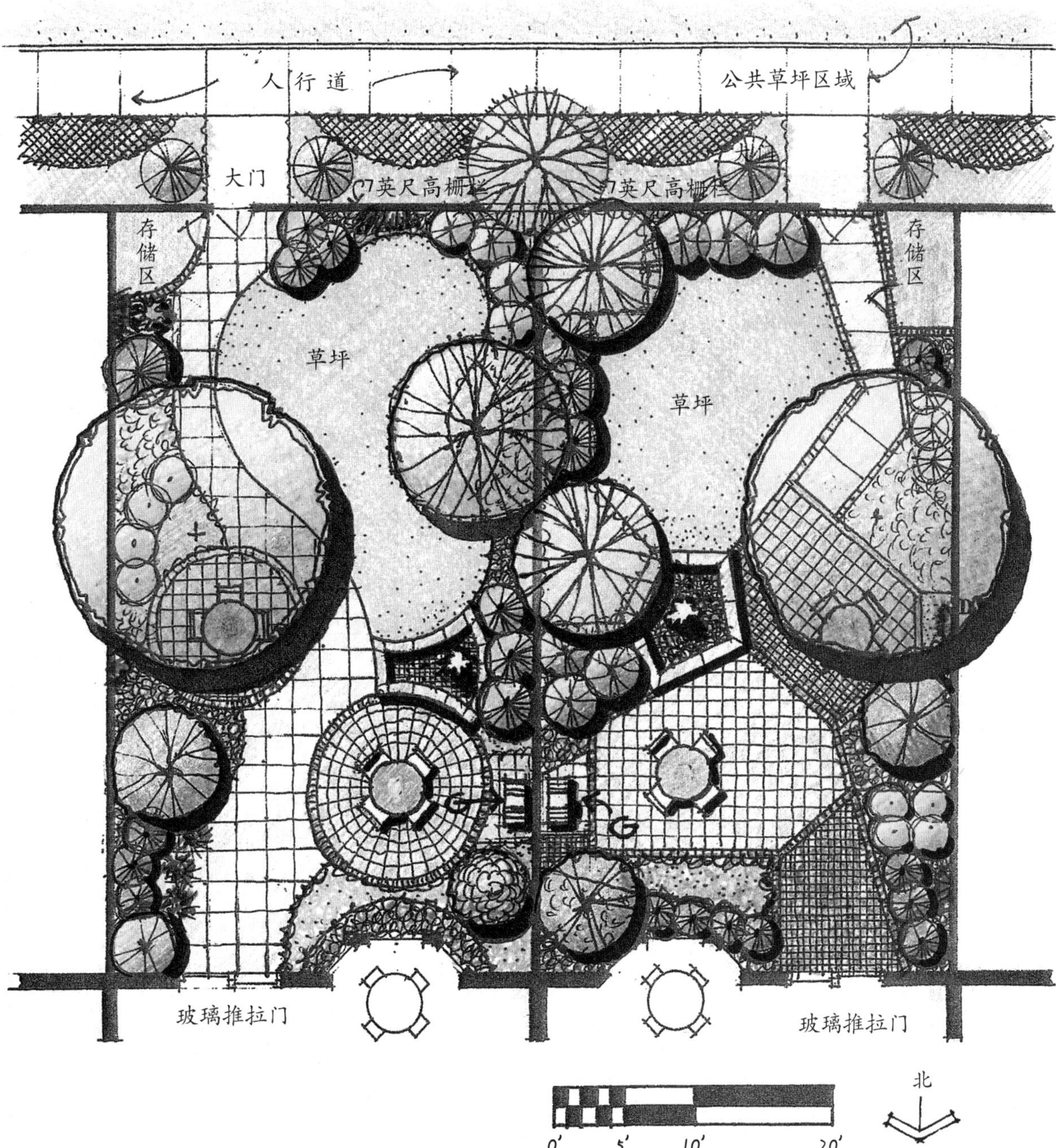

设计要点	设计要点
● 以曲线要素为设计主题。	● 以呈角度的直线要素为设计主题。
● 阳光和阴凉兼得的休息区位于玻璃推拉门和凸窗的视觉焦点上。	● 阳光和阴凉兼得的休息区位于玻璃推拉门和凸窗的视觉焦点上。
● 烤架位于主要休息区的西侧。	● 烤架位于主要休息区的东侧。
● 喷水池和草坪的边缘定义了庭院空间的主要形式。	● 喷水池成为休息区的主导。
● 人行道多以混凝土或碎石铺砌，休息区地面采用硬质铺装。	● 人行道虽在形式上多转折，但却提供了游览花园最短捷的路径。
● 存储区域位于院落的东南角。	● 存储区域位于院落的西南角。

图14-24 IES国际公寓5号和6号备选方案（彩图见插页）

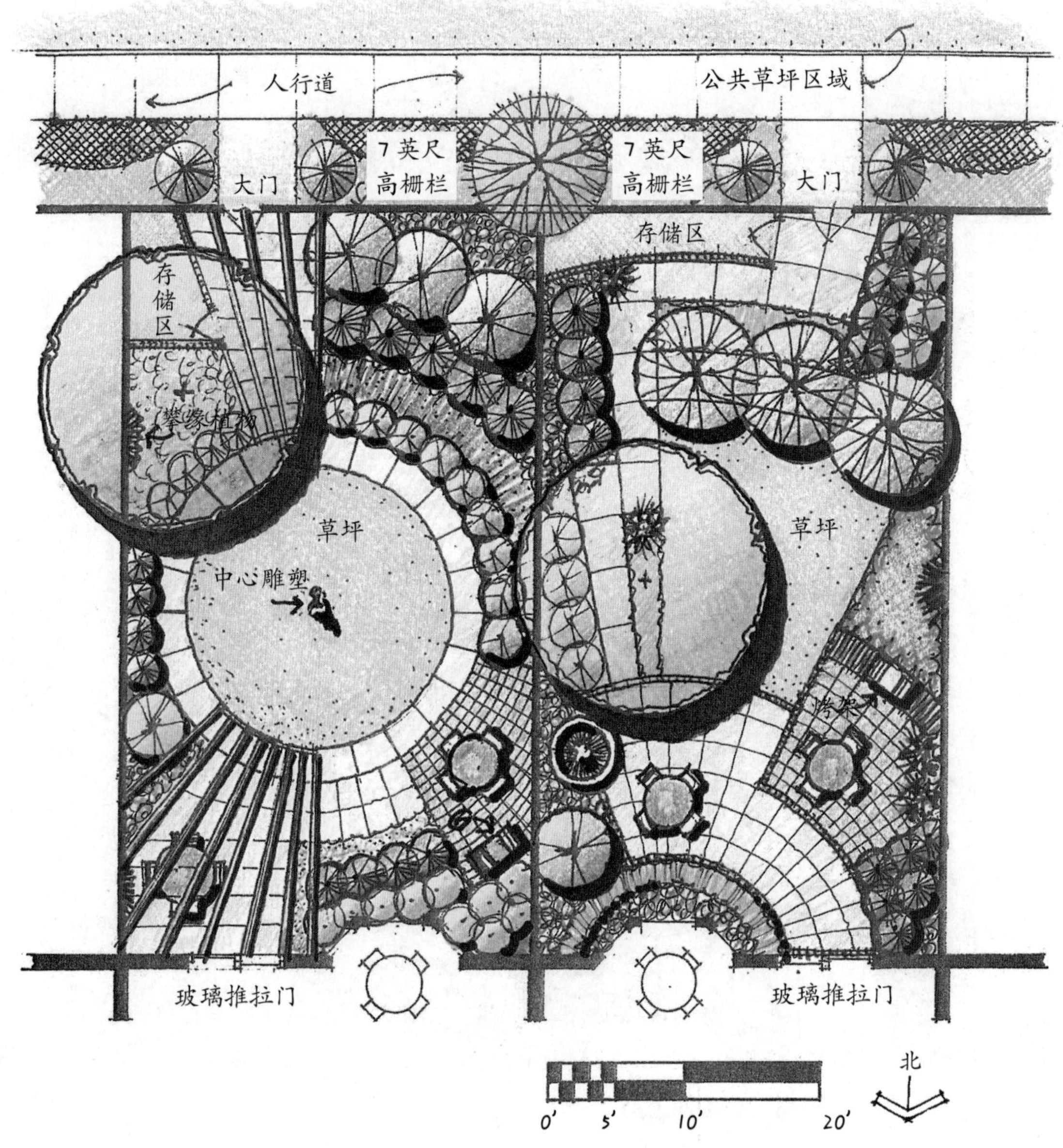

设计要点

- 运用圆形要素作为设计主题，花园的中心即是整个设计的圆心，一系列周长随半径变化而变化的同心圆定义了设计的主要基调。
- 有阳光照耀和树荫遮蔽的区域吸引人们坐下来休憩。
- 烤架被安置在阳光明媚的开敞休息区。
- 草坪中央的雕塑成了整个院子的视觉焦点。
- 另一处凉棚设置在由公共走道进入庭园的入口处。
- 在东侧的栅栏旁，主树的正下方种植树篱。
- 存储区域位于院落的东南角。

设计要点

- 以圆形要素为设计主题，室内的休息区作为形式所依托的圆心，一系列周长随半径变化而变化的同心圆定义了设计的主要基调。
- 主人休憩活动可以在两个休息区开展，靠西的休息区要更受阳光的眷顾。
- 烤架放置在西侧的休息区，面向栅栏内的树篱。
- 丰富四时景致盆栽遍布花园各处。
- 呼应主题的圆形喷水池位于东侧休息区旁。
- 存储区域位于院落的东南角。

图14-25 IES国际公寓7号和8号备选方案（彩图见插页）

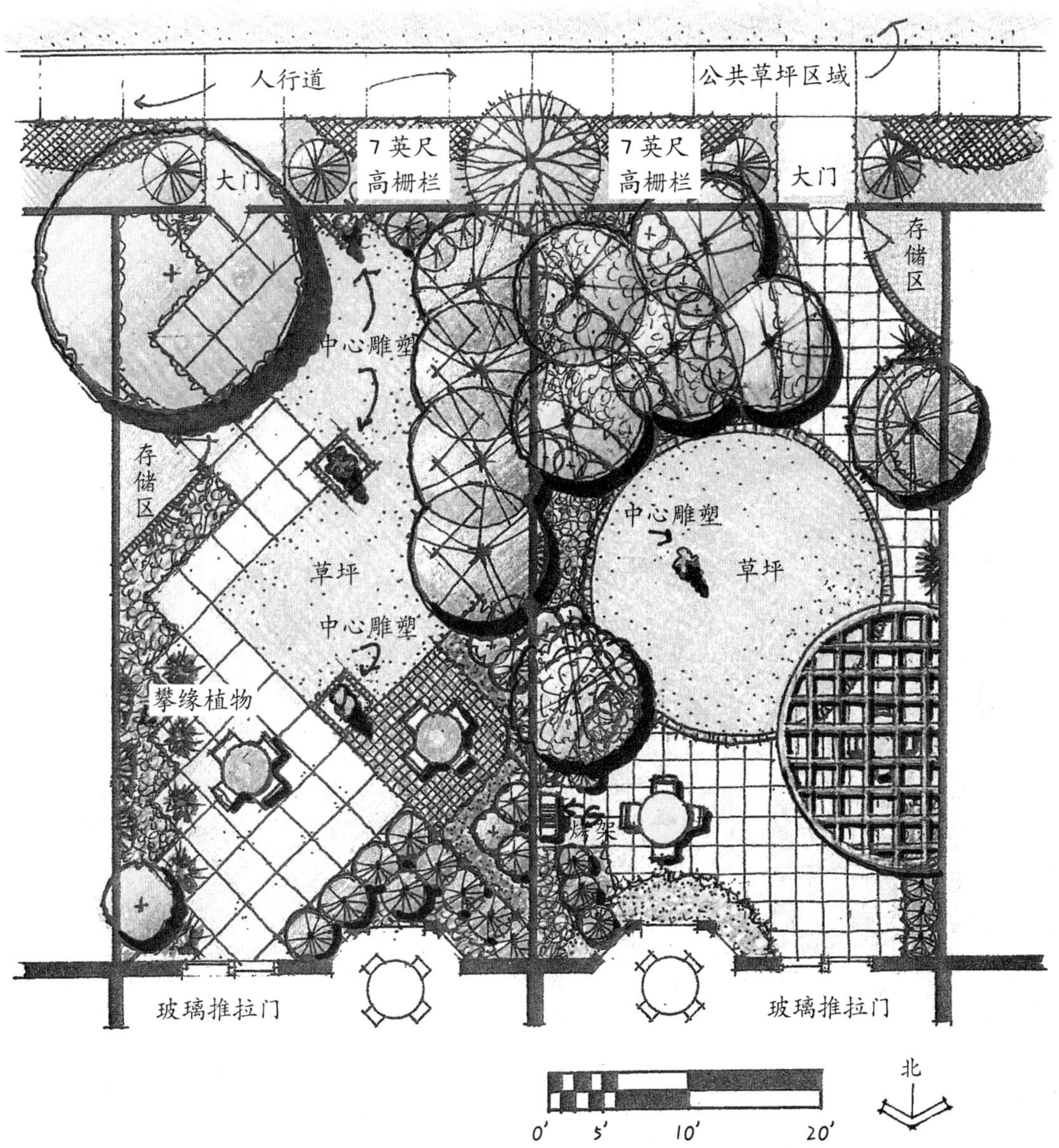

设计要点

- 斜线要素的使用增加了这座雕塑花园的动势感。
- 室外休息区是开敞的，为更加喜好阳光的房主精心打造。
- 三座极富艺术感的雕塑位于同一轴线上。
- 为了保持这个方案的艺术性而没有安排烤架。
- 斜线尽头整齐的盆栽增加了视觉效果。
- 三组植从紧邻西院墙布置，提升了休息区的空间品质。
- 存储区域位于院落的东部中心位置。

设计要点

- 以圆形和圆弧为设计要素，共同限定花园内各区域的边界。
- 同样设置了两处休息区，一处沐浴在阳光中，一处躲避在圆形的藤架下。
- 与凸窗处于同一直线上的草坪中央的雕塑，构成整个设计的视觉焦点。
- 中心草坪被宽阔的硬质地面环绕，人行道路面采用同种材质按统一的方式铺砌。在这种布局方式下，桌椅可以在整个院子内灵活摆放。
- 烤架紧临东侧栅栏放置，位于由硬质地面和两侧植物限定出的凹空间内。
- 在院子南侧设置以圆曲线为构图要素的多种植物的种植带。
- 存储区域位于院落的西南角。

图14-26 IES国际公寓9号和10号备选方案（彩图见插页）

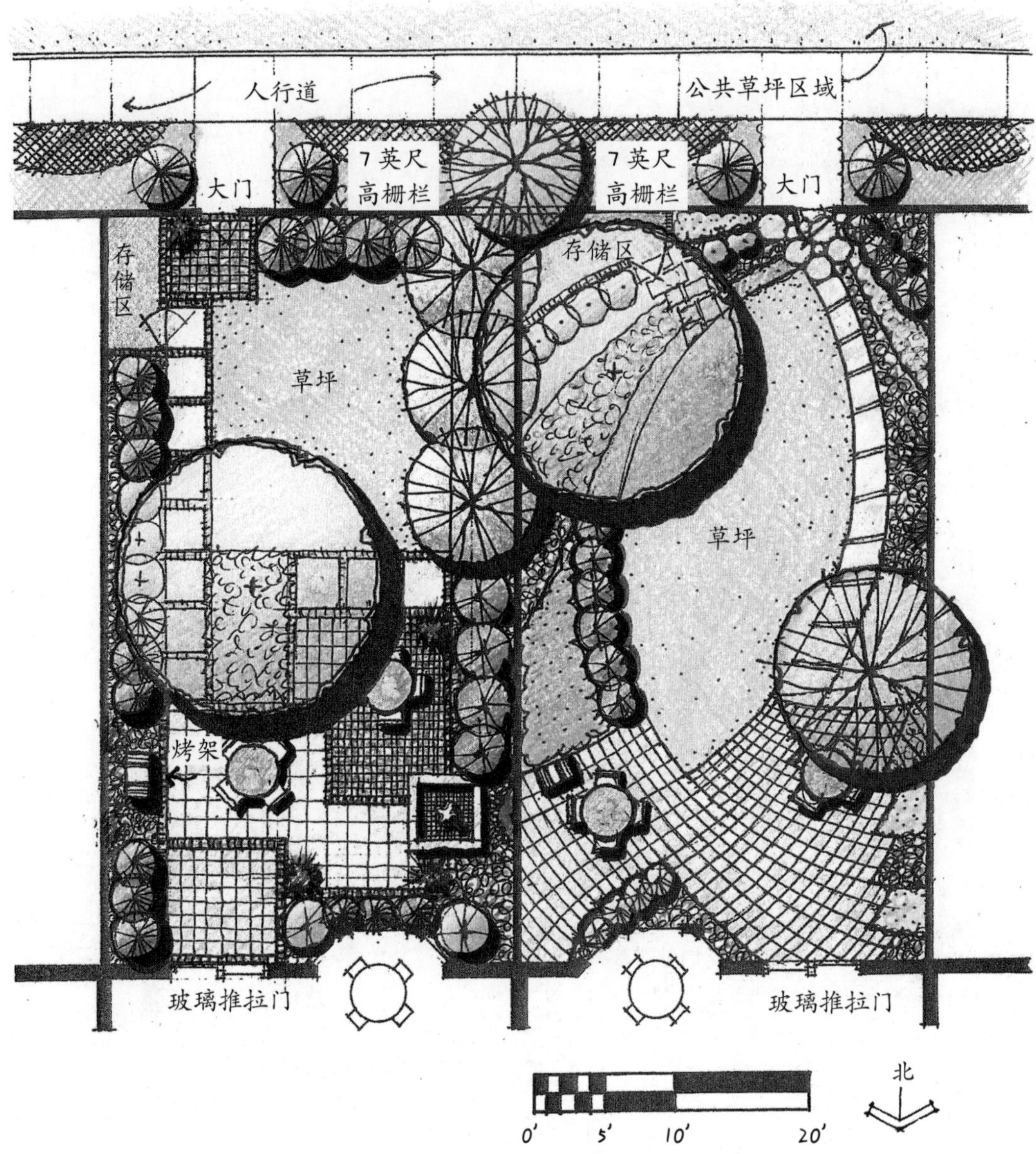

设计要点

- 以矩形要素为设计主题明确了由院门到住宅玻璃推拉门间短捷的路径。
- 两个休息区都被设计得更加郁闭而非开敞。
- 烤架布置在东院墙内侧，两丛树篱之间。
- 正方形的喷水池掩映在葱郁的树丛中。
- 步行道由混凝土或碎石铺砌，硬质铺装和地被草坪交错布置。
- 盆栽通常被放置在矩形硬质铺面的角点处。

设计要点

- 养鱼爱好者可能会对这个方案感兴趣，几个设计元素的组合运用使平面看上去像鱼的形状。
- 草坪处轮廓形状类似鱼身。
- 混凝土砌块拼贴成的弧形图案类似鱼鳍。
- 院落入口处的几个圆形石板形似鱼儿在水中吐出的气泡。
- 庭院两侧弧形种植带代表鱼儿在水中游弋产生的波纹。
- 植物的种植增强了设计路线的引导性。

图14-27 IES国际公寓11号和12号备选方案（彩图见插页）

- 圆、同心圆（图14-25左图）
- 圆、放射线（图14-25右图）
- 斜线（图14-26左图）
- 圆形和曲线的组合（图14-26右图）
- 矩形（图14-27左图）
- 曲线和弧线限定出的类鱼形（图14-27右图）

透视图

随着住宅景观设计行业的发展，以绘制平面、剖面、立面为代表的表现手法也随之日趋成熟。其不仅仅是作为一种设计的手段，同时也被视为一种向客户阐述方案的工具。所有这些绘图的工作都是在二维的平面中进行的，平面图用以表达物体的长度与宽度；剖面图和立面图则表达出设计物体中某一部分的长度（或宽度）及其高度。虽然这些图严格按照制图标准绘制，并且是成套图纸中不可缺少的一部分，但是它们并不能表达出设计意图中三维的空间体量感。然而，绘制透视图无论是从设计层面，还是对客户进行图示传达的层面，都是一种与众不同的形式。透视图可以为客户提供极具真实感的景象，并告诉他们设计是如何解决各种问题，并为他们提供一个具有高品质的外部空间环境的。因为透视图所表达的是三维空间，所以需要一些额外的研究和实践去学习并使用它们。

透视图的绘制通常在方案成型后就开始准备。透视图绘制完成后就会提交给客户，用以帮助阐明所设计方案的特点和内涵。当设计意图直观地通过透视图表达出来时，客户们通常会对方案有深刻的印象。透视图不仅是设计师向客户阐述方案的必备武器，同时也是设计师非常实用的设计手段。

这一方法也同样适用于透视图设计。通过摄影可以获得现状照片，同时可以快速并且方便地用读卡器和相片打印机将数码相机拍摄的照片打印出来。在这些照片上覆盖描图纸，就可以在其上面用钢笔或铅笔勾勒出最初的设计构想。设计的理念也同样可以在三维空间中得到继续的扩展和深化，而这些“设计理念”的草图，在设计的初步阶段，也是可以用来与客户进行探讨沟通的。

透视图和规划过程

如图14-28～14-42所示，这个安吉拉和大卫・梅莱卡住宅的总体规划设计，是一个有创意的、独特的、成功的设计项目，因为设计师们使用不同角度的草图来描绘出这个设计项目的设计思路。与往常一样，他们开会讨论了一下有关景观设计中所涉及到的一些重要信息。这个讨论包括了方案的组成部分的设计过程、现状和所要关注的问题，未来对房屋所做的改变和花园的设计特点，以及他们关于重要节点的个人想法。用一系列的照片记录了现有的基地条件。大卫·梅莱卡是一名建筑师，在电脑上制作了几个楼层的平面图和房屋的立面图。这些图可为以后的必要性设计提供重要的依据。

这个项目是从空间三维的角度进行设计的，而非始于对平面的研究和探索。在12张一定（8×10）规格的图像上，设计师进行了不同方案的创作。对不同区域进行了多方案构思。所有主要节点的设计构思都是在三天之内，在三维空间下形成的。之后，以前阶段草图作为基础，徒手绘出初步的总平面图，并采用其他的方法来进行一部分重要节点的设计。由于设计构想需要从三维空间的图像转变为二维的平面图，所以需要时间用以协调关于平面图的各种构思。

下面将以安吉拉和大卫·梅莱卡的住宅为例。实景拍摄的照片是用以展示基地现状，设计师将描图纸附在其上面，并绘制成草图，这样可以对比出方案的修改之处。将初步的规划方案和几个替代方案与整体协调统一，来表达所有的构思想法。通过对这些方案进行探讨会提出具有建设性的建议。基于设计的讨论和反馈意见，下一步就是整合出一个初步的规划意向。

图14-31～14-42是设计所涵盖的图纸和相应的解释：

- 12套设计草图和照片，每个包括现有条件照片（现有）和叠加设计草图（建议）（图14-28～14-39）。
- 初步的规划意向（图14-40）。
- 两个前院/花园空间的备选方案（图14-41）。
- 一个后院和人行道的备选方案，以及一个娱乐空间和侧院的备选方案（图14-42）。

现有的

被提议的

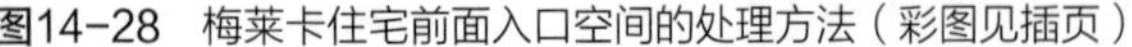

图14-28 梅莱卡住宅前面入口空间的处理方法（彩图见插页）

梅莱卡住宅前面入口空间的处理方法

现状（图14-28左图）。前面的入口，用白色镶边来装饰门，同时配以高架灯，这样在街上就很容易看到这个入口。但是，实际的入口空间和入口台阶都是非常隐秘的。直到来访者马上就要踏上台阶的时候，视线才会豁然打开，并且引人注目。由大的灌木和绿篱围合出了一个相当封闭的空间。但是客户们希望有一个更加开放和引人注目的入口空间。

建议（图14-28右图）。将现有的灌木和绿篱移走，形成开阔的入口空间。为了创造一种空间感，建议种植一些低矮的树篱和放置一些具有装饰性的花钵。在视线所及的地方设置石阶并用方砖进行规则式铺装。为了营造一个带有欢迎性质的入口，采取将这一空间最后一级台阶做成弧形并配合两侧栏杆的走向。

梅莱卡住宅前面入口的平台

现状（图14-29左图）。如果有访客来到这一入口空间，他会感觉非常地乏味和局促。除了与两个花钵相邻的台阶外，其余地方都缺少一年生/多年生植物的色彩变化来帮助突出空间。屋前的植物杂草丛生，并且缺乏妥善的管理。虽然是经由这个空间来到前院，但是空间的设计看起来像是附带性的。沿着屋前灌木的序列看过去，视线集中于邻居家的前院。

建议（图14-29右图）。可以通过几种方法来改进前面入口的空间。重新设计入口处台阶和栏杆使之更开放、更舒适。利用一年生/多年生的植物组成低矮的树篱围合出足够的空间。在屋前营造一个无论从入口还是从窗台看过去都具有独特视觉感受的空间。在门口放置一些栽种有观赏性树种的花钵，当来访者走到门前，这将成为视线的焦点。

现有的

被提议的

图14-29 梅莱卡住宅前面入口的平台（彩图见插页）

现有的　　被提议的

图14-30 梅莱卡住宅侧面的车行道入口（彩图见插页）

梅莱卡住宅侧面的车行道入口

现状（图14-30左图）。这是一种非常棘手的空间设计类型。这个房屋的窗户以及其他的构筑物将墙面的空间打破，剩余的都是很零散的空间。剩下的窗口下面的空间和极小的种植地带，在为地下室提供光照的同时还要做有吸引力的种植设计是很困难的。侧面的入口空间很小并且受到条石铺装的限制。此外，似乎没有什么东西来强调或者凸显这个入口。

建议（图14-30右图）。在这样狭窄的空间中，重要的是要探索改变墙面的设计手法。在门的两侧用条石围合出空间，同时放置一些具有观赏性的花钵，用来强调这个入口。

在窗口前种植一些低矮的植物使阳光能够照入地下室，也可以种植具有观赏性的灌木，这样可以让人们的视线不集中于窗口。在窗口下设置一个种植池，同时种植一些藤本植物，这样可以为墙面增加较强的设计感。

现有的

被提议的

图14-31 梅莱卡住宅的车库（彩图见插页）

梅莱卡住宅车库

现状（图14-31左图）。关于车库。计划为客户在庭院中增加一个可以容纳两辆车的车库。这将扩大原有车库的空间，侵占了车库后面的菜园和香草园的大面积空间，但是花园仍然要保留，同时还需要有一条经由这个花园到达后院的通路。

建议（图14-31右图）。这张草图是用来说明需要为另一辆车增加多少空间。现有的车库门也将被迁移到车库的边缘。这张草图同时也说明了将为菜园留有多少富余的空间。但是同时也存在很多不确定的问题，例如门的高度或门的位置，以及通过花园到达后院的路。

梅莱卡住宅用地范围周边区域

现状（图14-32左图）。从后面一直延伸到房屋前面的车行道看过去，发现除了沥青路和一个只有3英尺高的铁质围栏外什么都没有。而在车行道上向邻居的院子望去，视线上完全是开敞的。同样，从房屋这边的窗户向外望的视觉感受也不是非常好。因为在邻居院子的周边没有什么能够遮挡视线的设计，所以屋里的百叶窗和窗帘通常都是关着的。

建议（图14-32右图）。为了给人们提供更为舒适的车行道一侧的绿化带，重要的是要解决这些不同的问题。将铁质的围栏拆除，同时构建一个高大的墙壁或者栅栏，这样就可以有效地遮挡人们的视线。沿着围栏，按照一定的搭配模式种植不同高度、不同种类的植物，以增加这一区域的趣味性和节奏感。此外，在与对面房屋的主要窗口相对应的地方，种植一组具有观赏性的植物，形成对景，这样会使人们对这一空间产生新的感受。

梅莱卡住宅后院的入口

现状（图14-33左图）。进入花园后，视线主要是集中在房屋和车库

现有的

被提议的

图14-32 梅莱卡住宅的周边区域（彩图见插页）

现有的

被提议的

图14-33 梅莱卡住宅后院的入口处（彩图见插页）

周边3英尺高的花园围栏、超出围栏6英尺的硬质铺装和右侧一些杂乱无序的地被植物。

建议（图14-33右图）。新车库扩大延伸到花园空间，从而使花园变小，同时遮挡通过它的视线，并将视线集中到邻近较窄的区域。从这里看过去的视线完全被房屋遮挡住了，但是同时也使通向花园的这一道路更加明显。用封闭的围栏代替原有的围栏，可以进一步遮挡看向邻居家院子里的视线。建议在用地范围的边缘处种植一些具有观赏价值的植物，这样在进入后院以后，可以让人们观赏到比较好的风景，同时这些具有观赏性的植物可以为现有的植物做前景树。

梅莱卡住宅后院的风景

现状（图14-34左图）。进入后院，就会发现最明显的就是邻居家的两层小楼，它是视线的集中点。它的建筑特点和它的厚重感都吸引着人们的眼球。梅莱卡住宅二楼门廊的设计也成为人们的视觉焦点。比起在后院

现有的

被提议的

图14-34 梅莱卡住宅后院的风景（彩图见插页）

现有的

被提议的

图14-35 梅莱卡住宅车库的墙面（彩图见插页）

中的三棵大树，它更能吸引人们的注意力。所以在设计时，应该把重点放在如何遮挡邻居家以及建立一些吸引人们的场所上。

建议（图14-34右图）。有几个方法可以解决现有的问题。在适当的地点栽植一棵冠幅大的树，这样就可以很好地将邻居家遮挡起来。同时，在这一视线的中心，可以种植一棵观赏树，以增加房屋周围环境的画面感。在院子的一边更深的地方栽植一组观赏性强的植物，这样就可以将来访者的目光吸引过去。用一组低矮的树篱作为娱乐区和后院之间的边界线。

梅莱卡住宅车库的墙面

现状（图14-35左图）。大面积空白的车库的墙面，对于增加这个院子的特点几乎没有一点作用。特别是在这个车库的长度增加了10～12英尺之后，这面墙似乎显得更加空白。

建议（图14-35右图）。在这种情况下，人们建议户外墙的设计要与室内墙壁一样令人关注和具有创造性。窗口、图案和纹理为设计提供了视觉上的吸引力。在这种情况下，可以在车库的外墙面上增加一个与现有的窗户类似的窗口。这样可以为车库提供更多的光照，同时可以将这种大面积的墙壁打破。还可以在两个窗户之间放置栽植藤蔓植物的架子。在现有的窗户和新增的窗口之间，可以放置一个上面可以栽种植物的雕塑。沿着车库的边缘可以栽种大面积的不同种类、不同颜色的植物。

梅莱卡住宅沿人行道的景观

现状（图14-36左图）。如果一个人进入后院，然后沿着这条人行道走到房屋的后面，会发现整个视野都是很开阔的。没有任何真正意义上的后院和娱乐区之间的空间分割界限。此外在这片视野中，除了草坪就是地面，没有别的东西。在视觉上，屏风般的门廊是焦点。

现有的

被提议的

图14-36 梅莱卡住宅沿人行道的景观（彩图见插页）

建议（图14-36右图）。在步行道的末端放置观赏性的盆景和垂直绿化植物，这样可以保证步行道的规整性。可以用一片低矮的树篱来界定娱乐区的入口。一棵高大的乔木可以用来作为分割点，同时也可以作为后院与娱乐区之间的一个过渡。藤蔓类的植物可以用来增加更多的色彩和不同造型的纹理。在修改门廊屋顶的同时增加了栏杆，这样可以很好地围合出一个室外空间。

梅莱卡住宅主要庭院空间的景观

现状（图14-37左图）。从中间主要空间向娱乐空间看过去的视线会直接集中在南面。邻居的房屋，特别是二楼的阳台，是这一重要视点的背景。

虽然围栏提供了一个物理性的屏障，但是它对视线不起限制作用。额外地种植各种类型和尺寸的植物，可用于帮助创建一个更私密的空间，以及一个更具视觉吸引力的空间。

现有的

被提议的

图14-37 梅莱卡住宅主要庭院空间的景观（彩图见插页）

现有的

被提议的

图14-38 梅莱卡住宅的侧院（彩图见插页）

建议（图14-37右图）。无论用何种类型的围栏，只有额外栽植的高大灌木才能遮挡邻居房屋一楼的视线，同时可以作为前面观赏性树种的背景树。这棵观赏树的大小可以类似于一个雕塑，把它种在草坪中，这样就挡住了后面二楼的门廊。其余的观赏性的乔木和灌木种在两侧，以帮助构成这个规则式的构图。

梅莱卡住宅侧院

现状（图14-38左图）。这个侧院和许许多多其他的侧院一样窄小。它似乎也足够大，栽种了很多种灌木，沿房屋的一侧围栏种植了不同种类的树篱，一条通往前院的步行道，以及在用地范围的边缘附近种了几棵树。通常情况下，这个空间极少有阳光，叫作疏林草地。这些类型的空间，因为在基地内的空间有限，通常都是线性的。目前的挑战就在于，在满足可达性的基础上创造一个视觉上有吸引力的空间。

建议（图14-38右图）。这可能是作为盆栽花园的一个最佳的空间。与其在这个空间中尝试种植草坪，不如按照一定的规则铺装一系列的石板，并在上面放置花钵或盆栽，就好像棋盘一样。参照这个空间中太阳移动的轨迹，可以比较轻松地改变盆栽和花钵的位置，这样可以提供不同的视觉感受。其他的植物可以固定位置，这样可以遮挡邻居家的视线和远处房屋的外立面，这样就可以保证视线集中在花园中。

娱乐活动区的景观

现状（图 14-39左图）。这是娱乐活动空间中最重要的一个区域，它位于两个经常使用的室内空间中间。这个领域的视觉感受是平淡无奇的。除了那种小型的观赏性的壁炉之外，很少有其他景物能够使人感兴趣。由于保持尽可能多的铺面空间是至关重要的，因此，为了尽可能地保持平整

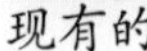
现有的

被提议的

图14-39 梅莱卡住宅娱乐活动区景观（彩图见插页）

的道路空间，强烈建议在墙上做一些细微的变化，这样可以集中人们的注意力，也有利于塑造这一空间的特点和氛围。

建议（图14-39右图）。有两个地方可以改进，以帮助创造一个更舒适同时在视觉上更有吸引力的空间。利用两种截然不同的材料进行庭院的铺装，这样可以看似更加规整。用常规的砖石铺设边缘，可以让人们关注这个空间。砖石也可以用在转角处，使墙板更对称。在这面墙的周围可以放置小的盆栽和室外的木制壁炉，然后再对墙面进行一些雕刻装饰，成为这个空间中主体的地方。

梅莱卡住宅的总体规划（图14-40）

总体规划包括十项具体内容，这些都是在设计草图的基础上开发的。包括：

前院的入口空间（A）：提出用修剪规整的黄杨木树篱将前院的空间与石质的露台分割开来。

中央观赏花园（B）：这个空间是由花钵和具有特色的人行道（形成中央轴线）及中央凸窗组成的。

雕塑区（C）：一片由四棵树组成的小树林、绿篱和一年生植物交替变化的色彩，为这个雕塑创造了一个特殊的空间。

盆景花园（D）：这个规则式的空间可设计为观赏四季变化盆景的空间。

规则式草坪（E）：可以在这种简单的草坪地毯上种植观赏树种和摆放雕塑。

休闲娱乐空间（F）：一个户外的聚会空间，包括两个具有观赏性的廊架式构筑物。

草坪和步行道（G）：由砖石铺设的步行空间，成为整个后院和休闲娱

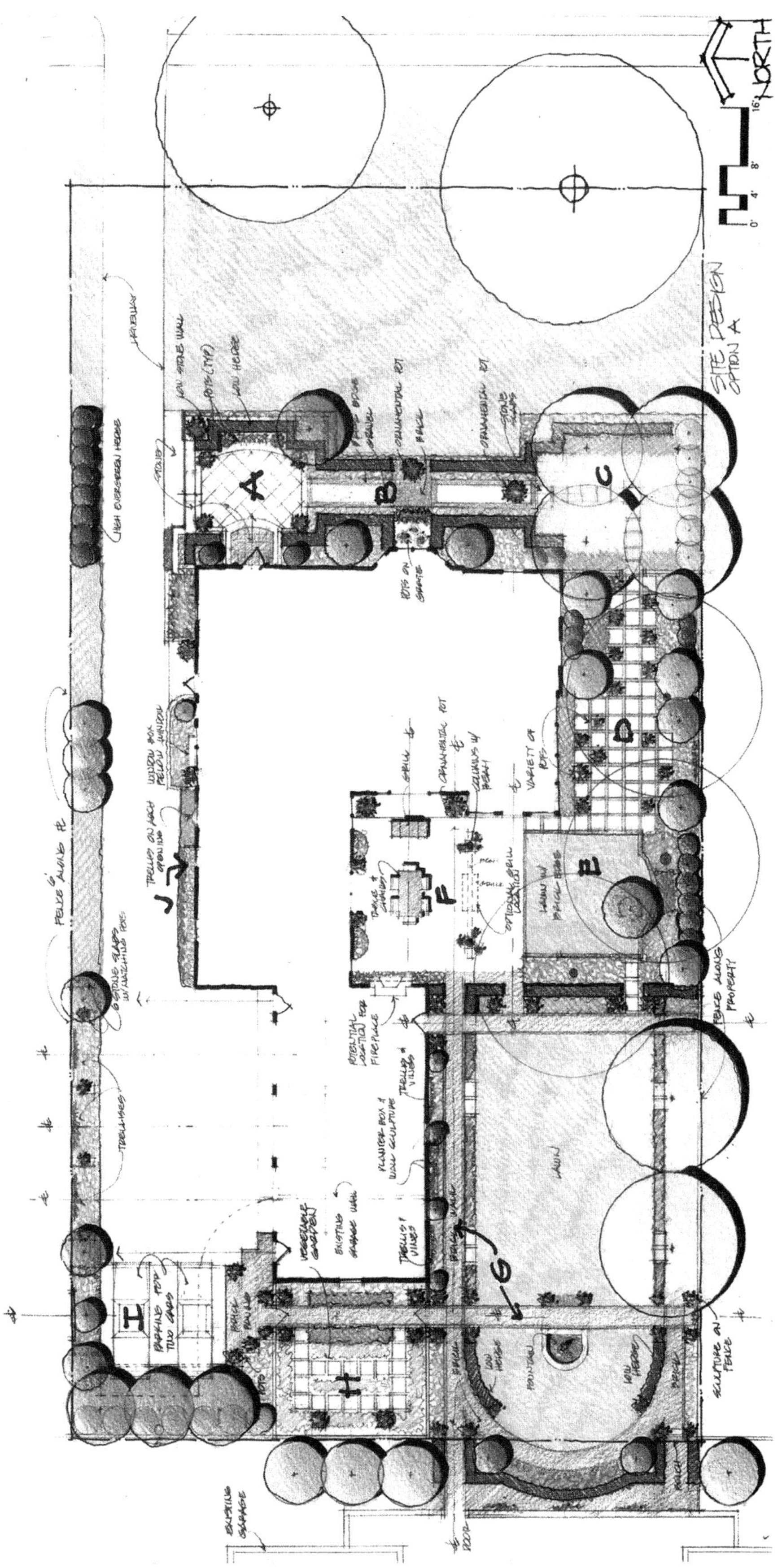

图14-40 梅莱卡住宅总体规划（梅莱卡住宅入口接待空间方案A）（彩图见插页）

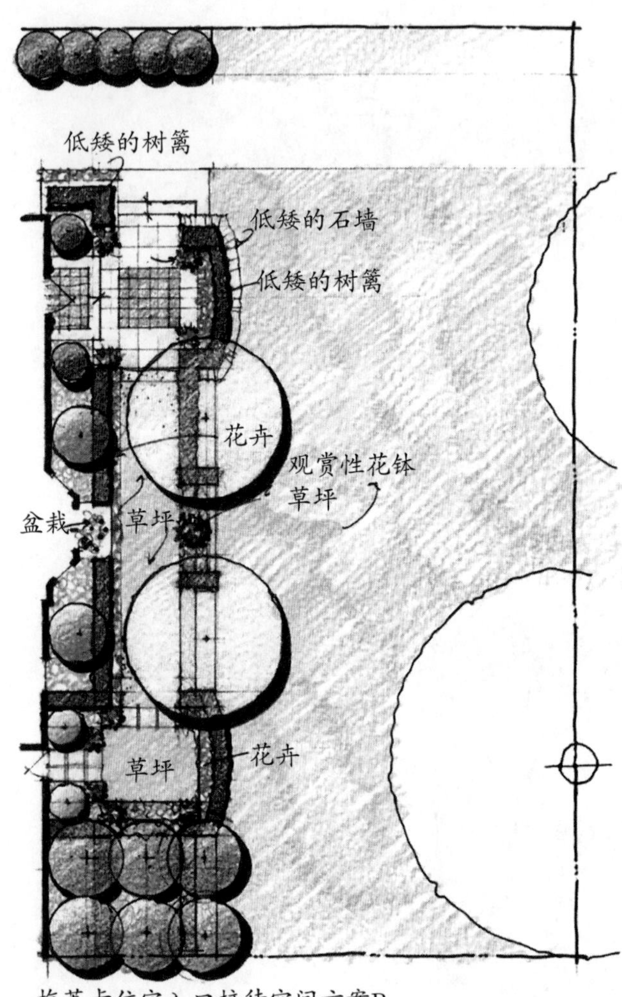

梅莱卡住宅入口接待空间方案B

乐空间之间的一个很舒适的过渡空间。

规则式的菜园/草药园（H）：这个规则而有序的花园是为了与其余的设计保持一致。

额外的停车空间（I）：为了给访客提供额外的两个停车位，地面增加了硬质铺装。

侧面的入口和车行道（J）：在窗台上放置各种丰富多彩的植物，同时在棚架上栽种爬藤类植物，使之更具有特点。

梅莱卡住宅入口接待空间平面图——方案B

这个入口接待空间的设计，如图14-41左图所示。一个低矮的弧形石质挡墙是这个入口处的视觉重点。这个入口空间和最后一级台阶，每一部分的中央都是由宽的石块组成的，并且由砖石镶边。用低矮的弯曲的树篱来呼应弧形的墙面。中央观景花园包括一片指引性的草坪和一个在窗口中央摆放的花钵。花园南部的重点是邻近规则式草坪的一片具有观赏价值的小树林。这片规则式的草坪同时也由低矮弯曲的树篱围合，与入口接待空间的景墙相应。

梅莱卡住宅入口接待空间平面图——方案C

这个可供选择的关于入口空间的方案，在经过几次修改后，和方案B提供的功能是一样的（图14-41右下图）。中央观景花园的可达性更强。它由石质的铺装和一个狭窄的位于中央的石质人行道以及一年生的草本花卉搭配组

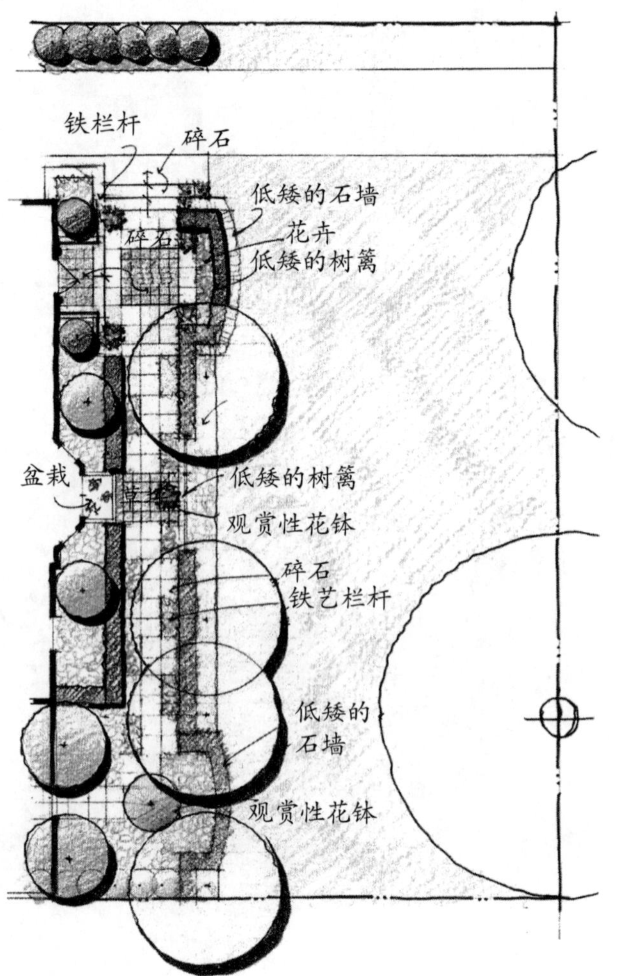

梅莱卡住宅入口接待空间方案C

图14-41 梅莱卡住宅入口接待空间（彩图见插页）

合而成。在窗台的中央放置花钵，其余的空间铺有砖石，并由低矮的铁艺栏杆围合空间。花园最南端部分的重点是一片观赏性的灌木丛，以高大灌木丛为背景，周边搭配色彩交替变化的一年生地被植物和弧形的树篱，来呼应前面入口处的景墙。

梅莱卡住宅娱乐区域——方案B

这个娱乐空间的设计如图14-42上图所示。在邻近入口的地方栽种一棵高大的乔木用来遮阴。这个乔木是由两个特殊的构造柱支撑着，一个烧烤架放在这个乔木底部的中心以方便接近房屋，一张主要的桌子靠近放着壁炉架的那面墙放置，这样人们更容易通过此空间。一个小型的装饰性喷泉安装在进入这个空间的一条道路的中心，两边都设计有铺装。新增加的用来玩耍的草坪区替代原来的盆景花园。这可能是一个初步阶段的设计理念，在几年后，可能会改造为盆景花园。

梅莱卡住宅草坪和花园区——方案B

这个方案的草坪和花园空间的设计如图14-42下图所示。这个规则式的蔬菜/草药园的入口并没有它在规划中所展示出的那么有条理。一段弧形的铺装区域搭配一个弯曲的种植池作为进入花园的一个过渡空间。这个花园的入口处有一个与众不同的铺装，它的后院被简化了。草坪周围没有通道，这样的环境设计，带来了一个更为消极的草坪空间。一组遮阴树与交错的灌木和种植池被布置在建筑红线和栅栏的沿线，用来增加多样性和趣味性。沿着这条路，设计有架空的拱门和花架，形成一个有特色的玫瑰园。

小结

这一章的主旨在于鼓励设计师在备选方案研究上继续深化探索。在设计中遇到的各种难题，总是可以通过多种方案得以解决。虽然在设计初期就构思出一种解决方案是较为容易的，但是为了坚持自己最初与众不同的设想，而加倍付出的努力是值得称赞的。设计中，力求在功能布局、整体结构、形式图案、材质运用等方面做多方案比较，否则单一的设计构想是很难被认可的。在设计的前期阶段，进行多方案的构思对与客户进行方案沟通是非常有帮助的。当你将多个可行性方案摆在他们面前时，你在这个项目中投入的设想与热情常常会给他们留下深刻的印象，而且部分的设计构思可能远远在他们的预想之外。当客户看到这一阶段的工作进展时，他们往往会庆幸自己挑选了一个与众不同的设计师，而这对于设计师来说是一件好事。多方案设计虽然花费更多的时间，然而时间就是金钱，因

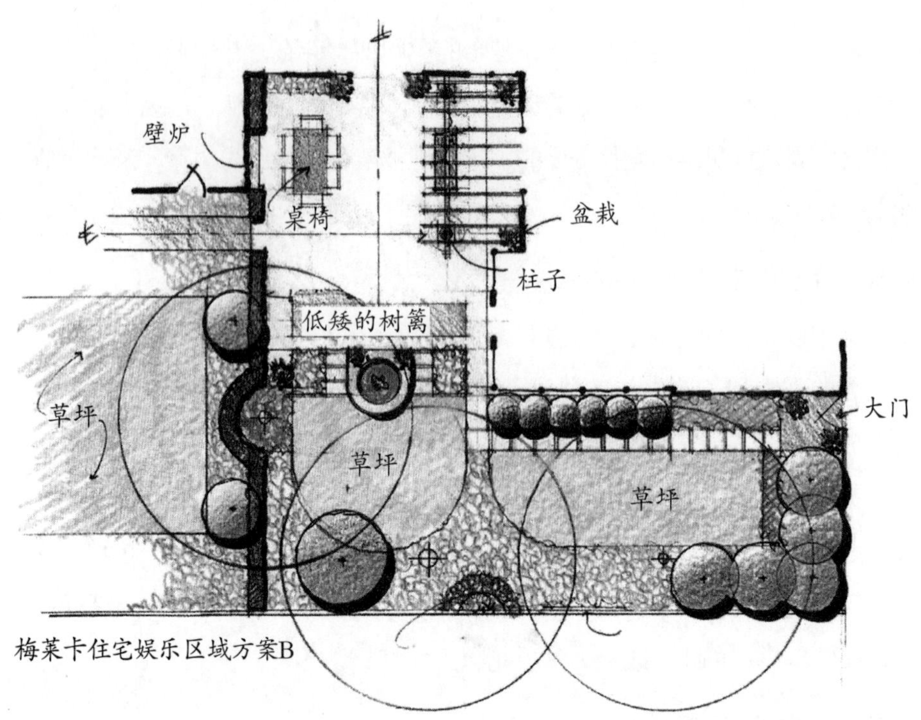

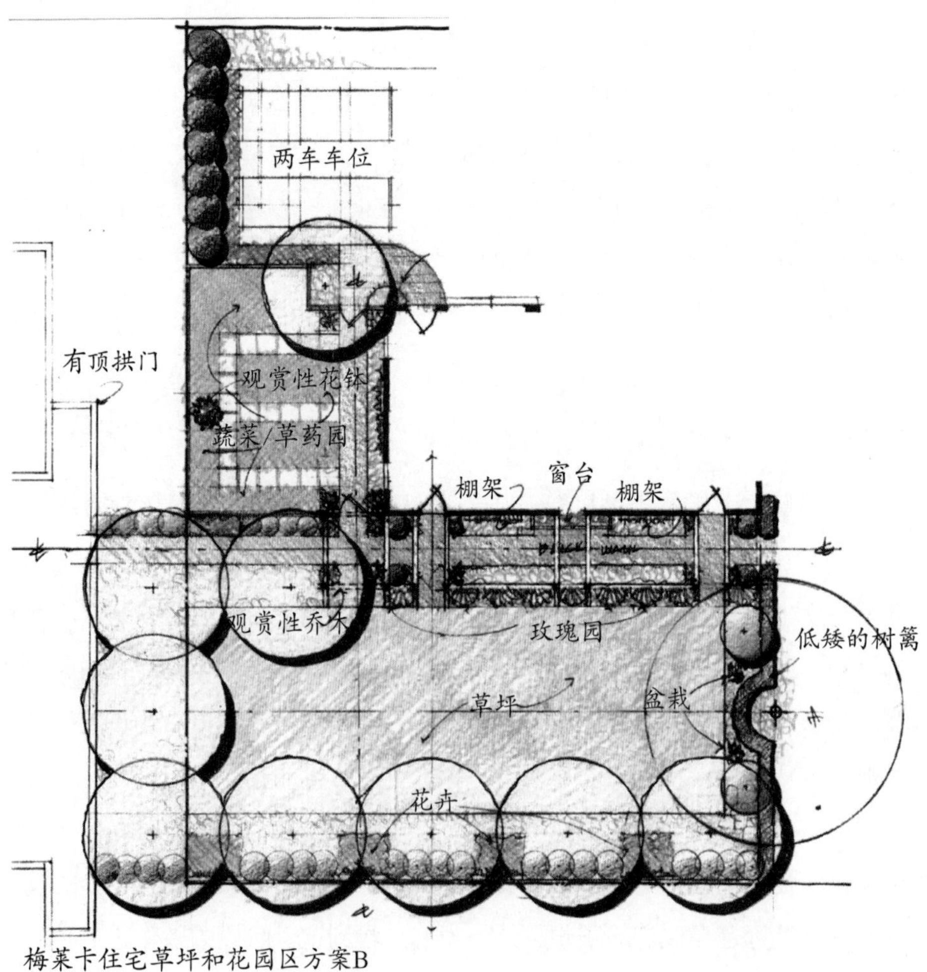

图14-42 梅莱卡住宅娱乐区域、草坪和花园区（彩图见插页）

此，在签订最终的设计协议时，去争取足够的时间用于设计研究是十分必要的。

作为经验丰富的从业者，我们完全相信，多方案设计对于设计师的成长来说是强有力的工具，并且对于与现阶段和未来的客户群体沟通而言，将是非常有价值的营销手段。

15 景观设计图色彩表现

学习目标

通过对本章的学习，读者应该能够了解：

- 通过多种方式区分、绘制和使用16种不同的线条类型。
- 理解和掌握11种彩铅在平面图和剖面图中的画法。
- 在平面图和剖面图中以多样的手法表现以下设计元素：
  - 草坪和铺地
  - 落叶植物
  - 针叶常绿植物
  - 热带植物
  - 铺装材料
  - 构筑物
  - 水
  - 其他特色要素
- 演示渲染的黑白图与基本的平面图（未渲染的黑白图）之间的差异。
- 不同设计阶段的色彩表现的差别。
- 不同设计规模的色彩表现的差别。

概述

景观设计包括平面、剖面、立面的逐步深入，有时也包括一些透视草图的深化。这些都是帮助客户了解设计师所推荐的方案的重要工具。一个方案在内容和符号上描绘得越有说服力，就会越容易推销出去。良好的绘图能力对设计师来说是必要的，风景画最初通常是手绘或CAD制作的黑白线条。在某些情况下，由于时间和（或）预算的限制，这些图纸的设计是单调的；景观设计图也是这样，在景观设计图中增加颜色就有机会增加一层黑白图缺少的趣味性和理解力。色彩使图纸栩栩如生。

本章提供了各种颜色渲染单个元素和整个绘图的示例。它并不作为“如何绘画”的内容，而是作为符号表和技术的数据库。学习绘画的技巧需要在其他资源中发现更详细的信息、技术和例子。本章由九部分组成：①基本线型应用于景观设计图；②有色介质；③彩色铅笔技术；④色彩例子；⑤显色方案；⑥在不同设计阶段的手绘色彩；⑦数字渲染（色彩渲染与矢量绘图工具，PS图像处理软件和图像设计软件包）；⑧色彩渲染的预算时间；⑨样本颜色总平图。

景观设计图中的基本线型

图15-1～15-3界定、定义并用图片说明了16种线型被应用于本书里的所有景观设计图。

1. 单线
   - 一条平直线
2. 折断线
   - 一条中间夹杂着轻微起伏（折断）的平直线
3. 挑线
   - 一条前端强调末端逐渐变细的平直线
4. 曲线
   - 一条轻微上下运动的平滑弯曲的线
5. 波浪线
   - 一条反复的上下来回波动的曲线
6. 弧线
   - 一条向一个方向弯曲的线
7. 散点
   - 为了强调形状或材质边缘的许多的点
8. 细线
   - 用更浅或者更细的线重复任何形状的线
9. 方块
   - 长方形或正方形
10. 多边形
    - 多于四条边的形状
11. 云线
    - 绘制一条线重复字母“u”或者“m”直到结束
12. 泡状圆圈
    - 一个单纯的圆或稍微偏椭圆
13. 褶皱线
    - 更高或者更紧凑的云线
14. 短线
    - 一系列的短单线排成一排。它们也许是平行的，也许是有角度的
15. 卷曲线
    - 有特定方向的重叠的呈环状的线
16. 抖动线
    - 抖动的手画出来的不规则的线

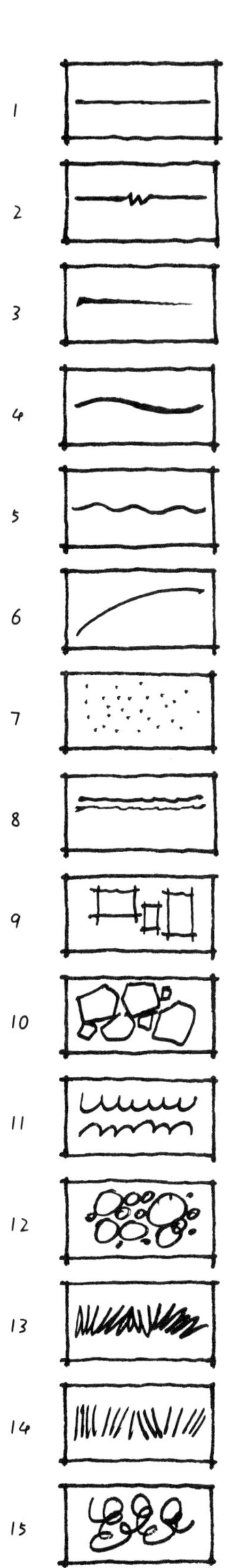

图15-1　16种基本线型

图15-2 线条类型：单线，折断线，挑线，曲线，波浪线，弧线，散点，细线

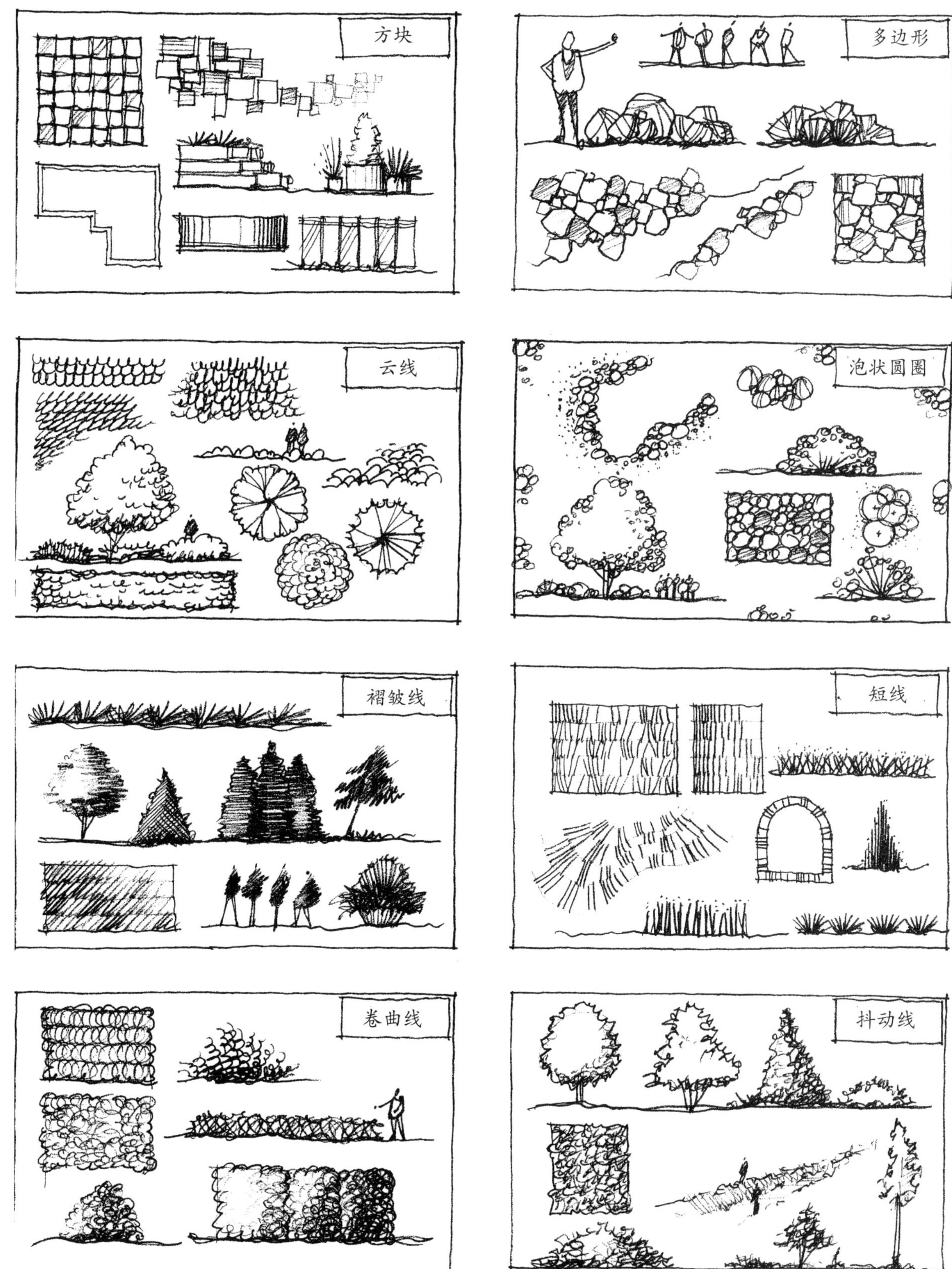

图15-3 线条类型：方块，多边形，云线，泡状圆圈，褶皱线，短线，卷曲线，抖动线

颜色工具

绘制彩色图的工具取决于设计师的个人兴趣和能力。如果设计师选择手工着色，最常用的两种工具是彩色铅笔和彩色马克笔。现在越来越多的设计师使用计算机程序绘制和着色景观设计图纸。

彩色铅笔，特别是桑福德·普里斯卡洛尔制造的铅笔，是我们首选的工具。与彩色马克笔相比，我们更喜欢彩色铅笔，因为它们更便宜，且可以更容易与其他颜色混合。用彩色铅笔渲染比用马克笔渲染容易得多。本章绘图将大部分使用彩色铅笔，包括细尖的黑色马克笔、涂改液，以及一些计算机生成的样本。

图15-4展示了三福可擦动漫彩铅的色彩效果。在编号的面板中，使用了图中所列的颜色。图15-5展示了不同种类的黑色马克笔绘图效果。

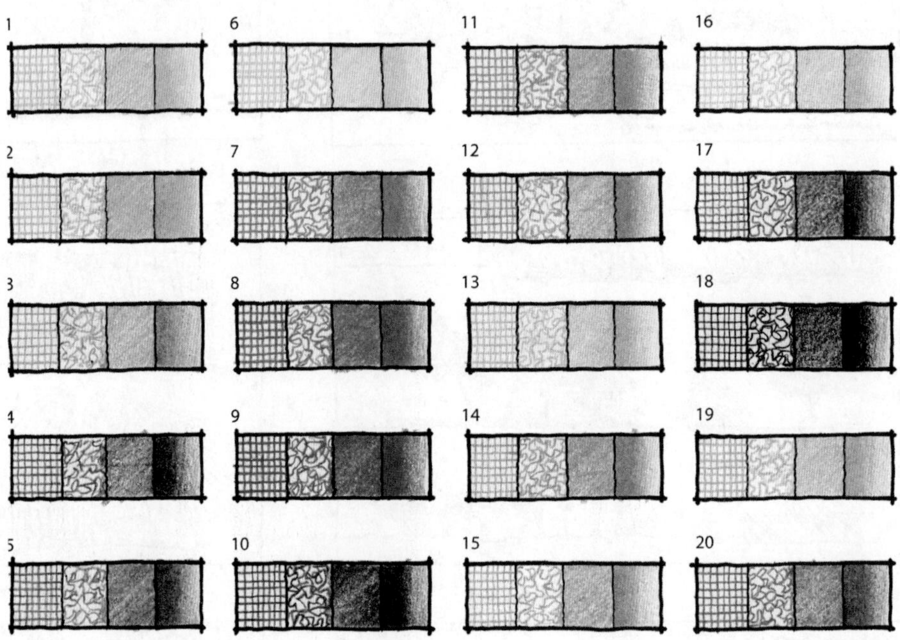

图15-4　20种三福彩铅的色彩效果（彩图见插页）

三福霹雳马彩色铅笔

1. 春绿色	PC 913	8. 南瓜橙色	PC 1032	15. 30%暖灰	PC 1052
2. 苹果绿	PC 912	9. 鲜红	PC 923	16. 沙色	PC 940
3. 草绿	PC 909	10. 赫色	PC 944	17. 红褐色	PC1031
4. 孔雀绿	PC 907	11. 玫瑰红	PC 929	18. 黑色	PC 935
5. 橄榄绿	PC 911	12. 淡紫色	PC 956	19. 桃色	PC 939
6. 浅阳光黄	PC 917	13. 浅天蓝	PC 904	20. 焦赭石色	PC 943
7. 橙色	PC 918	14. 纯蓝	PC 903		

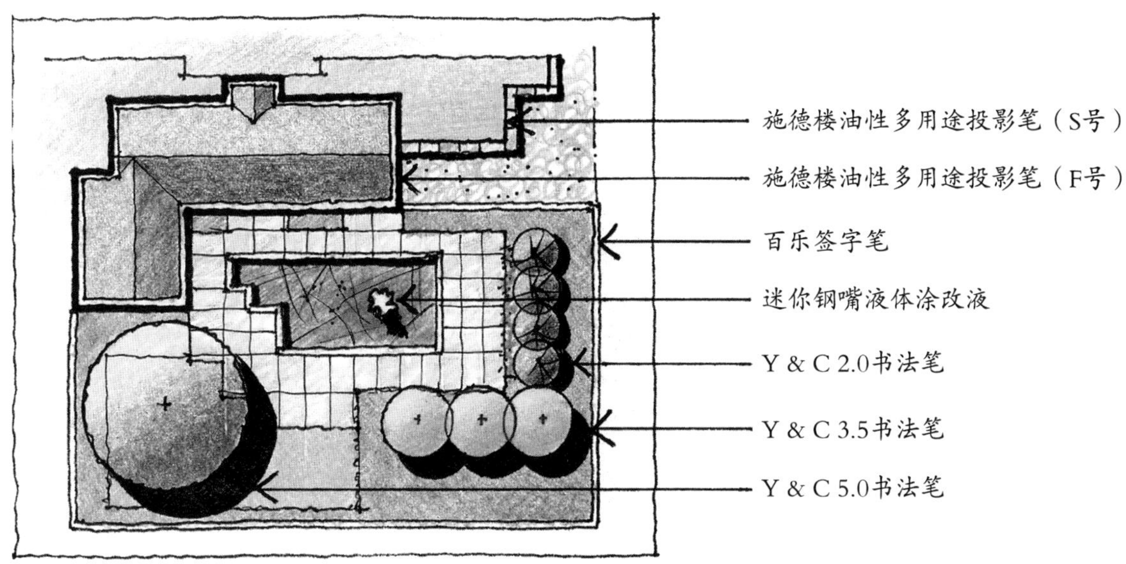

图15-5 6种黑色马克笔绘图效果（彩图见插页）

彩色铅笔使用技巧

我们可以通过两种最基本的方法用彩色铅笔给设计图上颜色。首先，就像黑白图可以用不同种类的线型加以深化一样，这些设计图也可以用不同的线型进行深化，只不过这些深化是用彩色铅笔来实现的。其次，通过彩色铅笔不同的使用技巧，可以为景观设计图增加特色和对比。下面将介绍11个技巧，每个技巧后面都会配有一系列实例来说明它们之间的差异。本节重点介绍在绘制各种景观设计元素时提供定义和特征的渲染技术。虽然它并没有包含一系列技术，但对于风景画它确实提出了一些更为重要和有效的方法。

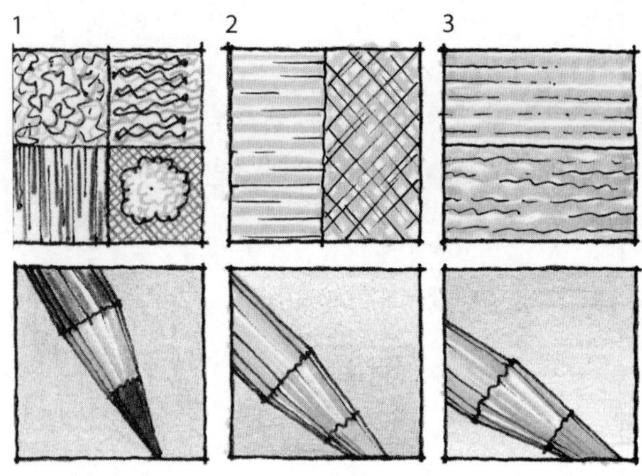

图15-6 变换线的宽度（彩图见插页）

变换线的宽度

用彩色铅笔画出的线条的宽度可以有细线、中线、粗线的变化（图15-6）。

1. 削尖的铅笔笔尖可以画任何线型的细线。轻轻按压笔尖以免笔尖损坏。铅笔的角度与写手写体或印刷体的字的方向相似。

2. 压低铅笔的角度，并且更加用力地下压来画中线。这些较宽的线非常适合描绘木地板、砖砌结构、屋顶瓦片等的轮廓。

3. 将铅笔的角度压得更低，来画一条更宽的线。这个技巧经常用于给大面积的区域上颜色，例如一片广阔的草坪或一池水等。

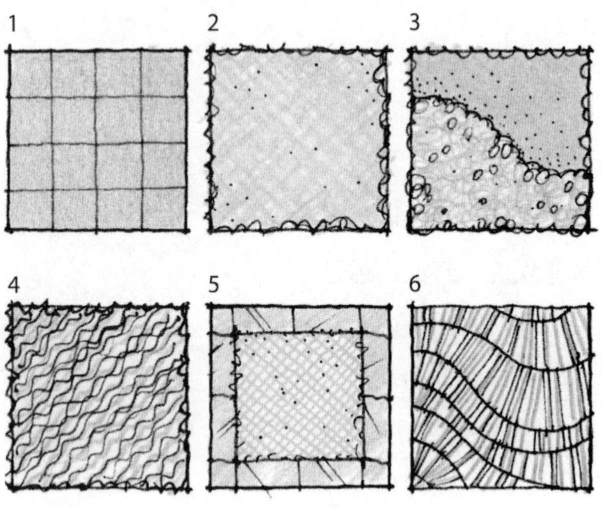

图15-7 柔和的色彩不容易出错（彩图见插页）

柔和的色彩不容易出错

当给一张已经用钢笔或铅笔上过调子的设计图上颜色时，用柔和的浅色会很出效果（图15-7）。

1. 用中线或粗线绘制连贯的色彩。

2. 当绘制网状结构时，用相互垂直的线着色，这样可以使画面整齐。

3. 一种材质用平滑的纹理，而另一种用锋利的笔尖绘制明显的纹理。

4. 有些纹理可以用彩色铅笔画的粗线和钢笔画的细实线结合在一起来表示。

5. 45°方向十字交叉的细的平行的单线可以表示草坪的平面。

6. 轮廓线可用黑色细尖记号笔来画，并用中线提亮。

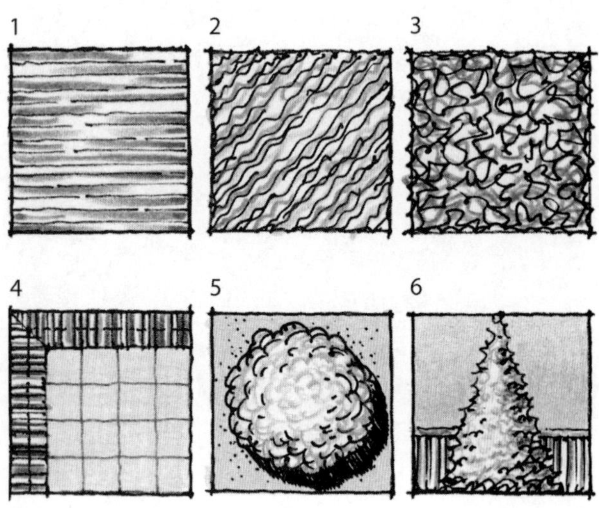

图15-8 重视线型（彩图见插页）

重视线型

当给有黑白关系的设计图上颜色时，用同样的线型给画面着色（图15-8）。

1. 用中或粗的挑线来表示木地板或砖砌结构等元素。

2. 用两种笔尖宽度不同的蓝色分层叠加，可以创造令人喜欢的水面。

3. 用单色绘制抖动线的方式可以很容易地表示花池中的一年生花卉。

4. 用两种颜色画短的单线可以表示铺装区域的砖块收边。

5. 用粉色和紫罗兰色画围成一圈云线的方式可以表示观赏树木。

6. 用削尖的铅笔画出的线捕捉植物更加细小的结构，例如针叶树的结构关系。

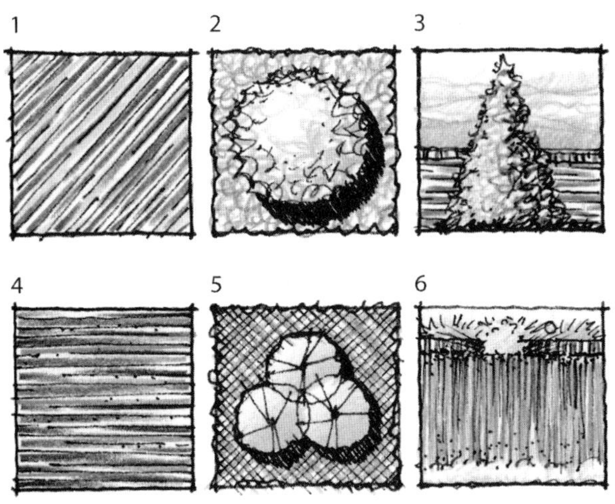

图15-9 多色（彩图见插页）

多色

用多色给物体上颜色比用单色好得多（图15-9）。

1. 将棕色和黄色的中线混合起来对于勾画木板效果很好。

2. 在左上方用白色、右下方用绿色表示树的球形结构。

3. 用蓝色和绿色结合起来画常绿针叶树。

4. 棕色加一些橘色或红色的挑线可以很好地表现顺砌砖的样式。

5. 白色和中绿色的树与深绿色的地被植物形成很好的对比。

6. 白色、两种蓝色和一些黄色调创造了闪闪发光、水花四溅的水景效果。

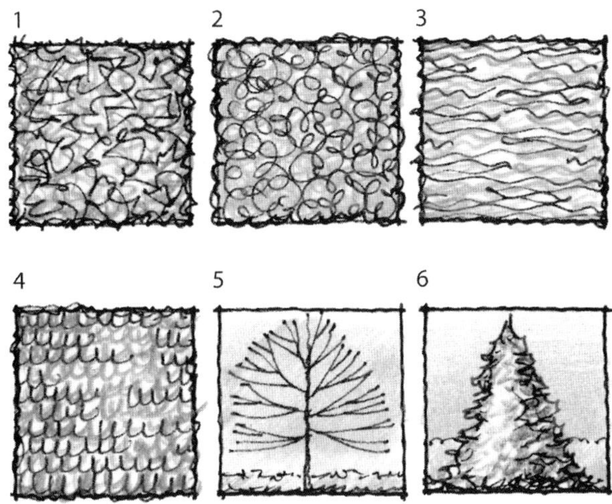

图15-10 留白（彩图见插页）

留白

在纸上留一些白，可以提亮设计图（图15-10）。

1. 白色、黄色和绿色用于地被植物的色彩表现。

2. 白色、蓝色和绿色用于个别的地被植物的色彩表现。

3. 白色、蓝色和黄色用于表现水中的波浪的图案。

4. 白色、紫罗兰色、粉色和绿色用于勾画花坛。

5. 白色和蓝色搭配来画背景天空。

6. 在画常绿树时，用留白的方式描绘圆锥体的树形。

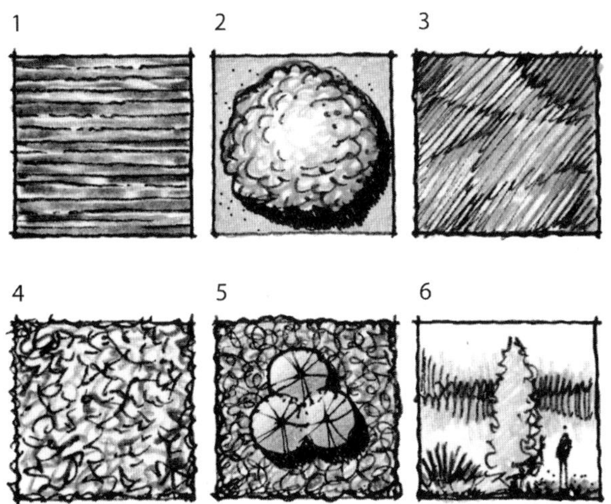

图15-11 变换手对笔压力的大小（彩图见插页）

变换手对笔压力的大小

在涂色过程中，改变手对笔压力的大小将在色彩表现中增加深度和层次感（图15-11）。

1. 在画棕色粗线的过程中变换手对笔压力的大小来创造肌理。

2. 紫罗兰色的粗线和粉色的细线为这棵观赏树木增加了有趣的肌理。

3. 画蓝色褶皱线时，改变手对笔的压力，这种方式增加了额外的肌理。

4. 用一支颜色的笔，改变手的压力画图时，通常看起来像用两支笔画出来的一样。

5. 地被植物又深又重的结构线和有着平滑、整齐的颜色的树球形成了一种对比。

6. 用不同的压力来变换亮暗，可以增加对比度和趣味性。

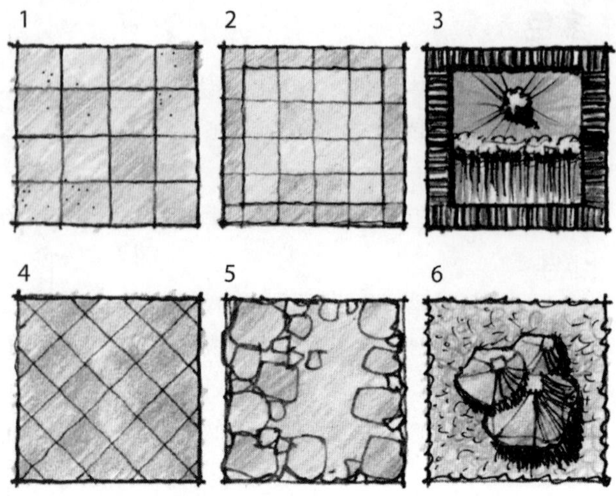

图15-12　明暗的变化（彩图见插页）

明暗的变化

硬质景观材质颜色的明暗度（亮/暗）应该加以变化来创造额外的效果（图15-12）。

1. 用一种棕色涂抹出不同的明暗可以勾画出混凝土中添加杂色的样子。

2. 用不同明暗的灰色和蓝色表现石材色彩的差异。

3. 浅、中、深的明暗关系可以表现水的不同纹理。

4. 铺砖的露台可以依靠只变换一种棕色笔的笔尖的压力来提亮。

5. 蓝色、灰色和棕黄色可以为石块的画法提供一种很有效果的配色方案。

6. 可在不同的区块涂不同深浅的颜色来显示石头。

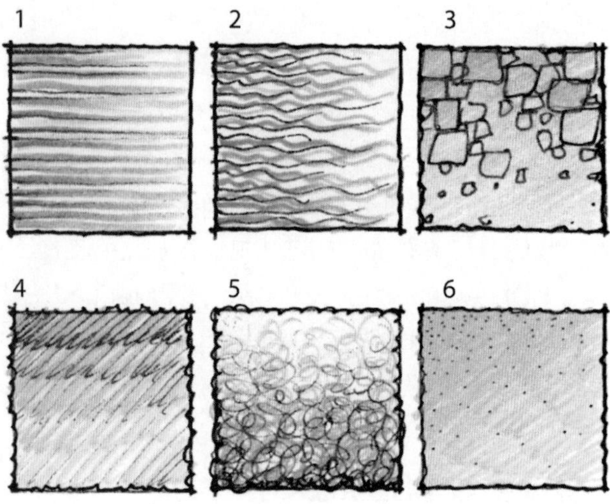

图15-13　提亮边缘（彩图见插页）

提亮边缘

一块材质区域的边缘可以通过样式和颜色在整片区域中的逐渐变淡来提亮（图15-13）。

1. 绿色和黄色的粗挑线的结合可以强化边缘。

2. 亮蓝色和暗蓝色的波浪状的挑线可以提亮水体的边缘。

3. 可以用渐淡一部分露台的方式来强调设计中重要的边缘部分。

4. 一排排逐渐变淡的色彩的应用可以表示地被植物图样的渐淡。

5. 紫罗兰色和粉色的卷曲线可以从一端到另一端变得越来越浅、越来越细。

6. 变换几缕褶皱线型中的每一缕线的笔尖压力的大小，这样可以轻易地画出渐淡的效果。

图15-14　加入阳光的效果（彩图见插页）

加入阳光的效果

白色、黄色和色彩上强烈的对比可以给被阳光照亮的部分注入各种各样的设计要素（图15-14）。

1. 用黄色给地被植物提亮可以引起人们对铺装路面边缘的注意。

2. 在树的平面图例的左上方涂上黄色表示树的向阳面。

3. 用粉色和棕色搭配、黄色和棕色搭配，分别表示砖和木地板。

4. 通过在植物的左上方留白以及在左下方加深来强调植物。

5. 屋顶向阳的一面比背阴的一面颜色浅。

6. 用深蓝色配黑色放射线可以很好地强调水喷出的部分。

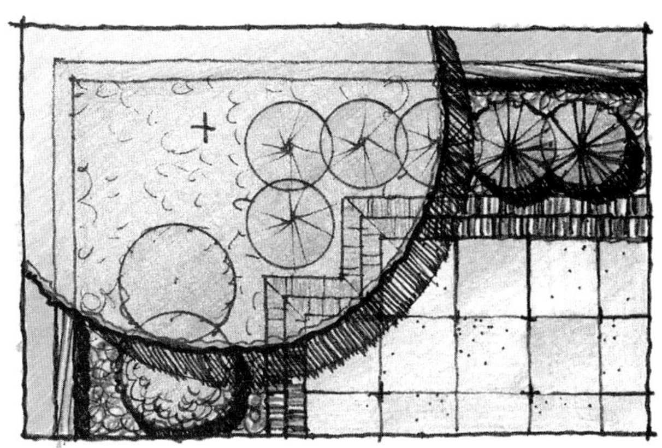

图15-15 淡化树冠的下层（彩图见插页）

淡化树冠的下层

当有大树笼罩在一个设计基地的很重要的某一部分时，淡化树下的颜色就变得重要起来（图15-15）。

1. 木栅栏在树冠下面的部分是浅浅的棕色色调。

2. 粉色的观赏灌木在大树树冠下的部分只涂了一点浅浅的粉。

3. 常绿灌木在大树树冠下的部分线条更少，颜色更浅。

4. 用砖铺砌的边缘在树下的部分仍然要上颜色，只是线条更细、更浅。

5. 地被植物的图样看起来浅而模糊，使它不至于比大树更突出。

6. 在树冠外面的草坪颜色加重，来强调大树的边缘。

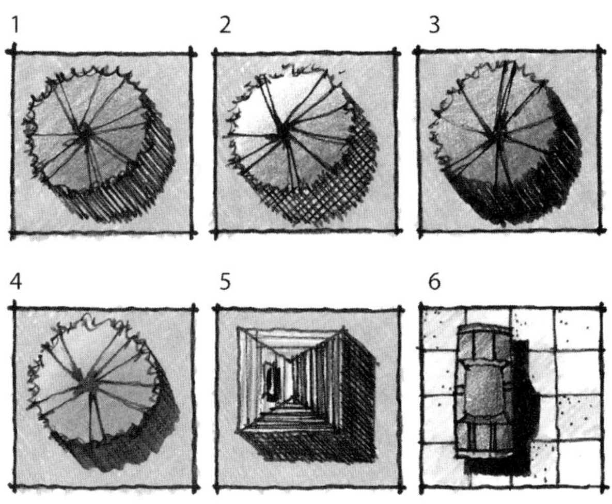

图15-16 阴影（彩图见插页）

阴影

阴影通常出现在物体的右下方，给设计图增加立体感（图15-16）。

1. 平行的黑色线紧密地排列在一起可以画出适宜的阴影。

2. 用黑色线组成紧实的网格的方式可以画出整齐的阴影图样。

3. 黑色细尖记号笔经常被用于画紧密的褶皱线来制造阴影。

4. 用黑色或深灰色的书法笔可以很容易地画出整齐的阴影。

5. 墙体的阴影开始于它的形体的某个转角处。

6. 汽车和长椅的阴影会向外偏移，以表示这个形体下面有支撑物。

色彩示例

单棵的树和与之形成对比的地被植物

图15-17举例说明了单棵的树和与之形成对比的地被植物。

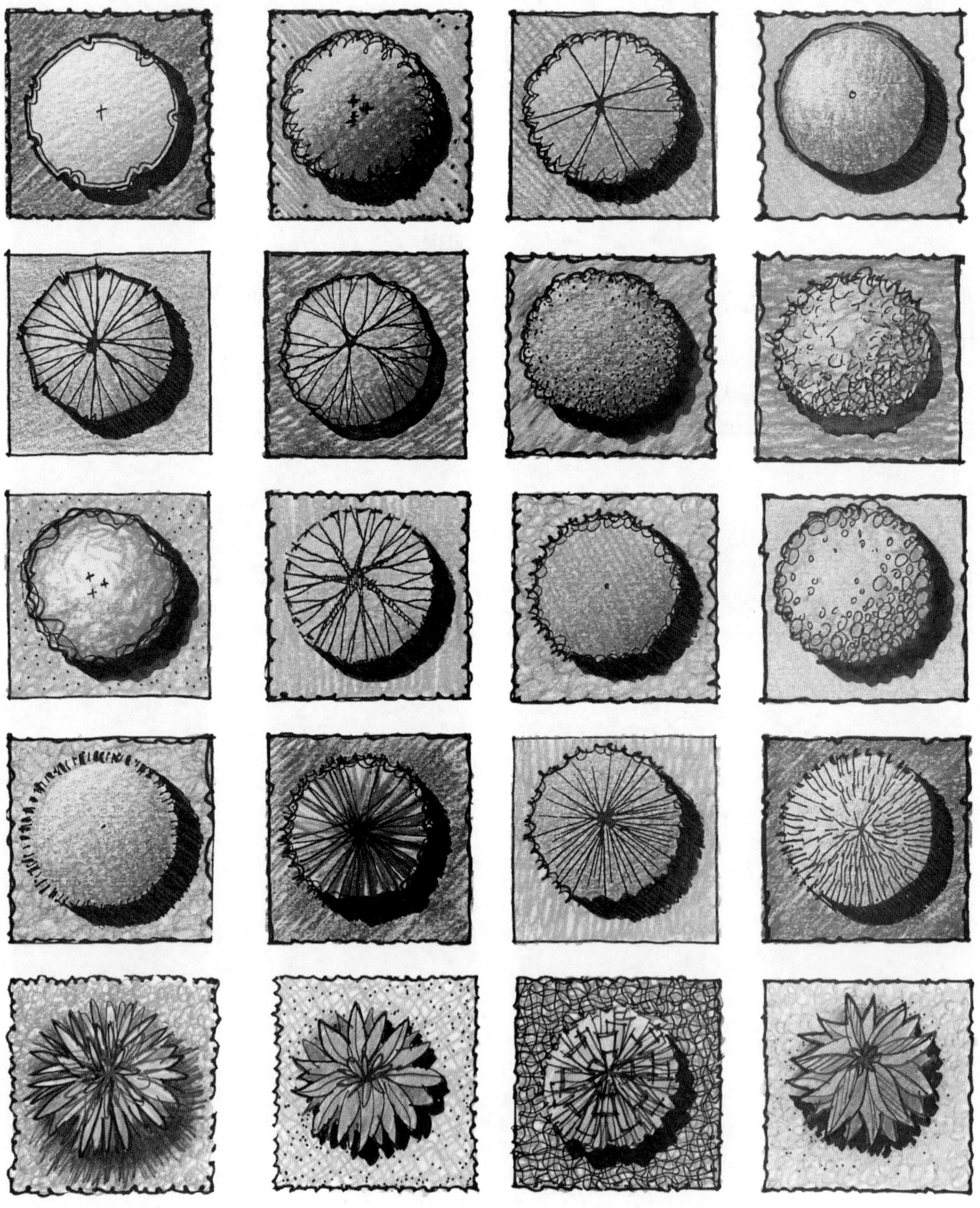

图15-17 单棵的树和与之形成对比的地被植物示例（彩图见插页）

草坪、地被植物、一年生植物和多年生植物

图15-18举例说明了草坪、地被植物、一年生植物和多年生植物。

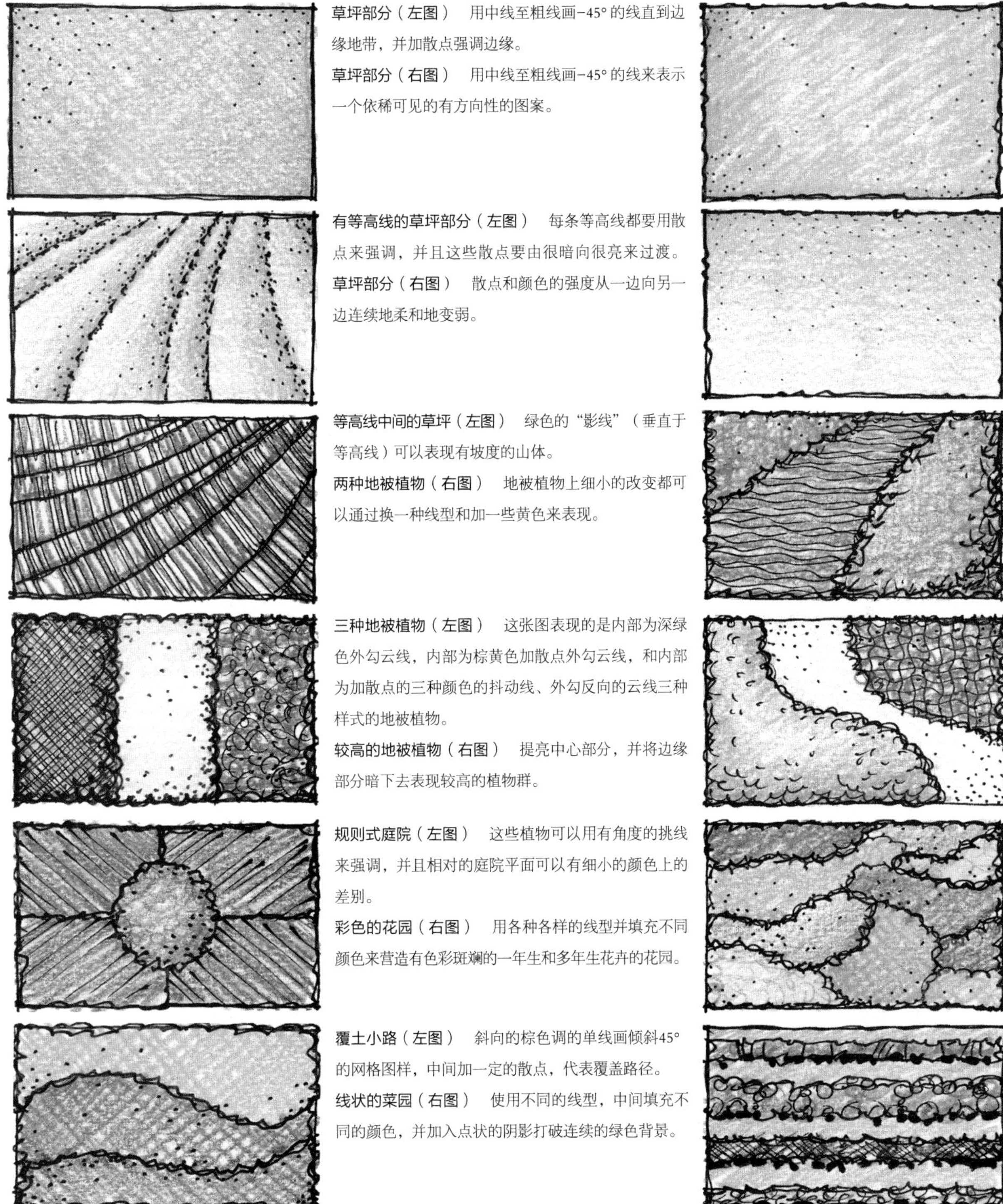

草坪部分（左图） 用中线至粗线画-45°的线直到边缘地带，并加散点强调边缘。

草坪部分（右图） 用中线至粗线画-45°的线来表示一个依稀可见的有方向性的图案。

有等高线的草坪部分（左图） 每条等高线都要用散点来强调，并且这些散点要由很暗向很亮来过渡。

草坪部分（右图） 散点和颜色的强度从一边向另一边连续地柔和地变弱。

等高线中间的草坪（左图） 绿色的“影线”（垂直于等高线）可以表现有坡度的山体。

两种地被植物（右图） 地被植物上细小的改变都可以通过换一种线型和加一些黄色来表现。

三种地被植物（左图） 这张图表现的是内部为深绿色外勾云线，内部为棕黄色加散点外勾云线，和内部为加散点的三种颜色的抖动线、外勾反向的云线三种样式的地被植物。

较高的地被植物（右图） 提亮中心部分，并将边缘部分暗下去表现较高的植物群。

规则式庭院（左图） 这些植物可以用有角度的挑线来强调，并且相对的庭院平面可以有细小的颜色上的差别。

彩色的花园（右图） 用各种各样的线型并填充不同颜色来营造有色彩斑斓的一年生和多年生花卉的花园。

覆土小路（左图） 斜向的棕色调的单线画倾斜45°的网格图样，中间加一定的散点，代表覆盖路径。

线状的菜园（右图） 使用不同的线型，中间填充不同的颜色，并加入点状的阴影打破连续的绿色背景。

图15-18 草坪、地被植物、一年生植物和多年生植物示例（彩图见插页）

群植植物和与之形成对比的地被植物

图15-19举例说明了群植植物和与之形成对比的地被植物。

左图 在深绿中加一些黄色的45°斜线图样的背景中，用浅绿和中绿给植物上颜色。

右图 蓝色和绿色卷曲线绘制的地被植物背景与黄色和橘色的植物对比更加明显。

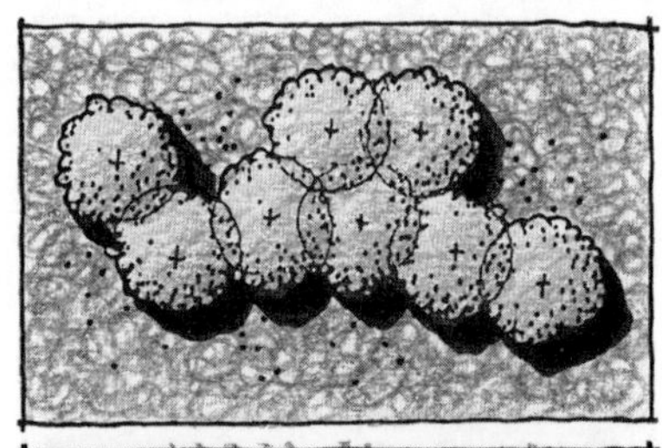

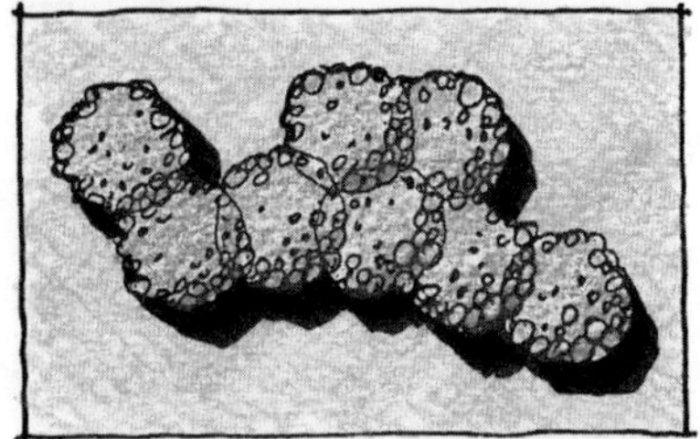

左图 用浅绿色的-45°斜线的图案衬托紫罗兰色和粉色的观赏植物。

右图 画带有白色调的植物时，可以考虑用深色的、有两个方向的图案的背景形成强烈对比。

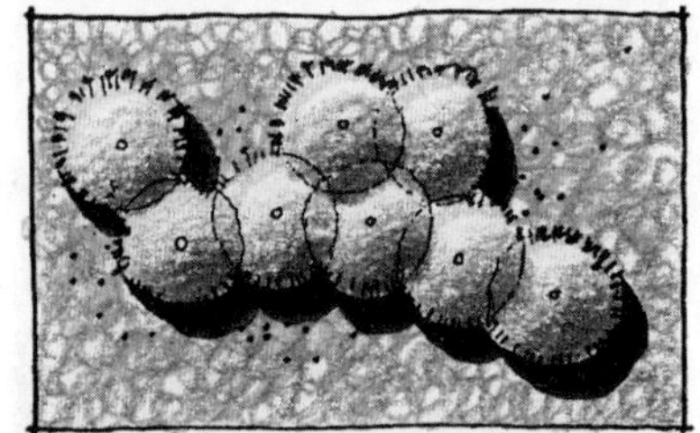

左图 沿着白色调的地方涂黄色的轮廓，这样可以提亮深绿色散点卷曲线背景中的植物。

右图 用亮黄色色调表现的植物可以与紫罗兰色和绿色卷曲线的地被植物形成强烈对比。

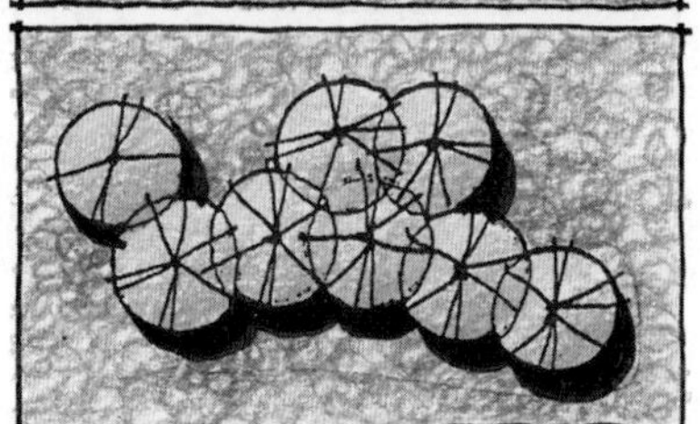

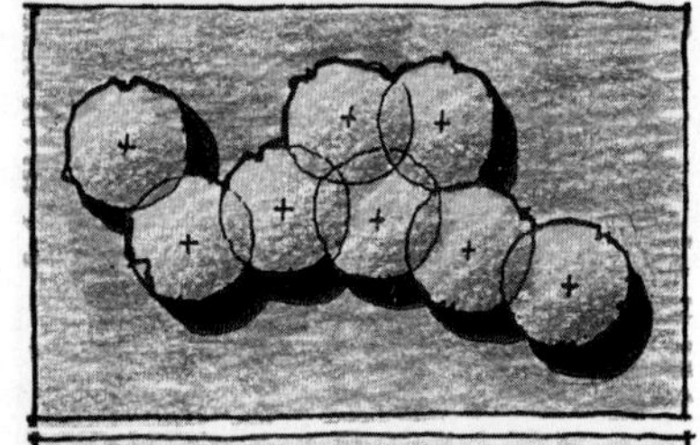

左图 在植物边缘附近的绿色地被植物可以压暗，来制造强烈的明暗对比。

右图 浅蓝色经常被用于较深颜色的常绿植物的亮部中，尤其在浅绿色的背景中。

左图 红色或橙色的植物中的白色调制造了它们与黄色和浅绿色的地被植物的明显的界限。

右图 绿色中混入棕黄色的植物衬托在橄榄绿色的背景中，营造了一种颜色上更柔和、更细微的变化。

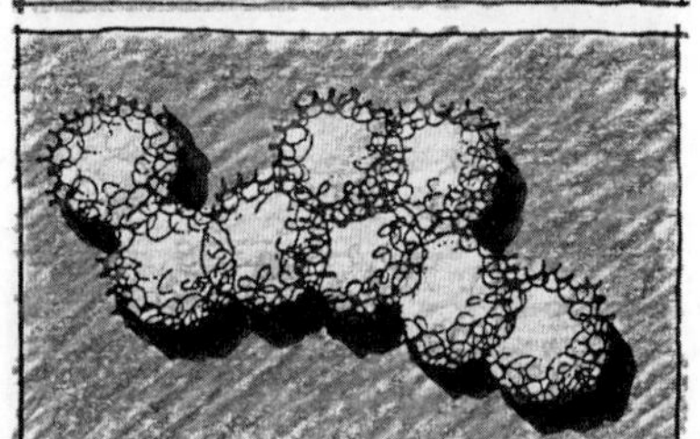

左图 当用黄色和浅绿色画地被植物时，橄榄绿色的植物中加入的蓝色调可以制造一种明显的对比。

右图 有黄色调的绿色植物会与用相似的颜色中掺杂一点蓝色的卷曲线绘制成的背景产生对比。

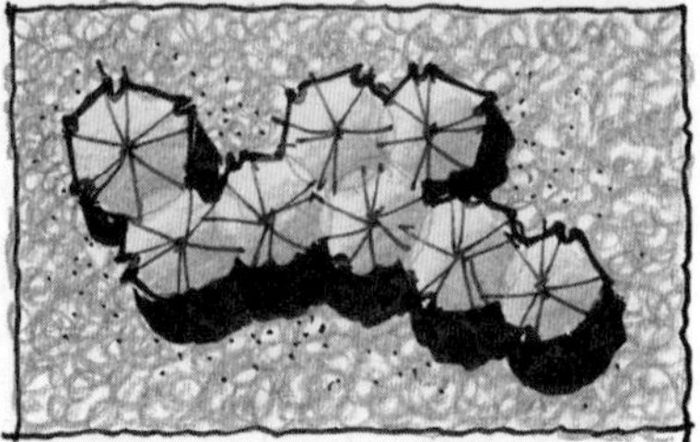

图15-19 群植植物和地被植物的对比（彩图见插页）

砖、混凝土和石头铺装材质

图15-20举例说明了砖、混凝土和石头铺装材质。

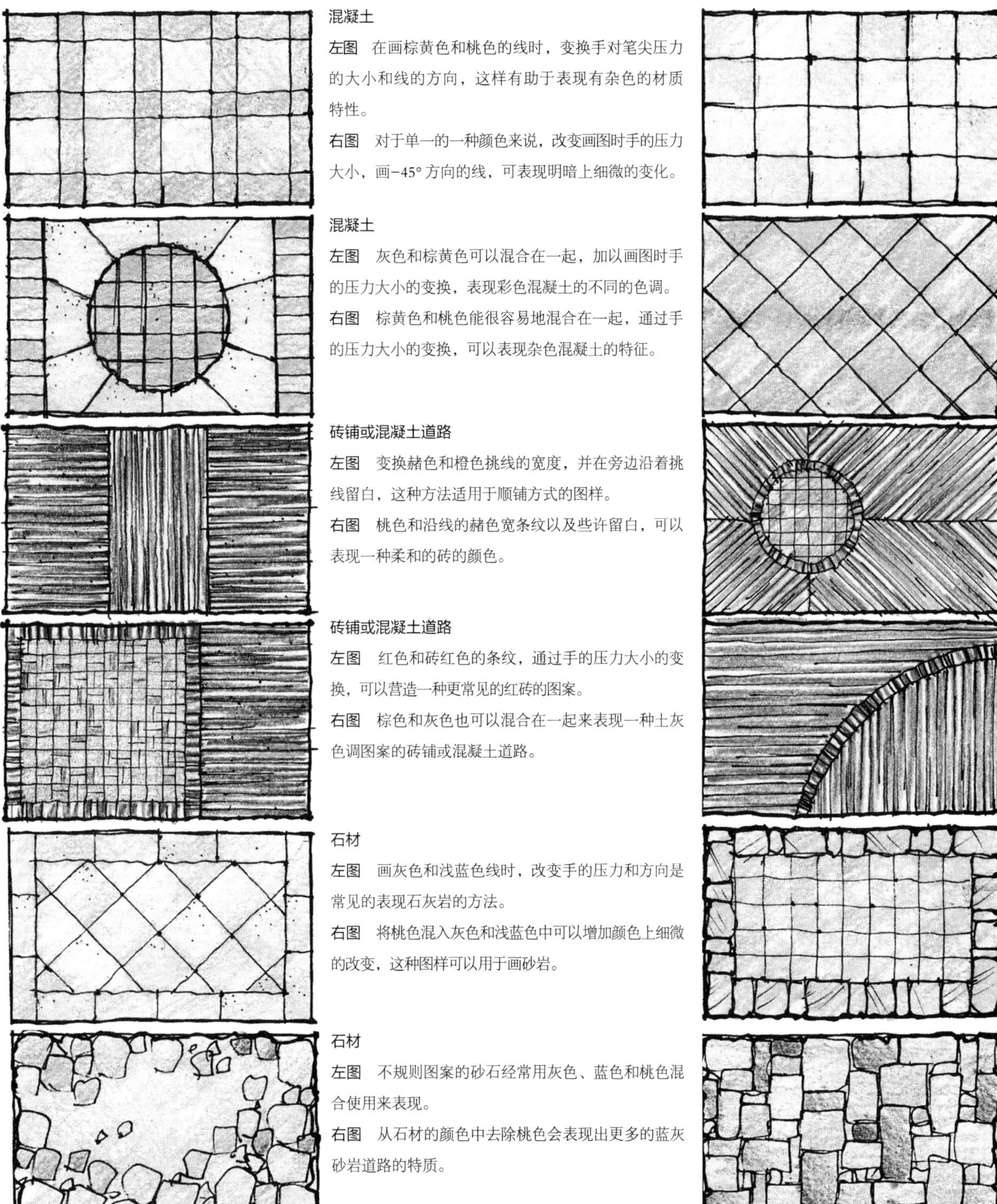

图15-20　砖、混凝土和石头铺装材质（彩图见插页）

木材、结合铺路材料和建筑物

图15-21举例说明了木材、结合铺路材料和建筑物。

木材

左图 宽的棕色和黄色的条纹，配以留白，是表现木质铺面常用的颜色。

右图 用棕色的宽条纹和一些南瓜橙色及棕黄色的条纹，可以画较深色的木材。

木材

左图 棕色宽线条混入桃色线条，以及沿线留白，表现出一种色彩柔和的木质铺面。

右图 用细长的弧线画出的木质纹理可以涂棕色、棕黄色和黄色，来表现杉木铺面。

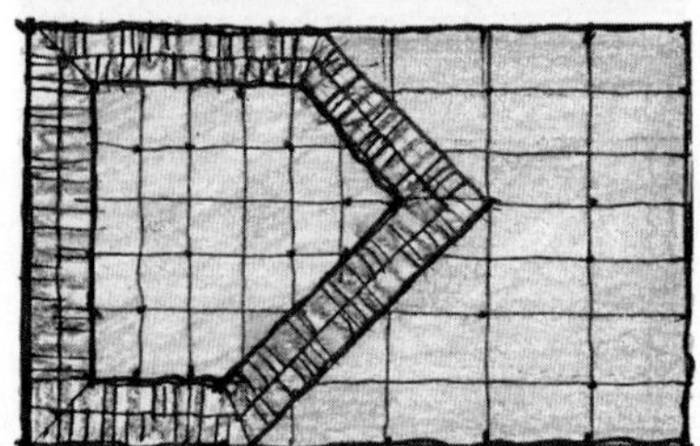

混合材质

左图 桃色和棕黄色可以表现杂色混凝土的特质，边缘处用砖红色和桃色表现。

右图 当描画几种材质相接时，可以用颜色和线型来表现对比强烈的改变。

混合材质

左图 当用完全不同的颜色来表现不同的材质时，就会产生更加强烈的对比。

右图 当一些相似的颜色被用于不同材质所呈现出不同的图案时，就会产生更加协调的视觉效果。

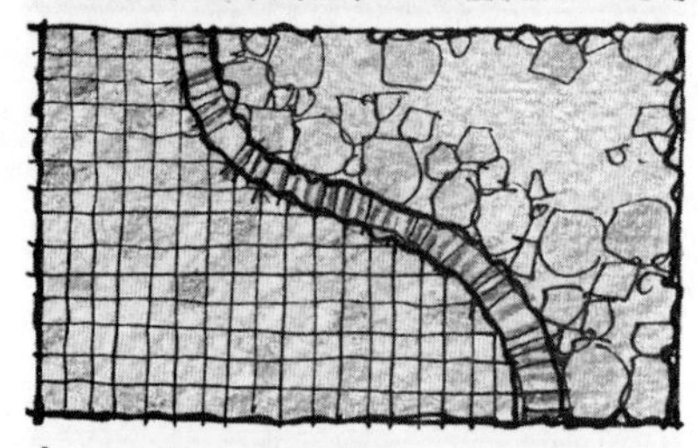

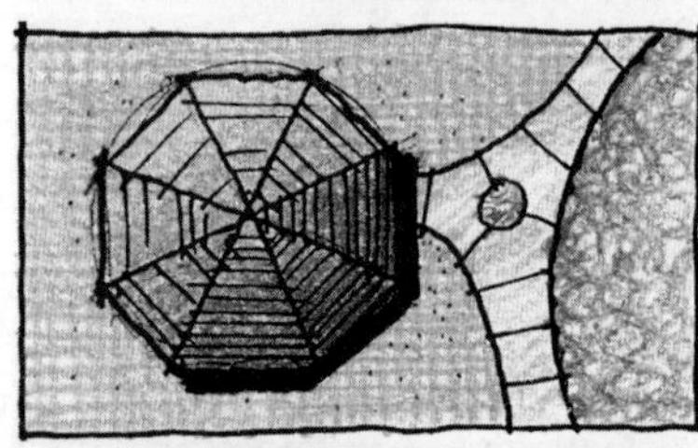

构筑物

左图 在凉亭的色彩中，屋顶的左上方相对于右下方较暗的颜色来说，色调会更浅，线也会更少。

右图 在主要的构筑物（如房屋、车库、凉亭等）周围加上一圈更粗的黑线来突出这些元素。

构筑物

左图 屋顶向阳面可以涂成黄色，而背阴面涂上棕色或灰色。

右图 如果不用黄色，桃色和棕色可以是屋顶颜色十分美观的搭配。

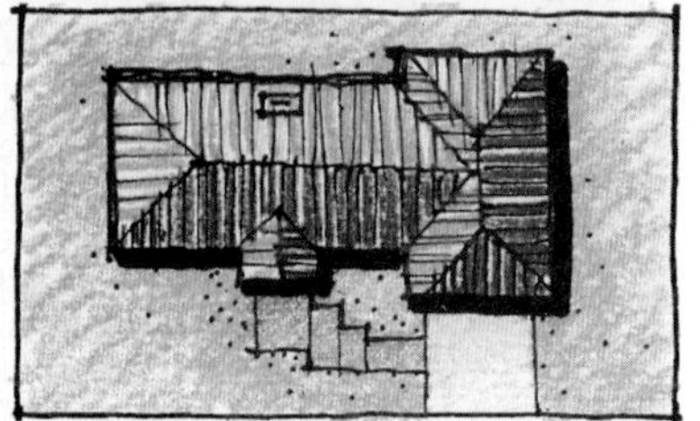

图15-21 木材、结合铺路材料、遮阳棚和其他建筑物（彩图见插页）

墙体、围栏、长椅、种植槽、廊架和与水相关的要素

图15-22举例说明了墙体、围栏、长椅、种植槽、廊架和与水相关的要素。

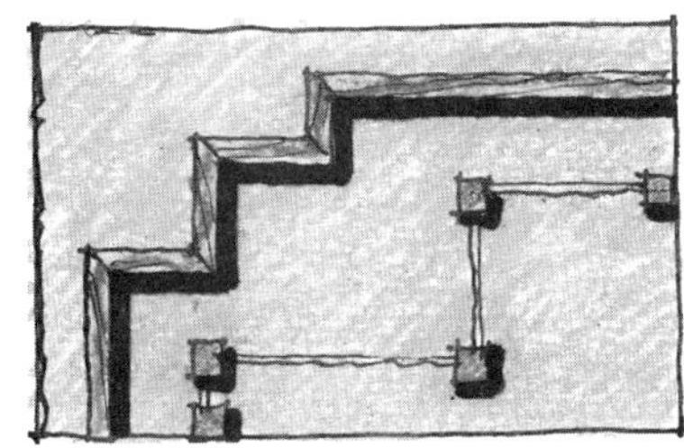

围栏和长椅

左图　木栅栏和木桩用棕色和黄色上颜色，阴影在形体的右下方。

右图　长椅可以用任意的混合颜色来表现，用阴影表现它们的三维体量。

墙体和种植槽

左图　石灰岩的柱头可以用灰色和浅蓝色表现，砖红色来表现砖墙，棕黄色和粉色表现砂岩。

右图　用不同的颜色使种植槽的墙面构成差异，但所使用颜色的数量应少于种植槽中的植物所用颜色的数量，这样也能将雕塑衬托得更加鲜艳多彩。

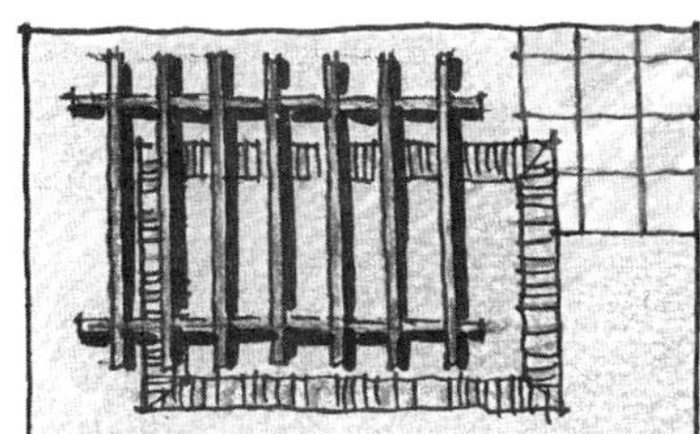

廊架

左图　给木质廊架涂棕色和黄色，然后给廊架图形的中间其余部分上颜色。

右图　在廊架和与其相邻的元素之间创造颜色上的对比，然后给这个廊架结构加上阴影。

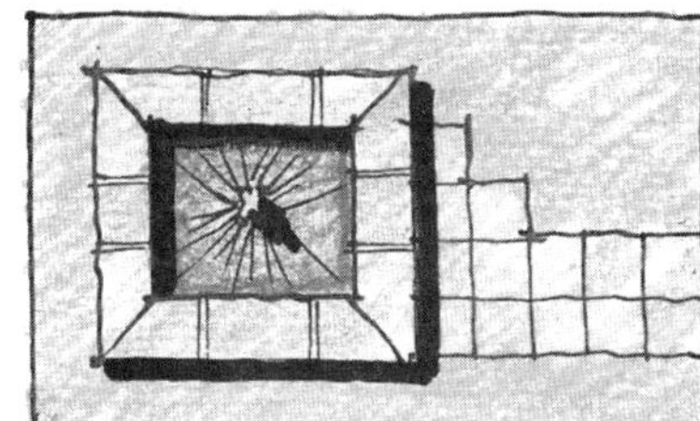

喷水池

左图　将喷泉边缘部分用较深的蓝色压暗，加入少许黄色，并在喷水的地方加入浓重的阴影。

右图　在喷泉的图形整体上完颜色后，用涂改液、黑色的边缘线和阴影来提亮喷水的部分。

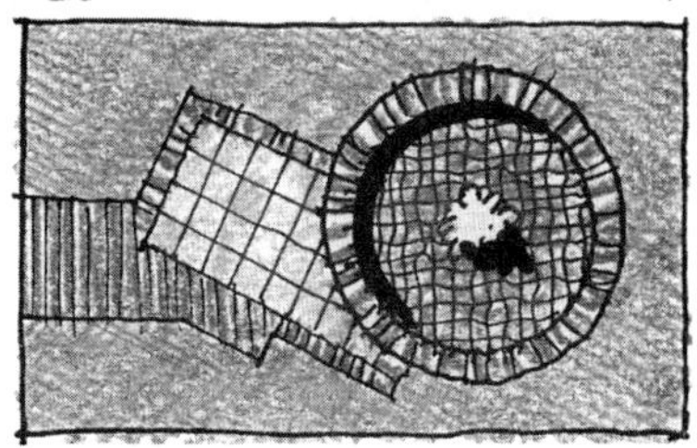

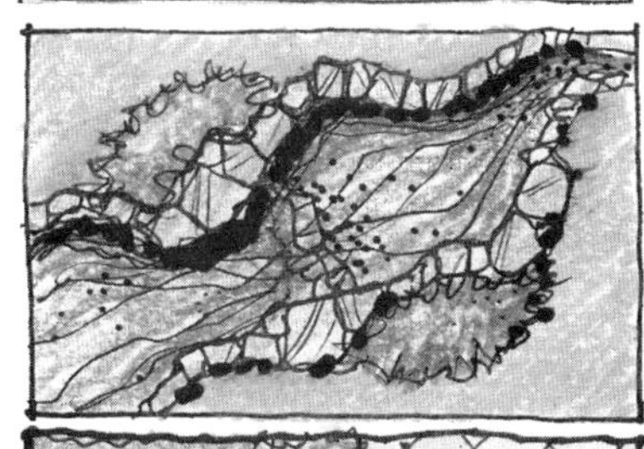

溪流和水池

左图　画蜿蜒曲折的蓝色线代表流动的水。其中加入一些黄色色调和紫罗兰色色调，然后在各个地方点一些散点。

右图　用不同的笔尖压力和蓝色的退晕来填充代表水的图案中的一些弧线。在弧线交叉的地方点一些散点。

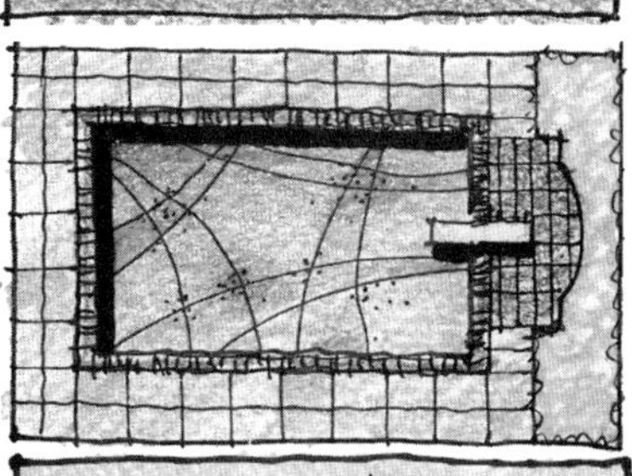

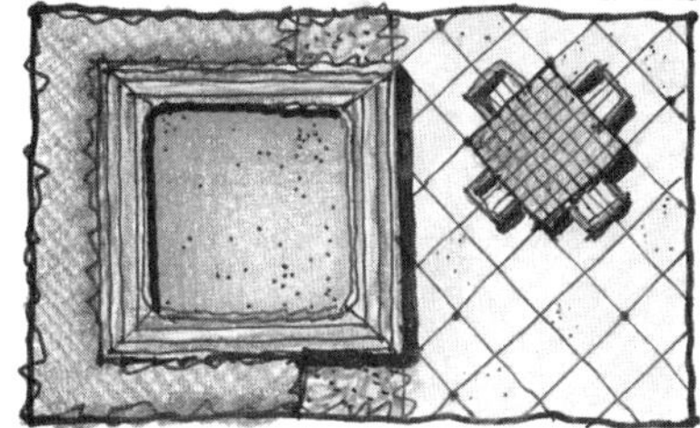

温泉和瀑布

左图　将SPA左上部压暗，右下部提亮，偶尔在喷泉中加入一些散点。

右图　在瀑布所处的位置留一条白，在上面画黑色的云线，并用渐弱的散点提亮。

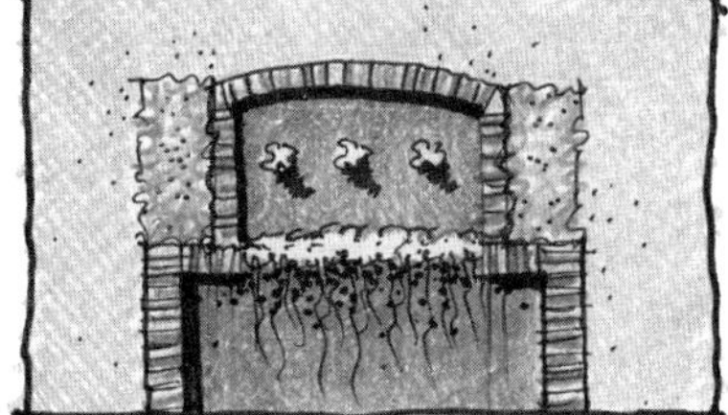

图15-22　墙体、围栏、长椅、种植槽、廊架和与水相关的要素（彩图见插页）

各种树木的剖面图

图15–23示例20种落叶树和热带树木的剖面图画法。

图15–24示例常绿针叶树和热带树木的剖面图画法。

图15–23 落叶树和热带树木的剖面图绘制示例（彩图见插页）

图15-24 常绿针叶树木和热带树木的剖面图绘制示例（彩图见插页）

室外娱乐空间平面图

图15-25示例8个户外娱乐空间的方案图纸。

图15-25 户外娱乐空间的方案图纸（彩图见插页）

室外结构剖面图

图15-26示例9个户外空间的剖面表现图。

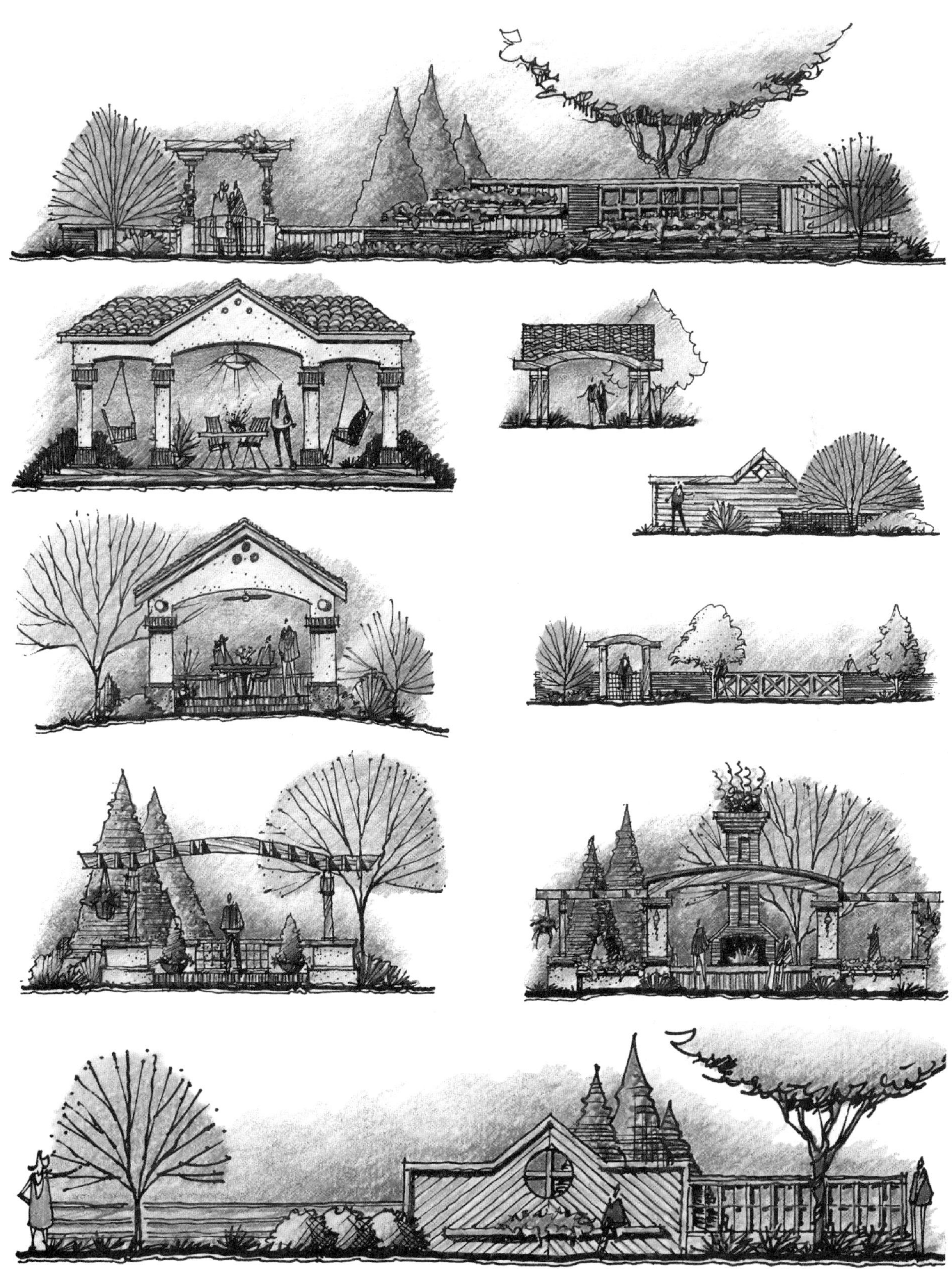

图15-26 户外空间的剖面表现图（彩图见插页）

住宅景观设计图纸的色彩表现

彩色平面图

用色彩表现黑白灰关系的平面图如图15–27左图所示，线条的分量、明暗和纹理在表现设计中各种各样的物体方面十分协调，它所缺少的是一系列可以让人识别所有设计元素的符号。许多景观设计师也许就会照此准备他们的设计图。这种类型的平面图复印起来比彩色平面图副本价格便宜，但是它却不如彩色设计图那么直观和容易销售。

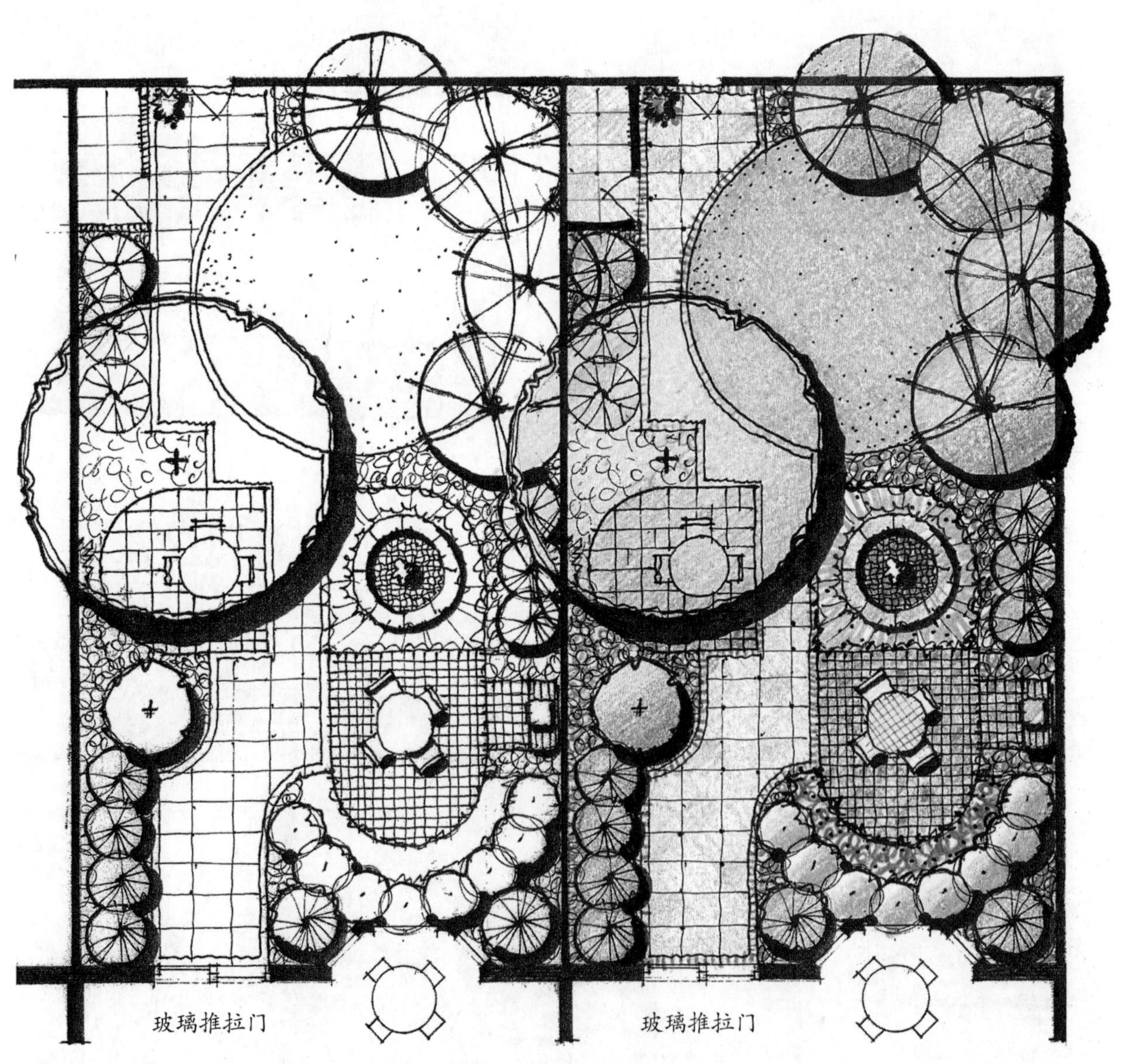

图15–27　黑白渲染平面图（左图）和将颜色添加到黑白渲染平面图中（右图）示例（彩图见插页）

当设计师决定给黑白平面图上颜色时，那么重要的就是要遵循这个简单但却重要的准则：用轻柔的手法涂上一层薄而透明的颜色以便不失去现有的景观符号的图形特征。如果颜色加得过重或过暗，往往会遮盖现有的符号图像。

下面是一些推荐的上色技巧，已在图15-27的平面图中应用：

• 树冠很大的树木经常用浅色调的黄色和绿色，这样就可以看见树下的元素。

• 在树冠下的灌木、铺装和地被植物只给一点颜色就好。

• 观赏树木可以涂上色彩柔和的粉色和紫罗兰色。

• 常绿灌木左上角用浅蓝色提亮，右下角用较深的绿色压暗。

• 由于灌木左上角的留白，可以很容易地识别环形的落叶植物绿篱。

• 喷泉四周的花池用同一种线型上色，在墨线稿中使用相同的方向标出，并呈辐射状向喷泉中心集中。

• 环形的花池可以用两种颜色来表现，加一些散点以增加视觉效果。

• 地被植物用相同的卷曲线来填充颜色，这个线型正如用于勾画初始图例的线型那样。

• 铺装的颜色保持浅而透明，用改变笔尖压力来制造亮部。

基本平面图的色彩表现

有时只需要彩色的平面图。第二种色彩表现的方法用于处理基本的平面图的色彩表现。这种图上只画了简单的圆和直线（图15-28左图）。这种方法无疑会节省时间，但是它通常需要将大多数必须的资料用色彩重现。

当设计师决定给基本的平面图上颜色时，那么这时重要的就是遵照另外一个简单却必要的准则：当进行基本平面图的色彩表现时，用铅笔和黑色细尖记号笔勾画各种各样的线型，来给一些图例增加可见的纹理。基本平面图的色彩表现需要运用更重、更暗的色彩，因为上完颜色后纹理也会随之显现出来。但注意不要上过重的颜色，因为这样会使某些图例颜色过深。

图15-28右图显示了左边基本平面图的色彩绘制：

• 遮阴树只上一种绿色，从左上角的浅色过渡到右下角的中间色。

• 铺装和树下的地被植物要用浅色调，但是不要加纹理。

• 观赏树的画法在与其相似的平面图中有所展示（见图15-27），但是要加一些树枝的纹理。

• 常绿灌木的画法与之前的平面图相同（见图15-27），但是不要加纹理。

- 通过留一些白色来呈现落叶灌木。
- 地被植物用黄色和绿色可以表现出一种有纹理的背景。
- 给铺装上色来表现不同的铺装形式。
- 黑色细尖马克笔可以用来画混凝土、铺砖的方向和砖块的边缘的图样。
- 草坪用形式相同但方向不同的线条上颜色来制造清晰可见的纹理。
- 盆栽植物用简单的红色和绿色放射状的线来画，配上一些散点式的阴影。

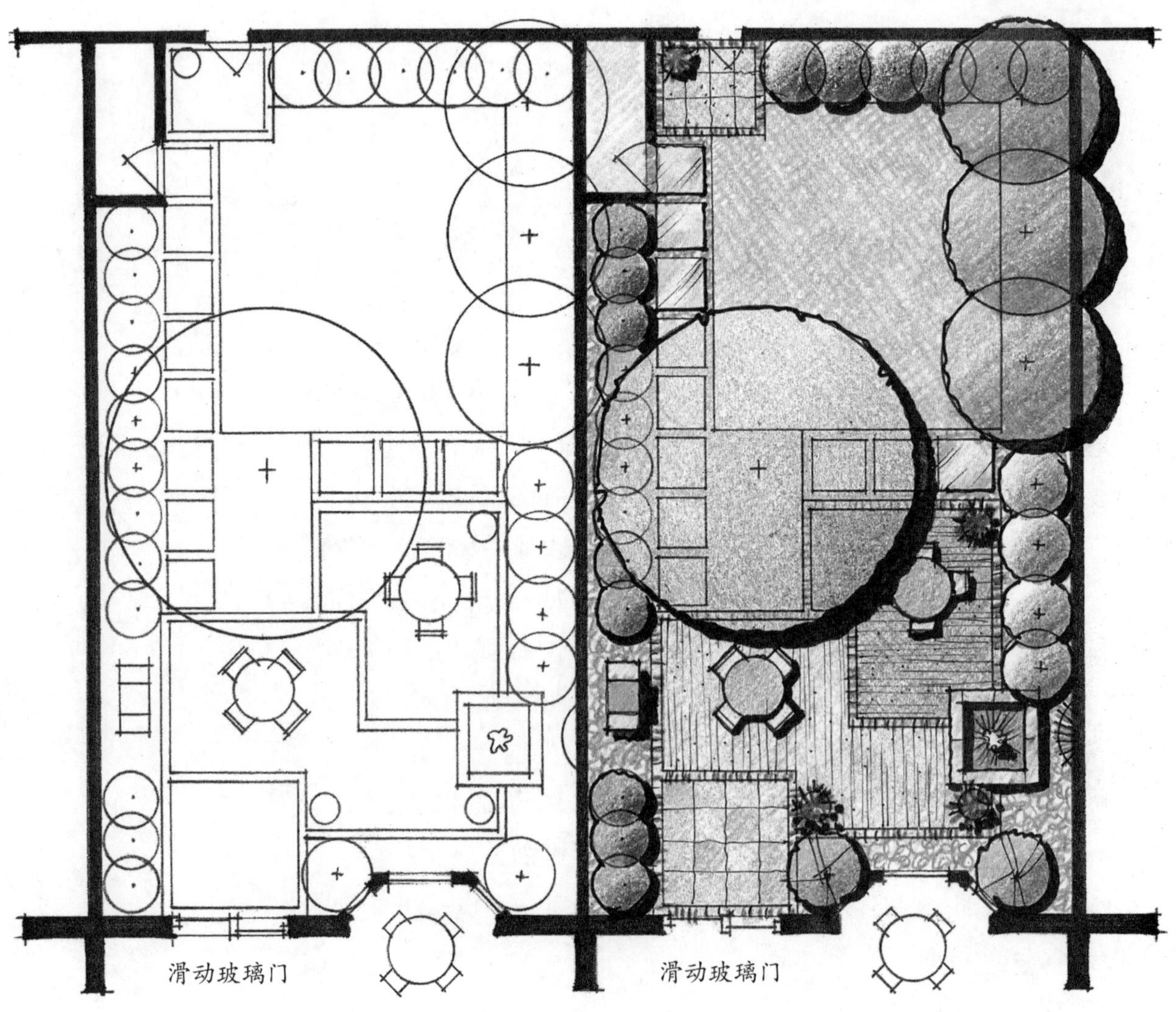

图15-28 基本平面图（左图）和基本平面图中添加颜色（右图）（彩图见插页）

各个设计阶段的色彩表现

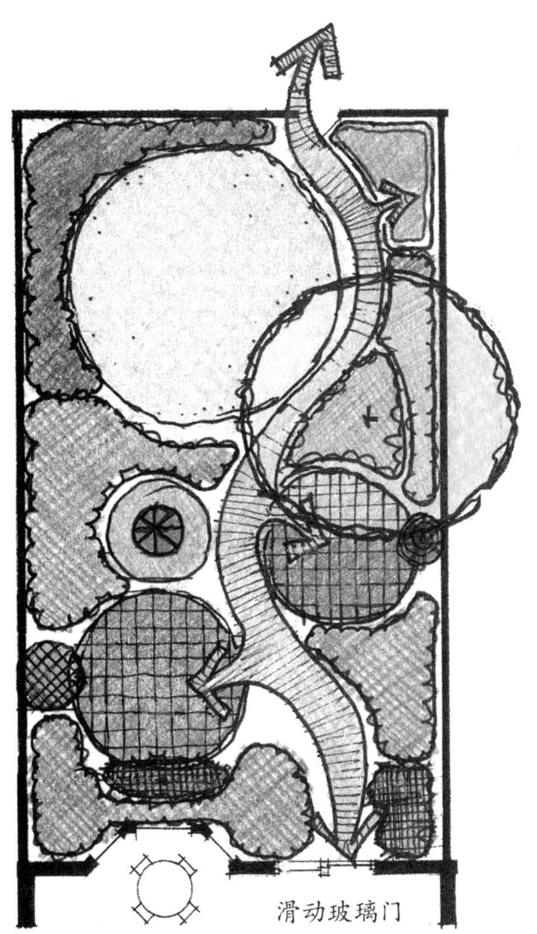

这些设计元素以图解的形式概略而抽象地表现出来，因为这只是一个设计简图，并不是最终的方案。这幅图可在5分钟内完成。

概念设计阶段（图15-29右下图）

随着设计的进展，设计方案与实际逐渐结合，需要考虑一些特定的要素，一株植物可能出现，而一组植物群更有可能出现，同时要铺装的模式。在这种情况下，建议：①图面仍然按照规定的比例徒手绘制；②采用不同的材质来界定不同的元素；③以熟练的上色技巧来表现备选方案。尽管这种方法有很多好处，但尽量让色彩表现得简单、自然和快速。这种带有极少量材质的表现将是完成一个徒手设计的重要组成部分，一般这个设计可在10分钟内完成。

图解（图15-29左上图）

当设计师向客户介绍功能图解的色彩表现图时，可以参照以下几点。首先，用一些简单的颜色直观地代表各个设计元素。例如：用黄色和绿色表示植被，褐土色表示铺装，蓝色代表水，而紫色、粉色和红色代表着特定的空间。其次，用丰富多变的线型勾勒出不同形态的轮廓，以便区分各个设计元素。扇形和反向扇形的轮廓线可以用来从常绿树中区分出落叶乔木。方正的形态常常用来表示路面。对于树的表现，我们可以先徒手勾勒出一个简单的轮廓线，在色彩的运用上，从左上部到右下部的颜色逐渐变浅。用箭头来指示小路、入口、门或是户外空间的具体位置。让

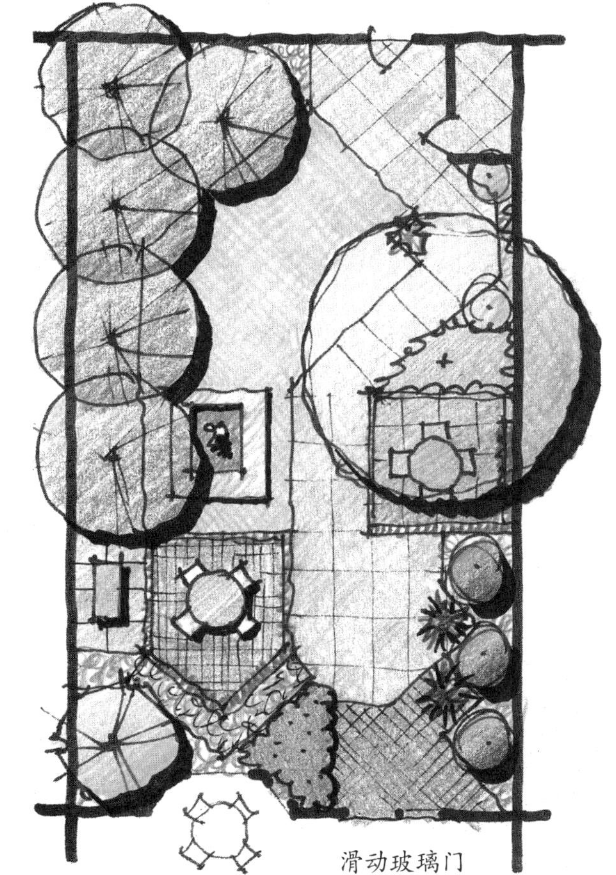

图15-29 渲染颜色（左上图）和早期设计研究的色彩渲染（右下图）（彩图见插页）

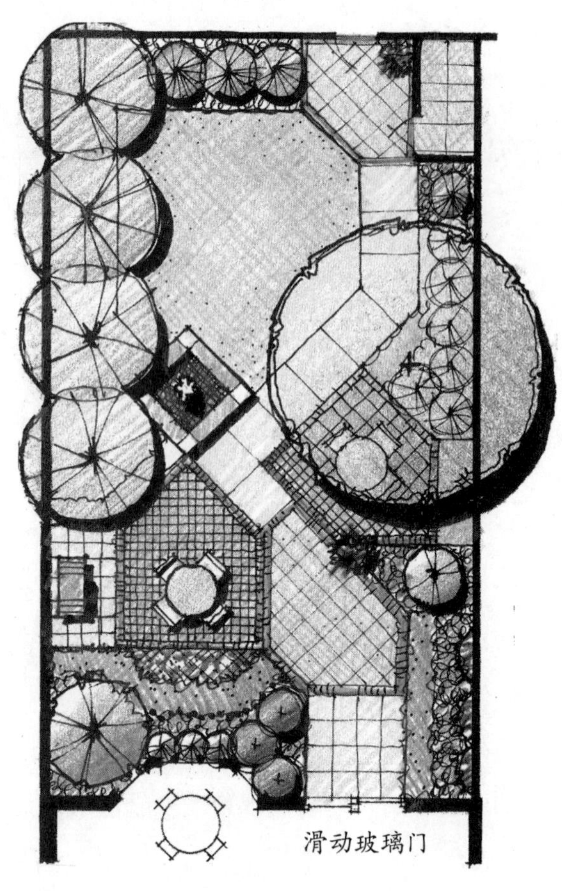

最终总体设计阶段（图15-30右下图）

终于，最后的总体设计方案确定了。有时候，这个设计并没有颜色，而只是以徒手勾勒或者电脑绘图的方式完成的黑白图纸。但是有时候，设计师又打算对总体设计方案上色。这种情况下，上色阶段的时间可能会长一些，因为相比前面的阶段，这个阶段有更多的细节需要考虑。也就是说，图纸绘制的越详细，那么为了确保关注到每一个细节的上色表现的时间也就越长。为这个设计上色需要20分钟。

世界上没有两个设计师会在设计过程中采用完全相同的方法，一些设计师喜欢先简单绘制一些经过色彩表现的初步方案作为备选方案，然后用电脑绘制最终的总体方案。还有一些设计师习惯于先用电脑或徒手绘制大量的线稿方案，但只对最后确定的总体设计进行着色表现。然而不管颜色用在何处何时，它都是一个极其有用的设计工具和推销手段。

初步总体设计（图15-30左上图）

一旦概念设计方案呈现在客户面前，讨论和反馈意见将对下一步设计更具指导性，会出现更多的细节：①植物的种类、数量和位置的选择上；②路面的类型和形态上；③相应的铺装图案。一些特殊的设计元素，根据设计师的个人选择，初步的设计可以：采用电脑作图、徒手绘制等更精致的形式。然而无论如何，这个设计的着色都将会更注重细节的表现。由此，上色阶段将会花费更多的时间。这个设计是从最初的黑白线稿深化而来，设计的着色大约需要15分钟。

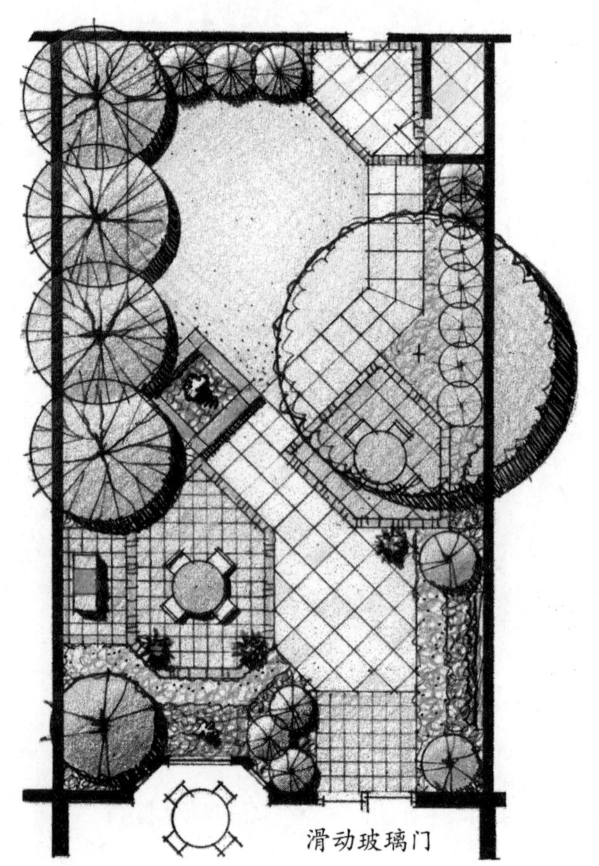

图15-30 渲染颜色的初步设计（左上图）和渲染颜色的最后总体规划（右下图）（彩图见插页）

计算机渲染

本章前面部分提供了一个通过手绘得出的色彩渲染的图形符号表和技术资料。然而，很多设计师喜欢用矢量绘图工具、PS图像处理软件、图像设计软件包，或其他类似的计算机程序来渲染图。数字彩色渲染可以应用于手绘黑白画，但特别适用于使用CAD工作流程绘制线条图。计算机绘制的优点是灵活性强，可以尝试多种方式，而且使用符号库及纹理库等辅助工具速度相对来说是很快的。渲染工作不需要绘画技巧，但要求有基本的图形和色彩原理的知识。因为一个平面图仅仅是用计算机呈现的，并不能保证它的清晰度和吸引力。计算机也能像手绘那样制造不理想的图画。

图15-31中的色彩渲染是以矢量绘图工具和手工绘制的黑白图为起点，以使用相似颜色系列的“相似配色方案”为基础。

左图使用了多种明暗不同的黄色、棕黄色和褐色。色彩的搭配包括：①浅色，用来表现地被和水的纹理，以及常绿灌木的分枝；②深色，

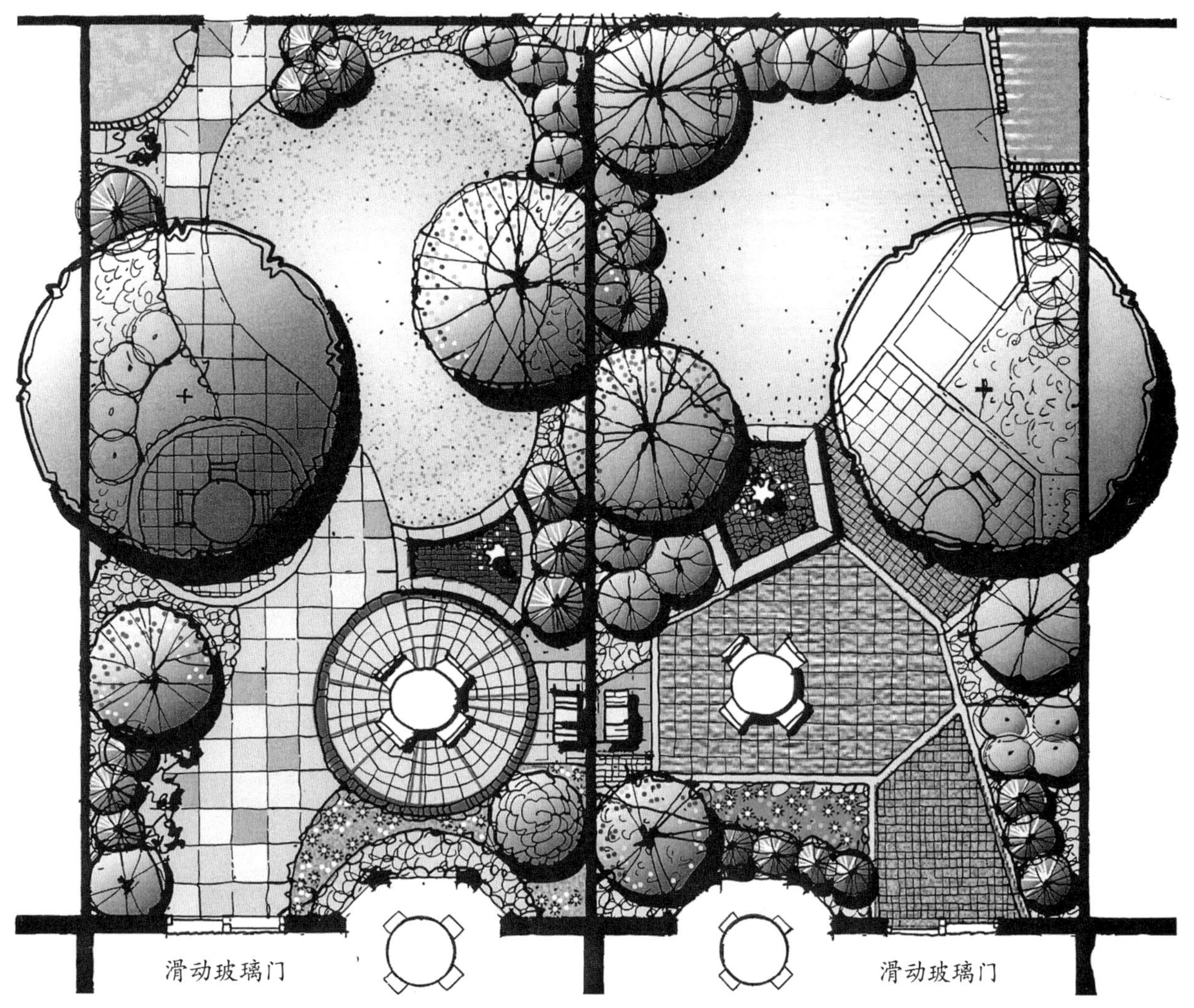

图15-31 矢量绘图工具的彩色效果（彩图见插页）

用来表现观赏树的材质，也可用来装饰圆形的中庭。通过色彩的深浅变化来突出人行道的图案。草地和一些观赏树在表现上也都有着不同的深浅明暗变化：将黄色和浅黄褐色用在树木的左上方（向阳处），而右下方（背光处）则使用较暗的褐色和棕色。

右图使用了绿色色调中的蓝色和棕色。和左边的表现图一样，不同深浅颜色的铺装和纹理增加了结构的趣味性并突出了表现的重点。

图15-32的颜色表现由PS图像处理软件使用了36个独立的图层完成，该方法包括在独自的图层上呈现每种材料或元素。例如，草坪的颜色是一层，加点或加粒在另一个图层上。这种技术允许每个图层都有自己的颜色、渐变、不透明、混合模式和/或滤镜，而不会影响其他图层上材料的编辑。每个图层在渲染后被锁定，以防在渲染其他图层时被无意中更改。同

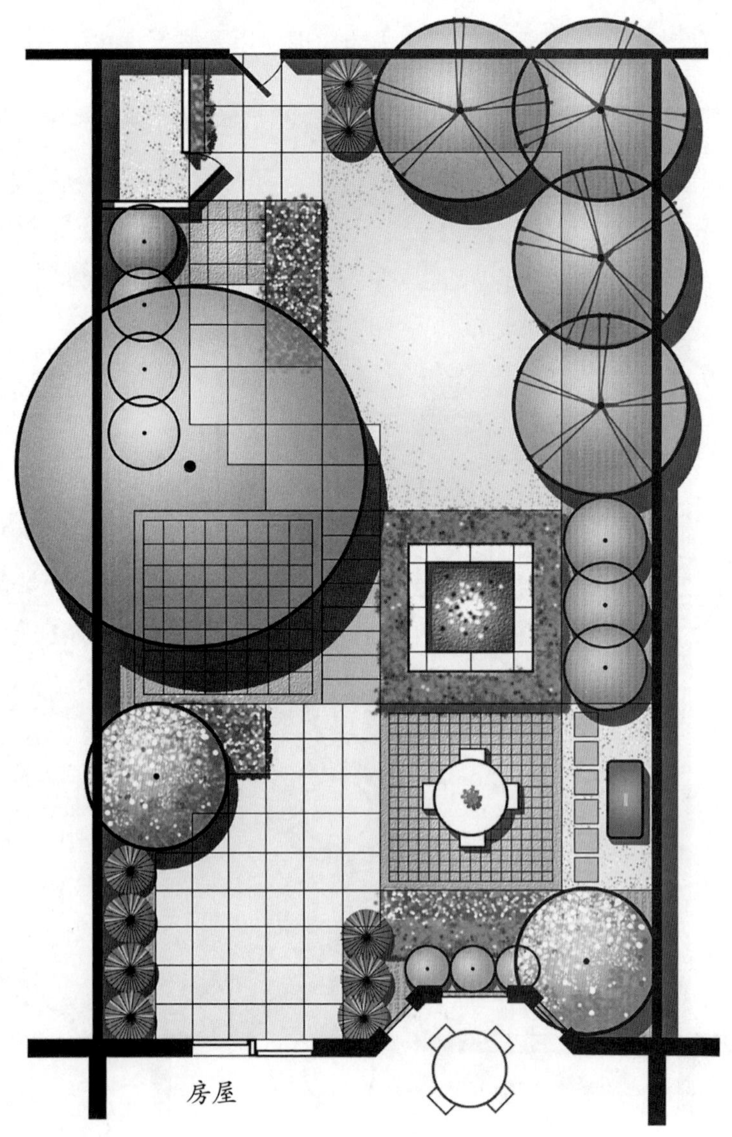

图15-32 PS软件处理彩色效果（彩图见插页）

时可以根据渲染过程中进行调整的需要而解锁图层。

另一个数字渲染的概念是创建自定义填充、自定义画笔，以及可以反复使用的符号、纹理和颜色的材料库。虽然最初建立比较费力，但是这个方法可节省大量时间。

图15-33所示是用PS软件处理绘制图像的一般过程：

1. 渲染从CAD简单的线条图开始。移除白色背景并将剩下的线条绘制成为整个渲染过程的顶层，创建一个新的白色层作为整个渲染过程的底层。

2. 下一步是渲染地面材料图层。渐变填充应用于草坪和砖路面，自定义填充用于地面纹理，自定义画笔用于在草坪和砾石区加点或加粒，并将

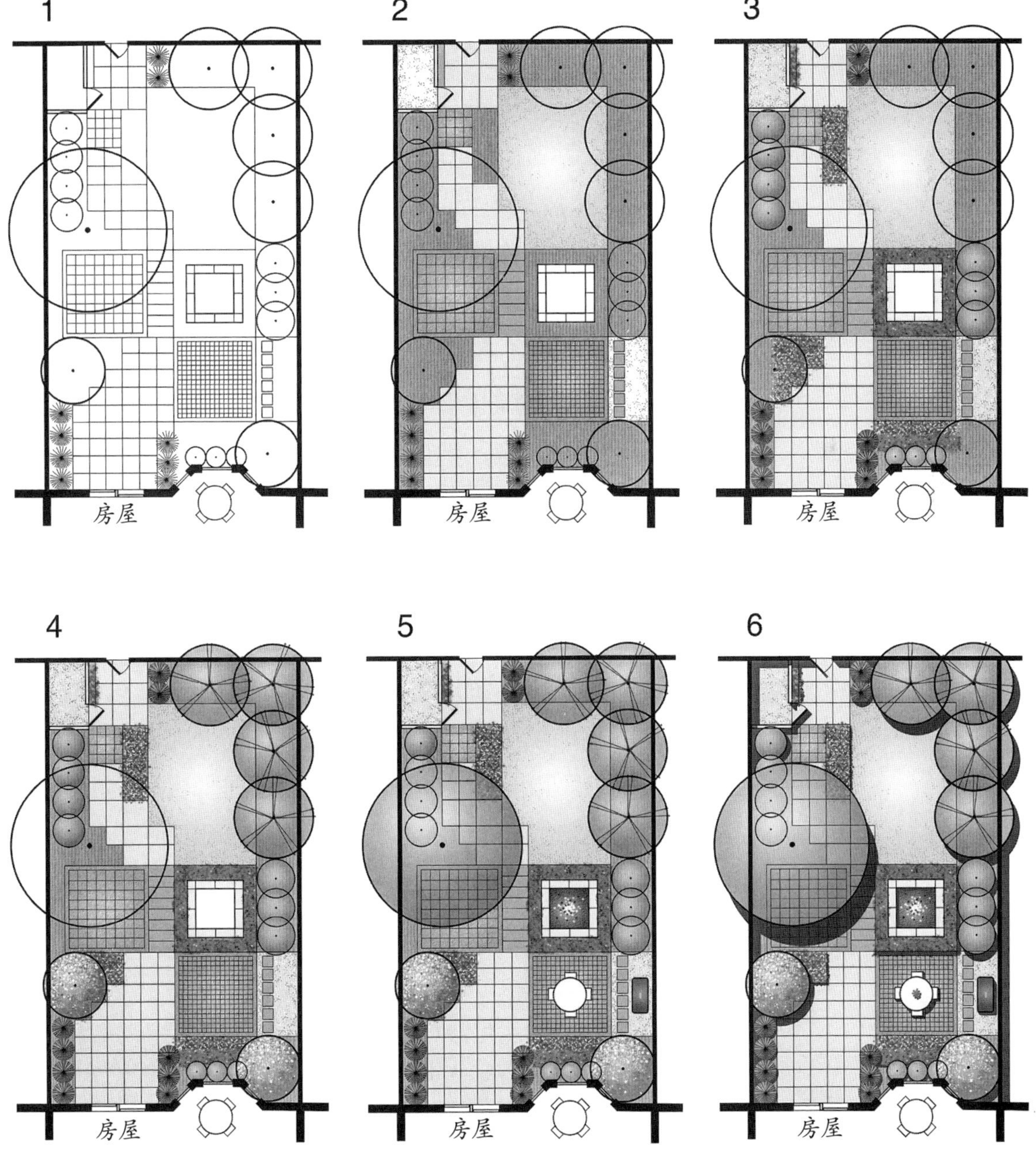

图15-33 PS图像处理软件渲染的一般过程（彩图见插页）

纹理滤波器应用到砖石路面。

3. 下一步是放置在地面材料之上的灌木、树篱和花卉的图层。渐变填充适用于灌木丛，自定义笔刷适用于花卉和绿篱区。

4. 图层之上增加小树图层。使用灌木和花卉与这些小树相搭配。

5. 大树、水景、地表和格栅的渲染。注意更改树的不透明度以增加地面的透光性。

6. 最后，在顶层添加阴影呈现出立体的效果。将不透明度设置为足够暗以产生所需的视觉高度，但是不能够隐藏下面的地面。阴影不能投射到较低的元素上以避免它们扁平化。

色彩渲染的时间预算

任何呈现给客户的设计图纸都应该画得很好，使其很容易被理解。无论设计图纸是手绘的还是使用电脑绘制的，都是可以接受并且看起来专业性很强。这个选择取决于作图的人，且在决定如何最好地绘制风景画时时间是一个重要的因素。虽然花费时间，但是人们进行景观设计需要花费多少时间需要根据个人的兴趣、知识、技能和经验来决定。客户可以作出个人选择：如果他们对颜色不感兴趣可以使用黑白色；努力提高他们的色彩技巧并合理地使用，或者雇佣那些有兴趣、知识、技能和经验的人。

例如，第4章中我们重新审视了齐茨克住宅总体规划，提出了设计过程色彩渲染规划的建议，并解决了渲染颜色呈现不同阶段所花费的时间。

图4−14首先显示色彩渲染，并在图15−34再次显示。这是我们所考虑的完整的色彩渲染。与初步规划相反（见图4−13），它只包含了几种不同的颜色，大约15种不同的颜色被用来呈现总体规划。当绘制一个1/8英寸：1英尺的设计图时，总体规划图的实际尺寸是18英寸×24英寸。图15−35显示的齐茨克住宅总体规划的黑白线条稿，被作为添加颜色的基础。

通常，色彩渲染呈现出与总平面图的实际大小相同的副本，如图4−14所示。绘制这样的规划图时，有助于将着色工作分成几个不同的阶段。例如，在齐茨克住宅总体规划最初的颜色呈现在1/8英寸：1英尺的规模上，分成了七个不同的着色阶段。这里列出了这些不同的阶段，以及每个阶段着色的时间。

1. 保留现有的树木（图15−36），6分钟。

2. 草坪区（图15−37），6分钟。

3. 建议乔木和灌木（图15−38），17分钟。

4. 地面覆盖和季节变化（图15−39），15分钟。

5. 人行道和各种各样的物品，如栅栏、壁炉、乔木、格栅、砾石、变

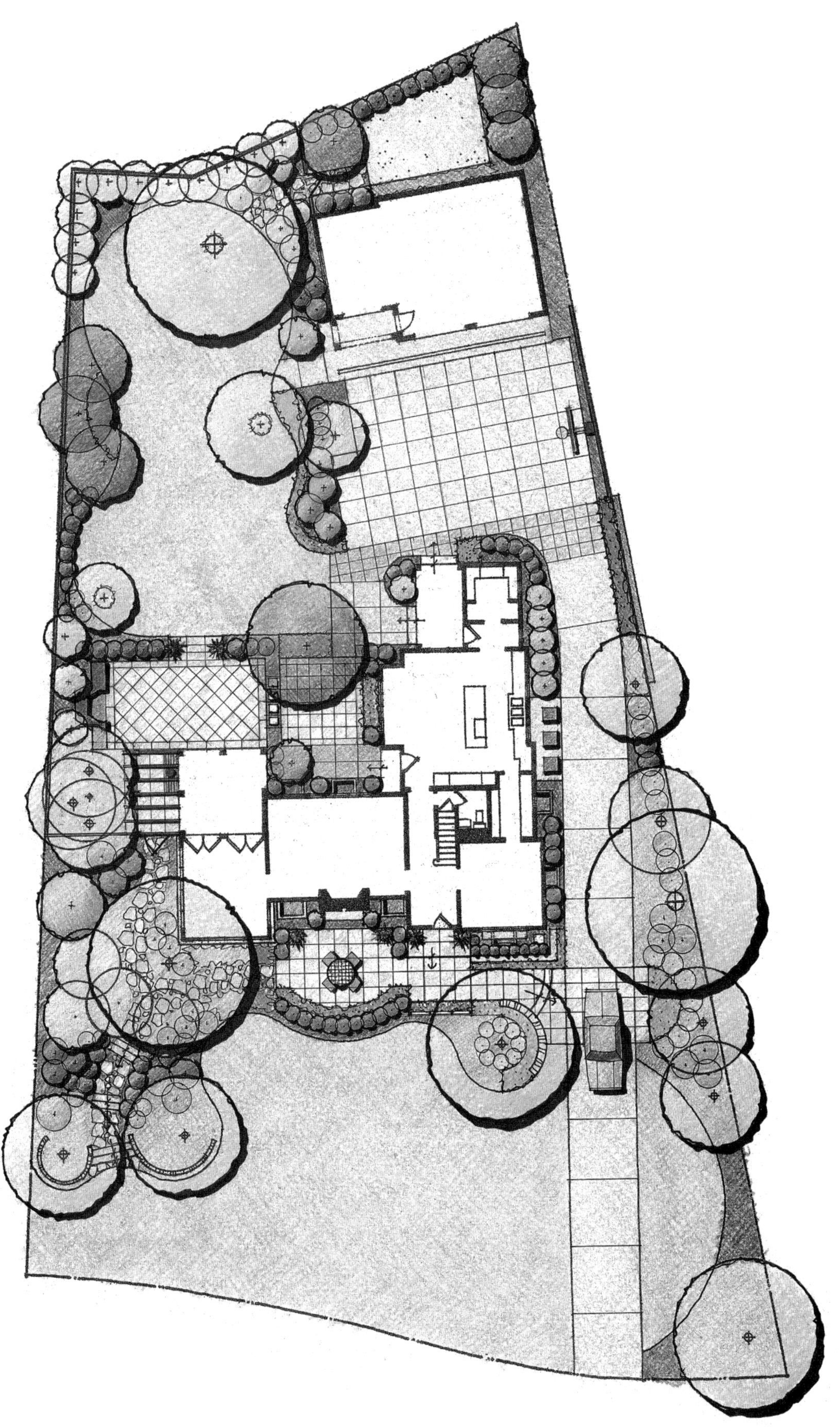

图15-34 色彩渲染齐茨克住宅总平面图（彩图见插页）

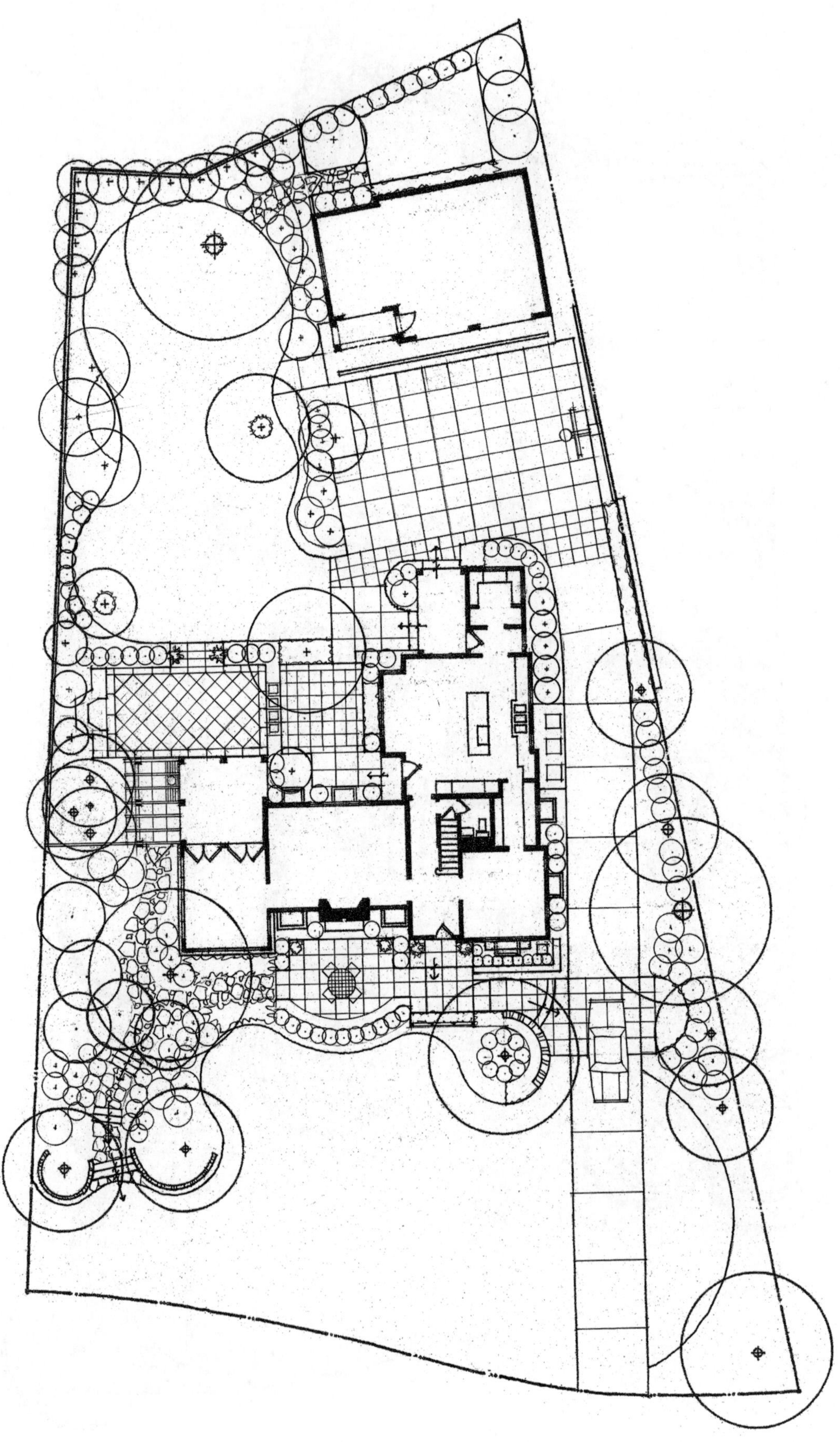

图15-35 齐茨克住宅总平面图的线条稿

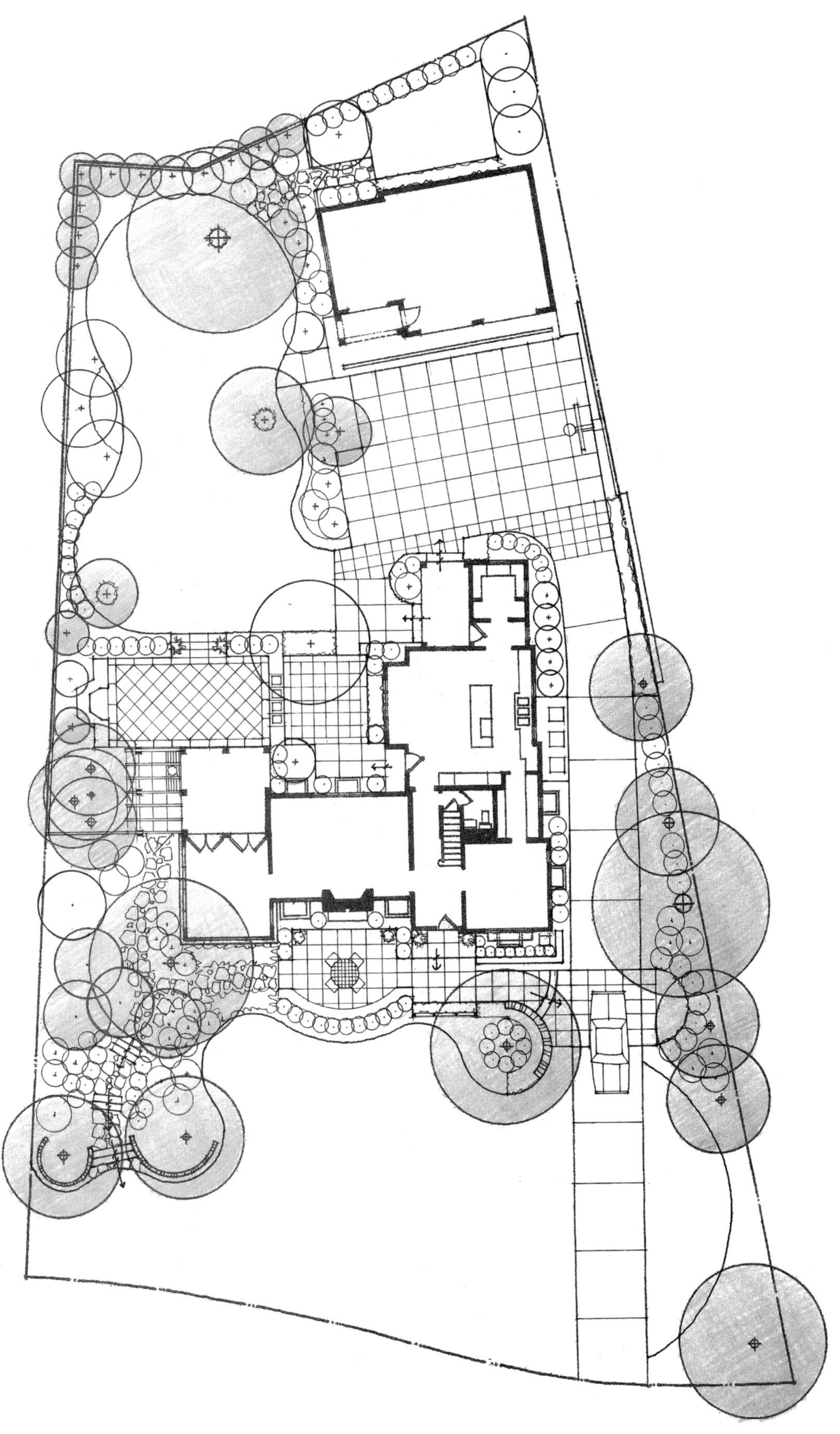

图15-36 第一阶段：现有树木颜色（彩图见插页）

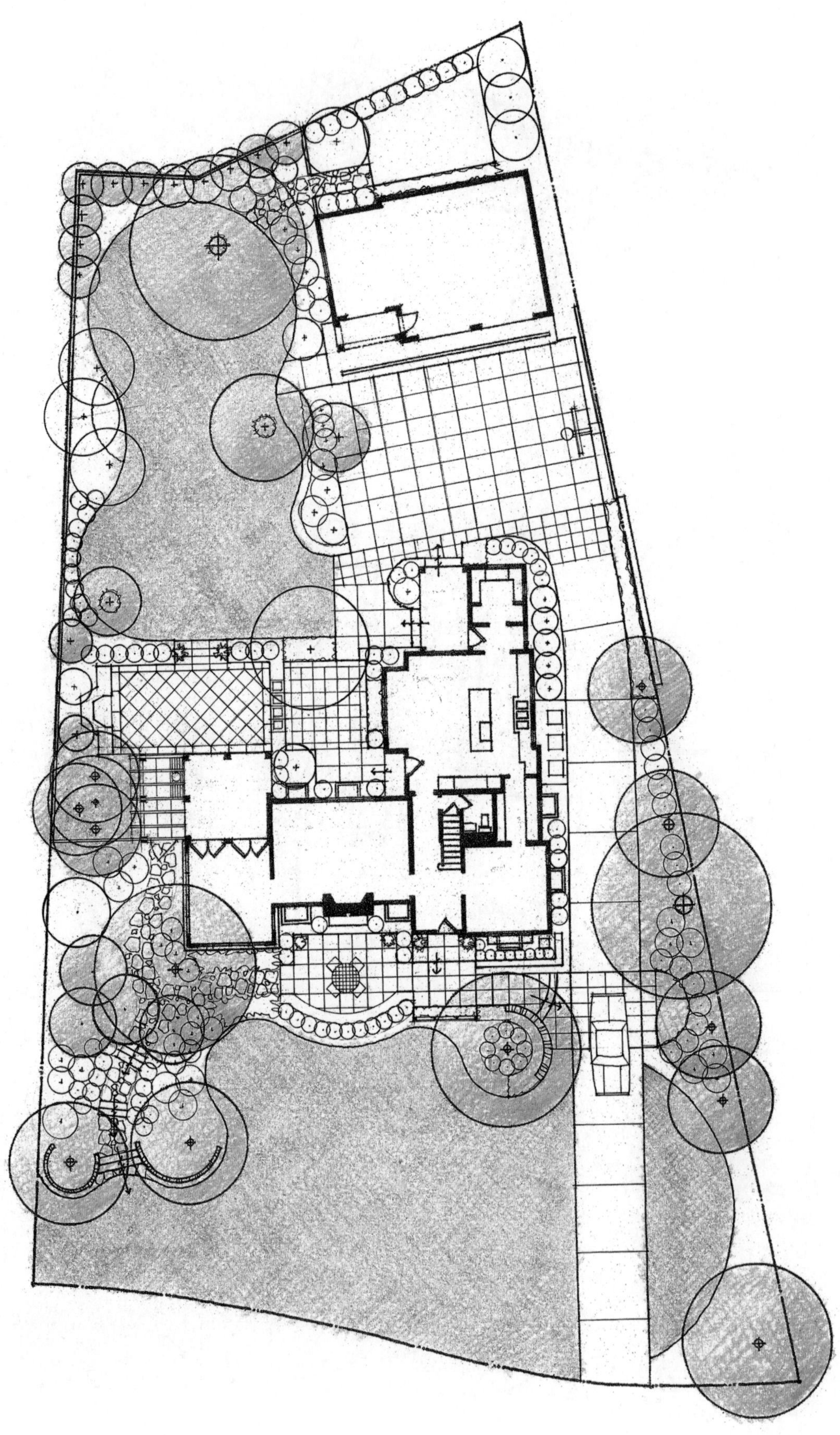

图15-37 第二阶段：草坪的颜色（彩图见插页）

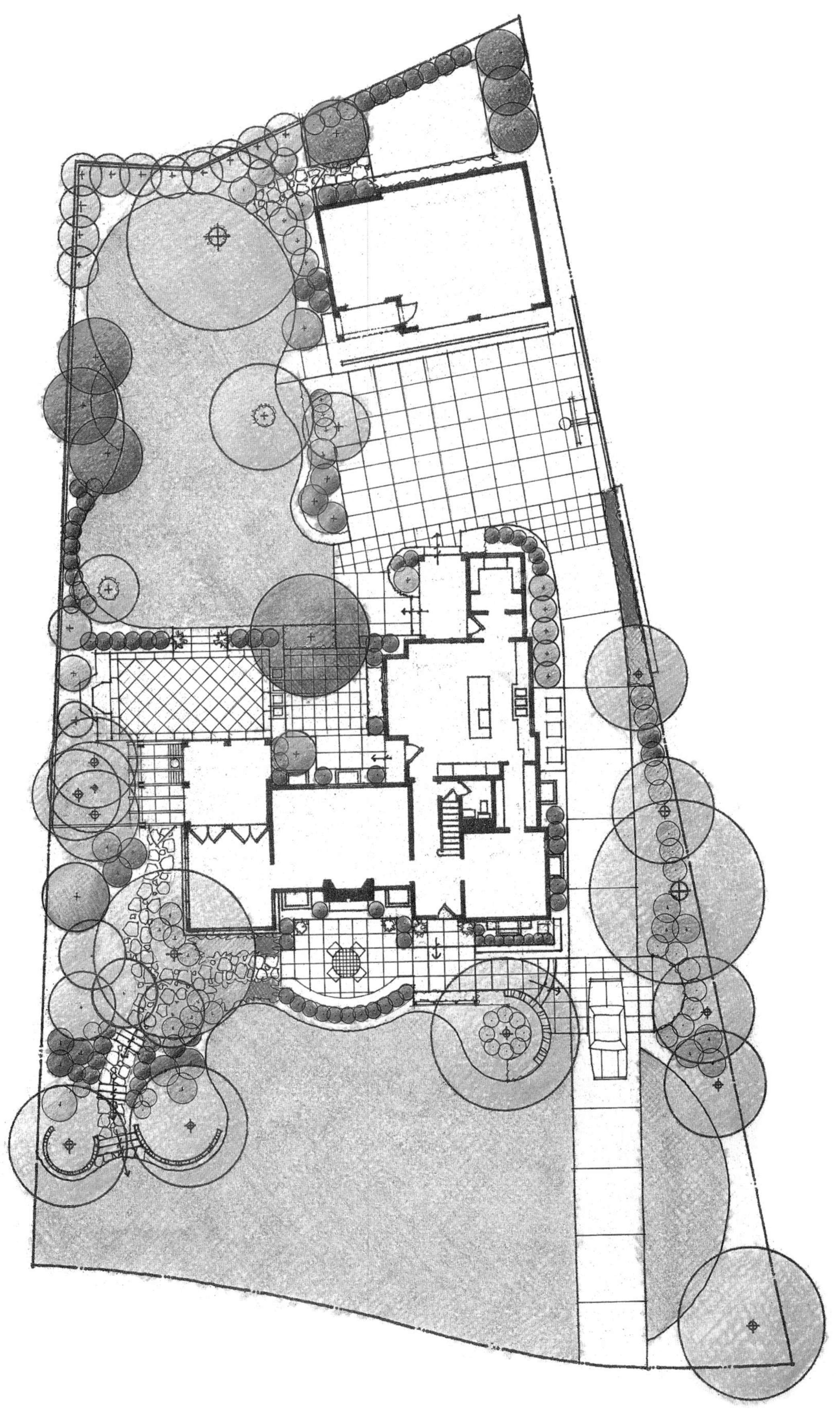

图15-38 第三阶段：乔木和灌木的色彩（彩图见插页）

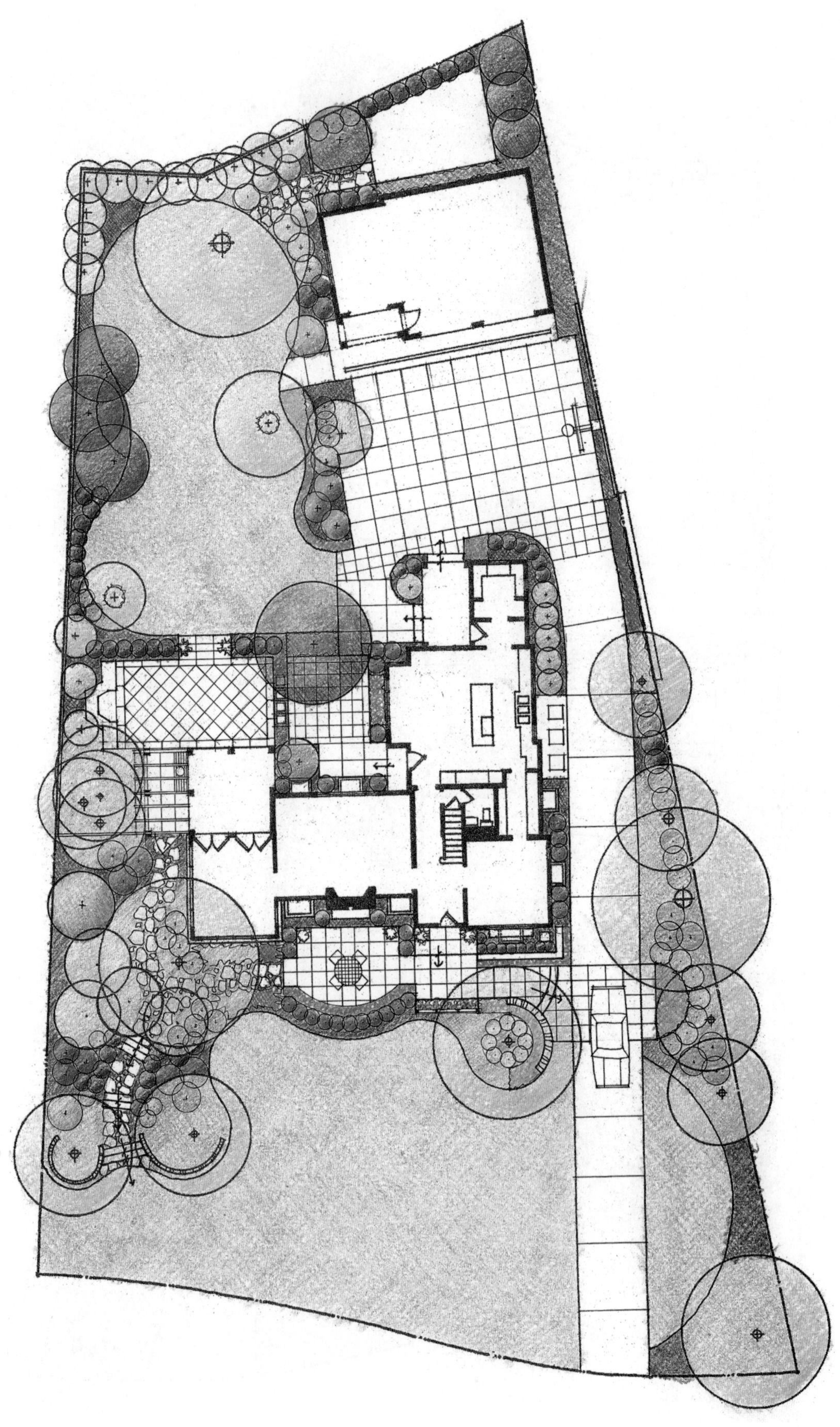

图15-39 第四阶段：地面颜色覆盖和季节性色彩区域（彩图见插页）

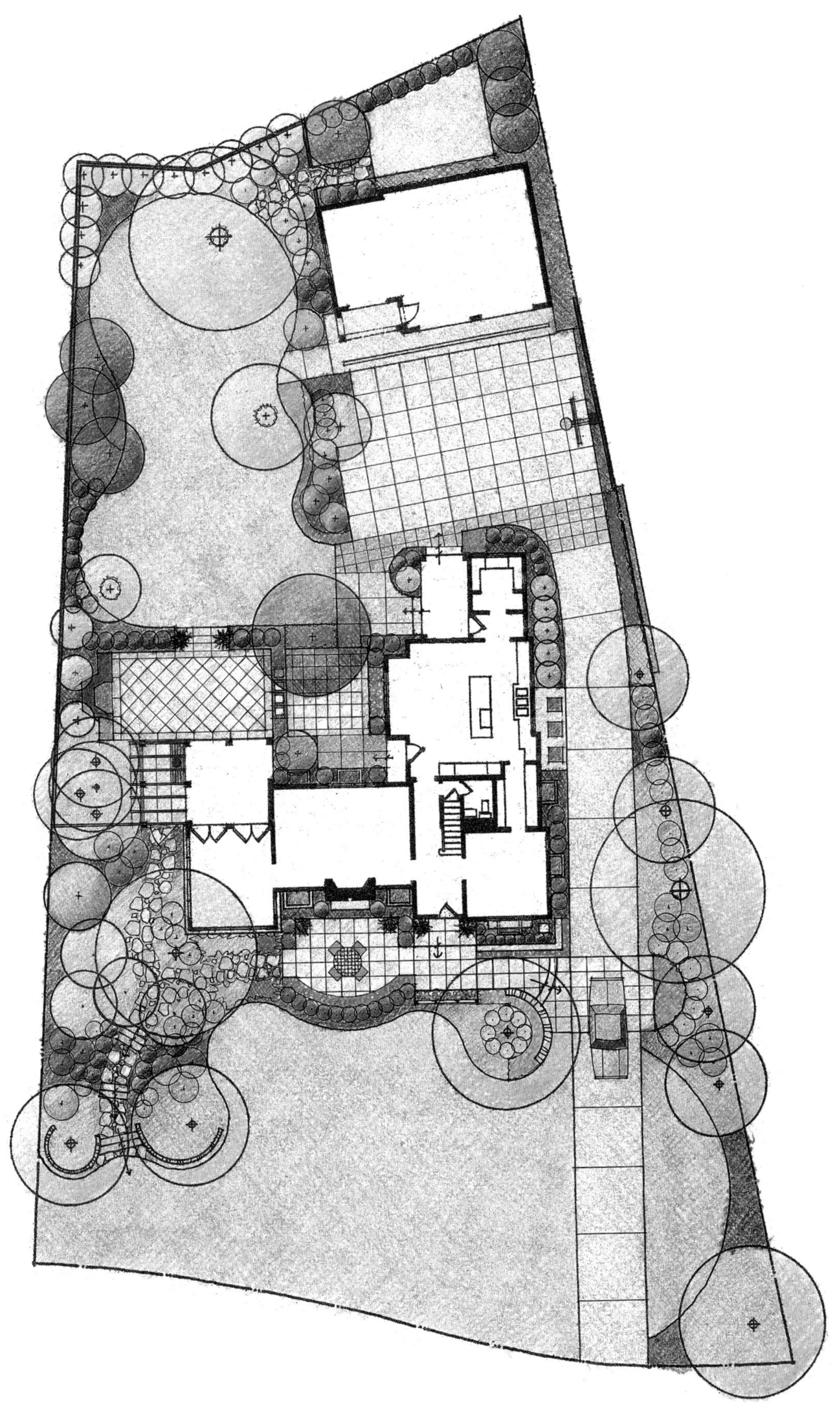

图15-40 第五阶段：人行道和各种各样的物品添加的颜色（栅栏、壁炉、乔木、格栅、砾石、变电箱、窗洞等）（彩图见插页）

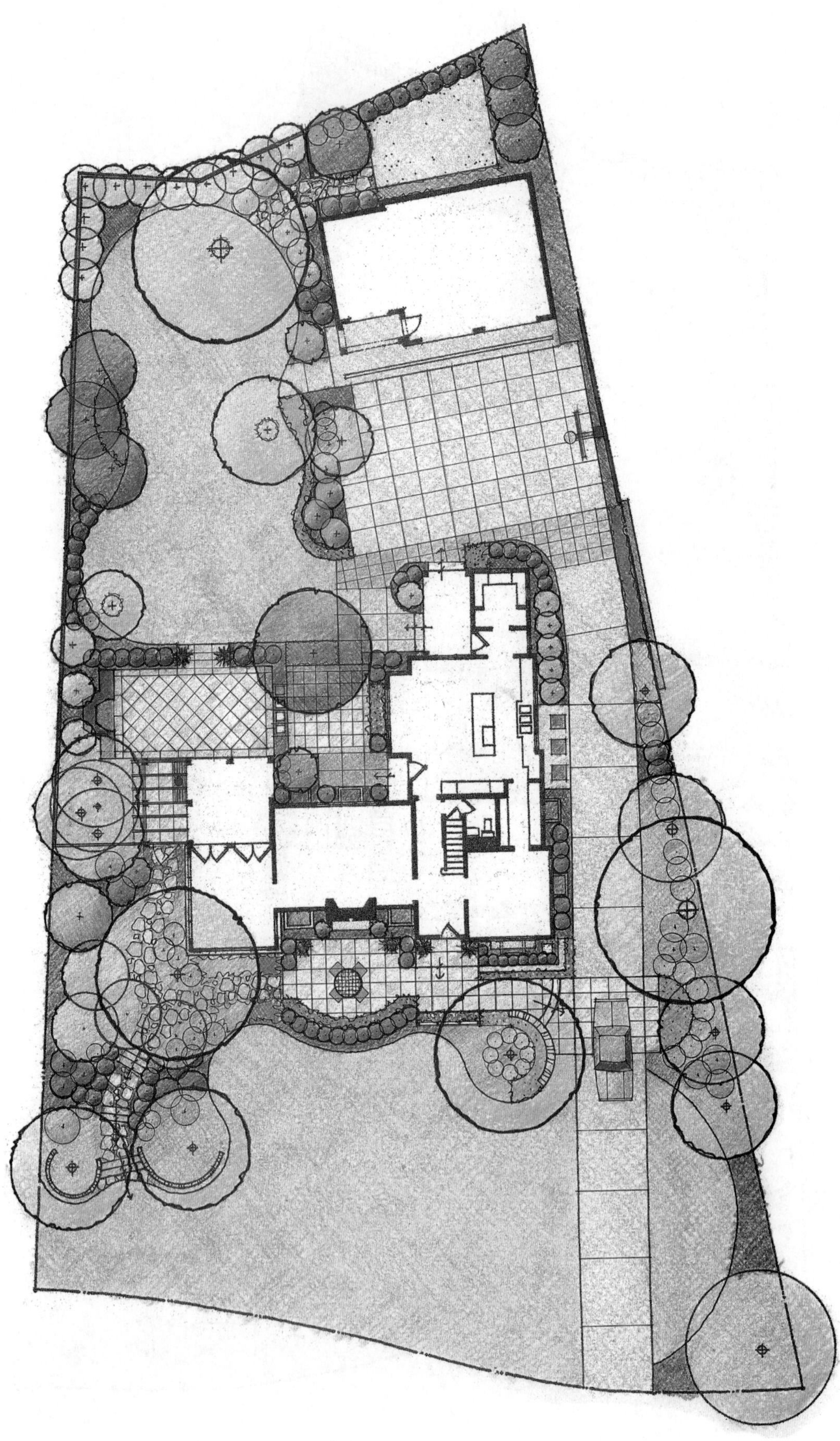

图15-41 第六阶段：使用黑色马克笔突出边缘和添加纹理（彩图见插页）

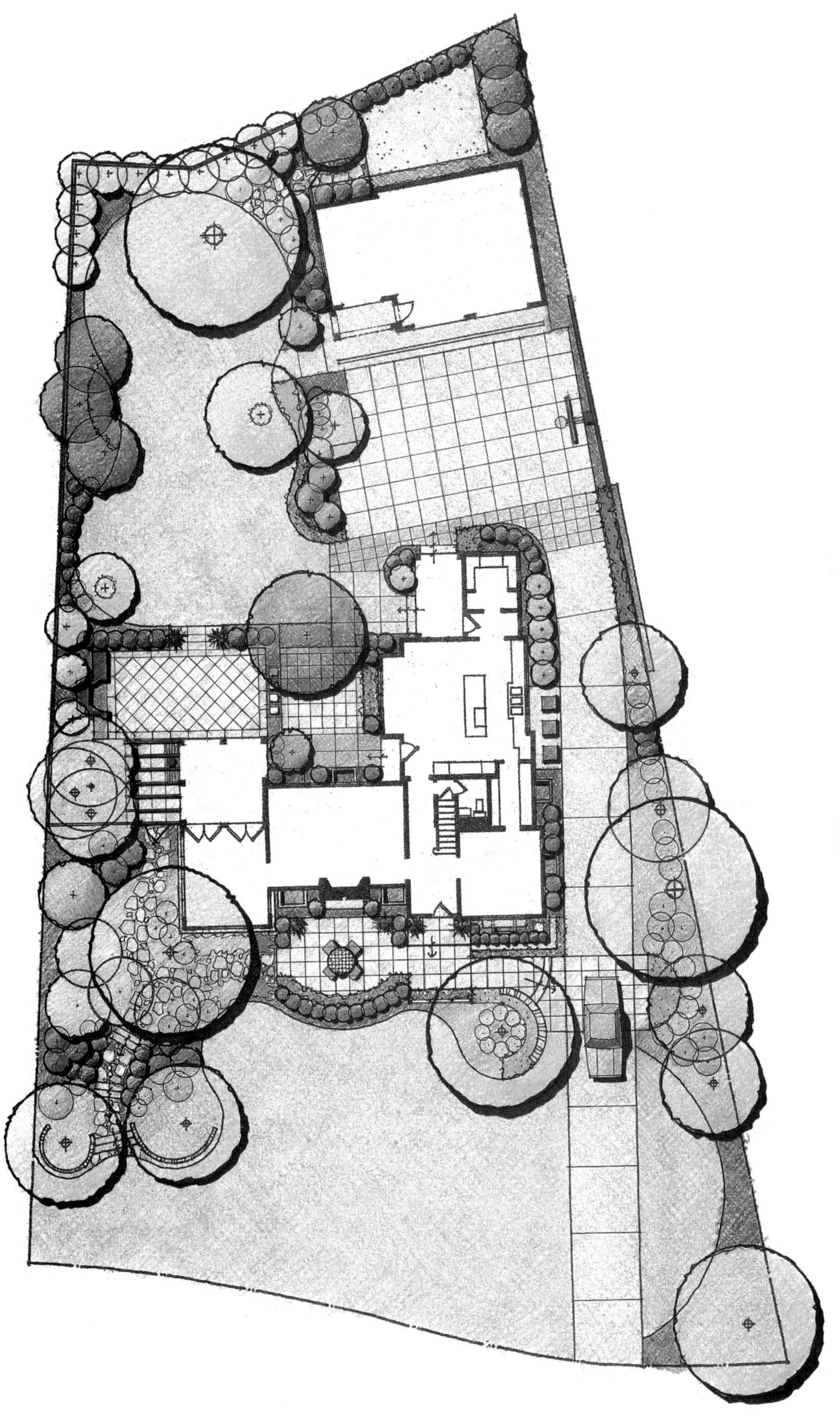

图15-42 第七阶段：添加阴影（阴影大小随元素的大小而变化）（彩图见插页）

电箱等（图15−40），20分钟。

6. 黑色马克笔的纹理、边缘和亮点（图15−41），10分钟。

7. 阴影（图15−42），10分钟。

渲染这个18英寸×24英寸规划所需的总时间是84分钟，不到1个半小时。图上应该有足够的颜色差异和细节，可以看到设计的所有元素，且大多数时间花到绘图上。

在有些情况下，由于花太多的时间在绘图上，所以可考虑色彩渲染一个小版本的黑白总体规划。如果绘图尺寸减小，渲染颜色需要的时间就会减少。例如，最初黑白模式的1/8规模的规划，减少到符合11英寸×17英寸的纸（约70%的原始大小）或一个8½英寸×11英寸的纸（约43% 的原始大小）上。这两种方式都呈现出与原始总体规划尺寸相同的七个阶段方式，且每个阶段都有时间记录。在七个阶段每一项时间削减的过程中，它所花费的时间都与最初的总体规划的时间有关，详见下表：

色彩渲染阶段	100%	70%	43%
	18英寸×24英寸	11英寸×17英寸	8½英寸×11英寸
1. 保留现有的树木	6分钟	4.5分钟	2.5分钟
2. 草坪区	6分钟	4分钟	3分钟
3. 建议树木和灌木	17分钟	10分钟	8分钟
4. 地面覆盖物和季节变化的颜色	15分钟	10分钟	7分钟
5. 人行道及各种各样的物品	20分钟	14分钟	8分钟
6. 黑色马克笔的纹理、边缘和亮点	10分钟	7.5分钟	4分钟
7. 阴影	10分钟	6分钟	3.5分钟
总时间	84分钟	56分钟	36分钟

图15−43所示11英寸×17英寸颜色表现，而图15−44所示8½英寸×11英寸彩色渲染。在这些着色的基础上，11英寸×17英寸（70%大小）花了56.0/84.0=约67%的时间渲染大图。8½英寸×11英寸（43%大小）占了36.0／84.0=约43%的时间来渲染大图。合理的假设是渲染一个图纸所花费的时间与你决定要着色的绘图的大小是密切相关的，图纸越小，渲染所花费的时间就越少。而且，正如你所看到的，这三个效果图看起来非常相似。如果每幅图像都放大一点就可以看到更多的细节，你会看到较小的图纸没有像大的图纸那样画得仔细。这仅仅是因为相比大的图纸，小的图纸更难进行着色。总之，我们的目的是可以通过减少绘图尺寸节省时间，而又不会丢失绘图的色彩质量。

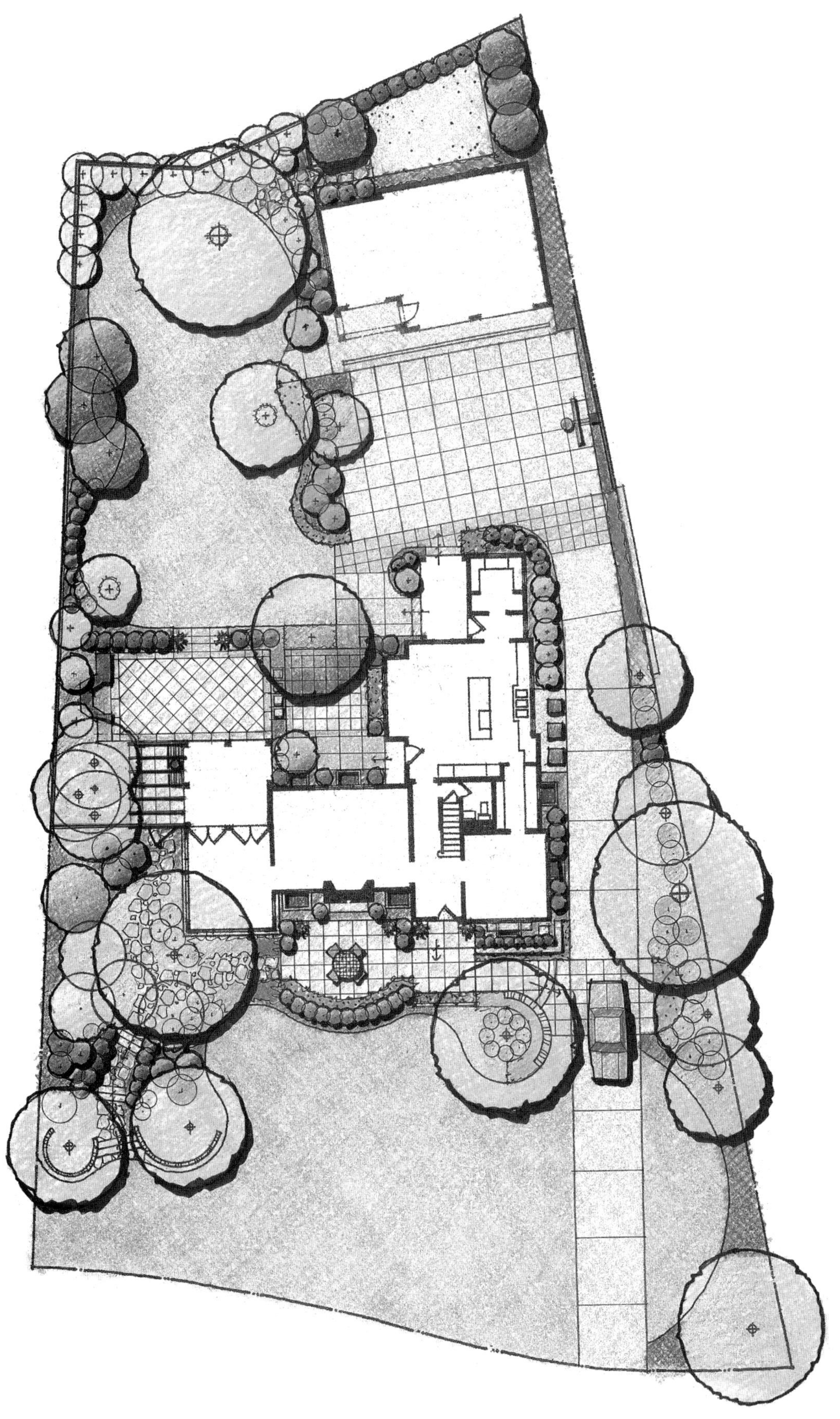

图15-43 11英寸×17英寸呈现颜色减少的齐茨克住宅总平面图（彩图见插页）

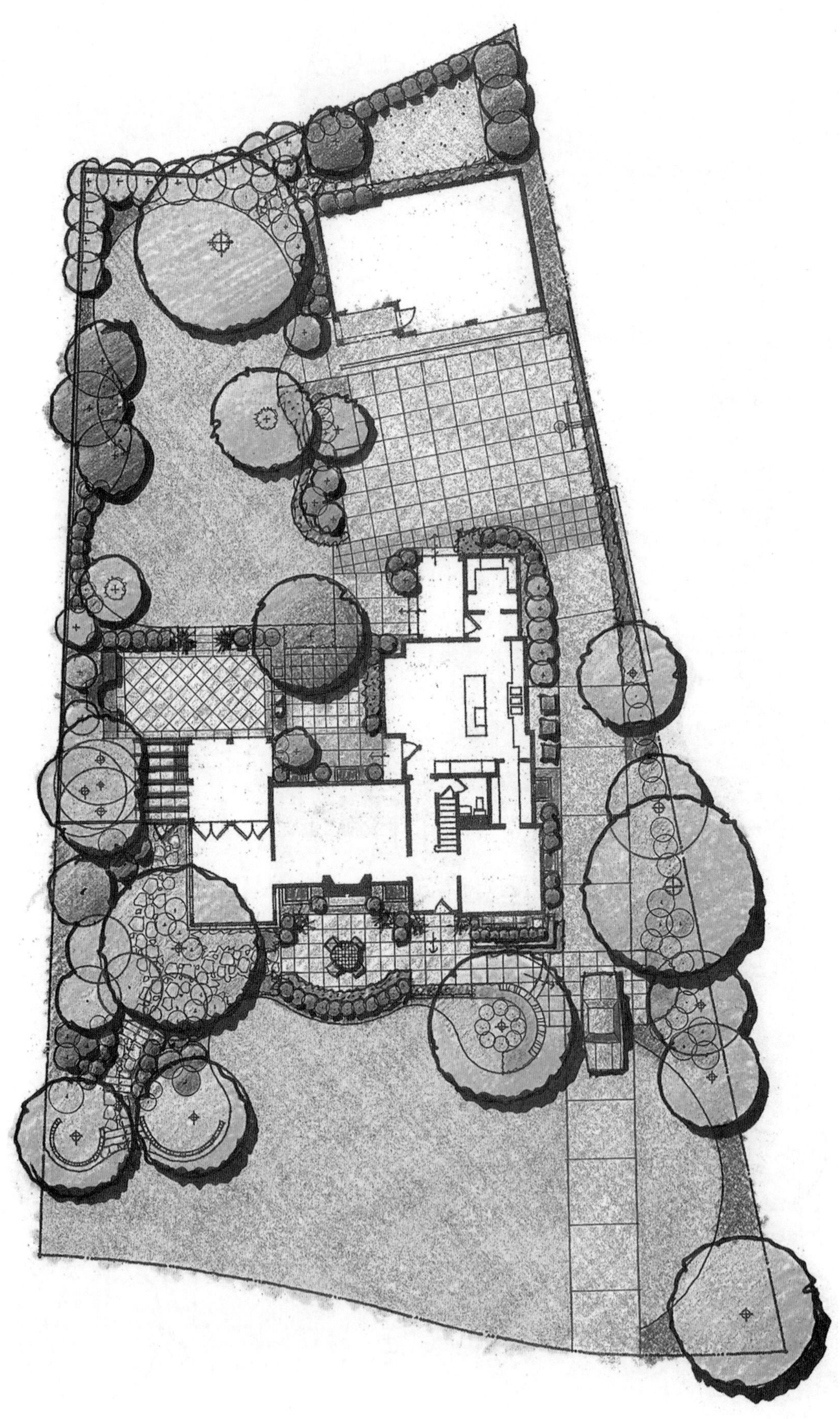

图15-44　8½英寸×11英寸呈现颜色减少的齐茨克住宅总平面图（彩图见插页）

总平面图色彩样本

平面图表现：8~9英亩

图15−45的场地规划显示了一个面积约为36英亩大项目中的8~9英亩的平面图。这块房产拥有住宅、客户办公室、存放农业设备的仓库、配有小围场的马厩、平整的草坪、牧场、大片的林地和一个大池塘，当然还有道路穿越其中。当设计一个这样尺寸的景观时，主要结构中的位置、车流和人流、大量的植物、高大的遮阴树、常规尺度和形式的草坪、梯田、水池等都会成为最初设计方案的指导要素。

基于这个设计的尺寸，考虑这么多的细节是非常必要的。但是这类设计的色彩表现一定要简单化，尽量用少量的颜色。这幅图由来自美国俄亥俄州哥伦布的EDGE团队制作，该团队主要负责规划和景观建筑。

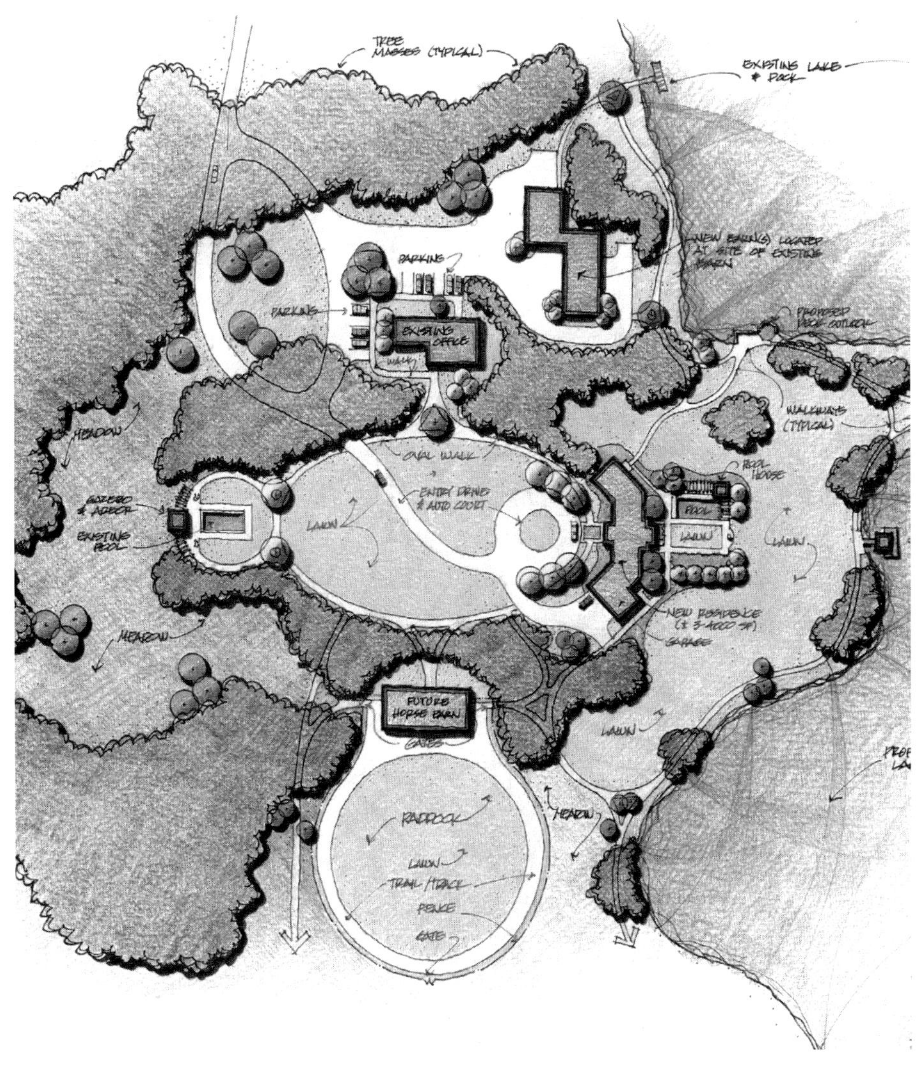

图15−45 平面图表现：8~9英亩（彩图见插页）

平面图表现：5～6英亩

图15-46的场地规划为5～6英亩。这个场地（从规划的右下方开始）的一条主要车道经过了一个林荫大道到达场地的前端，它的右面是一个能容纳四辆车的车库。临近前端的地方是个种满百合花的中心花园，花园里有步行小路和水池。娱乐休闲区有一个网球场、一个半场篮球场和一个供游人休憩观赏的凉亭。一条充满特色的步行道从房屋延伸到一个集会场所，那里是观赏池塘的绝佳视角。房屋的后面是娱乐区，生活区和主卧室的视线都集中在这里和水池处。游泳池和露台是主要景观，颇具特色。附近是一些梯台式的花园、客房和大温泉。这幅图由来自美国俄亥俄州哥伦布的EDGE团队制作，该团队主要负责规划和景观建筑。

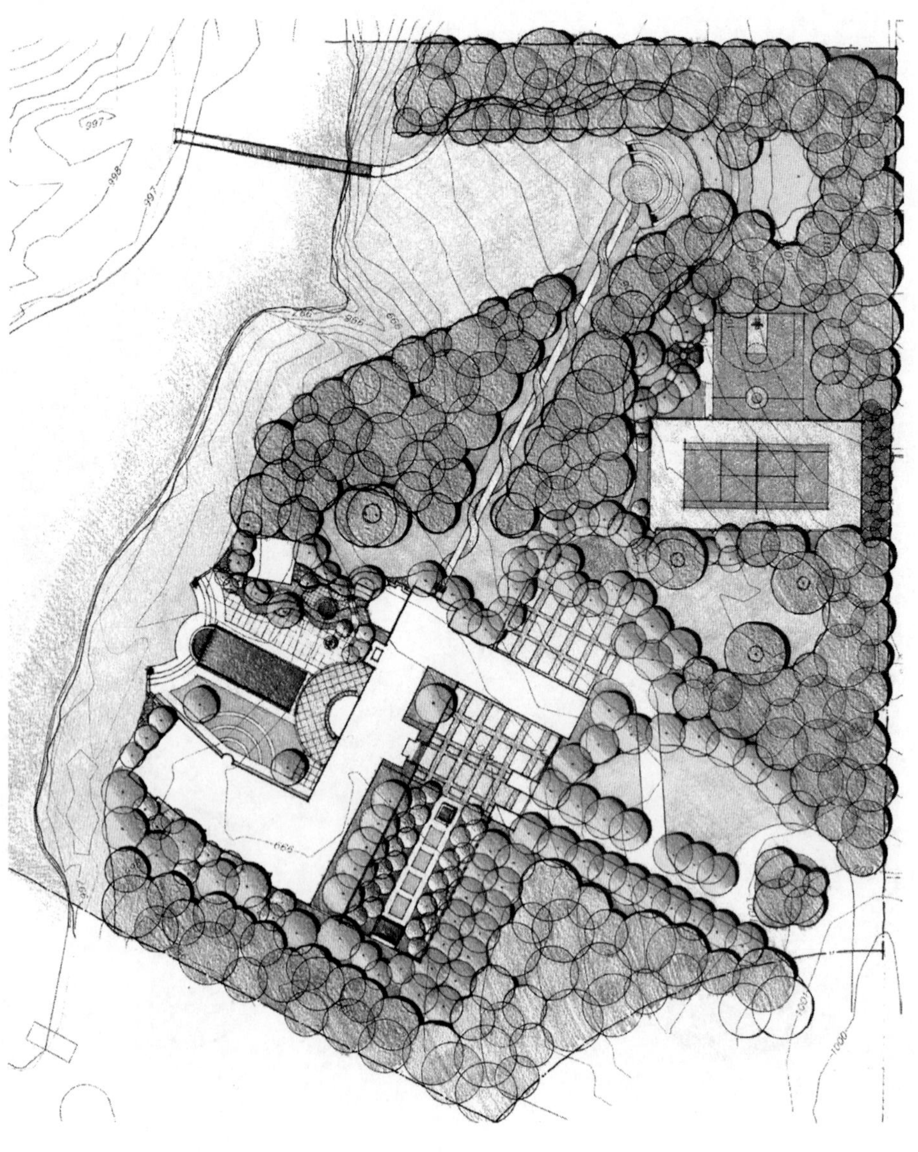

图15-46 平面图表现：5～6英亩（彩图见插页）

平面图表现：3/4英亩

图15-47场地示有两条车道进入这个场地，一条为游客服务，以便将游客运送到前门处放下，左边入口通向汽车旅馆和车库，同时还有一个篮球场地。这条通道同时也是从右入口进入的人员的出口。前面的入口空间由矮墙和树篱围合而成，并突出表现了具有特色的铺地和一个小型的中心花园。主要的娱乐区在房屋后面。水池、游廊、户外厨房、休闲座椅以及头顶上的藤架充分满足游人休息、放松、烹饪和娱乐的要求。场地后面大片开敞的空间将邻近的高尔夫球场的壮观景色尽收眼底。这幅图由来自美国俄亥俄州哥伦布的EDGE团队制作，该团队主要负责规划和景观建筑。

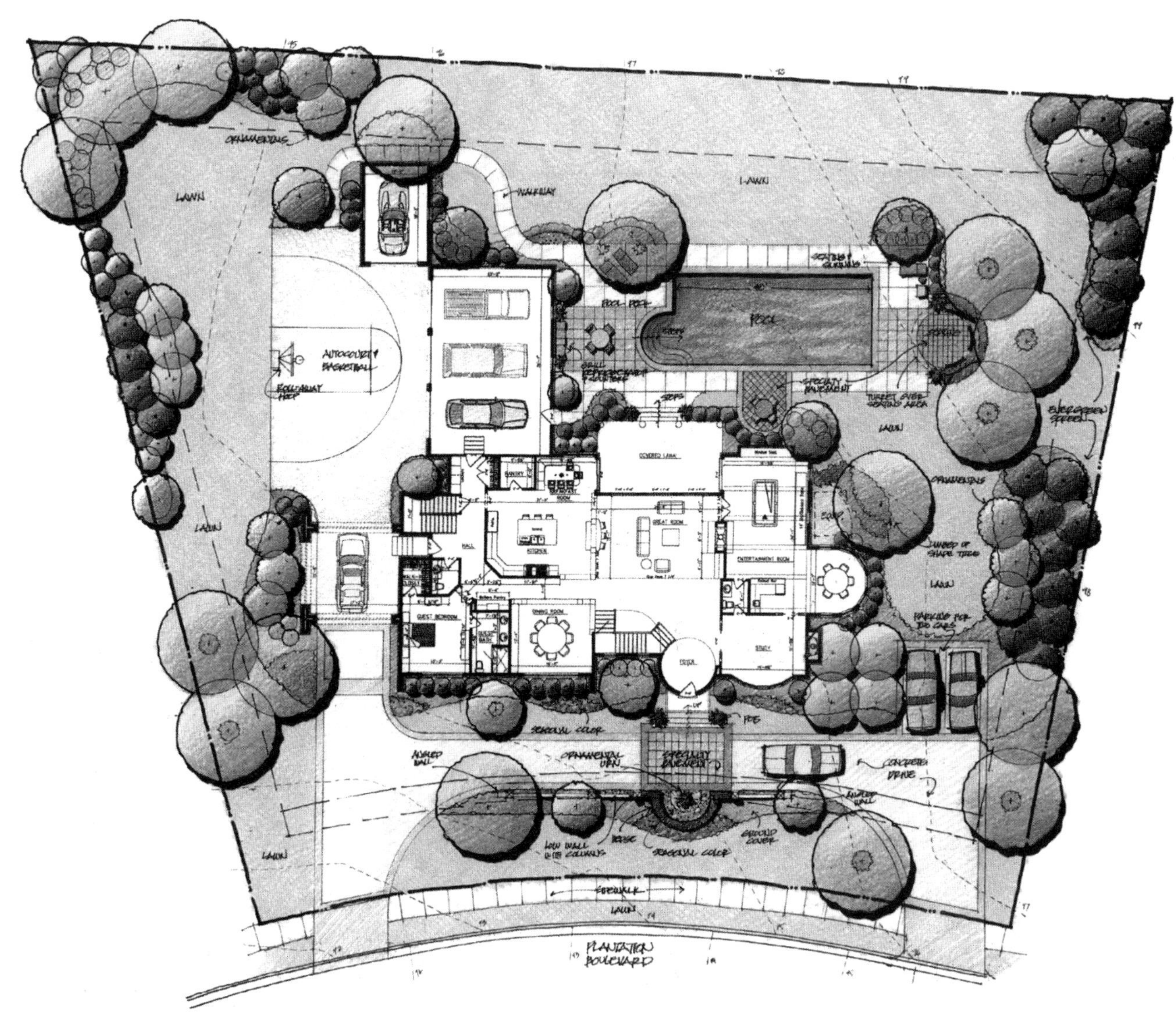

图15-47　平面图表现：3/4英亩（彩图见插页）

平面图表现：1/2英亩

图15-48地块有一个“U”形的入口车道，车道上设计了一个专门的人行道减速区。前门面朝一块小草坪，低矮的石墙配上醒目的植被，还有左右两株大树仿佛将房屋框在一个相框中。

车道延伸至右侧车库的后面，那里是一个作为户外娱乐空间的露天庭院，同时也可以作为退出车库或再停一辆车的空间。从那里，一组台阶通向为客户的宠物狗所使用的更低处的草坪，然后转到一条石头小路，这条小路通向邻近厨房/早餐区的一个布置井然的娱乐空间。两组台阶通向最低处的草坪，那里主要是孩子踢足球的场地。另一组台阶返回房屋前面。这幅图由来自美国俄亥俄州哥伦布的EDGE团队制作，该团队主要负责规划和景观建筑。

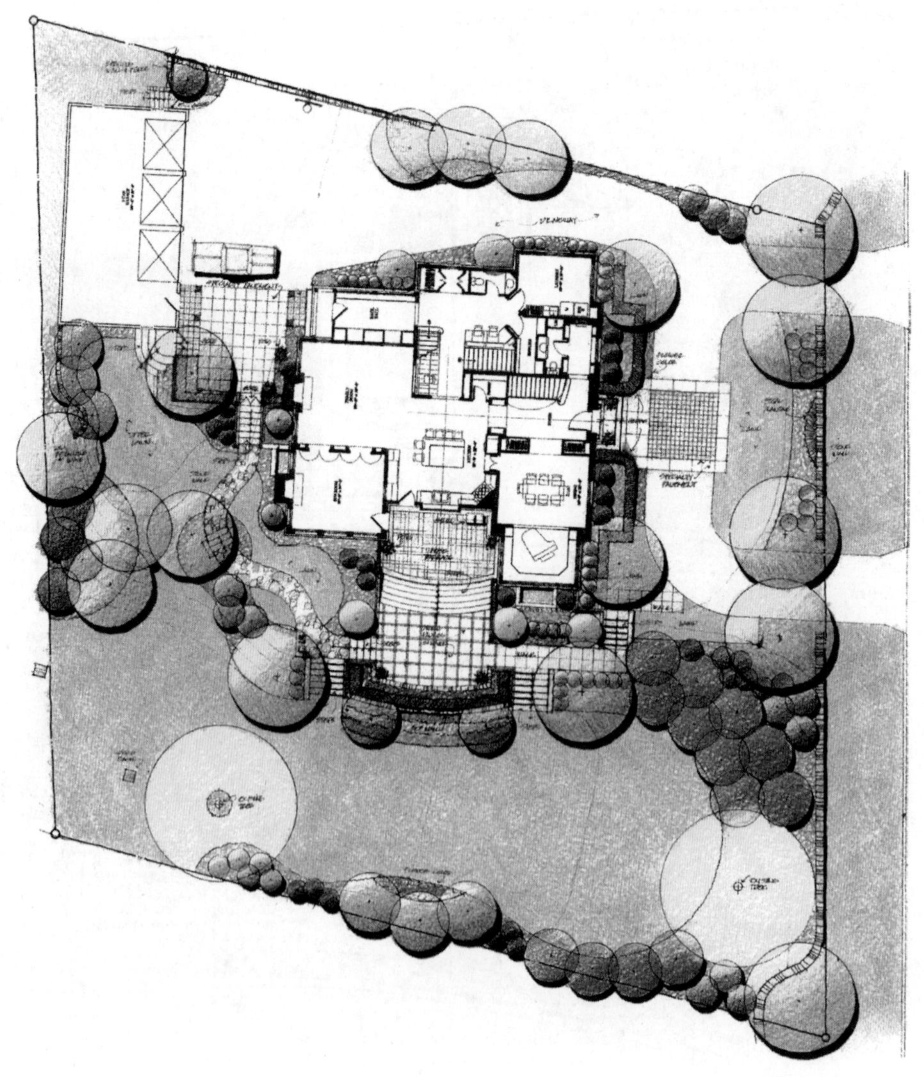

图15-48 平面图表现：1/2英亩（彩图见插页）

平面图表现：1/3英亩

图15-49规划中显示，这个房屋是由一个大的家庭娱乐室和一个主卧室构成，同时还有两个较大的可利用的户外空间。一个较大的布置井然的供娱乐的花园位于客厅的左边。

这个空间的中心位置是一个大的石头平台。一个装饰石墙喷泉位于客厅两扇门之间和通向大壁炉的轴线上。棋盘状图案的石板和草坪为花园带来直观的形象。从这里延伸出的一条石板小路围绕在花园雕塑周围，通向一个供孩子们玩耍的大草坪。一个供观赏的花园雕塑位于花坛旁的水池里，使得从水池到其右侧都获得了良好的视觉效果。这幅图由来自美国俄亥俄州哥伦布的EDGE团队制作，该团队主要负责规划和景观建筑。

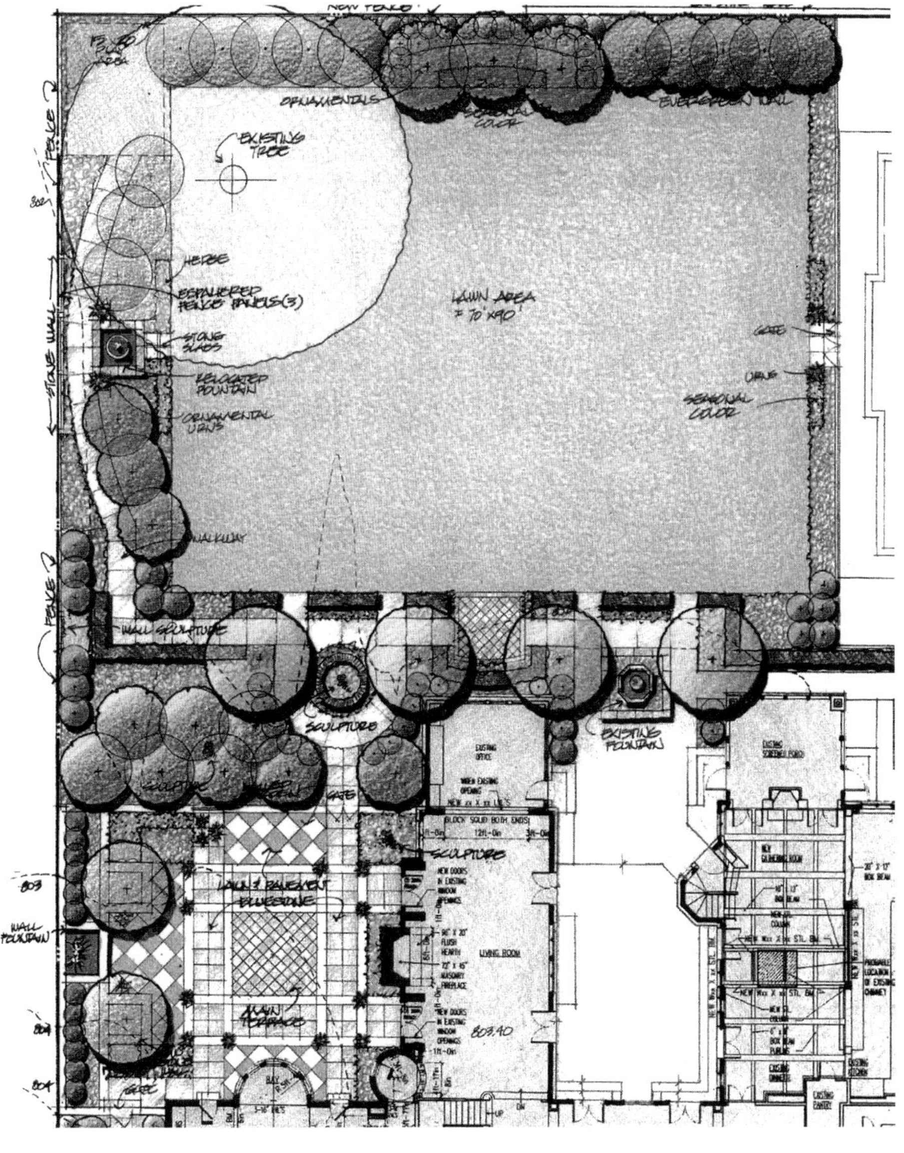

图15-49　平面图表现：1/3英亩（彩图见插页）

小结

为景观设计图进行色彩表现，无论是平面图还是剖面图，都有利于设计师向客户表述设计思想。颜色的使用有助于客户区分不同的设计元素。无论选择手工绘图或数字电脑绘制图纸，彩色图纸都将帮助客户更好地理解和欣赏设计师的设计。

尊敬的老师：

您好！

为了确保您及时有效地申请培生整体教学资源，请您务必完整填写如下表格，加盖学院的公章后传真给我们，我们将会在2-3个工作日内为您处理。

请填写所需教辅的开课信息：

采用教材			□中文版 □英文版 □双语版
作　者		出版社	
版　次		ISBN	
课程时间	始于　年　月　日	学生人数	
	止于　年　月　日	学生年级	□专　科　□本科1/2年级 □研究生　□本科3/4年级

请填写您的个人信息：

学　校			
院系/专业			
姓　名		职　称	□助教 □讲师 □副教授 □教授
通信地址/邮编			
手　机		电　话	
传　真			
official email（必填）(eg:XXX@ruc.edu.cn)		email (eg:XXX@163.com)	
是否愿意接受我们定期的新书讯息通知：□是　□否			

系/院主任：__________（签字）

（系/院办公室章）

____年____月____日

资源介绍：

—教材、常规教辅（PPT、教师手册、题库等）资源：请访问www.pearsonhighered.com/educator；（免费）

—MyLabs/Mastering系列在线平台：适合老师和学生共同使用；访问需要Access Code；（付费）

100013　北京市东城区北三环东路36号环球贸易中心D座1208室

电话：（8610）5735 5169

传真：（8610）5825 7961